国家级新文科项目“应急社会学”丛书

安全·应急社会学

颜烨◎著

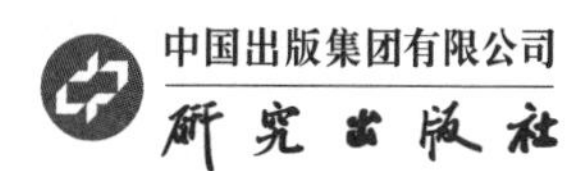

图书在版编目（CIP）数据

安全·应急社会学 / 颜烨著. -- 北京：研究出版社，2024.1

ISBN 978-7-5199-1532-2

Ⅰ. ①安… Ⅱ. ①颜… Ⅲ. ①安全社会学－研究②突发事件－公共管理－社会学－研究 Ⅳ. ①X915.2

中国国家版本馆CIP数据核字(2023)第131170号

出 品 人：赵卜慧
出版统筹：丁　波
责任编辑：寇颖丹
助理编辑：何雨格

安全·应急社会学
ANQUAN · YINGJI SHEHUI XUE
颜　烨　著
研究出版社 出版发行
（100006　北京市东城区灯市口大街100号华腾商务楼）
北京隆昌伟业印刷有限公司印刷　新华书店经销
2024年1月第1版　2024年1月第1次印刷
开本：710毫米×1000毫米　1/16　印张：43.25
字数：776千字
ISBN 978-7-5199-1532-2　定价：89.00元
电话（010）64217619　64217652（发行部）

丛书总序

党的十八大以来，习近平总书记多次强调要防范化解各领域重大风险，强调既要高度警惕“黑天鹅”事件，也要防范“灰犀牛”事件；既要有防范风险的先手，也要有应对和化解风险挑战的高招；既要打好防范和抵御风险的有准备之战，也要打好化险为夷、转危为机的战略主动战。面对高风险社会的来临，面对自然灾害与人为灾难的交织，如何加强安全预防和灾难应对，世界各国都提出了程度不同的解决方案。在习近平总书记提出的总体国家安全观和人类命运共同体思想的指引下，充分发挥本土应急管理特色和优势，积极推进应急管理体系和能力现代化，日益成为新时代中国的重大课题。

2018年3月应急管理部组建，7月笔者到南京参加中国社会学年会，其间与一些专家讨论组建“应急大学”的问题，回来后写了一份“建议报告（初稿）”转给高端专家表达意见。那时候就一直想从社会学角度思考社会力量对于灾变的应急作用问题，当然，之前一些学者在这方面也有一些探索。此后笔者开始发力研究，提出“应急社会学”概念并探索与之关联的学科知识体系，以期为构建中国特色哲学社会科学学科体系、学术体系、话语体系和中国特色社会主义社会学尽绵薄之力。

2021年7月，全国首批新文科研究与改革实践项目立项公示，我们申报的“新文科应急社会学课程和教材体系建设研究”（编号2021070027）在列。按原计划，我们决定利用这一项目资助出版“应急社会学”，并在三年内陆续研撰出版“应急科普传播概论”“社会组织应急概论”“应急社会工作”“社区应急管理”“应急社会心理（学）”等丛书系列。丛书力图融入新文科思想，开启传统文科领域的人工智能、智慧技术等新思考，且与课程开设相得益彰。丛书旨在培养具有应急知识和社会学知识等多元多能的高级专门人才，不断推进中国特色社会化应急体系和应急能力现代化建设。

最后，特别感谢应急管理大学（筹）华北科技学院校区，倾力配合教育部这一新文科项目，分别通过教学改革、学科规划、科学研究等多个渠道资助全套丛书出版。

丛书主编　颜烨

2021年7月于京东燕郊

前　言

安全与应急，并不仅仅是工程技术科学的研究对象，也是人文社会科学的研究对象，原因在于它们时刻伴随人类左右，镶嵌于人际关系之中；安全与应急，不仅仅具有政治稳定的意蕴，更具有社会和谐的意蕴，因为它们保障人的正当生命安全和社会秩序的维系；安全与应急，也不仅仅是对社会秩序和生产生活一封了之、一控闭之，而是为了社会更好地安全发展、健康发展、稳妥发展。因此，对它们开展社会学研究成为必然。

此次修订改版，出于几方面的原因：一是因为高校教学对教材的需要，亟须将《安全社会学（第二版）》和《应急社会学》合并修订出版。安全科学界、应急管理研究界很多人认为，“安全”与“应急”不应该分开单独讲述，两者关系非常密切，甚至应成一体，因此一些高校或以安全科学类课程涵盖应急管理知识，或以应急管理学科知识涵盖安全科学类知识，或者两者并立，如我们应急管理大学（筹）的一门课程就改为“安全（应急）社会学”了。二是因为《安全社会学（第二版）》2013年出版，距今已经10年，其间经济社会形势发生很大变化，很多政策、术语都有了新的说法或内涵，比如总体国家安全观和人类命运共同体思想的提出、国内外关于“safety”与“security”一体化的深入研究、智慧安全应急及其伦理思考，包括交叉学科门类创建及下属一级学科国家安全学列入教育部学科专业名录等，都需要加以观照和吸收，且需要对原书中的一些说法或界定有所修正。三是在《应急社会学》2021年首版后，笔者又有了一些新的思考，当时书中一些不太成熟的概念或观点需要深化和修正，某些章节需要调整。尤其当初是把同政府应急管理相对应的社会力量应急作为主要分析对象进行探索的，但后来思考认为，政府也是集合性社会行动者，不应该撇开，且在中国很多时候是党的领导、政府主导下的应急事务（当然原书中并没有撇开政府系统应急管理）。四是经过40多年改革开放，中国式现代化迎来了“新常态社会”，加上近年突发灾害灾难事件较多，尤其新冠病毒肆虐及其应急防控，以及学界对应急管理、国家安全学学科建设的热议和相关新专业学科创建等的影响，这两部专著的社会需求量突然增大，更需要加快跟踪研究，更新知识、改变体例等，以适应经济社会发展的需要。

从原来两书的内容看，《安全社会学（第二版）》是偏重于事前安全预防的原理性宏观分析（道），《应急社会学》是偏重于事中响应处置的实务性微观分析（器），但两者都涵盖了包括事后保障政策等在内的全环节链条分析。两者结合是相得益彰的。在保留两书原有内容总体大纲的基础上，本次改版增加了“总论”部分，对“安全”与“应急”关系的争论、社会学元素深化、社会学分析逻辑强化等进行全景式概述，并将它们置于“社会的风险治理术”这一中心议题中进行讨论。因此，本书分为“总论：弥合道与器”“上篇：安全社会学”和“下篇：应急社会学”三大部分。

作为专著性教材，还得考虑教学和学生阅读习惯的需要，因此将《安全社会学》原书中的一些重点内容，按照教材编排体例设置了大小标题。同时在“应急社会学”部分尽量加入应急的社会元素和功能、应急职业群体结构和区域结构等内容。

其实，从社会学角度研究安全、研究应急，始终要思考两个问题。这两个问题目前呈现“两张皮”（不仅仅是安全与应急的分殊）状态：一方面，社会学家们要追问突发性安全事故或事件为什么会产生，即社会性因素是什么。他们认为只要找到了问题产生的社会原因，也就找到了解决问题的答案；且社会学偏重于研究社会系统性的宏观风险，如人口危机、粮食危机、经济风险、社会治安等。而另一方面，安全、应急学者或实务家们可能更想看到社会学在这方面能做什么、能解决什么问题，即有哪些社会性的治理技术能解决问题，能够与政府平等协同处理安全、应急问题。因此，如何弥合“两张皮”现象，如何处理社会学家吉登斯所谓的“结构”与“行动”的关系、中国哲学意义的“道”与“器”的关系，是亟须进一步探索的问题。

关于版本问题，《安全社会学》已经出版两版，2021年首次出版了《应急社会学》，这次合并修订的版本名称业经多方讨论，定为《安全·应急社会学》。此外，关于书名的英文翻译，反复推敲几遍，将“安全社会学”翻译为safety & security sociology，将“应急社会学”翻译为emergency management sociology，这样更符合一门学科知识体系的名称。而之前采取所有格of的形式，意味着仅仅是关于某某的社会学的初步探索，不像规范化的学科名称。当然，国外零零散散有一些这样的研究，但我们更想较多地体现中国特色的学科体系、学术体系、话语体系。

最后，非常感谢学界一些专家学者和实务工作者的建设性意见，使得本书的知识更具科学性、表达更加精准、体系更加完备，也非常感谢国家社科基金、省部科研基金和学校各类经费项目的大力支持。

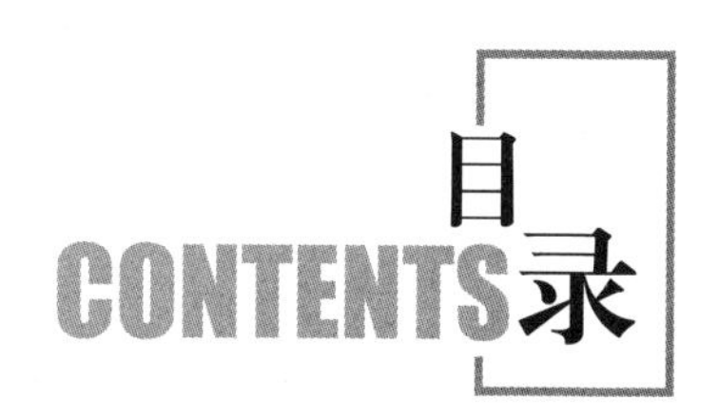

目录 CONTENTS

总 论

弥合道与器

本书所指的“两张皮”是什么、如何弥合“两张皮”，是总论部分必须阐明的问题。一方面，伴随2018年应急管理部的组建，在安全科学学界和灾害科学（应急管理）学界之间，“安全”与“应急”孰大孰小、谁涵盖谁的问题被讨论得如火如荼，以至于笔者在创作了《安全社会学》的基础上，又撰写了《应急社会学》。这是第一个“两张皮”的问题。另一方面，在社会学与工程技术（包括管理科学）之间，人们对安全社会学、应急社会学作为学科知识体系的要求和视点也不一样。社会学家们要问突发性安全事故或事件为什么会产生，即社会性因素是什么。他们认为只要找到了问题产生的社会原因，也就找到了解决问题的答案。即，社会学家们实际上更需要“风险社会学”的研究，需要对安全、应急问题进行社会哲学的追问和人文价值的审视，实质是追问和考察社会本质安全，即在当今社会人们的生存有底气，生命有护卫，生产有门路，人权有保障，交往有信任，生活有质量，奋斗有方向，心中有希望。而且，社会学偏重于研究社会系统性的宏观风险，如人口、粮食、经济、环境、治安等整体风险危机。[①]而安全、应急学者或实务家们可能更想看到社会学在这方面能干什么、能解决什么问题，即有哪些社会性的治理技术能解决问题。他们最需要的是关于风险治理的“社会技术”研究，需要的是诸如社会力量（社会组织和社区）、社会工具（社会工作或社会政策和社会心理）、社会机制（社会结构和文化伦理）等如何与政府平等协同处理安全、应急问题。这就形成了第二个“两张皮”，即社会学家吉登斯提出的“结构”与“行动”的关系、中国哲学意义的“道”与“器”的关系问题。为弥合两个“两张皮”，总论部分特此略作探索。

一、基于人类理性中轴的风险类词汇之辨析[②]

与“风险”有交集的议题如危机、灾变、安全、应急等，国内外均有一些简要解析。[③]这里，我们主要围绕人类理性这一“中轴”，对它们的内涵、关联性和侧重点作一些界说。事实上，对事物的界定和判断，也都是基于人类的理性认识。自从德国社会学家贝克1986年出版德文著作《风险社会》以来，[④]学界关于风险

① 杨宜勇、李璐等：《底线把控：中国社会发展趋势与风险防范》，中国工人出版社2022年版。

② 此部分主要内容参见颜烨：《风险社会学：关联性学术知识谱系及演进发展》，《中国安全科学学报》2023年第5期。

③ 童星：《社会学风险预警研究与行政学危机管理研究的整合》，《湖南师范大学社会科学学报》2008年第2期。

④ Ulrich Beck, *Risk Society: Towards a New Modernity*, Translated by Mark Ritter, London, SAGE Publications Ltd., 1992.

研究的话题逐渐趋热。当年，国际原子能机构深刻反思切尔诺贝利事故，也提出“安全文化”概念。[①]当然，也因为人类社会进入所谓“乌卡时代”（VUCA，不稳定Volatile、不确定Uncertain、复杂性Complex、模糊性Ambiguous），[②]风险类相关议题成为研讨的热点话题。在此之前，风险研究主要在经济学、管理学、文化科学或工程技术评估中比较流行。再往前追溯，普林斯1917年完成的博士毕业论文在1920年出版，开启了宏观意义的灾害社会学研究大门，[③]灾害管理学、应急管理研究等逐步发展。若再继续往前追溯，可能触及工业革命兴起的工业事故行为科学的研究，但此类研究局限于工业社会某一具体场景或小系统（企业），产生过事故心理学、[④]组织安全氛围的研究成果。[⑤]若进一步往前探索，则是14世纪的航海家们对远洋行船的风险损失进行算计和保险，即开启风险研究的源头。[⑥]也就是说，从微观到宏观、从局部到整体、从经济科学到自然科学再到诸多社会科学，风险研究已经走过了漫长的岁月。

（一）各类相关词汇的内涵及其关联

风险，英文为“risk”，最初含义源于14世纪西班牙和意大利的海上贸易，与“风”有关，即海风给航船带来的威胁和危险；而今天，它几乎可以理解为“像风一样的危险，既可在也不在，一种潜在的危害”[⑦]。英国社会学家吉登斯详细研究认为，“风险”本义是“撕破”，意指深海上航行的货船遭遇风暴触礁后所面临的危险，即“风险”的最初含义可以被理解为自然的、客观的现象，或由于风暴之类的自然灾害导致的客观危险。[⑧]《牛津英语词典》对“风险”一词的核心定义是

---

① International Nuclear Safety Advisory Group. Summary Report on the Post-Accident Review Meeting on the Chernobyl Accident. Vienna: International Atomic Energy Agency,1986; International Nuclear Safety Advisory Group. Safety Culture,Safety Series, NO. 75-INSAG-4. IAEA, Vienna, 1991.

② 这是由美国宝洁公司（Procter & Gamble）首席运营官罗伯特·麦克唐纳（Robert McDonald）最先提出的。他借用一个军事术语，来描述这一新的商业世界格局：“这是一个 VUCA（乌卡）的世界。”这一议题发展于军事，应用于商业，现在已经通过咨询公司和学院进行研究和传播。——源于知乎专栏https://zhuanlan.zhihu.com/p/64994058。

③ Prince S.H., *Catastrophe and Social Change: Based upon a Sociological Study of the Halifax Disaster*, New York,Columbia University Press,1920.

④ 转引自景国勋、杨玉中：《煤矿安全系统工程》，中国矿业大学出版社2009年版。

⑤ Keenan, V., Kerr, W., & Sherman, W.,“Psychological Climate and Accidents in an Automotive Plant” ,*Journal of Applied Psychology*, 1951, 35(2):108-111; Zohar, D.“Safety Climate: Conceptual and Measurement issues”, Cited in J. C. Quick & L. E. Tetrick (Eds.), *Handbook of Occupational Health Psychology*, Washington, DC: American Psychological Association, 2003:123-142.

⑥ A. Giddens, 1999, *Runaway world: How Globalization is Reshaping our Lives*. London: England Profile, Chapter2.

⑦ 颜烨：《安全社会学何以可能：学科探索与中国叙事》，《战略与管理》2018年第9/10期。

⑧ A. Giddens, 1999, *Runaway world: How Globalization is Reshaping Our Lives*. London: England Profile, Chapter2.

"危险处境"[①]。国内学者认为，风险是个人和群体在未来遇到伤害的可能性，以及对这种可能性的判断和认知。[②]最初所谓保险业就是为了确保风险不转化为灾难或避免灾难带来更大损失的行业，再后来就有了风险概率的计算科学，以至于后来人们总结出一个通用的公式，即风险的大小就是损失发生的概率与损失规模两者之间的乘积。[③]如果从中文的词语结构看，"风险"是偏重于"危险"的偏义词；但是，风险表达的只是一种可能性危险，现实中未必真的会发生，因而它在感情色彩上就应该算是中性词。管理科学的风险管控，一般包括风险辨识、风险评估、风险沟通、风险处置等环节。

灾害或灾难，英文通常表达为calamity，catastrophe，disaster，suffering，一般是指不可抗拒的自然灾害、人为失责或失误等，导致人的生命财产遭受重大损失的潜在风险或实际发生的事故、事件。很显然，灾难（灾害）均与人及其活动有关，而人类史前时期出现的火山爆发、海啸、地震等，都是纯粹的自然现象，谈不上是具有损失或危害的灾难，因为那时还没有人类。

冲突，英文词为conflict，网络英文词典解释为：意见不一致、矛盾、摩擦、对立、斗争、争论、争吵、观念不一致、行动不一致等。冲突，发生于人际互动行为中，是一种社会结构性风险，所以也称社会冲突，是社会矛盾运动的一种表现，与"稳定"相对应。冲突一般是指双方或多方力量为了某一标的的争夺或因价值理念不一致而进行的互动行为，包括潜在冲突和公开冲突、利益冲突和价值冲突、现实冲突和非现实冲突、武装冲突和非武装冲突，也可以按照内容分为军事冲突、经济冲突、政治冲突、文化（文明）冲突等。冲突的结果要么解组原有结构，重构社会统治秩序，要么反过来进一步凝聚团体关系，未必都是负功能。[④]

安全，英文中常用safety与security来表示，两者有所差异，但在《现代汉语词典》《安全科学技术词典》《牛津高级英语词典》里，均包含有没有危险、不受威胁、不出事故的意义。security意义的安全与"稳定"有关系。联合国开发计划署1994年指出，人类安全新维度包含两个方面（不仅仅指避免了军事威胁或战争）：一方面，免于饥荒、疾病、压迫等慢性威胁；另一方面，免于家庭、工作和社区等日常生活场所中的危害性和突发性干扰。[⑤]这实际上是国际关系学界所谓

① ［英］彼得·泰勒-顾柏、［德］詹斯·O.金：《社会科学中的风险研究》，黄觉译，中国劳动社会保障出版社2010年版，第5页。

② 杨雪冬：《风险社会理论述评》，《国家行政学院学报》2005年第1期。

③ Adams, J, *Risk*. London: UCL Press, 1995, p8.

④ Coser, Lewis A., *The Functions of Social Conflict*, New York, Routledge and Kegan Paul Ltd, 1956.

⑤ UNDP. *Human Development Report 1994*. New York: Oxford University Press.

"非传统安全"（避免军事冲突与战争、保卫国家主权安全等往往被视为传统安全）的正式表达。但这些定义均是从安全的反向功能角度（不、没有、免于）来界定的，因此有人尝试从社会学视角来界定其本义，认为"安全是特定的社会行为主体在实际生存和发展过程中所拥有的一种有保证或有保障状态"。[①]大体而言，安全是人们在社会实践活动中，能够持续保持正常完好的状态，是人类理性状态的可控风险。[②]

应急，对应的英文应该为managing emergency（习惯性表达为emergency management），其中manage含有"管理""应对"等多重相近意义，emergency仅为"紧急情况"之义，并无"应对"之义。[③]国内将之翻译为"应急管理"，或许有其他原因。应急，一般理解为"为急而应"，即围绕突发紧急事件而作出预防减灾（reduction）、应急准备（readiness）、应急响应（response）、恢复重建（recovery）等社会行动，这也是应急管理学界所谓的4R应急环节。[④]美国学者哈岛等认为，应急（管理）是一门处理风险与防止风险的学科，是保障每个人日常生活安全不可缺少的部分。美国应急管理联盟认为，应急（管理）是一门运用科学、技术、规划以及管理对造成人员伤亡、财产损失的极端事件进行处理的学科和专业。[⑤]总体看，应急是维护、保障和实现安全目的的一种主要理性化手段，当然，一旦应急失灵，不但无法消除突发事件的负面后果，还有可能滋生新的不利后果，这是值得深入思考并加以避免的问题。

危机，英文单词通常为crisis（源于希腊语krisis），一般理解为危险+机遇（意味着危险中蕴含着新生的发展机遇），如"韦氏大词典"认为crisis是紧急状态"有可能变好或变坏的转折点"，这就是与前述"风险"相对比较接近的概念，受制于人类理性。危机研究先驱者赫尔曼认为，危机是威胁到集团优先目标的一种形势，在此形势中决策集团作出反应的时间非常有限，且形势常常向令决策集团惊奇的方向发展。[⑥]荷兰学者罗森塔尔认为，危机是指对一个社会系统的基本价值和行为准则架构产生严重威胁，并且在时间压力和不确定性极高的情况

---

① 郑杭生、杨敏：《个体安全：一个社会学范畴的提出与阐说——社会学研究取向与安全知识体系的扩展》，《思想战线》2009年第6期。

② 颜烨：《安全社会学》，中国社会出版社2007年版，第3页；颜烨：《安全社会学（第二版）》，中国政法大学出版社2013年版，第10页。

③ 颜烨：《灾变场景的社会动员与应急社会学体系构建》，《华北科技学院学报》2020年第3期。

④ ［美］罗伯特·希斯：《危机管理》，王成等译，中信出版社2003年版，第21—23页。

⑤ ［美］乔治·D.哈岛等：《应急管理概论（第三版）》，龚晶等译，知识产权出版社2012年版，第342页。

⑥ Hermann, C. F. Ed., *International Crises: Insights from Behavioral Research*, New York, Free Press,1972,p34.

下，必须对其作出关键决策的事件。[①]可以说，危机常常具有事件宏观性、不确定性、后果危害性、行动紧迫性（亟须立即作出紧急应对决策和行动）等特点，因而“危机”有时又是与“应急”相当接近的概念。但在比较分析后，我们认为，危机事件处置与管理更偏重于宏观层面的紧急应对，如经济危机（企业危机）、政治危机（政权危机）、社会危机、舆情危机等，需要考虑多方面的因素和影响。而应急处置和管理，往往针对具体突发事件，更注重局部的影响和解决方案。此外，“危机”一词往往更容易引起负面的主观感受，而“应急”则显示出积极应对的作为和态度。

从上述界定看，风险、危机、灾难、冲突、安全、应急之间密切相关，又或多或少存在差异，盖因人类理性对它们的主观感知与处置行动不同。实际上，我们可以把风险视为一种基础性概念、一种中间状态（危机、冲突也都有这方面的特性），而危险或灾难往往导致毁灭。所以类似的观点如贝克所说：“风险概念表述的是安全与毁灭之间一个特定的中间阶段的特性。”[②]风险既不等于毁灭，也不等于安全（或信任），而是对现实的一种虚拟，一种人为的不确定性。[③]也就是说，灾难是风险（危机）转化而来的负向结果，风险（危机）是一种尚未转化的潜在危险。当人们通过科技、经济、福利、政治、组织、法律等各种理性手段去管控、应急、保障，以化解风险，人或社会就会逐渐变得安全（一种正向结果）；相反，当人类理性不足或者理性作用失灵的时候，风险（危机）就会转化为灾难。从这个角度来看，安全治理（安全维护保障）实际上就是这样一种理性化的社会过程：化解风险、避减灾变、走向安全，即安全化过程。吉登斯就认为，风险社会是关注未来（关注人类安全）的社会，风险的含义就生发于人类未来的安全问题。[④]具体如图1所示。

在图1中，如果按照贝克思想来理解，现代社会很多风险源于人类理性，但又需要基于人类各种理性去化解风险、化解危机；安全、应急都可以视为人类的一种理性手段，其中安全又是人类理性追求的正向目的。在这些词语中，“风险”“危机”有可能分别演化为“化险为夷”“转危为机”。在这一演化过程中，除了风险、危机本身的向坏背景环境消失，从而带来“夷”和“机”外，最主要的就

① Rosenthal, U., Boin, R.A., Comfort L.K.,*Managing Crises: Threats, Dilemmas and Opportunities*, Springfield, Charles C Thomas Publisher Ltd. ,2001, pp80-85.

② ［德］乌尔里希·贝克、郗卫东（编译）：《风险社会再思考》，《马克思主义与现实》2002年第4期。

③ Ulrich Beck, *Risk Society: Towards a New Modernity*, Translated by Mark Ritter, London, SAGE Publications Ltd, 1992, p21.

④ A. Giddens,*Runaway World: How Globalization is Reshaping Our Lives*. London: England, Profile, 1999, p3.

是要通过人类的各种“安全理性”或“应急理性”化险为夷或转危为安。因此，安全理性、应急理性无疑是风险（危机）向好的重要手段，或者说是一种“风险（危机）治理术”。因而人类理性成为风险及其相关议题治理的“中轴”。

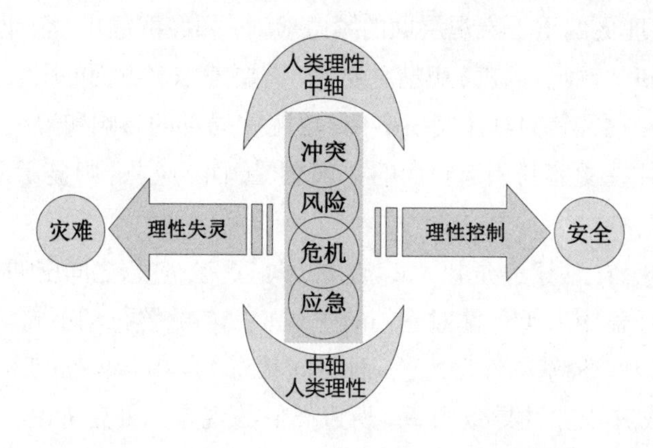

图1 基于人类理性“中轴”的风险及其相关议题的关系

另外，需要说明的是，目前社会学等学科对于“不确定性”的研究比较盛行，[①]有时甚至用“不确定性”研究替代“风险”研究。笔者认为，不确定性的外延相对要大于风险。因为不确定性本身包含“好”与“坏”两个向度的不确定性；而风险一般倾向于“向坏”演化，若是通过安全预防、应急准备等化解风险，就会“向好”演化。因此，这几个词从外延排列起来看即为：不确定性>风险>安全（灾难）或应急。

（二）风险演化全过程的各自侧重

如上所述，风险治理是安全、应急等的中心词，存在于风险与人类理性的关系中（见图2）。无论灾难（灾害）、应急还是安全，均源于对风险的思考，风险是人类社会的绝对客观存在。当人类未能借助理性思维或技术发现风险，或者发现后，任其自然变化，不作为或乱作为，其结果就会走向灾变；而人类通过各类理性（如管理理性、科技理性、法制理性等）把握风险的转变，如安全预防、及时应急，就有很大的可能化险为夷、驱灾避难。

但是，风险演化（灾变性演化）往往是一种包含事前、事中、事后几个阶段的过程。正是这一客观过程的存在，使得中国学界在2018年3月应急管理部成立不久，就因观点差异分为安全科学学派、应急管理学派，还有一个职业健康学派（因为职业健康与安全生产再度分离而治）。安全科学认为安全控制包括事前安

① 文军、刘雨航：《不确定性：一个概念的社会学考评——兼及构建“不确定性社会学”的初步思考》，《天津社会科学》2021年第6期。

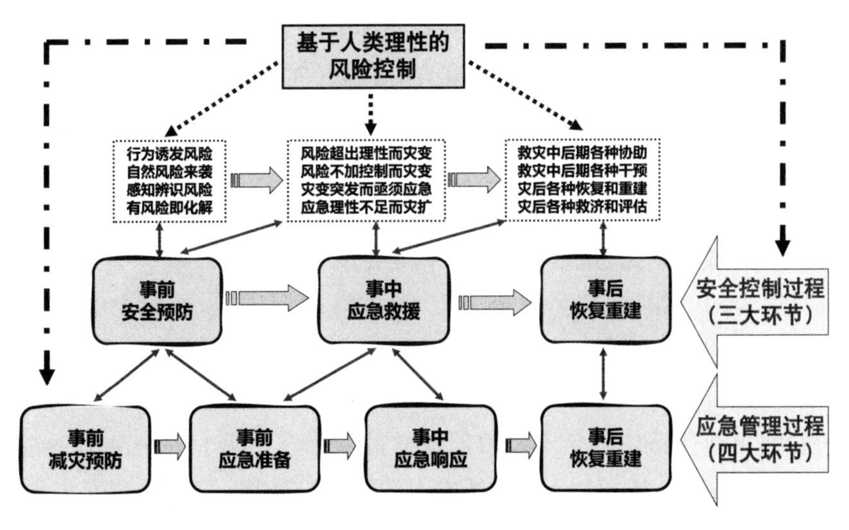

图2　风险控制、安全控制与应急管理过程及其关系

全预防、事中应急响应、事后恢复重建，即三阶段论；应急（管理）科学认为，安全应包括减灾预防、应急准备、应急响应、恢复重建，即四阶段论。①

从人类理性应对风险灾变的关联学科来看，安全科学偏重于事前预防（安全预防），应急（管理）科学偏重于事中应急响应，社会保障科学主要偏重于事后恢复（当然反过来即是前期预防）。与之对应的则是，安全社会学主要偏重于社会学意义的安全预防行动及其社会结构关系，应急社会学则主要偏重于社会学意义的应急响应处置行动能力及其社会结构关系，但两者均包含一定意义的（事后）社会保障（社会保险、社会救济、社会福利、优抚安置）工作。②当然，一些安全科学学者秉持“安全第一，预防为主”的理念，认为安全预防始终是最重要最有效的，也是最省事的，因而花大气力研究安全（预防）成为科学研究中的必然；但一些研究自然灾害科学的学者和应急管理学者认为，在现代社会，风险走向灾变防不胜防，不可能求得百分之百的安全，因而只能以应急措施保障安全、实现安全，减灾备灾预防仅仅是应急管理的初期一环，因此应急在外延上要大于安全。

应该说，安全与应急在实务工作方面因环节不同各有偏重。应急管理所指的四个环节也包含预防，倾向于将“安全预防”与“应急预防”等同。但一般认为，

① ［美］罗伯特·希斯：《危机管理》，王成等译，中信出版社2003年版，第21—23页；［美］M.K.林德尔、卡拉·普拉特、罗纳德·W.佩里：《应急管理概论》，王宏伟译，中国人民大学出版社2011年版，第342页。

② 颜烨：《社会保障——安全与应急不容忽视的一环》，《中国应急管理报》2021年3月17日第7版。

安全科学所指的"安全预防"，是为了保障"不出事"，指风险被化解、消灭；而应急预防一般是针对"出事时"如何做好充分预防、准备，以避免灾变伤害，或减少灾变损失，当然其目的也是保障和维护安全。因此，两者所指的"预防"各有一定侧重（见图2）。[①]此外，从结构和功能角度看，安全过程（环节）与应急过程（环节）的差异既是结构性差异，也有功能上的差异：安全预防是隐功能（避免了灾变），应急救援是显功能（行动绩效是可见的）。

我们认为，应急属于总体安全。因为从实际情况看，80%以上的应急行动是直接或间接为了安全，从而可以认为，应急属于大安全范畴的重要一环，应急行动是安全行动的重要组成部分。在2001年"9·11"事件之后，2003年，时任美国总统小布什将1979年卡特政府成立的联邦应急署（Federal Emergency Management Agency, FEMA）并入新成立的国土安全部，意在强调安全预防为主，预防失败必启应急行动。可以说，应急是为了应对突发性事件而必须采取紧急措施和手段的一种社会活动。应急就是为了保障和维护安全，是总体安全的重要组成部分，是实现安全的一种重要手段。

此外，需要说明的是，本学术著作在涉及"大安全""总体国家安全观""国家安全学"等问题时，尽量使用"总体安全"或"总体安全研究"的概念。除非涉及党政文献或领导人讲话等原文，方使用"大安全""国家安全""国家安全学"等说法。因为，一方面，"大安全"是口语化表达，"总体安全"相对更具有学术性；另一方面，"国家安全"，笔者认为还是将其义限定在军事国防、反恐反谍、主权外交等领域比较妥当，这样也容易被人接受，不宜泛化。即便谈及"非传统安全"，也应只在其涉及国界（领土）、国权（主权）时，才将之纳入"国家安全"的问题领域，否则，一个国家或地区内部的各类安全问题，均应视为"公共安全"问题。

二、社会学关于风险类议题的研究及其谱系[②]

人类自有史以来就面临着生存发展的一切风险。风险因人类而存在，无人类即无风险，因而治理风险、避免灾变、追求安全，是人类不可回避的话题。如何治理各类风险，仁者见仁，智者见智。社会发展到今天，具有专业理性的每门学科都力图基于自身的立足点和核心命题来阐述。比如：工程技术学科力图着眼于

① 颜烨：《安全与应急的关系：基于产研学分域的分析》，《情报杂志》2019年第9期。

② 此部分主要内容参见颜烨：《风险社会学：关联性学术知识谱系及演进发展》，《中国安全科学学报》2023年第5期。

人、物、环境的关系，通过各种工程技术来化解风险；管理（科）学则基于控制—效率的核心视角，力图通过科学的、人性化的管理理论和方法来化解风险；经济学依循成本—收益的理论，分析风险治理的投入和安全效益；法学围绕人的权利—义务这一核心命题，力图设置合理的风险治理规制，明确人们在风险治理中应享的权利、应担的义务。那么，社会学对于风险治理的核心思路，可能基于学科自身的"行动—结构"，或者"进步"与"秩序"，或者"个人"与"社会"的关系命题而展开。

实际上，社会学作为一门相对成熟的学科，关于各类风险相关议题的研究或分支学科也应该逐渐增多。如果借用生物学上的直系和旁系概念来指代社会学分支学科，就会看到：社会学直系分支即"××社会学"（大多属于应用社会学）之类分支学科非常多，尤其在学科分类与代码中多见；而旁系分支学科因与社会学关系密切、社会功能一致且与其他学科知识交叉，往往形成诸如社会工作、社会心理学、社会保障、社会政策、社会福利学、社会组织、社会人类学、公共关系学、人口学、妇女学、青年学、社区学、社会建设、社会治理、社会发展等学科，它们早于或晚于社会学而产生。具体如图3所示。

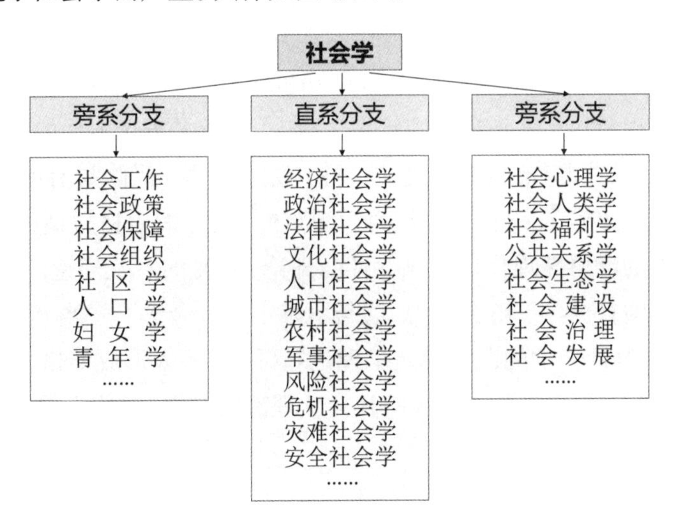

图3　基于直系与旁系的社会学分支学科体系

基于这一社会学体系框架，结合上述相关议题的分析对比，可以看到，风险是绝对的客观存在，安全、灾变都是相对的，没有绝对的安全存在。既然风险、危机、应急、灾难、安全具有词义与实践性差异，将之分别作为学科知识体系的研究主题或对象，也就有了可能，经济学、法学、管理学、社会学等分支学科由此完全可以延展研究。实际上有些分支学科如灾难社会学、灾害经济学、安全经济学、安全管理学等，已经相当成熟。下面我们将对安全社会学、灾难社会学、风险社会学等社会学学科知识体系（包括分支体系）研究进行对比分析，如图4所示。

图4　风险社会学谱系及其“成员”构成

（一）风险社会学及其分支体系

前面说过，风险社会学作为制度化的学科体系尚不成熟，但已经有一些理论探索。[①]国内有学者认为，风险社会学是20世纪80年代末逐步发展起来的以各种“风险社会现象”为研究对象的新兴学科，主要涉及五个方面的主题：风险治理、公共信任、民主与风险、现实主义—建构主义论争、风险与治理；[②]并认同有些学者提出的至少存在三种风险社会学观点的看法，即道格拉斯的社会秩序文化理论、贝克的反思性现代化和风险社会理论、卢曼的系统理论。[③]还有学者提出应该把“风险社会学”拓展为“风险与不确定性社会学”。[④]当然，如前所述，这些理论为风险社会学的诞生奠定了理论基础，但还未形成严格和完整意义的制度化学科体系。国内外学者对风险社会学理论的应用，基本上停留在贝克等的

---

① Krimsky S., Golding D., *Social Theories of Risk*. Westport: Praeger,1992; Tierney, K.J,“Toward a Critical Sociology of Risk”, *Sociological Forum*, 1999(14), pp215-242.

② 文军：《新型冠状病毒肺炎疫情的暴发及共同体防控——基于风险社会学视角的考察》，《武汉大学学报（哲学社会科学版）》2020年第3期。

③ Lidskog R., Sundqvist G. Sociology of Risk// Roeser S., Hillerbrand R., Sandin P., Peterson M., *Essentials of Risk Theory*. SpringerBriefs in Philosophy. Dordrecht: Springer, 2013: 75-105.

④ Jens O. Zinn,“Recent Developments in Sociology of Risk and Uncertainty”, *Historical Social Research*, 2006, 31(2), pp275-286.

风险社会理论应用层面，[1]还不是真正意义的风险社会学学科知识的应用。

从分支学术知识体系看，目前风险社会工作、风险社会心理学、风险社会政策（学）还谈不上制度化的学科建设，多为具体的学术研究方向，如在疾病风险、公共卫生风险、家庭风险、工业生产风险、经济风险、特殊社会群体风险、特殊社会保障政策完善等方面应用较多。这里，风险社会心理学、风险社会政策（学）作为学术知识体系，在国外研究比较多，国内学者多为具体应用。

当然，风险社会学及其支系研究多为理论层面研究，主要分析风险产生的社会原因、社会过程和社会效应。真正涉及排除化解风险的，主要是在安全社会学、应急社会学、危机社会学等更理性化的学术知识体系中。

（二）灾难社会学及其分支体系

灾难社会学（灾害社会学）在社会科学中是发展较早的学科，[2]后逐步拓展到人类学、管理学等学科领域，其研究范式相对较多、较为成熟。一般地，灾难（灾害）社会学是研究灾难与人类社会关系的学科，研究灾难（灾害）发生的社会原因、社会过程、社会效应及其规律性。[3]灾难社会学早期着重探索人们在灾难压力下的集体行动、社区参与、组织变化等行为模式，[4]后来更强调灾害（灾难）情境下的社会变化，[5]再后来，社会学、管理学研究者认为，人们已逐步走出“灾害迷思”的被动困境，强调人类认知灾变的能力和应急能力的提升。[6]这一演进先后形成了灾害（灾难）社会学的结构功能主义、脆弱性（韧性或抗逆性）理论、社会资本或社会保护理论、社区为本理论、社会建构主义等范式或

---

① 夏玉珍、徐大庆：《自杀风险与湖北京山农村老年人自杀：一个风险社会学的分析框架》，《南方人口》2015年第2期；尹新瑞：《食品安全问题背后的风险社会逻辑——风险社会学视角下食品安全问题的治理路径》，《未来与发展》2018年第1期。

② Prince S.H., *Catastrophe and Social Change: Based upon a Sociological Study of the Halifax Disaster*, New York, Columbia University Press,1920.

③ 王子平：《灾害社会学》，湖南人民出版社1998年版；梁茂春：《灾害社会学》，暨南大学出版社2012年版；等等。

④ Stallings R. A.,“Collective Behavior Theory and the Study of Mass Hysteria”, in Dynes, R.& Tierney, K.(eds.) *Disasters, Collective Behavior, and Social Organization*, New York, University of Delaware Press, 1994, pp207-228; Barton A.H., *Communities in Disaster: A Sociological Analysis of Collective Stress Situations*, New York, Doubleday,1969.

⑤ 韩自强、吕孝礼：《恐慌的迷思与应急管理》，《城市与减灾》2015年第2期。

⑥ Perry, Ronald W., Quarantelli, E. L. edt., *What is a disaster? New Answers to Old questions,* Newark, DE: International Research Committee on Disasters,2005.

流派。①

在分支学科或学术知识体系中，灾害社会工作、灾害社会心理学、灾害社会政策（学）等研究，国内外都比较成熟。②

（三）安全社会学及其分支体系

根据已有文献，曾在美国访学的新西兰学者克莱门兹撰写了一篇关于安全社会学（sociology of security）的文章，认为安全渗透于人们生活的方方面面。接着，英国工业界学者基于人因和组织安全氛围写了一篇主题为"sociology of safety"的文章。③后来，中国学者写了一篇综合safety和security意义的安全社会学文章，④俄罗斯学者基于人道主义视角（社会科学综合维度）出版了security意义的安全社会学专著，⑤美国信息学者和工业职业卫生学者等各自探索了safety和security意义的学科性知识体系。2007年和2013年，笔者分别出版综合safety和security意义的《安全社会学》两版，⑥2009年，中国《学科分类与代码》标准正式将安全社会学列为安全科学技术学科下的安全社会科学的三级学科。中国社会学家也呼吁将之作为专业性学科体系加以建设。⑦

安全社会学是一门年轻的学科（体系），范式也不统一，有学者总结为三类范式，即行为规范、社会结构、社会系统（风险社会）范式。⑧其分支安全社会工

---

① Kreps G. A.,"Sociological Inquiry and Disaster Research", *Annual Review of Sociology*, 1984(10); Adger W.N. and Kelly P.M.,"Social vulnerability to climate change and the architecture of entitlements", *Mitigation and Adaptation Strategies for Global Change*, 1999(4); 周雪光：《芝加哥"热浪"的社会学启迪——〈热浪：芝加哥灾难的社会解剖〉读后感》，《社会学研究》2006年第4期；Nakagawa Y, Shaw R."Social Capital: A Missing Link to Disaster Recovery", *International Journal of Mass Emergencies and Disasters*, 2004(1); 赵延东：《社会资本与灾后恢复——一项自然灾害的社会学研究》，《社会学研究》2007年第5期；Lindell M. K., Perry R. W.,"The Protective Action Decision Model: Theoretical Modifications and Additional Evidence", *Risk Analysis*, 2012 (32); Barton A.H., *Communities in Disaster: A Sociological Analysis of Collective Stress Situations*, New York, Doubleday, 1969; 吴越菲、文军：《从社区导向到社区为本：重构灾害社会工作服务模式》，《华东师范大学学报（哲学社会科学版）》2016年第6期；Klinenberg E., *Heat Wave: A Sociological Autopsy of Disaster in Chicago*, Chicago, University of Chicago Press, 2002; 周利敏：《西方灾害社会学新论》，社会科学文献出版社2015年版。

② Zakour M.,"Geographic and Social Distance during emergencies: A Path Model of Interorganizational links", *Social Work Research*, 1996,20(1); 周昌祥：《灾害危机管理中的社会工作研究——以中国自然灾害危机管理为例》，《社会工作》2011年第2期；周利敏：《灾害社会工作：介入机制及组织策略》，社会科学文献出版社2014年版；陈涛：《灾害社会工作在疫情防控中的专业优势》，《社会工作》2020年第1期；时勘：《灾难心理学》，科学出版社2010年版；史海涛：《建国以来中国灾害社会政策的发展研究》，西北农林科技大学硕士学位论文，2013年。

③ Turner B. A.,"The sociology of Safety", *Engineering Safety*, London, McGraw Hill, 1992, pp186-201.

④ 颜烨：《"安全社会学"初创设想》，载《安全文化与小康社会》，煤炭工业出版社2003年版。

⑤ Кузнецов В.Н. Социология безопасности, МОСКВА: КНИГА и БИЗНЕС, 2003.

⑥ 颜烨：《安全社会学》，中国社会出版社2007年版；颜烨：《安全社会学（第二版）》，中国政法大学出版社2013年版。

⑦ 郑杭生、杨敏：《个体安全：一个社会学范畴的提出与阐说——社会学研究取向与安全知识体系的扩展》，《思想战线》2009年第6期；宋林飞：《增强社会学话语体系的中国特色》，《社会学研究》2016年第5期。

⑧ 颜烨：《公共安全治理的理论范式评述与实践整合》，《北京社会科学》2020年第1期。

作主要集中在社会治安、特殊群体或工业职业安全领域，但没有太多的探索。安全心理的行为科学分析很多，但安全社会心理学研究相对较少。安全社会政策（学）主要倾向于社会安全网（社会保障）的研究，其他方面研究较少。国内外关于安全社会组织的实证研究相对较多。而“安全社区”的概念，源于1989年世界卫生组织在瑞典斯德哥尔摩举行的第一届预防事故和伤害世界大会。其通过的决议即《安全社区宣言》指出：任何人都平等享有健康及安全的权利。此后，关于安全社区的理论研究也如雨后春笋般涌现。[①]

（四）应急社会学及其分支体系

社会学研究应急议题是较为晚近的事情，是人们走出灾害迷思之后，逐渐认识到抗灾救灾中应急能力的重要性，而逐步走向应急管理、应急行动研究的。到今天，社会学界对应急议题的研究仍然具有极强的应急管理（学）色彩，或者说没有完全脱离灾害（灾难）社会学的限阈。除了国内个别学者提出建构“应急社会学”体系外，[②]国外也仅有“急诊社会学”的提法。[③]当然从社会学视角对应急问题的综合探索，尚有如应急的社会学机制、社会应急能力、应急决策的社会参与、应急问题的过程—结构研究方法、执政党结构性介入应急等。[④]在国内少数学者的研究中，应急社会学色彩较为浓郁。国内相关学术研讨会认为，要大体基于应急管理四个环节来构建“应急社会学”学科体系，这应该算是偏重于应急管理的应急社会学，[⑤]与我们基于社会学元素视角构建“应急社会学”学科体系有所不同。这方面有点类似于社会心理学，一开始就形成两个流派，一个是偏重于心理学的社会心理学（较微观），另一个是偏重于社会学的社会心理学（较宏观）。

在应急社会学分支领域的探索中，有研究者提出“应急社会工作”的概念，

---

① 如，Nilsen P, “What Makes Community Based Injury Prevention Work? In Search of Evidence of Effectiveness”, *Injury Prevention*, 2004, 10(5), pp268-274；袁振龙：《社区安全的理论与实践》，中国社会出版社2010年版。

② 颜烨：《为应对肺炎疫情，建议延迟返工开学，并促动社工进入》，界面新闻网https://www.jiemian.com/article/3912536.html，2020-01-25；颜烨：《灾变场景的社会动员与应急社会学体系构建》，《华北科技学院学报》2020年第3期。

③ Vosk, Arno, Milofsky, Carl., “The Sociology of Emergency Medicine”, *Emergency Medicine News*, 2002, 24(2), p3.

④ 如，P.W.O’ Brien，D.S. Mileti，任秀珍等：《防震减灾、应急准备和反应及恢复重建的社会学问题》，《世界地震译丛》2004年第2期；童星、张海波：《中国应急管理：理论、实践、政策》，社会科学文献出版社2012年版；颜烨，《灾变场景的社会动员与应急社会学体系构建》，《华北科技学院学报》2020年第3期；龚维斌：《应急管理的中国模式——基于结构、过程与功能的视角》，《社会学研究》2020年第4期。

⑤ 《国家社科基金重大项目“基于灾变情境的应急社会学体系构建研究”开题报告会在广州大学举行》，广大科研微信公众号。

建议“将应急社工服务纳入政府应急体系中”①，也有学者提出让社会工作介入具体灾变的应对处置，尤其在应急医学领域似乎有较多探索。②当然，应急社工也是脱胎于灾害社工的，但不同于灾害社工、医务社工等。关于社会力量、社会性组织（或志愿公民）参与应急处置的研究，也同样多见。如探索应急救援的现状，社会组织类型与组织协同，社会资本作用、参与环节、参与方式，以及包括国际组织（红十字会、国际救援联盟等）在内的应急志愿服务、社区为本的应急救灾救援。③应急社会心理服务研究逐步从灾害心理干预服务中独立出来，成为社会应急服务中不可或缺的环节和手段，尤其在2020年新冠疫情应急防控研究更为突出。应急社会政策的研究也崭露头角。④

（五）危机社会学及其分支体系

危机社会学在某种程度上与应急社会学非常接近，但人们更愿意接受应急社会学，而非危机社会学的概念。危机社会学其实由来已久，国外研究文献也较应急社会学多；而且，危机社会学研究涉及很多领域，如金融危机、信任危机、气候危机等。⑤

与风险社会学、冲突社会学相近，危机社会学的分支学术知识体系并未有很充分的发展。公共危机社会工作研究主要针对具体突发事件而非宏观性危机，危

---

① 刘成晨：《建设应急社工：以“闲时之备”应“战时之需”》，社工观察微信公众号，2020年5月13日。

② 花菊香：《突发公共卫生事件的应对策略探讨——多部门合作模式的社会工作介入研究》，《学术论坛》2004年第4期；黄匡忠：《现代城市应急管理与社会工作介入：角色与案例》，中国社会出版社2018年版；陈涛：《灾害社会工作在疫情防控中的专业优势》，《社会工作》2020年第1期；李迎生：《将社会工作纳入国家重大突发公共事件治理体系》，《社会建设》2020年第4期。

③ 如，时立荣、常亮、周芹：《应急救援社会组织联动协同关系研究》，《江淮论坛》2017年第6期；Nakagawa Y., Shaw R.,“Social capital: a missing link to disaster recovery”, *International Journal of Mass Emergencies and Disasters*, 2004(1)；赵延东：《社会资本与灾后恢复——一项自然灾害的社会学研究》，《社会学研究》2007年第5期；Lindell M. K., Perry R. W.,“The Protective Action Decision Model: Theoretical Modifications and Additional Evidence”, *Risk Analysis*, 2012 (32)；岳经纶、李甜妹：《合作式应急治理机制的构建：香港模式的启示》，《公共行政评论》2009年第6期；张网成：《完善国家应急志愿服务体系的政策建议》，《社会治理》2020年第5期；Barton A.H., *Communities in Disaster: A Sociological Analysis of Collective Stress Situations*, New York, Doubleday, 1969；陈文玲、原珂：《基于社区应急救援视角下的共同体意识重塑与弹性社区培育——以F市C社区为例》，《管理评论》2016年第8期；刘佳燕：《重新发现社区：公共卫生危机下的社区建设》，THU社区规划微信公众号，2020年2月4日。

④ 韩丽丽：《我国突发事件应对与社会政策制定模式研究》，社会科学文献出版社2010年版。

⑤ ［英］特·诺布尔、谈谷铮：《近年来的社会学和当前资本主义社会危机》，《现代外国哲学社会科学文摘》1983年第1期；丁学良：《对印度尼西亚（1997—1998年）经济危机的社会学观察》，《社会科学战线》2000年第4期；Jacklyn Cock,“Public Sociology and the Social Crisis”, *South African Review of Sociology*, 2006, 37(2), pp293-307；Donald MacKenzie,“The Credit Crisis as a Problem in the Sociology of Knowledge”. *American Journal of Sociology*, 2011, 116(6), pp1778-1841；Eric Klinenberg，Malcolm Araos，Liz Koslov，“Sociology and the Climate Crisis”, *Annual Review of Sociology*, 2020(46), pp649-669.

机社会心理学研究零星有一些，危机社会政策（学）研究有所兴起。[①]

（六）冲突社会学及其分支体系

社会冲突是社会结构紧张和不协调的反映。冲突社会学作为传统学术知识体系，兴起较早，可溯源至经典社会学家马克思的社会冲突论，是一种批判性结构主义，其冲突论是社会经济分析框架中的阶级冲突论。现代社会冲突论实际上是对帕森斯等结构功能主义的一种反叛，批判古典功能主义过于强调现存社会制度的合理性而缺乏变革的动力，法兰克福学派的兴起是其重要标志。接下来，产生了新的社会冲突论，如冲突功能论者科塞认为，冲突未必就会导致社会崩溃和破裂，尤其小规模的冲突甚至能增进群体内部凝聚力和团结，重组社会结构，起到一种社会“安全阀”的作用。[②]后来的达伦道夫、米尔斯、柯林斯等关于社会冲突的观点虽然各有偏重，但都认为社会冲突主要源于社会中的财富、权力、地位等利益和阶级阶层之间的不平等以及社会异质性的增加，也源于科技理性对人类生活世界的侵蚀，主张进行社会改革来延续工业资本主义的发展。[③]

严格说来，冲突社会学很难形成建制意义的学科知识体系，充其量就是一种学术性知识体系，这方面它与风险社会学基本类似。它的分支体系，如冲突社会工作、冲突社会政策等也都依托具有较强理性的社会安全（社会治安与反恐）、应急（群体事件管控）手段。相对而言，冲突社会心理学分析和知识体系比较突出或成熟，因为冲突关涉群体情绪、文化心理等因素。

三、安全与应急社会学：社会学三维的审视[④]

安全社会学、应急社会学作为学科知识体系，其母学科基础当然是社会学，但它又涉及两个方面：一是安全科学、应急管理学科理论知识方面，二是社会学理论知识方面。安全科学、应急管理理论，目前涵盖西方学界关于安全科学的

---

① 尹新瑞：《社会公共危机治理中的社会工作介入研究》，《现代管理科学》2019年第8期；蓝宇蕴、谢丽娴：《社区工作与公共危机治理——结合广州市新冠疫情防控》，《华南师范大学学报（社会科学版）》2021年第3期；李芬、风笑天：《大学生人际信任危机的社会心理学分析》，《北京教育（高教版）》2003年第5期；汪新建：《医患信任建设的社会心理学分析框架》，《中国社会心理学评论》2017年第2辑；陈星、彭华民：《韧性中国：社会福利创新与重大危机应对》，《社会工作》2020年第5期。

② Coser, Lewis A., *The Functions of Social Conflict*, Routledge and Kegan Paul Ltd, 1956.

③ C.Wright Mills, *The Power Elite*, Oxford University Press, 1956；［英］拉尔夫·达伦道夫：《现代社会冲突——自由政治随感》，林荣远译，中国社会科学出版社2000年版；Randall Collins，Stephen K. Sanderson, *Conflict Sociology: Toward an Explanatory Science*, Academic Press Inc., 1977.

④ 此部分主要内容源于颜烨：《应急社会学学科知识体系构建的再思考》，《华北科技学院学报》2021年第5期。

“人—机器—环境”系统论、[①]应急管理的过程理论（减灾预防—应急准备—应急响应—恢复重建，即四阶段论），[②]也包括中国学者提出的公共安全（应急）科学技术的“突发事件—承灾载体—应急管理”三角分析框架理论、[③]中国2003年应对非典型肺炎疫情提出的应急管理“一案三制”（预案+体制+机制+法制）等。总体上看，安全科学、应急管理科学作为学科体系建设尚显“年轻”（20世纪80年代开始），而且作为一种综合横断学科，涉及自然科学、社会科学、工程技术等具体学科知识，尚处于发展阶段。相对而言，社会学作为学科知识体系显得“古老”（1838年孔德提出并创建）而成熟。因此，本书主要立足于社会学这一母学科角度，对安全/应急事务进行社会学的思考。

这里，我们借助哲学所谓本体论、认识论、价值论三个维度和层次，重点探索安全社会学、应急社会学分别作为一门学科的社会学本源要素、社会学知识认识、社会学价值意义，回答关于安全社会学、应急社会学的人文价值的追问。其中，社会学“本体论”是其“认识论”“价值论”的基础，决定着后两者的基本性质和取向。本体论是社会学学科内在的构成要素；认识论是人们尤其专业学者对社会学学科的认识，包括如何研究分析社会学（主要是理论和认识方法）、对学科的认识取向等；价值论则是对社会学学科的价值意义的看法和评价。

（一）社会学“本体论”层面的安全、应急社会学

本体论是指关于事物“本然的状况或性质”的学说。[④]这里所谓的“本体论”，是指社会学的研究对象、基本元素，以及应该探索研究的基本问题或基本内容。社会学究竟研究什么，即研究对象、研究内容是什么？

1. 社会学的研究对象与基本内容概述

关于研究对象，具有代表性的有20多种回答，但大体归纳起来，不外乎三大类：一是侧重于社会整体及社会现象的研究，代表人物国外如孔德、斯宾塞、涂尔干等，国内如李大钊、费孝通、陆学艺等；二是侧重于个人及其社会行为研究，代表人物国外如马克斯·韦伯、舒茨、帕森斯等，中国如龙冠海等；三是除上述之外的其他观点，如“问题说”“剩余说”“学群说”“调查说”“未定说”等。[⑤]当然，马克思主义社会学分别有侧重社会整体和侧重个人行为研究的支脉。

---

① ［德］A.库尔曼：《安全科学导论》，赵云胜等译，中国地质大学出版社1991年版，第1—331页。

② ［美］罗伯特·希斯：《危机管理》，王成等译，中信出版社2003年版，第21—23页；［美］M.K.林德尔、卡拉·普拉特、罗纳德·W.佩里：《应急管理概论》，王宏伟译，中国人民大学出版社2011年版，第342页。

③ 范维澄、刘奕、翁文国：《公共安全科技的“三角形”框架与“4+1”方法学》，《科技导报》2009年第6期。

④ 方克立：《中国哲学大辞典》，中国社会科学出版社1996年版，第186页。

⑤ 参阅郑杭生主编：《社会学概论新修（第五版）》，中国人民大学出版社2019年版，第11—13页。

不论哪种研究对象的界定，基本上都是围绕“个人与社会的关系”这一基本问题展开的，[①]也有说是围绕“行动（者）—结构”的命题展开的。[②]从展开的内容看，国内外大部分社会学原理性教科书都涉及如下具体研究内容或基本元素：社会运行及其要素条件、社会的功能、社会文化、人的社会化与社会化过程、社会关系网与社会群体（包括性与家庭、族群）、社会组织、社会制度、社会互动（人际交往）与社会角色、社会公正与社会结构（社会分层与流动）、社区与城市化、社会变迁与发展（含社会建设与社会现代化）、社会集体行为与社会运动、社会职业、社会问题（社会越轨与社会冲突）与社会控制等，以及社会工作、社会保障、社会政策、社会心理、身体健康、生态环境、大众传播等基本元素或议题，或称为分析性概念工具。[③]

2. 安全、应急社会学的研究对象和内容

从上述社会学“本体论”元素看，安全、应急社会学不管是侧重社会整体还是侧重个人行为的研究，都应该围绕“安全或应急（行动者）与社会的关系”这一基本问题来展开，研究安全/应急作为一项社会行动的社会因素（要素）、社会过程和社会效应及其发展规律，这是其最基本的研究对象。安全、应急社会学作为学科知识体系，必然涉及上述社会学本体性的基本内容和元素。

之前出版的《安全社会学》除阐述研究对象和研究基础外，还基于行动—理性—结构—系统的“沃特斯社会学视角”，[④]建构起安全行动、安全理性（安全伦理）、安全结构、安全系统，以及安全的社会属性特征、安全的一般社会功能、安全的社会变迁等分析章节；《应急社会学》，除了研究对象和研究基础的架构外，内容大体涉及社会工作、社会组织、社区、社会心理、社会政策、社会结构、社会伦理、社会文化、社会系统。至于安全/应急的社会条件和要素（因素）、安全/应急社会化、安全/应急社会群体、安全/应急社会制度、安全/应急问题及其管控、安全/应急科普传播等元素，基本上隐含或渗透在各个章节中，没有单独成章

---

① 参阅郑杭生主编：《社会学概论新修（第五版）》，中国人民大学出版社2019年版，第15—18页。

② 参阅杨善华主编：《当代西方社会学理论》，北京大学出版社1999年版，第142—156页；［澳］马尔科姆·沃特斯：《现代社会学理论（第2版）》，杨善华等译，华夏出版社2000年版，第12—16页。

③ 《社会学概论》编写组：《社会学概论（试讲本）》，天津人民出版社1984年版，第1—415页；《中国大百科全书·社会学》，中国大百科全书出版社1991年版，“概观”第一部分；陆学艺主编：《社会学》，知识出版社1991年版，第1—618页；［美］戴维·波普诺：《社会学（第十版）》，李强等译，中国人民大学出版社1991年版，第1—642页；［英］安东尼·吉登斯：《社会学（第四版）》，赵旭东等译，北京大学出版社2003年版，第1—907页；《社会学概论》编写组：《社会学概论》，人民出版社/高等教育出版社2011年版，第1—336页；郑杭生主编：《社会学概论新修（第五版）》，中国人民大学出版社2019年版。

④ ［澳］马尔科姆·沃特斯：《现代社会学理论（第2版）》，杨善华等译，华夏出版社2000年版，第12—16页；颜烨：《沃特斯社会学视角与安全社会学》，《华北科技学院学报》2005年第1期。

加以凸显。当然，关于安全/应急的社会（系统）要素和条件，还应该具体包括安全/应急社会环境（和资源）、应急结构关系、安全/应急社会机制（社会手段和方式）等。之前出版的《应急社会学》还应该阐述应急所具有的人本性与价值性、紧迫性与过程性、规制性与政治性、能动性与共识性、情境性与复杂性、权变性与协同性等社会属性，以及安全保障、社会适应、整合团聚、秩序维续、凝聚共识等社会功能，从而使之更为完备，增强可接受性。

（二）社会学"认识论"层面的安全、应急社会学

认识论是关于人类认识自然和社会的学说，其重点是人类的认识来源、认识过程（程度）、认识方法等，包含着"知识论""方法论"。它要解决的根本问题是人们对客观事物的主观认识是否或多大程度上接近客观事物的本质。越是接近事物本质的认识，就越接近"科学真理"。这里，所谓的学科"认识论"，则是指应急社会学研究采取何种理论视角、何种研究方法来认识和理解这门学科知识体系的问题。

1. 来自社会学的理论认识

社会学从产生以来，理论非常多，理论流派也非常多，如社会整合理论、社会失范理论、马克思主义社会冲突论、结构功能主义理论、社会互动理论、社会角色理论、风险社会理论、沟通行动理论、社会场域理论、后现代社会理论等，这些理论及理论流派都是基于不同的视角对"社会"进行不同的思考而形成不同的知识体系。从社会学理论层面认识安全/应急，如前所述，就要基于安全/应急与社会的关系，来研究安全/应急行动的各类主体及其结构关系、安全/应急的社会条件（因素和要素）等。

首先，从主体及其结构关系看，安全/应急必然是社会行动者的安全/应急行动，是为了保障安全的理性化社会行动，即前述"行动—结构"的社会学核心命题，涉及行动—理性—结构—系统的分析链条。安全/应急的社会行动者同样涉及个人与各类集合性社会主体，国家、政府、企业、社会组织、公民个人等都是社会行动者。也就是说，安全/应急社会学研究可能还不能仅仅停留在目前立足于"社会性行动主体"层面，尚需扩展到其他不同主体的安全/应急行动分析，比如政府安全/应急行动、企业安全/应急行动的社会学分析。当然，他（它）们在安全/应急行动中，必然形成某种结构性关系。比如政府与社会的安全/应急关系，他（它）们之间会因国情历史不同，形成政府全能主义、政府主导—社会参与、政社合作—平等参与、社会自主—政府指导等不同模式。这方面的理论就涉及社会学、政治学等所指的"政府与社会关系理论"；中国特色的安全/应急管理还体现

为党领导下的党、政、军、民合作模式。而且，进一步拓展到社会学领域，就会涉及“社会结构理论”，因为安全/应急不仅仅涉及政府与社会的宏观结构关系，还涉及不同空间（城市和区域）、不同家庭、不同文化模式和层次、不同阶层之间的结构关系，核心是阶层成员之间的结构关系。

其次，从安全/应急的社会条件（因素和要素）看，安全/应急的对象是各类灾种（自然灾害、事故灾难、社会安全事件、公共卫生事件）及受灾人员，目的是保障人们的生命财产安全（主要是人的生命安全）。从事故、事件发生的社会因素看，既涉及自然灾变中人类的脆弱性（称之为“灾”是因为人类受害），也涉及经济、政治（制度与决策）、社群、文化和科技等问题。这些因素在安全/应急管理领域通常称为致灾因子。比如经济发展、科技发展一方面带来了社会富裕繁荣、生产生活的便捷，但另一方面也诱致破坏和新的风险；政府有时候将风险排除在决策之外，但风险常常伴随经济社会发展本身。这些都是一把把“双刃剑”，人类生活在文明的“火山口”。[①]这正是社会学家贝克、吉登斯的“风险社会学理论”所揭示的社会变迁特征或者说某种本质。安全、应急社会学研究必然以其为基础，分析各类灾变的缘起和解决方案。与此同时，谈及实现安全/应急目的的社会手段和方式，必然涉及经济、政治、社群和文化等社会系统要素，和政府、企业、社会三大广义上的社会主体力量，而这一方面涉及结构功能主义的“社会系统理论”。[②]不同子系统要素承担不同的安全/应急功能：安全/应急经济（要素）子系统涉及安全/应急投入、安全/应急物资装备等，体现安全/应急的社会适应功能；安全/应急政治（要素）子系统涉及安全/应急管理体制、安全/应急临场指挥、安全/应急法制、安全/应急民主沟通等，体现安全/应急的目标实现功能；安全/应急社群（要素）子系统涉及各类阶层力量的社会团结、利益关系的协同等，体现安全/应急的社会整合功能；安全/应急文化子系统（要素）涉及安全/应急行动者的文化素养、安全/应急科技水平、安全/应急科普、安全/应急舆情控制，尤其是不同主体的安全/应急共识和价值理念等，体现安全/应急的秩序维续功能。

① Ulrich Beck, *Risk Society: Towards a New Modernity*, Translated by Mark Ritter, London, SAGE Publications Ltd., 1992, p17; Giddens,A., *Modernity and Self-Identity: Self and Society in the Late Modern Age*, Cambridge, Polity Press, 1990, p124; Giddens, A., *The Consequences of Modernity*, Cambridge, Polity Press,1991. Giddens, A., *Runaway world: How Globalization is Shaping our Lives*, London, Profile Books, 1999.李培林、苏国勋等：《和谐社会构建与西方社会学社会建设理论》，《社会》2005年第6期。

② Talcott Parsons, *The Social System*, London, Routledge & Kegan Paul Ltd, 1991, pp1-575；［美］T.帕森斯：《社会行动的结构》，张明德、夏遇南、彭刚译，译林出版社2003年版；［美］塔尔科特•帕森斯、尼尔•斯梅尔瑟：《经济与社会》，刘进、林午、李新等译，华夏出版社1989年版。

最后，安全/应急作为一项特殊的社会行动，必然要求安全/应急行动者针对不同环节，具备一定的安全/应急能力。这也是总体安全体系和能力现代化的基本要求。如《应急社会学》开创性地构建起行动主体—应急过程的能力分析理论，即“主体—过程能力论”。

2. 来自社会学的方法认识

在诸多人文社会科学具体学科中，社会学对于方法的研究与应用是最充分的，涉及诸多常用和最新的研究方法，构成了社会学独有的方法理论（方法论）体系。方法论是科学认识事物、把握事物本质的基本要求。方法科学，则认识深刻到位，更加接近事物本真。

目前，在安全/应急社会学学科创建研究中，定性与定量分析、实证主义与人文主义分析、规范分析（理论演绎法）、历史分析、层次结构分析等方法得到了一定程度的应用。伴随新技术融入传统文科的“新文科”时代的到来，传统文科研究方法需要进一步改进。尤其随着科学技术发展对应急社会实践的影响日益深刻，在安全、应急社会学学科探索及其某些具体议题的研究中，需要进一步拓展应用大数据分析（复杂性网络分析与社会计算）、人工智能分析、社会智慧系统分析、GPS系统分析等自然科学或工程技术方法。

3. 关于学科外部关系认识

上述关于安全、应急社会学的社会学理论、方法论的认识，主要是学科内部关系的认识。我们还需要对其外部关系进行认识，从而体现安全、应急社会学作为学科知识体系的科学性和可行性。这方面主要是指对安全、应急社会学与其外部相关事物关系、相关学科关系等的认识。

如前所述，安全/应急的对象就是各类灾种及受灾主体（人员）。未来时期，安全、应急社会学既要关注全球气候变化（变暖趋势）、资源匮乏与环境破坏加剧、危险化工品生产剧增等自然或生产领域的致灾因素，更要关注社会系统内部的致灾因素和脆弱性问题，比如政府决策失灵、高龄少子化的人口结构变化、贫富差距扩大、公众安全需求强化，以及高质量发展、共同富裕建设等社会性（环境）因素。与此同时，既要关注新兴科学技术如人工智能、智慧系统、GPS系统、GIS系统、社会计算与算法控制等对于安全/应急手段的更新和安全/应急能力提升，又要密切关注它们在日常生产生活实践中诱致的新风险和伦理危害。

作为新兴交叉学科、一种“新文科”，安全、应急社会学还必须与相关的学科知识体系相区别、联系。一方面，吸收关联的共性知识，使学科本身的知识理论更加丰富；另一方面，进行学科之间的区别界定，使得学科本身的特色更加凸显，否则就难以成为新兴学科。这里，最需要说明的是，应急社会学与应急管理研究要分清是应急管理的“学”还是应急的“管理学”，尤其是应急社会学、灾害社会学、安全社会学三者非常接近，需要进一步厘清研究对象和边界。

（三）社会学“价值论”层面的安全、应急社会学

价值论是关于价值和价值观的学说，有时候称为“意义论”。价值，一般是指客体的存在、作用以及它们的变化，对于一定主体需要及其发展的某种适合、接近或一致。[①]因此，事物价值的有无、大小，是主体需要与客体属性的统一。价值观则是人们对于事物有无价值、价值大小、价值优劣的看法和评价。一门学科知识体系，有没有价值，有多大价值，价值优等性如何，取决于两个方面：一是这门学科对于所针对的社会实践的本真反映的程度和指导意义的强弱；二是人们对这门学科的实际价值的基本看法和评价，尤其是学术共同体内部专家学者对它的看法和评价。

1. 安全、应急社会学的学科价值

安全、应急社会学作为学科知识体系究竟有没有价值、有哪些价值？这要从母学科社会学的功能价值谈起。社会学具有描述（现状）、解释（原因）、预测（未来）三大一般性功能，[②]也有的将之拓展为科学理性功能（包含前述一般功能）、人文价值功能、服务建设功能。[③]因此，安全、应急社会学作为学科，也基本上具有上述这些社会功能，具体地说：第一，科学描述突发事件及其应急现状，包括国内外的经验教训，为今后开展社会化的安全/应急、政社合作的安全/应急等提供科学指南。第二，合理解释突发事件发生、安全/应急管控成败的社会性原因（经济、政治原因等不是安全、应急社会学解释的重点），从而精准找到解决问题的社会性“症结”。第三，预测规划未来社会性安全/应急的战略目标、努力方向、基本任务等。第四，发挥学科知识育人功能，在高校相关专业学生中普及安全、应急社会学及其相关知识体系教育教学，提升学生的专业水准和技能，在全社会尤其中小学教育中普及安全、应急社会学类相关知识，从而提升全民安全文化水平和应急意识。第五，通过咨询服务，向党和政府、社会组织（机构）、企事业单位提供具体的、相关的安全、应急社会学类咨询报告，拓宽他们的决策视野，提升其服务水平，从而促进全社会总体安全体系和能力现代化发展，

---

① 李德顺：《价值论》，中国人民大学出版社1987年版，第13页。

② 陆学艺主编：《社会学》，世界知识出版社1991年版，第32—40页。

③ 郑杭生主编：《社会学概论新修（第五版）》，中国人民大学出版社2019年版，第26—28页。

统筹发展与安全，切实保障生命财产安全。

总体来看，目前人类社会进入高风险社会，面临自然灾害与人为灾难交织、传统风险与新兴风险交织的"时代境遇"，不确定性挑战传统的安全控制观。因而安全科学、应急科学、安全与应急社会学等大有作为，咨政、育人、研究、解难的作用巨大。

2. 安全、应急社会学的地位体系

从内容的具体形式上，社会学通常分为理论社会学和应用社会学两大部分。理论社会学包括学科的基本理论、主要方法和发展历史。应用社会学针对社会各个领域，研究范围非常广泛，是运用社会学的理论和方法来分析具体某一社会现象发生发展规律的分支学科。中国正处于社会转型期，人口众多，问题丛生，城乡、区域、阶层之间发展不平衡，前现代化、现代化与后现代化阶段相互交织，社会学在这一大转型中必然大有作为，新分支学科大量涌现也是理所当然。因此，不能说西方国家没有的学科，中国就不能有。它们的繁荣发展是中国社会学者对于中国国情和历史的新思考的结果，完全不可否认。安全、应急社会学即因势而动、因时而生，是推动构建中国特色社会主义社会学的学科体系、学术体系、话语体系的重要之举。

安全、应急社会学应当同灾害社会学、城市社会学、经济社会学、家庭社会学等具体学科一样，归属社会学的"直系"分支学科；而人类学、民俗学、社会工作、社会心理（学）、社会政策（学）、社会保障、社会伦理学等具体学科，因与社会学同时代或晚一些时间产生，多为借鉴社会学基本原理而独立成为学科知识体系，因而这类学科可视为社会学的"旁系"分支学科。那么，与安全、应急社会学相近的安全、应急社会工作，安全、应急社会心理学，安全、应急社会政策等具体学科，也基本上是安全、应急社会学的"旁系"分支学科，而社区安全/应急管理、社会组织介入安全/应急论等，则可归属安全、应急社会学的"直系"分支学科。由此观之，安全、应急社会学是社会学的直系分支学科、应用社会学分支，其下又有更为细支的直系或旁系学科，构成安全、应急社会学学科体系。关于这方面的分域（分支）探索，国内外已有很多，我们尽量吸收其研究内核。

3. 安全、应急社会学的同行评价

在笔者使用"安全社会学"概念之前，已经有国外学者发表或出版过主题为"sociology of safety"和"sociology of security"的论文和论著，但并没有将safety和security两者的社会学共性规律结合起来研究。因此，我们着眼于总体安全角度建构起了这门学科，在国内被誉为具有"开拓性意义"，先后得到一些学者公开或不公开的肯定性评价。[1]相关高校还将《安全社会学》列为专业必修课教材或辅助性教材，前后两版发行量超3000本。

"应急社会学"是2020年初笔者应一家网媒之邀，研撰一篇关于新冠疫情防控的时评时提出的概念。从可见文献看，至今尚未发现与笔者所提出的"应急社会学"学科知识体系概念相同的词条，仅仅发现一篇关于"急诊社会学"的英文报道，[2]因此"应急社会学"学科概念应属首创。笔者还在当年年初国家社会科学基金重大项目征集选题时，提交了"基于灾变场景的应急社会学体系研究"选题报告，后成功入选，说明社会学界、社会科学界对"应急社会学"这门初创性学科是很有兴趣的。这也说明这一选题具有广泛认同的学术研究价值。2021年下半年，笔者首部《应急社会学》专著出版不久，即引发了应急管理研究界、社会学界、实务界的热议和热购，年内先后3次印刷超5000本。与此同时，笔者申报了教育部首批"新文科研究与改革实践项目"（新文科应急社会学课程和教材体系建设研究），并计划出版应急社会学系列丛书。

在社会学界，还有同人提出要紧跟时代变化，进一步修订《安全社会学》《应急社会学》，以适应大量社会实践需求的建议。这足以说明学界与实务界对这类开创性学科的兴趣，以及较高的认同和评价。

四、安全与应急社会学：风险的社会治理术[3]

我们之所以将安全、应急社会学称为"风险的社会治理术"，盖因其反映了全书的重要主题。一方面，要明确安全、应急、风险之间的关系，它们紧密关联而又有所区别。风险总是伴随人之左右，但安全与应急未必，是需要通过人的理性行动和意识去把控、防范化解风险的，体现了一种专业技能性的活动。当然，安全与应急两者之间又有差别（后述）。另一方面，既然置于社会学视角下进行研究探索，必然涉及"社会系统"，即安全与应急是保障人类社会系统安全稳定运行的重要手段和方式。再次，社会学作为一门学科，主要是在宏观社会哲学层面、中观社会学原理层面研究得比较多，在微观技术层面涉及得相对较少；而安全社会学、应急社会学，在社会学谱系中基本上被视为一种"社会治理术"，除了要观

---

① 如中国安全科学创始人刘潜先生，教育部高等学校安全科学与工程学科教学指导委员会原委员、中南大学教授吴超，均先后手书评价《安全社会学（第二版）》的学术价值。公开发表书评的如龚维斌：《安全：社会学研究的永恒话题》，《中华读书报》 2016年7月27日第19版；龚维斌：《"安全社会学"刍议》，《北京日报》2016年8月22日。

② Vosk, Arno, Milofsky, Carl, "The Sociology of Emergency Medicine", *Emergency Medicine News*,2002, 24(2), p3.

③ 此部分主要内容参见颜烨：《风险社会学：关联性学术知识谱系及演进发展》，《中国安全科学学报》2023年第5期。

照形而上、形而中的哲学和理论思考，更主要的是关注形而下的微观治理技术层面问题，即社会学的应用技术问题。比如，2004年党的十六届四中全会首次在党的文献中使用“社会建设”一词，之后几年，“安全”“应急”的社会行动即是置于民生社会建设和社会管理的篇章部分进行论述的；2013年，党的十八届三中全会使用了“社会治理”一词，后逐步替代“社会管理”的用词，并与“社会建设”并列使用。从这时候开始，“安全”“应急”的社会行动在党的文献中，基本上置于“社会治理”篇章加以论述。具体而言，这些内容涉及社会矛盾调解、民生水平提升保障、就业质量和收入水平提升保障、弱势群体社会保障、健康中国、平安中国、国家安全等。也就是说，目前国家制度意义的社会治理的大部分内容，都与安全、应急密切关联。到了2022年，党的二十大报告开辟“国家安全体系和能力现代化”专章加以论述，包含国家安全、公共安全、社会安全三层的相互交织，即回到总体国家安全观方面加以阐述。

从上述情况看，直到今天，风险社会学类话题至少在中国社会学、安全科学与应急管理学界，仍然没有作为显性化的学科知识体系来研究和建构。究其原因，笔者从社会学角度认为大体有几个方面，可以采取多种显化之举。

(一)风险社会学谱系暗隐之因

1. 对风险社会学谱系研究认知不够

社会学的理性研究偏重于挖掘风险或灾变发生的社会原因、社会过程和社会效应，因而风险社会理论研究、灾害社会学研究相对谱系中的其他“成员”更为流行，更易被社会学界认同和接受。而对于如何处置风险、灾变，即如何使用“社会”的安全理性和应急理性手段方法等，去排除风险、处置危难，社会学实际上显得束手无策；有的社会学者干脆直接鄙视这类理性化手段，认为这主要是工程技术（理性）、管理科学（理性）、法律科学（理性）等应该做的事情。这就使得社会学同风险类议题研究的距离越拉越远。

2. 对风险类议题认知存在较大偏差

一些学者认为，研究“安全”“灾难”问题，很容易触碰某类敏感区；认为经济安全、生产安全、公共卫生安全相对好一些，而对于社会安全、国家安全等就更为敏感，一度产生涉密恐惧症。再说，灾变事件尤其“黑天鹅”事件，都是极小概率的事件，几乎不必花费这么多精力来研究。

3. 社会学专业化还是普及化存争议

一些社会学者认为，社会学已经有了贝克等人的风险社会思想理论（风险社会学）和传统的灾害（灾难）社会学，没必要再去构建形形色色的安全社会学、应急社会学、危机社会学，这样反而冲淡了社会学神圣的理论色彩，拉低了社会学的学科品位。由此，当今中国社会学学科专业走向在事实上分割为两种进路：一种坚守社会学中心议题和中心段位（地带），反对社会学分散化；一种坚持认为社会学要在中国发扬光大，就必须走向社会、走向民间，以解决社会问题为己任。前者可以称为“专业中心论”，后者可以称为“普及实用论”。

4. 对风险类议题研究存在明显偏重

对自然灾害、事故灾难、公共卫生、社会安全这四大类风险的研究中，社会学更偏重于社会风险、社会冲突，其次是自然灾害、公共卫生，对事故灾难、公共安全的研究相对忽视。因为，社会风险（社会冲突或治安）更容易在不平等社会结构原因分析中聚集社会学的主题话语，自然灾害、公共卫生研究更容易在社会脆弱性和韧性中找到社会学学术共同体认同的话语。

5. 力图用社会治理等取代风险研究

国内一些社会学者在研究解决这类风险问题时，通常更多使用脆弱性、韧性（可复原性）、治理等词语，来替换安全、应急、危机等词语的表达。尤其是党的十八大召开以后，国家治理现代化提上重要日程。国内社会学界近8年也基本上将风险及其相关问题的解决，置于“社会治理”“国家治理”范畴来探讨，因而“社会治理”的词频，在短短几年里，就超过前述除“风险”外的相关议题词频。当然，风险类各议题词频在国内四大社会学名刊中的呈现频率也不一样（见表1）。毋庸置疑，社会治理必然包含风险、灾难、冲突和危机治理等事务性社会实践，而且后者是前者的最主要治理目标，二者几乎可以画等号。但社会治理的外延，要比风险及其相关议题治理大得多，甚至包括常言的各种社会矛盾（亦可视为一种社会性风险）的治理。而且，社会治理的对象不一定就是各种风险及其相关议题，还包括其他视角的类型，如农村社会治理、城市社会治理、某行业社会治理、基层社会治理（社区治理）等。因此说，社会治理尽管具有重要的社会学意义，但还不能替代风险治理及其相关治理。

表1 国内四大社会学名刊2014—2021年“风险”类与“社会治理”词条比较

四大文献源	风险	灾害/难	冲突	安全	应急	危机	小计	社会治理
《社会学研究》	33	3	15	8	3	8	70	20
《社会》	23	4	17	2	1	7	54	5
《社会学评论》	19	2	13	10	1	11	56	26

续表

四大文献源	风险	灾害/难	冲突	安全	应急	危机	小计	社会治理
《社会发展研究》	23	1	14	10	4	5	57	19
小计	98	10	59	30	9	31	—	70

注:《社会发展研究》在国内四大社会学类名刊中创刊最晚,故以其创刊年(2014年)为基点,对四刊进行统计,截至2021年12月15日。检索方法:在中国知网(CNKI)采取“主题”(模糊)与“文献来源”(精确)并行查询。

(二)风险社会学显化之举

鉴于上述看法,我们认为,要使得风险社会学谱系研究成为“显学”,就应该在学科知识体系的思想认识、具体应用方面形成共识,尤其中国社会学要勇于打破“禁区”“瓶颈”,破解学科专业“内卷化”难题。不妨在以下几方面做一些思考和努力。

1. 坚信社会学在中国必定大有作为,更具有中国特色和风格

学界一直存在这样的认识,当然在国外也是事实,那就是这门学科的发展态势永远无法与经济、管理、法律(经管法)媲美。理由在于:一是社会学在国家政策层面发挥的作用远远不如经、管、法,甚至不如教育学、心理学等;二是社会学各层次毕业生就业难,这是最大的现实;三是社会学的一些概念、定理等,对于百姓来讲,生涩难懂、不实用。其实与欧美国家相比,社会学在中国大有作为:西方社会学诞生于法国,由孔德创立,法国政治文化与中国有类似之处,这是社会学在中国有所作为的社会文化基础;同时,中国目前正处于“百年未有之大变局”的转型时期,经济发展良好与社会建设滞后的矛盾、社会问题突出,正是欧美国家曾有的经历,也是社会学大有作为的时代背景(西方社会学就诞生于这样的时代环境)。而且,中国特有的领导体制、特有的城乡二元结构、特有的庞大人口规模及其结构变迁,以及伟大复兴梦想的感召等,构成了中国特色社会学、中国特色社会主义社会学大有作为的强大背景,这些实践背景是西方所没有的。因此说,风险社会学谱系“成员”恰可展现中国经验和中国风格的学科体系、话语体系和理论体系。

2. 社会学不能囿于既有传统议题,亟须拓展风险类议题研究

自恢复重建以来,中国社会学在阐释和解决特有的城乡关系与城市化发展、规模人口结构变化、社会与国家关系、改革开放后的劳资关系、社会阶层结构巨大变迁等传统主题与问题上,发挥了自己应有的社会功能作用,也是学界、政界

有目共睹的。但是，中国社会学不能就此止步不前，应该回应全球信息化、风险化的时代主题，不仅要在阐释、预测和解决常见的自然灾害如洪灾、雪灾等，事故灾难如交通、矿山灾难等“灰犀牛”问题上发挥作用，更要在未来人工智能发展及其潜在风险、极端天气和地质灾害、其他未知风险等“黑天鹅”事件方面体现预知和应对功能。这些都是需要社会学研究、解决的“社会现象”“社会问题”，这也是社会学在西方诞生和兴起的原因。贝克也说，与“平等”成为工业社会的价值诉求不同，“安全”已经成为现代风险社会的价值追求。[①]况且，现代社会学还可以发挥自身研究方法的独特优势，去测量、算度、实证这些“既新又老”的主题，从而为政府和社会提供解决问题的精准方案。社会学者更没有理由认为这些只是工程理性关切的范围、仅为维稳之术而止步不前。事实上，有些地方安全（管控）部门、应急管理部门、卫生健康（管理）部门、公安部门，亟须大量社会学者介入他们的政策研究，但很多社会学者因“问题不熟”望而却步。

3. 社会学不能囿于学界某些中心段位，应走向社会扎根社会

社会学1979年在中国恢复重建，通过诸多社会学者的努力，取得了较强的学科地位，逐步成为与经管法相提并论的“显学”，尤其在2006年前后，中共中央提出加强社会建设，推动社会建设与经济建设、政治建设、文化建设协调发展，[②]预示着当时“社会学的春天”再次来临。近年，中央领导再次指出社会学是“对哲学社会科学具有支撑作用的学科”，强调要“不断发展中国特色社会主义政治经济学、社会学”，中国社会学迎来“第三个春天”。[③]但是，近20年来，社会学界潜在的“专业中心论”与“普及实用论”的分歧，使得社会学学科专业建设和发展反而有所迟滞。我们认为，中国社会学在研究解决风险类议题方面的潜在价值和作用不可小觑，应该大步走向社会。这本身也是社会学的“底色”之所在。具体做法就是在学科专业人才培养方面，就要像经济学（如会计、贸易、金融）等学科那样，在大部分高校，哪怕职业院校，都开设社会学、社会工作院系和专业等。当然，这涉及教育设置体制和具体院校具体情况的问题，但不是不可能，关键在干。比如，笔者所在的工科院校，结合应急管理、安全工程专业，以及“新文科”建设的要求，已经或即将开设安全社会学、应急社会学、应急社会工作、应急社会心理、应急（韧性）社会政策、韧性社区（应急能力）建设等课程，推进

---

① Beck U.,“*Risk Society: Towards a New Modernity*”, Translated by Mark Ritter, *London, SAGE Publications Ltd*, 1992, pp49-50.

② 《胡锦涛在中共中央政治局第二十次集体学习时强调：加强调查和研究着力提高工作本领 把和谐社会建设各项工作落到实处》，http://www.gov.cn/govweb/test/2007-10/10/content_773213.htm。

③ 陈光金：《加快发展中国特色社会主义社会学》，《中国社会科学报》2021年6月23日，第10版。

应急社会工作专业院系的建立。因为，在社会学谱系中，社会工作、社区、社会组织、社会心理、社会政策等都是“社会理性”（分支力量和重要抓手），是能够融入灾害（灾难）应急、安全保障等具体事务和专业之中，发挥社会学类专业作用并推动学科专业发展的重要结合点。

最后需要提及的是，国内安全科学等学界先后提出安全社会科学、安全复杂学、安全软科学等，[①]很显然，风险社会学知识谱系与它们有很多交集，也将继续拓展形成新的交叉学科。但是，需要提示的是，切忌将风险社会学知识谱系的“成员”，视同于风险（安全或灾难）社会科学，前者是具体的社会科学，后者是社会科学学科群的说法。而且，安全科学界等应该提升这些学科的社会哲学理论研究高度和深度，而不是仅仅停留在工程技术层面“就事论事”，这将更有指导意义。

五、中国式现代化进入新常态社会及其风险[②]

社会每一次深刻变革和转型后，都会进入一种不同于之前的新的社会状态，从而推动国家发展和人类文明不断进步。在邓小平同志提出“中国式的四个现代化”基础上，[③]习近平总书记提出“中国式现代化新道路”，[④]进一步形成新的发展语境。这也是我们扎根研究安全、应急社会学必须遵循与依据的社会基础、时代背景和中国思考。为此，我们基于社会学视角，考察当代中国正在经历的民族伟大复兴的“百年未有之大变局”。

（一）中国社会转型已经进入“新常态社会”

1.“新常态社会”问题的提出

中国自1978年实行改革开放以来，各方面发生了翻天覆地的变化，经济社会发生深刻转型。2012年党的十八大的召开，标志着中国社会主义现代化建设进入一个“新时代”。2021年，我国全面建成小康社会，中国经济社会发展进入一个新的历史阶段。媒体称之为“后小康社会时代”“迈向共同富裕的时代”等，“中国式现代化”（“现代化中国版”）喷薄而出。这是否代表一个“新型社会”——准

① 刘潜：《一个发展中的交叉科学领域——安全科学》，《中国安全科学学报》1991年第2期；吴超：《安全复杂学的学科基础理论研究：为安全科学新高地奠基》，《中国安全科学学报》2021年第5期；罗云、裴晶晶、许铭等：《我国安全软科学的发展历程、现状与未来趋势》，《中国安全科学学报》2022年第1期。

② 此处主要内容参见颜烨、卢芳华：《中国式现代化语境下新常态社会特征及风险考察》，《学术交流》2023年第3期。

③ 《邓小平年谱（第四卷）》，中央文献出版社2020年版，第497页。

④ 习近平：《在庆祝中国共产党成立100周年大会上的讲话》，《求是》2021年第14期。

确地说是“新常态社会”的来临？[1]这个“新常态社会”新在哪里，即有哪些标志性特征？这一“新常态社会”在发展进程中将会面临哪些主要风险？这些都是值得社会学探索的话题。与此同时，中国社会学界提出要研究“新发展社会学”，[2]经济学界提出要研究“新发展阶段的中国经济学”，[3]这都引发我们亟须对这几十年来的社会转型及其效应进行新的思考。

2. 社会转型界定及其特征标志

社会学界较早提出“社会转型”概念的是哈利森，其借用生物学概念在《现代化与发展社会学》一书中反复提及，他认为“发展”是“由传统社会走向现代社会的一种社会转型与成长过程”，现代化过程即经济结构转型。[4]这是对后发展国家现代化社会变迁所作的一种理论表述。中国台湾社会学家蔡明哲在其出版的《社会发展理论》一书中将social transformation直译为社会转型。[5]改革开放十多年后，1989年，中国大陆社会学者首次引入“社会转型”一词，来表达改革开放这一伟大进程对社会状态的改变。[6]

当时，经济学界将中国这场社会转型称为（经济）体制转轨，即从计划经济体制转变为市场经济体制；[7]社会学界往往称之为社会结构转型，包括结构转换、机制转轨、利益调整和观念转变。[8]它有几个特点：结构转换与体制转轨同步进行，政府和市场的双重启动，城市化过程的双向运动，转型过程中发展的非平衡。[9]其标志性特征即中国社会正在从自给半自给的产品经济社会向有计划的商品经济社会转型（应修正为市场经济）；从农业社会向工业社会转型；从乡村社会向城镇社会转型；从封闭半封闭社会向开放社会转型；从同质的单一性社会向异质的多样化社会转型；从伦理型社会向法理型社会转型。[10]如果加上一条最具社会学核心意义的本质特征，即从工农阶级社会向中产化阶层社会转型，再加上

---

① “新常态社会”必然是一种“新型社会”，原本可参照当下流行的“新经济”提法，称之为“新社会”，但是，国人习惯地称新中国成立之后的中国社会为“新社会”（New Society），为避免这一误解，笔者使用“新常态社会”来指称社会学专属意义“社会”（societal）中的“新社会”或“新型社会”（New Societality）。

② 李培林：《中国式现代化和新发展社会学》，《中国社会科学》2021年第12期。

③ 洪银兴：《进入新发展阶段中国经济学的重大转变》，《经济研究》2021年第6期。

④ David Harrison, *The Sociology of Modernization and Development*, London: The Academic Division of Unwin Hyman LTD, 1988, pp17-56.

⑤ 蔡明哲：《社会发展理论：人性与乡村发展取向》，中国台湾巨流图书公司1987年版，第66页。

⑥ 郑杭生：《要研究转型中的中国社会和成长中的中国社会学》，《社会学与社会调查》1989年增刊（又见北京市社会学学会：《社会学与社会改革论文集》，1989年）。

⑦ 王曙光：《转轨经济的变迁选择：渐进式变迁与激进主义》，《马克思主义与现实》2002年第6期。

⑧ 陆学艺、李培林主编：《中国社会发展报告》，辽宁人民出版社1991年版，第9页。

⑨ 李培林：《另一只看不见的手：社会结构转型》，《中国社会科学》1992年第5期。

⑩ 陆学艺、李培林主编：《中国社会发展报告》，辽宁人民出版社1991年版，第10—29页。

从手工技术社会向机械电气技术和信息化技术社会转型，共8条。

3. 社会转型阶段论的多种界分

历史上关于社会转型的节点划分有很多种，而社会每次转型后都进入一个“新常态社会”。就中国社会学界而言，有学者认为，自从1840年鸦片战争以来，中国社会有三次大的转型：第一次是从1840年到1949年中华人民共和国成立，这一转型进程非常漫长（100年左右），到20世纪上半叶有所加快；第二次是从1949年到1978年党的十一届三中全会召开，宣布实行改革开放，即计划经济时期（30年左右）；第三次即1978年实行改革开放以来。①

然而，关于1978年改革开放以来的社会转型，中国社会学界又有很多新的阶段划分。比如，有学者认为，改革开放前20年遇到的主要是经济问题，其后20年是社会发展问题。②2005年初，我国明确提出社会主义现代化总体布局要从经济建设、政治建设、文化建设“三位一体”，发展为包括社会建设在内的“四位一体”。③有学者认为，中国已经“迈入了社会建设为重点的新阶段”。④也有人认为，新中国大体是30年为一个转型期，计划经济时期是国家“总体性”体制，改革开放第一个30年释放出经济活力并按照“市场”的原则来重组，下一个30年理当按照“社会”本意即“自组织”来加以重组。⑤“2010年中国社会蓝皮书”总报告中提到“中国进入发展的新成长阶段”。⑥“2021年中国社会蓝皮书”总报告中提到中国“迈向全面建设中国特色社会主义现代化社会的新发展阶段”。⑦

从历史上看，国家全面性“改革”都是某一时段国家以制度性施政方式推进的。而“转型”则是更为宽泛的概念，是在改革或革命的基础上社会全面变革，包含人为的制度化推进以及非制度化的“自然”演变。改革，作为一项全面性的国家政策，当有圆满结束的时点，之后必然进入一种相对“定型化”的社会状态，即“新常态社会”。如何衡量一个“新常态社会”的到来或是某类过渡性“准新常态社会”的来临，是我们需要以具体标志（评价标准）进行合理审视的问题。

---

① 吴忠民：《略论20世纪中国的社会转型》，《中国现代社会转型问题学术讨论会论文集》（中国史学会论文集），2002年。

② ［美］戴维·波普诺：《社会学（第十版）》，李强等译，中国人民大学出版社1999年版，译者序言。

③ 人民日报社论：《构建社会主义和谐社会》，《人民日报》2005年2月26日，第1版。

④ 陆学艺主编：《当代中国社会结构》，社会科学文献出版社2010年版，第6页。

⑤ 沈原：《又一个三十年？转型社会学视野下的社会建设》，《社会》2008年第3期。

⑥ 汝信、陆学艺、李培林主编：《2010年中国社会形势分析与预测》，社会科学文献出版社2009年版，第1页。

⑦ 李培林、陈光金、王春光主编：《2021年中国社会形势分析与预测》，社会科学文献出版社2020年版，第1页。

（二）“新常态社会”具体标志特征及其进展

社会转型是整体性、全方位、根本性的转变，而不是局部性、某领域、浅表性的转变，因而判断是否进入“新常态社会”的标准（标志特征）也是全面整体性的。如果从帕森斯意义的社会系统论来衡量，[①]就要考察经济、政治、社群、文化四大子系统的现代化水平，以及这“四位一体”之间的相互协调关系（结构协调与功能协调）。上述8类社会转型标志（指标要素），其实分别偏重对应着各大社会子系统：市场化、工业化主要对应经济子系统；城镇化、中产化主要对应社群子系统；法理型社会主要对应政治子系统；信息化社会主要对应文化子系统（科技文化）；而异质性、开放性社会相对比较综合。

1. 具体标志性特征分析

参照社会学家们关于社会转型具有数量关系特性的理论，我们认为，考察是否已经进入“新常态社会”，同样需要进行指标量化分析，并考虑一些重要的时间节点。

（1）市场化社会。从《中国统计年鉴》《国民经济和社会发展统计公报》显示的各项具体指标看：①经济体制方面，早在2000年前后，我国就明确社会主义市场经济体制初步建立，目前已经进入成熟发展期。②经济总量（国民生产总值GDP）方面，中国在2010年首次超过日本，至今一直稳居世界第二位，2020年突破100万亿元，这是经济大国的表现，是经济强国的基础。③从中等发达国家动态水平看，中国2015年人均国民生产总值超出8000美元、2019年超出1万美元，进入中上等收入国家行列（党的二十大报告所说2035年人均国内生产总值达到中等发达国家水平是按动态标准）。④民营经济比重方面，2010年民营经济总值占比首次超出50%，2020年已接近70%，民营和三资企业法人单位数占比超过99%。可见，中国市场化发育程度已经相当成熟。

（2）工业化社会。从《中国统计年鉴》《国民经济和社会发展统计公报》显示的各项具体指标看：①三大产业产值比重方面，有几个节点：一是早在新中国成立初期，经过社会主义三大改造后，第二产业（工业）生产总值就超过了第一产业，形成了“二一三”产业结构；二是2010年，一、二、三产业产值比为10.1∶46.7∶43.2，农业产值比重为10.1%（值得注意的是，2001—2004年第二产业产值一直超出50%）；三是2013年，三大产业产值比为10.0∶43.9∶46.1，第一产业产值首次降至10%，第三产业产值首次超过第二产业，直到2015年第三产业产

① Talcott Parsons, *The Social System*, London, Routledge, 1991, pp1-44；［美］乔纳森·特纳：《社会学理论的结构》，邱泽奇译，华夏出版社2001年版，第30—44页。

值首次超出50%，发生很大变化，形成了“三二一”产业结构；四是2020年，三大产业产值比为7.7∶37.8∶54.5，二、三产业共占92.3%。②三大产业就业人数比重方面，也有几个节点：一是1978年，一、二、三产业就业人数比为70.5∶17.3∶12.2，与“二一三”的产业产值结构明显不匹配；二是1994年，三大产业人数比重转为54.3∶22.7∶23.0，第三产业就业人数首次超过第二产业，形成“三二一”就业结构模式，快于三大产业产值结构转型；三是2020年，三大产业就业结构为23.6∶28.7∶47.7，第三产业人数已经接近50%，二、三产业人数共占76.4%。③最主要的是工业化技术优势越来越明显，已经从改革初期传统的手工技术为主，转变为机械电气技术（机电一体化）为主，进入20世纪90年代后20年信息技术兼容机械电气技术，信息化与工业化相互叠加促进而形成新型工业化（智能机电技术一体化）模式，对经济社会发展的推动作用非常明显。这些表明中国的工业化已经进入中后期阶段，中国社会接近“后工业社会”模式。

（3）城镇化社会。也就是城市化社会的中国特色称谓（不过二者含义稍有差异）。从《中国统计年鉴》《国民经济和社会发展统计公报》看：1978年，中国城乡人口比为19.9∶80.1，城市人口不到20%；到了2010年，中国城市人口占比（城市化率）为49.95%，2011年首次超过农村人口比重（为51.83%），是非常明显的标志。目前中国城市化是在世界银行所谓“S规律”的快速发展期（城市化率30%~70%）中迈进，①2020年为63.89%；按照这一速度（约年增1.2%），2035年预计达到73%。当然，目前城市人口中非城市户籍人口（即居住半年以上常住人口）约占15%，真正城市户籍人口不到50%，但前者可计入城市化新常态社会的量化指标。

（4）开放性社会。这一方面的量化指标可以从三个方面来观察：一是改革开放以来，国内人口空间流动速度一直不减，这是开放社会的可见性标志。除了传统的城市与城市之间的人口流动，最主要的是乡村劳动力向城市流动。《中国统计年鉴》《国民经济和社会发展统计公报》显示，2010—2020年的10年间，每年流向城镇务工的农民工均在2亿~3亿人；加上学生流、公务流、商务流、旅游流、亲友流，全年大体有“半个中国”在流动。二是物流（资源流）方面，最主要的表现是近20年来资金流动周转率加速和货运业、快递业的发展。从《中国统计年鉴》看，2020年全国货运量472.96亿吨，是1978年31.94亿吨的15倍；2020年

① 焦秀琦：《世界城市化发展的S型曲线》，《城市规划》1987年第2期。

全国快递服务企业业务量完成833.6亿件，快递业务收入完成8795.4亿元，[①]虽受疫情影响，仍创历史新高。三是对外经济贸易方面，从《中国统计年鉴》《国民经济和社会发展统计公报》看：1950年进出口总额为11.3亿美元，1978年增加到206.4亿美元，2020年扩大到51554.4亿美元，分别是1950 年的4500多倍、1978年的250倍。据一些学者的研究方法，2020年中国经济开放度约为90%，是1985年24.7%的3.6倍。[②]据WTO统计，2013年，中国超过美国跃升为世界货物贸易第一大国，是中国对外贸易发展的历史性标志和里程碑，中国外贸从此进入高质量发展阶段。总体看来，中国开放道路以及"以开放促改革促发展"的经验，丰富了人类社会开放发展的理论和实践。[③]

与此同时，还可以从定性方面来分析，涉及民主政治、价值观念、社会机制等的开放。首先，在政治开放度方面，明显的是基层（村委会和社区）自治民主、政务信息公开等进入"快车道"，体现党建引领、政府主导、社会参与的模式，践行全过程人民民主。其次，价值观念方面，人们衣食住行用等方面的生活观念、行为方式和价值理念发生重要变化，尤其"80后""90后""00后"这几代人的思想开放。这与上述社会流动密切关联，因流动带来开放，开放促进流动，开放性流动促进资源的盘活和新增长点的产生。最后，改革开放以来，社会阶层成员之间的上向、平行和下向流动，是自致性（后天努力）机制为主的流动，最主要的是依靠自身知识技能及学历（文化资源），以及随之而生的经济资源、组织资源、身份资源等。

（5）法理型社会。从人际关系角度看，中国是传统意义上的人情伦理文化大国。传统儒学的核心是"仁"，"三纲五常"伦理以"仁"为首为本，"孝悌"和"礼乐"成为儒家"伦理本位"的两个向度，[④]从而形成与西方国家"理本位"不同的"情本位"。[⑤]但是，随着三四十年市场化的冲击和洗礼，以及社会主义现代化制度重构，这种情感伦理本位的人际信任（人情）为主的社会交往，逐步被契约本位的法理信任为主的社会交往所替代。主要有如下表现：一是以宪法为根本大法的社会主义法律体系日臻成熟。截至2023年9月4日，中国现行有效法律298件；[⑥]

① 中国国家邮政局：《2020年邮政行业发展统计公报》，http://www.spb.gov.cn/gjyzj/c100015/c100016/202105/3597fc5befd4496a8077d790f0888ee8.shtml。

② 黄繁华：《中国经济开放度及其国际比较研究》，《国际贸易问题》2001年第1期；许志新：《中国经济开放度的演变——基于因子分析方法》，《黑龙江对外经贸》2011年第3期。

③ 杨丹辉：《新中国70年对外贸易的成就、经验及影响》，《经济纵横》2019年第8期。

④ 梁漱溟：《东西文化及其哲学》，商务印书馆2018年版，第153页。

⑤ 李泽厚：《伦理学纲要》，人民日报出版社2010年版，第61页。

⑥ 全国人大常委会：《现行有效法律目录（298件）》，http://www.npc.gov.cn/npc/c30834/202309/19。

截至2020年底，行政法规600多件、地方性法规12000多件，[①]奠定了“法治型社会”基础。二是从“创建全国文明城市”等活动的要求看，民众法制宣教普及率为80%及以上，2020年全国县级及以上文明城市284个（包括2020年第六届入选文明城市及前五届复查确认保留称号的文明城市）、文明村镇1973个、文明单位2884个、文明校园641个，[②]从而奠定了“守法型社会”的示范基础。三是严格执法效果明显。《中国统计年鉴》显示，改革开放以来的刑事犯罪和社会治安案件数量呈现“较低—很高—走低”的倒“U”形曲线（还将持续走低）。最高检察院工作报告显示，“1999年至2019年，检察机关起诉严重暴力犯罪从16.2万人降至6万人，年均下降4.8%；被判处三年有期徒刑以上刑罚的占比从45.4%降至21.3%”，“2019年刑事检察‘案–件比’为1∶1.87”，表明严重暴力犯罪及重刑率下降，案件一次性办结率较高，奠定了“严法型社会”基础。此外，家庭生活、社会生活和生产实践中有法必依、执法必严的现象日益突出，如婚前财产公证就破除了传统婚姻家财不分的人际信任弊端。正如党的十九届四中全会所指出的：“坚持和完善中国特色社会主义制度、推进国家治理体系和治理能力现代化的总体目标是，到我们党成立一百年时，在各方面制度更加成熟更加定型上取得明显成效；到二〇三五年，各方面制度更加完善，基本实现国家治理体系和治理能力现代化；到新中国成立一百年时，全面实现国家治理体系和治理能力现代化，使中国特色社会主义制度更加巩固、优越性充分展现。”

（6）中产化社会。中产化社会其实是“共富型”社会的一个重要标志。计划经济时期，中国社会的阶级阶层结构为“两个阶级、一个阶层”（工人阶级、农民阶级和知识分子阶层）。改革开放以来，伴随着社会分工日益发达、专业化技能日益多元化，经济结构和社会业态日趋多样化，社会阶层结构逐步分化。陆学艺先生的课题组以职业分类为基础，以组织资源、经济资源和文化资源的占有状况为标准划分社会阶层，认为中国社会已经逐步分化形成十大社会阶层，从上到下分别为：国家与社会管理者阶层、经理人员阶层、私营企业主阶层、专业技术人员阶层、办事人员阶层、个体工商户阶层、商业服务业员工阶层、产业工人阶层、农业劳动者阶层、城乡无业失业半失业者阶层。[③]同时，随着就业职业结构趋向高

---

① 张帅：《有法可依 现行有效法律275件》，《大公报》2021年3月4日。

② 中央文明委：《关于复查确认继续保留荣誉称号的往届全国文明城市名单》，http://www.sohu.com/a/433205047/267106；中央文明委：《关于表彰第六届全国文明城市、文明村镇、文明单位和第二届全国文明家庭、文明校园及新一届全国未成年人思想道德建设工作先进的决定》，http://www.wenming.cn/wmcs_53692/gzbs/202112/t20211227_6276786.shtml。

③ 陆学艺主编：《当代中国社会阶层研究报告》，社会科学文献出版社2002年版，第8—9页。

级化发展，社会中产阶层成员（主要包括公务员、私营企业主、专业技术人员、新型农民工和新型农民等阶层中的中坚分子）每年约以1%的速度增加（2001年社会中间阶层约为16%人口，2010年约为26%），[①]那么到2020年已经达到36%，到2035年将为51%（之后增速放缓，到2050年全国中产比重约占60%），彼时中国已成为“中产化社会”。也就是说，2035年基本实现现代化，就是中产化社会。社会阶层结构没有现代化，没有呈现出“中间大两头小”的橄榄形社会，就不是真正意义的现代社会。此外，《中国统计年鉴》显示，2020年中国城乡收入比为2.56∶1（一般1.5∶1算是比较均衡合理），收入中位数为39.1%，低于俄罗斯的56.6%、巴西的43.9%。[②]这也是反映社会阶层差距的重要指标。

（7）异质性社会。源于生物学概念的异质性社会，一般是指社会事实产生的原因多种、构成的要素多元、表现的形态多样，且呈现为线性与非线性特征兼有、系统有序性与混沌无序性交织、输入与输出同行等，与社会高速流动、信息化发展等有很大关系。异质性具体表现为几大方面：第一，经济结构要素方面，改革开放以来主要是产权所有制结构要素发生巨大变化，从计划经济时期的国营经济一统天下（含少量集体经济），发展为包括民营经济、外商独资经济、中外合作经济、中外合资经济在内的多种经济成分，企业数量发展到2020年（《中国统计年鉴》）的近2500万家，而国有、集体企业不到20万家。而且分配方式在按劳分配为主的基础上，发展出按照资本、技术、管理、信息、土地等多种要素分配的方式。第二，社会成员身份地位和角色发生较大变化，即前述阶级阶层结构从过去“两个阶级、一个阶层”发展为十大社会阶层。社会角色日趋多样化，如人们除了承担传统的家庭角色、干部或群众角色，还担任不同领域的专业技术角色、管理者角色、服务者角色等，使得社会结构更加复杂化、专业化、精细化。第三，社会组织方式日益多元化，除了传统的家庭、党政机关、国有企事业单位等，还涌现出近100万家注册的各类非国有性社会组织（中国社会组织平台数据），非注册的社会组织如老乡会、同学会、球友会、牌友会、俱乐部等不计其数。从组成方式看，注册类社会组织包括社会团体、民办非企业单位、基金会、涉外社会组织；从服务内容分，主要为经济类、文化类组织，其次是社会类组织，政治或管理类组织很少。社区种类也日益多样化，如老旧社区、商品房住宅社区、单位社区、特殊性社区（如军营）、互联网虚拟社区等。第四，人们的思想观念和生活方式更是多元多样。人们打破了计划经济时期清一色的住房、饭食、着装等模式，可以租房、

① 陆学艺主编：《当代中国社会建设》，社会科学文献出版社2013年版，第257—258页。
② 李培林、陈光金、王春光主编：《2021年中国社会形势分析与预测》，社会科学文献出版社2020年版，序。

购房居住，可以购车、租车出行，可以奇装异服、发型打扮多样，可以超前消费，就业方式、消费方式、娱乐方式、嫁娶方式等日趋多样化。

（8）信息化社会。作为一种科技文化，信息化科技发展由来已久，逐步促成了社会的信息化，从而构型为“信息化社会”。截至2020年12月，中国互联网网民规模达9.89亿人，互联网普及率为70.4%，[①]中国成为名副其实的世界第一网民大国。信息化科技发展推动了信息经济的产生，加速了新型工业化进程，尤其目前流行的“平台经济”基本上是以信息技术为支撑的跃升，并进一步带来社会阶层分化、代沟（代际差别）的加深。信息化技术本身也在持续发展，如人工智能、智慧城市、5G技术等的发展，都是信息化社会纵深发展的结果。总体看，信息化社会是上述市场化社会、工业化社会、开放性社会、异质性社会、中产化社会、城市化社会、法理型社会的“催化剂”和“加速器”。

2. 转型进展的系统分析

依照前述社会系统论的原理，我们对上述8项标志（指标及其数值）进行了简单的估算（见表2），有如下发现：①首先是代表经济子系统的市场化占有率和发展水平、工业化水平和能力均接近85%，水平最高；其次是代表文化子系统的信息化水平，超过70%；再次是代表政治子系统的法治能力和水平，为65%；最后是代表社群子系统的城镇化、中产化水平，两项平均值仅为50%。②8项指标平均值为66.2%，总体超过65%，表明中国社会转型进入“新常态社会”。当然，如果将“新常态社会”划分为不完全（初级）水平0~33%、中等水平（中级）34%~67%、完全水平（高级）68%~100%三个阶段，那么66.2%的水平正处于中级水平的后期阶段。可以说，中国已经进入社会转型的中后期，呈现中高等“新常态社会”特征（如果加上2022年增长数据，中国应已进入完全水平的“新常态社会”）。③四大子系统的现代化发展水平很不均衡。均衡性也是考察是否进入完全水平“新常态社会”的一项指标。其中，社会建设相对明显滞后，社群子系统与经济子系统尤其不均衡，两者水平相差35%左右，也印证了当年陆学艺先生所指出的“社会结构滞后经济结构大约15年”、社会建设与经济发展不协调成为时代主要矛盾的结论。[②]④如果进一步估算预测，上述指标中，经济子系统很多指标在2010年前后就已经具备“新常态社会”特征；若按照年增1%的速度计，政治子系统的法治水平在2035年将超过80%；文化子系统的信息化水平很具代表性，因为它能

① 中国互联网络信息中心等：《第47次中国互联网络发展状况统计报告》，http://www.cac.gov.cn/2021-02/03/c_1613923423079314.htm。

② 陆学艺主编：《当代中国社会结构》，社会科学文献出版社2010年版，第31—32页。

揭示上网人口识字率和文化水平，除去10%左右的高龄老人和4岁及以下婴幼儿不上网，未来几年网络普及率接近90%就意味着信息化发展已接近最高水平。代表社群子系统的城市化率超过70%即为完全进入城市化社会（2027年能实现），中产化水平超过50%即完全进入中产社会（2035年能实现）。以上分析表明：2035年前后，中国社会成为完全的“新常态社会”已成定论。

表2　“新常态社会”8项指标实现程度估算值（2020年为节点）

子系统	标志名称	估算值	数据源说明
经济子系统	市场化社会	84.5%	民营经济总值占比接近70%，民营与三资企业法人单位占比超99%
经济子系统	工业化社会	84.5%	二、三产业产值比共92.3%，二、三产业人数比共76.4%
社群子系统	城镇化社会	63.9%	《中国统计年鉴2021》数据
系统综合性	开放性社会	60.0%	国内年人口流动约50%，对外经贸约90%，15~44岁人口比39.42%
政治子系统	法理型社会	65.0%	估计值（党的十九大报告：各方面制度更加成熟更加定型）
社群子系统	中产化社会	36.0%	中国社科院课题测算中产年增1%
系统综合性	异质性社会	65.0%	估计值（也接近其他7项指标的平均值）
文化子系统	信息化社会	70.4%	互联网网民占比达70.4%
合计		66.2%	上述8项指标值的平均值

（三）“新常态社会”面临的主要风险及应对

“新常态社会”其实表现为一种常态社会、一种相对定型化的新社会。正如社会学家李培林所言，以往社会学总是研究“常态社会”，总是设想社会变迁具有一定的规则性，有规律可循，即便出现社会问题（比如越轨社会学、灾难社会学、危机社会学、冲突社会学以及罗马俱乐部悲观论调等的研究），也只是相对于社会秩序的“失范”表现，均在人类理性控制范畴之内。直到贝克、吉登斯等提出“风险社会”理论之后，“非常态”“不确定性”“突发性”“非规范性”等研究才逐步进入社会学研究领域。[①]这里，我们着重将“新常态社会”与传统社会、转型社会的风险特征进行比较，对“新常态社会”具体风险的呈现做一些勾画描述，对“新常态社会”如何治理、如何应对风险做一些社会学的设想。

1. 风险的“社会性变迁”及其比较

相对于“传统社会”的低度化单一性灾变、“转型社会”的不断颠簸，“新常

① 李培林：《另一只看不见的手：社会结构转型》，社会科学文献出版社2005年版，前言。

态社会”的各种风险理应渐渐减少，但不能说是零风险，可能表现为不确定性，只是程度不同而已。实际上，人类已经进入自然风险与人因风险交织的高风险社会，以至于国内一些学者力图构建安全社会学、应急社会学、应急社会工作等社会学的“社会治理术”理性，[①]来弥补人类理性的缺陷。为此，我们将“新常态社会”的社会特征及其风险特征同传统社会、转型社会作一比较（见表3）。在“新常态社会”，不确定性将会成为时代主题，新兴的、复合性的风险会不断涌现，应对方式多样化，治理主体多元复合。

表3 “新常态社会”与传统社会、转型社会的风险比较

社会类型	传统（农业）社会	转型（工业）社会	新型（现代）社会
社会特征	·农耕化，村庄化 ·封闭性，单一性 ·自给化，伦理型 ·二阶化，手工化	·半工业化，半城市化 ·半开放性，趋异质性 ·全商品化，趋法理型 ·趋中产化，趋信息化	·工商型，城镇型 ·开放性，异质性 ·市场型，法理型 ·中产化，信息化
风险特征	·频繁的自然灾害、重大瘟疫挑战脆弱的人类社会 ·严重的阶级压迫和阶级对立侵蚀底层人权安全，诱发社会冲突和战争 ·总体特征：风险单一；重大风险低发；应对脆弱；政府全能化治理	·频发的工业事故灾难迫使人类出台各种应对制度机制 ·源于工业利益扩张的社会冲突和战争绵延 ·总体特征：事故多发；特重风险频繁；制度化应对；政府主导性治理	·基于人因的新兴风险不断出现 ·天灾与人因共同作用的复合风险接踵而至 ·不确定性成为主题 ·总体特征：风险复合；风险不确定；多方式应对；多元合作性治理

2. “新常态社会”风险的具体呈现

各类突发事件可归纳为四大类型：自然灾害、事故灾难、社会安全事件、公共卫生事件。这里除了自然灾害出于自然原因，后面三者均与人类致灾行为有关，尤其是事故灾难和社会安全事件。公共卫生事件的原因多为自然与人为因素混合致灾。从社会学角度看，所有的风险或灾变均是相对于人类而言的。人类出现之前，地震、火山爆发、海啸等都只是一种自然现象，只有影响人类生存发展的时候，才会称之为“险”或“灾”。因此，下面围绕“新常态社会”潜存的四大类风险，从社会学角度概述其表现、因由及未来趋势，以便未雨绸缪。[②]

（1）面临自然灾害威胁的社会脆弱风险。地震、火山爆发、海啸、泥石流、塌方等自然灾害的发生具有不确定性，但人们为了生命财产安全、避免伤害和损

① 颜烨：《安全社会学》，中国政法大学出版社2013年版；颜烨：《应急社会学》，研究出版社2021年版。
② 秦楼月、孙照红：《中国式现代化的问题导向及其应对》，《学术交流》2022年第8期。

失，可以通过科技、管理、法制、经济或社会文化理性做一些预防和准备，即针对自然灾害来袭，做一些预测评估、预警设置、物资装备配置、应急演练和安全文化教育等。以往发生的较大自然灾害，可以分为常态性灾害和非常态性灾害。常态性灾害，即所谓"灰犀牛"突发事件，一般是区域性的季节性灾害，如东南沿海地区季节性台风、赤潮、海啸等，南方地区雨季的暴雨洪灾，北方地区季节性沙尘暴、雾霾、暴雪等。对于这类常态性风险，该预防减损而未做积极预减的，行动能力脆弱（表现为某种自我脆弱性）导致应对不力、后果严重的，一般会依法依规追究责任。但是，随着气候异常变化，极端天气、极端地质灾害甚至极端天体灾难等"黑天鹅"事件时有发生，因其几十年、几百年一遇甚至前所未有，人们有时很难做出合理的预警和准备。比如近20年罕见的南方暴雪、郑州特大暴雨等，都显示出人类社会在自然灾害面前具有一定的脆弱性。而且，不同阶层面对自然灾害的冲击，具有不同的脆弱性，往往低收入人口、社会底层更容易遭受灾害重创而一蹶不振。

（2）人与自然因素混合致灾的公共卫生风险。进入21世纪，非典型肺炎、禽流感等重大传染病接续发生，虽然属于生物安全风险，但背后都有人为不当因素。当然，公共卫生风险还涉及一些生态环境卫生风险，如工业化加速发展地区的土壤污染或植被污染、不当生产生活方式诱致的生物变异，以及饮水或危化品中毒、食品药品安全风险等，都是人为和自然环境混合因子致灾。与自然灾害一样，未来二三十年，很难预料波及全国乃至全球的重大瘟疫是否会发生；但一旦发生，对任何"新常态社会"的破坏性和阻抑性都是巨大的，表现为现代化发展的"逆动力"，将促使人们思考新的科学方法、社会组织方式来应对巨大挑战。

（3）人因诱致事故灾难的社会责任风险。事故灾难如道路交通事故、矿山生产事故、危化品生产事故、环境污染事件等，均属于人类理性行为可控的风险，大多属于"大白象"事件。可控而没有得到控制，当事人即要承担相应的社会责任，因而此类灾难又称为责任事故。这类事故灾难风险往往伴随着经济社会的高速发展而发生，即高发展风险，因此，我国一直强调安全发展、统筹发展与安全的关系。进入"新常态社会"的未来二三十年，较突出的事故灾难风险大体在于：交通风险，这一直是世界性难题，中国也不例外；危化品生产风险、天然气管道敷设和使用风险、建筑施工风险、建筑物及其设施设备老化致灾风险等，此类风险会一度趋高；人工智能技术应用及工具使用风险；等等。

（4）人类自身行为致灾的社会安全风险。社会安全风险涉及的范围比较广，包括经济类风险（如金融风险）、群体事件、各类刑事案件、社会治安案件、网络舆情风险、人口风险、恐怖袭击和涉外安全风险等。这些社会安全风险大多源于不平等的社会结构，源于贫富差距、利益冲突、观念冲突和心理隔阂，源于制度设计的缺陷，因而大部分表现为人为制度性风险，也与中国特色社会转型所衍生的“半个体化社会”有很大关系。[①]伴随制度的完善、民生基础的改善和社会心态的调适，未来“新常态社会”面临的具体社会安全风险，大都有可能降低，但不能避免某些新兴社会风险持续升高。如从《中国统计年鉴》看，与改革开放初中期相比，近几年的刑事案件（偷抢扒拐）、社会治安案件受理数缓缓下滑，群体事件（劳资冲突、拆迁纠纷等）也逐步减少。新兴的人工智能伦理风险、金融风险、网络舆情风险、多元（左中右）思想交锋的风险，以及个体化的情绪性心理风险、人际信任风险（欺生与欺熟同进）、家庭纠纷矛盾风险或许有所升高。人口结构的老化风险是未来“新常态社会”面临的最大问题，非短期所能解决。未来二三十年是否会发生较大的恐怖袭击和涉外安全风险，很难预料，与全球社会结构、政局变化关联度较大。相对而言，伴随国家安全能力和人们安全觉悟的提升，这方面应该不会有太大风浪。此外，城乡居民收入差距等城乡二元差距本身扩大的风险虽有所减弱，但仍是“新常态社会”一个难题；农村返贫、城市相对贫困滋生的潜在压力风险也始终存在。

3. “新常态社会”风险治理的思路

上述除了纯粹的自然灾害，其他各类风险的演化都与人类经济社会活动诱因有关。但包括自然灾害在内，风险是否演化为灾难性伤害，与人类防控和化解能力密切相关。因此，从社会学角度看，新常态社会作为高级的新社会，也理应是“韧性社会”，这是新常态社会面对巨大风险的重要本质特征。构建“韧性社会”，可以基于社会学的“沃特斯视角”（行动—理性—结构—系统）着手：[②]

（1）从系统层面看，韧性社会建设涉及两个方面的深层基底：一方面，社会常态系统亟须营建“社会本质安全”基质，[③]即增加经济发展总量、强化法治管理力度、促进社会关系和谐、推动社会文明进步，根本上是要保障民生，使得全社会保持整体性的强大抗逆力和安全可行能力；[④]另一方面，构建科学合理的安全系统和应急系统，包括经济上加大安全应急物质基础投入和科技投入，

① 颜烨：《半个体化社会与民间暴戾事件的场域分析》，《中国社会学会年会（昆明）·大都市圈的社会变迁与社会建设论文集》，2019年，第278—297页。

② ［澳］马尔科姆·沃特斯：《现代社会学理论（第2版）》，杨善华等译，华夏出版社2000年版，第12—16页。

③ 颜烨：《公共安全治理的理论范式评述与实践整合》，《北京社会科学》2020年第1期。

④ 颜烨：《安全可行能力：基于高危行业的实证分析及应用》，《中国行政管理》2022年第9期。

法治上改进安全应急管理立法、强化执法力度，社会关系上凝聚和构筑风险治理的战斗力、团结力和信任度，文化上确保安全应急文化宣教和熏陶的针对性与有效性。[①]

（2）从结构层面看，韧性社会建设的关键是结构性均衡协调、结构性合作治理。一是整个社会系统内部的结构性均衡协调，社会建设、政治建设和文化建设同经济发展之间要结构协调。经济增长是基础，但社会建设等不能长期过度滞后于经济增长，否则将引发很多社会问题和不安全风险。二是各大社会实体要素或区域之间注重结构性协调，尤其城乡区域之间、东中西部地区之间、各社会阶层之间等在资源机会配置上更加均衡合理，一方面不至于引发风险，另一方面可以充盈和夯实灾变应对的资源基础。三是政社合作、公私协力共治风险，降低社会脆弱性风险，增强全社会抗风险韧性。[②]在高风险时代，单靠政府或单靠社会组织（家庭或个人）都将无法应对半个体化社会的诸多风险。

（3）从理性层面看，韧性社会建设直接包括政府系统、企业系统、社群系统的体制机制建设，主要是指安全与应急的科技、管理、法治、社会和文化等理性力量的作用发挥。比如，通过行政防减救灾理性、市场支持和支撑理性、社会合作共治理性、科技预防和救助理性等，不断克服自我脆弱性，应对“黑天鹅”“灰犀牛”乃至“大白象”事件，做好长期、中期和短期的应灾准备。又如，国家亟须尽力立法立规、依法依规规避和防范诱发重大灾变的行为风险，人们也要依靠法治、科技、经济和社会理性等，预防和应对突发事件的灾变。再如，对于责任事故，更应该立法立规要求相关人员尽职尽责。否则，依法依规追责问责，主要追究领导者、管理者和当事人的责任。当然，依法治理的主要目的在于避免今后类似风险的发生，在于提醒相关人员尽职尽责，注意防范风险灾变。

（4）从行动层面看，分为组织行动和个人行动。组织层面主要通过立法执法、社会责任、群体心理等约束行为变异或鼓励抗险救灾；[③]个人层面主要依靠安全应急文化熏陶、道德伦理规范和法制规章，约束滋生风险的行为或鼓励防灾减灾救灾的行为。[④]目的均在于一方面理性化地规范行动、确保不滋生风险，另一方面采取积极风险治理行动，[⑤]预防化解风险、准备和响应救灾、灾后恢复重建。

---

① 颜烨：《应急文化内在构成、生成条件与作用机理研究》，《灾害学》2021年第4期。
② 周利敏：《灾害社会工作中“公私协力机制”的建构及途径》，《防灾科技学院学报》2008年第2期。
③ 颜烨：《迈向应急社会心理学：风险感知与正性应对》，《学术交流》2022年第2期。
④ 颜烨：《基于主体—过程—向度的应急伦理学发轫思考》，《灾害学》2022年第3期。
⑤ 颜烨：《积极风险治理：基于三农领域的认知与行动策略探析》，《江淮论坛》2022年第5期。

总之，“新常态社会”理论研究是新发展社会学研究的重要内容，理应成为中国式现代化发展和中华民族伟大复兴的中国特色社会主义社会学理论基础之一。有学者将当下中国掀起的“乡村振兴”热潮界定为一种“新社会转型”，认为这一新社会转型不同于以往的二元或三元界分，而是边界重组或再构的融合变迁过程。[①]或许，中国未来的“新常态社会”将具备半工半农型、城乡融合型、产品自足型等特征。说到底，社会转型最根本的是文明形态的转型，即凝成一种“新社会文明”。与西方市民社会不同，中国家文化、家庭伦理的传统文化根基，在中国式现代化建设中依然具有举足轻重的作用，从而使中国的转型可能完全不同于西方社会的法理转型。未来中国乃至世界的文明是什么样的形态？是半农半工还是工商文明社会，是半城半乡还是城市文明社会，是法伦共存还是法理型文明社会？可能均需依据社会变迁实践来界定。此外，中国是否面临“双重中等收入陷阱”的问题，以及中国在迈向现代化强国、构建“新常态社会”的新征程中，如何应对西方霸权国家的夹击，都是亟须考虑的问题。

新常态社会的风险治理和韧性社会构建，既要“治标”，更要“治本”，尤其要通过结构优化治理、系统治理、本源治理，解决基本民生问题，净化社会心灵和调适社会心态，最终切实解决“人民日益增长的美好生活需要和不平衡不充分的发展之间的矛盾”，营建和确保社会本质安全。“新常态社会”最终要通过“标本兼治”，防止局部风险演变为整体风险，阻滞中华民族伟大复兴的进程。[②]

六、迈向中国式总体安全、应急管理现代化

自2013年党的十八届三中全会提出国家治理体系和治理能力现代化，[③]2014年习近平总书记提出总体国家安全观、[④]2021年在“七一”重要讲话再次阐释中国式现代化以来，[⑤]关于国家安全治理体系和能力现代化、应急管理治理体系和能力现代化的提法和阐述逐步出现。结合笔者之前基于社会学视角对“安全（生产）现代化”的研究，[⑥]本书使用“中国式总体安全现代化”“中国式应急管理现代化”概念，并在此对其进行简要阐释。

① 王春光：《新社会转型视角对乡村振兴的解读》，《学海》2021年第5期。

② 龚维斌：《当代中国社会风险的特点——以新冠肺炎疫情及其抗击为例》，《社会学评论》2020年第2期。

③ 中共十八届三中全会：《中共中央关于全面深化改革若干重大问题的决定》，2013年11月12日。

④ 习近平：《坚持总体国家安全观 走中国特色国家安全道路》（2014年4月15日在中央国家安全委员会第一次会议上的讲话），《人民日报》2014年4月16日，第1版。

⑤ 习近平：《在庆祝中国共产党成立100周年大会上的讲话》，《求是》2021年第14期。

⑥ 颜烨：《中国安全生产现代化问题思考》，《华北科技学院学报》2012年第1期；颜烨：《安全生产现代化研究》，世界图书出版公司2016年版。

(一)中国式总体安全现代化的理论内涵和重大意义

党的二十大报告开辟专章阐述“推进国家安全体系和能力现代化，坚决维护国家安全和社会稳定”，首次在党的文献中明确提出“国家安全体系和能力现代化”理念。该章节6段话1100多字，对总体国家安全观、国家安全体系和能力现代化作出了新的概括和阐述，包括目的意义、主要内容、任务范畴等，丰富了中国式现代化的内涵，有助于中国式现代化的安全发展。

1. 中国式总体安全现代化的基本内涵

党的二十大提出的国家安全体系和能力现代化，在中国话语体系和实践中，即中国式国家安全现代化（本书称为“中国式总体安全现代化”），其内涵非常丰富。

第一，推进总体安全现代化的目的意义。一是秉持总的指导思想，即贯彻总体国家安全观；二是贯穿各方面全过程，即把维护总体安全贯穿于党和国家工作的各方面、全过程；三是实现总体安全目标，即总体安全是民族复兴的根基，社会稳定是国家强盛的前提。

第二，推进总体安全现代化的主要内容。一是健全三层安全体系，即国家安全体系、公共安全体系、社会安全体系；二是发挥五大安全功能，即以人民安全为宗旨、以政治安全为根本、以经济安全为基础、以军事科技文化社会安全为保障、以促进国际安全为依托，又分别分解为后述的重点领域安全；三是抓好五大安全统筹，即统筹外部安全和内部安全、国土安全和国民安全、传统安全和非传统安全、自身安全和共同安全、统筹维护和塑造国家安全；四是构筑两大格局基质，即夯实总体安全和社会稳定基层基础，完善参与全球安全治理机制，建设更高水平的平安中国，以新安全格局保障新发展格局。

第三，推进总体安全现代化的任务范畴。①总体安全体系现代化，包括统一领导体制（坚持党中央对总体安全工作的集中统一领导，完善高效权威的总体安全领导体制），强化两类协调机制（强化国家安全工作协调机制，健全反制裁、反干涉、反“长臂管辖”机制），完善八大工作体系（完善总体安全法治体系、战略体系、政策体系、风险监测预警体系、国家应急管理体系，完善重点领域安全保障体系和重要专项协调指挥体系，强化经济、重大基础设施、金融、网络、数据、生物、资源、核、太空、海洋等安全保障体系，完善总体安全力量布局，构建全域联动、立体高效的总体安全防护体系）。②总体安全能力现代化，具体包括加强维护上层建筑安全的能力（坚定维护国家政权安全、制度安全、意识形态安全），加强重点领域安全建设和保障的能力（加强重点领域安全能力建设，确保粮食、能源资源、重要产业链供应链安全，加强海外安全保障能力建设，维护我国公民、法人在海外合法权益，维护海洋权益，坚定捍卫国家主权、安全、发展利益），提升防范化解系统风险的能力（提高防范化解重大风险能力，严密防范系统性安全风险），增强严打敌对势力的能力（严厉打击敌对势力渗透、破坏、颠覆、分裂活动），提高领导干部的安全统筹能力（全面加强国家安全教育，提高各级领导干部统筹发展和安全能力），筑牢人民安全防线的能力（全面加强国家安全教育，增强全民总体安全意识和素养，筑牢国家安全人民防线）。③公共安全治理现代化，涵盖四大突发事件应急处置（建立包括自然灾害、事故灾难、社会安全事件和公共卫生事件应对在内的大安全大应急框架，完善公共安全体系），坚持预防为主方针（坚持安全第一、预防为主，推动公共安全治理模式向事前预防转型），强化重点行业领域风险监管和安全保障能力（推进安全生产风险专项整治，加强重点行业、重点领域安全监管；提高防灾减灾救灾和重大突发公共事件处置保障能力，加强国家区域应急力量建设；强化食品药品安全监管，健全生物安全监管预警防控体系；加强个人信息保护）。④社会安全治理现代化，包括健全强化安全治理制度和效能（健全共建共治共享的社会治理制度，提升社会治理效能），优化社会矛盾调处机制（在社会基层坚持和发展新时代“枫桥经验”，完善正确处理新形势下人民内部矛盾机制，加强和改进人民信访工作，畅通和规范群众诉求表达、利益协调、权益保障通道），完善“三化”基层治理平台（完善网格化管理、精细化服务、信息化支撑的基层治理平台），推进基层村社和市域治理现代化（健全城乡社区治理体系，及时把矛盾纠纷化解在基层、化解在萌芽状态；加快推进市域社会治理现代化，提高市域社会治理能力），提升社会整体治安能力和水平（强化社会治安整体防控，推进扫黑除恶常态化，依法严惩群众反映强烈的各类违法犯罪活动），推进社会治理共同体的安全文明建设（发展壮大群防群治力量，营造见义勇为社会氛围，建设人人有责、人人尽责、人人享有的社会治理共同体）。

2. 中国式总体安全现代化的理论意义

首先，中国式总体安全现代化闪烁着安全哲学的思想光芒，是对马克思主义总体安全理论的继承发展。中国式总体安全现代化以习近平总书记提出的总体国家安全观为指导，体现了哲学的系统思维和唯物辩证法。党的二十大报告再次重申的五大安全要素分别承担着宗旨、根本、基础、保障、依托的功能作用，但又紧密相连，形成“五位一体”的总体安全现代化内在体系。统筹发展与安全、五大安全统筹、三层安全体系交织和人类命运共同体构建，体现的是普遍联系、对立统一的唯物辩证法思想。“枫桥经验”、抗灾抢险精神等体现了“从群众中来，到群众中去”的群众路线理论和方法。总之，以总体安全观为指导的中国式总体安全现代化理论，是马克思主义关于市民安全和人权保障、异化风险和阶级抗争、国际战争和主权安全、人类解放和世界文明等安全议题或理论的深化发展和伟大实践。

其次，中国式总体安全现代化蕴含优秀传统文化和国学思想，体现中国元素、中国风格和中国精神。人民安全至上的宗旨，体现着传统的“民惟邦本，本固邦宁”的社会本质安全思想。安全第一、预防为主，彰显“凡事预则立，不预则废”的风险治理传统，警醒人们在应对“黑天鹅”“灰犀牛”事件时，务必要秉持下好先手棋、打好主动仗，有效防范化解各类风险挑战的科学理念。建设人人有责、人人尽责、人人享有的社会治理共同体，完善参与全球安全治理机制，构建人类命运共同体，体现出儒家“和衷共济”“天下为公，世界大同”的“和合”理念。总之，中国式总体安全现代化蕴含与彰显着无尽的中国元素、中国风格、中国精神。

最后，中国式总体安全现代化秉持人类命运共同体思想，扬弃西方现实主义安全观，共同体思想再次写入联合国文献。中国式总体安全现代化以总体国家安全观为指导，以构建人类命运共同体为目标，超越西方霸权国家的冷战对立、国家冲突、民族对抗的两极化思维，打破西方霸权国家一度奉行的“强权即公理”的现实主义国际关系理论思维，而立足于世界各国和平共处、共生共存的现实和愿景，强调构建“你中有我，我中有你”的命运共同体。既反对强权为核心的霸权安全，也反对追求单纯的均势安全，提出既要建设自身安全，也要兼顾他国安全，强调重大领域加强国际安全合作，促进区域和全球安全共建、安全共享，实现全人类的共同安全。继奉献三个世界划分、和平共处五项原则等中国方案之后，中国领导人创造性提出构建人类命运共同体的伟大思想，并写入联合国决议。

3. 中国式总体安全现代化的实践意义

首先，中国式总体安全现代化，促进和保障中国式现代化安全发展、中华民族伟大复兴的伟大进程。中国式总体安全现代化是国家治理体系和治理能力现代化的重要组成部分，既是中国式现代化的前提条件，也是中国式现代化的应有议题。立足现实，追溯历史，展望未来，中华民族屹立于世界民族之林，曾经辉煌，曾经风霜；备受屈辱，筚路蓝缕；复兴崛起，未来可期。党的二十大擘画了以中国式现代化全面推进中华民族伟大复兴的宏伟蓝图，明确了到2035年基本实现现代化，到2050年把我国建成社会主义现代化强国的战略安排。实现这一伟大目标的进程中，既面临难得的历史机遇，更有诸多风险的挑战。人口大国的问题错综复杂，共同富裕的任务相当艰巨，民族复兴的外部挑战充满变数。内有社会矛盾冲突、各类事故灾难、自然灾害或公共卫生事件的耗损威胁，外有敌恐势力的骚扰阻碍，经济社会发展、百姓民生保障、中国式现代化和民族伟大复兴进程难免磕磕绊绊。历史经验和现实教训表明，只有高举中国式总体安全现代化的大旗，自立自强、万众一心，登高望远、未雨绸缪，全国一盘棋科学规划，方能防范不确定性变数，方能抵御各类重大风险，为中国式现代化安全发展、民族伟大复兴保驾护航。

其次，中国式总体安全现代化，可为世界寻求安全发展的国家提供中国经验、中国方案和实践范本。“沉舟侧畔千帆过，病树前头万木春。”落后的霸权主义和“冷战”思维，在新的世纪、新的时代必将被淘汰；和平、发展与合作必将成为诸多国家的国际共识。面临百年未有之大变局的伟大中国，正在历经中国式社会主义现代化建设、中国式国家安全现代化建设的伟大实践，必将为世界寻求安全发展的国家提供新经验、新方案。改革开放、进入21世纪以来，尤其是党的十八大以来，中国构建与总结了一套成熟的安全保障体系和应急救援经验。自然灾害防治应急和环境治理方面，先后涌现出治沙防护林体系、引黄济津和南水北调等工程；事故灾难预防和应急救援方面，有“三管三必须”法治方案、白国周班组管理法、王家岭矿难救援经验等；公共卫生事件方面，在应对非典疫情、新冠疫情过程中，安全防卫经验渐趋成熟，人民防疫抗疫事迹可歌可泣，这些饱含中国元素的总体安全现代化经验范本，确有学习借鉴之处。

最后，中国式总体安全现代化的理论命题和实践，为今后本身系统的改革发展提供了新启示新思考。中国式总体安全体系和能力现代化有了较大程度的发展，但从近年突发事件及其应对情况看，还存在诸多问题，亟待深化改革。①从经济物质投入方面看，防灾减灾救灾的物资储备和有效供应、生产经营单位的安全投入、公共卫生保障经费，以及现代化信息技术装备等明显不足，安全基础薄弱，且现有财力、物力在关键时刻得不到合理调配和使用。有些领域虽然进行了综合风险和防治能力普查，但仍然家底不清，不利于安全投入和安全保障。②从法治管理体制机制方面看，大安全、大应急框架至今尚未成形（如应急管理部目前只涉及自然灾害和事故灾难的应急管理），《突发事件应对法》的修订至今尚未完成。“三管三必须”的安全监管、安全责任覆盖和严厉执法得不到有效推进，事故时有发生。基层综合应急救援与公安消防救援的“两张皮”问题有待进一步缓解。因此，总体安全体系如何融合军事国防和四大灾种应急处置，其体制机制尚需深入研究，尚需科学设置。③从社会关系整合角度看，强政府与弱社会的监管结构和维权结构能否优化调整，值得深思。安全和应急类职业群体明显存在结构性短板和能力不足，比如高端咨政专家的人才梯队建设至今尚为空白，无法有效凝汇高材大智服务于总体安全保障。最为缺乏的是应急决策指挥人员、知识技能科教人员、现场救援专业人员队伍，目前的高等教育、中等教育体制机制难以在短期内解决问题，亟须"特事特办"设立组建相关专业高校。④从文化宣传教育和技术研发角度看，目前国家安全学、安全科学技术（安全科学与工程）、灾害科学（防灾减灾科学与工程）、应急管理、消防工程等几大相关的专业学科，处于各唱各调的分散状态。虽然国家安全学目前已设为交叉学科门类下的一级学科，但下面并无二、三级学科支撑，且国家安全学、应急管理等偏重社会科学，而安全科学、灾害科学等又偏重自然科学和工程技术，因而存在中国特色的新工科、新文科、新医科、新农科的重新整合问题。国家安全学的理论成果、安全应急类科学技术研究成果也存在适应性不足、高精尖端技术缺失、成果应用转化不充分等基本问题。比如，特大洪灾震灾风灾发生，城市乡村因之断电，智慧智能安全应急技术无法发挥作用等难题亟待解决。

总之，中国式总体安全现代化，是在中国式现代化和中华民族伟大复兴背景下提出和发展的，是在中国共产党集中统一领导和总体国家安全观指引下，借鉴他国经验，汲取中国元素，凝练中国风格，弘扬中国精神，不断健全完善体系，不断增强提升能力，促推中国式现代化安全发展，为世界各国提供中国方案、中国经验，为构建人类命运共同体奉献中国智慧。当然，它本身也要随着经济社会发展和时代进步，补短板、强弱项，不断改革，不断发展，不断完善。

（二）中国式应急管理现代化的内涵特征和变革要求

党的二十大对"中国式现代化"作出了新的概括，也给中国特色的应急管理赋予了新的内涵。所谓中国式应急管理现代化，必然具有中国历史性和当代性元素，在此有必要对其内涵要素、基本特征及其发展趋势和变革要求进行深入探索。

1. 中国式应急管理现代化的基本内涵

（1）与西方国家应急管理的相同点。共同点在于：管理对象基本相同，包括四大灾种，即自然灾害、事故灾难、社会安全事件、公共卫生事件，和四大过程环节，即预防、准备、响应、恢复，以及最主要的受灾对象（公众居民）。最基本的理念也大同小异，即"安全第一，预防为主"，加上"生命至上""综合治理"等内容，它们实质上已成为生产实践、社会生活的基本原则和信条。

（2）与西方国家应急管理的不同点。中国式应急管理现代化与中国国情、历史密切关联，必然是中国式现代化的重要组成部分及其具体领域的进一步展现，本质是中国特色应急管理体系（包括体制机制）和能力（尤其是合理的内部结构）的现代化。其现代化发展程度和趋势，对于保障中国式现代化安全发展具有重要意义。第一，时代背景不同。中国式应急管理现代化与西方国家应急管理现代化的背景不同，其对应于中国式现代化，是在人口规模巨大、人民追求共同富裕、物质文明和精神文明协调、人与自然和谐共生、中华民族伟大复兴背景上逐步推进的，它伴随并助力中华民族伟大复兴和中国特色社会主义强国的崛起。第二，主体内涵不同。中国特色应急管理与西方应急管理一样是全主体性的，但主体的内涵却有所不同，中国式应急管理现代化主体可以具体化为"党政军民"，目前中国基本形成了中国共产党领导下的以国家综合应急救援队伍为主力、以军队应急专业力量为突击、以各类专业应急救援队伍为协同、以社会应急力量为辅助的中国特色应急救援力量体系。这是中国式应急管理主体不同于西方发达国家应急管理的最主要特征。具体包括：一是政府应急力量，包括各级各类政府部门的应急管理干部和职员队伍、综合性消防救援队伍，以及安全生产应急救援队伍、国有企事业单位自有应急救援（救护）队伍、公安队伍、卫生应急队伍等专业化应急力量；二是军队应急力量，这是中国一支特有的应急队伍，涉及参与应急管理和救援的各兵种部队（包括武警）广大官兵；三是民间社会应急队伍，包括专业化的应急社会组织、一般社会组织介入应急的临时队伍和普通志愿者队伍，以及普通民众个体。第三，历程规划不同。中国式应急管理现代化的特有历程分为单灾种分散协调和临时应对阶段（1949—2003年）、"一案三制"为核心的体系建设阶段（2003—2012年）、总体国家安全观指导下的应急管理改革完善阶段（2012年至今）。其今后发展战略将继续包括政府、企业、社会多元合作体系现代化，应急管理体制现代化和能力现代化，以及应急管理经济、法治、社会、文化现代化；战略规划包括1~3年短期规划、5~10年中期规划、10~20年中长期规划，以及针对中国国情设立应急管理大区制的战略思考。

总之，中国式应急管理现代化，是在中国共产党领导下，把马克思主义普遍真理同中国实际相结合的社会主义社会的应急管理现代化。它不但是具有中国特色（中国式）的应急管理，更是社会主义社会的应急管理，是中国特色的社会主义社会的应急管理事业；这使它区别于欧美日等资本主义国家的应急管理。从其从属和结构功能作用看，中国式应急管理现代化，是中国式现代化的重要组成部分及其具体领域的进一步展现，其本质是中国特色应急管理体系（包括体制机制）和能力（尤其是合理的内部结构）的现代化。

2. 中国式应急管理现代化的基本特征

结合中国特色社会主义基本原理，我们认为，中国式应急管理现代化的基本特征在于它的时代性、人民性、民族性、政治性、系统性。

（1）鲜明的时代性。最突出的时代性特征在于：首先，当代中国式应急管理现代化，以服务建设社会主义现代化强国和促进中华民族伟大复兴为依归，以防范化解伟大复兴征程中的重大风险挑战为己任。其次，21世纪以来，随着新型工业化、信息化、城镇化、全球化、现代化的交汇演进，人类已经进入高风险社会，突发事件的灾变风险日益复杂化，不确定性日益增加，“黑天鹅”“灰犀牛”“白大象”事件时有发生，世界各国纷纷制定方案以应对高风险。在习近平总书记提出的总体国家安全观、人类命运共同体思想指引下，中国不断推进应急管理体系和能力现代化，并使之成为国家治理体系和治理能力现代化的重要组成部分。再次，当代中国特色的应急管理，必然反映中国特色社会主义的时代特征，即它立足于实现共同富裕的社会主义根本目的和根本原则，立足于解决新时代人民日益增长的美好生活需要和不平衡不充分的发展之间的矛盾，不断增强人民群众的获得感、幸福感和安全感，从而使之成为社会主义现代化建设的重要内容。最后，当代中国式应急管理现代化，不但吸收新时代科学社会主义思想理论，而且不断融聚反映时代前沿科技水平的智能、智慧应急技术等，具有时代的科学性、科学的时代性特征。

（2）本质的人民性。一切为人民服务，一切以人民为中心，是中国共产党立党、社会主义国家立国的根本立场和宗旨。中国式应急管理现代化的人民性体现在：一是应急管理的本质和目的是保障人的生命、财产安全。即以人为本的安全性与以人民为中心的保障性紧密结合，践行生命至上、安全第一的理念信条。二是总体国家安全观以人民安全为宗旨。人民安全即始终坚持以人民为中心的人民主体地位、人民立场、共同安全、群众路线。这是中国式应急管理现代化的根本指针。三是中国式应急管理现代化坚持“从群众中来，到群众中去”。企业三级安全教育、白国周班组管理法、“枫桥经验”等，都是基层人民群众的智慧创造。这些经验已经融入群众安全工作、应急管理工作，成为重要的工作实践“教科书”。

（3）文化的民族性。民族生生不息，源于文化血脉绵延不断。中华民族是多元一体格局，[①]民族文化多元多样，但又融于一炉。中华大一统是长期复杂的历史过程。儒家文化强调"天下大同"思想。秦始皇推进车同轨、书同文、行同伦，立郡县，安天下，从而奠定了中华民族的政体基础。新民主主义革命胜利是马克思主义与中国本土文化的高度结合，奠定了中国式应急管理现代化的文化根基和国家基础。"一方有难八方支援""众人拾柴火焰高""老吾老以及人之老，幼吾幼以及人之幼"的民族文化心理，是中国应对突发事件的制度优势能够迅速转变为治理优势的社会心理基础。中国在抗击自然灾害、精准扶贫治理中，赓续发扬了革命战争年代和社会主义革命、建设改革时期的应急管理精神特质，如长征精神、延安精神、抗洪精神、抗震救灾精神等，向世界提供了中国经验、中国方案和中国智慧。

（4）高度的政治性。中国特色社会主义政治制度是党的领导、人民民主、依法治国的有机统一。中国特色社会主义最本质的特征是中国共产党的领导。应急管理亦同此理，这是中国特色应急管理政治性的高度体现。除了前述的时代性、人民性、民族性的政治特征外，应急管理的高度政治性还具体表现为三方面：一是应急队伍的高度政治性。一切行动听指挥，没有政治上的集中统一和理念感召，应急队伍面临大灾大难时，必将丧失凝聚力和战斗力。应急管理部门必然是政治部门，设立党委政治部非常必要。目前中国三大应急救援力量即政府应急、军队应急、社会应急，都是在党的领导、党建引领下开展应急救援工作。比如，国家综合性消防救援队伍（政府应急力量）要对党忠诚，纪律严明，赴汤蹈火，竭诚为民，这是队伍高度政治性、战无不胜精神的基本要求。二是应急管理的高度民主性。在应急管理领域，中央统一领导顶层设计与地方积极创造紧密结合，党委领导应急与部门协调应急紧密结合，综合应急与分类应急紧密衔接，政府力量应急与社会力量应急紧密结合，党委政府与专家和公民意见紧密结合，是统一领导、部门协同、社会参与、属地为主的应急管理民主化的具体体现。又如，各级人大代表、政协委员、各民主党派成员，坚持统筹发展和安全，下基层调查研究，研撰报告，向中央提建议，向各级"两会"提建议、交提案，体现了中国共产党领导的多党合作和政治协商制度的优势。再如，尊重群众首创精神（如前述群众应急经验），允许地方结合实际进行个别创造（如广东设立省突发公共事件应急委员会和省应急指挥中心），是应急管理民主的生动实践。三是应急管理的高度法治性。现代政治不但要体现高度民主，更要体现高度法治。政治自觉除了依靠个

① 费孝通：《中华民族的多元一体格局》，《北京大学学报（哲学社会科学版）》1989年第4期。

人自律，还须法纪严明。应急管理部门不但是政治部门，也是法治部门；应急救援队伍，不但要政治建队，还须法治建队。依法行政、依法应急，是应急管理、应急救援的行动准则。诸多应灾实践证明，无法可依、有法不依、执法不严、违法不究，应急效果付之阙如，应急教训付之阙如。因此，当前和今后一个时期，中国式应急管理现代化的法制体系、法治体系尚需不断修缮和加强。

（5）科学的系统性。系统是一个有机整体，是内部组成要素之间的结构性关系安排，体现一种统领性秩序。应急管理是一种具体系统，可以依据不同学科理论对之进行科学的阐释。从公共管理学角度看，应急管理包括以下要素：一是应急管理主体，即应急管理组织（政府及其应急管理部门、应急产业企业、应急社会组织、应急救援队伍等）和个人（应急领导者、应急管理者和指挥者、应急救援队员、公众、志愿者）；二是应急管理对象，即四大灾种及受灾人员；三是应急管理资源和手段，如应急物资、应急装备、应急技术，以及应急的政策手段、经济手段、法律手段、教育手段等；四是应急管理的环境，即应急管理系统外部的自然环境和社会环境。这四类要素密切关联、相互作用，共同构成应急的科学管理系统。从社会学的社会有机体理论角度看，[①]应急管理涉及四个方面：一是应急经济子系统，如应急物资、应急装备、应急物投、应急信息化等；二是应急政治子系统，如应急管理体制、应急法治、应急民主等；三是应急社群子系统，如应急社会组织、应急社区、应急关系协调、应急凝聚力等；四是应急文化子系统，如应急理念和心理、应急教育科普和演练、应急科技文化、应急传播和舆情等。它们分别承担适应、达鹄、整合、维模的社会功能，从而构成“四位一体”的有机系统，促进应急管理高效发展。从安全科学“人—机器—环境”系统论角度看，[②]应急管理同样涉及应急人员的应急能力和受灾人员、设备设施的可靠性和应急装备的先进性、应急环境（社会管理和自然环境）的安全性，三者两两构成一个科学系统。从公共安全应急科技角度看，应急管理涉及三方面：[③]一是突发事件，如物质、能量、信息等致灾因素诱发的不同灾种；二是承灾载体，如受灾人、受灾物、受灾系统等；三是应急管理，包括应急组织、应急目标、应急方法和技术等。从现代化理论角度看，现代化实质上是系统及其要素的现代化。系统现代

---

① 《马克思恩格斯选集（第二卷）》，人民出版社1972年版，第82页；郑杭生、李强等：《社会运行导论——有中国特色的社会学基本理论的一种探索》，中国人民大学出版社1993年版，第3—13页；Parsons T, *The Social System*, London, Routledge & Kegan Paul Ltd,1951；［美］乔纳森·特纳：《社会学理论的结构（第6版上）》，邱泽奇译，华夏出版社2001年版，第30—44页。

② ［德］A.库尔曼：《安全科学导论》，赵云胜等译，中国地质大学出版社1991年版。

③ 范维澄、刘奕、翁文国：《公共安全科技的“三角形”框架与“4+1”方法学》，《科技导报》2009年第6期。

化是一个动态过程，一个不断上升的过程。中国式应急管理现代化作为一个具体的社会系统，具有可持续发展性，本质就是不断迈向应急管理现代化。应急（系统）现代化应该包括内部几大子系统的现代化：应急经济现代化（如应急装备现代化）、应急政治现代化（如应急体制现代化）、应急社群现代化（如应急关系结构现代化）、应急文化现代化（如应急科技和教育现代化）；也应该包括三大主体应急现代化：政府应急现代化、企业应急现代化、社会应急现代化。与此同时，应急管理系统现代化与外在环境密切关联，与整个国家治理现代化、经济社会现代化密切关联，它们同过程、同方式、同目标、同方向。

3. 中国式应急管理现代化体系的变革要求

基于上述分析，我们亟须从内在的思想理论、制度体系、行动体系，以及外在的科教支撑、文化心理、国际环境等方面，科学构建和合理把握中国式应急管理现代化体系的变革趋势。

（1）秉持科学的指导思想和知识体系。中国式应急管理现代化总的指导思想是习近平新时代中国特色社会主义思想。在这一总的指导思想指导下，一方面深入开展对总体国家安全观、人类命运共同体思想、以人民为中心思想、公共安全体系理论等与中国式应急管理现代化密切关联的原则性理论体系的研究；另一方面凡关涉逐步发展着的中国特色社会主义经济学、法学、政治学、管理学、社会学等全部学科门类及其具体学科应用解释性理论体系，涵盖自然科学、社会科学、工程技术科学、系统科学。如前述的马克思主义社会有机体论以及"四位一体"（经济—社会—政治—文化）理论、社会系统论（结构功能主义），以及安全系统科学原理（人—机器—环境）、[①]公共安全科技模型（突发事件—承灾载体—应急管理）、[②]国家安全学理论、[③]"三位一体"（系统—动态—主动）应急治理战略体系论、[④]安全（生产）现代化理论、[⑤]安全科学结构体系原理、[⑥]应急管理体系理论、[⑦]应急科学与工程学科知识体系等，[⑧]均应立足本土，吸取外来先进科学技术和思想，并将之融为一体，以指导应急管理实践。总的方向是，

① ［德］A.库尔曼：《安全科学导论》，赵云胜等译，中国地质大学出版社1991年版。

② 范维澄、刘奕、翁文国：《公共安全科技的"三角形"框架与"4+1"方法学》，《科技导报》2009年第6期。

③ 刘跃进主编：《国家安全学》，中国政法大学出版社2004年版。

④ 童星、张海波：《中国应急管理：理论、实践、政策》，社会科学文献出版社2012年版。

⑤ 颜烨：《中国安全生产现代化问题思考》，《华北科技学院学报》2012年第1期；颜烨：《安全生产现代化研究》，世界图书出版公司2016年版。

⑥ 吴超、杨冕：《安全科学原理及其结构体系研究》，《中国安全科学学报》2012年第11期。

⑦ 薛澜、刘冰：《应急管理体系新挑战及其顶层设计》，《国家行政学院学报》2013年第1期。

⑧ 钱洪伟：《应急科学与工程学科知识体系发展策略——应急科学学的初步探索》，《灾害学》2018年第1期。

建构中国式应急管理现代化的指导性理论体系、原则性理论体系、应用解释性理论体系有机融合的思想理论，逐步形成中国式应急管理现代化的理论体系、学科体系和话语体系。

（2）进一步完善应急管理的制度体系。广义层面的制度既包括法律、规章，也包括组织设置等。应急管理制度体系是国家治理体系的核心部分。2003年非典疫情防控促进了以“一案三制”（预案、体制、机制、法制）为主要内容的中国特色应急管理制度体系的构建。其区别于西方国家流行的以阶段环节（预防、准备、响应、恢复）管理为核心的应急管理模式，但也注重吸收环节管理模式的优势经验。①目前，中国的应急预案体系除了《国家突发公共事件总体应急预案》（2006），也包含各类单一灾种的具体应急预案。除了国家层面的应急预案，各级政府、各类企业、各类社区和社会组织等也都相应分灾种制定了各自的应急预案，从而形成大国的应急预案体系。②中国特色应急管理体制，已经从过去的单灾应对、被动应对、分类管理和各级政府设立应急管理办公室（2005）等方式，到目前应急管理部的组建（2018），优化整合过去11个部门13项职能的应急力量和资源，从而推动形成当今“统一指挥、专常兼备、反应灵敏、上下联动、平战结合”的应急管理体制（2019）。从2007年表述为“统一领导、综合协调、分类管理、分级负责、属地管理为主”的体制逐步形成应急管理部门主要承担自然灾害和事故灾难应急、卫生健康部门主要承担公共卫生安全应急、国家安全和公安部门主要承担社会安全应急的三类行政组织体系。这方面能否形成大安全、大应急格局下的“常分急合式”部门设置，尚需进一步研究。[①]此外，各级政府还相应组建不同灾种的应急指挥部、委员会或工作机制、领导小组作为议事领导机构，协调应急管理体制的运行，如国家减灾委员会、国家防汛抗旱总指挥部、国务院抗震救灾指挥部、国务院安全生产委员会、全国爱国卫生运动委员会（最初为中央防疫委员会）、中央国家安全委员会等。当然这一应急管理体制尚需进一步完善，比如各级政府要不要考虑组建“应急管理委员会”或“紧急状态委员会”，来统一协调和调配应急管理力量，尚需进一步研究。③当前，中国特色应急管理机制，已经逐步形成“统一领导、权责一致、分级响应、统筹协调、高效权威”的总体应急机制。依据政府和社会关系、应急管理环节的衔接要求，具体应急机制包括：统一指挥机制、安全预防机制、风险研判机制、风险化解机制、隐患排查机制、预警预报机制、信息共享机制、快速反应机制、部门联动机制、协同处置

① 颜烨：《基于总体观的“常分急合式”应急体系探析》，《中国国情国力》2020年第6期。

机制、多元合作机制、应急沟通机制、社会参与机制、防救结合机制、科技支撑机制、物资保障机制、任务考核(评估)机制、责任追究机制、恢复重建机制、舆情应对机制等。④当前,中国特色应急管理法制体系,即以宪法为根本,以突发事件应对法为核心,形成包括各类灾种的法律法规的法律体系。如防震减灾法、防洪法、环境保护法,安全生产法、道路交通安全法、矿山安全法,职业病防治法、传染病防治法,国家安全法、国防法、反分裂国家法、戒严法、反恐怖主义法等,以及部门法规、地方法规、技术标准等。但是,今后要不要制定统一的"紧急状态法"或"应急管理法",以及具体的应急管理条例法规等,尚需进一步研究。

(3)进一步夯实应急处置的行动体系。应急救援行动主要对应应急管理的响应环节,是对突发事件采取应急处置的关键阶段,其行动体系主要通过应急救援方案来规划。通常包括:一是应急救援行动基本信息和条件,包括灾害(事故)特征、受灾区域和面积、受灾人口及其严重程度、灾害可能持续时间,以及应急救援的自然环境与社会环境、救援行动路线图、应急救援基础设备设施和特殊装备、救援行动的物资保障等;二是应急救援行动各类能力主体,包括决策领导、现场指挥人员、施救人员、救援专家、技术人员、医护人员、司乘人员、后勤保障人员、救援合作者与协作者、志愿者等,以及这些人员的角色位置;三是承担相应职责的应急救援行动机构,包括应急指挥机构(指挥部)、综合办公室、专家咨询小组、救援小组、技术服务小组、交通运输小组、物资供应小组、信息舆情小组、医疗救护小组、避险疏散小组、秩序维护小组、灾后评估小组、善后救济小组、重建规划小组等。

(4)运用并培育应急管理的科教基础。这里所说的科教基础包括应急科学技术支撑体系和教育培训支撑体系两大部分,两者相辅相成。第一,现代化应急科技研发是支撑应急管理能力和高效应急救援的利器。它既包括基础的安全原理和应急理论(如致灾因素和致灾机理),也包括应用科学技术(如风险评估技术与灾害预警技术)。它既包括传统科学技术(如常用的机电、通信、计算机等工程技术),也包括新兴科学技术(如信息化技术、人工智能技术、智慧应急装备技术等)。第二,应急科技研发、应急专利的发明和创造,都离不开高精尖人才的培养和教育。从教育方式来看,应急管理专业教育分为高等教育、中等教育、职业教育、在岗培训等;从学历层次看,分为博士(学术型与应用型)、硕士(逐步以专业应用型为主)、本科(应用为主)、专科(实操为主)、中专和职高(实操为主)等;从正规化与否来看,分为学校学历专业教育、在岗职业教育、全民应急科普、特定人群应急演练等；从应急学科专业来看，大体可分为应急自然科学、应急社会科学、应急工程技术科学、应急系统科学等，具体可细分为灾害学、应急系统科学、应急技术与管理、应急装备技术与工程、抢险救援技术、防灾减灾科学与工程、消防技术与工程、应急医学，以及应急管理（科学）、应急决策与指挥、应急经济与产业经济、应急物资与供应（物流）、应急法学、应急社会学、应急社会工作、应急心理学、应急文化与教育、应急传播与舆情等学科专业。目前，国家既要大力鼓励研发新型应急技术，也要大力培养高级专门人才，以应对高风险社会1000万应急人才的巨大缺口。

（5）始终植根于强劲的民族文化心理。包括中华民族传统文化心理和应急社会心理，也可以合称为应急文化心理。第一，中国传统治理文化以儒家仁政、德治为基础，讲求仁义礼智信的约束机制，形成自上而下的集权治理模式，并且体现家国同构、等级伦常，这是中国特色应急管理不同于欧美自由体系应急管理模式的文化根基。在现代中国治理架构中，实行中国共产党领导的多党合作和政治协商制度，中国式应急管理现代化坚持并形成党的领导、民主集中，政府引导、社会参与，党政同责、一岗双责等本土文化特色。第二，中国特色应急管理的社会心态，即中华民族文化心理总体状态，体现团结合作、和谐包容，自强不息、文明进步，爱国敬业、诚信友善的民族精神，形成万众一心、众志成城，不怕困难、顽强拼搏，坚韧不拔、敢于胜利的精神风貌。但不同时期、不同区域、不同阶层、不同文化群体的社会心理有所不同，这就决定应急管理必须考虑整体社会心态与局部社会心理之异同而决策施策。民心向背是应急管理决策能否发挥成效的重要背景因素。第三，开展应急社会心理研究、舆情分析和引导。在当今信息社会，网络舆论是应急管理政策正确与否、成效有无的“晴雨表”。因此，既要善于通过大数据分析、利用网络舆情进行应急管理决策，也要正确引导网络舆情，使之回到正轨上来。既不可滥加封堵惩戒（难免引起逆反心理），也不可纵容放肆（适度控制）。

（6）洞察人类命运共同体的国际环境。国际环境、国际形势的变化发展，同样是影响中国式应急管理现代化的重要因素。当前全球化加速发展、世界格局正在重组、外部环境更趋复杂严峻、大国趋于兴衰更替，这些都是世界各国经济社会发展、应对突发事件不可忽视的重要参数。一方面，当今世界总体形势趋于和平、发展、安全、合作。随着中国国际地位的提升和国际影响力的增强，新型国际格局日趋多元化、多样化，国际关系日趋民主化、平等化，这是中国式应急管理现代化的有利国际形势。另一方面，局部地区和个别因素仍然制约中国式应急管理现代化的发展，霸权主义、单边主义阴霾不散，全球气候政治化之争不断拉锯，因而仍然需要高度警惕国际负面因素的不利影响。总之，在迈向大国应急管理现代化的征程中，面对复杂多变的国际形势，要坚持以人类命运共同体的思想为指导，因势利导、趋利避害、化险为夷，营造安全和谐的发展环境。

上 篇

第一章

学科研究对象和研究体系

安全，伴随着人类社会的诞生和发展，是人类社会的一种基本需求，也是个体必需的公共产品，即安全需求；安全是一种社会现象，即安全现象；安全表达一种社会秩序，即安全秩序；安全是一种社会过程，即安全化过程；安全还是一种社会资源，即安全资源；安全更是一种社会责任，即安全责任。若安全成为问题，则一定是社会或人本身出了安全事故或事件。安全与社会的关系，无疑是包含与被包含的关系。从一定意义上讲，人类长期以来对良性社会秩序和人生幸福的追求，其实就是对社会整体安全和生命健康安全的追求。

德国风险社会理论大师贝克将"安全"视为当今"风险社会"的动力基础和价值追求。他认为，阶级社会的发展动力与平等的理念相联系，而风险社会并非如此，其通常的应对方案着眼于安全，这既是它的基础，又是它的动力。在风险社会中，"不平等"的社会价值体系已被"不安全"所取代，阶级社会的驱动力可以概括为"我饿"，而风险社会的驱动力则可以表述为"我怕"，焦虑的普遍性替代了需求的普遍性。[①]安全，越来越成为现代社会的稀缺资源。中国古代圣贤孔子也早有论述："不患寡而患不均，不患贫而患不安。盖均无贫，和无寡，安无倾。夫如是，故远人不服，则修文德以来之。既来之，则安之"（《论语·季氏》），即表达了两种社会的理想：一种是阶级社会里人们对"平等价值"的追求；一种是风险社会里人们对"安全价值"的追求。

研究安全社会学，必然要围绕"安全"与"社会学"两个词语进行。从学科研究看，它应该是着眼于"安全"这一社会现象，主要从社会学的理论方法视角去研究；如果围绕"安全社会"与"学"两个词语进行研究，那么就可理解为关于"安全社会"的"研究"或"理论"，意指对整个大的安全社会系统的研究，而不仅仅针对具体安全现象的研究。安全社会学可以包含对整个社会

---

① Ulrich Beck, *Risk Society: Towards a New Modernity,* Translated by Mark Ritter, London, SAGE Publications Ltd，1992, pp49-50.

安全问题开展的社会学研究(即"社会安全社会学",接近于社会稳定研究,但两者又不完全等同)。[①]

因此,我们首先要对日常社会实践的安全进行分类,了解不同视角的"安全"并作科学界定,对与之相关的概念进行辨识,然后确定安全社会学的定义和内容体系。

第一节 日常社会实践的安全类型学

美国社会学家加芬克尔(Garfinkel)创建的"常人方法学"(Ethnomethodology,亦称本土方法论或民俗方法学)强调,社会学应该研究常识世界,研究日常生活世界中的能动性实践活动。日常实践过程中的行动(action)、说明(accounts)和场景(setting)构成复杂的辩证系统,使得人的实践行动具有反身性;行动与环境的不断相互建构表明,对人们行动的理解应是对其实践系统的理解。[②]由于安全是一种社会行动,因此必然要理解行动的系统,而这样的系统往往因分类视角不同而呈现多样性。安全并不能单独存在,它总是依附于一定的主体或客体。

长期以来,人们将传统意义上的安全指称为"国家安全",即防范国家受到外来侵犯和攻击。国家安全的含义非常笼统,主要包括国家领土完整、主权不受侵犯,即领土安全、主权安全。"冷战"结束以后出现的非传统安全则强调人的尊严受到尊重、人类生存环境持续安全,而不仅仅指避免武装冲突和战争。联合国计划开发署提出的所谓经济安全、政治安全、文化安全、社会安全等都是基于某一领域而言的。进入21世纪,随着贝克意义上的"风险社会"的特征日益明显,不同角度的安全类型不断涌现。如近年流行的"水安全"(water safety)、"食品安全"(food safety)概念,实质是指水或食品不含有危及人的生命健康的有毒有害物质。"粮食安全"(food security)实质是指粮食在数量上充盈而不匮乏,有供应保障(含有粮食本身不变质等意思)。类似的概念还有"能源安全""资源安全"等。[③]"文物安全"(historical-cultural relic security),实际上包括文物本身质地不破损和数量上不流失两方面;"知识安全"(knowledge security)其实就是创造

① 颜烨:《与中国安全科学创始人刘潜先生的谈话》(2011年2月13日),载颜烨:《安全生产现代化研究》,世界图书出版公司2016年版,第117—122页。

② 李猛:《常人方法学》,载杨善华主编:《当代西方社会学理论》,北京大学出版社1999年版,第45—85页。

③ 颜烨:《与中国安全科学创始人刘潜先生的谈话》(2011年2月13日),载颜烨:《安全生产现代化研究》,世界图书出版公司2016年版,第117—122页。

者的知识权利和知识价值受到保护。“信息安全”（information security）主要是指信息不遭受外界破坏和被非法攫取。“技术安全”（technology safety）主要是指技术本身被使用时可靠、有保障，不引发危及人的生命安全的事故。“人口安全”（population security）实际上是指一个国家或地区人口系统内部的自然结构均衡、协调，人类正常繁衍，如性别比正常、人种结构均衡、年龄结构呈现年轻态等。“职业安全”即就业安全（occupational security），实际上包括就业稳定有保障，以及生产劳动过程中不发生工伤事故，即生产安全（work safety）。近年教育界所谓的“教学安全”（teaching security），其实就是指教学运行过程正常，如教师上课迟到引起学生大的反感、考试时发错试卷等，都是不安全的“教学事故”。下面主要从不同视角介绍几大日常社会实践中出现的安全类型。

一、基于自然—社会系统分殊的安全分类

自然系统和社会系统是性质各不相同却又紧密相连的两大系统。自然界有其自身不受人类理性支配的运动规律，自然系统安全主要是指其自我持续正常变迁，即地质、天体、生态、气候等在变化过程中，不含有对人类有害的因素或对人类生存发展很少构成威胁。如果按照社会学家帕森斯的社会系统论，[①]社会大系统的各子系统安全则可分为：经济系统安全，主要指经济运行系统的持续正常；政治系统安全，主要指政治系统及其相关因素持续正常运行；文化系统安全，主要包括大文化概念的习俗和制度、思想意识、实体文化表现形式的安全等；社群（生活共同体）系统安全，此为相对的“小社会”，即区别于国家、市场的公民社会或社会生活共同体系统，主要是指公民个人、社会组织和族群、社区和家庭、社会交往、互联网络、民生的安全和社会保障等。具体如图1-1所示。

---

① 美国社会学家T.帕森斯关于结构—功能的社会系统的思考从20世纪30年代起就一直没有间断过，其关于经济、政治、文化、社会子系统及其AGIL功能模式多见于其著作《社会系统》（1951年）、《关于行动的一般理论》（1951年）、《现代社会系统》（1971年）等：一是适应能力（Adaptation）：能够确保从环境获得系统所需要的资源，并在系统内加以分配，对应于经济子系统；二是目标达成（Goal attainment）：能够制定该系统的目标和确立各种目标间的主次关系，并调动资源和引导社会成员去实现目标，对应于政治子系统；整合（Integration）：能够使系统各部分协调为一个起作用的整体，对应于文化子系统；潜在模式维系（Latent patter-maintenance）：能够维持价值观的基本模式并使之在系统内保持制度化，以及处理行动者的内部紧张和行动者之间的关系紧张问题，对应于社会（生活共同体）子系统。

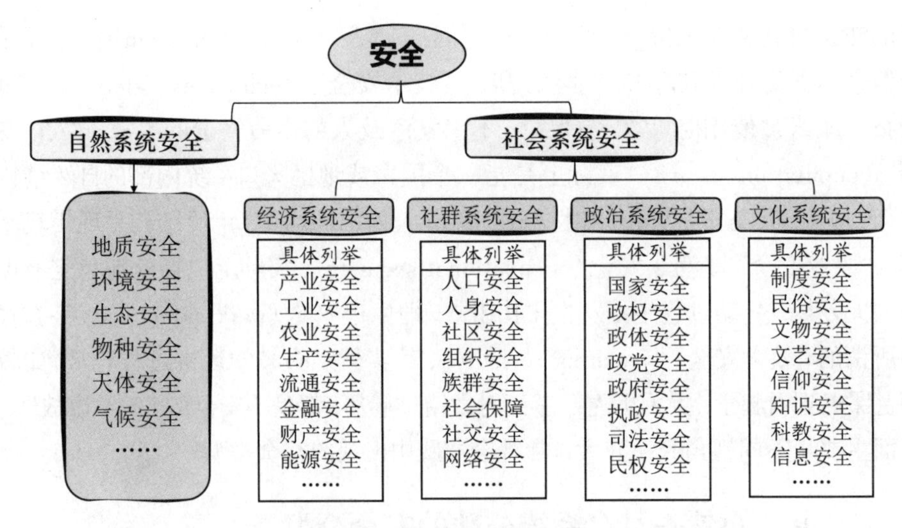

图1–1 基于自然—社会系统的安全分类

二、基于个人—社会关系分殊的安全分类

社会，一般是指人们由于社会实践需要而相互结合的有机整体。个人是构成社会的基本元素，或者说基本主体。这里的“社会”是相对于个人而言的“大社会”（大社会系统）概念。社会安全一般是指针对人际互动的社会实践而形成的公共安全，具有公共性，这类安全是针对于所指向的人群，而非单个人。个人安全与社会安全是密切相关的。“个人安全”与“个体安全”有所不同：个人可以视为个体，而集合意义上的国家、组织、工作单位、企业、学校、家庭等都可以视为社会性的“个体”。个体安全，尤其是个人安全，心理学、社会学等学科研究得较多，其他学术领域仅略有涉及。

目前，中国安全科学界倾向于将公共安全按其表现形式和特征划分为四大类：自然灾害、事故灾难、人文社会安全和公共卫生安全。[①]具体如图1–2。一般而言，自然灾害由自然界不可抗拒因素引发，需要发挥人类足够的理性力量加以预防和处置。事故灾难既有自然因素导致的，也有人为因素导致的。至于人文社会安全，笔者倾向于将包含国家安全、经济安全、社群治安等具有人文社会属性的安全归为此类。公共卫生安全一般包括大范围的流行病暴发控制和食品卫生安全。从这个意义上讲，公共卫生安全是超越国界、区域界线的，是全球共同关注的社会现象，即“非传统安全”。有些学者认为，国家安全应该涵盖四大类安

① 颜烨等：《细说安全》，《新安全》2005年第8期。

全，①这一方面本书持保留意见，也在总论部分有所说明，此处不赘述。这个是“小社会”安全。

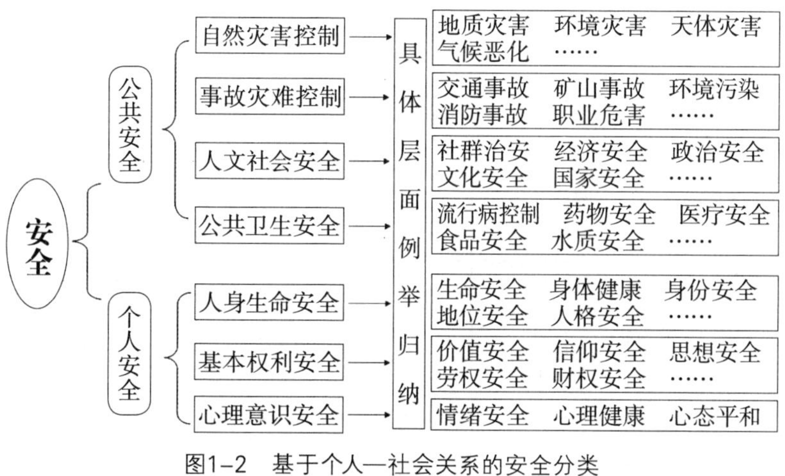

图1–2　基于个人—社会关系的安全分类

三、基于所属主客体对象的安全分类

基于所属的主体和客体对象，安全可分为人的安全、物的安全、事的安全（活动安全）、环境安全、系统安全。人的安全，主要包括与人本身的身心健康、基本权利价值密切相关的安全，其中所谓心理安全，主要是指心理健康、情绪稳定等。物的安全，通常指实体存在的物体、物质以及物态化事物的安全，即它们不含对人有毒有害的物质，或数量充盈而不匮乏。事的安全，包括人的行为安全和活动（社会生产生活实践活动）安全两个基本层面，即行为规范、实践活动正常运行、行事安全，经济活动、政治活动、文化活动等均可以视为一种社会实践。环境安全，主要指外在于人的自然环境、社会环境两大方面的安全，具体可以进一步细分。系统安全，一般是指由相互关联的人、事物与环境组成的系统呈现相互协调、正常运行的状态。从系统集合性主体看，最基本的是三个方面的安全：国家系统安全、社会系统安全、市场系统安全；从社会大系统看，基本的系统安全有四个方面：经济系统安全、社会（生活共同体）系统安全、政治系统安全、文化系统安全（见图1–3）。不过，事的安全、环境安全、系统安全之间有交叉重合，如经济、社会、政治、文化既可以是社会实践活动，也可以视为社会的各个子系

---

① 何学秋、谢宏：《社会转型期生产安全长效机制的理论基础》，载杨庚宇主编：《第一届全国安全科学理论研讨会论文集》，中国商务出版社2007年版，第24页；刘跃进：《国家安全体系中的社会安全问题》，《中央社会主义学院学报》2012年第2期。

统。又如，行车行为安全与交通系统安全、城市环境安全与城市系统安全、采矿行为安全与煤矿安全、自然环境安全与生态系统安全等都有交叉关系。

安全

人的安全	物的安全	事的安全	环境安全	系统安全
基本层面	基本层面	基本层面	基本层面	基本层面
人身安全 心理安全 权利安全	物体安全 物质安全 物态安全	行为安全 活动安全	自然环境安全 社会环境安全	国家安全 社会安全 市场安全
具体层面	具体层面	具体层面	具体层面	具体层面
人口安全 生命安全 身体安全 情绪安全 心理健康 心态平和 人格安全 地位安全 身份安全 名誉安全 思想安全 信仰安全 价值安全 劳权安全 财权安全 ……	设备安全 设施安全 物种安全 建筑安全 食品安全 粮食安全 水 安 全 文物安全 知识安全 技术安全 信息安全 资源安全 能源安全 核 安 全 ……	社会治理安全 公共卫生安全 职业劳动安全 生活安全 交通安全 消防安全 施工安全 采矿安全 教学安全 社交社会 婚姻安全 性的安全 ……	自然生态安全 灾害控制安全 区域环境安全 国际环境安全 生产环境安全 工作环境安全 生活环境安全 ……	政治安全 领土主权安全 意识形态安全 互联网络安全 城市安全 群体安全 组织安全 社区安全 家庭安全 学校安全 经济安全 产业安全 金融安全 企业安全 煤矿安全 ……

图1–3　基于所属主客体对象的安全分类

四、基于层面、形态和性质的安全分类

从层面划分有：宏观层面的安全即大安全，如全球安全、国家安全、社会系统安全；中观层面的安全即中安全，如经济安全、政治安全、行业安全、组织安全、群体安全等；微观层面的安全即小安全，主要是个人安全。

从形态来划分，可分为：硬安全（safety），通常指有形可见的安全，如生产安全、交通安全等；软安全（security），一般是指无形难见的安全，如政治安全、文化安全等。

从性质看，安全也如同战争一样，有正义与不正义之分。坏人或非正义方保障了自身的安全，恰恰是社会、他人或正义方的不安全，是危害性因素。这涉及绝对自由与相对自由的问题。绝对自由意义上的安全，往往会诱发非正义安全；相对自由意义上的安全则基本上是正义的安全。

至于在社会实践中，有关安全的具体管理工作，涉及所有的领域和行业，有几大类专门的安全管理部门，如职业劳动生产安全监督管理部门、公共安全监

督管理部门、国家安全部门、国家军事防范部门等。这些内容将在后续相关章节中详述。

第二节　安全的界定与相关词语辨析

尽管安全的实践类型非常丰富，但究竟如何理解“安全”的基本含义，却是仁者见仁，智者见智。本节主要对“安全”的最基本含义或者说一般性含义作一界定，并简要辨析与之相关的词语。

一、关于安全的多种理解

在汉语构字法上，“安”是屋檐下之女，意即受到保护，或者说保护女子，或者说安稳是人之生存之母、生存之基；“全”是“人”字下一个“王”字，意即人之最大、最高、最基本、最完美、最全面的方面。所以说，中国传统文化中有“安全为天”“安全第一”的说法。从这个意义上看，安全伴随人类社会始终，是人一生中最基本的欲求，因而其最根本的主体是人，即所谓“安全以人为本”。

“安全”的梵文为sarva，意即无伤害或完整无损。“安全”对应的英文通常为safety和security，与sure（确定的）词汇同源，[①]前两者均有平安、安全的意思，意义上几乎没有多大区别。但相对而言，safety更强调物态的、自然性的“硬安全”，即事物、环境等本身具有可靠的特性，如设备设施安全、技术安全、生产安全等；而security则重在人文的、社会性的“软安全”，如国家安全、社会公共安全等，包含有施用制度、措施等构建安全保障的意味，同时含有心理上安全可靠的意思。

目前，国内外学界对“安全”都没有作出统一的定义，不同文献、不同学科、不同学者对安全有着不同的理解和界定，但大体上可以从社会实在论、社会建构论、主客二重论三种视角来理解。[②]

（一）社会实在论对安全的界定

《韦氏大词典》对safe、security的解释是：没有伤害、损伤或危险，不存在危

---

① 《牛津现代高级英汉双解词典》，商务印书馆、牛津大学出版社1988年版，第1436页。

② 社会实在论，一般是指人们关于客观事物本质的实际反映，指在人们的主观意识之外存在一个不以主观意志为转移的客观实在，人们的全部认识（包括科学理论在内）都只是这种客观实在的一种反映或再现；社会建构论，通常是指人们将对于某些领域知识的认识视为社会实践和社会制度的产物，确切地说，是认为人们关于客观事物的概念及其相关知识是在头脑意识中主观地建构起来的，即主观上对事物进行命名和解释；这里的主客二重论，主要是指人们关于事物的主观与客观二者统一结合起来的界定。

害或损害的威胁，或免除了危害、伤害或损失的威胁。《辞海》对“安”字的第一个释义就是“安全”。《现代汉语词典》对“安全”的解释是：没有危险；平安。国际标准ISO45001对“安全”的定义是：免除了不可接受的损害风险的状态。国际民航组织（CIAO）对“安全”的定义是：安全是一种状态，即通过持续的危险识别和风险管理过程，将人员伤害或财产损失的风险降低并保持在可接受的水平或其以下。安全科学技术界对“安全”的界定与《韦氏大词典》《现代汉语词典》的定义类似：没有危险、不受威胁、不出事故，即消除能导致人员伤害、发生疾病和死亡，或者造成设备财产破坏、损失以及危害环境的条件。安全是相对的，危险性是安全的隶属度。当危险性低于某种程度时，人们就认为是安全的。[①]中国安全科学主要创始人刘潜认为，安全是人的身心免受外界（不利）因素影响的存在状态（包括健康状况）及其保障条件，并认为安全具有人、物、人与物的关系及其系统这样的“三要素四因素”。[②]安全行为科学认为，广义上的安全应该是指人类在任何生产、生活或其他一切生存发展活动中不受任何危险和伤害，没有对尊严的威胁，能身心健康、安全地从事活动。而相对性的安全定义则是指人们在生产生活过程中，能将人员伤亡或经济损失控制在可接受的水平状态。[③]安全科学原理通常认为，安全即人、物、环境（含管理）的系统安全，这是从人机工程学（人—机—人机结合面）引申而来的（见图1-4）。也有人认为，社会学视野中的“安全”，是指特定的社会行为主体在实际生存和发展过程中所拥有的一种有保

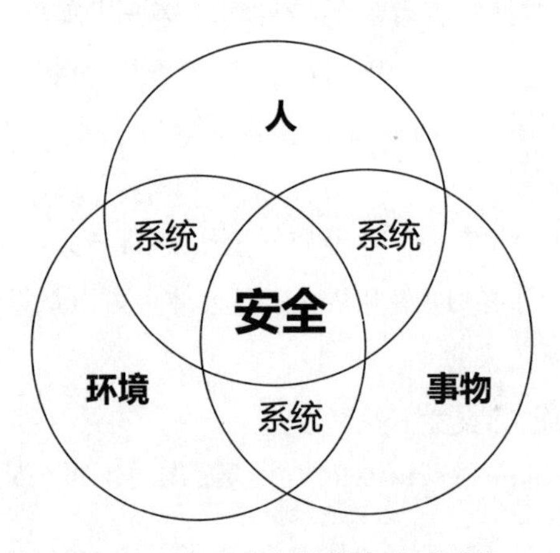

图1-4　广义安全的基本构成要素

① 庄育智等主编：《安全科学技术词典》，中国劳动出版社1991年版，第1页。

② 刘潜、徐德蜀：《安全科学技术也是第一生产力（第三部分）》，《中国安全科学学报》1992年第3期。

③ 叶龙、李森主编：《安全行为学》，清华大学出版社、北京交通大学出版社2005年版，第7页。

证或有保障状态。[①]美国学者维尔（Vail）认为，安全可以从个人、经济、社会、政治和环境等方面来界定，个人安全包括身体健康、食物充足以及家庭、工作场所和社区的安全等，经济安全包括金融安全，就业安全，个人财产权利、土地使用和个人投资方面受到保护等，社会安全即政府提供的最低生活保障等，政治安全包括公共秩序得以维续、政治组织合法性得到认同、国家安全受到保障等，环境安全主要是指社会成员与自然环境之间的相互作用中保障人的安全。[②]

（二）社会建构论对安全的界定

国际关系学领域的哥本哈根学派认为，“安全”本质上是一种主体间性的社会认知，“一个共享的、对某种威胁的集体反应和认识过程”，从而将主体之间的沟通、交往与认同作为安全共同体生成的最主要因素，强调安全共同体的社会性构成。[③]还有人认为，安全与社会价值直接相关，是“个人在社会生活中不受束缚的自由选择”。[④]

（三）主客二重论对安全的界定

英国社会学大师吉登斯从高度现代性反思角度提出“本体性安全”（ontological security）的概念，即社会主体对其日常社会行为及其程序有着可预期的信任状态，即自信有能力熟悉、掌握和控制与自身生存有关的社会行为模式。[⑤]沃尔弗斯（Wolfers）认为：“安全，在客观的意义上，表明对所获得价值不存在威胁，在主观的意义上，表明不存在这样的价值会受到攻击的恐惧。”[⑥]笔者曾从风险的角度定义安全为：总是人类理性所能把握的风险，是人类理性状态下的可控风险。[⑦]有人认为，“安全”在本质上体现了个人或由个人组成的社会、政治群体在社会互动中，对其生存环境的一种判断（包括对他者与社会宏观环境

---

① 郑杭生、杨敏：《个体安全：一个社会学范畴的提出与阐说——社会学研究取向与安全知识体系的扩展》，《思想战线》2009年第6期。

② J.Vail，“Insecure Times: Conceptualising Insecurity and Security”，in M.Hill, J.Vail, J.Wheelock eds., *Insecure Times: Living with Insecurity in Modern Society*, New York, Routledge, 1999, pp1-3.

③ ［英］巴瑞·布赞、奥利·维夫、迪·怀尔德：《新安全论》，朱宁译，浙江人民出版社2003年版，第37页；Emanuel Adler and Michael Barnett,“A Framework for the Study of Security Communities”, in Emanuel Adler and Michael Barnett eds., *Security Communities*, New York, Cambridge University Press, 1988, p31.转引自李格琴：《从社会学视角解读“安全”本质及启示》，《国外社会科学》2009年第3期。

④ Ken Booth,“Security and Emancipation”, in *Review of International Studies*, Vol.17, No.4, 1991, pp313-326.

⑤ 关于“本体性安全”的理论散见于［英］安东尼·吉登斯：《社会的构成——结构化理论大纲》，李康、李猛译，生活·读书·新知三联书店1998年版；［英］安东尼·吉登斯：《现代性与自我认同：现代晚期的自我与社会》，赵旭东、方文译，生活·读书·新知三联书店1998年版；［英］安东尼·吉登斯：《现代性的后果》，田禾译，译林出版社2000年版。

⑥ Arnold Wolfers, *Discord and Collaboration*, Baltimore, Johns Hopkings University Press, 1962. 转引自李少军：《论安全理论的基本概念》，《欧洲》1997年第1期。

⑦ 颜烨：《安全社会学》，中国社会出版社2007年版，第3页。

的判断)。安全的主体与指涉对象最初是以个人为参照的,尔后推及到由个人组成的各层次政治、社会群体。[①]还有人认为,安全是指主体免于侵害和匮乏的主体生存发展状态,实质上就是指主体的生存发展在客观上不受侵害并在需求上得到保障而免于匮乏。也就是说,安全既是指主体的生理、财产等客观实在的物理安全,也指主体尊严、自由、荣誉等观念性的安全,既指主体的生存发展在当前和未来不被侵害,也指现在和未来的基本需要得到保障不至匮乏。[②]

当然,还有其他学科或学者的理解和界定,在此不一一列举。上述界定多数是从“安全”一词的外在性而不是内在性含义来界定的。所谓“无危即安”“无缺即全”等,主要是从“安全”的外在的客观反向现象来界定的,很容易犯循环论证的毛病(如“安全是因为无危险,无危险是因为安全”)。所谓“自信有能力熟悉、掌握和控制”“人类理性所能把握”“伤亡或经济损失控制在可接受的水平状态”等,又是从主观心理感知的角度对“安全”进行界定的,很难体现概念的客观性维度。至于“特定的社会行为主体……的一种有保证或有保障状态”的界定,触及了“安全”内在的客观性,具有正面解释力,特指基本主体即人的安全,但“有保证或有保障”的具体指向内容不甚明确。

二、安全的一般含义

对社会现象或事物下的定义,应具有一般性的内涵,即内在性、包含性,而不是外在性、特定性,当然词语有其内涵和外延。因此,笔者认为,广义上,安全是指在人类社会实践中,人、事物和环境及其系统持续保持正常完好的状态[③];狭义上,安全仅指“人的安全”,即在社会实践中,人的生存发展持续保持正常完好的状态。这包括身体(生命)安全、心理(意识)安全、权利(价值)安全,即涉及“生理—心理—社会”三大部分(或称为“人之安全内在三维”),最根本的是人的生命安全。霍布斯(Hobbes)说:“安全的终极意义与估量就是个人安全,只是它的实现要通过被授予权威的国家。”[④]因而,如图1-4、图1-5所示,事物安全、环境安全以及其所构成的系统安全这三大公共领域(或称为“人之安全外在三维”)中,很多是围绕人的安全,或者说是通过作用于人之安全内在三维而发生和体现出来的,很多是为了保障和维护人的安全而界定的。因此,“安全”概念的

① 李格琴:《从社会学视角解读“安全”本质及启示》,《国外社会科学》2009年第3期。

② 冯昊青:《安全之为科技伦理的首要原则及其意义——基于人类安全观和风险社会视角》,《湖北大学学报(哲学社会科学版)》2010年第1期。

③ 颜烨:《煤殇:煤矿安全的社会学研究》,社会科学文献出版社2012年版,第30页。

④ 转引自[澳]克雷格·斯奈德等编:《当代安全与战略》,徐纬地等译,吉林人民出版社2001年版,第95页。

一般界定应该具有以下六个特点：

图1-5　人之安全的内在三维与外在三维的关联

（1）客观实践性与主观可知性的统一。安全是人类社会一种客观存在的社会现象，但这种客观现象隐含着能为人所感知的状态，它的水平和程度能被科学测量，而且不同主体对于安全的感知水平不同。

（2）主体性与客体性的统一。安全作为一种现象或状态，不是孤立存在的，必然附属于一定的社会实践主体或客体，因此安全就是具体的"人的安全""物的安全""事的安全""环境安全""系统安全"等，即安全只是它们的属性。安全要成为实体或实践，必定是某种具象的安全。

（3）实在性与建构性的统一。一般而言，安全是实在的，是人类社会实践中的社会事实。基于安全这种本体、实体，人们直接通过主观建构则会产生很多安全现象，以至于产生隐喻、衍生意义的安全（如教学安全、文物安全等）。因而安全既是实在论的，也是建构论的。

（4）静态性与动态性的统一。安全即持续保持正常的完好状态，体现为一种客观静态，且这种状态体现出从低到高的水平层次性；但静态安全性是相对存在的，没有绝对不运动的安全，一定安全水平总会变化到另一水平的安全状态。也就是说，社会是发展变迁的，安全也是发展变迁的，而且安全性可随着社会发展变迁而持续地趋高趋强变化，即安全发展。

（5）外在性与内在性的统一。安全既包含其附属对象不受外来的侵害、威胁和损伤，也包含附属对象本身内部无异常变化的危险（如肌体患疾、组织内耗、行为不当等）之意。即没有内外危险或威胁，安全正常，如可以表述为"某某的安全”受到外在“某某的威胁”，这是人的安全内在三维与外在三维的统一。

（6）人本性与系统性的统一。从根本上说，安全始终与人类息息相关（史前文明不存在安全现象），以人为本，外在的事物、环境、系统之所以不安全，也是因为其含有对人有害的因素，即安全的实践性就是人本性。安全，说到底，是人与自然、人与社会在发生关系的过程中生成的，其中，人与社会的关系又包括人与他人、人与自我的关系。人与自然的关系体中，安全主要是指自然、生态环境对于人而言是安全的；人与社会的关系体中，安全主要是指社会环境中不含有侵害人的生命、生存和发展的有害因素，包括制度、组织、群体、社区、国家乃至全球的安全等。人与他人的关系体中，安全主要是指人际交往没有冲突，人与人和谐相处，人们可以在相互沟通和理解的基础上更好地实现抵御意外事故或事件威胁的目标（安全沟通）。人与自我的关系体中，安全主要是指人本身的心态平和、情绪稳定、心理安全。

这里，我们需要强调的是，“人的安全”是人权的重要组成部分，即“安全权”，但不是人权本身。为避免巴瑞·布赞（Barry Buzan）所谓“人的安全”跌入“还原主义”和“理想主义”的担心，[①]我们将“人的安全”分为内在三维（即人的生命安全、心理安全、权利安全）和关联着的外在三维（影响人的安全的事物安全、环境安全、系统安全）。这样既避免脱离人之安全的本质基础，也避免了撇开其他与人的安全相关联的安全研究。

基于这样的定义，笔者认为：“安全性”应该是所有安全研究的核心关键词，社会实践就是追求最大安全性、最佳安全状态；而人对安全性的认知及其程度，则为“安全感”，是对客观安全性的主观反映。说到底，安全研究最终都是为了研究如何保障人的生命安全，使人具有基本的安全感。

---

① ［英］巴瑞·布赞：《“人的安全”：一种“还原主义”和“理想主义”的误导》，崔顺姬、余潇枫译，《浙江大学学报（人文社会科学版）》2008年第1期。布赞认为，目前国际关系领域“人的安全”（human security）概念的使用，在安全理论研究中引发了一种“还原主义”（reductionism）和“理想主义”（idealism）的误导，忽视了其他安全议程的道义主张和安全化的具体实践，并加剧了把安全看作某种可期望的终极目标的危险。他认为，此概念并无多少新的内涵以助于理论的分析，也无多少与人权讨论的区别。假如“人的安全”的指涉对象是“集体”，或者说“谁的安全”的安全主体定位指向于一种“集体性”，那么“社会安全”或“认同安全”则更适合于用来解释这一问题；假如它所指涉的对象是“个体”或者是作为整体的“人类”，那么它又与人权（human rights）的议程并无太大区别。而国际安全理论的一个独特之处在于研究不同“社会集体”之间的互动关系，但“还原主义”的安全思维却抹杀了这一特点。虽然从道义上我们可以把个体构建为最终的安全指涉目标，但又丧失了对“集体行动者”的分析维度。人作为“集体行动者”，既是安全的提供者，同时又天然地拥有生存的权利。个体不是孤立于社会而存在的，他们存在的意义来自其所依托的社会。从这个意义上说，个体并非某种其他一切事物能够或应当被还原或被从属于的底线，即安全研究不应该以个人（个体层面）来取代或牺牲其他单位层面的存在。“人的安全”的概念把所有可能的安全指涉对象都引向了个体，却排除了其他应有的指涉对象——集体（以人类自身为前提的安全主体）以及生态（非以人类为前提的安全主体）；最后，实际是把“人权”重构为“人的安全”，即把安全看作某种可期望的终极目标。

三、与安全相关的词语辨析

前述各家学者在“安全”的定义上难以取得共识，其实说明安全与中性的风险、危机，与反向的危险、灾难（灾害）、战争、事故、伤害、威胁、恐怖、冲突，与正向的和谐、和平、稳定、安定、平安、保障等词语或概念，均有很大的关联性。我们可以绘制相对简图来呈现其关联和辨析（见图1-6），以便更清晰地理解安全的内涵和外延（总论部分亦有涉及）。实际上，灾变（冲突）—风险—安全（稳定）构成安全概念系统的“三位一体”。人们有时候提及的“安全风险”即安全具有风险性，实际是指安全作为实体，本身存在和包含着外来风险和不确定性因素。

（一）安全与风险、危机、危险的辨析

安全与风险（risk）、危险（danger）、危机（crisis）的含义有所不同。有人认为，风险是个人和群体在未来遇到伤害的可能性，以及对这种可能性的判断和认知。[①]也就是说，风险往往是指可能存在或难以预测的负面后果（伤害），具有不确定性，但这种可能性又能被人所模糊地感知。风险可分为自然风险、社会风险、经济风险、政治风险、科技风险等。当可能的风险将要显现或者能明确被人的意识强烈地感知到负面后果时，就可以称为“危险”；当风险被把握和被化解后就会变得“安全”。安全，总是人类理性所能触及的状态。很显然，（风险）转危为安化险为夷，说明风险里总是伴随着“危机”，即“危险”加“机遇”——转

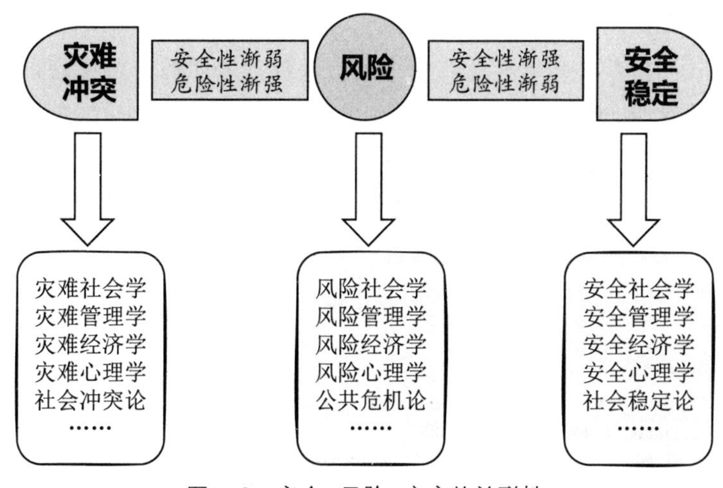

图1-6　安全、风险、灾变的关联性

① 杨雪冬：《风险社会理论述评》，《国家行政学院学报》2005年第1期。

为安全的机遇(可能性)。荷兰学者罗森塔尔认为,危机是指"对一个社会系统的基本价值和行为准则架构产生严重威胁,并且在时间压力和不确定性极高的情况下必须对其作出关键决策的事件"①。危机往往具有高度不确定性、事件突变迅速、事件奇特而无章可循、信息不对称及小道消息流行、蕴含重构机遇等特点。

"危险(D)"与"安全(S)"的关系则是:安全性越强,则危险性越小;安全性越弱,则危险性越突出(见图1–6)。安全科学界用模糊数学概念将这一关系表示为:S=1–D。②实际上我们把风险看作一种中间状态,危险往往导致毁灭,类似的观点社会学家贝克也曾表达过,"风险概念表述的是安全和毁灭之间一个特定的中间阶段的特性"③。这样也可以表达为:最大安全=灾变最小/风险最大,即最大安全与灾变可能性最小成正比,与风险最大成反比。④

(二)安全与灾难、灾害的辨析

灾难(disaster)与灾害(calamity)稍有不同,灾难的外延大于灾害。灾害一般是指自然灾害,即自然因素引发物体或环境对人类生产生活、生命财产造成巨大伤害损失的现象;灾难则包含自然灾害和人为因素造成的伤害损失事故,是大概念。两者都是针对人类而言的,史前社会的火山爆发、地震、泥石流等,因为没有对人类造成伤害损失,因而只能被称为自然现象,不能说是灾害、灾难。

安全与灾难(灾害)是相反的两个向度,即上述以风险为中心而展开的;安全是一种社会发展的正向动力,而灾难(灾害)则是社会变迁的逆向动力。⑤从这个意义上说,风险中的危险因素不能被人类理性所能控制的时候,就会产生现实性的灾难后果。所以,安全研究就是研究人类社会如何通过理性的力量,去"化解风险,避免灾难,确保安全"。

(三)安全与事故、事件的辨析

所谓事故,一般是指在人们生产生活中突然发生的意外事件。当然,意外也总是相对的,是相对于人的理性把握程度而言的。事件是一个中性词,其外延大于事故,事故一定是事件,但事件未必是事故,比如社会群体冲突事件、公共卫生

① Rosenthal, U., Boin, R.A., Comfort L.K., *Managing Crises: Threats, Dilemmas and Opportunities*, Springfield: Charles C Thomas Publisher Ltd. ,2001, pp21,80-85.

② 隋鹏程、陈宝智、隋旭编著:《安全原理》,化学工业出版社2005年版,第11页。

③ [德]乌尔里希·贝克:《风险社会再思考》,郗卫东编译,《马克思主义与现实》2002年第4期。

④ 类似的表达如,幸福=实际满足/各种欲望。幸福与实际满足程度成正比,与各种欲望成反比。因此,人的幸福感就是实际需求满足感。

⑤ 汪汉忠:《灾害、社会与现代化——以苏北民国时期为中心的考察》,社会科学文献出版社2005年版,第72—77页。

事件。英文accident和incident，均有事件、事故的含义，相对而言，accident主要是指事故总概念，而incident主要指一般事故或事件。学者伯克霍夫（Berckhoff）对事故的定义最有代表性：事故是人（个人或群体）在为实现某种意图而进行的活动过程中，突然发生的、违反人的意志的、迫使活动暂时或永久停止的事件。事故因意外突发性、集中性、较大或巨大伤害性等特性而具有较大的社会反响，即引起周边人群或整个社会的震惊反应。发生事故，一般会引起一定的伤害或损失后果，是不安全的，所以又称安全事故（或安全事件），有一般事故、较大事故、重大事故、特别重大事故的等级之分。

所谓伤害（injure，harm，hurt），包括对人的肉体伤害和精神伤害，广义上还包括对事物、环境及其系统的破坏和损害。一次事故一般都会造成不同程度的伤害损失。所谓伤亡事故 （injury），即指对人体的伤害，后果严重的事故决定人的一生命运；在生产工作区域或时段发生的事故一般也叫工伤事故。[①]衡量安全事故的标准有很多，但主要的指标是人员伤亡和经济损失情况。

这里尚需了解的是，对人的安全健康造成的危害、侵害等，不仅包括突变性（突发性）的事故、事件，更多的是指渐变性（慢发性）的危险因素。如尘肺病、矽肺病、苯中毒等来自工业生产领域的职业危害病，以及来自医疗卫生领域（卫生，从字面理解即“保卫生命健康”）的误诊所导致的生命不安全等问题，这在有的国家一般称为职业安全健康问题或职业安全卫生问题。

（四）安全与冲突、战争的辨析

与社会性安全相关的一种反向意义的概念叫冲突。冲突（conflict），包含有意见不一致、矛盾、摩擦、对立、斗争、争论、争吵、观念不一致、行动不一致等意思。冲突，发生于人际互动行为中，是社会性的，所以也称社会冲突，是社会矛盾运动的一种表现。冲突一般是指双方或多方力量对某一标的或因价值理念不一致而进行竞取或争夺的互动行为，包括潜在冲突和公开冲突、利益冲突和价值冲突、现实冲突和非现实冲突、武装冲突和非武装冲突，也可以按照内容分为军事冲突、经济冲突、政治冲突、文化（文明）冲突等。以政治冲突为例，它所产生的剧烈结果是革命的突破，解组原有国家机器，重构社会统治秩序。

战争（war），是国际关系领域冲突的最激烈形式（包含国家间、民族间的战争）。传统意义上的国家安全主要是指国家之间或民族之间不发生战争。管理学者则把冲突看作一种（社会）过程，是使对方有所感知、能产生积极或消极影响

---

① 隋鹏程、陈宝智、隋旭编著：《安全原理》，化学工业出版社2005年版，第18—20页。

的相互作用的行为。冲突处理的行为意向不外乎：竞争（表现为：压制对方而获取所得、通过一定规则获取标的）、压制（消灭对方夺得利益）、协作（共赢）、回避或逃避、迁就（让对方获得满足）、折中（双方妥协）等。[①]传统的冲突观念往往把冲突看成社会解体、崩溃的主要因素，但社会冲突论者则认为冲突是社会的"安全阀"，未必导致社会结构解组，也可能诱致新的结构诞生，因此其将冲突分为功能正常冲突和功能失调冲突。[②]

有一个与冲突相关联的概念叫嫉妒（envy）。嫉妒含有与相关人在利益、成就、财产等方面有争执或冲突的感觉，以及被羡妒的对象、不健康的意愿、嫉妒情绪等意思。[③]嫉妒的特点是与相关者有关，关系越密切者尤其是相关利益者或熟人之间越容易产生嫉妒。从广义上讲，嫉妒本身也是一种冲突，一种潜在的主观性冲突。人是一种嫉妒性的生物。公妒最容易导致大规模的客观现实冲突，私妒渗透于社会生活的各个角落。嫉妒都是在与相关者比较中产生的。[④]嫉妒的方式或后果其实有两种类型：一种是不直接影响他人而超越他人的嫉妒（赶超型），一种是直接压制或消灭对方的嫉妒（压制型）；后一种最容易造成恐怖性或敌意冲突而导致社会不安定。所谓暴力事件、群体事件、恐怖事件、军事恫吓、人身威胁等社会冲突，都是社会结构性不平等诱发的，确保社会安全就要从根本上解决社会不平等问题。

（五）安全与保障、保护的辨析

保障（security）含有安全、无危险、无忧虑、提供安全之物，使免除危险或忧虑之物，或采取措施保证安全，或心理上安稳可靠等意思。[⑤]保障对应的英文在很多场合等同于安全，有时指一种心理感知上的可靠和信任，即安全感（亦可称为"心安"）。保障含有保险（insurance，保证风险不转向负面性）的意思。保护（protect）的基本意义就是通过一定的人类理性力量（措施和手段）保障人、事物、环境及其系统处于正常完好状态，是保障的具体化、制度化、机制化。而中文词汇中类似的保卫（safegard）、保安、保密等，是更下一层的保护之意。保障的外延大于保护，保护的外延大于保卫、保安、保密。保卫即保障防卫的意思。保安即保障安全的意思，保密即保守秘密、机密、绝密（信息），安全尤其是社会安全涉

① ［美］斯蒂芬·P.罗宾斯：《组织行为学（第七版）》，孙健敏、李原等译，中国人民大学出版社1997年版，第386、391—392页。

② Coser, Lewis A., *The Functions of Social Conflict*, New York, Routledge and Kegan Paul Ltd, 1956.

③ 参见网络英英词典http://www.dictionary.reference.com.

④ ［奥］赫尔穆特·舍克：《嫉妒与社会》，王祖望、张田英译，社会科学文献出版社1999年版，第1、177—179页。

⑤ 《牛津现代高级英汉双解词典》，商务印书馆、牛津大学出版社1988年版，第1421页。

及保密的一面，现实实践中有时又与警察、特务（特殊任务执行者）相联系。

英文social security，可译为社会保障、社会治安、社会安全的意思，但在中国，“社会保障”与“社会治安”是两个完全不同的概念。社会保障一般是指政府或社会为了保护公民尤其是弱势群体的基本权益，而采取包含社会保险、社会福利、社会救济、社会优抚在内的一整套生活保障措施（后面有关章节将详述）；社会治安则通常指党政机关、司法机关及其委托组织，对社会不法分子及其行为进行管控和惩罚的公共措施或制度（含社区矫正）。两者可以统称为“社会安全”。

（六）安全与稳定、安定、平安、安宁的辨析

稳定、安定、平安、安宁都是与安全正向相关的词汇，可视为“安全”的外延。稳定（stability），含有坚固、稳妥、安全、不动摇的意思，不仅指社会稳定，也包括事物（物态）或心理情绪方面的稳定性（无大起大落的变化，大致保持正常水平）。社会稳定，通常是指一个社会秩序井然，法纪严明，吏治廉洁，政通人和，风气纯正，事业兴旺，民族团结和睦，百姓安居乐业，社会成员平等相处，整个社会呈现一派祥和安定的局面。[①]当然这只是一种相对意义的社会稳定。唯物辩证法认为，矛盾无时不有、无处不在。安定，即社会安全稳定；平安，即个人或社会平静安全；安宁，即安全宁静。前述“社会治安”之说，主要针对社会性安全事件（如防范盗窃、抢劫、斗殴、纠纷等突发性或惯常性负面事件），目的是维护社会稳定、政治稳定、国家稳定，政治性比较强。

（七）安全与和谐、和平的辨析

和谐、和平是最高层面的社会性安全。和谐与冲突基本相对应，和平与战争基本相对应。和谐（harmony），含有意见一致、关系融洽、有条不紊、友好、亲密等意思；和平（peace）即和谐平安（平等）的意思。和谐是指人、事物和环境及其系统基于多元化差异的关系协调、协同。[②]可从以下五个方面来理解：①一定社会范围内人与人之间的和谐（人际和谐），包括个人之间、群体（阶层）之间、个人与群体之间的和谐，最基本的法则是求同存异、平等共存，所谓“君子和而不同，小人同而不和”。②指人与自然之间的和谐，即所谓“天人合一”，人类活动如果违背自然规律，就要遭到大自然的惩罚。③人的心态平和，即体现为

① 刘格敏：《社会稳定与社会发展》，载张式谷主编：《社会协调发展论》，中共中央党校出版社1999年版，第126—127页。

② 中文里的“和”“谐”二字，民间一度将之拆解为“禾+口”“言+皆”，分别指“人人有饭吃”即“民生”，“人人能说话”即“民主”；如果再形而上地看，即指“经济基础”或曰“物质文明”，以及“上层建筑”或曰“政治文明（精神文明）”，这就是“和谐”。

一种“宠辱不惊、去留无意”的心理状态，心态良好，基本稳定，遇喜遇悲均无大起大落。④指基于人类活动的社会子系统之间的宏观和谐，如政治系统、经济系统、文化系统和狭义上的社会系统相互之间协调，经济发展与社会建设之间不能差距太大，上层建筑与经济基础大体协调配套，社会各阶层之间所拥有的资源、机会不能相差太大。这实际上是指社会大系统的结构性协调，是一个国家或地区的最大的和谐，即宏观性社会安全。⑤世界范围的和谐安全，即国际社会主体之间（国家之间、民族之间、国际组织之间、国家与国际组织之间）的和平，没有冲突，没有战争，求同存异，平等相处，平安无事。

从上述辨析看，安全的内涵和外延均有广义和狭义之分。狭义上的安全可以指其附属对象没有外来威胁，没有隐患，不出事故，不受损害。广义上的安全则包括：宏观层面的和谐、和平，没有冲突、战争；中观层面的稳定、安定、有保障，没有冲突，没有事变，受到保护；微观层面的安全，即狭义的安全。

第三节　行动—结构逻辑与学科体系

如前所述，安全始终以人为本，本书研究对象特定为直接或间接关涉“人的安全”（内在与外在统一）的现象，而对于事物、环境及其系统中与人的安全没有多大关系的，如所谓文物安全、教学安全等衍生意义上的安全（或称为隐喻意义上的安全），则不涉及。至于国家安全、社会安全、经济安全、政治安全等，因为其中有涉及保护民众安全的社会现象，也属于本书的研究范畴。这里，笔者主要从社会学的角度对安全社会学进行建构。

一、社会学流派及其基本观点简述

从社会学角度研究安全现象，我们先需要了解社会学研究的基本命题及脉络（见图1-7）。每一门学科都有其基本概念和命题，如经济学的基本命题是“成本—收益”，法学的基本命题是“权利—义务”，政治学的基本命题是“权力—权利”，而社会学的基本命题则是“行动—结构”。

社会行动关联着社会变迁、社会进步，社会结构关联着社会秩序、社会稳定，所以孔德在创立社会学之初，就提出社会学关注着两大基石——“进步”和“秩序”。社会变迁是历时态社会学的重要范畴，社会结构是共时态社会学的重要范畴，两者通常合起来称为“社会结构变迁”，这就是社会学的核心总体。“行动—结构”的命题又可化解为“个人（行动）—社会（结构）”，也就是说，社会学

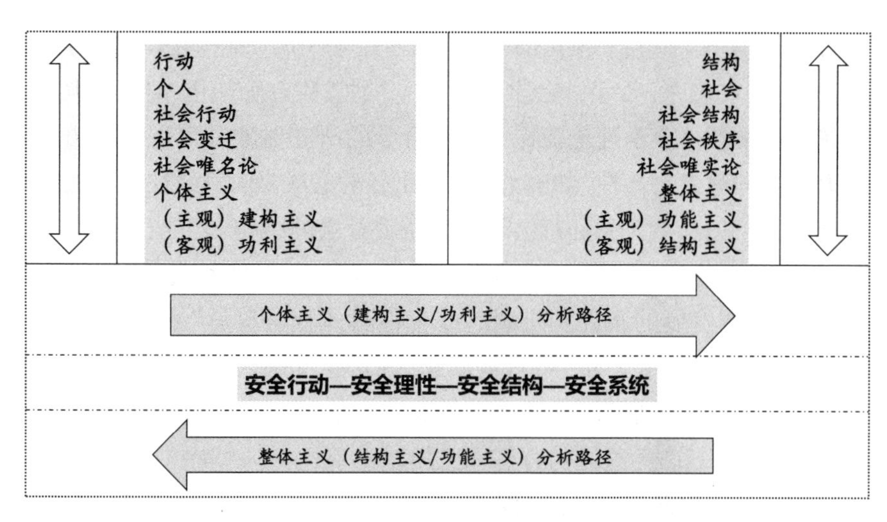

图1-7　安全的社会学研究取向与分析逻辑路径

的基本问题（元问题）是"个人—社会"的关系问题。社会学研究从"个人"出发的，被称为"唯名论"（社会只是一个空空的名称，个人是真实的）；从"社会"出发的，则被称为"唯实论"（社会是实体）。

以此为基点，从方法论角度看，社会学理论流派总体分为"整体主义"路径和"个体主义"路径，以及对两者的综合与超越。整体主义通常被认为是以经典社会学家马克思为代表，主张通过历史回溯和批判，从社会整体结构角度来思考和理解这些结构对个人、社会、文化的影响，以及社会变迁、社会何以可能等问题，具体可有主观的功能主义和客观的结构主义理论类型。个体主义则以经典社会学大师马克斯·韦伯为代表，主张从理解社会主体——人的行动及其背后的意义出发，思考社会结构、社会世界是如何建构和变迁的，所以又称为理解性社会学，具体可有主观的建构主义和客观的功利主义理论类型。作为对整体主义和个体主义综合与超越的社会学理论则力图消解行动与结构及其关联对应的"主观—客观""主体—客体""微观—宏观""个体—整体""个人—社会"等的二元对立，认为两者应该是互嵌性的，具有二重性，[①]可谓"行动决定结构，结构制约行动"。其中，典型的有现代社会学大师吉登斯等人主张的"结构化"理论，布迪厄（Bourdieu）的实践理论也是试图通过实践、场域、惯习等概念及其相互运作的关系，来超越传统的"行动—结构"理论，力图有效地克服这种对立，[②]以及

① ［英］安东尼·吉登斯：《社会的构成——结构化理论大纲》，李康、李猛译，生活·读书·新知三联书店1998年版。

② ［法］皮埃尔·布迪厄：《实践感》，蒋梓骅译，译林出版社2003年版。

早期的社会互动论、社会交换论的缺陷。沿着吉登斯的“结构化”理论方向思考“个人—社会”的关系，近年社会学界又流行一种“社会互构论”的研究取向。[①]

在中国，不同社会学理论流派关于社会学的研究对象和定义的看法也各不相同，有影响的观点有几种。如有人认为，社会学是从变动着的社会系统的整体出发，通过人们的社会关系和社会行为来研究社会的结构、功能、发生、发展规律的一门综合性的社会科学。[②]有人从社会策略着手，认为社会学“是关于社会良性运行和协调发展的条件和机制的综合性具体社会科学”[③]，指出社会学就是要解决现存统治秩序下的一些社会问题。有的定义则认为，“社会学是一门通过研究人们的社会行动以揭示社会结构和过程的规律性的科学”[④]。这些定义都是围绕“行动—系统”这样的分析理路的。

实际上，社会学研究中虽然存在两大对立，但也仅仅是各有偏重，在偏重某一方面的同时，并没有忽略另一方面。所以，研究安全社会学，需要从综合的角度加以思考。安全作为一种社会现象，既表达着一种社会行动、社会进步和变迁，也表达着一种社会结构、社会秩序和稳定。

二、沃特斯视角与安全的社会学逻辑

马尔科姆·沃特斯（Malcolm Waters）是澳大利亚当代的一位社会学家，在其《现代社会学理论》一书中，他把自孔德以来所有社会学家探讨的有关“行动—结构”“个人—社会”的关系问题，归为四个核心概念，即“行动”（agency）、“理性”（rationality）、“结构”（structure）、“系统”（system），以此来分析各位社会学大师和各家流派的思想理路。[⑤]笔者称之为“沃特斯社会学视角”，并且认为这四个核心概念具有内在的逻辑性关联。因此，研究人的安全现象，同样脱离不了“行动—理性—结构—系统”的研究链条。[⑥]

这样，安全的社会学研究就会形成“安全行动—安全理性—安全结构—安全系统”这一逻辑分析链条（见图1-7）：安全是一种行动、一种需要理性的行动，个体行动通过社会性的安全互动，就会形成安全结构（安全资源与安全规

---

① 郑杭生、杨敏：《社会互构论：世界眼光下的中国特色社会学理论的新探索——当代中国“个人与社会关系研究”》，中国人民大学出版社2010年版。

② 《社会学概论》编写组：《社会学概论（试讲本）》，天津人民出版社1984年版，第5页。

③ 郑杭生主编：《社会学概论新修》，中国人民大学出版社1994年版，第1页。

④ 陆学艺主编：《社会学》，知识出版社1996年版，第559—560页。

⑤ ［澳］马尔科姆·沃特斯：《现代社会学理论（第2版）》，杨善华等译，华夏出版社2000年版，第12—16页。

⑥ 颜烨：《沃特斯社会学视角与安全社会学》，《华北科技学院学报》2005年第1期。

则的生产与再生产），安全结构要素的关联则会形成安全系统（如安全经济、安全政治、安全文化、安全行为等相互关联的子系统），这是个体主义（主观建构主义、客观功利主义）的分析路径。反过来，安全系统统领着整个安全领域、安全结构，安全结构制约和影响安全行动、安全理性，这是整体主义（主观功能主义、客观结构主义）的分析路径。

三、安全社会学的基本定义

安全社会学即把安全作为一种社会现象、一种社会过程、一种社会秩序，从安全学，主要是从社会学角度研究“安全”与“社会”的关系，分析影响人的安全现象存在和发展的社会因素，安全现象尤其是安全事故（事件）对社会发展变迁的影响，安全主体社会化—安全化的社会过程，以及“安全—社会”（核心命题是安全行动—安全结构，也即安全行动者—安全社会结构）关系变迁的本质规律。简而言之，安全社会学是研究人的安全存在和发展的社会因素、社会过程、社会功能及其本质规律的一门应用性交叉学科。我们从以下五方面来看这一定义：

（1）按照事物定义“种+属差”的理解，安全社会学的“种概念”是“应用性交叉学科”。这表明它在外延上是一门学科，且是一门应用性交叉学科，而不是泛泛而谈的学科。其交叉在于它是社会学与安全学学科，既是安全学的分支，也是社会学的分支。

（2）安全社会学与其他安全学、社会学学科的“属概念”差别在于，它是特指研究安全现象的应用性交叉学科，而不是研究经济、文化、组织等的应用社会学、安全学分支学科，这就是属差。

（3）一门学科有其特定研究对象。安全社会学的特定研究对象并非所有安全现象，因为安全学也是研究安全的，它具体特指人的安全现象存在和发展的社会因素、社会过程、社会功能及其本质规律，安全社会学也并不研究安全的管理、安全的经济支撑和效应、安全的工程技术创造发明和应用。

（4）一般而言，一门学科均强调研究某种规律性的现象，而不是泛泛而谈某种社会现象。规律是不以人的意志为转移的客观存在。安全社会学就是研究安全现象存在发展的社会因素、社会过程、社会功能的社会性本质规律，社会规律比自然规律更加复杂。

（5）所谓“××学”，一般是指体系化的“研究”（studies）或“理论”（theories）的意思。安全社会学之所以被称为“应用性学科”，主要是因为它是从社会学、安全学角度为政府、社会及公民、企业等提供“化解风险、避免灾难、确保安全”的学理咨询和政策措施。其重点是研究影响安全存在发展的社会因素（安全事故或事件的社会原因）。

当然，安全学研究者可能不太认同这样的定义，他们中有人认为：“从安全的角度和社会学的着眼点研究客观世界的科学，叫作安全社会学。它是从安全的角度研究客观世界，从社会学的着眼点去研究解决安全问题，所以，安全社会学也是安全学的分支学科而不能作为社会学的分支学科。”[①]这种说法显然带有一定的学科偏见，而且也不好理解，不便于具体界定。

这里我们可以参照社会心理学的两个偏重：一是偏重于（个体）心理学取向的社会心理学，主张从心理学的概念和观点出发来研究揭示社会心理现象；二是偏重于社会学取向的社会心理学，主张从社会学的学理观点角度来解释社会心理现象。[②]因此，安全社会学同样可以分为两种取向：一是偏重于安全学的安全社会学，即用安全科学原理和观点去解释安全社会问题；二是偏重于社会学的安全社会学，即用社会学基本原理和观点来解释安全这一社会现象。鉴于目前国内外安全学作为学科本身没有单独完备的体系，笔者只是借用其一些基本概念和原理，因而安全社会学偏重于社会学的研究。

四、安全社会学的基本范畴和体系

社会学的研究内容一般包括：研究对象、基本理论流派、研究方法，社会行动与社会互动，社会地位与社会角色，文化与人的社会化，社会群体与社会组织，社会结构与社会分层，社会设置与社会制度，家庭、婚姻与性，社区，社会变迁与社会流动，社会问题、社会张力与社会控制，社会环境与社会系统，社会保障与社会工作，社会指标与社会预测。这里，笔者结合“安全行动—安全理性—安全结构—安全系统”的逻辑链条，综合整体主义和个体主义的研究范式，设置安全社会学的分析框架和学科体系、基本内容（见图1-8）。由此，本书围绕“安全—社会”关系的具体研究内容和范畴包括以下几方面。[③]

---

① 孟现柱：《安全人机工程学》（大学课件），第一章“概论”的第四节“安全人机工程学的诞生与展望”，http://wenku.son.com/d/d988。

② 沙莲香主编：《社会心理学（第二版）》，中国人民大学出版社2006年版，第15页。

③ 颜烨：《社会学与工矿领域的职业安全问题》（2010年11月17日第二届全国安全科学理论研讨会发言稿），《工业安全卫生月刊》2012年第273期。

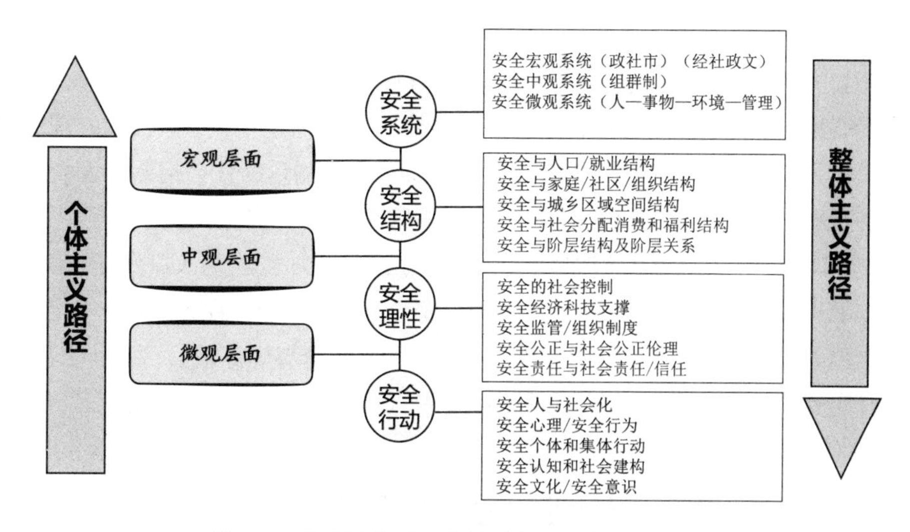

图1–8　安全社会学研究的路径层面与基本框架

（1）学科基础。包括：安全社会学的研究对象（安全的界定和分类、安全社会学的定义和学科体系、与其他相关学科的关系）；古今中外的安全思想、理论基础和研究方法及安全社会学研究史。这主要是本书第一、二章的内容。

（2）安全的社会属性和功能。包括：安全的社会特性、社会功能（安全对社会的影响）、社会变迁（农业、工业、风险社会的安全状况）。这主要是第三章的内容，以及第六章的部分内容。

（3）行动安全化的社会过程。安全行动，涉及安全基本主体——人的社会化即安全化过程、安全心理和行为、安全认知与社会建构、安全文化与安全意识、安全行动的个体和集体。这主要是第四章的内容。

（4）影响安全存在发展的社会因素。包括：安全理性，包括安全的社会控制如组织制度控制、监督管理控制、经济科技支撑、社会预测和社会保障等工具理性；安全伦理，包括安全公正与社会公正（社会伦理）、安全责任与社会责任伦理、安全信任与社会道德伦理等价值理性；安全结构，包括安全与人口结构、就业结构、家庭及社区结构、组织结构、空间结构（城乡、区域）、社会分配消费和福利结构、社会阶层结构及阶层关系。这主要是第五章至第七章的内容。

（5）安全系统与安全秩序。即通过"风险治理""安全建设"，促进"安全发展"，走向"安全社会"，其中安全宏观系统包括政府、市场、社会的安全及互构关系，经济、社会、政治、文化的安全及互构关系；也包括具体的安全中观系统和安全微观系统（人—事物—环境—管理的安全）。这主要是第八章的内容。

（6）其他。安全调查研究方法和安全测量的社会指标体系。这主要是本书

第九章的内容。

因此，本书上篇大体包括安全界定与学科范畴、安全思想理论与学科发展、安全的社会特性与安全变迁、安全主体行动的安全化过程、安全行动的理性和伦理思考、安全与社会结构、安全与社会系统、安全测量的社会指标与安全的社会调查研究方法。也可以根据“安全行动—安全理性—安全结构—安全系统”的社会学分析逻辑链条，通俗地阐述下列实质性内容：安全与人口变迁，安全与民生、社会事业、社会保障，安全与社区，安全与社会群体、社会组织，安全与社会制度、社会体制，安全与文化心理、社会运动，安全与规范诚信、社会管理，安全与社会结构、社会公正，安全与社会伦理、社会责任，安全与社会系统。

第四节　安全社会学与相关学科关系

为了更加凸显学科特色，我们不妨借鉴国内其他学科著作的做法，将安全社会学与相近学科作一些比较。这里，与相关的安全学学科比较，可以更清楚地展现它们之间的共同点、交叉点、相似点；而与相近的社会学分支学科或理论的比较，可以更多地凸显它们之间的学科差异。

一、与安全学及其相关分支学科的关系

1973年，美国创立《安全科学文摘》杂志，这是最早可见的“安全科学”提法。1981年，德国学者库尔曼出版《安全科学导论》专著，他认为：“安全科学研究技术应用中的可能危险产生的安全问题。……安全科学的最终目的是将应用现代技术所产生的任何损害后果控制在绝对的最低限度内，或者至少使其保持在可容许的限度内。……安全科学是研究安全问题的，是关于安全的学说……应该将安全科学看作是相互渗透的跨学科的科学分支。”他还将“人—机—环境”系统分为局部的、区域的、全球的3个层次。[①]实际上，这是从事物的负面角度进行界定，其关键是仅限于研究“技术”领域的危险因素及其后果控制。这显然不够，不过他是最早把安全科学作为学科概念来看待的。

1985年前后，国内学者刘潜先生从以往中国特色的“劳动保护科学”框架中跳出来，提出建立“安全科学”的设想，并将其定义为：是专门研究人们在生产及其他活动过程中的身心安全（含健康、舒适、愉快）与否的矛盾，以达到

① ［德］A.库尔曼：《安全科学导论》，赵云胜等译，中国地质大学出版社1991年版。

保护活动者及其活动能力、保障活动效率的跨门类综合性横断科学。[①]1992年，他又将其简化为“安全科学是专门研究安全的本质及其转化规律和保障条件的科学”，并认为安全科学技术体系包括安全哲学（安全观）、安全基础科学（安全学）、安全技术科学（安全工程学）、安全工程技术（安全工程）这4个层次。[②]其中，“安全社会学”属于安全学的下属分支学科，是其所指称的“专业科学”（他将安全系统科学分为学科科学、专业科学、应用科学、特定问题研究4个层次）。[③]2009年修订的国家标准《学科分类与代码》中，“安全社会学”被正式列入安全科学技术学科（具体见第二章第三节）。因此，安全学与安全社会学的关系是“总—分”关系。安全社会学研究不断充实和拓展安全学的内容，需要吸收安全学的一些基本原理和观点，如“人—事物—环境”系统安全论、事故致因理论、海因法则、安全系统论思想对自身发展加以指导。安全学需要安全社会学作为补充，后者着重提供一些关于安全存在和发展、安全问题解决的社会因素、社会结构、社会理性、社会环境、社会过程、社会功能等学理观点和对策。

安全社会学与安全哲学的关系是指导与被指导的关系。安全哲学是安全科学技术的“母学”，宏观驾驭安全的世界观，是研究人类安全活动的认识论和方法论的学问，也是安全社会学的基础理论之一和指导性学问。安全发展观、科学安全观、人本安全观、“安全第一”等都是安全社会学的最高层次认识目标。安全社会学的研究是从社会实证和现象层面，揭示和解释以人为本的科学安全观的形成和社会价值。

这里所谓相关的安全学分支学科，主要是指与安全社会学并列且属性类似的学科（相对而言，社会学比经济学、管理学、法学等学科的综合性要强一点），如安全经济学、安全管理学、安全心理学、安全行为学、安全文化学、安全法学、安全教育学、安全伦理学等兼跨自然科学和社会科学的交叉学科。但是，这些学科对于安全的研究范畴多数局限于生产安全、工程技术或者说硬安全方面，基本没有涉及人文社会类的安全问题，当然这样也有利于更为清晰地展开研究，但总体感觉以偏概全。目前，这些学科当中比较成熟的有安全经济学、安全心理学（行为科学）、安全管理学，其他都处于初探阶段，安全社会学更是如此。

---

① 刘潜、侯景明：《从劳动保护工作到安全科学（之一）——发展状况和几个基本概念问题》（1984年9月初稿），1985年5月召开的“全国劳动保护科学体系第二次学术讨论会”交流论文（编号19）。参见刘潜：《安全科学和学科的创立与实践》，化学工业出版社2010年版，第45页。

② 刘潜、徐德蜀：《安全科学技术也是第一生产力（第三部分）》，《中国安全科学学报》1992年第3期。

③ 刘潜：《安全科学和学科的创立与实践》，化学工业出版社2010年版，前言部分。

（一）与安全经济学的关系

安全经济学是研究安全的经济（利益、投资、效益）形式、条件和安全经济关系规律的科学。[①]其核心是研究安全成本—安全收益的关系，即研究如何用最少的经济投入去实现最佳安全效果，需要通过对人类安全活动的合理组织、控制和调整，达到人、技术、环境的最佳安全效益。安全社会学与安全经济学的交叉点在于：安全社会学需要研究确保安全性的社会投入和经济支撑，以及安全的经济效应，因此它需要借助安全经济学的经济效应量化分析来说明安全预防、安全过程、安全的社会效应状况，从而更精确地揭示安全问题的社会原因、社会后果乃至发生规律。

（二）与安全管理学的关系

安全管理学的研究比较多，但很难说有一个统一的定义。应该说，安全管理学是研究安全的计划、组织、指挥、协调、控制和反馈的管理科学，主要是通过对安全主体——人（管理者和被管理者）和安全活动的管理，达到化解风险、预防控制事故（事件）或者管理和处置事故（事件）的目的，包括政府的、企业的安全管理。安全社会学与安全管理学的共性在于：安全社会学需要通过人的管理理性控制潜在的风险，避免事故发生，或者迅速组织和指挥社会力量处置安全事故（事件）。两者是管理理性（管理的体制、组织、制度、技术等）与社会控制理性的统一。

（三）与安全心理学、安全行为学的关系

从诸多研究来看，安全心理学是从个体心理学角度来研究人的安全需要、安全意识及其反应行动等心理活动的一门科学，包括对安全的认识、情感，以及控制风险、处置事故的意志，旨在调动人的主动积极性，克服不安全的消极心理因素，培养和发挥其防止事故的能力。安全行为学很多时候是与安全心理学相伴而行的，因为行为是心理的外在表现之一。安全行为学最早由英国的吉尼·艾尔尼斯特（Gene Earnest）和吉姆·帕尔默（Jim Palmer）在1979年以BBS（Behavior Based Safety）的名称提出，[②]主要是研究影响人的安全行为因素及模式，掌握人的行为规律，实现激励安全行为和抑制不安全行为的应用性学科。[③]安全社会学与它们的交叉点在于：安全社会学需要研究主体安全的社会化—安全化的过程，也需要研究主体的安全行动的需求心理、安全态度、安全的社会认知和社会建构

---

① 罗云等：《安全经济学》，化学工业出版社2009年版。

② John Austin, "An Introduction to Behavior-Based Safety", in *Stone, Sand & Gravel Review.* 2006(2),pp38-39.

③ 栗继祖：《安全行为学》，机械工业出版社2009年版，第1—5页。

(风险感知、安全意识)、安全氛围和安全行为养成、安全行为的社会功能等。

(四)与安全法学、安全伦理学的关系

安全法学是研究调整安全主体之间的权利和义务关系的法学学科。目前关于安全法的部门法律法规很多,如食品安全法、道路交通安全法、安全生产法等,但没有形成一门具有一般性、系统性的安全法学学科。安全伦理学是一门新兴的学科,但很不成熟。伦理的本义是指人与人之间一种内在的伦常关系(如中国古代所谓"三纲五常"即是一种等级伦理规定),外延上还包括人与社会、人与自然之间的伦常关系,一种行为准则。安全伦理学其实就是要研究安全主体之间的伦理关系,涉及安全理念和价值、安全权利和义务等。安全法学是研究安全主体的外在强制性,而安全伦理学是研究安全主体的内在控制。因此在这里,安全社会学的研究既需要借助一种外在的安全行为法律规范进行安全理性控制,同时,安全的社会控制理性又需要借助人的道德伦理进行软控制和自我内在控制,追求一种安全价值。

(五)与安全文化学、安全教育学的关系

现代安全文化研究与建设,自1986年苏联切尔诺贝利核泄漏事故发生以来一直方兴未艾,在安全制度文化、安全物质文化、安全理念文化等方面得到了长足发展,[①]但都没有建立起系统的安全文化学学科,这也表明学者对于安全文化在宏观、中观、微观各个层面的认识和界定的差异较大。广而言之,安全社会学与安全经济学、安全管理学、安全法学等上述相近学科一样,均属于安全文化研究的理论范畴。安全社会学与安全文化研究的共同点在于:两者都要研究主体安全的社会化即安全化的过程,这个过程就是安全主体不断习得和内化安全规则、传递安全文化、形成全社会的安全文化氛围和行业安全文化模式等。而安全教育学就相当于是安全文化实践性学科,着重研究通过教育教学实践的方式,向安全主体启发引导和强化灌输安全理念、安全制度标准、安全技术技能等安全文化知识,这也是安全社会学所谓行动主体的安全化、强化主体的安全行动和安全行为的重要议题。

二、与社会学及其相关分支学科的关系

目前,中国社会学学科分类及代码中并未将"安全社会学"列为条目。社会学与安全社会学是"总一分"关系:社会学指导安全社会学构建学科框架和体

---

① 马尚权、颜烨:《安全文化缘起及国内安全文化研究建设现状》,《西北农林科技大学学报(社会科学版)》2007年第4期。

系；安全社会学则是研究安全与社会的关系、安全行为与社会变迁的关系，进一步丰富和拓展社会学学科内容。

与安全社会学相关的社会学分支学科或理论，大体有灾难社会学、冲突社会学、社会稳定论、公安社会学、社会保障学、风险社会学、风险社会理论等，以及综合性的公共安全学、社会安全学、公共危机学、国家安全学、城市安全学等。

（一）与风险社会学、灾难社会学、冲突社会学的关系

如前面对于相关词汇的辨析一样，安全社会学与灾难社会学、冲突社会学均是以风险研究为中心、朝两个向度发展的学科。灾难社会学（灾害社会学）是一门比较成熟的学科，主要研究灾难（自然灾害）与社会变迁的关系及其规律，探索灾难（灾害）发生发展的社会原因、社会反应和行为、社会组织等社会力量对灾难（灾害）的预防和事故处置等。冲突社会学与灾难（灾害）社会学都是研究社会变迁中"逆动力"的学科，但冲突社会学偏重于社会性灾难即人际冲突和群体冲突尤其是阶级冲突的社会原因、社会过程、社会后果。而安全社会学需要吸收灾难社会学、冲突社会学关于灾难（灾害）、冲突的社会预防预警和处置的理论，从相反的方向研究安全存在发展与社会变迁的关系及其规律。风险社会学则是介于灾难（灾害）社会学、冲突社会学与安全社会学之间的研究中性问题的学科，主要研究各类风险与社会变迁的关系。它与风险社会理论有类似的地方，但又有很大的区别。风险社会理论主要是一种对高度现代性的反思理论，或从系统或从技术或从制度和文化角度，反思现代化发展对于各种社会风险形成和处置的影响，并提出相应的对策等；而风险社会学除了探索现代社会性风险以外，还要探索传统工业风险、自然风险问题。风险社会学不能替代安全社会学研究，同样，风险社会时代及其理论只是安全社会学研究的当代宏观社会背景和理论基础之一。

（二）与公共安全学、社会安全学、社会稳定论的关系

严格说来，那些标明"××安全学"的应该是属于综合性安全学领域的分支学科，但目前基本上是放在社会科学里加以研究，实际上目前没有系统的学科体系，三者分别等同于公共安全研究、社会安全研究、社会稳定研究。社会安全学、公共安全学都不是社会学的分支学科，而是综合性学科，综合了社会学、政治学、管理学、经济学、法学、安全学等理论方法。有学者认为公共安全学就是社会安全学，但笔者以为，两者还是有差别的。公共安全学的外延比社会安全学要大，社会安全虽然也涉及公共性问题，但只是公共安全的一种，公共安全还包

括非社会安全如自然安全、公共卫生安全、事故灾难控制等。社会安全主要涉及现实中的社会治安、违法现象和刑事犯罪、社会群体事件、社会恐怖事件以及社会保障等。社会稳定论其实就是社会安全学中的一个重要论题，社会学、政治学等都可以对其加以研究，两者都是与社会冲突论相对应的。安全社会学着重于以社会学原理和方法研究安全的存在发展及其与社会的关系，而不是一种综合性的学科，但它涵盖这三方面的研究，可以吸收这三者的研究思想。同样，安全社会学也涵盖国家安全学、城市安全学等类似学科的研究，可以吸收它们的研究思想。

（三）与公安社会学、警察社会学、犯罪社会学的关系

公安社会学其实就是公共安全社会学的简称，但是国内有学者从国家行政部门的设置出发，主张从社会学角度研究公安这一职业性工作。[①]这其实就是西方的警察社会学（sociology of police），研究警察职业与社会变迁的关系及其规律。犯罪社会学（sociology of crime）又称社会犯罪学或刑事社会学，是比较成熟的学科，主要研究犯罪现象与社会的相互关系，分析犯罪的社会因素，探索治理犯罪的社会对策。[②]安全社会学的外延无疑要比警察社会学、犯罪社会学大一些，犯罪社会学可以视为冲突社会学的一个重要分支，安全社会学应该吸收它们当中的一些观点。

（四）与社会保障学、社会工作研究的关系

社会保障学（social security, social security studies）的研究历史比较漫长，研究水平也比较成熟。社会保障是国家（政府）依法建立的、具有经济福利性的、社会化的国民生活保障系统。在中国，社会保障则是各种社会保险、社会救助、社会福利、军人福利、医疗保障、福利服务以及各种政府或企业补助、社会互助等社会措施的总称。[③]社会保障制度是社会化大生产的产物，是国家依法为公民提供的保障其基本生活水平的制度，是一种社会安全网，也是社会安全学研究的重要范畴。社会工作是一种助人活动，也是一种专业性职业和制度，已经成为一门专业学科。社会保障可以说是社会工作中的一部分，两者本质上都是一种服务性、福利性、补偿性、职业性的社会活动或专业、制度。它们以人为本，以满足人的基本需求、维护人的尊严和价值为核心，主张实现社会公平。目前发达国家已经有了成熟的社会工作学学科体系。安全社会学的外延大于社会保障学、社会工

---

① 夏文信等：《公安社会学概论》，群众出版社2005年版。

② 宋浩波：《犯罪社会学》，中国人民公安大学出版社2007年版。

③ 郑功成：《社会保障学》，中国劳动社会保障出版社2001年版，第69页。

作研究(学),但需要吸收关于安全保障的思想观点,促成安全的社会保障理性、安全的社会工作理性。

三、安全社会学的分支学科或专题研究

安全社会学主要是运用一般性的社会学、安全学原理来研究安全现象的共性规律,提出一般性的理论命题和研究框架。至于具体的安全现象和问题,因其差异性需展开具体的安全社会学研究,因此会产生下属分支的"××安全社会学"学科或特定安全现象的社会学研究。[①]

如果从安全的不同分类看,有以下分支学科:国家安全社会学、社会安全(公共安全)社会学、企业安全社会学、经济安全社会学、政治安全社会学、文化安全社会学、组织安全社会学、族群安全社会学、城市安全社会学、社区安全社会学、生态安全社会学、能源安全社会学、金融安全社会学、生产安全社会学、交通安全社会学、消防安全社会学、医卫安全社会学、网络安全社会学、信息安全社会学等。

具体的特定安全问题研究如:粮食安全问题的社会学研究、食品安全问题的社会学研究、药品安全问题的社会学研究、煤矿安全问题的社会学研究、个体安全问题的社会学研究、家庭安全问题的社会学研究、性安全问题的社会学研究、社会交往安全问题的社会学研究等。这些都需要根据社会实践的发展变化展开具体的深入研究。

① 颜烨:《安全社会学作为学科研究的现状与发展》,载杨庚宇主编:《第一届全国安全科学理论研讨会论文集》,中国商务出版社2007年版,第56—65页。

第二章

安全思想理论与学科发展

人类自诞生以来就开始追求安全生存和持续发展，因而古今中外关于安全的思想、研究及其文献源远流长。笔者结合中西文化思想和理论，力图挖掘古今中外关于安全与社会的关系的认知变迁及其规律，找寻安全社会学学科体系的历史性社会文化基础，并回顾本学科发展进程。

第一节 中国古代社会中的安全思想

中华民族有着悠久灿烂的五千多年文明。古代中国的先秦时期，出现了被后世广为称颂的“诸子百家”，后也被称为“三教九流”。[①]对于灾变的关注和对安全的追求，同样见诸古代经典文献。下面笔者分别从关乎人命（福禄寿康）、天命（自然）、国运之安全的三方面（或者说是身、家、国，天、地、人），从流传下来富有社会影响力的儒家、道家、法家三种学说中，去挖掘先秦古人关于安全和灾变的社会思想。[②]

一、先秦儒家学说与安全思想

儒家思想源远流长，与中国古代的统治阶级将其发扬光大有关，也与其所具有的内在社会价值有关。儒家代表人物是孔子（儒教至圣先师）、孟子（儒家理想主义——性善论）、荀子（儒家现实主义——性恶论）等，代表作有“四书五经”。[③]儒家基本思想的要义是：仁、义、礼、智、信、恕、忠、孝、悌。这实际上是一种维续秩序的社会控制方式。“仁”又是核心中的核心，是儒家社会政治、伦理

---

① “三教”通常指儒教、道教、佛教，亦有指儒教、释教、道教之说；《汉书·艺文志》将“九流”定义为儒家、道家、阴阳家、法家、名家、墨家、纵横家、杂家、农家，后来所分的上、中、下三等，则是古代中国对人的地位和职业划分的等级，此处不作讨论。

② 郭丽娟：《中国古代安全思想探源》，中国人民公安大学出版社2016年版。

③ 相传为南宋以后儒学的基本书目。“四书”即《论语》《孟子》《大学》《中庸》，“五经”即《诗经》《尚书》《礼记》《周易》《春秋》。

道德的最高标准和理想，是孔子学说的基本哲学观。它以追求“社会和谐”“天下大同”为最大理想，表达了儒家的社会系统论思想。

(一)三纲五常：亲亲保安、义礼定序、等差维安、明智安心、诚信安本、修身安邦

“仁”在《论语》中先后出现一百多次，频率最高。“仁”，即人与人之间的一种最高道德规范，“樊迟问仁。子曰：爱人”(《论语·颜渊》)。显然，此“爱”并非仅仅指情感方面，更是广指爱护、爱抚、保护、尊重、宽容等意思，且推己及人，由亲亲而扩大到泛众，如“老吾老，以及人之老；幼吾幼，以及人之幼”(《孟子·梁惠王上》)。“仁者爱人”在教育实践上则推行“有教无类”(《论语·卫灵公》)，即教育面前人人平等，不分高低贵贱；有关“爱人”的论述涉及诸如孝悌、谨信、爱众、亲仁、忠恕、博施、济众、体谅等各方面，体现了一种社会秩序安定和谐的理想，也是个体的本体性安全(安全感)的重要社会基础。

在政治上，儒家强调的“仁政”即以“德治”为主，强调个人的“修身”“齐家”对于“治国”“平天下”的重要性，“修”为“端”(开始)，即指国家治理、天下安定需要王者之道(王道)，而非“霸道”，所谓“以力假仁者霸，……以德行仁者王”(《孟子·公孙丑上》)，类似于道家所指的“内圣外王”(《庄子·天下》)，意即只有在修好身、理好家的基础上，才能通过公平、公正和平均之道平定天下。《大学》开篇语即谓：“大学之道，在明明德，在亲民，在止于至善。知止而后有定，定而后能静，静而后能安，安而后能虑，虑而后能得。物有本末，事有终始，知所先后，则近道矣。古之欲明明德于天下者，先治其国；欲治其国者，先齐其家；欲齐其家者，先修其身；欲修其身者，先正其心；欲正其心者，先诚其意；欲诚其意者，先致其知，致知在格物。物格而后知至，知至而后意诚，意诚而后心正，心正而后身修，身修而后家齐，家齐而后国治，国治而后天下平。自天子以至于庶人，壹是皆以修身为本。其本乱而末治者，否矣。其所厚者薄，而其所薄者厚，未之有也。……此谓知本，此谓知之至也。”又有“曰若稽古，帝尧，曰放勋。钦、明、文、思、安安，允恭克让，光被四表，格于上下。克明俊德，以亲九族。九族既睦，平章百姓。百姓昭明，协和万邦。黎民于变时雍”(《尚书·虞书·尧典》)。这实际上是强调君王安邦济世应该率先垂范，然后能以礼治国、以理服人，则天下友好、和谐、安宁，体现在人治社会里，表现为人的内在素养和意志定力同国家、社会安定的关系。

在早期儒家那里，“德治”是对“礼治”的继承和改造，即以礼制来治理。儒家的礼制最主要体现为一种等级规范。上下等级规定最分明的即所谓“三纲五

常”[①]，“君君、臣臣、父父、子子”（《论语·颜渊》），实质是指各司其职、各守其分，按“名分”等级治理。这套纲常名教论旨在维护封建统治的神权、皇权、族权、夫权的永恒合理性，即求得皇家天下万世不竭。荀子论证认为，“礼起于何也？曰：人生而有欲；欲而不得，则不能无求；求而无度量分界，则不能不争；争则乱，乱则穷。先王恶其乱也，故制礼义以分之，以养人之欲、给人之求，使欲必不穷乎物，物必不屈于欲，两者相持而长，是礼之所起也”（《荀子·礼论》）。又如“颜渊问仁。子曰：‘克己复礼为仁。一日克己复礼，天下归仁焉！为仁由己，而由人乎哉？’”（《论语·颜渊》）也就是说，为了避免人为满足欲求过度竞争而引发思想和社会混乱，国家需要制定“礼”（行为准则）、“义”（道德）来进行约束，实际上相当于通过社会软控制、君王和贵族自律来维续社会安全和谐。同时，强调天下治理需要“法治”（即儒家的“人治”）与“德治”辩证使用，“德治”“礼治”为本，所谓“道之以政，齐之以刑，民免而无耻；道之以德，齐之以礼，有耻且格”（《论语·为政》）。

“义”（原指“宜”），即行为适合于“礼”，早期儒家以“义”作为评判人们的思想和行为的道德原则。所谓“君子喻于义，小人喻于利”（《论语·里仁》），涉及“君子”“小人”之别与“义”“利”伦理之辨，实质是鼓励人们要有高尚的道德行为，这样社会才会和谐安宁。而墨家则认为，“义，利也”，“利，所得而喜也”，“害，所得而恶也”，“忠，以为利而强君也”，“孝，利亲也”，“功，利民也”（《墨子·经上》）。与儒家的仁义论明显不同，墨家的义利观非常接近英国边沁（Bentham）的功利主义伦理，即“谋求最大多数人的最大利益”[②]。

“智”（同“知”），是儒家认识论和伦理学的基本范畴，一般包含知道、了解、见解、知识、聪明、智慧等意义。孔子认为，“智”是一个道德范畴，是行为规范的知识。孔子论述自己的行为时，常常以“知命”自解。“命”即“命数”或“命运”“天意”（后期儒家往往指行动的外在环境条件），孔子认为自己遵循道德、尽力而为，而成败、利钝、得失取决于天意，所谓“事在人为，成败由天”“知者不惑，仁者不忧，勇者不惧”（《论语·子罕》），实际上表达了一种“君子坦荡荡”（《论语·述而》）的情怀、一种行动者的心理安全感和乐观主义精神。

从“仁”的社会实践看，“夫仁者，己欲立而立人，己欲达而达人”（《论语·雍

---

① “三纲五常”的说法源于西汉董仲舒《春秋繁露》一书，但最早这一思想还是体现在孔子那里。“三纲”即指君为臣纲、父为子纲、夫为妻纲，这是中国封建专制社会的人伦关系；“五常”即仁、义、礼、智、信，是用以调整和规范君臣、父子、兄弟、夫妇、朋友等人伦关系的行为准则。

② 参考冯友兰：《中国哲学简史》，新世界出版社2004年版，第109页。

也》)，即尽己为人则谓之“忠”。不仅如此，儒家还强调“己所不欲，勿施于人”(《论语·颜渊》)，即为“恕道”。两者合起来，即为“忠恕之道”，是“仁”的做人原则。“信”是“仁”的重要体现，而“忠恕之道”则是“信”的重要体现。“信”，即指待人处世的诚实无欺、言行一致的态度，是贤者必备的品德，真实无妄，所谓“人而无信，不知其可也”(《论语·为政》)、“言必信，行必果”(《论语·子路》)；而“民无信不立”(《论语·颜渊》)，则是指民众不信任统治阶级，国家将衰败。可见，小到为人处世，大到国家治理，信任、忠恕是何等重要。这就涉及安全伦理范畴的安全诚信问题。

(二)和合思想：民安为本、太和至安、中道为安、以变求安、预防立安、安危互转

儒家的“仁政”尤其强调“民贵君轻”的社会结构思想，认为这是国家安定、社会稳定的重要社会基础，正所谓“民为贵，社稷次之，君为轻”(《孟子·尽心下》)，“民惟邦本，本固邦宁”(《尚书·五子之歌》)。“民之为道也，有恒产者有恒心，无恒产者无恒心”(《孟子·滕文公上》)，实际上是强调广大社会中下层成员必须拥有自身生存发展的物质基础，自有财产权利不可侵犯，才会有安全感。“丘也闻：有国有家者，不患寡而患不均，不患贫而患不安。盖均无贫，和无寡，安无倾。夫如是，故远人不服，则修文德以来之。既来之，则安之”(《论语·季氏》)，则表达了在古代阶级社会里，平等价值对于人的安全、社会安全的重要意义。当今社会所出现的诸多社会冲突事件、群体事件，即是社会分配不均、社会结构性不平等所致。

儒家同时宣扬“人人为公，天下大同”的“和合”文化思想。[①]儒家将社会发展变迁分为混乱、小康、大同三个阶段，“大同世界”即所谓：“大道之行也，天下为公。选贤与能，讲信修睦，故人不独亲其亲，不独子其子，使老有所终，壮有所用，幼有所长，矜、寡、孤、独、废疾者皆有所养。男有分，女有归。货，恶其弃于地也，不必藏于己；力，恶其不出于身也，不必为己。是故谋闭而不兴，盗窃乱贼而不作。故外户而不闭，是谓大同。今大道既隐，天下为家。各亲其亲，各子其子。”(《礼记·礼运》)也即强调社会安全和谐、人们安康幸福的社会条件或内容在于：贤能治理、诚信和睦、兼爱天下、各司其职、各归其位、民生和社会保障充盈等。所谓“礼之用，和为贵”(《论语·学而》)，即认为治国处事、礼仪制

① 哲学家张立文先生首倡“和合”文化概念。参见张立文：《关于21世纪文化战略的构想——和合学》，载《儒学与廿一世纪——纪念孔子诞辰2545周年暨国际儒学讨论会会议论文集》，华夏出版社1995年版；张立文：《中国文化的精髓——和合学源流的考察》，《中国哲学史》1996年第1—2期。

度以“和”为价值标准；在处理人与人之间的关系时，孔子强调“君子和而不同，小人同而不和”（《论语·子路》），既承认多元差异，又强调通过互济互补达到和谐统一，所谓“求同存异”。“天时不如地利，地利不如人和”（《孟子·公孙丑下》），强调“人和”对行动成功、行动安全具有最重要的意义，而“人和”实际是表明国家治理行动的民心所向和社会阶层之间的和谐。与道家一样，儒家强调“天人合一”，认为“中”即“致中和，天地位焉，万物育焉”（《中庸》）；行动者尤其需要把握行动的“度”，才能保证安全，如所谓“过犹不及”（《论语·先进》）、“欲速则不达”（《论语·子路》）、“物极必反，否极泰来”（《周易·否》）等，这些表达的就是行动或事物状态要“恰到好处”“恰如其分”，与亚里士多德的“中道为贵”思想颇为接近。

除了上述涉及国家、社会整体安全的思想外，儒家强调人的每一行动乃至整个社会的持续发展都要从“安”与“危”（忧）的对立统一角度进行思考，如“人无远虑，必有近忧”“小不忍，则乱大谋”（《论语·卫灵公》），“凡事预则立，不预则废”（《礼记·中庸》），“生于忧患而死于安乐”（《孟子·告子下》），“居安思危，思则有备，有备无患”（《左传·襄公十一年》）等，旨在告诫人们需要事先考虑行动的利害、安危及其程度。“先事虑事，先患虑患。先事虑事谓之接，接则事优成；先患虑患谓之豫，豫则祸不生”，否则难免“患至而后虑者谓之困，困则祸不可御”（《荀子·大略》），“是故君子安而不忘危，存而不忘亡，治而不忘乱，是以身安而国家可保也”（《周易·系辞下》）。

安全保障主要在于人，在于人的预防理性和防御能力，在于人是灾变的主事者，类似于贝克所指现代风险主要源于人的决策和行为。儒家对于灾变的忌讳、预测和应对思想多见于《周易》，有人称为（安全）前馈控制。[①]《易经》之所以被认为博大精深，就在于它阐释了万事万物是变化（变易）的，而千变万化不离“简易”之“道”（不变易）。现实中用“八卦”占卜问神，以预测吉凶安危、趋利避害，对于预防疾病、各种自然灾害、生态环境安全、天象变化等具有一定的实用价值（今人使之蒙上迷信的色彩），儒家将之赋予宇宙论、形而上学的意义，因而成为一种伦理学说，旨在给人们提供预测方法和选择智慧。如“君子见几而作，不俟终日”（《周易·系辞下》），“几”有几微、机遇的意思，即行动中要把握事物变化的先兆，见微（几）知著，对于不安全的坏征兆尽量要“防微杜渐”（晋·韦谀《启谏冉闵》），所谓“君子以思患而豫防之”（《周易·既济》）、“君子防未

① 阎耀军、索宝祥、王革：《我国古代前馈控制思想对现代社会管理的启示》，《国家行政学院学报》2011年第3期。

然”（《乐府诗集·君子行》）。

二、先秦道家学说与安全思想

中国哲学家冯友兰认为，先秦道家学说大体可按三个代表人物划分为三个阶段：一是杨朱时代，二是老子时代，三是庄子时代。[①]《老子》《庄子》是先秦道家的代表作。道家学说的基本出发点是保全生命、避免生命受害，即保障人的生命安全。但道家保障生命安全的做法和实践却是消极的，即选择“遁隐于世”，因而道士往往隐居山林，好似闲云野鹤，人生豁达无忧。

道家之“道”与儒家的《周易》之“道”截然相反。前者是指万事万物及其变化所产生的那个“一”，而后者则是指“多”，统辖万事万物中每类事物的“理”。[②]道家之“道”，即“无名”，所谓“道可道，非常道；名可名，非常名。无名天地之始；有名万物之母”（《老子·第一章》）；“天下万物生于有，有生于无”（《老子·第四十章》）。“道”不可名状，即“非有”，而后才出现“有”和“万有”，所谓“道生一，一生二，二生三，三生万物”（《老子·第四十二章》）。“道生一”即“有”生于“无”。由此，老子推导出“祸兮，福之所倚；福兮，祸之所伏”（《老子·第五十八章》），即一种朴素的辩证的安危观。

（一）杨朱思想：节制求安、轻物重生、无我即安、遁世安心

早期杨朱的两种基本思想即“人人为自己”（后见《孟子·尽心上》“拔一毛而利天下，不为也”）、“轻物重生”（后见《韩非子·显学》“不以天下大利易其胫一毛，……轻物重生之士也”），与墨子“兼爱”天下的思想刚好相反。实际上，这种思想在后来老子、庄子那里都有所体现。所谓“故贵以身为天下，若可寄天下；爱以身为天下，若可托天下”（《老子·第十三章》），意思是，只有珍惜自己的身体和生命的人、将自己生命安危看得比天下更重的人，才可将天下（国家治理大事）托付给他。又如，“吾生也有涯，而知也无涯；以有涯随无涯，殆已！已而为知者，殆而已矣。为善无近名，为恶无近刑。缘督以为经，可以保身，可以全生。可以养亲，可以尽年”（《庄子·养生主》），主要是劝诫人不必劳神伤体，去以有限生命追求无限的知识，否则无益于生命安全；人因善行而享有较高的社会声誉（有伪善之嫌）、人的行为败坏到遭受全社会谴责，这两方面都不利于全生（保全生命）；人只有顺其自然，才会保身全生、延年益寿。

早期杨朱的道学强调遁隐山林、不染人世罪恶污秽，是“有我”（私）的思

---

① 冯友兰：《中国哲学简史》，新世界出版社2004年版，第58页。

② 冯友兰：《中国哲学简史》，新世界出版社2004年版，第147页。

想。但是，人世难以预料，总担心生命岌岌可危，难免遭遇伤害，所以老子、庄子与杨朱不同，他们倒过来从更高的层次即“无我”境界来看待生命安全。如“吾所以有大患者，为吾有身；及吾无身，吾有何患”（《老子·第十三章》），意思是，正是因为有身，才会有担忧，而无身了，则不必担心什么了。“齐万物，一死生”（《庄子·齐物论》）则更进一步，即从超越自我以外的世界的角度来看待生与死，进入“无为即有为”的另一种“遁世”境界（道家第3阶段），不是从社会归隐山林，而是从此世向往彼世。

（二）老子思想：知足常乐、中和求安、无为即安、治之未乱

老子的学说以“太一”和“无有为常”作为主旨，“太一”即“道”，“常”即常理规律（恒常）。“夫物芸芸，各复归其根。归根曰静，静曰复命。复命曰常，知常曰明，不知常，妄作，凶。知常容，容乃公，公乃全，全乃天，天乃道，道乃久，没身不殆”（《老子·第十六章》），意思是，知道事物常理，人则明智、豁达、无偏见，才能得见真理，才能终身没有危险。

道家也同样从“中和”角度关心人生安危、趋利避害。老子认为，“是以圣人去甚，去奢，去泰”（《老子·第二十九章》）、“知止所以不殆”（《老子·第三十二章》），即人要谦虚谨慎、温让节俭、中道为贵，为人做事不要过分，否则祸患将至；并认为“无为”并非不为，而是少为，“少则得，多则惑”（《老子·第二十二章》），意味着人不要以多为胜，少则中的，为人做事不要矫揉造作、恣肆放荡，否则将致祸患无穷。所以，老子特别推崇知足常乐，“祸莫大于不知足，咎莫大于欲得，故知足之足，常足矣 ”（《老子·第六十四章》）。

这些道理同样适用于国家的安定和治理。圣人治国，不应忙于事务，而该剪除不当之事尤其是世上祸害的根源，达到“以无事取天下”（《老子·第五十七章》），以至于“道常无为，而无不为”（《老子·第三十七章》），否则“天下多忌讳，而民弥贫；人多利器，国家滋昏；人多伎巧，奇物滋起；法令滋彰，盗贼多有”。“故圣人云：我无为，而民自化；我好静，而民自正；我无事，而民自富；我无欲，而民自朴”（《老子·第五十七章》）。意思是，天下太平安定，在于圣人“无为而治”，号令多，民则乱，法令多，事则多，应该让民众自我开化、自我修正、自我富达、自我发展。

此外，老子的道家思想同样强调安全预测。如“图难于其易，为大于其细。天下难事，必作于易；天下大事，必作于细。是以圣人终不为大，故能成其大”（《老子·第六十三章》），以及“其安易持，其未兆易谋，其脆易泮，其微易散”“为之于未有，治之于未乱”（《老子·第六十四章》），强调把握事物的细节

和变化苗头，力图从最容易解决的问题入手去解决难题。这与《黄帝内经》强调防微杜渐的重要性如出一辙，“是故圣人不治已病治未病，不治已乱治未乱，此之谓也。夫病已成而后药之，乱已成而后治之，譬犹渴而穿井，斗而铸兵，不亦晚乎！”（《素问·四气调神大论》）

（三）庄子思想：逍遥安乐、人定胜天、德为本安、心安至上

庄子的道学追求“逍遥至乐”，即人的心理安定、顺乎自然非常重要。人要达到至乐，第一步就要充分发展人的本性即“德”，然后顺乎天然、“天人合一”，直至君子“无为而治”。“人定胜天”（语出宋·刘过《龙洲集·襄央歌》“人定兮胜天，半壁久无胡日月”），在儒家荀子那里本指人类力量能够战胜自然，但在庄子这里，则指人心安定高于一切。

三、先秦法家学说与安全思想

“礼不下庶人，刑不上大夫”（《礼记·曲礼上》），表明“礼”与“刑”是先秦时期维续社会安定运行的两种力量和原则。前者通过礼仪戒规等不成文法维护君王对上层贵族的统治，而后者则是君王控制和统治下层百姓的工具。

（一）法家三论：威势治国、权术安位、治法安邦、帝法治安

先秦时期的法家并非当今的法学家，而是相当于今天的一种组织领导的理论和方法之学说。韩非子是荀子的得意门徒之一（另一个为李斯，秦朝丞相），应该说是当时法家学说的集大成者。在他之前还有三派：一是以慎子为首，主张以“势”（权力与威势）治理国家；二是以申不害为首，强调政治中的“术”（权术）；三是以商鞅为首，强调“法”（法律和规章制度）。[①]韩非子认为这三派各有其理，所谓“明主之行制也天，其用人也鬼。天则不非，鬼则不困。势行教严，逆而不违……然后一行其法”（《韩非子·八经》）。也就是说，明君如天，执法公正，这是“法”；明君在驾驭人的时候，神出鬼没，令人无从捉摸，这是“术”；明君拥有威严，一言九鼎，这是“势”。三者“不可一无，皆帝王之具也”（《韩非子·定法》）。三者的核心思想其实均在于稳固帝主权势威望，如此方可依法治国安邦。

（二）法家思想：赏罚保安、尊主安民、富足安邦、与时俱进

法家认为，法之所以为法，在于人性有善恶、爱憎之分，法纪赏罚必依人性，

---

① 参考冯友兰：《中国哲学简史》，新世界出版社2004年版，第138—139页。商鞅尤其主张“郡县制”，所谓“郡县治，天下安”（语出司马迁《史记》“县集而郡，郡集而天下，郡县治，天下无不治”）。

方可发挥扬善惩恶、确保天下太平安定的社会功能，即“凡治天下，必因人情。人情者有好恶，故赏罚可用。赏罚可用则禁令可立，而治道具矣”（《韩非子·八经》）。这是韩非子从性恶论的角度对法家治理的经典阐述。

早期法家思想作为一种后世所称的科层管理学说，特别注重统治者公正无私的尊贵地位的巩固，尤其注重君臣间的“尊”与“忠”，认为这样才能确保社会安定、人民安乐。如“人主者，天下一力以共载之，故安；众同心以共立之，故尊；人臣守所长，尽所能，故忠。以尊主主御忠臣，则长乐生而功名成”（《韩非子·功名》）。

法家在注重民心所向对于统治者治理国家的重要性的同时，更强调法度需要因时而变，这样才会达到天下大治、社会安定。如“夫民之性，恶劳而乐佚。佚则荒，荒则不治，不治则乱，而赏刑不行于天下者必塞。故欲举大功而难致而力者，大功不可几而举也；欲治其法而难变其故者，民乱不可几而治也。故治民无常，唯治为法。法与时转则治，治与世宜则有功。故民朴，而禁之以名，则治；世知，维之以刑，则从。时移而治不易者乱，能治众而禁不变者削。故圣人之治民也，法与时移而禁与能变”（《韩非子·心度》）。

与儒家“为政以德”（《论语·为政》）的理想主义不同，法家强调官纪严明、赏罚分明的现实主义做法，所谓“法家者流，盖出于理官，信赏必罚，以辅礼制。……此其所长也”（《汉书·艺文志》）。与道家认为人性天真无邪不同，法家认为人性本恶；与道家强调绝对的个人自由不同，法家强调绝对的社会控制；与道家强调君王“无为而治”不同，法家强调君王应运用政府管理机制去行事，①无须事必躬亲，所谓“日月所照，四时所行，云布风动；不以智累心，不以私累己；寄治乱于法术，托是非于赏罚，属轻重于权衡”（《韩非子·大体》）。

四、其他学说与安全思想颗粒

除了上述三家，其他先秦诸子学说也涉及安全思想“颗粒”。

墨家强调“兼爱”或可安邦治国。与仁学相反，墨家思想强调国家必是极权主义的，将国君权力绝对化，认为国家之所以产生，就是为了制止人们各行其是诱发的混乱，所谓“一同国之义”“上同而不下比”（《墨子·尚同》上篇），即“义”的标准仅由国家制定，最高领导决策不必依从下面人的意见。要求仁人志士如以利世除害为宗旨，则需以“兼爱”作为处世为人的标准。可见，从墨家学说

① 冯友兰：《中国哲学简史》，新世界出版社2004年版，第141—143页。

看，社会安全治理是受当今所谓国家“全能主义”控制的，且全由上层基于“义”和“兼爱”原则，正确地加以决策，而民意并不重要。

兵家强调调查知情方能行动安全。兵家对军事行动的安全可靠性比较关注。如《孙子兵法》开篇即言“兵者，国之大事也。死生之地，存亡之道，不可不察也”，又云“知彼知己，百战不殆；不知彼而知己，一胜一负；不知彼不知己，每战必殆”（《孙子·谋攻篇》），“夫未战而庙算胜者，得算多也；未战而庙算不胜者，得算少也。多算胜，少算不胜，而况于无算乎！”（《孙子兵法·计篇》）这些都旨在强调行动成功、安全可靠的先决条件是调查研究内在和外在条件，对于安全调研和指标测量有指导意义。同时兵家指出，“百战百胜，非善之善者也；不战而屈人之兵，善之善者也”（《孙子·谋攻篇》），可谓军事行动上的“无为而治”。

阴阳家占卜问神求安。阴阳家认为，“五行”（可解释为五种要素或五种行动能力）学说的水、火、木、金、土，只是解释了世界的结构，而阴阳理论则解释了世界的起源，认为万事万物源于阴阳的交互作用，相生相克。阴阳家的理论主要与《易经》的八卦理论相联系，所以又有“阴阳八卦”之说，同样用于占卜问神、预测吉凶安危，以至于当今中国社会仍然流行相面术、风水学、六种方术，反映了农业社会初期原始朴素甚至迷信落后的安全观。

秦朝统一中国后，先秦各家学说不断历经改造，尤其经过汉代董仲舒“独尊儒术”、南北朝禅学玄学、宋明理学、明末清初唯物主义学说等的冲击和改造，很多新兴流派和思想观点得以产生。因此，对于秦朝以降至中华民国初年，各家学说里的安全思想尚需进一步挖掘和研究。

第二节　西方社会学理论与安全思想

西方社会对于安全问题也有广泛的关注和思考。这里，笔者仅对西方社会学理论研究领域的安全观作一简要分析，以窥一斑。[①]西方社会学理论研究大体可以分为实证主义和反实证主义两大类，而反实证主义又可以具体分为几个方面。以涂尔干为代表的实证主义（自然主义）研究范式，主张像自然科学研究那样，用量化的实证方式研究“社会事实”（社会现象）。而以马克斯·韦伯为代表的

① 此部分内容此前笔者已有探讨，现予以重新整理，具体可参见颜烨：《沃特斯社会学视角与安全社会学》，《华北科技学院学报》2005年第1期；《安全社会学的社会学理据诠释》，《甘肃社会科学》2005年第3期；《安全社会学与社会学基本理论》，《中国安全科学学报》2005年第8期。

个体方法主义，则是反实证主义的，主张从人文主义精神的角度去理解社会个体，认为研究社会需要从理解个人的行动及其行动背后的理性开始，所以也称为“理解（或诠释）社会学”。以马克思为代表的批判性社会结构主义则主张从宏观整体的角度研究社会，研究制度、文化、结构等对个人或个体的制约，所以也称为“整体主义”研究范式。到了现代晚近时期，又出现了社会学理论的新综合与反思，吉登斯的结构化理论力图弥合整体与个体、宏观与微观、主观与客观的对立，认为这些都是一种结构化的“二重性”互嵌。布迪厄的实践性反思社会学以及贝克、吉登斯等的风险社会理论，则是对社会学理论本身和社会实践现实——高度现代性的反思。

社会理论浩繁芜杂，社会学理论因其综合性而居于各种社会理论的核心。吉登斯认为：“我们并不把社会理论视为任何一门学科的专有领地，因为关于社会生活和人类行动之文化产物的问题是跨越社会科学和人文学科的。”①各种社会学理论虽然各成一体，但并不矛盾和对立，而是相辅相成的；不能说某种理论是对的，某种理论是错的，而应从不同视角考察同一社会现象；所有社会中都内在地包含着秩序与变迁、安全与冲突、稳定与发展、宏观与微观的问题，只研究某一方面而忽视另一方面，都难免丢失许多真实和重要的东西。②尽管后来社会学家们对于古典社会学等有不同的划分和看法，但如沃特斯所言：“而在社会学方面，则还看不到有任何希望解决它所特有的一些二元对立：行动和结构，物质论与观念论，个体论和整体论，理性工具论和沟通论，以及价值中立和价值相关等方面。”③

笔者从社会整体安全观与社会个体安全观两个角度，对西方社会学理论进行梳理与分析。当然，任何一种社会理论都会涉及整体安全观和个体安全观，只是偏重有所不同，因此笔者在考察安全社会学的社会学理论基础时尽量综合各家之说。

一、社会公共安全的社会学理论诠释

涉及社会整体、公共安全存在和发展的社会学理论主要有社会（秩序）整合论和社会系统论（结构功能主义）、社会冲突论和文明冲突论、社会互动论和集合行为论、风险社会理论和反思社会学理论等。还有社会福利（社会保障）理

---

① 引自苏国勋编：《当代西方著名哲学家评传：第十卷社会哲学》，山东人民出版社1996年版，第3—4页。

② 参考［美］戴维·波普诺：《社会学（第十版）》，李强等译，中国人民大学出版社1999年版，第20页。

③ ［澳］马尔科姆·沃特斯：《现代社会学理论（第2版）》，杨善华等译，华夏出版社2000年版，第1页。

论，将在第五章阐述；社会诚信、社会责任、社会公正理论，将在第七章关于安全的社会伦理部分详细阐述。

关于社会秩序的形成条件和整合机制，大体有四种社会学的假设：一是（国家威权）强制理论，认为社会秩序是一种统治与服从的关系，它的维持依赖于权力尤其是公共权威及由此构成的社会等级；二是利益理论，认为社会秩序主要是通过社会主体之间互惠互利的社会理性契约建立的，若无此条件就会造成社会秩序混乱和变迁；三是价值共识理论，认为社会秩序是基于人类对某种价值的共同认识建立的，一旦遭受新的文化价值冲击，当前社会就会瓦解；四是惯性理论，其假定社会是一个超稳定系统，是由多种机制和运行过程来维持的。①

（一）社会系统论、社会整合论、社会控制论的安全观

社会学自鼻祖孔德等开始，就认为社会如同生物一样，是一个有机的整体。社会整合理论发展到涂尔干那里，即得到了相对完美的建构，认为社会整合就是社会中不同部分、不同要素结合为一个协调的社会整体的过程，个体按照平均化的集体共同意识，或者法规制度和习俗，或者社会关系联结形式等原则黏合在一起，因而社会整合有两种基本类型：一是“机械团结”，一是“有机团结”，前者同质性强，后者异质性强。现代社会不同于农业社会或军事社会，而是异质基础上的多元有机的整合。②社会整合论即包含着社会安定有序的思想。

社会系统理论是以帕森斯的结构功能主义为主体的。他把系统论的思想引入社会学领域，使得自孔德、斯宾塞提出“社会是一个有机体”以来的古典结构主义，演变成为现代结构功能主义。他认为社会大系统中最基本、最小的单位就是人的“单位行动”（unit action），行动既是目的，也可能是手段；手段—目的链条中还有技术的、经济的和政治的“子环节”；行动系统是由个性系统、文化系统和社会系统三个“子系统”所组成的。其后期的结构—功能论重在分析社会系统内部的经济、政治、信用（规范）、社会共同体各子系统的关系，认为四个子系统对应四项基本功能：经济系统执行适应（adaptaction）环境的功能；政治系统执行目标达成（goal attainment）功能；社会系统（小社会）执行整合（integration）功能；文化系统执行模式维护（latency pattern maintenance）功能。他认为，这是一个整体的、均衡的、自我调节和相互支持的系统，结构内的各部分都对整体发

① 陈俊升：《网路社会学研究方法》，《网路社会学通讯期刊》2002年第24期。

② ［法］埃米尔·涂尔干：《社会分工论》，渠东译，生活·读书·新知三联书店2000年版，第31—42页。

挥作用；同时，通过不断的分化与整合，维持整体的动态的安定均衡秩序。[①]

从社会整合理论看，社会整体协调变迁是人类最大的安全追求，表达一种宏观社会安全思想；有机团结的现代社会（多元凝聚）比起机械团结的农业社会（非互动的原子个体集中）有着更多的安全稳定基础。社会系统论主要强调社会整体安全稳定的可持续存在和发展，表达为一种宏观安全系统理论。社会整体的动态安全发展，需要各安全子系统（安全经济系统—安全政治系统—安全社会系统—安全文化系统）及其功能（安全适应功能—安全达鹄功能—安全整合功能—安全维模功能）协调均衡；从中观层面看，各个安全子系统内部也需要协调均衡，才能促成整个社会安定有序地存在和发展。总之，社会整体安全从本质意义上讲，就是要在人类理性指导下确保社会均衡协调发展，现代社会需要从结构功能主义、社会整合理论中汲取“营养”，达到社会的整合治理、和谐发展。

帕氏社会系统论的核心要义是，规范、价值的内化（社会）与社会控制，是宏观社会整合的两大主要社会机制。社会控制论是与社会系统论、社会整合论密切联系的具体工具性理论，实际是指人类通过理性的力量，解决社会问题、防止社会灾变，从而对社会结构、社会行为进行规范化控制。目前流行的社会管理理论、社会治理理论等都是一种社会控制理论。治理理论实际上是20世纪70年代以来，西方学界关于政府、市场、社会三大主体的协同治理理论，尤其强调政府与公民社会合作互动治理和控制，而不是政府单方行动。因此说，社会控制论是安全理性的基本理论之一。

（二）社会结构论、社会冲突论、文明冲突论的安全观

社会结构是社会学研究的核心议题，而社会阶级阶层结构被视为社会结构的核心，很多社会学者认为社会结构本质上是社会阶级阶层之间的关系结构，并由此形成不同的流派。除了经典的马克思阶级结构分析论、韦伯“三位一体”（权力、财富、声望）的阶层分析（从另一角度分析工业资本主义社会的“理性铁笼”）以外，目前西方国家最主要的流派有美国赖特（Wright）的“新马克思主义”

---

① 美国社会学家T.帕森斯关于结构—功能的社会系统思想从20世纪30年代就一直没有间断过思考，其中关于经济、政治、文化、社会子系统及其AGIL功能模式多见于其著作《社会系统》（1951年）、《关于行动的一般理论》（1951年）、《现代社会系统》（1971年）等：一是适应能力（Adaptation）：能够确保从环境获得系统所需要的资源，并在系统内加以分配，对应于经济子系统；二是目标达成（Goal attainment）：能够制定该系统的目标和确立各种目标间的主次关系，并调动资源和引导社会成员去实现目标，对应于政治子系统；整合（Integration）：能够使系统各部分协调为一个起作用的整体，对应于文化子系统；潜在模式维系（Latent patter-maintenance）：能够维持价值观的基本模式并使之在系统内保持制度化，以及处理行动者的内部紧张和行动者之间的关系紧张问题，对应于社会（生活共同体）子系统。

阶层分析和英国高德索普（Goldthorpe）的“新韦伯主义”阶层分析。[①]他们都是从社会结构角度来阐释社会冲突的动力。在很大程度上，安全变迁发展是社会结构变迁的一种具体反映；社会冲突是社会结构紧张和不协调、矛盾的反映。

马克思的生产力与生产关系的矛盾运动、阶级分析无疑是社会冲突研究中最具特色的。马克思以及后来的马克思主义者都类似地认为，社会变迁的根本原因在于生产力与生产关系的矛盾运动，阶级间的冲突是社会发展变迁的革命动力，这是对社会安全稳定进行社会结构分析的典型。[②]涂尔干则从“社会失范”角度探讨社会变迁条件下规范的变化对社会行动和秩序的影响。[③]德国社会学家齐美尔（Simmel）把社会冲突作为专题研究，昭示了德国追求社会安全的传统。齐美尔认为，冲突是一种社会化的形式，没有哪个组织是完全和谐的，否则组织就缺少变化和结构性。[④]而结构功能主义则从功能角度探讨霍布斯“社会秩序如何可能”的命题；帕森斯倾向于认为，社会冲突主要具有破坏性的、分裂性的和反功能的后果，把冲突看作一种社会“病态”。[⑤]与帕森斯等追求社会均衡稳定发展不同，后来的“功能冲突论”者如科塞详尽阐述了社会冲突不仅仅具有破坏性的负功能，而且具有社会“安全阀”的正功能作用；认为社会冲突未必就会导致社会崩溃和破裂，尤其小规模的冲突还能增进群体内部凝聚力和团结、重组社会结构，起到一种社会“安全阀”的作用。[⑥]

现代社会冲突论实际上是对帕森斯等的结构功能主义的一种反叛，法兰克福学派的兴起是其重要标志。他们认为，矛盾无时不有，无处不在，反对古典功能主义过于强调现存社会制度的合理性而缺乏变革的动力。经典马克思主义即批判性结构主义，是社会冲突论的杰出代表，其冲突论是社会经济分析框架中的阶级冲突论。达伦道夫、米尔斯、柯林斯、科塞、马尔库塞、哈贝马斯等都是当今突出的冲突论代表人物，虽然各有偏重，但都认为社会冲突主要源于社会中财富、权力、地位等经济利益和阶级阶层之间的不平等以及社会异质性的增加，也源于科技理性对人类生活世界的侵蚀，源于人类的现代化“科学理性”行动与自然环境、社会环境的不协调、不和谐，人类生存发展遭受到被破坏的生态环境的

① 参见李培林、李强、孙立平等：《中国社会分层》，社会科学文献出版社2004年版，第344页。

② 《马克思恩格斯选集（第二卷）》，人民出版社1972年版，第82页。

③ ［法］爱米尔·杜尔凯姆：《自杀论》，钟旭辉等译，浙江人民出版社1989年版。

④ Lewis A. Coser, *The Functions of Conflict*, Routledge and Kegan Paul Ltd., 1956, p31.

⑤ Talcott Parsons，*The Structure of Social Action*, The Free Press,1949.

⑥ Lewis A. Coser, *The Functions of Conflict*, Routledge and Kegan Paul Ltd., 1956. 中译本参见L.科塞：《社会冲突的功能》，孙立平等译，华夏出版社1989年版。

惩罚。这些激进的社会冲突论者主张揭示现代工业社会冲突不断的“病根”，主张进行社会改革来延续工业资本主义的发展。

从层次上看，社会冲突可以分为宏观政治意义上的社会冲突（社会不稳定）、中观组织层面的冲突和微观个体层面的冲突。文明冲突论，严格说来，是国际社会领域的一种宏观社会冲突理论，是关于国家、民族之间的宏观冲突论，其代表人物是美国政治社会学者塞缪尔·P.亨廷顿（Samuel Huntington）。他认为，世界文明可以划分为以美国为主的西方文明、中华儒家文明、日本文明、伊斯兰文明、印度教文明、东正教文明、拉丁美洲文明以及可能的非洲文明七大或八大部分；后“冷战”时代的国际冲突的根源将主要是文化的而不是意识形态的和经济的，全球政治的主要冲突将在不同文明的国家和集团之间进行，文明间的地缘断裂带将成为未来的战线；伊斯兰文明和儒家文明可能共同构成对西方文明的威胁（以至于今天国际恐怖势力及其袭击行为都源于文明的冲突）；建立在文明基础上的世界秩序才是避免世界战争的最可靠保证，不同文明间相互尊重和相互承认同样非常重要。[①]

从程度和规模上看，社会冲突又分为缓和式冲突和剧烈式冲突（也称为“断裂式”冲突，如起义、游行示威、政治革命等）。按照马克思主义所谓矛盾无时不有、无处不在的观点，诸多安全问题的出现即是一种社会矛盾运动，是必然的、绝对的，但安全问题是可控的。人类对于安全的追求，其实就是发现矛盾、解决矛盾、达到新的平衡的过程。社会冲突论是一种反向的安全理论，从反面印证安全存在和发展的必要性。安全问题分析需要从社会结构、社会群体和阶层间的利益冲突以及精英权利维护或资源垄断等视角，来分析安全行动和社会不满、社会愤懑等，同时需要分析社会冲突的正功能，分析技术的、经济的因素对人类安全基质的负面影响，以从根本性原因上治理社会冲突，确保社会安定有序、和谐发展；而要维护世界安全、国家安全，也需要从文明冲突中吸取经验教训，以构建安全与文明的世界秩序，尽管亨廷顿的论调带有一种偏见。

（三）集合行为论的安全观

集合行为理论实际上导源于社会互动论，研究的是宏观或中观层面的社会互动（即不同社会主体之间通过信息传播而发生相互影响的行为或联系）。集合行为是指一种人数众多的、自发的、无组织的集体互动行为，往往因某事件引发。恐慌、谣言、流行、突发性群体骚乱事件、长期性的社会运动等，都是集合行为的

① ［美］塞缪尔·P.亨廷顿：《文明的冲突与世界秩序的重建》，周琪等译，新华出版社1998年版。

几种典型表现。[①]斯梅尔塞(Smelser)的“基本条件说”认为，环境条件、结构性压力、诱发因素、行为动员、普遍情绪的产生或共同信念的形成、社会控制力是引发集体行为的六个“必要且充分”的基本条件。此外，集合行为还涉及模仿理论、感染理论、紧急规范理论、匿名理论和控制转让理论。[②]

一般来说，集合行为会涉及政治类、经济类、社会类、文化类，对整个或局部的社会稳定和政局有一定的影响，对于社会的发展既有积极作用，也有消极影响。从消极影响看，集合行为尤其是具有政治目的的社会运动，必然冲击现有社会价值和规范体系，使它们失去或削弱原有的制约作用；从积极影响看，集合行为能够形成新的风气、确立新的规范，如一些突发性事件在无组织、无领导中心的状况下，有时能够主动创建新的社会系统，陌生人之间也开始自愿合作，能够经过社会检验和舆论提倡，为人们所接受，形成新的行为模式和社会风气新典范。那种因为社会不公正、不平等、不合理、黑暗腐败等现象而义愤填膺的集合行为，可能会成为社会动荡和革命的火花。这些都涉及社会宏观的或中观的公共安全问题。

(四)哈贝马斯的系统—生活世界论的安全观

德国当代社会学大师哈贝马斯吸收马克思和韦伯的社会冲突论和理性思想，认为理性化发展导致社会分为“系统”和“生活世界”两大部分。前者关注政治、经济、技术领域，涉及权力、货币、技术等符号系统，是制导机构，属于“系统整合”，按策略行动进行组织；后者关注人际互动在共识基础上达成公共部分和私人部分的“社会整合”，涉及共同规范和价值、信任体系，按沟通行动进行组织。哈氏认为，由于现代社会的日益发展，生活世界与系统之间的张力日益增加；而更重要的是，系统中的一些媒介因素如货币、权力等总是不断地渗入和侵略生活世界的信用和承诺，并以系统的形式复制它们。这样就产生了哈氏所谓的生活世界“内部殖民化”(colonization of the life-world)，这是现代社会的一个主要病症。如果一个系统无法产生足够的可交换资源，以满足其他系统的期待或需求，就会产生“危机”，即会产生经济危机、理性危机、合法性危机和动机危机。[③]

沿着哈贝马斯的“思”与“路”，系统安全涉及货币、权力等产生和使用上的安全、稳定以及技术安全；生活世界的安全关涉安全规范、安全信用体系和安全共识问题。由于系统理性化的加速发展及对生活世界中人格、文化、社会领域的

① 郑杭生主编：《社会学概论新修》，中国人民大学出版社1994年版，第186、187页。

② 郑杭生主编：《社会学概论新修》，中国人民大学出版社1994年版，第182—186页。

③ [澳]马尔科姆·沃特斯：《现代社会学理论(第2版)》，杨善华等译，华夏出版社2000年版，第174—178页。

过度侵蚀和“殖民化”，科技理性的安全并不能完全保障人格安全、文化安全、社会公共安全（即便是系统中的经济安全、政治安全、技术安全也更容易引发不安全、不稳定的问题）。由此，当代社会就出现了为保障人类社会安全稳定而兴起的环保主义、和平主义、民主化以及新宗教主义和反主流文化等社会运动。循着哈贝马斯的“路”，需要寻求安全的沟通行动理论与现实世界安全问题的有机联系，也需要在安全规范与安全事实之间建立安全的“商谈伦理学”，运用法律（程序）和民主方式确保现实中的安全。

（五）贝克、吉登斯风险社会理论的安全观

“风险社会”一词最早见于20世纪50年代，德国社会学家乌尔里希·贝克在1986年出版的德文著作《风险社会》（英译名risk society）中，系统提出了风险社会理论，这是一种对现代化反思的理论。风险社会理论实际上分为现实主义、文化意义、制度主义三大类。[①]风险的本来含义是指具有一定可能性的危险和灾难，但在贝克这里，“风险”有了新的内涵，是一个指明自然终结和传统终结的概念，也即在自然和传统失去其无限效力并依赖于人的决定的地方才谈得上风险。[②]也就是说，风险是对现实的虚拟；是充满危险的未来，成为影响当前行为的一种参数；是对事实也是对价值的陈述；可以看作是人为不确定因素中的控制与缺乏控制；是在认识（再认识）中领会到的知识与无知；具有全球性，且与本土同时重组；也是指知识、潜在冲击和症状之间的差异；具有人为的与自然的两重性；[③]“有组织的不负责任”是贝克风险社会理论的一个核心概念。与传统工业社会以财富和权力分配不同，风险社会里的风险分配和不确定性成为关注的核心问题；风险全球化必然导致责任全球化，世界主义需要以风险为基础重新建构。[④]

与风险社会理论联系紧密的是吉登斯对现代社会的反思。吉登斯认为，我们今天所处的“高度现代性社会”具有三种特征：一是时空分离，二是“抽离性”（即脱离事物原生状况而进入符号抽象系统），三是反思性（即对社会理性发展的反思）。[⑤]社会监控、军事工业、工业主义、资本主义，分别诱发了以下四项威

---

① 《风险社会理论与和谐社会建设——杨雪冬研究员访谈》，《国外理论动态》2009年第6期。

② ［德］乌尔里希·贝克等：《自由与资本主义》，路国林译，浙江人民出版社2001年版，第119页。

③ Barbara Adam，Ulrich Beck and Joost Van Loon edited, *The Risk Society and Beyond*, SAGE Publications Ltd., 2000，pp.211-229.

④ ［德］乌尔里希·贝克：《世界风险社会》，吴英姿、孙淑敏译，南京大学出版社2004年版。

⑤ 李康：《吉登斯——结构化理论与现代性分析》，载杨善华主编：《当代西方社会学理论》，北京大学出版社1999年版，第240页。

胁：极权主义力量的增长、核冲突或大规模常规战争、生态系统的破坏或灾难、经济增长力量的崩溃。与此对应的四项社会改造实践有：自由言谈/民主运动、和平运动、生态（环保）运动、劳工运动。[①]

风险社会理论和反思社会学为研究当今诸类安全问题尤其是社会整体安全提供了重要的理论，揭示了现代社会人类对于安全需求的急迫性和必要性。国家安全、全球安全、生态环境安全、经济安全、劳工生产安全、人类和平、社会稳定，越来越成为社会各大主体的理性追求和必需公共品。风险社会理论对于指导专家和政府进行制度设计、政策决策，以及提高全体公民安全意识和安全文化素养等具有重大意义。

二、个体安全的社会学理论诠释

社会个体不仅指个人，也包括集合性的群体、组织、国家，但这里我们主要偏重于个人安全的理论考察等。这方面突出的社会学理论涉及早期的涂尔干的实证主义自杀论、越轨社会学、行动个体主义、社会控制论、社会交换论、社会资本论、沟通行动论，以及近代福柯（Foucault）的监控理论、女性主义、吉登斯的本体性安全观、后现代主义心理等。

（一）涂尔干实证主义自杀论、越轨社会学的安全观

涂尔干的《自杀论》开启了早期实证主义的先河。他通过统计归类，把自杀分成利他、利己、反常、宿命性自杀四类，并从人口年龄结构、性别结构、时代差异、区域国别、民族信仰差异等方面，对自杀率进行了统计分析。同时从社会唯实论角度着重阐述了当时自杀现象的社会结构性原因，认为集体意志对个人灌输的强弱是决定自杀率高低最重要的因素，社会文明的发展、智力的进步使得个人自杀增多，社会的苦难必然转嫁为个人的苦难，[②]由此衍生出“苦难社会学”。自杀是个人自我安全的内在大敌。实证主义自杀论认为个人内心的苦难源于社会，社会理性化发展的压力使得个人身心安全受到影响，人们对于身心安全的需求随着社会发展加速显得更加突出。

越轨社会学（sociology of deviance）主要研究人类各种违反社会规范的越轨行为，包括违反既定规则的行为如犯罪，或对社会规范的非正式侵犯，如不尊重某地习俗。引发个体越轨行为的原因包括心理的、社会的、文化的、政治的、经济的等多方面因素。如标签论者贝克尔（Becker）认为，社会的反响尤其给予行动者

---

① ［英］安东尼·吉登斯：《现代性的后果》，田禾译，译林出版社2000年版，第52、150、135—142页。

② ［法］埃米尔·杜尔凯姆：《自杀论》，钟旭辉等译，浙江人民出版社1989年版。

贴上越轨标签才是越轨的真正成因（创造越轨的不是个体行动的方式，而是社会及其规制）；[①]涂尔干的失范论、默顿（Merton）的规范冲突论、A.科恩（A.Cohen）的亚文化群体论等也都对此作出过解释。越轨是一种普遍存在的社会现象，是安全存在和发展的逆向形式，对社会主体自身的安全、他者的安全和社会公共安全都会造成严重的影响。吉登斯把控制理论引入对越轨行为的分析，认为对社会或对个体的控制不足时就会出现犯罪行为和社会不安定。[②]这为研究社会公共安全打开了更大的理论视野。

（二）社会交换论、社会资本论的安全观

社会交换论经由经济学、人类学而进入社会学领域，并不断地深化和演变。马克思认为，生产以人的交往为前提而又决定社会交换；[③]美国社会学家霍曼斯（Homans）在研究人类行为互动时创建了社会学的“社会交换论”，认为社会行为是一种商品交换，这不仅是物质商品的交换，而且是诸如赞许或声望符号之类的非物质商品的交换。[④]作为结构主义交换论大师的布劳（Blau）则认为，社会交换主体从个人扩展到群体和组织，由直接扩展到间接，交换行动则从先于和创造社会制度及社会结构的过程，变为受制度和结构制约的过程，并且注重交换过程中的不平等和权力因素。社会通过各类交换（奖励或惩罚）调动组织成员的积极性，增强组织的凝聚力和再生力，由微观到宏观使社会秩序、社会制度逐步得以形成。[⑤]安全产生、存在和发展于社会交换。安全的需要是因生命或生存条件受到外部环境的威胁而产生的；个人相对于外部世界是渺小的，人们为了寻求安全感必然选择集体交往的生活，并且用一定的道德规范来约束彼此的交往行为，故中国古代思想家荀子强调人类优于动物在于“能群”“有义”（《荀子·王制》）。交换规则、习俗、信任和制度对于交换主体之间达成互利互赢、安全交换十分重要，若缺乏这些条件，就会因为交换主体间的利益不均衡导致社会冲突乃至战乱，社会秩序被破坏。

社会资本论可以看成社会交换论和理性选择理论的另一种范式，由布迪厄首先在社会学界正式提出。社会资本是社会主体通过长期交往而建立的，基于信任、互惠、规范原则的社会关系网络，且是具有生产和再生产性的一种资源力量；如同物质（经济）资本、人力资本一样，社会资本是一个中性概念，当它产生

---

① ［澳］马尔科姆·沃特斯：《现代社会学理论》，杨善华等译，华夏出版社2000年版，第33页。

② ［英］安东尼·吉登斯：《社会学》，赵旭东等译，北京大学出版社2003年版，第270—329页。

③ 《马克思恩格斯全集（第三卷）》，人民出版社1972年版，第24页。

④ ［美］克特·W.巴克：《社会心理学》，南开大学社会学系译，南开大学出版社1984年版，第89页。

⑤ ［美］彼德·布劳：《社会生活中的交换与权力》，孙非、张黎勤译，华夏出版社1988年版，第27—29页。

于或被利用于某类网络组织或某一层次时才会呈现出其积极性或消极性来，按照其所事主体的不同而呈现不同功能，即“社会资本积极性（正功能）”或“社会资本消极性（负功能）”；社会资本对其“圈内人”是增值的，但对其利益相关的“圈外人”来说具有一定的剥夺性。[①]因此，就安全而言，一方面，可通过社会资本确保社会主体尤其弱势群体的安全援助、灾难救助、社会保障，促使主体间建立起安全的心理信任基础，通过长期交往积累安全的社会资本；另一方面，在利益交换中，社会性潜规则越过正式规则，虽然生产和保护既得利益主体的经济利益、安全利益，但影响了其他社会主体的经济利益和安全利益，甚至剥夺“关系圈”外的普通民众的生命安全和其他安全权利。

社会资本论者格兰诺维特（Granovetter）、林南等则把社会关系网络看作一种社会结构，认为经济行动是在社会网内的互动过程中做出决定的，也即经济行动“镶嵌”于社会网中，表现为一种资本性的关系力量，[②]即包含着一种社会资本，这对于“熟人社会”保障安全行动具有一定的社会正功能。格兰诺维特等还基于就业信息问题提出“强关系—弱关系”所具不同功能的理论假设，[③]这对安全信息的获取同样具有一定的解释力。

（三）实践论、沟通行动论、权力监控论的安全观

布迪厄因袭法国结构主义传统，更看重其中的关系论要素。其“实践理论”不仅关注客观关系系统，而且考虑客观结构与主观性情倾向之间的辩证关系。[④]布迪厄强调实践的重要特性在于它的紧迫性和经济必需条件的约束、模糊性和总体性；策略、惯习、场域是其理论中的重要概念。布迪厄的实践理论，同时考虑经济资本、文化资本、社会资本的投入，因为资本体现了一种物质化和身体化形式的累积劳动。[⑤]安全同样存在于“惯习”和“场域”中且相互联系；安全化、安全变异也是物质化和身体化形式发生变化的一种反映，也表现为安全主体的安全知识与安全实践的联系、安全主体的场域空间位置；物质经济资本、人力资本、社会关系资本同样具有强大的安全维护功能。

---

① 颜烨：《转型中国社会资本生成条件和机制初探》，中共中央党校2002年硕士学位论文；颜烨：《转型中国社会资本的类型及其生成条件与机制》，《西南师范大学学报（人文社科版）》2004年第1期。

② M.Granovetter, “Economic Action and Social Structure: The Problem of Embeddedness”, *American Journal of Sociology*, Vol. 91, No.3, 1985, pp481-510; M. Granovetter, “Problems of Explanation in Economic Sociology”, in Nitin Nohria and Robert G. Eccles, *Networks and Organizations*, Boston, Harvard Business School Press, 1992.

③ Mark Granovetter. “The Strength of Weak Ties”, *American Journal of Sociology,* 1973; Nan Lin, Mary Dumin. “Access to occupations through social ties”, in *Social Networks*, 1986, p8.

④ Pierre Bourdieu, “The Three Forms of Theoretical Knowledge”, *Social Science Information*,1973 12(1), pp53-80.

⑤ Pierre Bourdieu, “The Forms of Capital”, in J. Richardson ed. *Handbook of Theory and Research for the Sociology of Education*, Greenwood Press，1986, pp241-258.

哈贝马斯的研究始于行动，后来又转向秩序。他认为从微观层面人的社会行动到宏观层面的社会秩序是相互联系的。哈贝马斯沿着马克思关于资本对人的“异化”“物化”，和马克斯·韦伯的行动理论（对行动的解释有目的理性、价值理性、情感性、习俗性四种），[①]以及韦伯关于资本主义“理性”与“科层制”铁笼的“思”与“路”，发展出“沟通行动理论”。其中心意思在于：现代社会中人类受到“科技理性”的极度控制，因此需要以人与人之间的语言沟通即哈氏所称的“沟通理性”去代替“科技理性”，在没有内外制约之下达至相互理解的沟通，并由此协调资源的运用，去满足各自的欲望，[②]去疏解人类社会的矛盾和问题，确保安全存在发展。

福柯的权力理论同他的其他研究一样极富特色。传统权力理论可以概括为“利益—冲突”模式和“合法化—权威”模式，[③]较多包含韦伯的思想。福柯认为，权力在社会中无处不在、无时不在，并非仅仅与特定的政治领域和领导精英的认定相关联；它不是通过暴力，而是通过层级监视、规范化裁决、检查制度等手段行使权力的惩罚，有时称为“规训”；[④]权力是一种关系、网络、场，权力是无主体的、非中心化的，权力分散、多元。他还认为，从社会权力的角度思考社会控制，对私人行为的社会控制也同样无所不在；借用边沁的“圆形监狱”概念，认为整个社会就是一个“全景敞视监狱”。[⑤]其实，福柯从社会交换论中看到，权力的实现同样是因为对权力的遵从能够换来利益，这种“全景敞视监狱”也可能代价最小。按照福柯的权力理论，安全可以在权力监控中得以实现，或者通过外在监控实现自我监控；而一旦监控失灵，安全问题即有可能发生。日常的外在监控过度，则又会导致另一种形态的安全问题，如心理疾患。

（四）吉登斯的本体性安全观

英国当代社会学大师吉登斯认为，随着人类进入高度现代化的社会，一系列的过度、剩余、废弃物以及在场和不在场的交织，使得人们无法把握未来时空的变化，由此产生更多的焦虑和恐惧，对人类社会的基本性存在感到困惑和不安。

---

① [德]马克斯·韦伯：《经济与社会（上卷）》，林荣远译，商务印书馆1997年版，第56页。

② 阮新邦、尹德成：《哈贝马斯的“沟通行动理论”》，见杨善华：《当代西方社会学理论》，北京大学出版社1999年版，第170—171页。

③ J. Scott ed., *Power: Critical Concepts*, Routledge, 1994; S. Lukes ed., *Power*, New York University Press, 1986.

④ [法]米歇尔·福柯：《规训与惩罚》，刘北成、杨远婴译，生活·读书·新知三联书店1999年版，第242页。

⑤ [法]米歇尔·福柯：《权力的眼睛》，严锋译，上海人民出版社1997年版，第158页。“全景敞视主义”源于功利主义者杰里米·边沁1791年提出的一种新型监狱设计理念——全景敞视监狱（panopticon），即一种圆形结构监狱，囚室分布在四周，看守处于监狱中间的一个高耸尖塔中，监守可以从高处轻松地监视室内囚犯的活动，而犯人无从知道尖塔里是否有人在监控自己，因此时时处处谨慎，最终被迫自我服从、自我控制。——参考[美]詹姆斯·克里斯：《社会控制》，纳雪沙译，电子工业出版社2012年版，第80—81页。

本体性安全观是吉登斯社会学理论中关于社会认同、社会心理最突出的一部分，是指大多数人对自我认同的连续性以及对他们行动的社会物质环境之恒常性所具有的恒心，是一种人与物的可靠性感受。本体性安全的构建使得人们能够产生对自我认同的连续性的恒心，使得人们在人际交往中获得自信，对社会生活产生一种可靠和安全的体验，以此来克服现代社会生活给人们带来的各种焦虑与不安、郁闷与恐惧，从而获取积极生活的信心和力量。本体性安全观是一种主观感受、自我认同和与社会信任紧密相连的个体安全观。[①]

后现代主义理论是对现代性发展问题和传统理性理论的一种批判和反思。主要代表人物如丹尼尔·贝尔（Daniel Bell）、福柯、德里达（Derrida）、罗蒂（Rorty）、利奥塔（Lyotard）、鲍德里亚（Baudrillard）等，也有人将之分为激进或否定性的、建议性或修正的、简单化或庸俗的流派。[②]现代化的高度发展使得社会中的诸多安全问题越来越复杂，从含义到类型、从原因到后果、从学科运用到解决方法都带有复杂系统的基本特征。所以后现代主义研究者认为，后现代社会很难出现过于宏大叙事的、能解决一切问题的、整体的、审慎理性的“万能理论”，而多是局部地、相对性地、非理性地、非中心地、不确定性地、多元地解决某一些问题。瑞泽尔（Ritzer）将后现代社会的特征具体归纳为：①后现代社会是浅薄的、没有深度，符号化、拟象化，缺乏历史性，生活碎片化，最显著的是快餐店和信用卡等的使用，整个社会“麦当劳化”和追求名牌效应，严重地“抽离”于生活本身；②后现代社会是情绪化、情感消退的，是病态的，如流行歌曲的靡靡之音和缺乏阳刚之气的生活状况；③后现代主义反基础主义、反形而上学，不认为有什么宏大的可靠的基础理论支撑人类知识和文化思考，社会也不存在什么“逻各斯主义”和“中心主义”；④后现代社会有一些新的技术如快餐店和信用卡等消费的内爆性技术日益增长；⑤后现代社会跨国性资本主义体制盛行。[③]

此外，女性主义更关注女性自身的安全发展，而与之关联的社会性别学更关注两性的安全平等与和谐发展。女性主义思潮源于20世纪60年代美国的女权运动，而女权运动又源于黑奴运动。女性主义分为激进的和温和的两派。前者更强调女权要强于男权，打破长期以来社会中男权对女性的压迫局面；后者认为社

---

① ［英］安东尼·吉登斯：《现代性与自我认同》，赵旭东、方文译，生活·读书·新知三联书店1998年版；安东尼·吉登斯：《社会的构成——结构化理论大纲》，李康、李猛等译，生活·读书·新知三联书店1998年版；安东尼·吉登斯：《现代性的后果》，田禾译，译林出版社2000年版。

② 王治河：《论后现代主义的三种形态》，《理论参考》2007年第10期。

③ ［美］乔治·瑞泽尔：《后现代社会理论》，谢立中等译，华夏出版社2003年版，第12—20、303—334页。

会要增进和维护女性的各种权益，达到两性平等。后者的观点更接近于后来的社会性别学，即研究两性平等，认为社会性别观渗透于社会政治、经济、文化的各个角落。安全的存在和发展存在于性别中，男权社会里女性的安全需要更为迫切，诸多安全问题都会涉及性别结构因素。

第三节　国内外安全社会学研究进程

一门学科的诞生往往具备这样的基础和条件：一是社会需要，现实中或历史事实中反复出现相关的社会现象，社会实践需要这方面的理论研究和指导；二是具备基本理论、新学科的理论依据，也即前人在哲学或宏观上的理论建构及其源头；三是新学科的前范式状态，[①]处于即将由“隐学”向“显学”过渡的状态。通过查阅和检索，综合起来看，目前安全社会学研究还处于初步探索阶段。

安全科学通常将安全理论研究划分为三个时期：①从人类进入工业社会到20世纪50年代，主要研究事故灾难，即事故学理论发展时期。突出的标志是20世纪30年代美国著名工程师海因里希（Heinrich）发表“事故致因理论”的研究成果，推进了近代工业的安全发展，后来的事故预防理论、能量转移说、“三不放过原则”（即事故发生后，原因不明不放过、当事人未受到教育不放过、整改措施不落实不放过）广为运用。②从50年代到70年代末，主要研究危险分析、风险控制即防灾减灾问题，突出的标志是建立“事故链”概念、“事故树”分析法，确认人—机器—环境—管理的系统分析法，以及企业安全管理的“五同时”（生产工作与安全工作必须同时计划、布置、检查、总结、评比）。③80年代以来，安全科学研究逐步兴起和发展（德国学者库尔曼出版《安全科学导论》），突出的特点是提出从“系统安全”到“安全系统”原理转变，安全科学学科逐步体系化，并提出安全管理“三同时”（经济发展和技术实施要与安全生产同步规划、同步发展、同步实施），安全文化从企业生产逐步走向社会化。[②]贝克的风险社会理论也在此阶段提出，这三个阶段其实是自然科学界、工程技术界、管理科学界关于生产领域安全问题的研究进程体现，真正的人文社会科学介入还比较少。社会科学早期关于安全的研究主要还是停留在国家安全、社会公共安全方面。安全社会学

① ［美］托马斯·库恩：《科学革命的结构》，金吾伦、胡新和译，北京大学出版社2003年版，第1页。“前范式”是与“范式”相对而言的。所谓“范式”，库恩的解释是，指某一学科领域中公认的科学成就，也称学科模式，其特点在于：为学科共同体成员在一段时间内提供理论和方法上的共同信念、共同语言、共同标准，并为新一代科学工作者留下了各种有待于解决的问题。

② 参考罗云、程五一编著：《现代安全管理》，化学工业出版社2004年版，第3—6页。

研究目前并没有体系化，但从零星文献中也可以看到国内外在这方面的研究史脉。

当然，从我国领导人2013年提出“人类命运共同体”、2014年提出“总体国家安全观”开始，偏重于社会科学的国家安全学研究逐步兴盛（2004年刘跃进教授主编出版《国家安全学》为发轫之作），一直到今天，关于总体安全理论的研究实际上进入了新阶段。安全社会学也亟须吸取新的理念和学科思想。

一、国际组织或西方国家的研究状况

国际组织或西方国家从社会学角度研究灾难问题的比较多，最初可以追溯到1845年恩格斯出版的《英国工人阶级状况》一书。书中大量描述英国工业化初期工人阶级生产生活中的悲惨状况，即时刻处于资本主义制度下的不安全状况。[①]1989年，美国学者Gary A. Kreps提出，组织的范围领域（domains）、任务或目标（tasks）、人力和物质资源（resources）、活动（activities）是分析灾难发生原因及其后果的四个基本因素。[②]对于安全社会学学科的直接探索可归纳如下。

（一）国际组织对于安全的新认识

20世纪70年代，联合国最初提出的“人类安全”概念就是狭义地指称“国家安全”，即保护国家利益和国内人民的生命财产，防止军事打击的侵害。这完全是出于对当时有可能爆发世界大战的考虑。到21世纪初，联合国专门成立了人类安全委员会（Commission on Human Security，简称CHS，2001年6月成立）。国际创价（创造生命最高价值）学会（Soka Gakkai International，简称SGI）将维护“人类安全”奉为最高行事准则。

1994年，联合国计划开发署出版的《人类发展报告》开辟“人类安全的新维度”专章，提出以人为中心的“新安全观”，指出人类安全包括两个主要方面：其一，免于饥荒、疾病、压迫等慢性威胁；其二，免于家庭、工作和社区等日常生活场所中的危害性和突发性干扰。列出了人类安全的七大要素：经济安全（基本收入有保障）、粮食安全（确保粮食供应充足）、健康安全（相对免于疾病和传染）、环境安全（能够获得清洁水源、清新空气和未退化的耕地）、人身安全（免遭人身暴力和威胁）、共同体安全（社区和文化身份安全）、政治安全（基本人权和自由得到保护）。认为“人类安全关注的不是武器，而是人类的生命与

---

① 颜烨：《安全社会学作为学科研究的现状与发展》，载杨庚宇主编：《第一届全国安全科学理论研讨会论文集》，中国商务出版社2007年版，第61页。

② Gary A. Kreps, *Social Structure and Disaster*, University of Delaware Press,1989, p15.

尊严”，即免于匮乏、恐惧和侮辱，指出人类安全具有以人为本、普世性、相互依存性、事前预防强于事后干预四大特征。[①]这实际上包括人之安全的内在三维和外在三维。

针对2020年新冠疫情肆虐全球，联合国在2022年2月8日发布的《人类世背景下人类安全的新威胁：需要更大的团结》报告中指出："越发展越不安"成为人类社会发展进程中普遍存在的一种现象；人类集体不安的根源，来自人类自身制造的各种无序竞争；暴力威胁、不平等威胁、数字技术威胁、健康威胁、其他威胁导致了人们的安全感和信任感普遍降低；通过人类安全教育增强心理安全，全球要以更大的团结、保护、赋权等方式增强人类信任。[②]

（二）国外关于安全社会学的直接研究

西方学界对传统的国家安全、国际安全开展社会学研究的不在少数。1990年，新西兰学者克莱门兹跳出把安全狭义地界定在国家安全、军事安全和国内政治安全等范畴的传统，而将安全看作一种社会过程，认为安全渗透在社会生活的方方面面，因而提出"sociology of security"的概念并撰文分析。[③]他写的这篇文章是目前可以看到的直接提出"安全社会学"概念的较早文献（有人将之译为"治安社会学""保安社会学"）。1992年，特纳（B.A.Turner）撰写的"Ten sociology of safety"一文，收录在一本工程安全论文集中，该文强调组织高可靠性、阶层关系和安全文化氛围对于安全的重要性。1993年，俄罗斯学者B.B.卡菲托夫出版《消防安全社会学原理》一书，[④]从社会学基本原理出发研究消防安全，这是较早系统论述消防安全问题的一本专门的安全社会学分支学科著作。2003年，计算机科学学者安德鲁·奥德雷兹科（Andrew Odlyzko）撰文指出，安全不是一个孤立的物品，而是复杂经济系统中的重要因素。[⑤]同年，俄罗斯学者库兹涅佐夫（B.H.Кузнецов）基于国际人道主义视角（社会科学综合维度）出版了security意义的安全社会学专著。[⑥]2006年，美国学者杰费里·A.哈特雷（Jeffery A. Hartle）和戴安娜·H.布莱恩特（Dianna H. Bryant）的文章《安全社会学》（"The Sociology of Safety"）着重从组织角度，将"安全人（Safe Person）"和"安

---

① UNDP, *Human Development Report* 1994,New York ,Oxford University Press.

② UNDP,"2022 Special Report on Human Security——New Threats to Human Security in the Anthropocene: Demanding Greater Solidarity", https://hs.hdr.undp.org.

③ Kevin Clements,"Toward a Sociology of Security", http://www.colorado.edu/conflict/full_text_search/AllCRCDocs/90-4.htm.

④ ［俄］B.B.卡菲托夫：《消防安全社会学原理》，原中国人民武装警察部队学院内部翻译教材，2000年。

⑤ Andrew Odlyzko,"Economics, Psychology, and Sociology of Security",http://citeseer.ist.psu.edu/640816.html.

⑥ B.H. Кузнецов, Социология безопасности, МОСКВА: КНИГА и БИЗНЕС,2003.

全空间(Safe Place)”作为事故分析的基点,分析“安全人”的因素、动机和态度、行为,“安全空间”的设计、工程技术、物理控制。[①]这是仅限于工程领域的安全社会学著作。2019年,《安全科学》(*Safety Science*)杂志发表了一篇关于一位擅长以特定叙事结构分析技术灾难的安全工程师的论文,旨在探索这位故事讲述者的安全社会学理论建构及其模型。[②]

(三)国外大学开设安全社会学专业方向

早年日本关西大学开设有社会安全学系,教学计划是以“事故”和“自然灾害”两大问题群为中心,开展人才培养和科学研究。[③]澳大利亚国立大学社会学学院与本国能源管道公司合作,设立安全社会学(The Sociology of Safety)博士学位培养项目,着重研究企业高层管理者关注系统安全、组织安排和安全专家影响、安全设计的社会过程、职业培训和安全文化传承、管道有害气体的公共风险等问题。[④]

从上述文献看,国外安全社会学研究趋势看好,但相对于灾难社会学而言,安全社会学很不成熟。而且,当前的安全社会学研究都局限于某个领域及其实证分析,并无综合性的学科体系。“sociology of safety”仅局限于职业劳动领域或工业风险的研究,而“sociology of security”又局限于社会安全、社会治安领域,两者的共性没有联结起来,社会学的规律性没有得到体现。

二、国内关于安全社会学的研究状况

根据互联网上可查阅的文献,20世纪70年代末、20世纪80年代初,我国台湾地区学者詹火生、周建卿等曾开设“安全社会学”的课程,编印过书籍,这是目前可见的最早中文文献。[⑤]我国台湾地区很多大学开设有社会安全学系。我国香港、澳门特别行政区也有研究者进行过初步探索。

中国大陆关于安全社会学的研究起步较晚,人才培养层面比较少见,作为学术范式之一的学科共同体尚未建立起来。而且,学界对于“安全社会学”的学科性并未完全达成共识,安全科学界较为支持安全社会学学科发展,而社会学

---

① Jeffery A. Hartle & Dianna H. Bryant, “The Sociology of Safety”, 2006 AIHce, Chicago,IL. http://www.aiha.org/aihce06/handouts/cr318hartle.pdf.

② Jean-Christophe Le Coze, “Storytelling or theory building? Hopkins' sociology of safety”, *Safety Science*, 2019, 120(8), pp735-744.

③ http://www.kansai-u.ac.jp/gb/global/academics/fc_ss.html.

④ “PhD Research opportunities in the Sociology of Safety”, http://sociology.cass.anu.edu.au or https://www.epcrc.com.au.

⑤ 周建卿等:《社会安全论丛》,台北水牛出版社印行1979、1980年版。詹火生教授开设过“安全社会学”课程。

界目前有两种看法：一是接受并主张发展安全社会学学科，二是不主张搞安全社会学，其理由是，社会学界有灾难社会学、社会冲突论，而且目前有一个流行的“风险社会理论”，没必要再搞安全社会学。①但总体看，目前安全社会学学科雏形已经显现，②学科应用方面有一定的发展。③

（一）安全科学界首先提出概念并初步解释

在中国，安全科学主要创始人刘潜先生1985年的一篇文章中提到“安全社会学”，④这是可见的内地文献的最早提法。后来刘潜在提出建立完善安全科学技术体系时，反复提到过“安全社会学”，将之放在安全科学基础理论下面（参见第一章第四节），并从他提出的安全系统“三要素四因素”说出发，认为安全社会学是研究人与人、物与物、人与物关系的表现形式的学科；⑤有时加上“（其中包括安全管理学、安全法学、安全经济学、安全教育学、安全文艺、安全史学等）”的注解；⑥并认为“安全社会学”应作为“安全社会科学”（为安全科学技术的二级学科）的基础理论列为三级学科的第一位，居于安全管理学、安全经济学、安全法学、安全伦理学、安全文化学之前。⑦整个来看，安全科学界偏重于从安全学角度来定义安全社会学，并一直把“安全社会学”等同于“安全社会科学”来理解。的确，所有的社会科学几乎都在研究人与人、人与物的关系，但相对来讲，社会学综合性较强一点，社会学也只是社会科学下面的一门具体学科，是与经济学、法学、管理学、政治学等学科并列的同级学科。安全科学界关于安全社会学的定义，很难说是一种专业性学科的定义。

1994年，中国安全文化研究者徐德蜀等从安全文化系统的角度对安全社会学作了描述，指出：安全文化的社会学系统由人在社会活动中的人际关系构成，

---

① 颜烨：《与中国安全科学创始人刘潜先生的谈话》，载颜烨：《安全生产现代化研究》，世界图书出版公司2016年版，第117—122页。

② 杨敏：《中国社会学理论研究30年》，《中国社会科学辑刊》2008年复刊号。

③ 如冯武生：《安全：和谐社会永恒的主题》，《喀什师范学院学报》2007年第2期；张迅雷：《关于安全权利与安全公平的探讨》，《中国科技博览》2009年第36期；魏兴玲：《小学安全管理“圈养”现象研究》，华东师范大学2010年硕士学位论文；王立军：《论社会安全与和谐社会构建的内在联系》，《西南大学学报（社会科学版）》2011年第1期；吴超编著：《安全科学方法学》，中国劳动社会保障出版社2011年版，第59—60页；刘康等：《基于安全社会学的高层建筑火灾事故剖析——以上海“11·15”特大火灾事故为例》，《中国安全生产科学技术》2011年第9期；侯冰：《安全社会学视角下的煤矿安全问题研究》，郑州大学2012年硕士学位论文；姚慧等：《独特的学术视野 科学的研究方法——简评〈煤殇——煤矿安全的社会学研究〉兼论安全社会学的构建与发展》，《华北科技学院学报》2012年第3期。

④ 刘潜：《一个发展中的交叉科学领域——安全科学》，《交叉科学》1986年创刊号（摘要），《中国安全科学学报》1991年第2期（全文）。

⑤ 刘潜、徐德蜀：《安全科学技术也是第一生产力（第三部分）》，《中国安全科学学报》1992年第3期。

⑥ 刘潜：《安全科学》（1992年11月12日中央电视台《安全科学》栏目讲座稿），《杭州劳动研究》1994年第4期。

⑦ 刘潜、张爱军：《“安全科学技术”一级学科修订》，《中国安全科学学报》2009年第11期。

又是以个人与集体的安全行为方式来体现的。它包含社会关系、亲缘关系、经济关系、伦理关系、政治关系、军事关系、社团关系、职业关系、娱乐关系等，或称为安全社会学系统。它相对于安全技术而言是次要的、从属的。安全社会学可以认为是人类使用工具（生产工具），使用防守和进攻武器，以及保护设备的过程。人们称安全社会学系统是安全技术系统的函数，安全技术系统是自变量，安全社会学系统是一个因变量，安全社会学系统是由安全技术系统决定的。如果安全技术系统用 T 表示，安全社会学系统用 S 表示，那么 $S=f/T$，S 与 f 之间是某种数学函数关系，S 由 T 的变化或水平确定，二者不是线性关系。[①]这一定义与系统内涵相关，主要是侧重于从安全文化系统论中的分论角度来探讨安全社会学这一子系统，与专业性的安全社会学学科尚有一定区别，仍然应该看作是安全的人文社会科学系统。

（二）社会学界不断探索并出版首部专著

自2003年非典型肺炎公共卫生事件发生以来，国内社会学者开始着重从社会学角度研究安全问题。最突出的有郑杭生、洪大用、杨敏等探索转型期社会安全隐患形成的自然环境因素和社会环境因素，社会安全与经济安全、政治安全的关系，以及传统被动消极与现代主动积极的安全机制的差异。[②]杨敏等学者还认为，个体安全是更为基本的本体性安全，是其他人类安全的基础和归宿，且从社会学的“社会互构论”角度展开了比较深入的研究。[③]还有人探讨了中国早期社会学家吴景超的社会安全思想（包括他对西方社会安全制度的引介）。[④]而从社会学角度研究人类总体安全、生产安全、食品安全、公共安全等具体问题的文献则不断涌现。[⑤]例如，笔者的博士论文专门就新中国成立60年来煤矿安全问题

---

① 国家安全生产监督管理局政策法规司：《安全文化新论》，煤炭工业出版社2002年版，第22—23页。

② 郑杭生：《中国人民大学中国社会发展研究报告2004：走向更加安全的社会》（总论部分），中国人民大学出版社2004年版；郑杭生、杨敏：《社会学视野中的社会安全机制缺失症》（专家访谈），《北京日报》2004年12月20日。

③ 杨敏、郑杭生：《个体安全：关于风险社会的一种反思及研究对策》，《思想战线》2007年第4期；郑杭生、杨敏：《个体安全：一个社会学范畴的提出与阐说——社会学研究取向与安全知识体系的扩展》，《思想战线》2009年第6期；杨敏：《“个体安全”研究：回顾与展望——现代性的迷局与社会学理论的更新》，《创新》2009年第11期；张廷赟：《吉登斯本体性安全理论研究》，南京航空航天大学2010年硕士学位论文。

④ 马陵合：《前瞻与虚无：吴景超社会安全思想初探》，《徽州社会科学》2008年第1期。

⑤ 如蔡霞、章友德：《转型期社会工具理性与价值理性的冲突——关于煤矿安全事故的社会学思考》，《华东理工大学学报》（社会科学版）2003年第3期；李友梅：《关于人类安全的社会学思考》（2006年6月20日的一次发言），中国社会学网；纪德尚等：《转型期新公共安全观的社会学思考》，《黄河科技大学学报》2006年第3期；张维平：《社会学视野中的公共安全与应急机制》，《中国公共安全（学术版）》2007年第2期；关信平等：《人类安全：分析框架及应对措施》，《学海》2008年第1期；吕方：《新公共性：食品安全作为一个社会学议题》，《东北大学学报（社会科学版）》2010年第2期。

开展社会学研究，从宏观系统的“政府—市场—社会”及其关联的中观系统的“权力—资本—劳动”的结构性失衡角度加以分析，成果引起政府和学界的高度关注。①

笔者自2002年以来，一直致力于将安全社会学作为学科体系来构建、研究。2002年底至2003年初，笔者在当时的教学讲义和关于非典型肺炎问题的社会学思考的一篇文章，以及向国家安全生产监督管理局主办的“安全文化与小康社会国际研讨会”提交的关于“安全社会学”（safety sociology）的文章中，对安全社会学进行了初步界定和体系探讨。②此后，又在一系列文章和国家安全生产监督管理总局“安全社会学属性研究”课题中谈到安全社会学（safety/security sociology）的经验研究和学科体系构建问题，并于2007年出版了国内首部初探性的《安全社会学》（*sociology of safety/security*）专著。笔者从社会学基本理论出发，构建“安全行动—安全理性—安全结构—安全系统”的理论分析模型（此模型并不仅仅局限于安全生产领域，而是涵盖自然灾害、事故灾难、社会安全、公共卫生安全等各类公共安全领域）。读者将安全社会学界定为：将安全问题与社会学知识结合起来，把安全看作一种社会现象、一种社会过程，研究在社会运行过程中出现的引起社会关注、影响社会良性发展的那些关涉全部或部分社会成员的人身及其权利、物质、环境等安全问题的社会原因、社会过程、效应及本质规律的一门应用性学科。从该定义看，安全社会学的研究对象简而言之，就是人类社会中安全问题的社会性原因、社会过程、社会效应及本质规律。同时，该著初步探讨了安全的社会特性、社会组织、社会制度、社会功能，安全问题的社会学分析模型，安全主体的社会化过程，以及安全生产、煤矿安全、公共卫生安全等的一些经验研究。当然，这些在国内看来是比较早的体系探讨，但都不太成熟，有些提法也有待商榷。③

---

①　颜烨：《煤殇：煤矿安全的社会学研究》，社会科学文献出版社2012年版。

②　颜烨：“当前中国社会安全稳定问题”，“社会与国情”（讲义第十三讲），华北科技学院内部教材；颜烨：《非典型肺炎问题的社会学检视》，《西南师范大学学报（人文社会科学版）》2003年第4期；颜烨：《“安全社会学”初创设想》，载《安全文化与小康社会》，煤炭工业出版社2003年版，第66—69页。

③　颜烨：《安全社会学：社会学中层理论的一种探索》，《华北科技学院学报》2004年第1期；颜烨：《安全社会学视角：转型中国安全生产事故频发的社会性原因》，载成思危主编：《第三届软科学国际研讨会论文集》，科学技术文献出版社2005年版，第130—135页；颜烨：《沃特斯社会学视角与安全社会学》，《华北科技学院学报》2005年第1期；颜烨：《安全社会学的社会学理据诠释》，《甘肃社会科学》2005年第3期；颜烨等：《转型时期我国安全事故和突发事件曝光的社会效应分析》，《东北师大学报（哲学社会科学版）》2005年第3期；颜烨：《安全社会学与社会学基本理论》，《中国安全科学学报》2005年第8期；颜烨等：《细说安全》，《新安全》2005年第8期；颜烨等：《转型中国突发安全事件频发的多种解析与社会学模型》，载《第三届中国国际安全生产论坛论文集》，煤炭工业出版社2006年版，第662—673页；颜烨：《安全社会学》，中国社会出版社2007年版。

(三)正式列入国家标准学科分类及代码表

1989年《中国图书资料分类法》(第3版)收录"安全社会学"(代码X915.2)条目,放在增设的"X9 劳动保护科学(安全科学)"专类中。这应该是受到刘潜早年提法的影响,但明显偏重于生产安全、安全工程技术。1992年国家标准《学科分类与代码》将安全科学技术与环境科学技术、管理科学并列为介于自然科学与社会科学之间的三大综合科学。2009年修订的国家标准《学科分类与代码》正式列入"安全社会学"条目,并且正确地把它设为"安全社会科学"的下一级学科(见表2-1)。可以说,学界和其他社会各界对安全社会学有了初步的认同。

此外,20世纪80年代以来,国内学者还先后组建或研究了与安全社会学相关或反向研究的课题组或学科体系。大体可归纳为几方面:一是防灾减灾及灾害(灾难)社会学研究;二是社会风险(稳定)预警(与风险社会理论研究有所不同)、社会预测预警研究;三是公共危机、危机管理、应急管理研究。具体内容不再展开评述。

表2-1　中华人民共和国国家标准GB/T 13745—2009《学科分类与代码》(部分)

代码	学科名称	代码	学科名称
610	**环境科学技术及资源科学技术(原名"环境科学技术")**	6202130	安全管理学(原代码6202060)
		6202140	安全教育学(原代码6202070)
……	……	6202150	安全伦理学
620	**安全科学技术**	6202160	安全文化学
62010	安全科学技术基础学科	6202199	安全社会科学其他学科
6201005	安全哲学	62023	安全物质学
6201007	安全史	62025	安全人体学
6201009	安全科学学	6202510	安全生理学
6201030	灾害学(含灾害物理/化学/毒理等)	6202520	安全心理学(原代码6202020)
6201035	安全学(原代码62020)	6202530	安全人机学(原代码6202040)
6201099	安全科学技术基础学科其他学科	6202599	安全人体学其他学科
62021	安全社会科学	62027	安全系统学(原代码6202010)
6202110	安全社会学	6202710	安全运筹学
	安全法学(见代码8203080)	6202720	安全信息论
6202120	安全经济学(原代码6202050)	6202730	安全控制论

续表

代码	学科名称	代码	学科名称
6202740	安全模拟与安全仿真学（原6202030）	6204040	个体防护工程
6202799	安全系统学其他学科	6204099	安全卫生工程技术其他学科
62030	安全工程技术科学（原名“安全工程”）	62060	安全社会工程
6203005	安全工程理论	6206010	安全管理工程（原代码62050）
6203010	火灾科学与消防工程（原名“消防工程”）	6206020	安全经济工程
		6206030	安全教育工程
6203020	爆炸安全工程	6206099	安全社会工程其他学科
6203030	安全设备工程（含安全特种设备工程）	62070	部门安全工程理论
6203035	安全机械工程	62080	公共安全
6203040	安全电气工程	6208010	公共安全信息工程
6203060	安全人机工程	6208015	公共安全风险评估与规划（原6205020）
6203070	安全系统工程（含安全运筹\控制\信息工程）		
		6208020	公共安全检测检验
6203099	安全工程技术科学其他学科	6208025	公共安全监测监控
62040	安全卫生工程技术（原名“职业卫生工程”）	6208030	公共安全预测预警
		6208035	应急决策指挥
6204010	防尘工程技术	6208040	应急救援
6204020	防毒工程技术	6208099	公共安全其他学科
	通风与空调工程（见5605520）	62099	安全科学技术其他学科
6204030	噪声与振动控制	**630**	**管理科学**
	辐射防护技术（见49075）	……	……

第三章

安全的社会性与安全变迁

从哲学层面看，人的安全具有实践性与对象性、实体性与建构性、主体性与客体性、主观性与客观性、相对性与不定性、整体性与非线性、微观性与宏观性、自然性与社会性等多对二重性特征。本章主要从社会学角度分析安全的社会特性及其功能、社会变迁。社会是人与人在实践中结成的有机整体。安全作为一种社会现象，是人类的一种基本需求，因而具有内在的社会属性（特性）与外在的社会功能，即具有经济性及经济功能、政治性及政治功能、文化性及文化功能、社会性及社会功能（小社会）。与此同时，人的安全也是动态发展、持续变迁的，随着社会发展变迁而呈现出阶段性特征，尤其是人类进入工业社会以来，安全的社会理性意蕴更为突出。这里，安全现象的社会变迁即“安全变迁”。如果说，安全是人类永恒而至高无上的追求，那么，整体性社会变迁其实就是整体安全变迁。

第一节　安全的社会属性与社会功能

人对安全的需要已不是动物式的本能或单纯的求生欲望，而是社会性的人在社会实践活动中有目的、有意识的行为和倾向，体现一定的社会地位、经济利益、思想观念和政治关系等，[①]是生产力与生产关系辩证统一的过程。人是各种社会关系、利益关系的承载者。与安全的自然属性（安全现象的自然物质特性及其运动规律）不同，安全的社会属性，一般是指安全现象的社会关系特性及其运动规律，即人与人所形成的安全社会关系的运动规律及其基本属性。

所谓安全的社会功能，一般是指安全的存在和发展对人类社会的作用及影响，是安全社会属性在社会实践活动中的表现。在社会学上，默顿在批判帕森斯等人的功能论基础上，认为社会功能有正功能（有助于系统调适），也有负功能

① 朱世伟：《论安全的社会属性》，《中国安全科学学报》2003年第9期。

（削弱系统调适），还有非功能；社会功能还可以分为显功能（系统适应和行动者预期的客观后果）、潜功能（系统不适应且行动者未预期也不认可的后果，又称为“非预期后果”）。[①]这里，安全的社会功能一般是指正功能，当安全事故或事件发生时，会产生负面影响，影响个人正常维存和社会良性运行。

一、安全的人本性及满足功能

人是安全的基本主体，与人相关联的事物、环境及其所构成的系统的安全，都是针对人本身而言的。在史前时期，火山爆发、地震、海啸等还不算是自然灾害，只能说是一种自然现象，因为没有人存在，不对人的生命、人的经济财产、人的基本权利安全构成威胁和危害。安全始终以人为本，以人的生存发展为依归，具有人文的社会特性，保障人的生存权和发展权这两大基本人权。人本性是安全的本质属性。

与安全的人本性直接关联的则是，安全是人的生存和发展的基本需求，是一种“必需品”，是一种人的“本体性需求”。美国心理学家马斯洛（Maslow）的“需求层次理论”认为，人人都有多种需要，往往分为5个层次：生理需求、安全需求、爱和归属需求、尊重需求、自我实现需求。几种需求按层次逐级递升，但并非完全固定不变，某层需要获得满足后，另一层需要才会出现，在多种需要未获满足前，首要满足迫切需要，安全需求主要包括：个人安全、经济（来源）安全、健康和幸福，以及应对事故、疾患和不利后果的安全网。[②]可见，安全需求居于马斯洛动机理论的第二层次，是人的基本需求之一；它高于人的生物性、生理性需求，但又是人的爱和归属、尊重和自我实现需求的起点和基础。安全的社会、安全的时空环境和安全的人际氛围，能够确保人的生命价值和人的尊严，比如国际劳工组织（ILO）的基本理念就是：“劳工生命安全与健康权利是神圣不可侵犯的权利。”

由此而言，安全满足人的基本需求功能表现为几方面：①延续人的生命，保障人的生命权和生存权，人的生命不存在内部疾患、外部侵害，不遭受饥饿贫困，身体健康，延缓衰老早亡，缓解病痛，治愈病症，自然延续。②人的身份地位、人格尊严得到保障和尊重，在社会实践中不遭受外来的侮辱、贬损和践踏。③人的就业权、报酬权、居住权、迁徙权、受教育权、消费权、赡养权、健康权、财

---

① ［美］罗伯特·K.默顿：《社会理论和社会结构》，唐少杰、齐心等译，凤凰出版传媒集团译林出版社2008年版，第130、142页。

② A. H. Maslow, “A Theory of Human Motivation”, *Psychological Review*, 1943, Vol.50, pp370-396.

产权等基本物质性权益得到持续满足和保障。④人的精神生活需要和思想价值得到持续满足和提升，包括人的娱乐休闲权、著作权、言论自由权、社会参与权等以及思想价值理念不受侵害。以上功能包含马歇尔（Marshall）所指的公民权利三大内容：基本民事权利（人身权利、财产权利、言论自由、信仰自由、劳动权等基本人权）、政治权利（公民参与政治的权利，普遍的选举权是核心）、社会权利（公民享有教育、健康和养老等权利）。[①]总之，安全的基本满足功能就是满足客观的“本体性需求”，达到主观的“本体性安全”（对自身能够正常持续生存发展下去有足够的自信和把握），实现公民生活与职业的幸福、安康、舒适、体面。

二、安全的经济性及经济功能

马克思主义政治经济学认为，经济基础决定上层建筑。经济关系尤其经济利益关系是社会关系、生产关系中最基础的部分。在社会学大师帕森斯的大社会系统里，经济系统具有社会适应的功能，主要是指社会主体采取适应性行动的基本能力因素，体现一种资源禀赋。

安全总是一定经济关系的体现，渗透在生产、消费、交换、流通等各个环节，体现安全成本—安全收益之间的经济理性关系。无论个人安全还是公共安全，无论生产安全还是社会安全，国家安全还是金融安全，都需要支付保障安全的一定成本，即有意识的安全投入（人力投入、财力投入、物力投入、科技投入以及标准设置和执行等）。有了安全的条件，才能产生较高的经济收益，这时可表达为安全收益。如果出现事故或突发事件，或者事发时应对不足，就会产生不经济或负经济，安全收益为零或为负。所以安全经济学界认为，一分安全投入会得到五分的经济收益，反之，如果缺乏安全投入，就有可能损失五分甚至九分的利润。“最佳安全”“最大安全”是安全经济的追求。这就是安全的经济属性。在不同的社会制度条件下，安全的经济性表现不同。比如，在资本趋利条件下，底层员工的安全利益被转嫁给了雇主，员工自身承担不安全的风险；聪明的雇主会不断调整安全投入与安全产出之间的比例关系，确保安全生产、安全创业、安全发展。

因此，安全的经济功能在于：①提升社会主体（政府、企业、社区和社会组织、个人）的安全投入、安全成本意识，确保事前、事中、事后的经济投入充足有效、保障有力，增强抗风险、抗灾变和应急能力，预防和减少安全事故，降低各种

① T. H Marshall & Tom Bottomore, *Citizenship and Social Class*, London, Pluto Press, 1992.

伤害和损失。②促进安全收益与安全投入之间比例平衡，安全投入过多浪费资源，安全投入过少则无法保障安全，保证安全投入产出与国民经济水平、公民经济状况大体协调一致。③保障经济市场化的良性发展，抑制政府失灵和市场失灵，维护市场竞争的合理秩序（包括经济秩序、金融秩序、财税秩序等），有助于保护环境，促进低碳发展，转变经济发展方式，推进经济结构和产业结构优化，促进国民经济健康持续发展，提高国民经济增长质量，提升综合国力和国际竞争力。④有助于完善社会保障制度（社会保险、社会救济、社会福利和优抚安置），尤其有助于合理提升生产领域的工伤保险水平，合理设置和提高民生（包括："衣食住行用"，即就业、收入、住房、交通、消费等基本存在型民生；"教科文体卫"，即教育、科技、文化、体育、卫生等发展型民生）的安全保障水平。

三、安全的社群性及整合功能

社会是人与人之间因为共同利益或共同价值而互动形成的有机群体，通常体现为群体性特征。在帕森斯那里，社会（生活共同体）子系统执行整合功能，即社会行动主体之间基于共同利益或者共同的价值规范和共同意识，相互联系、相互作用、相互制约而整合为一体。

安全不仅仅是个人性的，也是社群性的，即便个人安全也同样受外在的社会环境和系统的影响。从社会互动论角度看，安全是行动主体之间互动建构的，既表现为一种客观互动，也是一种主体间性（主体之间的认同一致）的建构，尤其是安全制度和习俗等的形成。一方面，人类结群是为了抵抗灾变、应对不测、加强交流、互通有无、沟通感情，以及改造自然和社会、创造生产力，并通过长期交往形成一定的社会（关系）资本；另一方面，安全更是社会冲突的结果，国家安全、社会安全等尤其如此，是不同社群之间、不同阶层之间以及多元规范、多元价值之间相互冲突，最终达到求同存异、多元互补、均衡发展的社会和谐。更为根本的是，安全具有社会结构性，不同阶层成员的安全需求和安全状况大有不同，占有的安全资源和机会也不一样，因而，安全本身也是分层的。

安全整合功能具体表现为：①保障社会主体（或群体）本身的完好性。按照科塞的社会冲突理论，某群体通过与外群体的冲突，能够增强本群体成员的认同感和归属感、内聚力和发展力，[①]也就维护了群体自身的安全稳定和完好性。②保障人类亲情主义和群体的有机团结。安全无疑能够促进团队精神的提升，

① Lewis A. Coser, *The Functions of Social Conflict*, Free Press, 1956, pp87-110.

加强人际关系的调适，增强人类的集体归属感、团结感、责任感和爱国热情，形成和强化共同理念、共同价值，体现人际亲情主义的有机团结，保障人们身心健康愉悦地生产生活。③保障整个社会大系统的有序变迁。社会虽然冲突不断，但小规模冲突有助于缓解和释放压力，起着社会“安全阀”的作用。[①]即便对群体产生破坏性功能的冲突，最终也要形成新的安全社群，促进整个社会在不断博弈中有序发展、安全发展、和谐发展。④能够调整社会阶层的安全权益关系和人际安全关系，保障安全资源机会在不同人群、不同阶层成员中均衡配置，力促“安全公正”，推进社会和谐发展。

四、安全的政治性与政治功能

在帕森斯那里，政治子系统具有目标实现的社会功能。按照马克思主义基本原理，经济是基础，政治是经济的集中表现。制度从根本上说是政治的结果。政治的核心命题就是“权力—权利”，即包括领导者的控制权力及其衍生的权威、民众的基本权利。孔子认为，“政者，正也”（《论语·颜渊》），意即政治就是领导社会步入正道（正确的事情）；按照孙中山的说法，“政治就是管理众人之事”。因此，安全的政治性从根本上说，就是通过合理的权力安排，去保障人们的基本安全权利，应该涉及有关安全的政治决策、规章制度、法律法规、科层管理、民主参与、政治体制、政治局面等。按照孟子“民贵君轻”的思想，安全的政治性其实就是民本性，即人民性。民本性、人民性，是人本性的集合性表述，因此安全不应该由统治阶级专断，安全事业应该始终服从、服务于人民的安全利益，否则执政党及其政府就无法保障自身的执政安全。

安全权是人权的重要组成部分，是人们生命健康权、劳动权、休息权、人格尊严权利的重要体现。保障人权是政府、企业、社会、公民的共同事业，维护人的安全权是一个国家体现民意的一项重要政策。应注意以下四点：一是国家为了维护人的安全权益，需要以法律法规、规章制度的形式明确安全主体的安全权利和义务，调节安全主体之间的利益关系和行为规范；二是安全的政治性还表现在公民对于安全工作享有知情权、参与权、表达权和监督权，即通过民主的形式保障公民安全；三是安全工作需要政治集中，需要通过一定的政治体制表现出来，即体现为相对稳定的安全体制机制；四是安全问题尤其是社会性安全问题具有一定的意识形态性，尤其在阶级斗争和国际争端领域，很容易被当作政治筹码进

---

① Coser, Lewis A., *The Functions of social Conflict*, New York, Routledge and Kegan Paul Ltd,1956.

行博弈。

安全的政治性决定了安全具有较强的政治功能，具体表现为：①“安全民主”功能，即保障人们民主参与安全决策、安全监督、安全管理的权利，保障公民的安全权益诉求和表达。②“安全法治”功能，即通过安全立法、执法以及规章制度，保障社会各个阶层成员的基本安全权利和义务，严格执行安全标准，规范人们的安全行为。③“安全监管”功能，即通过民主、法治形式，建立健全安全体制机制，确保政府、企业、社会相互行使安全监督管理职责，形成共促安全的局面。④“安全行政”功能，即通过安全工作或安全事件，促使政府转变职能，建设高效、廉洁政府。⑤“安全稳定”功能，即通过确保公民安全、社会安全，就能够保障人们安居乐业、安全发展、政局稳定、社会和谐，否则就会导致组织解体、社会崩溃。⑥“安全意识形态”功能，即增强执政党及其政府的政治意识和对意识形态斗争的敏感性。

五、安全的文化性及教化功能

在帕森斯那里，文化子系统执行模式的潜在维持功能。安全本身也是一种文化积淀和传承。“悲剧最能净化人的心灵”“不见棺材不流泪”“幸福的家庭都是相似的，不幸的家庭各有各的不幸”等社会经验或文学话语，都体现了人们长期以来对事故灾难的深刻反思，是对安全实践的最好总结。“安全为天”“安全第一”的理念是用血和泪铸就的。

从宏观角度看，人类的一切社会实践及其成果都可以视为文化，其中促进人类社会不断进步的那一部分即人类文明；安全本身也是一种社会实践活动，最终同样要形成全社会的“安全文明”。从中观层面看，文化是指人类在社会历史实践中所创造的物质财富和精神财富的总和；安全同样是一种具有物质形态、精神形态的财富。狭义的文化仅指社会的意识形态以及与之相适应的制度和组织机构，尤其是指文学艺术活动及其作品。从这个意义上说，安全意识、安全组织、安全制度、安全习惯、安全规范标准、安全科技产品等都是一种文化，具体将在第四章阐述。

文化具有延续性和教育功能。正如媒体所言，“灾难是一所学校”。安全的教化功能，就是通过一定的载体和方式方法，将安全知识、安全理念、安全规范、安全标准、安全技术、事故教训等，潜移默化地内化为安全主体的自觉行为和习惯，也就是安全主体的“社会化”（或再社会化）即“安全化”的过程，并形成一定的安全环境和氛围，以取得最大的安全收益。安全教化功能具体表现为：

①树立安全理念，即确保安全主体树立"安全第一""安全为天"等基本理念，并自觉地将之转化为行动，变被动的"要我安全"为主动的"我要安全"。②传递安全文化，培养安全技能，即确保安全主体普遍习得安全知识（包括安全基本常识、安全操作规范、安全技术标准和制度等），提升基本安全主体尤其是青少年的"安全素养（素质）"，使之成为可靠的"安全人"。③营造"安全氛围"，形成全社会的"安全文明"，即在一定范围内或全社会推进安全文化建设，形成人人讲安全、人人要安全、人人会安全、人人能安全、人人有安全的社会氛围，最终在全社会形成"安全文明"。④能够实现"低安全成本，高安全效益"，因为安全文化内化为安全主体头脑中的"安全律令"，自觉的安全行动成为行动者的安全理性，无须过多的安全物质投入，就能够事半功倍地取得更好、更高的安全效益。

六、安全的复杂性及自修功能

复杂系统与复杂性科学研究自20世纪80年代初在美国等国家提出以来，一直方兴未艾，属于前沿性新兴科学。而安全问题也是一个"开放的复杂巨系统"[①]，涉及自然环境→←工程技术学因素→←生物学因素→←心理学因素→←社会学因素。从复杂性科学一般原理的角度看，安全的复杂性特征有：[②]①具有复杂系统的整体性和系统性特征。任何安全都既有其子系统本身的特性，也具有安全巨系统的一般特征。每个小安全系统都是一个独立的部分，各有其特点，安全事故发生原因不同，损害程度不同，处置的措施、手段、方式也各有不同；但与整体的安全系统不无关系，所有安全问题都具有系统的一般性特征，即相关的人或物受到了某种程度的损害，出现了不安全状态。②具有复杂系统的多层次性和多构成性特征，且反映在时空方面。[③]安全均具有由高到低的宏观性、中观性和微观性层次结构，也具有历史性、现时性、未来性特征，而且可以相互转化。如历史上的安全风险，在现在可能已经不具威胁性；现在认为是安全的，在将来有可能不安全，表现为一定的时空序列性。③具有复杂系统的非线性和混沌性特征。无论是自然性安全风险，还是人文环境性安全风险，总是表现为多综合性的，且传统统计学难以预测未来同类安全问题的发生规律，其既有从有序走向

① 钱学森等：《论地理科学》，浙江教育出版社1994年版；王寿云、于景元、戴汝为等：《开放的复杂巨系统》，浙江科学技术出版社1996年版。

② 此部分内容参见颜烨等：《细说安全》，《新安全》2005年第8期，现有较大修改补充。

③ 张焘：《复杂性研究——当代科学重大变革的重要标志》，载成思危主编：《复杂性科学探索》，民主与建设出版社1999年版，第46页。

无序的非线性特征，也有从无序逐步走向有序的混沌性特征。如新的重大传染病暴发流行等，难以基于传统流行病学方法加以线性统计预测和监控，它的发生几乎是无序的，而在政府和社会采取适当的调控措施一段时间后，同类安全问题又具有了可预测性，从而从混沌的无序走向有序。④具有复杂系统的动态性和开放性特征。[①]“危机”总是危险中具有再生的机遇。任何安全现象的存在和发展都有时间序列上的节点，即表现出同类安全问题的动态性阶段，从不安全到安全、从安全程度较低到安全程度较高，显现安全的动态升级演化过程；在动态性变化中，安全系统逐渐展示它本身的预见能力。安全系统不是孤立存在的，需要与系统外部环境进行开放性“联系”和“交流”；开放、交流的过程，也是系统安全的稳定性经受考验的过程。正是安全系统的开放性使其更加显现出动态性，与外界环境的互动导致系统内部连续的变化。一般来说，系统开放程度越高，安全事故或事件发生率越低，因为主体间就潜在风险进行了充分有效的沟通与化解。

由此看来，安全具有复杂系统的自组织性和自适应性的功能。安全系统与其他系统一样，一般都带有自我修复功能。安全系统的自组织性、自适应性即展现安全从无序走向有序、从渐变（量变渐进连续性变化）走向突变（质变突生断裂性）、从混乱走向协同的发展变化。某一安全事故或事件发生前夕总表现出无序、渐变等状态，但事故或事件经过突变后，经过系统内部的自动调适，系统重新组合，逐步趋向有序和协同发展，一直到下一次系统内部安全危机的出现。当然安全危机的出现是不确定的，关键是看安全系统的适应能力和自组织性的程度。譬如有些矿山责任人屡教不改，灾难事故频发，但一般情况下这类问题经过整改，其重复发生率较少。总之，任何一个安全系统本身都会经历平衡—不平衡—新平衡的过程。

七、安全的私密性及保密功能

任何安全都具有一定的私密性，即保密性，社会安全、国家安全（涉及军事冲突与战争问题）的隐秘性更强，比如抢劫杀人案件，在侦破期间一般会要求保密，否则会导致犯罪嫌疑人闻风而逃。安全既然具有私密性，在涉及安全问题的调查时就会有很多人为的障碍，对事故中的伤亡人数问题都显得相当敏感，因为涉及对当事者违法犯罪和量刑判罪程度问题，而且这背后涉及经济利润分成、政

---

① 成思危主编：《复杂性科学探索》，民主与建设出版社1999年版，第5页。

治腐败等问题。在安全问题调查方面,"熟人社会"可能会"退场",明哲保身、责任推卸的人生哲学使得社会正义感可能会一度消弭于"工具理性"和利益冲突中,或者出现"责任分散"的社会心理。[①]

安全的私密性必须基于社会公平正义,否则就会被滥用。从社会功能角度看,对于维护社会正义事业的安全,国家、政府需要设置一些保密装置和保密措施,尤其是现代信息社会,普遍使用符码化安全技术,需要通过保密保障公民的生命、人身、财产等的安全。而对于非正义的安全问题,国家、政府不应对民众封锁信息,应该公布违法犯罪分子主要违法犯罪行径,当然在具体事件(事故)案件调查侦破阶段,需要一定的保密性。

八、安全的相对性及功能阈限[②]

从物理学的"能量转换说"看,人类行为必然要与外在环境发生关系,因而人的能量和环境能量会在交互作用中发生转移。但环境的能量转换是人类思维难以完全把握的,因而人类只能在有限的范围和时空条件下改造自然和社会,使之朝着有利于人类自身发展的方向变化。这其实就是人的"有限理性"(Bounded Rationality)假设的前提。"有限理性"最初由经济学家哈伯特·A.西蒙(Herbert A. Simon)在20世纪四五十年代提出,他推翻了新古典经济学和管理学的理论传统,用"有限理性"和"满意准则"两个命题纠正了传统理性选择理论的偏激,拉近了理性选择的预设条件与现实生活的距离。[③]制度经济学者K.阿罗(K. Arrow)在引入"人的有限理性"时说,人的行为"是有意识的、理性的,但这种理性又是相对的",人总想把事情做得完美,但人的智力和认识是有限的、稀缺的。[④]所以诺思(North)也说,人的有限理性包括:环境本身是复杂的,人对环境的计算能力和认识能力是有限的。[⑤]因此,环境变化的不确定性、信息的不

---

① 在社会心理学上,责任分散心理一般是指由于有他人在场,导致个体在面对紧急情境时所需承担的责任相应减少的心理,即认为即使自己不去承担事件的责任,别人也会承担。如果大家都这么认为,事件的处理最终就会被搁置。

② 在心理学上,"感觉阈限"是指外界引起有机体感觉的最小刺激量。它揭示了人的感觉系统的一种特性,即只有刺激达到一定量(阈值)的时候才会引起感觉;最大刺激量称为刺激阈限或感觉的上绝对阈限,最小刺激量称为刺激阈限或感觉的下绝对阈限。这里,笔者用来指称安全所具有的相对性和限制性,不同主体的安全感不一样,同一主体在不同时空环境下的安全感也不一样,整个人类的安全性、对安全的理性把握在一定时期内也是有阈限的。

③ David Hawkins, Herbert A. Simon,"Some Conditions of Macroeconomic Stability", *Econometrica*, Vol. 17, No.3/4, 1949, Jul.- Oct, pp245-248.

④ K. Arrow,"Economic Welfare and the Allocation of Resources for Invention", in R. Nelson., *The Rate and Direction of Incentive Activity: Economic and Social Factors*, Princeton, Princeton University Press, 1962.

⑤ Douglass North, *Institution, Institutional Change and Economic Performance*, New York, Cambridge University Press,1990.

完全性、人类认识的有限性，决定了人类对安全的认知和把握永远都只是相对的，而不是绝对的。

如前所述，时空的相对性也决定了社会运行中所有安全问题都具有相对性。同时，安全还具有主体的相对性，在甲看来是重大的安全问题，会危及生命安全，但在乙看来并不是什么大问题；主体对于安全的感知和反应，就像对药物的反应一样，不同人会因为身体状况不同而有不同的反应。这就是说，客观的安全在主体感观之间的相对性是永远存在的。

也正是因为安全相对性的存在，安全功能也是相对的。按照默顿的说法，在同一社会中，社会习俗或情感对某些群体可能具有功能，而对其他群体则可能具有负功能。或者说，一个特定的社会事项或文化事项（习俗、信仰、行为模式、制度）对各种不同的社会团体，以及对这些团体成员，可能有不同的结果。[①]同样，安全会因时间、空间、主体、阶层等不同而功能各异。不同时代，不同领域可接受的损失是不同的，衡量系统是否安全的标准也不一样。同一次安全事故，对不同主体的命运和今后处境的影响却大不相同，对于家庭殷实者损害程度可能很小，但贫困者却可能从此改变了一生。从社会分层角度看，"同命不同价"反映不同阶层的安全资源供给，体现为安全的阶层相对性。

风险社会理论认为，现代社会风险主要源于人的理性决策和行为，即风险的"人化"。[②]国家现代化作为一种人类理性的规划和设计，不可避免地自带人为风险，因为人类理性本身存在两种缺陷：一是如上所述，人类理性是有限的，加上信息不对称，难以预知"不在场"的一切；二是人类理性本身会诱发新的风险、新的麻烦，而且在市场化转型时期，社会精英人士因为利益关系也会人为制造诸多风险和麻烦。如果参照诺思的"国家悖论"，同样可以说，没有国家办不成事，有了国家很麻烦。[③]"斯科特困境"则表明，那些试图改变人类生存状况的一切简单化、清晰化的工程项目，最后都是失败的。[④]风险是绝对存在的，安全总是相对的。安全功能的相对性要求人们在社会实践中，既要把握安全的社会历史变迁规律，又要观照时空"在场"时（眼下的）安全的现实复杂性，动态地把握和不

---

① ［美］罗伯特·K.默顿：《社会理论和社会结构》，唐少杰、齐心等译，凤凰出版传媒集团译林出版社2008年版，第90—170页。

② Ulrich Beck, Risk Society, *Towards a New Modernity*, Translated by Mark Ritter, London, SAGE Publications Ltd., 1992；［德］乌尔里希·贝克：《风险社会的"世界主义时刻"——在复旦大学社会科学高等研究院的演讲》，王小钢、沈映涵译，《中国社会科学季刊》2010年冬季卷。

③ 卢现祥：《西方新制度经济学》，中国发展出版社1996年版，第167—169页。

④ ［美］詹姆斯·C.斯科特：《国家的视角：那些试图改善人类状况的项目是如何失败的》，王晓毅译，社会科学文献出版社2004年版。

断修正安全建设、安全发展的规划。①

第二节　安全的历时态社会变迁考察

在社会学上，社会变迁一般是指社会整体或局部社会现象发生变化的动态过程，也是一种历史性运动变化过程（表现为历时态）。从这一定义看，社会变迁既是指整个社会的历史变迁，也是指局部性社会变迁；既包括社会进步或社会发展，也包含社会倒退或社会溃败；既包括社会革命运动，也包括社会改良运动；既包括自发性社会变迁，也包括人类理性化的社会进步（最突出的就是社会现代化）。社会进步的根本性动力是社会生产力发展的结果，是人类科技理性、经济理性、社会革命运动的结果。

一、安全变迁的总体考察

对于社会形态的阶段性变迁，各种思想流派有不同的研究视角和划分。马克思从生产方式（主要是生产力）角度认为："大体说来，亚细亚的、古代的、封建的和现代资产阶级的生产方式可以看作是社会经济形态演进的几个时代。"②相应地，他以人的发展为中轴（人与社会的关系），将社会变迁划分为"人的依赖关系"（自然经济）、"物的依赖关系"（商品经济）、"人的全面自由发展"（产品经济）3个阶段。③恩格斯在《家庭、私有制和国家的起源》中从阶级关系角度，明确指出人类历史发展要经历原始氏族社会、古代奴隶制社会、中世纪农奴制社会、近代雇佣劳动制（资本主义）社会、未来的共产主义社会5个阶段。在此基础上，斯大林着眼于生产关系和阶级关系角度，在《论辩证唯物主义与历史唯物主义》一文中，将社会形态划分为原始公社制的、奴隶占有制的、封建制的、资本主义的、社会主义的社会5种基本类型（或者说5个阶段）。贝尔、托夫勒（Toffler）等按照工业技术发展程度，将社会变迁的历史划分为前工业社会（农业社会，建立封建制，被称为第一次浪潮社会）、工业社会（第二次浪潮社会）和后工业社会（第三次浪潮社会）三个阶段；④而奈斯比特（Naisbitt）则划分为农业社会（土地

① 颜烨：《社会学与工矿领域的职业安全问题》（2010年11月17日第二届全国安全科学理论研讨会发言稿），《工业安全卫生月刊》2012年第273期。

② 《马克思恩格斯全集（第2卷）》，人民出版社1972年版，第83页。

③ 《马克思恩格斯全集（第46卷上）》，人民出版社1979年版，第104页。

④ Daniel Bell, *The Coming of Post-Industrial Society: A Venture in Social Forecasting,* Published by Basic Books, 1976; Alvin Toffler, *The Third Wave*, Bantam Books, 1991.

是战略资源，人们依赖过往经验）、工业社会（资本是战略资源，人们更关注现在）和信息社会（信息是战略资源，人们更关注未来）。[①]从发达国家的经验看，年人均国内生产总值不足1000美元时，通常处于农业社会；在1000~3000美元时，通常处于工业化初期阶段；在3000~8000美元（或1万美元）时，通常处于工业化中期；在8000美元或1万美元以上时，通常进入工业化后期；之后逐步进入后工业社会。

从主观建构的社会进化时间轴即传统与现代的角度出发，一些社会学家提出了各自的社会形态划分：斯宾塞分为军事社会与工业社会，涂尔干分为机械团结社会与有机团结社会，滕尼斯（Tönnies）分为礼俗社会与法理社会，托克维尔（Tocqueville）分为专制社会与民主社会，韦伯分为前现代社会与现代社会，梅奥（Mayo）分为身份社会与契约社会，H.贝克（H. Beck）分为宗教社会与世俗社会。[②]吉登斯、贝克等分为前现代社会、工业现代性社会（第一次现代性）、反身性现代性社会（第二次现代性，或称为高度现代性社会、风险社会）。[③]此外，在前一阶段向后一阶段急剧转变的两类社会形态之间，有时夹着一种特殊的过渡形态，常被社会学家称为"转型社会"，或被文学家借助音乐术语称为"复调社会"（结合第六章社会结构变迁问题具体阐述）。这里，我们主要按贝尔、托夫勒、奈斯比特等人的划分来审视安全的社会变迁。

安全作为一种特定的社会现象，必然随着整个社会变迁而变迁，即安全的社会变迁，笔者称之为"安全变迁"，指安全现象伴随着人类社会变迁而不断变化的动态社会过程。它同样包括安全进步、安全发展和安全现代化，也包括安全退化、安全建设运动等不同类型。根据社会变迁的几大阶段，笔者对安全变迁状况和阶段性特点进行考察和分析。

从发达国家的社会实践看，安全变迁具有这样的规律性特征：前工业社会、工业化初期（工业社会可分为初期、中期、后期3个小阶段），社会整体相对安全，事故较少，死亡人数不多；进入工业化社会，尤其到了工业化中期阶段，源于工业风险的安全事故日益增多，社会安全问题也层出不穷，安全变迁处于低位波动状态；进入工业化后期、后工业社会，社会整体又开始趋于安全，各类风险、事故不断减少。工业社会弥漫着工业理性、经济理性，经济利益关系成为维系社会的

---

① John Naisbitt, *Megatrends: Ten New Directions Transforming Our Lives*, Grand Central Publishing, 1988.

② 刘祖云：《从传统到现代：当代中国社会转型研究》，湖北人民出版社2000年版，第41—42页。

③ Ulrich Beck, *Risk Society: Towards a New Modernity*, Translated by Mark Ritter, London, SAGE Publications Ltd., 1992；Anthony Giddens, *The Consquences of Modernity*, Polity Press, 1991.

主导因素，因而一般地，工业风险的增加与工业生产、经济增长加速的关系极为紧密。

图3-1展现了反映英美等发达国家煤矿安全事故死亡人数年度变化的倒“U”形曲线变迁规律；[①]如果从安全水平角度看，则是“U”形曲线变迁规律。这基本上反映了工业化内生性国家的安全变迁状况。[②]但是，由于各类国家的国情和历史不同，安全变迁一度表现出变异性特征，有的甚至呈现一种波浪形的周期变化律。图3-2为根据新中国成立以来煤矿安全事故死亡人数统计结果绘制的“M”形（波浪形）曲线，呈现出“双峰”状态（1960年、1989年分别死亡6036人、7448人，死亡人数最多）；[③]如果从安全水平变迁看，则是“W”形曲线变迁特征。一些发展中国家尤其东亚儒家文化圈国家，因受到人治型的中央集权制、城乡二元结构以及工业化外铄性等因素的影响，安全变迁未必呈现“U”形曲线变迁规律，而是“W”形曲线。但从社会变迁总体特征看，一般来说，工业化中期阶段往往是经济“高增长”与安全“高风险”并存，是一个国家或地区安全水平最低的时期；进入工业化后期、后工业社会，通过人类理性的高度控制和社会结构优化调整，社会整体日趋安全，但要注意的是，人类理性本身也会诱发一些新的风险。

作为社会个体，人的安全状况也是随着社会变迁而变迁的。在农业社会，人

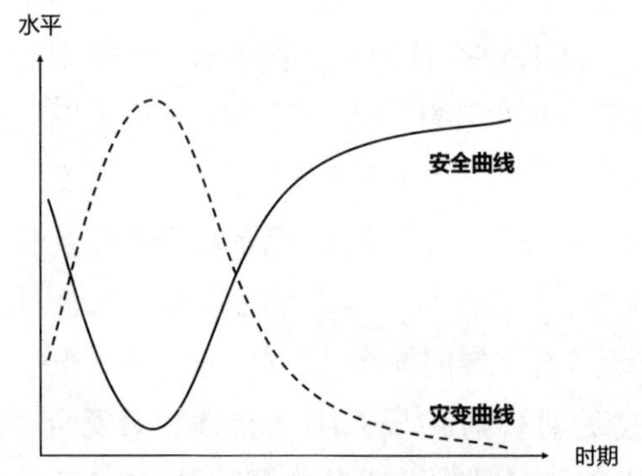

图3-1　基于英美等内生性现代化国家矿难死亡人数年度变化示意图

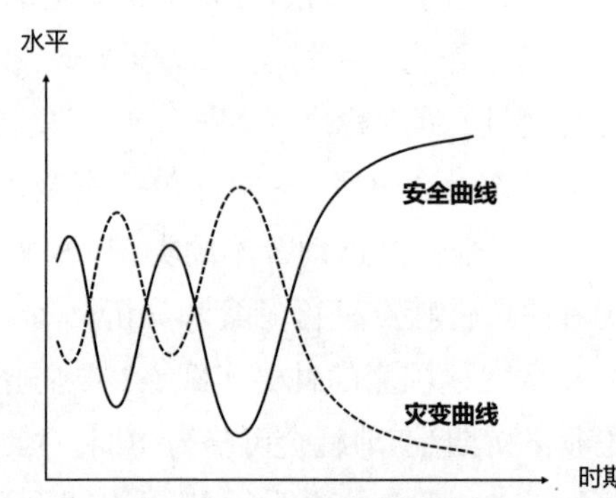

图3-2　基于中国等外铄性现代化国家矿难死亡人数年度变化示意图

① 王显政主编：《安全生产与经济社会发展报告》，煤炭工业出版社2006年版。

② 罗荣渠：《现代化新论——世界与中国的现代化进程》，北京大学出版社1993年版，第123—124页。现代化分为内生现代化（Endogenous Modernization）与外铄现代化（Exogenous Modernization），前者（或称内源性变迁）是由社会自身力量产生的内部创新，社会变革漫长，现代化是一个自发的、自下而上的、渐进的变革过程，多发生在基督文明的历史环境中；后者（或称外诱性变迁）则是在国际环境下，社会自身内部因素软弱或不足，受到外部冲击而引起内部思想和政治变革，进而推动经济变革的道路，内部创新居于其次，因而现代化是集中的、急速的、大幅度的激烈过程，多发生在欠发达国家和地区。

③ 颜烨：《煤殇：煤矿安全的社会学研究》，社会科学文献出版社2012年版，第12—13页。

们主要依靠“伦理本位”（关系本位）生存发展；在工业社会，人们主要依靠“能力本位”（理性本位）；而到了后工业社会，人们主要依靠“情感本位”（心态本位）。相对应地看，如果按照贝克所指，阶级社会里人们焦虑“我饿”的问题（不平等），体现的是人的生存权利安全得不到有效保障，风险社会里人们关注“我怕”的问题（不安全），反映的是不安全时代的生命安全“朝不保夕”，那么，笔者认为，到了后现代社会，人的生存权利安全得到保障，开始纠结“我烦”的问题（不快乐），生活无聊乏味，表现了一种精神、情绪和心态安全问题，类似于吉登斯意义的“本体性安全”“存在性焦虑”的现代性反思。[①]总之，“我饿—我怕—我烦”，反映着人之安全的不同社会变迁。

二、前工业社会的安全

农业社会基本涵盖了原始社会晚期、奴隶社会、封建社会。从生产方式角度看，农业社会里，人类认识和改造自然的能力逐步增强。尤其是生产工具的制造和使用，凸显了人类主体的创造精神，人类逐渐反过来支配自然，而不再完全受制于自然力量；同时，人们从采摘、狩猎的自然经济逐步过渡到畜牧、农耕的可再生经济，由此导致了剩余产品的出现，逐渐产生了剩余产品占有制现象，社会关系逐步等级化、阶级化。从社会关系结构角度看，人们逐步从原始部落的以血缘关系为主，过渡到以乡土地缘关系与血缘姻亲重合为主，除了家庭依然是人们的重要依托，土地日益成为农业社会的核心资源，土地所有制关系决定了其他社会关系的建构。源于家庭父权制的君主专制及中央集权制都围绕土地资源和剩余占有制而生成，形成了奴隶主、封建主，人们从以往对自然的依赖变为对人的依赖、对上层统治阶级的人身依附；人的基本权利尤其最基本的人身权利很难得到安全保障，人成为“会说话”的奴役工具。在精神领域，朴素的宇宙观、世界观和其他思想文化逐步发展，但人们仍然对神秘的自然力量深怀敬畏，更多地依赖于社会经验知识甚至于神学知识，来观察社会和世界。

农业社会里，人们囿于有限的活动地域空间而缺少大范围的迁徙流动，自给自足的农业生产规模小而安全，人们的生活比较安定，没有太多的外来恐惧，但这并不意味着农业社会不存在安全问题。农业社会的安全风险主要表现在以下五方面。

---

① ［英］安东尼·吉登斯：《现代性的后果》，田禾译，译林出版社2000年版，第115页；［英］安东尼·吉登斯：《现代性与自我认同：现代晚期的自我与社会》，赵旭东、方文译，生活·读书·新知三联书店1998年版，第39页。

(一)来自自然界的安全风险突出

这主要涉及人与自然的关系。在农业社会中,农业生产经营是主导产业,有一定的手工业作坊和加工业,几乎没有大工业生产,因而人类风险主要来自自然界。自然风险主要包括地质性灾害(如地震、火山爆发、泥石流、地陷、海啸等)、气候性灾害(如洪涝灾害、干旱、沙尘暴、倒春寒、极低温冰冻天气等)、天体性灾害(如陨石撞击等),以及来源于低等动物的流行性瘟疫(突出的如14世纪40年代欧洲的"黑死病")。这类灾变由于难以预测,灾难来袭可造成巨大的人员伤亡和财产损失。但由于这些灾变是临时性爆发,不存在持续性变化,因而对人类生命财产的影响是暂时的,而且,这类灾变在工业社会、后工业社会也都会发生(如20世纪80年代英国的疯牛病、2003年中国的非典型肺炎等)。在农业社会里,人类认识和改造自然的能力仍然具有局限性,认知水平的低下和生产工具的粗劣导致生产力水平过低,人们科学预防和抵御自然风险和灾变的能力不足,后果相当严重。

(二)生理需求与生命安全难保障

在农业社会里,饥荒、寒冷、无法治愈的疾病等,成为威胁人的生命安全的重要因素;婴儿死亡率畸高,在一些不发达国家和地区这一比重甚至高出50%。自然灾变对农业生产、经济财富本身也会造成毁灭性的影响,一度导致粮食匮乏,引发人类大规模的饥饿,造成大量死亡。

(三)来自社会领域的安全冲突不少

这主要是指人与社会、人与他人的关系。农业社会由于生产力水平低下,社会生产难以满足人们日益增长的需求,因而社会各阶层之间、社会成员之间难免争抢稀缺的资源机会,"弱肉强食,适者生存"的自然法则延伸到人类社会关系,尤其是以土地资源为核心的社会成员的生活安全保障体系,受到来自各个方面的挑战和威胁。金字塔形的社会阶层结构及其伴生的权力权威性,导致安全风险主要由社会底层承担,即贝克意义的"风险转移"。[①]这些社会性安全冲突主要有阶级冲突(比较突出的是此起彼伏的底层反叛上层专制统治的社会革命运动,或导致改朝换代)、族群械斗、家庭纠纷、局部战争、国家间的战争(邻国之间因领土、能源等问题最容易爆发战争)等。

---

① 即指应该由全体共同承担的风险或者由某个社会主体单独承担的风险,借助某种力量回避或减少自身的风险损失程度。参见Ulrich Beck, *Risk Society: Towards a New Modernity*, Part 3:"Beyond Status and Class?" Translated by Mark Ritter, London, SAGE Publications Ltd, 1992.

(四)人类自我精神领域存在一定的安全危机

这主要是指人的自我内心安全健康问题，也包括不同群体之间的精神信仰安全冲突。在农业社会里，个体的心理健康问题往往与外在集权化、极权化的社会结构有很大关系。源于父权制的神权、君权、族权、夫权这四大精神枷锁，对于信徒、底层、晚辈、女性的精神折磨相当极端，无法或无从反叛的结果就是以自杀结束生命(如日本大和民族所信奉的以“剖腹”效忠，也是这种极端方式的翻版，带有民族文化意识色彩)。此外，宗教领域中各大宗教之间、同一宗教内部也容易爆发信仰冲突，如西欧著名的路德宗教改革和新教的兴起，美国政治社会学家亨廷顿甚至将国家之间的战争冲突归结为世界文明之间的较量和冲突。①

(五)安全保障制度机制有所发展但非常滞后

在农业社会，各类安全保障体制、机制有一定的发展，但安全保障能力和旨趣仍然存在很大缺陷。首先，安全保障和风险治理的国家机器及其体系基本建立。与原始社会依靠部族首领和血缘群体应对自然风险和社会冲突不同，农业社会的国家机器普遍建立，统治阶级需要建立和运用自己的军队、法庭、监狱、命令—服从理念等载体和手段，确保社会下层服从自身统治，同时强制性命令全社会服从上层应对自然风险的绝对需要。这种中央集权专制的统治，本身也在制造很多不安全的社会因素，必然会遭遇底层为保护自身安全的反抗。与此同时，国家、社会的安全保障手段相当原始、粗陋，安全工程技术缺失，医疗医药保障水平低下，安全保障的社会组织没有得到发育。比如，在中国古代边疆防卫中，远见敌人来袭，在长城上以点燃烽火作为准备战斗的信号，所以古诗中有“烽火连三月，家书抵万金”(杜甫)之说；在面对敌对势力的特别任务行动中，人们有时候使用接头“暗语”或“暗号”来传递密件和安全信息。

其次，在安全保障的社会层面，农业社会自然的人化程度较低，人们由于自我认同的缺失，对安全的认知程度也比较低，主要通过“人的依赖”形成朴素的“趋利避害”、确保安全的思想意识，所谓“人多力量大”“富人钱财多，穷人亲戚多”“安土重迁”等，都反映了农业社会的安全保障手段和方式。在这里，人际的血缘姻亲、地缘乡土关系等传统性社会资本起着重要的安全保障作用。

最后，在安全保障的精神理念方面，人们力图原始地依靠宗教禁忌、祭祀仪式、图腾崇拜、占卜巫术、因果报应律等方式和观念，去驱鬼辟邪、预测吉凶，去

① [美]塞缪尔·P. 亨廷顿：《文明的冲突与世界秩序的重建》，周琪等译，新华出版社1998年版。

对抗强大的灾变性自然力，以此来维系人与自然的和谐相处，确保人的安全健康。比如，中国古代流传下来的建筑"风水学"（当然不能否定其中对自然地理、地质灾害、气候等自然因素的科学预测作用）。

三、工业化社会的安全

人类进入工业社会，人与自然的关系以及社会内部的关系都发生了深刻变化，工业化社会涵盖资本主义社会、社会主义社会初中期阶段。

首先，人类理性和主体精神得到极大提升，人们认识和改造自然的能力日益增强，使得人从被动依附于自然转变为自然的深刻"人化"（人工化），人类成为自然的主人，哲学意义的"人类中心主义"挑战了"自然中心主义"。[①]工业社会里，人类最为明显的理性精神即科技理性日益发展，以至于先后出现几次巨大的科技革命：第一次是以蒸汽机的发明和应用为标志的"蒸汽时代"；第二次是以电力的发明和广泛应用为标志的"电气时代"；第三次是以原子能、电子计算机、空间技术和生物工程的发明和应用为主要标志的"信息时代"（也有人认为人类已经经历了5次或6次科技革命）。

其次，人类的生产方式伴随着科技理性的发展而发生深刻变化，生产力发生巨大飞跃。资本主义和机器大工业生产、远洋航行和航空业、信息业日益发展，资本、生产、交换、分配、流通、消费不再局限于某一地域或国家而全面社会化乃至全球化流动，农业社会的小规模自然经济逐步转变为日益发达的大规模工业经济、商品经济、知识经济。经济结构表现为第二产业即工业制造业产值占很大比重，第一产业即农业产值不断下降，第三产业即服务业有所发展。

最后，社会关系和社会结构发生深刻变革，人对"物的依赖"逐步取代对"人的依赖"，人际关系的物化、异化现象具有了普遍性。随着科技理性、经济理性、工业理性的巨大发展，社会分工和社会交换日益发达，现代化（主要表现为工业化、城市化、世俗化、全球化趋势）日益发展，工具理性日益突出。"活动的社会性……他们的互相联系，表现为对他们本身来说是异己的、无关的东西，表现为一种物。在交换价值上，人的社会关系转化为物的社会关系，人的能力转化为物的能力。"[②]理性的物化交往取代了农业社会情感性的人际交往，如过去的请

---

① 《哲学大辞典》对人类中心主义的解释是：以人类为事物的中心的理论。其含义伴随着人类对自身在宇宙中的地位的思考而产生并不断变化发展。《蓝登书屋韦氏英汉大学词典》关于anthropocentric（人类中心主义）的解释：一是以人类为宇宙中心；二是以人类为宇宙最终目的；三是以人类的经验和价值来观察解释万物（即在"价值"的意义上，一切从人的利益和价值出发，以人为根本尺度去评价和对待其他所有事物）。

② 《马克思恩格斯全集（第46卷上）》，人民出版社1979年版，第104页。

客吃饭已经脱离原初充饥的需求，而表现为吃的是一种关系，一种背后利益化或物质化的交换关系。而且，资本主义大生产背景下的社会结构逐步分化为资本家阶级和工人阶级；或者，根据职业以及经济资源、组织资源和文化资源占有的不同，分化为管理阶层、资本阶层、经理阶层、知识（专业技术人员）阶层、服务人员阶层、工人阶层、农民阶层等不同等级的人群。同时，由于社会分工的强化，社会的组织化程度日益加强。由于各大阶级阶层的需求日益增强，在公共资源机会相对有限的条件下，占有较少资源的中下阶级阶层必然要与占有较多资源的社会上层进行抗争和博弈，因而各种理性化的社会运动及其带动的民主政治，纷纷推翻和替代专制政治而逐步走向历史的前台。总之，随着现代性的增强，人与人的亲密性较多地被人对物的依赖性所替代，"安全人"与"安全物"、安全环境、安全系统的关系日益紧密，经济、环境、系统等因素对人的安全性影响日益深刻。

在工业社会，由于韦伯意义上的工具理性（主要是经济科技理性）背离价值理性（人文价值关怀）且一定程度地与之对立，因此正如贝克、吉登斯所指，很多安全风险来自人类本身的理性决策和行为，表现为一种现代性的困境，高度现代性增长携带着高风险。除了自然灾变外，工业社会主要的安全风险是工业生产安全、生态安全、公共卫生安全、社会安全、个体心理安全、国家安全等问题日益突出（如第二章所指，吉登斯将其归纳为极权主义风险、经济风险、生态破坏和军事冲突四类）。针对工业主义的巨大增长及其后果，罗马俱乐部发出《增长的极限》（1972年）的哀叹，而佩鲁（Perroux）提出以人为本的"新发展观"（1983年），联合国出台"人类可持续发展"文件（1992年）等，以保护大自然、拯救人类及其子孙后代。

（一）职业劳动（生产）安全问题相当突出

工业领域的安全生产在发达国家往往称为职业安全，[①]一般是指从事现代职业的从业者的人身安全健康，不受作业过程中的危害因素侵害、损伤和威胁，大体包括采矿安全、交通安全、建筑施工安全、消防安全、危险化学品安全等。在工业化初中期，尤其经济高速增长，或者国家政权动荡时，这类安全风险相当突出，这在农业社会很难出现。直接原因在于：一方面，经济增长加速，社会需求增加，而先进科技开发和应用不到位即安全理性不足诱发了大量安全事故，如煤炭是经济发展的重要能源，中国一些民营煤矿在开采中，安全工程科技开发使用

① 职业安全与就业安全有所不同，就业安全主要是指就业者职业稳定、收入来源可靠、劳资关系和谐等；广义上两者也可通用，这样，就业安全也包括职业危害治理。

率非常低；另一方面是在大规模生产过程中，现代科技广泛应用即科技理性过度导致出现安全事故，如一些大化工厂出现骇人的爆炸事故、交通工具驾驶大众化带来的交通事故上升等。这就表明，科技是一把“双刃剑”，一方面带来了巨大社会生产力，另一方面也在威胁人类自身，人类“生活在现代文明的火山口”。突出的事故如1986年的苏联切尔诺贝利核泄漏事故、2003年中国重庆开县井喷事故；又据统计，进入21世纪，全球每年有100万~120万人丧生在车轮下。

（二）生态安全、公共卫生安全问题频现

按照贝克的说法，现代性的科学规划是人类理性改造自然和社会的宏伟事业，风险却不在考虑之列，而是现代性的“意外后果”。与纯粹的自然安全风险不同，生态安全风险、公共卫生安全风险都是人类过度改造自然和社会的恶性后果，是自然系统对人类行为的惩罚和报复。因此可以说，在现代社会里，人类最大的敌人不是别的，正是人类自身。

从经济发达国家和地区的社会实践历史看，他们在工业经济高速增长的时候，都走过一条“先污染，后治理”的路径，而且这种高污染工业正从发达国家或地区逐步梯度转移到发展中国家或地区，也相当于风险转移或污染转移。人类过度开发利用自然而诱发的次生风险如酸雨、土地沙化等，家具毒性释放有毒物质导致的疾病以及工业噪声、生活垃圾对人体的危害，工业废弃物对环境的破坏等，生物物种减少乃至濒临灭绝，基本都是工业污染和环境破坏背景下的混合风险。如1990年以前世界十大环境污染灾难事件均导致大量人员患病或死亡。①

公共卫生安全事件包括传染病疫情、群体性不明原因疾病、动物疫情、食品安全和职业危害等，与工业污染的社会性致因机理大体相同。人类瘟疫可以看作生态危机的另一种表现，是人类行为破坏了生物链而招致的报复，使得生物尤其是动物的瘟疫传染人类，如艾滋病、非典型肺炎病原体等最初都来源于动物。食品、药品安全事件既包括农产品遭受工业污染和化肥农药污染，也包括生产者人为添加化工试剂而制假、售假。

（三）社会安全、个体心理安全问题凸显

工业化和经济理性的发展，必然会导致社会结构变迁和个体心理异化，使得人们无法按照自身的生活规律生活，即出现哈贝马斯所谓“系统”对“生活世界”

---

① “世界十大环境污染灾难事件”，见http://www.shijiezz.com/article/468121.html。它们是：1930年的比利时马斯河谷事件、1948年的美国多诺拉事件、1952年的英国伦敦烟雾事件、20世纪40年代初期的美国洛杉矶光化学烟雾事件、1939年开始的日本水俣事件、1955年开始的神东川骨痛病、1955年开始的日本四日市事件、1963年日本米糠油事件、1986年的苏联切尔诺贝利核泄漏事件、1984年的印度博帕尔事件。

的“殖民”、马尔库塞意义的“单面人”现象。工业化的力量使得人的安全日益处于“异化”状态，尤其是社会底层处于劳动被剥夺的不安全状态中。他们为了自身的生存，有时不得不接受恶化的劳动关系的摧残和折磨，难免遭遇人身安全、精神安全的缺失。

（四）国际领域的军事冲突、恐怖主义影响国家安全

工业化时期也是世界战争爆发或区域性国际冲突频繁的时期。由于地理大发现和生产、资本的全球化流动，除了传统的领土之争、宗教信仰之争外，各国对于战略资源（如石油）、战略要道（如苏伊士运河）和领土的争夺相当激烈，加上核武器的研制和使用、各国军事力量的升级以及军事工业化和战争高科技化，军事冲突往往依靠电子终端控制，演变为“短平快”的“闪电式”战争，使得人类生命安全时刻面临着军事打击、军事威胁、军事对峙（如冷战）和恐怖袭击的危险。两次世界大战、长达半个世纪的冷战、科索沃战争、中东地区的无数次军事冲突、美伊战争、美国“9·11”事件等，都是工业化时期世界冲突对相关国家安全造成威胁的现实例子。

（五）安全保障制度机制逐步建立

真正意义的安全保障组织、制度、技术和具体措施的建立完善是在工业化社会，人类已经从财富分配转移到了“风险分配”。[①]工业化时期，随着经济理性、工业理性和科技理性的发展，安全理性本身也在进步，只不过稍有滞后。生产方式发生变化，逐步由农业社会的粗放分散型转向精细集约型生产，大规模生产社会化，“福特主义”的流水线使得从业者的劳动强度、安全环境和条件得到巨大改善，作业环境变得相对安全。

比如，在工业生产安全方面，英国早在工业化初期的1843年就成立了矿山安全监察局，于1974年制定了《职业安全与健康法》。美国工业化中期，为应对高发频仍的矿难事故，于1977年制定了适用于所有矿山的《联邦矿山安全与健康法》，并依此在劳工部下面设立了矿山安全与健康局（MSHA）。德国1970年颁布《煤矿安全管理条例》。日本于1972年制定了《劳动安全卫生法》，1973年修改了《矿山保安法》。此外，具有民主传统的英美法系国家，普遍确立了政府、企业和职工（工会）三方委员会制度。

又如，在公共安全管理方面，在公共活动区域一般都设有安全规章制度、安全标识和警示，如墙壁、路面、特定禁区相应地标有“安全须知”“安全警

---

① Ulrich Beck, *Risk Society: Towards a New Modernity*, Part 1: “On the Logic of Wealth Distribution and Risk Distribution”, Translated by Mark Ritter, London, SAGE Publications Ltd., 1992.

戒线”“安全警告牌”“安全黄线”“危险，请勿靠近”“司机一杯酒，亲人两行泪”“保持车距，注意安全”“消防安全，人人有责”等。公共安全投入方面，国家财政投入逐步加大，如《中国统计年鉴》显示，中国2007—2011年公共安全的财政支出（包括中央和地方）年均增长16%，2011年是2007年的1.8倍。

再如，在社会安全方面，英国学者最早提出“福利国家”概念，1942年写入《贝弗里奇报告》，力图保障民众的衣食住行、生老病死，1948年英国宣布正式建立“福利国家”。[①]第二次世界大战后，也就是1950—1960年这一时期，一些西方国家进入工业化中期，普遍建立起覆盖面广、保障项目多、保障水平高的福利制度和社会保障体系，公民拥有自己的“社会安全号”，必要时可以领取社会救济。这些国家还建立了调解劳资关系的社会管理制度，确保工业社会的公共安全和持续发展。由于第二次世界大战给人们造成很大的心理创伤，精神颓毁现象以及反战、女权、种族等社会运动一时高涨，一些国家采取高压手段，压制这些运动，使得社会回归短暂的安宁。

四、后工业社会的安全

后工业社会究竟是一幅什么样的图景？目前不可能完全知晓，但从一些已经迈入后工业社会门槛的发达国家或地区来看，它们应该具有一些后工业社会早期的基本特征。在后工业社会，人的丰富性日益发达，人得到全面发展，人的社会生活“返璞归真”，基本权利安全得到有效保障。安全的确定性能够被人自身所感知和把握，日常安全规范已经“例行化”而成为人们安全行动的习惯，安全规范内化为布迪厄意义的安全“惯习”（含习性之意），“安全文明”基本形成。历经工业社会尤其是转型社会的高风险的冲击和洗礼，到了后工业社会，人们的安全理念基本成型、安全行为基本养成，而且代代相传。社会中的安全制度、安全规范、事故防范措施、应急救援系统基本完善，事故（事件）发生率、伤亡率进一步下降，趋近于零。世界各国的社会保障体系基本建立，人们能够平等地交流、共享文明成果。后工业社会的主要安全风险大体如下。

（一）信息安全风险成为关注重点

正如贝尔、托夫勒、奈斯比特等未来学家所描述的那样，后工业社会是以微电子技术广泛应用为基础而生成的“信息社会”。信息作为一种特殊的物质存在，渗透到社会各个领域，日益成为引领经济社会现代化的主要要素，使得社会结构

---

① 林万亿：《福利国家：历史比较的分析》，台湾巨流图书公司1994年版，第7、13页。

发生深刻变化。社会信息化（信息化社会），即指以信息技术（计算机软硬件、通信技术、互联网技术）的推广应用为基础，经济社会发展从以物质和能量为经济社会结构的重心，向以信息、知识为经济社会结构的重心转变的过程，也就是从工业经济社会到信息经济社会的转变过程。其基本特征在于：前导性和渗透性、全球性和集群性、瞬变性和高效性；信息化社会通常具有信息资源、信息技术、信息产业、信息体系、信息人才和信息环境这六大要素。[①]信息化社会从根本上形塑着“人的信息化”，即人本身（包括身体、心理、权利）被信息化科学技术及其产生的经济社会成果所武装。

信息化将与工业社会长期并存，即“工业信息化”与“信息工业化”相互促进，全球后工业社会的生成过程比较漫长。由于世界各国发展不平衡、一国内部地区之间发展不平衡，信息化发展速度和程度大不一样，进入后工业社会的进度也就不一样，因而全球真正的信息化社会、后工业社会难免姗姗来迟，信息化与工业化的重合期相对延长。但是，由于信息社会使得全球成为连接一体的“地球村”，较之以往人际信息传播、机械信息传播，电子信息传播具有极强的社会动员功能，可谓“电信动员”，能够在极短时间内将信息传遍全球，其强大性在于超越传统时空概念，产生一种“蝴蝶效应”。[②]

信息安全，就是指信息在生产、传输、交换、分配、选择、使用过程中，具有可靠性、稳定性、完满性、真实性、可得性、私密性。社会信息化使得社会生活技术化、网络化、符码化、简约化、抽象化、匿名化，这一社会过程本身就隐含着诸多难以排除的社会风险。从已有的实践经验看，信息化社会的信息安全风险主要来自电子技术与互联网的结合，表现在以下几方面：①涉及私密性的信息很容易遭遇解密和泄露，主要表现为信息黑客或其他犯罪分子非法使用电子技术手段，窃取用户的网络信息、身份信息、各类信用卡密码，对用户及其相关者进行敲诈勒索等，以致引发人身安全问题、财产安全问题等。②由于互联网信息具有虚拟性和匿名性，因而信息尤其公共信息网站时刻面临着特定用户或敌对报复或倡举正义的攻击和侵蚀。同时，计算机及网络本身在运行过程中携带或自生各类病毒/bug（缺陷、问题），导致信息被增删篡改、屏蔽封堵等，使其在传输和

① 颜烨：《全球信息化与中国现代化建设》，《中共云南省委党校学报》2001年第5期。

② 美国数学家、气象学家E.N.洛伦兹1963年发表论文《确定性的非周期性》，文中提到一个气象理论时说“一只海鸥扇动翅膀足以引起整个天气的变化”。后来媒体报道将之描述为“在巴西的一只蝴蝶拍打翅膀，可以导致一个月后得克萨斯州的一场龙卷风”。这一比喻说明，系统内部微小的行为会引发整个系统的震动，或毁灭或优化，也可称为“混沌现象”或非线性特征。

使用过程中不可得、不可靠、不真实、不完整。③互联网谣言的危害巨大。[①]由于互联网信息具有快速传播、受众面广、丰富海量等特点，其一旦通过人为加工而成为谣言，进行跨时空流动，误导公众的价值评判，将造成更为巨大的社会公共危害。所谓“众口铄金”，即谣言有时候能戕害一个人或一群人的生命。④信息本身存在技术风险和专家信任问题。信息技术由技术专家开发和转化，同样存在科技理性风险和专家信任问题，有时候信息风险来临，专家本身也无法应对，难免造成巨大的生命安全和财产安全事故。而且一些专家本身也会因为道德丧失，利用信息违法犯罪。⑤因为信息不对称和社会阶层对信息资源占有的不平衡，社会强势阶层或世界强国很容易利用信息对弱势阶层或弱国进行信息欺诈、风险转嫁。尤其世界上一些发达国家利用信息化发展优势形成“信息霸权”，对发展中国家进行信息化垄断和操控，危害发展中国家的主权安全、生态安全、经济政治安全等。⑥智慧技术如人工智能（AI）、数字化建设等，本身除了“技术失灵”风险，还会有“伦理伤害”风险（如人脸识别技术存在的泄露个人信息风险）。

（二）经济安全风险日益普遍化

人类进入后工业社会，逐步从工业社会以“生产、制造”为中心，转到以“消费、服务”为中心，能源、资源消耗降低，低碳生活成为人们的追求。同时，随着生产领域“福特主义”（流水线生产）转向“后福特主义”（自动化生产），人们活动的范围和时空开始具有抽离化、跨越性、灵活性等特点。由于工业经济弱化，信息业和服务业经济兴盛，后工业社会的安全风险主要来自信息业、服务业、消费领域、社会决策和行为。正如风险社会理论所认为的，在后现代社会，伴随人类活动的增加和活动范围的扩大，人类的决策和行动对自然和人类社会本身的影响力也大大增强，导致风险结构从自然风险、工业风险占主导，逐渐演变成人为的不确定性风险占主导。人类既具有冒险探索的天性，也有寻求安全的本能，而近代以来一系列制度的创建为这两种矛盾的取向提供了实现的环境以及规范性的框架。无论是冒险取向还是安全取向的制度，其自身又带来了另外一种风险，即“运转失灵”的风险，使得貌似可控的“风险制度化”转变成现实不可控的“制度

① 郑杭生主编：《社会学概论新修》，中国人民大学出版社1994年版，第182—186页；周晓虹：《现代社会心理学》，上海人民出版社1997年版，第431页。谣言一般有四种加工方式：一是削平，即使原有信息越来越简短、概括，失去许多重要成分；二是磨尖，即对原有信息断章取义，突出或夸大其中某些内容；三是同化，即接受者根据自己的信念和态度对原有信息添油加醋，再传播给他人；四是逻辑化，即传播者对原有信息的空白处、不合理处加以补充以自圆其说再往下传播。

化风险”。[①]

后现代社会里，一方面与市场（如证券市场）有关的诸多制度为冒险行为提供了激励，另一方面现代国家建立的各种制度又为人类的安全提供了保护。此时的经济安全与服务业关系密切，尤其资本产业、金融产业发达，本身无可避免地自携风险，如特大型企业、资本市场的迅猛发展，使财富过度集中于社会少数成员手中。“财富集中，风险则集中”，加上信息化的延伸和渗透，经济领域的虚拟风险日益增大，日益影响整个社会乃至国家政权的安全，比如1997年东南亚国家金融危机、2008年美国金融危机等，都引发了国家内部乃至全球性的经济风险和社会风险。而且，企业破产、银行破产的另外一个结果是企业主、银行家患抑郁症、自杀半自杀现象严重。因此，一些现代化国家的政府制定了一系列制度和采取举措应对随时发生的经济泡沫破灭和金融危机。但是社会制度本身也会诱发新的风险，如法国曾经是一个社会保障制度较为先进且相当完备的国家，但20世纪90年代中期以来，由于推行社会保障的“碎片化”模式（各行业标准不统一）而造成全国罢工此起彼伏，社会一度动荡甚至危及现行政府。[②]因此说，经济安全风险很大程度上是制度性风险在信息化条件下的加速发酵和传播，而且，这种安全风险在当代并未完全展现，已经出现的金融危机仅是“冰山一角”或风险萌芽状态。

（三）精神空虚与情绪失控成为问题

如本章第一节所述，农业社会生产力不发达，因此在应对自然灾害方面，结群性的人际关系非常重要，因而农业社会也可以称为“伦理本位”或“关系本位”社会。到了工业社会，人们的工业经济理性得到充分发展，需要依靠个人能力平等参与竞争，因而工业社会的人际关系表现为“能力本位”。而到后工业社会，生产力高度发达，社会生产基本满足人类的物质文化需求，行动的理性化发展到了一定程度，但人际关系的情感性也日益丰富发展，很多问题抽离于工业理性，不过与农业社会的人情因素完全不同，人际关系完全受控于人的心理和情绪，因而后工业社会几乎可以称为“理性主导、情绪为辅”的社会，即“复合本位”社会。

在后工业社会，社会结构日益高级化，社会关系日趋扁平化，人的心理和情

---

① ［英］芭芭拉·亚当、［德］乌尔里希·贝克、［英］约斯特·房·龙：《风险社会及其超越：社会理论的关键议题》，赵延东、马缨等译，北京出版社2005年版，导论“重新定位风险：对社会理论的挑战”。

② 郑秉文：《法国“碎片化”福利制度路径依赖：历史文化与无奈选择》，载谢立中编：《经济增长与社会发展：比较研究及其启示》，社会科学文献出版社2008年版，第22—70页。

感领域发生深刻变化，后现代特征突出。以信息经济为基础，职业结构趋向服务和管理为主，以公共服务业为主要职业的社会中产阶级加速发展，并逐步占据人口的绝大比重。互联网时代的到来，使得人们能够平等地交流和阅览信息知识，由此社会各大阶层的“信息鸿沟”将会逐步填平，社会关系日趋扁平化，产生所谓“世界是平的”现象。更为重要的是，后现代社会其实就是“后理性时代”。正如瑞泽尔所总结的那样，后现代化社会具有分散性、生活碎片化、肤浅而无历史感、内爆技术发达、[①]社会“麦当劳化”、非理性和情绪性的病态宣泄等特征。

后工业社会的理性固然发达到一定程度，不过也要看到，人际心理、情绪的控制也是确保各类安全的关键之一，安全心理因素占据一定地位，人们对于安全的理性控制与感性选择并驾齐驱。[②]正如情感社会学家们所指，[③]后现代社会的情感多是受理智控制的，对于情感、性爱的安全性有一定的自我克制性保障。但在这种社会里，人的创造力无须得到过多展示，经济增长活力、社会活力也渐渐衰退，人们虽然精神生活丰富、水平高升，但无所追求，社会环境单调冷清，随着家庭重要性下降、男女平等强化、人际联系广泛而松散，情感关系因时空而飘逸，人际关系疏淡，人们会感到精神空虚无聊，进而使得生命安全本身面临挑战。比如，近年日本有人提出，日本已经沦为“无缘社会”，即无血缘、地缘、社缘，人们跟家族、朋友、社会缺乏联络，感觉“外界跟我没什么关系”，广泛出现亲情疏离和社会资本纽带松弛，表现为“自我孤立”。

此外，在后工业社会前期，未来全球生态安全问题尤为突出，且与人们息息相关的食品安全、家用消费品安全、人居环境安全等依然非常重要。如居住环境的噪声污染、消费品的甲醛含量和辐射超标、食品添加剂的滥用等，都会侵蚀和危及人的生命安全。

---

① 内爆是由加拿大当代学者马歇尔·麦克卢汉（Marshall McLuhan，1911—1980）在他的《理解媒介》（*Understanding Media*，1964）一书中提出来的概念。麦克卢汉说：“凭借分解切割的、机械的技术，西方世界取得了三千年的爆炸性增长，现在它正在经历内向的爆炸（implosion，又译作‘内爆’）。”真实和意义的内爆，一个直接而严重的后果是整个社会的内爆，这是资本主义在媒介主导下内爆的最后形态。内爆在鲍德里亚的后现代主义理论中显然已经成为一个负面的词语，将各种真实、意义和价值的界限进行摧毁的内爆，在社会内部首先成为一种破坏、一种颠覆，最终这种内爆又变成了对社会大众的控制。

② 中国人民大学社会学教授刘少杰长期以来从事“感性选择”理论研究。他认为，转型期中国人的社会行为的感性选择具有选择意识具象化、选择目标综合化、选择途径伦理化、选择根据经验化等本质特点。他认为，一度流行的“跟着感觉走”“摸着石头过河”等话语，真实而亲切地表征了人们平时社会活动的特点；甚至“非规则化”“无规则游戏”“情大于法”等现象的存在，也从很广泛的层面上表现了当代中国人的感性选择特点。参见刘少杰：《中国社会转型中的感性选择》，《江苏社会科学》2002年第2期。

③ 情感社会学研究如，[美]乔纳森·特纳、简·斯戴兹：《情感社会学》，孙俊才、文军译，上海人民出版社2007年版；郭景萍：《情感社会学：理论·历史·现实》，上海三联书店2008年版。

第三节　安全变迁的当代形态及趋势

随着社会信息化、现代化、全球化的发展，安全作为一种社会现象，本身也在进行信息化、现代化、全球化的变迁和发展，体现为一种现代社会形态和发展趋势。全球化几乎可以追溯到世界航海业开始之时。现代化主要发生于工业社会，工业化开始之时即现代化的起点。信息化则是世界第三次科技革命以来，随着信息技术的兴起而兴盛。"三化"紧密相连：工业化催生信息化，信息化提升工业化，使得现代化不断升级发展；同时，信息化加速民族国家的全球化，使得各国现代化速度加快，而且日益趋同发展。安全领域同样出现了安全信息化、安全现代化、安全全球化发展，且三者相互交织，升级发展，使得安全日益复杂化、风险化。安全风险化包括两方面的意思：一方面是指诸类安全越来越具有不确定性，人类理性越来越难以把握；另一方面是指一切安全规划虽然没有规划未来的风险，但作为意外后果的风险已经隐含于其中。

一、安全信息化

人的安全作为一种社会现象，必然伴随着社会信息化的发展而发展。安全信息化，即指安全现象依托社会信息化要素而持续存在和发展的社会过程，是通过信息化的手段和方式来保障人的安全，也是一种理性化的社会活动，是安全现代化的重要组成部分。由于社会信息化具有高效、瞬变、集群等特征，能够降低成本，提升效率，因而信息化技术及其网络技术在保障人的安全领域普遍得到运用。安全信息化目前广泛运用于工矿生产（如安全生产物联网建设[①]）、交通监控、保卫工作、战争技术等领域。安全信息化的一个重要特征就是安全信息符码化，即安全信息通过转换成为数字、符号、电子信号、密码（password）等形式，或者依托终端计算机、磁卡等载体，进行传输和延伸。在电信技术出现以前，安全信息往往通过暗语、口令、代号、手势、烽火等进行传输。

安全信息化的主要内容包括：①安全装备信息化，即涉及安全工作的设备设施均使用信息化技术和手段进行装备（如战斗机信息化、密码机信息化、远程监

---

① 据百度百科的解释，物联网（Internet of Things）这一概念是由麻省理工学院自动识别中心Ashton教授于1999年最先提出来的，当时叫传感网，即是通过射频识别（RFID）、红外感应器、全球定位系统、激光扫描器等信息传感设备，按约定的协议，把任何物品与互联网相连接，进行信息交换和通信，以实现智能化识别、定位、跟踪、监控和管理的一种网络概念。"物联网概念"是在"互联网概念"的基础上，将其用户端延伸和扩展到任何物品与物品之间，进行信息交换和通信的一种网络概念。

控信息化等)。②安全组织信息化,即从事诸类安全工作的政府组织、经济组织(主要是企业)、社会组织,均使用信息化手段和方法开展工作。③安全管理信息化,各类安全管理包括一些规章制度均使用终端信息技术、无线信息技术进行传输、监督管理和控制。④安全文化信息化,也就是指有关安全的教育培训、学习宣传等基本信息化,使得安全文化宣教更生动形象,效果事半功倍。

安全信息化的优点不外乎:①能够及时发布安全信息,让全社会在短时间内通过互联网了解某处的突发性安全事故(事件),促进"安全民主"。②能够替代高风险领域或时空环境的人工作业,避免人受伤害。③能够准确把握高风险领域或地段的安全状况和风险变化(如煤矿巷道瓦斯超限状况),及时告知作业人员撤退,避免伤亡事故。④低成本、高效能,低损失、高回报,这是最大的优点。

当然,安全信息化本身也存在一些缺点,如交通领域、保卫工作领域的电子监控设备("电子猫眼")使用过多过滥,容易暴露人的隐私,侵犯人的隐私权;又如,安全信息警报系统本身也会存在"技术失灵"的一面,往往会同时存在"警铃哑巴"(有事故不预报)和"警铃瞎报"(无事故乱响铃)的现象。如前所述,在现代社会,信息化本身的安全也成为重要的社会问题,如网络"黑客""病毒"的攻击,又如电信诈骗犯利用安全信息(符码技术)勒索客户钱财,甚至危及客户人身生命安全,这在前面多有阐述。"网络实名制"可能是今后网络时代信息安全的发展趋势,那时的人将如同身处现实生活中的"熟人社会"那样,自由、平等、安全地进行虚拟社会的互动和交往。总的来说,需要趋利避害,以安全信息化建设加速推进安全现代化建设。

二、安全现代化[①]

"人的现代化"[②]必然包括人的安全现代化。人的安全随着社会现代化发展而发展。现代化是任何一个国家和地区的必经阶段。从社会学角度看,根据帕森斯的社会系统论,社会现代化就是系统不断升级和适应变迁的社会过程,是社会内部结构发生量变和质变的过程。现代社会与传统社会的区别就在于帕氏社会价值体系的五对"模式变量":即情感—情感中立、自我取向—集体取向、普遍主义—特殊主义、先赋/身份—成就/成绩、扩散性—专门性。因此所谓现代社会,

---

① 颜烨:《中国安全生产现代化问题思考》,《华北科技学院学报》2012年第1期;颜烨:《煤殇:煤矿安全的社会学研究》,社会科学文献出版社2012年版,第250—256页。

② [美]A.英格尔斯:《人的现代化——心理·思想·态度·行为》,殷陆君编译,四川人民出版社1985年版。

就是将每组变量中的后一项合并而成的变量组合体。

通俗地说，现代化即人类为了满足自身持续生存和发展的需要，有意识、有目的、有计划、有步骤地改造自然和社会的理性活动。现代性是一个静态概念，现代化则是动态变迁的历史连续过程，[①]因此学界认为，现代化是指由传统农业社会向现代工业社会转变的过程，是在社会分化的基础上，以科技进步为先导，以工业化、城市化、世俗化、民主化为主要内容，经济与社会协调发展的社会变迁过程。[②]同样可以说，为确保人的安全，全社会需要通过有意识、有目的、有计划、有步骤地改善安全条件，加强安全建设，促进安全发展。推进安全现代化，就是指由传统的安全存在和发展方式向现代安全存在和发展方式转变的过程，是在安全建设的基础上，以安全科技为先导，以安全文化大众化、安全结构优化、安全体制机制完善为主要内容，安全与社会协调发展的变迁过程。

整个社会大系统包括三大主体力量，即政府、市场、社会（公民）。按照帕森斯的思想，它包括经济子系统、社会子系统（小社会概念，主要是指公民社会组织、社区、基本民生等）、政治子系统、文化子系统（大文化概念，包括科技、思想、价值、规范在内）四大领域，[③]每个子系统又内在地包含着这四大领域。[④]三大主体力量分别对应于四大领域（社会和文化有时合在一起）。现代化是在各大主体力量共同推动下，各子系统辩证统一且不断适应升级的过程。目前关于各子系统现代化的研究比较多。

安全同样是整个社会大系统的一个具体子系统，也是经济现代化、社会现代

---

① 美国政治学者亨廷顿指出“现代性意味着稳定而现代化意味着动乱”，认为只有适度社会动员，推动经济发展，增加社会流动，控制政治参与，加快政治制度化进程，才能保持社会的稳定与和谐。参见［美］塞缪尔·P.亨廷顿：《变化社会中的政治秩序》，王冠华等译，生活·读书·新知三联书店1989年版，第41页。

② 参见百度百科，网址http://baike.baidu.com/view/183625.htm。

③ 四大领域概念在中国国家建设实践中的演变：孙中山先生20世纪初在《建国方略》一书中初步提出三大领域即心理建设（相当于文化建设）、物质建设（相当于经济建设）、社会建设以及附编里的“建国大纲”（相当于政治建设）；1940年毛泽东发表的《新民主主义论》提出新中国要进行政治、经济、文化三方面建设，此后中共一直依此进行决策；1982年党的十二大报告从经济建设、政治建设、思想建设、文化建设等方面阐述社会主义现代化建设，并首次提出“政治生活、经济生活、文化生活、社会生活”四大领域的说法；1987年党的十三大报告提出“社会主义经济、政治、文化等多方面的现代化建设”，这可谓新“四化”的提法（原有“四化”即20世纪60年代周恩来提出的到20世纪末，基本实现工业、农业、国防和科学技术现代化）；2004年中共中央提出加强社会建设、构建和谐社会的思想，2005年初中共中央提出社会主义现代化总体布局由过去的“三位一体”变为包括社会建设在内的“四位一体”，即经济建设、政治建设、文化建设、社会建设（参见《构建社会主义和谐社会》，《人民日报》2005年2月26日），2007年“四位一体”写入新党章；2012年，党的十八大又提出经济建设、政治建设、文化建设、社会建设、生态文明建设“五位一体”格局，并强调把生态文明建设放在突出地位，融入经济建设、政治建设、文化建设、社会建设各方面和全过程。

④ Talcott Parsons, *The Social System*, England, Routledge & Kegan Paul Ltd.,1951；［美］T.帕森斯：《社会行动的结构》，张明德、夏遇南、彭刚译，译林出版社2003年版。

化、政治现代化、文化现代化的交集。由此，安全现代化可以衍生出更为具体的小系统的现代化（见图3-3）：①安全经济现代化，包括影响安全的经济结构、产业结构，尤其是安全投入产出等因素的合理性问题。②安全社会现代化，包括安全的社会组织现代化、安全的社会结构现代化、安全保障福利现代化等，最终达致政社合作（如安全组织间合作）、安全公正（不同阶层成员之间资源机会配置公正）。③安全政治现代化，核心问题是安全民主，还有安全法治现代化、安全体制现代化（包括各种体制之间的整合协调）、安全管理现代化（宏观层面是政府监管，微观层面是企业等组织内部安全精细化管理）、安全整合协调机制建设等。④安全文化现代化，基础是安全科技现代化（主要是安全信息化），还包括安全素质现代化、安全规范大众化等，如行动主体将安全规则制度内化于心中，使之成为指导自身安全行动的"律令"，关键是要树立"安全第一""生命至上"的价值理念和安全伦理，最后要形成全社会最高形态的"安全文明"。

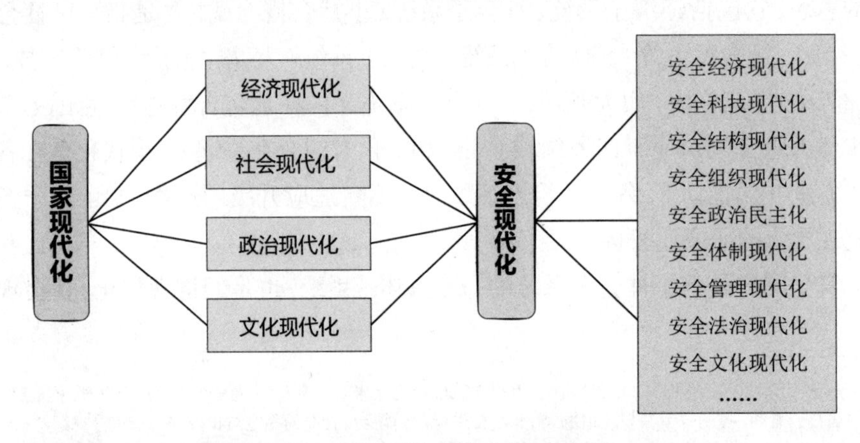

图3-3　安全现代化体系及主要内容

随着工业社会发展变迁，安全现代化的水平也不断地从低到高持续变迁，因此将不同的社会变迁阶段组合起来看，不同时期的安全状况和主要特征大有不同（见图3-4）：①进入工业化初期，安全现代化处于初级水平，比起农业社会的诸多自然风险来，来自工业生产领域的诸类安全事故和社会风险有所突出。在这个阶段，人们更多地关注工业产量和经济增量；在安全方面，进行少量的人力、财力和物力投入，偏重于实用性的安全工程技术投入，无所谓安全组织建设、安全制度建设等。②进入工业化中期，经济高速增长，来自工业领域的风险日益增多，安全事故高发频仍，因而安全科技现代化、安全管理现代化、安全经济投入、安全法治建设显得非常重要，安全组织建设、安全民主建设、安全结构优

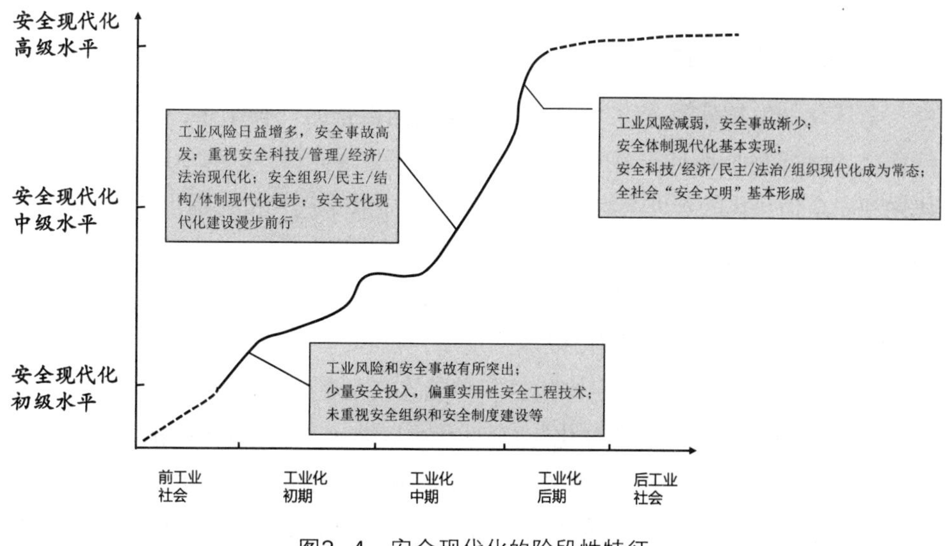

图3-4　安全现代化的阶段性特征

化、安全体制现代化尚处于起步阶段。这一时期的安全现代化处于中级水平。③进入工业化后期，宏观意义的安全体制现代化基本实现，安全科技、安全经济、安全民主、安全法治、安全组织现代化成为常态，来自工业领域的风险逐步减弱，安全事故逐步减少，最后形成全社会的“安全文明”。当然，这是安全现代化的一般表现规律，各国国情和历史不同，会有一定的本土特征，需要具体情况具体分析。

如前所述，安全现代化本身也是一种人类的理性化活动，内在地存在着风险，因此需要对安全现代化本身不断进行反思。在现代性反思中，社会生活、社会系统、社会关系得以抽离原有时空而进入另一种“专家系统”和“符号系统”，因此很难以传统的视角和方法寻求解决安全现代化本身风险的答案。吉登斯在分析现代性时指出：“我们今天生活于其中的世界是一个可怕而危险的世界。这足以使我们去做更多的事情，而不是麻木不仁，更不是一定要去证明这样一种假设：现代性将会导向一种更幸福更安全的社会秩序。”[①]贝克认为，传统科层制社会使得部门“各自为政”，一些公司、政策制定者和专家结成的联盟制造了当代社会中的危险，然后又建立一套话语来推卸责任，这种“有组织的不负责任”使得人们对风险治理不得不深刻反思。[②]

① ［英］安东尼·吉登斯：《现代性的后果》，田禾译，译林出版社2000年版，第9页。
② ［德］乌尔里希·贝克：《世界风险社会》，吴英姿、孙淑敏译，南京大学出版社2004年版，第10页。

三、安全全球化

全球化的发展实际上是工业主义和现代化扩张的一种结果，而当今世界的信息化又使得整个地球连接成了一个“地球村”，因此说，安全全球化是安全现代化和安全信息化的延伸与综合。2012年11月，中共十八大报告提出“人类命运共同体”理念，[①]成为安全全球化的重要国际命题。

关于全球化的定义有很多。说到底全球化不过是世界生产力巨大发展的结果，是以世界科技发展为动力，以经济发展为核心，涉及资本、贸易、劳务、技术等，带动政治乃至文化全球一体化的一种动态发展趋势。吉登斯一直强调：“现代性的根本性后果之一是全球化”“全球化可以被定义为：世界范围内的社会关系的强化，这种关系以这样一种方式将彼此相距遥远的地域连接起来，即此地所发生的事件可能是由许多英里以外的异地事件而引起，反之亦然”[②]。要追根溯源的话，全球化源于十五六世纪麦哲伦、达·伽马、哥伦布等的远洋航行和新大陆的发现。马克思主义经典作家也说，世界文明开始于资本在全球的扩张，“资产阶级，由于开拓了世界市场，使一切国家的生产和消费都成为世界性的了”，“民族的片面性和局限性日益成为不可能，于是由许多种民族的和地方的文学（明）形成了一种世界的文学（明）”。[③]

贝克的风险社会理论认为，在世界性的风险社会中，风险已经成为政治动员的主要力量，这个概念常常取代与阶级、种族和性别相联系的不平等之类的变量，能在全球与本土中同时重组。[④]吉登斯认为，现代性在全球化过程中具有4个制度性维度，但都可能带来后果严重的风险，如民族国家体系会带来极权主义，世界资本主义经济体系会导致经济崩溃，国际劳动分工体系带来了生态恶化，世界军事秩序会诱发核大战。[⑤]1999年，贝克又出版了力作《全球风险社会》（或译为《世界风险社会》），主张为了理解我们当今生活于其中的世界即风险社会，需要构建一种新的参考框架，进而提出建立一个全球的风险社会的设想，体现

① 胡锦涛：《坚定不移沿着中国特色社会主义道路前进 为全面建成小康社会而奋斗——在中国共产党第十八次全国代表大会上的报告》，2012年11月8日。

② [英]安东尼·吉登斯：《现代性的后果》，田禾译，译林出版社2000年版，第152、56—57页。

③ 《马克思恩格斯选集（第1卷）》，人民出版社1995年版，第234页。

④ [德]乌尔里希·贝克：《世界风险社会》，吴英姿、孙淑敏译，南京大学出版社2004年版，第188—189页。此处介绍的风险社会理论内容根据其他译本有所调整。

⑤ [英]安东尼·吉登斯：《现代性的后果》，田禾译，译林出版社2000年版，第61—68页。

了一个制度主义者的理想。[①]按照贝克、吉登斯等的说法，全球风险社会已经来临，它对安全全球化的影响引起人们更多更新的思考。

（一）全球风险具有多样性，传统安全主题逐渐消解

全球的风险是多样的，从世界大战的核威胁、传统的军事冲突到生态危机、环境污染、技术风险等，“地球政治”已经从主要关注“高政治”领域转变到了主要关注“低政治”“亚政治”领域。[②]相应地，全球安全也从传统的战争冲突、军事威胁、意识形态较量的重心，逐步转变为贝克所称的“生态危机、全球经济危机以及跨国恐怖主义网络所带来的危险等3个层面的危险”的重心。[③]这对应着贝克所称的全球威胁类型学：第一种是财富驱动型的生态破坏与技术工业危险，诸如臭氧层空洞、温室效应或区域性水匮乏，以及植物和人类遗传工程中包含的不可预见的风险；第二种由直接与贫困相关的安全风险构成，也即贫困与环境之间存在着内在的紧密联系；第三种则是来自NBC（核、生物、化学）大规模杀伤性武器在非战争状态下的扩散，贝克认为在国家军事冲突威胁上又出现了新危险源——私化的恐怖主义势力。[④]

（二）安全治理“责任全球化”，国际安全合作成为必然

风险无国界已经成为共识。全球性风险是在政治层面爆发的，它们不一定取决于事故和灾难发生的地点，而是取决于政治决策、官僚机构以及大众传媒等。[⑤]世界风险的“蝴蝶效应”使得全球安全的依赖性、互动性和快速性日益增强，国际政治学意义上的“相互依赖论”具有重要价值。[⑥]也正是风险的全球化，导致安全治理的“责任全球化”。虽然贝克一再认为风险的诞生会导致“有组织的不负责任”的责任困境，但在风险出现后的处置和未来预防方面仍然需要

---

① 周战超：《当代西方风险社会理论研究引论》，载薛晓源、周战超主编：《全球化与风险社会》，社会科学文献出版社2005年版，第24页。

② Ulrich Beck, “The Silence of Words and Political Dynamics in the World Risk Society”, *A Talk to the Russian Dumain, 2001.* 另见［德］乌尔里希·贝克：《“9·11”事件后的全球风险社会》，《马克思主义与现实》2004年第2期。贝克对“亚政治”的解释为“外在于并超越国家—政府政治体制的代表性制度的政治”，“意味着自下而上的社会形成”（［德］乌尔里希·贝克：《世界风险社会》，吴英姿、孙淑敏译，南京大学出版社2004年版，第50页）。

③ Ulrich Beck, “The Silence of Words and Political Dynamics in the World Risk Society”, *A Talk to the Russian Dumain, 2001.* 另见［德］乌尔里希·贝克：《“9·11”事件后的全球风险社会》，《马克思主义与现实》2004年第2期。

④ ［德］乌尔里希·贝克：《世界风险社会》，吴英姿、孙淑敏译，南京大学出版社2004年版，第43—45页。

⑤ Ulrich Beck, “The Silence of Words and Political Dynamics in the World Risk Society”, *A Talk to the Russian Dumain,2001.* 另见［德］乌尔里希·贝克：《“9·11”事件后的全球风险社会》，《马克思主义与现实》2004年第2期。

⑥ ［美］罗伯特·基欧汉、约瑟夫·奈：《权力与相互依赖（第3版）》，门洪华译，北京大学出版社2002年版，第9—20页。

"风险共担",使"责任全球化"成为一个共识。[①]贝克认为,"在未来的风险无边界的时代里,国家安全问题将不再仅仅是国家内的民族安全问题","国家安全以及国际合作都需要与其他国家构成直接联系,都需要其他国家的参与",各个国家都"不得不以淡化其自身的民族特性为代价";全球化背景下的国家间交流与合作,一方面使得国家主权安全有所增强和获益,另一方面也导致国家自主性有所丧失和减弱;帝国霸权、殖民主义、超级大国等不再显得合理和有效。[②]总之,核危机、气候灾变、恐怖袭击、金融危机等现代风险已经成为影响全球安全的关键因素,对传统的以民族国家为基本单位和治理核心的治理结构提出了严峻挑战,这就需要多元复合治理,即谋求所有治理主体之间的合作互补关系,摆脱民族国家或单个治理单元的窠臼。同时复合治理是多维度、多层面的活动,由于风险具有时空的延展性和扩散性,因此对风险的复合治理要求"即时性""在场性"地解决问题,最主要的是公民个人要将风险制度内化为自觉行动,提升安全主体的能动性。[③]

(三)全球风险呈现国际不均衡和新的不平等,发展中国家面临安全新挑战

从马克思的资本论、国际政治经济学的秩序论到阿明(Amin)、普雷维什(Prebisch)的"中心—外围"论、沃勒斯坦(Wallerstein)的"世界体系论"等,都阐释了阶级社会、两极世界格局背景下国际分工不平等、分配不均衡的现象。今天风险的分配和增长同样"产生了新的国际不平等,首先是第三世界和工业化国家(间)的不平等;其次是工业化国家间的不平等。它逐渐破坏了国家司法的秩序"[④]。贝克继续阐明,"世界范围内的平等的风险不会掩盖那些在风险造成的苦痛中的新的社会不平等",并且集中表现在那些风险地位与传统阶级地位相互叠交的地方。[⑤]吉登斯也持类似的观点:"世界财富的绝大部分集中在工业化国家或'发达'国家,而广大'发展中世界'的国家则普遍遭受着贫困人口过多、教育和保健体制落后以及沉重的外债之苦。"[⑥]因此,安全全球化先要考虑发展中

---

① [德]乌尔里希·贝克:《世界风险社会》,吴英姿、孙淑敏译,南京大学出版社2004年版,第10页。

② Ulrich Beck,"The Silence of Words and Political Dynamics in the World Risk Society", *A Talk to the Russian Dumain, 2001.* 另见[德]乌尔里希·贝克:《"9·11"事件后的全球风险社会》,《马克思主义与现实》2004年第2期。

③ [德]乌尔里希·贝克:《世界风险社会》,吴英姿、孙淑敏译,南京大学出版社2004年版,第10页。

④ Ulrich Beck, *Risk Society: Towards a New Modernity*, Translated by Mark Ritter, London, SAGE Publications Ltd., 1992, p23.

⑤ Ulrich Beck, *Risk Society: Towards a New Modernity*, Translated by Mark Ritter, London, SAGE Publications Ltd., 1992, pp41-42.

⑥ [英]安东尼·吉登斯:《社会学(第四版)》,赵旭东等译,北京大学出版社2003年版,第85页。

国家或十分落后国家的安全，抵制发达资本主义转移风险，以保障这些国家的经济安全、生态安全乃至文化安全。为此，贝克等也开出了良方：世界民主需要重新兴起，全球需要亚政治中的符号性群众抵制运动。[①]

（四）构建人类命运共同体和世界主义党：全球安全治理的美好愿景

如何治理当今全球风险社会？中国国家主席习近平在2015年第70届联合国大会的讲话中再次强调构建“人类命运共同体”的重要性。[②]他指出，当今世界，各国相互依存、休戚与共；要继承和弘扬联合国宪章的宗旨和原则，构建以合作共赢为核心的新型国际关系，打造人类命运共同体。中共十九大报告认为，构建人类命运共同体的宗旨即是“建立持久和平、普遍安全、共同繁荣、开放包容、清洁美丽的世界”。[③]中共二十大报告提出构建人类命运共同体的中国方案在于：“坚持对话协商，推动建设一个持久和平的世界；坚持共建共享，推动建设一个普遍安全的世界；坚持合作共赢，推动建设一个共同繁荣的世界；坚持交流互鉴，推动建设一个开放包容的世界；坚持绿色低碳，推动建设一个清洁美丽的世界。”[④]

贝克提出了他的理想政治蓝图：实行政治上的再创造，创建新的政治主体——世界主义党，从而使得风险社会进入世界政党主导的治理阶段。他认为，150年前，关于阶级矛盾的《共产党宣言》发表了，而新千年伊始，是发表“世界主义者宣言”的时候了。世界主义者宣言应是关于跨越一国范围的国家间的矛盾和不得不组织起来的跨国对话，对话的主题是世界主义社会的目标、价值和结构，是在全球时代里追求民主的可能性。世界主义者宣言的主要观点是，存在着一种新的不适合于国内政治的全球与地方问题的辩证法。尽管这样的民主存在两难困境，但“全球性的”问题只有放在跨国框架里才可能被恰当地提出、讨论和解决。这样的事务就必须交给世界主义党来处理。这样的“世界党”的价值目标，超越国家基础而具有世界主义特点，其所呼吁的自由、多样、宽容是符合所有文化和宗教理念的，对这个星球负有整体性的责任；这样的“世界党”把全球

---

① ［德］乌尔里希·贝克：《世界风险社会》，吴英姿、孙淑敏译，南京大学出版社2004年版，第50—59页。

② 习近平：《携手构建合作共赢新伙伴　同心打造人类命运共同体——在第七十届联合国大会一般性辩论时的讲话》，2015年9月28日（纽约）。

③ 习近平：《决胜全面建成小康社会　夺取新时代中国特色社会主义伟大胜利——在中国共产党第十九次全国代表大会上的报告》，2017年10月18日。

④ 习近平：《高举中国特色社会主义伟大旗帜　为全面建设社会主义现代化国家而团结奋斗——在中国共产党第二十次全国代表大会上的报告》，2022年10月16日。

性置于政治想象力、行动和组织的核心；这样的“世界党”只有作为多国党这层意义上才存在，必须反对国家自我主义，得包括跨国政体和调整者的民主化。[①]贝克的这种世界主义理想几乎超越了国家主权范畴，对传统的国家主权安全造成冲击，国家自主性会有一定让渡，用他的话说：“全球化暗示着国家结构的弱化，以及国家自治和权力的弱化。”[②]

总之，社会信息化、现代化和全球化三重相互推进的进程，一方面使得安全问题的侦察、鉴定、处理等变得更加容易，社会变得更加安全，人们也感觉更加安全；但另一方面，又使社会变得更加不安全，人们更加无所适从。正如贝克所言，与工业社会不同，风险社会的安全取决于人的决策，理性和规范失去了往日的威力，社会已经变得更加具有不确定性、偶变性和反思性。[③]

---

① ［德］乌尔里希·贝克：《世界风险社会》，吴英姿、孙淑敏译，南京大学出版社2004年版，第17—22页。
② ［德］乌尔里希·贝克：《世界风险社会》，吴英姿、孙淑敏译，南京大学出版社2004年版，第17页。
③ ［英］布赖恩·特纳：《Blackwell社会理论指南》，李康译，世纪出版集团上海人民出版社2003年版，第13—14页。

第四章

安全行动：主体行动安全化

人是有血有肉的感情动物，更是“理性动物”（亚里士多德语）。达尔文说：“人是一种社会性动物。”①这表明人不仅仅是一种具有自然属性的生物，更是具有能动性和受动性的社会主体，是马克思意义的社会关系的总和；人的生存发展本身表现为一种社会行动。当然，社会行动者不但有个人主体，也有集合性主体（或称为单位主体，如国家、组织、公司、学校等）。这里，笔者重点分析个体人的社会行动。安全行动必定是社会基本主体——人——的安全行动，即安全本身也是一种社会行动——围绕人的安全的行动。安全作为人的基本需求，促使人必须安全地行动和保障行动的安全性，即行动安全。人的一生的行动，就是在不断化解风险、避免灾变、获得安全，即安全化（securitization）的过程。

第一节　行动理论与安全行动概述

社会学研究人，必然要研究人的行动、行为及其心理，以及影响行动的外在因素和条件。安全行动是行动者的安全行动，因而安全社会学同样要研究人的安全行动的内在心理与外在因素。在一些社会学家那里，行动是社会学研究的起点。

一、社会学的行动理论概说

关于行动的理论，可以说贯穿于整个社会学研究的历程，不论是建构主义还是结构主义。沃特斯认为，行动（agency，带有能动主体的意思）与行为（action）不同：行动是主动性的，行为是被动机械的；行动的外延要大于行为，或者说，行为是行动的重要部分，因为行动里还包含着一定的权利意识。行动是社会安排中的意义和动机的外在表现，与一套意义、理由或意图（intention）相关联的行事过程被称为“行动”。②

① ［英］达尔文：《人类的由来》，潘光旦、胡寿文译，商务印书馆1983年版，第157页。

② ［澳］马尔科姆·沃特斯：《现代社会学理论（第2版）》，杨善华等译，华夏出版社2000年版，第17页。

在行动理论研究中，齐美尔强调互动的形式特征（formal properties），所以齐美尔的社会学又称为形式（仪式）社会学。而马克斯·韦伯则强调对意义的解释（interpretation），所以韦伯的社会学又称为解释性（理解）社会学。他开创性地把行动划分为四种：工具理性行动（基于短期自利目标性）、价值理性行动（取决于对真善美等较高等级的价值的认同）、情感行动（基于心理需要、感觉或情感需求）和传统行动（习惯性行为）。马克思强调人的行动源于经济理性需求。后来的互动论者米德（Mead）、戈夫曼（Goffman）、贝克尔等都基于人们互动的微观层面和宏观层面，或从心理的符号互动论角度，或从组织化的拟剧论角度，或从规则制定创造了越轨的角度，对行动作出了深入的阐释。帕森斯则从行动的构成元素角度指出，每一元素都是一个"单位行动"，包括行动者、行动的目标或目的指向、行动的情境（包括手段和条件）、行动的规范取向等。实际上帕森斯所谓的"自愿行动"最终滑向了一种规制化行动论，形成了五对"模式变量"，即情感—情感中立、自我取向—集体取向、普遍主义—特殊主义、先赋/身份—成就/成绩、扩散性—专门性。吉登斯更将"行动"正式定义为"肉体存在者在世上事件进行过程中的实际上或想象中一系列具有因果意义的干预所组成的流"，但人的行动是有选择性的，因而未来社会世界具有不确定性的意外后果。哈贝马斯则将人的行动归纳为四类社会学模型：目的论（策略性）模型、规范调节模型、拟剧论模型、沟通模型（通过言谈沟通达致相互理解）。当然，舒茨（Schutz）等的现象学社会学，以及伯格（Berger）和卢克曼（Luckmann）、加芬克尔的常人方法学等，也都对行动理论作出了自己的理论阐释。①

由此，沃特斯归纳认为，行动理论的主要特征大体有：人类是具有理解力和创造力的主体；人类赋予行为以"意义"，行动是由"动机"推动的；人类通过互动最终组成"社会世界"（social world），且会产生一些固定模式或制度安排。当然，行动未必总是在结构安排上给出解释，还会因个体的或特定的、日常的社会经验而给出说明。帕森斯、吉登斯、哈贝马斯三位大师均把系统、结构视为人类建构的行动产物。②

---

① ［澳］马尔科姆·沃特斯：《现代社会学理论（第2版）》，杨善华等译，华夏出版社2000年版，第35—43页。

② 文中未注明出处的理论文献，均转引自［澳］马尔科姆·沃特斯：《现代社会学理论（第2版）》，杨善华等译，华夏出版社2000年版，第17—61页。

二、安全行动的理念

安全，是社会行动者主体的安全，最根本的是人的安全，所有安全都内在地包含在主体行动之中。因此，从行动理论角度看，安全就是行动主体的安全，就是主体行动的安全；社会基本主体——人的安全是“本质安全”的核心。人的本质安全相对于事、物、环境、系统、制度等方面的本质安全而言，具有先决性和前导性的基础地位。它应该包括两方面含义：一方面，人在本质上有着安全需求；另一方面，人通过教化和制度理性约束，可以实现安全。[①]安全型的行动者，往往是安全需求较强（即“想安全”）、安全把握得好（即“会安全”）、安全实现较好（即“能安全”）、安全系数较高（即“有安全”）的人。

所谓“安全行动”，包含两方面的含义：一方面，是指人的任何行动都需要追求和具有安全性；另一方面，是指人的安全本身是一种社会行动。这里的“安全行动”，主要是指关于“安全”的行动，较多地体现为后者的含义，也就是通过后者即安全的行动，去实现前者即达到行动的安全性。安全行动既是一种理性行动，具有较强的动机性、意义性等，也可以转化为一种习俗行动，即安全成为一种习惯，或者布迪厄意义的“安全惯习”（体现为一种安全实践及其文化的身心积淀）。

从社会化角度看，安全行动伴随着人的一生，是安全主体的社会化过程，即由对安全一无所知的“生物人”到逐步接受安全理念、安全知识教育，以及外在的安全制度约束，不断地适应社会需要、社会化为“安全人”的行动过程。人在社会化过程中，不断强化对安全重要性的认识，最终达到对安全行动重要性的认知和理解。社会过程是行动者与其所处的社会环境之间不断相互作用、相互构造的过程。安全主体的社会过程，就是安全主体与其所处的社会环境间的互动过程，也就是人的“安全化”过程。

从社会互动论角度看，安全也是人与人（或人与人群、人群与人群）之间的一种社会互动，即“安全互动”：社会主体通过安全信息传播，相互影响，避免危害因素，达成一些安全标准、规则，进而形成共同的安全行动组织、安全行动制度和机制。概括地说，就是安全个体微观上的能动行动，通过互动而形成社会宏观层面的安全结构的体系。

---

① 在安全工程学上，“本质安全”是指通过技术和施工设计等手段，使生产设备系统本身具有安全性，操作者即便误操作或系统发生故障，也不出安全事故。宏观上看，是指通过企业生产流程或整个社会系统中人、物、环境、制度等诸要素的安全可靠、和谐统一，使各种危害因素始终处于受控制状态，进而逐步趋近本质型、恒久型的安全目标。

社会学建构主义分为行动者单向度建构论与互动建构论。从行动者单向度建构论角度看，安全是一种行动者主观的社会建构，是行动者对处于日常熟悉环境系统中，能够自我感知和把握可预期的信任状态，这实际上是一种吉登斯意义的“本体安全”。而按照舒茨的现象学观点，安全是一种主体间性的问题，是主体间相互达成一致的过程。也就是说，安全是行动主体（主要是人）对外在的他者或环境系统的一种可预期的信任或认知。而且，安全也是具有相应关系的不同主体之间的博弈，即“安全博弈”。安全博弈源于“安全困境”，即某一安全主体无法把握和控制来自他者或环境系统中的不确定因素，因而产生心理上的焦虑不安，安全可信度降到最低。

相反，从社会学结构主义角度看，人的行动被动地受制于社会结构、社会制度。因此说，安全行动受社会制度、环境和外在结构的影响，人的安全行动听命、服从于组织制度和环境的压力。

吉登斯则采用“结构化”概念，力图解决建构主义和结构主义、主观主义和客观主义的“二元”对立问题，认为结构即制度中使用的规则和资源，人的行动既要考虑到社会结构的要求，同时人又能动地建构社会和再生产结构，这就是结构的“二重性”而不是“二元”对立。[①]从此观点出发，人的安全行动既要考虑到安全结构的要求和约制，同时也要主动地建构和再生产安全结构（安全规则和安全资源），使得行动者在时间和空间两个维度中维持和再生产安全结构。

总之，安全行动涉及安全主体的社会化过程即行动安全化过程，这一过程包含安全个体内在的心理过程，以及外在的社会文化氛围等，人的安全需求与安全化之间形成一种“闭环”，相互影响（见图4-1）。至于影响安全行动的理性控制和伦理规范、社会结构等社会因素将在后面有关章节阐述。

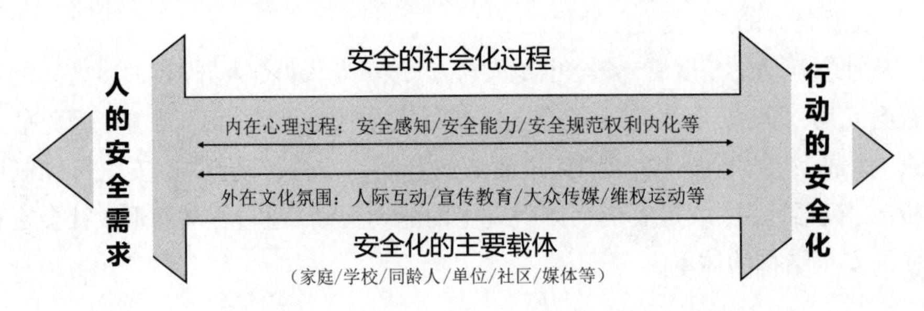

图4-1　主体行动的安全化过程（内在心理过程与外在文化氛围）

① ［英］安东尼·吉登斯：《社会的构成——结构化理论大纲》，李康、李猛译，生活·读书·新知三联书店1998年版，第40、80—83页。

第二节　行动安全化及其社会过程

人的社会化是社会学研究的重要内容之一。安全主体的社会化过程，同样是安全社会学探索的重要内容。从社会学角度看，人的一生是社会化和不断再社会化的过程。人的社会化通常是指作为个体的“生物人”（“自然人”，也可以指一个群体、一个社区、一代人等）成长为“社会人”，并逐步适应社会生活的过程，经由这一过程，社会文化得以积累和延续，社会结构得以维持和发展，人的个性得以形成和完善，履行合格的社会角色职能。[①]

从上述定义看，人的社会化具有以下五个特征：一是社会主体（人）在生存发展的不同时期不断进行角色学习、适应社会生活的过程；二是社会环境、社会结构对主体的生存发展的影响是明显的，使人具有社会性；三是在社会化过程中，人不断地培养发展自己的个性和自我观念，内化社会价值，传递社会文化，掌握生活技能，培养社会角色；[②]四是社会化载体多样，如家庭、学校、同龄群体、工作单位等；五是社会化包含“正向”（人的发展符合社会前进方向的正常发展）和“反向”（向与社会前进方向相反的方面发展）两个向度的可能，但一般而言，社会主流是一种正向流迁。从个人与社会的关系看，人在社会上总要按照一定的社会设置去“扮演”一定的社会角色，也就是说，行动者在很大程度上本身就是一定社会角色的“扮演者”。[③]

一、行动安全化、安全角色的基本界定

所谓“安全化”，在社会学上，就是指基本主体即人的社会化过程。在安全科学界，中国学者刘潜等认为，人的生理机能是根本不可能在本质上安全化的，因为人是不断接受外界物质、能量、信息作用的客体，又是异常复杂的物质与精神不断循环的系统。[④]实际上，人的安全化就是人的行动追求安全最大化。有的学者从社会建构论角度认为，安全化往往包含四类必不可缺的行为体：安全化

① 郑杭生主编：《社会学概论新修》，中国人民大学出版社1994年版，第107、133页。广义上，人的社会化包括“再社会化”（继续社会化）。狭义上的“再社会化”指罪犯改造的强制性教化过程，也包括一个人放弃原来的生活方式而适应另外一种生活方式的过程。一个人继续更新知识教育，也可以视为一种再社会化（继续社会化）。

② 郑杭生主编：《社会学概论新修》，中国人民大学出版社1994年版，第126—129页。

③ “社会角色”是一个标准的社会学概念，有人将其定义为：指与人们的某种社会地位、身份相一致的一整套权利、义务的规范与行为模式，它是人们对具有特定身份的人的行为期望，它构成社会群体或组织的基础。参见郑杭生主编：《社会学概论新修》，中国人民大学出版社1994年版，第140页。

④ 商钧、余溥泉、刘潜等：《安全本质化与本质安全化概念初探》，《中国安全科学学报》1992年第3期。

主体或施动者，即启动和实施安全化操作的行为体；指涉的客观对象（reference objective），即其安全需要得到保护的行为体；威胁代理主体（threat agent），即制造威胁的元凶或威胁的来源；听众——他们决定安全化逻辑的被接受程度和成功可能。[①]并且认为，成功的行动安全化应该具有三大步骤：识别“存在性威胁”（危险辨识）—采取紧急行动（安全行动）—通过破坏和摆脱自由规则来影响单元间关系。[②]

主体行动的安全化必定是主体承担一定社会角色。这就涉及人的“安全角色”问题，即人们要按照有关安全事务的社会设置，承担与其身份地位相一致的安全权利义务，遵守相应的安全规范，体现一定的安全行动期望。从人所承担角色的心理状态看，社会角色可分为自觉与不自觉角色。一般而言，进入新的环境，担纲新的工作岗位或职务等，其安全角色意识比较强，比较自觉。如初学开车的司机一般对驾驶安全和路面情况比较注重；但一旦熟悉了环境或工作等，主体的安全角色意识逐渐淡薄，角色不自觉地出现“角色钝化”（角色意识逐渐销蚀），作业操作中思想容易麻痹，安全事故难免发生。因此，需要对行动者持续开展“安全再社会化”，目的在于唤醒行动者的安全自觉角色意识。

在人的社会化的不同时期，人的安全行动具有不同时期的特征和意义。心理学家和社会学家往往根据人的成长过程中所呈现的不同动态特征而把人的一生分为几个不同的重要阶段。[③]结合中国人的文化心理和中国学者普遍认同的观点，笔者将在下文中对安全主体的社会化过程的四个阶段进行分析（从社会化的狭义角度且从正向性方面，来考察通常意义上单个主体“安全人”的社会化过程）。

二、幼童年时期的安全化：安全要从娃娃抓起

幼年时期，人主要通过家庭这样的初级群体生活圈得到各种基本生活照料，形成有关事物的简单概念，学习简单的语言和基本生活方式，获得生理上的安定。在这个时期，幼儿主要通过父母等长辈的反复教导，逐步在幼小的心灵里

① 潘亚玲：《安全化、国际合作与国际规范的动态发展》，《外交评论》2008年第6期。

② ［英］巴瑞·布赞、［丹麦］奥利·维夫、迪·怀尔德：《新安全论》，朱宁译，浙江人民出版社2003年版。

③ 美国心理学家E.埃里克森的《童年与社会》（1950年）将人的一生划分为八个阶段：①0～1岁婴儿时期，对周围环境产生信任或不信任。②2～3岁幼儿时期，同周围环境互动，产生自主与羞怯、怀疑。③4～5岁学前时期，明显形成主动性和内疚感。④6～11岁学龄时期，开始勤奋和具有自卑感。⑤青少年时期，认同与角色混淆。⑥青年或成年早期，亲密与孤独感得到强化。⑦成年和中年期，关注后代和关注自我。⑧成熟期或老年期，人生完善直至绝望感产生。参见黄育馥：《人与社会——社会化问题在美国》，辽宁人民出版社1986年版，第18—25页。

美国心理学家R.哈维格斯特的《人类发展与教育》（1953年）将人的一生划分为六个阶段：幼儿期、儿童期、青年期、壮年初期、中年期、老年期，具体每个时期都有其相偏重的发展内容。参见时蓉华：《社会心理学》，上海人民出版社1986年版，第49—50页。

树立事故灾难的简单概念，如通过观察火区别于其他事物的颜色、形状，对火的动感的好奇，火在皮肤上烫伤引起的灼痛感，等等，产生初步的防火概念。

到了童年时期，人在同龄群体的游戏、在家庭长辈长远的教育和小学启蒙教育中，逐渐形成自己的独立人格，能够建立认知事物基本属性的简单标准，发展读、写、算等基础能力。在这个时期，儿童对安全的感知更加深入，也常常有玩火、戏水、摆弄玩具的习惯，对事故的危害性有初步认知。比如，在中国一些农村地区有个传统的说法：玩火儿童会在夜眠中尿床（当然这两者之间其实没什么科学联系）。长辈们是想用这样直观、贴近儿童自我感知习性的安全教育方式和内容，来唤起儿童的安全意识。

人在幼童时期，若亲身经历一些事故灾难如火灾、电击等，或者经常观看一些事故灾难教育片，就会在心中留下安全的深深烙印。套用邓小平所说的“计算机的普及要从娃娃抓起”，笔者也可以说：“安全要从娃娃抓起”，这体现在传统家庭教育中。人在这个时期逐步建立起对外在人和事物的信任感，将有助于形成吉登斯意义的“本体性安全”心理基础。

人在这一时期，主要是接受各种安全知识的教育和熏陶。安全教育的责任组织主要是家庭、幼儿园（托儿所）、小学、社区等。安全教育的主要内容包括防火灾、防水淹、防电击、防跌损以及行走和交通安全，同时让孩子们初步意识到诈骗、拐劫、暴力等的危害性，即与自身的生命、生理心理和生活密切相关的安全知识。

三、青少年时期的安全化：全面安全观逐步成型

在社会正常秩序下成长的青少年，大部分时间应该是在中学、大学和走向社会工作前期中度过的。青少年时期社会交往面扩大，通过在学校中对各类专业知识的学习，对事物的认知能力有较大提高，辩证思维能力逐步增强，行为独立性也得以强化，逐步形成全面的、反映自身的个性和价值理念，成就欲望强烈而且也能够有所成就，自我安全意识逐步树立，安全的社会责任也逐步强化，安全的社会角色意识基本具备。

在青少年后期发展阶段，尤其是进入工作单位时，事故防范意识已经完全具备，安全知识和理念已经全面形成。比如目前在一些高校或中学里，新生入学时，学校普遍要求进行消防安全知识和消防安全法律法规的集中学习和考试检查，播放安全事故案例录像片等，以加强安全生产教育，内化安全的社会制度和价值理念，先在思想上打好消防“预防针”；班级均成立安全委员会，选举安全

责任心比较强的学生担任安全委员、安全组长，专门防范事故发生，促成学生群体的自我安全教育、自我安全管理。一些大学生毕业后奔赴工作单位尤其是企业单位以后，先要通过“入岗三级教育”，内容少不了从业安全的“五同时”、事故“三不放过”原则等。有的青年人在走上责任人（领导者）岗位后，更加重视从业安全和作业安全工作，有时亲临一线指挥安全事故的防范、设备设施检查和措施落实。

人在这一阶段，除了继续强化个体安全意识外，最主要的是接受了社会公共安全知识，逐步树立了全面安全观念，形成了系统的安全效益观、安全发展观，安全角色意识全面形成。在这一时期，其安全教育单位组织除了自身以外，主要是政府、中级以上学校、工作单位、同龄群体、专门的安全培训机构、社区、大众传媒等。其安全教育的主要内容包括生活生产安全知识、安全管理知识、安全责任意识乃至社会性安全知识等（如社会安全治理、国家安全观、国土国防安全观也全面成型）；风险辨识能力增强，安全感知敏锐。

四、青壮年时期的安全化：安全角色及其责任强化

实际上在这一阶段，个体行动者年富力强，精力充沛，是社会、家庭、其他组织的重要工作者和责任者，是社会各项事业的栋梁。他（她）需要照料家中老少，管理家务，创造生活资料，保障家庭安全，需要担纲单位科层性的职业事务，负起社团和公民的神圣职责。也就是说，这一时期的行动者要不断强化和真正履行安全角色的安全责任。

比如，在工作单位中担任重要职务的领导者，尤其是直接承担从业安全或公共安全管理角色的行动者，安全责任重大，能真正意识到“安全责任重于泰山”，不断践行“责任伦理”，强化安全效益观、安全发展观。有的人可能还亲眼见过或亲身经历过大大小小的多起事故，看到了生命、财产等的直接损失和严重后果，因此安全角色意识、责任意识格外强烈。但也不能否认，有的人思想麻痹，导致事故灾难的发生，因此安全教育在这一年龄阶段仍然不能放松，需要确保安全“警钟长鸣”。有的人还可能因为事故被处罚甚至判刑，因而安全社会化同样体现了社会学狭义上的强制性“再社会化”过程，包含对安全社会化的“反向”发展的矫正。同时，这一年龄阶段的人也担负着教育下一代安全事故防范知识的责任（包含“反向”发展的教训意义）。

这一时期，对行动者进行安全教育的组织主要是政府、工作单位、大众传媒、同事群体，安全主体自身不断社会化，安全角色日益凸显。其安全教育的主要内容包括全面的安全管理知识、安全责任意识、安全法纪知识等；除了自身职业

安全外，最主要的是强化其公共安全责任意识。

五、中老年时期的安全化：继续担责的同时教育后代

处于这一阶段的行动个体，其体力、精力逐步衰退，老年退休后社会活动量和收入都减少，劳动强度降低，更多地享受"天伦之乐"。他们对家庭、组织和社会事务负有职业责任。由于社会经验丰富，阅历广博，对下一代的文化传递、知识教育也有重要责任。

在安全方面，他们可能更多地利用自身丰富的安全经验来负责安全管理，而且他们的安全意识特别强烈，近乎"保守"。人到老年以后，在安全的责任管理的同时，可能更主要地将精力和时间放在教育晚辈的安全常识方面，如利用自己过去的亲身经历和安全知识教育后代，让他们了解事故的危害性，懂得如何预防事故灾难、发生事故时如何快速处理以避免更大的损失，并宣传安全的防范手段、安全管理的理念和安全文化价值，同时坚决制止青少年的不法行为（即避免反向的安全社会化）。但是，他们自身的安全也需要照顾。

这一时期的行动者，除了自身照顾外，主要依赖于家庭年轻成员的照护，并依靠社区帮助和敬老院的护理等。其自身安全管理的主要内容是防摔防跌、病弱照顾等。

总之，人类总是有着趋利避害的天然安全观，从出生到生命结束始终都在应对各种不安全问题，预防可控制或不可控制的事故灾难，不断将自身形塑为"安全化"的行动者。

第三节　安全行动的内在心理基础

行动主体的安全化过程，在很大程度上是行动主体的自我安全心理认知和对自我安全行为的把握和控制。这是一种微观社会学的探索。关于这一方面，安全心理学、安全行为学研究得比较多。从各个研究看，安全心理学往往偏重从个体心理角度研究人的安全心理状态，力图从复杂纷繁的现象中揭示人的安全心理和行为规律，以便有效预测和控制人的不安全心理和行为。[①]安全行为学则是

① 中国一些安全心理学研究者认为，该门学科应该是从安全的角度，即如何保证人在劳动过程中的安全，防止事故发生，消除不安全心理因素等出发，来研究人的心理活动规律（如栗继祖主编的全国高校安全工程专业本科规划教材《安全心理学》，中国劳动社会保障出版社2007年版，第6—7页）。笔者认为这类提法值得商榷，它应该是从心理学角度来研究人的安全心理及其行为的科学。

从行为科学的角度，研究人的安全行为特性及其规律，以分析、预测、控制和改变人的安全行为，从而通过提升安全管理效能来保障人的安全。[①]这两门学科紧密相连。人的安全行为、安全行动是安全心理的外在表现，人的心理因素及其活动规律是安全行为、行动的重要内在基础。下面，笔者主要结合社会学关于行动的微观心理基础、行动者的规范内化、主观感知等方面进行阐述，至于安全心理学、安全行为学所指的从业环境、组织和群体行为、社会角色等中观层面的内容，则在其他章节阐述。

一、安全行动的基础心理要素

与基于社会互动的群体心理学、社会心理学不同，个体心理学和行为科学主要关注个体人的生理机能、个性心理和认知心理活动及其规律。根据心理学的研究，安全行动的基础心理要素及其层次大体可归纳为：反映个体生物人的内在个性心理，包括精神和气质、人格和性格、情绪和情感等，以及反映人的社会性的认知心理（认知外部），包括感觉和知觉、兴趣和注意、意志和能力等（见图4–2）。人的行为、行动是否具有安全性，每一安全行动能否正常开展，都内在地受这些心理因素的影响。在一些从业环境尤其是高危作业环境中，人的生理心理状态对于安全行为、行动的影响较为显著，一般要求行动者保持正常的心智水平，否则容易诱发操作性的安全事故。

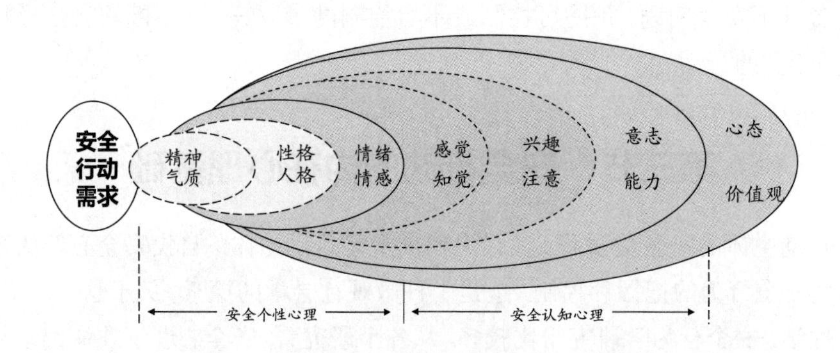

图4–2　安全行动的基础心理要素及其层次

① 中国一些安全行为学研究者往往从狭义安全（即人在生产劳动过程中的安全）的角度，来研究人的安全行为特性，包括安全行为的身心机制、操作行为与安全、工作环境与安全、激励与行为、工作设计与安全、行为测量与人员选拔、行为模拟与安全设计、安全培训与安全行为的养成、群体行为与安全、组织行为与安全、安全行为伦理等方面的内容（如栗继祖主编：《安全行为学》，机械工业出版社2009年版；叶龙、李森主编：《安全行为学》，清华大学出版社、北京交通大学出版社2005年版）。

（一）精神和气质对安全行动的影响

人是由血肉之躯构成的生物体，具有内在的精、气、神。心理学一般用“气质”来表达三者的功能，认为气质是指个体心理活动的强度、速度、灵活性与指向性的一种稳定性心理特征。罗马医生盖伦在古希腊医学家希波克拉底的分类的基础上，提出人的气质类型有四类：多血质型，活泼开朗、灵活轻率；胆汁质型，性急冒险、冲动机敏；抑郁质型，抑郁悲观、沉思坚韧；黏液质型，安静平和、谨慎敏感。交通心理学研究揭示，在交通事故制造者的气质构成中，胆汁质是“第一马路杀手”，其次是多血质，最少的是黏液质。犯罪心理学的相关研究也揭示出暴力犯罪主体具有近乎同样的气质。而一些特殊作业或职业（如高空作业、高温作业、地下采掘、警察等）往往偏重于某种气质，如研究表明，飞行员的气质构成中，多血质型占45.31%，胆汁质型占19.80%，胆汁质与多血质混合型占15.31%，多血质与黏液质混合型占5.81%，而胆汁–多血–黏液混合型占2.32%，抑郁质型为0。这表明高危行业对人的气质要求高，多需要冷静理智、胆大心细、反应灵敏、自控力强、精力充沛的气质行动者。[①]

当然，四类气质的划分只是相对而言的，纯粹具有某种单一气质的人毕竟是少数，一般情况是混合型气质比较多，且是某种气质占主导。人的气质并不决定安全行动，只是构成安全行动的生理心理基础，但能改变安全行为的方式；而且，不同气质的人可以通过气质方面的取长补短，在外在教育和内在心智控制下，理性地实施安全行为和行动。

由于气质是构成心理活动的主要基础，因而人在疲劳、病痛、情绪不稳定（激动或抑郁）、长时间关注某一事件或进行某项操作等情况下，精、气、神有可能低于正常水平，其行为、行动的安全性会逐步减弱，安全水平偏低，容易发生安全事故或事件。这就需要通过外在的制度机制加以调整（时间调节和空间环境调节），或通过内心自我调适，纾解身体和精神压力，恢复正常的安全心理功能，达到正常安全行为和行动的水平。

（二）性格和人格对安全行动的影响

心理学认为，性格是人对现实的态度及其相应的行为方式所表现出来的是比较稳定的、具有核心意义的心理特征，贯穿于人的一切心理活动，是与社会相关最密切的人格特征。性格受到后天的价值观、世界观和社会道德的影响，而能体现出人对周围现实世界的态度，并通过言谈举止表现出来。人的性格具有一

① 引自栗继祖主编：《安全心理学》，中国劳动社会保障出版社2007年版，第93、98—99页。

定的气质生理基础和遗传性，但又会在后天社会实践中体现可塑性，一经形成，便具有相对的稳定性和完整性。心理学从性格特征角度，将性格分为态度（分好坏）、意志（分强弱）、情绪（分冷热）、理智（分高低）四大方面。从性格类型看，分类很多，可按正向—负向的二分法分为几个对称的类型，如外向—内向、积极进取—消极应付、开朗活泼—孤僻冷漠、坚毅果敢—优柔寡断、平和沉稳—急躁冲动、认真严谨—马虎轻率等。一般来说，具有正向性格特征的、态度好、意志坚强、情绪平稳、理智水平高的行动者，安全性比较强、安全感比较好；相反，负向性格的行动者处于不安定的心理状态，容易制造不安全事故。因此，1919年，医学统计学家格林伍德（Greenwood）和伍兹（Woods）提出“事故倾向性格”理论，认为具有某种负向性格特征的行动者，往往是事故的主要制造者。[①]这也表明，一些特殊作业和岗位，需要特殊的正向“安全性格”。当然，性格虽然具有相对的恒定性，但在外界环境刺激下，也可能会一度偏离其恒定性特征，而表现出相反的性格特征。

人格，在心理学上，几乎等同于“个性”概念，隐秘于心理最底层，往往是指气质、性格、意志、情绪、能力等心理特征的总和，具有与他人相区别的独特而稳定的思维方式和行为风格。人格心理学研究成果很多，如艾森克的“二维度”人格层次理论主要以内向—外向为纵向轴、以稳定—不稳定为横向轴，绘制人格二维模型，将人格划分为四种组合类型：稳定内倾型、稳定外倾型、不稳定内倾型、不稳定外倾型，分别对应前述的黏液质、多血质、抑郁质、胆汁质，[②]就对安全行动的影响而言，它们各有积极与消极的一面，关键是要扬长避短，形成稳定的“安全人格”。一般来说，行动者的人格一经形成，便具有相对的独特性和稳定性，但也有少数人具有多重人格。人格既受制于内在气质，也受到后天外在环境的影响。具有多重人格特征的行动者很容易发展为人格分裂症，其行为往往不安全。长期忙碌于多种社会角色，承担过多社会事务，也可能使人心力交瘁，易于导致精神疲惫，心理趋于不安全状态。这就会引发很多事故，自身不安全，他人也未必安全。

（三）情绪和情感对安全行动的影响

在心理学上，情感、情绪都是人对客观事物是否满足自己的需要而产生的态度体验，表现为一种评价心理，都具有正、负向的两极性表现。相对而言，情绪比情感更倾向于个体基本需求欲望上的态度体验，是一种临时外在的心理反应。

① 引自栗继祖主编：《安全心理学》，中国劳动社会保障出版社2007年版，第9页。

② 引自栗继祖主编：《安全心理学》，中国劳动社会保障出版社2007年版，第96—97页。

心理学认为，情绪包括心情（心境）、激情、应激三种心理反应，具体包括喜、怒、忧、思、悲、恐、惊七种，有强—弱、紧张—放松、激动—平静、快感—不快感四大两极状态；而情感则更倾向于社会需求欲望上的态度体验，包含道德感、价值感、审美感，是一种持久内在的心理活动，指导和调节情绪的变化。

行动者因受外界因素如人际冲突、劳累程度、身体疾病、职业奖惩、收入高低、公平实现状况等的刺激，其心情往往会表现为或积极或消极状态。积极心情诸如喜出望外、情绪良好等，起一种增力作用，往往有利于安全行为和行动。但物极必反，过度兴奋激动、过于松弛则会导致所谓“得意忘形”“乐极生悲”“思想麻痹”的不安全事故，是一种减力性情绪，而适度紧张有时也会产生“急中生智”的安全行动来。急躁冒进、烦躁不安的情绪都会导致行动、行为不安全，很容易诱发事故，因此行动者在作业操作中（如开车）不能带有不良情绪。有实验表明，过高或过低的情绪水平，都会导致注意力不集中，自控力差，使得操作的精准性降至50%以下。因此，人的安全行动需要克制消极情绪，培育积极情绪，更需要营造一种公平和谐的社会环境。

在道德、价值、审美等心理感知方面，强烈的正义感、责任感，以及被嘉奖的美学意义等都会使行动者产生积极心境和激情，这有利于人的安全行动。相反，缺乏责任心、正义感，遭遇挫折感、不公平感、被惩罚感等都会诱发情绪低落，影响安全行为水平的提高。

（四）感觉和知觉对安全行动的影响

在认知心理学上，感觉是人脑对客观事物个别属性的反映（如对物理属性的颜色、大小、软硬等，化学属性中的酸甜苦辣味道、气味等，生理感触中的疼痛、酸麻、舒适等的反应），是一种简单的初级的直觉心理，是认识论哲学的起点。心理学将之分为外部感觉（视觉、听觉、味觉、嗅觉、肤觉）与内部感觉（机体觉、平衡觉、运动觉）。知觉是人脑对直接作用于感官的客观事物整体属性的综合反映，是以感觉为基础的复杂心理现象。心理学按照知觉的对象，将之分为物体知觉和社会知觉；按照知觉的性质和特点，将之分为时间知觉、空间知觉、运动知觉、错觉四类。感觉与知觉有时候合起来称为“感知”。在安全行为学意义上，可以称为一种心理的“安全感知”（sense of safety/security）、“风险感知”。

行动者的感觉和知觉准确，才能产生安全行为和行动，否则就容易引发安全事故或事件。正确感知的前提条件是：首先，要求行动者本身拥有健全正常机体及其系统。感觉器官发生病变或存在先天性缺陷，导致反应不灵敏，都无法辨识潜在的风险，这就有可能影响安全行为和行动的正常进行。其次，行动者机体感知的功能要正常。机能低于一定水平，同样容易诱发安全事故。比如要求小型汽车驾驶员视力（或矫正视力）在0.8以上，以保证安全驾驶。再如神经不正常，或者存在过于偏激心理，都容易引发自身不安全和人际冲突。当然，这里涉及人机工程学上的"人体感觉阈值"问题。再次，行动者的感知尽量接近事物的真实状态。因为感知对象本身存在真象和假象，同时感觉器官有时候因为外界环境影响，也会导致感觉偏差，因而要求行动者在必要时借助精密仪器仪表等工具，精确、客观地观察和感知事物本身，否则容易做出误判，导致不安全行为和危险后果。最后，不同主体的感知功能本身也存在个体差异。对于高危行业，首先要严格挑选那些有着正常机体、反应灵敏的行动者；对于一般性职业，也需要对从业者进行一定的安全强化训练，提高其安全文化素质、安全意识、风险辨识能力和安全行动能力。

（五）兴趣和注意对安全行动的影响

兴趣一般是指个体行动者探究某种事物的一种认知倾向，具有受引性、广度性、持久性、倾向性等特征。每一持久性的兴趣，一般都要经历"表层吸引产生兴奋—沉迷其中产生乐趣—确定目标引发志趣"的过程。兴趣与人的认知、情绪、意志、能力都有关系，能够提高感知灵敏性、减轻疲乏感、增强记忆力、激发积极心情，尤其是唤醒注意力。人的安全行动及其保障，需要一定的兴趣。没有兴趣，或者兴趣狭窄，或者兴趣瞬间即逝，就无法对自己的行为、行动保持专注，缺乏热情，以致丧失敬业精神，这样就会降低效率甚至引发不安全的事故或事件。特别是专门从事与安全相关的职业（高危职业）的人，更需要培养一定的、有效的和持久的兴趣。培养和激发兴趣的方式很多，大体有：树立一定的从业理想，端正职业态度；加强人际交往，拓宽兴趣爱好的范围；劳逸结合，在专注于某一行动的间隙适度休息，或以音乐欣赏、朋友聚会等形式减少疲乏感，以便重新激活兴趣；职业单位采取多种激励手段和机制，激发从业者的职业兴趣。

注意，是心理活动对一定对象的指向和集中，是一种心理现象，具有选择性、维持性、调节性、监控性等功能和特点。通常心理学将之分为无意注意（没有预设，无须意志努力，意外或偶然的刺激引发）和有意注意（目的预设，需要意志努力，有时需要强化训练）。注意力对于人的安全行为、行动非常重要。注意有一定的稳定性，能够让人较长时间连续进行某一行动；但时间过长，注意就容易波动（时强时弱）和分散（因外界客观干扰、身心疲惫而分心），容易引发事故。通常地，兴趣广泛、情绪稳定、反应迅速、意志坚定的行动者，注意的稳定性高，适合从事与安全有关的高危职业；相反，兴趣狭窄、情绪易波动、反应迟钝、意志薄弱的行动者，自控力较差，安全性较弱。注意的分配也很关键，单一行动者最好是对某一行动熟能生巧后，才进行注意转移（与无意的注意分散不同，注意转移是有意识地转变注意力，去进行另外的活动）。如果需要同时进行几项活动，最好活动之间的关联性比较强，这样注意力才能集中。如在安全职业岗位上，要设置能够提神的、多颜色的、多声音的警示性“指示器”“信号灯”等，避免分心和麻木。“安全的地方不安全，危险的地方不危险”，这说明了安全注意力的问题。

与兴趣、注意密切相关的有一种疲劳现象，它同愤怒、悲哀、忧伤等消极情绪一样，是一种消极的生理心理现象，心理学将之分为生理性体力疲劳和心理性精神疲劳。引起疲劳现象的原因很多，主要有：长时段连续劳作，得不到及时有效的睡眠、进食或间断休息；长期专注于某一活动，周而复始、单调地重复劳动，导致兴趣下降；身体生病、机体机能下降；意外不幸事件或事故对精神的冲击，一度情绪低落；企业缺乏激发从业兴趣的激励措施甚至违反社会公平；从事与人的生物钟相违背的活动；等等。疲劳如果得不到有效恢复，对安全行为、行动非常有害，会导致行动者食欲不振、精神不振、失眠等消极性生理心理反应，由此导致感官机能失调，感知不灵敏，记忆力和思维力下降，意志力消减，注意力下降，从业过程中提不起兴趣，行动效率低下，差错增加，违章、违纪、违反操作规程的事件增多，事故频发，高危行业还会引发特大事故等。因此说，疲劳是安全行动的大敌，很容易分散安全注意力。

要解除疲劳，激发兴趣和注意力，至少需要做到以下几方面：全社会或单位内部要同时强调效率与公平，尤其要围绕公平采取多种激励措施；依照人的生理、心理规律，合理安排作息时间；行动者自身或单位组织内部采取多种手段，拓宽兴趣爱好、交游范围或专业知识；等等。

（六）意志和能力对安全行动的影响

意志和能力都是人类的一种理性力量，是人类征服改造自然和社会必备的心理基质。在心理学上，意志一般是指行动者调节和控制自我意识的心理现象，表现为一种自控能力。意志是行动者有计划、有目的、有意识进行行动的一种自觉心理过程，通常遵循一种“目标激励—努力行动—取得成功”的心理规则，即一种意志行动能力。好的意志品质通常表现为意志坚强，能够攻坚克难；相反，则是意志薄弱。安全行为、行动通常需要行动者的意志坚定、恒毅、果敢、决断，遇到不安全环境，能够镇定从容和想办法纾解，遇到安全行动顺境，能够抢抓机遇、就势而上。如若意志薄弱、懒散、优柔寡断等，不但贻误干预和处理潜在风险的时机，达不到安全行动的效果，而且有可能引发新的安全事故或事件。安全行动的意志品质，需要一定的气质、性格等生理、心理基础，但更需要通过后天安全教育的强化训练才能形成。

能力，在心理学上通常被界定为：能够顺利或攻坚克难完成和实现某种既定行动方案的心理品质。它反映行动者的行动强度、行动速度、行动程度、行动灵活度及其水平，因此能力总是与人的行为、行动、活动紧密相连，从行动中才能看出一个人的能力。能力的种类很多，从能力展现的层次看，分为一般能力和特殊能力；后者是以前者为基础的，既需要一定的生理心理天赋，也需要后天强化训练。从心理特征看，行动者必须具备一般的基本能力，如观察力、记忆力、思维力、判断力、想象力、操作力、意志力、沟通力，而特殊专业行业则需要行动者具有特殊的专业能力，如绘画能力、表演能力、写作能力、演讲能力、交际能力等。从行为和活动内容看，分为领导能力、管理能力、规划能力、学习能力等，最主要的是创造能力。能力的充分展现，除了应具备基本的生理心理基础以外，还与行动者的情感水平和情商EQ、智力水平和智商IQ、知识结构、技能水平、道德素养、身心状况、意志品质、态度经验、环境逆顺等密切相关。能力在总体上是行动者心智水平的综合反映。

安全本身也是行动者的一种能力，即安全能力，同样包括很多方面。安全行动能力，即行动者在社会实践中，能够安全有效地完成和实现既定目标的行动能力。在一般从业环境和生活实践中，行动者需要基本的安全能力，如安全记忆力、安全判断力、风险感知力等。在特殊安全专业领域或高危职业，还需要相关行动者具备较强的安全思维能力、安全想象能力、安全意志能力、风险辨识能力、安全操作能力、安全应变能力、人机安全协调能力、人际安全合作能力、安全创新能力（尤其包含非常规的创造思维、想象力、联想力）等特殊专业能力。如驾驶员需要安全驾驶能力，飞行员需要安全飞行能力，采掘业需要安全采掘能力，危化品工作人员需要危化品安全操作能力，警察需要安全侦察能力，等等。这些尤其需要后天有意识地系统性学习、训练和培养。

不同的行动主体有着不同的能力水平和构成，因而其安全行动能力的表现也就不同，对行动者的职业安排、行动要求也就有所差异。比如，具有单线思维方式的人，注意力专注，对多元信息反应慢，按部就班，一时只能完成一件事，因此适合于从事重复性简单劳动或者相当严谨专注的工作。如果让其在同一时段完成多种工作任务，其结果是，不但会因工作效率低或无效率而完不成任务，甚至出现事故。由于高危职业的安全领域比较复杂，因而更多地需要具有发散性思维能力的行动者，他们能在同一时段完成几件相关的事情，其对海量信息反应灵敏，应变能力强。从年龄层次看，相对于知识和经验欠缺的青少年，以及记忆力、思维力、行动力、反应力下降的老年人，中壮年行动者精力充沛，安全感知能力、风险辨识能力、安全应变能力很强，知识经验丰富、技能娴熟，因而能够负责重要的安全规划、安全管理、安全应急等公共事务。因此，社会需要发现和挖掘具有安全潜能的专业人才和普通人士，使之参与安全职业建设或安全工作，达到量才为用、人尽其才的效果。

（七）心态和价值观对安全行动的影响

与上述各种心理相关联的是一种综合性的心理状态，即“心态”，是行动者对自身或外界事物的内在综合感受和价值评价，与性格、情绪、人格、兴趣、意志密切相关。一般来说，积极心态如遇事不惊的冷静、平和、包容、稳重心态，有利于保障行动安全，是一种“安全心态”；消极心态，如急躁冒进、遇事时情绪起伏，以及比较稳固的虚荣心理、自大心理、偏狭心理、报复心理等，都是安全行动的大敌，是“不安全心态”。

所谓价值观，一般是个人对事物和世界（包括自我、他人、事、物和主观理念）的存在意义、作用、效果和重要性的总体评价和看法。它是个性心理结构中具有稳定性的核心因素之一，反映人的主观世界；它作为标准和原则，决定和影响个人的行为动机、自我认同，以及理想信念、生活目标和追求的方向及其性质。在指导和影响人的安全行动时，就会产生较高层面的“安全价值观”，一般包括“安全第一”“安全为天”“安全公正”“安全道德”“安全责任”“安全诚信”等价值观，具有较强的安全行动导向功能。

二、安全行动的微观心理过程

在一定意义上，安全规范对应于安全行为及意识，安全权利对应于安全维权行动及意识。[①]一般地，安全行为遵循着特定的安全规范、安全标准；而行动者作为安全主体，还有着自身的安全权利诉求，其安全行动需要考量安全权利意识。在行动者安全化的社会过程中，安全行动也必须有一套符合安全角色的安全规范和安全标准、安全权利和安全义务，而这些规范、权利意识需要行动者自

① “安全权利”（rights of safety/security），是指人的安全权，与健康权、劳动权、受教育权、居住权等一样，属于人的基本权利；“权利安全”（security of rights），是指人的各种权利切实得到有效维护和保障。

身内化为行为或行动标准和信仰追求，因此需要一定的微观心理过程和机制。如图4-3所示，每一次安全行动都大体需要经历这几个心理环节：外界事故或事件刺激→反应（暗示或感染）→安全需要→安全动机（预设安全目标）→规范和权利意识认知强化内化（模仿/从众/学习/遵从）→通过安全行动实现安全目标，最后回环、反馈。

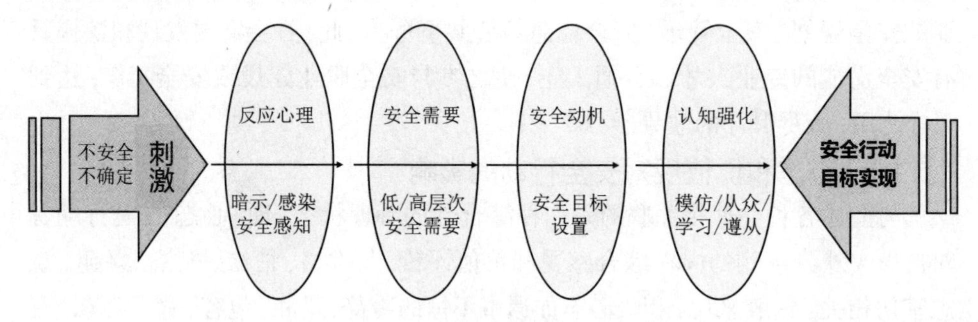

图4-3 安全行动的微观心理过程

（一）刺激—感知—反应的心理环节

美国行为主义的主要代表人物华生（Watson）从俄国生理学家巴甫洛夫（Pavlov）关于“条件反射”与“非条件反射”的动物实验中得到启示，认为人的心理具有“刺激—反应”（S-R）的客观心理特点，可以通过控制环境而任意地塑造人的心理和行为。[①]后来，瑞士心理学家皮亚杰（Pigaet）对之进行修正，提出“刺激—同化于主体的认知结构—反应”（S-AT-R）的认知发生论模式，[②]使得心理学从华生的行为主义转变到认知论，认为人脑中的认知结构是人对外界反应的必要前提，而不仅仅是刺激。

一般来说，行动者受到外界不确定性因素尤其是灾变事故或事件的刺激，心理上会发生反应。这种反应由于心理感知的作用，受到在场时的事故或事件的暗示和情绪感染，而先在心理上直观地表现出对安全需要的渴求。当然，这里面还涉及强弱信息对行动者心理的刺激问题，取决于主观和客观两方面：[③]客观上看，如一次性安全事故伤亡人数过多，必然产生“强刺激”，若事故频繁但每次伤亡数量少（如交通事故每次伤亡1~2人），媒体连续报道，反而会对行动者心理形成“弱刺激”，其会产生“安全需要的麻木感”；从主观上讲，个体不同，安全感不同，“强刺激”未必产生“强反应”，同样“弱刺激”未必就只是“弱反应”。

① 参考高觉敷：《西方近代心理学史》，人民教育出版社1982年版，第255—256页。

② ［瑞士］让·皮亚杰：《发生认识论原理》，商务印书馆1981年版，第60—61页。

③ 颜烨：《利益分割时期的安全事故与政府改进问题》，《西南大学学报（社会科学版）》2007年第6期。

主体对外界信息的心理反应通常存在三种现象：一是木讷反应（对信息不敏感而反应不到位），二是本义反应（按照信息真实意义来理解并反应），三是过度反应（对信息过度理解甚至歪曲理解并反应）。因此，信息刺激与心理反应往往存在四种组合现象：强刺激—强反应，强刺激—弱反应，弱刺激—强反应，弱刺激—弱反应。

（二）安全需要与安全动机的心理环节

人是生物体，需要生存和发展的能量和环境。美国心理学家马斯洛20世纪40年代提出的“需求层次理论”（生理、安全、爱和归属、尊重、自我实现需求）表明，人对安全的需要属于第二层次，是一种基本需要，包括对稳定的经济社会结构与社会秩序、可预见性的未来、人身安全等的需要，其主要目的是降低生活中的不确定性。[①]安全需要也有高低之分：低层次安全需要主要是生理性满足，衣食住行用（即基本民生）得到实际满足，疾患得到有效治疗，行动者心理无“后顾之忧”，没有压力感、忧郁感，否则就会干扰行动者正常工作和生活，反过来诱发不安全心理和行为；高层次安全需要一般是指行动者家庭稳定、人际关系较好、身份地位得到应有尊重、有着一定的社会成就感且得到社会认同，因此这种自豪感和满足感容易使人心理舒适、顺畅，更有利于安全行动。与“刺激”一样，人对安全的需要也有强弱之分。

动机源于需要。相对于潜在性的需要而言，动机是其外在表征，是行动者发起和维持活动的个性倾向心理。“行必有因”的“因”即指心理动机。安全动机包含一种理性的安全目标预设。刺激和需要是动机的两个链条式条件：强刺激—强需要—强动机，弱刺激—弱需要—弱动机。[②]当然安全动机及其目标预设，还受到行动者对于安全需要的爱好兴趣、价值观以及成就感、满足感等的影响。比如行动者的安全行为越是有效，就越容易产生安全动机；但安全挫折感若是强烈，则会出现两种情况：要么从此一蹶不振，要么逆水行舟，激发安全动机，这取决于行动者的安全意志力。

（三）安全认知强化的心理环节

认知心理学中的学习强化理论，对于强化安全目标认知、安全规范和安全维权意识具有重要的指导意义。这里通常有几种安全认知强化心理：

---

① ［美］马斯洛等著：《人的潜能和价值》，林方主编，华夏出版社1987年版，第162—177页。

② 这样因主体不同，也会产生不同的排列组合模式：A强刺激—强需要—强动机；B强刺激—强需要—弱动机；C强刺激—弱需要—强动机；D强刺激—弱需要—弱动机；E弱刺激—弱需要—弱动机；F弱刺激—弱需要—强动机；G弱刺激—强需要—弱动机；H弱刺激—强需要—强动机。

1. 从众心理。即行动者主动按照群体中的多数意见或群体规范标准行事，是一种直接的、临时的、直觉的心理反应，是行动者对于安全事故或事件可能具有的一种最初反应，其反向性在于有可能缺乏主体思维而产生安全盲从现象。

2. 模仿心理。即行动者力图使自己的言谈举止与榜样尽量类似的一种心理行为。在事故或事件刺激下，行动者为了进行自我安全保护，有可能直接模仿学习安全榜样的言行，避免自身的不安全。

3. 激励行为。即单位组织为了使内部成员高效地实现目标，交替采取正向奖励和负向惩罚这两种手段，激发成员的内在需求或动机，从而加强、引导和维持其行为的活动，目的是将有意识的外部刺激转化为成员的自觉行动。在安全行动中，行动者一方面接受外部奖励，一方面自我激励，在外部压力和自我压力的双重作用下，主动强化学习和内化一些安全规范和权利意识，确保自身安全和他人安全。

4. 通过学习达致"安全惯习"。社会学习理论是美国心理学家班杜拉（Bandura）提出的，也是一种心理认知强化理论，他强调个体—行为—环境三者之间的交互作用，指出外在线索对行动者的行为和心理过程的影响，强调思想和行为的互动。在安全行动中，通过外部的教育培训和宣传，以及自我强化学习，不断根据直接现场经验和书本知识内化安全规范标准、强化安全维权意识，使得"安全成为习惯"、成为一种例行化的日常生活习惯、一种自我权利保护的手段，最终形塑为"安全惯习"（借用布迪厄的"惯习"概念），即一种内化了的、具体化了的安全认知结构和安全实践经验，体现为一种具有自我人格特征的安全精神质素和安全行动能力，一定程度地制约着行动者的安全思想和安全行动。

5. 强化自我（安全）保护心理。自我保护心理实际上就是保护自我心理安全、安定和自信，这是心理认知的高级阶段。一般通过两种方式产生：一是自我肯定的积极方式，即对自己或他人均采取一种非常自信的心理看待，并且期望得到他人的肯定和褒扬，从而继续强化安全自信心理；二是自我否定的消极方式，也就是常说的采取"低调"的手法来保护自己，即在他人面前表现得特别无能，非常谦虚或自我贬低，以免遭受他人的攻击和打压，并换取他人对自己的同情和怜悯，进而保护自我心理安全。

6. 环境—心理的互动制衡。从社会心理学角度看，当外在环境不顺、社会动荡的时候，人们可以通过调适自我心理以适应环境，达到以静制动；当个体心理情绪烦躁不安的时候，人们可以借助外力，干预和疏导心理。此即所谓"环境—心理的制衡定律”，不失为一种权宜策略。[①]

此外，与安全心理强化相反的有一种“安全责任分散心理”，主要是指在同一场景中，不同行动者对于同一安全隐患均产生视而不见、听而不闻的心理。即谁都持有这样一种心理：即使自己不去负责处理，别人也会去处理，结果谁也没有采取行动，不了了之，以至于造成巨大安全事故。

三、基本行动主体的安全感

人是一种具有心理感知和思想智慧的动物，是社会行动的基本主体，在心理和行动上对自身和外界的人、事、物、环境、系统的把握总是需要一种安全感。这里，首要的是分清安全感（security包含此意，相当于feeling of safety/security）与前述的安全感知（sense of safety或safety consciousness）的不同：安全感是指行动者感觉自己是否安全（feeling safe），自身是否处于安全状态（being secure），确信自身生存和发展是否没有威胁、没有焦虑，对周边环境风险的控制和把握是否充满自信；[②]而安全感知则是用人的感官去感知外界的人、事、物、环境、系统是否安全，包含风险辨识的意义。安全感与安全感知（风险感知）都属于认知心理学范畴。

与此同时，我们还需要重申和辨析几个相关概念：安全性、安全度、安全感、安全心态。①所谓安全性，是指人、事物、环境及其系统的客观安全性能和状况，包括是否安全、安全状况如何。人的安全性，就是人的本质安全，包括心理安全和行为安全，即安全化达到一定水平和程度，通常以强安全性、中安全性、弱安全性三级来表示。②所谓安全度，即安全程度，是对安全性的客观测量，表明安全处于何种水平状况，通常分为高安全度、中安全度、低安全度三级水平，也可以称为“客观安全度”。③所谓安全感，即人对客观安全性的感知及其感知程度、水平，一般也可以用高安全感、中安全感、低安全感来表达，也可以称为“主观安全感”。④所谓安全心态是行动者对自身或外界事物安全性所持有的一种内在感受和价值评价。相对于安全感而言，安全心态具有较强的正向价值评判，而安全感则是一种纯粹的心理感受。

---

① 颜烨：《高血压：转型社会患上结构病》，《中国教育报》2010年6月21日。

② Alex Howard, “Insecurity: Philosophy and Psychology”, in J. Vail, J. Wheelock and M. Hill (eds.), *Insecure Times: Living with Insecurity in Contemporary Society*, New York, Routledge, 1999.

(一)不同理论视角的安全感研究

国内外关于安全感的研究文献尤其是实证研究比较丰富。[①]根据已有的理论研究，大体可以归纳为以下四种观点：

1. 生理本能决定论的安全感。最早的安全感概念见于精神分析大师弗洛伊德的著作。弗洛伊德假定认为，当个体所接受的刺激超过了本身控制和能量释放的界限时，个体就会产生一种创伤感、危险感以及由此而来的心理焦虑（如信号焦虑、分离焦虑、阉割焦虑、超我焦虑）。后来的相关研究者由此认为，行动者无法解决现实冲突而产生焦虑症的原因在于，行动者在幼年及成年阶段，某种欲望控制与满足方面缺乏安全感，以至于后来焦虑成为一种生理本能。

2. 人本主义安全感。这方面的代表主要是弗洛姆（Fromm）的精神分析论和马斯洛的需要动机说。弗洛姆重视家庭环境对儿童人格的重要影响，认为父母的威严和呵护虽然使得儿童失去自由，但却使其拥有了归属感和安全感。他还指出，在现代社会，个体行动者虽然自由增加了，但人际联系减少，难免产生孤独无助的不安全感，只好将命运的归属和安全交付给集权主义和专制统治。马斯洛则是典型的心理“需要动机主义”，认为安全是人的一种基本需求，人在满足生理需求之后，心理上就特别需要周边环境的安全来规避焦虑和恐惧。他将心理的安全感（psychological security）定义为“一种从恐惧和焦虑中脱离出来的信心、安全和自由的感觉，特别是满足一个人现在（和将来）各种需要的感觉”。他还结合临床实践，编制了“安全感—不安全感问卷”（S-I问卷），[②]由此认为，安全感缺失者自我认同度很低，信心不足，在社会上也往往是“不受欢迎的人”。

3. 社会文化影响论的安全感。霍尼（Horney）在反对弗洛伊德的生理决定论的同时，认为神经症是社会文化造成的，是父母长期施行的压制性教育方式诱发了儿童的“原生焦虑感”和不安全感，因而他们对父母和社会产生敌意。另一代

---

① 国外或海外的如：W. B. Cameron and T. C. McCormick,“Concepts of Security and Insecurity”, *American Journal of Sociology*.1954, Vol 59, No.6; J. Vail, J. Wheelock and M. Hill (eds.),*Insecure Times: Living with Insecurity in Contemporary Society*, New York, Routledge；江绍伦：《安全感的建造》，香港岭南学院1992年版。国内的如：公安部公众安全感指标研究与评价课题组：《中国公众安全感现状调查及分析》，《社会学研究》1989年第6期；王大为、张潘仕、王俊秀：《中国居民社会安全感调查》，《统计研究》2002年第9期；王俊秀、杨宜音、陈午晴：《风险与面对：不同群体的安全感研究》，《民主与科学》2007年第6期；林荫茂：《公众安全感及指标体系的建构》，《社会科学》2007年第7期；王俊秀：《面对风险：公众安全感研究》，《社会》2008年第4期；宋宝安、王一：《利益均衡机制与社会安全——基于吉林省城乡居民社会安全感的研究》，《学习与探索》2010年第3期；姚本先、汪海彬：《整合视角下安全感概念的探究》，《江淮论坛》2011年第5期。

② A.H. Maslow, E.Hirsh, M.Stein, et al.,“A Clinically Derived Test for Measuring Psychological Security-insecurity”, *The Journal of General Psychology*, 1945(33), pp21-41.

表人物沙利文（Sallivan）也同样认为，人类行为的基本动力就是生物性满足和心理性安全感，而这都受制于外在的社会力量和环境。埃里克森（Erikson）的社会化理论正好能够解释个体成长环境对其安全感形成的影响。[①]

4. 社会建构论的安全感。主观建构的安全感可以视为一种想象性的，正如所谓“你感觉或认为安全，就是安全的”。这包括三方面，一是以吉登斯为代表的“本体性安全”（如前面章节所指），即自我主观建构的安全感，指行动者在日常际遇中，能够自信把握和控制自身存在和发展的安全可靠性。[②]这可以视为一种心理学上的安全感。二是社会互动论意义的主观建构，认为安全感是人们在社会交往中互相建构起来的，是互动者之间通过日常际遇而相互确信和认同的安全，并且内在地形成一种共同的安全意识和安全规则，体现一种主体间性，相互遵守、相互制约，最终达成心理上一种持久稳定的安全感，并相信依靠这种安全感能够维续现实世界和未来际遇的安全运行。这可以视为一种社会学意义上的安全感。三是对此二者的综合。比如维尔指出现代社会进入了“不安全的时代”，认为安全感是幸福、安全的状态，不安全感是一种预防和恐惧的状态；安全感是实现目标的自我肯定和信心，不安全感是努力无效时自我和信念的挫败和无力；安全感是稳定和永恒的条件，不安全感是对未知事物的不确定感。[③]

（二）安全感的层次和类型

一般地，根据范围和领域的不同，可将安全感大体分为两大层次，即社会整体安全感与局部领域安全感。前者通常是指行动者对整个社会的运行发展投射到自身心理上的反映，即行动者对社会整体是否安全、社会运行是否对自身生产和发展存在威胁的感知，也即社会系统安全感。后者往往是针对社会大系统中某个领域或某一方面的安全感，大体涉及以下三方面。

1. 宏观结构方面的安全感。如经济安全感，即行动者对整个社会的经济运行趋势及其环境怀有信心和信念；政治安全感，即行动者相信执政党及其政府运行的合法性、稳定性、施政效果等对民众或自身产生正面影响；国防安全感，即行动者确信本国针对外来势力的安全防御充分有效。

2. 外在环境方面的安全感。如环境安全感，即行动者确信客观自然环境和社会环境中不存在或很少存在影响自身生存发展的不利因素、有害因素或危险因

---

① 安莉娟、丛中：《安全感研究述评》，《中国行为医学科学》2003年第6期。

② ［英］安东尼·吉登斯：《现代性的后果》，田禾译，译林出版社2000年版，第30—132页。

③ J.Vail, “Insecure Times: Conceptualising Insecurity and Security”, in M.Hill, J.Vail, J.Wheelock(eds.), *Insecure Times: Living with Insecurity in Modern Society,* New York, Routledge, 1999, p1-3.

素(如自然灾害、工业事故、职业危害、污染、噪声、尾气、酸雨、毒土、毒食,以及剥削、压榨、诈骗等),包括城市安全感、社区安全感、交通安全感、食品安全感等公共安全感。

3. 生存活动方面的安全感。如就业安全感,一是确信就业稳定、收入来源可靠、有持续性保障;二是就业过程中相信不存在较高或较多的对身体有负面影响的职业危害。财富安全感,即行动者对自身的经济收入和财产的稳定性足以维续自身生存发展有着较强的信心。交往安全感,即行动者在人际日常交往中,一是心理上没有交往压力,对对方有较强的信任感;二是人际交往方面确信有较多可以相互沟通和提供帮助的朋友等。身心安全感,即行动者对自身的身体和精神健康状况、基本权利(如民事权利)保障持有信心。家庭安全感,即行动者对家庭稳定、尊老爱幼、互助互信、幸福安康,尤其是现代社会夫妻关系和谐等方面持有信心。局部领域安全感还有很多方面,不再一一列举。

(三)安全感的个体差异

各个个体对自身和外界的人、事、物、环境、系统的安全感知程度不一样,同一个体在不同时空环境下对于安全的感受程度也不相同。基于行动者的个体差异而形成的安全感差异可归纳如下:

1. 自然属性不同,不同主体的安全感不同。如基于年龄差异,儿童的安全感一般相对于成年人要低,代际安全感有明显差异(代际差异一般有两种:一是基于两代人之间自然年龄的差别而产生的差异,如老年人比年轻人稳重;二是时代变迁导致的差异,如改革开放时期,年轻人比起老一代人观念更民主)。基于性别,女性的安全感往往要低于男性。基于家庭出身背景,一般富裕家庭成员比贫穷家庭成员的安全感要高。对于有些夫妻来说,俩人的年龄(或经历)有一定"落差"(当然不是差距太大),有一定的异质性,彼此间反而能产生更强的吸引力和安全感,因而夫妻关系、家庭关系较为稳定。

2. 社会属性不同,不同主体的安全感不同。基于受教育程度,一般是高学历者的安全感要高于低学历者;基于地域,城市居民的安全感可能高于农村居民,发达地区居民的安全感可能高于不发达地区居民;基于行业和职业,一般是服务行业职业者的安全感要高于高危行业职业者;基于组织岗位,体制内的政府机关公务员的安全感要比体制外的民营企业员工高;基于收入,高收入者一般比低收入者有较高的安全感;基于社会阶层,阶层地位高的人的安全感可能高于地位低的人;基于族群,人口多的民族的社会安全感要比少数民族的强。

3. 情境条件不同,不同主体的安全感不同。基于生活、工作压力尤其消费与收入的对比，近年中国的一些社会调查结果显示，农村居民的安全感高于城市居民；基于活动量和活动范围，社会实践活动多的人，安全感往往比不活动或少活动的行动者低，此情况下的男性也比女性的安全感低；基于信任，在社会诚信度高的社会，人的安全感相对较强。

4. 情境条件不同，同一或同类主体的安全感也会不同。如基于就业的组织特征，同一行动者在政府机关当公务员时，比其在民营企业就业时的安全感要高很多；基于交通工具，同一行动者在乘坐飞机时的安全感，要比乘坐火车时的低。

此外，安全感还与公平感、幸福感、自由感紧密相连。总体而言，这些方面都需要具体实证研究和测量才能很好地把握，至于具体测量指标体系，笔者将在第九章进一步探讨。

第四节　安全行动的外在文化氛围

行动主体的安全行动及安全化，不仅需要内在心理认知机制，更需要一种外在的安全文化氛围。这实际上涉及人与人之间的社会互动、群体心理、教育培训、大众传媒、社会维权运动等生成机理，以及外在的安全熏陶、安全感化、安全浸染等机制。

一、安全文化的研究与建设、主要类型与功能

安全文化，从古到今，一直是人类安全实践活动的反映。从20世纪80年代中期以来，安全文化的内涵更加明确，功能更加凸显，建设实践活动更见成效。

（一）安全文化的理论研究及实践建设

安全文化的概念，最初是1986年国际原子能机构的国际核安全咨询组针对苏联切尔诺贝利核事故、核电站问题提出来的。1991年给出的正式定义为“是存在于单位和个人中的种种素质和态度的总和”。[①]不久，英国健康安全委员会核设施安全咨询委员会对此定义进行了修正，认为一个单位的安全文化“是个人和集体的价值观、态度、能力和行为方式的综合产物，它决定于健康安全管理上的

① International Nuclear Safety Advisory Group, *Safety Culture*, *Safety Series,* NO. 75-INSAG-4, IAEA,Vienna, 1991.

承诺、工作作风和精通程度”。[①]1994年，国际原子能机构制定了评估安全文化的方法和指南（ASCOT指南，1996年修改），对安全文化的政府组织、运营组织、研究机构和设计部门等问题进行了详细规定。1998年，该机构又发表了《在核能活动中发展安全文化：帮助进步的实际建议》，提出了企业安全文化建设要经历安全技术与法律建设、安全目标与绩效、安全主体责任与自我学习改进这三个阶段。[②]2002年5月，道格拉斯·韦格曼（Douglas Wiegmann）在向美国联邦航空管理局提交的安全文化总结报告中作出了他们的定义：“安全文化是一个组织的各层次各群体中的每一个人所长期保持的、对职工安全和公众安全的价值及优先性的认识。”涉及每一个人对安全承担的责任，保持、加强和交流对安全关注的行动，主动从失误教训中学习、调整和修正个人和组织的行为，并且从履行这些价值的行为模式中获得奖励等方面的程度。

目前，世界多数国家和地区都重视安全文化的研究和建设，中国从改革开放以来对安全文化的研究和建设逐步由政界、学界深入全社会。[③]如编制了《企业安全文化建设导则》标准（AQ/T 9004—2008），一些地方政府还定期出台安全文化建设五年规划。安全文化研究不再局限于安全科技工程学界，安全社会科学界也在加强研究，构建了诸多安全文化评价模型。[④]尤其近年中南大学吴超教授团队研撰出版了国内外首部“安全文化学”专著，学科体系基本完备，具有开创性。[⑤]从领域范围来看，安全文化建设和发展也不再局限于核安全文化、交通

① Lee, T. R.,“Perceptions, Attitudes and Behavior: The Vital Elements of a Safety Culture”, *Health and Safety*, 1996(10), pp1-15.

② Kathryn Mearns , Rhona Flin , Rachale Gordon, et al.,“Measuring safety climate on offshore installations”, *Work & Stress: An International Journal of Work, Health & Organisations*, 1998(12) , pp238-254.

③ 中国自改革开放以来，安全文化研究与建设逐步繁荣起来。突出的有：1991年秋，铁道部原眉山车辆厂开展了“企业安全文化”课题研究。1993年有学者发表了“论企业安全文化”的文章。1994年1月，国务院核应急办组织安全文化研讨，编印《安全文化论文集》。正式出版的第一部安全文化研究著作是1994年底由《中国安全科学学报》编辑部和警钟长鸣报社共同组织编写、徐德蜀主编的《中国安全文化建设——研究与探索》（四川科学技术出版社）。1995年4月，中国劳动保护科学技术学会牵头，警钟长鸣报社、中国地质大学、北京建筑设计研究院、广州铁路（集团）公司等在北京联合举办了“全国首届安全文化高级研讨会”，来自全国的120多名学者参加，首次对我国安全文化建设进行跨行业、跨地区、跨学科、跨部门的研讨。会上时任劳动部部长的李伯勇提出“安全文化是我国安全事业发展的基础”的思想，会议通过《中国安全文化发展战略建议书》并提交给国务院。1997年7月，中国安全文化研究会筹委会专家组在《警钟长鸣报》上公开发表《关于制定〈21世纪国家安全文化建设纲要〉的建议》。1999年，甘心孟、林宏源主编的《安全文化导论》出版（四川科学技术出版社）。2002年，国家安全生产监督管理局政策法规司组织编写《安全文化新论》（煤炭工业出版社）。2003年底，国家安全生产监督管理局组织召开了“安全文化与小康社会国际研讨会”，出版《安全文化与小康社会》（煤炭工业出版社）。2004年，徐德蜀、邱成主编的《安全文化通论》出版（化学工业出版社、安全科学与工程出版中心）。

④ 傅贵、王祥尧、吉洪文等：《基于结构方程模型的安全文化影响因子分析》，《中国安全科学学报》2011年第2期。

⑤ 王秉、吴超：《安全文化学》，化学工业出版社2018年版。

安全文化或者企业安全文化，已逐步推广到建筑、矿山等其他职业领域的安全文化，乃至渗透到社会公共安全文化、国家安全文化层面。安全文化热的兴起，反映了由重视安全工程技术向重视安全文化的这一理念的转变，就是要解决“头痛医头、脚痛医脚”的单纯依靠技术解决问题的“治标”模式，要求从根本上树立“安全第一，预防为主”的理念，变“要我安全”为“我要安全”的主体意识，达到安全“治本”。

（二）安全文化的主要类型和社会功能

上述关于安全文化的界定主要局限于职业劳动领域或单个组织内部。究竟该如何界定安全文化？我们首先看看文化的界定及其分类。从宏观视角看，文化是指人类一切社会实践活动及其活动成果；从中观层面看，文化是指人类在社会历史实践中所创造的物质财富和精神财富的总和。狭义的文化，仅指社会的意识形态以及与之相适应的制度和组织机构，尤其是指文学艺术活动及其作品。因而，多数文化研究者从广义内容上将文化按照从低到高的层次，依次分为物质文化、行为文化、制度文化、精神文化；从性质上，文化往往可分为先进文化与落后文化；从时间上，文化可分为传统文化与现代文化；从主次上，文化可分为主流文化与亚文化（也包括反动落后的亚文化）；从可比性上，文化可分为可比性文化与非可比性（中性）文化；从受众主体上，文化可分为高雅的精英文化（如造诣较高的科学研究、文学艺术）与通俗的民间文化；[①]从不同社会层面看，可分为宏观民族文化、中观组织文化、微观个体文化。

这里，笔者从广义上将安全文化界定为：关于人的安全的一切社会实践及其成果。从中观层面看，安全文化即人类在安全实践活动中所创造的安全物质成果和安全精神成果的总和，应该包括安全理念、安全意识、安全制度、安全标准、安全物品、安全文艺作品、安全宣传、安全群体、安全行动、安全理性、安全社会系统、安全社会结构等。由此，结合上述文化的分类，并根据中国学者的研究，我们可以将安全文化类型列表总结如下（见表4-1）。

---

① 郑杭生主编：《社会学概论新修》，中国人民大学出版社1994年版，第92—95页。

表4-1 不同分类视角的安全文化类型

<table>
<tr><th>角度</th><th colspan="12">类型及其例举</th></tr>
<tr><td rowspan="2">内容层次</td><td colspan="3">安全物质文化</td><td colspan="3">安全行为文化</td><td colspan="3">安全制度文化</td><td colspan="3">安全精神文化</td></tr>
<tr><td colspan="3">包括有形物质与无形物质。前者如各种工具、器材、机械设备（如安全帽、警棍、监控器）；后者如安全资金投入</td><td colspan="3">包括单向行为与互动行为。前者如个人机械操作、驾驶、弹跳、示范；后者如安全工作会议、作业协作、网络传输</td><td colspan="3">包括正式制度与非正式制度。前者如法律法规标准、正式组织、政策；后者如安全习惯习俗、非正式群体安全游戏规则</td><td colspan="3">包括心理意识与科学研究。前者如安全价值理念、意识形态、伦理道德；后者如安全哲学、学科专业、工程技术</td></tr>
<tr><td rowspan="2">功能性质</td><td colspan="6">先进安全文化</td><td colspan="6">落后安全文化</td></tr>
<tr><td colspan="6">一般指对社会进步起正向作用的，如安全科学研究、人机协调、安全第一价值理念、良好行为、公正、合作、权利保障、民主法治</td><td colspan="6">一般指对社会进步起消极阻碍作用的、反动的，如安全迷信、占卜算命、克隆人、邪教、黑恶势力、违法犯罪、潜规则、封建专制</td></tr>
<tr><td rowspan="2">社会时代</td><td colspan="6">传统安全文化</td><td colspan="6">现代安全文化</td></tr>
<tr><td colspan="6">包括正向的与负向的。前者如良好的安全习惯、行为规范、安全权利保障、遵循自然规律；后者即落后的、反动的安全文化</td><td colspan="6">一般指符合社会前进方向的安全文化，如人本安全理念、安全权利维护、人机协调设置、公正、合作、民主法治、善于反思</td></tr>
<tr><td rowspan="2">主次功能</td><td colspan="6">主流安全文化</td><td colspan="6">亚安全文化</td></tr>
<tr><td colspan="6">占据社会主流、为绝大多数社会成员所遵循和认同的，如全社会倡导的先进安全理念、正式共守的安全标准、安全法律法规</td><td colspan="6">一般包括族群亚安全文化、职业亚安全文化、越轨亚安全文化，如民族安全习俗或禁忌，非正式群体安全规则，制售假冒伪劣品、潜规则、侵权或侵略</td></tr>
<tr><td rowspan="2">可比较性</td><td colspan="6">可比性安全文化</td><td colspan="6">非可比性（中性）安全文化</td></tr>
<tr><td colspan="6">一般具有优势或劣性特征。如平等合作、集体协作、助人为乐、民主法治；自私专断、强权侵犯、吸毒卖淫嫖赌、不遵守交规行为</td><td colspan="6">没有优劣之分，如必要的安全预测规划、安全物质投入、安全组织架构、安全规范制度、安全法律法规、安全环境氛围、节假日</td></tr>
<tr><td rowspan="2">受众主体</td><td colspan="6">高雅安全文化</td><td colspan="6">通俗安全文化</td></tr>
<tr><td colspan="6">精英层能够玩味和享受的，如安全科学研究、安全工程技术、高档安全文艺作品</td><td colspan="6">流行于街头巷尾的，如日常安全习俗、安全须知、民间安全悲喜剧、安全快板</td></tr>
<tr><td rowspan="2">不同层面</td><td colspan="4">民族安全文化心理</td><td colspan="4">公共安全规则文化</td><td colspan="4">个体安全文化素养</td></tr>
<tr><td colspan="4">宏观层面：一个民族或国家所具有的共同的安全文化心理，与一个民族的性格特质相关</td><td colspan="4">中观层面：群体内部日常约定俗成或明文规定共同遵守的某种安全规则，如交通安全规则</td><td colspan="4">微观层面：个体应该具备基本或特殊行业所需的安全科技文化知识和安全素养</td></tr>
</table>

安全文化一般具有如下基本的社会功能：①安全认同功能，即行动者对其所处的安全环境（自然条件和社会关系环境）、安全规则等的认知和认同，从而增强安全共同体和安全行动意识。②安全规范功能，即通过行动者之间的社会建构和安全认同，形成共同遵守和执行的安全规范和标准，引导安全的行动方向，营造一定范围内的安全共识和社会氛围。③安全传承功能，即在行动者之间、代际之间传递安全思想观念、安全科技文化知识、安全规范标准等，延续安全习俗传统。④教化功能，即通过教育和化育，塑造个体行动者的安全性格、安全人格、安全意志、安全能力，内化规章制度，培育行动者的安全角色模式，强化行动者的安全行为规范意识和安全维权意识，起到潜移默化、事半功倍的核心作用。⑤安全整合功能，即通过全体行动者对安全规范和安全标准的认同遵守，达到自觉安全行动，维护社会秩序，整合社会力量，促进社会文明进步的目的。

二、人际直接安全互动的安全文化生成机理

在社会学上，社会互动一般是指个人与个人、个人与群体、群体与群体之间通过信息传播而发生的相互依赖的社会交往活动。按层面，可分为微观互动（如握手、开会、争论、格斗）、中观互动（如游行、集合行为）、宏观互动（如合作、冲突、大众传播）；按场景，可分为直接和间接的互动；按方式，有符号、语言和非语言（身势暗示或动作）沟通交流，即米德所指的“符号互动”；按目的或内容，可分为情感性、工具性、混合性互动。[①]

这里的人际互动，主要是指在日常生活、工作、社交情境中，行动者之间非正式的、直接的、面对面的、微观或中观层面的交互活动，通常发生在初级群体中。直接安全互动，即人与人之间通过非正式的、直接的、面对面的、微观或中观层面的依赖性交互活动，传播安全信息、建构公共安全规范、营造安全环境的过程。与政府或其他正式组织的主流安全文化不同，这种安全互动更多的是一种亚安全文化形态，而且主要在“熟人社会”里展开。

初级群体即库利（Cooley）所指的“亲密的面对面交往与合作关系的群体，……是人性的养育所”。[②]一般属于非正式群体（非正式群体未必是初级群体，因为非正式群体还包括非面对面的间接互动群体），通常基于血缘姻亲关系（如家庭、宗族）、地缘乡土关系（如老乡、社区）、业缘关系（如同事、合伙

① 参考郑杭生主编：《社会学概论新修》，中国人民大学出版社1994年版，第162—187页。
② C.H. Cooley, *Social Organization*, New York, Charles Scribner' s Sons, 1909, pp23-24.

人）、趣缘关系（如牌友、棋友），或者说基于共同兴趣、共同观点、共同感情、共同目标，没有明文规定和编制而自愿结合起来。在现代社会，其成员既可以是依附于某一个正式群体（组织）或几个正式群体（组织），也可以是游离于任何正式群体（组织）之外；既可以是2~7人的小群体，也可以是成百上千人的大群体。长期稳固的人际互动和联系形成一定的社会资本，这种关系资本对于形成安全文化氛围、实现安全行动具有不可替代的社会功能，是一种比较传统、日常可见的方式。

（一）人际互动直接传播安全信息

社会互动的基本要素是信息及其流通。人际信息沟通通常呈现两种模式（见图4-4）：一种是美国管理心理学家莱维特（Leavitt）的正式沟通网络，是一种群体（不分正式还是非正式）内部（假设5人组成）的“两两”双向沟通模式。[①]按照这种模式，安全信息传播在X形、Y形中，有一个中心人物（或部门）控制并与其他人进行安全沟通互动；而在轮形、锁链形中，则是分散的、非控制性的安全信息交流。这类模式中安全信息传播非常迅速、及时、有效（尤其是轮形传播），比如一个居民社区中，遇到安全隐患时，会有一个号召力强的人或者业主委员会的“头儿”，在关系熟悉的居民群或者委员会成员中，迅速散播有关不安全信息，及时疏散居民，避免灾害、灾难的侵袭。这种模式非常适合于传播和预报即将发生的安全事故或事件信息，以便应急处置。

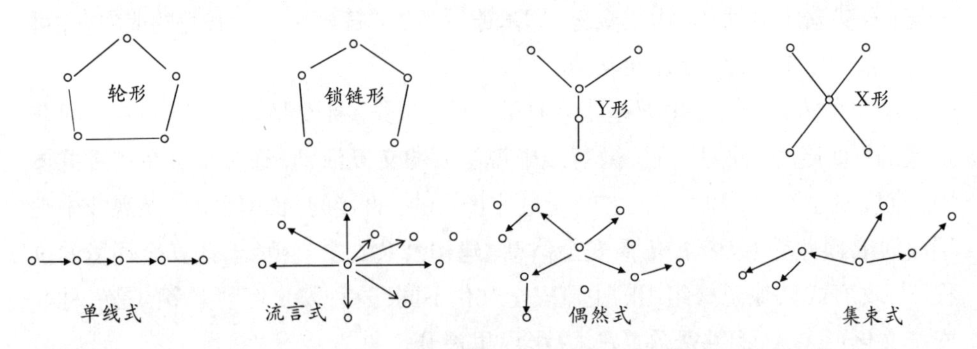

图4-4 莱维特正式沟通网络（上排）与戴维斯非正式沟通网络（下排）

另一种是美国心理学家戴维斯（Davis）的非正式沟通网络。这是一种信息源于某一“意见领袖”或随意传播的模式，通常传播所谓“小道消息”。[②]按照这种

① H.J. Leavitt, “Some Effects of Certain Communication Patterns on Group Performance”, *Journal of Abnormal and Social Psychology*,1951(46), pp38-50.

② K.E. Davis, “Management Communication and the Grapevine”, *Harvard Business Review*, 1953(31), pp43-49.

模式，安全信息的传播往往是多向的（可以是两人之间，也可以是多人之间）、不分等级的，或是偶然传播的；几乎没有约束力（尤其集束式传播）；时间性要求也未必很高，既有迅速传播的，也有慢慢流传式传播的。这种模式适合于关系紧密的熟人之间私下沟通交流。比如，在大学生群体之中，关系密切的同学之间，常常会私下交流性知识，相互学习切磋使用性活动的安全工具和药物，以避免病毒感染和意外怀孕，增强自我保护意识；熟人之间针对市场上出售的某种食品有害有毒的不安全信息，进行面对面的口头传播。这种安全信息的传播方式能够收到"一传十，十传百"（口口相传）的效果，但不会产生现代互联网传播的大范围轰动的"安全效应"。当然，人际互动本身也会传播、扩散负面有害信息，甚至制造安全事故或事件谣言，反过来同样诱发不安全隐患，危及人的安全。

（二）人际互动建构公共安全规范

安全的实质，是"谁的安全"的问题，是谁来保障"谁的安全"的问题，这取决于行动者达成主体间性。加芬克尔等人所提出的本土方法论，是分析熟人群体在日常社会互动中所遵循的一系列规则的一种社会学方法，即在日常社会互动中，人们将所遵循的某些背景假定或"规则"——具有一种"地方性知识"或习俗的特色，[①]视为有序沟通的社会基础。从这个意义上说，直接安全互动就是人们建构一套相互认同、共同遵守的安全规范。如劳动生产过程中形成的"安全第一，生产第二"的理念、"不安全，不生产"的规则；公共交通中形成的所谓"一等，二看，三通过"的安全人行规则等。

（三）人际互动塑造人的安全行为

直接安全互动过程中建构起来的公共安全规范，内在地产生群体性"安全压力"，形成一种安全文化氛围，直接制约着群体内部成员的不安全行为和行动，使得人们各自履行安全角色，并意识到"不伤害别人，不被别人伤害"的安全互保、自保的重要性，促进自觉安全行动的安全伦理、安全道德的形成，最终构建人的安全保障环境、和谐的社会秩序。群体安全规范具有塑造"安全标准化行为"的作用，使得成员自觉形成"什么可为，什么不可为"的安全习惯、思维定式乃至行为定向，不仅维系了内部个体安全，也保障了群体安全。但是，这里仍然要警惕产生一种"安全惰性"，即墨守成规，缺乏安全行动的创造活力和积极性。

---

① Clifford Geertz, *Local Knowledge: Further Essays in Interpretive Anthropology*, New York, Basic Books,1983.

三、大众传媒传播和科普的安全文化生成机理

与直接的人际互动有所不同，大众传媒是一种非直接的、宏观的、未必面对面的社会互动，信息传播和流动主要通过中间的媒介来完成，如传统的报纸、广播、电视，新兴的互联网及其伴生的诸如QQ、Twitter等非正式的虚拟社交媒介。新闻传播学的“议程设置论”认为，大众传播活动具有一种为公众设置“议事日程”的功能，媒体好似为公众安排了一种“议事日程”，引导并强化公众对某些或某类问题的注意力；以赋予各种议题不同程度的显著性方式，影响着人们对周围世界的大事及重要性的判断。[①]而传播学的“沉默的螺旋”假说认为：舆论的形成是大众传播、人际传播和人们对“意见环境”的认知心理三者相互作用的结果；经大众传媒强调提示的意见由于具有公开性和传播的广泛性，容易被当作“多数”或“优势”意见；其所产生的压力或安全感会引起人际接触中的“劣势意见的沉默”和“优势意见的大声疾呼”的螺旋式扩展过程，舆论因此诞生，这类似于社会心理学上的暗示和从众心理效应。[②]

媒体的社会功能是强大的，如哈罗德·拉斯维尔（Harold Lasswell）的“三功能说”认为，媒体具有环境监视、社会协调、文化传承的功能；赖特的“四功能说”概括为：环境监视、解释与规定、社会化功能和提供娱乐。[③]大众传媒对于安全知识科普、安全文化传承、安全文化氛围营造、安全行动意识和人的安全化强化等影响是相当强大的，既有正功能，也有负功能；既有“直接效应”“近效应”或“快效应”，也有“中程效应”“中等效应”，还有“远效应”和“慢效应”。[④]大众传媒传播安全文化，一般包括安全事故或事件的新闻报道、安全常识、专家观点和分析、安全广告、安全文艺等内容。

---

① 此理论起源于美国报纸专栏作家李普曼（Walter Lippman）1922年出版的专著，传播学者麦克斯维尔·麦库姆斯和唐纳德·肖在1968年正式提出。M.E. McCombs, D.L. Shaw, “The Agenda-Setting Function of Mass Media”, *Public Opinion Quarterly*, pp176-187, 36 (Summer), 1972; M.E. McCombs, D.L. Shaw, D.H. Weaver, *Communication and Democracy: Exploring the Intellectual Frontiers in Agenda-Setting Theory*, Mahwah, N.J, Lawrence Erlbaum, 1997.

② 此概念最早见于诺依曼1974年在《传播学刊》上发表的一篇论文。Seen Noelle-Neumann, Elisabeth, *The Spiral of Silence:Public Opinion-Our Social Skin*, Chicago, The University of Chicago Press, 1984; Stephen Perry and William J. Gonzenbach, “Inhibiting Speech through Exemplar Distribution: Can We Predict a Spiral of Silence?”, *Journal of Broadcasting and Electronic Media*, pp268-281,Spring 2000; Scheufle, A. Dietram and Patricia Moy, “Twenty-Five Years of the Spiral of Silence: A Conceptual Review and Empirical Outlook”, *International Journal of Public Opinion Research* ,pp3-28, March 2000.

③ 李彬：《传播学引论》，新华出版社1998年版，第137—141页。

④ 颜烨等：《转型时期我国安全事故和突发事件曝光的社会效应分析》，《东北师大学报（哲学社会科学版）》2005年第3期。

（一）大众传媒对安全文化、安全行动的社会正功能

媒体对安全知识的传播，尤其是对安全事故或事件真相的揭露和曝光，有利于整个社会的行动者学习借鉴、参与和介入，有利于群众、专家、政府的三方互动，筹划事故、事件的处置对策和今后的预防措施，从而完善社会自我安全保护和修复机制。

1. 对于普通公众行动者的正向功能。通过媒体尤其互联网传播一般的安全常识和紧急避险救灾知识，分析安全案例和事故或事件细节，能够广泛提升社会公众的安全素质、危机应对意识、自保互保的安全意识，培育公众良好的安全心理素质（在场者更能体会到所谓“一朝被蛇咬，十年怕井绳”的直接效应），能够传播和扩散安全文化，收到举一反三、吸取教训的效果，有助于提升整个社会的抗逆水平和能力。

2. 对于政府及其官员类行动者的正向功能。媒体及时揭露和曝光安全事故或事件，有利于提高科学合理的安全决策水平，巩固和强化安全预警机制，整改和完善安全措施与设施。这一方面教育意义最为深刻的是2003年中国针对SARS疫情的频频曝光报道，此后中国各级政府的官员问责制、政府新闻发言人制、媒体曝光事故制等陆续出台和实施。尤其是政府官员“问责制”的大力推进，强化了领导者、管理者的安全“责任伦理”和“道德伦理”。

3. 对于专家行动者的正向功能。媒体对安全事故或事件真相的揭露和曝光，有利于群众、专家、政府的三方互动，尤其有利于相关学术研究更全面深入。专家能够有效地利用各类媒体，对其披露的事故、事件进行宏观总体的归纳总结和统计分析，发现其中一些带有普遍规律性的东西，并及时反馈给政府决策层、社会公众，体现咨政、宣传教育作用。

4. 进一步形塑安全民主、安全法治的安全权利文化。社会各界能够依托媒体就事故、事件进行平等协商，促进安全民主、安全法治，保障公民依法维权、以法维权，使得全社会从强制性安全权力文化向平等性安全权利文化转型。在此要谈到的是，“谣言止于真相”。谣言是一种经过人为加工的、失去真实性的、被任意传播的有害信息。新闻媒体的报道如果准确及时，则有利于排除、延误、瞒报和误报，防止事态进一步扩大，能使事故得以快速处理，以避免更大的损失。如果一些地方政府官员之间或地方政府官员与商人之间相互进行利益勾结，采取非法手段，隐瞒真相、封锁消息，导致谣言四起，反而不利于事故、事件的处置。

媒体对突发性安全事故、事件的报道，是一种特殊的严肃的新闻报道，需要坚守新闻真实的生命线，更加理性而不盲目冲动，更加遵纪守法而不大肆炒作，

更加注重与政策性和学术性相衔接，纯化传媒环境，正向推进安全文化的宣传传播。

（二）大众传媒对安全文化、安全行动的社会负功能

虚假歪曲报道安全事故、突发事件必然带来一系列恶果，而正面真实报道也同样难以避免一些消极性后果。

1. 安全事故或事件的披露，有可能使安全事故、突发事件在公众心中引起“放大镜”的效应，容易诱发公众的社会整体安全感或局部安全感下降。针对集合性安全事故或事件（比如恐怖袭击）的报道还具有一定感染性，有可能引发社会恐慌或更大的社会骚乱。

2. 安全事故或事件的披露，使得行动者也会产生“安全麻木感”“交往匮乏症”。安全事故、突发事件的频繁曝光会使公众变得麻木从而熟视无睹，传媒的“麻醉”作用也加剧了当代社会多元与差异主体间的“交往匮乏症”，公众参与度降低，对处理政策措施和机构的认同度降低，容易形成公共安全的合法性危机。[①]麻木的感觉还可归结为“恐惧诉求”理论，过度的宣传反而可能引起公众心理排斥，达不到报道目的。当然，这里面还涉及前述行动者心理上的“弱刺激”和“强刺激”问题。

3. 安全事故或事件的细节披露，有可能诱致罪犯以身试法的模仿或逃避追责。这其实是社会心理学上关于社会学习理论的一个具体表现，模仿尤其反映在年轻的行动者身上，如网恋血案、绑架诈骗、持枪抢劫银行等案件（这里还包括现代影视中的“警匪片”“枪击片”“特工片”等）。媒体应该多报道是否破案、抓获哪些罪犯以及量刑程度，给以身试法者以震慑的压力和威力。至于涉及一些公安侦破技术的内容可以保密不报道，避免产生“道高一尺，魔高一丈”的负面效应。

4. 安全问题失实报道，导致谣言四起，即所谓“众口铄金”。谣言像一把杀人不见血的“利刃”，不但可以摧残一个组织或家庭，造成经济财产损失，更重要的是可能导致个体行动者精神崩溃甚至结束生命，也有可能诱致当事媒体出现信誉危机和新闻工作者的变故。这方面的案例不少。

四、灌输式强化安全素养的安全文化生成机理

宣传、教育一般是有组织、有目的、有计划的社会活动，带有强制性灌输的特点。安全宣传、安全教育是指某些集合行动者有意识地向行动者受众传播安全信息、宣达安全政策、灌输安全知识的社会互动，是积极性的安全文化传播机制和熏陶机制。

① 薛澜、张强、钟开斌：《危机管理：转型期中国面临的挑战》，清华大学出版社2003年版，第122页。

（一）安全宣传鼓动与安全文化

与新闻传播着重于“受者晓其事”（强调客观）不同，宣传行为偏重于“传者扬其理”（强调主观）。与大众传媒的安全文化传播不同，安全宣传是由公共组织（主要是政府）根据自身意图，或公众需求，或现实需要等，通过一定的宣传形式，带有倾向性、控制性地选择时机，为反复提醒社会公众注意防范安全隐患或事态扩大而发布安全信息。它能够一定程度地提升行动者的安全素质。因此，安全宣传具有一定的强制性、灌输性、鼓动性、反复性，受众被动服从，多为单向性互动等特征。

从安全宣传内容看，往往有安全思想观点、安全制度政策、安全法律法规、安全科技知识、安全规划方案、安全事故或事件案例等；从安全宣传方式和载体看，除了所有大众传媒介质外，还有系统内部的文件、会议、电报、电话等方式；从安全宣传受体看，有官员和普通公务员、企业家和普通员工、专家学者、社会管理者和社会公众等。

（二）安全教育培训与安全文化

与直接安全互动、大众传媒的安全教育熏陶不同，安全教育培训一般是指政府、学校、企业或者社会组织，有意识地、有针对性地对特定社会成员或普通公众开展安全科技文化知识的熏陶和训练的一种社会认知强化活动。其目的是提升行动者的安全文化素质，强化行动者的安全行动能力。

从安全教育培训对象看，可分为特定行动者教育和普通行动者教育，前者一般是指某种专业性的安全人才教育（主要是中职教育和高等教育），后者一般是指普通公众或者非安全专业人员的教育（如从具体受训对象看，有政府官员、普通公务员，企业经理、普通员工，社会公共管理者、公众）。从组织方式看，可分为系统的专业教育和非系统的专业训练，前者是各种安全专业（如矿山安全科技工程、交通安全、食品安全工程、职业安全健康、医药安全、警察和保安、公共安全应急救援和管理）的系统性学历学位教育，后者是短暂的、有针对性的特定安全知识培训。

五、集合式安全维权行动的安全文化生成机理

行动者主动采取和发起安全权利维护行动，主要是自身安全权利遭遇某方或某种社会力量侵害时的一种积极性主体反应，具有社会正义性。受害行动者的行动一般直接指向侵害主体。从行动者主体数量看，它可分为个体安全维权行动、集体安全维权行动（局部群体性的）和全面安全维权行动（全社会的，或

国家层面的)。个体安全维权行动可能引发集体性行动，局部集体性行动也可能引发全社会（全国）的安全维权行动。从安全维权行动的方式看，主要有合理索赔、非暴力抗议、上访（信访和走访）、质问、游说（寻求社会支持）、群聚群议、法律申诉、游行示威、暴力抗争（打砸抢烧）、第三方仲裁等，还有国家层面的外交对话磋商、军事威胁（军事恫吓、军事演习）、宣示战争等。从安全维权行动的内容看，也有很多，如自身生命和权利合法安全保护、家属意外死难维权、食品安全维护、环境安全保护、居民房屋财产安全保护、主权安全维护等。从安全维权行动的依赖载体看，主要有媒体、专家学者、律师、官员、企业主、公众等。从安全维权行动的社会功能看，主要有：保障行动者必要的合理的安全权益；营造安全权利文化氛围；培育行动者的安全维权意识；推动实现社会公平正义。

如第二章所指，集合行为既包括临时性短暂的群体行动（如恐慌、谣言、流行、群聚、暴乱、骚乱等），也包括围绕某一主题的长久性社会运动（如基于妇女权益保护的女权运动、基于反种族歧视的黑奴运动、基于绿色环保的环保运动等）。安全集合行动（或称集合安全行动）是一种有着众多安全行动者参与的、自发的、无组织的集体互动行为。它往往由某种突发性安全事故或事件引发，历史上的社会革命多数以某种突发事件为导火线，是在官逼民反、官僚腐败奢靡与社会中下层贫困对比鲜明的社会背景下发生的。也就是说，当社会行动者的生存发展普遍受到安全威胁、安全感降到最低的时候，容易引发长期的维权性社会运动乃至社会革命、政治革命。这是一种最广泛、最激进、最彻底的安全维权运动。这不是笔者研究的重点。本学科应该着重分析局部的、临时性的集合安全维权行动及其形成的安全文化氛围。与安全维权行动的心理过程不同，其社会逻辑过程可分解为6种模式（见表4-2）。

表4-2　安全维权行动的社会过程及其解决模式

步骤	模式1 最简易式	模式2 较简易式	模式3 中难解式	模式4 高难解（拉锯）式	模式5 最难解（扩大）式	模式6 无解（白热化）式
1	事故/事件	事故/事件	事故/事件	事故/事件	事故/事件	事故/事件
2	事故/事件受损者维权行动	事故/事件受损者维权行动	事故/事件受损者情绪化，采取维权行动，媒体、非直接利益相关者参与	事故/事件受损者情绪化，采取维权行动，媒体、非直接利益相关者参与	事故/事件受损者情绪化，采取维权行动，媒体、非直接利益相关者参与，事态一开始就扩大化为集合性群体事件	事故/事件受损者情绪化，采取维权行动，媒体、非直接利益相关者参与，事态一开始就扩大化为集合性群体事件

续表

步骤	模式1 最简易式	模式2 较简易式	模式3 中难解式	模式4 高难解（拉锯）式	模式5 最难解（扩大）式	模式6 无解（白热化）式
3	妥善解决	寻求侵害主体恢复改正或赔偿道歉等	寻求侵害主体恢复改正或赔偿道歉等	寻求侵害主体恢复改正或赔偿道歉等	侵害主体失踪，或不愿意恢复改正或赔偿道歉；政府拖延或贻误时机，或采取封堵等不当处置行为	侵害主体无意承认错误或过失，或坚持己见；政府无法制止事态扩大（或政府本身即是侵害主体）；法律失效
4	安全权得到保障	侵害主体主动恢复改正或赔偿道歉	侵害主体不愿或无力恢复改正或赔偿道歉	侵害主体不愿或无力恢复改正或赔偿道歉	事态在媒体的发酵传播下，进一步迅速向全社会扩散，矛头直指政府及其官员，社会局部骚乱动荡	事态在媒体传播、非直接利益相关者参与发酵下，进一步迅速向全社会扩散，形成消极性社会情绪
5	—	安全权得到保障	承受者寻求相关正式组织出面协调仲裁并解决	承受者继续寻求相关正式组织出面协调仲裁	高层或最高层领导批示解决，依法审判侵害主体，问责和处分当地或相关部门官员	社会全面动荡，政局更迭；或国际危机事件白热化，国家之间直接诉诸军事行动和武力战争
6	—	—	安全权得到保障	双方或侵害主体不愿接受协调、仲裁结果	安全权益或部分安全权得到保障	公民安全权保障成为未知数
7	—	—	—	承受者情绪扩大化而诉诸法律并得到解决	—	—
8	—	—	—	安全权得到保障	—	—

注：事故或事件，可以是突发性或慢性侵害。中国有社会学者认为，群体性事件是“为达成某种目的而聚集有一定数量的人群所构成的社会性事件，包括了针对政府或政府代理机构的、有明确利益诉求的集会、游行、示威、罢工、罢课、请愿、上访、占领交通路线或公共场所等”（邱泽奇：《群体性事件与法治发展的社会基础》，《云南大学学报》2004年第5期）。中国有政治学者将社会群体事件分为五种类型：维权行为、社会泄愤事件、社会骚乱、社会纠纷和有组织犯罪（于建嵘：《当前我国群体性事件的主要类型及其基本特征》，《中国政法大学学报》2009年第6期）。这里，笔者侧重于认为其为正当安全维权的集合行为。

从表4-2中看，模式1、模式2、模式3相对容易解决，可以说基本上属于“理性化维权”，即行动者克服过度情绪化，寻求依靠正式组织与侵害主体，进行磋商、协调、判决；难以解决的是后三种模式，基本上是“情绪化维权”，即行动者及其他参与者的情绪化行动使得事态扩大，甚至出现无解僵局。除了当事双方外，事态扩大化、白热化还涉及几个关键因素：法律、政府及其权力、媒体、非直接利益相关者、社会情绪及其背后的公民意愿（民心向背）等。法律、政府及其权力的合理运用，能解决一部分安全权益问题，但媒体、非直接利益相关者的存在和参与，以及消极性社会情绪及其背后公民意愿的存在，将促使安全维权行动扩大化甚至白热化。

这里，“非直接利益相关者”，即在一起事故或事件中，直接利益并未受损，但心理情绪上觉得与己有关或出于公平正义，有必要参与事件全过程而进行利益表达的人，其参与使得事件不断升级。[①]社会情绪是一种集合性心理，在一定程度上反映着民心向背，有积极和消极社会情绪之分，包括集体情绪、组织情绪、社会激情等。如果消极性社会情绪得不到充分表达和有效疏通，就会造成大规模的社会冲突。[②]而且，由于现代大众传媒具有迅速发酵的机理作用，安全事故或事件经过媒体即时传播，便进一步产生“放大效应”。当然，这里面也有人会将夹杂着的个人情绪转移到集合行为，借机发泄私愤，表达个人英雄情结和群体逆反心理。[③]

一般而言，理想的安全维权行动是形成安全权利文化的正向行动，而情绪化维权虽然在一定程度上表达了行动者及相关公民的意愿，但很难说能形成一种持久传承、富于教育意义的安全权利文化，它甚至将问题带向反面，即演化为“打砸抢烧杀”的暴力文化。

---

① 1984年，美国经济学家弗里曼在其著作《战略管理：利益相关者方法》中，明确提出了利益相关者管理理论，认为利益相关者管理理论是指企业的经营管理者为综合平衡各个利益相关者的利益要求而进行的管理活动。利益相关者包括企业的股东、债权人、雇员、消费者、供应商、交易伙伴等，也包括政府部门、本地居民、本地社区、媒体、环保主义等的压力集团，甚至包括自然环境、人类后代等受到企业经营活动直接或间接影响的客体。后来在此基础上，社会学家提出“非直接利益相关者”概念。

② 沙莲香主编：《社会心理学（第二版）》，中国人民大学出版社2006年版，第171—208页。

③ 于建嵘：《社会泄愤事件中群体心理研究》，《北京行政学院学报》2009年第1期。

第五章

安全理性：安全的社会理性

人类社会的发展其实就是理性化与非理性或反理性化交织的历史，尤其是进入启蒙时代以来，人的主体意识更为凸显，战胜和征服自然的理性化力量更加强劲。自然与社会的变迁几乎掌握在理性力量之下，"人类中心主义"逐渐替代了"自然中心主义"。

如前面章节所言，马克斯·韦伯的"理解社会学"基于行动的原因，将人的行动阐释为四类：合目的性行动、价值性行动、习俗性行动和情感性行动。前两者属于理性范畴，后两者属于非理性范畴。合目的性即是一种实现主体行动目的和意图的工具理性；价值性则是追求人文关怀的最终价值的理性。此二者的关系是，工具理性应在价值理性指导下运行，价值理性应通过工具理性的运行去实现；但在社会实践中，这两种理性有时候相互背离，尤其在当代社会形态中，工具理性特立独行，完全背弃价值理性的轨道，以至于造成了很多问题。因此，安全行动既需要工具理性，也需要价值理性（后面章节将结合安全伦理着重阐述）。人们既要借助科技理性去认知和预防安全风险，也要运用组织、制度、经济等理性去保障安全、处置事故（事件）。所以说，安全主体除了遵循安全习俗性文化、安全传统文化规范外，更需要理性去控制和化解风险，避免灾难，满足人的安全需求，维续生命安全。

第一节　社会理性论与安全理性概述

安全理性也是一种社会理性，因此在了解安全理性之前需先了解社会理性。社会理性有广义和狭义之分，涉及安全的社会理性也同样有广义和狭义之分。在此我们将根据沃特斯的归纳和分析，对此作一简要概述。

一、社会理性概述

在沃特斯看来，社会学考察的理性和经济学考察的理性大同小异，即个人利益的最大化。他把理性理论概括为以下几个特征：①人们致力于使他们从社会世界中得到最大化的满足。②每个社会成员都控制着社会有价物的一定供给。③人与他人之间的互动被看作一系列具有竞争性质的贸易谈判或博弈。④就是否参与某一特定行动片段而言，个体总是持续计算着相对于参与成本的回报，因而人的行动是理性的。⑤人类行动中会出现常规性交换，即稳定的互动模式。⑥理性理论总是关注小群体的互动，而不是突生的大型结构安排。⑦经济学与社会学关于理性的理论研究有汇同的趋势。[①]关于理性理论研究的代表人物有经济学家马歇尔、帕累托，心理学家斯金纳，社会交换论者霍曼斯、布劳和公共选择博弈论者奥尔森、科尔曼等人。

社会交换论关注的焦点是人们在社会互动中的成本和收益。将经济学的需求概念与社会交换概念联系起来的，就是效用（utility）概念。但马歇尔也指出，物质需要在不断满足过程中，效用增速将会慢下来，即所谓“边际效用递减”定律，由此人们将会停止交换关系。对于帕累托来讲，理性行动通常是逻辑性的，以追求最优为目的。斯金纳从行为心理角度出发认为，人类行为是由环境决定的，外界刺激—内心反应（中间还有一定的间歇性强化）是其核心要义。霍曼斯的分析主要限于日常二人互动的层次，其主要提出五项基本假设：某行动在过去情境所得报酬越多、报酬频率越高、报酬价值越高，在相似情境里就越会采取同样的行动，但近期得到的报酬越频繁，后来的报酬价值就有可能越小（边际效用递减）；另外，从分配公平的角度考虑，一个人越是不利，就越可能产生愤怒的情绪。在对偶互动基础上，埃默森将人际互动的社会结构理解为相互联系的交换网络，而有权力的个体就有可能垄断资源，导致分配不平等。到了布劳那里，社会交换从微观向宏观进行了联结：人际互动产生一种双向的“社会吸引”，但交换中权力会产生不平等式的分化，由此促成了集体性的社会组织与反对权力垄断的对抗性组织或社会运动，这需要共识价值去加以调节。[②]

公共选择理论认为，个体理性与集体理性的关系问题日益凸显。在社会交换理论那里，集体组织的出现，是个体理性行为成熟的产物，反过来说，集体组织增进了个人利益；而公共选择理论本身起源于政治科学，关注的焦点是政府及其他政治组织的行为，基本取向是政治行为与经济行为基本上并无原则性的不同，核心问题是不同的个体偏好如何能协调成明确有序的共同体且成员能感受其后果。奥尔森假设集体组织的目标就是增进成员利益的，其共同利益就相当于“搭

① ［澳］马尔科姆·沃特斯：《现代社会学理论（第2版）》，杨善华等译，华夏出版社2000年版，第62—64页。
② ［澳］马尔科姆·沃特斯：《现代社会学理论（第2版）》，杨善华等译，华夏出版社2000年版，第65—80页。

便车”，即国家、政府依靠征税等手段为成员提供公共产品；而与国家强制性不同，那些自愿性组织会群体的弱点就是对利益共享、风险分担缺乏约束。布坎南认为奥尔森理论的缺陷是“理性、自利的个体不会为了实现共同目标或群体目标而行动”，但实际上，包括国家在内的多数组织，一般都是有意识创建的，而且会形成一系列共同遵守的规则。在阿罗、尼斯卡宁、唐斯等人看来，集体理性的结果会一度造成理性专制，因为并不存在无所不知和不偏不倚的政府，其操纵者即官僚们常常抢时间、被视为理性利益最大化者，即自利的最大化主义者，而不是像伦理仲裁者那样去寻求集体福利最优化。科尔曼力图从社会学的社会交换理论角度来解决公共选择理性的核心问题。他认为，行动者与利益最大化者之间总要建立起互赖机制，某行动者自我利益的实现必然取决于能否获取他人控制的资源，通常要通过消费过程、交换过程和单边资源让渡三种行动实现（第三种对于解决公共选择中“搭便车”的问题最重要）。在此基础上，科尔曼不再满足于工具性最大化利益的分析，而是关注考察行动者交换的持续关系即社会资本，通常会涉及信任关系、权威关系、规范这三种关系资源，强调其中体制规范尤其是政治体制具体规定了个体自由与集体控制关系的重要性，法人行动者由此诞生。①

博弈论（分析）马克思主义致力于从一种不确定性最大化的最糟糕场景出发来探讨问题。其关键是，报酬会随着博弈各方的选择而变化，他们的决策是相互依存的，每个人都必须预见到其他所有人的行动意图，这尤其体现在著名的“囚徒困境”博弈中。埃尔斯特主张，行动者是个体理性的最大化主义者，并希望从集体阶级行动入手，找到一种能解决困境的办法；认为只有在先锋领导群体存在的地方，工人阶级的行动才能发生。罗默则认为，阶级与剥削模式始终关联，他引入雇佣劳动和劳动力市场、信贷市场、技能差异和地位差异这些因素，分别对应地提出三种不同的博弈条件，即封建剥削、资本主义剥削和社会主义剥削。埃尔斯特后来认为，国家其实就是“权力密集区域”，个体是以遵循嫉妒—投机—信用这三种“社会黏合剂”的顺序而获得最大利益的。②

总之，广义上的社会理性是指社会公共理性，包括科技理性、经济理性、政治理性、组织理性、制度理性、管理理性等；狭义上的社会理性仅指社会生活子系统的理性（包括自我控制理性），明显区别于科技、经济、政治、组织、制度、管理等理性。这里，我们主要采取前者，即社会公共理性。有学者认为，社会理性是以个性化和个体化为基础的，是具有公民权利和反思理性的个体，为把握自身生

① ［澳］马尔科姆·沃特斯：《现代社会学理论（第2版）》，杨善华等译，华夏出版社2000年版，第80—86页。
② ［澳］马尔科姆·沃特斯：《现代社会学理论（第2版）》，杨善华等译，华夏出版社2000年版，第86—96页。

平或者说自我价值实现和超越风险社会而展开的公共性和集体性行动等生活政治意义上的新社会运动，对抗经济—技术发展理性，推动民主化在传统的非政治领域如经济领域、科学研究领域的实现。[①]这一定义即狭义上的社会理性，主要是指个体的集体行动理性，或者是社会小系统（生活共同体）的理性。

二、安全理性概述

从理性理论角度考察，安全同样具有理性，安全行动即理性的行动，即便涉及保障人的安全的环境安全、公共安全和国家安全（国家理性中的安全），也都会采取工具合理性行动。人类天生就有一种安全的理性需求，人类总是算计行动在什么条件下会求得最大安全、最安全可靠。安全是人的一种基本需要，安全行动同样产生效用，同样会产生安全需求的弹性。在人们的安全互动中，常常会出现常规性的互换和稳定模式，人们通常就会采取这样的安全模式以谋求最大安全效用。防止"安全边际效用递减"的办法是开展新项目或刺激活动，否则将导致"安全麻木症"。

人们在安全的理性互动中总要在安全成本与收益之间进行理性计算。安全行动也是主体的逻辑行动，以追求最大化安全、最可靠安全为目的。人们的安全互动是否也要考虑成本和收益呢？我们可以设想，在人们互动过程中，如果考虑到互动的安全可靠，不出现意外事故或其他危害性因素，那无疑就是高收益，反之则是低收益或负收益（亏损）。当然为了安全行动，物质、精神、组织、制度成本都是必不可少的。

微观层面的安全互动更有利于促成和再生产宏观层面的安全互动，从个体安全到群体安全再到社会稳定，这是安全社会学研究的一条路径。所有技术生产组织或其他社会互动群体在进行集体活动的时候，都会为增进其成员安全利益负责，同时也可能为了其他个体或整个群体的安全，让个体搭上"安全行动的便车"，这种"便车"恰恰是为了安全。这正是奥尔森等人关于集体行动逻辑在安全理性中的应用。然而从长远来看，这种安全是临时性的、不安全的。

同时，安全理性也忽略不了博弈论的运用。两位互动者如果都认为某一行动对双方或己方有安全性，那么就会决然采取这一行动，但行动无疑包含风险；如果双方都认为某次行动会是不安全的，那么显然会停止这次行动，因此双方都是安全的；如果一方认为某次行动对自己安全，而另一方认为对自己不安全，那

---

① 肖瑛：《风险社会与中国》，《探索与争鸣》2012年第4期。

么不论行动者还是未行动者总有一方是不安全的。按照博弈论（分析）马克思主义的结论，行动者尤其是工场作业环境中的工人，为了进行安全维权，他们需要有组织性领导和集体行动。

所谓安全理性，即个人或社会对自身某一行动，有足够的安全性把握和考量，很大程度是一种"安全能力"（包括个人安全能力与社会安全能力）。安全理性的根本目的是达到安全控制、获得最大或最佳安全效应。所谓安全控制，即个人或社会通过理性行动包括各种手段和方式，控制风险的灾变及其扩大化趋势，从而获得一定的安全性，或者达到最佳安全状态（最大安全收益）。也可以说，安全控制的另外一种表述是化解风险、控制灾变。

安全理性可以分为很多种类。从人类理性的主体看，如前所述，安全理性可分为安全公共理性（政府、企业、社会组织理性）与安全个人理性（个我理性）；从理性的内容来看，安全理性可分为安全预设理性、安全保障理性、安全监控理性、安全管理理性、安全组织理性、安全制度（法律）理性、安全经济理性、安全专业（科技）理性、安全社会理性（民主监督）等；如果从帕森斯的现代化五对"模式变量"看，安全理性可分为：（情感取向的）安全情感性—安全中立性、（利益取向的）安全个体性—安全集体性、（评价取向的）安全特殊性—安全普遍性、（地位取向的）安全先赋性—安全后致性、（义务取向的）安全专门性—安全分散性。

安全个体理性，在这里主要是指个人对于自身的安全内在控制，主要是将安全知识、安全规范等内化为自身开展安全行动的安全标准，这在前一章已经多有论述；安全集体（公共）理性，即公共集体组织或群体如政府组织、企业组织、社会组织等，发挥集体力量进行安全控制。

如图5-1所示，一般而言，实现或完成每一个社会行动，都需要这样的社会公共理性链条，按顺时针旋转、闭环轮回：个体和社会需求—理性预测和规划—保障理性与监控理性同步—反馈、反思和修正。在坐标中，安全预设理性、安全监控理性是一种"二律背反"的博弈，因而是正负得负；安全保障理性是一种正向坐标，因而正正得正；安全行动反思是对已有行动的反向思考和修正，因而负负得正。所谓"安全第一，预防为主，综合治理"，其中，"安全第一"即指安全价值理念；"预防为主"即主要指安全预设理性，"综合治理"即包括安全保障理性、安全监控理性。

这里，需要区别的是，"公共安全理性"是指"公共安全"的理性，即为保障公共安全，需要科技的、经济的、政治的、组织的、制度的和管理的理性，与"个

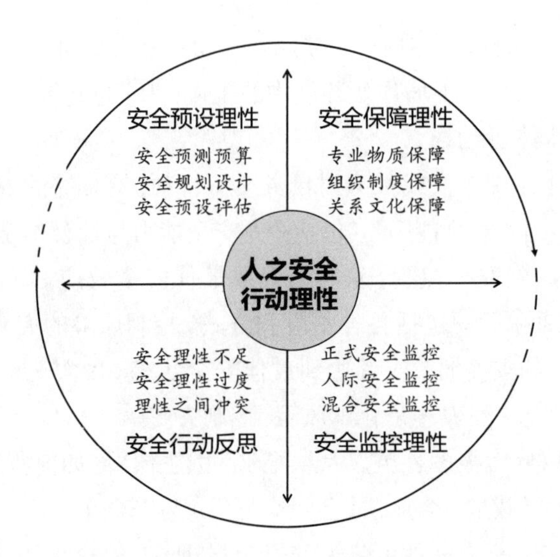

图5-1　安全行动（公共）理性的内在构成

人安全”（个我安全）的理性相对而言；而“安全公共理性”，是指“安全”的公共理性，也就是公共层面的安全理性，即保障人的安全需要各种公共理性（公共=公有+共同），是与安全的“个人理性”（指自我觉知、自我控制等）相对而言的。本研究所指安全理性，既包括“安全公共理性”，也包括“安全个人理性”（因为个人理性需要纳入集体性公共行动中来实现），后者在第四章多有阐述。本章重点是阐述“安全公共理性”。

第二节　安全预设理性的类型及原理

社会学也是一门关于预测的科学。中国古人亦有“凡事预则立，不预则废”（《礼记·中庸》）、“人无远虑，必有近忧”（《论语·卫灵公》）之说，可见预防理性的重要性。这里的“预设”，包括预测和规划设计两个部分。所谓“预测”，顾名思义，即人们在事前预先推测或测度的一种理性活动，与无根据而凭想象估计的“猜测”（或臆测）、主观心理的浅层“预感”等都不相同。所谓“规划”，一般是指人们对未来一段时期活动的筹划或计划；所谓“设计”，一般是指人们在事前根据一定目的作出安排或制订行动方案，比规划更为具体，但通常包含在规划之中（后文统称为“规设”）。一般地，预测在先，指导规设，偏重于学理性或政策性研究。规设是预测的具体落实，偏重于政策设计或制度安排，是介于行动实践与预测之间的一种活动；它指导行动，同时反作用于预测。目前各种经济社会预设实践中，通常将预测与规设合起来开展。

在社会学上，预设理性，通常有社会预测学（国外一般称“未来社会学”）、经济社会规划学等学科门类，均属于社会理性范畴。[①]所谓社会预测，有学者解释为：是预测主体依据一定的经验和理论，以及对社会发展规律的把握，而对现在事件的未来后果和未来可能发生的社会现象、事件和过程的预见。[②]安全预测和规设是社会预测和规划的一个具体的特定分支。

一、安全预测、安全规划内涵和功能

围绕“人的安全”问题，我们认为，安全预测即指行动者依据一定理论、经验和方法，对人的安全存在发展进行有意识、有目的的理性预见和测度的一种社会行动。安全规划，则是在安全预测的基础上，行动者依据一定的理论、经验和方法，对人的安全存在发展进行有目的、有意识的理性筹划和设计安排的一种社会行动。

这里，安全预设的基本要素有：安全预设主体，即各种行动者，包括个人、社会群体、组织机构（政府、企业、社会组织）、专家系统等；安全预设客体，即“人的安全”及影响安全的自然社会因素，包括人自身、自然环境、生态系统、社会系统（涉及经济、政治、文化、社会生活共同体）等；安全预设的工具条件，包括硬件性的必要物质条件等，以及软件性的基本理论和方法、基本手段和指标体系等。

人是理性动物，安全行动及其安全预设本身就是人的理性的展现。安全预设的最基本功能就是“保安避险”“趋利避害”，即“安全预防功能”，可作如下分解：①安全认知功能，即有助于直接行动者和相关行动者认知和把握潜在的风险及其未来的危害程度，以及事后进行风险评价和监测。②安全指导功能，即有助于指导行动者开展具体的安全行动决策、领导和管理等。③安全规定功能，即通过安全预设，尤其是安全指标设定，使得行动者对于安全投入及其投入量的把握，以及安全监管控制及其向度、强度、广度和深度等，有一个基本规范和

---

① 据百度百科：未来社会学有3个主要学派：一是经院式的后工业社会学派。以社会学家为主，代表人物有美国D.贝尔，著作《后工业社会的来临》（1973年）。二是罗马俱乐部悲观论学派。以罗马俱乐部成员为核心，代表人物是意大利学者A.佩切伊，主张通过全球合作，摆脱人类困境，并为此设计了许多方案；D.L.梅多斯等人在《增长的极限》（1972年）中提出有影响力的零增长理论。三是赫德森学派即乐观学派。以美国赫德森研究所为核心，代表人物有所长H.卡恩。他们同罗马俱乐部针锋相对，相信社会的增长和发展是无极限的，代表作有卡恩等著的《今后200年》（1976年），书中提出大过渡理论，认为人类社会已进入一个为期 400年（1776—2176年）的经济社会大过渡时期，目前正处于这个时期的中点，大过渡时期完成之后，人类社会将走向另一个伟大时代。

② 阎耀军：《社会预测学基本原理》，社会科学文献出版社2005年版，第16—17页。

标准，做到心中有数，既不浪费人力、财力、物力，也确保安全保障和监控到位。④安全反思功能，即一次性安全预设，往往很难应对未来的不确定性变化，需要不断反思和修正安全规划设计。⑤安全教化功能，即安全预设本身也是理性化的知识活动，能促进全社会行动者的安全强化学习，即具有安全文化教育功能。⑥稳定发展功能，即所有安全行动、安全理性都具有的社会功能，即通过安全预设，保障人的安全存在发展，从而促进整个社会协调、稳定、发展。

二、安全预测、安全规划的主要类型

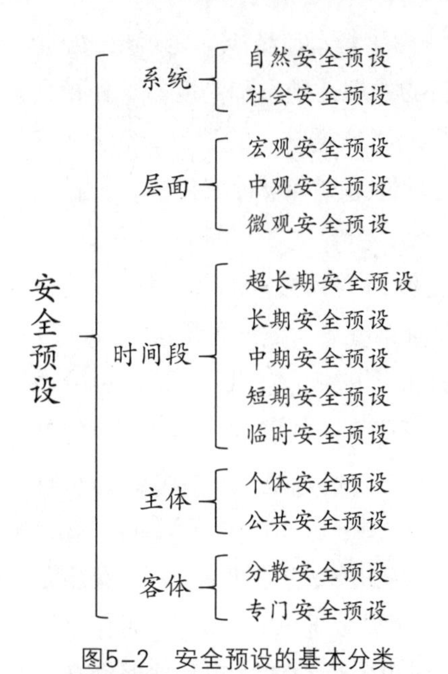

图5-2　安全预设的基本分类

角度不同，分类不同。我们主要从常见的社会预测和规划角度对安全预设进行分类（见图5-2），其包括对人的自我行为心理因素对自身安全的影响所作的预测和规划，也包括在人际互动过程中，对外在于人自身的公共环境或公共系统中的影响因素进行的预测和规划，后者更多些。

（一）从安全预设所属系统划分

可分为大自然系统与大社会系统的安全预设。自然安全预设涉及多方面，如地震、火山爆发、气候变化等自然灾变对人类安全的影响，具体预设如国家地震灾害中长期预测与应对方案、全球气候变化及其危害预测与应对方案等。社会安全预设涉及的内容更多，如历史兴衰变迁对人们的安全影响分析、社会治安状况预测与治理规划、人口安全发展的中长期预测与治理规划、粮食安全中长期预测与应对方案、生态环境（人类改造加工的自然环境）安全中长期预测与应对方案等，经济社会安全方面突出的研究如马克思《资本论》对经济危机周期律的揭示。

（二）按照安全预设的层面分类

可分为：①宏观安全预设。主要是整体社会安全预设，相当于研究整体社会变迁对人的安全的影响，其所涉及的范围可以是全球，也可以是整个国家或社会大系统（国家安全预设），或者整个大自然（自然安全预设），或者某个区域（五大洲），包含的安全事项比较全面，综合性比较强。但这方面专门性的安全预设非常少，一般都渗透在经济社会宏观大预设之中。②中观安全预设。大体包括部门行业安全预设与局部地方安全预设两大类。部门安全预设又分为很多子领域，如从社会大系统看，分为经济安全预设、政治安全预设、社会（生活共同体）安全预设、文化安全预设等几大类。而系统安全则相当多，常见的有：交通安全预设、生产（劳动）安全预设、城市安全预设、社区安全预设、卫生安全预设、食品安全预设、医药安全预设、环境安全预设、生态安全预设、人口安全预设等。而地区安全预设一般也带有综合性，涉及各个方面对人的安全的影响，当然也有就具体某一领域的安全预设。这类中观安全预设，对于政府部门或地方来讲，都由具体的部门负责，如国家安全生产"十二五"规划、国家中长期人口安全预测与规划、某流行病预防与控制规划，某省社会治安形势分析与预测、某市市民健康运动计划等。③微观安全预设。主要包括组织内部安全预设与个人自我安全预设。组织内部安全预设，主要是生产性（职业劳动）企事业组织内部有一定的安全预设，如某公司、某学校某个时期的安全生产预测与规划、校园安全建设规划。这方面的预设也比较普遍。个人安全预设，一般由自己或正式组织统一安排开展，如个人健身规划，高校新生入学时某某系要求学生自行开展"生涯规划设计"，一些病人配合医院开展病情控制和身体健康恢复规划。这主要依靠个人自我完成，非正式的方式比较多。

（三）按照安全预设的时间段分类

可分为五类：①超长期安全预设。这一般是从人类历史长河即大"长波"角度预测整个人类安全。[①]如1945年民主党派的黄炎培先生对毛泽东谈起如何规避朝代更替兴亡的"历史周期率"问题；中国有学者分析认为中国历朝更替周期为210年左右；[②]再如第三章所预测分析职业安全（安全生产）的"U"形或"W"形的社会变迁规律等。研究性学术著作有D.贝尔的《后工业社会的来临》、罗马俱乐部的《增长的极限》、托夫勒的《第三次浪潮》（1980年）、奈斯比特的《大趋势》（1982年）等，都间或对人类安全进行了科学预测和发展设想。②长期安全预设。长期预测和规划一般是指时间跨度在20年以上、100年以内（当然也不局限于100年），通常与中期预设结合起来叫"中长期"，或使用"当代""转型期"表示。这方面的安全预设不少，如"全球气候变化中长期预测与应对方案""转型期中国社会治安状况预测与治理方案""转型期中国公共安全预测与

---

① 此理论最早由苏联农业经济学家尼古拉•康迪拉耶夫（Nikolai Kondratieff）于1926年提出。他根据美国曾经出现3个通货膨胀及通货紧缩的经济周期波动，认为西方资本主义经济盛衰的长期循环，倾向于重复一种持续半个多世纪的扩张与紧缩的周期。由于这是一个极长期的循环，经济学界一般称之为"长波理论"或"大波浪理论"。

② 阎耀军：《社会预测学基本原理》，社会科学文献出版社2005年版，第265—266页。

治理方案”“当代中国安全生产形势分析与预测”“国家中长期动物疫病防控战略规划”“国家粮食安全中长期规划纲要”“国家安全生产人才中长期发展规划”“流行病中长期监测与应对方案”等。③中期安全预设。中期一般是指5~20年，有时候与近期结合起来叫“近中期”。中期安全预设在国家经济社会发展、安全（生产）政策研究方面比较常见，如新中国成立以来已有的14个经济社会发展“五年规划”（如《中华人民共和国国民经济和社会发展第十四个五年规划和2035年远景目标纲要》）、“国家安全生产‘十二五’规划”“国家安全生产科技‘十二五’规划”“国家安全文化建设‘十二五’规划”“国家综合防灾减灾近中期规划”“‘十一五’时期全国乙型病毒性肝炎防治规划”“中国近中期粮食安全形势与基本对策”等。④短期安全预设。这一般是在1~5年内的安全预设，常使用“近年”“当前”“某某年度”等词来表述。中国学界在过去20多年里出版了各种经济社会形势分析预测报告，如“××白皮书”“××蓝皮书”“××黄皮书”“××绿皮书”等，其中涉及安全预设的有某某年中国人权状况白皮书、某某年中国国防白皮书、中国军力评估报告、中国安全生产发展报告（某某年）、当前中国煤矿安全生产的发展形势分析、某省某某年社会治安形势分析与预测（报告）等。⑤临时安全预设。这一般是针对突发性事件而做的应急预案或方案，多见于地方性的安全预设，也有全国性的，如2003年中国先后发布全国性或地方性的“关于非典型肺炎防治工作预案”，以及“近期致病性禽流感防治应急预案”“国庆黄金周旅游安全工作方案”“近期校园安全建设方案”等。

（四）按照安全预设的主体分类

可分为个体安全预设与公共安全预设。个体安全预设涉及个人与自然、社会和他人的交往关系；公共安全预设是针对公共领域通过集体协作完成预测、规划任务，现代社会一般是政府官员、专家、企业管理者、社会公众等共同参与，但各大主体之间的主张和意见各有差异，安全预设的“主体间性”（多个主体意见沟通一致）至关重要。

（五）按照安全预设的客体分类

可分为分散性安全预设与专门性安全预设。分散性安全预设，是指安全预设分散渗透到其他经济社会发展预测和规划中。这类安全预设在社会政策制定中相当普遍，如前述的“国民经济和社会发展规划纲要”里，通常会有一些安全指标，包括社会治安水平及生产事故率等下降幅度、社会保障水平提升幅度等；中国工程技术建设项目中，经常提到的“三同时、五同时”等，就是典型的分散性安全预设。此类预设在一些关于政策的学术研究中也比较多见，如“经济形势分析与预测”“社会形势分析与预测”“法治形势分析与预测”等蓝皮书里，会涉及一些关于安全生产事故、环境污染、社会治安、社会稳定指标等的预设。而专门性安全预设，即指专门主管安全的政府部门机构或专家、社会组织以专题形式开展安全预设。这类安全预设也很常见，但相对于分散性安全预设来说，还是较少。而且，因为安全事故或事件比较敏感，容易刺痛“社会神经”，因而很多时候的安全预设会淡化相关叙述。至于具体的专门性安全预设报告等，前已例举，不再赘述。

三、安全预测、安全规划特点和原则

特点是事物的一种外在反映，而原则往往是一种内在要求，有时两者可以合起来。安全预设具有以下特点和原则要求。①人本性。人的安全预设，就是始终以维护和保障人的安全为基本出发点，人的安全至高无上，任何社会行动及其预设中，人的安全总是大于其他经济社会效益，即所谓“安全第一公理”“安全为天”“安全重于泰山”等。②最大化。与其他经济社会预测和规划最基本的不同特点就是安全预设具有特定目的性，即特定为最大化地保障人的安全存在和发展，可以称为“安全最大化目的性”特点和原则要求，也可以说是一种安全“最优化理性法则”，即在安全预设过程中，要考虑尽可能地取得最大化安全效益。③系统性。这是任何社会预测和规划都具有的原则要求和特点，即安全预设必定是某个具体系统的安全预设，不是抽象的；在具体时空里，还要坚持具体问题具体分析；大体涉及整体性、结构性、层次性、反馈性等具体原则和特点。④科学性。这是安全预设的重要内在要求，因为每一安全系统都具有自身内在变化规律，安全预设必须符合实际，逻辑严密，科学严谨，内在统一协调，各种指标清晰可行，对安全行动实践具有较强的指导性，而且，在某一周期内，能够引导事后对安全预设进行科学评估、评价和监测。⑤反复性。人与自然、人与人、人与社会关系的复杂性和不确定性，决定了任何社会系统的预测和规划都具有复杂性；而安全预设作为特定系统，更具有复杂性和反复性，体现周期性、延续性的特点，因而也要求行动者要周期性、连续性地对某具体安全系统进行反思和修正。⑥普遍性。这是安全预设的一种外在特点。可以说，一切社会预测和规划都是为了规避风险、保障安全（当然这里面包含人的安全、事的安全、物的安全、环境系统的安全）。⑦多元性。这也是一个基本特点。不同的具体领域和系统，安全预设不同；即便同一具体安全系统领域，也具有复杂多样性。因而无论何种安全预设，原则上都需要多学科及其理论、方法的交叉融合运用，均涉及哲学、自然科学、社会科学和人文科学，涉及现代系统科学的所谓“老三论”（系统论、控制论、信息论）和“新三论”（耗散结构论、突变论、协同论），以及后来的熵和混沌理论、自组织理论、超循环理论、博弈论、复杂科学理论等。具体预设方法与第九章表9-1所列大体相同。

四、安全预测、安全规划的基本原理

原理，一般是指最基本的道理，也有“元”道理的意思。安全预设最基本的原理，就是人们通过理性认识，从历史和现实已知的确定性出发，去测度和规设未来未知的不确定性。安全预设受主客观因素影响，其中主观因素包括行动者的心理状态、知识水平、行动经验、思想意识、价值理念、阶级立场，客观因素，根据中国社会预测学者的研究，包括安全变迁的客观规律性、周期性、相似性、惯性（延续性）、系统性等，而二重性的主客观影响因素有：阶层地位、利益关系、不确定性、博弈性。[①]安全预设的主观因素可以参考第四章的内容，而客观性因素或主客观二重性因素，其实就涉及安全预设的基本原理，我们不妨在此着重谈谈。

（一）安全预设的规律性原理

这是安全预设最基本的原理，是其他基本原理派生的基础。唯物辩证法认为，世界是物质的，物质是运动的，运动是有规律的；规律是物质不以人的意志为转移的本质规定；人具有掌握和利用规律改造自然和社会的能力。有规律可循，则可预测和规划。如第三章所指，整体性安全的社会变迁是有规律可循的，可以从影响安全的自然或社会因素（如社会结构）变迁中，去预设安全。

安全变迁规律的一个重要特点是其周期性，尤其是影响人的安全的自然因素和自然规律，在条件相同的情况下，自然规律基本能够重复出现，因而对地质灾害、气候变化等的规律不断探索（当然自然科学界认为，地震发生规律难以掌握，是因为缺乏几百年或几千年的地壳运动资料），基本上能够按照自然灾变规律，去抵御或减少对人的安全的负面影响。而社会规律比较复杂，因为社会是由不同思想感情、利益取向、价值观念的人与人间的互动构成的关系总和，因而安全预设主体在把握社会性安全变迁规律时有难度，需要对安全预设的客体变迁规律，进行反复探索和博弈。

既然规律有重复出现的概率，那么同类事物就有共通性、相似性的一面。在

---

① 阎耀军：《社会预测学基本原理》，社会科学文献出版社2005年版，第201—318页。在本书第七章至第十三章，作者着重阐述了社会预测的基本原理：主客体关系及其博弈性、规律性、周期性、相似性、惯性、系统性、测不准等原理。

未知时空环境中将要出现的现象，可能在已知时空环境里能找到相似的情况，所谓“历史总是有惊人相似的一面”，这为开展未知时空（不在场）的安全预设大开方便之门。比如工业化国家的社会治安、职业劳动（生产）安全预测和治理显示，往往在经济高速增长或社会动荡时期，安全事故或事件更加突出，这就为后发性国家或地区开展类似安全预设提供了相似性经验。

物体运动具有机械惯性，社会历史、文化制度、体制机制等同样具有一定的“社会惯性”，实际上就是文化传承性、延续性。一个重大或特大或特别重大的安全事故或事件发生后，往往具有很强的教育和警示作用，这就为今后安全治理提供了很好的经验教训，是安全预设不能忽视的反面教材。同样，某些国家或地区或自身以往历史上的成功安全治理案例，也可以作为当前安全预设的正面经验加以借鉴。

（二）安全预设的系统性原理

如前所述，规律总是某个具体物质系统的规律。人的安全总是某一具体系统的安全，或者就是安全系统本身。系统内部一般要求整体均衡、部分协调、分层有序。因此，安全预设要充分考虑如下因素：人的安全与整个（自然或社会）系统运行的关系协调均衡问题；人的安全存在发展与系统内部的经济、政治、文化、社会生活资源要素相匹配问题；系统内部安全的层次位序、纵横序列等清晰化问题；系统变迁与安全变迁的互动关系问题。

（三）安全预设的测不准原理[①]

任何事物或系统的运动变迁均具有不确定性的一面。在安全预设方面，预设主体与预设客体之间同样存在共变性问题：一方面，预设主体具有思想感情、利益取向、价值观念、阶级立场等社会性特征，同一主体具有的这些社会性因素在不同时空环境下会发生变化，不同主体之间更有差异，因而对于安全预设很难达到前后一致性或主体间性；另一方面，安全预设客体也是不断变化的，自然安全客体在变化，社会性安全客体更是变动不居。加上主体之间、主客体之间的信息不对称，就很容易导致安全预设的偏差，因此要把握和控制安全预设的不确定性风险（将在后面详细阐述其后果）。

（四）安全预设的博弈性原理

正是由于不确定性会导致安全预设出现偏差，因而需要预设主体与客体之

---

① 德国物理学家海森堡1927年提出不确定性原理（uncertainty principle，也叫测不准原理），具体是指在一个量子力学系统中，一个粒子的位置和它的动量不可被同时确定；其中一个量越确定，另一个量的不确定程度就越大。目前这一原理已经从自然科学领域拓展至人文社会科学领域并得以广泛运用。参考百度百科。

间进行博弈，一次性博弈只能确保一定时空环境下的安全可行性（在预设自然安全方面比较可行），但时空变化，主体客体发生共变，安全预设就需要重复博弈，即达致“纳什均衡”[①]。因而，安全预设也必须遵循所谓“主客体互动反射性原理”[②]。即安全预设客体依据或参照主体的既有预设的“指导”，不断修正行动方案，使得安全情况好转或逆转，出现或“自我否定预言”或“自我证明预言”的状况；而安全预设主体也需要针对客体的变化，不断修正原有预设方案。这样，经过反复博弈，最终达致安全效益最大化。在一些涉及公共因素的安全领域，政府、企业、社会组织或公民三者之间的重复“安全博弈”更为重要（后面详述）。

五、安全预测、安全规划现状和趋势

安全预设已经从古代社会的“神灵启示”、经验预测，逐步迈向了当今科学的安全预测规划方向，在过去的三十多年间，预测决策理论和方法渐渐被引入了工业安全领域。从中国的情况来看，自20世纪80年代以来，工业领域相继开展了安全分析、事故预测预防、减灾防灾研究，开发了相应的安全预防管理、风险监测评估系统，但存在以下几方面的问题：研究分散，进展不一，仅限于工业行业、自然灾变等局部领域，社会安全预测规划进展缓慢；尚未形成系统的安全预测理论及方法，安全预测、规划与决策方面的政策研究都显得缺失，与当今所谓“风险社会”对于安全价值的诉求很不相称。面对风险社会的来临，今后我们应该继续拓展安全预设的实践层面、深化安全预设的基础理论和方法。

第三节　安全保障理性的内涵与类型

所谓安全保障理性，主要是指社会主体通过一定的工具、手段和条件，有意识、有目的、有成效地保护人的安全存在发展的一种社会行动理性。广义上的安全保障，还包括安全预设、安全监控等理性社会行动；狭义上的安全保障，仅指通过一定的专业技术手段、经济物质投入理性（行动能力）、组织和制度理性、社会公众文化和心理等方式，去正面保护人的安全的理性社会行动，涉及政府—专家—民众—社会这样几种社会力量。

---

① “纳什均衡”概念最早见于约翰·纳什的博士论文《非合作博弈》（1950年），是现代博弈论的重要理论。它假设有n个局中人参与博弈，给定其他人策略的条件下，每个局中人选择自己的最优策略（个人最优策略可能依赖于也可能不依赖于他人的战略），从而使自己利益最大化。这有点类似于“帕累托最优”，但它比较先进的地方在于提出一个“纳什均衡点”。参考百度百科。

② 阎耀军：《试论社会预测的主客体互动反射性原理》，《预测》2003年第1期。

至于安全保障的具体主体和客体、特点和原则、基本类型、基本功能等，与安全预设各方面大同小异，不赘述，这里仅就具体的安全保护方式或内容即主要类型进行分析。

一、安全专业理性：安全工程—技术保障

人类进入工业社会以来，一方面社会分工日益发达，另一方面科学技术理性日益发达，因而专业性的工程技术大量应用，创造了巨大生产力，同时工程—技术手段也成为保护人的安全最经常采用，也是最基本的方式，安全科学界通常称之为安全工程技术。[①]目前很多国家和地区都设立专门的安全工程技术研究开发机构，很多大学都开设有安全工程院系、专业和学科，培养了大批安全工程技术的高级专门人才，分布到社会各个安全应用领域，成为安全专家，也创造出了大量安全高科技，对人的安全保障起到了很好的作用。

安全工程技术主要是一种安全专门性方面的理性（即专门用来保障安全的科技理性），种类很多（参考第二章表2–1），大体可以归纳为几类。①直接关涉人体生命安全的（卫生）工程技术。如，安全人机工程，主要是指人体结构和操作习惯，同机器、环境协调的技术和方法；防毒、防尘、防辐射、防噪声、防窒息（通风）、防高温等职业卫生安全工程技术；医疗卫生技术，即诊断医治各类疾病的医学工程技术；安全生理工程技术，一般是指与现代医疗设备有关的人体保健、疾患康复工程技术；等等。②作业操作实务或公共活动领域中的安全工程技术。如安全机械、安全电气、安全设备（含特种设备）、安全爆炸、安全消防，以及高空作业安全控制工程技术等；现代安全信息工程，尤其是当今各个系统、各个组织内部运用的物联网技术；（食品、药品、家具、环境等）安全监测检测技术；安全风险评估系统技术；安全仿真技术；应急管理、应急救援保障工程技术；等等。③关涉社会性因素的安全工程技术（安全管理工程）。如安全管理工程、安全经济工程、安全教育工程、安全文化传播技术、社会安全预测预警技术、社会治安侦察或刑警技术等。

总之，工程技术延展了人的生存发展时间和空间，成为当代社会行动者的生存手段；而安全工程技术则拓展了人的安全生存发展时空环境，体现了帕森斯意

---

① 技术，一般是指人们根据实践经验或科学原理而创造发明的各种物质手段及经验、方法、技能、技巧等；工程，是人类在改造客观世界的实践活动中为了某种需求而应用科学知识，并将科学知识和技术手段“集成”以后，转化为生产力的实施阶段，是复杂的、有一定规模的、社会组织的物质文明的创造活动。通常地，开展实施工程项目活动，需要相应的技术手段，因而会将二者合起来称为“工程技术”。参考刘莹：《试论工程和技术的区别与联系》，《南方论刊》2007年第6期。

义的“安全适应”功能，使得“安全人”的意义更加凸显。当然，专业理性的工程技术虽然成为现代社会保障人之安全的必需品，但本身也存在和容易诱发很多问题，后面将进一步阐述。上述主要是从安全专门性来说的，从安全分散性角度看，任何一种工程技术中都应该包含安全理性，比如目前广泛应用的电脑，就应该包含不损害人的体肤、视力、大脑等安全性功能，即屏幕电子辐射量应降低到可接受的安全水平。又如电脑的广泛应用，导致人的颈椎病频发，且逐步低龄化，除了操作者使用时间过长或姿势不当等原因外，也与电脑设置没有达到人机安全协调的最佳程度有关。这方面例子太多，在后面有关技术信任问题的章节将进一步阐述。

二、安全物投理性：安全物质—经济保障

人的安全保障必须以一定的经济物质投入为基础，[①]安全预设、安全科技研发、安全监控行动开展等都离不开物质经济的投入，所谓“一分投入，十分安全；零分投入，百分祸患”，说的就是安全经济—物质投入的重要性。经济—物质的安全保障同样体现了帕森斯意义的“安全适应”功能，是行动者进行安全行动的能力基础。

(一) 安全投入与安全成本概念辨识

与安全预设理性一样，安全（经济—物质）投入分国家和地区、行业和部门（如劳动安全投入、交通安全投入、军事国防投入等）、主体（政府、企业、社会组织）与客体等，也分分散性与专门性。一般地，安全投入大体包括人力、财力、物力、信息、时间五大方面的内容（其中安全信息大部分是上述的安全知识技术，但也需要经济物质投入）。安全投入与安全成本有所不同，中国有学者参考欧美发达国家、国际劳工组织及国内研究成果，认为安全成本是指在一定的技术经济条件下，在基础性安全标准下，与安全有关的费用总和；安全投入与安全水平（主要表现在安全指标上）的互动关系，主要表现为安全投入的滞后性和安全投入的阈值问题。[②]经济学上的“成本—收益”与“投入—产出”通常具有同样的功能，其差异主要是着眼于不同的角度，有时候合起来称为“成本投入—收益

---

① 这里的“经济”，主要是指来自各方面的资金财源。这里的“物质”，主要是指具体有形的物理性物质如机器、设备、设施、厂房、道路等，以及无形的信息、时间、精力等，资金财源也可以物化为具体可见的物体。“经济”“物质”有时合起来叫物质投入，简称“物投”。

② 钱朋寿：《关于安全投入的探讨》，《中国安全科学学报》1995年（12月）增刊；刘振翼、冯长根等：《安全投入与安全水平的关系》，《中国矿业大学学报》2003年第4期；段海峰等：《煤矿安全投入和安全成本的界定》，《中国安全科学学报》2006年第6期。

产出”。安全的经济物质投入（物投），体现着“同一问题”（即最少投入获得最大产出）的“两个方面”（一方面是同等安全标准条件下，使得安全投入和消耗尽可能地小；另一方面是在有限的安全条件物投下，使得安全效益尽可能地大）。

（二）几种安全投入/成本的主张[①]

大体有几种主张：①欧美发达国家、国际劳工组织的分类：安全投入/成本=安全预防投入+事故损失赔偿。前者应该是指专门用于安全方面的投入，包括安全措施经费、劳动保护投入、职业病防治费用、工程技术研发和更新改造费；后者是一种负面损耗性安全成本，这对于受害者而言是一种补偿性的工伤保险、赔偿或社会保障费用。②从安全投入的内在成本构成看，安全投入/成本=主动性投资+被动性投资=（安措费+防护用品投资+保健费+安全奖金）+（职业病诊治费+事故赔偿费+事故处理费+技术维修费）。③从安全投入的业务成本构成看，安全投入/成本=预防性安全成本+损失性安全成本=（预防安全成本+检查鉴定安全成本+危险源整改安全成本）+损失性安全成本。其中，预防安全成本包括两大部分：安全管理成本（如安全规划费、安全宣传费、安全教育培训费、劳动保护费、安全监测费、安全奖金和信息费）和安措费（安全科技工程投入费）；检查鉴定安全成本包括生产实践活动中的安全检查、评估、鉴定费用；危险源整改安全成本指对认定的危险源进行整改的费用；损失性安全成本即基于人道主义原则的（被动性）事故伤亡损失赔偿费用。④从安全投入/成本的功能看，安全投入=安全工程项目投入+劳动防护与保健投入+应急救援投入+安全宣传教育投入+日常安全管理投入+保险投入（应该包含财产保险、社会保险、安全风险抵押金）+事故投入（事故赔偿和处置费用）。⑤有的人认为，安全成本是一种负担，因而定义“安全负担=主动投资+被动投资+事故灾变损失”。

从上述分类看，③和④相类似，比较详细、可行。我们认为，其中的保险投入、事故补偿，一般属于社会保障范畴（事前与事后投入），即下面要阐述的社会“安全阀”，也可以视为安全保障理性的一部分。

（三）安全投入理性的主要原则要求

从社会功能角度看，安全投入理性的基本原则和特点也包括人本性、最大化、科学性、系统性、反复性、普遍性、多元性等，但这里我们着重从“安全成本—安全收益”的系统性、科学性匹配角度，具体强调几点合理比例问题，避免

---

① 参考刘伟、王丹主编：《安全经济学》，中国矿业大学出版社2008年版，第55—57、201—204页。

投入不足或过度。①安全投入必须体现人本价值。安全是人的基本需求，保障人的安全是创造社会价值的前提。那种认为将资金大量投入安全活动是“打水漂”，或者抓经济是挣钱的、抓安全是赔钱或负担的观念，不但类似于“杀鸡取卵”，更忽视了人性关怀。人是社会实践活动的最终目的，而不是手段。②安全投入要与经济发展水平相适应。一方面，要与国家或地区或单位组织的（国内）生产总值成正比（通常表达为亿元GDP或产值的安全投入比）；另一方面，要与生产产量或运载量成正比（如表达为百万吨、万车、十万员工的安全投入比）。③安全投入要与社会发展成正比，如与人口规模尤其是流动人口数量成正比（可以表达为万人安全投入比），与成员收入成正比（可以表达为万元收入的安全投入比），与自身所处行业、部门、地区相适应。

三、安全制度理性：安全组织—体制保障

人类社会本身就是各种组织、制度及体制所构成的“人造物”。人类社会的发展，实质上也是社会制度化的发展。制度因为人类社会的需要而产生。制度就像一张网，覆盖着全体成员。制度是一种约束人的绝对自由而确保人的相对自由的社会工具。中文里“制”与“度”的字面含义，可以理解为“制衡（人的行为）”的“砝码”。在制度面前，人既是主动的也是被动的；在不同时空环境中，主动和被动的程度不同。安全制度的实质是用安全的制度理性，通过各种工具（手段）理性，来保障人的安全行动，体现为安全制度的结构性和系统性。人类任何组织、制度、体制，都对其所覆盖的社会成员有一定的安全保障功能，现代社会组织的发展已经从原始时期的简单化逐步趋向高度复杂化，对人类的生存发展起着更为强大的保障作用，这是人类理性发展的结果。与动态的管理活动相比，组织、制度、体制往往是静态的，是人类开展各种管理活动的手段和载体；反过来，管理及其基本内容也是实现组织、制度和体制目标的手段。

（一）组织、制度、体制概述

人类组织、制度、体制是社会生活尤其是现代社会中常见而普遍的社会现象。从广义上说，组织是指诸多要素按照一定方式相互联系起来而构成的有机系统；从狭义上说，组织就是指人们按照一定的目标和原则，进行合理分工协作所结成的集体或团体。关于人类组织的起源，各门社会科学都有自己的解释，大体有利益目的论、兴趣爱好论、交易成本论、安全保障论、权力博弈论等几种观点。①社会学家认为，人们为了应对自然灾变和原始生物的危害，需要一个强有力的社会组织确保人的安全，因而必然选择一种可行的协作集体行动的方式。孔

德从人类天生具有"博爱"倾向进而迈向秩序与和谐的假设出发，认为人类博爱倾向的孕育和发展地首先是家庭（社会真正的要素或称为社会的细胞），其次是阶级或种族（社会的组织），最后是城市和社区（社会的器官）。[①]因此，组织的产生和存在就是用人性、博爱与秩序的联系串成了社会结构，具有稳定可靠的安全保障功能。滕尼斯从人类行动是意志的相互作用的基本假定出发，将人类交往的关系形式概括为共同体和社会。组织不仅是社会的细胞、社会的基本单元，而且可以说是社会的基础。②经济学一般假设组织的经济理性，认为无论是个体还是集体行动，均受自我利益的动机驱动，而达到这一目的的最佳途径是提高效率；在总量一定的情况下，如果想要用最小投入获得最大的产出，集体性组织就是人们获得最佳效率的手段和工具。因为，按照制度经济学者的说法（如科斯定理），组织之间的交易可以节省交易费用，如企业具有市场替代的部分功能，可以收到事半功倍的效果。[②]③新制度学派以胡塞尔现象学所谓"主体间性"（主体理解达成一致）的基本判断为基础，经过伯格、卢克曼等人的改造，认为个体经过理解沟通互动，建立起支撑集体行动的共同框架和共同认知（共同意识），被组织起来的社会生活才成为可能。这是一种主观建构论的组织学说。④公共选择学派以及威权主义认为，组织往往是行动者经过多重博弈而形成的稳定性结构；在这种结构中，始终存在着一种支配—服从的关系，资源拥有者之间、拥有资源与不拥有资源的行动者之间均存在一种策略性的交换关系，由这种交换关系内生出一种权力权威，且围绕控制、剥夺、限制和捍卫不可替代性的策略性的行动，各种规则和资源以不同形式被组合起来，并由此规约了组织规则的效力，既维续了现存社会秩序，也推动新社会结构的产生和组织结构的实际形态的出现。[③]

组织（organization）、制度（institution）、体制（system）三者有内在关联。从广义上看，制度也可以表现为体制（体系化的制度）、机制（落实制度的手段）乃至于组织。组织如政府、企业是制度的承载体，制度则是组织存在和发展的灵魂。组织是变迁的，制度也是变迁的；组织本身也是一种具体的制度安排。制度执行的效率有时就是组织效率的体现。很多安全事件的发生恰恰是制度供给不能满足安全需求而导致的。一般而言，组织与制度的关系，类似于电脑的"硬件"与"软件"。制度往往是某一组织的制度（如同系统软件），组织如同系统硬件，

① Comte,A.,*System of Positive Pofity*, London, Longmans, Green & Co., 1975, pp241-242.

② R. H. Coase, "The Nature of the Firm", *Economica*, Vol.16(4), 1937, pp386-405.

③ 部分参考张银岳：《组织的起源》，《经济师》2008年第2期。

往往需要制度来实现其管理活动和组织目标。对于组织而言，制度可分为三类：一是调整组织自身内部结构或利益关系的制度，可以称为“组织的内部结构性制度”；二是促进组织实现某种外部社会目标功能的制度，可以称为“组织的外部功能性制度”，结构决定功能，但外部功能反过来也能指导和统帅内部结构；三是在各大组织系统之间，可以整合规范组织行动的制度，可以称为“系统间的整合性制度”。

体制往往是指社会主体（主要是执政党和政府）针对其管辖范围内的社会成员及其行为和事务，而作出的关于资源和机会配置、权利和义务保障的体系化规制。体制即一种制度性安排和约束，需要一定的制度、机制（措施和方法）去架构。而正式制度往往分为根本制度、基本制度和具体制度三个层面。根本制度即国家层面的制度，包括国体（国家性质）、政体（政府基本组织形式）和宪法（根本大法），这里也可以是国家宏观体制和架构；基本制度是指各大领域的制度，如经济制度、政治制度、社会（生活共同体）制度、文化制度、法律制度等，也可以称为具体体制。具体制度非常多，包括部门规章制度、法规条例等，也可以视为一种制度性的机制。

组织或制度，实际上就是一种公共规则，涉及经济的、社会的、政治的、文化的行为规范。从社会学建构主义角度看，制度是人类行动的产物；而从结构主义角度看，制度又始终规约人的行为。制度基本上是由正式规则、非正式规则和实施机制三因素组成。[①]制度也是一种稀缺的“公共品”资源，也会出现“搭便车”现象。

角度不同，分类不同。[②]①从层次及相关内容看，体制、组织、制度三者可以分为：一是宏观的、广义的、根本的，如社会形态意义的社会主义制度/体制、资本主义制度/体制，以及国家宪法，国家组织、国际组织等。从宏观上看，组织、体制本身也是一种制度。二是中观的、中义的、基本的，如经济的、政治的、社会的、法律的、管理的、科技的、文化的制度/体制/组织等。三是微观的、狭义的、具体的制度/体制/组织，这方面很多，如具体的法律法规、规章制度、各类组织，也包括日常生活实践中的习俗、习惯。②从组织、体制、制度产生来源和存在的形式看，可分为正式的与非正式的组织、体制或制度。[③]前者一般是指明文规定，以

① North, D.C., *Institutions, Institutional Change and Economic Performance* ,Cambridge University Press，1990.

② 颜烨：《煤殇：煤矿安全的社会学研究》，社会科学文献出版社2012年版，第91—93页。

③ 非正式群体、非正式制度有别于国家政府或单位、地区内部的正式法定群体和制度，最早由美国社会心理学家梅奥和罗思利斯伯格基于20世纪二三十年代开展的著名的“霍桑工厂试验”提出。当时他发现这些非正式关系能够协调人际关系、缓解工人工作压力、提高工作效率。梅奥的观点集中在1933年出版的《工业文明的人类问题》中。

法理为基础，并且由正式组织颁布实施、内部全体成员共同遵守的制度，如各类法律法规、组织内部规章制度等；后者基本上是社会群体之间约定俗成的、未必成文的制度，一般包括风俗习惯、惯例、口头协议等，很难具有法理追究的效力，运行时间有的很长、有的很短。非正式制度也可能因社会需要和社会成员认可，通过一定的立规（立法）程序转变为正式制度，这是制度变迁的重要途径之一。③从承载的主体及其属性看，分为政府、市场、社会组织/制度/体制，属性上即国有、集体、民营三种。④从制度的功能角度看，笔者认为可分为：褒扬性制度、惩戒性制度以及约束行为的一般性制度（规定哪些行为可为、哪些不可为）。涂尔干则把制度划分为有组织的抑制性规制（repressive law，主要针对其提出的机械团结社会）和纯粹的恢复性规制（restitutive law，主要针对其提出的有机团结社会），[①]由此中国有学者认为制度可分为惩罚性制度和预防性制度。[②]⑤从制度变迁角度看，可分为诱致性制度变迁和强制性制度变迁。前者是指现行制度安排的变更或替代，或者创制新的制度安排，由一个人或一个群体响应获利机会时自发倡导、组织和实行；后者一般由国家、政府命令和法律引入和实现，其主体是国家。两者可以相互转化，相互补充。[③]

制度具有刚性和弹性的特点，同一制度本身也具有刚性和弹性的属性。不同的制度间比较，会有刚性较强的制度，也有弹性较强的制度。制度刚性即约制力比较强，制度弹性即灵活性比较强。无论制度刚性还是制度弹性，其功效都会表现出正与负的两面：制度过于刚性会抑制社会发展活力，而制度过于弹性则会遭受非正式制度的过度侵蚀，使得社会混乱无序、制度本身失效。在现代社会，几乎所有的正式制度都具有内在失败和诱致风险的可能性，因为制度是在有限理性下制定的，制定者很难预知未来变迁中的不确定因素，同时对当时的信息感知也具有不完全、不对称性，[④]因而制度需要随着时空环境的变化不断地修正，以确保制度在刚性和弹性之间均衡。制度变迁基于制度需求，具有周期性，会经历

---

① Emile Durkheim, *The Division of Labour in Society*, trans.George Simpson (Glencoe, IL: The Free Press) , 1949；中译本参见［法］埃米尔·涂尔干：《社会分工论》，渠东译，生活·读书·新知三联书店2000年版，第32页。

② 刘爱玉：《选择：国企变革与工人生存行动》，社会科学文献出版社2005年版，第117—119页。

③ 卢现祥：《西方新制度经济学》，中国发展出版社1996年版，第108—118页。

④ 贝克认为现代"风险社会"来源于人的决策和行为，是制度化的风险，与传统工业风险不同，见Ulrich Beck, *Risk Society: Towards a New Modernity*, Translated by Mark Ritter, London: SAGE Publications Ltd., 1992；斯科特认为那些试图改变人类状况的项目最后都是失败的，但实践知识、非正式过程和在不可预知的偶发事件面前的随机行动的作用是不可替代的，见［美］詹姆斯·C.斯科特：《国家的视角：那些试图改善人类状况的项目是如何失败的》，王晓毅译，社会科学文献出版社2004年版。

制度僵滞—制度创新—制度均衡—制度僵滞的过程。[①]此外，制度变迁还具有一种"惯性"，即"制度惯性"（包括"体制惯性"），往往会在人的心里留下难以抹去的制度（体制）记忆和印痕。

（二）安全组织—制度的基本类型

任何组织—制度都具有一定的安全保障功能，这是组织—制度的安全弥散性特点；但真正专门性的安全组织—制度比较少见。从表5-1看，我们主要基于安全专门性—分散性视角，对安全组织—制度的基本类型进行一种理想化的矩阵式划分（不同层面与属性交叉）。超宏观的专门性安全组织—制度，主要是指全球范围内应对安全风险（自然或社会的）的国际安全合作组织—制度，如国际刑警组织—制度、国际反恐怖势力组织—制度（国际反恐怖法）、世界历史上的反法西斯统一战线或条约、联合国安理会，以及各种各样的区域或地区军事防务组织或政治互信组织或条约（如曾经一度对峙的北大西洋公约组织与华沙条约组织、上海合作组织及互信条约）等。它们主要是多个主权国家的政府之间合作，打击国际犯罪、恐怖势力、国家外来敌人入侵的专门性组织—制度等。政府间的国际性的反生物物种侵害组织—制度、防止核扩散条约等，这方面的组织—制度随着非传统安全的兴盛，也越来越多。最主要的是，在国际社会中，"国家"本身就是一个集合性的社会行动者（组织），即本国国民安全的"保护伞"，从方方面面保障本国国民免受外来侵害。

全球专门的安全企业或安全经济组织比较少见。国际专门性的安全社会组织（非政府、非企业主办）一般是在科学学术界比较普遍，如国际劳工组织—制度、国际军备控制与安全组织—制度、国际原子能机构及章程、世界卫生组织的"世界病人安全联盟"等。至于国际组织—制度的分散性安全更为普遍，如联合国是一个庞杂的国际社会安全和平秩序的"维护者""制裁者"，而其中的教科文卫组织、国际电信联盟等均涉及其领域内的安全事项（如反不正当竞争、反黑客）及其规定等。整体上看，无论专门性还是分散性国际组织—制度，均有相互制衡、国家自我安全保障的作用。

宏观、中观、微观层面的专门（独立）性安全组织—制度，一般涉及一个国家或地区内部的专门安全保障或管理问题。中央政府级的安全综合部门及其制度有很多，如美国联邦调查局、以色列摩萨德、英国军情五处等，均涉及跨国性特

① 程虹、窦梅：《制度变迁阶段的周期理论》，《武汉大学学报（哲学社会科学版）》1999年第1期；程虹：《制度变迁的周期：一个一般理论及其对中国改革的研究》，人民出版社2000年版，第48页。

别安全事项；又如中央或国家政府级的社会安全综合治理委员会、防灾减灾委员会、军事国防部门、警察部门、公共安全部门、劳动职业安全（安全生产监管）部门、医疗卫生健康（食品药品监管）部门、疾病预防控制中心部门、环境保护部门、核安全部门、地震监测预防部门、消防安全部门等，都涉及具体专门安全规定的保障或监控。分散性的宏观政府部门中的安全机构及其安全规定，几乎遍布所有部门，如中央级政治法律委员会涉及全社会安全秩序维护和保障，国家发展规划部门涉及宏观经济社会安全运行，以及交通（航空航运）部门涉及安全规定和规章制度，建筑工程部门涉及安全保障和监管，农业部门涉及粮食安全的保障，（民政）社会福利部门涉及社会保障等。

表5--1　专门、分散视角的不同层面和属性的安全组织—制度基本类型

视角	安全组织—安全制度			
	层面	政府	市场	社会
专门性	超宏观	全球性国际 安防军事或政治（联盟）的	全球性国际 安全企业（联盟）的	全球性国际 安全民间社会 （联盟）的
	宏观	中央高层安全综合部门的	全国性安全企业的	全国性安全社会组织的
	中观	中央政府安全部门的 地方政府安全综合的	全国行业性安全企业的 地方性安全企业的	全国行业性安全社会组织的 地方性安全社会组织的
	微观	地方政府专门安全部门的 基层地方或单位内安全的	地方行业性安全企业的 基层地方安全企业的	地方行业性安全社会组织的 基层地方社会或安全组织的
分散性	超宏观	全球性国际组织内的	全球性国际经济组织内的	全球性国际社会组织内的
	宏观	中央或国家政府内的	全国性企业内的	全国性社会组织内的
	中观	中央政府部门内的 地方政府内的	全国行业性企业内的 地方性企业内的	全国行业性社会组织内的地方性社会组织内的
	微观	地方政府部门内的 基层地方政府或单位内的	地方行业性企业内的 基层地方企业内的	地方行业性社会组织内的基层地方社会或单位内的

至于市场领域的宏观专门性安全组织—制度，通常比较少见；一般宏观性的国有大型企业（如以煤炭能源生产和销售为主的中煤集团等），内部都专设有安

全生产监管部门、社会安全秩序综合治理部门，这是市场领域的分散性安全组织—制度。相对而言，社会领域的宏观性专门安全组织—制度比较多一些，如具有半官方或半企业性质的安全工程技术评价机构及其规章制度、学术研讨性质的国家职业安全与健康（安全生产）协会及其安全规定、全国安全科学学会及其安全规定、全国卫生防疫协会、全国警察学会（协会）、全国保安（安全保障卫士）协会等；宏观社会组织中的分散性安全组织—制度，一般比较特别，例子不多。至于中观、微观层面的安全专门性或分散性组织—制度，在政府、市场、社会领域的分布，与宏观层面的大体差不多，有些是政府综合的，有些是政府安全专门部门或政府部门中分散性安全机构及其规定。市场化的安全技术服务中介（公司）目前也不少。相对而言，社会领域具体的有很多，如社区内部安全委员会及其人员，负责本社区公共安全保障和管理；交通协助管理委员会及其协管员，协助交通警察和交通工作人员维护交通安全和交通秩序；政府或各类企事业单位的门卫保安队伍，承担其安全保障和管理功能；以及市区街道安全巡逻员、临时事务性的专门安全保障和管理队伍、防灾赈灾组织及队伍、针对乞讨人员的社会救助站等专门性机构。当然，也可以按其履行的政治、经济、社会、文化功能的不同来划分类型。

（三）具体安全制度类型、特性功能及其制定原则

与安全公共组织外在功能相对应的，是具体安全公共制度。这方面的数量更为繁多，大体可分为几类：①安全法律法规类。这主要是指国家立法层面的制度规定，如自然灾害方面有防灾赈灾办法及其责任追究条例等；事故灾难方面有职业劳动安全法（安全生产法）、交通安全法、森林防火法、消防法、危险化学品管理办法、重特大事故责任追究办法、工伤事故保险条例等；公共卫生事件方面有传染病防治法、食品安全管理办法及其事件处罚条例、环境安全法、环境保护条例等；社会公共安全方面有社会治安处罚条例、困难群体社会救助办法、公共突发事件应急管理办法、国家安全法等。除此专门的安全法律法规外，在国家的刑法、民法、经济法以及部门性的劳动法、工会法等方面也有相关规定。当然，各国安全制度的制定方式和内容有所不同。②安全管理制度类。这一方面主要是各地区或组织内部根据实际需要，依照安全法律法规制定的适应本范围内的一些安全管理规章制度。如职业安全（安全生产）责任制、安全办公会制度、安全目标管理制度、安全投入保障制度、安全监督检查制度、安全教育培训制度、某专门器材使用管理办法、灾害预防管理办法、煤矿瓦斯治理规定、某类事故认定与补偿抚恤暂行办法、某社区消防安全管理办法、某高校突发性学生群体事

件应急管理办法、“三同时”“五同时”制度、“三违”管理制度等。③安全技术制度类。这一般涉及一些标准化的技术文件制度，以定量标准和指标为主。如安全技术审批制度、安全质量标准化制度、事故应急救援制度、安全操作规程、瓦斯抽采办法、煤矿安全规程、设备完好标准、煤矿“一通三防”标准、驾驶安全规程、安全工程技术设计标准、环境安全检测标准等。④安全文化习俗类。这一般指安全的非正式制度及其产生和形成的社会氛围。这些非正式的制度如维护安全的风俗习惯、惯例、民谣、两性间的安全文化互动等，如果得到正式立规即可成为正式的安全制度予以颁布实施。目前在实践中，很多安全问题往往找不到相应的规程和法律法规依据予以解决，有的只能采取模糊化处理，因此安全文化建设十分重要。非正式制度本身也是制度，一种潜在的制度，有时也被称为“潜规则”。[①]“潜规则”往往超越现行正式制度，带有“灰色性”，也有一些安全习俗带有封建迷信色彩。这些都是安全文化建设的反面教材。

从内容上看，几乎所有的安全制度都包括几大方面的特性和功能。一是规范性，即安全制度具有规范标准的导向，在安全标准及其操作层面，参考专家系统或国外系统或世界标准，规定某一安全标准和操作技术规范；二是保障性，即保障人的安全，对死伤人员或社会弱势群体进行补偿、抚恤、治疗等；三是惩戒性，即在安全问题的责任追究层面，对安全责任主体进行监督控制，对安全事故的当事主体、当事人进行惩戒，同时对举报或避免损失者进行奖励；四是文化性，即制度本身也是文化现象，安全制度尤其是规范标准和传统习俗本身得以延续和普及，成为培养后代安全意识的安全文化典章。

制定和执行安全制度有一些基本原则。这方面在安全预设理性上也多有分析，大体有：①人本性原则。以人为本是安全制度的内在要求，必须把保障人的生命健康安全及其财产和其他权利安全当作首要任务，最大限度地减少突发公共事件及其造成的人员伤亡和危害。②科学性原则。即安全标准的制定和执行必须符合人的安全行为、安全行动的需要，同时有利于安全事故的技术处置和责任追究的定量分析。人—机—环境—管理的适应配套规程必须科学合理，达到系统安全、本质安全要求，即依靠自身的安全设计，进行本质安全方面的改善。即便是社会性安全，也需要一定的定性和定量分析的结合。同时，安全制度要体现发挥安全科技研发的作用、专家队伍和专业人员的作用、先进的监测预测预警预防和应急处置技术及设施的作用，不断提高安全事故处置能力，避免发生

① 吴思：《潜规则——中国历史中的真实游戏》，云南人民出版社2001年版。

次生、衍生事件;并且,安全制度要具有普及安全科学知识,提高公众自救、互救和应对各类突发安全事件综合素质的作用。③预防性原则。安全制度的一项重要功能即预防事故的发生。能够增强政府、社会和民众的忧患意识,居安思危,防患于未然,确保预防与应急相结合、常态与非常态相结合,因而预防文化和预防制度建设更具优先性。④公正性原则。制度公正是社会公正的第一要义,包括制度制定和执行时都必须保持公正合理,不能仅从少数决策者或执行者的意愿出发,要确保社会成员应得所得,应该得到安全保障的必须得到安全保障,应该受到安全责任处罚的必须受到处罚。⑤民主性原则。所有安全问题都与人民群众利益相关联,人民的意愿和需求才是安全制度的生命力所在,所以安全制度的制定和执行需要"走群众路线,从群众中来,到群众中去",需要广泛听取意见、集思广益。同时,安全制度的出台和实施过程需要接受社会公众监督检查,不断改正和完善制度,确保安全制度的良性运行。⑥法治性原则。安全制度的制定和执行本身要依据有关法律和行政法规,在应急管理、维护公众的合法权益、安全应对工作规范化制度化法制化等方面都要体现法治理性。

(四)两大重要的安全保障理性:社会保障制度与安全应急制度

此两大制度一般由政府主导提供,相当于直接保障社会公民安全的公共产品。社会保障是指公共机构(主要是政府)依据一定的法律和规定,为保证社会成员的基本生活权利而提供的社会救助和补贴,具有抵御社会风险、保障社会成员持续生存发展、保证社会安定运行的作用。也有学者认为,社会保障是国家面向全体国民依法实施的具有经济福利性的各项生活保障措施的统称,是用经济手段解决社会问题进而实现特定政治目标的重大制度安排,是维护社会公平、促进人民福祉和实现国民共享发展成果的基本制度保障。[①]即通过经济手段保障人的安康幸福,学界通常称之为"社会安全网",覆盖全社会成员。它一般是通过再分配的形式,实现对社会困难群体或弱势群体的补偿性公平。社会保障制度有时候被称为"福利主义"的核心,与"社会政策"紧密相连(几乎就是社会政策),相当于一种软安全保障政策,直接与社会结构及其分化紧密相关,是一种

① 郑功成:《中国社会保障改革与发展》,《光明日报》2012年11月20日。该文认为,在中国特色的社会主义福利社会里,人人能够公平地享有社会保障,合理地分享国家发展成果,同时承担起相应的义务,实现互助共济。最终实现"幼有所育、学有所教、劳有所得、病有所医、老有所养、住有所居、弱有所帮、贫有所济、孤有所助、伤有所治、残有所扶、死有所葬、遭灾者有救助、失业者能解困"等目标,引领人民走向共同富裕,并为经济发展和社会和谐进步带来持续的动力。

政府理性制度或体制机制。[①]其基本指向就是应对“社会脆弱性”[②]，维护人的尊严，确保人的权利安全，尤其是社会弱势群体的生存安全。

西方社会保障理论一般分为三大流派。[③]结合中国的情况看，社会保障体系具体包括：①社会保险（social insurance），是一种为丧失劳动能力、暂时失去劳动岗位或因健康、年龄原因造成损失的人口，提供收入或补偿的一种社会和经济制度。这是社会保障的主体部分，属于强制性保险，包括养老保险、医疗保险、失业保险、工伤保险、生育保险。其中，职业劳动（生产）领域的工伤保险在保障劳动者安全方面的功能，通常被学界和政界归纳为工伤预防、经济补偿、工伤康复。②社会福利（social welfare，意即“生活幸福”），作为一种制度，是社会保障体系中的最高纲领。广义上，它是指国家依法为所有公民普遍提供旨在保证一定生活水平和尽可能提高生活质量的资金和服务的社会保障制度，包括公共福利、职业福利、其他福利；狭义上仅指对生活能力较弱的儿童、老人、母子家庭、残疾人、慢性精神病人等弱势群体的社会照顾和社会服务。③社会救济（social relief）、社会救助（social assistance），是指国家和社会为保证每个公民享有基本生活权利而为贫困者提供物质帮助，即所谓“扶贫济困”；包括灾害救济、失业救济、孤寡残病救济、城乡困难救济。相对而言，救济较为消极被动，往往基于同情和慈善的心理而对贫困者施助，多表现为暂时性的救济措施；而救助则更多反映了一种积极主动的救困助贫措施，是长期性的救助。④社会优抚（安置），主要针对现役军人及其家属、退休和退伍军人及烈军属等而推行的一种带有褒扬、优待和抚恤性质的特殊制度，包括思想教育、扶持生产、群众优待、国家抚恤等内容。⑤住房保障，这是中国这类市场经济发展型国家特有的社会保障制

---

① 现代社会保障作为一项制度，萌芽于英国伊丽莎白时期（1601年颁布世界首部《济贫法》），首创于德国俾斯麦时期（先后颁布工伤保险法、疾病保险法、老年和残疾保险法三大制度），成熟于美国“罗斯福新政”时期（1935年美国建立全面的社会保障制度），完善于第二次世界大战后（1948年英国基于《贝弗里奇报告》，宣布建成第一个“福利国家”；此后，美国全面建成社会保障体系）。20世纪70年代，社会保障制度的改革实践纷纷出现于工业国家；进入21世纪后，中国也宣布建立了社会保障体系。

② “社会脆弱性”是灾害社会学的一个重要概念，旨在强调灾后的社会不平等主要是由灾前阶级和族群等社会特性决定的。它强调人们受灾的原因不仅是由自然因素造成的实质损害，而且阶级地位的差异、权利关系及社会建构的性别角色等都会影响灾害受损的程度。换句话说，尽管社会脆弱性不是灾害发生的因变量，但是某些特定的社会特质（包括贫穷、不公平、边缘化、食物供给、保险获得能力和住宅质量等），将会使社会群体在面对某一类型的灾害时更加脆弱，其中贫穷、不公平、健康、资源获得途径、社会地位可视为一般性因子中的决定性因子（Cutter, S. L. et al.,“Social vulnerability to environmental hazards”, *Social Science Quarterly*, 2003(84), pp242-261）。引自周利敏：《从自然脆弱性到社会脆弱性：灾害研究的范式转型》，《思想战线》2012年第2期。

③ 三大流派即国家干预主义、经济自由主义和中间道路学派。国家干预主义主要有德国新历史学派、费边社会主义、福利经济学、瑞典学派、凯恩斯主义、新剑桥学派等；经济自由主义包括古典自由主义和新自由主义；中间道路学派主要指第三条道路。参见徐丙奎：《西方社会保障三大理论流派述评》，《理论参考》2007年第4期。

度，主要是指政府在终止住房实物分配制后，为无力购买自有住房的居民提供一定的住房，使得居民“住有所居”的安全保障。

应急安全保障（安全应急）即“应急管理”“公共危机管理”“突发事件管理”“紧急事件管理”的统称，是一种多学科、多种社会力量交叉综合运用的安全保障理性行动。所谓“应急”，即“为急而应”，是全社会或个别社会力量为了处置社会紧急突发事件（事故）而作出的安全行动响应，旨在保障社会成员的生命财产安全。[①]就安全应急的总体过程而言，一般包括四大环节：①应急预案，即指为应对某范围内紧急突发事件或事故而预先制定的安全行动方案。②应急准备，即为安全应急行动而做好的人力、物力、财力保障。③应急响应，即针对突发事件或事故而实施的安全救援行动，这是应急成功与否的最重要环节，包括响应启动（接警响应与响应级别确定，一般分为四级）、救援行动、现场指挥（通常包括指挥、策划、行动、后勤、行政等几个核心应急响应职能）。④应急善后，一般包括应急恢复和应急结束，该阶段主要包括现场清理、人员清点和撤离、警戒解除、善后处理、事故调查，以及最后总指挥确认和宣布应急结束。

危机管理原为企业管理中的术语，现已被广泛应用于政府管理、公共关系等方面。[②]发达国家的安全应急保障体系一般是政府、企业、社会组织三方面合力组成，也有由一方力量单独组成的应急制度和体系。发展中国家限于应急理念、应急能力等因素，一般是以政府为主体，企业、民众为补充组成社会公共安全应急保障体系；企业或其他组织的内部安全应急保障体系，由自己内部力量构成。目前，中国特色的应急管理体系已经形成为“一案三制”：应急预案、应急管理体制、机制和法制建设。中国政府为应对今后可能出现的诸如非典型肺炎之类的突发性问题，于2006年1月颁布了《国家突发公共事件总体应急预案》；2006年7月，颁布《国务院关于全面加强应急管理工作的意见》，并成立“国务院应急管理办公室”和“应急管理专家组”，其成员涵盖自然灾害、事故灾难、公共卫生、社会安全和综合管理五大领域的专家；2007年，颁布《突发事件应对法》，同时创办《中国应急管理》杂志。这些均表明中国应急管理日趋达到新的高度，安全应急

① 中国有学者认为，“应急管理”与“突发事件”“紧急事件”“危机事件”虽有区别，但均是指“突然发生并危及公众生命财产、社会秩序和公共安全，需要政府采取应对措施加以处理的公共事件”。参见童星、张海波等：《中国应急管理：理论、实践、政策》，社会科学文献出版社2012年版，第23页。这种定义主要限于公共事件，而且指明由政府单方面处置。

② 中国有学者认为，“应急管理”和“危机管理”主要针对非常态而言，“风险管理”则居于常态管理与非常态管理之间的地带，主要解决如何防范和应对各种风险的问题，以避免风险演化为突发公共事件和危机。参见薛澜：《从更基础的层面推动应急管理——将应急管理体系融入和谐的公共治理框架》，《中国应急管理》2007年第1期。

保障步入法治轨道。

四、安全社群理性：安全关系—文化保障

安全的社会理性，主要是指人的安全存在和发展受到社会组织、社会关系、社会文化的影响，受益于社会理性的保障和监控。这里的“社会”显然是非政府、非企业的“小社会”，既是生活共同体，也包括社会成员个体。真正意义的“社会理性”，即共同体的公共性、公共理性问题，大体上看有几种安全社会理性。

（一）社会群体性安全保障理性

这在前面已多有介绍。民间社会组织分为正式的（比如中国规定社会组织必须登记注册，如居民社区、棋牌协会、消费者协会等）与非正式的（如中国流行的老乡会、同学会等）两大类。正式的社会群体（组织），对其成员或会员的安全往往有一定的制度性保障、福利补偿等；非正式的社会群体（组织）是自愿结合形成的，对其成员的安全保障主要依靠人际情感或后面要说的关系资本。美国早期的社会学者贝尔斯、W. 怀特等对小群体及其功能多有研究。

（二）社会资本性安全保障理性

如第二章所述，社会资本通常是人们通过长期的社会交往或交换而形成的具有相对稳定联系的历史文化和心理积淀，能够“搞定事情”（getting something done）的一种社会力量。它是嵌入于因个人行动者互动交往而形成的社会群体（组织）、社会关系网络中的社会资源，一度兴起的“关系社会学”“社会网络”（social networks）研究等对此多有探讨。[①]人际关系通常是一种特殊的关系，而不是一般普通意义上的公共行政交往关系。从其社会功能看，可以分为情感关系、工具关系、混合关系。[②]当然，关系本身不是社会资本，但关系尤其是工具关系，在一定条件下尤其在市场化交换发展的时期，能够发挥一种类似于经济（物质）资本、人力资本的理性作用，所以被称为人类社会发展必需的第三类资本——社会资本，即能够取得事半功倍、以最少代价取得最大效益的效应。社会资本同样可以分为宏观、中观、微观层面。从宏观上看，社会资本超越微观层面

---

① 人际关系研究由来已久，如比利时的社会学家杜卜瑞尔在1912年出版《社会关系》一书认为，社会学研究的对象不是“社会”，而是“社会关系”。这其实是指社会学的核心是研究社会结构，因为关系本身也是一种结构。20世纪40年代，德国社会学家冯·维塞倡导“纯粹关系学”，出版《作为人类关系学和人类关系形象学的普通社会学》一书，认为系统社会学就是“社会关系学”。中国早期社会学者对中国特色的人际关系研究更为关注，如费孝通的“差序格局”、梁漱溟的“伦理本位”以及后来学者所指的“人情”“面子”等；近年，中国社会学者边燕杰倡导“关系社会学”的学科构建，认为中国的“关系”运作和关系主义，在本质上是特殊主义的工具性关系。

② 黄光国：《人情与面子：中国人的权力游戏》，载李亦园等主编：《现代化与中国化论集》，台湾桂冠图书公司，1985年。

的纯粹私人交往联系，也存在于社会群体、社会团体之中，能够消除社会不平等的负面后果，推动经济社会发展。从法国社会学家布迪厄引入社会资本的概念以来，美国的普特南、科尔曼、格兰诺维特等，以及中国大批社会学者对此展开了实证研究，也提出了新的理论观点。

社会资本的安全功能决定于其基本的四要素即网络、信任、互惠、规范。人们通过长期交往形成"熟人社会"网络，由此产生交往或交换的基本人际信任（与契约信任相对应）、人情互惠（包括即时性与延时性的互惠）、人际交往规范。因此，社会资本的安全保障功能表现为以下几方面：一是安全互信功能。人与人之间互相信任，使得交往安全可靠，不存在相互欺骗，而且能够及时互通安全信息，化解风险，确保个体安全与社会公共安全。但是，不能避免的是，现代社会也出现了"欺生"（陌生相欺）与"杀熟"（熟人相残）并存的现象。①二是安全互助功能。也就是通常所说的"一方有难，八方支援"等灾难救助、安全互保互助。研究者认为，社会资本是在赈灾的公共资源难以确保公正分配时对受灾者进行救助，是对正式"制度空缺"的弥补；也有的提出"疗愈型社区"（therapeutic community）的概念来描述社会资本的安全保障作用。②这在自然灾害救助尤其在中国"5·12"汶川震灾救援、灾后重建方面多有体现和研究③，今后可以继续开展这方面的实证分析。三是安全凝聚功能。即通过社会资本的规范共识，团结和凝聚成员的安全能力，共同对付个体难以抵御的外来的安全威胁，这对于一个群体、一个社区等来说，非常重要。后面有关章节将同样述及社会资本的安全保障功能。

（三）文化习俗性安全保障理性

在韦伯那里，文化习俗很大程度上是一种传统或习俗性的要素，与工具理性相去甚远。这里所说的文化习俗性安全保障理性，主要是通过安全文化的形成和熏陶教育，使得行动者自身或群体成员形成安全个体理性，不断提升安全保障意识，杜绝和消除不安全、非理性行为或行动（如作业操作失误，打、砸、抢、烧等社会暴力行为），达到安全互助互保的作用。当然，安全文化中也包括国家层面

① 郑也夫：《走向杀熟之路》，《学术界》2001年第1期。

② "疗愈型社区"即灾难发生时和灾后出现大量合作行为和利他主义行为，并自发地组织起来应对灾害的社区。Barton, A. H., *Communities in Disaster: A sociological analysis of collective stress situations* (1st ed.), Garden City, NY: Doubleday, 1969.

③ 如，赵延东：《社会资本与灾后恢复——一项自然灾害的社会学研究》，《社会学研究》2007年第5期；2009年中国社会学会年会期间，社会网与社会资本研究专业委员会专门组织了"社会资本与自然灾害"论坛，就社会资本对于汶川震灾灾后重建的影响问题进行了研讨；袁振龙：《社会资本与社区治安》，中国社会出版社2010年版；李琳：《灾后社会资本重建》，华中师范大学出版社2011年版。

的社会意识心态、政治理念对人的安全的保障作用。这方面在第四章有关章节都有所阐述，此处不赘述。

第四节　安全监控理性的内涵与类型

如前所述，安全监控理性本质上也是一种安全保障理性，即通过监控方式来保障人的安全，但安全监控本身会产生"社会变异"，后面将详述。安全监控同样包括工程—技术监控、经济—物质监控、组织—制度监控、政治—社会监控等，与上述的安全保障理性大体重合。为避免叙述的重复，我们变换一个分析视角对安全监控理性进行阐述。

一、社会监控与安全监控概述

监督（supervise）、管理（management）、控制（control）三者内涵有所区别，[①]但有着大致相似的社会功能；三者内部构成的基本要素均包含主体、客体、手段、目标、环境条件五个方面。

（一）社会监督与安全监督

"监督"，一般包含监察、监测、监理和督察、督查、督促的意思。法学一般从国家—社会关系角度出发，将监督划分为国家监督与社会监督两大部分。国家监督（或大政府概念的监督），一般是指由国家行政机关、司法机关、审判机关依法对各种社会行动者（个人或集体）的社会行为及其活动进行监督的有机整体，包括国家权力监督（权力监督与公务监察）、行政监督（行政监察与审计监督）、司法监督（检察监督与审判监督）三大主体的监督行为。社会监督，即非政府监督，是指各种社会组织和团体、公民等以多种形式、多种手段和多种途径，广泛地、积极主动地对各种社会行动者（个人或集体）进行监督的理性社会活动，一般包括社会组织监督、社区监督、社会舆论监督、社会公民监督等。

安全监督，只是监督的具体内容之一，同样包括国家监督和社会监督。国家对安全的监督，通常是指国家权力机关、行政机关、司法机关和审判机关，依法对各种经济社会主体的安全行为进行监督、监察和检查的理性社会活动，属于正式的安全监督，最主要的是政府的行政监察。社会对安全的监督，即非政府、非正式的安全监督，指社会公民、社会组织和团体对经济社会主体的安全事务进行监

---

① 在英文中，administration一般是指行政管理、政府行政等，而management的外延相对比较广泛，一般包括企业管理、行政管理、管理层和资本方在内的各种管理和经营。

督的理性活动，通常包括安全的舆论监督、安全的群众（公民）监督、安全的社会组织监督。

（二）社会管理与安全管理

管理学上的“管理”是一个大概念（包含监控），一般是指一定的人和组织依据自身权利，通过计划、组织、领导、指挥、协调、监督、控制、反馈及创新等一系列职能手段和方式，对人力、物力、财力及其他资源进行有效配置和处置，以达到预期目标的理性社会实践活动。管理的类型，因分类角度不同而多样。社会学中的“社会管理”，我们认为，一般是指全社会（政府、企业、社会组织、公民等）运用一定的方式和手段，对社会生活共同体（小社会）进行有效管理和服务的理性社会行动；其宗旨是坚持以人为本、服务至上原则，其基本任务包括协调社会关系、规范社会行为、化解社会矛盾、解决社会问题、促进社会公正、应对社会风险、保持社会稳定等。也就是说，人本性服务是社会管理的出发点，化解矛盾和风险是其内在要求，促进社会公正是其核心，维护社会安定是其目标。

安全管理只是管理的具体内容之一。所谓安全管理，我们认为，就是指一定的人和组织通过计划、组织、领导、指挥、协调、监督、控制、反馈及创新等一系列职能手段和方式，有效保障和实现人的安全的理性社会实践活动。

（三）社会控制与安全控制

“控制”一词，最初源于自然科学技术关于机器设备或操作者的控制论思想。社会控制是社会学的一个重要议题。社会运行过程中必然会出现社会问题，出现社会问题必然需要社会控制，通过一套严密的社会控制体制和机制、方式促使社会有序正常运行。中国有学者认为，social control（社会控制）又可译为社会约制。广义上，社会控制通常是指社会或社会组织（群体）为维护社会秩序正常运行，运用一定的社会规范及其相关的手段和方式，对社会成员（包括社会个体、社会群体或组织）的思想和行为进行指导和约束，对各类社会关系进行调节和制约的理性过程或社会行动。[①]狭义的社会控制是指对社会越轨者或越轨行为，施以社会惩罚和重新教育（狭义再社会化）的过程或理性社会行动。

美国社会学者詹姆斯·克里斯总结归纳了欧美学者对社会控制的分类：[②]①罗斯的社会控制思想。社会学家通常将美国学者罗斯1896年在《美国社会学杂志》

① 参考陆学艺主编：《社会学》，知识出版社1996年版，第591页；参考郑杭生主编：《社会学概论新修》，中国人民大学出版社1994年版，第436页。

② 转引自［美］詹姆斯·克里斯：《社会控制》，纳雪沙译，电子工业出版社2012年版，序言，第6—7、18—21、36—42、100—101页。

发表的《社会控制》一文奉为此领域的开山之作。罗斯认为，人类处于原始蛮荒状态的无政府主义个人行为会破坏社会秩序，没有秩序就不会有真正的进步，因而主张对人的行为适当进行理性控制。并且，罗斯区分了社会协调与社会控制的不同，认为社会协调由规范社会行为的规则和程序构成，以避免生活各部分的干扰，本质上是指向和谐的社会行为；社会控制则是通过遏制一部分人、激励一部分人来协调潜在的冲突行为，即规范不相容的目标和行为。②奈的微观社会控制分三类：直接控制（制裁），即对越轨行为的实际或可能的限制，包括法律惩罚的正式控制、嘲笑或羞辱的非正式控制；内部控制（文化的社会化），即个人将社会共同价值观、思想信仰、规则制度等内在化，以规范自己的行为；间接控制（人际关系调控），即温暖的、安全的社会情感纽带。③卡托维奇的微观社会有四种方式：工具控制，即主体与他人之间形成的相对稳定和持续的给予与索取的内部关系，包含婚恋、合伙、协会等；仪式控制，即相当于戈夫曼的日常生活互动仪式，如打招呼、印象整饰等；人际控制，即两个或两个以上的人共同关注一些即时的社会目标而达成共识以相互控制行为；类别控制，即参与者的结合与控制是基于结构或类别身份。④特拉维斯·赫希关于中观社会控制的四种社会纽带要素：一是依恋（attachment），即社会情感方面的，类似于涂尔干的准内则化、弗洛伊德的超我以及道德良知；二是信念（belief），即对与错、是与非、好与坏的价值理念共识；三是奉献（commitment），即人们对于投入特定社会活动的时间精力的理性算计和认知；四是卷入（involvement），即人们用于正统活动的时间越多，越轨行为就越少。⑤詹姆斯·贝尼格的宏观控制四个层面：第一层面即地球上有机物或原生质外观的出现，产生适者生存；第二层面即动物和人类模式行为及其模仿的出现；第三层面即社会组织及同食物生产相关的需求活动；第四层面即农业生产向工业生产模式的过渡。⑥杰克·吉布斯的宏观控制三类型：无生命体控制，即人类试图控制、改变或影响没有生命的物体及其特性来适应自己；生物控制，即人类试图改变、影响动植物的生物特性来适应自己；人类控制，包括人类试图控制自身行为的各种方式，包括以自我控制为目标的内部控制、以他人控制为目标的外部控制。⑦詹姆斯·克里斯自己的中观社会控制三类型：正式的法律控制、人际关系和群体生活领域的非正式控制、普遍行为的医学控制。他认为，干预是区分正式还是非正式控制的关键要素。并认为，非正式的人际关系控制发生在人的最初社会活动阶段；一旦人际关系控制失效，则诉诸法律，法律控制失效后，需要联合医疗进行身心控制。

中国学者从不同角度将社会控制分为很多类型：[①]①积极性控制与消极性控制。前者是指政府和社会运用舆论、宣传教育等措施，引导社会成员的价值观和行为方式，预防社会越轨行为的产生（事前控制）；后者是指政府和社会运用惩罚性手段，对正在发生或已经发生的越轨行为进行处罚和制裁（事中控制、事后控制）。②硬控制与软控制。前者是指正式组织运用强制性控制手段如政权、法律、纪律等，对社会成员的价值观、行为方式实行控制，因而又叫强制性控制；后者是指各种社会主体均可以运用非强制性手段如舆论、风俗习惯、伦理道德等，对社会成员的价值观和行为方式实行控制，又叫非强制性控制。③外在控制（他律控制）与内在控制（自律控制）。前者是指依靠社会力量促使社会成员服从社会规范；后者是指社会成员在内化社会规范的基础上，自觉地用社会规范约束和检点自己的价值观和行为方式，又叫自我控制。④制度化控制与非制度化控制。前者是指以国家明文规定的形式，向社会成员昭示"什么可为""什么不可为"的控制，又叫正式控制；后者是指以风俗习惯控制社会成员的行为方式，虽然没有明文规定，但是社会成员在社会化过程中已经知晓明了，又叫非正式控制。⑤宏观控制与微观控制。前者是指全社会运用政权、纪律、法令、政策、条例等控制手段，对全体社会成员及整个社会关系进行调控与制约；后者是某个具体的社会组织运用组织规章、组织文化等控制手段，对其成员实施指导与约束。

社会控制，从宏观上看，是维续社会秩序，达致社会和谐；从中观层面看，是控制人或人群，维续社会良序；从微观层面看，是控制人的行为，确保人的行为行动安全。在社会学上，社会控制概念的外延要大于管理、监督，因此，社会监督、社会管理，都是社会控制的重要内容，有时合在一起称为"监控"（监督控制）、"监管"（监督管理）、"管控"（管理控制）。所以，安全也就会有"安全监控""安全监管""安全管控"的说法，均指全社会通过一定方式和手段，依法对经济社会主体（或公民个人）进行安全监督、管理、控制的理性社会行动。

安全监控的类型与上述的社会控制类型大体差不多。这里，我们着重于根据社会学意义的社会控制理论对安全监控进行阐述，不妨按正式、非正式、混合式类型进行界说。

二、正式的安全监控

正式的安全监控，一般是指国家权力机关、行政机关、司法机关、企事业单

---

① 参考郑杭生主编：《社会学概论新修》，中国人民大学出版社1994年版，第436—440页。

位组织等主体，通过法律法规、规章制度、政治或行政或经济的方式等，对人或组织（及其自身）的安全行为和行动进行制裁或调节的理性活动。按照詹姆斯·克里斯的说法，“干预”是区别正式与非正式控制的关键因素，因而正式的安全监控必然是带有强制性的制度规定及其执行，必然与制裁、调节相关，必然涉及一种公共权力因素，说到底是一种对安全的权力监控，包括法律或规章制度制裁和调节、政治或行政制裁和调节、经济制裁和调节等，但都得依靠法律法规和规章制度。

（一）安全的法律规章制度或司法监控

法律一般是以契约为基础，一方面调节（调整）当事人之间的权利与义务及其利益关系（即“什么可为”“什么不可为”“什么应该为”），另一方面是在调节基础上对不法行为进行制裁（即“违法犯罪如何处置”）。这里，主要是国家、政府或相关部门动用法律法规措施对安全行为和行动进行调节性监控；安全的刑事司法系统制裁一般包括警察、法庭、监狱三个子系统，是对违反安全法律法规行为的最严厉制裁。

一个国家或社会要确保秩序安定和良性运行，就需要一定程度地对人或组织的安全行为和行动进行制裁性监控。通常包含三个环节：一是事前的法律规定，即分别规定可以的、不可以的、必须的、应该的安全行为或行动等；二是事中的法律处置，即不法安全行为或行动发生时的及时制止，或应急救援、管控和处置；三是事后的法律制裁，即对不安全行为或行动的惩罚或对不安全受害者的补救补偿等。事后安全法律制裁，反过来能够起到事前惩戒和预防的作用。

如果从内容方面划分，与安全保障理性一样，安全监控理性也有很多，大类上有职业劳动类、社会类、经济类、政治类等，具体如环境保护法以及环境污染违法追究和刑事处罚、职业劳动（生产）安全保护法、社会治安管理条例、枪支弹药或管制刀具管理条例、[①]交通安全法、航空安全法、警务法规、国土安全保护法、精神卫生法、食品安全法，等等。同时，安全法律法规也具有分散性—专门

---

① 关于普通公民是否有权利拥有枪支，这个问题在不同国家的实践中存在很大差异，美国宪法大体是不禁止公民拥枪，中国则是严格枪支拥有、使用和管理的，这与各国自由平等理念、传统文化习俗、国家制度、公民素养、管理科学程度等都有关系，似乎不应一概否定。集权国家往往强调仅有军队、警察、法庭等拥有枪支和使用枪支的权利，奉行公民自由主义的国家往往允许普通公民也拥有枪支。大体而言，普通公民拥有枪支的出发点是为了保护自身安全或者包含民兵自练的成分，是自由平等理念（诺思的“暴力潜能均等”观）的体现，但枪支的使用范围和对象、枪支管理则需严格规定，应该从相对自由——不以损害他人自由为前提的自由——的角度界定普通公民枪支的使用权利。如从美国发生的公民枪杀案件来看，多数法院认定是当事人精神病发作失控导致滥用枪支的。普通公民拥有枪支时社会或公民本身更安全，还是不拥有枪支时更安全，都很难说清楚，需要实证研究，同样与文化制度、理念和素养有关。

性、特殊性—普通性、宏观—中观—微观等情形划分。

规章制度，从广义上说，包含法律法规。这里，我们主要指小于或依照国家法律法规，正式行政部门或企事业单位组织自行制定的安全规章制度（实际上也包含遵守、执行国家安全法律法规的一面），以及下一个微观层面的（公众）安全须知、安全技术标准、安全作业规程、安全驾驶、安全标识、安全注射、安全用药、单位三级安全教育（即单位层、二级机构、所在岗位）、劳动生产过程中的反"三违"（违章指挥、违规作业、违反劳动纪律）等多方面的内容。其与前面的安全保障理性和上述的安全法律法规比较类似，起着正式的安全监控作用，因而不赘述。

（二）安全的政治或行政监控

如果按照孙中山先生所指的政治即"管理众人之事"来理解，政治应是指"大政治"，即全面综合考虑政治权力所及范围之内的、以民为本的民族解放独立问题、民生问题、民事权利保障问题等，具体是指覆盖全民、全社会的大战略、大智慧、大政策，其最高律令即公平正义。政治往往伴随着一定的政治思想意识（政治观念或指导思想）、政治体制架构，本身代表一定阶级、一定集团的利益指向。圣贤政治必然基于全民利益而采取安全保障和监控措施。执政党及其政府往往充当国家或社会的核心统治机构，其执政安全必然与维护和保障全民安全紧密联系，否则就要退出政治历史舞台。

一般来说，从政治及其意识形态角度看安全治理，有几种体制性的模式：①全能主义模式，[①]即政府包揽一切，包括安全治理，是同时充当"运动员"和"裁判员"的全能政府。这种模式流行于政治专制时代、集权社会国家，很容易导致决策失误，以至于造成巨大的安全风险。②政府主导模式，即对于民众安全的监控和保障以政府为主，市场、社会组织为补充。这种模式一般盛行于社会转型过渡时期，转型到一定程度走向政社合作（政府与社会之间是职能分开、功能合作）或多元治理。③政社合作模式，即政府与社会对于安全治理或监管起着平等的作用，相互合作博弈，有"安全民主"的倾向。④多元治理模式，即政府、专家、民众、企业组织、社会组织、宗教人士等各种社会力量在分立基础上，同时参与安全治理，平等合作博弈，政社合作是其雏形。这一般在民主化程度很高的国家或社会里流行。

所谓"行政"，顾名思义，就是政府处理政务，或者说是施行、行使政治旨意

① 邹谠：《二十世纪中国政治：从宏观历史与微观行动的角度看》，（香港）牛津大学出版社1994年版，第3—6、69—70页。

的公共理性活动（目前其范围也延伸到企事业单位组织内部的公共事务处理）。对于安全的监控，行政方面主要是安全（行政）监察。安全（行政）监察，一般是指国家政府相关的行政机关，为实现和保障某种或某领域的安全而进行依法决策、组织、管理、监督、检查、督察等活动的总称。这其中就包含对经济社会活动主体（行动者）不安全行为或行动的制裁（包括处罚和法律追究）。比如中国有煤矿安全监察条例、煤矿安全监察机构、安全生产监管机构、医疗安全监察机构、食品安全监管机构、特种设备安全监察条例和机构等。安全行政监控还包含一定的安全行政仲裁，即一定的行政仲裁机构作为第三方，对安全事故或事件进行仲裁，促使当事主体履行安全责任与安全义务，使受伤害者得到有效补偿，具有一定的法律强制性。如一些劳资纠纷、工伤保险等的解决需要动用安全（行政）仲裁。国际领域的安全争端调停，具有明显的仲裁特征，但国际仲裁的强制性执行效果较弱。

（三）安全的经济监控

对不安全行为的经济监控和制裁，本身要依据安全法律法规。这方面几乎所有与安全有关的法律法规都有规定，包括对当事主体判处罚金、没收财产等（对个体不安全行为引发事故者有适当的扣发工资福利等待遇的规定），也包括对被伤害主体的赔偿、补救等。经济监控或制裁同样要起到惩戒的社会作用，避免类似安全问题的出现。当然，经济措施还包括褒扬安全行为或行动，实行物质性激励以强化安全示范。与前述安全的经济保障理性有交叉，具体不赘述。

三、非正式安全监控

非正式安全监控，一般是指没有强制性干预、主要依靠自律（或者通过他律作用于自律）的一种安全软控制活动。非正式安全监控多发生在日常生活中的人际关系领域；美国有学者指出，非正式控制包括家庭、社区邻居群体、同辈群体、学校、工作单位、宗教、大众传媒这七个社会载体或社会资源。[①]这在第三章的安全社会化方面已多有阐述。

非正式安全监控的干预，一般是“弱干预”或“软干预”，不涉及法律、政治或纪律管理的强制性要求或执行，主要通过引导、示范、劝诫、教育、调解、警示、提醒、互相尊敬、群体规范压力（产生认同或从众）、信息沟通等方式，对当事主体的不安全行为或行动进行软监控，促使其进行自我安全反思、安全自保、

---

① Arnett, Jeffrey Jensen. “Broad and Narrow Socialization: The Family in the Context of a Cultural Theory”, *Journal of Marriage and Family*, 1995,57(3), pp617-628.

安全自控自律、安全认同，或不伤害他人。

在现代社会，除了家庭成员之间的安全互动和约束，非正式安全监控最主要发生在社区、工作单位和同学朋友群体中。无论传统农业社会还是现代社会，居住于同一社区（地理）空间、工作于同一单位、学习于同一个班级的人们，往往通过连续性交往或者说代际交往形成“熟人社会”。在熟人社会里，人们往往通过“相互凝视”的信息链条来规范言行，形成群体安全规范压力，迫使个体自觉服从安全共识，践行安全理念，维护安全道德，即通过“相互凝视”（无形地相互盯着言行）的软监控方式，确保公共安全规则的遵守和执行。①

这有点类似于福柯的权力理论。如第二章所指，他批判性地引入边沁的“全景敞视主义”思想，认为现代社会中的监视（注视）就像一种无形的控制权力，无处不在、无时不有，人人都处于他人或组织的监控中；“监狱”一旦普遍化、持续化为一种社会文化，“监狱社会”（carceral society）则已然形成，从过去的“少数人监视多数人”发展到了今天的“多数人监视多数人”，使得个人的言行时时处处保持谨慎，即所谓“慎独”（语出《礼记·大学》）状态，从而达到自我服从、自我监控、自我保护的目的。②福柯看到了现代人被监控的困惑，但也指明了监控权力的正面价值。福柯意义的权力是弥散性地渗透于整个社会，以至于宗教本身就像一个无形的“监狱”，信徒们总是感觉站在顶端的“神”始终在监视着自己的行为，使得自己的言行处于规范状态，以此来保障自我安全和不伤害他人。这可以视为宗教意义的非正式安全监控。

街头的“陌生人社会”由于身份的高度不明确和不稳定，因而适度的相互尊重能够避免正面的安全冲突，通常在一个文明程度较高的社会里能够实现。“尊敬”是“街头准则”的核心，类似于非正式的“司法”，几乎是一种具有重要价值的社会资本。③

在具有等级身份的社会场域中，对于社会个体的不安全的行为或行动，长辈或上级一般通过安全引导、安全示范、安全教育、安全调解、安全警示等方式；而在同事、同学、战友等平等的朋友关系中，通常采取劝诫诱导、提醒注意的方式。这些方式没有实际的法律约束效力，旨在对行动者施加无形的内在心理影

① 引自王宁：《消费社会学（第二版）》，社会科学文献出版社2011年版，第207页。

② [法]米歇尔·福柯：《规训与惩罚》，刘北成、杨远婴译，生活·读书·新知三联书店1999年版，第三章“规训与监狱”；[美]詹姆斯·克里斯：《社会控制》，纳雪沙译，电子工业出版社2012年版，第91—93页。福柯意义的权力区别于政治学中的法理权力；在他看来，精神病院、医院、学校、兵营、监狱和性，是一种纪律性的权力，而这个权力的特点就是它本身的反法律性，游离于法律之外。

③ [美]詹姆斯·克里斯：《社会控制》，纳雪沙译，电子工业出版社2012年版，第109—111页。

响，即转化为自我安全控制。

在现代信息社会里，互联网上有专业聊天信息群，单位组织内部有聊天信息群，也有陌生人自由社会交往聊天群。专业群、单位群有一种外在的实体约束，多数是依托于单位或专业共同实体而构建的“虚拟社区”，多采用实名制，是半个“熟人社会”或“熟人社会虚拟化”，熟人之间通过道德的“相互凝视”监控群员的言谈，还有现实中的专业权威人士、公共权力管理者或实体正式规则控制群员的生存资源和机会，因而不会出现非常出格（违法违纪违规、违反道德习俗）的言语，群员说话比较谨慎，能够实现个体身份权利的安全互保，即“不伤害别人，不被别人伤害”，这种群的存在富有延长性。而自由社交群是一个类似于街头的“陌生人社会”，是匿名性社会、完全的“虚拟社区”，现实中群员很少见面，因而这种群里言语冲突往往非常厉害，个体很容易遭遇其他群员的谩骂和攻击，缺乏身份、声望乃至精神和心态的安全感，到最后信息群将自行解体和消失。如第三章所述，网络实名制是虚拟社会的一种发展趋势，它将促成虚拟社会的“熟人化”。

如前所述，社区或同一工作场域中，同伴之间关于安全信息的及时沟通和交流本身也是一种对外来威胁和危险的监控，它有时候比正式的组织或制度监控更为有效，同时本身也起到相互安全监控和约束的作用。

四、混合式安全监控

混合式安全监控即正式与非正式安全监控的交织。如现代社会里，对交通行为、街头暴力犯罪行为的电子（工程技术）监控，以及对精神病人或有心理危机病人的医疗控制，往往以正式组织或制度的名义采取行动，但缺乏社会可接受、可持续性的约束效力。而持续兴起的诸如环保主义的社会运动，采取的是非政府组织或制度行动，但却起到一种非常有效力的安全干预约束作用，促使政府改进不安全规划或行为。又如，中国社会的思想（政治）教育，这是一种通过正式组织或管理者对下属或学生的思想引导和劝诫，但没有法律强制效力，因而也是混合式安全监控。再如，詹姆斯·克里斯对多动症（ADHD）、选择性缄默症、社区或校园的疾病性暴力考察后认为，这些多见于青少年早期的精神障碍。他认为，医学在个人安全监控层面的突出价值是降低伤害和风险，在集体层面最重要的价值是公共安全监控；但医学中公共卫生的公共安全价值同司法犯罪系统的正义价值，往往时常冲突：司法要追究危害公共安全的行为责任，而医学则为精神病人辩护或提供正常医疗，但这种“生活医学化”的非正式控制逻辑越来越遭到怀疑，因为它极有可能为罪犯推卸法律责任。[①]

在现代社会，社会匿名化和社会原子化问题突出，个人自由淡化了共同体内部的“相互凝视”，狭小的家庭空间、个人活动空间阻隔了安全信息的及时传输，使得社区安全仅仅处于公共管理机构的管控和处置之下，这是社会转型时期或欠发达地区的安全监控模式。詹姆斯·克里斯将美国警务发展划分为三个阶段：政治分赃时代—警务职业化和改革时代—社区警务时代；与之对应的控制趋势重点则是：从非正式到正式转变—逐步正式化—从正式回到非正式。[②]其实类似于美国这类发达社会的社区警务，并非完全是非正式，而是正式和非正式的混合。

在现代社会，关于混合式安全监控的最佳表述还是吉登斯、贝克的“生活政治”“亚政治”概念。他们从反思现代性后果出发，强调其与传统民族国家代议制政治、“解放政治”不同。[③]在吉登斯看来，“生活政治”以个人为基础，关注人的生活方式（不是机会），在于通过公开、公共的方式来详细考虑社会和环境补救如何与追求积极的生活价值联系在一起，意即重建社会生活道德和公共伦理；摆脱“生产主义”就意味着要在自主、团结及追求幸福的主题引导下恢复积极的生活价值与自我认同。[④]贝克将现代化划分为简单现代化与第二现代性阶段，前一阶段政治体制的核心是议会民主制，而风险社会里除了议会民主本身之外，还有自由独立的大众媒体和强大独立的司法体制，他特别指出：“‘亚政治’概念指的是民族国家政治系统的代表制度之外和超越这一制度形式的政治。它关注的是一种（最后是全球性的）政治自我组织的征兆——倾向于使社会的各个领域都运转起来。亚政治意味着‘直接的’政治——也就是说，在政治决定中采取非正式的个人参与，而绕开了意见形式的代表制度（政党、议会），但常常甚至缺乏法律保护。换言之，亚政治意味着自下而上形塑社会。”这种“生态民主政治”替代了简单现代性的“有组织的不负责任”，而彰显了一种“负责任的现代性”即第

---

① ［美］詹姆斯·克里斯：《社会控制》，纳雪沙译，电子工业出版社2012年版，第61—75、118—133页。

② ［美］詹姆斯·克里斯：《社会控制》，纳雪沙译，电子工业出版社2012年版，第175—176页。

③ 吉登斯将“解放政治”视为一种力图将个体和群体从其生活机遇有不良影响的束缚中解放出来的一种观点，即包括力图打破过去的枷锁、面向未来的改造；力图克服某些个人或群体的非合法性支配统治，也即追求自由平等；也就是以阶级为基础，力图减少或消灭剥削和不平等，重视政治体制和制度的形式。参见［英］安东尼·吉登斯：《现代性与自我认同：现代晚期的自我与社会》，赵旭东、方文译，生活·读书·新知三联书店1998年版，第247—251页；［英］安东尼·吉登斯：《失控的世界》，周红云译，江西人民出版社2001年版，第115—116页；［英］安东尼·吉登斯：《现代性的后果》，田禾译，译林出版社2000年版，第135—142页。

④ ［英］安东尼·吉登斯：《现代性与自我认同：现代晚期的自我与社会》，赵旭东、方文译，生活·读书·新知三联书店1998年版，第251—270页；［英］安东尼·吉登斯：《超越左与右——激进政治的未来》，李惠斌、杨雪冬译，社会科学文献出版社2000年版，第239—240页。

二现代性。[①]这些非政府组织运动对民族国家层面的政府决策和行为绝对具有某种约束力。这也体现在近年中国因为环境污染或政府审批污染项目开工、大量土地征用和民房拆迁等，而遭到民众反对和抗议的运动中，这些运动给政府施加"软干预"性压力，促使其改进决策和行为。

第五节　安全理性在实践中的局限性

吉登斯的现代性反思理论特别强调"行动反思性监控"，即指在行动者的活动流中体现出来的人的行为的目的性或意图性；人的这种能动性不仅仅指人们在做事情时所持的意图，更强调的是人们做事情的能力。它以此来描述行动与思想之间的交互关系。[②]随着启蒙运动以来人类对科学理性的极度崇拜和高度依赖，社会历史发生了重大变迁：一方面，科学理性乃至衍生出来的经济理性、组织制度理性增强了人类控制自然的能力和对自然威胁的"免疫力"；但另一方面，它们同时也制造了更多的"不确定性"，人类一次次地暴露于自己亲手制造的新的风险中。科技是一把"双刃剑"，没有科技是不安全的，有了科技又很麻烦。安全理性，包括安全的公共理性和个人理性，其本身也需要借助科技理性、经济理性、制度理性以及人类自身生活共同体的社会理性来支撑。安全理性是用来保障人之安全的理性，但安全理性与科技理性、经济理性、制度理性一样，本身存在缺陷：理性不足，难以预防潜在的风险；理性过度，又会诱发新的风险。这需要我们不断地反思人类的安全行动理性的实践，在反思中"监控"或修正自己的安全行动。

一、安全理性不足：无法应对不确定性风险

理性不足主要是指人类认识能力有局限，无法把握或预知时空"不在场"的未来一切，明显表现为安全预设和安全保障理性的不足、安全监控不到位，从而导致灾难。

（一）人类理性对于自然和生态变迁规律及其风险的认识有所局限

这是指自然界不可抗拒力超越人类的"预防理性"，因而安全预设、保障理性均显得不足，安全监控不到位。突出的如地震预测准确性难以把握，尤其是

---

① ［德］乌尔里希·贝克：《世界风险社会》，吴英姿、孙淑敏译，南京大学出版社2004年版，第15页。"亚政治""生活政治"在国际关系学上有时候称为"低政治"，即关注国内民众民生方面的事务，对应的"高政治"领域则是涉及国防、国家国土安全战略等。

② ［英］安东尼·吉登斯：《社会的构成——结构化理论大纲》，李康、李猛译，生活·读书·新知三联书店1998年版，第62、65页。

短临震预测准确度不高，（临时突发的时间准确性比起中长期地震预测来难度大），导致无法从规设、物质、专业或组织保障方面去应对；又如，感染人类的病毒也在加速变异，现有医疗水平无法对之把握和诊治，如2003年暴发的非典型肺炎、2020年新冠疫情，一时无法应对，导致暴发性死伤情况突出；再如，2012年7月北京、2021年7月郑州等地几十年难遇的特大暴雨导致城区泛滥，物质和组织保障不足，以至于人员伤亡多人，这是始料未及的。

（二）人类对于自身制造的诸多麻烦无法充分预测估计

即人们对于自制的风险感知较弱，物质、组织保障明显不足，安全监控和维权缺失。以确定性思维和规划，去应对不确定性的世界，要么确定性本身碰壁，要么制造出新的风险。人是复杂性动物，人际交往组成的社会更为复杂，现代化发展更诱发了贝克意义的“风险社会”，社会已经普遍风险化，使得社会以风险化的方式存在和发展；其基本逻辑假设就是，现代化（尤其科技进步与工业化）使得人类进入一个新型风险社会，人们所要面临的风险完全不同于传统工业风险及由其产生的社会矛盾和问题；以往的经验、技术和组织制度，已经不足以规避和应对新的社会风险。贝克所指的“风险”是完全超越人类感知能力的放射性物质，空气、水和食物中的毒素和污染物，以及相伴随的对植物、动物和人的短期和长期的负面影响因素；它们引致的系统的伤害常常是不可逆的，且一般是不可见的；风险概念是个指明自然终结和传统终结的概念。换句话说，在自然和传统失去它们无限效力并依赖于人的决定的地方，才谈得上风险。[①]又如，随着专家专业知识向大众常识转型，医学知识和医药技术大众化（自我诊治）、驾驶技术大众化（自驾出行）等，安全监控由“少数人（专家或警察）监视多数人”的模式，逐步演变为“多数人监视多数人”，但这种自我监控和他人监控非常脆弱，没有约束力，同样会诱发很多灾难风险。再如，在一些不发达国家和地区，环境污染、城市噪声、食品安全风险、家具装饰等消费物品的毒性和危害性，并没有引起政府、社会公众的重视，安全监控和安全维权也就很难得到关注。

（三）现代社会的安全专家知识系统本身具有理性局限及不确定性

今天科技体制问题的症结正在于“科学理性”与“社会理性”的断裂。贝克指出，在风险冲突中，政治家们不再能依赖科学专家来决断。这是因为：①在不同的人和受影响的集团之间，总是存在着矛盾的主张和观点，他们对风险具有不同的界定。因此，就风险产生的知识冲突是专家的事。②专家仅仅能够提供关

---

① Ulrich Beck, *Risk Society: Towards a New Modernity*, Translated by Mark Ritter, London: Sage Publications Ltd., 1992, pp20-32.

于可能性的一些不确定的事实信息，而永远不能回答这个问题：哪种风险是可以接受的，哪种风险是不能接受的。③如果政治家采纳科学的建议，他们就有可能陷入错误、僵化和科学知识的不确定性之中。这正如贝克化用的一句谚语所指出的，没有社会理性的科学理性是空洞的，但没有科学理性的社会理性是盲目的。[①]比如，在医疗领域发生误诊的可能性一直存在，有文献报道，美国、加拿大、新西兰、澳大利亚、英国等国家的住院患者发生医疗误诊事故的比例在2.9%~16.6%；一份关于中国1990—1999年的研究报告称，因误诊导致误治使病情恶化致残甚至死亡的比例低于4%。[②]

二、极端安全理性或机制僵化：诱发新的风险

美国社会学家默顿因袭韦伯的说法，认为科层体制规定的确强调遵章守制、讲求效率，但它具有明显的反功能：刻板僵化、墨守成规，效率只针对例行事务，一旦发生突发性特殊事件，既定条件改变，便反应迟钝，动作缓慢，被称为“训练性无能”。[③]所以社会需要一些非正式安全预警预测方式和处理方式，需要在垂直管理体制中加强横向管理。

之所以产生这种“安全组织不安全”的负面性，是因为尽管安全组织保障了人的安全，但其存在也会一定程度地侵害公民的安全权利，因而也存在诱发新风险的危险。制度经济学者诺思就认为，一方面国家的存在是保障公民个人权利的最有效工具，节省交易费用，但另一方面国家权力又是公民个人权利最大和最危险的侵害者，“没有国家办不成事，有了国家又会有很多麻烦”，[④]这就是中国学者所称的“诺思悖论”。[⑤]现实中，一些安全监督管理组织和政府的行业组织、地方行政组织同样存在“政府失灵”乃至“组织失灵”的机制僵硬的状态，对安全风险感知迟钝和反应滞后，无法应对突发安全事件或事故。而且，政府组织及其内部管理者的权力“寻租”，也会导致安全制度、安全标准失效，进而发生安全事故；或者政治精英与经济精英联盟结成“特殊利益集团”，形成“既得利益者”垄断公共资源，破坏安全制度和标准实施的环境，致使安全事故频繁发生。

---

① Ulrich Beck, *Risk Society: Towards a New Modernity*, Translated by Mark Ritter, London, Sage Publications Ltd., 1992, pp29-30.

② 引自陈晓红：《误诊研究与安全科学》，《临床误诊误治》2008年第7期。

③ 引自谢立中主编：《西方社会学名著提要》，江西人民出版社1998年版，第184页。

④ [美] 道格拉斯·C.诺思：《经济史中的结构与变迁》，陈郁、罗华平等译，上海三联书店、上海人民出版社1999年版，第24—25页。

⑤ 卢现祥：《西方新制度经济学》，中国发展出版社1996年版，第167—168页。

按照贝克、吉登斯的观点，现代社会风险主要源于人的决策和行为。而对集体组织的极端现代主义（一种极端理性）诱发无尽灾难风险后果的论述最精者当数美国政治人类学家斯科特。他用大量例子，如国家科学林业工程、语言和交通等异文化的同化政策及实践、整齐划一的土地所有权及规整清晰而简单化的农业计划、坦桑尼亚的乌贾玛村庄规划等，证实极端现代主义的灾难性后果。他认为，导致这些宏大的现代社会工程或项目最终失败的原因有四个方面：一是（从制度角度看）针对自然和社会而形塑国家简单而清晰化项目的管理制度（也包括社会组织）；二是（从文化角度看）自信科技进步能够使得人们理性地规划和设计社会秩序，表现为一种极端现代主义的意识形态；三是（从政治角度看）极权独裁的国家机器自信有能力确保极端现代主义的设计付诸实现；四是（从社会角度看）公民社会软弱无力，无法抵制这些极端现代主义规划项目的施行。所以，斯科特主张用“米提斯”（metis）风格来拯救人类，即为应对变动不居的自然和社会环境而形成的丰富多样的实践知识、技能以及后天的智能。①

三、安全理性过度的后果：“安全麻木症”和“安全强迫症”

安全预设、安全保障过度，可能会导致人们的过度警觉和物质浪费，难免诱发新的风险；因此，安全理性过度主要表现为安全监管和控制理性过度，从而引发新的风险。这方面的情况比较多见，主要表现为：对潜在的或未来的风险程度无法把握和认知，导致安全监控理性过度，引发新的风险；出于某种利益关系而过度使用安全监控手段或措施，反而导致人的不安全（这在后面有关章节将详述）。这通常会表现为两个刚好相反的现象，即“安全麻木症”和“安全强迫症”。前者使得行动者在遭遇安全事故或事件时心理上已失去警觉，似乎感觉司空见惯，或者对自身的安全行为无所知觉，这在第四章有所阐述。后者则分两种情况：对于个人来说，可能会造成心理上的“安全强迫症”，即产生过度的“安全注意”和“安全警惕”心理，出现不必要的担忧心理和行为（杞人忧天一般），以致日常生活中出现走路怕摔、吃饭怕噎、喝水怕呛、睡前总担心门没关好、总担心身体疾患、见风是雨等不安全幻觉或行为，这样反而影响办事效率和正常行动的安全化；对于社会来讲，过度安全理性则会产生所谓“维稳强迫症”等，处处、时时、人人设岗查验。

---

① ［美］詹姆斯·C.斯科特：《国家的视角：那些试图改善人类状况的项目是如何失败的》，王晓毅译，社会科学文献出版社2004年版，导言、第429页。“米提斯”即古希腊神话中的奥德修斯，经常被翻译为“狡猾的”或“狡猾的智能”。

这里，我们列举一些正式、混合式安全监控方面的负面现象：

1. 安全监察权“寻租”，导致从业者或社会公众、消费者不安全。这主要发生在一些物质生产、经济交往、商业流通领域。比如，一些地方安监官员或职员入股高危行业的煤矿，为从中获利，常常成为非法煤矿、违规煤矿、事故瞒报的保护伞，而平时的安全监管也是拿了“好处费”、安全检查“走过场”，这就导致一些生产经营单位存在巨大安全隐患，且得不到整改，以至于事故频发，危害从业者的生命安全。类似的情况也见于食品安全监管、药品安全监管领域，导致普通消费者身体受害。因而中国检察机关宣称：每一起安全生产事故或食品药品安全事件背后，都有一连串的腐败案件和腐败官员。

2. 适度医疗控制能够使病人安全康复或者延缓病人衰退，但过度医疗起反作用，反而加重病情甚至加快生命衰亡。如过度使用抗生素，反而导致机体免疫力下降，而且影响下一代的身体发育和安全健康。据原卫生部曾有的调查数据，最常见的抗生素滥用是大量输注青霉素；中国平均每年每人要“挂8瓶水”，远远高于国际上2.5~3.3瓶的水平；中国安全注射联盟的统计数据显示，全国每年因不安全注射导致死亡的人数在39万以上，其中每年约有20万人死于药物不良反应；保守估计，每年全国最少有10万人在输液后丧命。[①]

关于安全监控理性过度的现象还有很多，此处不再一一列举；具体原因也很多，我们将在后面有关章节阐述。此外，如果出现安全理性与其他理性如经济理性、科技理性、制度理性相互冲突的情况，一般应该遵从“安全第一公理”，其他理性退而居其次。至于这些矛盾和冲突，我们将在后面有关章节进行讨论。

① 曹迪娟等：《不安全注射每年致死39万中国人 过度输液现象严重》，《人民日报》（海外版）2012年9月7日。

第六章

安全结构：安全的社会结构

安全主体通过理性化逻辑的行动和互动，最终都可能形成安全结构。社会结构是社会学研究的核心，是社会系统内部各个部分之间的有机构成。结构决定功能，社会结构决定着社会秩序，安全尤其是公共安全本身就表达着一种公共秩序；有什么样的安全结构，就会有什么样的安全功能表现和社会秩序。因此，研究安全现象的社会结构，应该是安全社会学研究的核心。什么是社会结构、安全结构，以及安全与社会结构的关系等（整个社会结构变迁对安全发展的影响、安全现象的社会结构特性），是本章将要探索的问题。

第一节　社会结构论与安全结构概述

不同的社会学家对人类社会生活的基本特征有不同的假设。“一些人认为秩序与稳定比冲突与变迁更重要，另一些人则持相反观点。一些人主要考察社会的大的制度结构，另一些人则更关心小群体的人际互动。这些选择决定了社会学的‘理论视角’（有时候也称作‘理论范式’）。”[①]由此，社会秩序论和社会行动论、结构功能论和冲突论、方法上的“结构—制度”论和“过程—事件”论等先后兴起，并且在不断地融合和相互借鉴，形成了新的多元理论流派。社会本身是一个综合复杂体，因此“如果只研究一个方面而忽视另一个方面，那就会丢失了真实和重要的东西”。[②]但不同时段、不同场景似乎又决定了社会学的不同主题偏好。也许，社会学在工业化初期和中期更加关注“宏大叙事”，而在工业化后期和后工业社会更关注微观的“日常生活”。

在澳大利亚社会学家沃特斯看来，结构理论形成有三种途径：①建构主义社会学途径，认为结构是人类有意或无意创造出来的，被视为人类行动后果的突生规律性。②认为结构不是一个实在现象，而是观察者或社会学家脑海中的

---

① ［美］戴维·波普诺：《社会学（第十版）》，李强等译，中国人民大学出版社2000年版，第17页。

② ［美］戴维·波普诺：《社会学（第十版）》，李强等译，中国人民大学出版社2000年版，第20页。

一种观念或概念。③认为结构是潜藏于外在表象之下的决定因素，是实在论思路或本质主义思路。沃特斯倾向于最后一种，即认为结构是决定经验的隐秘模式。[①]实际上，社会学关于社会结构的理论分析从社会学创立以来就没有间断过，各位大师对“社会结构”的理解和解释也各有不同。这些内容在第二章略有述及。

社会学创始人孔德认为，社会结构与物理性结构并无本质区别，其社会静力学即着重研究社会秩序、社会结构中各种要素之间的相互作用，也类似生物学意义上的“社会解剖学”。斯宾塞则把社会结构类比于生物有机体的结构，认为社会进化表现为一种满足社会功能分化需要的结构分化。[②]从这个意义上说，安全既有静态结构的表现，也有动态性结构变迁和安全进步。

涂尔干把社会结构分为“机械团结”和“有机团结”两种类型。前者表明在社会分工不发达情况下，社会是一种低度整合的结构，后者表明在工业社会中，劳动分工日益精细化而呈现为高度有机整合的结构。这时，社会复杂性增加，异质性加强，社会规范日益抽象而对人的行为约束日益模糊，不确定性也就越来越明显。[③]如第三章所指，安全随着社会变迁而变迁，社会结构不同其表现也不同：在机械团结的社会里，安全主体之间的互动较弱，安全的维续通常依赖军事性命令；而在社会分工日益发达的有机团结社会里，安全的复杂性、互动性进一步增强，人的安全既需要理性化的规则和制度加以约束和保障，也需要人际文化习俗的维续。

马克思将社会结构分为两个层次，即物质层面的经济基础（涉及生产力、生产关系、生产方式）和精神意识层面的上层建筑（涉及意识形态体系、法律和制度体系），强调生产的物质结构。在社会结构中是经济基础决定上层建筑，在经济结构中是生产力决定生产关系，并在此基础上强调社会阶级结构和社会不平等、社会冲突。[④]冲突论者达伦道夫更明确地指出：“阶级斗争是社会科学中最重要的用于解释的范畴。阶级实际上构成了社会、社会冲突和历史发展的所有方面。”[⑤]安全结构始终与现实社会物质生产的结构相联系，安全渗透于物质生产力和社会生产关系的各个角落。根据马克思的观点，生产对人性具有根本性的“异化”意义，社会冲突本身危及社会整体安全，因而安全事故（事件）在“异

① ［澳］马尔科姆·沃特斯：《现代社会学理论（第2版）》，杨善华等译，华夏出版社2000年版，第100—102页。

② 参考陆学艺主编：《社会学》，知识出版社1991年版，第6页。

③ 参见［法］埃米尔·涂尔干：《社会分工论》，渠东译，生活·读书·新知三联书店2000年版，第254页。

④ 参见《马克思恩格斯选集（第二卷）》，人民出版社1972年版，第82页。

⑤ R. Dahrendorf, *Class and Class Conflict in Industrial Society*, Stanford Universit Press, 1964, p138.

化”过程中就有可能频繁发生，确保物化和异化过程中的个体安全，就具有了至关重要的意义。

马克斯·韦伯从行动理解入手，探索行动背后的理性与非理性因素，认为社会结构是人类行动互动的结果和模式，并在此基础上构建起韦伯意义上的“三位一体”的阶层分析框架，即基于财富、权力和声望的社会结构分层。[①]正是因为马克斯·韦伯“行动”概念的切入，社会学更具有微观建构分析的科学意蕴了，从此社会学研究在“宏观结构”与“微观建构”之间开始了互动连接。安全是主体的一种社会行动，安全行动背后有一些安全理性或非理性的因素影响；通过安全主体的微观互动和建构，形成宏观的安全结构。

社会人类学对社会结构有着自身的理解。法国人类学家列维–斯特劳斯把社会结构看作观念中的构造形式，是一种“超验的实在”“主动精神的构建”，认为思维的深层结构决定着社会关系的结构，社会结构不是外在于个体，而是体现在行动者的认识中。[②]列维–斯特劳斯结构论的核心要素是神话分析，是社会人类学的一种“语言学转向”。[③]拉德克利夫·布朗第一个从人类学角度给社会结构下了经验主义的定义，认为社会结构是指“社会关系的网络”，不但包括诸如国家、部族、氏族等这样持续存在的社会群体，而且包括在所有人与人之间形成的二元社会关系。他不像普里查德那样，仅仅把社会结构的构成要素限定在群体之间的关系。[④]安全结构是本质意义的“人因”安全，是各种社会群体、人与人之间的一种主观建构和共识。

沃特斯认为，弗洛伊德的结构主张是一种心智结构论。从弗洛伊德本我（id）、自我（ego）和超我（superego）三个心理结构组成单位来看，超我与本我冲动相对立，需要自我来调和。[⑤]本我意义上的安全即最原始、本原和无意识的安全，遵循快乐至上原则；而超我是一种道德审视，过度发达则抑制了正常的快乐追求，反而使安全结构不稳定。在现实中，自我意义上的安全结构起着联结本我安全与外部世界的作用，因此需要自我意义上的安全去抑制本我安全、超我安全。

帕森斯是现代结构功能主义的奠基人。沃特斯认为，帕氏的结构—功能论分为两个阶段：第一阶段是模式变量的排列组合；第二阶段则是灵活的理论论

---

① ［德］马克斯·韦伯：《经济与社会》，林荣远译，商务印书馆1998年版。

② 转引自陆学艺主编：《社会学》，知识出版社1991年版，第283、287页。

③ ［澳］马尔科姆·沃特斯：《现代社会学理论（第2版）》，杨善华等译，华夏出版社2000年版，第107页。

④ 文丁：《关于社会结构问题的研究》，《中共山西省委党校学报》1998年第2期。

⑤ ［奥地利］弗洛伊德：《精神分析引论》，谢敏敏、王春涛编译，中央编译出版社2008年版。

述。[①]帕森斯在第一阶段，分析了结构性安排对于社会系统，或者是社会系统所处环境中的文化系统、人格系统等所发挥的作用，说明结构具有的普遍性：亲属关系—分层—国家—宗教。安全结构无疑渗透于这四种普遍结构中。在第二阶段，帕森斯又提出了模式变量与AGIL［适应（Adaption）—达鹄（Goal-attainment）—整合（Integration）—维模（Latent pattern-maintenance）］图式。其模式变量包括：情感—情感中立、自我取向—集体取向、普遍主义—特殊主义、先赋/身份—成就/成绩、扩散性—专门性。安全问题同样与此五个变项相连，这就会出现安全结构的如下模式变量：安全普遍性—安全特殊性、安全情感性—安全价值中立、安全专门性—安全分散性、安全身份性—安全后天性成就、安全集体取向—安全个体取向。按照帕森斯AGIL功能图式，安全的功能结构则又会呈现为安全适应（Safety Adaption）、安全达鹄（Safety Goal-attainment）、安全整合（Safety Integration）、安全维模（Safety Latent pattern-maintenance）。帕森斯后期的结构—功能论重在分析社会系统及其内部的经济、政治、信用（规范）、社会共同体各子系统的关系。安全结构同样镶嵌于社会系统结构中，呈现出安全的政治性、安全的经济性、安全的规范性、安全的共同体等相互作用及其功能。

默顿认为帕森斯的理论过于“庞杂”，因而提出“中层理论”来修正帕氏的“大型理论”，创建性地提出正功能—反功能、显功能—潜功能、功能替代物等几个新概念，对结构的功能问题进行了更深入的研究。[②]同样，安全结构也具有安全显功能和安全潜功能、安全正功能和安全反功能等问题。

由于帕森斯的理论基本忽视了马克思主义意义上的阶级分化、冲突和权力，因而亚历山大的新功能主义力图对其进行弥补和修正，其建立“多维性质”的一般理论体系，引入冲突论、行动的偶然性与创造性等，力图发现和重建功能主义的冲突、互动、批判和变迁等取向。[③]在某种程度上，人际安全就是通过人际互动进行相互冲突、磨合而发生变迁的社会过程，具有多元原因和多种结果的表现。

布劳从交换与不平等关系出发探讨社会结构，力图将微观层面和宏观层面的社会互动联系起来，认为社会结构是社会交换的结果。更精确地说，“社会结构可以被定义为由不同社会位置（人们就分布在它们上面）所组成的多维空

① ［澳］马尔科姆·沃特斯：《现代社会学理论（第2版）》，杨善华等译，华夏出版社2000年版，第116—125页。
② 参见谢立中主编：《西方社会学名著提要》，江西人民出版社1998年版，第139—192页。
③ 谢立中：《新功能主义社会学理论》，载杨善华主编：《当代西方社会学理论》，北京大学出版社1999年版，第137—138页。

间”。照此，社会结构可以由一定的结构参数加以定量描述。[①]日本社会学家富永健一更直观地认为社会结构的构成要素“可以从接近个人行动的层次（微观层次）到整个社会的层次（宏观层次）划分出若干阶段，按照从微观到宏观的顺序可以排列为角色、制度、社会群体、社区、社会阶层、国民社会”。[②]而社会资本论者格兰诺维特则把社会关系网络看作一种社会结构，认为经济行动是在社会网内的互动过程中做出决定的，也即经济行动“镶嵌”于社会网中，表现为一种资本性的关系力量。安全结构同样体现为微观层面、中观层面与宏观层面的社会主体或社会力量之间的一定比例关系，也同样镶嵌于社会结构之中，具有一种社会资本性的力量。

当代社会学大师吉登斯则从“结构化”的角度出发，力图弥合“建构主义”和“结构主义”的各自偏执，把“结构”与“行动”视为人类实践活动的两个侧面，认为结构化理论的一个主要立场是“以社会行动的生产和再生产为根基的规则和资源同时也是系统再生产的媒介（即结构二重性）”。[③]也就是说，人的能动性行动和社会的制度化构成，是在日常司空见惯的社会生活实践中实现的，而且具有二重互构性。从这一观点出发，人的安全行动既要考虑到结构的要求，同时也要主动地建构和再生产社会结构（规则和资源）；正是使用了这些规则和资源，行动者在时间和空间两个维度中维持和再生产了安全结构。而且，在吉登斯看来，生活中的例行常规（结构之一种）被扰乱，并且经常遭到持续的蓄意攻击，从而引发主体的高度焦虑，“剥离”了与身体控制的安全感和社会生活的某种可预期框架联系在一起的社会反应，以信任为基础的基本安全系统也就受到了威胁。日常社会生活在正常情况下包含着某种本体性安全，其基础是可预见的常规以及日常接触中身体方面的自主控制，并随着具体情境变化和个体人格差异而在程度上有所不同。[④]

新结构主义作为一种组织理论，超越了社会学结构主义的传统，除了涉及物质资源，还更广泛地触及文化规则（制度）和意义系统，以揭示公开（即显性结

---

① [美]彼特·布劳：《不平等和异质性》，王春光、谢圣赞译，中国社会科学出版社1991年版，第1—19页；[美]彼特·布劳：《社会生活中的交换与权力》，孙非、张黎勤译，华夏出版社1988年版。其所谓结构参数包括：一是类别参数，如性别、宗教、种族、职业等，从水平方向对社会位置进行区分；二是等级参数，如收入、财富、教育、权力等，从垂直方向对社会位置进行区分。这两类参数之间可以相互交叉，也可以相互合并，从而使社会结构的类型显得更加复杂多样。

② [日]富永健一：《社会结构与社会变迁——现代化理论》，董兴华译，云南人民出版社1988年版，第19—20页。

③ [英]安东尼·吉登斯：《社会的构成——结构化理论大纲》，李康、李猛译，生活·读书·新知三联书店1998年版，第81—82页。

④ [澳]马尔科姆·沃特斯：《现代社会学理论（第2版）》，杨善华等译，华夏出版社2000年版，第137页。

构）和隐蔽力（即隐性结构）两者之间的微妙关系；在研究方法上，其实证研究更注重日常实践的具体表现和优先考虑多维方法中的文化维度。[①]如以伯恩斯为主在国际学术界形成了"规则–系统理论"（或称"乌普萨拉学派"），该理论强调在"行动者和结构之间架起一座桥梁"，其"行动者–系统–动力学理论"（ASD：Actor–System–Dynamics）强调能动主体（个体、群体、组织、企业等）的作用以及系统、制度、组织、社会关系的作用，行动主体（或称代理者）在被迫寻求特殊价值和利益的同时，采纳、改变和转化系统，如市场、商业、企业、行政单位、政府机构等的制度安排。[②]安全系统同样反映了物质系统与社会系统、多重安全行动者与安全系统及其规则的动力关系。

近年来，中国国内研究社会结构变迁的学者也逐渐增多，有的从社会力量的消长关系的角度来研究。[③]多数社会学家从社会阶层不断变迁的角度来研究，主要的有：陆学艺等认为，当前中国社会阶层结构呈"中产化现代社会"的发展趋势，因此需要从培育"中间大两头小"的橄榄型现代化阶层结构出发，来深化协调阶层关系，促进社会和谐。[④]李强和李培林等提出"碎片化趋势"分析，李强分析当前中国四个利益群体（特殊获益者、普通获益者、利益相对受损集团、社会底层）后认为，当前中国社会是一个"丁"字形结构，其中孕育着阶层间关系的结构性紧张，[⑤]李培林则认为阶层间的意识形态和社会态度也存在着"碎片化"现象。[⑥]李路路提出"结构化"论点，认为当前中国阶层间相对关系的模式并没有发生根本性的重组，原有以阶层再生产为主要特征的相对关系模式在制度转型过程中仍然被持续地再生产出来。[⑦]李春玲则对当代中国的社会分层进行了多方的实证研究。[⑧]在分析中国20世纪80年代以来社会结构变迁的情况时，谢立中认为其可概括为三点：其一，水平分化程度不断提高，各子结构异质性和社会整体异质性均有较大幅度增强；其二，社会在收入方面的垂直分化与不平等程度

---

① Michael Lounsbury and Marc Ventresca, "The New Structuralism in Organizational Theory", *Organization*, 2003, pp457-480.

② ［瑞典］汤姆·R.伯恩斯等：《结构主义的视野：经济与社会的变迁》，周长城等译，社会科学文献出版社2000年版，译者的代序和作者的中文版前言。

③ 孙立平、李强、沈原：《中国社会结构转型的中近期趋势与隐患》，《战略与管理》1998年第5期。

④ 陆学艺主编：《当代中国社会阶层研究报告》，社会科学文献出版社2002年版。

⑤ 李强：《转型时期的中国社会分层结构》，黑龙江人民出版社2002年版；李强：《"丁字型"社会结构与"结构紧张"》，《社会学研究》2005年第2期。

⑥ 李培林等：《社会冲突与阶级意识：当代中国社会矛盾问题研究》，社会科学文献出版社2005年版。

⑦ 李路路：《制度转型与分层结构的变迁——阶层相对关系模式的"双重再生产"》，《中国社会科学》2002年第6期。

⑧ 李春玲：《断裂与碎片：当代中国社会阶层分化实证分析》，社会科学文献出版社2005年版。

不断提高，其他方面的垂直分化与不平等程度（如教育与声望等）则不断降低；其三，社会水平结构与垂直结构之间始终存在着相关性，水平结构中各种类别群体之间的地位差距有的趋于缩小、有的趋于扩大，但总体上是趋于缩小，在未来若干年内，中国大陆的社会结构还将经历显著变化。[①]

社会结构作为社会学研究的核心问题，被认为是透析一切纷繁复杂社会现象、解释社会变迁深层动因的"钥匙"，甚至很多社会学家认为社会学本身就是社会结构研究。费孝通等认为，社会学是从变动着的社会系统的整体出发，通过人们的社会关系和社会行为来研究社会的结构、功能、发生、发展规律的一门综合性的社会科学。[②]从总体上看，与社会结构有关的通常涉及模式、关系、形式、范式、类型、形态、体制、框架、秩序等，但社会结构并不等同于这些概念。概括地说，哲学意义上的社会结构，就是指社会诸要素按照一定规则和秩序相互作用而有机形成的相对稳定的关系型态。陆学艺先生在研究当代中国社会结构问题时认为，在社会学上，社会结构就是指一个国家或地区占有一定资源、机会的社会成员的组成方式与关系格局。他指出要把社会中的人口结构、家庭结构、就业结构、区域结构、组织结构、阶层结构（核心结构）、城乡结构、文化结构等子结构全部纳入社会结构范畴，且认为这些结构的互动关联对社会变迁发生作用。[③]尤其是其中的社会阶层结构，表现的是一个社会内部各阶层之间的比例关系（或者说对比力量），是社会结构的核心（社会阶层是指社会成员按照一定标准如身份和地位，主要是经济收入、权力等级、文化程度等划分为等级不同的群体，在西方学者那里，阶级与阶层基本不作区分），而其中的中产阶级又是社会阶层结构的核心，[④]即核心中的核心。一些社会学家直接认为，社会学实质是研究社会阶级阶层结构。

归纳起来，社会学关于社会结构的研究有几个视角：社会系统论、社会整体论、社会个体论、社会过程论、社会实体论、社会关系论、社会形态论等。[⑤]笔者从意义和形态特征两方面进行比较，将社会结构形态特征分为：外在性具象和外在性抽象、内在性具象和内在性抽象，同时从宏观、中观、微观三个层面列表说明（见表6-1）。但无论哪种界定都始终摆脱不了分析社会结构的三个维度：要素构成的形式层面、规范体系层面、关系网络层面，也因此可以将社会结构划分

---

① 谢立中：《当代中国社会结构的变迁》，《南昌大学学报（社会科学版）》1996年第2、3期。

② 《社会学概论》编写组：《社会学概论》（试讲本），天津人民出版社1984年版，第5页。

③ 陆学艺主编：《当代中国社会结构》，社会科学文献出版社2010年版，第11—12页。

④ 陆学艺主编：《当代中国社会阶层研究报告》，社会科学文献出版社2002年版。

⑤ 参考张乃和：《社会结构论纲》，《社会科学战线》2004年第1期。

为实体性社会结构（现象层面）、规范性社会结构（功能层面）、关系性社会结构（本质层面）。值得注意的是，这不是三种社会结构类型，而是理解和认识社会结构的三重特性或层面，[①]或者说三个维度，只是从不同角度看偏重于某种不同的特性而已。[②]

表6–1　从不同层面和角度对社会结构类型的划分及梳理

层面	视角	类型构成	特征	构成要素
广义（宏观）	整体论 系统论 实体论 形态论 关系论	国家（政府）—市场—社会	外在性具象	国家和政府，市场和企业，市民社会
		国家—民众 国家—精英—民众	外在性具象	国家和政府，普通民众，地方各类精英
		国家—家庭 国家—中间组织—家庭	外在性具象	国家和政府，家庭，社会中间组织
		政治—经济—文化—行为有机体	外在性抽象	政治（权力），经济（资本），文化（观念价值），人的行为
中层（中观）	实体论 关系论 整体论	人口结构，家庭结构，组织结构，就业结构，阶层结构，城乡结构，区域结构，分配结构，消费结构，文化结构	外在性具象 内在性抽象	人口，家庭，组织，就业，群体阶层，城乡，区域，收入分配，消费，文化制度（意识）
狭义（微观）	个体论 过程论 关系论 实体论	人际关系结构（横向分派）	内在性具象	个体交往，群体，关系资本，互惠，信任，规范
		社会阶层结构（纵向分层）	内在性抽象	权力、资本、劳动、知识、声望、权利、观念，角色、地位、身份，天资

在安全工程学上，安全结构通常是指人、机、环境、管理（人—物—环境）之间的关系，它们共同构成安全工程系统。在社会学上，一个国家或地区内部（国际安全涉及主要国家力量）的安全结构即安全的社会结构（见图6–1），与政府、市场（企业）、社会（民众）的关系，与权力、资本、劳动、技术（技术也是一种

① 陆学艺主编：《社会学》，知识出版社1991年版，第284—289页。笔者更倾向于社会结构实体性、社会结构规范性、社会结构关系性的说法。社会结构实体性，是指社会结构本身由一些作为社会实体的基本单元和要素构成，如人口、群体、阶层、社区、组织、制度等；社会结构规范性，是指上述各种单元和要素也可以看作构成社会结构的规范体系，可以作为社会规范从不同维度和方面规定人们的社会行动，具有生存适应、发展达标、有序整合、维持稳定的功能要求，从而形成社会秩序，使得“社会成为可能”；社会结构关系性，是指社会结构作为整体大于部分之和，不是各种单元和要素的简单相加和堆积，而是按照一定秩序、规则和一定的相互关系组合的，这种相互组成的稳定关系是社会结构更加本质的层面，如马克思所称的生产关系、阶级间的利益关系最为本质，这也是社会学研究的重点。

② 颜烨：《煤殇：煤矿安全的社会学研究》，社会科学文献出版社2012年版，第47—50页。

文化）的关系，以及与官员、企业主、从业者、公众等不同主体之间的关系，与组织、制度、资源、文化（有时候文化与社会合起来叫社会文化）的关系，等等，都相当密切。安全必然涉及这些社会结构关系的变迁和结构特性，安全结构最终会表现为占有不同资源、机会的社会成员之间的组成方式及其关系格局。安全，亦可认为是一种结构性资源或要素。

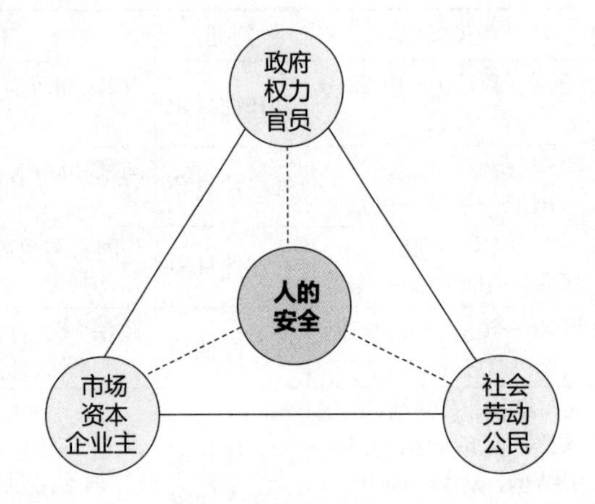

图6-1　社会结构视角：国家或地区的安全结构简图

第二节　不同类社会结构的安全功能

社会结构具有相对的恒定性，涉及资源、机会在不同社会行动主体之间的配置。社会结构也具有不同的形态，因而对人的安全保障功能也有所不同。我们可以从不同角度对社会结构形态进行理念性的划分（在现实中未必有纯粹的这类理想类型），并考察其安全功能。

一、刚性社会结构与弹性社会结构的安全功能

这主要是从社会结构的风险性角度分类。[①]刚性社会结构主要是指社会成员在社会多元分层空间中，其地位分布的相关性很强，呈现集束状态。这种刚性社会结构往往是一种封闭式的、专制的，分层标准和要素高度重合，社会资源、机会高度集中于少数人，成员同质性很强，先赋性（先天性遗传继承）等级森严，

① 参考郑杭生主编：《社会学概论新修》，中国人民大学出版社1994年版，第302—305页。

群体内部互动频繁，但群际（群体之间）缺乏流动性。这种社会结构处于极不稳定状态，非常脆弱，或者说是一种风险性社会结构，安全性较低，很容易引发社会断裂，社会冲突频繁，公共安全事故（事件）、个体安全问题突出。这种结构一般多见于农业社会的奴隶制、封建制时期。

而弹性社会结构，则是指社会成员在社会分层空间中的分布呈现散射状态，地位相关性较弱，群体内部同质性低，群际善于互动沟通，成员后致性（后天性习得）努力造就较强的社会流动性，平等、民主、自由等普适性共同价值观念流行，资源、机会均衡配置，社会平等竞争。虽然局部性社会冲突不断，但能够从整体上释放社会积怨、缓解社会冲突压力，逐步生成一种制度化的社会冲突，起到一种齐美尔或科塞意义上的社会“安全阀”作用，因而是一种开放式的、民主的社会结构，是一种安全性社会结构，这种结构在工业化、后工业化社会比较多见。

二、同质性社会结构与异质性社会结构的安全功能

这是从社会结构内部成员的质性构成角度而言的。社会同质性一般是指社会成员在资源禀赋、文化传统、生活方式、身份地位等方面具有很强的一致性；反之则是社会异质性。同质性与异质性都是理念上相对而言的。同质性社会结构未必就是刚性社会结构，异质性社会结构也未必就是弹性社会结构。但刚性结构必是同质性的，因为地位高度相关；弹性结构必是异质性的，因为阶层地位差异明显。比如，单位成员构成的住宅社区的同质性，显然要比商业性购置的住宅社区强很多，构筑的是“熟人社区”；成员流动性强的社区，异质性一般比较强，是一种“陌生人社区”，在新老社区成员的初期交往中容易引发社会冲突。就全球而言，各大洲之间的异质性比较高，同一大洲内部有一定的同质性，但同质性程度各异。如欧盟国家由于历经数十年统一市场、统一货币、统一流通，再加上传统文化上的语言、生活方式大体一致，各国之间的同质化程度很高；而亚洲各国的异质性就比较强，东亚与西亚明显不同，历史文化基础不同，宗教信仰不同，生活方式也大异其趣，语言更是五花八门。

同质性和异致性社会结构均具有正负安全功能（安全正负功能）。同质性社会结构的安全整合功能比异质性结构要强很多，因为同质性社会结构内部成员凝聚力强，能够有效应对外来自然的或社会的威胁和风险，而且内部安全信息能在“熟人”之间自由、迅速流通，成员对事故（事件）反应灵敏，能够有效处置和预防控制风险。如煤矿巷道里的挖煤矿工，如果来自同一乡土即同为“老乡”，

往往能够依靠人际信息和力量保障安全。但是，从格兰诺维特、林南等的"强关系"角度看，[1]同质性社会结构对外来的多元风险信息的获取是有限的，而且获取不到巨大风险信息，因此难免面临着"全军覆灭"的危险。相反，异质性社会结构内部成员，由于具有格兰诺维特意义的"弱关系"特征，往往能够从四面八方获取风险信息，以便及时预防和应对，因而一定程度地显示了安全弹性。但异质性较强的社会结构，其内部成员有机团结过弱，因而安全信息及其传输在他们当中是断裂的，难以有效预防和应对内部风险威胁。而且，在异质性较强的社会结构内部，成员之间难以形成共同规范和共识，很容易因为利益之争发生社会冲突，导致社会不安全。这里，它们的安全功能尚需进行进一步实证分析和比较。

当然，从社会实践看，异质性社会结构内部成员（新流入成员）经过长期磨合、交流和沟通以及外在制度规定的影响，在一定程度会逐步同质化。

与同质性和异质性结构相关的是近年国内外学者对"交叉压力"（Cross-Pressure）假说的安全功能研究。这种假说实际上导源于齐美尔20世纪20年代提出的"冲突是一种社会化的形式"论题，建构于美国社会学奠基者之一罗斯于1920年所作的"交叉裂缝导致社会内部被冲突联络在一起"的核心阐述，概括于科塞20世纪50年代提出的"交叉压力"下冲突具有建设性的社会正功能理论。"交叉压力"假说的基本观点可以概括为：社会系统里存在着不同的组织、群体、政党、单元等异质多元的社会结构；它们界线明确，以区分和维护其内部群体身份；它们在社会互动中因利益不一致、价值不一致等发生碰撞和冲突，进而相互形成一种"压力"；由于社会个体承担多种社会角色，因而多样化的冲突交叉分布在各类群体中，能够逐渐缓和冲突的剧烈性，但"交叉压力"始终是存在的；正是因为这类"交叉压力"现象普遍存在，所以社会冲突在很多情况下会疏解社会问题、缓和社会矛盾，达成社会冲突的建设性正功能效应，维护了社会的稳定和均衡发展。[2]

---

① Granovetter, Mark, "The Strength of Weak Ties", *American Journal of Sociology*, 1973, 78(6); Lin, Nan & Dumin, Mary, "Access to Oocupations through Social Ties", *in Social Networks*, 1986, 8(4), p8. 按照格氏的定义，所谓"强关系"，一般是指平时交往非常密切的"关系熟人"，联系纽带非常强，包括血缘亲缘（如家属亲戚关系）、业缘（如同事同学师生关系）、趣缘（如球友牌友关系）等关系人，这类关系非常强固，所谓"弱关系"，一般是指联系松散、偶尔一两次接触、没有正式约束的"非亲非故"关系，如QQ聊天网友群体间的关系，但长期交往下此类关系也会形成一种稳固的"强关系"，产生"能搞定事情"的社会资本。

② 具体论述参见胡伟、李德国：《异质社会政治秩序的建构——"交叉压力"假说的理论脉络与解析》，《中国社会科学》2006年第4期。

“交叉压力”假说在现代多元发育和社会急剧转型时期得到了广泛应用，尤其被社会学者、政治学者用来实证分析一些案例。他们的结论说明，在同一性社会结构中，政治反对派之间敌对程度高，而交叉性社会结构中政治宽容度比较高，更有利于社会安全稳定。当然，“交叉压力”理论中的冲突变量是有一定条件的。科塞就说，并非所有的社会冲突都对群体关系具有积极的正功能，只有那些目标、价值观念、利益及相互关系赖以建立的基本条件不相矛盾的冲突才具有积极功能，也即如果社会问题不涉及社会核心价值，冲突就不会威胁现有的社会结构。

三、分立式社会结构与整合式社会结构的安全功能

这是从社会结构本身的整合度角度分类（见图6-2）。分立式社会结构又可以分为分散式和断裂式两种结构。分散式社会结构即一种“原子式”的结构，完全是由社会成员个人或单个小家庭所组成的社会，非常分散，没有强大的党政组织、社会组织及其规章制度来吸纳个人或分散的小家庭、小组织。像这样的社会结构一般只存在于原始社会早期（原始社会中后期产生了氏族、部落，有了一定组织），或无规可循的过渡性社会变迁时期。分散式社会结构是“碎片化”的，社会“一盘散沙”，风险也基本分散，安全的“社会整合”（公民社会自我整合）不强，系统的安全整合度也比较低（如政党、国家整合缺失），单个社会成员难以抵御外来自然或社会的风险和威胁，而且成员或小组织之间往往为了获得稀缺公共资源机会而发生小规模社会冲突。

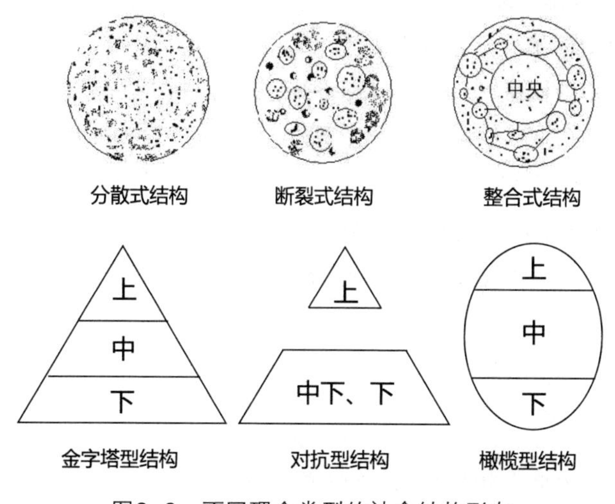

图6-2　不同理念类型的社会结构形态

断裂式社会结构的内部是组织和个人并存。这些组织或为公司企业、政府机构，或为党派、集团、派别，或为阶层、群体，或为某一地域社区居民，等等。但是这些组织或个人之间缺乏凝聚力，很难沟通合作，尤其是社会上等阶层与下等阶层，几乎完全处于对立或对抗状态，是一种断裂的社会结构，[①]有时也表现为对抗型社会结构。这样的社会结构一般存在于封建割据、军阀割据、社会转型时期（如1848年前后的欧洲）以及等级森严的种姓社会里（如印度、南非等），一般直接分化为上层贵族（如资产阶级）和底层部落民众（如无产阶级）、白种富人与黑种穷人，社会极度动荡，社会革命运动此起彼伏，国家内部混战不休；人的生命安全和身份安全权利常无保障，底层社会的安全事故（事件）频繁（如恩格斯对英国工人阶级的考察和描述[②]），人们的安全感、幸福感普遍较低，亟待整合性权威力量的出现。断裂式社会结构还表现为，特大型企业、资本市场的迅猛发展，使得资源、机会过度集中于社会上层，即少数社会成员手中，形成"赢者通吃"的局面。众所周知，"财富集中，风险则集中"，一旦风险不可控，这种断裂式社会结构的后果就是整体性"崩盘"。在国际领域，目前仍然存在马克思意义上的资产阶级国家与无产阶级国家的直接对抗性问题，即存在资本主义霸权国家对广大发展中国家的经济剥削和武力侵犯。因此，当今的全球社会结构，不仅仅是贝克意义的风险分配的社会结构，也是马克思意义的阶级断裂式的（财富分配）结构。

整合式社会结构是现代社会中一种理想的社会结构。在这种社会中，有分散的个人，但基本上已经囊括在某一组织中，由组织按照内部规则对其安全生存发展所需的"能量"（即物质生活条件）进行分配。组织和个人之间也存在"能量转换"的多种社会交往形式，或沟通交流，或合作互利，或冲突争权夺利，等等，但总体上有一个"中央权威"来组合、凝聚所有社会力量，具有"系统整合"（如政府主导性整合）与"社会整合"（如中产阶级主导性整合）的特征，因此在根本利益方面基本上一致（当然存在少数利益不一致的敌对破坏分子或势力），是一个涂尔干意义的"有机团结"的整合社会，而非"机械团结"社会。这样的社会相对是温和、安全稳定的，即便有冲突，也可能是局部性的，且反而有助于社会构建新的有机团结。

① 孙立平、李强、沈原：《中国社会结构转型的中近期趋势与隐患》，《战略与管理》1998年第5期。

② 恩格斯：《英国工人阶级状况》，载《马克思恩格斯全集（第二卷）》，人民出版社1957年版。

四、金字塔型社会结构与橄榄型社会结构的安全功能

从社会阶层结构看，社会结构可分为金字塔型、橄榄型、对抗型等（见图6-2）。金字塔型的阶层结构一般存在于奴隶社会、封建社会等君主专制的统治秩序中以及工业化社会初期。位于塔尖的是皇帝、国君，具有对内、对外的最高统治权；位于中部的则是朝廷命官、地方乡绅势力、统治层和非统治层的社会精英；而位于塔底部的则是贫苦的劳动人民大众，他们靠出卖自己的劳动力养家糊口，大部分劳动成果用于供奉社会中上层。在这种社会结构里，劳动中的社会底层成员的生命安全和身份权利安全常常处于命令—服从的绝对奴役之下，类似于“君叫臣死，臣不得不死”，劳动领域不但缺乏基本的安全技术保障，也缺乏基本安全人权。日常的、局部的社会冲突主要发生在中间阶层势力和底层劳动大众之间，在封建社会尤其如此。如果中间势力尤其是非统治层的社会精英分子与底层人数众多的劳动人民结合，则会形成革命造反的巨大力量去推翻上层统治阶级。这就是说，在“统治阶级不能照旧统治下去，人民群众不能照旧生活下去”之时，[①]革命的客观形势已经来临，非统治层的社会精英分子则充当了宣传、引导乃至发动革命的主导性力量。当然，也有学者认为，像中国这种“家国同构”“宗法一体”模式是一种“超稳定的社会结构”，它能够适时地吸纳和控制社会的“无组织力量”，以至于中国封建社会延续了2000多年。[②]

一般地，人口年龄结构分为金字塔型、橄榄型、倒金字塔型结构。[③]金字塔型的人口年龄结构往往又称为增长型、活力型、年轻型结构，因为这种结构中14岁以下人口占绝大部分，一般超出总人口的40%，多见于前工业社会和工业化社会初期。这种年龄结构的社会安全整合功能一般，且大多数社会成员处于激情奔放时期，无论普遍性的还是专业性的安全技术、安全理性和安全经验都相当缺乏，需要开展引导性安全教育和培训。与之相反的，则是倒金字塔型的老年型社会（65岁及以上人口比重为30%以上），虽然社会成员安全经验丰富、安全理性较

---

① 《列宁全集（第11卷）》，人民出版社1987年版，“国家与革命”章节有相关叙述。

② 金观涛、刘青峰：《兴盛与危机》，湖南人民出版社1984年版。

③ 最早划分人口年龄结构形状的是瑞典人口学家桑德巴，他将总人口分为三大年龄组即0～14岁、15～49岁、50岁以上，由此相应划分为增长型、静止型、缩减型。联合国界定社会老龄化的标准是：65岁以上人口超出7%或60岁以上超出10%。国际通行标准是：年轻型社会又称增长型/活跃型/金字塔型社会（0～14岁人口比重为40%以上，65岁及以上人口比重为5%以下），成年型社会又称稳定型/橄榄型社会（0～14岁人口比重为30%～40%，65岁及以上人口比重为5%～10%），老年型社会则是衰退型/倒金字塔型社会（0～14岁人口比重为30%以下，65岁及以上人口比重为30%以上）；成年型社会居中间，15～64岁的劳动力人口中50%～70%为成年人。1865年，法国65岁以上老年人口超过总人口7%，首先进入老龄化社会。日本界定其老龄标准以70岁为起点。

高，社会的安全整合功能较强，但这种社会往往缺乏创造活力，面临着整体性衰退的趋势，这种年龄结构一般在后工业社会比较突出。

橄榄型社会结构是一种理想型、高级化或者说现代化的社会结构，形态类似于一个“不倒翁”。从社会阶层结构看，目前世界范围内多数发达国家是这种类型，其主要特点就是中产阶级发育旺盛，中产阶级或曰社会中间阶层在人口规模、经济财富、文化程度方面占有绝对优势，一般超出50%的人口。成熟的中产阶级或中间阶层一般代表社会主导力量，他们既来自下层社会，体谅下层民众的疾苦，又有慷慨济贫的优良品质，同时也没有上层贵族那样虚荣、懒惰和颓废，具有很强的进取心，并且他们巨大的经济财富和优等的社会地位来之不易，所谓“有恒产者有恒心”（《孟子·滕文公上》），不会轻易去毁坏这样的一个社会，人数众多即能确保社会相当稳定。①中产阶级占主体的社会结构，在显示社会发展、民主和进步活力的过程中，必对传统管治模式造成冲击，因而会在一定程度上带来不安定，但最终会趋向于社会整体安全。无论如何，占人口50%以上的中产阶级，必定是社会稳定繁荣的基础，代表社会向上的动力和进步势力，他们不希望社会动荡不安。中间阶层的崛起消除了高层与底层的直接对抗，成为社会冲突的“缓冲带”“稳定器”“平衡轮”。②在工业生产领域，有着一个强大的以专业技术人员为主体的中产阶级队伍，意味着一方面在安全工程技术上广大底层工人的安全保障比较充足，另一方面其内部存在一个引导性的中间阶层，底层工人在安全维权方面有着强大的支撑力。③

从人口结构看，橄榄型年龄结构是15～59岁的社会成员占总人口50%以上，多见于漫长的工业化社会时期，社会充满创造性活力；从局部上看，社会成员多因为利益冲突而使社会不安全，但整个社会的安全整合功能相对较强。到后工业社会初、中期，一般存在类圆柱型的人口年龄结构，社会各个领域相对比较安全稳定。

---

① 中国社会学学者张宛丽认为，中国现阶段中间阶层的社会功能有：（1）社会主义市场经济秩序的行为示范功能。如在市场经济活动中，遵守交易规则，以促进“公平竞争”的社会规范的形成。（2）现代化社会价值观及社会规范的创建、引导功能。如在社会生活中，积极进取，勇于创新，遵纪守法的精神；平和、开放的心态；在公共生活领域讲文明、讲秩序；积极参与有益于现代化社会发展的社会公共事务；辅助弱势人群；尊重个性选择；以合法手段积累财富，并适时回报社会；等等。（3）社会利益矛盾的缓冲功能。在社会分化加剧、贫富差距日益拉大的社会分层结构中，中间阶层在经济、政治、文化等方面均居于中间状态，其一旦获得合法性地位及其社会认同，便有可能发挥该阶层的“中间价值”——预留社会政策调整空间，以缓解上、下两层的矛盾冲突。陆学艺主编：《当代中国社会阶层研究报告》，社会科学文献出版社2002年版，第253—254页。

② ［美］C.赖特·米尔斯：《白领——美国的中产阶级》，杨小东等译，浙江人民出版社1987年版，第393—395页。

③ 颜烨：《煤殇：煤矿安全的社会学研究》，社会科学文献出版社2012年版，第216页。

五、二元社会结构与三元社会结构的安全功能

这主要是从社会结构元素构成数量角度分类的，一般可以分为一元（单一）社会结构、二元社会结构、三元社会结构三类。从社会实践看，一元社会结构如历史上的金字塔型结构、国家全能主义，其同质性相对较强，当然也包括整合式结构如中央集权制、城乡一体化，二元社会结构如“国家—家庭”“国家—民众”“城市—乡村”“体制内—体制外”以及国际领域的“中心—外围”等模式，是一种断裂式结构，三元社会结构如“国家—中间社会组织—家庭”“国家—精英—民众”“城市—农民工—乡村”以及国际领域的“中心—半边陲—边陲”等模式。

“国家—家庭”与“国家—中间社会组织—家庭”结构的安全功能有所不同。通过横向比较，美籍日裔学者福山认为，与美国、德国、韩国等的“国家—中间社会组织—家庭”结构不同，传统中国是一个“国”与“家”的二元断裂结构，[①]中间没有发育完善的市场化中间组织或民间团体，一旦国家不能满足个体存在和发展的需求，则主要依靠家庭关系解决，因此除了国家利益就是家庭利益。事实上，国家不可能完全满足各个个体的需求，而且会一度侵蚀公民合法权益（如土地无偿征用），即制度经济学上的“诺思悖论”：没有国家办不成事，有了国家又很麻烦。历史地看，中国社会始终是一种“家本位”的社会，家庭成为人们避免社会不安全和无保障的“避风港湾”。家庭与国家有时存在利益的冲突；一旦大多数家庭与国家分庭抗礼，则国家、社会处于崩溃和重组边缘，均衡结构被打破，改朝换代难以避免。由于中间组织能够承担多种社会功能，包括安全保障功能、稳定功能，因而也是社会“稳定器”和冲突的“缓冲带”。照此看，德国、韩国的三元社会结构具有较强的安全稳定性功能。

“国家—民众”与“国家—精英—民众”结构的安全功能同样不同。国内有学者指出，中国历史上曾经交替出现过“国家—民众”与“国家—精英—民众”结构模式，认为社会精英力量（这里主要指非统治层的地方经济精英和文化精英）对社会安全稳定具有重要影响。[②]一旦社会出现动荡，精英分子与民众结合在一起时就会主导或颠覆国家机器，重构新的社会；一旦精英力量与国家联盟，就有可能出现短暂的或稍长时间的稳定；一旦他们侵害民众利益，不安全的潜在因素

---

① ［美］弗朗西斯·福山：《信任：社会美德与创造经济繁荣》，彭志华译，海南出版社2001年版，第63—83页、前言。

② 孙立平、李强、沈原：《中国社会结构转型的中近期趋势与隐患》，《战略与管理》1998年第5期。

（主要是民众造反情绪）逐步增多，最终会导致总爆发。历史地看，中国精英分子在社会稳定时期偏重于国家机器，与国家利益相关联，而一旦矛盾激发，往往又偏向民众。可以看出，“三重”或适度的“多重”社会结构尤其是中间阶层的培育和繁荣，对于确保社会安全十分重要。

“城市—乡村”与“城市—农民工—乡村”的安全功能不同。城市和乡村实际上是地域社区概念。在一些发达国家，城市和乡村并不存在多大差异，城乡规划、资源配置、发展机会等方面基本一致，因而城乡之间没有太大差距，工业人口或城市人口占70%以上，农民只是很少一部分；市民与农民在经济物质、思想心理、身份地位方面的相互冲突较弱。目前，中国正在推行统筹城乡一体化发展，逐渐缩小城乡差距，促进城乡共同繁荣。

此外，“中心—外围”与“中心—半边陲—边陲”社会结构的安全功能也有不同。在国际关系学领域，普雷维什、阿明提出并运用“中心—外围”理论，分析“中心”即发达资本主义国家与“外围”即广大贫穷的发展中国家（落后资本主义国家）的不平等结构关系。[①]这种关系结构一方面引发国际冲突，导致落后国家的不安全，另一方面使得“外围”国家被迫遭遇“中心”国家的侵蚀和殖民，走向畸形发展道路。在此基础上，世界体系论者沃勒斯坦则认为国际领域存在着“中心—半边缘—边缘”的结构模式，现代世界体系就是资本主义体系，“中心”剥削“半边缘”国家，“半边缘”一方面受“中心”剥削，同时剥削“边缘”国家，是体系稳定的主要因素，[②]因为它缓解了“中心”与“边缘”之间因为差异过大产生的直接冲突，延缓了资本主义体系的“垂死”时间，但资本主义制度最终是要走向灭亡的。一些学者也运用此类二元、三元结构来分析一国内部区域性发展不平衡、不安定问题。

六、横向式人际关系结构的安全功能

社会阶层结构往往是纵向分析，而人际关系结构则是静态横向分析，是一种既普遍又特殊的社会结构。与结构主义所强调的结构制约人的行动不同，人际关系理论有时更多地体现为一种建构主义的路径分析，即体现从微观个体互动到宏观制度等结构的形成路径。人际关系即人与人之间相处的关系。马克思把人际关系归结为物质生产关系，认为生产关系本身就是反映人们在社会中的

① 参考金应忠、倪世雄：《国际关系理论比较研究》，中国社会科学出版社1992年版，第83—87页。

② ［美］伊曼纽尔·沃勒斯坦：《现代世界体系》（第1～3卷），吕丹等译，高等教育出版社1998年版/2000年版。有的译为“核心—半边陲—边陲”。

相互关系和地位。社会心理学者、人际关系学派和社会资本论者分别从非正式群体、[①]关系的资源性力量、[②]“伦理本位”、[③]“熟人社会”和“差序格局”、[④]“家文化”和帮派等关系结构角度研究社会冲突与安全。在原始社会里，人们结群而居，是为了抵御自然灾害，目标指向是人与自然冲突；在现代社会里，人们结帮成派，是为了对付外来群派的威胁，产生的是社会冲突。

在传统农业社会里，人际关系更为复杂，包括传统性的血缘姻亲关系（家人、亲戚等）、地缘乡土关系（老乡等）、业缘事业关系（同学、同事等）、趣缘交游关系（球友牌友等）、传统礼俗关系（礼尚往来）等。从社会资本功能的角度看，人际关系性社会资本同样具有安全正功能和负功能（正负安全功能），尤其在农业社会、前工业社会，人们需要通过传统性社会资本来抵御外来风险威胁，维系人身安全，增强安全感。比如在煤矿里，挖煤工人很多是依靠“老乡”关系来维系心理安心、生活安定和生产安全，同时与煤矿老板进行安全维权的博弈。[⑤]

人际关系结构，则是“关系体”之间的关系，通俗地说，是人际关系“圈”与“圈”之间的组合形式与关系序列，具体来说就是中国人平常所讲的“派性”或“派系”之间的结构。[⑥]派性或派系之间的斗争在农业社会表现得非常厉害，有公开和非公开的存在形式；在专制威权政体中，派性或派系斗争往往非常隐蔽，一切关系及其利益由帝王或执政党加以调整；在多党轮流执政的国家则表现为公开化的党派利益和党派主张之争。所有派性或派系之争无非是权力、利益、机会、资源之争。而宗教派别或宗族派别除这些目标之争外，一般还有基于价值观的信念、信仰之争。这两种冲突也具有如科塞所说的“现实性冲突”和“非现实性冲突”之别。[⑦]

在权力领域，帮派斗争、圈子运动往往是社会不安全的主要原因，显现了社会资本的消极性负功能。在农业社会最容易体现“熟人社会”的帮派特色，这些

① 参见陈莞、倪德玲主编：《最经典的管理思想》，经济科学出版社2003年版。

② 转引自张其仔：《社会资本论——社会资本与经济增长》，社会科学文献出版社1997年版；［美］詹姆斯·科尔曼：《社会理论的基础》，邓方译，社会科学文献出版社1990年版。

③ 梁漱溟：《中国文化要义》，学林出版社1987年版。

④ 费孝通：《乡土中国 生育制度》，北京大学出版社1998年版。

⑤ 颜烨：《煤殇：煤矿安全的社会学研究》，社会科学文献出版社2012年版，第220—221页。

⑥ 中国大陆一般叫“派性”，中国台湾一般叫“派系”，基本上差别不大，只是一词各表。但“派性”是指有派系倾向，具有一种初步的分派特征，缺乏组织稳定性；而派系不但具有分派的性质，而且是具体的稳定的组织系统。贺雪峰：《乡村选举中的派系与派性》，《中国农村观察》2001年第4期。

⑦ Lewis A. Coser, *The Functions of Conflict*, Routledge and Kegan Paul Ltd., 1956, pp48-50.

帮派也可能是一些利益关系集团、意见与价值观趋近者。倘若某地方或某单位内部某帮派占据权力核心，排斥异己，就会形成既得利益集团或“一帮独大”，容易产生权力垄断或专制主义。如果不能协调好各帮派、团体的关系和利益，就有可能“窝里斗”搞内耗，损害社会公平，以至于出现“树倒猢狲散”“一朝天子一朝臣”的现象，这在以人伦关系为主导的人治社会里常见。在日常社会生活中，该复杂的问题却简单化，而该简单的问题却复杂化，这背后都是一种权力在起支配性作用，其结果则是导致社会结构不平等。帮派争斗根本上是利益关系冲突，也体现为社会心理冲突、人心不和谐、心态不平和。这种争斗除了损耗单位自身利益外，也会导致人才方面的“黄钟毁弃，瓦釜雷鸣”，贤能偏安，奸佞横行，同时提升了圈际社会交易成本，降低社会效率。更主要的是，权斗政治容易引发社会群体事件、生产和流通领域的人身安全事故，影响社会良性变迁。

但是，也要看到“总体性社会”[①]背景下帮派冲突的安全正功能，即也有利于民主的发展、社会的稳定，正如科塞的“命题9：与外群体的冲突会增强（本群体）内部的团聚力”，“命题13：冲突使对抗者结合”，“命题16：冲突创造了（新的）联合和联盟”。[②]一方尤其是当权派的派性过重，会促使另一方加强斗争的凝聚力和派性，也会促使新生派系加快“组派”的步伐，这样也会有利于社会达到新的安全稳定和平衡。

第三节　社会结构变迁对安全的影响

社会结构发生变迁，必是资源、机会的变动，必然给安全尤其公共安全（表达一种社会秩序）及其重构带来巨大影响。人类进入20世纪以来，在科技革命和经济发展的促动下，社会呈现出多元的结构形态及变迁，社会群体在多元发展态势中的利益分化、冲突越来越显著，这就构成了社会变迁的一个重要面相。

---

① 所谓“总体性社会”，最初在以卢卡奇、葛兰西等为代表的“西方马克思主义”者那里是一种分析社会结构的方法论，富有辩证法的色彩，同时，他们赋予“总体性”以能动、实践的特性，即将“总体性”方法与“社会实践”联通，依此提出了变革社会现实的“总体性”理论体系（或叫“实践纲领”），即揭露资本主义的“总体专政”，通过“总体革命”，达到“总体性社会主义”“总体的人”的理想境地，而后社会结构呈现一种自上而下的总动员型，与多元多样的社会是相对应的。具体参见Georg Lukacs, *History & Class Consciousness*, Merlin Press, 1967; Antonio Gramsci, *Selections from the Prison Notebooks*, New York: International Publishers, 1971.

② Lewis A. Coser, *The Functions of Conflict.* Routledge and Kegan Paul Ltd., 1956, p87, p121, p139.

一、宏观社会结构变迁对安全的影响

一般来说，在一个国家或地区内部，宏观社会系统包括政府（有时用国家替代）、市场、社会这三大社会力量，也包括政治、经济、社会、文化这四大子系统（领域），各自分别形成宏观层面的社会结构。笔者曾经将中国1978年实行改革开放以来的这场社会转型划分为三大阶段：1978—2000年这20多年为转型初期；2001—2020年这20年为转型中期；2021—2050年这30年为转型后期。[①]这场社会转型具有根本性转变，即社会结构发生巨大变迁。

（一）从“一维”到“二维”“三维”结构转型对安全的影响

政府全能主义的威权社会，就是前述的金字塔型社会结构，政府控制一切，市场、社会（主要是指公民社会）基本被吞没其中，呈现“一维”性社会结构（强政府—弱市场—弱社会，或强市场—弱政府—弱社会）。“一维”结构可以转型为“二维”（如强政府—强市场—弱社会，或强政府—强社会—弱市场）、“三维”结构（三者势均力敌）。一般来说，强政府—弱市场—弱社会的社会结构，是封建专制社会，强市场—弱政府—弱社会的结构，接近资本主义社会。“二维”结构是“一吞二”，是转型过渡社会，社会结构风险化；“三维”结构则是现代社会、民主社会（见图6-3）。像中国目前就是这样一个从“一维”向“强政府—强市场—弱社会”的“二维”结构或“三维”结构转变的时期。在此期间，政府与市场难免“合谋”，形成“市场政治化”与“政治市场化”共存的局面，一度钳制了“社会”本身的成长和发展，公民社会还强大不起来，[②]表现为一个转型、复调社会。

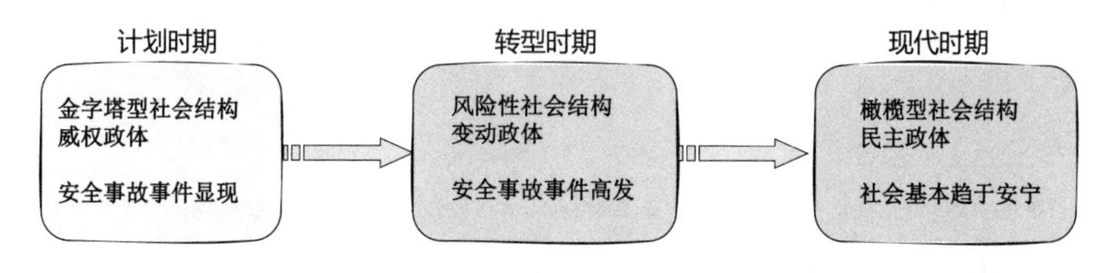

图6-3　宏观社会结构变迁的阶段性及对安全的影响

结构规定着资源、机会的配置和流向。与宏观社会结构密切关联的是下位的

① 颜烨：《安全社会学》，中国社会出版社2007年版，第16页。
② 颜烨：《中产主义：社会建设突围政经市场的核心议题》，《战略与管理》2011年第2期。

公共财政体制等具体问题。在这里，体制与结构略有差异：体制往往是一种直接人为的、合目的性的制度安排规划或体系化的规制，是一种“顶层设计”；结构往往是一种自然性的社会变迁结果，人为因素是间接的。当然两者也有联系：从广义上讲，体制本身也是一种结构，一种理性化了的结构；结构本身也是一种自然性的、隐性的体制。调整结构有助于完善体制；完善体制也有助于优化结构。政府若积极作为，体制改革难度将小于结构调整，结构调整要首先扭转资源、机会的配置体制机制；政府若消极怠慢，体制改革将比结构调整困难，因为体制有一种根深蒂固的观念或相关利益在背后起着支配性作用。

在“一维”结构里，公共财政由国家、政府直接控制和支配，因此安全取决于政府全能主义决策的正确与否。权力高度集中，财富高度集中，各种风险也高度集聚，正所谓“牵一发而动全身”，所以“鸡蛋不能全放在一个篮子里”。在从“一维”到“二维”“三维”结构转型中，政府通过向企业、社会放权，使利益结构不断分化，公共财政资源也应该从政府转到市场、社会领域。但是，官员、商人等各大阶层群体同时成为市场化条件下的利益主体，有着自身的利益诉求，由于新的制度规则跟不上，财政的转移未必能够均等化配置。随着资源、机会的分化，阶层关系中的利益关系（物化利益）、支配关系（权力支配）、认同关系（社会理念和身份认同）不断层化，[①]强势阶层、强势领域或地区有可能先占优势垄断或左右财政的配置，社会底层的生活机会、生命安全遭遇“社会排斥”，[②]处于资源、机会被剥夺状态，而社会精英上层“内卷化”现象也更突出，[③]“里面的不想出来，外面的进不去”，最终有可能造成社会统治上层的“自我窒息”，乃至引发社会中下层的大规模社会运动，冲击现存统治秩序（市场化条件下，诸类安全走向风险化的社会结构转型逻辑和机制，具体见图6-4）。

---

① 王春光：《当前中国社会阶级阶层关系的变化与特点》，《河北学刊》2010年第4期；颜烨：《国有企业劳动关系的阶层化转型》，《战略与管理》2011年第4期。

② “社会排斥”（social exclusion）一词应该源于马克斯·韦伯提出的“社会封闭”（social closure）概念。他指出，社会封闭是指社会群体设置并强化其成员资格的一种过程，其目的是以垄断手段来改进或最大化自身群体利益。后来帕金进一步解释认为：“社会集群（social collectivities）通过把资源和机会获得局限于有特别资格的人的范围之内以达到最大化自身报酬的过程。”转引自李春玲：《社会分层研究与理论的新趋势》，载李培林、覃方明主编：《社会学：理论与经验（第一辑）》，社会科学文献出版社2006年版。

③ “内卷化”（Involution）一词最初源于美国人类学家吉尔茨的《农业内卷化》，后被学者广泛使用，是指一种社会或文化模式在某一发展阶段达到一种确定的形式后，便停滞不前或无法转化为另一种高级模式的现象，也称“过密化”。又见黄宗智：《长江三角洲小农家庭与乡村发展》，中华书局1992年版；［美］杜赞奇：《文化、权力与国家：1900—1942年的华北农村》，王福明译，江苏人民出版社1994年版。

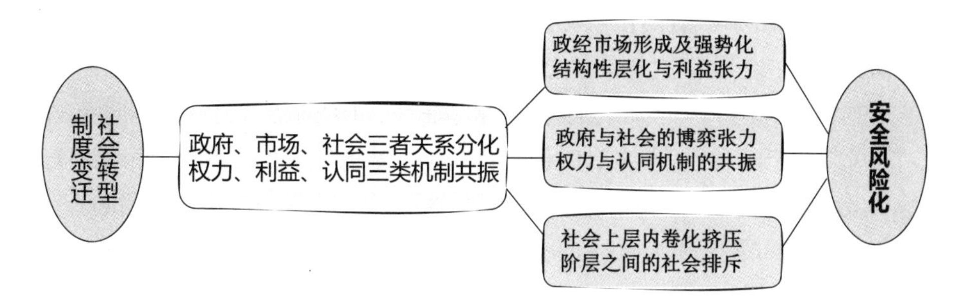

图6-4　市场化条件下安全风险化的社会结构转型逻辑和机制

如从《中国统计年鉴》看，中央与地方在年度财政收支结构方面发生了重大变化：1994年分税制（国税与地税分开收缴）改革前的年度财政收入结构中，地方收入一直占60%~85%，中央仅占15%~40%；改革以后却倒了过来，即中央占50%以上，地方在50%之下。而自改革以来的财政支出结构中，地方年度财政支出基本上在60%以上，近年一直高居80%左右，中央财政支出则从50%一直下滑到20%左右。众所周知，地方人口众多，承担大量基层社会事务，即地方政府要用不到五成的财力收入，来负担八成的财政支出，加上一段时期干部选拔是一种"压力型体制"，[①]以"GDP主义"考核机制为手段，因而地方政府不得不依靠"土地生财""矿产生财"等来弥补经费短缺，并以此提升官员的GDP政绩，由此诱发诸多强拆强建的群体冲突事件和生产安全事故。

政府、市场、社会三者结构性关系的变迁，涉及资源机会的重新配置，内在地包含着占有不同资源机会的社会成员之间的博弈。安全博弈的过程就是安全主体之间的关系处于"平衡—不平衡—新平衡"状态的动态过程。宏观社会结构在由专制政体迈向民主政体的过程，就是不平衡状态，其结果很可能会导致一定的乃至大规模的社会冲突或安全事故。

（二）四大子系统之间的结构关系变迁对安全的影响

从发达国家经历的四大子结构变迁看，一般来说，在工业化初期，往往注重经济增长和技术进步，到了工业化中期，经济高速发展，社会问题增多，因而经济与社会（中社会概念，包括除经济以外的政治、社会、文化三大子系统）协调发展成为重要议题，到了工业化后期或后工业社会，则是经济与社会全面协调发展。

很多经济学家、政治学家、社会学家、历史学家研究过经济发展与社会安

① 荣敬本等：《从压力型体制向民主合作体制的转变：县乡两级政治体制改革》，中央编译出版社1998年版，第28页。

定的关系。如100多年前，托克维尔观察注意到，社会大革命不是发生在专制高压时期，而是在之后管制忽然放松的时期。“革命的发生并非总因为人们的处境越来越坏……对于一个坏政府来说，最危险的时刻通常就是它开始改革的时刻。”[①]对照列宁的观点，革命有时候也会发生在处境较好的时期。而后来的美国政治学者戴维斯则认为，大革命往往发生在经济突然下滑或改革、人们的心理预期受挫之时（所谓“倒J”曲线假设）。[②]美国学者库兹涅茨也于1955年首次提出了收入分配的“倒U形假设”，即在经济发展的过程中收入分配差异的变化轨迹是先上升后下降的，如此形成一条类似于倒“U”形的曲线，即所谓“库兹涅茨曲线”，[③]往往揭示经济高速增长时期社会动荡不安。政治社会学者亨廷顿还在文明冲突研究的前期，系统论述了政治结构的差异与社会发展变迁的关系：社会动荡=[（社会动员/经济）/社会流动机会]/政治制度化。[④]所有这些假说都是基于某一局部地区的统计规律得出的结论，具有统计学的解析意义，有其正确适用性的一面，尤其需要考虑社会革命与经济增长、人们心理预期的关系。中国国内一些调查显示，在经济快速增长时期，中国农民的满意度比城市居民高，原因在于两大群体心理期待及其满足程度不一样。

比如，从《中国统计年鉴》看，中国经过40多年改革开放，经济（子系统）现代化区域中高级发展，早在2012年，一、二、三大产业结构就实现了中高级发展，即从长期的“二一三模式”（1978年即是）转变到了“三二一模式”（2012年为9.1∶45.4∶45.5）；而社会结构趋于中高级发展的时期要相对较缓而复杂，到1994年不同产业就业人口数量才从长期的“一二三模式”转变为“一三二模式”（1994年为54.3∶22.7∶23.0），2011年转变为“三一二模式”（2011年为34.7∶29.6∶35.7），2014年转变为“三二一模式”（2014年为29.3∶30.2∶40.5）。社会结构与经济结构长期不匹配，即大部分劳动力长期创造越来越低的第一产业产值，社会结构相对滞后于经济结构变迁，有的研究说，约滞后15年。[⑤]当然，还可以作城乡结构、组织结构等方面的分析。总的来看，中国目前正处于经济高速发展而社会矛盾、社会风险相当突出的工业化中期，已经进入社会（子系统）建设为重点的新阶段，

---

① ［法］托克维尔：《旧制度与大革命》，冯棠译，商务印书馆1992年版，第215页。

② 王绍光、胡鞍钢、丁元竹：《经济繁荣背后的社会不稳定》，《战略与管理》2002年第3期。

③ Simon.Kuznets, “Economic Growth and Income Inequality”, *AER*,Vol.45,Issue1,1955, pp1-28.

④ ［美］塞缪尔·P.亨廷顿：《变化社会中的政治秩序》，王冠华等译，生活·读书·新知三联书店1989年版，第51页。其实，他用了三个相互关联的公式来表达现代化过程中的政治不稳定：第一，社会动员÷经济发展=社会颓丧；第二，社会颓丧÷流动机会=政治参与；第三，政治参与÷政治制度化=政治动乱。

⑤ 陆学艺主编：《当代中国社会结构》，社会科学文献出版社2010年版，第3页。

社会结构优化调整应该得到重视。[①]

经济发展了，但安全基础匮乏、安全制度机制不健全，人们的安全意识淡薄、预防和抵御自然灾害的能力和安全应急机制缺失等，存在着安全的社会结构性失衡，即“安全结构失衡”。这些都反映了经济结构、社会结构、政治结构、文化结构之间的变迁需要持续推进，不能相差太大。一般的规律是：经济是基础，经济结构先行转变，紧接着是社会、文化结构变迁（文化结构变迁渗透于其他三大结构变迁之中），最后要进行社会政治体制全面改革，否则社会矛盾和问题突出，安全事故、群体事件频发。如中国社会科学院2008年“社会蓝皮书”指出，1978—2006年的29年里，社会稳定指数（由警力、刑事、治安、贪污、生产安全五项指标组成）增减相抵后，接逆指标计算年均递减0.5%，社会秩序和社会稳定指数呈现负增长，直接影响社会的和谐发展；[②]2014年之后，从官方数据看，才显示有所好转。

（三）转型社会、复调社会的安全状况

一般认为，转型社会是一种急剧变迁的社会，关键是现存社会结构发生深刻变化，旧有制度和规范失去效力，新的制度和规范又尚未确立，人们处于无所适从的状态，因而很多方面表现得“非常态化”，社会变得更加不安全，使得突发性的安全事故、事件频繁发生一度成为人们心中的“常态”。对于“转型社会”的界定，一般是指从一种经济社会体制转向更为高级现代的体制，经济社会结构同时转向现代结构的社会过程，是一种特殊的过渡性社会形态。社会转型因国情历史不同，时间长短不一。社会学者将中国改革开放以来的社会转型概括为：从计划经济到市场经济、从传统农业社会到现代工业社会、从乡村为主到城市为主、从礼俗社会到法理社会、从封闭半封闭社会到开放社会、从同质性强到异质性强的社会转变。[③]

在这一社会转型期间，传统因素与现代因素、农业生产与工业生产等相互交织，类似于音乐学上的复调性变奏。社会学者的解释认为，“复调社会”是指特定时空内同时存有多种不同的社会力量和社会领域，它们具有平等的地位和价值，既对立又对话，既协调又冲突，使该社会处于未完成（未定型）状态。[④]“复调”一词比起“复式”“复合”来说更为准确，因为它强调了动态性和互动特点，如转

---

① 陆学艺主编：《当代中国社会结构》，社会科学文献出版社2010年版，第31页。

② 汝信、陆学艺、李培林主编：《2008年中国社会形势分析与预测》，社会科学文献出版社2007年版，第341页。

③ 李培林：《另一只看不见的手：社会结构转型》，《中国社会科学》1992年第5期。笔者认为社会转型似乎还应该包括社会阶层结构转型，如中产阶级不断壮大。

④ 肖瑛：《复调社会及其生产——以civil society的三种汉译法为基础》，《社会学研究》2010年第3期。

型期中国社会的“农民工”身上承载着传统与现代的元素，就像一个跳动的音符穿梭于城乡二元之间。

在复调社会里，风险结构处于一种多因素复合叠加状态，风险既来自自然，也来自人的社会行为，大体有自然风险、技术风险、制度风险、社会风险，以及生产风险、经营风险、流通风险、消费风险，甚至于复合风险，事故（事件）发生率非常高，比前工业社会、工业社会等阶段更多更复杂，因而原有的常规破解方式和处置方式已经难以应对，需要复合式的、动态性的预防和处置方式方法。比如按照官方统计资料，改革开放以来的40多年里，各类安全生产事故（交通、工矿、建筑、消防等）死亡约300万人，年均死亡约10万人，差不多是改革前的2倍多。从《中国统计年鉴》看，2020年，中国社会治安受理案件达1257.8万件，是1978年的7倍，刑事案件立案数达478.1万件，是1978年的8.6倍，自杀事件也大量增加（法国社会学家涂尔干的《自杀论》就揭示了前一世纪之交的社会转型是自杀的社会原因）。再如，人们的心理疾患发病率非常高，人们普遍感觉身累、心累，焦虑感、浮躁感、恐惧感增加，而安全感、幸福感下降；精神病、神经疾患、心身疾患等患者明显增加。我国精神病患病率由20世纪70年代的5.4‰（占总人口）上升到21世纪初的13.5‰左右，重性精神病患人数超过1600万，而其中的精神分裂症又占半数左右。[①]这些都反映了转型时期、复调社会因为社会性原因诱致安全事故（事件）高发频仍，高出正常水平的状况。总之，在复调社会里，社会群体认同难度加大，社会整合和系统整合难度也加大，安全风险日益增加，安全整合成为人与社会亟须的活动。

二、中观社会结构变迁对安全的影响

这里，按照中国社会科学院“当代中国社会结构研究”课题组的思路，除了选择最基本的人口结构之外，还选择了表现为一定组织方式的家庭结构、组织结构，体现空间分布的城乡结构、区域结构，代表地位体系的就业结构、收入分配结构、阶层结构，和体现一定符号意义（多元价值与规范尺度）的消费结构、文化结构等分支的社会结构进行研究。[②]这些结构的转型变迁对人的安全的影响是巨大的。[③]

① 基本数据参考相关年度的《中国统计年鉴》和中国政府部门发布的专题调研报告。

② 参见陆学艺主编：《当代中国社会结构》，社会科学文献出版社2010年版，总报告部分。

③ 此部分参见颜烨：《当代中国公共安全问题的社会结构分析》，《华北科技学院学报》2008年第4期。

（一）人口结构变迁对安全的影响

一定数量的人口构成社会的基础。人口结构是社会结构的基础性结构，包括自然性的性别结构、年龄结构以及社会性的空间结构、素质结构等。一个国家拥有20%以上的年轻人口，往往是其稳定、繁荣的人口结构基础；衰老的人口结构，往往是国家渐次衰落的迹象。“亨廷顿之忧”则认为，人口数量是文明冲突的一个重要变量，他对伊斯兰等文明与基督文明的人口数量若无其事地作了一番比较后指出：“人口对比的变化和青年人以20%或更高的比率增长，是导致20世纪末许多文明间冲突的原因。”[①]似乎在说，充满年轻活力的社会未必安全，活力有时候是社会灾难的“催化剂”。

一个国家或地区的贫困阶层人口太多，则是社会混乱的人口结构性原因。人口结构不合理，将会诱发很多安全事故。从工业生产领域看，那些“脏、累、险、差”尤其高危行业（矿山、建筑、危险化学品等）的从业者里，学历低、年龄偏大、来自农村的工人占绝大部分比例。由于这部分从业者的安全认知和风险感知能力较弱，因此对他们进行安全技能培训至关重要。

（二）家庭、组织等维序性结构变迁对安全的影响

家庭是社会的细胞，家庭及其物质空间载体——住宅，更是人们出门在外奔波忙碌、遭遇伤害后归来的“安全岛”和“避风港”；[②]社会组织几乎可以视为延伸的“家”。

这里的家庭结构，主要是指家庭内部成员的构成。在现代转型社会中，家庭逐渐小型化、主干化，即从传统农业社会的三代乃至四代“同堂”逐步分离出来，以夫妻加孩子组成主干的小型化家庭；转型中国随着人口流动的增加、年轻父母外出务工，农村里出现了“空巢家庭”（人户分离）、“隔代家庭”（年轻父母外出务工，祖父祖母+孙辈）、“漂泊家庭”（夫妻带着孩子进城务工，无固定居所）等结构形式，城乡均出现了“单亲家庭”、“空巢老人”（独生子女外出工作，不与老人居住）和“失独老人”（中年时因不幸失去独生子女）现象。[③]转型时期家庭结构的变化，必然导致家庭部分留守成员物质匮乏、生活无助、精神空虚。一些地方或慈善组织纷纷成立现代化的养老院、福利院、孤儿院甚至弃婴“安全岛”，来保障这些人的生活和生命安全，也不失为一种策略；但传统农业大国的家庭养老、家庭抚育的观念更为根深蒂固。虽然“一孩”家庭比“多孩”家庭的孩子养

① ［美］塞缪尔·P.亨廷顿：《文明的冲突与世界秩序的重建》，周琪等译，新华出版社1998年版，第295页。
② 王宁：《消费社会学（第二版）》，社会科学文献出版社2011年版，第206—207页。
③ 参见陆学艺主编：《当代中国社会结构》，社会科学文献出版社2010年版，第二章“家庭结构”。

育压力小，但独生子女今后面临的养老压力，显然比“多孩”家庭大，家庭安全感明显低很多。

这里所说的组织之间的结构，主要是指前述的政府组织、经济（企业）组织和社会组织之间的比例关系。在发达国家，政府、市场、社会“三驾马车”并驾齐驱，政府很多职能包括安全管理等交由社会组织承担，因而其社会组织一般在每万人50个以上。但对于发展中国家来说，由于经济资源匮乏，社会组织往往不到每万人10个，因而安全监督管理职能主要由政府组织控制，企业组织部分地承担生产安全和流通安全职能。政府组织其实很大程度上无力承担这些社会职能。就社会组织本身而言，也分为很多种类，如社会救助、社会慈善、文化娱乐、居民维权、教育医疗等，在安全维权方面，能够进行民主博弈，以实现安全最大效益。但中国目前一些城市社区的业主、业委会成员与强大的开发商、物业公司发生冲突的时候，社区业主委员会的安全维权能力相当有限。因此说，在社会转型变迁过程中，逐步形成“政府—社会组织—家庭”这样的三元社会结构是必然的，更有利于保障人的安全。

又如，笔者在煤矿实地调查中发现，几乎70%的被调查矿工认为，他们维护自身合法的安全权益主要依靠自发形成的“老乡会”，其次才是同事关系。实际上从社会正功能来看，若没有这样的“老乡会”非正式组织，矿工的生命安全更无保障。中国作为传统农业大国，文化中存在着“乡土社会”，“乡”几乎可以看作是“家”的外延，因此在市场化条件下，这种“乡土型社会资本”在维护底层安全权益、经济权益方面，有时候比正规组织更具有节约成本、提高效率的社会正功能。与此同时，近一半的被调查矿工认为，工会的作用都不很强，他们最需要“新成立矿工联盟组织”和其他组织如“同乡会”等进行安全维权。发达国家往往建立一个由工会、企业、劳动者三方共同参与的职业安全维权和监督保障机制。[①]再如，中国汶川震灾救助，有大量的中介组织、企业组织在其间发挥作用。当时，总结汶川震灾救助经验为三点：政治制度优势、经济发展积累、民族文化精神。其实，社会组织也发挥了很大作用。

当然，社会组织包含一定的社会资本，本身同样存在正功能和负功能。比如，中国传统文化里的“同乡会”组织，对于社会底层，是一种安全维权“屏障”，而在上层则拉帮结派，垄断公共资源和机会，形成既得利益集团，容易引发社会冲突。几乎所有这样的组织都有可能与组织外的群体发生利益冲突，反而造成社

① 颜烨：《煤殇：煤矿安全的社会学研究》，社会科学文献出版社2012年版，第220—221页。

会不安全。这在前面已作简述，但还需要进一步实证研究。

（三）城乡、区域等空间性结构变迁对安全的影响

社会公共资源机会因地域空间不同，会呈现出城乡分割、区域不平衡状况，对于不发达国家更是如此。发达国家往往是城市化人口高于工业化人口（两者比例约1∶0.8）；而像中国这样的农业大国却相反，在工业化、城市化过程中，是城市化率高于工业化率，长期存在"离土不离乡""进厂不进城""务工不入户"的身份与职业分离现象，安全事故主要在2亿多名农民工当中发生。城市化快速发展阶段（城市化水平在30%～70%），[①]也是事故（事件）高发的时期。大体测算，中国从1978年至2020年间的城市化水平约上升了44个百分点（从19.92%到63.89%），各类安全事故（主要是交通、矿山、建筑、消防事故，不含公共卫生事件和自然灾害，后同）导致的死亡人数估计增加了200多万（按官方数据估测，改革初期约死亡100万人），也就是说，城市化人口每增加1个百分点，就有约4.5万人因生产事故死亡。

很多国家都一度面临东、中、西部或南、北地区的不平衡发展困局，有的国家为了充分利用紧缺资源，往往采取优先发展战略（某一资源优势地区优先发展），这其实也是导致社会冲突的一个重要空间因素，"空间平等"同样重要。如历史上有名的美国南北战争就是源于南北经济发展差距或文化制度差异。中国在20世纪80年代初期曾有过究竟是先开发西部还是先发展东部的大争论，即"落后地区优先发展理论"和"梯度发展理论"的观念冲突，最后以后者和"两个大局"、最终"共同富裕"的理念胜出。[②]中国"西部大开发""东北振兴"和"中部崛起"政治主张的提出，则是前述理念实施的进一步深化，或者说是矫正。

区域结构不平衡的一个重要现象是人口地理流迁。一般规律是，人口由经济落后地区向经济发达地区流动和集中。人口地理流迁（人口流动）改变了人口空间分布，导致传统的社会安全管理方式失效。经济发达地区往往就像"水流洼地"，引来了大批专业技术人才，同样集聚了外来的违法犯罪分子，即存在区域结构上安全的"洼地效应"。经济发达地区的生产安全事故、社会治安问题一般都比不发达地区严重很多。同时，人口流迁还挑战和考验跨地区的交通建设，像中国还有传统的回家过年的习俗，因而往往在年头岁尾交通拥挤导致的安全事故比较

---

① 按照世界上城市化发展的"S"形规律：城市化水平在30%以下发展较慢，30%～70%发展很快，在70%以上又开始放慢（参见 Ray M. Northam, *Urban Geography*,John Wiley & Sons,New York,1979, p66）。

② 引自向春玲：《我国区域经济与社会的协调发展》，载张式谷主编：《社会协调发展论》，中共中央党校出版社1999年版，第191—192页。

多。如中国流动人口由改革开放初期的约1000万人增加到2020年的3.31亿人（从乡到城），同时生产安全事故死亡人数绝对量增加。

（四）就业、收入分配、消费等生存活动结构变迁对安全的影响

“就业是民生之本”，衣食无着，何来安定？就业不稳定，收入就无法保障，情绪就会波动，进而心态难以平和，社会冲突由此产生。国际有关标准认为，一个国家或地区人口失业率（失业人口占总人口比率）超出10%，则此社会结构存在“断裂”的可能，社会动荡，政局不稳，经济滑坡。就业结构即劳动力在不同产业、不同区域、不同阶层之间的分布与流转。从就业的行业结构看，如中国这类发展中国家，一些高危行业的工资远远高于农民在家务农的收入，因而对农民工具有较高的诱惑和吸引力。虽然改革以来中国城乡居民、煤矿等采掘业职工（在职）年均收入均在大幅度增长，但两者之间的差距日益扩大。1980—2002年这22年里，煤矿等采掘业职工与农民年均收入比例一直在3∶1到4.5∶1之间浮动，2006年接近10∶1。煤矿的职工工资在2000年后上涨很快，与煤价放开和市场需求张缩有很大关系，煤矿职工收入高于农民的农业劳动收入，因而这些高危行业对农村初端劳动力（高年龄、低学历）具有很大的“吸引力”（这些初端劳动力很难进入城镇正规职业领域，即存在“就业挤压”现象）。

收入分配是一个国家或地区的社会经济生活中普遍受到关注的重要问题，收入分配结构合理与否对公共安全同样具有至关重要的影响。如前所述，在国内生产总值高增长或者在社会急剧转型时期，社会最容易出现不公平现象，收入差距以及伴之而来的是人们的社会地位等级差距扩大，最容易导致社会动荡，乃至发生政治革命，前述的倒“J”形、倒“U”形曲线都是一种解释。国际上衡量收入分配差距往往使用基尼系数的标准，通常把0.4作为收入分配差距拉大的“警戒线”，高于0.6，则为两极分化，社会动荡不安。[①]多数测算认为，改革开放以来，中国的基尼系数在1993年前后就突破了0.4的警戒线，已经从改革初期（1978年）的0.2左右扩大到2010年约0.52、2020年约0.57，分别扩大了160%、185%，因此简单估算一下，基尼系数每扩大1%，全国生产安全事故死亡人数增加约1万人。收入分配的行业结构（如金融、税收等行业的高收入、高福利）不均衡也会引发社会矛盾。收入分配结构与地域结构、行业产业结构不合理交织在一起，使得社会冲突更加复杂，社会不安全更会呈现“复加效应”。

---

① 基尼系数一般标准：为0表示绝对平等，为1表示绝对不平等。低于0.2，收入分配绝对平均；在0.2～0.3之间，收入分配相对平均；在0.3～0.4之间，收入分配相对合理；在0.4～0.5之间，收入分配差距过大；在0.5～0.6之间，收入分配差距悬殊；高于0.6，则为两极分化。

消费反映一定社会群体的生活水平和生活质量。居民消费始终与就业、收入密切相关。在社会学上，消费结构一般是指不同人群的消费水平差异所呈现的结构性特征。工业社会向后现代社会转型，其实就是向“消费社会”转型，是消费超越了生产。反映消费结构合理与否的指标一般是某群体的消费总量、消费品结构、恩格尔系数（一定时期内，食物消费支出占总消费支出的比重）等。

（五）社会阶层结构变迁对安全的影响

任何一个时空环境中，无论客观上还是主观上，社会成员都会在职业、地位、身份、财富上有差异和分层，因此说，社会阶层结构是居于社会结构的核心，贯穿于其他社会结构之中，反映着社会结构性不平等，反映着利益关系格局的变迁，是社会学研究中核心的核心，因而阶层结构变迁、阶层关系变迁对安全发展的影响无疑是最深刻的。如从整体看，中国改革开放以来的利益格局逐渐从过去利益单一演变或将要演变为四个阶段：一是利益分化时期（1978—1992年），人们最初能够均衡合理地进行利益分享。二是利益分割时期（1992—2002年），城乡、区域、行业、部门等利益关系，开始分化为强大的社会上层和相对弱小的社会底层，结果是少数人为主体的上层占据了多数社会财富，规模庞大的社会底层只分享少部分利益，社会底层只好依靠出卖劳动力或生命安全维续今后的生活和家庭后代的发展，社会格局中日益形成了一种“上层过强、底层过弱”（上强下弱）的不和谐阶层结构，好的优势资源基本为上层的官员、商人等所享有。三是利益调整阶段（2002年至今），但这场调整积重难返，需要较长时期，到2020年左右有所缓解（中共十九届四中全会提出的“各方面制度更加成熟更加定型上取得明显成效”），实际上这个时期是利益分割与利益调整交错，因为当中涉及制度的重新安排问题。四是利益均衡时期，此时中国中产阶级占总人口比重也不过35%（以每年1%的速度增长），与美国等进入工业化中期后中产阶级达到45%的比重尚有很大差距。[①]

在利益分割阶段，诸如矿产资源、工程建筑和房地产等这样一些“暴利”领域，普遍存在着“官商勾结”的利益共同体，或者叫“权力与资本结盟”，[②]通过“设租”和“寻租”造成“权力资本化”[③]和“资本权力化”的共存局面，而且这样的利益共同体设置出种种“市场陷阱”（包括产品和服务的“价格陷阱”“质量陷阱”“安全陷阱”）。特别是与人们生命安全直接关联的食品、药品等事故连年

① ［美］C.赖特·米尔斯：《白领：美国的中产阶层》，杨小东等译，浙江人民出版社1997年版，第84页。

② 孙立平、李强、沈原：《中国社会结构转型的中近期趋势与隐患》，《战略与管理》1998年第5期。

③ 杨帆：《权力资本化：腐败的根源》，《决策与信息》2001年第5期。

发生，因利益关系不合理而发生的社会群体事件越来越多。

具体来说，在市场化加速条件下，一方面人们的生活水平大大提高，社会中上层家庭的私家车大量增加，另一方面资本对利益的追逐变本加厉，如化工等污染较重的企业和各类烟花爆竹企业等数量也迅猛增长。其结果是：交通方面，路的增长赶不上车的增长，无证驾驶和驾驶技术欠熟的现象在蔓延，城市道路和乡村道路建设跟不上经济发展的速度，交通违规现象大量增加；工业企业方面，污染物随意大量排放，加班加点违反安全规程等现象相当突出，一些单位的作业人员未经安全培训上岗成为常态等；为了获取暴利，一些商人和生产者在食品、药品中加入不可食的工业原料，危害消费者安全健康。特别在高危行业，如中国煤矿系统自20世纪90年代中期煤矿转体改制以来，内部阶层性结构基本上从“下大上小”的“金字塔型”转向了“两头大、中间小”的“工”字型结构（在民私营煤矿尤其如此），这与具有社会安全稳定功能的“橄榄型”（两头小、中间大）阶层结构恰恰相反，这也是中国20世纪80年代中后期以来矿难高发频仍的重要社会结构性原因。具体来说，煤矿系统底层依然是庞大的“真苦，真穷，真危险”的矿工阶层；而煤矿系统上层尤其是民私营煤矿形成一个“官员—矿主（包工头）—打手”的结构性力量，左右着煤矿安全生产的秩序，左右着安全事故的发生和处置。但煤矿系统中间阶层力量却在减弱，专业技术人员尤其采矿类安全技术人员严重流失，缺乏强大的中间阶层，因而一方面无法从科学技术上保障安全科技、安全工程在煤矿普遍推广应用，另一方面无法在公民社会层面带动社会底层安全维权，底层工人在安全维权方面也只是为工钱而奋斗，在安全认知方面甚至很茫然，完全处于“安全无知”或“安全麻木”状态，显然不利于底层对抗漠视其安全的强大上层。

（六）文化结构变迁对安全的影响

社会层面的文化结构一般包括公民文化素养、社会规范、民族文化心理、社会心态、核心价值理念等。公民文化素养、道德素养的提高，对共同规范的遵守，以及良好社会心态的形成和核心文明价值倡导，具有重要意义，也明显有利于安全尤其是公共安全水平的提高。但在社会转型时期，由于资源机会过度集聚于社会上层，社会广大中下层的心理情绪、社会心态一度不稳定。如中国改革开放以来的这场社会结构急剧转型前所未有，是在全球化、信息化、工业化加速推进背景下进行的，明显具有“时空压缩”特征，即中国用几十年的时间走完工业化国家二三百年走过的路程。这种压缩型结构转型，必然会对全体社会成员的心理态度、行为方式、思想观念等造成巨大的压力，其难免在心理上产生不适感、焦虑感、浮躁感、失落感（过高期望与现实间的落差），行为取向难免过激化、情绪化、趋利化、工具化等，思想观念转变为较强的独立性、主体性、多样性等，这些都会对既有的安全发展路径造成冲击。有的人甚至突破道德底线，为了自身生存安全而忽略乃至有意戕害他人的生命，这就涉及安全规范重建、安全伦理的问题，后面章节将多作阐述。这方面也还需要进一步调查研究。

三、微观社会结构变迁对安全的影响

微观社会结构一般存在于组织内部或小范围人际结构中，因而这方面的组织学、管理学等研究比社会学研究多。正式组织内部的安全状况、安全管理同人员构成、人事安排、科层设置等有很大关系。比如，从人口规模与分布看，煤矿里一个工作面上挖煤人数过多，事故一旦发生，人员撤离就很困难，因而伤亡人数有可能偏多，在现代机械化时代，一般控制在50人以内比较合适。又如，一个大学内部，管理混乱，学生心理教育缺位，学生因为一句话、一件小事等互相殴打，在社会急剧转型时期多见。组织内部的安全管理，或者个人安全的维续，与组织自身、个人自身的安全管理、制度、组织、科技、教育、心理等理性问题密切相关，前面章节已有论述。当然，关于微观社会结构对安全的影响，也可进行具体的社会学实证研究。

家庭内部结构变化对人的安全也有很大影响。比如，过去中国均以扩大化家庭为主要存在模式，有的家庭三四代人居住在一起，这种模式为家庭内部的病残照顾、赡老抚幼、资金互助等提供了非常强大的保障。但另一方面，过大规模的家庭，其内部成员之间的家族矛盾，尤其农业社会的财产继承纠纷也比较突出。改革开放40多年后，家庭结构逐步小型化，一个中产阶层的家庭，家庭生计融资能力虽然有所增强，但抗风险能力因人少等并没有相应增强。尤其是那些漂泊家庭，对孩子成长非常不利。2000年以来，中国高校内部的青年大学生逐渐显露他们因从小缺乏社交（如要好的发小缺失）经验而性格孤僻，在校很难与同舍同班的同学和睦相处，一度产生因事斗殴等诸多校园危险行为。

四、全球社会结构变迁对国家安全的影响

全球社会结构是一种超宏观社会结构，主要涉及国际主要力量的对比关系，也就是国际关系学上所指的世界格局。每一次世界格局的大变动，都伴随着世界强国之间的较量，或者强国对弱国的侵略。世界战争爆发的根源是各主要国家之间的政治经济发展不平衡即结构性力量失衡。第一次世界大战时期或之前，强

大的德意志帝国、奥匈帝国、奥斯曼帝国结成同盟国，而新兴的资本主义国家美国、老牌资本主义国家英国和法国及其殖民地，以及中国等缔结为协约国，最后协约国获胜，欧陆四大帝国瓦解，成立以美国等主导的所谓“国际联盟”。此次战争导致约1000万人死亡、2000万人受伤。第二次世界大战期间，德国、意大利、日本等国组成“法西斯轴心国”，而美国、苏联、英国、法国、中国等国则建立世界反法西斯统一战线同盟。这场战争导致军民伤亡9000多万人，最终同盟国获胜，欧洲结束分裂，走向合作，联合国组织成立。与此同时，以美国、苏联为首，各自成立了资本主义、社会主义阵营，由此开启了长达半个世纪的“冷战”，最终社会主义阵营先行瓦解。目前资本主义体系虽孤掌难鸣，但仍是资本主义霸权一统天下，国际社会结构由“两极”转入“一超多强”格局（美国超霸，欧盟、中国、日本、俄罗斯等成为所谓的强国）。

比如，2019年底新冠疫情暴发的影响，中美等国家因传统文化制度的差异，导致在疫情安全防控机制及其效果方面存在很大差别，以至于国际学术界形成了两种不同的观点交锋：一方面，是以诺贝尔经济学奖得主弗里德曼为首的“逆全球化”学派认为，疫情是人类世纪的“新纪元”和“分水岭”，强调现行（资本主义的）全球化终结，将进一步加速逆全球化，国家的主权主义或将复兴；为21世纪美国中心的衰落而哀叹，同时看好中国中心的崛起和强大。另一方面，以历史终结论者、美籍日裔学者福山为首的“全球化”学派认为，疫情可能一度造成民族或民粹主义的复兴，造成全球经济生产链、供应链的短期中断，但从长期来看，不会带来世界格局的根本性变化，反而造就国际社会新的合作；认为疫情不会从根本上改变全球经济方向，它只会加速已经开始的变化：从以美国为中心的全球化转向以中国为中心的全球化。[①]

总之，世界格局的确定，虽然取决于世界主要大国的经济实力、军事实力、人口和国土等物化因素，但世界文明间较量的影响也同样不可忽略，这就是美国政治学家亨廷顿曾经执着的文明结构性冲突的观点。国际社会结构的变迁，对于各国尤其弱小国家的安全是重大冲击，当今世界需要一种新的平等的国际政治经济结构和秩序，但至今没有形成。

---

① 颜烨：《安全结构：重大卫生事件影响国际格局的社会学分析》，《公共事务评论》2022年第2辑。

第四节　安全的共时态社会结构特征

安全的社会结构特性，即指安全具有不同的社会结构特征。比如，从一年中不同时节的安全问题来看，一般来说，四五月间流行病问题突出，原因在于春夏之交病菌容易繁殖和传播、七八月间洪灾、干旱问题突出，主要跟气候有关、年末岁首一般是火灾事故、交通事故、煤矿事故等工业安全事故突出，原因是冬天比较干燥，春节期间人口流动频繁、社会用煤量等需求增加。当然，这不是安全社会学研究的重点，下面我们主要就安全所具有的一般性人口特征、组织特征、空间特征、阶层特征等进行论述。[①]这与前述安全的社会属性大有不同，与社会结构变迁对安全的影响有关联，但取向不同。社会结构变迁的影响是着眼于原因解释，安全的社会结构特性主要是状况描述。

一、安全的人口结构特征

这里主要是指安全具有不同的年龄结构、性别结构、素质结构等社会结构特征。从年龄结构看，一般来说，高危行业往往是中年以上劳动人口占主体，阳光服务行业的劳动人员以年轻人为主。如笔者在煤矿生产调查中得知，底层矿工中31~50岁的占70%以上（民营煤矿里40岁以上占80%），如果加上51岁以上的则是80%以上，因而矿难死亡者多为年长者。又如，世界卫生组织的一份报告显示，道路交通安全伤害已成为全世界15~19岁年轻人最主要的死因，也是10~14岁青少年和20~24岁年轻人的第二大死因，全球每天至少1000名25岁以下年轻人死于道路交通事故。如中国公安部交通管理局和国家统计局数据显示，1995—2005年全国道路交通安全事故死亡者中，16~45岁年龄组人群占总死亡人数的58.6%~62.4%，82.5%的事故责任人是21~45岁的中青年人。[②]溺水事故死难者多以未成年人为主，跌倒摔伤多以老年人为主，奶粉中毒多以婴幼儿为主。

从性别结构看，在安全事故死亡者中，总体上以男性为主体（煤矿事故在95%以上，法律禁用女性采煤工），交通事故、火灾事故等死亡人数中男女性别无显著差异。一般地，相对于男性而言，女性的安全感较弱（如不敢在黑夜独自行走于街头），但在一些特殊场合，男性反而比女性的安全感弱，这方面可以进

① 颜烨：《当代中国公共安全问题的社会结构分析》，《华北科技学院学报》2008年第4期。

② 吕诺：《全球每天至少千名25岁以下年轻人死于道路交通事故》，新华网，2007年4月23日。

一步做实证研究。

从文化素质结构看，在安全事故死亡者中，高中及以下学历人口一般占60%以上，其中煤矿死难矿工50%以上学历在初中及以下，交通事故、火灾事故、大型文体活动踩踏事件等，遇难者文化学历可能偏高。食品中毒事件中受害者以各学龄的学生群体、低学历农民工群体为主。在一些实证调研中，低学历农民的整体安全感、幸福感，比高学历的白领高。这可以继续做具体实证研究。

二、安全的家庭结构、组织结构特征

一般来说，贫困家庭无法抵御各种自然的、社会的、自身疾病的风险，而富裕家庭也总是担心外部的不确定因素。从行业组织结构看，工业企业如矿山企业、建筑施工企业、交通运输企业等，员工工伤安全事故突出，非高危类服务行业的员工安全状况较好。从部门组织结构看，组织之间的安全事故率不一样。如对浙江省1995年的火灾资料（自中华人民共和国成立至2000年间，1995年为该省火灾最严重的一年）分析表明，火灾受灾的部门构成从重到轻排列依次为（按五个等级）：最重的是乡镇企业组织、工业系统；较重的是机关团体组织、商贸财金系统；一般的是交通邮电部门、教科文卫组织、物资能源系统；较轻的是街道企业组织、农业林业部门、工程建设部门；最轻的是旅游部门。由此看出，改革开放以来，工商企业类经济组织的安全事故高发频仍，传统性的农业组织和现代性的服务业组织的安全事故相对较少。①

三、安全的城乡结构、区域结构特征

从安全事故总量来看，农村安全事故死亡人数大大高于城市。从所有事故遇难者的城乡属性来看，中国遇难的农村户籍人口一般高于城镇户籍人口，如中国民营煤矿事故中85%以上的死难者为农民矿工，且一度存在的农村人和城里人“同命不同价”状况（安全事故赔偿问题）所反映的就是典型的城乡之间的不平等。但是对于发达社会来说，因为交通、消防等安全事故频发，死难者可能是城市大大多于乡村。

对于幅员辽阔的国家或地区来说，由于经济社会发展水平不平衡，安全发展状况也各不相同。从安全事故事件类型看，如进入21世纪以来，中国东部沿海发

① 基本数据源于许仁学：《1995年全省火灾情况分析》，《浙江消防》1996年第2期。此处的工业系统组织包括地矿、机电、化工、纺织、轻工、医药、冶金等部门；综合得分是按照受灾严重程度从重到轻排序的序数加总而得的和，分值越低越严重，以此综合考察各部门火灾受灾情况。

达地区的社会安全事件多以环境保护、反工业污染、企业劳资纠纷等为主，中西部地区社会群体安全事件多为打架斗殴、出租车司机罢运。从安全状况（水平）看，如选取2006年中国东、中、西部各省（市、区）的道路交通事故和火灾事故这两种常见安全事故的发生起数、死亡人数以及各自的经济发展水平作为基础指标，分析各自的亿元GDP事故率、亿元GDP死亡率、万人事故率、万人死亡率，以比较公共安全的区域结构性差异。结果表明：一方面，改革开放以来，东部沿海经济发展较快的省份，其安全事故的绝对起数、死亡人数也在大幅度上升，与经济发展呈正相关；另一方面，各省份的相对死亡率情况不同，“富者未必就安全，穷者未必不安全”，如万人事故率与亿元GDP死亡率差不多成反比，万人死亡率与亿元GDP事故率差不多成反比。

四、安全的就业结构、收入分配结构、消费结构、阶层结构特征

从就业结构看，一般工业生产领域、体制外高危行业就业者的安全状况最差，即第一、三产业就业者有较好的人身安全。如中国社会转型期，乡镇个体煤矿是与中国煤矿安全生产形势最密切相关的行业组织，其矿难死亡人数居高不下，据相关统计，乡镇煤矿产量比重每增加1个百分点，全国矿难死亡人数即增加68人，[①]远远高于国有煤矿的死亡率。当然这方面需要进一步实证研究。

安全本身也是分层的。前述“同命不同价”一定程度反映了安全的社会阶层结构特征，不同收入财富、消费水平的阶层，有不同的安全状况和安全感。一般来说，最富裕家庭、最贫穷家庭的安全感都是最弱的。前者因为巨大财富积累，风险也高度集聚，家庭成员很担心家财受自然灾难、工业灾难和国家政策变化的影响，也担心人身安全，如遭遇绑架等不测事件；后者则是一种绝对贫困性不安全，随时面临饥饿、疾病等威胁。在安全事故遇难者构成中，工业领域底层劳动者占据绝大部分；在交通事故、环境事故受害者当中，社会中上层的比例有所增加；而就食品药品安全事故来说，安全状况无明显的阶层特征，哪个阶层都有可能遭遇食品安全风险，风险明显个体化。这里，我们可以将与阶层地位密切联系的收入分配结构、消费结构，同主体的安全感、实际客观安全状态即安全性（或叫安全态）结合起来进行分析，可以有32对理念性的匹配类型（见表6–2）。这表明：主体的收入与财富水平高、消费水平高、阶层地位高、自尊水平高，其安全感

① 王显政主编：《安全生产与经济社会发展报告》，煤炭工业出版社2006年版，第191页。

未必强、安全态未必好；反过来，亦然。安全感强的，安全态未必好；反过来，亦然。这些都需要针对具体人群开展实证研究。

表6-2　不同主体的安全感与安全性组合

主体本身状况	安全感（主观）	安全性（客观）	主体本身状况	安全感（主观）	安全性（客观）
收入与财富水平高	强	好	阶层地位高	强	好
	弱	差		弱	差
	强	差		强	差
	弱	好		弱	好
收入与财富水平低	强	好	阶层地位低	强	好
	弱	差		弱	差
	强	差		强	差
	弱	好		弱	好
消费水平高	强	好	自尊水平高	强	好
	弱	差		弱	差
	强	差		强	差
	弱	好		弱	好
消费水平低	强	好	自尊水平低	强	好
	弱	差		弱	差
	强	差		强	差
	弱	好		弱	好

总的来说，社会资源总量一定的情况下，人口众多的社会里人均资源显得更加稀缺。对稀缺资源的争夺会使社会更加不安全。宏观层面的阶级阶层冲突、区域冲突比起中观层面的组织冲突、微观层面的人际结构冲突会更加剧烈，而且容易导致社会结构的巨大转型乃至颠覆。而后两者的冲突除了给社会带来负面的不安全外，也在一定程度上具有结构调整的正功能。宏观层面结构的大调整也有助于微观层面结构的内部自调，其关键在于前者对权力、利益、资源、机会的合理分配，能够缓解微观层面人际关系的紧张；反过来，微观层面的和谐相处也有助于宏观层面结构的合理化。

社会结构转型背景下，社会不安全因素增多，社会冲突更加激烈。比如中国革命战争年代，社会结构面临解体与重组，社会阶级结构对于取得革命胜利至关重要，因此中国革命之初，有了著名的《中国社会各阶级的分析》（1925年）；在社会主义建设时期，中国同样面临着诸多结构性社会问题，因此又有了《论十大关系》（1956年）和《关于正确处理人民内部矛盾》（1957年）等名篇；在改革开放时期，社会主义“百花齐放”，社会结构面临着巨大转型，阶层结构、区域结构、行业和产业结构、人际关系结构等都出现了新的现象和新的问题，学界、政界研究众多，力图寻求社会结构转型背景下的“最优”发展模式，追求社会功能的稳定性持续发展。如何调整存在引发社会冲突和不安全因素的社会结构，学界、政界都做出了很多研究，提出了很多设想，但总体上来看，不外乎经济体制机制、社会体制机制、政治体制机制、文化体制机制的建构与重构。

要确保社会安全和谐发展，有几个重点需要把握：第一，执政党要有整合性权威。执政党作为现代社会秩序的核心整合机构，其权威的树立至关重要；但在社会转型时期，中央权威整合力有可能出现波动，原因是既得利益集团的形成和骄横、对民众利益的侵蚀，导致其执政合法性基础丧失群众的认同。[①]因而执政党始终服务于民是关键，否则执政党的整合权威无从体现，而且会更加导致社会混乱无序。关于这方面的论述美国政治社会学者李普塞特有相似看法。[②]第二，社会中间阶层培育不可松懈，这是社会的“稳定器”“安全阀”和“平衡轮”。第三，对于稀缺的利益、机会、资源、权力的合理分配与调整十分重要，制度公正是关键。制度公正包括两个方面，一是制度制定时必须公正合理，对所有符合条件的社会成员一视同仁，二是制度执行时必须公正。前者是后者的前提，但前者公正后者未必公正，制度执行也需要监督。第四，社会应该允许设置一些潜在安全隐患因素的宣泄与排遣机制。社会冲突常规化，就需要常规化制度和机制进行处置。“大禹治水”的经验关键是“疏”而不是“堵”。对于一些小规模冲突需要借助新闻舆论、媒体等曝光和讨论，绝不能遮掩、堆积问题，要充分发挥民意在问题处置中的安全疏解作用，群策群力，避免累积性矛盾的总爆发。

---

① ［德］马克斯·韦伯：《经济与社会（下卷）》，商务印书馆1997年版。

② ［美］西摩·马丁·李普塞特：《一致与冲突》，张华青等译，上海人民出版社1995年版，第136—140页。

第七章

安全伦理：安全的社会伦理

如第五章所指，人的行动有工具理性，也有价值理性。安全的工具理性与安全的价值理性，可以视为行动者的两种主观取向，即动机取向与价值取向。所谓安全动机取向，是指安全行动者所预期的安全最大收益和安全最小损失；安全价值取向，则是指安全行动者在决定安全行为目标和安全行为手段时所遵循的价值关怀原则，也就是行动的道德理由，要求行动者既要考虑自身的安全利益，更要顾及他人的安全，即所谓“安全伦理”，这是本章要研究的基本内容。相对而言，安全伦理（也有宗教的、伦理的、美学的）偏重于价值理性，是介于安全理性与安全文化之间的一种安全控制方式。安全，是人性之善，是行为正当追求，是一种社会美德。

按理说，安全伦理应该紧接在安全理性章节分析之后，但其还涉及安全公正的结构性问题，因而置于安全结构之后进行分析。

第一节　关于安全的伦理学及其社会伦理

伦理，顾名思义即“做人的理由”。伦，在中文里，往往是指辈、类，条理、次序，人与人的关系等意义，有天伦、人伦、伦常、伦理之说。从社会结构角度看，伦理是指人与人之间具有一种确定性的次序关系，即所谓“伦常”，如中国古代调整熟人社会的人际关系秩序有“三纲五常”之说。如果推演到整个社会，则不仅仅指个人与个人之间的关系（人伦），也包括大范围的人与社会之间（社会伦理、公共伦理）、人与自然之间（生态伦理、环境伦理）的关系等，相应地也就存在多种应用伦理。而安全伦理无疑包含这些伦理范畴，即包含人际安全伦理、社会公共领域的安全伦理、自然生态的安全伦理等。而在西方社会，ethics（伦理）一词源于希腊语ethos，本义是指“本质”“人格”，也含有“风俗”“习惯”的意思。罗马人后来借用拉丁语mores（风俗、习惯）将ethics翻译为moralis；首次真正严格使用学术意义上的ethics（伦理学）的是亚里士多德（如其著作《尼各马可伦理学》)。[①]

一、安全伦理：安全的伦理学基础

伦理学是关于道德的哲学，是关于正确行动及其道德价值的学说，目标是教会人们如何做人和如何做事。之所以叫“伦理学”而不叫“道德学”，原因大体是“道德”（morality）本义指事物的规律（即道）是顺应自然（即德），汉语中可追溯至先秦老子的《道德经》一书（所谓“道法自然”），其延伸意义为调整人与人之间关系的一种行为规范和准则，因而道德在很多时候仅仅具有个体（个人）或主体的主观意蕴；相比较而言，“伦理”（ethics），往往表达一种群体或客体的客观意蕴，是一种关于行动理由的体系化理论。道德往往代表着社会的正面价值取向，起判断行为正当与否的作用；而伦理既涉及行动的正面价值，也涉及负面价值，既包括高层次的，也包括低层次的，所以伦理的范畴要比道德宽泛，是中性概念。但伦理学研究必以“行动—道德”为核心命题（亦谓“行动—价值”，不同于社会学以“行动—结构”为核心命题、文化学以“规则—价值”为核心命题），即伦理学研究行动的道德价值理由。

（一）安全伦理的基本内涵

从上述演绎看，安全伦理研究必定是围绕“安全行动—安全道德”这一核心命题而展开，研究行动的安全道德价值的理由，即行动者的安全道德性问题。目前，在国内外都有了一定安全伦理学科探索的研究。[②]尽管一些人包括一些伦理学研究者也说，伦理学就不该是一门学科，而只是一种理论观点，但从目前涌现的论著来看，其学科性似乎得到了一定的彰显。当然这不是本书要探讨的问题。

伦理学是一种关于行动价值最大化的科学，而其最大的（正面）价值就是道德。道德是一种约束人的行动的价值规则，而与之相关的则是法律。法律是指由国家制定或认可、反映立法者意志，具体规定当事主体的权利和义务及其法律后果的行为准则。法律可以说是具有强制性的他律，而道德主要是依靠人的自觉的内在自律；法律是具体的、最低的道德，它往往以道德的原则为原则，如正义、平等、自由、诚信等原则。在现代社会的安全保障和治理方面，“安全法治”作为强制性工具理性是必不可少的，但“安全德治”（以道德治理和保障安全）也是不可

---

① 参考何怀宏：《伦理学是什么》，北京大学出版社2002年版，第10—11页。

② 国外如Manoj S. Patankar, Jeffrey P. Brown and Melinda D. Treadwell, “Safety ethics: Cases from Aviation, Healthcare and Occupational and Environmental Health”, Aldershot, Ashgate Publishing, Ltd, 2005；中国国内如刘星：《安全伦理学的建构——关于安全伦理哲学研究及其领域的探讨》，《中国安全科学学报》2007年第2期；刘星：《安全伦理与“道德的”安全管理模式建构》，《经济体制改革》2007年第6期；等等。

忽视的。安全法治本身具有过多的工具理性和利益关系调整取向，且法律本身还有规定不到位的地方，因而安全德治不仅是对安全法治漏洞的弥补，更具有宏观统摄性和价值概览指向性。

有时，“道德”与“伦理”合起来称为“伦理道德”或“道德伦理”，二者几乎等同，即以某些应然的规范及标准为基础，人们由此而展开对于彼此及自身的要求与评价，其中涉及社会层面的责任问题、赏罚问题，也涉及个人层面的德性发展历程。[①]有人说，道德也分为“良德”与“恶德”，这是就道德性质而言的。

有的学者从价值律层面，将道德水平分为四层。[②]①金律：所谓“夫仁者，己欲立而立人，己欲达而达人”（《论语·雍也》，自己立足发达了，也要帮助别人），也即《圣经·马太福音》所谓“想要别人怎样对待你，你就应该怎样对待别人”，这是“圣人之德”，体现助人为乐的至善美德，一般人很难达到。②银律：所谓“己所不欲，勿施于人”（《论语·卫灵公》），即自己不想要的东西如疾病、死亡、战争等不安全性的事物，不要强加给别人，这是“君子之德”；如果将这些东西强加给别人，就有可能造成一种（善意的）伤害，即所谓“己所欲者，亦施于人”。③铜律：所谓“人施于己，反施于人”，即非道德或无道德（nonmoral），属于中立层面，实践中往往存在“以德报德，以怨报怨”“以牙还牙”“以血还血”“礼尚往来”的现象，这是一般人的所谓对等原则，而不是公正原则，是关于利益和价值的博弈规则，而不是关于道德行为的规则（《论语·宪问》所谓“以直报怨，以德报德”），在一定程度上有其功利的合理性。④铁律：所谓“己所不欲，先施于人”，实践中存在着所谓“先下手为强，后下手遭殃”“宁可我负天下人，不可天下人负我”“宁可错杀一千，不可放走一人”等具有“铁律”意蕴的俗语。这是忽视道德的存在，是不道德的、反道德律的（immoral），也就是所谓的“恶德”，必然危及人的安全。

其实，上述“四律”正对应安全互动关系领域的“四不伤害”，即我不伤害自己、我不伤害他人、我不被他人伤害、我保护他人（集体）不被他人（群体）伤害

① 伦理学内部往往基于研究路径的不同而分为三种类型：描述伦理学（descriptive ethics）、规范伦理学（normative ethics）及后设伦理学（meta ethics）。描述伦理学主要是对某一社会或文化中实际运作的规范进行实然陈述，通常为民俗学、社会学、人类学或历史学所关心，因而也称为伦理志；规范伦理学力图以传统哲学关心的一套普遍有效的应然规范，来指出什么行为是真正的善恶对错；20世纪出现的后设伦理学因为承袭语言分析和逻辑推理方法的学风，因而有时被称为元伦理学。狭义的伦理学或道德哲学仅指传统哲学所关心的规范伦理学。参考朱建民：《专业伦理教育的理论与实践》，《通识教育季刊》1996年第2期；何怀宏：《伦理学是什么》，北京大学出版社2002年版，第38—40页。

② 赵敦华：《中国古代价值律的重构及其现代意义》（上），《哲学研究》2002年第1期。

（或者我监督他人不伤害他人）。[①]

（二）三种安全伦理学取向

在西方伦理学中，“善”与“正当”，究竟谁最为基础，一直是争论的核心。[②]前者即good，好的，关乎如何行动是公正合理的、人类向何处去；后者即right，对的，表明行动应该符合某种权威命令或规则、一种责任要求和制约。围绕这两者的争论，伦理学大体有如下几种取向。[③]

（1）目的论取向。目的论取向分为利己主义（egoism）与功利主义（utilitarianism）。利己主义又分为心理利己主义与伦理利己主义。前者即认为“人性恶”、人在心理上总是设想人天生自私，人必然追求自我利益，利他主义只是实现自我利益的一种手段。如休谟、霍布斯的假设，以及理查德·道金斯所谓“自私的基因”论等。后者即指人的行为目标指向总是符合自己最大利益，其后果估价是对行动者个人利益的估价，即能否实现个人利益或个人利益最大化。

功利主义与利己主义稍有不同，不仅考虑行动对于行动者个人的好坏，还要考虑对于所有被此行动影响的对象的好坏。功利主义最突出的代表是边沁、密尔等人。他们的伦理主张是，一个行为是正确的，当且仅当它使社会的善最大化了，或者说促进了最多数人的最大利益。功利主义又分为行动功利主义（直接功利主义）与规则功利主义（间接功利主义）：前者认为正确行为须是将功利最大化的行为；后者则认为正确行为必是符合将功利最大化的一组规则的行为（义务论通常规定应该的行动、禁止的行动、允许的行动三种）。

在集体主义取向的儒家文化体系中，强调集体安全、他人安全权利高于个体自身的安全权益，因此出现了所谓“杀身成仁”“大义灭亲”的义举或壮举，包含一种规则功利主义的意蕴；而个体主义取向的欧美文化体系中，强调首先维护自我安全，包含一种行动功利主义的意蕴。无论规则功利主义还是行动功利主义，都有可能难以忽视实际安全价值的存在。

（2）义务论取向。功利主义目的论是一种后果主义的，强调善优先于正当（有时强调正当优先于善），强调行动的后果作为行动对与错的评判性标准。而义务论（deontology，亦称道义论）则是道德先在主义的，强调正当优先于善，认为追求利益最大化时必须接受某种制约，即行为本身就具有内在的道德价值，认

---

① 高连廷：《开展“三不伤害”活动的思考》，《工业安全与防尘》1991年第5期；胡谷华：《“四不伤害”及“互保联保”——从一起险肇事故谈现场安全监督监护》，《安全生产与监督》2004年第2期。

② ［英］西季威克：《伦理学方法》，廖申白译，中国社会科学出版社1993年版，第128页。

③ 关于此三大方面的伦理学基础内容，参考程炼：《伦理学导论》，北京大学出版社2008年版，第145—211页。

为行为是否具有道德的正确性，取决于其是否符合某种（某些）规则或义务的限制。康德强调在人的头顶上悬有一种责任之善或要求，即“绝对道德律令”（是实践理性的要求，不来自任何经验或理论的证明），决定着其行为的善性。[①]罗尔斯的正义论作为当代最重要的道义论，同样强调正当优先于善，并批评功利主义总是在总量上强调满足全体对象的最大净余额，却不重视总量如何在个体之间进行分配。[②]义务或道义约束人的行动通常有两种方式：一是用一个或一组规则来约束行动，即为规则义务论；二是指行动者在具体情形下被要求做出特定的行动，这些行动无法用一般性规则来约束。当然，在义务论基础上还有一种超义务论，即超出自我道德责任要求的行动。

行动的安全性同样可以视为安全道德、安全义务或安全责任凌驾于行动者头上，相当于一种无形的“决定论”指导着行动者的安全行动，以达到“不被别人或自己伤害”尤其“不伤害别人”的目的。如对于军事行动（如战争），认为（双方）损失最小的是正确的军事行动，这是功利主义后果论；而认为任何军事行动都是不义的（尤其是直接针对平民和非军事目标的）行动，则是义务论的。超义务论则要求行动者不但履行分内的安全道德责任，更需要超额完成具有人类正义感的安全行动。如一个老年人从你身边路过时摔倒，你好心地扶起他，这时你已经尽到为人的怜悯性道德责任。可不仅如此，在发现他摔伤后，你又送他进医院并掏钱给其医治，这时你就已经履行了超义务论的安全健康责任，相当于前述的圣人之德即“安全美德”（但现代社会出现一些老人假摔、索要钱财的行为，这是典型的反道德行为）。又如，日常生活中的“正当防卫”或“紧急避险”，在法律上被视为正当的安全自保行为或公共安全保护的道德行为，而防卫过当或避险过度，则被视为不道德行为，要受到道德谴责或法律惩罚。

（3）美德论取向。美德论即某种至善论（perfectionism），即阐明做人应该具备的品格、品德或道德品质，告诉人们什么样的人是道德上的完人以及如何成为道德上的完人，亦称为德性论或品德论。康德认为“德性就是意志的一种道德力量”[③]。目的论与义务论分别强调行动的目的性与义务性，是关于人如何行事（doing）的伦理，以行动为中心；而至善论则强调如何做人（being），以行动者为中心，即强调最值得做什么样的人以及最值得过什么样的生活，认为道德最基本

① ［德］康德：《道德形而上学原理》，苗力田译，上海人民出版社1986年版，第42—46页。在本书开篇，康德就特别强调一种服务于道义履行的道德价值即“道德韧劲”，这是唯一道德上的美德，是一种内心强大、在履行义务时能够抵御外来诱惑或侵害的美德，康德称为“善良意志”。这表明康德主义是一种一元论或绝对主义伦理观。

② ［美］约翰·罗尔斯：《正义论》，何怀宏等译，中国社会科学出版社1988年版，第28页。

③ ［德］康德：《道德形而上学原理》，苗力田译，上海人民出版社1986年版，第3页（代序部分）。

的判断是人的品格标准，涉及生活的最高意义——“怎样生活才有意义”的终极关怀。苏格拉底曾经发问“我应该怎样地生活”，他自己以及柏拉图、亚里士多德都一致认为要“有德行地生活”（live virtuously）。苏格拉底、柏拉图认为只有正义的生活才是最值得过的。而亚里士多德则认为幸福的生活（德语eudaimonia即福祉，有人认为用well-being翻译比较合适，包含繁荣、幸福与快乐的意思），才是最值得过的。他认为，所谓（义务论中的）正当行为，是由美德来定义的。也就是说，是否符合美德要求，是判断行为正当性的“律令”。德谟克利特也认为，至善即最大幸福（物质幸福与精神幸福统一）。而康德意义的“至善”则被理解为“最高的善”“完满的善”，即德性及其与幸福的统一。中国也有学者认为，“好的生活”至少体现在两个基本方面：在主观上得到满足与客观目标价值的实现，两者缺一不可，能满足和实现此两者的事物就是人类善。[①]

亚里士多德还认为，美德是一种“中道”，尽管个人之间、社会之间有很多差异，但人类总有一些共性，如追求公平正义、诚实守信、自由幸福、安定和谐等（这也是伦理的基本原则）。正是这些共性原则的存在，使得人们相信某些美德是任何人在任何时代都需要的。即美德以共同的人性为基础。第二次世界大战后，美德伦理学的复兴几乎是对功利论、道义论的颠覆。[②]日常生活实践中的助人为乐、见义勇为、抢险救灾等即一种美德品质，如中国古语“老吾老以及人之老，幼吾幼以及人之幼”体现的也是一种美德。

二、社会伦理视野的安全伦理概述

“社会伦理”一词最初由社会学鼻祖孔德提出，他当时面对欧洲的混乱秩序和社会动荡，力图通过建立一种知识和信仰体系来重建社会秩序。孔德的格言就是：“爱、秩序、进步”，其中爱是原则，秩序是基础，进步是目标；[③]“爱”相当于孔子义务论的“仁爱”，或墨子义利合一论中的“兼爱”（《墨子·兼爱下》：“兼相爱，交相利”，即倡导互爱互助而不是互怨互损）。

社会是由人们在实践中互动结成的有机整体，因而社会伦理是一种人际交往中的公共伦理（区别于个体伦理）。公共伦理是一种应用伦理，涉及多个方面，如职业伦理、行政伦理、商业伦理、技术伦理、社会伦理等。如果从社会大系统角

---

① 程炼：《伦理学导论》，北京大学出版社2008年版，第213页。

② 20世纪50年代，西方主要英语国家的美德伦理学复兴，在很大程度上源于英国哲学家安斯康姆的名文《当代道德哲学》，后来的菲利帕·富特、阿拉斯代尔·麦金泰尔等都为美德伦理学做出贡献。参见程炼：《伦理学导论》，北京大学出版社2008年版，第192页。

③ ［法］A.孔德：《实证主义概观》，萧赣译，（长沙）商务印书馆1938年版，第165页。

度看，社会伦理则又包括经济伦理、政治伦理、文化制度伦理、社会交往伦理、生态环境伦理、科技伦理等。

社会伦理作为公共伦理，显然与个体伦理相区别，两者同时构成伦理学的两个方面。个体伦理是关于个人道德修身的学问，以“善”为核心；而社会伦理则是关于“治世”的学问，以“公正”为核心。[①]这实际上是将社会伦理视为一种社会大系统的伦理，即“公共伦理”。西方伦理学认为，“社会伦理”是关于社会（生活共同体）范围内道德行动及其规范理由的学问，讨论的是社会组织本身的行动以及个人对于所属社会组织的行动及其规范理由。[②]其实，社会伦理在本质上是关于社会结构尤其是社会阶层结构的伦理，反映的是社会公正问题，这必然涉及占有不同资源、机会的成员之间在权利、义务方面的平等问题。因此，有学者认为，社会伦理是以社会伦理关系为研究对象的，其核心就是“权利—义务”关系，以人的自由为目的，是关于社会和谐秩序及其实现条件即社会公正的伦理。这里，社会伦理的“权利—义务”核心与法学的“权利—义务”核心不同：前者以实然为基础，表现的是应然性的“权利—义务”关系；后者则是以国家意志为基础，以一定程序来表现实在化了的“权利—义务”关系。而且，前者是后者的价值合理性基础，也即伦理的权利—义务关系才是法律的价值指向和原则。[③]

照此说法，那么有关安全的社会伦理的核心就是“安全权利—安全义务”的应然关系。这与前述安全伦理的核心是“安全行动—安全道德”不矛盾，因为前者包含在后者当中，安全权利和义务必然要通过安全行动体现出安全道德来。也就是说，安全伦理不仅仅包括安全的社会伦理，还有安全的经济伦理、安全的政治伦理、安全的制度伦理、安全的科技伦理等应用安全伦理，它们围绕“安全行动—安全道德”这个大核心，分解为各自研究的小核心（如安全经济伦理的核心即“经济行动—经济道德”）。

观照上述分析，我们从中国传统社会伦理观的角度来简要考察安全伦理。中国儒家思想中的“仁、义、礼、智、信”这“五伦”，同样体现了道德层次律与三种伦理观：“仁者，爱人”，即助人为乐的至善论，体现“圣人之德”的“金律”法则；“义”指讲究道义、义气，体现义务论和“银律”法则；“礼”“智”体现礼尚往来、理性交往的功利论，是一种“铜律”法则；而“信”则指诚信为本，凡守德者

① 宋希仁主编：《社会伦理学》，山西出版集团山西人民出版社2007年版，第4—5页。

② 参见项退结编译：《西洋哲学大辞典》“社会伦理”条目，台湾编译馆1978年版，第336页。转引自宋希仁主编：《社会伦理学》，山西出版集团山西人民出版社2007年版，第5页脚注。

③ 宋希仁主编：《社会伦理学》，山西出版集团山西人民出版社2007年版，第1、4页。

必须以诚信为基础，“人无信，不可立”（《论语·颜渊》“民无信不立”），违反基本的诚信法则，则是反道德的“铁律”。[①]安全，是一种趋利避害的价值观；安全伦理，也可以视为一种至善伦理，同样涉及安全行动方面的不仁、不义、无礼、无智、无信等道德问题。

人类对于安全的追求，本质是对人性善的追求。在安全保障方面，表面上看，人际社会中的“不伤害（不威胁）别人”比“不被别人伤害（威胁）”更容易做到，但其实不然。因为这里涉及事实与道德价值的问题，可以对比分为四种情况：①“不伤人”比“不被伤”容易做到，这需要高尚的道德自觉（银律）。②“不被伤”比“不伤人”容易做到，这需要较强的自我安全保护意识和能力（铜律）。③“不伤人”与“不被伤”同等容易做到，这需要当事双方或多方信守安全规则和标准，或者履行安全道德责任（金律）。④“不伤人”与“不被伤”均不容易做到，这表明安全道德的伦理实践本身之难（铁律）。

举个例子：2008年“5·12”汶川震灾中，有两位中学老师的事迹在互联网上广泛传播：一位是某中学的年轻教师，大震来临时，他自己先跑出了教室，只顾自身安全而扔下学生、不管学生的生命安全，被网友称为“跑跑先生”。不仅如此，他后来在博客里还描述了自己的“跑跑”行为并宣称行为的“正当性”：“我从来不是一个勇于献身的人，只关心自己的生命，你们不知道吗？上次半夜火灾的时候我也逃得很快！……我是一个追求自由和公正的人，却不是先人后己勇于牺牲自我的人！在这种生死抉择的瞬间，只有为了我的女儿我才可能考虑牺牲自我，其他的人，哪怕是我的母亲，在这种情况下我也不会管的。”而同一震灾中，另一中学的一位中年老师张开双臂将四名学生紧紧护在身下，最终四名学生成功获救，他却壮烈牺牲。这被网友称为灾难袭来时难得的“壮举”。这两位老师表现出不同的道德水准：“跑跑先生”自保安全而不顾学生生命安全的行为，可视为道德“铜律”，即缺德、无德层次（行动上没有保护别人，但也没有伤害别人），是一种伦理利己主义；而在博客里宣扬自己的“跑跑”行为，并且在救母救女问题上有着次序的考虑，这就伤害了中华民族传统的普遍性社会道德风尚，因而受到社会严厉谴责，属于道德“铁律”层次，是不道德、反道德的，是一种恶德。“壮举老师”的“壮举”则是道德的最高层次，体现一种完全的利他主义安全行为，体现一种舍身救人的传统美德和至善，是道德“金律”，是“圣人之德”，因而得到社会褒扬和赞誉。

---

① 关于“仁、义、礼、智、信”更深入的当代伦理学解释，可参见颜青山：《挑战与回应：中国话语中死亡与垂死的德性之维》（第四章），湖南师范大学出版社2005年版，第133—183页。

从上述两位老师的安全行动看，道德具有相对的一面，即道德相对主义，“跑跑先生”的“铜律”层次在西方文明世界可能不会招致非议，他们也许会认为人之求生，理所当然（正当），但在中华大地，此行为必遭严厉谴责，而“壮举老师”的“壮举”在中西文明中可能都会受到褒扬，或者西方人会认为这是一种超义务的安全行为。进一步说，道德相对主义主要基于不同民族、不同社会文化心理、不同主体等，都具有不同的道德价值观。还有一种道德主观主义，认为道德因人而异，而并不具有普遍性或社会确定性的道德规范和要求，这几乎是一种极端化的道德相对主义。

下面，我们主要围绕社会伦理的基本原则来阐述安全的社会伦理，至于安全的其他应用伦理，可由安全伦理学单独成为学科后再加以研究。

第二节　安全诚信、安全责任、安全公正

人作为主体存在是自由的，主体之间的关系是平等的权利与义务的关系。[①]自由精神是人类理性的觉醒，是由前工业社会向工业社会过渡的新时代的向导。[②]自由、幸福（以及安全），理应是人的基本生存状态；但由于受到社会结构、社会制度和生存环境的制约，自由权利、幸福（安全地）生活的权利往往一定程度地遭遇侵蚀，因而在理性时代，对于自由、幸福（以及安全）的追求成为人的最高权利诉求和价值追求。但要实现这一诉求和追求，需要社会诚信、道德责任、社会公正这样一些次等原则作为保障。相比较而言，诚信是基本的内心伦理要求，公正是一种高端的社会伦理要求，而责任则是一种中间状态的行动伦理。

社会学的核心是社会结构。社会结构是指占有不同资源、机会的社会成员之间的组成方式与关系格局。因此，从社会学角度观察安全的社会伦理，主要是以社会行动主体为基础，围绕“安全行动—安全道德”的安全伦理之核心，着眼于社会诚信、社会责任、社会公正这些伦理原则，来观察他们的“安全权利—安全义务”，实质上就是通常意义的（安全）“社会公德”。这些社会行动主体包括：经济行动者（主要是企业及其企业主、商人、法人），政治行动者（主要是政府及其官员、普通管理者），社会文化行动者（包括日常实践中的个人、社区或公民社会组织等），科技行动者（科技专家和服务人员），普通公民个人。

---

① ［德］康德：《法的形而上学原理——权利的科学》，沈叔平译，商务印书馆1991年版，第36页。

② ［德］黑格尔：《历史哲学》，王造时译，生活·读书·新知三联书店1956年版，第458页。

一、安全诚信：安全的社会诚信

这里，我们着重结合伦理学和社会学的理论视角，阐述社会诚信的基本含义和类型、社会信任对安全的影响、安全诚信的基本要义等。

（一）社会诚信的基本含义和类型

诚信，即诚实和信任，两者略有区别。诚实（honesty），一般是指真实、真切、真诚、忠诚等意思，通常引申为道德情感和行动的真诚，体现为人的真实无妄的本然要求；在"真、善、美"三种伦理要素中，诚实是对客观事实的求"真"。信任（trust），一般是指人可以信赖、讲求信誉或信用（credit）等，是一种基本的道德规范，如"信守诺言"指实践中言行一致，所谓"言必信，行必果"（《论语·子路》）。"诚实""信任"经常合在一起使用，"诚"是道德之源、行为之本，"信"是道德的目标；在现代社会，诚信不但是指具有较高的道德情操和自律能力，也指遵纪守法的可信度。与诚信相反的言行有：欺骗、欺诈、撒谎、猜忌、怀疑、假冒、伪装、失实、失据等。除了主观道德要件，有时候信任还与行动者的能力条件、社会风险的可控性问题有关，即人类是否有理性和能力保障信任的实现。

不同伦理学上理论对诚信及其社会功能有不同的理解：从目的论角度看，诚信是行动达成目的的基本要求，即所谓"诚信为本"；从义务论角度看，诚信是为人办事的基本道义责任，所谓"人无信，不可立"；从德性论角度看，诚信是一种美德，即值得信赖的人往往得到社会的尊敬。在社会学上，社会诚信是指在人们交往实践中的一种内在自律的行为规范或机制，目的或后果在于维续社会秩序和安定，一般称为社会信任，属于社会规范范畴。人们长期交往则形成熟人社会，熟人社会产生人际信任（即一种社会资本），以至于有学者认为，从社会本体性生存出发，安全在本质上是个体或社会群体对他者行为可预期性程序的社会信任，体现社会互动基础上的一种主体间认知。[①]社会信任、社会资本具有维护社会团结和安定的功能（前面章节有所阐述），甚至可以说，社会信任是人际安全的社会基础，或者它本身就是人际安全。

社会信任从表现形式上看，可分为伦理信任与契约信任。[②]前者指人际交往中信守的道德约束或规范律令，即人际信任；后者指遵纪守法，或对一般契约、习俗、潜在规则等的遵守。也有学者指出，社会信任是从亲属逐渐走向家族外的熟

---

① 李格琴：《从社会学视角解读"安全"本质及启示》，《国外社会科学》2009年第3期。

② 颜烨：《转型中国社会资本生成条件和机制初探》，中共中央党校2002年硕士学位论文。

人和陌生人的；亲属、熟人间的信任称为“人格信任”（如同乡会、青红帮、黑手党等问题），而陌生人间的信任则是由货币系统和专家系统组成的“系统信任”（如货币、科举、学历社会、专家系统、科学的正负功能等）。[①]从内容上看，社会信任可分为交往信任、技术信任、商业信任、安全信任等。从其主体角度看，可分为体现公信力的组织信任（政府、企业等）与道德的个人信任（官员、企业主、商人、专家、普通公民等）。从主客观方面看，还可以分为主观信任与客观信任，前者一般涉及主体间相互信任的主观建构，后者一般是指客体或主体的客观要件方面是否可信（涉及客观能力条件是否达到要求）。从伦理角度看，还可以分为目的信任、道义信任、美德信任。当然，除了人际交往、各个领域中的信任之外，还有一种自我信任（相信自己的能力、道德等），这在安全心理有关内容中多有阐述。

（二）社会信任对安全的影响

在社会学上，整个社会信任与一般意义的社会诚信伦理有所不同，是一种实践性的人际关系伦理，对安全的影响是巨大的。马克斯·韦伯将信任的两个极端分别称为“特殊主义信任”和“普遍主义信任”，特殊信任在关系内部容易建立但有着难以克服的局限性，即越向外缘的普遍信任越难建立。[②]福山特别指出，只有当社会的“信任半径”突破了家族和熟人信任的圈子，扩展到普遍信任时，社会才会有更好的经济发展，也就是说，从熟人间的伦理信任（低信任社会）扩展到社会整体层面的契约法理信任时，社会信任水平才能得到普遍提高（高信任社会），[③]也才会确保民众的最大最佳安全。有学者甚至认为，“黑手党”“黑社会势力”的产生和盛行，原因在于政府不可信任，[④]即政府作为公共行动者，已经丧失正向暴力约束反向暴力的能力。按照吉登斯等人的说法，在现代社会，人的“本体性安全”缺失或下降，原因在于现代社会处于“时空抽离化”状态，货币、专家的理性系统打破了传统日常例行化的地方关系信任（即亲缘、地缘、宗教和传统习俗这四类信任）和稳定的生活预期，人们心理上的安定和信心逐渐衰退，安全感持续走低。[⑤]而且，专家之间、专家与官员之间、专家与民众之间也在技术及其

---

① Niklas Luhmann, *Trust and Power*, New York, 1997, pp50-51；郑也夫：《信任论》，中国广播电视出版社2001年版，第154—221页。

② ［德］马克斯·韦伯：《儒教与道教》，王容芬译，商务印书馆1995年版，第279—337页（结论和过渡研究部分）。

③ ［美］弗朗西斯·福山：《信任：社会美德与创造经济繁荣》，彭志华译，海南出版社2001年版。

④ ［英］迪戈·甘姆贝塔：《黑手党：不信任的代价》，《国外社会学》2000年第3期。

⑤ 参见［英］安东尼·吉登斯：《现代性与自我认同》，赵旭东、方文译，生活·读书·新知三联书店1998年版，第17—23、39—76页；［英］安东尼·吉登斯：《现代性的后果》，田禾译，译林出版社2000年版，第6—31、80—97、115—118页。

产品或服务的安全性方面争论不休，以至于现代社会存在诸多无法化解的风险，而且超越了人的理性控制，“人类生活在文明的火山口”。与此同时，社会随时都面临着一种“污名化”（stigmatization）的现象，[①]即一个群体给另一个群体贴上一种负面性“标签”和特征评价，体现出一种“社会排斥”。其结果一方面造成双方或多方的不信任，另一方面也会引发名誉权利安全的冲突。

社会诚信和社会规范严重缺失或规范冲突，都将影响人际社会安定。如中国在目前市场化转型时期，一方面，旧有规范如“名分”式的传统等级权威治理失效，而适应市场发展的民主平等、自由竞争的新规范没有成型，社会一度存在社会规范“真空”，或者旧规范与新规范相互冲突（尤其发生在新老代际之间），人们无所适从。另一方面，（如第六章所述）社会结构性失衡，导致资源机会过于集中在中上层，而广大中下层资源机会匮乏，社会保障等民生资源不足，消费水平却被上层社会拉高，基本生存与消费攀高的压力同时增大，人的“本体性安全”受到严重威胁。其结果是社会各层突破“道德底线”：享有既得利益的权贵阶层对各种资源包括异性身体资源进行独吞或炫耀性消费，而社会中下层一些成员为了获得生存资源机会，坑蒙拐骗、欺生杀熟、出卖人格乃至身体资源。总之，符合社会正向发展的主流社会规范呈现缺失或无序状态。

（三）安全信任的含义及安全信任伦理问题

所谓安全信任（这里指安全的社会信任），即指在社会互动实践中，人与人、人与社会（或组织）之间能够实现安全自保和安全互保的伦理行为，行动者应该通过履行安全义务，保障自身或他人的安全权利。下面着重谈谈几大行动主体的安全信任伦理问题。

1. 政府的安全信任。就是政府要通过行政行为或规章制度，制定或执行安全法律法规，履行安全义务，确保民众（或社会或某领域）的安全权利，使得民众在心理和事实上认同政府在安全行为方面值得信任。官员则是政府安全行为及其安全信任的具体执行者和承载者。政府及其官员保障民众的安全，而不仅仅是为完成任务、达到计划目标而兑现安全承诺的目的信任，更重要的是，要体现出一种安全道义信任（依法依规践行安全道义）、安全美德信任（民众最大安全价值），政府有这样的安全诚信能力。对于安全事件或事故，应该且必须客观如实地向社会发布相关信息，而不能遮掩、搪塞。

---

① “社会污名化”概念最初由德国著名社会学家诺贝特·埃利亚斯提出。他认为，污名化就是一个群体将人性的低劣强加在另一个群体之上并加以维持的动态过程（引自杨善华主编：《当代西方社会学理论》，北京大学出版社1999年版，第336页），它是将群体的偏向负面的特征刻板印象化，并不断传染给整个社会。

2. 企业及其企业主的安全信任。这是指企业及其企业主的生产经营行为及其产品或服务，对于内部员工、外部的顾客或消费者来说具有较大的安全性，且员工、顾客或消费者能够放心地劳动和消费使用产品，不存在被伤害的风险。但在社会转型时期，出现了一些企业及其企业主的经济理性（谋利经济）超越安全信任的道德缺损现象，他们不仅不履行安全责任这个“铜律”（即仅具有经济功利目的，而缺乏安全保障的道义），而且为获暴利，处处施行反安全道德的“铁律”，如违规违法生产经营、坑蒙拐骗、生产销售假冒伪劣产品等，根本不顾及内部员工、外部顾客或消费者的生命安危。这是典型的主观性安全不信任问题，违反了“以义取利”的伦理规则。

3. 专家的安全信任。专家的安全信任比较复杂，一般分为主观安全信任与客观安全信任。专家的主观安全信任，是一种安全道德问题，指一些专家在自身利益同工程技术或产品或服务的安全风险之间的道德抉择意识和行为。有的专家为了个人私利而有意忽视处理，不考虑工程技术项目及其产品或服务中存在的安全风险，导致安全事故，这就是伦理意义的安全信任问题，专家没有或有意忽略行动的安全义务，导致侵害他人的安全权利。而专家系统的客观安全信任，则是指对于某一专业技术领域的某种专业技术及其产品或服务，专家是否有能力有信心去把握和解决其中存在的安全风险的问题。如果无法把握和解决，则是客观上超越了专家理性，因而会产生客观性不安全信任问题，也就是专家本身不自信（这在第五章已有提及），即专家专业能力理性的局限所致。

4. 普通公民层面的安全信任。随着专业知识日益普遍化，专业技术也从科技的神秘化走向社会的世俗化，人人都成为安全信任的一分子。人们信任现代科技，但却不了解它，尽管允许去了解它。[①]如过去驾驶车辆需要专业司机演变为现今人人都是司机，过去就医需要专业医生演变为现今人人都是医生，这里面就蕴藏着客观性的安全信任风险。又如，信息社会初期也是一个“匿名社会”。互联网的匿名性，在揭露社会腐败、促进社会民主方面有一定正功能，但也不能依赖匿名。因为总体上说，匿名容易导致人与人之间的不信任，引发人身攻击行为，对他人的人格声誉甚至生命安全造成威胁。

安全信任具有较强的社会功能。安全信任通常是行动主体的自身德性，对于外部社会评价来讲，会产生一种“安全信誉”。行动主体有着好的安全信誉，就是一种安全美德，则会受到尊敬，也会保持与相关利益者的持续合作和互利。

---

① Niklas Luhmann, *Trust and Power*, John Wiley & Sons, New York, 1997, pp50-51.

安全信誉丧失（或者在社会上体现不安全信誉），必然招致自身存在和发展的风险。所以从不同主体看，信任对于政府而言，则指威信和公信力，是立国之本。在重大安全问题上民众不信任，则会招致民众对政府的不信任，失去民心和执政的社会基础。对于企业或其他组织而言，则为立业之本。很显然，市场化进程的企业，其生产或销售流通的产品、商品，以及售后服务的安全性差，其安全信誉立马丧失，也就面临破产倒闭的命运。对于个人，则是立身之本。安全诚信过低，则社会交往失败，个人晋升晋级的资源机会以及家庭、事业的发展前景将逐渐丧失。

安全信任可以进行水平测度，这应该属于前述的安全理性范畴。这方面的实践探索如职业劳动领域开展的安全诚信制度建设（包括安全承诺、安全诚信考核管理、安全"黑名单"、安全诚信档案、安全诚信度通告与预警、安全诚信监督等制度体系等），以及某些行业内部的安全诚信网站和曝光台等建设，相关理论研究探索也不少。[①]这类水平测度往往通过一些主观或客观指标，进行综合测评，然后对同类型行动主体的安全诚信水平进行比较；通过比较，主体的安全社会信誉将呈现出高低不同的信任水平。目前这些评价多体现为义务论，即是否符合规范和法律法规的安全诚信，也就是说，安全道德诚信是从法理层面进行实践性约束的。

二、安全责任：安全的社会责任

责任，本身也是一种伦理要求。如何界定社会责任，各学科都有自己的看法；要说如何界定安全的社会责任，我们还是要回到伦理学和社会学上来。这里，主要探讨以下几个方面。

（一）责任、社会责任的基本含义及类型

责任，在英文里，对应的有responsibility、liability、duty、blame、obligation等词，与信任、义务、责备、担当、志愿等含义相关联。也就是说，责任里包含一种信任、一种道义担当，即内在地包含着权利与义务，是介于信任与正义中间的一种伦理原则。其基本含义就是，行动者应当做某些事情或不应当做某些事情。包含三个方面：一是分内应做的事，是一种角色的义务要求；二是特定的人对特定事

① 研究文献如谢建民：《安全与诚信》，《安全与健康》2005年第2期；皮台田、张安祥：《安全生产诚信评价管理实践与探索》，《中国安全生产科学技术》2008年第6期；程根银、翁翼飞等：《基于企业安全生产诚信制度体系探讨与研究》，《2010（沈阳）国家安全科学与技术学术研讨会论文集》；伊茂庆：《食品安全诚信体系建设初探》，《中国工商管理研究》2012年第2期。

项的发生、发展、变化及其成果负有积极的助长义务；三是因没有做好分内的事情或没有履行助长义务而应承担的不利后果或强制性义务，[①]如违约责任、侵权责任。从这个层面看，责任主要是一种义务论的伦理要求，即按照某种规范行事的职责义务要求。但是否可以从目的论、美德论角度解析呢？

从功利主义目的论角度看，责任必是着眼于善的目的，促使行动者对自我利益或所辖范围的集体利益负责。在康德那里，"责任"是一个中心概念，他认为：责任由于尊重规律而产生行为的必要性；责任是一切道德价值的泉源；道德行为不能出于爱好，只能出于责任。[②]从美德论角度看，即一种完全的、至高的美德要求，行动者不仅要尽分内职责，更要担当维护和促进社会公平正义的责任。马克斯·韦伯将伦理界分为"责任伦理"与"信念伦理"。[③]表面上看，"责任伦理"有些类似于康德的"有条件命令宣示"（须考虑行为的结果），但在韦伯那里，责任伦理却是康德意义的"无条件命令宣示"，[④]其作为道德原则，关注的不仅仅是行动目的的事实关联，而且是承担行动后果的价值关联，而"信念伦理"在韦伯那里，意味着坚持某种信念（"盯住信念之火"），以至于行动"只能如此"，让上帝去负责后果。由此可见，韦伯意义的"责任伦理"兼具目的论与美德论的双重伦理，而其"信念伦理"仅仅类似于一种行为合规的义务伦理。正义论者罗尔斯曾经提出"自然义务""分外义务"与"职责之分"，[⑤]分别指称角色之内应该承担的分内职责和角色之外应该承担的道义，后者即人之为人的人格、人性和良知，所谓"勿以恶小而为之，勿以善小而不为"。

从社会大系统角度看，责任大体可以分为经济责任、政治责任、社会责任、道德责任等；从具体实践工作角度看，责任分类很多，如岗位责任、管理责任、法律责任、技术责任、环保责任、安全责任等；从主体界分，可分为组织责任（政府、企业、家庭等集体责任）与个人责任（官员、专家、公民等）。康德则将责任主体与程度组合起来，把责任分为四种：对自己的完全责任、对他人的完全责任、对自己的不完全责任、对他人的不完全责任。[⑥]

目前社会科学对"社会责任"（social responsibility）尤其对企业社会责任多

---

① 引自张文显：《法理学》，高等教育出版社、北京大学出版社1999年版，第120页。

② ［德］康德：《道德形而上学原理》，苗力田译，上海人民出版社1986年版，第6—7页（代序部分）、第48页。

③ ［德］马克斯·韦伯：《学术与政治》，冯克利译，生活·读书·新知三联书店1998年版，代译序、第107—108页。

④ "有条件命令宣示"与"无条件命令宣示"，可参见郑保华主编：《康德文集》，改革出版社1997年版。

⑤ ［美］约翰·罗尔斯：《正义论》，何怀宏、何包钢、廖申白译，中国社会科学出版社1988年版，第106—112、425—426页。

⑥ ［德］康德：《道德形而上学原理》，苗力田译，上海人民出版社1986年版，第9页（代序部分）。

有研究。[1]社会责任实际上是对极端自由主义的反叛，是对组织或个人行为的一种伦理道德约束。从经济学角度看，经济行动者在考虑传统意义的经济技术价值的同时，还要考虑社会成本和自身收益；且社会责任成本是具有经济收益的，因为它能够保障组织自身的持续性存在和发展（当然，经济学内部如米尔顿·弗里德曼是反企业社会责任学说的）。从社会学、伦理学角度看，社会责任是指行动者在社会系统中存在着一定的社会价值和社会角色义务，其行动通过实现对社会应负责任而与社会系统保持恰当的平衡协调和相互依存；通常是指其在自身权利的基础上，承担高于自身行动目标的社会义务；这些义务的总体目标就是要维护社会公平正义，促进社会繁荣进步，实现社会可持续发展，即社会责任始终伴随着社会正义原则。

从主体看，有政府社会责任、企业社会责任、公民社会责任等。从内容上看，社会责任可分三个层面：①广义的社会责任，主要包括经济发展责任、政治稳定责任、社会公益责任、消费权益责任、科技进步责任、文化传承责任、道德诚信责任、法律遵守责任、社会示范责任。②中义的社会责任，即除去经济发展责任以外的社会责任（非经济类）。③狭义的社会责任，即除去经济、政治等责任之外的其他社会责任，尤其包括社会诚信守法责任、社会民生责任（衣食住行用）、社会公共服务责任、社会持续发展责任。

（二）安全责任的基本含义及类型

安全责任，说到底是一种社会责任，由于安全是社会的必需公共品，因而安全责任即指行动者基于安全权利的基础，应当且必须承担保障和维护人的安全的道德伦理。从安全责任主体看，可分为政府的安全责任、企业或其他组织的安全责任、公民的安全责任、官员的安全责任、专家的安全责任、企业主的安全责任、管理者的安全责任等。从角色的职责义务看，安全责任同样可以分为分内安全责任与分外安全责任。前者是一种职责范围内的工作目标要求，即在职责内应当且必须承担维护和保障人的安全的义务，如岗位安全责任；后者是指角色之外的人之为人应尽的义务，如救死扶伤、见义勇为、抢险救灾等则是一种道德高尚的社会责任，这种责任源于人的正义感、信任感和同情感。从内容看，安全责任

---

① 社会责任理论始于新闻业，成熟于经济学领域。据互联网资料信息，社会责任的思想出现于20世纪20年代。1923年，美国报纸主编协会制定《报业法规》，提出报纸的责任问题。1924年，美国报纸主编协会主席C.约斯特著《新闻学原理》一书，指出报业要对社会“负责”，并认为在必要的情况下，可以运用法律限制出版自由。第二次世界大战结束不久，美国芝加哥大学校长R.M.哈钦斯主持的“新闻自由委员会”经过调查，发表了《自由与负责的报刊》《新闻自由：原则的纲要》等调查报告，运用了“社会责任论”这一概念。1953年，霍华德·R.鲍恩出版《商人的社会责任》一书，使得企业社会责任的概念开始流行，此后对企业社会责任的研究如火如荼。

诸如职责内的安全监督责任、安全管理责任、技术安全责任、作业安全责任，以及道义上的避险安全责任、救助安全责任等。从安全事故或事件发生前后看，可分为事前安全责任（前瞻预测）、事中安全责任（应急处置）、事后安全责任（补救赔偿）。当然，还涉及代内安全责任（夫妻相扶、兄弟相惜等）、代际安全责任（长辈养育晚辈、晚辈赡养长辈）、阶层之间安全责任（不同阶层成员之间的安全互保责任）等。

在社会实践中，一般对政府、企业等组织以及工作人员职责范围内的安全责任强调得比较多，而且形成一系列规章制度和执行机制，如"安全责任制""安全责任状（书）""安全问责制""安全事故一票否决制""安全责任违约（违法违章或侵权）惩处制""安全道德风尚奖"等。从道义或美德角度看，针对不同主体应该有不同的安全责任要求，如对于政府来讲，安全的人本性、人民性，是其最高的安全道德价值追求，即始终以保障和维护人民的安全为第一位（如有美国罗斯福总统怒将有毒食品"掷出窗外"之说）。对于企业来讲，就应该始终坚持"安全第一，生产（经营）第二"的安全责任理念，维护和保障内部员工安全，同时，其技术、产品或服务及生产经营行为不应该对顾客或消费者、周边环境和居民造成安全威胁和危害（如一些"豆腐渣"建筑工程，不但不能抗震，而且存在自然坍塌等安全隐患）。对于专家来讲，就应该本着求真务实的态度，积极主动、客观公正地履行专业的安全责任。对于普通公民来讲，就应该本着诚实、平等、和谐的理念，信守不随意伤害（威胁）别人的安全责任伦理，强化内心的安全责任自律。

（三）安全责任实践存在的问题

安全，是理性可控的，而有意不控制，是不道德的。社会实践中，除了因为缺乏安全信任伦理外，还存在这样几种安全责任问题（包括法理角度）。

1. 安全责任制度缺失，责任主体不明。实践中，安全责任覆盖领域往往存在"盲区"，如中国媒体曝光的违法回收、加工、销售和使用"地沟油"、毒面粉、毒辣椒、毒麻椒，以及家居装饰产品的毒性和有害性等，滥用工业性添加剂生产毒奶粉等事件，说明相关行业缺乏有效安全监管责任制，也没有明确的安全责任主体。这种责任缺失的原因：一方面在于科层性体制僵硬，应对突发性事件时"失灵"；另一方面在于相关部门或主体相互推卸安全责任，表面上看是推卸安全法律责任和义务，实质是安全道德责任和义务缺失。这种无人监管和处置的所谓"安全死角"，实际是人为造成的安全责任分散（即如第四章所指的谁也不负责任）。

2. 利益驱动挑战安全责任伦理。行动者对安全责任置若罔闻，一度存在“对己无利则不作为”“对己有利则乱作为”的现象。贝克在《解毒剂》（*Gegengifte*）一书中提出“有组织地不负责任”（organized irresponsibility）概念。他指出，公司、政策制定者和专家结成的联盟制造了当代社会中的危险，然后又建立一套话语来推卸责任。这样一来，他们就把自己制造的危险转化为某种“风险”。“有组织地不负责任”这一概念，用来回答这样的问题：“现代社会的制度为什么和如何必须承认潜在的实际灾难，但同时否定它们的存在，掩盖其产生的原因，取消补偿或控制。”这具体体现在两个方面：一方面是现代社会的制度尽管高度发达，几乎覆盖人类活动的各个领域，但仍然无法有效应对不确定性风险，难以承担起事前预防和事后解决的责任；另一方面是就人类环境来说，无法准确界定环境破坏的跨世纪性责任主体，今天的治理主体反而利用法律和科学作为辩护之利器而进行“有组织地不承担真正责任”的活动。[①]

3. 安全责任扭曲或安全道德责任过于宽容。一方面，一些行动主体滥用安全责任与惩罚机制，也就是前面章节所指的安全（责任）理性过度使用，使得安全责任机制实施的结果是不安全的。另一方面，道德宽容滥用，一些行动主体无条件地宽容安全道德的缺损。[②]最高的安全价值就是正义地保障人的生命安全，保证社会行动者的相互安全。很显然，无条件宽容本身是不负责任的、冷漠的，是另一种“有组织地不负责任”的表现。在监管缺失的初级市场化条件下，一些地方纵容企业违规违法生产经营，给民众造成损害后，却不对企业进行任何惩处。

三、安全公正：安全的社会公正

社会公正内在地包含着社会公平、正义、平等，是一种高端伦理原则。正是由于人与人之间的社会结构性不平等的存在，社会公正即成为确保人类自由、幸福的重要原则，也是保障人的安全权利的最高伦理导向。缺乏公正，社会无法和谐，民众生活不安，所谓“不患寡而患不均，不患贫而患不安”。

（一）对正义、公正、公平、平等的简要辨析

这四个互为关联的词语，内涵有所不同，但基本伦理精神要义具有一致性，是对人际社会的结构性问题的反映。从柏拉图、亚里士多德、康德到当今的罗尔

① 杨雪冬：《风险社会理论述评》，《国家行政学院学报》2005年第1期。

② 程炼：《伦理学导论》，北京大学出版社2008年版，第56—67页。

斯等大师，都对四者有着各自的界定。中国学界也有多种区分和说法。[①]这里不妨尝试绘制一个关联图来加以说明（见图7-1）。

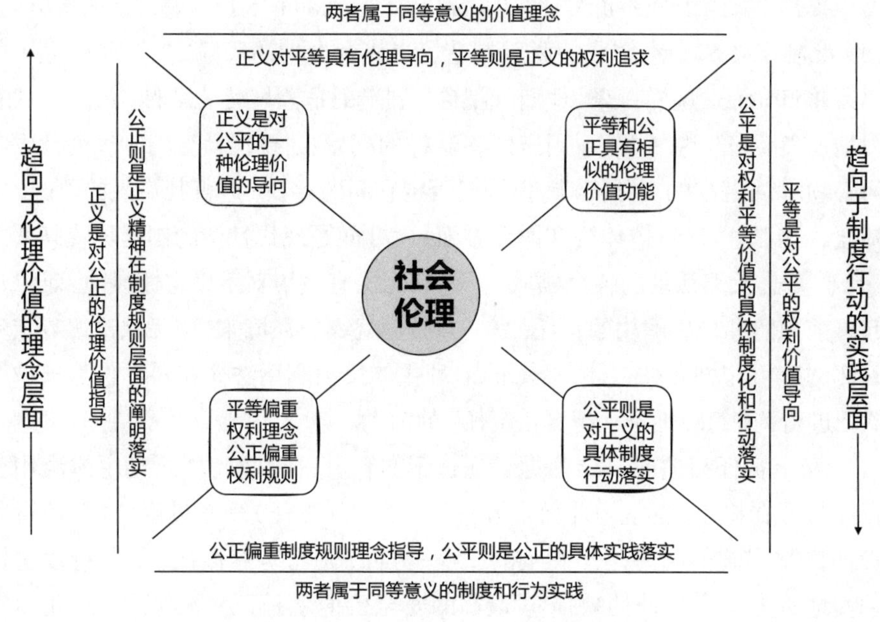

图7-1　正义、公正、公平、平等的关联

1. 正义，英文justice，包含正直、义气、公道（合乎道义）的意思，所谓“正利而为谓之事，正义而为谓之行”（《荀子·正名》）、“苟非正义，则谓之奸邪”（《诸子集成》）、“君子喻于义，小人喻于利”（《论语·里仁》）。可见，正义与邪恶相对，中国古人常常放在“义利观”层面进行考虑，因而“正义”一词更具有伦理指向，是一种基本的行为价值观，应该说是公正、公平、平等的最高伦理精神指标。罗尔斯就认为，作为公平的正义，是社会制度的首要价值，正像真理是思想体系的首要价值一样。[②]亚里士多德则从广义上认为，正义不是德性的一部分，而是整个德性。[③]此外，正义与正当（right）是两个不同的概念，正义即道义担当的价值理念，正当仅指符合某种规范的伦理行为。

① 这方面研究比较多。如中国学者吴忠民：《关于公正、公平、平等的差异之辨析》，《中共中央党校学报》2003年第4期；洋龙：《平等与公平、正义、公正之比较》，《文史哲》2004年第4期；王桂艳：《正义、公正、公平辨析》，《南开学报（哲学社会科学版）》2006年第2期；刘晓靖：《公平、公正、正义、平等辨析》，《郑州大学学报（哲学社会科学版）》2009年第1期；周庆国：《论公平、公正、正义与平等的相互关系》，《南昌航空大学学报》2009年第2期。

② ［美］约翰·罗尔斯：《正义论》，何怀宏、何包钢、廖申白译，中国社会科学出版社1988年版，第1页。

③ ［古希腊］亚里士多德：《尼各马科伦理学》，苗力田译，载《亚里士多德全集（第八卷）》，中国人民大学出版社1992年版，第97页。

2. 公正，英文impartiality/fairness/justice，包含公共、正直，或者公平、正义的意义（但与正义、公平有所不同），《辞源》里解释为“不偏私，正直”；公正往往体现在具有一定权威的行动者的决策决断等行动（即办事）及社会制度、社会规则中（政治制度层面），也可以是对“为人”品格的评价。亚里士多德说：“应该按照各自的价值分配才是公正……公正就是某种比例。”这种比例既包括自由的比例也包括财富的比例（即应得所得、应奖得奖、应罚得罚）[①]。因此，社会应该强调差别对待，否则是不公正的。

3. 公平，英文fairness，包含公共、平均，或者公正、平均的意思，即一要“公”二要“平”。它可以用来评价一个人的“为人”品格，但更多地体现在公共组织及其权威者的决策、决断行动中。即主要是依靠或制定一套合理规则，在相关成员中合理配置资源、机会，几乎就是对公正、平等的现实性“兑现”，因此其功能有“公则天下平矣。平得于公”之说（《吕氏春秋·贵公》）；公平可以分为绝对公平（无差别的平等，结果是绝对平均）与相对公平（有差别的平等，结果是相对平均）。[②]

4. 平等，英文equality，有相同、同等的意思，所谓“人生而平等”“人人平等”（等同性）。平等有自然平等与社会平等之分，包括利益平等，更主要的是指人的权利、地位、身份等的平等；平等与正义一样，是一种价值理念，需要通过公正、公平加以落实，平等是公正、公平的前提条件和要求，其政治色彩比较强。

5. 从区别看，除了正义，其他三者均体现在程序（或形式）、实质，以及机会、过程、结果之中。四者均可以指称为一种理念和价值，但相对而言，正义、平等更指向理念和原则层面，公正、公平更偏重于实践层面。正义、平等可以是对个人也可以是对组织的一种评价（为人或组织是否正义、是否公正）；但公正、公平主要是对公共组织的评价（有时候也评价“为人”），往往体现为一种决策（政策）、决断的行为（即办事），在制度和规则以及行为结果中体现较多。也就是说，正义、平等相当于高端理念层面，公平相当于实践层面，而公正则介于两者之间，弥合价值理念、制度和行动的实践，因而公正常常成为社会伦理研究的重要议题。

---

① ［古希腊］亚里士多德：《尼各马科伦理学》，苗力田译，载《亚里士多德全集（第八卷）》，中国人民大学出版社1992年版，第100页。

② 从“条件—过程—结果”的环节看，“公平”可排列组合为8种理念模式：起点公平—过程公平—结果公平；起点公平—过程公平—结果不公平；起点公平—过程不公平—结果公平；起点公平—过程不公平—结果不公平；起点不公平—过程公平—结果公平；起点不公平—过程公平—结果不公平；起点不公平—过程不公平—结果公平；起点不公平—过程不公平—结果不公平。

(二)社会公正的基本含义、理论流派和原则要求

社会公正(social justice)的最基本含义是通过社会制度安排确保社会成员应得所得、[1]各得其所、各司其职、奖惩分明,所谓"各美其美,美人之美,美美与共,天下大同"。[2]也就是说,关于"社会"的公正问题,必然要通过组织及其权威性决策,对其所覆盖的全体社会成员进行经济、社会、政治、文化等资源、机会的合理安排(程序公正)和实际配置(实质公正)。从不同角度看,它大体上包括制度公正(即制定制度与执行制度都必须公正)、代内公正、代际公正、性别公正、社会阶层公正等,其中制度公正、社会阶层公正是社会和谐的重要基石,是国家制度的首要价值。

社会公正研究历久弥新。印度经济学家阿马蒂亚·森将社会公正理论流派归纳为两大类(功利主义与自由主义),[3]加上罗尔斯的正义论和平均主义,应有四大流派:①以边沁、马歇尔和庇古等人为代表的功利主义认为,公正的原则依赖于效用(utilitiy),其评价标准是社会中个人福利总和的大小,即在一个体现社会公正的社会中,其效用总和为最大,而在一个不公正的社会中,其效用总和明显低于应该达到的水平。②自由至上主义的代表如诺齐克和哈耶克等人则认为,财产权等各项权利具有绝对优先的地位,人们行使这些权利而享有"权益";所谓社会公正不过是幻想而已,作为社会评判标准的唯一有价值的则是法治意义的程序正义(类似于规则功利主义或行为正当论)。③社会正义论者罗尔斯认为,"所有的社会基本善——自由和机会、收入和财富及自尊的基础——都应被平等地分配,除非对一些或所有社会基本善的一种不平等分配有利于最不利者"。为此,他设计了两条正义伦理原则。一是平等的自由原则(即平等原则),目的是保障每个人都平等地享有最广泛的基本自由和权利;二是差别原则,即主张收入和财富的分配都必须适合于"最少受惠者"的最大利益(社会分配在个人之间的差异以不损害社会中境况最差的人的利益为原则,而且地位和职务应向所有人开放,即补偿原则和机会平等开放原则)。[4]④绝对平均主义理想认为人人应该绝对平等,平均分配资源和机会,不应该有所差别,不应该有阶级、

---

① 参考[古希腊]亚里士多德:《尼各马科伦理学》,苗力田译,载《亚里士多德全集(第八卷)》,中国人民大学出版社1992年版,第100页;吴忠民:《社会公正论》,山东人民出版社2004年版,第42页。

② 此言初见费孝通:《缺席的对话——人的研究在中国——个人的经历》,《读书》1990年第4期(费先生1990年八十寿辰"东亚社会研究"研讨会发言)。

③ 参考[印]阿马蒂亚·森:《以自由看待发展》,中国人民大学出版社2002年版,第46—84页。

④ [美]约翰·罗尔斯:《正义论》,何怀宏、何包钢、廖申白译,中国社会科学出版社1988年版,第12、56—57、292页。

家庭、区域、民族、能力、代际乃至性别的差异性结果。它忽视人的能力大小、自然差别等客观因素，其结果必然是不公平的。也就是说，绝对公平本身是一种“伪公平”。

从社会学角度看，社会结构分为很多方面、很多子结构，其根本性问题是资源、机会在社会成员中的配置是否均衡、平等。因而，社会结构是社会公正的首要议题；①社会公正则是对社会结构性差异和不平等的回应和修复，因而需要本着平等、自由、合作的理念依据进行制度安排和实际配置。一般来说，社会公正涉及三个依次递进的层面：一是基本公共利益和服务的均等化；二是基于效率原则的市场化竞争和民主平等竞争；三是实现社会至善、社会进步、社会和谐的目标。因而，有学者指出，实质性社会公正要本着四种原则：社会成员基本权利的保证、机会平等、按照贡献进行分配、社会调剂（社会再分配）。②

（三）安全公正的基本含义和基本类型

安全公正（这里指安全的社会公正），即指社会通过对资源、机会公正合理的制度安排和实际配置，确保社会成员的安全权利。这里，可以按程序公正与实质公正两大类继续细分。安全的程序公正即安全的制度公正，主要是指保障社会成员安全的各种制度制定和执行必须公正，包括安全法律制度公正、安全保障制度公正、安全监控制度公正等，这是伦理规则的法理实践。参照中国学者对程序公正的研究，③我们认为，安全制度公正需要遵循一些基本原则、体现一些特征：①普遍受惠。指相关的安全制度制定和执行须覆盖全体成员，保障全体成员的安全权利、权益。②自由平等。安全制度制定和执行须尊重人的差异，体现人的尊严和价值，确保人的全面自由和平等发展。③参与合作。安全制度制定和执行须有全体成员或代表的民主参与合作，能够反映全体成员的共同安全价值和意愿，而不是某个集团的单方意志。④严格共守。安全制度制定和执行须奖惩分明、严格执行、共同遵守、没有偏袒。⑤科学创新。安全制度制定和执行须有系统性、逻辑性、科学性，而且需要随着安全的社会实践发展不断加以修正。

安全的实质公正即安全公正的内容或结果，本质是社会成员的安全权利公正。安全是人的一种基本权利和权益，即第一章所指人之安全内在三维方面的权利和权益，涉及外在的相关资源、机会及其对人的安全保障的实际公正配置结果。安全权利公正主要体现在以下承载基体：①人口性安全公正。这里主要是

---

① John Rawls, *Political Liberalism*, Columbia University Press, New York, 1996, pp257-258, 270-271.

② 吴忠民：《社会公正论》，山东人民出版社2004年版，第32—36页。

③ 吴忠民：《社会公正论》，山东人民出版社2004年版，第1—16、224—231页。

指人口的自然结构即年龄结构和性别结构意义的安全公正，是安全公正的基础部分。包括：性别的安全公正、代内安全公正、代际安全公正，分别指两性之间、同一代人之间、上下两代人之间，在生存发展的资源机会、安全权利权益方面的公正合理配置。②空间性安全公正。这是安全公正的空间载体，主要是指城乡之间、城市之间、区域（东、中、西部）之间的社会成员在生存发展的资源机会、安全权利权益方面的公正合理配置。③组织性安全公正。这是安全公正的组织载体，主要是指政府—企业—社会组织三者之间，在生存发展的资源机会、安全权利权益方面的公正合理配置。④福利性安全公正。这是指安全资源机会的分配公正（福利保障公正），主要包括保障社会成员安全生存发展的就业、收入分配和消费（及其比例关系）、社会保障、住房、教育、医疗、科技文化等民生资源机会的公正配置，即这些资源机会在社会成员中的均衡合理的公正配置。⑤阶层性安全公正。这是安全公正的核心部分，是前述四类安全公正的综合反映，即指基于各类社会阶层成员承担不同社会角色、具有不同社会身份、居于不同社会地位，通过制度安排，使得安全资源机会、安全权利权益在不同阶层成员间实现公正配置，避免上下阶层差距过大以及强势阶层对弱势阶层的剥夺等，实现“同工同权，同命同安”，保障社会各阶层成员体面尊严、安全健康、自由幸福、平等和谐。

（四）现代社会中安全公正存在的主要问题

进入工业社会、风险社会，安全公正常常因社会结构性不平等的影响而出现诸多问题。结合上述程序性和实质性安全公正看，大体有以下几类：①安全制度公正缺乏安全民主和公共性。[①]目前有些安全工程项目、安全资源机会配置仅仅是由官员和专家进行决策，在具体安全问题处置方面也是政府单方面内部调查处理，安全治理力量过于单一，民众的广泛参与合作和听证有待加强。②安全资源机会配置存在过度的结构性差异。安全公正同样尊重安全差异，但人为地制造过度的安全不平等，则影响安全公正发展。③在“政治经济权力—专家知识权威—底层主体权利”的安全结构体系中，现代社会风险的个体化以及底层主体的安全权利意识淡薄和弱化，同既得利益联盟主宰和操控安全决策及事故事件处置的话语和实际结果形成强烈反差，这样安全公正伦理无从显现和实现。

① 中国学者有的从布洛维的“公共社会学”视角研究安全的公共性问题，如郭于华：《透视转基因：一项社会人类学视角的探索》，《中国社会科学》2004年第5期；吕方：《新公共性：食品安全作为一个社会学议题》，《东北大学学报（社会科学版）》2010年第2期。

第三节　安全主义的界定及其理念性类型

大凡“主义”者，必是一种主张、理论学说或思想体系，也含有马克斯·韦伯所指的人对事物赋予一种“主观意义”的意思（即从主观意图、个人行动的角度去探讨社会的理解，称为诠释社会学），或者将一种主张、思想学说强加于社会所有事物，这就是一种极端主义。我们结合实践层面对安全主义进行社会伦理的理念性思考和分类。

所谓“安全主义”，是一种关于安全的思想意识和理性，大体可以理解为：关于将人类对安全的追求视为所有社会行动或社会事务的第一因素的思想观念和学说主张。“安全第一，生产第二”“安全第一，经济第二”等观念，就是这种安全主义理性的具体体现。这种思想主张有时候遍布整个社会，而且受到各种社会学说的影响和支撑，因而也可以分为几种对立而关联的思想形态。大体可以分为以下几对理念性类型。

一、主观安全主义—客观安全主义

前者主要是从唯心的、形而上学的思想方法角度看待安全问题，即从主观感情、愿望、意志出发，从狭隘的个人经验或本本出发，采取孤立、静止、片面的观点去看待安全问题，难免脱离安全发展实际。相反，后者则从客观实际出发，依循安全存在和发展的内在规律去看待安全问题，力图理论联系实际。

二、相对安全主义—绝对安全主义

前者认为安全是相对的，只有最大化的安全而没有绝对的安全，因而能够客观理性地对待安全行动，是一种“最大化（最佳化）安全主义”，也是一种客观安全主义；而后者则将安全绝对化，追求绝对安全，而且将此理念强行推广，也可以视为一种极端安全主义理性，这难免造成工作失误、行为失当，甚至导致新的风险和不安全，现实中的过度安全监控理性即此种形态。就个人而言，在生活中过于谨慎，即表现出一种“自我心理的极端安全主义”，或第五章所指的“安全强迫症”。

三、理想安全主义—现实安全主义

前者往往对人的安全行动、安全价值充满主观理想色彩，认为时时、事事、处处都要确保绝对安全，这是不可能的，因为只有最大化安全；后者则是基于安全存在和发展的客观现实，理智对待安全，是一种客观安全主义，但这种现实安全主义也容易滑向强权政治的安全主义泥淖，即“强权安全主义”（政府或官员单方面的安全意志）。这里涉及“安全”与“自由”的关系。比如，需要注意的是，“行为监控”与“人身监禁”是两个不同的概念。行为监控是通过一定手段和措施，理性地对安全行动者的行为进行监视，力图使之回到安全行为的轨道上来，保障自我安全和不伤害他人的安全，也就是通过确保人的相对自由来取得人之安全。人身监禁则是对人身的全部监控和拘禁，是一种使之失去人身自由的强制行为，包括“合法监禁”与“非法监禁”。合法监禁是指对违法犯罪者的监控；非法监禁是对合法公民的非法人身拘禁和监控。

总之，在风险社会的实践中，人们对安全主义的思想认识始终存在左、中、右多种思潮。“左”的方面，更强调主观的绝对安全主义的监控管理，“右”的方面，更强调主观的、绝对自由的安全主义监控管理，“中”的方面则和现实持有折中的方案，强调相对客观的安全主义。究竟采取何种安全实践方案，均应进行伦理的反思和追问。

第八章

安全系统：安全的社会系统

系统是一种宏观层面的事物，是在内部不同要素或组成部分相互联系、相互作用、相互统一基础上形成的有机整体，是一种规则化的秩序或格局。从社会结构论角度看，社会系统具有统领性和指导性，统领和指导内部诸种要素及其有机联系；从个体方法论角度看，社会系统是内部不同要素其中主要是行动者通过理性、习俗或传统互动等而形成不同的社会结构，不同结构最后聚合为一个有机体。因而社会系统是由很多社会子系统和具体小系统构成的；安全是一种社会需求，也是一种社会现象，本身也是社会大系统中一个不可或缺的具体小系统，即安全系统，它也同样内在地包含各个安全子系统。安全社会学需要从社会系统角度研究安全系统。

第一节　社会系统论与安全系统概述

按照沃特斯的说法，系统表现为一种统领性的秩序功能，其理论的核心问题则是一个社会如何以一种凝聚的、内部整合的方式实现维续。他在概括系统的主要特征时认为：系统具有整体性的自我指导能力，且有能力确保重新控制、整合或平衡各种要素，具有统领性的功能；系统作为一个整体，不能被还原为其各组成部分的总和，特别是不能还原为个体成员的行为。系统论关注的是公民社会、宗教、政治系统和复杂组织之类的大规模社会现象的结构，而不是人际互动和小群体行为（这一点与结构论大有不同）。沃特斯把涂尔干的功能主义、马林诺夫斯基心理化的社会、拉德克利夫-布朗的物化社会、帕森斯结构功能主义、亚历山大的新功能主义、哈贝马斯的沟通行动论都纳入其中进行分析。像涂尔干、马林诺夫斯基都普遍地将宗教视为社会系统整合的重要因素，而帕森斯及其后来者都基本认同行动及其背后的理性和非理性以及互动基础上的结构，是社会系统的重要因素。[①]

涂尔干功能主义的系统论主要包括两个基本概念：社会事实和社会团结（社会凝聚力）。参照涂尔干的观点，人的安全除了自我安全的一面，同样具有“社会事实”的一面：[②]既外在于个体又约束个体，并且普遍渗透于社会系统；人的安全这种“社会事实”，既源于社会群体及其环境，又满足社会系统的需要，因为系统的平衡协调需要人的安全。安全“事实”不仅具有社会凝聚的功能，也同样受制于社会凝聚力的构成，尤其在相互依存关系不断强化的现代有机社会，更需要发展和创建安全机制和安全系统。

马林诺夫斯基的关键贡献在于指出了系统组织的三个方面：心理的、集体制度性（社会）的，以及符号性、整合性的（文化的）。[③]由此说，人的安全问题同样具有安全的心理性、安全的社会性、安全的文化性因素和特征。

如前面有关章节的阐述，帕森斯最早在社会学领域引入系统的概念，始终关注行动系统，并用行动的概念把个体系统和社会系统融合到一个相互并联的单一模式中。他认为一个行动系统的最低条件是：行动者依循动机来适应情境；行动者之间存在一套稳定的相互期待；行动者之间就正在发生的事具有一套共享的意义。[④]从这个意义上说，安全主体的行动也需要考虑安全动机并要适应情境（安全需要）；安全主体之间也存在一套固定的相互安全期待（安全角色承担）；主体之间也有一套共享的意义和安全标准、规则（安全共识）。帕森斯晚期的结构—功能论重在分析社会系统内部的经济、政治、信用（规范）、社会共同体各子系统的关系，认为四个子系统对应四项基本功能：经济系统执行适应（adapt）环境的功能，政治系统执行目标达成（goal）功能，社会系统（小社会概念，生活共同体）执行整合（integrate）功能，文化系统执行模式维护（last）功能。他认为，这是一个整体的、均衡的、自我调解和相互支持的系统，结构内的各部分都对整体发挥作用；同时，通过不断地分化与整合，它们维持整体的动态的均衡秩序。[⑤]从此观点出发，安全系统其实就是由内在的安全经济系统、安全政治

---

① ［澳］马尔科姆·沃特斯：《现代社会学理论（第2版）》，杨善华等译，华夏出版社2000年版，第140—143页。

② 涂尔干之“社会事实”包括外在于个体、约束个体、普遍渗透于社会这三个方面。他把受共同意志支配指导、同质性强的社会称为机械团结社会，而把为了共同生存而相互依赖、相互作用且异质性强的社会称为有机团结社会。这两种社会与道德密度有关。［澳］马尔科姆·沃特斯：《现代社会学理论（第2版）》，杨善华等译，华夏出版社2000年版，第143—149页。

③ ［澳］马尔科姆·沃特斯：《现代社会学理论（第2版）》，杨善华等译，华夏出版社2000年版，第151页。

④ ［澳］马尔科姆·沃特斯：《现代社会学理论（第2版）》，杨善华等译，华夏出版社2000年版，第153—162页。

⑤ ［澳］马尔科姆·沃特斯：《现代社会学理论（第2版）》，杨善华等译，华夏出版社2000年版，第153—162页。

系统、安全社会系统、安全文化系统四大子系统构成的，而且它们分别执行不同的安全功能，才能形成一个协调、均衡、不断分化整合的安全系统整体，践行和遵守一定规则而达致良性的安全秩序。

后来，亚历山大着重从其所谓“新功能主义”单维性—二元论—多维性、规范论—观念论、工具论—物质论的角度，对涂尔干、马克思、韦伯、帕森斯等系统论进行了整合。哈贝马斯则将自己的沟通论与帕森斯的系统论重新整合起来，认为：经济（货币）、政治（权力、司法）起着制导作用，是一种“策略性行动”，属于系统整合（即集合体或部分之间的交换性上的交互性）；而信用（承诺）、社会共同体（影响）分属于生活世界的私人领域和公共领域，起着沟通行动的作用，属于社会整合（即行动者之间理解上的交互性）；[①]现代社会是策略性行动凌驾于沟通行动之上、系统侵蚀和“殖民化”了的生活世界，因而和平主义、绿色主义、种族主义等，总要抵抗系统的支配和殖民。[②]从这个意义上说，追求现代社会的安全经济系统、安全政治系统、安全社会系统、安全文化系统的协调平衡，仍是时代的主题。

在中国安全科学界，刘潜等人也先后提出“安全系统”的概念。他们认为，人类对安全的认识，先后经历自发安全认识、局部安全认识、系统安全认识、安全系统认识阶段。作为中国“安全系统学派”，他们认为，“安全系统”与“系统安全”不同：系统安全是关注某一个领域的“全面安全”（比局部或个别部分的安全认识要进一步），其中的“安全”是安全的外延（有些甚至是隐喻意义的），而不是安全本身，是一种静态的安全认识论；而安全系统则是将安全本身视为一个科学的独立系统，内在地包含着“人”“物”“事”（行动目的的实现方式：人与人的、人与物、物与物的方法方式）这三种要素，同时加上第四个因素即“动态系统”（三要素形成彼此两两匹配的互补自组织系统：人—物、人—事、物—事），最终形成“人—物—事—系统”的“三要素四因素”系统原理。在他们看来，安全系统是安全科学的核心内容；安全科学包括安全观（安全哲学）、安全学、安全

---

① “系统整合”与“社会整合”概念最早应是吉登斯的老师洛克伍德1964年在其一篇文章里提出的，但吉登斯不承认是洛克伍德的贡献。参见［澳］马尔科姆·沃特斯：《现代社会学理论（第2版）》，杨善华等译，华夏出版社2000年版，第114、122页；又见［美］戴维·洛克伍德：《社会整合与系统整合》，李康译自David Lockwood，“Social integration and system integration”，From G. Zollschan, Explorations in Social Change. Routledge and kegan Paul,1964.http://www.sociologyol.org/yanjiubankuai/fenleisuoyin/shehuixuelilun/2008-01-13/4377.html。

② ［澳］马尔科姆·沃特斯：《现代社会学理论（第2版）》，杨善华等译，华夏出版社2000年版，第162—178页。

工程学、安全工程这四个层次。①

实际上，这是从哲学层面的宇宙世界观角度来界定安全系统，涉及人与自然、人与社会、自然与社会的关系，内在地包含着安全物质（安全实践）—安全意识（安全认识）的辩证关系，如安全科技研发、安全价值文化观念（即安全意识或认识论层面的），安全工程实践、安全生产活动和物质投入等（即安全物质或实践层面的）。这更多的是涉及安全工程科技领域，有其道理，但与人际互动的社会性安全系统尚有不同。

比如，关于职业安全系统的内在构成，安全科学工程学界一般是将生产经营从业过程中影响从业者身心安全健康的负面因素归结为危险性人员（自己和相关他人）、危险性物质（机器设备或自然有害物）、危险性环境（主要是生产作业的自然环境）三大方面。如果要理性地控制这些危险因素，最主要的就是考虑工程技术和卫生保护、员工心理行为、组织管理和标准这三种直接内在的要素。但仅有这三种内在要素还不足以完全确保从业者的安全，还需要考虑外在的、宏观层面的经济物质和市场理性、政治和法律制度、社会文化和伦理这三大要素。三大外在要素在一定程度上直接或间接影响三大内在要素，然后共同影响从业者的安全（见图8-1）。这里要注意，“因素”一般是指引起事件的因子变量，而

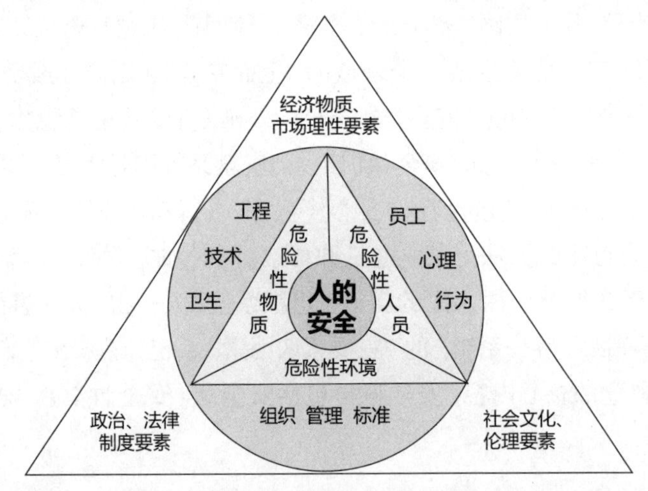

图8-1　生产经营从业者安全的影响因素（要素）及其构成关系

① 刘潜、徐德蜀：《安全科学技术也是第一生产力（第三部分）》，《中国安全科学学报》1992年第3期；袁化临、刘潜：《从系统安全到安全系统——安全工程专业技术人员应具备的知识结构和思维方法》，载（台）《工业安全卫生月刊》2000年第136期（10月号）；刘潜：《源头之水——论述安全系统思想的形成》，载中国职业安全健康协会编：《中国百名专家论安全》，煤炭工业出版社2008年版；刘潜：《安全“三要素四因素”系统原理与综合科学的基本特征》，载中国科协学会学术部编：《发展中的公共安全科技：问题与思考》（新观点新学说学术沙龙文集15），中国科学技术出版社2008年版。

“要素”往往是指事物正常运行的必要条件和因素，是事物的本质组成部分，有时也是对事件产生正负影响的因素。

从帕森斯的社会学观点看，安全既具有普遍性，即普遍地渗透到人类社会实践，也具有专门性，即存在专事安全管控的部门或机构。如第一章所言，人成其为主体的社会大系统，是相对于大自然而言的。按照帕森斯的观点，社会大系统包含经济、政治、社会、文化四种构成要素，它们相互联系、相互作用，形成有机整体；而且，这四大子系统又分别自组织为子系统，各自又内在地包含着这四种构成要素和AGIL四大功能，形成层层包含。因而，从社会学的大社会系统论出发，安全系统是安全的社会系统，是社会大系统中的具体小系统，同样内在地包含着安全的经济要素、安全的政治要素、安全的社会要素、安全的文化要素四大部分。四种要素同样各自形成安全经济系统、安全政治系统、安全社会系统、安全文化系统，且它们相互作用、相互联系，形成安全社会大系统；同一安全系统本身也有一个平衡—不平衡—新平衡的过程。

这些子系统又具体地包含很多方面（见图8–2和第三章）。从结构功能主义角度看，任何系统内部都存在一定的结构，结构决定功能，功能反作用于结构。图中的纵向部分标识经济、政治系统，主要涉及系统中三大主体之政府、市场（企业）的力量，执行安全策略行动和安全系统整合；横向部分则表示社会、文化系统，主要涉及系统中三大主体之社会力量（有时与文化合起来称为社会文

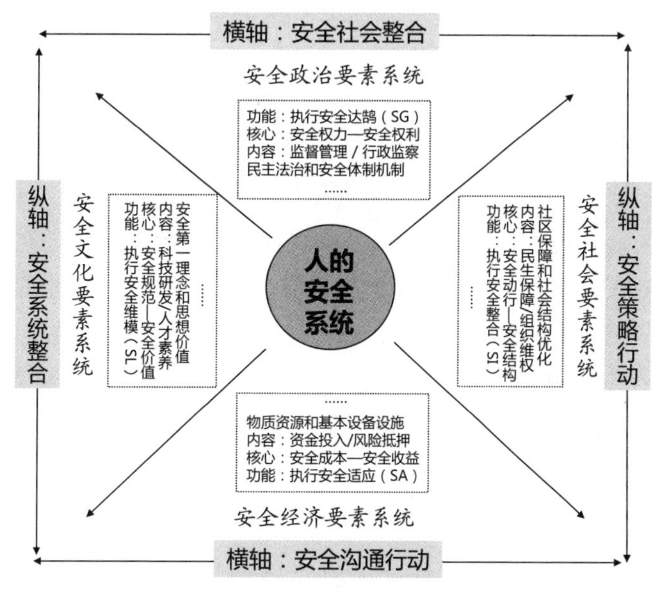

图8–2　（人的）安全系统的内在构成（要素与子系统）

化），执行安全沟通行动和安全社会整合。①安全经济系统执行安全适应（SA）功能，核心是安全成本—安全收益，物力财力投入和保障、设备设施等是其主要内容。②安全政治系统执行安全达鹄（SG）功能，核心是安全权力—安全权利，或者包括安全权利—安全义务，民主法治、监管及其体制机制等是其主要内容。③安全社会系统执行安全整合（SI）功能，核心是安全行动—安全结构，民生保障、社会结构优化合理、社区共同体保障、组织性安全维权等都是其内容。④安全文化系统执行安全维模（SL）功能，核心是安全规范—安全价值，有关安全的科技研发、人才素养、习俗制度、规范标准、理念价值等都是其内容。

第二节　现代社会具体的小安全系统

人生活在具体的社会小系统里，尽管安全系统比较宏观，但仍然不能否定××系统安全的存在。这些具体系统内的安全同样内在地包含着安全经济、安全政治、安全社会、安全文化这四种构成要素，同样执行SA、SG、SI、SL功能，换句话说，就是××系统里的安全系统。

从个人—社会关系看，人之安全的社会系统可分为两大部分：个人自我安全系统与公共互动安全系统。前者可简称为个体安全系统，后者可简称为公共安全系统。这两个系统是彼此关联的，因为个体安全本身受到社会系统中多种因素的影响，公共安全系统影响个体安全的存在和发展，同时，个体处于不安全状态，同样会给公共互动安全制造很多麻烦。

一、个人自我安全系统

个人自我安全系统，主要是指行动者个人与生俱来或者后天实践过程中内在身心安全体验及其有机构成。如第一章所指的具体包括生命安全、心理安全、权利安全的内在三维。从社会心理学角度看，个人自我安全控制机制在于：当外在环境不顺、社会动荡的时候，人们可以通过调适自我心理以适应，达到以静制动；当个体心理情绪烦躁不安的时候，人们可以借助外力干预和疏导。此可谓“环境—心理的制衡定律”，不失为一种权宜策略。[①]

（一）生命安全系统

一般包括身体安全、行为安全等，主要是指：肉身安全健康，免疫力强，没

① 颜烨：《高血压：转型社会患上结构病》，《中国教育报（理论版）》2010年6月21日。

有大的疾患，也不受临时性意外伤害；自身的行为处于自己能够控制和把握的状态，不会出现有意识地伤害肉身的心理倾向或行为，如自戕性行为，或者出现一些怪异行为。其安全结构性要素包括：自我心理—自我行为—医生（含心理医生）或身边他人。其安全理性控制机制即生理—心理—行为控制，具体有心理控制、道德抑制、行为自我监视、医药控制、外人提醒等，主要是软控制、自律控制等。其目的是要最大化地构建达致“安全生命系统”。

（二）心理安全系统

一般包括心态安全、精神安全等，主要是指：行动者个人在有无外界或内心体验的刺激下，情绪维续得较为稳定，没有大起大落，心态平衡协调，达致“宠辱不惊，去留无意”的安宁境界；生理性的神经系统功能正常，精神愉悦、状况良好，遇有意外情况，不会出现过度急躁、烦闷、忧伤、萎靡、紧张、焦虑、恐慌、恍惚、失眠、健忘等劣势心理和消极心理，或癫痫等精神疾患。其安全结构性要素与安全理性控制机制，同生命安全系统大体相同。其目的是要最大化地达致“安全心理系统”。

（三）权利安全系统

这是指除生命健康安全权利之外的个人权利安全，一般与个体外界互动而生成。如第一章所指，从权利安全的层次看，可分为生存权、发展权和享有权的三类安全。从公民权利安全内容看，可分为民事权利、政治权利、社会权利的安全。[①]具体地说有：生存安全、产权安全、身份安全、声望安全、价值安全、隐私安全等，即人身权利、财产权利、知识产权、言论自由、宗教信仰、理念价值、思想意识、个人合法隐私和信息等基本人权不受侵害，社会身份地位稳固或得到应有升迁，尊严受到尊重，政治参与等民主政治权利不被剥夺。衣、食、住、行、用，以及教育、科技、文体娱乐、医疗卫生等基本民生权利得到保障，即业有所就、劳有所得、住有所居、学有所教、病有所医、老有所养、玩有所乐、行有所通。

由于这些个人基本权利与外界社会环境密切相关，因而涉及个我—他人、个我—社会、个我—自然的结构性关系，涉及社会系统中政府、市场、社会三大主体力量的结构性关系（这三者是个我基本权利的供应者、维护者、受诉者）。个我权利安全保障机制涉及政治（知情、表达、参与、监督）、经济（供给、补偿、制裁等）、法律（申诉）、心理行为自律（自我保护）、社会组织（维权）等。其目的就是

---

① 三大公民基本权利可参见：Thomas Humphrey Marshall, *Citizenship and Social Class and Other Essays*, Cambridge University Press, 1950.中译文参见［英］T.H.马歇尔：《公民权与社会阶级》，刘继同译，《国外社会学》2003年第1期。

要最大化地构建“安全权利系统”。

二、公共互动安全系统

公共互动安全系统，即以“人的安全”为中心，因人际互动而形成的公共领域的安全系统，也就是对人的生命安全、心理安全、权利安全产生影响的互动安全系统。即如第一章所言，是人之安全外在三维（事/物、环境、系统）。至于外延性或隐喻意义的公共安全，如文物安全、教学安全、土地安全等，都不在本研究之列。从行动者的目标、结果和外在环境的维度看，这里的公共安全系统一般包括（从微观、中观到宏观层面）直接人际互动安全、行事活动安全、生活消费安全、公共环境安全等或者更为具体的系统；每一小系统都具有不同的要素及其结构和控制机制。

（一）涉及人际互动的具体安全系统

这里主要是指由人与人之间直接的情感性交流互动而产生的安全系统，具体也有很多小系统（此类直接交流未必是面对面的，也包括通过电话、互联网等进行长期或短期信息交往的这样一种虚化的人际互动）。这里例举五个突出的具体安全系统。

1. 社交安全系统。即日常的情感交往行动者在长期或短期进行直接互动时，彼此信任，没有情感欺诈、人身威胁、心理仇恨和性侵犯等不安全因素侵蚀。系统内的主要构成要素是：单对或多个行动者（家人、亲戚、同学、同事、其他朋友）、信息及其载体、情感、行动等。最大化地达到“安全交往”的控制方式和机制主要是依靠个人心理契约、伦理信任、道德习俗等内在非正式的自律和他律，也包括外在强制性的法律、行政、经济等硬控制。

2. 婚恋安全系统。婚恋是一种情感性交往的社会事实。婚恋安全系统是一种特殊的社交安全系统，一种狭义上的情感安全系统（包括三大方面即爱情、亲情、友情），是马斯洛意义的第三层次需要——爱的需要之一种。它通常是指婚恋双方交往中彼此信任而不猜疑、关系和谐而不冲突或破裂，组建或拟建的生活共同体比较稳定的一种状态。从系统内部的成员构成看，它存在于严格意义的二人世界（有的社会里可能不仅仅局限于二人世界），但又涉及家庭成员和其他相关的亲密他人。如果涉及一对多、多对一、多对多等婚外情、情外情的情感问题，对于一夫一妻制的社会来说，这可能就是婚恋不安全。最大化地构建“安全婚恋系统”，主要涉及社会伦理、习俗等因素和控制机制，当然也涉及经济的、法律的或政治的控制手段。尤其在现代社会，人的理性化（物质化和身份地位等）对于婚恋安全的维系显得越来越重要。中国人有所谓“爱情与事业双丰收才是完满人生”的说法，这表明婚恋不顺畅或者婚恋关系破裂，都会负面地影响人生格局，导致个我身体和精神的不安全，以致个体“小家庭”影响社会“大家庭”的安定。

3. 家庭安全系统。家庭是人生的“避风港”，是人之安全存在和发展必不可少的首属群体（或初级群体交往圈）。所谓家庭安全系统，即指家庭成员关系和睦融洽，成员没有重大疾患，拥有家庭住房，财富财产充裕，劳动分工、资源机会分配合理，其同样是一种亲密的社交安全系统。不同形式的家庭由不同的成员构成，但以主干家庭来看，一般包括祖父祖母、夫妻、儿女等主要成员，也还有其他成员。中国传统社会旧有的“三纲五常”中的严格等级规定，是家庭安全的内在控制机制；现代社会则要求家内平权，夫妻平等，打破传统家长制模式。无论传统的家长专制模式，还是现代平权模式，都有一定的安全功能，即能够保障成员的相对稳定。家庭安全对人的安全的正面作用是显而易见的，至少能予人一种心理上的最大满足。要最大化地达致“安全家庭系统”，同样涉及经济的、法律的或政治的、社会共同体的、文化习俗的要素及其构成、控制机制。在一定程度上，生活幸福感是家庭安全感的源泉。

4. 群体安全系统。主要是指在社会群体尤其是正式群体（组织）内部，行动者没有过大的工作和交往压力，成员间无欺诈、威胁或人际冲突，是一种社会性（人际间）的安全系统。尤其在正式组织内部，涉及经济、政治、社会、文化的资源机会分配公平和民主平等，这不但对于成员，且对于整个群体的安全都至关重要。因为组织内部成员是基于资源机会拥有不同而呈现出结构分层：除外面的服务对象（客户）外，内部有管理层、专业（服务）层、底层工作人员等；在一定程度上，群体公平感是群体安全感的基础。最大化地构建“安全群体系统”，对于正式组织内部而言，安全控制方式须实行正式强制性的奖惩制度、行政管理、民主评价、经济制裁、法律控制，辅以软性的习俗制约、道德自律等手段，而在松散的非正式群体内部（尤其是互联网虚拟群体），成员基于平等交往，主要依靠舆论制约、良心自觉、道德自律、习俗文化等软控制，辅以法律、经济、行政等外在手段。

5. 性的安全系统。这里主要涉及性主体及其性交往、性行为，以及性的社会规定。性安全主要涉及性交往安全、性行为安全、性权利安全几个方面。日常生活中主要有以下几种性不安全现象：婚外性行为、性强暴、性疾病及传播。在法定一夫一妻制的社会里，夫妻之间任何一方与第三者发生性行为，在法理上均是对配偶的性权利的侵犯(有些学者认为,夫妻配对名存实亡的时候,这种婚外性行为应算是一种对性自由权的追求);性强暴即强迫性对象的性意愿进行奸污,是对对方性权利安全的严重侵害,必须法律惩处;性疾病及传播,是性主体的性安全知识缺乏、性安全行为不当所致;性行为导致的意外怀孕,则是双方性意愿与性行为相悖的结果。总之,性安全系统的构建,取决于性主体的生理行为、心理愿望和需求以及性的社会规定三个维度的相洽性及其程度。

(二)涉及行事活动的具体安全系统

这里主要是指在具体的社会生产实践、职业劳动、作业操作、经济社会活动(包括旅游等)中,行动者不受意外伤害和侵害的安全系统。我们例举六个问题突出系统进行简单分析。

1. 劳动安全系统。主要是指劳动者在职业生产劳动过程中不受事故伤害和威胁的安全系统,包括从事高危行业的地下采掘业(采矿挖煤)、高空和高温作业、危险化学品行业、建筑施工等领域,是就业安全系统之一种(另一种是指就业有保障、安全稳妥)。从安全科学角度看,劳动安全系统涉及人—物—事—系统"三要素四因素",即两两协调或整体协同才会达致"安全劳动系统"(中国即所谓"安全生产系统")。从社会系统论角度看,它涉及宏观层面的政府—市场—社会(工会、社会组织等)三种主体力量的协调和均衡,涉及官员—(生产经营单位或企业)企业主或管理者—专业技术人员—员工这几大阶层行动者之间的关系协调,涉及经济—政治—社会—文化四种要素性资源机会在不同阶层成员之间的分配合理性。最大化地构建"安全劳动系统"所需要的安全控制手段,涉及外在强制性的安全法律和规章制度、行政监察监管、规范标准、经济奖惩、社会组织维权等因素,也涉及行动者内在软性的安全自觉、安全心理、安全文化、社会公平实践等。

2. 交通安全系统。这里主要是指交通系统在运行过程中,不出现乘客伤亡事故。至于行车是否正点、售票是否有序等则不属于本研究范畴,尽管它们有时候也被称为交通安全,但实际是交通正常有序问题,不是本研究的内容。从交通工具归属看,有公共交通工具、私营交通工具、家庭交通工具,但无论何种交通工具,都离不开安全科学所指的"三要素四因素":人—车/路—行驶—交通系统。从社会系统论角度看,涉及宏观层面的政府—市场—社会,即政府供路(公共产品)、收费(路费和油费)、监控交通安全规范等,企业生产、销售、运营车辆(飞机),运营企业和社会民众出行;更涉及官员(路的规划者、收费者、监控者)—运营公司管理者—专业技术人员(驾驶员、飞行员)—乘客(私家车主既是乘客也是驾驶员）四大阶层。最大化地构建“安全交通系统”，除了必要的法律法规和规范执行外，更需要在这些社会结构方面尤其是利益关系方面进行优化调整，否则交通安全事故仍将是世界各类事故中的头号杀手。

3. 消防安全系统。火灾既发生在生产劳动过程中，也容易发生在办公、生活领域，基本上是人为活动造成的事故（自燃火灾较少）。很多国家和地区，都建有完善的预防和消灭火灾事故的安全系统，包括政府主管部门、专门应急救援部门（消防部门）、火灾事故当事单位、普通居民等主体因素。火灾发生的原因很多，涉及工程设计、制度、管理、文化习俗、法律、人的行为等，同时也涉及利益关系，因而最大化地构建“安全消防系统”，仍然要从宏观层面的政府—当事单位—社会、微观层面的官员—当事者单位负责人—专家—居民或公众这样的结构性视角找原因、抓调整，重点是依法依规监控和管理、行为自律。

4. 交易安全系统。主要涉及经济领域中物—物交换、物—货币—物交换、货币—货币交换等活动的安全诚信问题，即交易系统中不存在给个人权利带来负面影响的钱财欺诈、假冒伪劣等不安全因素和现象（如“市场陷阱”“价格陷阱”）。其主要因素涉及行政官员、金融机构或企业或网站管理者、交易双方或多方行动者、货物或金融载体（货币、黄金或证券）、交易场所（实体物理交易机构、虚拟交易网）、区域、交易信息等；在现代社会，要最大化地构建“安全交易系统”，尤其跨国、跨地区贸易，其安全控制涉及硬强制性的法律法规及其治理、规章制度、安全协议与合同等。

5. 信息安全系统。现代社会的信息通常包括实体化信息与虚拟化信息，前者往往是指依靠可见有形的载体进行记录、传输、管理和使用的信息，后者往往是指依靠不可见的数字化技术、互联网络等记录、传输、管理和使用的信息。信息也可以分为公开信息与秘密信息，比如公开发表的书面文字和图像、数字化技术生成的音像等，都是公开信息，而密码、暗号等都是秘密信息。如第三章所指，信息安全主要是指信息在生产、传输、交换、管理和使用等过程中，不被非法篡改、涂抹和非法侵占密码等。在现代社会，最容易被侵犯的是涉及个人人身和财产安全以及组织安全的虚拟符码化信息（包括军事秘密），同时公开的实体化信息如知识信息也有可能被抄袭和剽窃，即知识产权保护问题。信息安全系统的主要社会因素涉及政府、法律、专业技术、正当权利等客体，也涉及信息发布者、信息中介、信息受体，以及官员、商人、专业技术人员、非法入侵者（如网络黑客）等主体。

6. 医疗安全系统。即行医者的医疗行为不存在误诊、不存在无意或有意的伤害；主要涉及医疗机构及其管理者、行医者、患者及其亲友等行动主体。医疗安全同行医者的专业技术水平、责任心、个人道德均有关系。目前在一些国家和地区，医疗事故比较多见，医患关系比较紧张。

（三）涉及消费物品的具体安全系统

这里主要是指人们的消费物品不含有对人体造成毒害或危险的不安全因素（即“安全陷阱”）。消费安全系统涉及消费品的生产、流通、销售、消费几个环节，前三个环节都有可能使消费品变得不安全。最大化地构建“安全消费系统”依赖于消费者正当维权行动、依法治理、行政监察、经济制裁等硬性强制控制手段，也有赖于生产者、销售者、专业技术人员乃至公务人员的道德良心、社会责任等。这里例举三个突出的方面。

1. 食品安全系统。指食品本身不含对人体有害的因素，如食品新鲜而不腐烂变质，或不含工业添加剂，或食品添加剂不超出规定标准，等等。至于转基因食品安全风险，尚无定论。从社会系统论看，它主要涉及批准食品生产和销售、食品安全监察的政府部门及其官员，食品企业及企业主、销售企业及其商人，普通消费者，社会组织（如消费者协会），食品科学专家（专业技术人员）。其中，官、商之间乃至官、商、学之间容易形成利益联盟，而消费者同生产销售商人之间、同官商同盟之间容易产生利益对冲。社会中产阶级带动食品安全维权是至关重要的，他们连同政府、社会组织等，是最大化地构建“安全食品系统”的重要力量。

2. 药品安全系统。即医用药品不含有毒物质或超标因素等，与上述的医疗行为安全有所差异。从社会系统论看，它同样涉及批准药品生产和销售、对医疗和药品安全监察的政府部门及其官员，医院和诊所、药品经销企业，普通患者，医药类专业技术人员或专家。在医疗卫生系统不完善的地区或国家，假药制、售现象比较突出，属于消费领域的安全问题。

3. 用品安全系统。指家庭生活或工作中的日常用品、家具、住房装修建筑材料、压力容器等不含有对人体造成毒害或危险的不安全因素。其内在构成及其利益关系与食品安全系统大体类似。但与食品安全系统不同的是，这方面消费者的消费纠纷、申诉案件比较少，说明用品的潜在危害因素（如服饰、建筑、装修材料等隐含的甲醛或辐射等）难以被消费者察觉，因此隐藏着更大的安全风险。这需要专家系统、政府系统带动消费者进行安全维权，中产阶层消费者应该成为消费安全维权的主力军。

（四）涉及公共环境的具体安全系统

公共环境安全涉及的内容比较多，主要是指公共环境中不存在或少有对人的安全造成威胁、毒害和危险的因素，包括自然环境、生态环境、社会环境的具体安全系统。其中，自然环境安全包括自然安全、资源安全等；生态环境安全与纯粹的自然环境安全不同，一般是指人类改造过的自然，也可以延伸为改造过的社会，包括自然生态安全、环境卫生安全、社区安全、城市安全、人口安全等；社会（大概念）环境安全包括经济安全、政治安全、社会（生活共同体）安全、文化安全、国家安全等。这里，我们从宏观、中观到微观层面举出11个比较普遍的例子。

1. 国家安全系统。国家是一个集合性行动者，国家安全具有综合性。传统国家安全观一般认为，国家安全是国家利益的核心，国家安全的核心是主权安全，根本是政治安全，重要内容是领土和国家尊严安全，维护国家安全的主要手段是军事防卫、军事威慑和军事打击。而非传统安全观则认为，虽然国家安全是国家利益的核心，但国家安全不仅仅指主权安全、政治安全、军事安全、领土和国家尊严安全，也包括国家经济安全、国家文化安全、生态环境安全、社会安全（如种族冲突、恐怖袭击等）、制度安全等。维护和保障国家安全的手段不再仅仅是军事手段或对峙，更主要的是通过国际组织或双边多边或第三方出面协调、谈判、斡旋、调停等方式，实现国家之间的合作共处、互利共赢等，新安全观已经摆脱曾经存在的“战争—和平”非此即彼的两极思维或意识形态冲突。这里，我们主要是指国家如何保障和维护核心意义的“国民安全”（人的安全），同样要涉及国际组织，最主要的是国家内部的外交、政治、经济、国防、军事、文化和意识形态、社会民意、领导人及其意志力等方面的要素，还涉及全球化、世界格局变迁的影响，涉及强势力—弱势力、全球化—国家性等关系结构，因而国家安全系统研究有其独特性（不是后来“总体国家安全观”的国家安全）。将“国家”这一行动者进行“人格化”，同样可以沿着安全社会学的“国家安全行动—国家安全理性—国家安全结构—国家安全系统”分析链条，考察国家在保障“国民安全”方面的社会学规律和特征。[①]

2. 经济安全系统。“经济安全”与“安全经济要素”不是同一个意思：前者是指社会系统中经济子系统的安全，即经济稳定持续增长和发展，经济系统内部协调平衡，经济结构变迁对（人的）安全系统有一定的影响；而后者则是指社会系统中具体安全系统的经济要素，即相当于安全经济投入和物质支撑等。这里，我们强调的经济安全系统，主要是指经济系统中对人的安全的影响，比如经济增

① 颜烨：《安全社会学》第十八章“当代国家安全问题的风险社会理论解析”，中国社会出版社2007年版，第249—262页。

长滑坡、产业结构不合理、经济区域布局不合理、金融系统崩盘等，对人们就业、收入、消费等的负面作用，影响人的生存基础和社会适应能力。经济安全系统除了本身内部的经济结构要素外，也同样涉及政治、社会、文化，以及政府及其官员、社会组织及其不同阶层成员、文化习俗和制度等。所谓“经济安全系统”是指要构建起最大化安全的经济体系，与“安全的经济要素”或“安全的经济要素系统”有不同的含义。

3. 政治安全系统。同样，“政治安全”与“安全政治要素”的区别在于：前者是指政治这一子系统的安全稳定、内部协调平衡，政治结构变迁对（人的）安全系统有一定影响；后者是指安全系统中必须具备一定的政治要素，如政府组织支撑、政治民主对人的安全的保障等。这里的政治安全系统，一般是指政治结构合理、政局基本稳定、领导人开明、执政党及其政府合法性不受威胁或质疑、政治民主、公众参与有序扩大等，对人的安全有较强的保障作用。其他方面与经济安全系统类同，不再赘述。

4. 社会安全系统。“社会安全”与“安全社会要素”的区别在于：前者是指社会（小社会概念的生活共同体）这一子系统的安全稳定、内部协调平衡，社会结构变迁对（人的）安全系统有一定影响；后者是指安全系统中必须具备一定的社会要素，如民间社会组织维权、社区和社会保障、阶层结构和关系、衣食住行用、教科文卫体等对人的安全的保障和发展的影响等。这里的社会安全系统，主要是指社会分配公平、社会结构合理、阶层成员流动渠道畅通，没有大的严重社会冲突，违法犯罪现象较少等，社会安定、和谐、有序，人身安全得到有效保障。其他方面与经济安全系统类同，不赘述。也有学者认为，社会安全主要包括三大方面：个人生命财产安全、人的基本权益安全、社会价值和规范安全。[①]与自然灾害、事故灾难、公共卫生事件不同，社会性安全具有其独特性，主要是指那些超脱实际生产而偏重上层建筑的“软安全”问题，如国家安全、经济安全、社会治安、违法犯罪等。社会性安全的独特性在于：一是与上层建筑联系更加紧密；二是主要关联人际关系冲突和利益关系冲突方面，人文意义更高；三是意识形态化、政治化，如国家安全就不仅仅涉及国家利益；四是社会性安全问题的调查处置过程、方法和手段更加复杂，任务更加繁重，因为人与人不同，人的思维、心智水平因人而异，与自然性规律不同，社会性的安全问题很难把握其规律性，这也印证了社会科学研究与自然科学研究的不同；五是社会性安全虽有定量分析，但

---

① 戴建中：《人口流动与社会安全》，《北京工业大学学报》（社会科学版）2012年第3期。

偏重于定性分析。

5. 文化安全系统。“文化安全”与“安全文化要素”的区别在于：前者是文化这一子系统的安全稳定、内部协调平衡，文化结构变迁对（人的）安全系统有一定影响；后者是指安全系统中必须具备一定的文化要素，如人们的科学文化素养、道德素养、规范习俗和制度等，来保障人的安全。这里的文化安全系统，主要是指民族文化结构合理，既有相对稳定性，又具开放包容性与创造活力，尤其是指民族文化或地方性知识在与其他文化相互交流、碰撞时，不会导致行动者的“文化震惊”、无所适从，甚至于精神颓废、丧失自信心等。

6. 自然安全系统。主要是指自然界不含有或少有对人类安全造成威胁和毒害的因素（如重大地质灾变、天体或水体灾变、气候恶化等）。当然，这几乎不可能，这就需要人类通过提高征服和改造自然的能力，探索灾变机理，果断处置灾变事故事件，力图减少灾变对人的安全影响。这种“安全自然系统”的最大化主要取决于全社会（政府、专家、民众、企业和其他社会组织等）的合力。

7. 生态安全系统。这里的生态主要是指经过人类改造的自然环境。生态安全系统，主要包括资源能源开发与生产的数量安全、人居周边卫生环境的质量安全两大方面：一方面，资源能源不出现数量短缺现象，能够较好地满足人类生存发展需求，如粮食（资源）安全（food security）是指粮食、食品数量不匮乏，人们不受饥饿的威胁，再如矿产资源、水资源、绿色资源等丰富。另一方面，人类开发改造影响的土壤、空气、水等环境，不含有对人有毒有害的污染物等，如饮水安全（water safety），即指水中不含有毒有害的化学物质、微生物等，空气中不含有或少含有引发鼻炎、咽喉炎等慢性疾病的有害气体等。生态安全系统与未经人类有意识加工开发的自然界安全系统不同，与开发和改造的社区、城市等社会生态安全系统有交集。要最大化地构建“安全生态系统”，就要发挥政府、企业、社会等整体合力，尤其要发挥社会中下层在生态环境方面的安全维权作用，以达致合作互信、相互监督、相互制约、共促安全。

8. 人口安全系统。一定数量的人口既是社会资源，也是社会主体。人口安全是一种特殊的社会生态安全。这里，人口内在的自然结构即年龄结构、性别结构以及素质结构等，对于一个国家或地区、一个民族的人口安全至关重要。比如出生人口性别比持续多年攀高（超出107）或超低（低于100）、老龄人口比过重（超出总人口30%）、劳动人口比过高（超出70%）或过低（低于40%）、受高等教育人口比过低（低于10%）、整体人口身体素质和生育能力下降等，都不利于人口生态安全。最可怕的是这几方面同时叠加，势必造成未来的家庭结构形式发生重大变异，家庭结构如“421”（四老人、二夫妻、一孩子）、劳动就业压力与养老保障压力同时并存，生育能力退化等，这种情况多发生在计划生育政策强力推行的国家。合理的“安全人口系统”应该与国家生育政策、政府行为、公民生育意愿、社会生育文化和养老模式、劳动力就业环境（经济安全）、健康生活环境和生活方式等密切相关，需要协调发展。

9. 城市安全系统。城市本身就是一个大的空间实体社区，也是一个生态社区，因而城市安全系统在很多方面既是下述社区安全系统的放大，也是具体的主要社会生态安全系统之一。现代城市成为很多人的一种生存方式和境遇选择，其所面临的风险和灾变因素也越来越多；如果规划设计和建设失败，就是人的“安全陷阱”。这些灾变现象既包括自然灾变（如山崩、泥石流），也包括社会冲突、违法犯罪（如群体集聚、打架斗殴、杀人抢劫）；既包括人为制造的灾难事故（如交通事故、工矿生产事故、建筑坍塌、火灾、煤气爆炸），也包括公共卫生环境事件（流行病、水污染、噪声、工业毒气）；等等。最大化地构建“安全城市系统”（主要是生产安全、交通安全、建筑安全、环境安全、消防安全等），必然涉及政府（及其官员与基层管理者）、市场（及企业家和商人）、社会（及社会组织、社会管理者和市民）的社会性因素，三大力量之间的博弈、协调平衡对于维护和保障城市安全具有重要作用。城市的经济、社会、政治、文化四大结构性因素协调发展，是城市安全建设的必然要求。当然，城市安全系统还必然涉及乡村建设，因为农村剩余劳动力进城的人口流迁、“人的城市化”，是任何国家现代化建设的必经之路和普遍规律。

10. 社区安全系统。社区是人类经常性活动的区域，分很多种：有生产劳动社区与休闲生活社区之分，有城市社区与乡村社区之分，有地理空间社区与网络虚拟社区之分，有实体社区与精神社区之分，等等。社区安全是一种综合安全。这里主要是指在生活小社区或工作小社区（密切交往的生活共同体，也包括校园）中，公民不被或很少被来自社区中的各种灾变、危险、冲突因素伤害和威胁。这些灾变因素与城市安全面对的问题大体相同。要最大化地构建“安全社区系统”需做到以下几个方面。一是必须综合协调处理好以下几方面的社会利益关系和职能责任：政府（与下派行政管理机构）及其官员和警察—社区委员会及其管理者—社区物业管理服务机构及其经理和服务员工（含保安）—居民（或师生等）或职业劳动者，否则，不但不能有效应对社区多种不安全事故或事件，而且经常会制造社区内部人群之间的利益冲突、情感冲突等。二是社区安全涉及社区人口规模、地理规划建设等问题：规模过大，则社区安全管理幅度范围过大，不利于安全信息快速传递；地理规划建设欠妥，如为了多占地面，官商勾结违法占地施工，导致社区靠近噪声区、污染区、逆风区等，房屋建筑质量过差，这些都会对居民或劳动者的健康造成慢性侵害，或诱致突发性安全事故。因此，社区建设必须事先合理规划、制定科学标准。三是社区安全监管最主要的是依法自治、统筹协调、政社合作、科学管理。四是依靠居民或劳动者的道德自律，尤其有着长期稳定联系的“熟人社区”，能够通过经常性的“相互凝视”，对不法行为和不道德行为进行相互监督。而且，如前面章节所言，熟人社区还能快速传递灾变信息，促使行动者及时做好灾变防御和应急救援。五是社区内部居民和劳动者需要针对政府或某些公共组织或官商学同盟的“无利不作为”“有利乱作为”现象，开展安全维权及其行动，这对构建安全社区系统至关重要。[①]目前，中国政府推行的“安全社区”建设，主要偏重于为防范各种突发事故而推行一套标准化政策制度，且主要是政府单方面推行，很少涉及化解居民与物业、与房地产开发商的社会利益冲突层面。

11. 居室安全系统。这里的居室是指人们日常起居生活、工作的环境。居室安全主要是指居室内外规划设计、建筑装饰、不动产权等不存在影响人的安全的有毒和危害因素。当然，居室安全还涉及建筑质量、材料质量、施工方法，以及开发商和建筑人员的德行，更涉及不动产权是否遭遇侵蚀。总之，从社会性结构要素看，居室安全涉及政府与民众之间的产权博弈，涉及官员、房产开发商人、规划设计专业技术人员、施工人员、居室管理和服务人员、居室拥有和使用者等主体及其阶层关系，也涉及经费投入、专业技术水平、使用者偏好等因素。

第三节　风险时代安全社会系统建设

正如贝克、吉登斯所指，目前世界正处于“风险社会”“高度现代性社会”中。这是一种社会大系统的风险，而不仅仅局限于某个领域。如第一章所言，“安全”与“风险”关系紧密，安全问题即潜在的“风险”，但又不完全等同于“风险”。“安全”与“风险”，在人类实践方面则是“理性建构—反思—再理性建构—再反思”的社会过程。现代风险的加速转变，使人们更加渴求安全。“安全社会”即一种社会大系统的安全建构，即安全（社会）系统建设。

---

① 颜烨：《安全社会学》第十六章“转型中国城市住宅社区安全问题分析”，中国社会出版社2007年版，第218—231页。

一、关于“安全社会”与“风险社会”的理论探索

社会理论界所指的风险社会理论，是对整个社会大系统的现代性反思，与社会整合论、结构—功能论等其他社会学理论一样，是风险社会学、安全社会学、灾难社会学的一个大理论视角。而“风险社会学”则是从社会学角度研究各类风险与社会的关系、与人的关系及风险的社会变迁规律的一门学科。

（一）“安全社会”概念与相关理论研究

从古到今，人类都在追求一个美好富足、安定有序的社会，也就是“安全社会”。孔子意义的大同世界、和谐社会，马克思意义的共产主义社会等，更多的是从社会阶级阶层结构角度提出的社会理想，都希望人与人之间、人与社会之间、人与自然之间协调发展、和谐共存。“安全社会”概念是基于人们正处于不安全、充满恐惧和风险丛生的社会世界里，人类需要通过战胜这些不安全因素去实现安全秩序；从社会学上讲，安全社会就是社会系统安定有序，各个子系统、小系统和各部分内部安全稳定且相互协调均衡，其具体表现即社会安定、政局稳定、人际和谐、不出事故、人类不受威胁等。简而言之，“安全社会”是整个社会本身趋于安全化，使得社会及其行动主体以安全化的方式存在和发展。这几乎是人类的一种理想，尤其在工业理性日益深入发展的今天，社会本身逐步全面风险化，人类要想全面地构建或建设一个安全社会，几无可能，但能够局部地、短时地、相对地维持社会主体的安全，是相对安全主义理想。

关于“安全社会”的理论研究，早在马克思那里就已经有了论述。他在引述1793年法国宪法所谓“安全是社会为了维护自己每个成员的人身、权利和财产而给予他的保障”时说：“安全是市民社会的最高社会概念，是警察的概念；按照这个概念，整个社会的存在只是为了保证维护自己每个成员的人身、权利和财产。”[①]德国学者洪堡在论述国家的安全责任时认为：“如果一个国家的公民在实施赋予他们的权利中不受外来的干预，我才称他们是安全的，权利可能涉及他们的人身或者他们的财产；因此，安全——如果说这种表述听起来不太过于简单、因而也许是含混不清的话——就是合法自由的可靠性。”[②]现代学界的“安全社会”研究，在福柯那里叫“监控社会”研究。1981年，美国社会学家格里·马克斯结合边沁的“最大幸福功利论”与福柯的“监控社会”理论，基于犯罪和

① [德]卡尔·马克思：《论犹太人问题》，载《马克思恩格斯全集（第3卷）》，人民出版社2002年版，第184页。

② [德]威廉·冯·洪堡：《论国家的作用》，林荣远、冯兴元译，中国社会科学出版社1998年版，第112页。

越轨的社会控制而提出“最大安全社会”（maximum security society）概念和理论。[①]此后，出现了一系列相关的研究，如呼吁改变传统监狱制度和违法犯罪的社会控制，反种族歧视，越轨、犯罪与社会秩序控制，计算机信息犯罪，等等。[②]中国也有学者提出构建“安全社会”，主张政府是为公民提供公共安全保障的主要力量，公共安全制度建设十分重要，同时要发挥社会组织等多元力量参与公共安全建设的作用。[③]

这些关于“安全社会”的探索，多是基于社会性安全（越轨、犯罪、监控）角度进行探索，但真正的“安全社会”应该是超越这些研究范围的，涉及前述的各大社会子系统和具体系统的安全问题。真正大系统的“安全社会”，应该是社会成员普遍享有和践行自由、平等、公正、法治、民主、文明、和谐的社会。

（二）关于“风险社会”的理论研究

对应于“安全社会”，“风险社会”是社会已经普遍风险化，使得社会以风险化的方式存在和发展。而关于现代风险社会的基本逻辑假设就是，现代化（尤其是科技进步与工业化）使得人类进入一个新型风险社会，新的社会风险完全不同于传统工业风险及其产生的社会矛盾和问题，以往的经验、技术和组织制度，已经不足以规避和应对。1986年，贝克的德语版《风险社会》的发行，被公认为是风险社会理论诞生的标志。书中阐述了他对“风险”概念的界定：风险，指的是完全逃离人类感知能力的放射性，空气、水和食物中的毒素和污染物，以及相伴随的短期和长期的对植物、动物和人的影响；它们引致系统的伤害常常是不可逆的，且一般是不可见的。风险概念是个指明自然终结和传统终结的概念，换句话说，

---

① Gary T. Marx. “Ironies of Social Control: Authorities as Contributors to Deviance Through Escalation, Nonenforcement and Covert Facilitation”. *Social Problems*, 1981, 28, no. 3: pp221-246; Gary T. Marx. “The Company is Watching You Everywhere”, *New York Times*, February 15, 1987; Gary T. Marx. *Undercover: Police Surveillance in America,* Berkeley, University of California Press, 1988. Gary T. Marx, “The Engineering of Social Control: The Search for the Silver Bullet”, in *Crime and Inequality*, ed. J. Hagan and R. D. Peterson, Stanford, CA: Stanford University Press, 1995, pp225-246.

② Stanley Cohen, *Visions of Social Control: Crime, Punishment and Classification,* Cambridge, Polity Press; Fekete, Liz. “Anti-Muslim Racism and the European Security State”, Race & Class, 2004, 46(1), pp3-29; Horwitz, Allan V. *The Logical of Social Control.* New York: Plenum Press, 1990; Innes, Martin. *Understanding Social Control: Deviance, Crime and Social Order,* Buckingham, Open University Press, 2003; Lyon, David. 2003. “Surveillance as Social Sorting: Computer Codes and Mobile Bodies.” in *Surveillance as Social Sorting: Privacy, Risk and Digital Discrimination*, ed. D. Lyon. London, Routledge, 2003, pp13-30; Staples, William G. *Everyday Surveillance: Vigilance and Visibility in Postmodern Life*. Lanham, MD: Rowman & Littlefield, 2000; James J. Chriss, *Social Control: An Introduce.*, Cambridge, Polity Press, 2007.

③ 伍达伦：《安全社会——建设小康社会的全方位策略》，载周光召主编：《全面建设小康社会：中国科技工作者的历史责任》（下册），中国科技出版社2003年版，第649页；刘建军：《建立安全社会：对中国的挑战》，《21世纪经济报道》2005年3月2日。

在自然和传统失去它们无限效力并依赖于人的决定的地方，才谈得上风险。[①]现代风险已经超越人的理性控制。各个理论派别对于风险社会都有各自的看法，大体归纳起来有如下几种。[②]

1. 风险社会的社会学（制度）视角。贝克认为，现代风险与传统危险大有不同：现代风险是不可见的，源于工业理性的过度增长，尤其人类技术能力的发展及其后果难以测算和不可控，且逐渐演变为人类社会历史的主宰力量；从过去的财富分配到今天的风险分配，虽然阶级分层的机理一样，但很多现代风险已经个体化，富人也无法规避，而且会加剧资源机会的不平等；现代风险不只是自然科学或环境问题，根本上是人的问题、社会问题。因而风险管理成为处置现代社会不安全和偶变性的重要手段，尤其组织和制度需要“权力和权威的重组”。[③]吉登斯则认为，风险社会的时代特征在于：原有的发展确定性、方向性及科技专家的信任受到质疑，甚至于出现贝克意义的“有组织地不负责任”；新型风险穿越时空，具有普遍扩散性，传统的阶级、民族、国家等集合性社会概念让位于风险个体化、全球化，与过去决定未来不同，风险社会里是未来决定现在及其选择；风险社会需要重新界定和发展道德，使得个体需要反思生活方式，社会需要反思环境运动和社会运动等社会性事务。[④]

2. 风险社会的政治理论视角。这些学者主要是反思当代知识技术和权力、权威、组织、制度等对于各种危害和风险形成的影响，力图揭示在知识技术外衣和公共权力旗帜下新型社会风险是如何进行扩散的。尤其福柯，他认为自17世纪启蒙以来，人类所建构和再生产的一整套组织、制度、专家知识等权力和权威，总是将偏离他们建构的所谓规范行为模式的人视为危险分子，尤其监狱和精神病院成为身体控制的极端形式。然而，在现代社会，风险的不确定性已经超越这些身体控制系统，成为技术发展的非预期性灾难后果，更为危险的是，当代新自由主义在全球扩散其所认同的“新福利主义”，不是强调传统的社会保险制度，

---

① Ulrich Beck, 1992, *Risk Society:Towards a New Modernity,* Translated by Mark Ritter, pp20-32, London, Sage Publications Ltd.

② 杨雪冬：《风险社会理论述评》，《国家行政学院学报》2005年第1期；庄友刚：《风险社会理论研究述评》，《哲学动态》2005年第9期；李培林、苏国勋等：《和谐社会构建与西方社会学社会建设理论》，《社会》2005年第6期。

③ Ulrich Beck,1992, *Risk Society: Towards a New Modernity.* Translated by Mark Ritter, pp21-23, London, Sage Publications Ltd.

④ A.Giddens, 1991, *Modernity and Self-Identity: Self and Society in the Late Modern Age,* p.124，Cambridge, Polity Press.

而是强调个人规避和管理风险的责任。[①]

3. 风险社会的文化人类学视角。最突出的学者是玛丽·道格拉斯（Dame Mary Douglas）等人，他们从小传统社会如何适应现代社会这一经典人类学问题出发，尤其反思环境污染和技术问题，指出人们已经怀疑物质世界，过去作为安全源泉的科学技术，现在成为风险的源泉。他们认为，当今的风险实际并没有增多或加剧，只是被人察觉和感知得多了。人们对于各种现代风险的选择不可能是价值中立的，不同人、不同人群对风险的认识大有不同，那种试图用客观方法进行“两害相权取其轻”的做法，注定要失败，且误导民众和研究者。风险个体主义化的社会，已经颠覆了传统的三种社会组织（市场个体组织、等级组织和区隔组织）建构，风险越来越难以确定，传统风险意识受到挑战，因而需要重新建构依赖于新型社会关系的文化范式。[②]

4. 风险社会的经济管理视角。以往的经济管理技术就是要通过社会控制等手段，达到风险最小化、安全最大化。但在现代社会，风险越来越个体化和具有不确定性，信息技术系统使得风险更加复杂多变，使得个人失误有可能导致整个系统发生灾变，传统管理方法和手段已经无法应对新型风险。因而，他们认为，应该超越传统的“理性行动者范式”，借鉴保险公司针对不同个体“道德风险”设立的机制，重构新型的、能够保证“自我利益和责任”的一致机制，即“新理性主义范式”。[③]

二、安全理想与风险现实相悖的系统论追问[④]

矛盾无时不有、无处不在。充满矛盾的社会世界，就意味着人类社会在发展变迁过程中难免风险伴生。因而，“安全社会”的理想与“风险社会”的现实之间始终存在着张力，而且表现在很多方面。人类社会的安全、人的安全相对于风险现实，只能是相对地存在、最大化地追求，即“最佳安全状态”“最大安全社会”，绝对安全的社会几乎没有。维续和保障安全的艰难，与风险易于产生之间，形成鲜明对比，其原因除了社会结构、社会理性等因素外，也有着难以回避的社

---

① Lash,S.,“Genealogy and the Body: Foucault/Deleuze/Nietzsche”, in Lupton,D.(ed.),1999, *Risk and Sociocultural Theory: New Directions and Perspectives,* Cambridge, Cambridge University Press；[法] 米歇尔·福柯：《规训与惩罚》，刘北成、杨远婴译，生活·读书·新知三联书店1999年版。

② M. Douglas, and A. Wildavsky, *Risk and Culture: An Essay on the Selection of Technological and Environmental Dangers,* Berkeley, University of California Press,1982.

③ C.C. Jaeger, et al., *Risk, Uncertainty and Rational Action,* London: Earthscan Publications,2001；C.Heimer and L.R Staffen,*For the Sake of the Child,* Chicago, The University of Chicago Press,1998.

④ 本部分内容参见陆学艺、颜烨、谢振忠：《当代中国社会建设的目标与任务》，（中共中央党校主办）《理论动态》2013年1月10、20日（第1946、1947期）；陆学艺主编：《当代中国社会建设》（第一章“民生事业”），社会科学文献出版社2013年版，第41—63页。此两部分研究报告主要由笔者研撰。

会系统因素。从社会系统论角度看，大体涉及人与自然世界变迁之间、人与社会世界变迁之间的悖论。我们不妨结合社会实践分析这些内在张力和悖论。

（一）人类理性局限与世界不确定性之间存在张力

进入启蒙时代以来，人类中心主义挑战自然中心主义，人类理性力量迅速膨胀，力图成为支配大自然的主人，力图用确定性思维去应对不确定性（类似于"刻舟求剑"思维），用现有规划去建构未来秩序，使得现代性的追求更加系统化和自觉，因而人类的现代性精神的梦想就是追求一种完美的社会。[①]然而，如第五章所言，人类理性本身有限，有发挥不到位或发挥不当的时候，这样灾变的风险依然会降临人类社会。

德国物理学家海森堡于1927年提出的不确定性原理，揭示了物理世界的多变性。其实整个大自然都存在不确定性，尤其人造的社会世界系统更具有不确定性。从唯物辩证法看，物质是不依赖于人的意识的客观存在，意识不过是物质在人脑中的客观反映。物质世界、社会世界有其自身的变迁规律，是可知的，人类通过主观能动性思维能够不断认识和把握客观物质世界的变迁规律。但人对物质世界、社会世界的认识是相对的、有限的，具有时空性，因而具有一定的不确定性：一是整个人类对于未知世界具有认识的局限性；二是客观世界本身千变万化，人的认识有可能滞后于这种变化；三是人对未知世界具有时空"不在场性"，信息不对称导致不确定性；四是不同人、不同人群对于客观世界的认识大有差异。这些原因决定了人们对于安全系统及其具体预测、规划、执行，都只是一种相对的可知和确定，因而需要不断地修正和反思安全行动理性。

比如，从社会系统论角度看，中华人民共和国成立以来，因为知识结构、观念取向等原因，长期固守城乡二元结构思维，对人口流迁规律和城市化发展规律认识不足，认为"农民不应该进城"，结果导致铁路、公路、车站、机场等基础设施以及城区规划设计严重滞后于人口增长和人口急剧流动。如同"人长高长大了，还穿着小时候的衣服"，城市发展无法满足人口巨大流迁进城的需要，"人的城市化"大打折扣。又如，近几年中国的社会安全问题中，每年公安机关立案的刑事案件中，盗窃、诈骗、抢劫三项侵财案占80%以上，70%以上发生在城市和城乡接合部，抓获的犯罪嫌疑人70%以上是流动人员，其中70%以上又是农民工，而遭遇此"三害"的人70%以上也是农民工。所以城市社会建设不加强、城乡二元结构难题不解决，中国的现代化就是"伪命题"。

---

① ［波兰］齐格蒙·鲍曼：《生活在碎片之中——论后现代道德》，郁建兴等译，学林出版社2002年版，第227页。

理性力量发挥不当，也会导致失误风险。这是指人类对于客观世界、安全系统变迁的基本规律有所把握，但在规划、执行过程中“走样”“变味”，导致不必要的重大失误，默顿称为“非预期后果”。这方面有很多历史的、现实的深刻教训。如，进入工业化甚至后工业化社会以来，中国的社区管理、公共服务方面存在着“唯GDP论”思维。一个城市街道办事处只有几十个公职人员，却要管理几十万人、几百万人；下面的一个社区有几千人，甚至还有几万人的，但社区公共服务和管理人员的编制只有几个，为的是节省政府成本和开支。社区人口大量增加，但行政上还是原来的区划和建制，很难实施有效管理，更难形成“熟人社区”，缺乏公民间的交流和互助，社区自治难以实行。基础不稳不牢，社会安全问题就会层出不穷，这也是刑事犯罪多发、社会治安差的一个重要原因。其根本在于扭曲了“小政府、大社会”思想，或者说是对政府管理“低成本、高效率”思路的矫枉过正。

（二）人的欲望无限与社会结构钳制之间存在张力

人作为社会基本行动者，其欲望有很多，如物质欲、权力欲、性爱欲、求知欲、关系欲、享乐欲、成就欲等，而且类似于马斯洛意义的“需要层次论”，欲望也分层次；一般地，食欲（物欲之一）与性欲是人的最原始的生理性欲望，而享乐欲、成就欲等则是最高层次的自我实现心理。欲望还因为主体所处的社会阶层地位不同而有不同偏重，如社会底层为求得基本生存保障，其食欲比较强烈，而社会上层则热衷于追求高级享乐、事业成就。

如第四章所言，人的欲望是一种需要，需要产生社会动机。但个人动机未必同社会结构、社会共识相一致，因而就有可能导致不安全的风险发生。比如人类的性，有着生物的、心理的、社会的这样三个维度。[①]

人在很多时候往往表现出中高层次欲望的无限膨胀。欲望像一匹野马，难以自控，需要借助基于社会共识而形成的社会制度加以制约，一旦制约失效，就会酿成灾难。比如，中国城市人群中，随着中产阶级家庭收入的提升和国家交通政策的宽松，私家车数量暴增，以至于“路的增长赶不上车的增长”，城市公共产品的供应无法满足日益发展的私家车需求。一般地，中产阶级作为“经济理性人”，会基于出行方便的需要而考虑买车和开车的成本与收益；但还有一些中产阶级作为“社会理性人”，认为私家车作为一种财富，能够彰显自身的社会身份和地位，因而他们不是基于便利出行的实际需要而产生购车欲望，以至于不但小车数量剧增，而且中国的高档小车比国外还多，这样城市交通拥堵、空气污染和事故

---

① 参考潘绥铭：《性的社会史》，河南人民出版社1998年版，第9—14页。

频发就难以避免了。当然，也可以反过来说，是社会结构没有得到优化调整，城市道路这类公共产品的提供没有因应社会变迁规律而导致的社会张力。同理，又如地方政府及其官员作为行动者，也有自身发展的愿望和利益需要，但是这种欲望往往也会遭遇公共财政分配体制与压力型体制的限制。如第六章所分析的中国中央与地方政府之间公共财政收支与公共事务“倒挂”，诱发诸多强拆强建的群体冲突事件和安全事故。

（三）人类理性极端僵化与社会系统丰富发展之间存在张力

结合第五章美国政治人类学家斯科特对极端现代主义（极端理性）的分析归纳，在社会历史实践中，“极端政治理性”“极端经济理性”的单极现代性思维均有显现，以至于经济、社会、政治、文化子系统之间发展不协调，存在着“重经济增长，轻社会建设”“重社会管控，轻社会服务”“重实务绩效，轻战略规划”的单向度观念。

最需要研究的是，社会结构性张力使得人们无法满足基本欲求而诱发社会不安全现象。如前面有关章节所指的资源机会或者优势资源机会过度集中或许造成“极化效应”。极化效应的结果是资源集中，风险也集中，灾变造成的损失无疑巨大；而社会底层要承担更多的社会风险。个别领域的极端发展理性与社会系统发展的协调性之间，存在很多张力，难免诱发社会风险。

三、风险时代系统性安全建设的实践指向

安全风险形成的社会系统原因，必然要求从社会系统角度化解其中存在的问题。就事论事式地解决安全风险或灾变问题，而不是从社会结构、社会系统等大的政策和文化制度方面查找原因，其结果可能是“东一榔头西一棒子”“按下葫芦浮起瓢”，不但于事无补，而且会诱发新的风险和灾难性后果。因此，我们需要从系统论角度探索风险社会时代里安全建设的实践指向（战略谋划）。此前，我们对“安全建设”已经有了初步论述。[①]

---

① 颜烨：《当代中国公共安全问题的社会结构分析》，《华北科技学院学报》2008年第4期；颜烨：《转型期煤矿安全事故高发频仍的社会结构分析》，《华北科技学院学报》2010年第2期；颜烨：《煤殇：煤矿安全的社会学研究》，社会科学文献出版社2012年版，第243—250页。笔者从社会学角度提出“安全结构”，包括政府—市场—社会的宏观结构、十大中观安全社会子结构：安全的人口结构、安全的家庭结构、安全的就业结构、安全的组织结构、安全的城乡结构、安全的区域结构、安全的阶层结构、安全的利益结构、安全的消费结构、安全的文化结构；同时提出十大“安全建设”制度或机制：安全第一理念强化（安全价值）、安全监管组织建设（安全组织）、安全制度体系建设（安全法治）、安全文化体系建设（安全文化）、安全公民社会建设（安全民主）、安全权益关系调整（安全公正）、安全专业系统建设（安全科技）、安全预警应急建设（安全预应）、安全信息体系建设（安全信息）、安全保障体系建设（安全保障）。

（一）安全建设内涵及与安全现代化发展关系

在全球化、现代化加速推进的今天，新的安全风险出现，新的安全制度、安全理念、安全管理需要重构，即安全发展的基础性工作—安全建设——任重道远。当然，广义地说，“建设”本身也是发展，“发展”本身也是建设；但狭义地讲，“建设”是“发展”的初步基础和基本框架，“发展”是“建设”的高级跃进和不断重构。对应于社会大系统里的各种结构—大社会系统建设—大社会系统发展，我们将安全结构—安全建设—安全发展三者的递进和互促关系及其内部构成绘制成图（见图8-3）。[①]因为社会学更像中医，要求全面系统把握安全领域的“脉络”和“神经”。安全建设，是整个“安全社会”系统的建设，本质上是安全结构的调整，是政府、市场、公民社会共同主动建构的过程，是安全经济系统、安全社会系统、安全政治系统、安全文化系统的结构性协调，主要是安全体制体系、制度机制建设，是基础（硬件设施设备等）、基本（体制和制度机制等）、基层（组织队伍等）即“三基”的社会行动工作，通过完善安全系统建设，调整安全系统内的结构，进而促进安全系统的全面现代化发展。也就是说，无论是安全建设还是安全发展，其内在要求和基本内容都是安全现代化，安全建设的实质和目的就是建设安全现代化，安全发展就是安全日益走向现代化的过程，是全社会“安

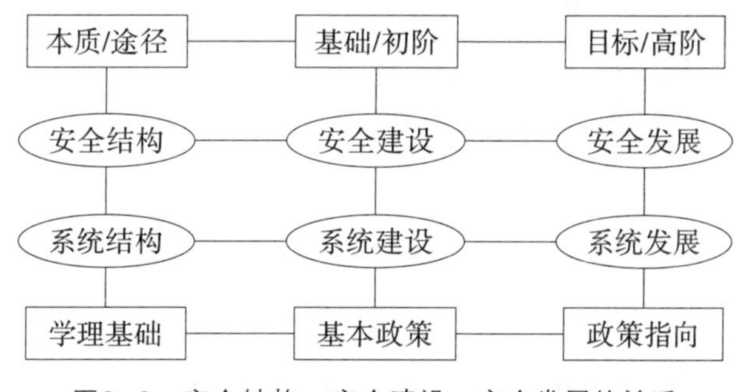

图8-3　安全结构—安全建设—安全发展的关系

① 中共中央关于“安全建设”“安全发展”的论述脉络：2005年10月通过的《中共中央关于制定国民经济和社会发展第十一个五年规划的建议》首次提出“安全发展”概念；2006年3月通过的《中华人民共和国国民经济和社会发展第十一个五年规划纲要》首次提出“公共安全建设”概念，旨在“强化全社会公共安全意识，加强公共安全保障能力建设，提高公共安全保障水平，维护人民生命财产安全，确保社会稳定”；2012年的总理政府工作报告写入“安全发展战略”；2012年中共十八大报告提出“强化公共安全体系和企业安全生产基础建设，遏制重特大安全事故”，放在“在改善民生和创新管理中加强社会建设”部分，即强调基础性的“安全建设”；2017年党的十九大报告提出“打造共建共治共享的社会治理格局”，强调安全建设、安全发展的治理基础；2020年《中共中央关于制定国民经济和社会发展第十四个五年规划和二〇三五年远景目标的建议》强调“统筹发展和安全”，对“安全发展”作出了新的概况；2022年党的二十大报告强调“贯彻总体国家安全观”，“推进国家安全体系和能力现代化”，再次将安全建设、安全发展置于国家总体安全观之下进行布局，提出“以新安全格局保障新发展格局”。

全能力”的趋高级化发展。可以说，安全结构调整、安全建设、安全发展的最终目标是安全现代化（第三章已有阐述）。[①]相对而言，“安全能力”是安全建设的结构性内涵，“安全现代化”可以说是安全建设的一种外在功能体现。

安全建设（安全现代化建设）的基本内容大体如图8-4所示，具体是指在政府、市场、（公民）社会三大主体力量互动建构下，推动安全经济体系、安全政治体系、安全社会体系、安全文化体系四大建设。在此基础上，进一步推进十大制度或机制建设，即全社会“安全能力”建设。其中安全理念强化、行为自律、科技保障、伦理反思均属于安全文化体系建设，起着安全潜在模式维持的功能（SL）；安全物质投入、科技保障属于安全经济体系建设，起着安全适应的功能（SA）；安全管理组织、安全法治控制、安全民主合作、安全反思修复属于安全政治体系建设，起着安全目标实现的功能（SG）；安全民主合作、安全整合协调、安全公正共享等属于安全社会体系建设，起着安全整合的功能（SI）。具体有关解析在前面各大章节多有阐述，下面我们着重强调几方面的主题。

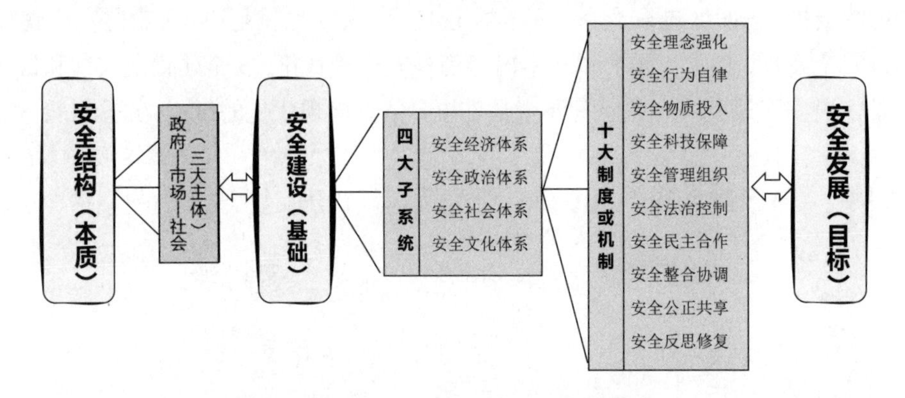

图8-4 安全建设（安全现代化建设）体系

（二）系统均衡协调促进全社会安全能力建设

以往对风险的研究和解决办法往往建立在专家科学测量及精确计算这一理性主义基础之上，而无法应对现代复合型的风险，造成经济理性、政府理性、科技理性、法治理性等集体“失灵”，因而需要建立一种有效的“新理性行动范式”来应对系统风险的复杂性和多变性。也即必须建立以社会理性为知识基础的“社会知识行动者”的普遍联合，以削弱以科技经济等工具理性为知识基础的

① 颜烨：《中国安全生产现代化问题思考》，《华北科技学院学报》2012年第1期；颜烨：《煤殇：煤矿安全的社会学研究》，社会科学文献出版社2012年版，第250—256页。

“科学知识行动者”力量，从而实现对风险社会的真正知识应对。[①]这种社会理性应对“安全—风险”的关系，必然是“理性—反思—理性—再反思”的循环链条，“社会安全机制注定要始终尾随在新的巨大风险和灾难及随之发表的新的安全声明之后亦步亦趋地不断修正和完善”[②]。

更主要的是，全社会要有一种社会系统论思维，即从经济、政治、社会、文化这四大子系统的整合协调、结构均衡角度，处理好“安全理性”与“经济理性”“政府理性”“发展理性”“生产理性”“生活理性”等的关系。这种社会理性必是公共性的，是激发社会主体参与安全治理的能动性、主动性和积极性的公共理性，可促进全社会“安全能力”建设。它必然要通过哈贝马斯意义的“生活世界”对“系统”的“安全沟通”和“安全反思”，达成“安全民主”，实现“安全公正”。

加强公民社会建设和全社会的安全文化建设，目的就是要“跳出政府安监系统抓安全”。“群众十双眼睛比政府一双眼睛更能发现问题”，培育公民应对突发安全事件（事故）的成熟国民安全心理，促使安全的“权力文化”向安全的“权利文化”过渡；支持、放开和推进相关的安全技术、安全咨询、安全评估、安全教育培训等社会中介组织的建设，以中介组织矫正和弥补政府安全监管的失灵和企事业单位安全保障的不足；允许社会成员成立各类安全维权的合法组织，发挥其社会正功能，以推进“政府—企业—工人”三方代表组成的安全监察和安全维权组织建设；强化公共安全信息公开职能，发挥各类新闻媒体（尤其是互联网媒体）、社会公众关注安全的作用；发动群众依法维权，以法维权，力促“安全民主”，走全民的安全监督之路。同时，确保城乡之间、区域之间、阶层之间分配公平，合理补偿，逐步实现基本公共服务的均等化。安全公正、安全法治，最终都要通过民主的制度来保证、民主的机制来实现。所谓“安全民主”，核心要素就是相关的社会成员有充分的安全知情权、参与权、表达权、监督权，需要加强安全的民主组织、民主制度、民主机制（安全条件谈判等）建设等；“安全民主”同时也是一种“后监管主义”（post-regulatorism），即不仅仅是政府主导监管，而应该是全社会共同监控（surveillance），是外在监控与内在监控的结合、强制性硬监控与非强制性软监控的结合等，是全社会的自我监控，是全社会的共

---

① ［德］乌尔里希·贝克：《世界风险社会》，吴英姿、孙淑敏译，南京大学出版社2004年版，第50页。

② ［德］乌尔里希·贝克：《从工业社会到风险社会（上篇）》，王武龙译，《马克思主义与现实》2003年第3期。

同治理。[①]

（三）构建多元主体参与的复合安全治理体系

目前一些国家或地区内部，安全治理存在"政府独大"的局面。20世纪80年代西方流行的新公共管理理论、20世纪90年代西方流行的社会治理理论，[②]则强调政府与社会、政府与企业、企业与社会之间的合作共治。这是一种现代化的安全体制。现代风险具有高度复杂性、多元性，单一（政府）主体已经无力应对一切，需要企业、社会组织、公民的广泛参与。随着风险个体化的深入，安全治理的责任主体打破"少数人决定多数人命运"的旧模式，实现"多数人决定多数人命运"的新模式。新的风险跨越公私边界，跨越时空环境，新的安全保障和治理机制就必须既要建立起适合风险多元性特点的复合治理结构，更要加强各个治理主体尤其是作为核心主体的政府能力，使整个治理结构运转起来，减少和避免"有组织的不负责任"。风险社会的复合治理，有学者归纳为几个基本特征：由跨越民族国家边界、跨越组织边界、跨越组织与家庭或个人边界的多个治理主体组成；跨越解放政治与生活政治、亚政治领域，多维度、多层次的纵横结合治理；政府、市场以及（公民）社会这三大现代治理机制及其作用互补；个人是复合治理最基本的单位，其风险感知、安全意识、自觉性能动性是化解风险的关键；为避免风险的扩散，复合治理的目标是就地及时解决问题。[③]

（四）发挥中产阶级风险治理的主体能动作用

按照波兰尼转型论，市场与社会的关系在历史变迁发展中，如同"钟摆式"轮回，当市场运行到过度侵蚀"社会"的时候，"能动社会"会反过来抵御市场，壮大自身；[④]而今天的中国不但需要与"强政府"相拗的"公民社会"，更需要抵

---

① 颜烨：《安全社会学》，中国社会出版社2007年版，第215—217页；颜烨：《煤殇：煤矿安全的社会学研究》，社会科学文献出版社2012年版，第144—146页。

② 新公共管理（new public management, NPM）是20世纪80年代以来兴盛于英美等西方国家的一种新的公共行政理论和管理模式，也是近年来西方规模空前的行政改革的主体指导思想之一。它以现代经济学为理论基础，主张在政府等公共部门广泛采用私营部门成功的管理方法和竞争机制，重视公共服务的产出，强调文官对社会公众的响应力和政治敏感性，倡导在人员录用、任期、工资及其他人事行政环节上实行更加灵活、富有成效的管理，主张"重塑政府运动""企业型政府""政府新模式""市场化政府""代理政府""国家市场化""国家中空化"等。参见百度百科。

社会治理理论的目标是"善治"（good governance）而非"善政"（good government）。"善治"是使公共利益最大化的社会管理过程；其本质特征在于政府与公民对公共生活的合作管理，强调政府与公民的良好合作以及公民的积极参与，实现管理的民主化。"善政"被普遍认为是减缓贫困的一个关键因素。参见俞可平主编：《治理与善治》，社会科学文献出版社2000年版，第1—15页。

③ 参考杨雪冬：《全球风险社会呼唤复合治理》，《文汇报》2005年1月10日。

④ Karl Polanyi, *The Great Transformation:The Political and Economic Origins of Our Time.* New York:Farrar & Rinehart,1944.

御市场过度侵蚀的“能动社会”，即社会建设本身。在现代社会，中产阶级是一支重要的社会力量，在安全社会建设中的作用举足轻重，是一种能动性的社会主体或行动者。社会结构中最内核的就是社会阶层结构的优化和调整，本质上就是中产阶层的发展壮大。在葛兰西、波兰尼那里，所谓“阶级”与“社会”的共生，主要是指社会底层阶级与“社会”自身建设的互构推进；[①]但在今天的中国，“社会”自强绝不是社会底层工人农民所能完成，必是社会中产阶级的崛起而带动的。[②]

关于中产阶级的社会功能（社会主流价值的引导者、社会稳定的维护者、现代社会规范的倡导者和遵守者），第六章已经多有阐述。中产阶级的身份和地位决定其在应对现代风险、构建安全社会的实践中是一个能动主体，而不是被动的。首先，成熟的中产阶级本身是社会现代化建设的“安全阀”“稳定器”或“平衡轮”，能够担当安全责任；其次，中产阶级具备一定的专业文化水平，能够有效发现、控制和处置安全隐患，是安全理性建设的中坚社会力量；再次，中产阶级拥有强烈的安全维权意识和主体精神，能够带动社会中下层开展安全民主，推进安全公正的实现；最后，中产阶级作为构建安全社会的重要能动主体，还有一个外在条件：在整个社会中，中产阶级的人数规模足够壮大，足以形塑“橄榄型”社会结构，形成一个有话语权的阶级。

（五）安全理性建设中务必秉持安全伦理精神

如前面章节所述，安全理性建设只是安全建设的一个方面，重要的是安全伦理、安全价值观的形成，这是安全建设的基质，即始终将“人的安全”视为行动的最高纲领。对于国家、政府来讲，保障和维护国民安全是第一要义，即民本安全高于一切，而不仅仅是安全任务或职责的正当论，更不是功利论，而是安全美善论；对于企业、社会组织来讲，保障本组织范围内员工的安全和外部相关利益者的安全，是其应担的安全责任和义务，尤其不能负义取利；对于公民个人来讲，在维护和保障自身安全的同时，要担当维护他人安全和社会公共安全的道义责任。

---

① Georg Lukacs, *History & Class Consciousness*, Merlin Press; Antonio Gramsci, 1971, *Selections from the Prison Notebooks: 1910-1920*. New York: International Publishers.

② 颜烨：《中产主义：社会建设突围政经市场的核心议题》，《战略与管理》2011年第2期。

第九章

研究方法与安全的社会评价

作为社会学与安全科学的交叉学科，安全社会学也具有对安全问题的描述和解释、预测和规划、决策和咨询、反思和修正的功能。如何体现安全社会学的这些学科功能？需要一套研究方法和指标体系进行研究和测量。除了社会学的研究方法，中国安全科学界有学者系统阐述了安全科学方法。[①]

第一节　安全问题的调查研究方法简述

任何社会科学，其一般研究方法不外乎调查和研究两大部分。社会学与其他社会科学的一个根本不同就是它的实证研究风格，即把理论研究与经验调查研究结合，有时实证研究的结果能够质疑现行的理论、方法乃至社会政策。通过社会调查（实证）研究，描述（What，是什么）、解释（Why，为什么）所调查的社会现象，得出结论，或者上升到理论层面，然后为政府、企业或社会提供政策咨询（How，怎么做）。在方法上，除了纯粹的理论社会学或社会学理论研究外，应用社会学研究总是力图从问题出发，有其一般的基本框架和分析逻辑（路径）。一般来说，从问题出发然后回到问题，可能是很多经验科学的研究逻辑，但社会学之不同点在于，它要有自己的理论假设、研究假设、经验调查，然后得出结论，或印证现有的理论假设，或修正现有理论假设，或推翻原有假设而立新说，同时在社会实践（社会政策层面）中推广结论并且不断接受新的验证。

一、安全调查研究的基本逻辑

所谓安全问题的社会调查，主要是通过对人的安全存在和发展、安全事故或事件的考查、查核和计算、算度来了解事实真相的一种感性认识活动。所谓安

① 吴超编著：《安全科学方法学》，中国劳动社会保障出版社2011年版。

全问题的社会研究，则主要是通过对调查的感性材料进行审察和思维加工，以求得认识（人的）安全现象的本质及其发展规律的一种理性认识活动。[①]

与其他应用社会学一样，安全问题的调查研究也要经过以下一般性程序：①准备阶段，包括确定研究课题（选题）→进行初步探索（讨论和试调查）→提出研究假设。②设计阶段，阐明研究选题的意义→选择调查研究方法→选择调查地点和时间→制订问卷、表格等→组建调研队伍→计划和安排研究经费和物质手段。③调查阶段，或实地调查，或文献调查，或实验调查。④研究阶段，包括资料整理和资料分析。⑤总结阶段，主要就是得出结论，撰写调研报告。[②]

通过对安全问题的调查研究，人们可以了解人的安全存在和发展及其安全事故或事件的事实真相，正确认识人的安全与社会发展的关系及其变迁规律；为决策机构进行科学的合理决策提供咨询，以便更加有效地预防、控制和杜绝未来不安全问题的发生。对安全问题的调查研究，就是要提高人们对于人的安全客观性的认识，加强安全思想教育，找出并化解社会矛盾和安全事故或事件的隐患，促进社会良性运行和有效发展。

二、安全调查研究的主要方法

根据社会调查学的基本知识和其他应用社会学的研究方法，我们将安全的社会调查研究分为两大部分（调查与研究）进行列表说明（见表9-1，不作具体解释）。调查是研究的基础，研究方向反过来指导调查活动。调查方法与研究方法两者之间虽有一前一后的关系，但有时候有些方法是相互交叉使用的。

表9-1　安全的社会调查研究主要方法

安全调查方面		安全研究方面	
调查方式	实地调查法、文献调查法、实验调查法、问卷调查法	资料整理	文字整理（审察/归类/汇编等）； 数字整理（检验/分组/汇总/制作图表等）

① 参考水延凯等编著：《社会调查教程》，中国人民大学出版社1996年版，第3页。

② 参考袁方主编：《社会研究方法教程》，北京大学出版社1997年版，第117、157—159页。

续表

安全调查方面		安全研究方面	
调查范围	普查法、抽样调查法（含随机和非随机）	数理统计分析方法	相对指标分析，集中量数和离中量数分析，因素分析（指数分析、差额分析、并列分析）、动态分析，相关、路径和回归分析，预测分析，抽样推断法，时间序列法，社会网络法，模型法，矩阵法，目标树法，模糊数学法，博弈法，综合评价法
调查侧重	重点调查法、个别调查法、典型调查法		
调查内容	专题调查：安全感/社会安全等调查		
对象数量	个别访谈法、集体访谈法（包括开会）	思维加工方法	比较和分类，归纳和演绎，分析和综合，抽象和具体，证明和反驳，矛盾分析法，质变量变分析法，因果分析法（形式逻辑、唯物辩证法），历史—逻辑分析法，系统分析法或结构—功能分析法（黑箱法、灰箱法、白箱法），宏观—中观—微观层次分析法，定性和定量分析法
活动参与	参与观察法、非参与观察法		
调查层面	宏观调查法、中观调查法、微观调查法		
其他调查	头脑风暴法（群聊智力激励法）、德尔菲法（专家背靠背预测法）		

安全是一种复杂性社会现象，需要一定的复杂性科学研究方法。复杂性科学本身表现为研究方法上的多样性、交叉性、复合性。结合上述社会调查研究的主要方法与复杂性科学研究成果，[①]我们可以归纳总结安全研究的主要复杂性方法论如下。

（一）安全调查研究尤其需要定量与定性分析相结合

马克思曾经说过，“一种科学只有在成功地运用数学时，才算达到了真正完善的地步”。[②]目前，数学定理计算的运用不仅限于自然科学领域，也逐步拓展到人文、社会科学等领域。由于人的安全问题本身的复杂性，进行定量分析当在情理之中，尤其是关涉到自然灾害、事故灾难的工程技术科学，更需要建立数学模型分析单一事件或同类事件的原因，以及预测未来的状况。然而，人的安全问题涉及多种因素，尤其涉及人智因素的社会安全问题具有很大的不确定性、不可预测性，单有线性统计计算难以反映事件的全貌，因而需要进行非线性的把握和了解，需要进行定性分析。从根本上说，人是理性与非理性存于一身的复杂性动物，这就决定了定量和定性方法在人的安全问题研究上缺一不可，而且应当相互贯通应用。

① 成思危：《复杂性科学探索》，民主与建设出版社1999年版，第6—8页。

② ［法］保尔·拉法格：《忆马克思》，载《回忆马克思恩格斯》，人民出版社1973年版，第5页。

（二）安全调查研究需要宏观、中观和微观相结合

宏观研究方法能从整体上把握安全问题的全貌，偏重于安全结构、安全系统分析，力图从理论出发观察分析问题并提炼出宏观理论；微观方法能更深入地了解某一安全问题或某具体环境（系统）安全问题的前因后果，分析更为深透；而中观方法则结合宏观安全理论抽象和微观安全经验事实总结、整体安全把握与个体安全分析的各自优点，具有很大的灵活性。单有宏观分析则容易隔靴搔痒、大而不当，而单有微观分析也难免瞎子摸象、以偏概全。尤其在社会转型时期，安全问题的出现往往是多因素、多后果的，因此，对于任何安全问题的调查研究最好是三大层面结合。

（三）安全调查研究需要经验归纳与逻辑推理相结合

经验归纳的运用可以让我们从众多类似的安全事件中得出富有意义的或带规律性的结论甚至理论（或者验证假设），即从微观经验上升到宏观理论；反过来，逻辑推理则从宏观理论出发演绎解释安全问题的发生原因和后果，推及中观、微观研究。在现代社会问题研究中，单向地从某一视角研究，很难确保对问题的准确把握和了解，难免缺乏科学性，需要经验归纳、数理统计同哲学思辨、逻辑证明相互结合，从而避免安全研究的盲目性、片面性，确保解决和预测安全问题的有效性、科学性。

（四）安全调查研究需要多学科、多工具的综合运用

安全问题本身的复杂性决定了其调查研究方法必须是多学科知识、多技术、多工具的综合运用。研究同一安全问题可能会有不同专业和学科领域的专家、学者介入。有些安全问题可能偏重于某几个相近的学科运用，但不能排除其他学科的介入，由此也能产生更多关于安全研究的新兴交叉学科。至于安全问题的研究工具，目前来看仍然涉及计算机及其模拟技术、数理模型、计算智能、整体优化技术和非常规决策技术等的运用。

三、安全调查研究的重要概念

这里，我们结合社会学对于调查指标的研究，主要对安全的调查指标、安全调查指标的抽象定义和操作定义、安全的社会测量等作一简要解释。

（一）安全的调查指标

安全的调查指标，是指在调查过程中用来反映安全状况的特征、属性或状态的项目。如员工数量、安全投入成本、死亡人数、性别、年龄等。安全调查指标与后面要讲的安全社会指标关系密切，但也有区别：前者是依据后者设计的，是

后者的具体化，若从后者直接出发则不便于实际调查。两者的区别在于，安全社会指标有一定的指导思想、反映一定的调查目的，力求用最具代表性的一组指标来说明所要调查解释的问题；安全调查指标则主要着眼于调查对象的实际安全情况，力求用最简明的项目、最简单的方法取得可靠资料。

（二）安全调查指标的抽象定义和操作定义

与其他社会调查指标一样，安全调查指标的定义同样有两种，即安全抽象定义和安全操作定义。安全的抽象定义是对安全状况的共同本质的高度概括；而相对应的操作定义，则是指用可感知、可量度的事物、现象和方法对抽象定义作出界定和说明。如"煤矿安全生产成本"的抽象定义为：用货币和实物表示的安全生产总投入。其操作定义则为：煤矿安全生产成本=安全生产基本工具数量×价格+矿井瓦斯探头个数×价格+矿井支护支柱材料数量×价格+矿井照明器材数量×价格+矿井排水系统器材数量×价格+员工安全培训人数×费用+员工安全保障待遇人数×费用+矿长培训人数×费用+煤矿开采经营和安全生产许可证件个数×费用+其他安全管理费用+其他安全生产交易费用。

（三）安全的社会测量

主要是指按照一定测量工具、一定测量规则，对各类安全状况的特征和程度进行鉴别、测算或量度并赋予一定数值的活动或过程。同其他社会测量一样，安全测量也包括四大层次：①安全定类测量。如按照辖区内影响人的安全的问题突出程度进行频率统计。②安全定序测量。如年内按照影响人的安全的问题严重程度，作频率和比例关系统计。③安全定距测量。如对某几类安全问题的数量差别或间隔差距进行测量，可作加减运算。④安全定比测量。如对安全问题的比例或比例关系进行测量，可作乘除运算。具体运用中，要根据被测量的安全问题的自身特点和研究目的进行测量层次选择。

四、安全调查研究报告的撰写①

（一）安全调研报告类型

根据报告内容，可以分为综合性与专题性安全问题调研报告。根据调研主要目的，可以分为应用性和学术性安全调研报告。应用性安全调研报告包括几种：以认识和描述安全事故或事件为主要目的；以预防和处理安全问题的政策研究为主要目的；以总结事故或事件教训或处理经验为主要目的；以揭露安全问题背

① 参考水延凯等编著：《社会调查教程》，中国人民大学出版社1996年版，第468—486页。

景和原因为主要目的；以安全思想教育为主要目的；以支持褒扬安全模范、安全模式等新生事物为主要目的。学术性安全调研报告一般包括：安全问题的理论研究性报告；安全问题的历史考查性报告。

（二）安全调研报告基本格式、结构和写作步骤

①基本格式一般为：标题→前言→主体→结尾。②主体部分的几种结构方式有：纵式结构；横式结构；纵横交错式结构。③写作基本步骤：确定和提炼主题→研究和选择材料→精心拟订提纲→形成书面报告。当然，这些只是基本的要求，需视具体情况而定。

五、安全问题调查研究的特殊性

安全问题调查研究具有一定的特殊性，需要注意两方面。[①]一方面，涉及安全调查研究的信度和效度问题。大凡涉及人的安全问题，均具有较强的“私密性”，所以在开展安全问题调查时会有很多人为的障碍。国家安全涉及军事冲突与战争问题，因而隐秘性更强；而在社会公共安全和职业安全事故调查中，当事组织或局外公众对伤亡人数问题都是相当敏感的，因为涉及对当事者定罪和量刑程度问题，而且里面涉及经济利益等问题。有些安全问题还涉及一定的敏感性，更需要考虑安全调查研究的信度和效度。因此，这方面需要与政府部门、公众或企业加强协调与合作。

另一方面，安全的私密性使得调研者面临生命和权利安全风险。这里的风险来自两个方面：一是很多安全问题涉及丰厚利益，有利益就有冲突的可能性，研究者在力图揭露真相的过程中，需要有较好的调研策略，避免遭受人身攻击；二是安全问题本身具有内在的不安全因素，如煤矿井下尤其小煤窑“独眼井”的潜在危害性因素、社会治安中的歹徒袭击，等等，这都需要调研者有较强的自身安全保护意识。必要的时候，调研者可以与相关行业专业技术人员、部门或企业负责人取得密切联系，尽量获得他们的支持和帮助。

第二节　安全问题的社会指标评价体系

社会指标是社会学尤其是社会统计中定量分析的重要内容。社会指标与社会调查研究密不可分，前者是后者的一种工具和手段。安全研究需要建立自己的

① 颜烨：《煤殇：煤矿安全的社会学研究》，社会科学文献出版社2012年版，第38—39页。

社会指标体系，不同的安全问题，社会指标有所不同，但具有一定的共性，因此本节主要就安全社会指标的共同特征和一般原理进行讨论，具体特殊的指标只是略有涉及。[①]

一、安全社会指标的含义、特点及功能

安全指标有很多种，有经济安全指标、政治安全指标、文化安全指标、国家安全指标、社会安全指标等。我们需要从社会学意义上建构起一套关于人的安全的社会性指标。

（一）安全社会指标的界定

安全社会指标，是指反映安全这一社会现象的数量、质量、类别、状态、等级、程度等特性的项目。这里主要是指与“人的安全”直接相关的安全指标。从广义上看，安全社会指标也包括有关安全的生产指标、经济指标和技术指标等，如煤矿安全事故百万吨死亡率、万元GDP死亡率、交通事故万人死亡率等，可以统称为“安全指标”。从狭义上讲，仅指涉及社会性的安全指标，如居民安全感、安全满意度、安全保障投入、事故损失赔偿额、安全投入总量（包括事前安全投入和事后安全保障，也包含事中安全投入与保障），以及反映宏观社会意义的指标，如每万人流动人口死亡率（流动人口每万人中死亡人数）、基尼系数增长死亡率（基尼系数每增长1个百分点死亡多少人）、城市化死亡率（城市化每增长1个百分点死亡多少人）等。本研究偏重于狭义的社会性指标，兼顾广义的安全社会指标。

（二）安全社会指标的特点

一般具有以下几个特点。

1. 特殊性。安全社会指标与其他类社会指标不同的特点在于，安全社会指标必须以人为本，所有与人的生命安全、财产安全直接相关的都是主要的考虑范畴。比如，公共交通车辆乘客承载量、煤矿井下工作面的矿工密度、万车死亡率、百万吨死亡率、亿元GDP死亡率等。安全社会指标的特殊性还表现为它的限量性（即人员、物件等的最低或最高限量），如人员承载量最高限制、安全投入资金最低限制等，超过或低于这样的限量就有可能出现安全事故。

2. 可量性。可测量性、可计量性是社会指标的普遍要求。与所有其他社会指

① 参考水延凯等编著：《社会调查教程》，中国人民大学出版社1996年版，第76—116页。该书的第四章“社会指标和社会测量”和第五章“设计调查方案”的第一节“调查指标的设计”，从一般概念和方法角度对“社会指标”问题作了框架性的概说。我们循着这种思路逐步建构有关安全的社会指标体系和框架。

标一样，安全社会指标也必须是数量清晰、界限明确、具体可知的，不能含糊，否则无法计量，不能计量就不能反映安全事件的真实性和精确性。一般都是用具体数字、符号和程度等来度量。比如，车辆承载人数、安全投入金额、城市空气安全质量指标数、医疗误诊病人数、事故死亡人数等；即便是行动者的主观安全感测度，也会分为很安全、基本安全、不满意、很不安全、不安全五个等级程度来计算。保障国民安全的国家安全，也可以考察其军事防御能力、国民的国家安全感、国家领导人的威望程度、综合国力强度等指标。

3. 时空性。安全问题因各地区各阶段不同而不同，因此安全社会指标具有时空性；所有安全指标都是一定时期、一定地区范围的具体情况的反映。从空间上看，比如，交通条件好的地区，其万车死亡率等负面的安全指标就比较低，交通条件恶劣的地区其指标可能较高，再如，中国北方煤矿和南方煤矿有差异，所以关闭小煤窑的生产能力指标要求（限量）不一样。从时间看，安全技术指标变化相对较慢，因为它涉及自然规律的可重复性，而社会性指标往往因经济发展、人类心智水平提高、人数变化等原因而变化，安全的社会指标必须与时俱进地适当改变，否则反映不了真实的安全情况。一般以月份、季度、半年度、年度等时间段为基础进行统计，也有以五年左右、十年左右等中长期的安全指标作比较的。

4. 代表性。安全指标不能是次要的、说明不了问题的概念，而必须是对安全问题本身具有关键意义或具有代表性的项目。如反映劳动职业安全状况的应该是安全资金投入数额、安全设施设备安装设置程度、员工文化程度（安全素质）、安全管理措施齐全与否等主要指标，而员工的身高、体重等就是次要的了。

（三）安全社会指标的社会功能

安全社会指标既与其他社会指标有共性，又有其特殊性，实际上其社会正功能可以包括实义上的社会功能和程序上的社会功能，前者对社会进步起实质性的推进作用，后者具有形式上、程序性的功能。当然，安全社会指标本身还具有一定的负功能。

1. 实质性的社会正功能

大体包括：①保障功能，即安全社会指标的确定能够保障人的生命安全、权利安全、心理安全，能够保障整个社会有序和谐。②预防功能，即安全社会指标在一定程度上促使行动者或当事人预测、防范安全事故或突发事件的发生，即一种安全预防理性。③监控功能，即安全社会指标的确定和颁布，能够使全社会监控当事行动者（个人、企业、政府、官员、执法人员等）在安全指标基础上进行经济社会活动，打击违法非法违规行为，避免安全事故和突发事件的发生，防患未然，体现公平正义。④反思功能，即对安全实践的反思和改进性学习。

2. 程序性的社会正功能

大体包括：①计划功能，即安全社会指标对未来可预见范畴的风险和安全问题的发生具有防范性，在物质上、思想上、组织上都能作一些规划性安排，如社会预警系统和机制的设立，应急预案的制定等，实际上是预测、预防功能的程序化。②反映功能，也就是描述和反映安全状况，如年度职业安全、社会治安状况等指标及其体系。③评比功能，即安全社会指标能够用以纵横比较各个国家之间、国内各地区之间、各时段之间的安全状况，有利于改进安全措施，改善安全环境。评比功能是计划、预测、反映功能的深化和延续，是所有安全社会指标功能中的核心功能。

3. 负面性质的社会功能

毋庸置疑的是，安全社会指标也具有一定负面性的社会功能。尤其是那些政策性考核指标、与官员政绩挂钩的指标等的大力推行，如前面有关章节所指，会导致出现虚报、瞒报、漏报现象。虚报，如虚夸安全技术指标、安全成本投入指标；瞒报，即隐瞒实情而不上报或公开，如故意少报死亡人数，或者干脆隐瞒安全事故全过程不报；漏报，一般指因工作疏忽而出现上报的安全指标缺失。

基于安全社会指标功能上的考虑，当今安全的社会评估应该成为现代社会的重要工作，包括对交通、矿山、环境、建筑施工、食品、家具材料、医疗卫生（如误诊、假药）等与人的安全紧密相关的领域，以及它们对社会及居民的影响进行标准评估。不符合标准的危害性项目等一律撤销或不予施工、验收或进行经济、法律制裁等。

二、安全社会指标类型

安全社会指标因安全类型不同而不同，同时因划分角度不同而不同。比较重要的指标类型如下。

（一）客观指标与主观指标

客观的安全社会指标，是指客观反映安全状况的指标。如亿元GDP安全投入、亿元GDP死亡率、万车死亡率、百万吨死亡率、十万人死亡率、每万人流动人口死亡率、基尼系数增长死亡率、城市化死亡率、社会治安案件起数等。主观的安全社会指标，是反映人们对安全客观状况的主观感受、态度、愿望和评价等心理性的指标，是一项最重要的安全主观指标。如居民安全感，一般用很安全、基本安全、不安全、很不安全、极不安全这五个等级程度来表示。在现实安全问题中，往往是客观指标要多于主观指标，但在狭义上的社会指标中，安全感的指标十分重要，这也是安全社会指标不同于其他社会指标的特殊之处。

（二）绝对指标与相对指标

安全绝对（量）指标又可称为安全总量指标，是指反映一定区域、一定时期安全现象的总体规模、总体水平的社会指标，是其他派生指标的基础，表现为绝对数、绝对差数（两个时期或地区的总量对比）。如安全经济投入总量、死亡人数总量、社会保障总金额等。安全相对（量）指标又称为相对数，是指与安全相关的两个现象之间关联性对比（比率），反映安全状况的程度、强度、结构和比例等。实际上是两个与安全密切关联的绝对数值的抽象化，揭示其固有联系。其表示单位分有名数和无名数，具有结构性特征。如亿元GDP安全投入、亿元GDP死亡率、万车死亡率、百万吨死亡率、十万人死亡率、每万人流动人口死亡率、基尼系数增长死亡率、城市化死亡率等。

（三）经济性指标与非经济性指标

这里的经济性指标和非经济性指标，被看作广义上的安全社会指标，经济性指标即指安全经济指标，与纯粹的经济指标不同，因为安全经济指标本身是属于广义上的社会指标体系，是确保社会安全的。如亿元GDP安全资金投入比重、万车死亡率安全资金投入比重、传染病防治资金投入指标、事故死难者家属受赔偿金额等。非经济性的安全指标包括安全的技术指标、生产指标、社会安全指标等。技术指标如煤矿工作面的瓦斯爆炸浓度界限在5%~16%、高瓦斯矿井煤层瓦斯含量不大于6立方米/吨或工作面最高风速不大于4米/秒、瓦斯突出矿井中通风容量是多少产量控制在多少吨、公共交通车辆速度不能高于多少公里/小时。安全的非经济指标有时还包括安全的政治指标和文化指标。安全的政治指标如某地区某段时间内社会稳定达到某种程度，可考察其群体事件起数、社会治安案件起数、刑事犯罪案件起数、矿难死亡人数、万车死亡率等指标；安全的文化指标如要求公共交通车司机必须为高中以上学历、矿工下井前必须接受3个月的培训和演练等。

（四）描述性指标与评价性指标

描述性安全社会指标是指反映安全实际状况的指标，类似于绝对指标。如某城市公共卫生安全投入资金总量、某煤矿安全资金投入总量、年度交通事故起数和死亡人数总数、年度内矿难事故起数和死亡人数总数、社会治安案件起数等。而评价性安全社会指标，则是指反映安全问题的社会效应指标，也称诊断性或分析性的安全指标，类似于相对指标。如年度内交通事故中公共交通事故死亡率占总事故的比率、年度内煤矿安全事故百万吨死亡率多少、安全资金投入占总产值的比例、年度内医疗医药事故占病死总数的比例、每万人社会治安涉案率等。描述性安全社会指标一般独立存在，一个指标反映一种情况，没有得失优劣评价；而评价性安全社会指标则通常以一定的社会（结构）理论作指导，将两种或两种以上的安全指标进行比较得出结果，解释或说明某地区、某组织某时段内的安全状况，对安全管理工作具有一定指导意义。

（五）事前指标、事中指标、事后指标

事前指标、事中指标、事后指标，实际上关涉安全事故或事件发生前的安全成本（投入），事故中救援或处置的安全成本和安全投入，事故后的灾难赔偿、损失赔偿、死难抚恤、医疗费用等。无论何种安全问题，即便是社会性安全也都包括事前安全指标、事中安全指标和事后安全指标。如煤矿安全成本与安全效益的考量中，经常提到1∶5或1∶7的比例，意思是未进行1分安全投入，则会有5分或7分的利润损失或事故赔偿；事故或事件应急救援中，也必须有一定比例的物力、财力、人力投入；事故发生则可能有人员伤亡，须赔偿死难家属每人不低于多少的抚恤金、赔偿金。当然，安全的投入–产出指标的区分，只是相对意义的，主要取决于该指标在一定社会过程中的作用和地位。

（六）正向指标、负向指标、中性指标

安全的正向、负向或中性指标，是反映某时期某地区或组织的安全状况好坏的指标。正向安全社会指标（也称肯定指标）反映促进社会稳定和发展、保障国家安全、促进人民生活水平提高的指标，比如各类安全资金投入一定要多于规定的指标标准、安全总体水平高于预计情况。相反，则为负向安全社会指标（也称否定指标、逆向指标、问题指标），即指实际数值在指标值以下为妥，比如青少年犯罪率越低越好、事故不断减少、死亡人数不断减少。其他没有优劣、好坏作用之比的指标则是中性安全社会指标。当然这些指标的区分都是相对的，因认识角度和时间空间不同，可能正向指标会被认为是否定指标，反之亦然，真正的中性安全指标很少。安全指标的特殊性就表现在它的边界非常明确，如高于或低于某种安全指标都会给社会带来危害，危害人的生命安全和财产安全。

此外，还可以从安全指标的时序上分为安全的计划性指标和现实性指标；从来源和方式上可以分为直接指标和间接指标；从层面看，还可以分为宏观安全指标、中观安全指标、微观安全指标。

三、安全社会指标体系与例举

衡量一定时期一个国家或地区或组织的安全状况，单依据某一安全社会指标并不能从总体上认识其安全水平，因此需要在研究或政策施行中建构一套安全社会指标体系进行监测和评价。我们列举一些富有代表性的指标体系来加以说明。

（一）安全社会指标体系的界定和特点

安全社会指标是一个个有机联系起来的，因此众多相关的安全指标组合起来就是安全社会指标体系。一般地，指标体系的设立都会有明确的研究假设和价值取向。安全社会指标体系，是指根据一定目的、一定理论设计出来的反映安全状况的，具有科学性、代表性、系统性的一组安全社会指标。从此定义看，安全社会指标体系同样具有目的性、理论性、科学性、代表性、系统性的特点。①

（二）主观层面居民安全感指标体系设计

对于难以完全进行客观描述的安全社会指标，有时候需要采取主观评价法进行安全状况评估（当然客观性安全状况也可以进行主观测量）。这类主观安全感测量一般要通过问卷的形式进行。其中，基本调查指标（被访者基本情况）应该包括：性别、年龄、受教育程度、政治面貌、所处地域（城乡、发达与不发达地区）、身体状况、职业、行业归属（国有、集体、民营）、专业技术职务、工种岗位、经济收入、社会阶层地位等。而主观性安全社会指标大体可以分解为：①安全感觉方面，如“您对目前社区周边社会治安状况是否满意”，这是指人们对现实环境中安全状况的直接感知和反映。②安全期待方面，如“您希望社会保障金额最低应该是多少才会最安全”，这是人们对未来安全状况或安全现状的一种期待或满意度。③安全行为倾向方面，如“您是否愿意去××私营小煤矿打工挖煤”，这是对人们自身的安全行为的意愿意向测量。④安全评判方面，如“您认为本单位里安全奖惩措施是否合理”，这是测量人们对安全政策措施、安全管理、安全建议的理性评价。⑤安全态度方面，如“您是否赞成在社区附近建立一个化工厂”，这是测量人们对安全政策、安全生产等选址决定的态度反映。⑥安全价值

---

① 比如，中国《全面建设小康社会统计监测方案》（国家统计局科研所2003年着手制定，2008年修改完成）规定，社会安全指数是一个合成指数，表示社会安全的状态，指一定时期内，社会安全的几个主要方面（社会治安、交通安全、生活安全、生产安全等）的总体变化情况。其中，社会治安采用万人刑事犯罪率指标；交通安全采用万人交通事故（含道路交通、水上交通、铁路、民航等）死亡率指标；生活安全采用万人火灾事故死亡率指标；生产安全采用万人工伤事故死亡率指标。参见国家统计局研究所：《中国全面建设小康社会进程统计监测报告（2011）》，国家统计局网（统计分析栏），2011年12月19日。

观念方面，这类问题具有高度抽象性，很难直接测量，一般通过对安全主体的地位、荣誉、薪酬、职业等具体方面进行测量来间接反映。以上六种主观性安全社会指标主要是从心理层面来测量的，包括对安全状况的感性认识（如前3个）和理性把握（如后3个）。而从安全状况的内容方面来测量，就包括四大块安全类型（即自然灾害、事故灾难、公共卫生事件、社会安全事件，其中又分解为很多小块）。

测量主观性安全社会指标的量表有很多种，通常有：总加量表（也称利克特量表）、累积量表（也称古德曼量表）、梯形量表等。一般根据对安全状况反映的好坏会设计成类似于“很安全”“比较安全”“一般”“不安全”“很不安全”等五个等级程度，来测量被试者的感觉、态度、评判、倾向等。其中，国家安全由于其独特性，往往需要测量国民对本国安全的看法和意向，如：“您认为国家安全工作如何”，“您认为国家军队建设能否切实履行保家卫国的功能”，“您对本国目前的国际地位是否满意”，等等。

安全感是重要的主观性安全社会指标，是行动者对自身体验和外界事物安全的主观感受。如第四章所述，国内外学者从心理学、社会学、心理卫生学等角度对安全感多有研究。这里我们结合第九章的子安全系统探讨，并主要基于人对自我个体内在体验与外在公共互动领域的安全感进行指标设计（见表9-2），其中一级类别指标3个、二级类别指标7个，三级具体指标31个（部分指标具体解释见第八章）。当然，在实证研究中，需要具体情况具体分析。

安全感测量主要有几种社会意义：①整体安全意义，即揭示一个国家或地区居民对整个社会的安全感。②个体比较意义，即比较不同居民之间的安全感，以及同一居民在不同时期或不同地区的安全感。③区域比较意义，即比较多个地区之间的居民安全感。④时段比较意义，即比较同一地区不同时期的居民安全感。⑤多元比较意义，不同地区、不同时期的混合交叉比较，以及不同居民、不同时期的混合交叉比较。⑥不同安全感比较意义，即居民对不同安全感的比较。

表9-2　居民安全感指标体系

<table>
<tr><th>一级类别指标</th><th>二级类别指标</th><th>三级具体指标</th><th>一级类别指标</th><th>二级类别指标</th><th>三级具体指标</th></tr>
<tr><td rowspan="10">个人自我安全感（与生俱来的且与自身密切相关的生命、心理、权利不受侵害的安全感）</td><td rowspan="2">生命安全感</td><td>身体安全感</td><td rowspan="15">公共互动安全感（人与人之间、群体之间、人与自然和社会之间、领域内部等针对人的安全感）</td><td rowspan="2">行事安全感（实践活动安全感）</td><td>消防安全感</td></tr>
<tr><td>行为安全感</td><td>交易安全感</td></tr>
<tr><td rowspan="2">心理安全感</td><td>心态安全感</td><td rowspan="3">消费安全感（实物消费品安全感）</td><td>食品安全感</td></tr>
<tr><td>精神安全感</td><td>医药安全感</td></tr>
<tr><td rowspan="6">权利安全感（此项较多，包括生存权、发展权、享有权）</td><td>生存安全感</td><td>用品安全感</td></tr>
<tr><td>产权安全感</td><td rowspan="10">环境、系统安全感（包括自然、生态、社会环境的安全感）</td><td>国家安全感</td></tr>
<tr><td>身份安全感</td><td>经济安全感</td></tr>
<tr><td>声望安全感</td><td>政治安全感</td></tr>
<tr><td>价值安全感</td><td>社会安全感</td></tr>
<tr><td>隐私安全感</td><td>文化安全感</td></tr>
<tr><td rowspan="6">公共互动安全感（人与人之间、群体之间、人与自然和社会之间、领域内部等针对人的安全感）</td><td rowspan="4">人际安全感（直接人际互动安全感）</td><td>社交安全感</td><td>自然安全感</td></tr>
<tr><td>婚恋安全感</td><td>生态安全感</td></tr>
<tr><td>家庭安全感</td><td>人口安全感</td></tr>
<tr><td>群体安全感</td><td>城市安全感</td></tr>
<tr><td rowspan="2">行事安全感（实践活动安全感）</td><td>劳动安全感</td><td>社区安全感</td></tr>
<tr><td>交通安全感</td><td>综合安全感</td><td colspan="2">对上述个我安全感与公共互动安全感的综合</td></tr>
</table>

（三）中国职业安全健康现代化指标体系[①]

关于现代化的研究，国内外都用具体的定量性指标体系进行测量和评价，最著名的是英格尔斯20世纪60年代对“人的现代化”的指标测量和规划，中国较有影响力的如中国科学院何传启先生连续主持开展的“中国现代化研究”课题。职业安全健康（中国称为安全生产）现代化也需要一套指标体系对以往状况进行评价，对未来发展做出规划和监测，以判断职业安全健康现代化的阶段与发展的合理性。

根据第三章安全现代化理论和第八章安全系统（四大领域）的分析，我们

① 颜烨：《中国职业安全健康治理趋常化分析》，吉林大学出版社2020年版，第45—46页。

结合中国职业安全健康领域的实际，进行职业安全健康现代化的指标体系设计（偏重于广义的安全社会指标）。它应该包括职业安全健康经济指标、职业安全健康社会指标（狭义）、职业安全健康政治指标、职业安全健康文化指标（科技指标可以单列）这几大方面内容，可分为一级4个（基本归属项目）、二级14个（分析参考项目）、三级31个（具体监测和评价项目）等几个层面的指标（具体见表9-3）。职业安全健康现代化指标体系设计（尤其5~10年的中长期规划指标设计）要体现科学合理、符合实际、系统有序、可测评性的原则（在具体研究中，可根据具体情况进行指标设计，此表的设计仅为参考）。其中，像职业安全健康总况这类控制指标，应主要用于事后评价监测或事前预设，而不宜作为事后考核，否则难免引发瞒报现象，也就难以真实反映职业安全健康现状。

表9-3　中国职业安全健康现代化指标体系

一级指标（4个）	二级指标（14个）	三级指标（31个）	目标值	指标性质	备注
A职业安全健康经济现代化	A1职业安全健康事故趋零化	A11职业安全事故的亿元GDP死亡率	0	逆指标	政府数据
		A12职业安全事故万名劳动力死亡率	0	逆指标	
		A13年度新增职业病占累计病例比重（%）	0	逆指标	
	A2职业安康投资相对量合理化	A21职业安康财政投资占全年财政支出比（%）	2.0	适度正指标	政府数据
		A22年末工伤参保人员占就业者的比率（%）	100.0	正指标	政府数据
	A3企业职业安康物投比满意度	A31企业职业安全健康信息化建设满意度（%）	100.0	正指标	问卷
		A32企业职业安全健康保障金建设满意度（%）	100.0	正指标	问卷
B职业安全健康政治现代化	B1职业安康政治民主化	B11职业安康重大决策中下层参与率（%）	100.0	正指标	问卷
		B12政府职业安康信息公开的满意度（%）	100.0	正指标	问卷
	B2职业安康法治现代化	B21企业违法违规处理数占总企业比（%）	0	逆指标	政府数据
		B22职业安全健康法律法规的普及率（%）	100.0	正指标	问卷
		B23企业安康管理标准化建设满意率（%）	100.0	正指标	问卷

续表

一级指标（4个）	二级指标（14个）	三级指标（31个）	目标值	指标性质	备注
B职业安全健康政治现代化	B3职业安康管理现代化	B31万名就业者政府职业安康监管人员比（%）	2.0	适度正指标	政府数据
		B32政府职业安康监管效果的群众满意度（%）	100.0	正指标	可问卷
	B4职业安康体制现代化	B41政府、企业、社会安全责任明确满意度（%）	100.0	正指标	问卷
		B42政府职业安康机构及其人事安排满意度（%）	100.0	正指标	问卷
C职业安全健康社会现代化	C1职业安康组织结构合理化	C11职业安康社会组织占总社会组织比（%）	1.0	适度正指标	政府数据
		C12企业工会等组织维权的员工满意度（%）	100.0	正指标	问卷
	C2职业安康阶层结构合理化	C21中间阶层成员占总人口比重（%）	50.0	适度正指标	学术数据
		C22全社会农民工占从业者比重（%）	10.0	适度逆指标	政府数据
	C3职业安康布局结构合理化	C31职业安康状况区域差异评价度（标准差）	0	逆指标	问卷
		C32职业安康状况行业差异评价度（标准差）	0	逆指标	问卷
	C4职业安康民生保障均衡化	C41年度全国居民人均收入的基尼系数	0.4	逆指标	政府数据
		C42农民工与正式工待遇一致的满意度（%）	100.0	正指标	问卷
D职业安全健康文化现代化	D1职业安康科技现代化	D11职业安康科技人才占总科技人才比重（%）	2.0	适度正指标	政府数据
		D12职业安康科技投入占总科技投资比重（%）	2.0	适度正指标	政府数据
	D2职业安康教育现代化	D21大专以上文化者占总劳动力比重（%）	50.0	适度正指标	政府数据
		D22职业安全健康年度受训者覆盖率（%）	100.0	正指标	问卷
		D23应急救援演练年度参与者覆盖率（%）	100.0	正指标	问卷
	D3职业安康文化社会化	D31职业安康基本操作规范熟练程度（%）	100.0	正指标	问卷
		D32媒体关注职业安全健康的满意率（%）	100.0	正指标	问卷

就中国国情历史而言，中国职业安全健康领域的经济结构与社会结构不协调的问题非常严重，具体表现为职业安全健康的社会建设严重滞后于经济增长和企业生产、交换、流通，这就在宏观上严重制约了职业安全健康的整体现代化水平的提升。目前中国职业安全健康现代化正处于由初级向中级水平迈进阶段，职业安全健康状况明显好转，职业安全健康科技现代化、职业安全健康经济现代化的水平较高，职业安全健康体制现代化、职业安全健康法治现代化、职业安全健康政治民主化、职业安全健康组织现代化、职业安全健康结构现代化等迈出步伐，职业安全健康文化社会化处于逐步推进状态。

总之，中国职业安全健康现代化研究是一个系统性的大课题，对于促进政府建立健全长效性的职业安全健康体制机制、宏观把握中国职业安全健康发展状况，对于中国实现职业安全健康根本好转的目标，对于提升公民安全意识和社会监督水平、促进企业职业安全健康和全社会安全文明发展，具有重要的指导意义和现实意义。可以根据现实需要，按照每2~3年或国家每个“五年规划”，结合国内外研究成果，定期出版和连续发布“中国职业安全健康现代化报告（年度）”，作为蓝皮书向政府、社会、企业发布。首部年度报告应从宏观角度分类、归纳综合以往的职业安全健康治理情况，此后的年度报告可适当增加个案分析。

（四）宏观层面的安全社会指标体系设计

这里，主要就一个国家或地区内部的安全状况（即国家安全性、地区安全性）进行指标体系设计。按照类别和属性，分为3类基本社会指标（具体17项）、3类安全描述指标（具体17项）、4类安全评价指标（具体为28项），包含个体安全和公共安全、绝对和相对、客观评价和主观评价、正向和负向或中性等维度（见表9-4）。这里主要从宏观层面进行设计，是一种指导性的体系，具体情况尚需具体分析；宏观层面的安全指标主要涉及具有共性方面的指标，至于某具体行业或领域，可以另作具体研究。

表9-4　国家或地区宏观层面的安全社会指标体系

类别/属性	具体指标
基本指标1（正向/客观/绝对/描述性指标）	人口总数（万人）
	土地面积（平方公里）
	国民生产总值（亿元）
	城市人口数（万人）
	流动人口数（万人）
	劳动就业总人数（万人）
	专业技术人员人数（人）
	社会组织数（个）
	机动车辆总数（万辆）
	（煤油气）能源产量（百万吨）
基本指标2（正向/客观/相对/评价性指标）	三大产业产值比
	三大产业就业人数比
	中产阶级占总人口比重（%）
	城市化率（%）
基本指标3（中性/客观/相对/评价性指标）	城乡居民收入比
	全国或地区基尼系数
	初中及以下文化从业者比重（%）
安全描述指标1（正向/客观/绝对指标）	公共安全财政投入总额（万元）
	社会保障总额（万元）
	国防军费财政投入总额（万元）
	职业劳动安全监察人员（人）
	警察（保安）人数（人）
	执业医生人数（人）
安全描述指标2（负向/客观/绝对指标）	公民名誉和知识产权侵权案（件）
	调查或登记失业人口总数（万人）
	事故死难人数（人）
	医疗食品卫生事故死亡人数（人）
	社会治安案件数（件）
	刑事犯罪案件数（件）
	自然灾害死难人数（人）
	战争死亡人数（人）

类别/属性	具体指标
安全描述指标3（中性/客观/绝对指标）	民众上访（信访/走访）事件（件）
	社会群体事件数（件）
	劳资纠纷事件（件）
安全评价指标1（正向/客观/相对指标）	亿元GDP公共安全财政投入率
	每万人公共安全财政投入率
	万人警察数（名）
	社会保障总额年增长率（%）
	亿元GDP国防公共财政投入率
安全评价指标2（负向/客观/个我/相对指标）	社会自杀率（占总人口%）
	精神病例占人口总数比重（%）
	万人公民名誉和知识产权侵权案率
	（个我生存）调查或登记失业率（%）
安全评价指标3（负向/客观/公共/相对指标）	亿元GDP事故死亡率
	10万名就业者死亡率
	城市化1%增长事故死亡率
	基尼系数0.1增长事故死亡率
	万名流动人口事故死亡率
	百个社会组织治安和刑事发案率
	初中及以下从业者事故死亡率（%）
	产量百万吨事故死亡率
	万车事故死亡率
	亿元GDP环境污染事件率
	万人医疗食品卫生事故死亡率
	万人社会群体事件数（件）
	万人上访事件数（件）
	万名二三产业人员劳资纠纷数（件）
	自然灾害死亡人数占总人口比（%）
	战争死亡人数占总人口比（%）
安全评价指标4（主观/中性）	居民个人安全感（很安全+较安全）（%）
	居民公共安全感（很安全+较安全）（%）
	居民综合安全感（很安全+较安全）（%）

第三节　安全问题调研评价过程之实例

这里，笔者以自己曾经参与的部级课题“安全监管制度创新研究”（2012—2016年）为例，具体阐述安全问题的社会调研评价的基本流程和注意问题。

一、调研目的和内容

本课题调研是根据《国家安全监管总局办公厅关于印发贯彻落实〈国务院关于坚持科学发展安全发展促进安全生产形势持续稳定好转的意见〉重点工作责任分工方案的通知》而展开的。调研目的和出发点如文件所指：进一步加强制度创新，特别是围绕高危行业和社会公共安全基础仍然薄弱、非法违法生产经营建设行为屡禁不止、违规违章等安全生产隐患严重等突出矛盾问题，以及经济增长和发展方式相对粗放、高危行业产业布局结构不合理、安全生产领域官商勾结和腐败现象频发等当前影响制约安全发展的各种深层次矛盾和问题，探索采取更加行之有效的办法措施。

调研主要内容包括三部分：①安全监管监察制度建设综述，说明安监机构成立以来制度建设的沿革、发展和取得的成效。②围绕当前全国安全生产存在的突出矛盾问题和深层次矛盾问题，分析安全监管监察所面临的形势，指出要解决的问题。③从行政文化、组织架构、工作内容及方法等方面，提出制度创新建议。

这类安全问题调研基本属于政策研究范畴，因而其目的和出发点就是针对具体实践内容，通过调研发现实践中的安全监管问题，探索有效治理对策，促进安全工作和安全状况根本好转。它与学术研究的目的大有不同。安全问题的学术调研需要理论假设，最后要验证假设的对与错，或修正后提出新的学术理论。

二、调研设计和安排

一般来说，实施之前应该有一个大体安排的调研方案或设计，包括调研方式方法确定、调研队伍组建、调研对象确定、调研经费分配、调研手册（实施细则）制定和发放。

（一）调研方式和方法

本次调研主要方式方法有：①抽样调查法，主要将全国安全监管监察分为国家安全监管总局、省级监管局、地市监管局、县乡监管机构、各类企业五个层面，按照经济发展水平（好、中、差）、地理区域（东、中、西部和南方、北方）的情况进行抽样（具体见调研对象及层面部分）。②文献调查法，主要包括对国内外安全监管监察实践（或研究）资料进行检索回顾和研究。③实地调查法，包括访谈法和观察法。访谈主要是下基层，通过与相关安全监管监察人员和企业员工召开座谈会的方式进行；观察主要是实地观察抽样的企业实际面貌和安全生产情况。④问卷调查法，主要是在实地调查对象（监管机构和企业的人员）所在地开展问卷调查，测量他们对当前安全监管监察的主观态度和看法，问卷数量不低于300份。

研究法包括：①比较研究法，主要通过对国内外的安全监管监察实践、国内好中差、东中西、南北以及今与昔的情况，进行纵横比较研究。②统计研究法，主要是对问卷调查结果进行定量统计分析，了解调查对象对安全监管监察制度建设现状的主观态度和看法及其大体比重。

（二）队伍组建、调研培训和时间安排

本次调研主要以笔者所在高校（国家安全监管总局直属高校）的部分教师为主要研究人员组建调研队伍，一位副校长为调研组长。研究人员专业涵盖安全工程学、安全社会学、安全经济学、安全管理学、安全法学、数理统计等，具有硕士或博士学位，职称为教授或副教授，年龄是老中青搭配，男女教师兼有，均有各自领域的具体研究经验和一定成果。

课题组队伍共有7~8名教师，附加个别大学生参与，按照调研内容初步进行任务分工。课题组分为两个小组分别开展实地调查。由于本次调研属于中偏小型调研，因而没有大批选调问卷调查员。本次调研6~7位教师只是临时性就调研设计安排和具体调研实务进行了一致性沟通。如果有大批调查员参与，则需要对他们进行短暂调研培训。培训内容大体包括：问卷提问方式方法、问卷填写和编号、出行安全注意事项等。

本次调研时间比较短，大半年内完成，时间安排大体是：①4—6月，两个小组分头对全国有关省安监局（煤监分局）及其地方企业进行安监、煤监、矿山相关机构和企业调研，收集材料；在此之前先去距离较近的河北省安监局或国家安监总局组织人员对象进行试调查，尤其重视问卷试调查和修正。②7—9月，课题组进行资料分析、归类、问卷统计、总结。③10—12月，撰写报告、结题上报国家安监总局。

至于具体访谈时间安排，一般是上午、下午安排2~3个小时，包括人员对象的现场问卷填答时间。

（三）调研对象及层面

调研分为四个层面，按层面确定调研人员对象，主要包括：①省级安监局或煤监分局部分领导和机关干部，座谈、问卷（10~15份）；②地市、县乡安监局（站）或煤监分局（站）的部分领导和机关干部，座谈、问卷（10~15份）；③企业中层以上干部和员工，座谈、问卷（10~15份）。

1. 安监总局（两个调研小组成员均参与）具体单位5~8个：总局办公厅、政法司、各监管司，煤监局办公室、煤监局监察司相关负责人。调研内容：出台和制定的相关监管监察制度，以及制度执行绩效统计分析情况。经费安排：×万元。

2. 省级安监局（两个小组分头进行）抽查10个省份（按照东中西、好中差、北与南原则）：一组调研黑龙江省安监局、山西省安监局、甘肃省安监局、河南省安监局、江苏省安监局、安徽省安监局；二组调研河北省煤监局、上海市安监局、湖南省安监局、广东省安监局。调研内容：国家安全监察制度执行情况，包括优缺点、不足和建议，以及地方自身的监管监察政策制定及其推行情况。经费安排：×万元。

3. 地市级、县乡镇安监单位（对应调研的省份）：抽查地市级10个、县乡镇若干个。一组调研黑龙江绥芬河市安监局、山西省大同市安监局、甘肃省酒泉市安监局、河南省平顶山市安监局、江苏省徐州安监局、安徽省淮北市安监局；二组调研河北省冀中煤监分局、上海市闵行安监局、湖南省浏阳市安监局、广东省深圳市安监局。调研内容：国家安全监察制度执行情况，包括优缺点、不足和建议，以及地方自身的监管监察政策制定及其推行情况。经费安排：×万元。

4. 企业层面（按照行业、大中小型、国有民营分类原则；对应调研省份）：抽查企业若干个。一组调研黑龙江绥芬河市地方企业、山西省大同煤矿集团、甘肃省酒泉市地方企业、河南省平顶山市地方企业、江苏省徐州矿业集团、安徽省淮北市地方企业；二组调研河北省冀中能源股份有限公司、上海市吴泾化工集团、湖南省浏阳市地方烟花公司、广东省深圳市地方软件生产企业。调研内容：国家安全监察制度执行情况，包括优缺点、不足和建议。经费安排：×万元。

（四）调查问卷设计

社会调查问卷要针对所调研的对象进行具体设计。本项问卷结构包括标题、导语和具体内容三大部分。问卷标题一般针对直接调研的问题，尽量简明。问卷导语部分比较简短，主要说明问卷调研的课题来源（国家安监局）、调研目的（监管监察制度创新）、注意事项（客观题只选一项，主观题自由作答）、调研单位（课题组）和时间。主要内容部分是问卷的主体，这里包括五大部分：被访者基本情况、安全生产基本状况、全国层面安全生产监管监察工作方面、企业层面安全监管监察工作方面、安全监管监察工作方面的建议（自由填答）。

问卷的问题设计要求：本项问卷属于中偏小型的政策问卷调查，题量低于100题。本项问卷属于半结构式问卷，既有客观选择题，也有主观自由填答题。问卷的选项设计除了五等分选项外，一般同一题目下的几个选项，在内容之间具有互斥性，即不能相互包含，否则回答问卷者不易选择。每个问题、每个选项文字或数字尽量简短明了。如果遇到上下题之间具有衔接性，必须先回答上一题；如果回答者对上一个问题选择自己不涉及的回答选项，应该跳答下一题（本项问卷无此情况）。

三、实地调查、问卷统计和总结报告

这是调研的实际展开阶段，任务艰巨，需要课题组成员的毅力和耐心，需要灵活根据调研设计和安排进行适当调整，保质保量完成任务。

（一）实地调查

对于官方组织的课题组来说，相对而言实地调查联系较为便利，均由国家安全监管总局办公厅负责联系被抽查的省级安监局（煤监局），然后层层安排下行。一般学术调查很难有此便利，但多数通过熟人关系联系调查点和人员。

本次调研由第二个小组负责对河北省进行试调查。试调查中，发现问卷和访谈方面有一些方式方法问题，课题组及时进行沟通、修正，达成一致意见，两个小组分头实施实地调研。

两个小组利用高校暑期时间，按照安排各自飞赴各地进行调研，具体路径选择和实践安排，由各小组成员根据具体情况实施。其间，也出现难以找到具体联系人的情况。

在调研国家安监总局部门情况的时段，最后以总局党校学员为替代进行座谈和问卷。

每调查一个省份，均自行撰写分调查报告，记录调查过程、主要问题和观点等。

（二）问卷统计

问卷回收、检查和编号：本次回收问卷406份。在统一检查、编号过程中，发现5份问卷没有做完，属于废卷。因而此次回收有效问卷401份，占98.77%，符合问卷调查的基本要求。检查中，对于个别含糊的回答或多项问题，尽量根据回答者意图做技术处理。

问卷录入和统计：委托课题组所在高校的数学教师及其学生，使用通用的SPSS法完成，效果很好，图表同时具备，统计数据结果分发课题组成员使用。

（三）总结报告

最后的调研报告是课题的总任务和目标。本次实地调查结束后，课题组成员开会进行调查经验得失交流，分头交叉学习分调查报告。并针对统计结果，按照事先草拟的总报告纲目对之进行反复讨论，分工草拟研究报告，汇总修改，最后成型提交给上级政府部门。

本次安全监管监察制度创新研究报告，属于专题应用性报告，既有问题描述，也有理论分析和对策探讨。报告结构大体分为标题、导语、正文主体、结语四大部分。整篇报告大约10万字。

研究报告正文主体部分的内容大体包括：①研究基础，包括课题研究背景（全国安全生产形势总况和政策背景）、研究目标和意义、研究内容、研究理论和方法。②全国安全生产监管监察制度的沿革与发展，主要是中央层面安全生产监管监察制度体系的形成、框架与变革。③全国安全生产监管监察制度执行情况，主要是结合实地调查和问卷，内容包括地方安全监管监察制度的执行、存在的问题，以及地方制度的实践创新。④国外安全生产监管监察制度概况，包括安全生产监管监察制度的产生和发展，重点分析美国、俄罗斯、日本等国家的经验并借鉴其中有用的经验。⑤全国安全生产监察监管制度创新建议，包括研究结论、建议的基本原则和主要对策。

下 篇

应急社会学

第十章

研究对象与基础

应急，因急而应，为急而应。应急，应对突然发生的、需要紧急处理的事情。这类突然发生的事情，绝大多数超出了人们的预期或意料，是一种意外性的突发事件，但又是情理之中的事情（比如目前流行预案制定的做法）。

从社会学角度来看，突发事件是一种客观社会事实，一种社会现象。应对突发事件，则是一种社会行动，一种理性化的社会行动，也是一种社会现象，如俗语所言：情急生智，心急如焚，急人所急，等等。因此，在社会学看来，应急本身或许具有一种学科建构意义的可能性。

第一节　概念之争与学科对象之争

一、应急、应急管理与安全争论

“应急管理”概念，大约是20世纪90年代出现在中国的官方文献当中，首先是从核安全应急领域发展起来的，最初称“核事故应急管理”。[①]经查询，1993年8月4日，国务院发布了第124号令，即《核电厂核事故应急管理条例》。其中的文件标题就载有“应急管理”四个字。2018年3月，中国政府组建应急管理部，国内对“应急”“应急管理”“安全”等概念或内涵的争议一度趋热。

关于“应急”与“应急管理”的理解，国内管理（科学）界、灾害科学界等通常将“应急”称为“应急管理”，因而将英文emergency直译为“应急管理”，或将emergency management译为“应急管理”。[②]他们一般认为，“应急”本身就是管

① ［美］M.K.林德尔、卡拉·普拉特、罗纳德·W.佩里：《应急管理概论》，王宏伟译，中国人民大学出版社2011年版，译者前言。

② ［美］M.K.林德尔、卡拉·普拉特、罗纳德·W.佩里：《应急管理概论》，王宏伟译，中国人民大学出版社2011年版，译者前言；林毓铭等：《〈应急管理理论与实务〉总序》，载［美］乔治·D.哈岛、琼·A.布洛克、达蒙·P.科波拉：《应急管理概论（第二版）》，龚晶等译，知识产权出版社2011年版；闪淳昌、薛澜主编：《应急管理概论——理论与实践》，高等教育出版社2012年版。

理部门应对突发或紧急事件的一个专门词汇，上升到国家法定行为或管理层面，才能调动一切积极因素应对灾难。①这有一定的道理。有的学者则认为，应急不仅是管理事务或管理科学研究，还有应急科学、应急技术、应急工程、应急文化、应急产业、应急法治等对突发事件的应对及其研究。②这也有一定的道理。

除了"应急"与"应急管理"概念的争议，"安全"与"应急"（或"应急管理"）的争议也同时白热化，主要集中在安全科学与应急管理学两者之间。③应急学派主要源于自然灾害研究及灾害应对，认为应急过程通常分为预防（或减轻，Reduction）、准备（Readiness）、响应（Response）、恢复（Recovery）4R阶段（当然还有其他学者的划分），④强调应急大于安全。他们认为，应急对应的领域很广泛，既包括自然灾害应急，也包括安全生产事故应急，还有公共卫生事件应急、社会安全应急，同时也包含安全预防。⑤安全学派立足于安全科学，强调安全大于应急。他们认为，安全大链条（过程）包括事前预防、事中应急、事后恢复与救济等，因此认为安全包含应急，应急只是大安全过程中一个必要的中间环节。⑥

二、对概念之争的评价及其启示

（一）应急管理一词逐渐俗语化

应该说，英文emergency只是突发事件（或紧急情况）的意思，并无管理或应对之义；英文management除了管理之义，还有应对、应付之义。因此，emergency management应该译为突发事件管理（或紧急情况管理），或直译为"应急"；但国内目前普遍翻译为"应急管理"，似有间接意译之嫌。⑦

（二）应急管理是国家综合活动

国内外关于"应急"或"应急管理"的解释，一般放在公共管理的角度加以界定，比如国外学者哈岛等认为，应急（emergency management）是一门处理风险与

① 闪淳昌、薛澜：《应急管理概论——理论与实践》，高等教育出版社2012年版，第51页。

② 钱洪伟：《应急科学与工程学科知识体系发展策略——应急科学学初步探索》，《灾害学》2018年第1期。

③ 颜烨：《安全与应急的关系：基于产研学分域的分析》，《情报杂志》2019年第9期；颜烨：《从应急与安全的关系谈文化应急》（简要发言整理），"科普公社"微信公众号，2020年4月22日。

④ ［美］M.K.林德尔、卡拉·普拉特、罗纳德·W.佩里：《应急管理概论》，王宏伟译，中国人民大学出版社2011年版，译者前言；林毓铭等，2011；王宏伟，2011；闪淳昌、薛澜，2012；等等。

⑤ 陈安、陈宁、倪慧荟等：《现代应急管理理论与方法》，科学出版社2009年版，第75—80页；林毓铭等：《〈应急管理操作实务〉前言》，载［美］布伦特·H.伍德沃思：《应急管理概论》，龚晶等译，知识产权出版社2012年版。

⑥ 吴超：《深度：杂说应急》，"安全新论"微信公众号，2020年4月3日。

⑦ 颜烨：《基于总体观的"常分急合式"应急体系探析》，《中国国情国力》2020年第6期；颜烨：《灾变场景的社会动员与应急社会学体系构建》，《华北科技学院学报》2020年第3期。

防止风险的学科；是保障每个人日常生活安全不可缺少的一部分。[①]美国应急联盟认为，应急是一门运用科学、技术、规划以及管理对造成人员伤亡、财产损失的极端事件进行处理的学科和专业，它涉及备灾、减灾、应对和恢复四个步骤，主要功能包括规划、培训、模拟（演练）以及协调各种活动。[②]林毓铭等学者则将其界定为：政府和其他公共机构在突发公共事件的事前预防、事发应对、事中处置和善后管理过程中，通过建立必要的应对机制，采取一系列必要措施，保障公众生命财产安全，促进社会和谐健康发展的有关活动。[③]国内顶级应急管理学者闪淳昌、薛澜主编的《应急管理概论——理论与实践》教科书，以及专著《危机管理：转型期中国面临的挑战》则认为，应急管理是针对各类突发事件，从预防与应急准备、监测与预警、应急处置与救援，到事后恢复与重建等全方位、全过程的管理。[④]从这些界定看，一方面，应急（管理）是针对突发事件而采取的一种过程性与系列性的机制措施，而不仅仅是管理学所称的狭义管理，是一种综合性的社会活动，另一方面，应急（管理）是保障人们的生命财产安全的一种手段，安全是其目的。

（三）应急对象不限于单一灾种

上述的争论对于构建应急社会学体系、拓展研究对象领域具有相当重要的意义：一方面，有助于将应急事务拓展为包括应急管理、应急科技、应急文化、社会参与应急服务等在内的大范畴；另一方面，应急不是某单个领域的应急，它包括自然灾害应急，也包括生产或公共领域突发事故、公共卫生事件、重大社会安全突发事件的应急，这也是社会应急体系和能力建设亟须针对的全部领域。

（四）安全与应急环节略有偏重

应急学派所指应急管理四个环节也包含预防，倾向于将“安全预防”与“应急预防”等同。但一般认为，安全科学所指的“安全预防”，是为了保障“不出事”，指风险被化解、消灭；而应急预防一般是针对“出事时”如何做好充分预防、准备以应对、避免灾变伤害，或减少灾变损失，当然其目的也是保障和维护

---

① ［美］乔治·D.哈岛、琼·A.布洛克、达蒙·P.科波拉：《应急管理概论（第二版）》，龚晶等译，知识产权出版社2011年版，第1页。

② ［美］M.K.林德尔、卡拉·普拉特、罗纳德·W.佩里：《应急管理概论》，王宏伟译，中国人民大学出版社2011年版，第342页。

③ 林毓铭等：《〈应急管理理论与实务〉总序》，载［美］乔治·D.哈岛、琼·A.布洛克、达蒙·P.科波拉：《应急管理概论（第三版）》，龚晶等译，知识产权出版社2011年版；杨月巧：《应急管理概论》，清华大学出版社2012年版，第20页。

④ 薛澜、张强、钟开斌：《危机管理：转型期中国面临的挑战》，清华大学出版社2003年版，第56页；闪淳昌、薛澜：《应急管理概论——理论与实践》，高等教育出版社2012年版，第51页。

安全。因此，两者所指的“预防”尚有一定侧重。[①]此外，从结构和功能角度看，安全过程（环节）与应急过程（环节）的差异是结构性差异，但还有功能上的差异：安全预防是隐功能（避免了灾变），应急救援是显功能（行动绩效是可见的）。

（五）应急在总体上属于大安全

从实际看，80%以上的应急行动是直接或间接为了安全，从而可以认为，应急属于大安全范畴的重要一环，应急行动属于安全行动的重要组成部分。因此可以说，应急是为应对突发性事件而必须采取紧急措施和手段的一种社会活动。应急就是为保障和维护安全，是总体安全的重要组成部分，是实现安全的一种重要手段。

（六）应急或安全难脱风险考量

其实，无论是灾难（灾害）、应急，还是安全，均源于对风险的思考。风险治理才是安全、应急的话语中心。风险是人类社会之后的绝对客观存在。当风险没有被人类理性思维或技能所发现，或者风险被发现或被知晓后任其自然变化，不作为或乱作为，其结果就会走向灾变；而人类通过各类理性（如管理理性、科技理性、法制理性等）把握风险的转变，如安全预防、化险为夷、驱灾避难、及时应急，就会变得安全或使损失较少。因此，灾变、应急、安全，全在风险与人类理性的关系中（见总论图2）。这方面在笔者2006年底所著的国内首部《安全社会学：安全问题的社会学初探》中有所阐述。[②]

三、作为学科对象之争及其评价

人们最初对于应急事务的认识，一般都是从具体操作层面和实务工作层面加以认识的，因此很难上升到理论建构或学科专业层面。[③]实际上，单从2019年中国国内高等教育本科学科专业名录来看，时至今日，已经发展出诸多学科专业，如涵盖在工学门类的应急技术与管理（隶属安全科学与工程一级学科）、抢险救援指挥与技术（隶属公安技术一级学科），涵盖在管理学门类的应急管理（置于公共管理一级学科之下）等。在国家标准《学科分类及代码》（GB/T 13745—2009）中，一级学科安全科学技术中的二级学科公共安全下面同样可见

---

① 颜烨：《安全与应急的关系：基于产研学分域的分析》，《中国国情国力》2019年第9期；颜烨：《灾变场景的社会动员与应急社会学体系构建》，《华北科技学院学报》2020年第3期。

② 颜烨：《安全社会学：安全问题的社会学初探》，中国社会出版社2006年版。

③ 闪淳昌、薛澜：《应急管理概论——理论与实践》，高等教育出版社2012年版，第51页。

三级学科应急决策指挥、应急救援，以及临床医学下面有急诊医学，公共管理下面有危机管理（也称“应急管理”）等。这些均表明，国内“应急”不仅仅限于具体事务操作层面，已经逐步进入学科专业建设领域。

在国外高校教育中，也有开设应急管理学科和专业的。比如，据不完全统计，英国有27所高校开设与风险管理紧密相连的应急（管理）课程，如紧急情况规划和管理（Emergency Planning and Management）。如前所述，之所以与风险管理紧密相连，他们认为，应急管理是风险管理的延续，在风险管理过程中对风险的不当处置造成的不利后果，才会转换成应急管理的对象。[①]

从社会学角度看，应急是人们针对突发事件采取的一种行动，一种理性化的社会行动；而且这种理性化的社会行动会逐步形成诸多社会结构，渗透到诸如社会组织、社会工作、社区等实体组织或机构层面，从而构成一种特定的社会现象或社会事实。这种理性化的社会行动必然蕴含着一定的特征规律，因而完全可以作为一种学科对象加以研究。在社会学上，其就叫“应急社会学”。

第二节　应急的元素、特性及功能

这里的元素、特性和功能，分别是指与自然相对的社会元素（因素要素机制）、社会特性、社会功能。应急，作为一种社会行动（或称为社会性活动，包括应急管理和施救），始终包含支撑和构成它的相应社会要素、影响它的社会因素、它发挥社会功能作用的社会机制，以及它应该表现出来的社会特性（或本身的社会属性）和社会功能。这是从社会学角度考察应急行动的必要元素和功能。后面章节将针对这些构成应急行动体系的社会元素进行专门论述。

一、应急行动的社会要素

社会要素是应急行动内在的必不可少的社会构成要素。若基于社会学视角，借鉴公共管理的要素分析，[②]社会要素一般包括社会主体、社会客体、社会目标、社会资源手段、社会环境等。

（一）应急的社会主体

应急社会主体即是主动实施应急管理和救援行动的主体，包括公民个人（最

① 顾林生、陆金：《英国高校应急管理学科建设》，《安全》2017年第10期。

② 黎民：《公共管理学（第二版）》，高等教育出版社2011年版，第17—18页。

基本主体）和各类组织（集合性主体）两个大类。以此为基础还可以按照不同标准和不同区域等进行细分。

1. 个人主体

这是最基本的应急行动者、最基本的应急主体。他们可以分为四大类：①普通公众；②应急领导者、决策者和指挥者；③应急管理专家个人、应急消防救援员、应急社会工作者、应急心理咨询师等应急专业技术人员；④应急产业运营者，主要是应急产品和技术生产供应人员。在现代社会，除了普通公民，其他个人应急主体，均有可能被整合进入或源自某类组织。后面章节会有详细分析。

2. 组织主体

组织是人们按照特定的共同目标、凝结共同意识进行互动整合的有组织的社会群体。参与应急行动的群体必然要有组织性，否则无法有效实现应急目标。从宏观社会系统来看，最基本的组织就是政府（大政府概念）、企业、社区和社会组织（非政府类）三大类。它们均有应急功能，有些还是专门的应急组织，如政府应急管理部门、应急科技研究院、应急救援队、应急产业联盟、应急救助志愿队等。

在中国，目前最主要的应急救援组织主体，概括起来就是"党政军民"。总体上基本形成了中国共产党领导下的以国家综合应急救援队伍为主力、以军队应急专业力量为突击、以各类专业应急救援队伍为协同、以社会应急力量为辅助的中国特色应急救援力量体系。具体包括：①政府应急力量。各级各类政府部门的应急管理干部和职员队伍、综合性消防救援队伍，以及安全生产应急救援队伍、国有企事业单位自有应急救援（救护）队伍、公安队伍、卫生应急队伍等专业化应急力量。②军队应急力量。这是中国一支特有的、突击性的应急队伍，涉及参与应急管理和救援的各兵种部队（包括武警）广大官兵。③民间社会应急队伍。包括专业化的应急社会组织、一般社会组织介入应急的临时队伍和志愿者队伍，以及普通民众个体。本书主要针对介入应急的社区和"社会性"组织分专章论述。

（二）应急的社会客体

应急的主要目标是针对突发事件而保障人民群众生命财产安全，因此这里面就涉及人、财产、各类系统等社会客体。最主要的是受灾居民这一客体对象。

1. 受灾居民

受灾居民是各类灾种的伤害对象，无论身份地位、工作职业、国籍、地域如何，只要遭遇任一突发性灾害（灾难）伤害，就都是被救助的客体对象。受灾居民的生命安全是被应急救援的第一对象。当然，有些灾民本身也同时为应急主体。不过，这里不包括与民为敌的邪恶势力的应急保障。

2. 相关财物

是指与受灾居民相关联的各类财物，包括房屋建筑、矿山、设备设施、农业作物、家养禽畜、交通工具、各类生活起居家什等。既有私人的财物，也有公共的财物，是能够维系居民生活、企业生产、社会公共服务的经济基础，同样是应急行动的客体对象。

3. 各类系统

这里具体包括有形或无形的系统，大到国家、城市等，小到社区、家庭、工厂、学校、医院、交通站和交通要道等，以及各类现代的信息化平台系统、国家或区域电网等。它们的安全即是居民的安全，是居民安全的依托所在，应该处于应急客体对象之列。

此外，突发事件也是应急的客体元素，偏重于自然元素（即便社会安全事件，也是社会的"自然"事件）。突发事件具体讲就是中国《突发事件应对法》所厘定的自然灾害、事故灾难、社会安全事件、公共卫生事件这四大灾种。由于它们同时兼有社会客体的特性，是侵害居民生命财产安全的负性客体，是必须通过应急行动进行防灾、减灾、救灾，排除对人的危险伤害的对象，因而有时也纳入应急的社会客体。

（三）应急的社会目标

应急的社会目标，应该分为三大类层，不同类层有不同的社会目标任务，且可以通过事先规划进行任务安排。

1. 最高层次的应急目标

应急的最高社会目标，即上述保障人们的生命财产安全，最基本的就是对受灾居民救死扶伤，这也是总体性的应急目标、最基本的应急目标。它也是最高的应急伦理价值，否则不称其为社会正当性的应急行动。

2. 不同环节的应急目标

虽然总体应急目标是安全保障，但应急管理通常具有不同应急环节和过程，包括预防、准备、响应、恢复四大阶段。[①]因而不同阶段环节具有不同的具体目标：①减灾预防阶段的目标，一是减低灾害（灾难）风险及其演化程度，二是防止灾害（灾难）对人的巨大伤害，关键是通过"预"来"防"。②应急准备阶段的目标，就是保障突发事件来袭时，应急救援的物资、设备设施和技术等充盈有效，

① ［美］罗伯特·希斯：《危机管理》，王成等译，中信出版社2003年版，第21—23页。

一是确保有物可用，二是确保凡物能用。③应急响应阶段的目标，就在于通过快速行动，达到救死扶伤及保全无损的目的。④恢复重建阶段的目标，就是通过应急管理和救援、救济和补偿等，对受灾居民进行抚慰疗治、安置和赋能，同时对受灾财物和系统进行修复重建，恢复其正常状态。

3. 不同主体的应急目标

这方面会有很多具体目标。比如，个人主体中，应急管理专家个人是为政府和社会应急出谋划策，达到安全保障的目标，消防救援员是在救灾现场科学施救、救死扶伤，医护人员则是对受伤居民进行疗治，应急类师资就是教授应急技能和知识，应急企业管理者就是保障应急物资正常生产供应。而对于组织主体来说，政府就是最大限度组织和动员全体应急力量参与到应急管理和救援事务中，企业则是尽力出资、出力（应急类产业企业尤其要出产品、出资财），社会组织主要是出力、出能（应急类社会组织尤其如此）。

（四）应急的社会资源手段

无论哪一环节或是哪个主体，应急的社会资源和手段都可以分为几大类型：①经济资源和手段。主要包括应急必需的生产生活物资、应急资金投入、设备设施尤其是现代化的应急技术装备等，具有应急必备的适应性功能。②制度资源和手段。制度从某种意义来讲也是一种社会资源，有的学者将之单独列为一种应急要素，具有支撑、指向、激励、惩戒、保障等目标实现功能，具体包括应急法律法规、各类规章制度、应急标准和政策，以及应急预案等。③社会资源和手段。主要是指社会关系资源（社会资本）等，具有应急的社会聚合、关系调节、合作共建等功能作用。④文化资源和手段。包括应急的核心价值理念，可促进全社会应急共识、应急氛围的形成，具有维序的社会功能；同时包括应急知识技能的宣传教育和科普、应急舆情处置，尤其包括应急信息化、数字化、智慧化技术手段（科技本身是一种文化）等。

（五）应急的社会环境

应急是一种特殊的社会行动，必然居于特定的应急环境即突发事件特定情景中，但又涉及常态的社会系统环境（后面章节详述）。社会环境（与自然环境相对应）要素非常多，按照不同内容，可分为经济环境、政治政策或法治环境、社区和社会组织环境、文化环境、国际环境等。它们既是应急的环境要素，也是影响应急目标能否实现的因素，下文将详细阐述。

二、影响应急的社会因素

与要素不同，因素一般是引发某种行动或时间的具体原因。影响应急行动成功与否的因素，有内在的也有外在的，有直接的也有间接的。从社会学角度看，应急行动一般涉及社会制度、文化心理、社会结构、经济基础、政治环境等影响因素。这是从“四位一体”子系统构成的社会系统角度展开来看的。[①]

（一）影响应急的经济因素

对于一个国家或地区、一个企业、一个家庭或者单个人而言，经济发展水平、家庭或个人收入，都是影响应急行动和成效的基础性社会因素要素。具体而言，应急经济系统建设包括灾前、灾中、灾后的公共财政投入和社会资金投入。没有较强的经济物质基础，就无法抵御巨大风险的灾变冲击；尤其在现代社会，就无法研发、配置现代化的应急技术装备和信息化系统，因而很难保证应急响应的成功率。即便到了恢复重建阶段，没有强大的经济、资财等作为后盾和保障，居民的身体康复、生产生活的恢复都难以为继。

从世界各国发展情况看，就影响应急行动的因素而言，经济发展速度对突发事件及其应急频度等均有影响。一般而言，经济高速增长时期，突发事件相应增多，应急事务相对增加；相反，经济发展缓慢或者高速之后的回落时期，突发事件风险相对较少或减少，应急行动频度和强度有所减少减弱。

（二）影响应急的制度因素

各类应急管理和救援制度，是应急行动本身的内在要素，必不可少，尤其在现代社会，务求制度完备。因为激励性应急类制度指明应急方向、保障应急成效；禁止性应急类制度规范应急行为、依规追查责任。

而对于影响应急行动和成效的制度，可以从两大层面来分析：一方面，宏观层面的制度，主要包括国家根本的政治制度、意识形态类制度，以及宪法和部门法等。不同意识形态的国家、不同的国体政体，影响法律法规的制定，当然对应急管理、应急行动和成效的影响很大。比如联邦制自由国家和单一制中央集权国家，在疫情应急防控方面就有很大差别（后面相关章节详述）。另一方面，中微观层面的制度，既包括经济社会的发展型政策制度，也包括各类应急管理本身的

① ［德］马克思、恩格斯：《马克思恩格斯选集（第二卷）》，人民出版社1972年版，第82页；郑杭生、李强等：《社会运行导论——有中国特色的社会学基本理论的一种探索》，中国人民大学出版社1993年版，第3—13页；Parsons, T., *The Social System*, London: Routledge & Kegan Paul Ltd, 1951；［美］乔纳森·特纳：《社会学理论的结构（第6版上）》，邱泽奇等译，华夏出版社2001年版，第30—44页。

制度，它们共同构成统筹发展与安全的制度体系。微观层面的制度是更为具体的行为激励和约束、行动保障规范，尤其是其中的应急管理类制度的有与无、多与少、精与粗等，对应急行动和成效的影响比较大。

(三)影响应急的结构因素

这里主要是指社会结构关系因素，是应急社会学研究的核心因素，也是应急行动的核心要素。主要包括两大方面的社会结构因素和要素：一方面，是指宏观社会系统层面的政府、市场与社会三者的关系结构，这是应急社会结构的基本面。三者之间关系是否均衡、是否平等协调，对应急资源配置、应急政策制度、应急行动安排等都有较强的影响。另一方面，是指应急管理系统内部的成员之间的关系格局和方式，包括全社会不同类应急职业群体、不同区域或行业应急管理结构等具体结构关系，对应急管理和行动成效有相当大的影响。后面相关章节具体分析。

(四)影响应急的文化因素

这里包括三大类文化因素或要素：①涉及民族文化心理、国情历史等因素或要素，它们其实构成一个国家或地区应急管理和行动的基本面相。作为影响因素来讲，主要影响应急管理各环节和应急行动的目标方向、行动过程、轻重缓急程度、应急人财物投入力度和强度，尤其规定应急的基本价值理念。②应急文化建设本身，在全社会或某个区域或某个行业内部，则体现为一种应急氛围，具体如应急物质文化、应急精神文化、应急制度文化、应急行为文化等。关于应急文化因素和要素，后面相关章节会有详细阐述。③应急行动者的文化程度、应急知识技能教育程度。一般而言，全社会居民的文化程度较高，对应急知识技能掌握较多，更有利于应急管理和行动成效的提升。

(五)影响应急的科技因素

科技因素或要素，既表现为一种文化因素或要素(科技即科技文化)，也表现为一种物质因素或要素(科技是第一生产力)。每个时期、每个社会都会有一定的科技进步，进而带动应急科学技术发展，改进应急管理和行动方式，促进应急管理和行动成效提升。在现代社会，随着信息化水平的提升，应急领域的人工智能(AI技术)、GIS和GPS技术的广泛使用，必将极大改进和提升应急治理能力。

(六)影响应急的国际因素

国际环境、国际关系等也是影响应急的重要社会因素。因为这些因素决定全球能否进行应急管理合作，以及合作程度的强度、深度、广度和频度，对人类命运共同体建设具有根本性的影响。同时，国际因素对一个国家或地区内部的应急行动和成效同样具有影响，主要表现为道义上的应急支持、经济物质上的应急资助、制度安排上的应急规划等。

三、应急行动的社会功能

如前所述，社会学认为，社会有机体（社会系统）分为经济、社群、政治、文化等子系统，分别具有适应社会、社会聚合、实现目的（达鹄）、维续模式的社会功能。如果我们将应急管理和行动作为一个具体小社会系统，它会具有安全保障、社会团聚、政局稳定、理念升华等社会功能。在前面相关章节论述过安全的社会功能，但应急行动稍有不同。

（一）安全保障功能

如前所述，应对突发事件、保障人的生命财产安全，是应急管理和行动最基本的社会目标，也是它最基本的社会功能。以人本安全保障为基础，还可以衍生为各类系统安全保障功能：国家安全保障、城市公共安全保障、社会安全稳定保障、企业安全发展保障、经济社会可持续发展保障等社会功能，即安全是发展的前提，发展是安全的基础。统筹发展与安全、以新安全格局保障新发展格局，成为民族伟大复兴、中国式现代化建设的重要方略。

（二）社会团聚功能

突发事件的发生，必然牵动千家万户的心。面对灾难，面对冲突，通过党的引领、政府动员、社会参与、多方疏导，一方有难、八方支援，汇聚众志成城、万众一心的力量。比如，陌生人之间通过抗击灾难，相知相识；仇人之间通过患难与共、并肩战斗，逐渐摒弃前嫌、和好如初；组织之间、区域之间、城市之间、城乡之间、上下之间，通过应急动员、抗击灾难、互献爱心等，形成“结对子”“一帮一”“家连家”等援助方式。加上信息化沟通方式的链接，民族团结友爱的传统进一步发扬光大，社会有机团结和整合进一步巩固壮大。

（三）理念升华功能

通过一场突发事件的应急管理和行动，尤其应急响应环节的实施，全社会应急文化建设得以纵深推进和发展。人们的防灾意识、忧患意识、风险意识、应急共识、安全共识得到进一步增强。最主要的是，人们关于生命安全保障的珍贵理念得到进一步升华，人性得到洗礼和淬炼，有助于指导和推动各类应急政策制度、应急行为规范、应急管理机制建设。最终形成全社会的应急文明、安全文明，发挥事半功倍、潜移默化的应急功能。

（四）系统升级功能

灾难是一所学校。人们从中能够学习和反思许多有益的经验教训。通过反思性学习不断改进应急管理和行动系统，未来再面临类似突发事件就有了一种可借鉴的“文本经验”和可以遵循和参考的制度规则、应对方式等，从而使得应急理念、应急管理、应急技术、应急行动、应急专业、应急人才等各方面都有很大的改进。如中国特色的“一案三制”应急管理体制，即是2003年针对非典疫情防控产生的；中国式慈善事业的兴起，即是在2008年汶川大地震时期促成的；中国2020年以来兴盛的应急管理专业、高校应急管理院系建设等，也都是基于2020—2022年疫情应急防控的新思考和新作为；2021年郑州大水灾，进一步促发了海绵城市、智慧城市建设的反思和改进。

（五）政局稳定功能

政治具有根本性，政局稳定是经济社会发展的重要保障。一场灾难尤其一场社会冲突，如果得不到妥善处置和应对，矛盾得不到妥善解决，将会埋下政局动荡的祸根。成功有效且逐步制度化的应急管理和行动，一方面体现执政党执政为民的科学精神和实践经验，另一方面使得全社会更加紧密团结在执政党周围、拥护党的领导，从而反过来促进和保障社会稳定、政局稳定。

四、应急达鹄的社会机制

机制，顾名思义，就是机器运行的模式（运行原理），后指一个系统中各种要素相互作用、相互联系的稳定性结构关系和规律性运行模式。实现应急管理和行动目的的社会机制是什么？不同学科有不同的看法。比如，一些应急管理研究者从公共管理角度，针对应急管理的预防、准备、响应、恢复四大环节各自发挥的作用，将其作用机制分解为风险防范机制、社会动员机制、监测预警机制、决策指挥机制、心理抚慰机制等20项，[①]有的属于公共管理学范畴，有的具有社会学内涵。这里，我们借鉴郑杭生等社会学家基于社会功能视角对社会运行机制的分析，将应急管理与行动视为一个具体小社会有机体系统，同样涉及动力机制、激励机制、控制机制、整合机制、保障机制五大类二级机制，[②]里面还可以细分为具体三级机制。

（一）应急的社会动力机制

按照马斯洛的需要层次理论，人的各种需要是激励人的行为的基本动力源。

① 闪淳昌、薛澜主编：《应急管理概论——理论与实践（第二版）》，高等教育出版社2020年版，第225—414页。

② 郑杭生主编：《社会学概论新修（第四版）》，中国人民大学出版社2013年版，第9页。

那么，社会需要则是社会运行发展的基本动力源；安全需要则是应急行动的基本动力源。安全需要在马斯洛五层次需要理论属于较低层次（第二层次）的基本需要。突发事件一旦发生，其灾难性后果必然伤害人的生命安全，这是应急最基本的动力。安全需要机制是应急的社会动力机制。

除了人的生命安全、财产安全保障的需要，对于执政党和政府组织来说，保持社会稳定、政局稳定，也是他们的职责所在，是巩固执政基础的需要。对于企业来讲，就是确保企业生产经营可持续发展。因此，稳定需要机制、发展需要机制是安全需要机制的延伸，同样是应急的社会动力机制。

综上所述，应急的社会动力机制具体可分为安全需要机制、稳定需要机制、发展需要机制等三级机制。

（二）应急的社会激励机制

面对突发事件造成的巨大灾难，人们往往会基于人道主义原则参与救援。这本身就是人性激励，有些人可能因此认为不再需要外在的社会激励。但是换个角度看，人性有善恶美丑两面，“人生似鸟同林宿，大限来时各自飞”的现象不是没有，贪生怕死、畏惧现场、临阵脱逃、囤积居奇的情况时有发生，因而对应急行动开展社会激励，实有必要。

激励机制从性质上可分为正向激励机制（激励）和负向激励机制（惩罚），合起来说就是社会奖惩机制。这类机制贯穿于应急管理和行动的每个环节，从而可以衍生为安全预防类奖惩机制、应急准备类奖惩机制、应急响应类奖惩机制、恢复重建类奖惩机制。尤其在日常的安全预防、应急准备和恢复重建三大阶段的筹资投入、融智献策、科普宣教、唤醒预警、出工出力等方面，亟须正向激励，鼓励人们善事善举，积极扬善惩恶、奖优罚劣、奖勤罚懒，以罚促奖。

应急正向激励的制度化手段通常包括荣誉奖励、资财补偿、榜样选树等，负向激励手段通常包括依法依规训诫教育、谈话诫勉、降薪降级、警告、留职察看、撤职、罚款、拘留、正法等。

（三）应急的社会控制机制

应急行动是一种较为紧迫、风险较大的行动。为确保应急管理和救援有为、有序、有效，需要进行一定的社会控制。如果按照应急环节划分，应急控制可分为事前控制、事中控制、事后控制。如果按照应急行动内容划分，可以分为风险评价控制、资源调配控制、响应行为控制、总结反思控制等。这里我们主要从社会学视角谈谈应急的社会控制。

社会学认为，社会控制一般分为组织、制度、文化三类控制手段。[①]因此，应急社会控制机制具体包括：①应急组织控制机制。主要是通过组织的指令、威权、规章、纪律对应急行为和过程进行控制。②应急制度控制机制。主要是通过法律法规、党政权力、公共政策等对应急行动及其过程的控制。③应急理念控制机制。主要通过伦理道德、风俗习惯、信仰信念、社会舆论、乡规民约等非正式手段，对应急行动进行广泛的、自觉内在的、非强制性的控制，从而确保应急各个环节的效率和安全保障目标的实现。

（四）应急的社会整合机制

应急的社会整合的目的是把分散的、陌生的或者之前有冲突的各种力量和资源整合起来，拧成一股绳，形成应急行动的合力。广义的社会整合（包括系统内整合）包括社会行动者之间的关系整合、系统内各部分之间的关系整合，以及资源、能力、专业知识等的整合。若从整合方式或手段看，包括直接互动、引领引导、社会动员、资源链接、沟通协调和组织制度等；若从整合的内容看，包括应急主体的关系整合、应急系统内要素整合、专业知识整合、资源能力整合等。当然，还有各类应急环节的整合分类。

这里，我们从不同应急主体的角度进行归纳分析：①党组织的引领整合机制。这在中国尤其是指发挥执政党及其各级组织的领导作用、战斗堡垒的作用，将各类分散的社会力量和资源整合起来，以促进合作、协同共建展开应急行动。这是具有当代中国特色的最大最佳的应急整合。②政府动员引导整合机制。大灾大难来袭，政府是最大的整合机器或工具，在党组织引领下，针对突发事件发挥指挥棒的作用，开展社会动员、加强组织引导，整合多元主体的各类资源和能力，加强利益关系协调、现场沟通协调等，共同防灾减灾救灾抗灾。③社会资本关系整合机制。主要是各类社会群体、社会组织和企业等，通过非正式关系网络（社会网络机制），运用长期积累的信任关系（社会信任机制），密切加强社会合作（社会合作机制），从而提升应急效能和实现安全目标。

（五）应急的社会保障机制

广义的社会保障（包括狭义的社会保障政策），是促进社会正常运行必不可少的社会机制。确保应急管理和行动有序有效，就会涉及下列社会保障机制：①物质保障机制。这是应急行动见效的最基本的经济物质基础，包括事前投入、事中资助、事后保障等物质和资金的投入等。②制度保障机制。如前所述，这是

---

① 郑杭生主编：《社会学概论新修（第四版）》，中国人民大学出版社2013年版，第405—408页。

保障应急行动有效的根本前提，包括各类法律法规保障、规章制度保障和非正式规则保障，也包括组织指令、纪律约束性保障。③科技保障机制。这是现代社会开展应急行动必不可少的保障工具和机制，包括科技投入、科技研发、成果应用、科技政策和科技人才的保障，尤其是高精尖新技术在应急领域的应用。④社会政策保障机制。主要涉及狭义的社会保障体系，即社会保险、社会福利、社会救助和优抚安置机制。一般在事后（恢复重建时期）推行开展，但在事前也有较强的预防作用，这类机制同样必不可少。⑤社会安抚关怀机制。这主要是指通过政府购买服务或专业社会组织（如社会工作机构、心理咨询机构等）介入突发事件现场，事中事后对受灾居民进行心理抚慰、终极关怀的服务和保障，这在现代社会越来越成体系。

五、应急行动的社会特性

最后，我们谈谈应急作为一项社会行动的社会特性，即固有的社会属性和展现的社会特点。一些公共管理学者往往着眼于公共危机管理的自然属性和社会属性两个方面进行分析。如有的认为公共危机（突发事件）管理具有主体的整合性、处置的时效性、手段的强制性、技术的专业性等特征。[①]这里，我们着眼于"社会属性"而非"自然属性"，将之分为社会价值和社会行动两个层面来谈。

（一）社会价值层面的特性

1. 人文价值性

人文，即以人为本的人性文化。应急的基本目标和最高价值是保障人的生命安全，这是仁爱和人道主义精神的光辉写照，体现应急主体救死扶伤的伦理关怀、对于生命的尊重和关爱。它要求应急行动必须坚持人文价值取向和基本人伦准则。突发事件的紧急应对，培育升华了一个人、一个民族的人文精神，展现了人性光芒，促进了人类文明可持续发展。

2. 社会凝聚性

突发事件的应急行动最具感召力和共识力，主要体现在几方面：①人心共识统合。灾难凝聚人心，统一共识，把应急主体和居民客体凝聚到安全保障的价值目标上来。②主体多元整合。即把政府（和官员）、企业（和企业主）、社会组织（和公众）等整合到一起，不分年龄性别，不分职业，不分阶层，以应急保安为依归，使其听从统一指挥、统一行动。③专业多维聚合。不同学科专业知识，按文

---

① 黎民：《公共管理学（第二版）》，高等教育出版社2011年版，第326页。

理分工但不分开，围绕防减救灾和安全保障，扬长避短，互取所需，从多个专业角度应急保安。④人才多样融合。伴随专业聚合的是各类各样人才的融合，高中低端人才按照分工，各尽所能，各尽其力，参与到应急管理和行动中来。

3. 公益伦理性

突发事件应对，都是基于人性光芒而展开行动，安全保障、救死扶伤是每个公民的道义责任所在，应急行动是一种公德和美德，不讨价还价，不索取报酬，不搞人际交易。专门应急人员除了额定工薪收入和应得荣誉，不得有其他利益要求；应急类慈善等社会组织除了按规所得，不得有任何营利的念头和行为，更不能因灾生财，否则违背应急伦理。

4. 艰巨复杂性

除了灾种多样和繁复，应急管理和行动本身任务艰巨、问题复杂，“急难险重”是其主要特点，包括几方面：①应急过程复杂。预防、准备、响应和恢复四个环节，每个环节的事务和要求都相当复杂，尤其响应、恢复重建阶段的任务相当艰巨。②事件突发的原因、经过、处置手段和方式都比较复杂。既有自然性，更有社会性。有些事件虽然具有自然周期性，但其社会变异性也比较大，变迁规律很难把握。③应急人员构成及其关系相当复杂，有党政官员、专业技术人员、专业救援人员、辅助应急人员和普通公众；专业人员的专业构成多元复杂，涉及消防救援、综合应急、军队应急、应急医卫、心理咨询、社会工作等，因而务必强调关系协调、行动整合。

5. 实践反思性

任何一场突发事件的应急行动，都会为未来类似事件的应急管理积攒经验（优势）、留下教训（缺憾），因而人们亟须通过总结评价、情景再现等方式，进行反思性学习、改进和提高。包括两方面：一方面，对突发事件的原因进行反思，尤其涉及责任事故和事件的原因，更需举一反三地反思，避免今后类似的失职、失责和侥幸，尽量避免滋生风险，尽量降低风险。另一方面，对应急行动过程进行总结、反思、改进和提高。比如，预防为何失效，预警为何失灵，准备为何不充分，响应行动为何迟缓或协调不到位，有些过程为何引发新问题新矛盾，恢复重建资源如何筹集等，都相当值得反思。当然，反思也包括有益经验的提升和推广。

（二）社会行动层面的特性

1. 行动急迫性

突发事件，因其突发性、原因和结果的不确定性、后果的严重性等特点，难免要求应急行动必须保持高度警戒状态，随时启动应急响应。预防灾变、降低损失、力争零损，是对应急行动的最大要求，尤其响应阶段务必考虑受伤者的“生命黄金时间”。

2. 情景特殊性

任何一场突发事件，其突发紧急性、后果危险性、处置任务艰巨性等，都营造了一种特殊的时空情景和人事情景，即风险演化的灾变情景。因而它与常态管理和日常安全维保的基本理念、行动方案、具体措施等都有很大差别，对应急行动及其参与者的要求也非常特殊。

3. 专业高标性

应急管理和救援，不仅仅是一般居民和公众的紧急行动，更主要是专业人员的专业应急行动。突发事件因其特殊性，因而对参与应急管理和行动的人员，一般都是高标准、严要求，要求严格按照国家或行业标准，具备相应的应急专业知识和技能。现代社会还强调社会智能化、智慧化应急技术的跟进和研发。

4. 行动强制性

应急管理和救援因其急迫、危险等特殊性，不能随意行动，否则不但不能排除风险、救死扶伤，反而引发更大次生灾变和应急人员本身伤害。因而它特别强调行为规范，强调法律法规手段，强调要求应急行动者接受统一领导、统一指挥、统一行动，才能确保应急有为、应急有序、应急有效。

5. 事务周期性

应急行动及其事务不但具有过程的环节性，且更具有循环往复的周期性。这主要是因为很多灾变事件本身具有一定自然周期性。百年一遇的大灾大难是其周期性，年复一年的季节性和阶段性事件也是一种周期。因此，应急行动和事务也就具有社会周期性和历史周期性。周期性要求人们不仅要把握周期规律，更要注重社会变异。既要有防范抵御风险的先手，又要有应对化解风险的高招。

第三节　学科理论方法与分析框架

一、多维的理论分析视角

社会学的理论非常丰富，任何理论都可以解释风险、灾变和安全现象，当然也就能够解释应急现象。大体来说，要是从社会学角度解释突发事件日益增多，从而亟须人们采取应急行动的外在原因或时代背景，最具解释力的理论莫过于贝克、吉登斯等人的“风险社会理论”；要是解释应急社会学立足于“社会”层面的应急行动，最好的理论视角当然是“国家—社会关系”（政府—社会关系）理论；要是构建应急社会学基本分析框架和体系，则是社会学的核心命题理论，即“行动—结构”的视角；要是解释不同社会主体参与应急及其分支领域的具体应急行动，这就需要具体情况具体分析。由此，我们可以从多维社会学理论视角，构建具有层次化意义的应急社会学理论体系。第一层、第二层理论，属于外围性或背景性理论；第三层、第四层理论，则属于课题内在性的核心理论，如图10-1所示。

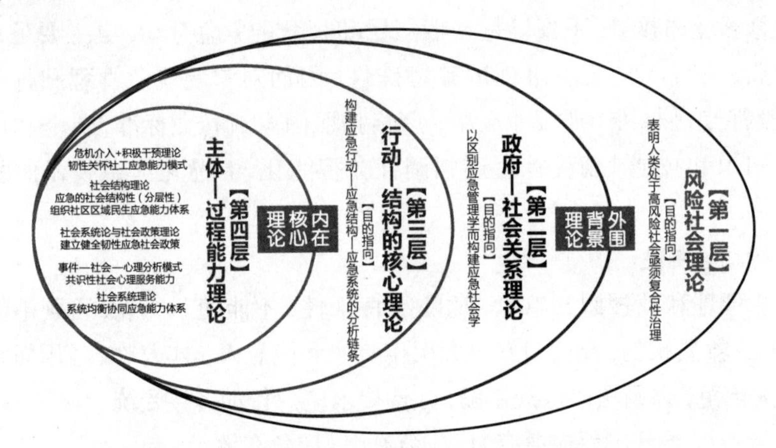

图10-1　应急社会学体系研究的四层基本理论及其构成

（一）第一层理论维度：贝克等的风险社会理论

“风险社会”概念主要由德国社会学家贝克在《风险社会》（1986年德文版）一书中提出来。但在此之前或之后，风险社会研究大体还有四个流派。

1. 政治现实主义流派

这一理论流派以拉什、威尔达夫斯基、福柯等为代表。他们认为，风险源于现实中身份不平等和身体控制等级的差异，力图揭示在知识技术外衣和公共权力旗帜下，新型社会风险是如何进行扩散的。[①]

2. 文化人类学流派

这一流派以玛丽·道格拉斯等为代表。他们认为，过去作为安全源泉的科学技

---

① LASH S., Genealogy and the Body: Foucault/Deleuze/Nietzsche, in Featherstone, 1991; LUPTON D.（ed.）, *Risk and Sociocultural Theory: New Directions and Perspectives.* Cambridge: Cambridge University Press, 1999; ［法］米歇尔·福柯：《规训与惩罚》，刘北成、杨远婴译，生活·读书·新知三联书店1999年版。

术，现在成为风险的源泉；当今的风险实际并没有增多或加剧，而是被人察觉和被感知多了，需要重构依赖于新型社会关系的文化范式化解风险。[①]

3. 经济技术管理流派

这一流派代表人物较多。他们认为，现代风险越来越个体化并具有不确定性，信息技术系统使得风险更加复杂多变，防范化解风险亟须重构新型的、能够保证"自我利益和责任"的一致机制即"新理性主义范式"。[②]

4. 社会学制度主义流派

突出的就是以贝克、吉登斯等为代表。他们认为：现代社会风险无处不在，超越时空，风险全球化；风险超出人类理性，无法预算，不确定性趋强；风险超越阶级结构而个体化、弥散化，更多由个体承担风险代价。工业社会更多关注财富积累的不平等，而风险社会关注的是风险不平等；每个国家内部风险不平等，全球发达国家与不发达国家之间的风险也不平等。现代风险主要源于人的行为和决策（制度），源于对现代化的理性追求，从而存在"有组织不负责任"（风险不在决策中）现象。解决风险问题，已经不能简单地相信科技（因为科技本身内含风险），而是要谋求科学理性与社会理性的协同。现代风险治理必须超越和重构"理性行动者范式"，要在不确定性、利益关系等方面寻求新的平衡。解决全球风险，需要"再造政治"，打破专家专业和官员决策垄断，实现决策民主开放、多主体能动参与，加强交流与合作，进行多元复合治理全球风险。[③]

因此，所有针对突发事件的应急行动（体制机制和举措），都应该考虑现代风险社会背景，以及风险社会理论所提供的宏大解决方案，否则事倍功半。

（二）第二层理论维度：政府—社会关系理论

选用政府—社会关系（有的称为"国家—社会关系"）理论，主要源于应急社会学区别于应急管理学的因由。前者立足于社会自我动员和行动，后者立足于国家政治动员（或政府动员）和行动层面。当然，这一理论不局限于社会学，其他如政治学、管理学、法学等领域也经常使用这一理论，因而是一个总体性的社会科

---

① DOUGLAS M, Wildavsky A, *Risk and Culture: An Essay on the Selection of Environmental and Technological Danger*, Berkeley, University of California Press, 1982.

② JAEGER C C, et al., *Risk, Uncertainty and Rational Action*, London, Earthscan Publications, 2001; HEIMER, C, STAFFEN, L R, *For the Sake of the Child*, Chicago, University of Chicago Press, 1998.

③ ULRICH B., *Risk Society: Towards a New Modernity*, Translated by Mark Ritter, London, SAGE Publications Ltd., 1992, pp21-23; GIDDENS A., *Modernity and Self-identity: Self and Society in the Late Modern Age*, Cambridge, Policy Press, 1990, p124; GIDDENS A., *The Consequences of Modernity*, Cambridge, Polity Press, 1991; GIDDENS A., *Runaway World: How Globalization is Shaping Our Lives*, London, Profile Books, 1999; 李培林、苏国勋：《和谐社会构建与西方社会学社会建设理论》，《社会》2005年第6期。

学理论。从黑格尔的市民社会理论争论开始，西方关于国家与社会关系的探讨经久不息，主要有以下主张。[①]

1. 国家中心论

这一主张强调国家自主性，社会具有从属性，强调政府的单一管控或主导治理。表现为国家吞没社会、行政吸纳社会，“强政府—弱社会”的模式，他们认为，灾情应对必然强调集权主义统而划一的威权治理，重大灾情需自上而下布控、统一调配应急资源。

2. 社会中心论

这种观点则认为发展的动力存在于社会，政府干预得越少越好（有限政府），社会尤其具有自主性和独立性，强调公民自觉、自决、自律。因此，他们认为，公民可以依据突发事件事实采取行动，相互进行资源的社会支持，有时候“倒逼”政府做出裁决和采取应急行动。

3. 市民社会论

这种观点介于前二者之间，关注政府与社会双方的权利边界，[②]强调政府与社会的相互制衡、良性互动、伙伴合作，强调从“善政”走向“善治”。[③]这种主张凸显社会第三部门、社会组织和公众的社会功能，在于对政府缺陷、政府失灵、政府扩权的反思，强调市民社会对政府单一治理缺陷和不足的修正、补充、限制。[④]他们认为，现代政府正在把原先由它承担的、适合于剥离委托的责任，移交给社会（各种私人部门和公民自愿团体），并强调管理对象的参与性、系统内部网络的组织性和自主性，从而逐渐强调平等意义的政社合作乃至企社合作。[⑤]

一般而言，在现代社会的应急治理中，政府具有主导性地位，但不能忽视民众的配合和社会力量的有效参与，也不能忽视市场对应急资源的生产和供应。灾情打破人们曾有的秩序感、信任感和安全感，而恐惧、道德指责与军事化救灾，又难以战胜后现代社会新常态化的灾变；[⑥]面对有诸多风险的灾变，不约而同的社会自我动员及其新常态化，或许是一条适应性路径。因此，需要基于这一理论

---

① 张静：《政治社会学及其主要研究方向》，《社会学研究》1998年第3期。

② 周雪光：《中国国家治理的制度逻辑——一个组织学的研究》，生活·读书·新知三联书店2017年版，第7—439页；张海波：《论“应急失灵”》，《行政论坛》2017年第3期。

③ [法]玛丽-克劳德·斯莫茨、肖孝毛：《治理在国际关系中的正确运用》，《国际社会科学杂志（中文版）》1999年第1期；何增科：《公民社会与第三部门》，社会科学文献出版社2000年版。

④ 何增科：《社会大转型与市民社会理论的复兴》，《当代世界与社会主义》1997年第3期。

⑤ [美]莱斯特·萨拉蒙、赫尔穆特·安海尔：《公民社会部门》，载何增科：《公民社会与第三部门》，社会科学文献出版社2000年版，第257页。

⑥ 英国社会学教授丁沃尔：《恐惧、指责与对抗无益于应对疫情》，中国新闻网，2020年2月1日。

视角开展应急社会学研究。笔者称这种灾变特定场景需求的动员为“高强度自我社会动员”。它有几个特点：①紧迫性的蝴蝶效应突出，动员速度飞快，尤其在现代信息化媒体带动下，可实现在全球一夜之间家喻户晓。②行动具有一定规模和相当程度的共识，社会动员一般不是小范围内，有的是局域性的，有的是全局性的，而且具有不约而同的一致应急共识（共识性应急动员）；在现代媒体信息化作用下，现场社会动员与虚拟社会动员遥相呼应，对突发特定事件形成规模化的强烈社会反响。③常规结构与非常规突生结构动员同时并存，后者更为凸显，某些突生结构在事后或许逐渐制度化、常规化，如2003年SARS疫情期间衍生的行政问责制、2008年汶川大地震中涌现的社会组织慈善捐赠和社会心理干预制度等。④应急响应的社会动员主体多元，方式多样，效果多种。[①]

（三）第三层理论维度：行动—结构的核心理论

这主要是社会学关于“社会”的命题理论。每一个学科都有其自身特有的核心命题：经济学在于成本—收益，政治学在于权力—权利，法学在于权利—义务，管理学在于控制—效率，而社会学则通过社会学家共同构建，其核心命题则在于行动—结构。社会学家费孝通认为，社会学是从变动着的社会系统的整体出发，通过人们的社会关系和社会行为来研究社会的结构、功能、发生、发展规律的一门综合性的社会科学。[②]郑杭生等则从社会策略着手，认为社会学“是关于社会良性运行和协调发展的条件和机制的综合性具体社会科学”，[③]指出社会学就是要解决现存统治秩序下的一些社会问题。应急，在社会学上往往被视为一种社会行动者的“行动”（即便管理者的应急管理也是一种社会行动），尤其是普罗大众的社会应急行动，以解决突发事件带来的负面后果。

澳大利亚社会学家马尔科姆·沃特斯在其《现代社会学理论》一书中，把自孔德以来所有社会学家探讨有关行动—结构、个人—社会、个体主义—整体主义的关系问题归为四个核心概念，即行动（agency）、理性（ration）、结构（structure）、系统（system），来分析各位社会学大师和各流派的思想理路。[④]这四个核心概念具有内在的逻辑性关联。笔者称之为“沃特斯社会学视角”。从这个意义上看，研究人们的应急行动，同样脱离不了“行动—理性—结构—系统”

---

① 颜烨：《灾变场景的社会动员与应急社会学体系构建》，《华北科技学院学报》2020年第3期。

② 《社会学概论》编写组：《社会学概论（试讲本）》，天津人民出版社1984年版，第5页。

③ 郑杭生等：《社会学概论新修》，中国人民大学出版社1994年版，第1页。

④ ［澳］马尔科姆·沃特斯：《现代社会学理论（第二版）》，杨善华等译，华夏出版社2000年版，第12—16页。

的研究链条。这在笔者研究安全社会学时，已经有较多分析。[①]

这样，社会学研究应急就会形成“应急行动—应急理性—应急结构—应急系统”这一逻辑分析链条：应急是一种行动、一种理性化（包括伦理理性）的社会行动；个体行动通过社会性的应急互动，就会形成应急结构（应急资源与应急规则的生产与再生产）；应急结构要素的关联则会形成应急系统（如应急经济、应急政治、应急文化、应急社群等相互关联的子系统）。这是个体主义（主观建构主义、客观功利主义）的分析路径。反过来，应急系统统领着整个应急行动领域的应急结构，应急结构关系制约和影响应急行动及其背后的应急理性。这是整体主义（主观功能主义、客观结构主义）的分析路径。

应急社会学就需要基于这样的研究链条和路径进行体系架构和具体内容拓展（后述）。这是一种统率性的理论框架，是应急社会学的总体核心理论。

（四）第四层理论维度：主体—过程能力理论

1. 能力类型简述

应急社会学最终要研究不同社会主体参与应急事务，而参与应急事务必然要考察主体的应急能力。能力是主体能够实现某一目标或能够完成某一任务的综合性素质力。不同学科对能力的理解不同。如借助美国社会学家帕森斯关于社会系统论思想、马克思主义社会有机体思想，[②]来理解我国社会主义现代化总体布局“四位一体”（经济—政治—社群—文化）的意蕴，又会衍生出经营能力与增值能力、行政能力与法治能力、社保能力与协同能力、学习能力与增智能力等。又如从霍华德·加德纳提出的人的多元智能角度看，人类能力可分为：自然感知能力、时空感知能力、语言与音乐能力、逻辑思维能力、人体运动能力、自我内省能力、人际交往能力等。[③]这对我们建构社会应急能力体系都有很大的启示。这里，我们主要基于应急管理过程对不同社会主体的应急能力要求，尝试构建起“过程能力”（纬度）渗透于“主体能力”（经度）的社会应急能力体系。

当然，“能力”与“功能”还不一样，其内在关系在于：“功能”一般是指事物本身客观存在的基本功效性能状态，是一种“应然”状态；“能力”一般是指

---

① 颜烨：《沃特斯社会学视角与安全社会学》，《华北科技学院学报》2005年第1期；颜烨：《安全社会学（第二版）》，中国政法大学出版社2013年版。

② PARSONS T., *The Social System*, London: Routledge & Kegan Paul Ltd, 1991；［美］塔尔科特·帕森斯、尼尔·斯梅尔瑟：《经济与社会》，刘进、林午、李行等译，华夏出版社1989年版；郑杭生、李强等：《社会运行导论——有中国特色的社会学基本理论的一种探索》，中国人民大学出版社1993年版，第3—13页。

③ GARDNER H., *Art, Mind and Brain: A Cognitive Approach to Creativity*, New York, Basic Books, Inc. Publishers, 1982.

人（或事物）所展示出来的能够实现和完成某一目标或任务的现实力量，是一种“实然”状态。功能要通过能力来展现。功能一般具有先天性，与生俱来；能力可以通过后天努力形成。功能是能力的基础，但有功能不一定具备能力；有能力必定具备一定功能基础，没有能力不一定没有功能。

2. 应急过程能力

如前所述，应急管理界一般将应急管理过程分为四个环节：灾害预防、应急准备、应急响应、善后恢复。当然，学界、政界还有三阶段说、五阶段说、六阶段说。[①]如中国《国家突发公共事件总体应急预案》分为预测预警、应急处置、恢复重建3个阶段；中国《突发事件应对法》分为预防与应急准备、监测与预警、应急处置与救援、事后恢复与重建等4个阶段。各种社会力量参与和介入应急活动均涉及这一环节和过程，其能力体现为：一是社会应急预防能力，主要表现为社会对风险识别与化解能力、社会应急文化和科普能力、社会应急预测预警预控能力等；二是社会应急准备能力，主要表现为社会应急物资储备能力、社会应急理念准备能力；三是社会应急响应能力，主要表现为社会力量参与应急的迅速行动能力、人员和物资调配能力、沟通协调能力、救援技术处置能力等；四是社会善后恢复能力，主要体现为社会参与事后恢复重建能力、社会应急心理服务能力、社会慈善救济能力等。

3. 应急主体能力

从参与应急事务的不同社会主体来看，社会应急能力体系包括：一是社会工作应急能力（介入、干预、增能、赋权等能力）；二是社会组织应急能力（危机介入、链接资源、调配资源、现场施救、善后救济等能力）；三是社区应急服务能力（社区为本的人文关怀、社区和谐共存营造、社区共识理论建构、韧性恢复重建等能力）；四是社会心理应急能力（危机心理安抚与干预、社会应急文化传承、安全氛围建构、负面心理干扰排遣、社会心态调适等能力）；五是其他社会应急能力，如社会应急系统协同沟通能力、应急社会政策决策支撑能力、智慧应急技术研发与处置能力等。

再进一步具体化，就涉及具体应急行动的社会学理论，如社会工作、社会心理学的危机介入、积极干预理论，应急的社会结构（构成类型）理论等。后面每部分详细解析，此处不赘述。

---

① ［美］罗伯特•希斯：《危机管理》，王成、宋炳辉、金瑛译，中信出版社2001年版；杨月巧：《应急管理概论》，清华大学出版社2016年版，第22—25页。

二、框架体系与基本界定

（一）分析框架与内容体系

基于前述的"沃特斯社会学视角"，构建起"应急社会行动—应急社会理性—应急社会结构—应急社会系统"的逻辑链条和分析框架，搭建起学科理论基础，指导全社会的应急服务。由于应急理性、应急伦理和责任等一般潜隐在应急行动背后，笔者将其简化为"应急社会行动—应急社会结构—应急社会系统"的逻辑分析链条。如前所述，如从微观到中观到宏观的个体主义路径分析看，应急是人的一种理性化的安全行动；这种安全行动理性不仅能够通过社会互动形成包含一定规范、互惠、信任、网络在内的应急社会结构，也会受制于宏观社会系统中的各类结构性因素的制约，诸如资源机会配置不均衡、不平等的阶层结构、城乡二元结构等的影响；进一步说，应急结构镶嵌于社会系统之中，形成独自变迁的应急社会系统。反过来，若从宏观到中观到微观的整体主义路径分析看，应急社会系统统率或再生应急社会结构及其变迁、应急理性及其社会行动。具体如图10-2所示，简要解释如下（具体研究分析分布于各章节）。

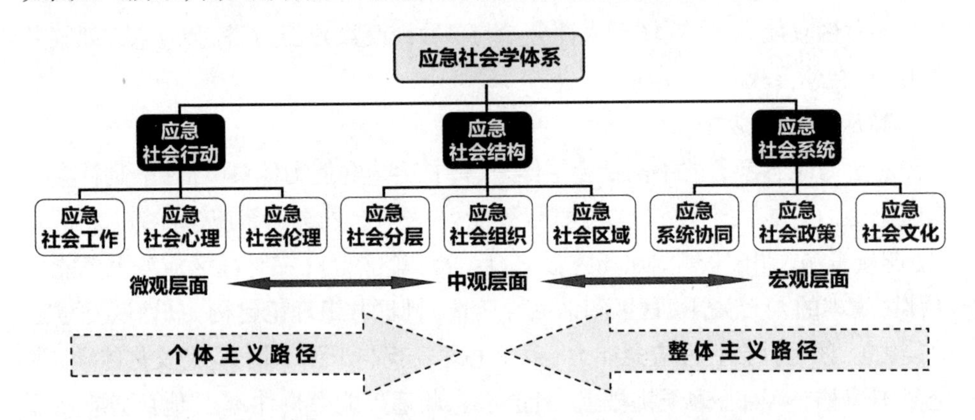

图10-2 应急社会学研究的内容框架体系与分析路径

1. 应急社会行动层面

应急社会行动，或称"社会应急行动"，可将应急社会工作（社会工作应急）、应急社会心理（社会应急心理）、应急社会伦理等归为应急社会行动层面。社会伦理（责任、诚信、正义伦理）是社会应急参与的内在动力，是应急的道义伦理价值理性行动层面；社会工作应急动员（应急社会工作）、社会心理应急干预和援助更是实务操作行动，体现了将工具合理性融于价值合理性行动之中的意蕴。

2. 应急社会结构层面

应急社会结构，或称“社会应急结构”，可将应急社会分层（社会阶层应急）、应急社会组织（社会组织应急）、应急社会区域（社会区域应急）等归为应急社会结构层面。社会结构是社会学的核心议题，是指一个国家或地区的占有一定资源、机会的社会成员的组成方式与关系格局；社会结构包括人口结构、家庭结构、就业结构、区域结构、组织结构、阶层结构（核心结构）、城乡结构、文化结构等子结构，它们相互关联，对社会变迁发生作用。[①]尤其是社会阶层结构，表达的是一个社会内部各阶层之间的比例关系（或者说对比力量），是社会结构的核心，涉及成员的身份地位、收入、文化程度等。应急社会结构同样涉及上述诸类结构，但阶层、组织、区域（包括人口流迁控制）结构在应急社会动员中更显重要。

3. 应急社会系统层面

应急社会系统，或称“社会应急系统”，可将应急（韧性）社会政策、应急社会文化（社会应急文化）、应急系统协同归为应急社会系统层面。一般认为，帕森斯是社会系统整合论的主要代表，其突出思想即社会系统论（结构—功能论）。他认为社会秩序的形成或整合，最终要落实到个人行动上。但要从个人行动到整体社会整合，其中最重要的是规范和社会共同价值观。与此同时，在宏观社会层面，帕森斯认为，维持社会秩序还需要经济制度、政体与法律、家庭与教育，以及宗教这四大类制度性结构，分别承担社会适应、目标实现、关系整合、价值维续四种不同的功能。[②]如果综合起来看，这几类因素分别对应我国社会主义现代化总体布局的“四位一体”思想（经济、政治、社群、文化四大子系统），以及政府、企业、社会组织三大力量。应急社会政策、应急社会文化虽然分属于社会子系统、文化子系统，但它们本身具有内在联系，同样体现社会系统的思想和价值；应急协同更需要各大子系统和各大社会主体力量之间的结构性关系协调，否则会产生“应急失灵”。

（二）应急社会学基本界定

从上述分析看，有特定研究对象，有理论逻辑或研究范式（而不是一般的学问或学说），能够作为知识体系指导实践，能够被学术共同体认同，即可成为一

---

① 陆学艺主编：《当代中国社会结构》，社会科学文献出版社2010年版，第11—12页。

② PARSONS T., *The Social System,* London, Routledge & Kegan Paul Ltd, 1991；［美］T.帕森斯：《社会行动的结构》，张明德、夏遇南、彭刚译，译林出版社2003年版；［美］塔尔科特•帕森斯、尼尔•斯梅尔瑟：《经济与社会》，刘进、林午、李行等译，华夏出版社1989年版。

门学科。至此，我们可以确定地说，应急社会学就是要研究不同社会主体针对各类突发事件，采取应急行动的社会原因、社会过程和社会效应及其变化规律的一门应用性社会学。

首先，应急社会学必然是一门应用社会学，是社会学理论和方法在应急实践领域的应用。这里，我们使用的英文名称为sociology of managing emergency，符合中国人的语序习惯，直译即关于应对紧急情况或突发事件的社会学。

其次，不同社会主体，主要是指区别于政府的社会性主体，是指市民社会的自我应急行动和动员，包括上述普通的社会组织（机构）及其工作人员、社区及其居民和服务人员、社会工作机构及其社会工作者、社会心理服务机构及其工作人员，包括上述不同收入群体、消费群体、文化群体和不同社会阶层成员等，以及不同社会主体之间的结构性关系（格局）等。

再次，应急社会学在总体上是对应应急管理（学）的。无论广义上的应急管理学，还是狭义上的应急管理学，均强调以政府控制为核心的公共管理事务；而应急社会学则主要立足于市民社会的自我参与和自我行动（动员）。从这个意义上讲，区别于政府组织应急的“社会力量应急”，又可称为“社会应急学”（或称社会应急研究）。

最后，作为一门学科的研究对象，必然包含规律性的东西。应急社会学必然要研究社会主体应急行动的社会性原因及其规律、应急行动的社会过程及其规律、应急行动的社会效应及其规律。

三、本学科研究方法简述

（一）研究方法基本体系

一般来说，应急社会学以问题、实践为导向，运用社会学的理论和方法，立足行动—结构的核心命题分析策略，采取理论研究、实证研究与对策研究相结合，定量研究与定性研究相结合的方法开展研究，应急社会学研究也不例外，如图10–3所示。

1. 理论研究

理论研究通过社会学相关理论（主要包括国家—社会关系、行动—结构命题、风险社会理论、社会系统理论、社会结构理论、社会工作介入与干预理论、社会系统理论等），探索应急社会学、应急社会工作、应急社会心理学、应急社会组织、应急社会政策等作为学科知识体系建构的可能性。

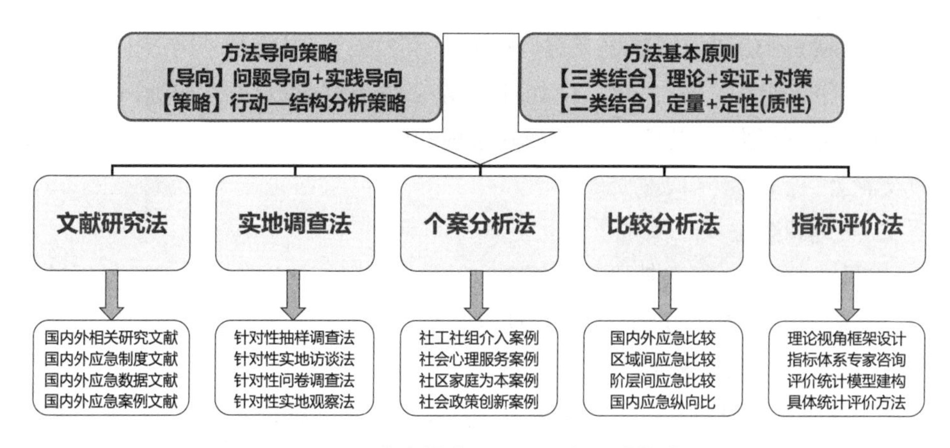

图10-3　应急社会学主要研究方法构成

2. 实证研究

实证研究主要通过与应急社会学体系相关的文献回溯、灾变场景实地需求调研（包括问卷调查）等方式，论证应急社会学、应急社会工作、应急社会政策、应急社会心理学及其应用实践的可行性。

3. 对策研究

对策研究主要针对应急社会学所包含的应急社会治理体系与能力现代化的实践应用问题，采取问卷调查主观数据和文献客观数据相结合的方法，对应急社会治理现代化进行评价，然后上升为国家政策。

（二）具体研究方法简述

1. 文献研究法

文献研究大体分为三大类或四大类（见图10–3）。

（1）第一大类：国内外相关研究文献。这些研究文献包括论著、论文，以及公开发布的研究报告、视频等。其中内容可分为三方面：①挖掘灾害（灾难）社会学、安全社会学等学术研究中相关的应急理论和思想文献；②中外学者关于综合应急的直接社会学研究文献；③与社会学理论研究相关的学术文献分析。

（2）第二大类：国内外应急制度文献。这类文献主要包括：①美国、英国、德国、日本、俄罗斯等国家应急管理方面主要法律制度、基本的体制沿革等文献；②国际组织如国际红十字会、国际应急救援联盟、国际应急学会、世界卫生组织、国际劳工组织等的制度文献；③中国本土的应急（行政）管理制度、体制沿革和应急法律法规。

（3）第三大类：国内外关于社会动员或参与应急处置的统计资料、典型经验案例文献（图10–3中的数据与案例计为一个大类）。主要是外国或国际性、中国本土的相关组织（非政府部门）如社工组织、社会心理服务机构等，以数据描述及其分析、典型经验案例描述等形式呈现的应急社会动员和社会参与（社会行动）文献。

2. 实地调查法

如图10–3所示，与文献研究法相对应的是实地调查法。本研究主要包括针对性抽样调查法、针对性实地访谈法、针对性问卷调查法、针对性实地观察法等。可以通过实地调研发现典型案例。

（1）针对性抽样调查法。根据研究需要，可抽查下列样本对象。一是四类群体样本：政府官员、企事业单位管理者和员工、社会组织管理者和员工、社区及其居民。二是三类地区样本：国内东部或沿海经济发达地区、中部或经济中等发展地区、西部或经济欠发达地区等省份。

（2）针对性实地访谈法。根据上述被调查群体和地区样本分开访谈。需要访谈如下内容（结构式访谈）：一方面，针对自然灾害、事故灾难、公共卫生事件、重大社会安全事件，中央层面和地区层面的应急（行政）管理体制沿革的利弊，对其中成功的经验和应该吸取的教训进行具体描述分析。另一方面，对个别地区、个别组织、个别人进行具体访谈，包括对目前和今后应急社会动员和社会参与（社会行动）处置的看法（态度）等。

（3）针对性问卷调查法。同样根据上述被调查群体和地区样本开展问卷调查，采取半结构式问卷。问卷内容大体涉及：一是被调查者基本状况；二是当前社会组织及其员工、社区及其居民、普通公众、不同阶层成员的应急社会动员和社会参与（社会行动）；三是今后应急社会动员和社会参与（社会行动）的改进方向及建议；四是结合应急社会治理评价设计的指标体系进行问卷调查，以预测或考察成果的效应。

（4）针对性实地观察法。主要是研究者对突发事件的地区或当事人进行直接的或间接的体验观察，一般以间接观察为主，总结经验、教训或规律性的内容，提升研究质量。

3. 个案分析法

如图10–3所示，针对国内外经典的应急社会动员和社会参与（社会行动）案例进行分解：

（1）社工社组介入应急处置案例。

（2）应急社会心理服务案例。

（3）家庭、社区为本，社会组织等社会力量参与应急处置案例。

（4）应急社会政策改进和完善案例。

（5）城乡之间或区域之间应急处置的案例及其对比分析。具体包括对案例细节描述、特点、功能、问题及原因、改进对策等的分析。

4. 比较分析法

如图10–3所示，主要是对国内外在灾变应急中的社会动员和参与状况进行纵横对比，观察中国式政府动员与西方式自由参与之间的差异，以及不同阶段、不同分项（社工或社会心理服务或社会政策等）中的政治动员和社会动员的异同。或许会发现，尽管文化基因稳固，但在不同阶段，政府动员与自由式社会应急会有不同展现。

5. 指标评价法

如图10–3所示，主要是对应急社会动员和社会参与（社会行动）、社会治理进行预测评价。评价步骤大体是：

（1）依据一定的理论视角，采取专家咨询法，建立起一套科学的指标体系。

（2）进行问卷调查和客观数据收集整理。

（3）对上述问卷调查结果进行统计（借助SPSS）。

（4）根据主客观数据，建立评价模型，对当前中国社会应急能力现代化水平进行评价，包括经济性、社会性、政法性、文化性评价。

第四节 应急管理历程与相关研究

一、国内外应急管理工作发展历程

应急事务上升到国家层面的行政管理活动，不是一蹴而就的，无论是国外还是国内都历经了几十年甚至上百年的阶段性发展。根据一些研究文献，不妨简要归纳全球应急管理的发展性阶段以及中美两国应急管理的发展历程。

（一）全球应急管理的发展历程

这一方面的研究主要参考闪淳昌、薛澜主编的《应急管理概论——理论与实践》一书。他们力图从宏观角度将全球应急管理分为三个阶段，[①]归纳整理如下。

---

① 闪淳昌、薛澜主编：《应急管理概论——理论与实践》，高等教育出版社2012年版，第43—50页。

1. 应急管理史前时期(20世纪50年代以前)

这一阶段应急管理的主要特点在于：单项灾种管理为主；政府临时机构应对；一事一议、一灾一应；出台单项救灾法律和临时执法。

2. 应急管理规范时期(20世纪50—90年代)

这一阶段应急管理的主要特点在于：综合应急管理；政府有专门机构协调应急；强调准备体系、全过程应急管理和平战结合模式；制定基本应急法律法规；采取命令—控制的行政权威模式管理。

3. 应急管理拓展时期(20世纪90年代以来)

这一阶段应急管理的主要特点在于：应急管理上升到国家治理层面；政府应急管理机构逐步健全；总体安全观(国土安全观)指导下全灾种管控；不断完善应急法律法规政策和应急管理体系；强调政府主导、社会参与的政社合作模式。

(二)美国应急管理的发展历程

关于美国应急(行政)管理的发展阶段划分，国内外均有研究。这里我们主要参考哈岛等学者研究的资料[①]，对之进行重新归整和划分(大体分为五个大阶段七个小阶段)。同时，可以看到，20世纪50年代以来，“重大突发事件”对促进政府应急管理体制机制变革的影响非常大，不妨称为“事件—变革”模式。

1. 应急管理史前时期(1800—1950年)

1803年，美国政府对一次大火进行救灾，是政府第一次参与救灾；到了西奥多·罗斯福时期，开始注重投资应急防灾，并于1934年出台《洪灾治理法》，但政府的很多应急行为都是临时的、短期的。

2. 单灾零散应急管理时期(20世纪50—70年代)

20世纪50年代，即“冷战”时期国防部先后设立防御动员办公室、民防筹备办公室(1958年)，强调应急准备。20世纪60年代初，三次自然灾害(两次飓风和一次地震)催生白宫成立应急准备办公室。1968年又出台《全国洪水保险法》，后来社区不断加入。但这一时期的应急管理基本上是零散的、单灾应急的。

3. 应急管理体系化时期(20世纪70年代至2001年)

这一时期又可以分为三个小阶段：

(1)20世纪70年代为全民关注与联邦应急管理署(FEMA)组建时期。最主要的是几次灾难威胁，如1971年圣弗朗西斯科大地震、1979年三里岛核电站泄

① [美]乔治·D.哈岛、琼·A.布洛克、达蒙·P.科波拉：《应急管理概论(第三版)》，龚晶等译，知识产权出版社2011年版，第2—19页；陈安、陈宁、倪慧荟等：《现代应急管理理论与方法》，科学出版社2009年版，第70—74页。

漏事故等，促使卡特政府注重民防意见和地方政府呼声，整合分散的应急力量，将其纳入消防、保险、广播、民防备灾和灾难救助、备灾总务、地震减灾、大坝安全、社区备灾、防治恐怖主义等部门职能，组建联邦应急管理署。1979年，联邦应急管理署的组建，可以说是美国应急管理体系化的“元年”和“第一个里程碑”。

（2）20世纪80年代—1992年为应急管理非议时期。因自然灾害减少，防核打击置于所有灾种之上，处于优先地位。但三次飓风、一次地震的袭击和应急救援无能，使联邦应急管理署遭到质疑。

（3）1993—2001年为威特改革与应急管理强盛时期。威特作为专家型长官执政联邦应急管理署，他注重合作与客户服务，大步改革，使联邦应急管理署在应对几次飓风、地震、爆炸等事件（事故）中声名鹊起。

4. 应急并入国土安全部时期（2001—2005年）

2001年新上台的（小）布什总统起用艾尔巴负责联邦应急管理署，艾尔巴在应对几次大灾中连续成功。小布什重建了国家备灾办公室，在9·11事件发生的前一天，他还发表关于“消防、减灾预防和备灾”排序的发言。在次日恐怖主义的灾难性袭击中，几百名应急人员几分钟到位，足见美国应急体系的成熟。但恐怖袭击不久，小布什就在白宫组建了国土安全办公室。2002年3月，小布什发布第3号国土安全总统令，旨在强化国土安全预警系统，5色国土安全预警系统逐步进入公众视野。同年12月25日圣诞节，签署命令组建国土安全部，到2003年9月基本完成，反恐防恐成为第一灾种。这是自杜鲁门总统以来，美国最大的一次联邦政府重组，联邦应急管理署成为国土安全部下的一个分支机构。这也可以视为美国应急管理的“第二个里程碑”。

5. 卡崔娜袭击与应急管理改革时期（2005年以来）

2005年8月，新奥尔良遭遇卡崔娜飓风的惨重袭击，造成1800多人死亡，成千上万人的流离失所。应对卡崔娜飓风的失败，对美国国土安全部的应急管理职能提出了新挑战。究其原因，不外乎几方面：联邦应急管理署并入国土安全部后，失去独立性，职能弱化，负责人不能直接向总统汇报；反恐防恐置于其他灾种之上；联邦应急管理署资金投入减少，人员、物资配置不到位；官僚主义日益严重；等等。2006年2月，《联邦政府应对卡崔娜飓风：经验与教训》报告提出改革联邦应急方案，并出台“卡崔娜紧急救援法”等，开始新一轮应急管理改革。这可以视为美国应急管理的“第三个里程碑”。

（三）中国应急管理的发展历程

相比较而言，中国应急事务上升到国家管理层面，要晚于美国等国家。一些学者往往将1949年后关于灾难应急的行政管理体制沿革划分为三或四大阶段，如：江田汉的三阶段划分①，王宏伟的“多元共治网络”发展趋势②，刘一弘、高小平的“五跨三综合”梳理和划分③，陈安、张振宇、吴波鸿的“规模—效率模式”划分④，钟开斌的“六个维度”分析⑤，等等。综合多位学者的看法，并结合突发事件的“催化”作用（“事件—变革”模式），我们特作如下梳理和划分（三个大阶段七个小阶段）。

1. 分散议事协调机制为主的单灾种应对时期（1949—2003年）

从中华人民共和国成立初期设立中央救灾委员会到2003年，共设立有16个与政府灾害应对相关的国务院议事协调机构，包括7个指挥部（如国家防汛抗旱指挥部）、5个领导小组（如国家地震工作领导小组）和4个委员会（如国家减灾委员会），还有9个联席会议制度，地方相应组建类似机构。

这一时期的重大突发事件有三起：1976年唐山大地震、1998年特大洪水、2003年非典型肺炎疫情。这些事件对经济社会发展造成了巨大损失，影响相当严重。这一时期的政府应灾机构不断膨胀、增多，但基本上处于临时响应“被动应对”、缺乏“主动作为”且部门分散的低效状态。这一时期也可以1989年为界，分为两个小阶段：1949—1989年和1989—2003年。1989年4月，中国政府响应国际社会号召，成立“中国国际减灾十年委员会”（2000年10月更名为“中国国际减灾委员会”，2005年4月再次更名为“国家减灾委员会”），实际上是以民政部为减灾委办公室的“小综合协调”机制。

2. “一案三制”为核心的综合协调应急管理时期（2003—2018年）

这一时期可以分为三个小阶段：

（1）2003—2008年。“行政问责制”促动与“一案三制”（预案、体制、机制、法制）逐步形成。这一小阶段最突出的事件是2003年非典型肺炎疫情危机，在对公众健康、经济发展带来负面影响的同时，也促使人们对危机管理进行反思。2005年，国务院办公厅设置国务院应急管理办公室（国务院总值班室），各地方设立政府相应应急办；政府应急办作为运转枢纽综合协调，分别以民政部门为主管理自然灾害、以安监部门为主管理事故灾难、以公安部门为主管理社会安全、以卫生部门和食药监部门为主管理传染病防治和食品安全的应急管理体制机制。

---

① 江田汉：《我国应急管理经过哪些发展阶段》，“中国应急管理”微信公众号，2018年7月10日。

② 王宏伟：《总体国家安全观视角下公共危机管理模式的变革》，《行政论坛》2018年第4期。

③ 刘一弘、高小平：《新中国70周年应急管理制度创新》，《甘肃社会科学》2019年第4期。

④ 陈安、张振宇、吴波鸿：《应急管理发展70年回顾与展望》，《中国应急管理报》2019年10月1日第7版。

⑤ 钟开斌：《新中国70年我国应急管理的发展与完善》，《学习时报》2019年10月21日。

2006年1月，国务院颁布《国家突发公共事件总体应急预案》；2007年8月，全国人大常委会颁布《突发事件应对法》。至此，我国建立起以宪法为依据，以《突发事件应对法》为核心，以相关单项法律法规为配套的应急管理法律体系，应急管理“一案三制”基本形成。

（2）2008—2012年。应灾志愿与慈善事业的蓬勃兴起。2008年，除了在北京举办奥运会，中国还遭遇了年初南方大雪灾袭击、汶川“5·12”大地震等事件。尤其是汶川大地震对应急体系、对国民心理是一次巨大冲击和创伤。正是这次大灾大难，真正唤醒了“一方有难，八方支援”的民族赈灾文化传统，即民间志愿救援行动、企业慈善行动和慈善机构迅速崛起。2008年因此被称为中国“志愿者元年”“公益元年”。这正是应急社会学研究的重点。

（3）2012—2018年。应急管理纳入公共安全治理体系和总体国家安全观指导。2012年，党的十八大提出要加强公共安全体系建设；2013年，党的十八届三中全会提出完善健全公共安全体系；2014年4月15日，习近平总书记提出总体国家安全观，成为新时代应急管理的重要指导思想，同年，党的十八届四中全会提出将加强公共卫生安全法治化纳入国家治理体系和治理能力现代化范畴；2015年，习近平总书记提出建立全方位立体化的公共安全网。2015年4月，中共中央、国务院发布《关于加强社会治安防控体系建设的意见》，2016年12月，中共中央、国务院发布《关于推进防灾减灾救灾体制机制改革的意见》《关于推进安全生产领域改革发展的意见》等重要文件。

3. 以应急管理部门组建为标志的大应急格局时期（2018年以来）

2018年3月，新一轮党和国家机构改革推进应急管理体系系统化改革，以统筹、优化、科学为原则，组建应急管理部门，整合原相关部门的13项职能，逐步形成了涵盖安全生产、防减救灾、消防救援为主责主业的应急管理部门系统。这一时期最大的特点是：应急管理职能由非常态应对转向常态管理，逐步形成了应急管理部门、卫生健康部门、政法和公安部门政府三大管理机构的“大应急”格局；以应急管理部门为主，牵头组织的多主体协同网络，旨在尽快“推动形成统一指挥、专常兼备、反应灵敏、上下联动、平战结合”的中国特色应急管理体制。2020年因重大公共卫生事件爆发而进入新的小阶段。

二、国内外应急社会科学研究回溯

我们通过中国知网（CNKI）检索查询，可以回溯1949年中华人民共和国成立以来（文献截至2020年底）国内外关于社会科学如何研究应急的文章。为了扩大查询范围，检索要素为：采用“主题”而非“篇名”栏目；采用“应急”而非“应急管理”关键词；中英文扩展（主要立足国内）；跨库检索（期刊和集刊、硕博论文、报纸、国际会议、标准和专利、项目成果、年鉴等13个库）。除著作、教材外，这类文章基本能够反映1949年后，中国社会科学界关于诸类应急问题的总体研究状况，如图10-4所示。

（一）社会科学与全部学科研究应急总体对比

1. 全部学科研究应急增长很快

随着人们对灾害认识的增强以及研究者数量的增多，全部学科（包括自然科学和社会科学）研究应急的总体文献数量在激增，2020年篇数（46063篇）是1949年（90篇）的512倍，71年间年均增长648篇。

2. 应急社会科学研究占三成左右

应急社会科学研究文献数量占全部学科研究文献的比例，多数年份在25%~29%范围浮动（2020年约21%），很难超出30%，即应急社会科学研究占全部学科研究不到1/3。

3. 重大事件催发应急社会科学研究

针对全球性突发重大灾变事故的几个重要年份，文献呈现阶段性喷涌现象，如1961—1963年中国自然灾害，1997年金融危机，1998年中国大陆特大洪水，2003年非典型肺炎疫情，2004年印度洋海啸，2007年孟加拉国强热带风暴袭击、美国飓风、秘鲁地震，2008年中国南方暴雪灾害和四川汶川大地震，2011年日本大地震，2015年印尼酷暑灾害、澳大利亚寒冻灾害、中国天津港危化品爆炸事件，等等。其中，最为凸显的是2008年，全部学科研究文献从2007年的14308篇激增到2008年的19621篇（1.4倍，2020年对比2019年也是1.4倍），应急社会科学文献从4112篇陡增到6918篇（1.7倍），超过之前、之后所有年度间的同期增长比，应急社会科学研究增长更多。

（二）中国应急管理历程中应急社会科学研究

结合上述中国应急管理的阶段划分，这里将中国应急工作划分为四大阶段来分析学界的研究探索。

1. 第一阶段：单灾应急阶段（1949—1977年）

这一阶段的应急社会科学研究文献，从1949年的25篇到1977年突破220篇，年均增长7篇左右。

2. 第二阶段：分散协调临时响应阶段（1978—2003年）

这一阶段因为非典型肺炎疫情暴发，应急社会科学研究文献突破2000篇

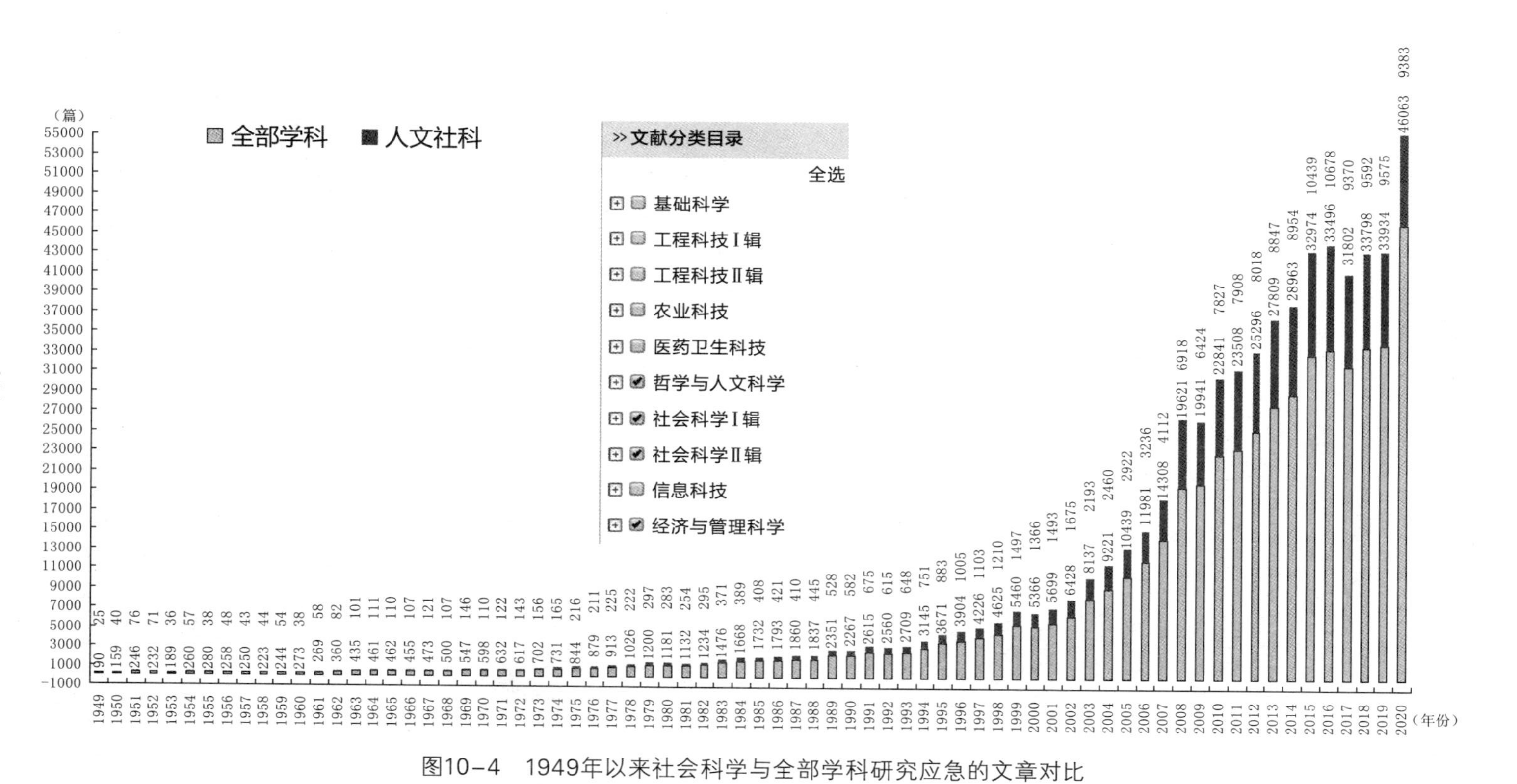

图10-4　1949年以来社会科学与全部学科研究应急的文章对比

（2003年2193篇），约是1978年（222篇）的10倍。与此同时，学者薛澜、张强、钟开斌出版了《危机管理：转型期中国面临的挑战》一书，实际上开启了中国社会科学界对应急问题发力研究的局面。

3. 第三阶段："一案三制"为核心的综合协调应急阶段（2003—2018年）

2008年因南方雪灾和汶川大地震灾难，应急社会科学研究文献从2007年的4112篇陡增到2008年的6918篇（1.7倍），是增长倍数较大的第一年；2015年突破10000篇（2017年及其之后略有回落）。汶川大地震之后不久，暨南大学学者林毓铭、龚晶等和中国人民大学学者王宏伟翻译介绍国外《应急管理概论》有3部之多（并以丛书形式介绍国外应急管理理论与实务），国内学者如清华大学学者闪淳昌、薛澜和防灾科技学院学者杨月巧也各自编写出版了《应急管理概论》，中国矿业大学学者刘圣汉编写出版了《应急管理学》。

4. 第四阶段：应急管理部门组建的综合应急阶段（2018年以来）

2018年以来，应急社会科学研究文献每年9000篇左右，2020年激增至近10000篇（统计时间截至2021年1月5日）。

（三）各类具体社会科学学科研究应急的对比

从CNKI系统分类来看，仅就2019年的文献数量，从多到少依次为：第一，马克思主义哲学、政治（行政）学、军事、公安、法学类，共3829篇；第二，经济、管理、领导科学类，共3325篇；第三，社科总论、社会学、民族学、人口学、人才学与劳动科学、教育学类，共1719篇；第四，哲学与人文（文学艺术）类，共1670篇。

（四）中华人民共和国成立以来几代应急学人的特征

中华人民共和国成立以来，大体可以总结为四代应急学人。这里主要从学科背景、研究领域、成果特点、隶属阶段及出生年代等五个维度，来观测各代应急学人的总体特征，如表10-1所示，其中第三代与第四代应急学人除出生年代差异和成果数量差异外，两者在其他维度上的同质性比较强。

表10-1　中国应急研究的几代学人及其总体特征

观察维度	第一代学人	第二代学人	第三、四代学人
学科背景	自然科学或技术科学（理工）为主	自然科学或技术工程科学为主，社会科学逐步介入	涵盖自然科学、社会科学或管理科学；开始出现应急方向学位者
研究领域	一般以自然灾害、劳保安全类理工研究为主	初始研究灾害、安全类或相关社会科学	各类学科均有，且社会科学硕、博士数量攀升

续表

观察维度	第一代学人	第二代学人	第三、四代学人
成果特点	总体属于学科初创性奠基探索阶段；针对应急研究少，多为附属性成果	从理工学术为主转向综合应急管理研究；人数攀升，学者开始大幅探索应急问题	引介西方成果或综合应急研究，同专项分类应急研究并驱；随着人数激增，成果数量暴增
隶属阶段	成就凸显于中国应急管理工作第一、二阶段	成就贯穿中国应急管理工作第二、三、四阶段	成就主要见于中国应急管理工作第三、四阶段
出生年代	主要生于19世纪末、1900—1940年	有20世纪30年代生人，但多为20世纪四五十年代生人	第三代多生于20世纪60—70年代；第四代多生于20世纪80—90年代

三、国内外应急社会学类研究回溯

经科技查新所知，目前国内外除了笔者2020年初至6月发表的几篇文章提及“应急社会学”外[①]，尚无其他提及这一学科名词的词汇，仅显示“急诊社会学”（The Sociology of Emergency Medicine）的文献[②]。但之前和之后有与应急社会学体系相关的研究文献，不妨做一些回溯和评述。

（一）初发阵地：灾害社会学研究应急述评

无论是管理学还是社会学或其他学科研究应急处置，最初都是针对灾害（灾难）的发生，尤其是针对自然灾害的；但是，社会学研究灾害（灾难），在社会科学中是较早的学科，然后逐步演化到人类学、管理学等学科领域。[③]一般地，灾难（灾害）社会学是研究灾难与人类社会关系的学科，[④]早期着重探索人们在灾难压力下的集体行动（Stallings, 1994）、社区参与、组织变化等行为

① 颜烨：《为应对肺炎疫情，建议延迟返工开学，促动社工进入》，界面新闻网，2020年1月25日；颜烨：《灾变场景的社会动员与应急社会学体系的构建》，《华北科技学院学报》2020年第3期。

② VOSK A, MILOFSKY C., The Sociology of Emergency Medicine, *Emergency Medicine News*, 2002, 24(2).

③ 韩自强、陶鹏：《美国灾害社会学：学术共同体演进与趋势》，《风险灾害危机研究》2016年第2期。

④ PRINCE S H., *Catastrophe and Social Change: Based on a Sociological Study of the Halifax Disaster*, New York, Columbia University Press, 1920; BAER G M. CHAPMAN D M.,“Man and Society in Calamity”, *Basic Books*,1962(7); 刘助仁：《研究灾害社会学》，《社会科学》1989年第5期；郭强：《建立灾害社会学建议》，《许昌学院学报》1990年第2期；王子平：《灾害社会学》，湖南人民出版社1998年版；段华明、刘敏：《灾害社会学研究》，甘肃人民出版社2000年版；梁茂春：《灾害社会学》，暨南大学出版社2012年版；周利敏：《西方灾害社会学新论》，社会科学文献出版社2015年版。

模式，[①]后来的社会学家更强调灾害（灾难）情境下的社会变化，[②]再后来，社会学家认为人们逐步走出灾害迷思（Disaster Myths）的被动困境，[③]强调人类认知灾变的能力和应急能力的提升。[④]这一演进先后形成了灾害（灾难）社会学的结构功能主义、脆弱性（Vulnerability）和韧性（或抗逆性，Resilience）理论、社会资本或社会保护理论、社区为本理论、社会建构主义等范式或流派。[⑤]

【简要评价与启示】上述文献显示，灾害（灾难）社会学是社会科学中较早研究灾害（灾难）的学科，应该说，为后来各类社会科学乃至工程科学开展防灾减灾救灾免灾奠定了基础，尤其是逐步发展并拓展出应急管理方面的知识体系。早期灾害社会学更偏重于人类相对于灾变的脆弱性原因分析，只是到后来，灾害（灾难）社会学才逐步进展到人类具有灾变应急能力的分析，而且深入探索具有不同理性的应急能力。这实际上也是孕育了基于灾变场景建构应急社会学体系的源头。

（二）新拓之域：社会学综合研究应急述评

如上所述，社会学研究应急议题是较为晚近的事情，是人们走出灾害迷思之后，逐步认识到抗灾救灾的应急能力，而逐步走向应急管理、应急行动的。[⑥]社会

---

① Stallings R A., *Collective Behavior Theory and the Study of Mass Hysteria*, in Dynes, R.& Tierney, k.（eds.）Disaster, *Collective Behavior, and Social Organization*, New York, University of Delaware Press, 1994, pp207-228; BARTON A H., *Communities in Disaster: A Sociological Analysis of Collective Stress Situations*, New York, Doubleday, 1969.

② FISCHER H.,"The Sociology of Disaster: Denitions, Research Questions and Measurements", *International Journal of Mass Emergencies and Disasters*,2003 (21).

③ 韩自强、吕孝礼：《恐慌的迷思与应急管理》，《城市与防灾》2015年第2期。

④ PERRY R W, QUARANTELLI E L, et al., *What is a Disaster? New Answers to Old Questions*, Newark, DE: International Research Committee on Disasters, 2005.

⑤ KREPS G A,"Sociological Inquiry and Disaster Research", *Annual Review of Sociology*, 1984(10); ADGER W N, KELLY P M,"Social Vulnerability to Climate Change and the Architecture of Entitlements", *Mitigation and Adaptation Strategies for Global Change*, 1990(5); 周雪光：《芝加哥"热浪"的社会学启迪——〈热浪：芝加哥灾难的社会解剖〉读后感》，《社会学研究》2006年第4期; NAKGAWA Y, SHAW R,"Social Capital: A Missing Link to Disaster Recovery", *International Journal of Mass Emergencies and Disasters*,2004(1); 赵延东：《社会资本与灾后恢复——一项自然灾害的社会学研究》，《社会学研究》2007年第5期; 卢阳旭：《突生与连续：西方灾后恢复的社会学研究述评》，《国外社会科学》2011年第2期; LINDELL M K, PERRY R W.,"The Protective Action Decision Model: Theoretical Modifications and Additional Evidence", *Risk Analysis*, 2012 (32); BARTON A H., *Communities in Disaster: A Sociological Analysis of Collective Stress Situations*, New York, Doubleday, 1969; 吴越菲、文军：《从社区导向到社区为本：重构灾害社会工作服务模式》，《华东师范大学学报（哲学社会科学版）》2016年第6期; KLINENBERG E., *Heat Wave : A Sociological Autopsy of Disaster in Chicago*, Chicago, University of Chicago Press, 2002; 周利敏：《西方灾害社会学新论》，社会科学文献出版社2015年版。

⑥ PIERIDES D, WOODMAN D.,"Object-oriented Sociology and Organizing in the Face of Emergency: Bruno Latour", The British Journal of Sociology, 2012(63), p4. DRABEK T E. Sociology,"Disasters and Emergency Management: History, Contributions, and Future Agenda", *Department of Sociology and Criminology*, 2013, 29(1).

学专注应急处置（管理），实际上疏于和晚于应急管理学，尽管应急管理学最初也是源于灾害（灾难）社会学，而且到今天，社会学界关注应急议题仍然具有极强的应急管理色彩，或者没有完全脱离灾害（灾难）社会学的限阈。不管怎么说，仅就国内社会学界而言，除了首席专家近年的探索，从社会学视角对应急问题的综合探索尚有一些成果堪比家珍，如应急的社会学机制、社会应急能力、应急决策的社会参与、应急问题的过程—结构研究方法、执政党结构性介入应急等。[①]

【简要评价与启示】社会学对应急议题的综合探索尚属于新的领地，这与灾害（灾难）社会学不能比拟。当然，既已开始，则表明应急社会学体系的建构正当其时。其中，童星、张海波完成的国家社科基金重大项目报告《中国应急管理：理论、实践、政策》（2012），其内容涉及社会学层面的知识原理和分析（群体事件的社会特征、风险场域论、风险公众感知、风险文化等），龚维斌的应急管理结构与功能分析等，具备一定的应急社会学元素，但公共管理学的色彩仍然较浓。

（三）分项探索：各具体社会应急研究述评

在社会学分项（不是指行业分域）实务中，应急社会服务通常包括应急社会工作、应急社会心理、应急文化教育以及应急社会政策等，这些方面的探索比较多见。

1. 社会工作介入参与应急的研究探索

从国外到国内，这方面的研究与实践都比较普遍，学者们力图把应急领域中的社会工作介入进行组织化、制度化、规范化，使之在自然灾害、公共安全等事件中把社会工作作为一个新的、常规的力量考虑进去，使事件的受影响者可以获得更加人性化、个别化、优质化的人文关怀；在2006年前后学界有人提出“应急社会工作”，广州社工组织2012年实施“培养应急社工人才队伍”项目，并提出

---

① O’ BRIEN P W, MILETI D S，任秀珍：《防震减灾、应急准备和反应及恢复重建的社会学问题》，《世界地震译丛》2004年第2期；张维平：《社会学视野中的公共安全与应急机制》，《中国公共安全（学术版）》2007年第2期；阎耀军、刘国富：《应急管理的前馈控制模式研究》，《中国应急管理》2010年第9期；童星、张海波：《中国应急管理：理论、实践、政策》，社会科学文献出版社2012年版；马蕾：《法社会学视角下高校应急管理机制的建立分析》，《中国成人教育》2014年第1期；龚维斌、宋劲松：《提高我国事故灾难应对能力的对策建议》，《社会治理》2016年第5期；童星：《应急管理案例研究中的“过程—结构分析”》，《风险灾害危机研究》2017年第1期；郭秋娟：《突发公共事件应急决策的社会学探析》，《法制博览》2018年第33期；龚维斌：《应急管理的中国模式——基于结构、过程与功能的视角》，《社会学研究》2020年第4期。

“将应急社工服务纳入政府应急体系中”，[①]嵌入具体灾变场景。[②]应急社工在应急医学领域似乎有较多探索。[③]当然，它也是脱胎于灾害社工的，[④]但不同于灾害社工、医务社工等。后面相关章节再作较为详细的回溯。

2. 社会组织、社区等应急的研究探索

关于社会力量、社会性组织（或志愿公民）参与应急处置的研究，也同样多见，[⑤]如探索应急救援的现状、社会组织类型与组织协同、社会资本作用、参与环节、参与方式，以及包括国际组织（红十字会、国际救援联盟等）在内的应急志愿服务、社区为本的应急救灾救援等。[⑥]后面相关章节再作较为详细的回溯。

3. 社会心理学服务于应急的研究探索

应急社会心理服务研究逐步从灾害心理干预服务中独立出来[⑦]，成为应急服

---

① 刘成晨：《建设应急社工：以“闲时之备”应“战时之需”》，“社工观察”微信公众号，2020年5月13日。

② 花菊香：《突发公共卫生事件的应对策略探讨——多部门合作模式的社会工作介入研究》，《学术论坛》2004年第4期；颜烨：《为应对肺炎疫情，建议延迟返工开学，促动社工进入》，界面新闻网，2020年1月25日；任敏：《社会工作者当如何行动、为什么及行动原则：新冠肺炎爆发初期社工参与抗疫工作的实务总结及思考》，中社社会工作发展基金会网，2020年3月9日；陈涛：《灾害社会工作在疫情防控中的专业优势》，《社会工作》2020年第1期。

③ TARIM M K,AGALAR F., Social Work at the Emergency Department-comments, *European Journal of Emergency Medicine*,1998,5(3).

④ ZAKOUR M., Geographic and Social Distance during Emergencies: A Path Model of Interorganizational Links, *Social Work*,1996,20（1）；周昌祥：《灾害危机管理中的社会工作研究——以中国自然灾害危机管理为例》，《社会工作》2011年第2期；周利敏：《灾害社会工作：介入机制与组织策略》，社会科学文献出版社2014年版。

⑤ 高芙蓉：《社会组织参与应急治理研究综述》，《郑州轻工业学院学报（社会科学版）》，2016年第4期；张强等：《中国应急志愿服务发展现状与前瞻——基于新冠肺炎疫情应对的观察》，《杭州师范大学学报（社会科学版）》2020年第4期。

⑥ 沈燕梅、张斌：《社会组织参与应急救援的现状、困境与路径探析》，《广东行政学院学报》2020年第3期；时立荣、常亮、周芹：《应急救援社会组织联动协同关系研究》，《江淮论坛》2017年第6期；时立荣、常亮：《公共应急体系下中国红十字会组织力建设研究》，《上海行政学院学报》2020年第3期；NAKGAWA Y, SHAW R., Social Capital: a Missing Link to Disaster Recovery, *International Journal of Mass Emergencies and Disasters*, 2004(1)；赵延东：《社会资本与灾后恢复——一项自然灾害的社会学研究》，《社会学研究》2007年第5期；张永领：《社会资本对山区居民山洪灾害应急避险能力的影响研究》，《中国安全生产科学技术》2020年第8期；LINDELL M K,PERRY R W.,“The Protective Action Decision Model: Theoretical Modifications and Additional Evidence”, *Risk Analysis*, 2012(32)；葛文硕：《社会组织参与应急响应——一个类型学分析及其应用》，华东政法大学硕士学位论文，2019年；岳经纶、李甜妹：《合作式应急治理机制的构建：香港模式的启示》，《公共行政评论》2009年第6期；莫于川、赵文娉：《开展志愿服务过程中如何更好地保护志愿者》，《中国社会工作》2020年第22期；林鸿潮：《应急救助和应急救援有什么区别》，《中国应急管理报》2020年8月22日第7版；宋劲松：《欧洲国家志愿者参与应急管理的经验研究》，《四川行政学院学报》2011年第1期；张网成：《完善国家应急志愿服务体系的政策建议》，《社会治理》2020年第5期；BARTON A H., *Communities in Disaster: A Sociological Analysis of Collective Stress Situations*, New York, Doubleday, 1969；陈文涛、欧阳梅、李东方：《国外社区灾害应急模式概述》，《中国职业安全健康协2007年学术年会论文集》；陈文玲、原珂：《基于社区应急救援视角下的共同体意识重塑与弹性社区培育——以F市C社区为例》，《管理评论》2016年第8期；刘佳燕：《重新发现社区：公共卫生危机下的社区建设》，“THU社区规划”微信公众号，2020年2月4日。

⑦ 时勘：《灾难心理学》，科学出版社2010年版。

务中不可或缺的环节和手段。[①]从21世纪前20年中国经历的三次特大灾难看，应急社会心理分析和服务逐步走向政策和实践：2003年非典型肺炎疫情、2008年汶川大地震赈灾、2020年新冠疫情，[②]均体现了中国社会学家、社会心理学家的前瞻性分析。后面相关章节再作较为详细的回溯。

【简要评价与启示】总体来看，在应急服务领域中，分项性的社会学探索逐步铺开，有的从灾害（灾难）社会学中逐步剥离出来，正在逐渐形成自身的研究范式。除了上述应急社会工作、应急社会组织、应急社会心理服务等以外，尚有一些分项研究如应急社会政策、应急社会结构与分层等零星显现，但尚未形成自身学术阵地和体系，亟须进一步推进。这些均是应急社会学研究的重要内容或分域，也需要进入国家政策领域加以规定和推行。

第五节　研究意义及与相关学科关系

一、研究应急社会学的主要意义

通过对比分析，应急社会学研究意义和价值主要体现在下列4个方面，如图10-5所示。

（一）一种社会理论逻辑体系创新

本研究超越灾害社会学或应急管理学领域的现有成果，基于社会学核心命题——行动—结构的命题，基于社会学家沃特斯关于“行动—理性—结构—系统”四大方面的分析链条，但又不拘泥于这些理论命题，而是结合灾变应急的社会动员和社会参与（社会行动）的实际，构建新的理论逻辑，即“应急社会行动—应急社会结构—应急社会系统”的分析逻辑和框架（应急理性、应急伦理和责任一般潜隐在应急行动背后），并以此作为理论基础构建学科体系，指导全社会的应急管理和应急服务。

---

① LORIPEEK D. S.,“The Social Psychology of Public Response to Warnings of a Nuclear Power Plant Accident”,*Journal of Hazardous Materials*, 2000, 75(2-3), pp181-194; EVERLY G S, FLANNERY R B, MITCHELL J T.,“Critical Incident Stress Management CISM:A Review of the Literature”, *Aggression and Violent Behavior*, 2000,5(1); 王俊秀：《社会心理服务体系建设与应急管理创新》，《人民论坛·学术前沿》2019年第5期；陈雪峰、傅小兰：《抗击疫情凸显社会心理服务体系建设刻不容缓》，《中国科学院院刊》2020年第3期。

② 周晓虹：《传播的畸变——对“SARS”传言的一种社会心理学分析》，《社会学研究》2003年第6期；颜烨：《非典型肺炎问题的社会学检视》，《西南师范大学学报（社会科学版）》2003年第4期；王俊秀：《面对风险：公众安全感研究》，《社会学研究》2008年第4期；王俊秀、应小萍：《认知、情绪与行动：疫情应急响应下的社会心态》，《探索与争鸣》2020年第4期。

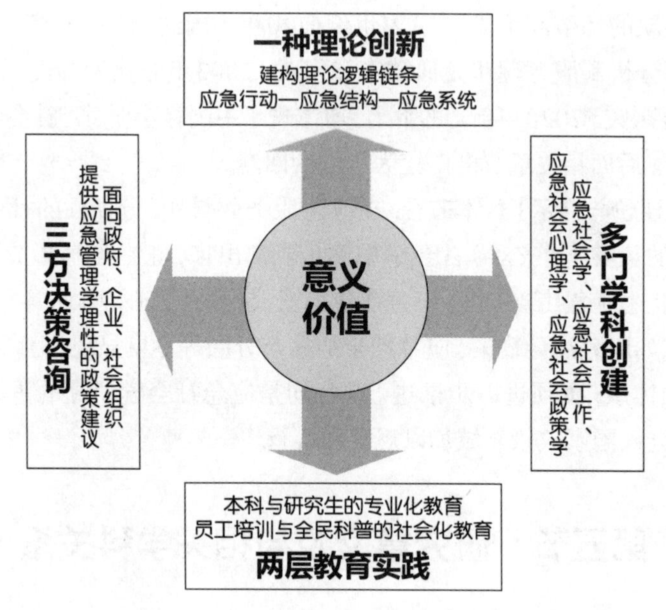

图10-5　研究应急社会学的意义价值

（二）多个中国特色学科体系创建

2020年7月，习近平总书记在经济社会领域专家座谈会上强调，“从国情出发，从中国实践中来、到中国实践中去，把论文写在祖国大地上，使理论和政策创新符合中国实际、具有中国特色，不断发展中国特色社会主义政治经济学、社会学”。如前所述，本研究进一步拓展、探索构建“应急社会学”学科知识体系，突破灾害社会学、安全社会学的限阈，壮大中国特色社会主义社会学的理论基础和力量。应急社会学以及关联的应急社会工作、应急社会政策学、应急社会组织学、应急社会心理学、应急文化学等，均可以自成一个学科知识体系。这本身就是基于中国灾变场景应急防控而提出来的，是植根于中国本土的，具有中国特色、中国风格、中国气派的学术话语体系和学科话语体系。笔者认为，只要符合实际、具有科学性的学科和学术话语体系，均可以创新探索，要体现民族文化自信。

（三）专才与全民的两层教育实践

在高等教育实践应用上，应急社会学，以及相关的应急社会工作、应急社会心理学、应急社会政策学、应急社会组织学等，均可以在高校开设专业课程或专业班级，培养本专科高级专门人才。这是现代风险社会必需的专业社会科学知识，也是中国社会学理应不亚于经济学、法学、管理学，走向社会、深入民间的重要举措。这方面中国不如发达国家成熟。应急社会结构、应急社会系统研究还能在硕博人才培养中开辟新的视阈。与此同时，将应急专业知识逐步社会化，按照在校生、在业者、普通居民或领导者、员工、民众等层次，开展应急社会服务科普，包括应急社会心理科普、应急社工科普。

（四）政府企业社会三方咨政服务

首先，研究成果如应急社会治理评价结论，可向相关政府部门提供咨政参考，以制订下一个年度或下一个五年规划（或中长期经济社会发展政策）的施策方案；又如应急社会工作、应急社会心理服务、应急社会政策改善、应急社会组织发展等研究成果，还可以建议纳入国民经济社会发展五年规划纲要。其次，为社会组织（社工组织、社会心理咨询机构等）或其他社会力量提供发展方向、决策内容、项目创新导向等，指导、组织该类社会组织（社会力量）参与应急处置事务。再次，为企业开展安全生产事故应急处置提供管理决策咨询。最终，将社会学进一步推向社会，服务社会，在服务实践中体现学科的应有价值。最后，想要说的是，面临灾难，社会与政府两种应急力量的作用都很大，但各有其长，各有其弱。从政府应急看，其应急力量最为强大、最为专业，也最有秩序性，应该是灾难应急的主要力量。但是，它的弱点是快速反应常常要比受灾者身边的公众和社会力量“慢半拍”，这受制于科层制的局限。而从社会应急来看，每次灾难来临的“第一时间”，总是身边的公众和社会力量冲在最前面，这种快速、灵活的反应能力，是政府应急力量无法比拟的。当然，社会应急的缺陷也有，比如专业水准有待提高；还有就是，大家都想伸出援助之手急于救人，这时可能会导致交通拥堵或场面失序，反而耽误最佳应急救援窗口期；等等。因此，社会力量亟须提高应急能力，应该作为一种学术（学科）体系加强研究。总体上，从高风险社会看，我们还是要花点时间和精力，培育社会应急能力（包括社会工作者、社会心理咨询者、社会志愿者等）；要借鉴国外做得好的经验，在中小学生和广大民众中，积极开展自救、他救、救他的应急能力培育和演练。政府也应该积极调整应急理念，尤其要增强预警能力，另外还需加大低中端应急救援专业人才培养力度，加快速度多建立几所应急大学或职业院校。

二、应急社会学与相关学科关系

这里主要依循上述分析，着眼于学科的交集与相异性，简要比较应急社会学与密切相关的应急管理学、灾害社会学、安全社会学的学科关系。

（一）应急社会学与应急管理学的关系

1. 两者的交集

首先，两者核心指向均聚焦于各类突发灾变的应急事务，均涉及灾害预防、应急准备、应急响应、善后恢复几个环节。其次，应急主体均涉及社会力量（社会组织、社会公众、社会关系结构等）的参与，是一种理性化的行动。再次，提升应急能力的手段和方式基本相同（如宣教与科普手段、技术手段、法律法规手段、经济手段等）。最后，两者均属于社会科学研究领域中的一门具体学科。此外，如前所述，两者始终难以回避以风险控制为中心展开研究的话题。

2. 两者的区别

首先，学科基础不同：应急社会学虽然也借助管理学等学科思想，但主要偏重于社会学及其分支领域（社会学理论、社会工作、社会心理学等）。广义的应急管理学研究，不但主要涉及公共管理学，还涉及社会学、经济学、政治学、行政学、法学、心理学等其他社会科学知识，乃至涉及工程技术学科基础知识（如信息技术在应急管理领域的运用），强调学科基础的综合性（尽管有些狭义的应急管理学特别强调公共管理学基础）。其次，应急主体有所不同：应急社会学强调应急主体是各类社会力量，包括社会组织、社会公众、社会关系结构等；而应急管理（学）主要偏重于公共组织及其管理，尤其是政府的主导性力量。最后，两者的发展历程不同：应急管理学发展历史较长，应该起源于20世纪80年代的美国，目前的学科体系相对比较成熟；而应急社会学尽管与灾害社会学有较长的历史渊源，但正处于草创时期，且学术共同体对其研究内容和体系尚存不同意见。

（二）应急社会学与灾害社会学的关系

1. 两者的交集

首先，两者同属于社会学领域，均为应用社会学，核心对象均聚焦于突发灾变事务。其次，理论基础基本相似。严格来说，应急社会学脱胎于灾害社会学，两者有着较长的学术史渊源，应急社会学需要吸取灾害社会学的“学术营养”和学术理论知识。再次，所研究的主体、过程、应急手段和方式、社会基础、文化心理和社会环境大体相似。最后，两者都难以回避对各类风险的研究，即以风险控制为中心展开研究。

2. 两者的区别

首先，灾害社会学更强调灾害与社会的关系，早期灾害社会学更偏重于人类学对自然灾害的研究，强调致灾的社会性原因和灾害对人类社会的影响（如社会脆弱性问题），尽管它也强调应灾（防灾救灾）过程及其效果；而应急社会学更偏重于聚焦应灾（应急）过程及其应急效应（影响和后果），尽管它也关注致灾的社会性原因。这是两者最大的差别。其次，灾害社会学很多时候强调对自然灾害的分析，而较少对其他灾难（事故灾难、社会安全事件、公共卫生事件）的研究；应急社会学则是对全灾种开展研究，研究各类灾种的社会学共性规律和特征。再次，由于应急社会学更强调社会主体的应急行动，因而更多聚焦于行动者的安全行动及其“理性应对”角度来展开研究；而灾害社会学可能对灾害（灾难）社会现象的客观描述和分析比较多，这种现象几乎带有“被动”“自然”的综合状态，因而展现得较为全面丰富。最后，灾害社会学研究历史较长，甚至可追溯到19世纪中后期，如前所述，应急管理（学）的研究也都源自灾害社会学；而应急社会学则刚刚开始，因此社会学界可能更倾向于认为，应急社会学本身就是灾害社会学，没必要再立分支学科知识体系。

（三）应急社会学与安全社会学的关系

1. 两者的交集

首先，两者同属于应用社会学体系，理论基础（行动—结构的社会学核心命题）难免具有一致性。其次，研究的安全行动或应急行动主体都在于社会力量，虽然都不能忽视政府主导性研究。再次，目的都是防范化解风险、保障人们的生命财产安全，所涉及的安全或应急的手段和方式、过程（尤其事后恢复）、效应大体相似。最后，两者的研究历史大体为同时段，只是安全社会学的研究稍微超前一些。

2. 两者的区别

首先，如前所述，两者最大的区别在于：安全强调事前预防，因而安全社会学更强调行动者的安全预防理性以化解风险，强调解决和保障人们的民生问题以化解风险问题，具有结构性安全治理的意蕴；而应急社会学更强调大安全链条中的应急准备和应急响应的理性化行动过程研究，强调社会主体的这类应急过程能力研究，即安全过程中的特定化阶段（如何应急救援的问题）的研究。其次，应急社会学与灾害科学、灾害社会学的联系相对较多；而安全社会学与安全科学的联系较多，与灾害社会学的联系相对较少。最后，如前所述，由于安全预防强调事前理性的隐功能，而应急更能显现对突发事件的显功能，因而应急社会学可能会比安全社会学更容易受学界、政界和其他各界的欢迎并促其发展。

第十一章

应急社会工作论

社会工作是社会学的重要分支学科，也是逐步发展起来的一门独立专业。研究应急社会学，必然要研究社会工作对灾变应急的介入和作用；在此基础上，还需要进一步探索综合性应急社会工作作为一门实务专业发展的可能，从而使之成为应急社会学的重要学科分支。

第一节　社会工作与应急的关系概述

一、社会工作的内涵与功能价值

（一）社会工作的内涵要素

社会工作发展到今天，既是一门学科，也是一门专业，更是一门职业，可见其伴随经济社会加速发展的成熟程度。何谓社会工作？各个机构、各位学者的解释很多，列举几种如下。

联合国《国家社会服务方案的发展》（1960）的界定：社会工作是协助个人及其社会环境，以使其更好地相互适应的活动。

美国《国际社会科学百科全书》（1972）的界定：社会工作的目标是帮助社会上受到损害的个人、家庭、社区和群体，为他们创造条件……社会工作者的职责是帮助人们适应或改善社会制度。职业社会工作者的任务是采取各种适当的措施，援助那些由于贫困、疾病、失业、冲突等原因在经济和社会环境中失调而陷入困境的人……

《中国大百科全书·社会学》（1991）的界定：社会工作是国家和社会解决并预防社会成员因缺乏社会生活适应能力、社会功能失调而产生的社会问题的一项专门事业和学科。

中共中央人才工作协调小组根据中共十六届六中全会通过的《中共中央关于完善社会主义市场经济体制若干问题的决定》（2006）的界定：社会工作是社

会建设的重要组成部分,它是一种体现社会主义核心价值理念,遵循专业伦理规范,坚持“助人自助”宗旨,在社会服务、社会管理领域,综合运用专业知识、技能和方法,帮助有需要的个人、家庭、群体、组织和社区,整合社会资源,协调社会关系,预防和解决社会问题,恢复和发展社会功能,促进社会和谐的职业活动。①

国际社会工作者联合会和国际社会工作教育联盟大会墨尔本会议(2014)的界定:作为一个以实践为本的专业及学术领域,社会工作推动社会改变和发展、社会凝聚和人民的充权及解放。社会公义、人权、集体责任和尊重差异等原则是社会工作的核心。基于社会工作、社会科学、人文和本土知识的理论,社会工作以联系个人和组织的方式去面对人生的挑战和促进人类的福祉。

美国学者弗瑞德·兰德的界定:社会工作是以科学的知识和技能,协助个人以达到社会与个人的满足与自主的专业服务过程。②

中国台湾学者白秀雄的界定:社会工作以科学的方法、人道的观念、组织的力量及合作的进步,协助个人和团体获得安定而健全的生活,并促进社会的进步。③

中国大陆学者王思斌的界定:现代社会工作是秉持利他主义价值观,以科学知识为基础,运用科学的专业方法,帮助有需要的困难群体,解决其生活困境问题,协助个人及其社会环境更好地相互适应的职业活动。④

从上述各种界定看,基本可以分为广义的社会工作与狭义的社会工作。广义的社会工作是指为一切人一切需要的社会工作,意思是正常人也需要社会工作;狭义的社会工作则是指协助“有需要的”人或群体适应社会的工作,即满足困难者的需要。但这两种界定都有一些共通点:第一,方法上,须有科学方法技能和专业知识;第二,过程上,满足“需要”的助人过程(正常人也有各种需要);第三,价值观,利他主义的伦理行动;第四,目的上,使人(人群)更好地适应社会并与社会协调发展;第五,关系性,即主体(社会工作机构尤其所属的社会工作者)与客体(受助者/无论特殊案主还是一般大众)之间建立工作关系。这也是社会工作的基本要素(要件)。⑤

① 王思斌:《社会工作概论(第三版)》,高等教育出版社2014年版,第9页。
② 转引自王思斌:《社会工作概论(第三版)》,高等教育出版社2014年版,第9页。
③ 白秀雄:《社会工作(第五版)》,台湾三民书局1986年版,第5—6页。
④ 王思斌:《社会工作概论(第三版)》,高等教育出版社2014年版,第9页。
⑤ 王思斌:《社会工作概论(第三版)》,高等教育出版社2014年版,第10—12页。

(二)社会工作的功能价值

从诸多研究看,社会工作的功能价值大体可以归于层次递进的3个方面。

1. 恢复功能:通过助人自助使得案主脱困复能

狭义上的社会工作就在于纾困解难,即那些在经济生活上、身体行动上、政治权利上乃至心理情绪上需要帮助而得不到其他帮助的人(或人群),需要社会工作者介入帮助其摆脱困境,重新恢复各种自助能力,适应社会发展。这是社会工作最基本的、最主要的功能价值所在。

2. 预防功能:防范化解个人、群体和社会问题

广义的社会工作不仅仅是救困解难,更在于"治未病",即预防个人(间)问题、群体(间)问题,以及整个社会病态问题的发生,化解苗头性的个人、群体或社会问题,防微杜渐。这是社会工作较高层次的功能价值所在。

3. 发展功能:促进个人、群体与社会和谐发展

无论狭义的社会工作,还是广义的社会工作,其最高价值目标:一是促进个人或群体或整个社会去病、脱困、解危、复能、增权发展;二是促进人与人之间、人与群体之间、人与整体社会之间、群体与整体社会之间相互适应、健康和谐、安定有序、可持续性发展。

(三)社会工作的服务领域

社会工作发展到今天,从最初的慈善事业,到感化矫正工作,到家庭、医务工作,到今天的发展社会工作,从狭义社会工作到广义社会工作,其服务领域出现某种张力:一方面,越来越强调专业化的特定领域,没有专业特定性,就是一般的社会服务,而不是社会工作;另一方面,社会工作服务的对象领域越来越广泛,不限于某一类型的困难者或危机群体,其他各类特困者都渗透着社会工作的足印和汗水,乃至现代正常人的生活打理、事业发展规划均注入了社会工作的因素。

基于既往的服务领域分类看,大体可分为三类:①从服务的个人对象看,可分为儿童、老人、妇女、残疾人、农民工、罪犯感化矫正等社会工作;②从服务的群体对象看,可分为家庭、学校、企业、军队、民族、农村、社区等社会工作;③从服务的事务对象看,则有健康(医务)、贫困(扶贫)、工业、农业、就业、禁毒、司法、灾害乃至我们要研究的"应急"等社会工作。中共中央组织部办公厅、民政部办公厅发布的《关于开展全国社会工作专业人才资源统计的通知》涉及下列16类:社会福利、社会救助、扶贫济困、慈善事业、社区建设、婚姻家庭、精神卫生、残障康复、教育辅导、就业援助、职工服务、犯罪预防、禁毒戒毒、矫治帮教、人口计生、应急处置等,其中"应急处置"包含其中。

二、社会工作与应急的特有关系

从上述社会工作的界定及其功能看，社会工作其实与应急事务有着天然的联系。换句话说，应急事务本身就是社会工作的重要面向领域。这里，我们更多地使用“介入”（intervene）一词而不是“参与”（participate）。因为在中文里，“介入”更多包含一种主动性的行动乃至干预行动，而“参与”则带有被动性，尽管也是情愿的。社会工作介入应急事务的特有价值在于它们之间有着特有的关联。

（一）社会脆弱性：行动起因同源

所谓脆弱性（vulnerability），最初从人类学或社会生态学看，是指人类社会及其理性手段相对于大自然不可抗拒的灾害（灾难）来说，是非常脆弱的，即灾害脆弱性。①后来发展到灾害社会学，即认为这类灾害脆弱性具有社会结构性，即社会脆弱性：一方面，灾前原本不同的人群或阶层，在遭遇灾害（灾难）后，其风险损失也不同，弱势群体更为脆弱（或指巨富损失更多）；②另一方面，在灾后恢复重建过程中，原本的弱势群体因为救济资源分配不公，可能其境遇更为恶化。③应急管理行动和社会工作行动所指对象都是这几类，起因是同源的。相对而言，社会工作更多地指向“社会结构脆弱性”人群（尤其是第二类弱势群体）。

（二）恢复发展：行动目标同向

应急的目的就在于减灾救难，恢复正常，人与社会相互适应发展，偏重于“急”救。上述社会工作也同样涉及恢复、预防、发展的基本功能，基本目标也是救急解难、恢复正常、预防未来风险灾变、促进人与社会和谐发展，更偏重于“常”救。两者的基本目标或目标功能是同向的。

（三）助人自助：行动过程同为

应急管理强调全过程（减灾预防、应急准备、应急响应、恢复善济四个环节）介入，最重要的是突发事件来袭时的应急响应，即要在最紧迫的时候介入助人，最后使之恢复自助；社会工作从介入时间来看，也基本是在最紧迫的时候逐步介入，尤其在灾变突发后不久、快近尾声（过渡安置）时，社会工作介入较多，并在恢复重建和善济工作上更能看到社会工作者的身影（缓冲期），力图使案主

---

① ADGER W N, KELLY P M., Social Vulnerability to Climate Change and the Architecture of Entitlements, *Mitigation and Adaptation Strategies for Global Change*, 1990(5).

② BOLIN, R C. Race, Class, ethnicity, and disaster vulnerability. In RODRIGUEZ H, QUARANTELLI E, & D R（Eds.）, *Handbook of Disaster Research*, New York: Springer, 2007, pp113-129.

③ KATHLEEN J.Tierney., “From the Margins to the Mainstream? Disaster Research at the Crossroads”, *Annual Review of Sociology*, 2007(33).

能够重获自助。

当然，应急管理者要筹划整个环节，社会工作也同样涉及四个环节尤其在针对特定灾事方面，与应急管理同步。相对而言，社会工作所做的预防规划和准备，主要针对社会成员，以人为特定对象；而应急管理主要针对诸类风险（事务）进行评估和测量，而后做出减灾预防规划。两者最终在应急响应、恢复善济环节不谋而合。

（四）专业救助：行动手段同法

突发事件原因复杂，解决问题的方法多样，因而应急（管理）作为一门实践活动或学问，越来越强调综合专业知识和多类方法并用，越来越强调科学减灾、科学响应、科学恢复等，尤其重视工程技术、现代化装备和信息系统的应用。而社会工作的手段，从实践看逐步形成了一套偏重于人文社会科学多类学科知识、多种方法的综合并用体系，如个案、小组（团队）、社区、社会行政等方法，这与应急管理强调的团队作战、社区为本等基本类似；社会工作过程具体涉及社会工作者与案主如何建立关系、资源链接、沟通技巧、复原技能、工作评估等，这与应急过程手段也都差不多。

尽管两者在具体手段和方法上有所差异，有所偏重，但在大面上均强调专业知识、科学方法的应用，尤其在今天两者的手段和方法在相互借鉴、相互贯通。

（五）利他主义：价值理念同责

救死扶伤，同类相怜，这是生物法则。对于社会法则，无论应急（管理）还是社会工作，在价值理念上都是利他主义的，都在于救人于危急，解困于痛苦；都在于通过科学知识、科学方法、合理过程、合理时空、合理主体，去帮助有需要的人尤其是身处特殊困难和危急中的人摆脱困境，恢复正常或重获新生。而且，这类利他行为基本是无偿的、不图回报的救助解难行为，是完全的利他人道主义责任。

三、社会工作应急的国内外研究

（一）文献总体状况

1. 外文文献总体研究状况

我们在中国知网使用“emergency social work”进行“主题”检索，会得到外文文献查询结果318条（包含一些似是而非的文献）；使用“social work of emergency management”检索，仅得到2002—2020年的18条论文文献结果；使用“disaster social work”检索，仅得到2012—2020年的11条论文文献结果。由于检索技术的原因，没有找到更多的外文文献。

2. 中文文献总体研究状况

我们在中国知网进行“主题”检索，输入“社会工作应急”，截至2020年底，会得到中文文献结果176条，涵盖期刊、会议、报纸、学位论文几类文献载体，使用“应急社会工作”主题检索为65条（基本与前面有重复，以前为主分析）。从年度分布看，自1994年出现第1篇以来，最多的是2013年、2016年、2020年，均为20条，其次是2011年，为19条，再次是2017—2019年，为15~17条，其他年份比较少。2018年以后，这类文献增多，与应急管理部成立和新冠疫情暴发有很大关系；2011年增多，与2011年国家颁布《加强社会工作人才队伍建设的意见》有很大关系。从次要主题分布看，最多的是社会管理工作、灾害社会工作，超过11条。其次是社会工作专业人才、应急管理、社会工作者，为7~9条；再次是社会工作专业、社区服务，为7条。其余主题低于5条。

如果输入“公共危机社会工作”进行“主题”检索，会得到2009—2020年中文文献结果21条。输入“危机社会工作”进行“主题”检索，会得到中文文献结果1050条，这其中包括案主个体危机干预，也包括社会工作所讲的“危机介入理论”。相对而言，前述的“公共危机社会工作”更接近“应急社会工作”。

如果输入“灾害社会工作”进行“主题”检索，截至2020年底，会得到中文文献结果207条；使用“灾难社会工作”主题检索为111条（基本与前面有重复，以前为主分析）。从年度分布看：1996—2007年均为1条；2008年突增到7条，与汶川大地震发生、社会工作介入有关；2010年突破10条；2015年突破20条；2018年、2019年分别为23条、24条，为最多，与应急管理部成立有关。从次要主题分布看：最多的是灾害社会工作，为68条；其次是社会工作者、灾后重建、社会工作介入、社会工作（社会工作）服务，为11~17条；再次是社会工作专业、地震灾害、中国社会工作教育协会、社会工作专业人才、创伤后应激障碍、灾害救援，为7~9条；其余主题低于6条。

从中国“国家图书馆”（文津）检索[①]（检索词：灾害社会工作）看，截至2019年，国内中文著作或教材从1996年李晓晋的《灾害救助论》、2001年谢国兴的《协力与培力》开始，然后是2011年民政部社会工作组织编写的首部《灾害社会工作研究》，之后每年有几本。2017年为8部，最多；其次，2014年为6部（含DVD电子书1部）；再次，2008年、2012—2013年、2019年均有3部；2011年、

① 中国“国家图书馆”（文津）：中国国家数字图书馆网页，http://www.nlc.cn。

2015年均有2部；1996年、2001年、2010年、2016年均有1部。[①]

如果在“国家图书馆”（文津）检索“社会工作应急”词条，会得到：戚学森主编的《民政应急管理》（2007）、黄匡忠的专著《现代城市应急管理与社会工作介入：角色与案例》（2018）、孙莉莎的专著《生产安全事故应急救援与自救》（2018），以及崔珂的专著《基层政府自然灾害应急管理与社会工作介入》（2015）、张粉霞的专著《合作与冲突：灾害社会工作跨部门机制构建》（2017）。后两部与“灾害社会工作”检索重合。

从2018年应急部管理部成立后，研究社会工作应急问题有较多的文献涌现，如在中国知网“主题”检索“疫情社会工作”“公共卫生社会工作”（涵盖期刊、会议、报纸、学位论文几类载体），仅2020年全年就分别有267条（此前少有几个年份为1篇）、31条文献（其他少有年份没有超过7篇）。

从总体上看，中文文献不多，论文类没有超过1000篇，著作、教材类没有超过50部，而主题多集中在2008年汶川大地震以来的灾害社会工作领域，以及2020年新冠疫情防控社会工作。国内专门着眼于“社会工作应急”的文献非常少。

（二）相关内容探索

1. 国外相关性探索

早期应急类领域的社会工作文献，最早可见的是1969年精神病紧急救助的社会工作文献，[②]后逐步拓展至医院急诊科社会工作，包括儿童、老人、孕妇、灾害等急诊服务，[③]这实际上属于医务社会工作的特别子领域（急诊社会工作）。在关于社会工作介入灾害应急管理的文献当中，有的探索了震灾发生前后，医务社

---

① 主要作者有：李晓晋、谢国兴、李小云、张和清（2部）、王曦影、廖鸿冰（2部）、孙树仁、谭祖雪、欧羡雪、陈秋燕、沈文伟（3部）、蒋积伟、周利敏、邹文开、王婴、崔珂、黄匡忠（2部）、武娇、傅春晖、张粉霞、古学斌（2部）、陈红莉、陈涛、王小兰、陆奇斌、刘斌志、赵康康、杨婉秋，以及我国台湾地区的李淑静、谢宜禄。

② GOLAN N, CAREY H, HYTTINEN E.,“The Emerging Role of the Social Worker in a Psychiatric Emergency Service”, *Community Mental Health Journal*, 1969, 5(1).

③ NASH K B.,“Social Work in a University Hospital: Commitment to Social Work Teaching in a Psychiatric Emergency Division”, *Archives of General Psychiatry*,1970,22(4); BUNKER J P, GOMBY D S, KEHRER B H（eds）, *Pathways to Health: The Role of Social Factors*, Menlo Park, CA, Henry J.Kaiser Family Foundation, 1989; WRENN K, RICE N,“Social-work Services in an Emergency Department: an Integral Part of the Health Care Safety Net”, *Academic Emergency Medicine*. 1994,(1); MAIDMENT J.,“Social Work Disaster Emergency Response Within a Hospital Setting”, *Aotearoa New Zealand Social Work*, 2013,25(2); LEWIS J, GREENSTOCK J, CALDWELL K, et al.,“Working Together to Identify Child Maltreatment: Social Work and Acute Healthcare”, *Journal of Integrated Care*, 2015,23(5); HAMILTON, RONDA, HWANG, et al.,“The Evolving Role of Geriatric Emergency Department Social Work in the Era of Health Care Reform”, *Social Work in Health Care*, 2015,54(9); PALMER,Murphy-Oikonen,“Social work intervention for women experiencing early pregnancy loss in the emergency department”, *Social Work in Health Care*, 2019, 58(4).

会工作同应急准备、应急响应之间的联系，以及社会工作者的角色（灾民心理抚慰和财源资助、适应力、社区边界、社会工作者自我照顾等）。[①]

外文中的灾害社会工作文献，有些谈及灾难社会工作高等教育缺失的问题[②]，有的谈及中国灾难社会工作在汶川大地震后虽有很大发展，但专业水准不够，前景却看好[③]。也有专著（Johnston Wong，黄匡忠）谈及社会工作者和其他城市应急管理者一样，既要减灾，又要重视急救生命；但社会工作者在后续的危机干预、社区心理健康促进和创伤疗治过程中，要将复原力（韧性或恢复力）放在首位，其中罗伯特ACT-R方法（评估、介入、治疗）是有效的。[④]关于国外灾害社会工作理论研究，在国内学者如周利敏的专著中有较为系统的梳理（后面简述），看起来相当丰富和成熟，[⑤]此处不赘述。

2. 国内代表性探索

国内学者的研究分为三种类型：第一类是立足于本土而观照西方理论，来研究本土灾害或应急领域的社会工作，洋为中用、推陈出新；第二类是对西方灾害或应急领域社会工作理论或经验的引介和应用；第三类是基于本土案例，力图开启应急社会工作的研究。

第一类代表相对比较多，比如，张和清基于汶川大地震后全国创建最早、坚守时间最长的中山大学—香港理工大学映秀社会工作站，以及他在灾区的灾害社会工作本土化实践指出，根据灾后不同阶段的社会政治处境，灾害社会工作的角色定位应该从"紧急救助"转向"社区重建"。[⑥]又如，文军、吴越菲基于云南鲁甸地震灾区上海社会工作服务队的本土实践，尝试建构一个以"社区为本"为起点，以"社区关系重建"为核心，构建起宏微观与内外部交织而产生的"动员—赋权性、解构—倡导性、补缺—支持性、反思—治疗性"模式的社会工作整合服务的理论视域和实务方法。[⑦]再如，陈涛、王小兰以青红社会工作机构介入

---

① STEWARDSON A C, NICOLETTE C.,"Reflections from the End of the Earth: Social Work Planning, Preparation and Intervention with Evacuees on Haemodialysis Treatment Following the 2011 Christchurch Earthquake", *Aotearoa New Zealand Social Work*, 2012, 25(2).

② FAHRUDIN A.,"Preparing Social Work Students for Working with Disaster Survivors", *Asian Social Work and Policy Review*, 2012, 6(2).

③ SIM T, ANGELINA YUEN-TSANG WOON KI, CHEN H Q, et al.,"Rising to the Occasion: Disaster Social Work in China", *International Social Work*, 2013, 56(4).

④ WONG J., *Disaster Social Work from Crisis Response to Building Resilience*, New York: Nova Publisher, 2018.

⑤ 周利敏：《灾害社会工作：组织介入机制及其策略》，社会科学文献出版社2014年版。

⑥ 张和清：《灾害社会工作——中国的实践与反思》，社会科学文献出版社2011年版。

⑦ 文军、吴越菲：《灾害社会工作的实践及反思——以云南鲁甸地震灾区社会工作整合服务为例》，《中国社会科学》2015年第9期。

绵竹市汉旺镇震后重建项目为案例，研究“发展性社会工作”这一理念（即两个连续发展阶段：建立灾后治疗性小组—引入“发展生计”目标建立生产性合作社），实现从受助到自助乃至助人的转变，并指出灾害社会工作在灾害应对过程（紧急救援和恢复重建）中，过渡安置阶段的作用更为明显。[①]张粉霞的博士论文以上海社会工作介入汶川地震灾区服务为研究对象，对灾害社会工作跨部门合作过程的合作要素、合作模式、合作机制、合作困境等进行逐一分析，并提炼灾害社会工作专业能力建构和合作能力建构的治理路径，从而为政府与社会组织在应急救援中健康合作提供经验样本和契合本土的实践参考。[②]

第二类代表，如周利敏基于西方灾害社会学理论发展脉络，如经典灾害社会学（又包含功能主义、集体行动、社会资本等）、社会脆弱性、社会建构主义，梳理了西方灾害社会工作的主要理论流派对本土灾害社会工作的指导和借鉴，着重对社会工作组织介入灾害服务、介入范围及服务对象、方法和组织策略、危机管理策略、问题反思等方面进行论述。[③]

第三类代表，则要特别提及（中国香港）崔珂和沈文伟编著的《基层政府自然灾害应急管理与社会工作介入》、（中国香港）黄匡忠主编的《现代城市应急管理与社会工作介入：角色与案例》。崔珂、沈文伟的著作基于香港理工大学在汶川地震重灾区映秀镇的项目实践和研究，探讨中国基层政府的灾害应急管理机制，以及社会工作组织（或项目）作为政府的补充力量，参与灾害应急的专业性策略和具体措施。[④]黄匡忠的著作则以本土的五例灾难性（涉及自然灾害、事故灾难、公共安全、社会安全）事故为基础，分析社会工作介入应急的价值、特点、过程和方法等，提出五项原则，即优先、灵活、协调、安全、可控原则（5P）——其中可控原则涉及四项核心能力，即指挥、管控、协作、沟通（4C）——以及社会工作四项主要任务，即赋权、增能、抚慰、教育。[⑤]

从上述情况看，国内学者多数偏重于从灾害社会学、灾害社会工作角度进行分析挖掘，基于政府——社会的关系探索社会工作应急救灾的重要价值、介入方式与原则、重要任务等；而且，灾害社会工作研究偏重于自然灾害和事故灾难，而对于公共卫生事件和社会安全事件却少有研究。也有重点着眼于应急管

---

① 陈涛、王小兰：《疗救与发展：灾害社会工作案例研究》，华东理工大学出版社2017年版。

② 张粉霞：《合作与冲突：灾害社会工作跨部门机制构建》，中国社会科学出版社2017年版。

③ 周利敏：《西方灾害社会学新论》，社会科学文献出版社2014年版，第5—27页；周利敏：《灾害社会工作：组织介入机制及其策略》，社会科学文献出版社2014年版。

④ 崔珂、沈文伟编著：《基层政府自然灾害应急管理与社会工作介入》，社会科学文献出版社2015年版。

⑤ 黄匡忠主编：《现代城市应急管理与社会工作介入：角色与案例》，中国社会出版社2018年版。

理视角，探索社会工作介入方式和价值的，主要涉及上述“公共危机（管理）社会工作”文献；也就是说，应急社会工作更接近“公共危机社会工作”。这方面要数黄匡忠教授的著作最早。黄教授书中以及他后来的文献，[①]对“应急社会工作”与“灾害社会工作”的差别分析，略见端倪，可视为国内“应急社会工作”的首创之作。也有学者提到，2006年，国内有人提出“应急社会工作”概念；2012年，广州市开展过“培养应急社会工作人才队伍”项目，并提出“将应急社会工作服务纳入政府应急体系中”；[②]2016年，广东省民政厅还委托省社会工作师联合会组建了首个公共危机社会工作服务队。[③]算是该类工作的初步实践。

从总体上看，相对而言，国外灾害社会工作研究比较早，也比较普遍，国内灾害社会工作的兴盛主要源于2008年的汶川大地震，之前主要夹在灾害社会学中一并研究。而在社会工作应急或者说应急社会工作研究方面，国内刚刚起步，主要源于2018年应急管理部的组建，这方面国外尚无具体文献。

第二节 社会工作介入灾害应急实践

灾害发生需要应急，不言而喻；但灾害社会工作与应急社会工作究竟是什么关系，需不需要“应急社会工作”这类表述或者专业，将在后面讨论。这里，笔者事先结合案例，就社会工作介入突发性灾难应急的实践背景、主要方式、专业教育等方面做些探索和分析。

一、社会工作应急的实践背景

（一）社会工作源于西方常态性慈善救济

随着工业革命的兴起和资本主义的加速发展，欧洲国家的社会问题也相对层出不穷。针对当时贫困、失业和破产等种种问题，1601年英国女王颁布《济贫法》，从而逐步建立起一套政府性救济制度，这为社会工作的产生奠定了基础。

到了19世纪末20世纪初，政府济贫日显不足，一些国家的宗教团体、慈善人士开始作为政府的补充力量介入救济工作，从而产生了社会层面的救济救助，如：1788—1801年德国“汉堡制”旨在解决沿街乞丐等贫困问题，1952年德国又

---

① 黄匡忠、沈小平、林平光：《社会工作助力重大事件应急》，《中国应急管理》2020年第10期。

② 刘成晨：《建设应急社会工作：以“闲时之备”应“战时之需”》，“社会工作观察”微信公众号，2020年5月13日。

③ 刘春玲、黄广飞：《广东组建首个公共危机社会工作服务队》，《大社会》2016年第3期。

现“爱尔伯福制”的社区济贫；1869年伦敦出现“慈善组织会社”（各类慈善机构联盟组织），1884—1914年再现社区济贫的睦邻组织“汤因比馆”等。这些标志着早期欧美国家社会慈善组织的兴起或者社会工作的开始。

社会工作早期“发现问题—救助治疗—问题缓解”的单纯治疗模式，越来越难以适应经济社会加速发展所产生的大量社会问题，于是一种促进受助者能力恢复和发展、改善其生存环境的新模式“发现问题—问题解决—增权赋能—改进发展”得以产生。与此同时，社会工作开始不仅仅关注当下出现的问题，更关注如何预防问题的产生。①

上述社会工作发展的简要过程，揭示了其最初关注的是常态性问题人群的需要。这与应急管理环节进入灾后常态性救助救济、恢复重建是相当重合的。因为当中很多案主是因为灾难导致了身心不健康、教育和劳动能力缺失，这突出表现在后来日益产生和发展的残疾人社会工作、医务社会工作，以及儿童社会工作等领域。而且，社会工作介入预防问题，与应急管理的减灾预防是同一的，虽然前者“对人”，后者“对事”。

（二）中国社会工作应急实践与政府推进

中国社会工作加速发展是在改革开放以后，之前主要是依靠中华人民共和国成立后的民政（内务）救助救济。社会工作的发展通常与社区、社会组织（三社联动）的发展联系在一起被提及（社区、社会组织应急后面章节有阐述），也与义工、志工（三工联动）的发展联系在一起。这里结合社会工作在当代中国加速发展的政策历程和重大突发灾难，来观察其介入灾难应急、迅速发力的实践背景（2006年之前关于社会工作高等教育等政策文献略去不谈）。

2006年10月，党的十六届六中全会《中共中央关于构建社会主义和谐社会若干重大问题的决定》指出：“建设宏大的社会工作人才队伍。造就一支结构合理、素质优良的社会工作人才队伍，是构建社会主义和谐社会的迫切需要。建立健全以培养、评价、使用、激励为主要内容的政策措施和制度保障，确定职业规范和从业标准，加强专业培训，提高社会工作人员职业素质和专业水平。制定人才培养规划，加快高等院校社会工作人才培养体系建设，抓紧培养大批社会工作急需的各类专门人才。充实公共服务和社会管理部门，配备社会工作专门人员，完善社会工作岗位设置，通过多种渠道吸纳社会工作人才，提高专业化社会服务水平。”这段话实际上是首次以党中央最高层决定的形式阐述如何开展中国特色

① 王思斌：《社会工作概论（第三版）》，高等教育出版社2014年版，第5—6页。

社会主义社会工作的，是一项纲领性指示；而且从“构建社会主义和谐社会”的高度对中国社会工作提出了要求，以至于有人认为2006年迎来了中国“社会工作之春”。①

2008年5月，汶川大地震牵动全世界。中国社会工作机构、专业机构和人才纷纷走出“象牙塔”，介入应急救灾现场。中国社会工作的赈灾模式和实际效果，发挥了应急救援的重大作用，深孚众望。他们与其他社会组织、慈善机构一道，首度以一个群体的面貌展现在世人面前，从而被认为是开启了“灾害社会工作实践元年”、②“中国志愿者元年”（“公益元年”）。③此后，2013年芦山地震、2014年鲁甸地震的应急环节中都能看到社会工作者的身影和创新模式。

2011年11月，中共中央组织部、中央政法委、民政部等18个部门联合发布了《关于加强社会工作专业人才队伍建设的意见》。这是中央层面第一个关于社会工作专业人才的专门性文件和指导纲领，具有“里程碑”的意义，详尽规定了中国社会工作专业人才的发展方向和奋斗目标，进一步提振了中国社会工作者的地位和信心。

2012年2月，中共中央人才工作协调小组审议通过的《社会工作专业人才队伍建设中长期规划（2011—2020年）》发布。这是中国第一个关于社会工作人才队伍发展的中长期规划，制定了今后一段时期社会工作人才发展的路线蓝图。至此，作为国家制度的社会工作职业制度基本建立。

2012年11月，民政部、财政部《关于政府购买社会工作服务的指导意见》的制定和落实，使得中国社会工作者工作有方向、奋斗有动力、发展有保障、成就有价值，专业社会工作呈现出扎实发展的局面。

2017年9月，人力资源和社会保障部发布《关于公布国家职业资格目录的通知》。与2013年以来400多项资格被取消相比，社会工作者职业资格位列本次公布的第140项，标志着中国社会工作专业的合法性和权威性得到广泛认可和确立，有助于加速推进社会工作职业化、专业化进程，以至于网络称2017年是“中国社会工作元年”。2020年重大公共卫生事件检验了社会工作行动能力。

此外，2010年颁布、2019年修订的《自然灾害救助条例》明确社会组织“协助”政府、志愿者等“参与”救灾；2014年颁布的《社会救助暂行办法条例》规

---

① ANGELINA W K, Yuen-Tsang, WANG S.,“Revitalization of Social Work in China: The Significance of Human Agency in Institutional Transformation and Structural Change”, *China Journal of Social Work*, 2008(1).

② 《中国社会工作》编辑部：《社会工作灾后救助元年》，《中国社会工作》2009年第13期。

③ 范云周：《“中国志愿者元年”开启公民社会新时代》，《领导之友》2008年第5期。

定:“政府应当发挥社会工作服务机构和社会工作者作用,为社会救助对象提供社会融入、能力提升、心理疏导等专业服务。”

总体来看,中国社会工作介入应急救灾,虽然面临很多困难,但有政府的政策文本支持,有民政部门的鼎力相助,更有自己奋发图强、促进专业水准提升能力,应该说在大灾大难中经受了考验、锤炼了队伍,当然更亟待于“应急管理时代”来临的再次提高。

二、社会工作应急的行动实践

这里主要从多个维度,以中国本土应急救灾实践为基础,对社会工作应急的基本模式、基本过程、介入能力等进行归纳分析。

(一)政社关系:五种模式较为流行

从政府与社会关系角度来看,中国学者以2008年汶川大地震等社会工作介入为案例,分析了多种模式,如柳拯归纳为三种模式(政府主导、社会自主、高校主导),陶希东提到政社合作PPP(Private-Public-Partnership)模式(在中国是政府主导模式),刘斌志等强调社区为本的恢复重建,韦克难、徐永祥等提出多元整合模式。

1. 政府主导模式

这种模式的主要特点是政府(民政部门)主动出面带动或支持各类社会工作机构参与和介入,包括协调、整合社会工作资源,组建社会工作队伍支援灾区。最典型的如2008年汶川大地震援建中,湖南省民政厅整合省内四支社会工作队伍为“湘川情社会工作服务队”,为四川理县精神家园重建项目提供了300万元资金支持。又如上海市民政局委托市社会工作者协会组建“上海社会工作灾后重建服务团”,并纳入抗震救灾指挥部统一管理,定点服务都江堰市,以政府购买服务的方式提供80万元资金支持。这类以政府为主体开展应急救灾的情况比较多,有地方政府的行动,也有中央机构的行动。在国外,这类模式通常被称为政社合作模式,即PPP模式。如在瑞典,私人组织的参与被认为是必需的,私人组织的代表参与到危机规划和预防阶段中来,与政府机关进行合作。①

2. 社会自主模式

这种模式一般是单个社会组织或多个社会组织(主要是社会工作机构)组成联合体,介入灾区开展社会工作服务。在2008年汶川地震应急救灾行动中,既有

① 陶希东:《国外特大城市处置紧急事件的经验、教训与启示》,《理论与改革》2009年第2期。

来自国内的，也有来自境外的。他们有的直接介入灾区，如中国社会工作协会、中国社会工作教育协会、浦东社会工作者协会、广东大同社会工作服务社等，小母牛等社会团体或民办非企业单位；有的为社会工作组织或机构介入灾区提供资源，典型的如联合国儿童基金会、中国红十字会、中国青少年基金会、爱德基金会、深圳慈善会等基金会组织，主要通过项目招标方式，为机构提供资金服务。①

3. 高校主导模式

这种模式的最主要特点是社会工作服务队由开设社会工作专业的高校自动发起，或联合其他高校或机构，在有关方面的支持下进入灾区开展社会工作服务。如2008年汶川大地震援建中，中山大学和四川大学分别与香港理工大学在汶川映秀镇、西南财经大学联合香港浸会大学在北川任家坪、中国青年政治学院（现“中国社科大”）联合中国社会工作教育协会及北京社会管理职业学院等在绵竹组成的青红社会工作服务机构等，开展过渡安置、援建服务等。②

4. 社区为本模式

学者们以典型灾难为例探索社区为本、社会工作等协助的恢复重建模式。如美国1989年圣弗朗西斯科地震后，社区重建采取所谓的社区开发法人模式（纳入一定的社会工作机构等组织）；日本1995年阪神大地震后，社区是透过社区营造与居民不断地沟通协商的方式加以重建（政府与社会工作等协助）的；中国台湾地区1999年大地震后，当地政府和社会工作服务组织等为协助灾民重建家园，以“塑造关怀互助的新社会、建立社区营造的新意识、创造永续发展的新环境”为重建目标，形成了丰富多彩的灾后重建经验（即关怀互助营造—永续发展模式）；中国大陆2008年汶川大地震后，灾区重建基本以谋求生态社区、通畅社区、自主社区、文化社区建设为目标，力图营造关怀互助的新社会、恢复产业发展的经济环境、打造软件支撑的精神文化家园（即社会—经济—文化三位一体）。③社区为本的应急减灾救灾模式，在重大突发公共卫生事件应对中也非常明显。

5. 多元整合模式

鉴于政府单一治灾而力不足，以及社会工作机构或高校单一主体介入灾区存

① 柳拯：《社会工作介入灾后恢复重建的成效与问题——以“5·12”汶川特大地震为例》，《中国减灾》2010年第13期。

② 柳拯：《社会工作介入灾后恢复重建的成效与问题——以“5·12”汶川特大地震为例》，《中国减灾》2010年第13期。

③ 刘斌志：《“5·12”震灾后的社区重建：含义、策略及其服务框架》，《城市发展研究》2009年第4期。

在制度和经费保障不足、工作缺乏连续性、服务缺乏规范性等诸多弊端。学者认为，政府提供的公共服务带有人人平等的均等性质，社会工作服务组织提供的公共福利服务则基于灾区不同人群而带有差异化需求的特点，两者既合作又分工，即在政府主导下，社会工作服务组织发挥服务主体和拾遗补阙的互补作用，且其重点应该关注灾区的社会建设，将社会工作正式纳入应急救灾和灾后重建的政府体系中，从而形成以政府为主导、民办社会工作机构为服务主体、社区能力建设为主要内容的灾后重建服务体系，这才是一种理想的社会工作应急救灾模式。[①]由此可以说，中国特色的社会工作应急救灾，主要还是政府主导、专业支撑、社会运作模式。[②]

（二）应急环节：四个小阶段为重点

从应急管理的四个环节（预防、准备、响应、恢复）来看，社会工作介入主要是在灾难突发的紧急响应、恢复重建阶段。从应急救援经验和研究来看，社会工作介入也主要在应急响应前中期、应急响应中后期、恢复重建前期、恢复重建长期四个小阶段（中国台湾学者冯燕将其划分为三个小阶段）。[③]

1. 应急响应前中期阶段：第一时间的行动

这一阶段的任务比较紧急，围绕灾区生命救援，社会工作需要做好以下几方面的工作：一是社会工作系统内部动员，包括发起社会工作倡议，并带动义工和志工一道参与实际行动；二是与政府或灾区前方临时应急指挥部快速取得联系，尽量保持组织性，协调自身和义务工作者、志愿工作者（三工）介入的方式、承担的任务等；三是现场协助荒野救援人员和医护人员紧急救援，临时进行秩序维护，快速信息沟通，运送物资和伤病员，开展需求评估，联系患者或伤亡者家属等。这对于不成熟的社会工作系统来说，很难介入。

2. 应急响应中后期阶段：临时性过渡安置

这一阶段的危机处理趋缓，社会工作需要就进一步的需求做出评估，与政府和灾区进一步协调联动，与医护人员链接救助伤病员，尤其是做好灾区弱势人群如老人、小孩等的安置和家属安抚工作，按照临时应急指挥部安排做好其

① 徐永祥：《建构式社会工作与灾后社会重建：核心理念与服务模式——基于上海社会工作服务团赴川援助的实践经验分析》，《华东理工大学学报（社会科学版）》2009年第3期；韦克难、黄玉浓、张琼文：《汶川地震灾后社会工作介入模式探讨》，《社会工作》2013年第1期。

② 崔珂、沈文伟编著：《基层政府自然灾害应急管理与社会工作介入》，社会科学文献出版社2015年版，第102—122页。

③ 冯燕：《9·21灾后重建：社会工作的功能与角色》，《中国社会导刊》2008年第12期；《中国社会工作》编辑部：《社会工作灾后救助元年》，《中国社会工作》2009年第13期。

他临时安置人员的任务。社会工作者这时既可能是有组织性地被派遣安置任务，也可能是临时分散行动，但都需要临时规划、列表建档、记录任务流程等（文案工作）。

3. 恢复重建前期阶段：疏导安置与链资

在灾后一个月至半年时间，社会工作介入的主要任务是对灾民进行稳妥的人性化安置服务，对伤病员和家属情绪进行安抚、心理和精神疏导，订立赈灾措施，主动链接灾区内外部资源维持日常生活，协助政府做好其他服务。

4. 恢复重建长期阶段：全方位社会重建

在灾后半年到三年时间（恢复重建后期），社会工作主要负责开展灾后持续重建工作，包括主动规划和协调地方政府、灾区做好生活重建、环境重建、心理重建、制度重建、文化重建、人际关系重建、关怀弱势等全方位重建工作。在灾区重建中，社会工作的目的是为灾区和灾民赋权、增能，恢复正常功能，保持和谐永续发展。

（三）专业能力：三个层面均需培力

通过案例呈现和分析，学界对国内外尤其是国内介入灾害应急的能力优势和不足进行了归纳总结，但都脱离不了社会工作的价值、知识、技术三个层面，中国大陆在这方面都还显得不足，亟须加大培力。①

1. 价值理念层面：人本关怀驱动行动能力

以人为本、服务至上、助人自助、公正平等、尊重敬人等，是社会工作者尤其是灾害应急类社会工作者必备的价值理念。救灾是高危性行动，现场救死扶伤是对社会工作者人格能力的一种考验。这是一种内驱力，驱动社会工作者是否能够快速响应、是否能够直入灾变现场、是否敢于面对伤亡者的惨状等，是对社会工作者专业价值理念的检验，也就决定了社会工作者行动的速度、力度、深度和广度。

2. 专业知识层面：多种专业知识同等重要

对于专业灾害应急社会工作，应急管理知识与社会工作知识两方面最为基

---

① 王思斌：《社会工作概论（第三版）》，高等教育出版社2014年版，第54页；程中兴：《灾害社会工作介入的三个问题》，《社会工作》2009年第4期；张和清：《社会工作：通向能力建设的助人自助——以广州社工参与灾后恢复重建的行动为例》，《中山大学学报（社会科学版）》 2010年第3期；张粉霞、张昱：《灾害社会工作的功能检视与专业能力提升》，《华东理工大学学报（社会科学版）》2013年第6期；赵川芳：《社会工作与灾害救助研究——现状、问题与建议》，《社会工作与管理》2017年第5期；黄匡忠主编：《现代城市应急管理与社会工作介入：角色与案例》，中国社会出版社2018年版，第172—173页；刘斌志：《我国灾害社会工作者能力建设：历史经验、核心指标与人才战略》，《华东理工大学学报（社会科学版）》2019年第5期。

础，这是决定应急社会工作技能的知识基础。应急管理知识从四个环节来看，重点包括：风险评价与预测预警理论方法、现代信息化技术知识、应急组织指挥与管控理论方法、灾后评价理论方法等。与应急救灾密切关联的社会工作理论知识大体有：危机介入理论方法、个案和小组方法论知识、社区为本与营造理论方法、社会生态系统理论、全人康复理论、优势视角理论知识等。两者在管理学知识方面比较重合。作为社会工作者，还应该懂一些心理学、医学、法学、民俗学等简要知识。

3. 操作技能层面：专业的精细化考验能力

能不能成为优秀合格的专业社会工作者，应急救灾的精细化是一场最大的考验，其他常态化的社会工作都不如这一方面。从应急管理和救援角度来看，这些基本能力如预测评估分析技术（对风险演化的程度分析）、伤口包扎技术、心肺功能复苏技能、灭火器使用技巧、救援装备和设施佩戴方法、现场如何与上下左右进行信息沟通、现代信息化应急系统使用技能、灾后评估指标构建与技术等具体的技能方法。从社会工作角度来看，这些基本能力包括与政府或灾区建立专业关系的方法、沟通（问话/倾听）技巧、应激心理技术、个案登记与管理技能、"三工"队伍管理技能、文宣演讲与培训技能、案主赋权增能技术、案主或群体潜能激发技巧、社区生计规划技术、灾后调研评价技术、社区永续发展技能等。

三、应急类社会工作高等教育

目前应急（灾害/危机）类社会工作的高等教育实践，是社会工作介入应急救灾的重要基础之一，是培养专门应急救灾社会工作人才的重要举措，目前在国内外应该说正在逐步铺开。在高校，这会出现两种情况：一方面，与社会工作专业综合施教，硕士阶段开辟灾害（应急）社会工作、医务社会工作等专业方向，本科生阶段一般比较综合，主要是开设类似的课程；另一方面，置于（公共管理类）应急管理、（卫生）医学之下，硕士（博士）阶段开设应急（灾害/危机）类或卫生应急社会工作等专业方向或课程，本科生阶段比较综合（置于公共管理学科专业之下），这方面比较少。

（一）国外教育简要情况

美国的社会工作专业一般都是实务性的职业教育，与行业紧密相连，采取"整合课程设计"融入国土安全、减灾应急类有关的隐性课程（包括硕士论文方向选题），[①]如华盛顿大学（西雅图）、芝加哥大学的社会工作专业均开设创伤应激障碍项目课程，圣路易斯华盛顿大学开设预防暴力与伤害等特色课程等。美国危机管理（灾害应急管理）专业教育涉及三类高校：综合性的大学如哈佛大学、哥伦比亚大学、洛杉矶大学加州分校；区域性大学如得克萨斯农工大学、夏威夷大学、特拉华大学等；社区类大学如俄克拉何马州立大学等。其硕士、博士课程或研究方向均涉及减灾防灾和应急管理类社会工作。包括乔治梅森大学、乔治敦大学、弗里德里克社区学院、亚利桑那州立大学在内的危机管理与防灾本科生课程，均涉及志愿者论、社会心理学、公共事业论等。

日本的高级社会工作教育分为社会福祉士资格（类似于中国社会工作师资格）考试职业教育与高校教育，前者的课程分为人与社会及其关系、社会福利原理及制度、社会福利问题及特殊人群支持制度（包括新增的地域福利与综合支持体制）、社会工作的基础与理论、方法与实践五大板块。其中第3板块、第5板块涉及特色的灾害应急课程和实习实践。[②]日本的灾害应急科学与管理高等教育主要集中在如下高校：关西大学（特设社会安全员资格考试），常叶大学，政策研究学院大学，兵库县立大学，弘前大学的社会安全、危机管理与防灾类硕博士生课程或研究方向，涉及支援与重建社会学（社会工作）、危机与防灾心理学、灾害人类学、灾害民俗学等。包括日本大学、千叶科学大学、神户学院大学等在内的防灾减灾专业本科生课程，涉及社会安全工作、公益事业论等相关课程。

德国的社会工作专业教育主要由高等应用专业学院来完成，其社会工作（sozialarbeit）也称作“社会教育学”（sozialpaedagogik）。其社会工作本科教育一般分为十几个模块，其中职业经验、辅修专业、跨专业技能模块会涉及灾害应急管理课程与实习实践。[③]德国的波恩大学、马格德堡-施滕达尔学院等灾害救援或安全灾害防范专业的硕博士课程或研究方向，以及马格德堡-施滕达尔学院、斯泰恩拜斯大学的安全防灾类本科生课程，均涉及社会工作、志愿者实践、社会心理服务等课程。

英国社会工作的本科教育一般有五个核心领域的课程学习，即社会工作服务和服务使用者、服务提供背景、价值观和伦理、社会工作理论和社会工作实

① 邓宁华：《美国社会工作教学模式及其对我国的启示》，《社会工作与管理》2015年第6期。

② 栾添、王慧：《日本高校社会工作职业教育的发展与启示——以社会福祉士培养课程改革为焦点》，《职业技术教育》2020年第33期。

③ 袁琳：《德国社会工作专业课程设置的特点及启示——以图宾根大学社会工作本科课程为例》，《社会工作》2020年第10期。

践。[1]在二、三年级两个阶段的百天实训中，会接触到灾害应急课程训练。英国的考文垂大学、伦敦大学学院、曼彻斯特大学等防灾减灾类本科生课程均涉及社会工作、社会心理服务和志愿者实践课程。

（二）国内教育简要情况

中国香港（如香港理工大学）、中国台湾（如铭传大学、台北科技大学）一直有偏重于灾害、应急类的社会工作人才培养专业和方向。根据中国民政部统计的数据，[2]截至2020年底，全国高校开设社会工作专科专业的有100所左右、本科专业的有400所左右、硕士点（MSW）接近200所。据2020年中国研究生招生信息网数据查询，全国开始有15所机构（高校与院所）招收社会工作博士生（挂靠社会学博士点，2019年第一批有5所），其中复旦大学开辟健康类社会工作博士招生，13所高校招收（公共管理下属）应急管理专业博士生，1所（华东政法大学）招收公共安全管理博士生。

从中国大陆社会工作专业布点来看，偏重应急（灾害/危机）类社会工作方向的，主要分布在西南（与2008年汶川大地震关联紧密）、华南（与南方洪涝、台风灾害有关）地区，大体集中在五个地区：①四川省，主要集中在四川大学、西华大学、西南财经大学等的社会学或社会工作专业；②重庆市，主要集中在西南大学、重庆师范大学、四川外国语大学等的社会学和社会工作专业；③广东省，主要集中在中山大学、广州大学、华南理工大学、广东工业大学等的社会学或社会工作专业；④北京市，主要集中在中国社会科学院大学、北京师范大学等的社会学或社会工作专业；⑤上海市，主要集中在复旦大学、华东师范大学、华东理工大学、上海大学、华东政法大学等的社会学或社会工作专业。

从中国大陆应急管理类专业布点来看，属于社会工作与应急管理专业交叉的，相对比较少，主要是四川大学与香港理工大学合办的灾后重建与管理学院的应急管理社会与心理干预专业方向。

此外，历经几次大灾大难后，目前我国逐步开展社会安全或应急教育模式，如高校、社会组织、社会工作服务机构等，积极开发灾害应急社会工作培训课程和教材，通过高级研修班、灾区重建学习网络、干部轮训、社区居民夜校或补习班等形式，开展灾害社会工作培训，或者通过嵌入式（嵌入灾区对口支援）社会工作培训、灾区社会工作在地化培训、项目制运作培训（如香港红十字会在大

---

① 王爱华：《英国社会工作人才培养模式对中国社会工作教育的启示》，《沈阳工程学院学报（社会科学版）》2014年第2期。

② 《348所高校开设社会工作专业本科教育 社会工作人才教育培养发展机制基本建立》，中华网，2019年7月31日。

陆开展的“博爱家园——社区为本减灾项目”）等方式开展灾害应急社会工作教育。[①]

第三节　应急社会工作专业化的可能

一、应急社会工作与相关专业关系

前面文献综述显示，应急社会工作已经有人提出来，但更接近于“公共危机社会工作”；而国内外对灾害社会工作的研究却相当普遍。因此，要说清应急社会工作作为学科专业何以成为可能，我们应该先辨识应急社会工作与相关联的灾害社会工作，以及与医务社会工作、弱势群体社会工作的关系。这里笔者以应急管理过程（四大环节六个小阶段）为基础，绘制成图11-1来说明它们之间的关联与差异。本书所指的应急管理过程，实际就是危机管理学者希斯界定的危机管理过程（预防、准备、响应、恢复）。[②]

减灾预防阶段	应急准备阶段	应急响应阶段		恢复重建阶段	
		前中期	中后期	前中期	中后期
危机社会工作	危机社会工作	危机社会工作	危机社会工作	危机社会工作	危机社会工作
灾害社会工作	灾害社会工作	**当代灾害社工**	**当代灾害社工**	**当代灾害社工**	灾害社会工作
应急社会工作	应急社会工作	**狭义应急社工**	**狭义应急社工**	**狭义应急社工**	应急社会工作
		医务社会工作	医务社会工作	医务社会工作	医务社会工作
		家庭社会工作	家庭社会工作	家庭社会工作	家庭社会工作
		老人社会工作	老人社会工作	老人社会工作	老人社会工作
		妇女社会工作	妇女社会工作	妇女社会工作	妇女社会工作
		儿童社会工作	儿童社会工作	儿童社会工作	儿童社会工作
		残疾人社会工作	残疾人社会工作	残疾人社会工作	残疾人社会工作

图11-1　基于应急管理环节的应急社会工作与相关社会工作的阶段异同

（一）与危机社会工作的关系

危机管理学从一开始就特别强调事前、事中、事后的全过程控制，包括危机

① 谭祖雪、杨博文：《多路径培养适应社会建设需要的社会工作专业人才的思考》，《长春理工大学学报（社会科学版）》2010年第12期；史铁尔：《嵌入式与在地化——湘川情社会工作服务中心灾区服务十年之路》，《中国社会工作》2018年第16期。

② ［美］罗伯特·希斯：《危机管理》，王成、宋炳辉、金瑛译，中信出版社2001年版。

规避（减灾预防）、应对危机的各种事前准备、危机突发应对控制、危机后恢复重建与学习反思（危机中寻找发展机遇）等；强调全灾种，包括自然灾害、经济社会或政治性灾难、重大公共卫生事件和各类作业事故等。公共危机（管理）社会工作同样是全过程介入。从这一方面来看，“广义应急社会工作”的实质就是（公共）危机社会工作。但“危机”相对而言，更为宏观，也是一个负面意义较强的词汇，人们可能更偏向于正面应对的“应急”一词。

（二）与灾害社会工作的关系

目前很多灾害社会工作主要强调对自然灾害救灾的介入，其他灾难事故等比较少，这与（公共）危机社会工作、应急社会工作可能有所不同。另外，“当前灾害社会工作”重点关注应急响应环节前中期、中后期阶段和恢复重建环节的前中期阶段，这在我国尤其明显。这与“狭义应急社会工作”是重合的。国外的灾害社会工作逐步延伸到以预防减灾为主，同时强调恢复重建的中后期阶段（消除负面长期影响与灾后恢复建设），从而使得灾害社会工作更具有“广义性”。“广义应急社会工作”应该与此接近。

（三）与事务性社会工作的关系

事务性社会工作主要涉及两种：一种是医务社会工作，又分为应急类医务社会工作和常态康复性社会工作。应急类医务社会工作因其专业性和特殊性，更强调应急响应环节的前中期、中后期阶段和恢复重建环节的前中期阶段，这与“当前灾害社会工作”“狭义应急社会工作”是重合的，强调紧迫性救护。当然，医务社会工作也可以在其专业范围内，适当做好自身的应急准备和善后反思改进等，即适当就其本身工作做一些应急环节上的延伸拓展。常态康复性社会工作主要是针对灾区灾前既有疾患居民的，这类工作者一般在灾发期间也顺应介入紧急状态，对原有疾患居民进行有效保护。另一种是家庭社会工作。应急响应一开始，家庭社会工作紧急跟入，对紧急中“特别需要”的家庭（尤其是贫困家庭）开展施救、护理、安抚和资源链接等。

（四）与弱势群体社会工作的关系

弱势群体是社会工作的重要对象。在灾区，一直会有一些弱势群体，涉及老人、小孩、妇女、残疾人、病患等，包括灾前既有的，也包括灾中失去亲人的，还包括灾中自身身心遭遇创伤的人群。分别涉及老年人社会工作、儿童社会工作、妇女社会工作（尤其是孕妇等）、残疾人社会工作等。这方面从应急响应环节一开始就会涉及，一直到恢复重建环节的中后期阶段；尤其对于当时因灾受到创伤的弱势灾民，更需要社会工作的支持、照顾、增能、赋权和保护。这些社会工作与应急社会工作在应急响应、恢复重建环节整个阶段是重合的。

二、特有专业样态与学科理论基础

（一）特有专业样态含义

从上述对比来看，应急社会工作可能会存在两种形式：一种是与灾害社会工作、（公共）危机社会工作交织在一起的实体性应急社会工作专业；另一种是介于实体和虚拟之间的、似是而非的样子和状态，即一种“样态”。[①]

这种特有的专业样态，我们更倾向于称为“整合式应急社会工作”，即从专业角度整合了公共危机、灾害、事务性、弱势人群等社会工作的介入方法和角色任务，也整合全灾种、全过程，即归纳为“专业整合、灾种整合、过程整合、角色整合”。当然，不能怀疑它即将成为实体性应急社会工作的可能。

无论虚实，基本可以界定为：对于广义的应急社会工作，是指围绕和针对突发性灾害（灾难）事件，秉持利他主义价值观，综合运用科学知识和专业方法，着眼于灾变预防、准备、应急、恢复等全过程，帮助危急群体摆脱灾变困境，恢复正常能力，协助实现个人及其社会环境更好地相互适应的职业活动。对于狭义的应急社会工作，更是特指应急响应环节和恢复重建前中期阶段的工作活动。

（二）学科基础理论整合

作为专业性的学科知识体系，可以整合相关社会学、社会工作的相关理论作为应急社会工作的理论体系，并对应应急管理四个环节，绘制成图11-2进行简要解释。

1. 源于社会学的基础理论

这方面涉及三方面社会学理论：一是贝克意义的风险社会理论，意指人类社会处于风险多变的复杂性现代社会，是开展应急社会工作的宏观总视角；二是社会脆弱性理论，这主要是指灾害社会学多年来所探讨的结构性脆弱性问题，前面已有所阐述；三是政府—社会关系理论，这主要是指社会工作机构及其社会工作者，作为社会性力量展开应急救援，是对政府的有效补充，是整个国家应急体系的重要组成部分。

---

① 样态，如同康德哲学所指：可能与不可能、存在与不存在、必然与偶然三组逻辑判断。康德于“实体”“数量”“性质”“关系”等传统逻辑判断范畴之外，又创设了“样态”。

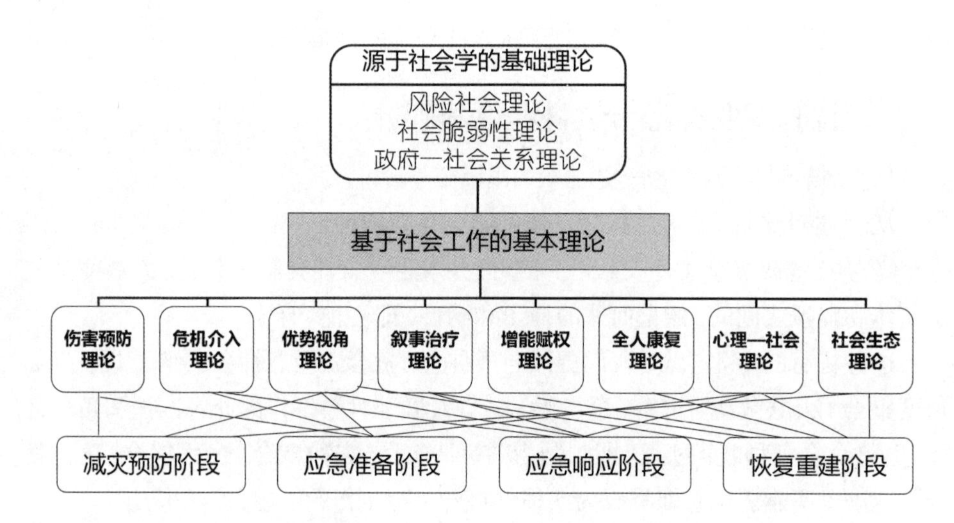

图11-2　应急社会工作整合式理论体系

2. 源自社会工作基本理论

社会工作理论非常多，不同社会工作领域有不同理论基础。这里笔者主要着眼于应急管理四个环节，选取与应急社会工作尤其是狭义应急社会工作比较的社会工作理论，①作为其基本理论体系的构成（社会工作主要“对人”，应急管理主要“对事”）。

（1）伤害预防理论。这种社会理论主要在青少年犯罪预防、矫正社会工作、社会工作参与社会救助等方面应用较多。在应急社会工作领域，就是指社会工作应着眼于居民或特定对象免受或规避灾变事件的伤害，提前介入预防减灾，而不仅仅是介入恢复重建。②这主要对应于应急管理的减灾预防、应急准备环节。

（2）危机介入理论。一般是医务社会工作针对心理精神压力和危机人员、家庭社会工作针对家庭内部矛盾冲突等，提出社会工作介入干预的理论。在应急社会工作领域，则是指社会工作介入突发事件进行抢险救灾、解除受灾人员危困状态的社会行动理论，也包括因灾致障（创伤心理障碍）的危机干预和治疗。这主要对应于应急管理的应急准备、应急响应、恢复重建环节。

① 王思斌：《社会工作概论（第三版）》，高等教育出版社2014年版，第65—67、102—111、239—240、191、276、293—294、348页。

② 刘琛：《社会工作在灾害预防中的作用》，《金田·励志》2012年第10期；周利敏：《灾害社会工作：组织介入机制及其策略》，社会科学文献出版社2014年版，第278页；赵川芳：《社会工作与灾害救助研究——现状、问题与建议》，《社会工作与管理》2017年第5期。

（3）优势视角理论。这种理论原本着眼于服务对象具有自身能力和潜在优势，社会工作通过努力去发现和利用这种优势，协助他们摆脱困境、恢复正常。在应急社会工作领域，是指相对于政府、企业等组织，社会工作具有自身介入灵活、快捷方便、利他助人、人性化服务、工作细致、亲和力强、疗治与发展并重等专业优势而发挥其应有的作用。[①]这对应于应急管理的全过程环节。

（4）叙事治疗理论。这是一种后现代主义的个案工作模式理论，主要强调社会工作者与案主之间，通过反思调整对生命的态度和抉择，重写生命故事。这在应急响应中后期、恢复重建环节比较管用，这时社会工作者需要对案主的心理创伤或群体情绪低落进行叙事性治疗。

（5）增能赋权理论。这是社会工作的基本理论（残疾人社会工作尤甚），助人自助就在于使身心受伤的案主或群体恢复和增强能力，并为之发展争取和赋予权益。这在应急社会工作恢复重建环节十分重要。

（6）全人康复理论。这种理论原本在工业社会工作、残疾人社会工作等领域应用比较广泛，主要是指社会工作要将对象作为完整的人来对待，人既是“经济人”，也是“社会人”。在灾害中受到伤害的个体，更需要一种全人康复理念为指导，开展健康恢复和心理疗治。这种理论在恢复重建环节会得到相当重视。

（7）心理—社会理论。这主要源于心理学家埃里克森的心理自我发展八阶段理论。在应急社会工作中，需要针对灾区儿童、青少年乃至身心受到严重创伤的成年人，开展心理—社会咨询工作，使之重建生活信心和发展能力。这在应急响应中后期、恢复重建环节比较有效。

（8）社会生态理论。其实就是社会系统理论，是将整个灾区或受灾的单个社区作为一个社会生态系统，对其涉及的内外资源（输入输出）、内部结构及其功能进行分析和整体协调性疗治，从而促进恢复发展。这主要体现于恢复重建环节，也包括在重建中反思减灾预防能力。

三、理念型的应急社会工作者角色

学者对灾害应急类社会工作者的专业角色研究，很多来自灾害应急实践的总

---

① 王思斌：《发挥社会工作专业优势深入参与新冠肺炎疫情防控战》，《中国社会报》2020年2月28日；李迎生：《发挥社会工作在疫情防控中的专业优势》，《光明日报》2020年3月6日。

结，归纳出集多种角色于一身。[①]结合社会工作者与灾区、灾民的专业关系和一般性专业角色，[②]围绕应急管理四个大环节，笔者大体细分为理想化的30类角色（当然也可以按专业角色大类划分），绘制成图11–3进行简要介绍。

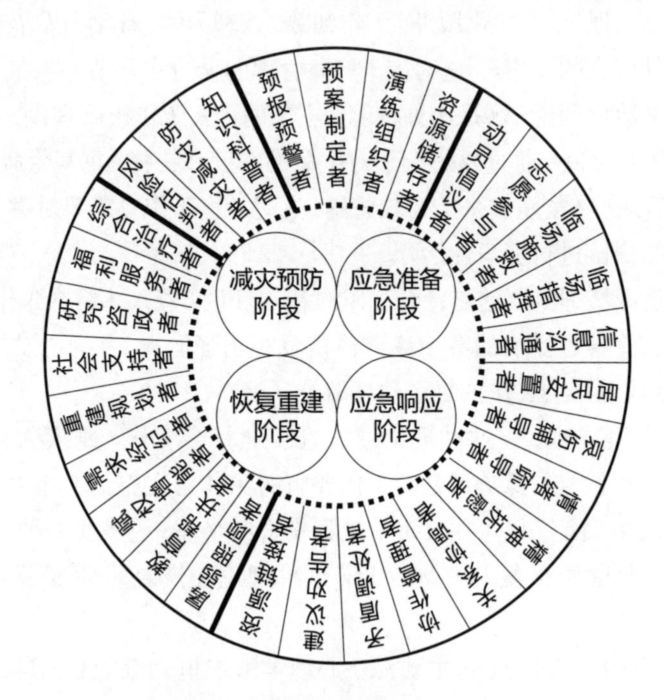

图11–3　基于应急管理大环节的社会工作者角色分解

（一）减灾预防环节的社会工作者角色

（1）风险估判者，主要是灾害应急类社会工作者平时与专业人员或政府部门一道，对重大风险点、风险源和等级程度进行预测评估和判断，确保风险可控预防。

（2）防灾减灾者，在风险预判评估基础上，与专业人员或政府等一起化解苗头性的灾变风险，即防微杜渐。

（3）知识科普者，即灾害应急类社会工作者平常向居民、单位职员、街头公

① 冯燕：《9·21灾后重建：社会工作的功能与角色》，《中国社会导刊》2008年第12期；王曦影：《灾难社会工作的角色评估："三个阶段"的理论维度与实践展望》，《北京师范大学学报（社会科学版）》2010年第4期；崔珂、沈文伟编著：《基层政府自然灾害应急管理与社会工作介入》，社会科学文献出版社2015年版，第116—122页；黄匡忠主编：《现代城市应急管理与社会工作介入：角色与案例》，中国社会出版社2018年版，第171—172页；刘斌志：《我国灾害社会工作者能力建设：历史经验、核心指标与人才战略》，《华东理工大学学报（社会科学版）》2019年第5期；彭雁楠、吴晓慧等：《社会角色理论下医务社会工作者在新冠肺炎防控中的实践》，《中国社会工作》2020年第9期；向德平、张坤：《社会工作参与疫情防控的角色定位与实践方式》，《社会工作与管理》2021年第1期。

② 王思斌：《社会工作概论（第三版）》，高等教育出版社2014年版，第23—25页。

众或学校学生进行基本的应急应灾科学知识和技能普及（文化熏陶）。这类角色也是应急准备阶段的角色内容。

（二）应急准备环节的社会工作者角色

（1）预报预警者，重大灾难即将来临，社会工作者尽量使用先进技术手段向附近居民报警，协助政府做好预报工作。

（2）预案制定者，包括社会工作机构和社会工作者为未来介入应急救灾的预案规划和制定，也包括未来附近区域或某类风险的预案制定。

（3）演练组织者，即社会工作者针对一定人群，按照预案等组织附近居民或机构内部成员应急演练，掌握逃生路线和基本技巧，注重建立秩序感。

（4）资源储存者，作为灾害应急类社会工作机构及社会工作者，应该储备适当的战略物资，包括应急技术装备。

（三）应急响应环节的社会工作者角色

在这一关键性临场介入环节中，应急类社会工作者要承担的角色比较多，大体有以下几项。

（1）动员倡议者，几乎所有（尤其是应急类）社会工作机构或社会工作者，均要针对突发性灾难"第一时间"发表倡议书，倡议和动员全社会和广大社会工作者尽其所能参与救灾行动。

（2）志愿参与者，大灾大难现场往往会有很多义工和应急工作者参与，"三工"责任和任务相同，这需要社会工作者组织起来，在政府临时应急指挥部领导下，与专业救援人员一道，保持有序施救。

（3）临场施救者，有些社会工作者可能要亲临一线，与专业救援人员一道抢险救灾、抢救幸存者、运送伤病员，任务比较艰巨。

（4）临场指挥者，应急救灾社会工作者既要在政府临时指挥部领导下进行局部或现场指挥，也需要对社会工作系统内部在场人员进行指挥，确保有序救援。

（5）信息沟通者，因为急救需要快捷信息，现场部分社会工作者要与政府部门、专业救援力量、医务人员、媒体、社会工作系统内部、伤亡者家属等保持必要的信息沟通。

（6）居民安置者，这主要是灾中救援中后期，应急类社会工作者要协助政府或灾区安置大批幸存居民，包括就地安置、疏散安置等。

（7）哀伤辅导者，部分社会工作者要对灾中死难者的家属进行哀伤辅导和抚慰。

（8）情绪疏导者，具备心理咨询专长的社会工作者需要对受灾居民的焦急、恐慌，或者伤亡家属等的负面情绪进行疏导和调适。

(9)精神抚慰者，这主要是指救灾后期和灾后重建过程中，社会工作者应该对受灾居民和社会进行精神安抚，确保恢复正常精神状态。

(10)关系协调者，无论是灾中救援，还是灾后恢复重建，应急救灾社会工作者都应该在政府、社会组织、社会工作机构、灾区及居民之间进行人际关系、资源关系、行政关系等的协调，保持高效救援和有效重建。

(11)协作管理者，灾害应急类社会工作者学有所长，与政府管理者、专业施救者、新闻工作者、医学工作者等均存在专业协作关系，尤其是管理个案、管理团队方面更要体现出专业优势。

(12)矛盾调处者，在紧急救援现场中还是灾后重建中，社会工作者可能面对来自灾区内部居民之间、社会工作系统内部成员之间、其他社会组织之间、政府与社区之间、政府与社会组织之间等的矛盾冲突，这时候他们应该充当矛盾调处者角色。

(13)建议劝告者，无论灾前预防、灾中救援或灾后重建，都会遇到"谁也说服不了谁"的问题和麻烦，这就需要社会工作者提供可行性建议进行劝告，让大家齐心协力防灾减灾救灾和应急。

(14)资源链接者，这是应急救灾中社会工作最主要的任务之一，要在政府与灾区灾民、专业组织与灾区灾民、其他慈善组织和社会捐助与灾区灾民之间进行各种资源(主要是物质资源)链接，保证运送到位，增强灾区灾民抗逆力。

(四)恢复重建环节的社会工作者角色

(1)孱弱照顾者，主要是社会工作者要利用专业优势和相关资源，对灾区中原有的弱势群体如孤儿、老人、妇女、患者等，以及失去亲人的这类弱者进行有效照顾，让其度过危机期。

(2)教育帮扶者，主要是社会工作者要运用专长和资源，针对灾区儿童、青少年人群在灾后幼儿、小学或中学乃至大学教育阶段，进行物质的、精神的、学业的帮助和扶持。

(3)赋权增能者，这是社会工作者重要的任务之一，最主要的是对灾民在身心能力受到损伤、权益相对弱化的情况下，开展精神的、教育的、法律的、身体的等能力恢复和保障，使之恢复到正常状态。

(4)需求经纪者，这是指社会工作者要基于灾区、灾民的需求进行回应性服务，善于在灾区与政府、企业、其他社会组织之间进行资源链接的同时，充当经纪人的角色，促进恢复重建。

（5）重建规划者，长期介入灾区恢复重建的社会工作者，利用专长或其他优势，参与灾区规划重建，包括硬件环境、房屋建筑、产业园区、生活设施等重建规划，并编制"生计发展规划"。

（6）社会支持者，社会工作者本身就是社会支持者的一员，但他（她）还必须借助其他社会力量，如社会组织、慈善机构、企业力量、社会关系资本等，为灾区恢复重建、灾民能力恢复和增强提供社会支持网的服务。

（7）研究咨政者，所有参与应急救灾的社会工作者都是研究者，是学术研究者，也是政策研究者，其重要的、闪光的、即时有用的成果均要纳入政府决策之中，进行政策咨询，从而上升为社会工作国策。

（8）福利服务者，社会工作服务本身就是一种社会福利，社会工作者的任务就是福利服务；与此同时，还得将公共服务福利资源运送到灾区灾民手中。

（9）综合治疗者，社会工作者的治疗性服务是综合的，既包括对灾中受伤者的身心治疗，也包括对灾区灾民整体的社区治疗，更包括对整个社会防减救灾的精神疗治。

当然，社会工作者不是"万能服务者"，也不能"越俎代庖"。其专业服务能力是有限的，有的只能是辅助性、协作性角色。上述的角色分解，只是理念型的，具体在实践中可择其而用。

四、应急社会工作方法及专业模式

社会工作长期形成的三个基本方法（个案工作法、小组工作法、社区工作法）和社会行政方法，有不同的运行机制和模式，如美国1989年《社会工作实务：通才视角（第三版）》（1983年首版）列举了27个专业化模式（这里与前述基于政社关系角度总结的五种流行模式有所不同）。[①]各种方法及其模式在灾害应急管理中同样具有独特的功能作用，与一般性社会工作领域的做法有所不同。不同的灾种，可能更适合于某种方法。相比较而言，社区方法更为普遍，其次是小组法、个案法；而2008年汶川大地震或大洪灾等自然灾害中，可能最主要的是个案法，其次才是小组法、社区法；对于生产中的事故性灾难，最先采用的往往是专业性小组法，其次是个案法，社区法较少用。当然，这需要具体情况具体分析，多数情况是同时段并用。[②]

---

① 李国林：《谈谈美国的社工实务教学》，《教育探索》2014年第12期。

② 王思斌：《社会工作概论（第三版）》，高等教育出版社2014年版。下文中若无特别注明，理论模式均源于该书。

(一)应急个案方法及其流程

应急个案社会工作方法，一般是社会工作者基于个人与社会的关系原理，运用相关专业技巧，为个人或家庭减轻压力、解除麻烦，最终达到个人与社会环境相互适应的良好状态的方法。对于灾变应急社会工作来说，主要是危机介入法，其基本流程如下。

1. 前期：接案并迅速建立专业关系

这一阶段包括机构要求接案、社会工作者主动进入接案、案主或邻居或双方朋友介绍接案；通过简单了解迅速建立专业关系。对于灾民案主，最主要的特点是快速建立关系，帮助他（她）解决眼下灾中最急迫的问题，如需要紧急送到医院抢救治疗、小孩案主需要安置就学等。

2. 前期：评估基本问题与应急需求

社会工作者需要针对不同灾种案主（遭遇地震或洪灾等）、同一灾种中的不同案主（轻伤或重伤或垂危等，或者老人、儿童等），对其基本情况（姓名、年龄、性别、受教育情况、婚姻状况、职业、家庭等）和具体应急情况（受伤程度、心理状态、资源急需状况等）迅速做出评估。

3. 前中期：订立应急工作计划方案

因为涉及受伤案主，计划方案就需要与案主或与其家人或亲友共同制订；需要做出短期、中长期服务和治疗的步骤、目标（灾难应急案主服务时间可能会拉得很长）；需要签订一定的工作合同（契约），双方认可计划方案。

4. 中期：针对常态或急需开展服务

社会工作者针对不同案主及其方案要求，开始进行服务工作；服务过程注意服务技巧、计划变更、外援协助乃至次生灾难发生等事项，分清楚常态需求与应急需求（应急需求放在第一位优先考虑）。

5. 后期：视其情况结案并进行评估

一般来说，灾民案主先行提出“我可以正常生活”或“不需要您的帮助了”，才能开启结案工作。结案一般由双方（或其家人亲友）、社会工作者及其机构一起做出服务评估，尽量确保愉快结束；如案主对应急救援、恢复重建服务过程提出意见，社会工作者应该接受和在今后进行改进。

(二)应急小组方法及其模式

应急小组社会工作方法，一般是指社会工作团体小组运用专业技能和专业化训练行动，协助个人或群体摆脱困扰，获得新的能力和发展的团体的方法。其运行流程与个案工作法差不多。它的最大特点在于：一是通过集体力量解决问题，小组成员包括个人或群体案主若干、社会工作者若干、其他专业人员若干、案主家人亲友若干等互动；二是通过一定专业控制（与个案法明显相区别），主要是针对小组服务过程当中出现的意见不合或其他矛盾冲突、服务进程、良性方向发展进行控制；三是通过小组内部互动影响（正向感染性教育），促进个人或群体发生转变（或再社会化）。

应急小组工作法的类型很多。从突发性灾难应急的小组工作对象类型来看，主要会有这些类型：受灾伤病员治疗小组、受灾儿童或青少年助学计划小组、灾中失去亲人灾民哀伤辅导小组、受灾老人照顾小组、灾民心理辅导小组、区域封闭防控小组、灾区恢复重建协作小组等。借鉴国内外经典模式，笔者认为应急社会工作小组法模式和任务如下。

1. 社会目标模式：解决修复灾民集体的宏观问题

这一模式主要是社会工作者运用社会（生态）系统基本原理，强调灾区作为一个具体的小社会系统；着眼于社会宏观系统变迁的视角，对其内部成员或组织之间、灾区与整个社会（或国家）之间的结构关系和功能进行协调；旨在强调个人受灾困境的解决，必须从整体社会角度来解除其负面影响。因此，这种模式要求社会工作要动员灾区灾民民主意识、参与意识和社会责任意识，以增强他们的集体能力恢复，实现个人生活重建、个人心理重建和灾区整体重建。

2. 临床治疗模式：解决修复灾民个体的单一困境

这一模式主要是指社会工作运用心理学、行为科学和社会工作专业知识，以小组形式对灾民个人进行生活援助、心理辅导、体伤治疗或学业辅导等，以增进案主自我强能意识，促进其行为转变，恢复正常生活和工作。

3. 互动影响模式：内外互动解决个人或群体问题

这一模式主要是指应急工作小组被视为一个可以互助的小系统、小场域。社会工作者关注小组灾民成员同小组环境或社会环境的良好关系建立，关注小组其他成员（专业者或亲友）是内部灾民成员实现信心重建和潜能恢复的唯一资源。

4. 任务中心模式：以某项应急服务或目标为中心

这一模式主要是指社会工作小组（包括其他应急专业人员或灾民在内）以某一项应急服务和某种目标实现为中心任务开展工作。如应急响应现场施救抢险的任务比较繁重和急迫，最适合于这类模式；紧急物资运送、失去亲友的灾民哀伤辅导、灾区儿童教育等，都适用于特定应急任务中心模式。

5. 小组中心模式：关注应急小组共同利益和相互认同

这一模式主要是指以社会心理学（群体认同理论）为中心，小组内部成员之间通过共同关注小组利益（一般是指特定应急救灾利益或救死扶伤或恢复重建目标），建立同盟协作关系，凝聚共识，摆脱困境；在互动过程中相互认同各成员的能力、价值观和整个小组氛围，从而实现应急目的。

（三）应急社区方法及其模式

应急社区社会工作方法，一般是指介入社区服务的社会工作机构及其工作者，以社区整体及其居民为服务对象，发动和组织社区居民参与集体行动，确定社区问题和需求，既动员社区本地资源，又争取外力协助，有计划、有步骤地解决或预防社会问题，调整或改善社会关系，培育自助、互助、自决精神，增强社区共识和凝聚力，强化居民民主、参与意识和能力，发掘并培育社区领袖人才，从而提高和促进社区福利水平与整体进步。

这里的社区方法主要是指以社会工作为行动主体的介入社区的方法，与前文所指的以社区为本的应急方法有所不同。当然，以社区为本的应急本身也离不开社工、义工和志工的参与服务。社区工作方法的基本原则是：强调尊重社区居民意愿；凡事与居民协商协议；行动过程与效果是安全的；与社区内各类群体合作工作。这里主要结合社区工作方法的三种典型模式（在地应急模式、专家应急模式、公民行动模式），来阐述应急社区社会工作的方法及其模式特点。

1. 在地应急模式：社会工作秉持社区为本介入

这种方法强调社会工作须以社区本地及其居民为主体，以其内部精英领袖为引导，动员受灾居民集体行动参与抗灾救灾、自主自助恢复重建。这种方法适合于灾难伤害不太严重的社区。

2. 专家应急模式：社会工作促动专家规划介入

这种方法最适合于灾难重创过重的社区，社区内部人、财、物损失过大，在灾区恢复重建过程中，必须依靠社会工作促动外部专家进行调研和规划，去落实完成。当然，这种方法也适合于灾前社区减灾预防规划和灾难创伤一般的社区。

3. 公民行动模式：社会工作自下而上组织居民介入

这种方法最适合于灾难来袭之前的减灾预防和应急准备阶段。当然，这种方法也适合灾中应急响应和社区灾后恢复重建，即迫使政府务必紧急出面干预和处置，迫使肇事方承担应急和重建责任。

（四）应急社会行政方法

应急社会工作的行政方法，其实涉及社会工作两方面的行动功能：一方面，社会工作机构和工作者通过集体行动，自下而上向政府进行宏观政策建议，形成社会工作行动国策；另一方面，社会工作机构和管理者自上而下贯彻国家社会工作政策，对自身内部的机构设置、管理变革、内容任务、服务方向、成员招聘、人事安排、员工待遇、绩效机制、价值理念等进行行政性建设和治理。

自下而上的应急社会行政方面，如通过在大灾大难中全体社会工作机构和工作者的应急行动及其政策建议，国家先后出台与应急社会工作密切关联的社会工作专业人才队伍建设意见、社会救助条例、慈善法、社会力量参与应急救援办法等政策和法律法规。

自上而下的应急社会行政方面，不同类的社会工作机构，依照法律法规和政策采取不同的做法，内部也有不同的管理方式和任务要求。具体不赘述。

第十二章

社会组织与应急

社会组织是社会建设、社会治理的重要抓手，是政府主导社会发展的重要参与者、合作者，是组织结构中不可或缺的要素。因此，社会组织参与应急事务具有不可替代的功能和价值；随着风险频繁向灾变转化，其应急能力建设在今天显得格外重要，以至于强化“应急社会组织”建设成为必要。

第一节　社会组织及其应急的意涵

一、社会组织的界定与类型划分

（一）社会组织的内涵要素

1. 本研究的特定对象

不同学科对社会组织的界定不同。在社会学上，社会组织有两种界定：广义的社会组织，是指人们从事共同活动的所有群体形式，包括民族、家庭、秘密团体、政府、军队、学校等；狭义的社会组织，是指为实现特定的共同目标而有意识地组合起来的社会群体，如企业、政府、学校、医院、社会团体等。[①]后者其实是明文规定的正式社会组织。

国内社会组织学者王名强调更为狭义的“社会组织”。他着眼于人类活动的国家—经济—社会三分法（对应于国家、市场、社会体系），将社会组织界定为社会体系中的社会组织，以区别于国家体系中的政府组织和市场体系中的企业组织。由此，他认为，这类社会组织是由各个社会阶层的公民自发成立的，具有非营利性、非政府性、志愿公益性或互益性的多种组织形式及其网络形态的总和。[②]这类社会组织在实践话语中，通常又称为民间组织、非政府组织（NGO）、非营利组织、第三部门、志愿者队伍新社会组织乃至一些关系网（血缘乡土等伦

① 郑杭生：《社会学概论新修（第五版）》，中国人民大学出版社2019年版，第218页。

② 王名：《社会组织概论》，中国社会出版社2010年版，第7页。

理人群）等。这类社会组织是本书所要研究的对象，其实也是真正意义的“社会性”社会组织，有人称为“社会力”。①

本章所要研究的即是这类社会组织，即为了实现一定的社会性目标（但不以营利或公共行政为目标），按照一定的自我规制自行、自愿建立起来的社会群体，通常又被称为民间组织、非政府组织（NGO）、非营利组织、第三部门、新社会组织乃至于一些社会关系网（血缘乡土等伦理人群）等（这里不包括“社区”这类社会性聚居组织），包括中国民政系统所包含的非参公类社会团体、基金会、民办非企业单位。

2. 社会组织基本要素

不论何种形式的社会组织，其内在构成的基本要素都不外乎五个方面。②

（1）目标。任何社会组织都有特定的、需要成员共同遵循的和实现的目标。没有目标，社会组织就是一盘散沙，不能称其为组织。即便是国内一些所谓同学会、同乡会的关系网组织，虽然没有什么特别的物质利益目标，但起码是以情感联谊为精神目标的。社会组织常常会有阶段性变化，但组织一开始组建的总体意图目标是很难改变的，否则就会演变为另一种组织。

（2）规范。没有规矩，不成方圆。规范即指组织的内在规章制度有明文的规定，也有不成文但成员自觉遵守的规则（这对本研究所指的特定社会组织更适应）。规范是组织内部成员互动的基础，是确定成员角色、调解成员关系、匡正成员行为、实现组织目标的基本要素。

（3）地位。即社会组织内部成员在组织结构关系中的位置，是社会组织内在结构关系的一种外在反映。地位体现出成员之间的身份等级差异。成员获得的组织地位大体有两类：一是归属地位，即成员与生俱来的地位，如家庭出身、性别、年龄等；二是成就地位，即通过自己后天努力奋斗获得的地位，如官衔职务、收入档次、学历职称等。

（4）角色。任何社会组织内部都会对成员进行较为合理的分工，使不同成员承担和履行不同的岗位任务，承担相应的义务和权利，即按照一定组织规范享受一定社会地位。

（5）权威。即社会组织本身合理的或合法化的权力及其威信，是维持组织

---

① 李宗义：《灾难下的社会力：5•12汶川地震后的重建考察》，台湾社会学会2010年年会论文，台北辅仁大学社会系，2010年12月4日。见豆丁网，https://www.docin.com/p-604128942.html。

② 郑杭生：《社会学概论新修（第五版）》，中国人民大学出版社2019年版，第219—220页。此书未能将“目标”要素列入。

运行的必要手段和要素，使成员在组织内感受到约束和限制。这里会存在两种形式的权威：一是组织本身的特性，即有组织必有权威；二是组织内部各类职务所衍生的权威。这都是不以个人意志为转移的。

此外，社会组织本身会内在地形成特定的文化氛围或模式，即组织文化。这是社会组织存在和运行之中衍生出来的一种次生结果，不是组织必须先具有的要素。

（二）社会组织的类型划分

社会组织类型繁多。本研究所指的社会组织类型的划分，其实也同样非常复杂。这里列举基于不同的重要视角的类型划分。

1. 根据国家、市场、社会关系划分

这方面突出的是王名教授的划分法。他根据国家、市场、社会三者总体关系，以及其中的两两交叉关系，对本研究所涉及的社会组织进行归纳分类，最后认为大体有：社会团体、基金会、民办非企业单位、社区基层组织、工商注册非营利组织（NPO）等，这是中国特色的社会性社会组织的主体部分。①

上述前三者一般是民政部门登记注册的社会组织的主体。社会团体一般是会员制的非营利组织，如各类学会、协会等；基金会一般是基于一定财产关系的公益性组织，如教育基金会、职业安全基金会、中华慈善总会等；民办非企业单位实质就是民办事业单位，只是不涉及公共财政资助，是民间出资直接兴办的各类社会服务组织，民办医院、民办高校、民办科研院所等。

上述的社区基层组织，一般是基于社区居民共同爱好、兴趣等结成的各类组织，如球友协会、牌友协会等，以及业主委员会；上述的工商注册非营利组织非常多，如各类中介技术服务组织、民间艺术组织等，有时候与在民政部门登记注册的重合。

工会、共青团、妇联、科协、残联等，不属于本研究所称的社会性社会组织，因为这类组织属于准政府组织（参公系列），是公共财政拨款给养的单位；基层自治组织如村委会、居委会等，也不属于本研究所称的社会性社会组织，因为这类组织严格说来是基层的准政府组织、基层政府的派出机构。

2. 根据社会组织功能性质导向划分

（1）经济功能性质导向的社会组织。这类社会组织虽然不以营利为目的，但与经济来往有一定关系，会为其他被服务对象带来经济效益，如各类技术中介组

---

① 王名：《中国社会组织30年——走向公民社会》，社会科学文献出版社2008年版，第1—6页。

织、生产协作组织、产权代理服务机构、行业商会等。

（2）社群功能性质导向的社会组织。这类社会组织主要功能在于为社会提供各类服务，如民办学校、民办医院、社会工作机构、民办应急救援队、慈善机构、学会、协会、婚介所、环保协会、心理咨询所、职业介绍所等。

（3）文娱功能性质导向的社会组织。这类社会组织主要是人们根据爱好兴趣自办或合办的各类兴趣组织，如球友会、牌友会、钓鱼协会、登山协会、秧歌队、读书会等。

（4）政治功能性质导向的社会组织。这类组织在国外比较普遍，如各类政党组织、政治派别、同业公会联盟、业主委员会联盟、律师联盟等。

当然，如果根据社会组织特定功能性质进一步细分，会有很多类：科技研究、教育、卫生健康、文娱体育、社会服务（社工服务、心理咨询、慈善、志愿者）、工商业服务、农村农业发展、职业及从业服务、法律、宗教、国际及涉外组织、其他（环保、应急救援、民间维权等）共十余类。

3. 根据是否会员制和公益互益划分

这方面仍以王名教授的划分法为依据，社会组织可分为两大类：会员制与非会员制。会员制组织又可分为公益型组织（免登记的人民团体+公益社会团体）、互益型组织（互益社会团体+互益经济团体）。非会员制组织则可分为基金型组织（慈善募捐会+公募基金会+非公募基金会）、实体型组织（民办非企业单位+事业单位）。[①]这里的“人民团体”与“事业单位”显然不属于本研究所称的社会性社会组织。具体不再举例。

二、社会组织的功能与应急价值

（一）社会组织兴盛的理论基础

从古到今，社会组织之所以存在和兴起发展，是因为它有一定的社会（正）功能。其正功能的理论基础就是政府—社会关系、企业—社会关系理论。社会组织从诞生那一天起，就跟政府、企业并肩战斗，一方面弥补“政府失灵”，另一方面弥补“市场失灵”。

社会组织对政府失灵的补衬作用在于：一方面，社会组织结构简单，轻装上阵，灵活机动，敢作敢为，服务至上，效率第一，这是对政府极大的补衬。另一方面，社会组织能够利用自身聚合公民的财力、人力和智慧，弥补政府在某些领域

---

① 王名：《社会组织概论》，中国社会出版社2010年版，第19页。

的不足。

社会组织对市场失灵的补衬作用在于：一方面，市场虽然灵活，但缺乏规划性和价格信号反应滞后性，难免产生盲目性和贻误决策；而社会组织恰恰目的性明确，规划性较强，对市场和社会变化反应比较灵敏，因而能够弥补市场这方面的缺陷。另一方面，作为市场的基本主体"企业"，它本身是营利性组织，对于有损其利润、利益的公共事务，可能会不情愿参与，虽然也强调社会责任。社会组织本身是以社会服务为己任的非营利性组织，因而它是企业无法替代的利他主义"道德平衡器"。

(二)社会组织的一般社会功能

上述内容说的是社会组织对政府、对市场的意义，而对于整个社会发展、对于组织内部个人来讲又有哪些正功能呢？这方面需要简要分析。这对后面阐述其应急价值有一定借鉴意义。

1. 社会组织对整个社会发展的积极功能

这里我们参考关于社会组织（社会网络、社会群体）的一些研究文献，[①]借用帕森斯社会系统理论，[②]就经济、社会、政治、文化"四位一体"的功能进行新的阐述。

（1）经济层面：资源盘活功能。社会组织秉持利他主义精神，通过公益、互助、慈善、志愿和博爱行动等方式，将在政府、企业与自身三者之间的资源进行动员集聚和转移，将有限资源运用到社会最需要的地方去、最需要的人群那里去，盘活各类社会资源的使用价值，从而使资源实现"社会增值"，发挥其应有的作用，促进资源均等化运用。这是社会组织最主要的功能，而且这种功能在现代社会逐步走向专业化，如公募基金会组织。

（2）社会层面：公共服务功能。社会服务涉及多个领域、多个层面，如文化教育、卫生健康、防减救灾、救济救助、安全保障、就业保障、科技研发、环境保护、社区（村庄）发展等。社会组织动员盘活资源的目的就是解决社会问题，尤其是困难群体的问题、增进社会公众利益，这是社会组织存在和发展的实质性价值所在。目前，很多社会组织与政府配合，通过参与政府购买服务的方式、信托的方式、吸纳社会就业等，完成了政府和企业无法完成的公益服务任务。

---

① 王名：《社会组织概论》，中国社会出版社2010年版，第21—25页；于显洋：《组织社会学（第三版）》，中国人民大学出版社2013年版，第15—17页。

② PARSONS T., *The Social System*, First Published in England by Routledge & Kegan Paul Ltd, 1951；［美］塔尔科特·帕森斯、尼尔·斯梅尔瑟：《经济与社会》，刘进、林午、李行等译，华夏出版社1989年版。

（3）政治层面：治理协同功能。政府是治理国家、治理社会的主导力量和基本力量，但是很多时候，政府力不从心，而且受本身科层制的影响，难以全面发挥治理的能力。这时候社会组织成为协助、协同政府治理的重要抓手和帮手，有时候社会组织本身成为社会治理的主力，维护公平正义。一方面，社会组织通过社会参与、利他服务等方式，协助政府化解社会矛盾冲突和进行突发事件处置；通过资源均等化配置，缓解贫富差距；通过心理服务，疏解社会负面情绪；等等。另一方面，社会组织本身是公民自觉参与的组织，内部矛盾在组织内部解决，而不引向社会和政府，尤其是专业的事务由专业组织解决，既能解决矛盾，也能维护、提升政府和社会组织的公信力。

（4）文化层面：新风传导功能。在现代社会，社会组织尤其是新型社会组织如IT服务、新媒体（微博/微信）等，聚集了一些年轻的科技先锋分子。一方面，它们在宣传和倡导国家政策、传统文化、知识科普等方面，发挥了政府和企业不可替代的作用；另一方面，它们往往是未来社会发展潮流涌动的敏感触媒器，有着"春江水暖鸭先知"的先导性作用，对人类未来的发展方向、社会先进文化的新风向，比起政府来更能较早感知和实践，也主要靠它们主导和传播。因而，社会组织既是政策和文化的引导者，也是社会新风尚的主导者、传播者乃至制造者。

2. 社会组织对内部成员的积极功能

这里主要结合马斯洛的需求层次理论和组织功能的一些研究，[①]来阐述社会组织对成员个人的积极功能。

（1）基本需要：解决成员就业问题。社会组织的充分发育，有利于协助政府解决社会成员就业问题，使其获得必需的生活资源和家庭经济资源。

（2）情感需要：疏解情绪强化联系。与政府、企业一样，社会组织对于加强成员之间的精神联系和人际沟通的作用不可小觑，很多时候还能疏解成员的负面情绪，加强日常生活联系，这缘于社会组织本身就是社会服务为本的组织。

（3）安全需要：保护成员基本安全。成员基本安全有两类，一是社会组织责无旁贷地为成员提供身体安全保障（safety），二是保障成员基本的权利安全（如劳动权、健康权）和精神安全（security）。"结伴就有生命，没有结伴等同于死亡"，[②]这句出于某农民领袖的名言，足以说明社会组织保障安全的重要。

---

① MASLOW A H., "A Theory of Human Motivation", *Psychological Review*, 1943, p50；郑杭生：《社会学概论新修（第五版）》，中国人民大学出版社2019年版，第172—173、233—235页。

② 转引自王名：《社会组织概论》，中国社会出版社2010年版，第44页。

(4)实现自我:体现成就感与价值。作为大众社会的一员,任何一位社会成员都需要一定的社会尊重,需要体现自己的劳动能力和社会成就感,而社会组织为其打下了这样的基础;作为社会组织中的一员,他(她)在其中通过劳动和努力,在与同事的合作中彰显自己的能力和存在意义,从而实现人生的价值。

3. 社会组织社会负功能的观察分析

社会组织有没有负功能,负功能根源于何处,这是要说明的问题。因为这类问题影响社会组织在应急事务中的功能发挥和应急服务效应。

(1)社会组织的负功能。其大体可以归纳为两点:一方面,在社会竞争中,难免诱发资源垄断,影响社会公平。一些较为强势的社会组织可能会占有优厚的社会资源,挤压较为弱小的社会组织的生存机会,甚至形成某种社会圈子,影响社会公平。另一方面,在社会发展进程中,会诱发社会不信任,乃至社会阴暗面。大多数社会组织的资源并不丰厚,有可能为了节省资源,难免逃避法律法规追责;此外,一些社会组织本身具有阴暗性,表现为善于制造谣言,搬弄是非,甚至存在制造和传播伪科学的成分等。

(2)产生负功能的原因。其原因是多方面的,而根源在于政府的公信力和国家对社会组织管控刚性问题。国家对于社会组织的管控,总体上应该是平等的,但管控手段、方式、力度应该刚柔相济,张弛有度。管控过于刚性,社会组织发展受阻,它们为了在制度缝隙中苟且偷生,难免违法违规;管控过于柔性,社会组织就会趾高气扬,难免妄为。

(三)社会组织特殊的应急功能

作为组织,均具有应对突发事件的功能,社会组织也不例外,但其具体应急功能需要探索。在应急功能方面,社会组织跟社会工作类似,跟社区不一样,各个社区的应急功能是全面的,而各类社会组织因其本身服务功能特性、规模不一样,因而在应急事务中就具有不同的应急功能侧重。而且,还有一类专门的应急社会组织,其应急功能是全面的。不同于一般社会功能,社会组织的应急功能往往是在社会服务过程尤其是在介入一场应急活动中显现的。这里我们基于"普遍主义"和"特殊主义"的视角[①],对社会组织的应急功能作一阐述。

1. 社会责任的普遍主义:应急介入和协作功能

任何一个组织,均具有一定的社会责任,这是普遍主义的责任,社会组织也不例外。在政府主导下,社会组织介入、参与突发事件或当事主体的应急协作和

---

① PARSONS T, SHILS E., *Toward a General Theory of Action*, MA Cambridge, Harvard Universty Press, 1951, p82.

配合，不分灾种，既是一种普遍性的社会责任，也有可能其财产、场地被临时征用，还有可能需要它们临时编组参与运输、物资链接、善后恢复重建工作。尽管带有被动性，但在大灾大难面前，一些社会组织如慈善组织、社工机构、心理咨询组织、应急救援会组织等，主动自发、自觉介入和参与服务，还有一些经济功能导向的社会组织，主动捐款捐物，等等。这些都体现主动意义的博爱精神和普遍责任。

2. 特定活动的特殊主义：应急规划和全责功能

在现代社会，任何社会组织开展社会服务活动尤其是大型活动，一般都要按照政府要求或法规标准，主动制订应急方案和行动规划，报备相关部门，并且对整个活动从筹备到开展再到结束，均应担当全方位、全过程的应急和安全保障责任。这是特定活动的特殊要求。全方位责任包括人员、设备设施、场所或环境的应急（安全保障）责任；全过程责任包括预防、准备、响应、善后应急（安全保障）责任。

3. 普遍与特殊的混合式：应急组织的全程功能

这主要是指专门应急类社会组织如民间应急救援队、慈善机构、应急志愿者机构等，理应具备全部应急功能，既是普遍主义的功能，也是针对特定灾变场景的特殊主义应急功能。但它们不分灾种，全灾种、全过程发挥应急功能，即因应它们的专业化应急，包括专业性减灾预防、专业性应急准备、专业性应急响应、专业性善后应急（安全保障）功能。

（四）社会组织应急的学科意义

社会组织是社会学意义的“社会性”主体，因而是社会学研究的重要内容。社会组织应急和参与应急，尤其是应急社会组织，相应地具有下列学科性意义和地位作用。首先，在社会应急当中，它具有其他社会力量不可替代的作用。比起各类专业社会工作、社会心理应急服务，社会组织更具有应急的综合性；比起社区应急，它更具有应急的灵活性和通变性。其次，在应急社会学学科体系中，它更是一支不可或缺的社会力量和元素，尤其是应急社会组织，可以作为应急社会学一个方向或学科分支开展研究，独成体系。最后，在政府—社会关系中，如前所述，社会组织是必要的补充力量和应急方式。

此外，我们可以基于结构功能主义的视角，构建“组织主体—应急功能”的分析框架（如图12-1），对社会组织作为一种应急主体的特色功能、内在能力、内外困境及其能力强化进行具体分析。结构功能主义认为，结构决定功能：结构不同，功能则不同；反过来，功能发挥异常，必将反促结构改进和优化。①这会涉及三个具体的分析（小）视角：第一，为了分析社会组织的功能特色，需要从社会组织一般性社会功能与特殊应急事务功能两方面进行思考，从而观测其在应急事务中的优势特色，即选取前述"普遍主义—特殊主义"的关系视角。第二，为了分析社会组织内在特有的应急能力结构，需要将其拟人化（人格化），即考察其作为应急社会主体之一，在应急的各个环节中应该具备哪些基本的能力和特殊的能力。因此，需要建构一种"主体能力—过程能力"的分析视角。第三，结合当代中国社会组织介入应急实践的状况，需要分析影响其应急行动和能力建设的内外影响，从而建构一种"外部赋权—内部增能"的分析视角。这三个方面具有一定的逻辑演进关系，具体在后面各个部分论证阐述。

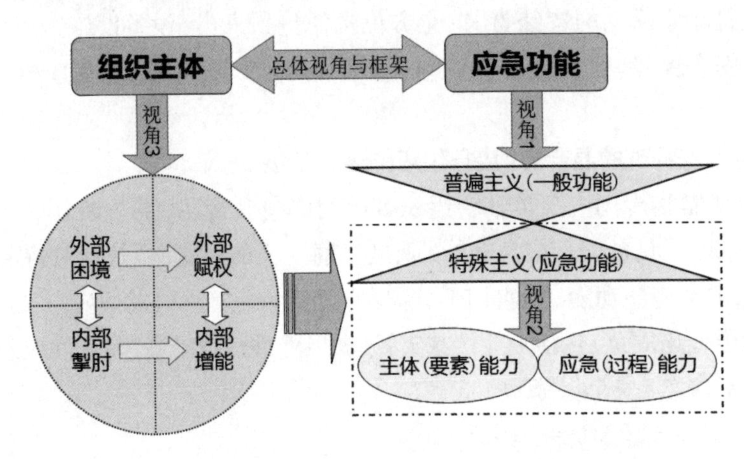

图12-1　分析框架与内在三类具体分析视角的关系构成

三、社会组织应急研究相关回溯

如果在中国知网中进行"主题"检索，涵盖报纸、期刊辑刊、学位论文、会议：输入"社会组织应急"检索（截至2020年底），得到972条中文文献结果；输入"非政府组织应急"检索，得到438条；输入"非营利组织应急"检索，得到139条；输入"NGO应急"检索，得到90条。

从专门社会组织的中文文献结果来看：输入"红十字会应急"检索，得到646条；输入"志愿者应急"检索，得到169条；输入"社会应急力量"检索，得到134条；输入"中介组织"检索，得到34条；输入"慈善应急"检索，得到15条。相应

① 陆学艺主编：《社会学》（第二版），知识出版社1996年版，第321—323页。

地，从专门社会组织的英文文献结果看：输入“Volunteer for Emergency”检索，得到321条；输入“Red Cross for Emergency”检索，得到202条；输入“Charity for Emergency”检索，得到54条；输入“Social Forces for Emergency”检索，得到16条；输入“Intermediary Organization for Emergency”检索，得到2条。

上述文献结果不到4000条，不算多，可能跟检索词有关。从检索的主题看，多集中探索社会组织和民间救援队伍（介入）应急的体系、机制、方式和能力，有的是针对具体应急案例（如地震、洪灾、疫情等）的分析，有的是从政府、企业、社会多元主体分工合作关系角度进行研究。文献多为管理类实务性研究，缺乏从社会学视角进行理论探索。

有学者分析认为，国外研究社会组织介入应急事务体现在三个方面：一是与救灾相关的社会组织基本信息、救援项目介绍；二是社会组织与应急救援社会组织的关系、功能作用研究，以及社会组织与国际组织人道主义救援的关系研究；三是社会组织参与应急管理的作用研究。[①]通过中国“国家图书馆”（文津搜索），可以发现，国内学者以专著形式探索社会组织应急救援，早期的如1996年李晓晋的《灾害救助论》、2001年谢国兴的《协力与培力》。但大部分始于2008年汶川大地震，如：王名主编的《汶川地震公民行动报告：紧急救援中的NGO》（2009）、徐德诗等编著的《志愿者与地震紧急救援：献给汶川地震的志愿者和紧急救援队队员》（2010），以及中国扶贫基金会组织编写的“‘5·12’行动启示录——汶川大地震社会响应研究丛书”（2009）共8卷（包括韩俊魁的《NGO参与汶川地震紧急救援研究》等）。之后大体有：康晓强的专著《公益组织与灾害治理》（2011）、侯俊东等的专著《地质灾害应急决策中政府与非营利组织联动嵌入机制研究》（2015）、郭雪松和朱正威的专著《中国应急管理中的组织协调与联动机制研究》（2016）、上海联合减灾与应急管理促进中心编写的《志愿救援队》（2016）、崔霞的专著《基层应急管理理论思考与实践》（2017）、周柏贾的专著《社区志愿者地震应急与救援》（2017）、中国安全生产科学研究院组织编写的《职业院校学生安全应急避险指南》（2018）、刘欣主编的《地震应急救援志愿者工作指南》（2018）、谢禄宜的专著《非营利组织灾害援助服务：从零开始》（2019）。专著、教材总共不到30部，比较少，有影响力的更少。

---

① 卢文刚、张宇：《中国民间应急救援组织现状、特点及发展困境——基于中国紧急救援联盟的分析》，《学会》2013年第4期。

第二节 社会组织应急历程与方式

一、社会组织应急历程的样态

社会组织参与应急或应急专业化，与社会组织的历史发展趋势密切相关。如果分为应急史前与应急有史以来两大阶段，社会组织应急历史进程大体可分为史前（前史）、发轫（自发）、自觉、自为四个阶段。但是，这四个阶段很难说有一个标志性的时间节点，它们很多时候参与应急或迈向专业化应急是与突发性大战、大灾事件密切相关的。因此，与其说是四个阶段，不如说是四种样态（似是而非的样子和状态），因为尤其是第二次世界大战结束后，这四种样态又是并存的，但社会组织介入应急又同整个社会组织发展历史状况相关联。我们不妨称为"阶段—样态"划分模式。

（一）史前阶段：慈善救济、灾难救援样态

在中国消防领域，东汉时期就出现过民间专业消防队，明代民间出现过"火甲""潜义火社"。[①]但是，真正意义的社会组织介入应急救援，应该是近代以来的事情。

随着英国工业革命的兴起，资本主义生产方式逐步确立。接下来，经济与社会发展不平衡的矛盾非常突出，贫富两极分化导致社会问题层出不穷，由此出现改良与革命两种思路。社会学在这时候应运而生。一些资本主义实业家着眼于改良的思路，力图通过慈善、救济底层贫困的方式，来改善资本主义社会制度及其生存环境。因此，出现了一些宗教团体开展救济的慈善组织，以弥补政府救济的不足。迫于社会形势，英国政府1601年先后颁布《慈善法》《济贫法》，1832年颁布《济贫法修正案》，之后在伦敦地区出现了慈善组织会社（1869年）、汤恩比馆（1884年）和霍尔馆（1888年）的睦邻组织、伦敦工人协会（1836年）等救济类社会组织。[②]在美国，托克维尔还形象地描述了19世纪30年代，当地居民自发成立"执行机构"排除道路交通事故和故障。[③]德国1888年成立的撒玛利亚工人联合会（ASB）、1919年成立的工人福利协会（AWO）等，都是国际上有名的紧急救

---

① 李采芹：《中国消防通史（上卷）》，群众出版社2002年版，第289—290、855页。

② 王思斌：《社会工作概论（第三版）》，高等教育出版社2014年版，第40页；潘润涵等：《简明世界近代史》，北京大学出版社2001年版，第202—208页。

③ ［美］托克维尔：《论美国的民主》，商务印书馆1996年版，第213—214页。

援组织。中国清朝初中期，消防组织大量出现，如天津救火会、河北和山西的水会、扬州水仓、川东万县救火局。[①]在此之前，早在18世纪，日内瓦公益会还推动组建了战时救急的“伤兵救护国际委员会”，促进世界各国成立自己的伤兵救护会。[②]

这些在资本主义国家、中国封建社会民间早期出现的专门救济救助、救援社会组织，还是比较普遍的，但都是临时状态的，没有成为一种集约型、持久性的社会组织应急现象，可视为社会组织应急的早期史前状态。

（二）发轫阶段：战难救助、各灾救济样态

在国际上，随着资本主义迈向帝国主义、垄断资本主义阶段，工人运动组织、宗教团体和资本主义实业家开始发展大批公益事业组织。最突出的标志是，1864年8月，英、法、美、意、荷等16国签订《万国红十字会公约》，即“国际红十字会”组建，并建议各国成立自己的救护团体，旨在形成改善战地伤残者境遇的国际通则。此外如1919年伦敦成立“儿童救助会”、1942年英国成立“乐施会”（逐步走向国际化）等。[③]

在中国清代，袁世凯在天津组建了第一个近代意义的官办“南段巡警总局消防队”（1902年），此后民间救援组织逐步发展。下面结合资料，辑录可查的救济救灾社会组织如表12–1所示（按成立时间顺序）：[④]

表12–1　近现代中国涉及救灾救济的部分社会组织

年份	社会组织成立名称及其变化
1904	对接国际红十字会，上海万国红十字会成立；后改为中国人自办的“大清帝国红十字会”（1910年）；不久被国际红十字会承认，改为“中国红十字会”并成立总会（1912年）
1907	上海救火联合会成立
1909	浙江水利议事总会成立
1912	华洋义赈会（中国义农会）成立，针对水灾救助救济；（1921年华洋义赈会总会成立）
1913	旅沪安徽义赈会成立（水灾类救济救助）
1918	佛教慈善义赈会成立
1920	北五省灾区协济会成立；同时，中国北方救灾总会成立（熊希龄主持），后与万国救济会联合成立“国际统一救灾会”

---

① 李采芹：《中国消防通史（上卷）》，群众出版社2002年版，第1076—1086页。

② 王名：《社会组织概论》，中国社会出版社2010年版，第52页。

③ 王名：《社会组织概论》，中国社会出版社2010年版，第51—52页。

④ 李采芹：《中国消防通史（上卷）》，群众出版社2002年版，第1076—1086页；高建国、宋正海：《中国近现代减灾科技事业和灾害科技史》，山东教育出版社2008年版，第26—50页。

续表

年份	社会组织成立名称及其变化
1922	世界红十字会中华总会成立；上海佛教居士林组建慈善布施团成立
1929	陕西回教救灾会成立
1931	中国水利工程学会成立；辽西水灾协赈会成立；湖北水灾急赈委员会成立
1934	上海筹募各省旱灾义赈会成立
1935	上海筹备各省水灾义赈会成立；江苏省水灾救济总会成立
1946	苏北灾区救济伤亡委员会成立；苏北邳县急赈委员会成立

从上述国内外情况来看，这一阶段以国际红十字会成立为标志，各灾种应急救援、救助救济社会组织发展比较快。但有一个特点，即除了消防直接介入救援行动，大多数处于救济（事后援助）状态，只能说是社会组织应急的发轫（自发）时期。

（三）自觉阶段：大灾介入、直接救援样态

20世纪两次世界大战所造成的灾难非常惨重，尤其是第二次世界大战结束后，人们对于灾难（不仅仅是战争灾难）的认识更加深入；同时随着世界各国社会组织的飞跃发展，直接介入灾难救急的情况比较多见。这里主要结合大灾难来袭时，社会组织介入应急救援的案例进行分析。

2008年汶川发生大地震，中国扶贫基金会、中国青少年发展基金会、友成企业家扶贫基金会、南都公益基金会、中国社会工作者协会、北京华夏经济社会发展研究中心、北京恩玖信息咨询中心等社会组织发起并起草“中国民间组织抗震救灾行动联合声明”，截至当年6月10日下午5时，有165家社会组织响应。这些社会组织涉及教育、卫生、社工、科研、商会、扶贫、社区发展、农业发展、行业协会、学会、文化、环保、社会服务、慈善、公益、志愿者、养老等各行各业，它们分别以捐款捐物、援助建筑、助力教育、就业辅助、心理咨询、老幼照护、志愿服务、医疗医药、文宣演艺、培训科普等方式，帮助灾区和灾民恢复重建。[①]也有人归纳分析几家中国社会组织在赈灾中的独特作用和出色表现，不妨辑录如下：[②]

中国红十字会：向灾区捐款最多

中国社会组织促进会：最早发出抗震救灾倡议书

① 王名主编：《汶川地震公民行动报告：紧急救援中的NGO》，社会科学文献出版社2009年版，第363—378页。

② 李橙妍、李丹等：《以5.12汶川地震为例，分析中国的公民社会和NGO组织的发展现状》（PPT），淘豆网，https://www.taodocs.com/p-312062220.html。

中国红十字基金会：捐款最活跃
中国扶贫基金会：抗震救灾特别节目最多
中华慈善总会：接收捐款最快
中华思源工程扶贫基金会：最关注儿童重返校园
中国光彩事业促进会：聚集最多民企捐款
中国妇女发展基金会：最关注灾区妇女重新创业
中国青少年发展基金会：最关注学校重建和孤儿读书

汶川大地震后慈善捐赠金额破千亿元，2008年因此被称为“中国志愿者元年”（或称“公益元年”）。[①]10年后，有媒体和社会人士专门分析认为，中国社会组织在参与大灾大难应急救援方面已经逐步走向成熟（如下面的新闻报道）。在2020年参与洪灾救援行动中，介入的社会力量（主要是社会组织）超过500支、1.1万余人。[②]在一些重大突发公共卫生事件应对中，社会工作机构、义工机构和志愿者、慈善机构、红十字会等，担当社会救助和协助政府行动的作用非常大。

【新闻报道】中国扶贫基金会：汶川地震十周年　见证众人的力量

据不完全统计，汶川地震发生后，在四川参与一线救灾的民间组织有300多家。汶川地震救援，拓宽了社会组织参与灾害援助领域，从紧急救援、过渡安置到灾后重建，进行了全流程救灾实践；援助项目以救灾物资发放、安置板房援建、灾后学校、医院、道路等基础设施建设为主。社会组织逐渐发展成长为救灾工作的一支重要队伍。这10年，它们先后在应对芦山地震、鲁甸地震等一系列重特大自然灾害过程中，充分展现了组织灵活、服务多样的优势，发挥了作用，成为政府救灾工作的有益补充。（资料来源：《公益时报》2018年5月13日）

总之，单从上述中国案例分析来看，社会组织直接介入大灾大难的行动已经越来越普遍，反映了它们的社会责任意识、职业敏感性和应急救援的自觉性越来越强烈。

（四）自为阶段：直接行动的专业组织样态

直接以应急救援为己任的社会组织，从古到今一直存在，但像今天这样普

① 范云周：《“中国志愿者元年”开启公民社会新时代》，《领导之友》2008年第5期。
② 《全国参与洪灾救援的社会应急力量已超过500支，应急管理部将出台文件进行规范》，《公益时报》2020年8月17日。

遍发展，而且从专业化到职业化，历史上比较少有。比如，SOS为国际莫尔斯电码救难信号，1908年国际无线电报公约组织正式将它确定为国际通用海难求救信号，但在1912年“泰坦尼克号”沉没后，SOS才被广泛运用到所有紧急救援领域，1998年7月，国际SOS救援中心（全球第一家国际医疗风险管理公司）诞生，目前有100多家常设机构、170家临时机构，分布在五大洲的60多个国家。又如，国际救援组织联盟（IAG），则是涉及医疗、旅行援助等单个救援公司的全球性联盟，目前20多个成员公司已在40多个国家设立了警报中心，全球范围内支持超过8700万人。再如，国际紧急救援中心（IERC）则是国际信息发展组织下属的一家非营利组织，旨在联合国2030年可持续发展目标框架下，提供紧急援助相关事业和产业发展服务，在全球设有多个救援中心。

在中国，除了消防类，其他类应急社会组织自2000年后发展更为迅速。可以通过“中国社会组织公共服务平台”查询得知组织发展的总体情况（截至2021年1月26日）。

（1）名称使用“应急”检索，会得到1103家组织（占全国社会组织总数的0.12%），其中：民政部登记的为1个（中国应急管理学会），其余为地方登记；志愿服务组织110个。

（2）名称若使用“救援”“紧急”检索，会得到1995家组织（部分组织与上面检索的重合，占全部社会组织总数的0.22%），其中：民政部登记的为1个（中国医学救援协会），其余为地方登记；志愿服务组织268家。名称使用“紧急”的有28家组织。

（3）名称使用“消防”检索，会得到766家组织（占全国社会组织总数的0.08%），其中：民政部登记的为3家（中国消防协会、全国消防与安全协会、中国水上消防协会）。

（4）名称使用“灾害”“灾难”检索，会得到46家组织，其中：民政部登记的为2家（中国灾害防御协会、中国地质灾害防治工程工业协会）。名称使用“灾难”的为1家（青海高原红星灾难救援搜救犬训练中心）。

（5）还可以使用点击查看“全国慈善组织”，共有9909家（占全部社会组织总数的1.1%），其中具有公募资格的有3327家。

上述社会组织一般为民办非企业单位、社会团体性质，地方登记的一般是实务性的应急救援队比较多（在所有应急救援类社会组织中占比超过50%）。中国目前最大的行动化应急专业社会组织是“蓝天救援队”。我们同样通过“中国社会组织公共服务平台”查询，得知其各地登记注册的分支机构有417家（截至2021年

1月22日）。从互联网查询其相关资料信息如下：

“蓝天救援队”是中国民间专业的、独立的纯公益紧急救援机构，成立于2007年，英文全称Blue Sky Rescue（BSR）。该机构已在全国31个省区市成立品牌授权的救援队，全国登记在册的志愿者超过5万名，其中有超过1万名的志愿者经过专业救援培训与认证，可随时待命应对各种紧急救援。机构以使每个国民享有免费紧急救援服务为宗旨，是涵盖生命救援、人道救助、灾害预防、应急反应能力提升、灾后恢复和减灾等各个领域的专业化、国际化的人道救援机构。参与了2007年以来国内所有大型灾害的救援工作，每年救援案例超过1000起。如，参与2008年汶川地震救助行动，志愿者发挥了出色的组织和协调能力，协助灾区转运5000多万元的救灾物资，解决30多万人的临时住宿问题，搜救孤村10余个，开辟空中紧急救援通道，协助政府为灾区灾民组织捐赠11600条棉被。又如，参与了2010年贵州抗旱、2010年玉树地震、2013年雅安地震、2014年鲁甸地震、2014年海南“威马逊”台风、2015年“东方之星”客轮侧翻、2017年九寨沟地震、2020年全国各地防疫抗疫、2021年甘肃白银百公里越野赛事故和郑州洪灾等应急救援和防控行动；同时，还代表中国红十字国际救援队参与菲律宾、缅甸、尼泊尔、斯里兰卡等大灾难的国际救援活动。

总体来看，进入21世纪后，中国直接行动的应急类社会组织发展比较迅速，这与社会组织政策放松发展有关；但数量还不够，没有突破2000家，若包括慈善机构，占全部社会组织总数不到1.5%，发展空间和潜力还很大。经调研了解，社会组织介入应急、应急社会组织在沿海开放的中国南方地区尤其是广东地区，发育、发展比较迅速。

二、社会组织多维度应急方式

从不同角度（维度）来看，社会组织介入应急事务会有不同的方式或模式和运行机理。另外，“参与”往往带有被动性，虽然也是行动者的自愿参与；而“介入”通常表达行动者的自主性行动。

（一）基于政府与社会关系的宏观性模式

1. 政府主导、组织参与的模式

在这种模式下，社会组织有一定的发展，但它们介入突发事件应急事务，带有被动性“参与”的特征，缺乏主体性意识和行动能力，还不能完全自发、自觉地采

取直接救援行动，很多时候表现为配合政府、协助政府应急或灾后重建（如慈善捐助）的辅助功能，与政府力量或财政给养的专业救援力量之间是"协作关系"，即在政府统一领导、组织指挥下，协助专业性应急救援力量完成救援任务。2008年汶川大地震中社会组织参与救援，这期间虽然有很多组织发自内心地直接介入，但总体上仍然是政府主导下的组织参与。中国《社会救助暂行办法》（2014）载明，政府鼓励社会力量、社会组织等"参与"社会救助，同时规定：政府可以将社会救助中的具体服务事项通过委托、承包、采购等方式，向社会力量购买服务；《自然灾害救助条例》（2019年3月通过修订）明确社会组织"协助"政府救灾、志愿者等是救灾"参与"者。

2. 政社平等、组织自主的模式

这种模式源于"市民社会论"思想，强调政府与社会双方的权利边界，防止政府垄断越权，强调政府与社会的良性互动、伙伴合作，强调从"善政"走向"善治"。[①]执政党政府强调社会组织的发展在于政社分开、权责明确、依法自治、自我发展，给予它们更大的自主空间。这个时候社会组织有了主体性、独立性意识。一方面，应急类社会组织群雄而起，发育、发展速度较快，自主、自愿介入，依法介入应急事务；另一方面，在这种平等合作理念的指导下，政府通过委托外包、购买服务的市场化（竞争）模式，[②]来吸引、吸纳它们介入应急救援。如中国《社会救助暂行办法》（2014）规定：政府可以将社会救助中的具体服务事项通过委托、承包、采购等方式，向社会力量购买服务。这时候，社会组织直接介入应急救援现场，更多地表现为"合作关系"，即它们同政府力量、财政给养的专业应急救援力量是合作救援、分工负责、相互协助完成救援任务。

3. 政府退却、组织自由的模式

这种模式深受"社会中心论"的影响，可能是一种理念模式，目前在世界各国应急救援实践中一般比较少见。因为社会组织与公民的存在是一样的，均受国家一定法律和规制的制约。或许随着国家的消亡，马克思主义经典作家意义上的共产主义社会会有这种可能，那时候人们的生活与劳作、幸福与苦难主要由社会

---

① ［法］玛丽-克劳德·斯莫茨：《治理在国际关系中的正确运用》，《国际社会科学（中文刊）》1999年第2期；俞可平：《治理与善治》，社会科学文献出版社2000年版。

② ［美］E.S.萨瓦斯：《民营化与公私部门的伙伴关系》，中国人民大学出版社2002年版；DAVID M, SLYKE V., "The Public Management Challenges of Contracting with Nonprofit for Social Services", *International Journal of Public Administration*, 2002, 25(4).

"自由人联合体"主宰。①

（二）基于社会组织生命过程的应急机理

任何一个社会组织都有发生、发展和结束的"生命"过程。不同国家的社会组织这一"生命"过程是不同的，发达国家的政府采取"备案制"做法允许社会组织的产生和独立运行，而中国目前一般采取"审批登记制"方式。下面，根据中国《民办非企业单位登记管理暂行条例》（1998）、《社会团体管理条例》（1998/2016）、《基金会管理条例》（2016）、《慈善法》（2016）的相关规定绘制成一般性社会组织生命过程的应急机理图，如图12-2所示。

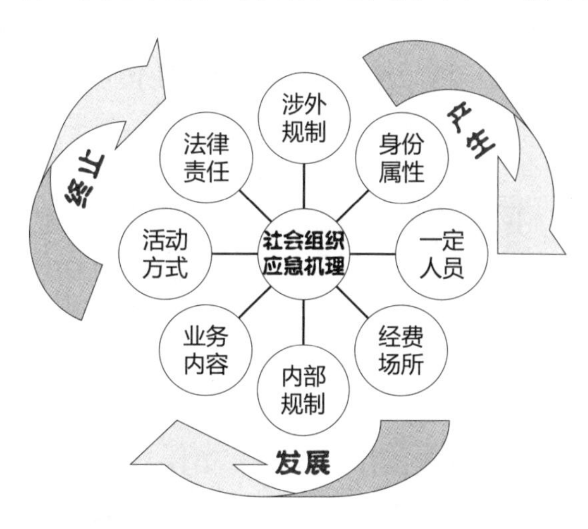

图12-2　基于社会组织生命过程的应急机理

社会组织从产生到发展再到终止大体包括八个方面。产生、终止方面，一并涵盖在涉外规制、身份属性中；运行发展方面，包含社会组织运行的六个方面。

1. 社会组织应急的产生机理

这里涉及组织外部（即政府）的"准入"制度（涉外规制之一），具体包括：①业务主管单位审查同意和民政部门登记注册两个方面；②规范的名称、必要的组织机构，即身份属性。

2. 社会组织应急的发展机理

这里包括：①一定人员，法定代表人或负责人和一定数量的业务员工、专职工作人员；②经费场所，即必要的注册资金（经费）或相适应的合法财产，固定住所或必要的活动场所；③内部规制，即组织管理制度、责任人产生和罢免程序、

① 马克思恩格斯列宁斯大林著作中共中央编译局编：《马克思恩格斯选集（第二卷）》，人民出版社2012年版，第422页。

资产管理和使用原则、章程及修改程序等；④业务内容，即服务宗旨和内容范围；⑤活动方式，如慈善组织开展公募，需要在公共场所设置募捐箱，举办面向社会公众的义演、义赛、义卖、义展、义拍、慈善晚会等，通过媒体发布募捐信息或其他公募方式；⑥法律责任，即组织要具备相应民事责任能力。

3. 社会组织应急的终止机理

具体包含内部规制和涉外规制：①内部规制里涉及相关事项变更、终止程序和终止后资产的处理；②涉外规制涉及变更审查、审批，以及组织注销或撤销和终止。

（三）基于应急管理环节的具体应急方式

这里，从应急管理的预防、准备、响应、恢复四个阶段进行方式探讨，如图12–3所示。[①]

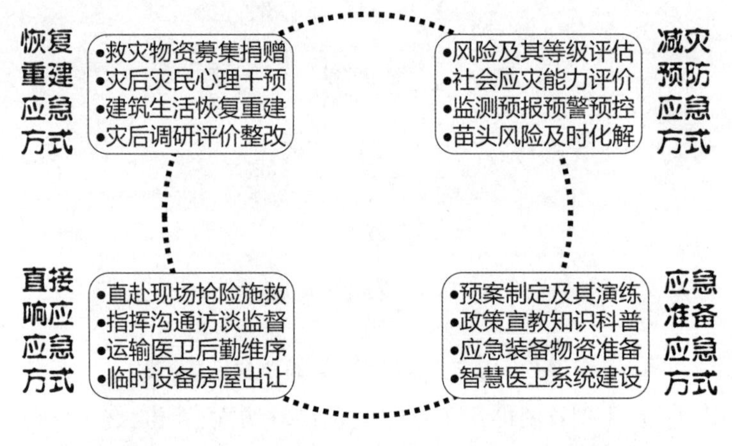

图12–3　基于应急管理过程的社会组织应急方式

1. 减灾预防的应急方式

主要包括社会组织介入灾情风险及其等级评估、社会应灾能力（环境硬件应灾能力和社会脆弱性）评价、日常风险监测和预报预警预控、化解苗头性风险。对于应急类社会组织更应重视和强化这类减灾预防应急方式。

2. 应急准备的应急方式

包括参与或牵头开展应急规划决策、应急救援规划方案制订及论证、预案编制等；平时应急演练、政策宣教、应急科普和文化教育；高危行业企业所在区域内公众通过有组织或自发的行动，介入各种事故应急演练活动，接受或承担应

① 颜烨：《安全生产应急救援公众参与的方式方法探究》，《安全》2016年第5期。

急知识普及宣传、安全教育培训活动；必要的应急物资和技术装备准备、维护，包括智慧系统建设和医卫系统建设等。应急类社会组织则在这方面责无旁贷。

3. 直接响应的应急方式

有些社会组织力所能及或应急类社会组织直接介入现场抢险施救，抢救人员或财产；或者协助维持现场秩序，按照临时指挥部的要求和安排，协助维持和监督现场秩序，保障应急救援有序开展；或者介入后勤、医疗卫生（志愿献血、人工呼吸）、交通运输等；或者协助指挥、信息沟通；采访类组织还可以组织现场访谈，向社会发布应急救援情况，传播救援队员事迹，激励社会大众关心事故救援；必要的时候，一些社会组织还须临时出让房屋和设备设施征用；等等。

4. 恢复重建的应急方式

社会心理组织或社工机构人员在灾害发生后及时介入灾区，给灾民做好心理疏导和慰藉，安抚受害者及家属；慈善组织发挥职能作用，通过募捐等方式为灾区灾民筹集、提供救灾物资帮助；介入灾后事件事故调查研究和损失评估，进行深度修复和整改；协助政府开展或主动参与灾区灾民生活秩序、社会秩序、房屋建筑等恢复重建工作。

（四）基于多种手段直接介入与否的方式

这里，按照是否直接采取应急救援行动或网络虚拟方式，以及与社会系统的四位一体（分解为经济物质、民主政治、专业技能、精神慰藉和社会支持五个细目手段）交叉关系，来分析社会组织的应急方式，如图12-4所示。[①]

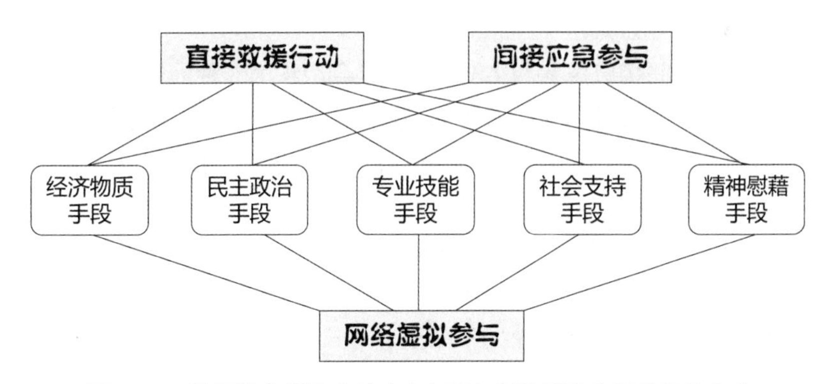

图12-4　基于社会组织直接介入与否与多种手段交叉的应急方式

1. 直接救援行动方式

一般是指社会组织以实际行动直接在现场参与应急事务，尤其包括现场抢

---

① 颜烨：《安全生产应急救援公众参与的方式方法探究》，《安全》2016年第5期。

险施救。从这个角度来看，图12-4中的经济物质手段，就是直接在现场进行应急物质准备或装备安设或智慧系统敷设等、灾中直接捐助捐资或运送到现场、房屋物什出让，现场宣教、科普和信息传播等，灾后直接物资救助和援助建设；民主政治手段，就是社会组织直接民主参与预案制定与决策、听证咨询、民主建议提供施救方案方法、民主建议恢复重建等；专业技能手段，就是社会组织利用专业特长如医术、心理咨询、驾驶技术、社工技能、烹饪技能等，直接到现场开展应急事务；社会支持手段，就是社会组织利用与当事人（或灾民）平时累积的社会资本关系，与政府或企业的社会资本关系，在现场进行应急事务协助协调；精神慰藉手段，主要是社会组织通过到现场进行心理抚慰、精神鼓舞等手段让灾民走出心理情绪的阴影。

2. 间接应急参与方式

一般是指社会组织不在现场的应急参与，基本上是背后支撑或基础性工作支持。从这个角度来看，图12-4中的经济物质手段，主要是社会组织进行非现场的捐赠捐助等；民主政治手段，就是社会组织通过多种媒体提供自己的政策建议和专业技术建议；专业技能手段，主要是社会组织通过远程技术及其系统向现场提供组织的专业技能协助；社会支持手段，就是社会组织通过各种社会关系参与应急，包括发出倡议书、引导其他组织就近介入现场，并掀起一定的社会运动进行抗灾救灾等；精神慰藉手段，社会组织主要是通过媒介等方式从精神上和道义上声援、安抚灾区灾民和进行话语呼吁。

3. 网络虚拟参与方式

其实也是一种间接应急参与方式，只是社会组织因多种因素不能亲临现场，往往通过互联网等信息化方式（如微博、微信、推特等）间接参与。比如，经济物质手段方面，出现了网络募捐、公益众筹、社交圈筹款、网上公益招投标、网上公益创投、网络社会影响力投资等模式。在民主政治参与、精神道义支持、社会关系支持等应急手段方面，网络虚拟参与更为火爆，更为便捷，更为高效。

三、社会组织应急优势与特点

（一）专业优势与应急精准性

任何社会组织从一开始，都将其专业性、职业性、专门性视为其存在的根基和“生命”价值，因而它们比政府机构更具有专业优势。专注于专业，成为当代社会组织繁荣发展的时髦话语。社会心理组织、社会工作机构、慈善职业组织、医卫组织、技术中介服务组织等，各有专长。这就决定了它们能够迅速进入应急现场、参与应急事务，起到其他政府部门、其他社会组织起不到的作用。因为突发事件原因复杂，需要应对解决问题的手段多样，应急全在于“急”。这些专业化的社会组织能够有的放矢，“精准施策”击中肯綮，“手到病除”“立竿见影”，而不是忽左忽右找不到“病灶”以至于贻误救援时机。

（二）进退灵活与应急高效性

现代社会组织没有像政府或企业那样设置科层制运行模式，没有那种层层审批、繁文缛节的流程，能够在“第一时间”介入灾变应急事务。现代社会组织基本上是以轻巧型规模为主，以几十人的居多；即便是在各地设有分支机构的规模大的组织，其分支机构也基本以在地性活动为主；而且绝大多数是扁平化管理结构，应急决策信息上下直达。因而对于应急事务，一般着眼于组织本身的专业能力，能干则进，不能干则退，进退灵活，非常高效，适合于为急而应的应急环节和运行方式。

（三）亲民资本与应急便捷性

社会组织主要源于民间，公民自发组织和开办，因而它天生具有草根性，很容易与当事主体或灾民直接沟通互动，这样更方便于应急解决问题。还有就是，社会组织长期与当地当事主体或灾民在一起，形成了相互信任的关系网络，对当地情况比较熟悉，即亲民的“社会资本”是快捷应急的天然“要素”，能够与灾民一道就近、迅速、快捷收集信息，快速找到事件、事故的原因和风险点（地点或方位），便于快速化解风险、抑制灾变后果进一步恶化，实施群众自救，体现“应急”与“便捷”的交互性特点。

（四）公益法则与应急合德性

社会组织本身是一种自愿性、志愿性的公益组织或互益组织，秉持利他主义原则服务社会。这种公益法则和理念化为行动，本身具有合理性、合规性。而且，各类社会组织尤其在中国，基本上是登记注册的合法性组织，因而它们行使道义上的应急服务行动，无疑具有合法性。即便有时无序参与，但其合德性、合法性不容置疑。

第三节　社会组织的应急能力建设

一、影响社会组织应急能力的总体性因素

这里，首先需要对影响社会组织应急能力发挥的主要因素和机制做一些理念

性的勾画分析，如图12–5所示。当然现实情况如何，需要结合具体国情具体分析。

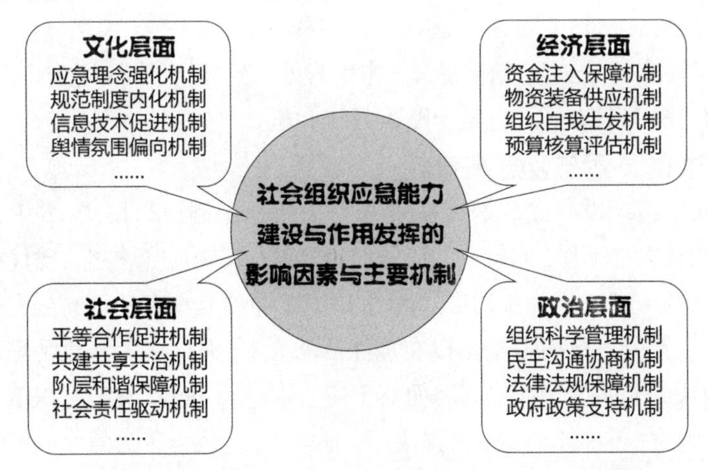

图12–5　基于社会系统论的社会组织应急能力发挥影响因素和机制

从经济层面看，主要涉及社会组织应急的经济保障水平、物资装备现代水平、组织自我财力生发机制、预算核算与风险应对的能力评估机制等。

从政治层面看，主要涉及社会组织应急的科学管控水平、民主沟通协商机制、法律法规及其促进保障、政策支持力度等影响因素和机制。

从社会层面看，主要涉及社会组织内部、组织与外部（灾区）居民、组织与政府之间能否平等合作促进、能否共建共享共治、社会阶层是否和谐、社会责任驱动是否强烈等因素和机制。

从文化层面看，主要涉及社会组织和整个社会的应急理念是否强烈、安全应急规范制度内化程度、应急信息化技术能否得到促进、舆情氛围是否接纳社会组织介入应急事务等。

二、社会组织应急的外部困境与内部问题

当前，中国社会力量兴办公益事业还处于初级阶段，社会组织应急存在组织内部和外部方面的问题。针对存在的问题，要考虑社会组织如何提升应急能力建设，即需要从其外部制度环境和内部动力要求来考察。[①]在中国场域里，社会组织应急的外部制度环境优化，可能比其内部能力建设更重要，即在初级阶段，要更多地从外部赋能，[②]从而形成社会组织应急能力的“外部赋能+内部增能”分

① 颜烨：《当代中国社会力量兴办公益事业》，载《中产化的社会建设》，世界图书出版公司2013年版，第149—176页。
② 王宏伟：《应急救援，社会力量需要赋能》，《环球时报》2019年5月13日。

析框架。

（一）应急的外部困境：文化制度环境制约

1. 现代应急公益文化缺失

现代公益理念认为，公益是一种公共行为，捐受时空分离，是“普惠制”理念。中国历史上也有着深厚的公益文化传统，但是建立在血缘伦理基础之上，渗透着浓厚的家族渊源和乡土情结，更多体现为邻里互助、熟人相扶、光宗耀祖、福荫子孙等，具有一定的封闭性、内敛性，缺乏开放性、包容性，延续至今，从而使得全社会应急意识淡薄，应急文化氛围不够浓郁，社会“大应急”理念无法形塑。

2. 准入门槛影响应急介入

中国对社会组织创办一直实行登记管理机关和业务主管单位双重负责的管理体制。这一体制对规范社会组织管理发挥了一定的积极作用，但这成了社会组织发育和发展的门槛和瓶颈。截至2020年，中国每万人社会组织为6.4个，与发达国家每万人50个以上、其他发展中国家平均每万人10个以上相比，还有很大差距；[①]从前面检索情况来看，中国应急类社会组织包括慈善组织，总数不到1.2万家（舍去重复检索的），占全部社会组织总数不到1.50%，难以满足高风险社会灾变问题突出的需要。

3. 身份歧视挫伤应急热情

其主要表现在两方面：一是社会组织与政府部门、国有企事业单位难以取得平起平坐的身份、资格，低人一等。二是社会组织内部员工身份和待遇同样处于不公对待状况。与政府、企业相比，很多社会组织的工作人员待遇很低。这就大大挫伤了社会组织介入应急的积极性。

4. 组织资金来源渠道不畅

从发达国家经验来看，社会组织的资金来源多元、多样。在有的国家，政府对社会组织有一定方式的投入和帮助；在中国，目前一般向社会组织采取政府采购、外包、委托等方式支持，但没有确定的制度规定。而其他社会力量捐助也不够，应急救援捐赠动力缺乏。目前中国尚未对社会组织介入应急建立完善的、具有倾斜性的和奖励性的税收制度。这对社会组织介入应急、应急社会组织发展特别不利。

---

① 谭永生、欧阳辉、陈大红等：《社会组织在促进就业方面的作用与责任研究》，见国家民间组织管理局编《2009年中国社会组织理论研究文集》，中国社会出版社2010年版，第47页。

5. 社会监督机制较为缺失

公众对社会组织的监督没有相应的法律保障机制。《民间非营利组织会计制度》对社会组织的会计核算和报告提出了要求，但原则性有余而针对性、可操作性不足。这就导致公众对社会组织介入应急未必看好，反过来还降低了社会组织介入应急事务的热情。

（二）应急的内部掣肘：动力不足能力欠缺

1. 发展资金不足制约应急介入

中国社会组织自身发展乏力的一个主要体现是自创性的服务收入太低。非营利性并不等于不能营利。它可以为其运转获取正当利润。中国社会组织在经济上自我独立的意识还没有形成。与此同时，缺乏服务质量的竞争机制，服务质量和效率低下，影响社会公众对社会组织应急的投入。

2. 人才资源瓶颈掣肘应急介入

首先，如何凝聚社会组织公益人才，国家没有出台类似公立机构人才保障的具体政策规定，因而社会组织人才在户籍、工资、福利、社会保险、人事代理、奖励、培训、职称等诸多方面，经常遇到无法可循、无规可依、有规难依的困惑。其次，内部人力资源结构不合理，教育培训开发不够。多数社会组织几乎没有固定的人才渠道、定员和编制，很多都是兼职的，普遍存在人员总体规模小、流动性大、数量偏少、专业性差、管理松散、专职专业人员比重少、结构不合理等问题，具有创新能力的人才尤为不足。另外，社会组织缺少专业人才培训机制，所谓拓展培训也只是短期行为。最后，员工工资待遇较低，还存在工资福利拖欠、克扣现象，这就降低了员工连续为组织目标奋斗的热情；应急专业资深员工流动率过高，必然阻碍组织的发展。所有这些严重削弱了社会组织持续发展的后劲，更谈不上组织的社会应急介入推动和能力提升。

3. 社会信任不足折抵应急声誉

社会公信力是社会公益组织的生命。在具体实践中，有的社会组织打着公益服务的幌子，利用经营活动减税、免税相关优惠政策，进行营利性商业活动和分红，有的规避纳税义务，有的利用专业权威或垄断地位牟利。一些社会组织内部管理官僚化，导致公益目标被置换成争权夺利。中国目前尚无专门法律来具体规定社会组织的内部治理结构。管理人员构成不合理，很难实施监督，基本由“内部人”或“自家人”控制。

4. 法规意识和应急质素较缺乏

目前，中国社会组织参与应急救援缺乏具体法规制度保障和约束，缺乏统一组织指挥和调配；有的救灾方式不当、物资分配不均衡，与政府缺乏必要沟通，应急救援低效无序。很多社会组织并不具备应急能力和素养，对公共突发性事件比较茫然，甚至不知所措。多数社会组织普遍缺乏科学施救知识、技能和科学方法，也没有现代化的设备设施，有时候出现施救者反而被困甚至牺牲生命的情况。即便是一些专业应急社会组织，也一度存在组织化程度不高、应急救援灾种和专业单一、持续性应急救灾能力不足等问题，[①]因而其应急能力和素养也尚需大步提升。

总之，社会组织介入应急事务，存在“外部问题内部化”与“内部问题外部化”的双重困惑。前一种是指社会组织的外部政策及环境限制其发育壮大，以及外部监管机制缺失，结果导致组织内部资源机会紧张和工作失序；而后一种是指组织内部的功能紊乱，却转嫁给了外部的相关受众。因此，亟须内外开弓，强化社会组织应急能力建设。

三、规范与促进：外部环境优化赋能应急

实质上，从外部来看，主要是从制度系统内在的“四位一体”（文化理念、经济财税、行政准入、社会行动），为社会组织应急赋权增能，即赋予其平等权、准入权、优惠权、行动权等能力，如图12-6所示。

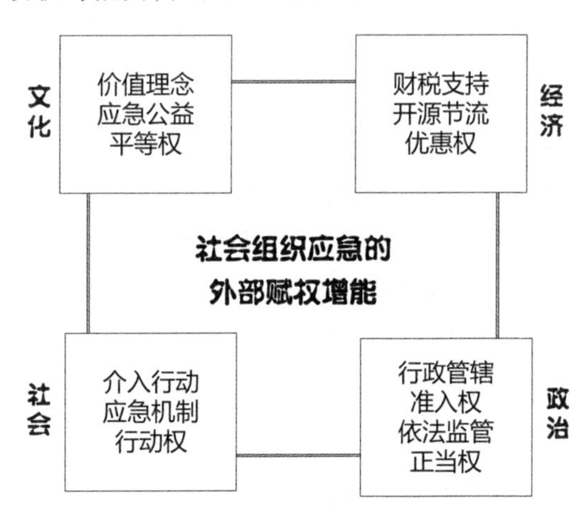

图12-6　社会组织应急的外部赋权增能

（一）确立应急公益理念，赋予组织应急平等权

鉴于国际国内的发展经验和教训，我们认为，中国在应急公益事业发展方

① 李丹：《谈民间救援组织发展现状和特点》，搜狐网，2019年12月13日。

面需要“坚持政府主导，两条腿一并走”，树立“应急公益”理念，发挥社会组织“半边天”的作用。“政府主导”是指政府对应急公益事业切实承担指导、引导和推进责任，确保服务均等化；“两条腿”则是指在政府推动下，公办和民办的应急社会组织均要同等发展，社会组织应急、应急社会组织应成为中国应急公益事业的重要组成部分，而不是简单“补充”或配角，最终形成政府与社会组织相互促进、共同发展、满足多元需求的新应急格局。

（二）改变双重管辖模式，松开组织应急准入权

贯彻国家关于大力发展社会组织公益事业的精神，结合分类推进事业单位改革，研究出台《事业单位法》，或修订现行的《事业单位登记管理暂行条例》《民办非企业单位登记管理暂行条例》等法律法规，尽快颁布《社会力量应急条例》，落实社会组织应急的法人地位。

应急管理相关政府部门要加强对社会组织应急的行业监管，真正让应急社会组织成为独立法人，独立承担法律责任、社会责任。社会组织尤其是应急社会组织，按照法定条件直接进行登记，符合法律规定的发给法人证书，核定宗旨和业务范围，并对其业务活动开展情况进行监督检查。

（三）借鉴开源节流经验，给予组织应急优惠权

鉴于中国社会组织介入应急尚处于发展期，需要多种资源扶持，建议政府在融资服务、财税政策、土地使用、对外合作、员工保险等方面适当给予优惠倾斜。

1. 加大财政扶持，广推购买应急服务

对于那些社会信誉好、发展前景广阔的社会组织，建议政府有规划性地进行物力财力投入，降低其生存和发展压力。如借鉴许多国家的经验做法，在其初期发展阶段（3~5年内），公共财政投入、建设用地审批等方面适当予以倾斜。与此同时，大力促推社会组织应急平台建设和“政府购买服务”方式，优先向服务质量和社会信誉较好的社会组织“购买”应急公益服务；探索实行对社会组织介入应急的直接财政补助。

2. 实行税收减免，员工保险立规立法

在现有法律法规基础上，对于那些初办公益事业或进入应急公益事业的社会组织，在税收方面进行适度减免。此外，务必将应急救援队员人身保险问题纳入制度保障领域，确保员工应急救援没有后顾之忧。

3. 不断完善社会捐赠税收等优惠政策

修订社会捐赠的税收优惠政策法规，对于那些公益事业模范代表和热心

公益事业的社会组织，政策上也应有减免税的鼓励，并按一定额度给予税收优惠。

（四）强化内外监管机制，维护组织应急正当权

1. 确保社会组织依法依规应急

在制定相关条例时，对于那些违法活动、违规收费、违德行事、违反秩序的社会组织及其行为，严格处罚，按规论责。同时，建立健全公益信息披露制度，如对于社会组织的收入问题，在非营利性、所得收入不能内部分红等原则下，建议法规政策参照市场定价或政府指导价格，规定其收费标准，限高不限低，确保收费和办事公开、公平、公正。至于社会组织如何介入应急事务，应该按照“介入机制”操作。

2. 完善组织内部法人治理结构

无论是一般社会组织还是应急社会组织，均应仿照现代企业制度模式，健全包括理事会（董事会）、管理层在内的法人治理结构；领导成员的年龄、知识、能力结构要科学合理，选贤荐能，不得任人唯亲，要做到民主议事、民主办事，同时必须吸纳相关利益者进入理事会（董事会）；内部机构和制度要健全，人事、劳资、财务、策划等部门需严格把关，同时规范员工行为取向、办事纪律，确保有章可循，有责可问。

3. 强化行业性自律和社会监督

鼓励同类社会公益行业成立监督委员会、行业协会、同业公会等，开展行业约束，约束内容包括公益活动方式、收费标准、活动规模、行业发展、竞争规则等；鼓励行业内部和行业之间加强研讨交流，发挥“龙头”单位组织的示范带动作用，促进社会组织介入应急公益事业良性发展。与此同时，社会公众、媒体等要对社会组织应急行为发挥舆论监督作用，加强日常检查、监管和问责，如借鉴国际经验，开展独立第三方审计、行业联合审查等。同时，公益组织应该向社会和相关利益者公开承诺应急财务责任、应急过程责任、应急效益责任、应急优先责任。最重要的是，要发挥“枢纽型”运作管理模式的作用，最好建立民办公益事业的行业性评价委员会机构（或介于政府与民办事业单位之间的第三方评价机构），成员包括政府官员、专家、行业代表、群众代表；试行社会组织应急的“星级评估机制”，通过评价其运行效果加强监督和管理，营造环境，合格的予以适当鼓励，不合格的建议调整或取消。

（五）完善应急介入机制，确保组织应急行动权

最后，结合上述四点分析，笔者建议在政府主导下制定一套“应急介入机

制”，确保社会组织正当、有序、有效介入。[①]

1. 应急规范机制

制定“社会组织应急办法”（或条例），鼓励、引导和规范公众参与行为，内容包括规划或预案论证公众参与、公众组队、入场和行车线路、信息发布、调查参与、公众意见征求和听证参与、座谈会、新闻媒体参与、监督评价、奖惩规则等。

2. 应急动员机制

其包括宣传发动、队伍组建、入场动员、捐赠动员、后勤保障动员、恢复重建参与动员。尤其要利用多元媒体营造社会组织介入应急公益的良好舆论环境，如表彰社会组织应急的先进人物和优秀事迹，发挥社会组织应急的“精英带动战略”的“叠加效应”。

3. 应急协同机制

在制度层面详尽地规定社会组织与政府或企业专业性应急救援力量之间，以及跨地区或跨行业公众之间的联动、沟通和协同合作。

4. 应急共享机制

即社会组织与政府或企业之间进行应急救援的资源共享、信息共享、机会共享、成果共享。要加强社会组织应急能力建设的研究，优秀成果交流共享互用。

5. 应急保障机制

包括前述的人才、资金、物力、制度和道义上的支撑保障。一方面，政府要通过购买服务方式等加大对社会组织应急的投入；另一方面，还得引导企业和其他社会方式投入。缺乏保障，社会组织应急的动力就会减弱。

四、练功与健体：组织应急增能内在途径

（一）组织应急能力体系的“复合轴承模型”

基于前文的“主体—过程能力”框架设计，笔者特对社会组织内部应急能力体系和内容做一些必要的勾画和分析，这里设计为一个“复合轴承模型”，如图12–7所示。

---

① 颜烨：《安全生产应急救援公众参与方式方法探究》，《安全》2016年第5期。

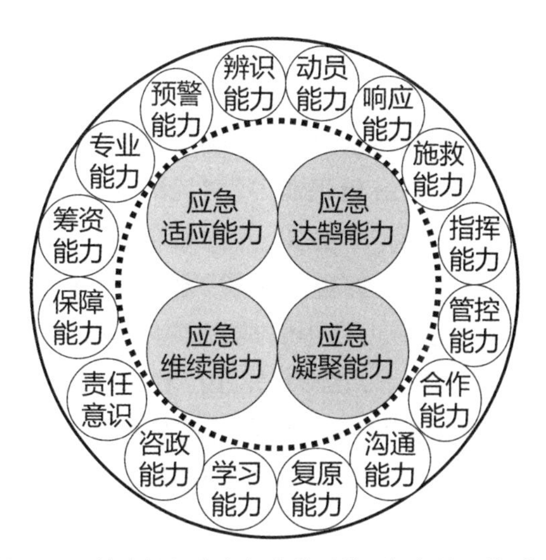

图12-7　社会组织应急能力体系的“复合轴承模型”

1. 能力体系的“复合轴承模型”

它包括主体要素（四位一体）的四种能力（功能）和应急管理四个环节的16种细分能力。基于主体要素的能力是基本条件能力，基于应急管理环节的能力是具体事项承担能力。这两者是相互联系的，基本条件能力决定社会组织应急的具体事项承担能力。这一图形整体上表达社会组织是一种灵活滚动的应急社会主体，是比政府或社区更为灵便地应对灾变的主体，即哪儿有难去哪儿应急救灾。其中，内部4个小“轴承”作为组织内在要素，是具有内驱力的传动要素，带动外边16个小“轴承”对外参与不同应急环节。当然，一般社会组织不要求全部具备这些能力，但应急类社会组织应该具备这些全部能力。

2. 基于主体要素的四种应急能力

这就是借用帕森斯社会系统论所构成的经济、政治、社会、文化四个子系统及其社会功能（四位一体）。首先，是组织的应急适应能力（adapt），即一个社会组织要有自己必备的经济财力、技术装备硬件、员工救援保险保障等，才能适应应急事务的需要和介入，其主要包括外围（减灾预防和应急准备）环节的风险辨识能力、专业能力、募集筹资能力、预警能力、保障能力等。其次，是组织的应急达鹄能力（goal），即通过组织管理和控制，实现应急目标的能力，具体对应和包括外围（应急响应）的动员能力、响应能力、施救能力、指挥能力、管控能力等。再次，是组织的应急凝聚能力（integrate），就是把内部员工和外部相关力量聚合起来，介入应急救灾事务，对应和包括外围（应急响应和恢复）的合作能力、沟通能力、复原能力等。最后，是组织的应急维续能力（last），即维持组织应急行动可持续性问题，最主要的是包括外围（恢复与预防）的公益理念和责任意识、学习反思能力、评估咨政能力等。

3. 应急环节十六种细分事项能力

首先，减灾预防环节包括：辨识能力，对风险点及其程度的辨识；预警能力，即在灾难来袭前具有一定预警能力，应急社会组织应包括必要的预警技术手段；公益责任意识，即普遍树立"应急公益"理念，将应急介入视为一种公益、一种社会责任，这是社会组织应急行动的思想指南和内驱动力。其次，应急准备环节包括：专业能力，即具备一定的应急专业技术和装备，对于应急类社会组织更是有特别要求；筹资能力，既包括准备阶段的募集筹资和物质准备能力，也包括灾后恢复重建的救灾募集能力，一般慈善类社会组织的这种能力较强；保障能力，这主要是指社会组织尤其是应急类社会组织必须保障救援员工的行动安全，为之进行保险投入等。再次，应急响应环节包括：响应能力，指社会组织能否快速行动、快速组织起来等；动员能力，即快速动员组织内部员工和相关外部居民介入应急救援，动员方式包括灾情通报、法规政策宣传、知识科普、组员入场、发动捐赠、灾前演练、社会运动等；施救能力，具体进入灾变现场抢险救灾，也包括救援员工自救能力，主要指应急类社会组织具备这种技术含量高的特质；指挥能力，社会组织配合临时应急指挥部组织、指挥人财物的调配与运送等；管控能力，主要指社会组织对员工和相关居民行为控制、舆情控制、局面控制等；合作能力，主要指社会组织与政府或临时应急指挥部、专业救援组织、受灾居民等的协调合作；沟通能力，主要指社会组织与内部员工、外部力量之间的常态沟通和应急沟通，主要是临场应急信息沟通。最后，恢复重建环节包括：复原能力，在一定意义上，社会组织（尤其是应急类社会组织）基于自身社会服务范畴和方向，参与灾区恢复重建，体现组织自身的可持续发展能力；学习能力，主要指社会组织通过灾后评价、反思和不断学习吸取其中的经验教训，对不足和弱点进行修复整改和完善，以备将来之用；咨政能力，社会组织应该在灾中或灾后通过评价反思，对政府、对企业、对自身及其员工开展应急事务的政策建议和咨询。

（二）社会组织应急增能内部途径的"人形模型"

结合上述因素分析，社会组织介入应急的能力提升亟须从应急公益理念、人才应急素养、应急规则制度、应急资金支撑、应急技术装备等途径不断增强。具体可以归纳为一个"人形"结构图来表达（如图12-8）：脑袋——应急信任的公益理念，是应急能力提升的动力和指引，对应应急文化；两腿——资金支撑、技术装备，是应急的物质能力基础，对应应急经济；两手——人才素养、规则制度，是应急能力增强的活力点，对应应急社群；腹部——应急能力汇聚成气势，对应应急管控。

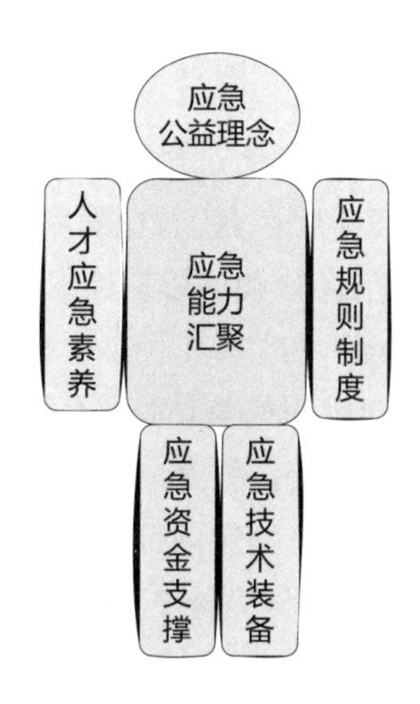

图12-8　社会组织介入应急的能力增强内部途径"人形"结构图

1. 强化应急信任的公益理念

应急公益理念来源于应急实践的需要，成为社会组织介入应急行动的先导和指引，也是一种内驱力。社会组织秉持公益理念，就必须使其应急行动获得社会的充分信任，包括有意识地锤炼其真诚应急、人道主义救援、技术精湛、遵纪守法，以及低费或免费介入减灾预防和恢复重建等方面的信任。

2. 不断培育人才及应急素养

人才是关键。无论一般性社会组织还是特殊性的应急类组织，都应该储备和引进具有应急能力和素养的技能人才，包括应急技术文化素养和法律素养。这方面包括几条具体途径：一是对接学校专业教育，招聘一定数量的应急专业人才；二是强化在岗职业教育，即对非应急学历人才，结合业务岗位进行先进应急理念、科学应急知识和方法的教育；三是注重引进专家指导，需要定期或不定期接受高层次应急专家指导，对组织自身在应急方面存在的错误予以矫正、弥补不足；四是促进专业团队建设，通过各种交流合作方式，切磋应急经验，提升应急技能；五是注重培育精英，有意识地培育组织内部那些悟性高、能力强、能吃苦的应急精英人才，发挥他们的应急引领作用。

3. 注重改善应急技术和装备

现代社会很多重大突发事件急遽凶猛、难以预测、点多面广、持续性强等，仅仅依靠人力介入应急管理和救援，显得微不足道。除了专业性的应急社会组织需要技术精湛、装备精良外，一般性社会组织也应该适度具备和更新必要的减灾预警技术和装备、简易的响应救援装备和基本技能等，以确保自救、互救和他救，让技术嵌入组织、武装组织。

4. 适度储备必需的应急资金

社会组织一般资金短缺，应尽量通过多种方式筹措组织运行的基本基金，适度储备应急资金。组织申办、年度运营、长期发展等规划方案都应该设计和纳入应急资金规划，作为组织冗余设置和持续韧性发展的物质基础。

5. 遵守和制定应急规则制度

制度是根本。一方面，社会组织的整体层面、领导层面、员工层面均应遵守社会组织运营的基本法律法规和社会制度，强化应急法律法规和标准的遵守能力。另一方面，社会组织本身也应该制定内部的应急规则，如组织从一开始创办就纳入这类应急规制，并在后期持续发展中不断完善，包括减灾预防教育、应急责任安排、应急物资储备、响应救援行动、恢复重建介入等一系列规则。这是确保社会组织增强应急能力的重要基础。

最后，汇聚成应急能力气势，实现应急管理和救援目的。

第十三章

社区的应急治理

社区是社会的细胞，是人们栖身生活或工作的场所和安全港湾，是具体的社会系统，也是一种结构因素。社区安全是社会和谐稳定、国家长治久安的基础。多少年来，突发性重大灾难的应急管理和处置，都离不开社区这一话题。因此，社区作为社会应急的主要组成部分和在应急社会学体系中的基础性地位不言而喻。

第一节　社区内涵及其与应急的关系概述

一、社区的界定、要素与类型划分

（一）社区界定与要素

“社区”概念，最初源于德国社会学家滕尼斯的德语著作《共同体与社会——纯粹社会学的基本概念》（1881年初稿，1887年出版）。[①]在滕尼斯看来，“社区”是指人们情感意志或血缘关系的联合，不是像“社会”那样强调契约理性和工具实践理性的有机结合体。后来，关于社区的界定越来越多，如美国城市社会学主要创始人帕克认为，社区是指占据在被或多或少明确地限定了的地域上的人群会集。[②]这一概念接近今天人们所指的社区，强调人群的空间集聚。中国台湾学者徐震认为，社区是指居住于某一地理区域，具有共同关系、社会互动及服务体系的一个人群。[③]这一界定更加狭义化了。《中国大百科全书·社会学》则将其定义为“社区是指以一定地理区域为基础的社会群体”。[④]

总体来看，社区是人们进行一定的社会活动而具有某种互动关系和精神联系

---

① ［德］斐迪南·滕尼斯：《共同体与社会——纯粹社会学的基本概念》，林荣远译，商务印书馆1999年版。

② ［美］R.E.帕克、E.N.伯吉斯、R.D.麦肯齐：《城市社会学——芝加哥学派城市研究文集》，宋俊岭等译，华夏出版社1987年版，第110页。

③ 徐震：《社区与社会发展》，中正书局1988年版，第35页。

④ 《中国大百科全书·社会学》，中国大百科出版社1991年版，第356页。

的区域群体。也就是说，社区有两个最基本的要素：一定数量的人口、一定的聚集区域。这一聚集区域既可以指地理空间，也可以指社会空间。此外，社区还包括社会互动及其关系（结构关系）、精神文化联系（或某种文化维系力量）、物资设备设施等衍生性的社会要素。它比“社会”的功能更加明确和专门化，更强调地理空间，更强调关系的紧密性等。[①]

（二）社区的类型划分

从上述界定来看，社区的类型会有很多。这里依据一定角度或标准来划分社区类型。

1. 基于是否具有地理空间特征的划分

这方面通常划分为两种：实体社区与精神社区。实体社区一般是指人们生活生产于一定地理空间而紧密互动的社会群体。这是我们研究应急活动、应急管理的重点对象。精神社区从古到今都存在，它没有地理空间或没有固定的地理空间。在现代信息化社会，这类社区只会越来越多，存在的方式和样态也会越来越多元。这类社区在信息化社会越来越依托互联网加强联系，因而又可称为“虚拟社区”，但更具有“虚拟社会组织”或“虚拟社会团体”的特征，因而在前文社会组织应急方面分析得比较多。这不是当前状态下社区应急研究的重要对象。

2. 基于不同社会特性的实体社区类型

（1）基于城乡差异划分的实体社区。这就是城市社区与农村社区。现代人一般以前者为主，城市内有各种各样的社区类型，如生活社区、工作社区等。城市社区的社会交往特征在于以法理为基础，人际关系相对淡薄，成员流动性比较大。而农村社区，在中国通常被称为“村庄”，一般是传统意义上世世代代生活居住于此的生活区，人情伦理浓烈。中国农村在过去很少有生产性社区，但当代中国农村逐步发展出很多不同功能的社区，如企业社区、学校社区、村务办公区等。这两类社区是我们研究应急事务的重点。

（2）基于社会功能划分的实体社区。这方面比较多见。这可以从一般（生活性）功能与专门（生产性）功能来细分。一般功能主要就是居家生活功能，即居民社区，这往往是应急活动的重点。专门功能社区往往带有生产经营性，如工作社区、矿山社区、工厂社区、军事社区、学校社区、商业社区（交易市场）、宾馆社区、交通站社区等。在应急活动中，这类社区可能因突发紧急情况往往会被选择

---

① 郑杭生：《社会学概论新修（第五版）》，中国人民大学出版社2019年版，第248—250页；《社会学概论》编写组：《社会学概论》，人民教育出版社、高等教育出版社2011年版，第236—238页。

性征用，这时候它会演变为“应急社区”。

（3）基于其他社会特性的实体社区。如可以基于时间历史长短，划分为传统社区、发展中社区、现代化社区；也可以基于关系亲疏划分为熟人社区、陌生人社区；等等。

鉴于社会应急的实体化倾向，在这里将社区限定为活动在一定地理空间上的社会共同体，主要是居民生活社区，再加上其他专能性实体社区。

二、社区的功能与社区应急的地位

同样性质的社区，其功能大体相同；不同类型性质的社区，其功能往往不同。这里笔者主要基于“普遍主义”“常态性”与“特殊主义”“非常态性”的视角，简要分析诸类社区功能的共性。[①]同时，考察社区应急在不同层面的社会意义和地位作用。

（一）一般性的常态功能

1. 生活需要功能（源于社会层面）

按照马斯洛“需要五层次说”，生理的需要（吃喝拉撒睡）是人最基本的需要，[②]这也是居民社区最主要、最基本的功能。因为家庭及其情感联系置放在生活社区的中心，成为人们“日出而作，日入而息”的归属地和安全港湾；也成为人们从出生到长大成人的社会化阵地，其中包含家庭、邻里、同龄群体等社会化条件。有的居民社区还开辟社区医院或诊所、社区幼儿园、社区养老院等专门机构。而对于专能性社区，也有一定的生活满足功能，主要表现为：一是家庭生活资料主要源于这些具有工作性质、生产性质的社区；二是家庭的一些生活功能被转嫁给专能生产性社区，如洗衣做饭、孩子入托、养老医疗等都由专能社区实现。这类生活需要的满足，一方面有助于应急管理（如快速进行关系协调），另一方面也会因为突发事件应急瓦解其基本功能。

2. 物质生产功能（源于经济层面）

这类功能主要体现在专能性社区，整个社会的经济物质生产经营、家庭和个人所需的生活资料生产均在此完成。这些生产涵盖三大产业，因而使成员具有不同的社会角色。而居民社区的物质生产性功能比较弱，但它在某种程度上本身是为了社区的繁荣和维续在进行生产，包括为了保障居民的水、电、气消耗等进

---

① PARSONS T, SHILS E, *Toward a General Theory of Action*, MA Cambridge: Harvard Universty Press, 1951:82.

② A.H.Maslow.A Theory of Human Motivation. *Psychological Review*,1943,50.

行生产和再生产。这种功能对于应急的效应在于：一方面为应急处置突发事件提供物质基础和保障；另一方面突发灾变来袭，打乱社区主要功能，或使社区解体。

3. 精神联系功能（源于文化层面）

无论是居民生活社区，还是专能性社区，都有一定的精神情感联系。这种情感联系乃至于情感控制，源于社区成员所承担的各自的社会角色。一方面，居民社区的情感联系源于成员所扮演的家庭伦理角色。社区内部人际交往中主要是家庭与家庭之间的交往，成员在家庭内的角色决定他（她）在社区情感交往中的角色和身份地位，也决定他们之间情感关系的亲疏远近，大体而言是一种平等的社会交往。另一方面，专能性社区的情感联系主要源于成员的法理性社会角色。这类角色因为社区功能的不同而非常多，如高校社区最主要的角色是教师，医院社区最主要的角色是医生和护士。而这些法定社区的法定角色又都可以分别归为两大类：管理者角色与被管理者角色、高技能角色与低技能角色。这就决定了专能性社区的情感联系除了同级同事之间左右的平等交往，还涉及上下等级关系。所有这类情感联系都在一定程度上孕育了关系性的社会资本，有助于降低应急管理的成本和快速启动应急响应。

4. 社会维序功能（源于政治层面）

社区是社会的一个重要组成部分，也是一种社会，因而同样起着促进社会持续发展、社会秩序维护和社会安全保障的功能。社会秩序控制的方式有很多，但基本概括起来就是三种：组织控制、制度控制和文化控制。[①]无论是居民社区还是专能性社区，日常发挥社会维序功能的共性手段有两种：最主要的是通过熟人社会道德式相互监督方式，来相互约束和规范成员的行为，从而达到行为自觉的目的，表现为一种文化软控制。还有就是情感控制、熟人社会的情绪控制，这需要熟人之间非制度化的相互规劝来调节。这其实也是一种文化软控制。然后，两类社区在组织、制度控制方面有所不同。专能性社区更强调依靠生产性（工作性）法定制度和内部组织架构以及外部的国家法律制度来约束成员的行为，达到社会维序的目的。而居民生活社区的组织和制度，常态下比较松散，主要依靠外部的国家法律制度。此外，社区还通过一些常态性安全管理实现社会维序的功能，如老人儿童安全保障、居家生活安全保障、体育运动安全、交通安全乃至人际关系冲突等，主要依靠制度和组织管控，但在一定程度上需要道德、情感控制

① 郑杭生：《社会学概论新修（第五版）》，中国人民大学出版社2019年版，第436—439页。

的配合。

(二)特殊性的应急功能

与常态化功能和安全维序不同，社区在遭遇突发事件时需要采取非常规手段和措施，开启应急功能。这种应急功能与常态功能有所不同，但又与常态功能紧密关联，因为常态功能是应急功能的基础和铺垫，无常态功能，应急功能就会失效。社区应急功能从应急管理过程、帕森斯意义的社会系统论角度看，会有如下交织关联的类型（如图13-1所示）。

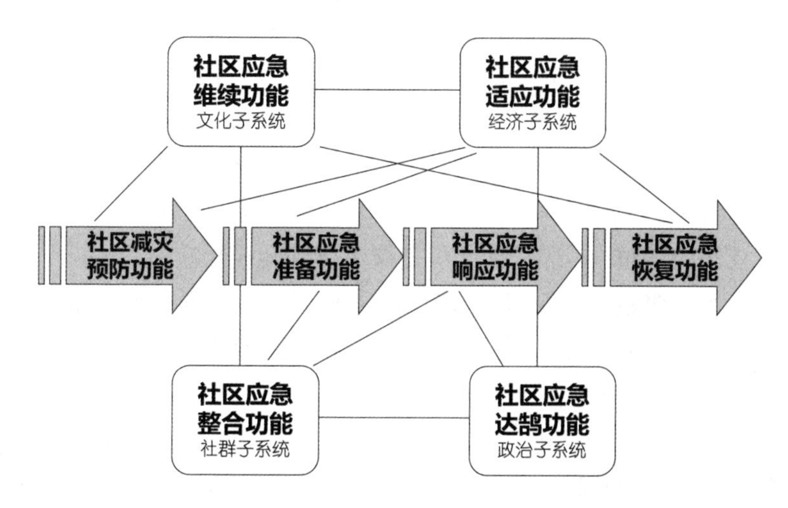

图13-1　基于应急管理过程与社会系统论的社区应急功能及其关联

1. 基于应急管理过程的社区应急功能

(1)社区减灾预防功能。这主要是指社区为应对未来各类突发性灾难所应该具备的功能。这些突发性灾难有的源于社区内部，有的源于外部。一方面，尽量避免灾难性风险的出现，即风险杜绝功能；另一方面，风险存在后如何化解、如何消灭在萌芽状态，即风险化解功能。

(2)社区应急准备功能。这其实与社区常态功能紧密关联，即所谓“平战结合”。社区平时应该有综合性或专项性的规划功能、风险评测辨识功能、物资装备储备功能、应灾联防联控功能、应急文化宣教功能、应急演练功能等。

(3)社区应急响应功能。这是针对灾难来袭时，社区应该具有的动员功能，包括快速行动功能、施救功能、医护保障功能、资源链接介入功能、资源调配功能、组织指挥功能、应急协调功能等。

(4)社区应急恢复功能。这主要是指灾难发生后，社区后期介入与恢复重建功能，包括心理干预功能、家庭慰藉功能、重建干预功能、灾情评价功能、灾后学习功能等。

2. 基于社会系统功能的社区应急功能

(1)社区应急适应功能。按照社会系统论，经济子系统具有适应性功能，这里就是指使得社区具有应急适应功能，包括上述的社区应灾物资和装备生产、盘活、储备功能，应急规划功能、应急演练功能等，以适应应急启动的需要。居民生活社区与专能性社区均应具备这类功能，主要对应上述的减灾预防、应急准备、应急恢复功能，是应急的基础。

(2)社区应急达鹄功能。即实现应急目的的功能。为实现应急减损救生的目的，社区需要具备组织指挥功能、资源调配功能、人员管控功能、内外关系协调功能、应急制度完备功能、应急执法执纪功能、应急民主协商功能、应急统一动员和快速行动功能等。这实际涉及社区政治子系统的法治、管理等，主要对应上述应急响应功能。

(3)社区应急整合功能。社区应急统一行动和成功应急，离不开平时和应急时的人心凝聚功能、社区归属功能、关系磨合功能、社会交往功能、矛盾调处功能、内部组织培育功能、外力介入功能等，当然关键在平时、战时迅速调动起来。这是对应上述应急准备功能和应急响应功能。

(4)社区应急维续功能。社区无论平时还是战时，均有一种社区意识和安全保障的共识，这就涉及社区文化子系统的社区共识价值生发功能、宣教功能、智慧技术支撑功能、居民应急素养培育功能、灾变应急学习功能、善后救济功能等，主要对应上述减灾预防功能和应急恢复功能。

(三)社区应急地位价值

1. 从政府与社会关系来看：社区应急是不可或缺的应急主力

政府带动应急毕竟具有其局限性：一方面，政府应急资源有限。无论是西方国家还是发达国家，对于突发事件的应变和善后救济，政府往往人、财、物不济，均需社会资源、社区民间资源作为重要的补充。另一方面，政府应急管控能力有限，政府宏观管控、指挥全国性或全域性应急事务，有其难以比拟的功能作用，但在具体中观层面、微观层面，却心有余而力不足；政府可以指挥调动社区，但无法调动和指挥生活、工作于社区中的每个具体的人，因而需要社区机构的配合和进行关系协调。因此，社区是不可或缺的应急主力，是国家灾变应急的重要组成部分和前沿阵地。

2. 在社会应急中的地位：社区当然是其基础性的应急主体

如果说，前面关于社会工作参与应急、社会组织参与应急，以及后面将要阐述的社会心理应急服务，都是突发性灾变应急中的重要社会主体或工作，但社区更具有基础性的意义。这主要在于：社区是社会成员最为集中、最为经常互动、最可动员的社会联合体；社区在应急事务中具有便于指挥、快速动员、便捷互动、安全密切、感受深刻、经验丰富、路径熟稔等特点。这是其他社会主体难以比拟的，因而社区应急是基础性的社会主体和社会力量。

3. 对应急社会学的意义：社区应急是知识体系的主要主题

社会学必然研究社区，研究应急社会学必然要研究社区应急。如前所述，社区应急不仅仅是参与的问题，而且是应急的基本主体、基本"堡垒"和"大本营"，是国家应急、社会应急的一种基本方式方法的问题。国内外应急实践经验和研究也都揭示了社区应急的地位稳如磐石，因为很多应急经典案例、经验教训和理论源泉均出自社区应急实践。因此，社区应急或者韧性社区建设与指导，就直接称为应急社会学知识体系中的主要主题。

三、国内外社区应急相关研究回溯

有人认为，社区应急实践和研究，实际上已经走上了一条"安全社区—减灾社区—韧性社区"之路。[①]实际上，这是社区安全与应急的三种形态，可分别称为"安全型社区""减灾型社区""韧性型社区"。它们之间具有内在关联性，甚至可以说它们本身是一致的，只是说法和表述或者学科立足点有差异；或者说，它们可能表现为某个时段偏重于某一形态。尽管如此，笔者还是借助这一视角来回溯和评述与社区应急相关的研究。

（一）安全社区研究回溯与简评

1. 安全社区的提出及其实践发展简述

据百度百科显示，"安全社区"的概念，源于1989年世界卫生组织在瑞典斯德哥尔摩举行的第一届预防事故和伤害世界大会；会议通过的决议即《安全社区宣言》，宣言指出：任何人都平等享有健康及安全的权利。其实践宗旨在于：通过资源整合、全员全过程全方位的方式和持续改进模式，预防和降低生活、工作和环境诸多领域的所有伤害。在此之前，1975年，瑞典Falkoping推行社区安全计划；1982年，瑞典Lidkoping开展安全社区计划；Falkoping社区首获世卫组织认可。在亚洲，第一个获世界卫生组织认可的安全社区在韩国的水原市。

在中国，香港职业安全健康局最先于2000年引进了安全社区项目，并在同年

① 孙德峰、苏经宇：《国内外韧性社区建设研究》，《城市住宅》2020年第5期。

3月21日与世界卫生组织社区安全促进合作中心签约，成为全球第6个安全社区支持中心；该局协助香港屯门社区、葵青社区在2003年被世卫组织确认为安全社区。山东省济南市槐荫区青年公园街道，是中国大陆地区第1个推行安全社区计划的社区（赵仲堂先生2001年引入创建）；2002年6月，安全社区项目在青年公园街道正式启动。中国台湾地区的台中县东势镇、台北市内湖区、花莲县丰滨乡，以及嘉义县阿里山乡四个乡镇，于2002年开始推行安全社区计划，于2005年获世界卫生组织确认。[①]

2003年，中国原国家安全监管总局坚持推广安全社区建设与评价的专业任务，委托总局主管的中国职业安全健康协会来承担这项任务，并在协会下面专门成立两个机构：一是分支机构——全国安全社区促进中心（后改为“安全社区工作委员会”）；二是职能机构——安全社区部（后改为“安全社区工作委员会办公室”）。中国职业安全健康协会先后颁布《安全社区建设基本要求》《安全社区建设工作细则》《安全社区评定指标》《安全社区评定管理办法（试行）》《全国安全社区评定质量控制规范》等重要文件或行业标准，指导全国地方安全社区支持协会开展工作；安全社区（包括国际安全社区）建设实践由点及面，由北京、上海等地逐步推广至全国。据该协会现任副秘书长、安全社区工作委员会主任陈文涛先生介绍：全国先后启动3000多个安全社区建设项目，目前认定国际安全社区120家（分别占全球和亚洲的30%、55%左右）、国家安全社区575家，实际上全国安全社区建设只能说刚刚步入正轨。目前，该机构已经暂停安全社区评选活动，正在将安全社区建设理念与全国示范减灾社区（应急社区）行动结合起来，力图加大工作力度，积累经验，深化研究。

2. 国外关于安全社区的研究总体状况

安全社区的英文为safety community，表明这一实践活动是要解决社区内部影响人们身体健康的有害、有毒、有威胁的因素，盖因它是由世界卫生组织提出来的。如果使用security community，则意在强调用社会制度等手段保障社区安全，或者人们在心理上对社区有安全感（后来文献检索结果显示有这方面的探索），包含社区警务、社区治安的内容。

国外关于安全社区（社区安全）的实践与研究已有30年，比中国要早10多年。从中国知网外文文献“主题”检索看，截至2020年底，期刊类显示“safety community”或“community safety”主题的为3709篇（有重复呈现）；显示

① 欧阳梅：《我国创建安全社区之路》，《劳动保护》2007年第4期。

“security community”或“community security”主题的为2400条（有重复呈现）。总体文献数量不多，当然这里涉及国外文献收集进入系统存在困难的一面。从发文数量看，美国、瑞典、中国、澳大利亚依次居于前四位；国外发文数量在2012年居于高峰，之后开始下滑。研究的主题多集中于伤害、伤害预防、干预项目等重要领域。[①]从论文文献看，国外关于安全社区的研究主要置于以工学为主等的学科交叉领域，主要偏重于案例分析、实务应用等层面，理论研究比较少，社会学类理论研究更少。

3. 国内关于安全社区的研究总体状况

首先，从研究者专业背景来看国内安全社区研究。正是由于安全社区一开始具有工程技术性质，且在中国是由中国职业安全健康协会来推动这项工作的，因而最初的研究者基本都是工学背景（偏安全科学与工程类专业），如协会主要负责人张宝明、吴宗之，协会安全社区部成员欧阳梅、佟瑞鹏、陈文涛、谢东方等（吴宗之、欧阳梅、佟瑞鹏是《安全社区建设基本要求AQ/T 2001—2006》标准的主要起草人），以及复旦大学滕五晓、中国劳动关系学院任国友等。到后来，逐步推广到人文社科领域开展研究，如北京大学万鹏飞、北京市社会科学院袁振龙，以及笔者本人等。如果纳入20世纪80年代开始的“社区警务”“社区治安”研究，那么人文社科领域的成果则非常多。

其次，从目前研究论文来看安全社区研究。截至2020年底，经中国知网高级检索中“主题”检索，期刊类显示“社区安全”主题的有2139篇文章；显示“安全社区”主题的有856篇文章。硕博士学位论文显示“社区安全”主题的有608篇；显示2004—2020年“安全社区”主题的有158篇（博士论文仅为7篇），超过10篇的年份如：2010年14篇，2011年11篇，2012年16篇，2013年11篇，2015年27篇（最多），2016年17篇（次多），2019年15篇。学术性文章内容基本涉及国外安全社区建设引介、国内安全社区评价（指标体系或方法）、安全社区个案研究、安全社区创建设计与方法、安全社区治理对策等，真正深入理论探索的比较少。

最后，从目前主要著作或教材来看安全社区研究。目前国内专门研究安全社

---

① NILSEN P, What Makes Community Based Injury Prevention Work? In Search of Evidence of Effectiveness. *Injury Prevention*, 2004, 10(5)；DOYLE S, SCHWARTZ A K, SCHLOSSBERG M, et al, Active Community Environment sand Health:The Relationship of Walkable and Safe Communities to Individual Health. *Journal of the American Planning Association*, 2006, 72(1)；吴博、李伟：《国内外安全社区研究的知识图谱分析》，《安全》2017年第11期。

区（社区安全）综合性专著、[1]安全社区创建指南类书籍，[2]均为10部左右，比较少。

（二）减灾社区研究回溯与简评

1. 减灾社区的提出与实践发展简况

世卫组织提出开创“安全社区”建设的10年后，1999年，第二届世界减灾大会的管理论坛较早提出“将社区视为减灾的基本单元”；2001年，联合国于国际减灾日提出“发展以社区为核心的减灾战略”口号；2005年，世界减灾大会（神户）将社区减灾列为重要内容，并提出“在所有社会阶层，特别是社区，建立应急机制和提高应急能力”；2005年，亚洲减灾大会通过《亚洲减少灾害风险北京行动计划》，旨在要求各国政府有效制定灾害应急预案，从社区到国家层面保证灾区充分有效地应对灾害。[3]

2007年，中国减灾委员会办公室、民政部联合下发《“减灾示范社区”标准》；2010年，在此基础上修订完善，制定了《全国综合减灾示范社区标准》；2012年，民政部制定了《全国综合减灾示范社区创建管理暂行办法》。截至2020年底，全国已授予和创建综合减灾示范社区1万多家。[4]

2. 国内外减灾社区研究理路和总况

社区为本的减灾战略，旨在依靠社区组织、在政社合作协助下，动员所有居民参与社区防灾减灾建设。[5]从减灾社区最初提出到目前实践，这一研究主要源于灾害研究领域，包括自然灾害科学学者、应急管理学者和灾害社会学者。从国外灾害社会学研究来看，减灾社区研究主要理论在于：社区社会脆弱性、社区集体行动、结构性减灾、非结构性减灾、复合型减灾等方面。[6]

---

① 郑孟望：《社区安全管理与服务》，湖南大学出版社2009年版；袁振龙：《社区安全的理论与实践》，中国社会出版社2010年版；滕五晓：《社区安全治理：理论与实务》，上海三联书店2012年版；任国友：《社区安全教程》，清华大学出版社2014年版；陈文涛：《安全社区建设——广州开发区模式》，中国人口出版社2014年版；佟瑞鹏等：《中国安全社区建设方法与实践》，中国劳动社会保障出版社2015年版；陈文涛：《国际安全社区建设基本要求与典型示范》，华南理工大学出版社2019年版。

② 吴宗之：《安全社区建设指南》，中国劳动社会保障出版社2005年版；万鹏飞等：《安全社区创建指导手册》，中国社会出版社2009年版；蔡涤华等：《社区安全知识读本》，科学普及出版社2014年版；吴宗之：《国际安全社区建设指南》，中国劳动社会保障出版社2015年版。

③ 张素娟：《国外减灾型社区建设模式概述》，《中国减灾》2014年第1期；向铭铭、顾林生、韩自强：《韧性社区建设发展研究综述》，《美与时代（城市版）》2016年第7期。

④ 曹榕：《全国综合减灾示范社区创建工作研究报告》，《中国减灾》2018年第13期。

⑤ BHATTAMISHRA R, BARRETT C B. Community-Based Risk Management Arrangements: A Review. *World Development*, 2010, 38(7).

⑥ 卢旭阳：《国外灾害社会学中的城市社区应灾能力研究——基于社会脆弱性视角》，《城市发展研究》2013年第9期；周利敏：《西方灾害社会学新论》，上海科学文献出版社2014年版，第1—4页。

国内学者关于减灾社区的研究，一般是沿着国外灾害社会学的理论视角展开，如近年有学者提出“永续社区建设”的概念来表达社区减灾的韧性价值；[①] 部分灾害应急学者借鉴了国外综合应急管理的思想。

在中国知网进行“主题”检索（减灾社区，disaster-resistant community）中，截至2020年底，仅得到460多条文献结果。文献较少与检索词使用、外文文献纳入系统不完全等有关。国内多数文献集中于引介发达国家关于减灾社区的经验做法、国外相关理论、国内案例分析、本土社区减灾方法等研究。

（三）韧性社区研究回溯与简评

2015年，世界减灾大会（仙台）提出新的“十年全球计划”，即“5–10–50”，旨在5个重点领域（风险意识与预警机制、风险导向的治理模式、防灾、韧性建设以及地方/城市减灾），用10年时间，以50个国家为主要对象，开展韧性应急减灾行动。[②]这实际上开启了韧性社会包括韧性社区的建设之路，但基本上是减灾防灾思路的延续或者说是一种翻新的说法。国内学者更多地将它放在应急管理领域进行阐发研究，可谓“应急社区”或“社区应急”研究。

韧性，英文“resilience”，即可恢复性、富有弹性的意思，该词被用到风险治理或者灾害恢复领域中，就是指社会各个方面不因灾难而一蹶不振、一崩击溃，灾后仍可持续恢复，包括人员、物资、环境，以及整个经济社会发展基础具有弹性和抗逆力，即社会韧性。它强调社会系统在面临不确定性与扰动时所具有的风险抵御能力、恢复重建能力和调整适应能力；注重社会包容性、社会连接性和社会能动力的建设。[③]

在中国知网进行“主题”检索（韧性社区，resilience community），截至2020年底，显示英文文献结果1717条、中文文献结果249条；如果使用“应急社区”主题检索，会得到中英文文献结果共2233条，其中英文文献结果1966条。这些文献很多是关于经验介绍、案例分析、政策报告、社区应急能力建设与评价等方面的内容，国内学者多在引介西方发达国家的成功做法，尚在探索阶段。[④]有人认为国外1999年开始探索研究韧性社区问题，国内是在2015年出现这类研究文献的。[⑤]

综上所述，安全社区的创建实践开启得比较早（已超30年），但面临被减灾

---

① 周利敏：《西方灾害社会学新论》，社会科学文献出版社2014年版，第213—230页。

② 向铭铭、顾林生、韩自强：《韧性社区建设发展研究综述》，《美与时代（城市版）》2016年第7期。

③ 王思斌：《社会韧性与经济韧性的关系及建构》，《探索与争鸣》2016年第3期；赵方杜、石阳阳：《社会韧性与风险治理》，《华东理工大学学报（社会科学版）》2018年第2期。

④ 方然：《英国社区灾害应急管理》，中国社会出版社2014年版。

⑤ 吴晓林、谢伊云：《基于城市公共安全的韧性社区研究》，《天津社会科学》2018年第3期。

社区、应急社区替代的窘境，研究文献也开始下滑；减灾社区实践开启得稍晚（不过20年），但在中国发展状况趋旺，目前国内外研究在社会学中不是主流；韧性社区（应急社区）刚刚开始（不过5年或者10年左右），实际是减灾社区建设的延续，研究文献也不多。这三方面的研究主题，多偏重于技术应用实务以及案例分析、经验引介等，理论研究尤其是社会学类理论研究偏少；充其量是来自灾害社会学总体研究的理论分析，与社会学主流研究连接明显不多。

（四）社区应急治理的分析路径

社区应急治理能否取得应急最佳效果，取决于社区应急能力及其影响因素。其因素既涉及一个国家的政体、政策和施政方式，也涉及社区内部的成员构成、内部关系等。归纳起来看，即涉及社区外部的政体等制度性影响因素和内部结构性能力因素，可简化为“制度—结构”的分析视角和框架。内外因素相互作用，从而形成社区应急合力（社区应急能力）。

从上述研究文献看，社区应急能力即社区韧性能力（后文解释），或称为韧性社区的应急能力。而关于这一能力建设，学界也有不同学科理论的研究。我们立足于前面章节提及的帕森斯意义的社会系统（结构功能主义）理论（或关于中国社会主义现代化“五位一体”布局理论），以及应急管理环节（预防—准备—响应—恢复）理论等，并基于上述“制度—结构”的分析视角和框架，构建一种“结构要素—应急过程”的治理能力体系分析理路进行探索（如图13-2）。

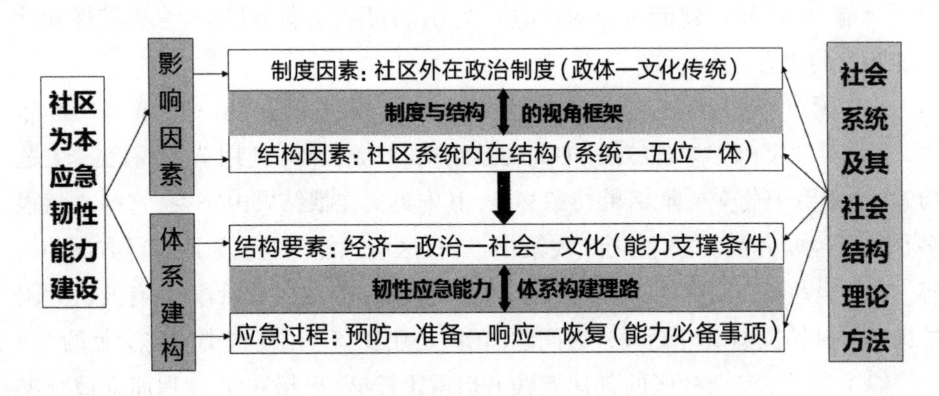

图13-2　社区为本的应急治理能力建设分析路径

第二节　社区作为一种集群性的应急方法

社区应急的研究就应该拉回到主流社会学的框架中来。不是说不要经验研究、案例分析和应用，而是不能仅仅停留在这个层面，应该提升到一种理论层面、国家大局层面来观察，反过来也促进社区应急能力和地位的提升，即把社区应急作为整个国家应急、社会应急的一种必不可少的手段和方法来对待。如果从集体行动论者奥尔森的视角看，[①]社区应急作为一种集群性行动（集体行动）方法，必然要求社区各个个体或分利集团面对大灾大难而为了确保安全，或许能够产生抗灾"共识"和集体应对，但不同文化、不同国家结构和政体还有所不同。

一、不同国家的社区应急方式及效应

（一）主要国家政体及结构形式

根据马克思主义经典作家对国家政权组织形式（政体）划分的两个标准（一是执政人数多寡，二是执政者产生方式和任期），目前世界上大体存在君主政体与共和政体两种形式。[②]

1. 君主政体

因为历史原因，目前少数资本主义国家采取这种类型。从历史上来看，这种政体存在两个亚类：专制君主政体与立宪君主政体。前者曾经存在等级君主制与贵族君主制两个变种，目前这方面基本消失。当今主要是后者，即立宪君主制，又细分为二元立宪君主制（君主+议会）与议会立宪君主制（议会选举政府），前者如德国（"一战"前）、摩洛哥、尼泊尔、约旦；后者如英国、日本、西班牙，君主象征国家元首，内阁政府行使行政权力，由议会选举产生并对议会负责，这是当前主要的形式。

2. 共和政体

目前大多数资本主义国家采取这一政体类型。它又分为两个亚类：一是贵族共和政体，如历史上的古希腊、古罗马，目前这类形式已经不存在。二是民主共和政体，又分为两个变种：议会共和政体与总统共和政体。前者是议会掌控最高权力，总统通常为虚位元首，如意大利、奥地利、印度；后者是总统与议会分别执掌不同权力，分别选举产生任期，相互制约，总统既是国家元首又是政府首脑，最

---

① ［美］曼瑟尔·奥尔森：《集体行动的逻辑》，陈郁等译，生活·读书·新知三联书店、上海人民出版社1995年版。

② 王浦劬：《政治学基础（第三版）》，北京大学出版社2014年版，第198—201页。

典型的是美国。除此之外，瑞士采取的是第三个变种，即民主共和政体中的委员制共和政体。

当今社会主义中国行使的是人民代表大会制度，多数学者认为它接近议会共和政体，但一切权力属于人民，代表由选举产生并接受人民监督和对人民负责，行政机关、司法机关、审判机关均由人民代表大会选举产生并接受后者监督和对后者负责，总体上实现民主集中制。

（二）当今两大类国家结构形式

国家结构形式主要涉及中央与地方的关系、整体与局部的关系。目前世界上主要存在单一制与复合制两种形式。[①]

1. 单一制国家

单一制国家的基本特点在于：国家统一宪法和基本法律，统一主权和外交权，统一立法、行政和司法权，统一中央行政机关且中央掌握最高行政权力，地方按区域设立行政单位或可自治但须受中央统一管辖，国民统一国籍。

2. 复合制国家

这类结构形式又分为联邦制国家与邦联制国家。

（1）联邦制国家的基本特点在于：国家由两个以上的政治实体组成（州、自治州、加盟共和国等），因而联邦国家又称为联盟国家；国家和各个政治实体均有自己独立的立法、行政、司法机关，各政治实体与中央国家机关没有隶属关系，但中央国家机关行使国家最高政治权力；国家有统一宪法和基本法律，但各个政治实体也可以制定自己的宪法和基本法律；国民既有联邦国家国籍，还可以有所在政治实体的国籍；联邦国家是国际政治中的主权国家，但各个政治实体也有一定的对外交往独立权。主要的代表性国家如美国、加拿大、德国（统一后）。这可以称为自由联邦制国家。

（2）邦联制国家的基本特点在于：实质是不同主权国家的联盟，相互平等，没有隶属和制约关系，没有统一的军队、赋税和国籍，不需要统一行动；一般依据签订的协约决定是否采取共同行动。如欧洲国家联盟、东南亚国家联盟、苏联解体不久的过渡性独联体等。

（三）不同政体结构的应急效应

为什么在这里要特别复述上述政治学意义的国家政体和结构形式？因为这些组成形式、结构形式作为一种政治制度，源于各国不同的政治历史理念或政治

---

① 王浦劬：《政治学基础（第三版）》，北京大学出版社2014年版，第201—203页。

历史文化，从而进一步决定其执政方式和治理方式；不同执政、治理方式对突发性灾变事件的应急效果明显不同。因此，这也是应急（政治）社会学不可无视的议题。

1. 不同政体的社区应急模式及其效应比较

实际上，上述不同国家的政体和结构形式，根据国家—社会的关系，也可以划分为：中央集权制（单一制）国家与自由联邦制国家，以及介于两者之间的混合制国家（类似于立宪制国家）；或者简化为：威权政体与自由政体，以及介于两者之间的混合政体（立宪君主政体）。如果考虑政府—社会关系的视角，还可以将应急分为："国家中心论"意义的政府管控—社会服从型应急、"公民社会论"意义的政府主导—社会自觉型应急（政社合作型）、"社会中心论"意义的社会自主—政府协管型应急。

国外有社会学者结合国家政体和结构形式及其执政方式、政治社会文化的差异，对重大公共卫生事件应急防控划分出"紧密型"与"松散型"两种模式。[①]其实，还应该加上第三种模式，即"混合型"模式。

从社区应急角度来看，上述3类不同模式分别对应3种社区应急模式：①中央集权政体背景下，政府管控—社会服从的紧密设防型社区应急模式；②自由联邦政体结构背景下，社会自主—政府协管的自由敞开型社区应急模式；③混合型政体结构背景下，政府主导—社会自觉的宽严相济型社区应急模式。这样可以编制成表13-1，来观察三类不同政体、结构及其社区应急防控效果：集权制、紧密型的社区防控，其灾害应急效果要好得多；相济型、混合型的社区防控效果其次（一般），自由化、松散型的社区防控效果最差。

表13-1　不同政体结构及其社区应急防控模式比较

<table>
<tr><td rowspan="4">不同模式表述</td><td>政体结构模式</td><td>中央集权制模式</td><td>自由联邦制模式</td><td>混合交叉型模式</td></tr>
<tr><td>社会文化模式</td><td>严控紧密型</td><td>自由松散型</td><td>宽严相济型</td></tr>
<tr><td>应急管理模式</td><td>政府管控—社会服从型（国家中心论）</td><td>社会自主—政府协管型（社会中心论）</td><td>政府主导—社会自觉型（公民社会论）</td></tr>
<tr><td>社区应急模式</td><td>紧密设防型</td><td>自由敞开型</td><td>宽严相济型</td></tr>
<tr><td colspan="2">社区应急防控效应</td><td>效果最好</td><td>效果最差</td><td>效果一般</td></tr>
</table>

① Michele Gelfand, et al. Differences Between Tight and Loose Cultures: A 33-Nation Study, *Science*, 2011, 332（6033）; Friedman, Thomas L. Our New Historical Divide: B.C. and A.C. -the World Before Corona and the World After, March 17, 2020, *New York Times*.

2. 不同阶段的社区应急模式及其效应比较

同样，可以基于某次某些重大突发事件应急防控的不同阶段，对不同应急模式的效果进行对比。这里分为两大阶段（突发应急响应阶段与常态防范控制阶段），来比较三类制度模式下的社区采取相应不同应急防控方式的优劣势，如表13-2所示。

表13-2 三类政体结构模式在不同疫情防控阶段的优劣势比较

三种模式 两大阶段	中央集权制模式 紧密设防型社区	自由联邦制模式 自由松散型社区	君主立宪制模式 宽严相济型社区
第一阶段：突发应急响应	未必有优势	或许有优势	有一定优势
第二阶段：常态防范控制	基本有优势	很难有优势	介于“基本有优势”和“很难有优势”之间

相对而言，在事件突发时（第一阶段），紧密设防型社区应急防控未必有优势，因而它决策信息流动比较慢、程序比较复杂，由下而上的应急决策过程，可能失去最佳应急防控“窗口期”，可能会导致事态扩大；但自由松散型社区在决策时，信息反映会比较快，能不能采取果断措施，还有赖于社区最高层能否下决心封闭设防，因而或许有优势；宽严相济型社区决策和防控带有选择性和居民的自觉性，有一定的应急优势。但在常态防控（第二阶段）时，集权制下的紧密设防型社区，对于灾变应急防控明显有优势；而自由松散型社区则相反，居民可能还以人权自由为据，不愿意配合社区管理（政府施政），社区（政府）也基本不强行采取措施，所以谈不上应急优势，灾难后果难免扩大；宽严相济型社区介于前二者中间，社区（政府）手段与居民自觉大体平衡，权利平等，应急效果一般。

二、社区为本：社会应急的社区方法

（一）社区为本的应急方法由来已久

如果以“社区为本”“Community-based”词条，在中国知网（CNKI）进行“主题”（全文献呈现种类）检索，会得到中英文文献62111条（截至2021年1月15日）。当然，这里包含社区为本的社会工作介入、社区为本的社区服务体系和能力建设、社区为本的社会发展体系和能力建设等，而不仅仅是灾害应对事务。

社区为本，最初是20世纪二三十年代，用在罪犯社区矫正（矫正社会工作）

领域；[①]后来在家庭照护、社区医院、社区扶贫等领域推广，[②]针对的都是保护社会弱势群体。到了20世纪70年代，人们觉得传统的以政府为主的减灾应急方法效果不明显，因而那些常常遭遇热浪（如孟加拉国）、飓风（如美国）等困扰的国家，开始借鉴推行"以社区为基础的灾害风险管理"（Community-Based Disaster Risk Management，CBDRM）方法，实施效果十分明显，从而形成国际经验得以推广。[③]

社区为本应急的基本原理和做法就是：针对人类在灾害面前十分脆弱的特性（社会脆弱性，social vulnerability），逐步构建起以人类聚居为主的社区为基础进行减灾，让社区居民集体行动起来，形成减灾抗灾的共识价值观，加强社区内外合作、政社合作，注重减灾和备灾环节，强化风险预判、教培科普和应急演练（社区软实力建设），高度关注脆弱人群，将社区减灾纳入整体社区发展的重要议程，从而提升了社区整体应急能力。[④]比如，中国香港红十字会近年在内地逐步推广"博爱家园—社区为本减灾项目"，效果十分明显。又如，中国2020年新冠疫情应急防控中，全国400多万名社区工作者在全国65万个城乡社区日夜值守。[⑤]

（二）本土社区应急动员的两大方式

社区应急的方式会有很多，前文在谈到社工模式时，简要谈到美国灾后法人开发模式、日本协商式重建模式、中国台湾关怀式营造永续发展模式、中国大陆三位一体重建模式等。这里，以中国本土实践所呈现的两种典型应对突发性灾难的社区动员为例进行分析：一个是上述所谓就地为营的社区应急，另一个是社区临时整体性迁徙安置应急。

---

① Amaliah Aminah Pratiwi Tahir, et al, Inmates Guidance System in Realize the Community-based Correction, *International Journal of Advanced Research*, 1931，2016(10).

② Minkoff A.B. A community-based home care program, *Nursing Outlook*, 1954,（2）10；Freedman A M., et al, A Model Continuum for a Community-Based Program for the Prevention and Treatment of Narcotic Addiction, *American Journal of Public Health and the Nation's Health*, 1964, 54.

③ Zenaida Delica-Willison, Community-Based Disaster Risk Management: Gaining Ground in Hazard-Prone Communities in Asia, *Philippine Sociological Review*, 2003, 51.

④ 陈东梅：《以社区为本的灾害风险管理研究》，兰州大学硕士学位论文，2010年；周洪建、张卫星：《社区灾害风险管理模式的对比研究——以中国综合减灾示范社区与国外社区为例》，《灾害学》2013年第2期；何振峰、王川妹：《社区为基础的灾害风险管理：特点、功能与步骤》，《中国减灾》2014年第13期；周洪建：《国外"以社区为基础的灾害风险管理"模式特色及启示》，《中国减灾》2017年第9期；吴越菲、文军：《从社区导向到社区为本：重构灾害社会工作服务模式》，《华东师范大学学报（社会科学版）》2016年第6期。

⑤ 国务院新闻办：《抗击新冠肺炎疫情的中国行动》，中国中央人民政府网，http://www.gov.cn/zhengce/2020-06/07/content_5517737.htm。

1. 就地封闭隔离式社区应急

就地为营、宅在家里，是社区应急的主要方式，如一些地震、洪灾、台风等尤其突发瘟疫灾害的应急救济，基本就是以社区为基础的。这方面有几个特点：（1）以政府号令动员为主线，城区实现全封闭（相互隔离）；全地区“所有社区”实现全封闭式严格管控。这是政府管控型的社区为本应急（乃至城市区域为本），带有被动性，但包含危急情况下的主动配合特点。（2）具体到每个居民社区，受灾者就近到居住地所在区指定点就近就医，必要时所在楼栋单元必须严格进行封控管理（社区隔离）。这是非常严格的社区应急措施。（3）对于干扰阻碍实施封闭管理者，先是请社会各界予以劝阻，带有民主协商性，体现人性化治理。然后派出志愿者协助购买、派送日常生活所需资源；但是，在必要时，公安机关将依据有关法律法规采取强制措施，这就涉及违纪违法处理，是最严格的依法应急。归纳起来就是：政府动员、社区为本、居民服从，严防严守、以情以理、依法防控。

2. 临时整体迁徙性社区应急

社区紧急疏散撤离安置是另一类“社区为本”的应急方式。对于诸如洪灾、泥石流、天然气井喷、化工企业爆炸等突发性灾害（灾难），政府或社会必须果断采取附近社区（村庄）整体迁徙、疏散决定，避免大面积人员伤亡，这也有历史经验可循。从历史资料看，这类社区应急防控有几个特点：（1）社区应急动员以政府号令动员为主，多层级政府官员带队参与，社区及其居民绝对服从、迅速撤离和转移安置。（2）根据事发地点，政府、专家与当地社区（村庄）居民共同参与协商，科学布点、撤离疏散，如围绕事发地点放射状设置多个救助安置点。（3）整个撤离转移过程，在政府主导下确保基本有序，工作到位，政府和社区（村庄）居民相互配合。（4）安置工作以政府为主，但也发动民间亲友村庄（社区）的互帮互助安置居民的作用，注重日常生活照料。总体来看，这类社区应急特点在于：政府主导、社区配合、居民服从，科学布点、有序转移、亲友互助。

三、社区一般性结构及其应急的效应

社区为本的应急管理，本质上取决于社区结构“弹性”（合理性与复原性）。社区内部结构及其治理结构，以及社区与外部达成的治理关系，也对应急效应产生很大影响。这里笔者在分析社区内部构成、外部关系的同时，结合中国本土案例分析其应急效应。

（一）社区一般结构及对应急的影响

社区结构，一般是其组成要素之间相互联系相互作用所形成的相对稳定的关系及其格局。有学者认为，一个社区内部往往有5类结构：人口结构、经济结构、政治结构、文化结构、区位结构。[①]其实，从社会系统论或者中共关于中国社会主义现代化五位一体布局来看，社区结构可分为社区经济结构、社区组织结构、社区社群结构、社区文化结构、社区生态结构。其中，社区社群结构就包括人口结构、家庭结构、阶层结构等；社区生态结构就包括区位结构。结构决定功能，不同的结构具有不同的应急功能和应急效应。

1. 社区经济结构及应急影响

对于工作单位社区来说，其内在的经济结构相当明显，比如当前中国一个公立高校（社区）内部，就有主体性的国有经济（如教育经费）、辅助性的民营经济（如后勤外包）和合资经济（如校办企业）等。在一些居民生活社区内部，也同样有内在的各类小微企业（楼堂馆所、南杂百货等），包括社区集体出资的集体经济、引入的个体经济等。它们之间构成一种关系结构，应该是应对突发事件的经济基础，这在一些应急防控中已经看到它们伸手解囊。除此之外，还有一类与社群结构紧密关联的经济结构，如人口的就业结构、收入分配结构、消费结构等，因为社区内部不同的就业岗位（职务高低）、收入获得多寡、消费水平高低，对启动应急预案、开展紧急行动的心态和行为是不一样的（后面举例说明）。

2. 社区组织结构及应急影响

对于工作单位社区来说，必须具备一定的组织结构来推进事业（业务）发展，包括内部的价值理念、组织目标、部门设置、岗位设置、管理制度、人员配置、资源配置、主业副业、任务安排、法规要求、民主氛围等，以及外部执政党领导和要求，都内在地构成一个严密的既分工又协调的责任体系。对于居民生活社区来说，尽管不如工作单位社区那么严格紧密，但仍然存在一种松散的政治结构。在中国，目前居民社区一般包括街道办事处（乡镇政府）、业主委员会、居民委员会（村民委员会）、家庭及其居民、聘任的物业管理公司、其他社会组织与企业等及其负责人（家长），以及社区内部的规章制度、组织原则、民主议事规则和程序等。这类结构其实就是社区应急管理和安全治理结构的核心，对应对突发事件具有规划、组织、指挥、协调、控制等强大的应急管理功能。

---

① 蔡禾：《社区概论》，高等教育出版社2005年版，第10—13页。

3. 社区社群结构及应急影响

社区是由不同人群构成的。同一人群可以在不同群体里担任相应的社会角色。(1)从人口一般构成看，包括社区内部男女性别结构、年龄结构、素质(文化与体质)结构。女性比重、老人或儿童比重、文化素质或体质偏低，都不利于快速应急启动和响应。(2)从就业(岗位)、组织结构看，有各种行业从业者、各种岗位(管理岗位与被管理岗位)角色者，对应急具有不同的功能作用。往往工业制造行业从业者的应急意识和行动能力较强，管理者的应急组织和指挥协调能力较强。工作单位社区部门之间、居民生活社区各类组织之间的结构关系也影响应急效率，平时来往密切、关系融洽、互动协调，一般有利于应急快速启动、人财物合理调配、组织指挥比较协同，应急能力强、应急效率高。(3)从收入分配、消费和阶层结构看，社区内部人群会有贫富差距、职务高低之别等。一般来说，社会中产阶层成员较多的社区，在应急理念和安全意识、安全维权与应急响应等方面具有较好的表现。

4. 社区文化结构及应急影响

社区(尤其是现代城市居民社区)人员多样，文化层次结构也大为不同。一般来说，社区文化结构包括两大方面：一方面，是体现整个社区文化样态的结构，包括社区本身的价值理念(单位负责目标)、社区归属感和共识、日常的社区信仰、日常的文娱活动与安全应急教育活动等。一般来说，社区目标价值明确、社区归属感强、日常活动参与度高、人际关系融洽，对于应急时具有很好的协调度和快速应对率；相反，钩心斗角、反目成仇、见利忘义的人际文化，非常不利于应急组织和协调，常常贻误战机。另一方面，是社区尤其是居民社区人群文化层次的多样性，一般会呈现富人文化层次、权贵文化层次、中产文化层次、底层文化层次几类社区人群。相对而言，中产文化层次人口多的社区，对应急有利。因为中产成员比较稳定，所以安全预防和应急意识非常强；因为他们来自社会底层，深知冷暖荣辱，因而没有权贵那种怠惰的习气；因为他们还有向上的社会希望，所以安全应急意识相对较强。此外，现代社区智慧技能文化对社区应急的影响非常大，因而智慧文化结构成为应急实践的“重头戏”。

5. 社区生态结构及应急影响

从自然生态环境来讲，一个社区面临内外两种生态样式。从外部生态来讲，是指社区所处的生态区位。有些社区，遭遇自然灾害侵蚀和肆虐的概率较低；即便灾难来袭，也容易抗灾救灾。这其实就是建筑环境学、生态区位学，可能会涉及社会性的“邻避效应”问题(后面会提及)。从内部生态来讲，是指社区内部的房屋建筑、人文景观、固有设备设施（如消防通道或设施、体育设施与娱乐活动场所）等的设计安排理念和区位安置，是否科学合理、适度够用。这对于避免社区集体性受灾（如水食中毒、病毒感染）和应急救援的行动便捷性、有效利用度、人员疏散动员性等十分重要，不可小觑。

（二）不同社区结构对应急影响简析

这里分别结合历史上社区应急成功与失败的经验，来归纳总结不同社区结构对应急效应的影响。

1. 应急防控成功经验总结

从某些事件看，社区结构对减灾预防的效应有几点：（1）社区社群结构对安全应急事务的重要影响。有些社区居民以年青一代的新生中产阶层为主，在相关社会有识人士引导下，极力反对居民区附近建设有害化工项目，从而实现成功阻建。（2）社区治理结构对安全应急事务的良好促进。社区居民与政府、企业之间从博弈到妥协再到有效合作的充分互动，体现社区居民以温和方式达到目的，体现政社良性合作互动、社区为本促推应急管理的新型民主平等风貌。（3）社区生态结构维护对安全应急事务的有效推动。西方学者开启的灾害“邻避效应”（Not-In-My-Back-Yard）研究认为，政府部门规划经济项目或公共设施，其效益为全体社会所共享，但一些有害项目（如化工厂建设项目）负外部效果却由附近社区居民承担，于是受到有害建设项目选址的周边居民的情绪性反对，这种“邻避效应”在工业化时代已是普遍现象。[①]如何化解这类邻避效应，比如2007年厦门事件，其实是一项反映合理维护社区生态结构的良好范例。

2. 应急防控失败教训总结

现代社会，一些危化品厂家等高危生产经营企业一旦发生爆炸或泄漏事故，会造成园区内部人员伤亡、应急救援人员伤亡，以及附近社区部分居民受到伤害。从社区结构与安全应急的关系看，有几点教训：（1）社区治理结构不完善。这些高危生产经营单位内部存在安全监管职能缺失、监管不严、履职失责等问题；社会环境评价机构等弄虚作假，出具虚假环评报告；在应急救援过程中，专业水准不够，应急响应措施缺失，甚至在施救过程中，导致次生事故发生。（2）社区生态结构不合理。高危生产企业的厂区与厂区之间、厂区与居民生活社区的安全距离，究竟应该保持多远范围合适，至今没有科学界定。这就涉及危化品等高危

---

① Herrmann J. “NIMBY (not-in-my-back-yard)-the lingering stigma of mental illness”, *Review*, 1990, Vol.23(4); 何艳玲：《后单位制时期街区集体抗争的产生及其逻辑——对一次街区集体抗争事件的实证分析》，《公共管理学报》2005年第3期；唐红林：《“邻避效应”问题根源及对策分析》，《人民论坛》2020年第30期。

生产经营企业选址的科学性问题。(3)社区文化结构有缺损。从一些社区居民逃生和救援情况看,居民日常的自救、互救和他救知识技能相当缺失,反映社区内部安全教育、应急(演练)教育机制建设不健全,培训教育和知识科普不到位,社区应急文化结构和机制相当缺失。

第三节 韧性社区应急体系和能力的建设

一、韧性社区的基本特征简析

关于韧性社区的内涵,国内有学者给出了一个比较科学的评价标准和界定:韧性社区就是以社区共同行动为基础,能连接内外资源、有效抵御灾害与风险,并从有害影响中恢复,保持可持续发展的能动社区。它包括物理层面的"抗逆力"、社会生态层面的"恢复力"和社区成员的"自治力"三重指向。[①]相比较而言,"韧性社区"的概念,比起前述的安全社区、减灾社区来讲,更具有概括力和综合性:它不仅强调安全预防或减灾预防,而且包括应急准备、应急响应、善后恢复等环节和过程。结合国内外研究文献,可以综合安全科学、公共安全保障体系、社会系统论等各自要素和应急管理过程,构成人员、物质、环境、管理、文化五个层面,[②]归纳出韧性社区的基本特征大体如下。

(一)经济物质层:韧性社区应具"适恰性"基础

任何一个或一类现代社区,都应该有足够的抗灾基金和物资保障;社区的建筑物(如抗震级别)、应急设备设施、医护资源、装备技术等足以满足抗逆应灾的科学标准。这些资源不能不备,但也不能过度浪费,即适度恰好为要。

(二)社群成员层:韧性社区应具"能动性"行为

作为韧性社区的成员和人群,都应该具有个人或集体行动的主动性、能动性,而不是过去被动应急的局面,不是过去伸手面向政府或社会组织的"等靠要"的应急行动。这就包括社区内部成员和不同阶层群体主动了解、辨识和掌握

① 吴晓林、谢伊云:《基于城市公共安全的韧性社区研究》,《天津社会科学》2018年第3期。

② 这五要素实际上涉及:法约尔管理职能"五要素"(计划、组织、指挥、控制、协调),以及目前安全科学所讲的"四要素"(人—机器—环境—管理)、国内公共安全科技界所讲的"三要素"(技术—管理—文化),也与社会学的(帕森斯意义)社会系统的"四位一体"(经济—政治—社会—文化)或者中共关于中国社会主义现代化"五位一体"总体布局(经济—政治—社会—文化—生态)基本接近。——[法]H.法约尔:《工业管理与一般管理》,周安华等译,中国社会科学出版社1982年版,第46—122页;刘潜:《安全科学和学科的创立与实践》,化学工业出版社2010年版;范维澄等:《公共安全科学导论》,科学出版社2013年版;[美]塔尔科特·帕森斯、尼尔·斯梅尔瑟:《经济与社会》,刘进、林午、李行等译,华夏出版社1989年版。

社区风险点、基本处置技能（灭火器使用、逃生路线、救生技能等）；灾难来袭，要主动沟通，果断响应，互帮互救；主动参与社区恢复重建工作。

（三）组织管理层：韧性社区应具"通变性"能力

所谓"通变性"，就是社区组织、社区管理在合理限度内有一定灵活性。应对突发事件，既有预案在先，有一定的刚性，但突发事件往往非常规、不确定，因而需要组织指挥、管理协同的通变性，这是社区应急能力的内在要求。社区各类组织、应急管理层调配内部资源、连接外部资源，均应依循这种通变逻辑，灵活掌握和把控。

（四）文化氛围层：韧性社区应具"共识性"理念

社区安全应急共识是第一位的。共识是社区的一种理念、一种归属感和主人翁意识的展现。没有共识，大难来时各自飞，既不能全保，也无法自保。共识理念表现在社区成员的行动上就是齐心协力去掌握技能、加强演练、做好准备、随机应急、加强沟通、灾后重建家园。这也是一种文化氛围。

（五）生态环境层：韧性社区应具"复原性"应力

作为韧性社区，其是可持续发展的社区；可持续发展体现在灾后具有复原性，社区不应因灾变沉沦和解体。这种复原性主要体现社区整体生态和环境层面，包括自然生态环境和社会生态环境（生活样态），既包括物质的、经济的，也包括人文的、精神的。这是韧性社区的重要特点。

二、韧性社区的应急管理体系

社区也是一个小社会，其韧性应急管理体系与国家应急管理体系框架大同小异，同样涉及核心部分的"一案三制"（预案+体制、法制、机制），只是内在构成成分有所不同。目前强调总体国家安全观指导下的应急管理体系，具体如图13–3所示。当然，这是非常理想的社区应急管理体系，目前很多社区其实并不完善。这也是韧性社区应急能力建设的一个重要方面。

（一）基于"一案三制"的应急管理结构

图13–3右边为社区应急管理体系。这一"体系"包括"一案三制"。应急预案一般包含下面的"三制"内容，是社区应急的总体性指导方案，具体内容不赘述。应急管理体制包括：社区应急管理机构、临时指挥部、专业团队、社区自救队伍；应急规章法制包括：（社区外部）国家应急法律、部门或地方行政法规、应急技术标准，以及社区自有的规章制度和规则；这里的运行机制是原则性的，一般包括：统一指挥（社区应急指挥中心/指挥部）、分级响应（社区内外分级）、社区为

本（全国或地方指属地为主）、社区居民动员（全国或地方指公众动员）。

需要说明的是，社区应急管理体系宏观层面一般对应国家或地方政府而言；中观层面一般对应社区整体而言；微观层面一般对应社区内部各个部分、各个家庭或居民而言。

（二）政社互动的常设应急管理机构

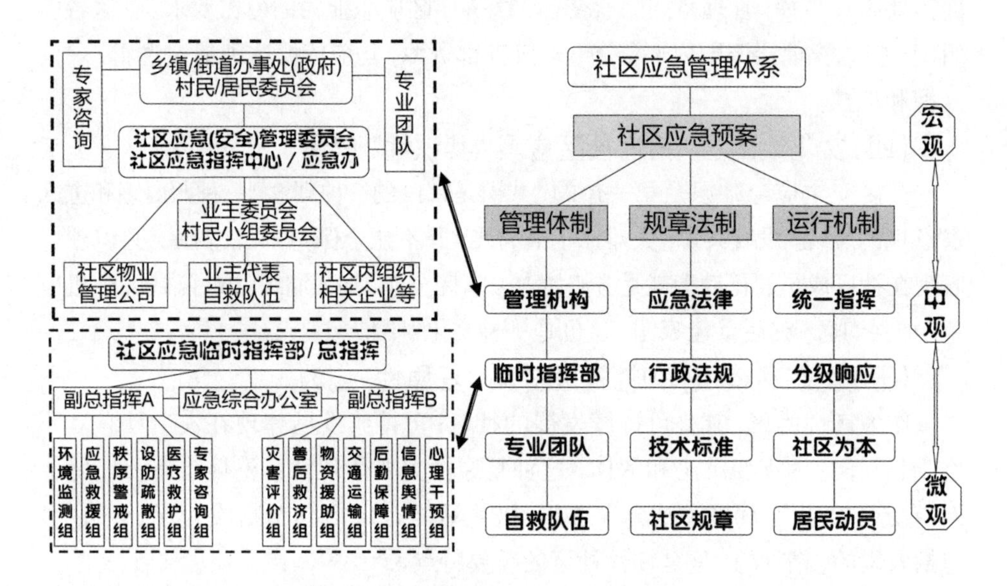

图13-3　社区应急管理体系及其应急管理机构、临时应急指挥部

图13-3左边上面为社区应急管理机构。主要包括：直接主管的政府层面，即乡镇党政机构及其领导、街道办事处党政机构及其领导，对社区应急事务和应急管理直接指导和领导；社区应急（安全）管理委员会（应急指挥中心/应急办公室）是核心枢纽机构，为社区内部议事性机构，其中的应急办负责日常管理工作（一般由业主委员会办公室和物业管理公司相应部门来承担）；业主委员会（村民小组委员会）为实体机构，支撑应急管理委员会工作；社区物业管理公司也是日常安全、应急管理的实体办事机构，一般受控于业主委员会和社区应急（安全）管理委员会；业主代表、自救队伍有固定成员，也有临时应变加入的成员，一般由业主委员会和社区应急（安全）管理委员会选配指挥；社区内部各类组织和相关企业等，实际上也是业主的一员（集合性业主），他们参与应急一般也由社区应急（安全）管理委员会固定或临时选配、组织和指挥。

（三）临时应急运行机制及能力主体

图13-3左边下面为社区应急临时指挥部/总指挥。指挥部一般设应急综合办

公室、副总指挥A和副总指挥B。副总指挥A履行直接指挥应急现场救援的职能，下面包括环境动态监测、应急救援、秩序警戒、社区设防或人员疏散、医疗救护、专家咨询等工作小组；副总指挥B履行为辅助性应急指挥职能，下面包括心理干预、信息舆情、后勤保障、交通运输、物资供应援助、善后救济、灾害评价等工作小组。

具体应急运行机制即应急能力机制。除了上述原则性运行机制，具体运行机制一般包括预测预警机制、应急信息报告程序、应急决策协调机制、应急公众沟通机制、应急响应级别确定机制、应急处置程序、应急社会动员机制、应急资源征用机制和责任追究机制等内容。

社区外部专家咨询和专业团队的具体对象一般包括两大类：涉及专门应急的如消防、救援、医护、警卫等类型；涉及日常社区建设或兼有应急技能的如社会工作者与志愿者、信息技术、传媒、规划、文体等类型。有的日常参与社区事务，有的为应急时参与进来。应急参与时一般分解到各个应急小组，具有参与性、指导性、协助性作用。

三、社区应急能力的社区营造

（一）社区营造内涵及其应急实践意蕴

从中国知网中英文文献“主题”检索来看，最早在1905年有英文文献谈到跨语言课程的学习型社区建设时提到“社区营造”（community revitalization）的问题；[①]1955年，联合国发布《通过社区发展促进社会进步》的报告，将“社区发展”作为一种理念引入各国实践行动，但社区营造实践实际上源于20世纪60年代日本的“造町运动”。[②]社区营造由此成为比社区参与、社区服务、社区规划乃至社区发展更具有包容性和概括性的概念，从而作为各国人们营建物质和精神“生命共同体”的行动理念得以流行和付诸实践。[③]它是相对于传统意义的社区参与（社区导向）、社区规划而言的，也是社区服务、社区发展理念的跃升，对韧性社区建设具有极强的促进作用（如图13-4所示）。

① FORSMAN L, Language Across the Curriculum: Building a Learning Community, *International Journal of Learning and Teaching*, 1905(7).

② 许晶：《社区营造：从空间变革到共同体建构——基于“复园里1号”的实证分析》，《华南理工大学学报（社会科学版）》2020年第6期。

③ 曾旭正：《台湾的社区营造》，远足文化出版社2007年版，第12—19页；李梅：《从社区发展到社区营造——台湾社会建设研究》，华中师范大学硕士学位论文，2011年。

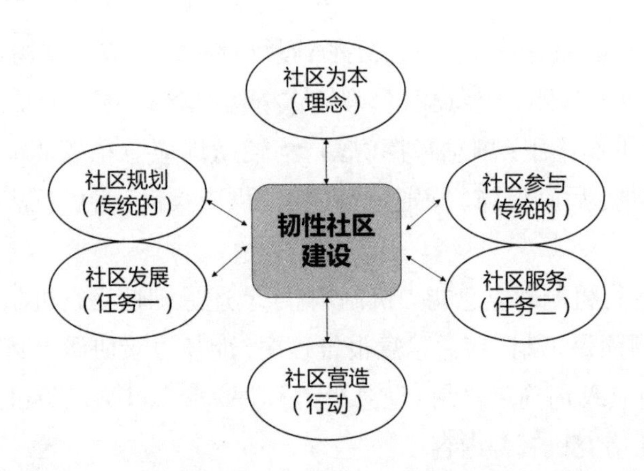

图13-4 韧性社区建设与社区营造、社区为本等的关系示意图

根据相关文献的解释，我们认为，社区营造是指生活或工作在同一地理范围内的成员，持续以集体行动来处理其共同面对的社区议题和问题，以创造共同的生活福祉，并使居民之间、居民与社区环境之间建立紧密的良性互动，从而实现社区及其成员自我组织、自我治理和自我进步的社会过程。归纳起来，即共同地域、共同意识、共同行动、共同治理、共同福祉、共同进步的“生命共同体”（6个“共同”）。其具体过程就是：整合“人、文、地、景、产”五类社区发展要素，营造社区共同意识、社区交往能力、社区组织能力、社区责任感等。[①]

对社区应急管理和应急服务而言，社区营造是一个外延很大的概念，不仅仅指涉应急事务，更包括日常社区生活或工作的服务和常态问题的解决；社区为本的应急实践，必然是社区营造的一个重要部分和重要实践内容。社区营造指导社区应急，社区应急丰富和促进社区营造的经验发展。在现代社区建设、韧性社区建设过程中，两者同主体、同性质、同心力、同方向、同过程、同方式、同目的（如图13-4所示）。

① 社区营造，百度百科网，https://baike.so.com/doc/8454030-8774029.html；罗家德、帅满：《社会管理创新的真义与社区营造实践——清华大学博士生导师罗家德教授访谈》，《社会学科学家》2013年第8期；宁军：《社区营造社区——曾厝垵社区营造的实践探索与理论思考》（讲座报告），华侨大学旅游学院网，https://lyxy.hqu.edu.cn/info/1039/2574.htm，2016年10月14日。

(二)韧性社区应急服务能力体系内容

国内在近10年里有关社区应急能力建设的研究比较多，[①]但有些指标体系比较单一。

1. 基于社会系统论的社区能力构成体系

如果单从帕森斯意义的社会系统论角度来看社区应急能力体系，可以绘制成图13-5来观察。图中显示，社区应急能力包括经济力、管控力、凝聚力、文化力，分别对应不同的功能（“功能”表示事物本身存在的一种作用性能；“能力”则是展现事物的现实功效力量）。

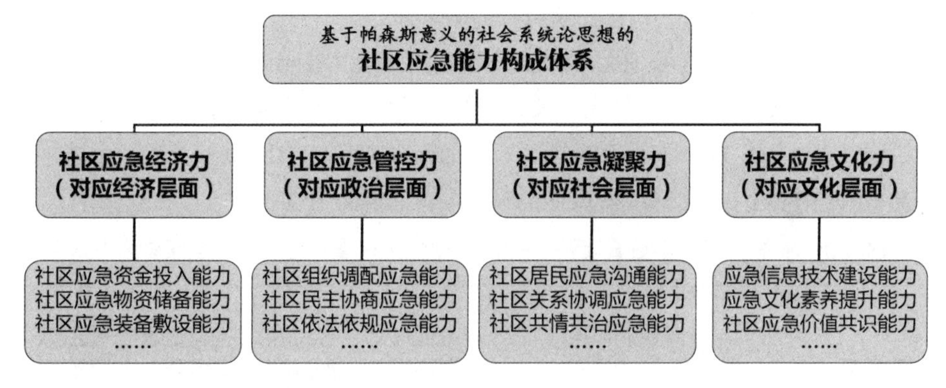

图13-5　基于社会系统论的社区应急能力构成体系

（1）社区应急经济力，主要是指社区的适应能力（适应社区能够应急的能力），包括社区应急资金投入能力、物资储备能力、技术装备尤其是现代信息化装备敷设能力等。

（2）社区应急管控力，主要是指社区在人财物的组织调配方面、民主协商应急方面、依法依规应急管理方面的能力等，从而达到应急救援的目的。

（3）社区应急凝聚力，主要是指社区在应急事务方面是否能够友好沟通、协调关系、凝聚人心、产生共情、齐心协力干好各类应急事务，是展现应急成效的重要举措。

---

① 陈文涛：《基于社区的灾害应急能力评价指标体系建构》，《中国管理科学》2007年第10期；张海波、童星：《应急能力评估的理论框架》，《中国行政管理》2009年第4期；伍国春：《日本社区防灾减灾体制与应急能力建设模式》，《城市与减灾》2010年第2期；刘万振、陈兴立：《社区应急能力建设的现状分析与路径选择——重庆市社区应急能力建设的调查与思考》，《行政法学研究》2011年第3期；俞青：《减灾型社区应急能力建设研究——以白银市狄家台社区为例》，兰州大学硕士学位论文，2013年；戴天奕、陈旭：《基于约哈里窗模型的基层社区应急能力建设分析》，《四川行政学院学报》2016年第3期；李永枫：《基层社区应急管理能力提升途径研究——以成都市锦江区某社区为例》，中共四川省委党校硕士学位论文，2017年；韩自强：《应急管理能力：多层次结构与发展路径》，《中国行政管理》2020年第3期；陈垚：《社区应急能力国内研究述评与展望》，《社会科学动态》2020年第7期。

（4）社区应急文化力，主要是指社区应急理念和精神维系力，包括居民应急文化素养和应急意识、信息文化技术完善、应急价值共识等。

2. 基于“过程—要素”社区应急能力体系

上述关于社区应急的单一要素或功能分析，仍然显得比较单一、空疏。这里结合前述的安全科学、应急管理过程、公共安全保障体系、社会系统、管理职能等要素的划分和应急管理过程，以应急要素为“经”构成社区应急具体“支撑条件”，以应急过程为“纬”构成社区应急具体“必要事项”，来构建韧性社区应急服务能力体系，绘制成复合性的“社区应急要素—应急管理过程”矩阵表，与“主体—过程能力”框架对应（如表13–3所示）。

表中的应急过程（必要事项）涉及减灾预防能力、应急准备能力、应急响应能力、善后恢复能力四类，与应急要素（支撑条件）涉及的物质保障支助能力、组织管理支撑能力、社会关系支持能力、文化技术支护能力四类相互交叉。这样可以避免单一视角（或应急过程或应急要素等）的能力分类。

表13–3 基于“过程（必要事项）—要素（支撑条件）”的韧性社区应急服务能力体系

<table>
<tr><th colspan="2">过程层面（及其具体“事项”）
要素层面（及其具体“条件”）</th><th>社区减灾预防能力</th><th>社区应急准备能力</th><th>社区应急响应能力</th><th>社区善后恢复能力</th></tr>
<tr><td>社区应急物质保障支助能力</td><td>·社区日常必备硬件物质支撑
·现代化技术装备和设备设施
·必要救灾资金、资助和征用</td><td rowspan="4">·社区内外诸类致灾因子及其风险等级测量评估
·社区内外环境脆弱性、社会脆弱性及其程度的测量分析
·社区内预测预警预控及风险减缓或化解</td><td rowspan="4">·社区应急规划、预案等的调研与制定
·社区必备的应急物资、资金筹备、家庭急救包、紧急避难所等
·社区居民日常安全和应急科普教育、应急演练等</td><td rowspan="4">·突灾紧急信息通报和舆情发布
·人员疏散迁徙或封闭设防行动
·专业救援、医护救助、协作行动
·居民自救、互救及外部他救行动
·紧急信息沟通、交通、通信畅通</td><td rowspan="4">·救援后期或灾后心理危机干预
·灾后家庭、社区生活恢复重建
·灾后建筑或设备设施恢复重建
·灾后保险或贷款、救灾物资等
·灾后损失评价、预案更新修订</td></tr>
<tr><td>社区应急组织管理支撑能力</td><td>·社区应急管理机构（如图4–2）
·常态决策民主参与和沟通协商
·临场组织指挥协调、局面控制
·相关法律法规和社区自有规则</td></tr>
<tr><td>社区应急社会关系支持能力</td><td>·社区各阶层居民积极主动参与
·专家和专业团队依规热心参与
·直管政府及村居两会指导支持
·社区内各组织、各企业等参与</td></tr>
<tr><td>社区应急文化技术支护能力</td><td>·现代信息化智能智慧技术能力
·互联网传媒融媒体等技术能力
·社区共识、成员素养以及风俗；
·常态活动与非常态活动的氛围</td></tr>
</table>

表13–3中提及的致灾因子和风险涉及四大块：自然灾害、事故灾难、公共卫生、社会安全。一般来说，社区面临的自然灾害有来自内部的，也有来自外部的，更多的是后者，如地震、洪水、旱灾、飓风（台风）、雪灾、霜冻、海啸等；社区面临的事故灾难，如内部房屋建筑和路面大面积坍塌、大型活动人群拥挤踩踏、生产事故、电路障碍、火灾、家居燃气煤气爆炸、社区水管爆裂、交通事故、大面积停电等；公共卫生风险主要包括内外部流行病（猪瘟、禽流感、鼠疫等）、新发传染病、内部公共食品和水源污染毒化等；社会安全风险包括外来歹徒和恐怖分子袭击、社区内部老人妇女幼儿人身风险、社群内部群体事件与规模性人际冲突等。

表中所指风险等级一般分为Ⅰ、Ⅱ、Ⅲ、Ⅳ四级，具体不赘述。

（三）特殊应急社区与智慧社区的能力

1. 应急社区及其特殊能力

近代以来，国家常常设有专门的“应急社区”，典型的如紧急避难所、地下防空洞（防备敌人空袭的地道和地洞）乃至于国界边境难民所等，重大突发公共卫生事件临时搭建的隔离病房区域等。还有因灾临时征用的宾馆、酒店或商用楼房、学校、教堂等。这类“社区”的基本特点和特殊功能如下。

（1）临时应变聚集。其主要针对突发性自然灾害或人类自身诱发的灾难而设置，供人们临时聚集避灾，时间不会也不能太长，否则会引发次生灾难。尤其对于重大突发公共卫生事件，为避免大范围感染，临时搭建隔离病房区域，方便救治和消杀毒菌。

（2）空间容量限额。这类特殊空间资源非常有限，容纳人员数量也会有限制，一般有的地区对紧急避难所均标注容纳量。

（3）资源有限共享。这类社区一般在灾前均按照人员容量或时长，储备一定的粮食、能源、医卫等物资，供急时避难共享，但也不能长时段供应，需要外援接续。

（4）平时功能多用。这类社区为急时之用，平时常态条件下，一般用来储备战略物资，包括民用粮食、军用物资、战备能源等。

（5）减灾准备凸显。这类社区在应急管理过程中，相对于应急响应、恢复阶段的功能，更显现出减灾预防阶段、应急准备阶段的功能。

2. 智慧社区及其应急能力

在现代社会，最需要提及的是“智慧社区”建设。一般来说，现代智慧社区基本上是综合运用物联网、云计算、大数据、人工智能、GIS、BIM、CIM、VR等现代信息技术，以先进智能化的感知设备为触媒，深入挖掘社区大数据价值，建立统一平台，围绕社区生活或工作，开展应用延伸的整体解决方案。[①]其主要功能特征在于：业务便捷性、资源共享性、信息即时性、信息海量化、诉求快复性、安全保障性、公开民主化、社交广延化、人际密切性、管理精细化、流程人性化、研判深度化等，归纳起来就是：快、全、准、动。智慧社区的功能特性非常适合现代社会的应急能力展现，即加快"智慧应急社区"成为新社会应急的主题。

（1）智慧应急社区的"快"能力。应急重在于"急"。由于人工智能触感器对灾变信息的高触摸反应，因而能使社区应急管理者和社区成员快速辨别灾变风险及其程度、快速组织指挥应对和化险减灾；同时，智慧系统的信息展现、问题呈现乃至对策模拟更新之快之新，对指挥者临场应变是利好之手。

（2）智慧应急社区的"全"能力。信息更新快，必然带来信息海量化的"全"。旧的信息与新的信息、点的信息与面的信息、人的信息与物的信息、时间信息与空间信息、平时静态信息与急时动态信息等一并融合，才能展现灾变的时段性、多变性、全面性，以及社区急时状态的全貌性、决策指挥协调的全局性、外面关系和资源链接的广全性。

（3）智慧应急社区的"准"能力。信息展现全面，才能带来决策施策和应急行动的精准性、公开性和深度性，从而决定应急行动的时间节点、地理方位、资源多寡、人员多少等，这样才能避免过去那种盲目决策、盲目指挥、盲目行动的低效性，一方面精准应急，另一方面节省资源和精力，在有限时间和有限空间中，发挥有限资源的最大化应急救援价值。

（4）智慧应急社区的"动"能力。智慧应急社区发挥能力的关键在行动。智能感知系统、智慧决策模拟和指挥模拟系统等紧密相连，能够直接决定减灾预防行动、应急准备行动、应急响应行动和善后恢复行动的效应；能够促使全社区上下有效互动、居民之间合理互动、社区与外援配合行动，从而确保化解风险、减除灾难、减少损失、快速复原。

当然，最后不得不说，也因为信息化技术的人脸识别、指纹识别等，在使用中存在泄密的可能，因而社区成员也就面临新的次生风险（人身安全权被侵犯）的应急。还有，智慧社区一般都得依赖于电能驱动，一旦突发灾变破坏电源供应，智慧社区有可能停摆。这就需要启动供电应急方案，确保智慧应急社区的正常功能。

---

① 刘铄：《智慧社区平台建设概述》，《城乡建设》2021年第1期。

四、韧性社区应急能力的评价

所谓韧性社区应急能力评价，是指社区应急管理机构或当地政府部门，运用一定理论和方法，对社区应急能力建设或能力发挥程度进行评价的社会过程。按理说，韧性社区的应急能力和安全保障能力应该是高度可靠的，但每个韧性社区的应急能力建设程度不一样，发挥功效的程度也不一样，因此需要进行测评。最好的办法是对社区应急能力在具体灾变应急实践中加以检验。这方面的国内外研究比较多。[①]这里采取“导则式”方法对社区应急能力评价体系进行简述。

（一）韧性社区应急能力评价主体

一般来说，韧性社区应急能力评价是由社区自身组织开展的，有的是由当地政府部门或村民/居民委员会组织开展。一般有三类评价参与主体可供参考：（1）社区自身评价（自评法）；（2）邀请专家或专业团队评价（他评法）；（3）采取混合主体评价（多方评价法）。三方评价一般包括社区应急管理机构及其成员、社区成员、社区内部组织和企业等代表，外部的专家、专业团队代表和政府代表。

这里，完全的自评法、完全的他评法，结果都不会太理想，前者主观偏向多（或好得一边倒或差得一边倒），后者主要是对社区应急能力发挥情况未必完全熟悉。最好的还是多方评价法，或者是社区自评法与他评法结合。

（二）韧性社区应急能力评价标准

1. 经济效率性原则标准

这一标准主要着眼于社区应急能力发挥的成本（投入）与收益（产出）关系的视角，来计算发挥社区应急能力所投入的成本（包括人财物和时间精力）与能力发挥后的耗费和实际产出效益（是否达到了预防减灾和应急准备目的、应急响应效能、恢复重建程度等）。这一方面的评价一般作为参考，不是社区应急能力评价的主要原则标准。

2. 社会效应性原则标准

这一标准核心就是考察居民对社区应急能力是否有效的满意度。因为社区

---

① 陈文涛：《基于社区的灾害应急能力评价指标体系建构》，《中国管理科学》2007年第10期；张海波、童星：《应急能力评估的理论框架》，《中国行政管理》2009年第4期；张永领：《基于模糊综合评判的社区应急能力评价研究》，《工业安全与环保》2011年第12期；郝嘉寅：《考虑指标关联性的社区应急能力评价方法》，《消防科学与技术》2013年第9期；孔晓娟、高婷：《社区应急管理能力评价模型设计及应用研究》，《管理观察》2014年第19期；陈新平：《社区应急能力评价指标体系研究》，《中国管理信息化》2018年第7期。

应急能力发挥的实际效果是看得见的，如灾变来袭时及时响应，或者消灭在萌芽状态，减少了损失和生命代价；或者灾后社区恢复重建的速度和复原程度。但是，这种有效性最好通过居民满意度来体现，应急效果好不好、好到什么程度，各人说法不一，需要开展满意度总体评价。

（三）社区应急能力评价方法

这方面的评价方法很多，一般采取定量与定性相结合的方法，主要是定量测评，包括基于抽样问卷调查法的量表测量法和指标评价法。

1. 满意度量表测量法

一般采取总加量表（利克特量表）法，即五等分测评：很满意、满意、一般、不满意、很不满意，然后将回答者对每个问题的回答情况加总评分，最后得出对某一项和总体的社区应急能力的满意度结果。

社区满意度评价对象就是上面提及的居民满意度、专家（第三方）满意度或混合主体的满意度。满意度测评的问题如：您对社区应急物资储备的看法；您对社区应急管理机构建设的看法；您对智慧社区的应急能力的看法；等等。具体结合实际情况设计，这里不赘述。一般是“问题”与“五等分”形成矩阵问卷表，让回答者填写。

2. 主客观指标评价法

这类评价方法的主要步骤如下。

（1）构建一套评价指标体系。一般分为三级指标：一级为类别引导指标、二级为监测评价指标、三级为具体操作指标。然后，邀请专家或专业人士等咨询打分，筛选指标，并同步确定各个指标的权重。其中，指标项应该涉及社区应急能力建设或功效发挥的主观评价、客观数据，也应该有正向指标和负向指标。

（2）制作主观调查问卷。主要针对第三级主观指标项，具体设计问卷的问题，通过试验性调查，形成一套合理的、可回答的问卷。

（3）汇总统计分析。将问卷录入统计，并将客观数据按客观指标项整理填充，最后汇总分析；按照权重、三级指标逐步测评，最后进行总体测评。

这样，既可以看出社区总体应急能力的状况，也可以看出社区各种应急能力的状况，还可以看出不同回答者对社区总体应急能力或各种应急能力的看法（借助交叉相关分析方法）。

社区应急能力的指标体系设计很重要。不同的指标体系及其权重设置，测评的结论也不一样。大体而言，可以根据前面表13-3所示的内容，设计三级指标。一级指标最好使用表中的“要素（支撑条件）”作为类别引导，二级指标最好使用表中的“过程（必要事项）”作为监测评价，三级指标最好使用表中的具体内容作为操作项指标。指标权重按照专家咨询意见确定。

3. 社区内实地观察法

这种方式主要是定性研究，一般是评价者针对社区灾前各类安排、灾种应急响应、灾后恢复重建等状况，进行调研访谈、实地勘查、情境模拟等，从而获得关于社区应急能力建设及功能作用的总体状况信息，最终做出合理评价。

（四）社区应急能力评价过程

1. 制订评价方案，重点阐述评价意图

这一般由发起者或实施者（社区应急管理委员会或当地政府部门）来制订方案。方案内容应该包括：评价的目的和指导思想、评价主体、评价的具体内容、基本原理和方法手段、调研计划与安排、评价组人员、调研评价培训、时间安排、必要物质保障条件。

一般来说，开展社区应急能力评价按年度如1年一次或3年一次等；或者突发性灾变事后两三个月或半年开展评价。

2. 确立指标体系，开展实地调查研究

发起者或实施者邀请评价专家，进行指标体系设计和确定（具体如前文）。

通过问卷调查、走访座谈、实地观察、客观数据查询等方式，开展调查研究，收集各类数据；最后汇总整理、统计分析，得出结论。

3. 做出科学结论，研撰总结评价报告

调研评价结论需要依据测评结论做出。总体结论大体可以分为几个档次：很好（90～100分）、较好（75～89分）、一般（60～74分）、较差（50～59分）、很差（0～49分）。各种分项应急能力评分，也基本可以参考这一标准做出。当然，除了这类定量分析，还可以结合定性分析做出评价，两方面结合起来，比较合理。同时也要考察社区应急工作状况。

社区应急能力评价调研报告属于专门性调研报告，主要包括对调研评价目的和意义、调研评价过程、调研评价结论等内容进行总体研撰。

4. 根据评价结论，改进应急能力体系

评价结论对于改进和完善社区应急能力具有指导意义，既要考虑总体应急能力的改进和完善，也要分项考察应急能力的改进和完善。一般来说，评价结论在“很好”段位的，需要略加修正和更好地促进；在“较好”段位的，需要较大修正和反思；在“一般”段位的，基本面临能力重建状态；在“较差”“很差”段位的，需要对社区应急能力重新设置和全面重建。

第十四章

应急的社会心理

社会心理，是一种心理现象，也是一种社会现象，是社会行动的一种内在征候。社会心理学是社会学的重要分支学科，也是逐步发展起来的一门独立学科专业。研究应急社会学，必然要研究风险灾变及其应急的社会心理现象；在此基础上，还需要进一步探索应急社会心理学作为一门学科知识体系的可能，并从而使之成为应急社会学的重要学科分支。

第一节　心理学、社会心理学与应急的关系

一、心理学与社会心理学比较

提起社会心理学，人们往往最先联想到的是心理学，很少将它联想到社会学。其实社会心理学也是社会学的一个组成部分。既然如此，先着重看看社会心理学与心理学到底是什么关系。①

心理学明显是对微观个人心理活动及其过程的研究，偏重于分析个人心理行为差异和类型；多研究与人的生理密切关联的心理现象，尤其是个性（人格）发展与结构；较多偏重于人与生俱来的生物属性。而社会心理学则研究人际互动和社会变迁对人格发展的影响，研究人与人、人与社会相互交往过程中出现的心理和行为现象（即人际交往心理），比较关注人的社会属性，偏重于研究群体的一致性、共同性心理和行为。这是社会心理学与心理学的主要区别所在。当然两者的共同点就在于均要研究人的心理和行为，但各有侧重。

比如，就灾变应急来看，个体心理学往往称为一种"心理应激"现象，即生命有机体在某种环境刺激作用下，由于客观要求和应付能力不平衡所产生的一种适

① 金盛华：《社会心理学（第二版）》，高等教育出版社2010年版；彭聃龄：《普通心理学（第四版）》，北京师范大学出版社2012年版；沙莲香：《社会心理学（第四版）》，中国人民大学出版社2012年版；周晓虹：《现代社会心理学》，上海人民出版社1997年版；郑杭生：《社会学概论新修（第五版）》，中国人民大学出版社2019年版。

应环境的紧张反应生理状态，是有机体对外部威胁做出适应性应对的过程；[①]针对灾变场景，心理应激反应有多种：或许人慌无智（负反应），或许急中生智（正反应），或许一如既往（零反应），或许恐慌至极（过反应）。而对于群体，则会产生一种社会性（集群性的）心理应激，在此姑且叫"社会心理应急"（ 社会应急心理/应急社会心理），前述几种情况也同样存在。"社会应急心理"是我们研究的重点。

由表14–1可知，社会学的研究取向相对比较宏观，是研究社会系统本身的变化发展规律，包括运行的物质文化条件和内在的社会化、社会互动与角色、社会群体和组织、社区、城乡、婚姻家庭、阶层结构、社会制度和政策、文化心理、社会控制等。

社会心理学其实是介于心理学与社会学之间的中观学科，它既源于心理学，又源于社会学，从而一开始就产生两个分支，即偏向于心理学的社会心理学和偏向于社会学的社会心理学。由表14–1可知，前者更着眼于研究偏微观一些的自我价值观、人际互动心理、社会认知、群体内部心理，以及群体之间的竞合冲突、助人和侵犯行为等；后者更偏重于研究较为宏观的群际互动心理，包括集体感情、集体动机、群体人格（化）、社会心态（态度）、集合性行为与社会运动、族群文化心理，以及社会心理学在社会中的应用。前者偏重于研究内在机理（紧密）；后者偏重于研究外在影响（空大）。

表14–1　社会心理学与心理学、社会学的比较

不同维度	心理学	社会心理学	社会学
关注层面	微观层面：个人内部心理活动及其过程	中观层面：社会人际互动、社会变迁对人格发展的影响	宏观层面：社会大系统本身及其内部关系
关系维度	个性结构功能，以及各部分之间的联系	人与人之间、人与社会之间相互影响	社会群体之间的关系、群体内部结构与功能
属性维度	偏重于人的生物属性	偏重于人的社会属性	偏重于社会行动的人性
关注方向	关注个体行为差异和类型	关注人的一致共同性	关注群体的特性与共性
理论倾向	注重个体行为心理理论	注重集体行为心理理论	注重社会系统结构理论

① 沙莲香：《社会心理学（第四版）》，中国人民大学出版社2012年版，第467—476页。

续表

不同维度	心理学	社会心理学	社会学
基本主题	生理、感觉、知觉，认知过程（注意、记忆、语言、思维）；行为动机，情绪（情商）、能力（智商）、个性人格、心理发展等		社会运行条件，人的社会化，社会群体、社会组织、社区、城市化，社会互动和角色，社会结构、社会分层和流动，家庭婚姻，社会制度和政策，社会运动和变迁，社会变异与控制等
代表人物	国外如弗洛伊德、皮亚杰、马斯洛等；中国如陈大齐、潘菽、张耀翔、高觉敷、许燕等		国外如孔德、韦伯、马克思、帕森斯等；中国如吴文藻、费孝通、陆学艺、郑杭生等
两类分支	偏重于心理学的社会心理学		偏重于社会学的社会心理学
主题偏重	社会认知，自我价值与自我观，态度与劝导，社会知觉（印象、内隐认知、刻板印象），人际沟通与吸引，助人与侵犯行为，从众、服从、依从，群体内部互动（助长、惰化与群体思维），合作竞争与冲突等		人际关系，社会动机，社会态度，社会情绪（感情），群体人格心理、集群行为与社会运动，民族文化心理，应用社会心理（传播心理如舆情或时尚等、经济心理、宗教心理、性别心理等），群体亚文化，心理健康发展等
代表人物	国外如麦独孤、奥尔波特、班杜拉、费斯廷格等；中国如陆志韦、黄希庭、侯玉波、时蓉华、乐国安、金盛华等		国外如罗斯、冯特、玛格丽特、米德、库利、布鲁默等；中国如黄光国、杨国枢、沙莲香、周晓虹、翟学伟、杨中芳等

二、社会心理学与应急的关系

从上述比较来看，作为社会性大灾大难（包括突发性社会安全事件、群体冲突事件）及其应急层面的社会心理分析，可能更倾向于研究外在灾变对群体产生影响的集合性（集群性）心理和行为现象；当然，又不能忽视集群心理和行为的内在变化机理，以及灾变（事件）发生的社会性原因。它们之间的关联性，总结为两个方面：一是部分社会心理与应急现象密切关联；二是相关的社会心理学理论与应急事务密切关联。

（一）两类社会现象具有密切的关联性

首先，公共灾难突发对相关人群会产生集合性情绪反应（如一致性的惊叫、恐慌等），以及不同人群对待灾变具有不同的行为取向和态度。个体应激心理，对于群体来说就是应急心理。这就需要从社会心理学角度，研究灾难对群体心理影响的外在表现和内在机理。

其次，从应急管理环节来看，人们针对不同的环节（而不仅仅是灾难来袭时）会有不同的心理反应和行为表现；灾变（群体事件）原因与应急预防明显关联。这同样需要从社会心理学角度对这一过程条分缕析，对其表现和内在机理做出科学分析，以便更好地应对灾难。

再次，无论哪个应急管理环节，人们都应该在应对巨灾大难中形塑社会心理层面的“社会共识”，从而产生应急的正向“社会心理力”，即一种“韧性社会心理”（社会韧性心理），从而保持心理定力，共同救灾抗灾，而这正是社会心理学在社会应急层面的应用，即应急社会心理学的知识体系或许可能成立。

最后，正是因为灾难或应急社会心理学能给人们和应急管理者指明应灾的方向，带来事半功倍的效应，因而它在应急社会学中具有重要的地位和价值，不可或缺。也因此，其促进和丰富了社会心理学学科知识体系的当代发展。

当然，至于针对灾变（事件）的个人心理疏导、咨询和安抚工作，则主要交给社会工作者和心理咨询服务机构（社会组织）去展开（通常会出现灾难或应急心理学的知识体系）。这分别在第十一章、第十二章略有涉及。

（二）灾变因素与过程的社会心理理论

西方社会心理学、社会学领域很多理论对突发事件应急具有一定的解释力，主要涉及集合（集群）行为理论和群体作用（促进或惰化或规范）理论、社会态度（应急心态）与社会认知（风险感知）理论、社会沟通（风险沟通）理论、人际关系理论与社会信任理论、助人理论与侵犯理论、社会结构理论与社会冲突理论、社会动机理论（需要或责任动机）等。但对灾难应急而言，这些理论主要涉及灾变因素和过程，由此具体归纳为如下两大类理论。[①]

1. 灾难（事件）原因解释的社会心理理论

（1）社会冲突理论。在社会学里，社会冲突理论主要源于社会结构不平等关系，是由于社会地位、权力和资源及价值观不同而引起的斗争，是一种普遍的社会现象。马克思主义经典作家的社会冲突理论主要强调阶级利益、阶级关系的冲突。社会学家达伦道夫等的现代冲突论认为，阶级冲突不是因为生产资料占有多少的原因，而是因为权力或权威结构不对等。社会学家科塞认为，社会冲突并

---

① 周晓虹：《现代社会心理学》，上海人民出版社1997年版，第205—273、313—328、337—357、398—443页；金盛华：《社会心理学（第二版）》，高等教育出版社2010年版，第212—218、298—361、432—441页；沙莲香：《社会心理学（第四版）》，中国人民大学出版社2012年版，第3—5、14、55—63、72—81、160—174、196—198、273—282、286—296页；颜烨：《安全社会学（第二版）》，中国政法大学出版社2013年版；郑杭生：《社会学概论新修（第五版）》，中国人民大学出版社2019年版，第394—403页。下面理论简述，除非特别说明，一般源于这几本著作。

非总是具有负功能，它也具有正功能，如冲突可以促进社会权力关系的改善、新社会规范的创立，以及社会系统适应能力的提高，防止整个社会严重分裂瓦解。社会冲突理论对于社会安全事件、群体冲突事件的发生原因具有很强的解释力，对部分事故灾难发生和自然灾害面临的脆弱性问题同样具有解释力。

(2)社会剥夺理论。在阶级社会，始终存在不公平现象，因而在人们心理上会产生被剥夺的不公平感。政治学者格尔认为，每个人都对生活抱有某种“价值期望”，但现实环境中提供满足期望的“价值能力”是有限的，因而目标与手段之间存在一种相对的落差，人们就会产生心理上的不满和愤懑，就会产生诸如心理学上所指的“挫折—攻击”理论模式，从而实施暴力行动。政治社会学者戴维斯J曲线理论却认为，并不是所有的相对剥夺感都会引发集体动员行为，只有当这种剥夺感到了一定程度（一个点），才会出现集体行动。这些理论对于群体事件等的发生具有很强的解释力。

(3)值数累加理论。美国社会学家斯梅尔瑟认为，集群行为（群体事件）发生，是与六个因素值数累加关联的。一是某些社会结构（不平等）有利于集群行为的产生；二是结构性紧张（不和谐、不安定）同时出现；三是要求改变现状和处境的普遍信念得以产生和扩散；四是偶然诱发因素（导火线）点燃了群众行动的情绪；五是人们被组织和动员起来参与行动；六是社会控制力涣散、弱化，镇不住这股暴动。这六个因素递进叠加，从而产生集群暴动行为。其实，第三个因素（普遍信念得以产生和扩散）很重要，即革命的主观要件。

2. 灾难(事件)应对过程的社会心理理论

(1)集体心智理论。法国心理学家勒庞在1895年出版的《聚众：一个关于大众心理的研究》一书中认为，与独处时的理性温和相比，聚众行为往往是情绪化的、非理性的，具有破坏性；人们在这样的场景中往往去个性化、匿名化、模糊化，趋于一致的狂热、野蛮和残暴，敏感易动。这种心理过程即是“心态趋一定律”，即一种人格化的“集体心智”。它很容易使灾变（事件）场景变得更加混乱不堪、事态扩大。

(2)循环反应理论。社会心理学家布鲁默将帕克的“循环反应”概念阐发为：群体中某甲的行为产生刺激，引起某乙的模仿；反过来，甲进一步模仿乙的行为，从而形成一种不需要多加思考的即时反应；整个群体都如此相互模仿和循环，即形成循环反应心理。这一过程一般经历短时间内的个体躁动、集体兴奋、社会感染三个阶段。灾变（事件）场景同样存在这样的刺激和模仿循环反应。

(3)紧急规范理论。特纳、克里安不认同上述集体心智、循环反应理论。他们认为，处于突发性事件场景中的个人，并非完全没有理性、没有规范；相反，他们在突发场景中即时创造了一种新的规范，即“即时规范”（包括紧急避险规范、逃生规范、呼喊号叫规范等）。一旦这种规范被少数人即时创制出来，在场的成员就会模仿和强化，从而上升为集群行为。这在灾变（事件）场景中也是可见的。

（4）社会动机理论。社会动机是指心理内驱力和适应社会环境而产生的心理性需要（外部驱动力）作为动力源泉、促使行为朝向一定目标的社会心理现象。社会动机理论有很多，如麦独孤的本能动机论认为，人与生俱来有18种本能；按照这种说法，人们面对灾难（事件）自发产生的逃窜、呼喊、惊恐等就是本能。爱德华·O.威尔逊则从社会生物学角度提出了基于人类基因的利他主义、助人或侵犯本能、伦理道德本能等观点；照此说，灾难（事件）中相互帮助或冲突是由人类基因决定的。马斯洛则认为，人的行为动机并非完全是生物性的，也是社会性的，因而人是有各种需要的动物，需要是有层次性的，从生物性到社会性依次为生理的需要、安全的需要、社交的需要、尊重的需要和自我实现的需要，这就是社会需要动机理论；按此解释，人们在灾变（事件）场景中，基于安全保障的需要动机，就是采取积极应灾行动；但同时，也有人从保全自身个人安全或推卸责任的动机出发，往往袖手旁观或有意回避灾变（事件）事实。

（5）群体动力理论。从社会心理学研究来看，一个群体有没有组织效率，在于其内部动力的作用方式。如果将群体人格化，群体同样涉及内部动力和外部动力。从群体内部动力来看，我们认为，往往会存在三类分支理论的解释：一是社会助长（促进）理论，即个人处于群体与个人独处的行为动机和效率完全不一样；有人在场时，其行为得到了在场者的鼓励和奖赏，唤醒了行动的内驱力和被评价的激励水平，从而更加有动力实施和促进这种行为。相反，就是社会干扰心理，即认为他人在场对自己的行动是一种威胁，心理上产生不适，反而干扰和阻碍了行为效率，这与个性性格或成就动机有关。二是社会惰化理论，即个人在群体中付出的努力或成就少于其个人单独活动时的现象。各种原因在于人们感觉群体淹没了个人功劳，激励机制缺损所致。这其实是群体的负动力，不利于群体效率的整体提升。三是群体压力理论，即只要有群体，内部即会产生一种群体规范性压力。由于成员担心自己的行为与他人不一致而被嘲弄或被处罚，因而大伙儿都会不加选择地“求同于人”，从而产生群体一致行动的动力。这三种现象在灾难（事件）应对中都会出现，有的人选择积极行动或从众随大溜，有的选择回绝躲避或无动于衷。

（6）风险感知理论。风险感知是社会认知心理的一种，是人对事物的社会知觉，是人对风险这一客体的主观心理认知过程。大体会涉及两个方面：一是风险建构理论，这在灾害社会学上被认为灾害风险（包括灾变情境、处置方式等）是被建构出来的，[①]“天下本无事，庸人自扰之”说的就是其中一种现象。二是与之关联的风险放大（或缩减）效应框架理论，认为风险放大是指灾难事件的最终影响超出了它实际的初始效应，这就涉及事件本身因素、不同主体的感知心理、信号价值和媒体传播。这方面的理论研究比较多，渐成体系，突出的如斯洛维奇、卡斯帕森等的研究。[②]

三、国内外相关研究总体状况

（一）国外研究总体状况简述

借助中国知网进行“主题”检索（截至2020年底），输入“emergency social psychology”检索，得到英文文献结果23条（2000年出现第一条此类文献），多数针对突发灾变谈及紧急响应、恐慌、预警预报、疏散及其方法等。[③]由此延伸出近5年的相似文献非常多。输入“disaster social psychology”检索，得到英文文献结果27条，其中1964年出现第一篇文章（灾害的真相），旨在谈及灾害的社会心理建构性；[④]其他文献与上述“应急社会心理”有些重合。输入“public crisis social psychology”检索，得到英文文献结果6条。

外文文献展现不足，这里面涉及检索技术手段和合理方法的问题，需要进一步进行文献信息数据挖掘和归纳。当然，与上述关联密切的社会心理理论，其实就是国外在这个领域最内核的相关研究。

（二）国内研究总体状况简述

借助中国知网进行“主题”检索（截至2020年底），输入“应急社会心理”检索，得到中文文献结果148条，2020年暴增到43条（其余年份均在11条以下）；输

---

① 周利敏：《西方灾害社会学新论》，社会科学文献出版社2015年版，第24—27页。

② SLOVIClovi P., “Perception of Risk”, *Science*, 1987（236）; KASPERSON R E. The Social Amplification of Risk: Progress in Developing an Integrative Framework. In Social theories of risk, Edited by KRIMSKY S and GOIDING D, WESTPORT C T: Praeger, 1992, pp153-178; SLOVIC P. Perception of Risk. Science, London: Earthscan, 2000.

③ MILETI D S,PEEK L., “The Social Psychology of Public Response to Warnings of a Nuclear Power Plant Accident”, *Journal of Hazardous Materials*, 2000, 75(2); Aguirre B E., “Emergency Evacuations, Panic, and Social Psychology”, *Psychiatry*, 2005, 68(2); Von SIVERS I, TEMPLETON A, et al. Humans do not Always Act Selfishly: Social Identity and Helping in Emergency Evacuation Simulation.*Transportation Research Procedia*, 2014(2); GIN J L, Stein J A.,et al. Responding to Risk: Awareness and Action after the September 11, 2001 terrorist attacks, Safety Science, 2014(65).

④ MRTIN M., “The True Face of Disaster”, *Medical times*, 1964(92).

入“疫情社会心理”“SARS社会心理”检索，得到中文文献结果285条，其中2003年为94条、2020年为255条，其他年份均在5条以下；输入“灾害社会心理”“灾难社会心理”检索，分别得到中文文献结果66条、37条（2008年与2012年较多，均为10条左右，其余年份在6条以下）；输入“灾后社会心理”检索，得到中文文献结果145条，2008年、2009年分别为21条、26条，最多；输入“公共危机社会心理”检索，得到中文文献结果19条。

借助“中国国家图书馆中国国家数字图书馆”网进行检索（截至2020年底），输入“灾害社会心理”检索，获得10部此类著作（中国大陆5部、中国台湾1部、日本4部）文献；输入“公共危机社会心理”检索，获得1部国内著作文献；输入“灾难社会心理”“疫情社会心理”检索，其中国内文献结果数为0，日本有3部著作为20世纪80年代出版，其余多为2009年之后出版。

总体来看，这方面文献非常少，上述文献结果加总起来不到1000条。上述文献且多集中在重大突发灾难性事件前后。如2003年的120多篇关于非典型肺炎疫情防控的社会心理文献中，多数在谈及社会心理特征状态、预警、谣言传播等。[①]到2008年汶川大地震发生，涉及的50多篇文章中多数在谈及灾后（灾难）社会心理援助、干预和重建等问题。[②]到了2020年，除了继续谈及社会心理重建和援助外，大多数文献转到了应急社会心理服务体系建设[③]、疫情期社会心态客观描述和调适的主题上来。[④]

---

① 周晓虹：《传播的畸变——对“SARS”传言的一种社会心理学分析》，《社会学研究》2003年第6期；颜烨：《非典型肺炎问题的社会学检视》，《西南师范大学学报（社会科学版）》2003年第4期；王俊秀：《面对风险：公众安全感研究》，《社会学研究》2008年第4期；时勘：《我国灾难事件和重大事件的社会心理预警系统研究思考》，《管理评论》2003年第4期。

② 谢利苹：《汶川震后的灾难心理救援对策与思考》，《北京政法职业学院学报》2008年第2期；曹晓鸥：《灾后社会工作的心理危机干预》，《中国社会导刊》2008年第12期；许建阳等：《四川汶川大地震心理危机干预的思考》，《医学与哲学（人医版）》2008年第9期；罗增让、张昕：《地震后民众的社会心理反应及心理重建》，《现代预防医学》2009年第22期。

③ 王俊秀：《社会心理服务体系建设与应急管理创新》，《人民论坛·学术前沿》2019年第5期；陈雪峰、傅小兰：《抗击疫情凸显社会心理服务体系建设刻不容缓》，《中国科学院院刊》2020年第3期；颜烨：《灾变场景的社会动员与应急社会学体系构建》，《华北科技学院学报》2020年第3期；雷鸣：《构建社会应急心理服务体系》，《中国社会科学报》2020年11月5日第005版。

④ 王俊秀等：《新冠肺炎疫情下的社会心态调查报告——基于2020年1月24—25日的调查数据分析》，《国家治理》2020年第Z1期；陈雅婷：《新冠肺炎疫情防控中的社会心理和社会心态研究》，《湖北经济学院学报（人社版）》2020年第9期；余国良、靳娟娟：《论疫情防控常态化背景下的社会心理服务建设》，《中国德育》2020年第17期；许燕等：《公共突发事件与社会心理服务体系建设（笔会）》，《苏州大学学报（教科版）》2020年第2期。

第二节　灾难社会心理呈现形态与社会特征

一、正性、中性、负性：三类呈现形态

与个体的灾难心理反应不同，笔者着重研究群体的灾难社会心理反应，观测其不同的表现形态及其社会特征。从心理学研究的个体心理反应性质结论来看，灾难威胁来袭，同样会对群体产生积极（正性）社会心理、消极（负性）社会心理，但以后者为主；当然，还有介于两者之间的中性社会心理反应状态。灾难积极社会心理，是指社会群体或社会整体对于灾变预防、应对和恢复（尤其是灾难来袭的冲击），具有适度社会唤醒、社会情绪唤起、注意力集中、积极应灾动机的社会心理状态。它有利于针对灾变来袭的正确应急决策和能力发挥，能有效应对灾变。相反，灾难消极社会心理，一般是指社会群体或社会整体对于灾变预防、应对和恢复（尤其是灾难来袭的冲击），产生过度唤醒（焦虑）、紧张，过分的情绪唤起（激动）或低落（抑郁），以至于出现应灾认知能力降低、自我概念不清、被动应灾的社会心理状态；它妨碍社会正确评价灾变情境和应急决策，难免贻误社会应灾时机、抑制社会应急能力发挥。无论是哪一性质的灾难社会心理，都涉及社会动机、社会情绪、社会心态、互动影响（人际关系）、集群行为、集群心理等不同的社会心理维度或类型（如表14-2所示）。

表14-2　三类不同性质的具体灾难社会心理

维度类型＼性质状态	应灾积极社会心理	应灾中性社会心理	应灾消极社会心理
社会动机	安全需要	概念回避	责任回避
社会情绪			恐慌悲伤
社会心态		概念回避	社会愤懑
人际关系	利他互助		社会冲突
集群行为	社会记忆	群体跟风	社会传言
集群心理	抗逆共识	社会木讷	群体癔症

(一)灾难社会心理负性反应

1. 社会恐慌

这是因灾而致的一种负面社会情绪,是一种灾难来袭时最主要的社会心理反应。社会情绪即社会中人们普遍对某种客观事物或情境的知觉反应,会产生应激情绪。如突发事件中出现群体性的惊叫、哭喊、逃窜、抢购等急迫性行为,以及分心、失能(失智、失语、失忆)等急性应激心理障碍(PTSD);也有人表现出惊恐、蜷缩、失眠、烦躁、焦虑等慢性应激心理障碍。这些或可称为"集体性恐慌综合征",或可称为"消极性社会激情"。这种情况大多数是因灾自发产生的,也有群体内部相互感染的一面。

2. 集体悲伤

这也是因灾而致的一种负面社会情绪。面对突发性灾难即时造成失去亲人或巨额财产(珍贵物资)的场景,人们不由自主地产生群体性悲哀、哭泣、悲恸。当然,这是一种即时性的集体悲伤。集体悲伤也可能随着灾难发展而发展,随着灾难结束而结束;也可能在一定条件下,人们化悲痛为力量,重新振作起来以抗灾救灾。

3. 社会愤懑

这是因灾而致的一种负面社会心态。社会心态是人们对社会环境共有的态度反映,是社会当中人们普遍持有的某种态度、某种情绪情感体验及意向等综合心理状态,对人们的行为方式和价值观产生影响,进而对经济社会发展产生影响。[①]社会愤懑的具体表现为生气、愤怒、埋怨、拒绝、否定等情绪,也有谩骂、报复、攻击等行为,往往会有三种类型:一是因公愤懑(泄公愤),二是因私愤懑(泄私愤),三是相互愤懑(互泄愤)。灾难中公众因公泄愤主要针对两种情况:一方面,针对责任者失职失责诱灾等,或救灾抗灾不力;另一方面,针对肇事者的乱作为致灾或其救灾不担责、不作为。

4. 社会冲突

这是灾难(事件)突发衍生的一种消极性人际关系和行为。冲突是一种常见的社会现象,也是一种常见的社会心理和人际关系行为。在社会心理学上,冲突是指个体或群体在心理上感受到另一方实施了不利于自身的行为,并由此进行反击的现象,[②]通常包括口角、肉搏、械斗、战争(最激烈的形式),[③]以及仇视、

---

① 沙莲香:《社会心理学(第四版)》,中国人民大学出版社2012年版,第14、217—218页。

② 金盛华:《社会心理学(第二版)》,高等教育出版社2010年版,第432页。

③ 周晓虹:《现代社会心理学》,上海人民出版社1997年版,第317—320页。

观念冲突乃至社会嫉妒等具体方式。[①]社会群体事件（社会安全事件）本身就是一种社会冲突，如关于土地利益的冲突、劳资关系冲突，还有借机泄愤、法不责众、逆反心理的打砸抢烧行为。而在其他灾难性突发事件（自然灾害、公共卫生事件）中，也可以看到因灾害引发的社会冲突，如医院里的医患关系冲突，自然灾害中社区居民与警察的冲突；等等。这些冲突都不利于灾害应急本身的顺利展开。

5. 社会传言

传言（rumour）、传闻（hearsay），一般是指社会公众对因某个问题而引发的未经确证或不能确证的信息或消息报道，通过非正式的口头或当今社会的自媒体方式在人际之间传播。[②]它有消极性的，也有积极性的，还有中性的。这里将传言细分为六类：（1）谣言，有意捏造并任意传播的消息。（2）流言，无意讹传的消息。[③]（3）小道消息，有意或无意传播的，或许真实或许不真实的消息。（4）迷信消息，这其实是一种真实的信息，只是因为它缺乏科学性，以至于在社会上以讹传讹；它对灾民具有很大的迷惑性，对灾难应急具有很大的巫术性。（5）社会污名化（stigmatization）消息，就是一个群体将人性低劣等偏向负面的特征，刻板印象化，强加在另一个群体之上，并加以维持、不断传播和传染给整个社会的动态过程，[④]它与谣言、流言的不同在于：污名化包含放大对方缺损特征而有意加以传播。（6）民谣（段子），这是反映整体社会心态或民意的一种民间歌谣或诗歌，[⑤]念起来朗朗上口，还附有唱调，意境深远，或嬉笑怒骂，或揶揄嘲讽，或积极向上，或消极对抗，反映一时的社会风尚、舆论趋向和民风民心，有时候还对风险预防乃至应急处置具有一定的启发性。

关于灾难的传言，会有三个小类：（1）关于致灾原因的传言，如某地建筑物突然倒塌导致人员伤亡，有人传言是因为那个地方的风水不好（这里的“风水”就是一种迷信，真正的风水学其实就是建筑环境学）。（2）关于灾难应急处置手段和方法的传言，比如2011年日本因地震导致福岛核泄漏，有人放出谣言，说海带、碘盐能抑制核辐射，以至于一些商家的海带、碘盐被一抢而空。（3）关于灾难

---

① ［奥］赫尔穆特·舍克：《嫉妒与社会》，王祖望、张田英译，社会科学文献出版社1999年版，第1、177—179页；颜烨：《安全社会学（第二版）》，中国政法大学出版社2013年版，第16—17页。

② 郑杭生：《社会学概论新修（第五版）》，中国人民大学出版社2019年版，第394页。

③ 周晓虹：《现代社会心理学》，上海人民出版社1997年版，第427页。

④ 转引自杨善华：《当代西方社会学理论》，北京大学出版社1999年版，第336页。“社会污名化”概念最初是由德国著名社会学家诺贝特·埃利亚斯首先提出的。

⑤ 沙莲香：《社会心理学（第四版）》，中国人民大学出版社2012年版，第321—323页。

终结的传言，这方面现代网络上也有人开出一些医疗“偏方”或社会性“偏方”以结束灾难。

在灾变升级时期，比灾情或疫病感染更快的是谣言性情绪感染。谣言有时比瘟疫更可怕，因为它不仅仅感染患者，还感染健康大众；一旦感染，则会蛊惑整个社会。谣言止于真相，止于大众的理性辨识和人际信任，止于应急舆情的正确引导和把控。当然，从社会学角度上看，谣言也是有社会分层的：中低端谣言容易被攻破、阻抑，影响范围相对较小；高端谣言能量巨大，有时很难攻破，其后果会更为严重。所以，在这方面社会心理工作者与政府和专家的联手应急，或者独立判断开展应急干预，对提升受众信心都很重要。[①]

6. 群体癔症

群体癔症（mass hysteria），是人们面对现实中的重大突发事件或想象中的灾变事件时，由于心理过度紧张而集体性地发生身心不良反应的现象。这是一种典型的因灾而致的负面集群心理，[②]它与社会恐慌有一定的关系，有时是恐慌的一种直接后果。

7. 责任回避

回避是一种心理动机，也是一种态度。责任回避是一种不利于灾难应急处置的负面动机，动机不良，人数相对较少，与后述的“概念回避”是两码事。责任回避有多种表现形式：（1）分内责任回避，即当权者或肇事者不愿意介入灾难处置或承担肇事责任，而有意回避应担之责。（2）分外责任回避，即“事不关己，高高挂起”，既然灾难与我无关，就不愿意参与承担社会道义责任，甚至于担心惹麻烦、引火烧身，采取一种明哲保身的做法。（3）“法不责众”心理，其实行动者混在临时聚集的群众中实施打砸抢烧行为，是以责任回避为前提的。行动者会认为，既然大家都在实施不合理行为，有成千上万的人，最终警察要逮住谁来处理呢（匿名化心理）？最后处理责任人可能不了了之。正是这种因政府难以责众的想法，使得他们夹杂私愤和公愤实施暴力行动。

（二）灾难社会心理中性反应

1. 概念回避

在个体心理学上，回避动机是与趋近动机相对而出现的心理动机。勒温指出，趋近动机是由正性刺激激起的行为能量，或者使行为指向正性刺激方向的动机；而回避动机则是由负性刺激激起的行为能量，或者使行为指向负性刺激

① 颜烨：《基于灾变场景的社会动员与应急社会学体系建构》，《华北科技学院学报》2020年第3期。

② 郑杭生：《社会学概论新修（第五版）》，中国人民大学出版社2019年版，第395页。

方向的动机。[①]面对灾难，一些公众往往有意不参与或不提起这种让人惊愕、悲伤、烦躁的灾事情境概念，因而产生一种社会性否定、拒绝、回避的动机，即概念性回避动机，与俗语中的“一朝被蛇咬，十年怕井绳”等现象类似。它也是一种社会态度，但与社会麻木（木讷）心理不一样。这种心理动机或态度既谈不上积极，也谈不上消极，与上述的“责任回避”是两码事。

2. 社会木讷

社会（或群体）对正常刺激没有反应，即所谓精神麻木或心理应激失灵现象，是一种集群心理。就灾难应急而言，会包括以下几种情况：一是如前述所谓因突发灾难导致过度紧张，从而造成“人慌无智”（负反应），就有这种心理现象，但不完全包含，是一种假性木讷；二是对风险的灾难性后果（危害性程度）未曾预见，感觉木讷（真性木讷）；三是因为有些人对类似灾难见得太多，人们面对日常不大不小的常态性灾难风险，习以为常、一如既往、熟视无睹（零反应），心理上产生了麻木感（半真半假木讷）；四是存在一种责任分散心理现象，即面对突发极端事件，人们往往觉得“即使我不干预，别人也会去干预”的想法，结果大家都这么想，谁也没去干预，以至于出现了灾难性场面，[②]国人一般称为“社会冷漠”心理（半真半假木讷）。

3. 群体跟风

这是一种常见的集群行为，即便遭遇不大不小的灾难场景，也会显现，有人积极应灾，大家也跟着积极应灾；无人应灾，大家也跟着没有反应。它所体现的是一种不假思索的从众心理，谈不上是积极心理还是消极心理。这类群体应灾中最关键的因素是，要培养应急带头人或倡导者（应急社会精英分子），发动群众参与。

（三）灾难社会心理正性反应

1. 安全需要

需要是一种个体的基本心理动机。在马斯洛那里，安全需要是个体人的基本需要层次，[③]一种求生的欲望和内在动力。对于社会来讲，齐心合力开展减灾预防、灾难积极应对或灾后恢复，都是群体或社区最基本的安全需要。因此，社会安全需要是一种积极的社会心理动机，有利于群防群控、群策群力的群体应急。

---

① 回避动机，360百科网，https://baike.so.com/doc/29108223-30590057.html。

② LATENE B, DARIEY J M., Group Inhibition of Bystander Intervention in Emergencies. *Journal of Personality and Social Psychology*, 1968.10(3).

③ MASLOW A H., A Theory of Human Motivation. *Psychological Review*, 1943, 50.

2. 抗逆共识

群体要是有了安全需要的心理动机，就会千方百计形成抗灾救灾的集体意识和理念，我们称为“抗逆共识”。这种共识一旦形成，会形成强大的人际合作抗逆力，在历史上曾一度呈现为“人定胜天”的极化理念。它往往覆盖应急管理四个环节，是一种全过程化的积极应灾集群心理，在行为上具体表现为集体预防（群防）、集体准备（群备）、集体响应（群控/群应）、集体重建（群建）。

3. 利他互助

助人行为是一种基于利他主义动机的亲社会行为，即有利于他人、自觉自愿帮助、无私奉献不图回报乃至牺牲自我的人际关系行为。[①]在灾难应急和救助中，人们往往会有发自内心的助人理念和行为，比如2008年汶川大地震发生，很多年轻人就自发驱车前往灾区救助，很多企业自觉慷慨解囊救济，从而在全社会形成“一方有难，八方支援”的集群行为和良好风尚。

4. 社会记忆

人们对灾难的记忆往往刻骨铭心，整体上体现为一种社会记忆，一种集群行为或心理。死亡是灾难冲击最直接的后果，对整个社会而言，人们围绕罹难者的纪念便为灾难记忆保持了最持久的温度。当然，灾后人们的创伤性记忆或教训很难对灾害场景完全存留，因而在心理上形成一种“记忆之场”，即人们对灾难的记忆依附特有的符号与象征物（纪念物或纪念仪式）以汇聚集体的认同，从而实现记忆的传承。[②]这种社会记忆逐步沉淀为灾难文化、应急文化，为世世代代应对灾变铺垫了减灾预防的理念和心理基础。

二、主体、时空、衍变：多维社会特征

灾难应急的多种社会心理在总体上会显现出一定的社会特征，笔者拟从人群（主体）、场景（空间）、时间、事态衍变与适恰五个角度进行归纳。

（一）人群层面：集群性与共振性

个人心理或行为反应，不能称其为“社会”心理。在灾难应急面前，临时集群性才能显现灾难社会心理。与日常静态的或统计意义层面的“群体”概念不同，“集群”特别强调群体临时聚集的动态性，即因灾“集动”爆发行为；既有“在地

---

① 郑全全、俞国良：《人际关系心理学》，人民教育出版社1999年版，第299—300页。

② ［法］皮埃尔•诺拉：《记忆之场——法国国民意识的文化社会史（第二版）》，黄艳红等译，南京大学出版社2017年版；王瓒玮：《战后日本地震社会记忆变迁与灾害文化构建——基于阪神淡路大地震为中心的考察》，《南京林业大学学报（社会科学版）》2017年第4期。

集群”，也有“隔空集群”（尤其在现代信息社会，比较突出）。上述各种社会心理形态就具有集群性的特征，具体表现为自发性、无组织性、不稳定性、共振性等特点。

所谓灾难社会心理的共振性，就是指临时聚集的群众，在生理、心理和行为上同时因灾自发产生共性振动的状态，即在同一个时间段里自发呈现群体性号叫、惊呼、恐慌、悲伤、暴动、传言、回避、癔症、互助和安全共识等。这种心理共振性与灾难本身共振是同时发生的，如2011年日本地震海啸引发的次生灾害核污染，继而又引发了世界范围内抢购碘类制品等现象，即社会共振现象。

（二）场景层面：无序性与匆迫性

从灾变场景（空间）层面来看，在场成员均存在心理行为上的无组织性，即无序性、匆忙紧迫性，不讲规矩，各自逃窜，心理焦急，动作变形，非常急迫，由此导致整个灾变现场混乱不堪。即便是在互联网空间，也表现为信息杂乱无章、难辨真假、难辨正误、删增无据。

这主要归结于两方面：一方面是社会不合作，群体内部、社群之间、政社之间合作失效失败；另一方面是行为不合理，慌乱中的人们不可能按照常规法律规则或社会常理行动。[①]

（三）时间层面：同时性与阶段性

灾变场景社会心理的集群性和公正性还可以延伸为时间上的同时性，而这集群共振还具有阶段性，即在后一个阶段会表现为与前一个阶段不一样的社会心理。也就是说同时性具有阶段变化，不同阶段中包含同时性，相互交错。

最典型的灾变社会心理是，灾难突发时，社会同时表现为不合作、不合理的恐慌状态，或回避责任，或木讷无反应；到了灾难临近结束或恢复重建阶段，社会成员又同时表现为在政府有组织的安排下，开始形成救灾共识、合作互助，有序恢复生产生活。

（四）事态衍变层面：阵发性与继发性

随着灾难的阶段性衍变，人们在心理上也会产生阵发性或继发性的反应特征。所谓“阵发性社会心理”，是与上述不同阶段的同时性相关联的，通常表现为同一种社会心理反应在不同阶段反复出现，但中间会有间歇暂停状态。

所谓“灾难社会心理继发性”，一般是指灾难本身产生衍变，导致人们的社会心理也发生转换，包括前述的阶段性变化。但这里的继发性，正如一些学者强

---

① 周晓虹：《现代社会心理学》，上海人民出版社1997年版，第426页。

调的灾难社会心理的“涟漪效应”“波及效应”，包括次生灾难社会心理和衍生灾难社会心理。[①]某种灾害可能会带来次生（secondary）灾害，如新冠疫情大规模的消毒及其剂量使用，让人们担心未来生活环境的极度污染，即所谓环境恶化的社会焦虑。与此同时，一些灾害也会诱发衍生（derivative）灾难，即某种社会灾难，这在历史上比较普遍。例如，自然灾害诱发农民起义的反政府集群行为；2005年美国卡崔娜飓风之后，由于当地政府应对失策，灾区社会秩序完全破坏，导致群际间（黑人与白人）种族价值观激化冲突。

（五）适恰层面：正反应与误反应

从公众对灾难（事件）的社会心理反应是否适恰来看，具有正反应和误反应的特征。所谓正反应，就是公众或受灾群体对灾难（事件）有正确的、适恰的心理反应；所谓误反应，就是前述的木讷无反应心理、过度恐慌心理等，不能正确对灾难（事件）后果及其程度有恰当的反应。正反应、误反应涉及诸多因素和心理机制，将在后面详述。

有学者提及灾难社会心理“台风眼效应”，即外围民众所感受到的灾难严重程度，高于灾难中心区的直接受灾群体。这类外围群体反应的共振特征，使灾后影响触及的社会群体与区域更为广泛、迅速，引发社会事件的可能性会进而增大。这就显现了同一场灾难的不同集群心理特征。[②]

第三节　风险感知的社会心理机制及其因素

一、风险感知的社会心理机制

上述灾难（事件）社会心理的呈现，其背后均有一定的发生机理，主要在于不同社会群体对于同一风险的感知机理不同，同一社会群体对不同风险的感知机理也不同，不同群体或同一群体对风险不同阶段演变的感知机理也不同，因而会产生多种形态的灾难社会心理。这里，笔者按照一些学者将社会心理系统分为社会影响（群体内部相互作用对个人的影响）、社会互动（人与人之间的相互作用和关系）、社会认知（人对事物的知性评判和价值取向）等不同角度，[③]对风险感知

① 许燕：《后灾难时代的涟漪效应与社会心理应对》，搜狐网，https://www.sohu.com/a/399919751_260616，2020-06-05。

② 许燕：《后灾难时代的涟漪效应与社会心理应对》，搜狐网，https://www.sohu.com/a/399919751_260616，2020-06-05。

③ 金盛华：《社会心理学（第二版）》，高等教育出版社2010年版，第4—5、7—11页。

的社会心理机制进行归纳分析。

(一)社会影响层：感染、模糊、压迫机制

一场灾难，会使当事群体内部或社会内部相互作用，从而对个体产生影响，具体表现为情绪感染、模糊从众暗示和群体压力等社会心理机制。

1. 灾难情绪感染机制

社会感染机制即是社会成员在相似情境中产生相同的情绪和行动的作用过程，可分为正向感染（高兴或欢喜）和负向感染（悲伤或恐慌）。一场灾难来袭，临场成员因同处灾变场景，难免同时产生共振性的恐慌、悲伤、压抑、愤懑、癔症心理，而且这种负向情绪相互感染，循环反应（布鲁默等），[①]快速、非理性、无意识地叠加强化。

2. 风险模糊反应机制

无论是熟人环境还是陌生人环境，一旦遇到突发事件，都会临时产生一种模糊情境，即事态发展不确定性情境。因为模糊，会产生两个分支心理机制：

（1）从众心理机制。这是一种常见的群体心理机制，即个体受到某个群体影响（情境模糊或他人行为引导）而不假思索地产生与多数人行为一致的适应性心理反应。

（2）社会暗示机制。一般是人们对某种模糊信息不假思索地加以接受，并以此做出一定行为反应的相互过程。它是从众心理的变种。孙本文将之分为直接、间接、自我和反向暗示，[②]也可以根据信息特性分为正向暗示和负向暗示。对于一场灾难来说，一般是灾情和他人情绪的直接负向暗示，从而使自己也不由自主和来不及思索地产生从众行为和心理反应，如恐慌、悲伤、压抑、愤懑、癔症心理；如果在场成员都是这种状态，就是一种群体相互暗示、相互从众。

3. 灾难群体压迫机制

只要有群体，内部即会产生一种群体规范性压力。由于成员担心自己的行为与他人格格不入而被嘲弄或处罚，因而大伙儿会不加选择地“求同于人”，从而产生群体跟风心理。

但是对于处于灾难（事件）中的群体来说，还可能产生一种紧迫性的压力机制，即紧急压迫规范机制。这源于各种因素：灾情不可预测性、损失后果不确定性、他人急迫逃窜行为引导、他方对己的攻击行为等，迫使人们不论有意识还是无意识，都必须做出行为选择，或惊慌逃窜（自然灾害或事故灾难），或攻击对方

① 郑杭生：《社会学概论新修（第五版）》，中国人民大学出版社2019年版，第397—398页。

② 孙本文：《社会心理学（下册）》，商务印书馆1946年版，第383页。

（社会群体事件），等等，以保护自己。

（二）社会互动层：沟通、传播、交互机制

对于灾难（事件）社会心理来讲，群体人与人之间的风险沟通、信息加工传播、行为的动机和动力等互动机制更为重要。

1. 人际风险沟通机制

风险沟通，实质是人际沟通，即群体内部人与人之间、群体之间、个人与群体之间对于风险（事件）信息（致灾因子、致灾过程等）的互动沟通。在共同面对风险（事件）的群体内部（风险共同体/命运共同体），风险沟通机制尤为重要。从巴克尔意义的沟通七要素来看（如图14-1所示），[①]风险沟通机制同样涉及七个要素：（1）风险信息源，即谁发出的或源头在哪儿；（2）风险信息，即灾种或隐患是什么及风险等级程度如何；（3）通道或方式，即感知器官或多种媒体；（4）风险信息受体接收者，即大众或特定人群；（5）反馈与理解，即接收者回给发出者的状况，对信息的理解涉及信息接收者的经验知识与思维深度；（6）风险沟通障碍，对风险有效传播具有阻抑性，需要预估和处置这类障碍；（7）背景条件，包括共同的沟通语言、物理环境、心理条件（情绪）、社会地位、文化背景等。

从沟通效果来看，风险沟通分为有沟通和无沟通、有效沟通和无效沟通（含沟通失败）、适恰沟通与变异沟通。要达到有效沟通、及时科学应对风险和灾变（事件），上述七个要素缺一不可，其中通道或方式、反馈与理解对于沟通效果尤为重要。前述的社会冲突、社会木讷、过度恐慌等心理反应，都是无沟通或无效沟通（沟通失败）的后果。

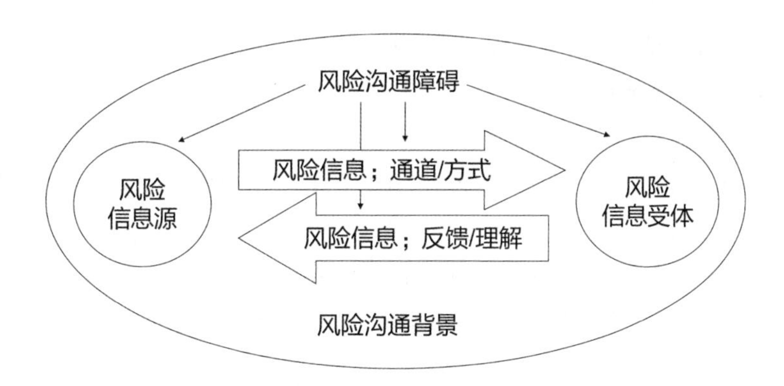

图14-1　基于巴克尔沟通七要素的风险沟通机制

① BARKER L L., *Communication*. New York: Prentice-Hall, 1987.

2. 信息加工传播机制

信息加工传播对于风险防范、灾变（事件）有效应对同样重要。对信息正确理解、合理加工和传播，则能化险为夷；若是错误理解、歪曲加工和传播，则会加剧风险的灾变（事件）进程和使灾难后果扩大。在社会心理学上，信息加工传播机制非常多，这里选取两种进行简要介绍。

（1）信息"精加工似然模型"（elaboration likelihood model），即信息受体在心理上对信息加工分为两种线路：一是中心线路，即信息接收者主要根据信息内容的质量和可靠性、对信息的理解和逻辑判断，然后决定采取何种行动的心理反应；二是边缘线路，即信息接收者根据传播者的外表或吸引力、信息表面特征、宣传说服次数等，然后决定采取何种行动的心理反应。[①]对于处于灾变（事件）场景的人群来说，可能无法做出"中心线路"的信息加工选择，多半采用"边缘线路"稍加判断，即做出某种心理和行为反应。但是在日常减灾预防和应急准备中，中心线路是重点，即需要把风险（事件）说准确、说透彻，以便公众做出适恰的正反应；在平时，边缘线路往往是辅助性的，主要是唤起公众的参与兴趣和对风险的注意力。

（2）谣言信息的歪曲加工和传播机制，其一般有三种：[②]一是削平，即再传者将信息中他（她）认为不合理的成分削掉，使之变得更短、更明确、更容易被接受，从而更容易吸引人；二是磨尖，即信息接收者将削平的信息断章取义，按照自己的口味和兴趣，突出某一点并充实、确定化，舍掉其中令人难以置信的东西；三是同化，即再传者把接收到的信息，继续添油加醋、添枝加叶，使传闻更像真的一样。因此，在真相没有公布之前，谣言往往左右公众的心理和行为反应，从而使灾变（事件）风险变得更加不确定、不易识别，灾变后果更严重化。

3. 风险人际交互机制

人际交互心理，即在人际交往互动中，社会成员之间能否激发产生情感交互、思想交流、互励互赞、利益交换、相互支助的心理现象。它与成员的需求动机有关，是一种微妙的心理机制，但影响中观、宏观互动。如前所述，群体内部人际交互一般会产生社会助长与社会干扰、社会激励与社会惰化、社会互助与社会侵犯、社会合作与社会冲突等几类具体的相关现象。社会成员面对突发性灾难（事

---

① BARON R A, BYRNE D., *Social Psychology*. Boston:Viacom Company,1997:132；金盛华：《社会心理学（第二版）》，高等教育出版社2010年版，第375—376页。

② ［美］C.奥尔波特、L.波斯特曼：《谣言及其传播分析》，载周晓虹：《现代社会心理学名著菁华》，南京大学出版社1992年版，第250—254页；周晓虹：《现代社会心理学》，上海人民出版社1997年版，第431—432页。

件)，一般会不由自主地产生一连串心理反应。前述的利他互助心理、安全应急共识等就是社会助长、社会激励、互助合作的反应，内在地包含互励互赞、互相保护、相互支持帮助等因素；而社会冲突、责任回避、概念回避，则是一种社会惰化、相互攻击和侵犯的反应。

(三)社会认知层：选择、缩放、记忆机制

从社会认知心理层面来看，社会成员一般涉及自我认知、人际关系认知(如群体认同)、文化认知(如民族文化认同)、事物或环境认知(如风险感知)等社会心理现象。

1. 灾难行为选择机制

社会成员的内在动机是一种基于自我概念和需求(目的性需要)的认知，而外部动机则是源于对外在环境因素感知的结果，可分为有意识动机、无意识动机、潜意识动机，或者分为认知性动机、情感性动机等。行为选择基于动机，是认知性动机、情感性动机的综合结果。社会成员面对突发性灾难(事件)，其行为动机一般是快速自发地反应出来的，有时候体现为一种本能无意识动机。当然，无意识或潜意识动机，又是平时需要理念和常态需要心理的临时紧急反应。因此，成员面对灾难(事件)，无论是迅速自发地产生基于安全需要的安全互保共识的积极社会心理，还是基于安全自保(明哲保身或苟且偷生)的消极性责任回避、概念回避心理，都是内在安全动机的外在应灾行为表现，是一种紧急性选择心理机制。

2. 风险感知缩放机制

风险感知就是指主体关于某种特定风险有无、风险源头、风险等级程度、风险演化路径乃至风险未来结果的主观心理认知活动，主体以此作为是否逃离回避、改变处境或接受风险的态度及行为决策的判断依据。风险感知是一个复杂的社会过程，涉及个体、社会群体或组织、监测手段或方式乃至文化环境，因而风险感知的过程和结果，就会呈现出放大或缩减(弱化)的状态。典型的事例如天气预报(涉及监测手段方法的科学性问题)。风险感知缩减效应即会造成重大的心理、社会经济及政治上的影响。整个风险感知缩放过程或机理如图14-2“卡斯帕森的风险放大效应框架”所示。[①]前文所述的过度恐慌、社会木讷、风险回避、应灾共识等灾难社会心理均与此有关。

---

① KASPERSON, R E.,“The Social Amplification of Risk:Progress in Developing an Integrative Framework”, *In Social Theories of Risk*,Edited by KRIMSKY,S, GOIDING D, Westport, CT: Praeger,1992, pp153-178.

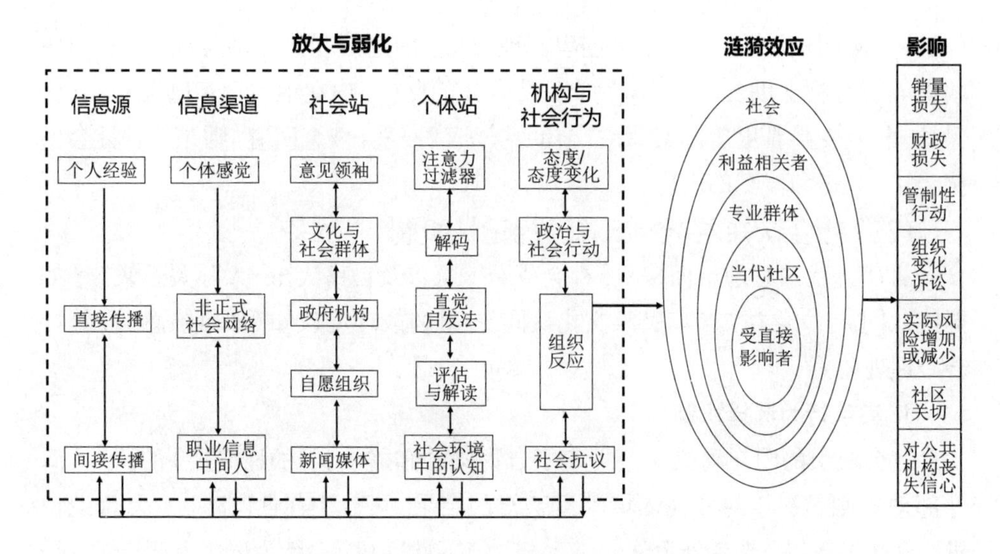

图14-2 卡斯帕森的风险放大效应框架①

3. 灾难社会记忆机制

记忆，在个体心理学上，是指人脑对经历（直接或间接）的事物进行识记、保持、再现或再认的心理活动，属于社会认知心理学范畴。根据内容来划分，记忆包括形象记忆、情感记忆、动作记忆、逻辑记忆；根据时间来划分，记忆包括瞬时记忆、短时记忆、长久记忆。

灾难（事件）是一场悲剧，是一所学校。人们通过灾难的亲历感受、故事讲述、史料阅读、剧本重现等形式，对灾难（事件）的惨重尤其是生命死亡，刻骨铭心地加以记忆。这种记忆是对灾情（事件）的认知，是一种集体认知、集体化记忆、社会性记忆，通过事件刺激—社会关注（注意）—社会学习（强化复述或会议检索）的社会心理过程，从而形成长久记忆，历史地沉淀为一种灾难文化、应急文化，世代相传。这对于预知未来类似风险和减灾准备、突发应对具有基础性的社会心理作用。灾难（事件）社会记忆的基本过程机理如图14-3所示。

① 转引自王锋：《当代风险感知理论及其发展流派、趋势与论争》，《北京航空航天大学学报（社会科学版）》2014年第3期。

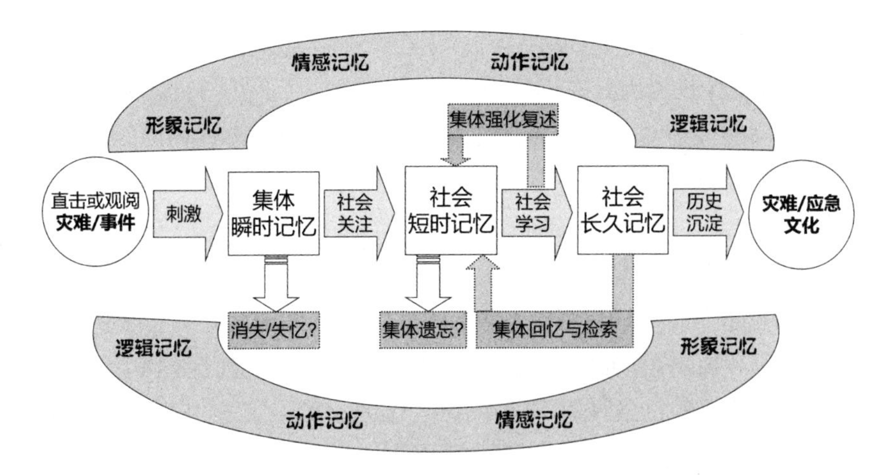

图14-3 灾难（事件）社会记忆的基本过程机理

二、风险感知变异的影响因素

人们对风险、灾难（事件）之所以出现负反应、心理感知变异，或过度，或木讷，或放大，或弱化，其原因是多方面的。这里笔者构建“事件—过程—主体—环境”的分析框架（模式）对风险感知变异进行简要归纳分析（如图14-4所示）。这与上述图14-2所示的“卡斯帕森的风险放大效应框架”有一定的兼容性。

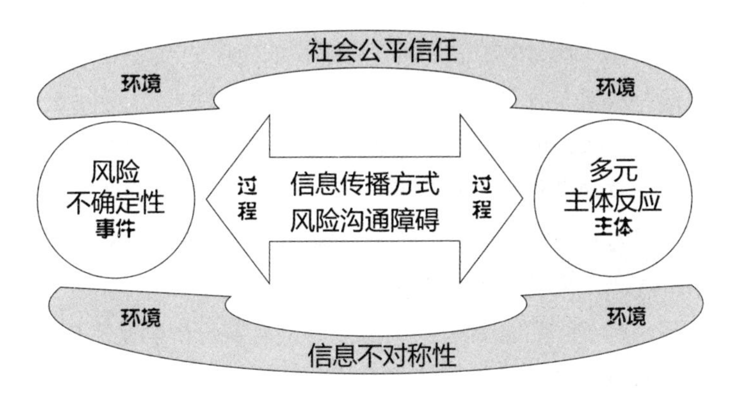

图14-4 基于“事件—过程—主体—环境”模式的风险感知变异分析框架

（一）事件：风险不确定性

灾难（事件）均源于风险。风险是人类社会发展进程中的客观现象，风险的自行动态演化和阶段性变化也是不以人的意志为转移的，因而风险在客观上具有不确定性。但是，人类理性可以根据风险的阶段演化规律加以控制，从而使之朝着有利于人类安全发展的方向演变。风险的不确定性主要表现在三个方面（因灾种不同而略有不同)。

(1)风险发生的原因具有不确定性。尤其是地震、火山等自然灾害的爆发,目前人类探测理性还难以完全弄清楚。即便是社会群体事件的原因,也是各执一端。这些原因分析常在专家领域、政府领域引发争议。风险发生原因的不确定性,决定人们应急心理的不确定性。

(2)风险演化的过程具有不确定性。这同样有超越人类科技理性、组织理性、制度理性的一面。风险演化过程尤其是群体事件演化过程,会带来与当事人、与观众不一样的期待结果,使得应急参与者心理上更加捉摸不定。

(3)风险演化的结果具有不确定性。"结果交给上帝"的应灾结果,人们只会滋生迷茫心理。这需要政府主导下多方合作,共克时艰,抵御灾害侵蚀。

(二)主体:多元主体反应

应对灾难(事件)的主体是多元的,离不开政府、企业、社会组织(事业单位)、公众,离不开政府官员、企业主、白领员工、蓝领工人(农民工)、农民、街坊居民等。具体到某一场灾难,包括各类受灾主体(群体事件制造者同时也是受灾主体)。如前所述,每一主体的实践经验、环境或风险熟知程度、应灾能力、知识水平、风险感知方式、价值理念等不同,因而应灾的心理反应、反应速度、行动选择、心智水平也就不一样。而针对不同灾种,不同主体对风险熟悉程度和感知程度也不一样,但政府及其领导人始终立于应灾的中心位置(风险决策和应急的主要主体)。下面简要列出不同灾种中,拥有不同风险知识和个人生涯的个体或群体,对风险把控和反应的差异。

(1)对于自然灾害和公共场所安全,普通居民的风险感知和心理反应最为强烈,尤其是有丰富经验的底层居民和一线工作人员(社区物业员工和公共场所服务人员)最有发言权;其次是灾害科学专家。政府应该听取相关专家与当地经验丰富的居民的意见,果断决策是否应急。

(2)对于公共卫生事件,风险感知最深、最有发言权的是专门医生,他们也是专家,政府和民众应该听从他们的意见。

(3)对于企业事故灾难,一线工人对工矿企业的风险感知比较深刻,其次是安全工程技术专家。企业主各政府部门应该最先听听他们的风险评价和分析。

(4)对于社会安全事件(群体事件),最熟悉情况的主要是街坊居民、基层社区和村庄自治组织负责人、基层警务人员,其次是社会安全专家和政府领导人。他们之间配合行动,能够在一定程度上预防减灾和快速应对灾变。

此外,当然也是一个最重要的社会因素,即主体之间信息不对称性问题诱发诸多灾难或事态升级，导致大灾大难。信息不对称，原指竞争市场中，不同经济主体所拥有的信息量和质不一样，从而导致竞争结果不公平。在灾难（事件）应急过程中，也同样存在信息不对称问题。风险信息不对称必然产生“道德愤慨”和“道德恐慌”的消极社会心理。[①]

（三）过程：风险沟通传播

如前所述，人与人之间、群体之间、个人与群体之间关于风险是否存在沟通、是否有效沟通和传播、是否适恰沟通和传播，对成员的适恰反应、正确的应急准备和快速有效的应急响应至关重要。前面所指的七个要素缺一不可，其中通道或方式、理解和反馈通道是最为重要的要素。具体实际案例很多。

（四）环境：社会公平信任

社会公平与社会信任对于形成抗逆共识、齐心协力抗灾救灾、快速平息事态具有很重要的作用。社会公平与社会信任两者是相互促进的。只要公共组织资源机会分配公平，就能产生较高水平的信任（公信力）；社会公信力强，即是社会公平反映，也有助于提升社会公平感。公平与信任同时构成良性社会、和谐社会的基础。

第四节　从灾难社会心理转向应急社会心理

一、转向应急社会心理的“公交模型”

灾难社会心理更多地发自公众内心的不由自主的“被动反应”心理现象（我们称之为“被动态”），但作为应急社会心理，应该是各类主体力量（政府、企业、社群、公众）理性应对的“主动反应”心理现象（我们称之为“主动态”）。这应该是两者最根本的区别。既然是“主动态”，就涉及主体力量的理性化行动和作为。因此，从灾难社会心理转向应急社会心理，最主要的是基于各类主体的不同功能，形成“理性干预合力”机理（模型）来谈“转向”。这里打个比方，应急社会心理的形成就像一辆载着乘客的“公交车”，确保其安全正常行驶，需要五个方面的力量，行使五种功能角色（如图14-5所示的“安全公交行驶”干预模型）。要形成正向的应急社会心理，就必须将外在“干预”与内在“调适”相结合，公众本身是应急社会心理的自我“调适者”，政府、专家、媒体、企业或社会组织都是外在

① ［英］大卫·丹尼：《风险与社会》，马缨等译，北京出版社2009年版，第99—100页。

的“干预者”，政府是“强干预者”。

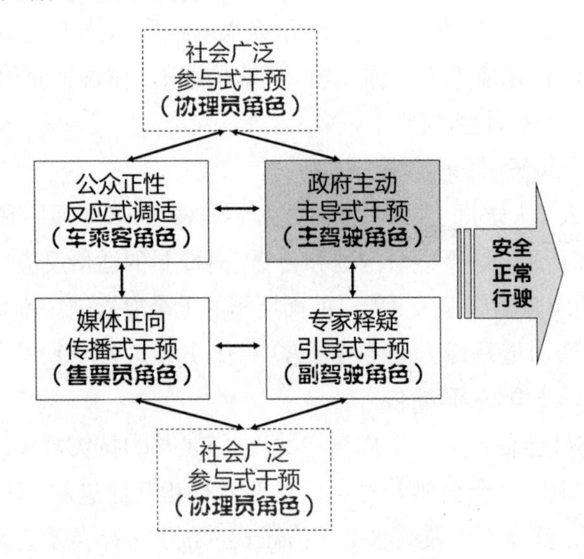

图14-5　从灾难社会心理转向应急社会心理的“安全公交行驶”干预模型

（一）政府主动主导式干预："主驾驶"角色

在现代宏观社会系统，尽管社会应急主要是社会力量的事务，但无论如何，政府都是国家治理、社会治理的主导者、领导者和主要干预者（强干预者角色）。因此，它不可避免地要承担主动态应急及其正性应急社会心理的“公交车的主驾驶”角色，负责全车乘客（包括售票员和副驾驶）的安全、秩序，这是其功能角色所在。换句话说，“主驾驶”要确保应急社会心理朝着有效沟通、形成抗逆共识、积极应对、冲突处理（故障修理）、群体和谐的正确方向“行驶”。

（二）专家释疑引导式干预："副驾驶"角色

专家作为应急事务的中高端专业技术人员，具备安全公交行驶的“副驾驶”角色，尽管兼具“学徒”角色。一方面，他们要为政府当好“安全行车”的技术参谋或向导；另一方面，还要负责车内乘客的答疑解惑。因此，专家在主动态应急、正性应急社会心理形成的过程中，干预任务不轻，干预责任不小，具有必要的释疑引导功能，属于“较强干预者角色”。

（三）媒体正向传播式干预："售票员"角色

在现代城市的公交车上，售票员不但承担基本的售票功能，还承担为乘客解答下车陌生地点的向导角色，同时兼具车内秩序维护的监督员角色、行车安全员角色。然而现代公交车的售票功能逐渐被机器刷卡替代，售票员角色逐步淡化，因此，要确保群体成员或公众对应急的积极心理反应，媒体除了正常充当政策宣传员角色，还要努力充当好风险信息正向传播、风险有效沟通的向导员、安全员、监督员角色，还得协助政府“主驾驶”疏导、安抚车内“乘客”的情绪，力图通过真相发布、避免谣言四起、现场维安等工作，营造正向暗示、抑制负面情绪、积极抗灾的氛围，总体上属于“弱干预者角色”。

（四）社会广泛参与式干预：“协理员”角色

这里的“社会”是指政府之外的各种力量，主要包括各类企业和社会组织。它们在各类灾难的风险预防、应急准备、应急响应、恢复重建过程中，广泛参与，有效带动应急事务。它们就如同现代城市公交系统中的十字路口向导、站台秩序维护等公交安全行驶的“协理员”角色。它们还得将“公交车”外部突发情况向“主驾驶”政府、“售票员”媒体等主动汇报和沟通，因为它们对促进社会主动应急、形成积极向上的应急社会心理和心态的作用不可小觑，相对而言，属于“较弱干预者角色”。

（五）公众正性反应式调适：“车乘客”角色

车乘客是安全公交行驶的主要角色。前面的各类主体都是促发正性应急社会心理的“服务者”角色、“干预者”角色，而公众则是应急社会心理的最主要“表演者”“被服务者”和“自我调适者”角色。整个应急事务过程（四个环节）就如同公交行程，公众作为“乘客”，一遇突发事件，就应该在“主驾驶”政府、“售票员”媒体、“副驾驶”专家的主导和引导下，在“协理员”社会的配合下，自我调适，正性反应，形塑抗逆共识，凝聚人心，主动齐心协力地抗灾应急。

二、正性应急社会心理的“十个小类”

前面在探讨灾难社会心理时提到安全需要动机、抗逆共识心理、利他互助关系、社会记忆行为几类正性社会心理。这里，仍然基于社会心理学的社会认知（包括自我观、感知和动机）、社会互动（人际、群际和人群际互动）、社会影响（群体内部作用）三个视角，对符合正性应急社会心理的类型进行选择简述（大体选择十个小类）。

（一）社会认知类正性应急社会心理

1. 安全需要社会动机

如前所述，人们面临灾变突袭，心理上第一反应则是安全保障，无论是安全自保还是安全互保，都是人的一种最基本的需要和社会动机。这种动机是养成正性应急社会心理的必要条件。

2. 安全互保价值取向

在社会心理学上，价值观是人们关于事物重要性的观念；价值取向则是人们对“特定事物”或“具体情境”所持有的价值观，是一种价值选择，对人的行为起着重要的定向和调节作用，甚至直接成为一种心理内驱力。[①]安全互保价值取向即是人们针对某种灾变场景（或未来灾变场景）时，人们彼此有着进行安全保障的心理动机，这种动机是集体性的价值理念和价值选择，贯彻减灾预防、应急准备、应急响应、恢复重建的全过程，指示人们采取共同安全行动而不是苟且偷生。

3. 抗逆共识社会心态

群体一旦形成安全互保的价值观和价值取向，则在灾变来袭时，就会自觉产生一种抗逆共识，并成为全社会普遍的、积极的、有信心的应急社会心态。

4. 风险感知适恰心理

如前所述，社会认知心理学特别强调应对突发事件，必须有事前（涉及减灾预防、应急准备）、事中前段的适恰性风险感知；风险感知放大或缩小（弱化），不但不利于应急救灾，而且会产生诸多不利后果。风险感知适恰心理的形成和锤炼，与个体的风险知识、环境熟悉程度、社会经验等密切关联。

（二）社会互动类正性应急社会心理

1. 利他主义助人行为

如前所述，利他主义是一种高尚的人格动机；助人行为则是利他主义的一种具体展示。应急响应环节、恢复重建环节尤其需要这种利他主义助人行为；如果群体成员都这样互动助人，就实现了抗逆共识基础上的安全互助，这是促进应急正向效应的。助人行为除了源于安全互保价值取向，也在于一个人平时需要有担当紧急助人责任的意识、学习助人技能、锤炼助人价值取向等。

2. 有效风险沟通心理

如前所述，风险沟通也是人与人之间、群际之间、人群际之间的关系互动。是否有效沟通涉及多种因素，但风险感知适恰心理是个体产生有效沟通的心理基础。

3. 应急有序互动行为

在一个群体内部或陌生的社会环境中，有序互动是应对灾变的有效方法。场面混乱不堪，只会引发更多次生灾难和衍生灾难。应急有序互动既源于熟人环境的平

---

① 金盛华：《社会心理学（第二版）》，高等教育出版社2010年版，第189—190页。

时演练，也有赖于有组织的行为的出现或“群体精英”的指挥。

（三）社会影响类正性应急社会心理

1. 应急服从社会心理

群体既有的规范压力或领导权威、专业权威等，对社会成员个体具有一定的威慑力和管束力。[①]因此，在应急管理四个环节中，适度施行正确的权威—命令模式，对于应急救灾具有很大的正性意义。这就要求应急处置中要适度将自发的从众心理，扭转为命令干预下的服从心理。

2. 应急社会助长心理

如前所述，社会助长（促进）心理对于灾变场景下的社会情绪恶化等有一定的解释力，但这种社会心理对于有效应急同样具有促进作用。当一个人的应灾或灾后慈善捐助行为、救灾响应中的英雄行为等得到鼓励和褒赏时，他们会彼此争先恐后地进行有效应急救助。这就是应急社会助长心理。

3. 应急社会合作心态

合作是不同个体或群体为达到共同目标而协同、配合行动，从而促使既有利于自己又有助于他人或社会的结果得以实现的行为或意向。[②]在应急管理四个环节中，人际合作、群际合作、全社会合作，均是安全互保价值取向、抗逆共识心态、安全互助行为的具体表现。社会应急合作有利于事半功倍。

三、应急社会心理的“力场效应”功能

正性社会心理在功能作用上会呈现为一种社会力、一种生产力，即“社会心理力”。这种心理力凝聚相关人群，融聚了人所携带的相关资源和能量，产生一种“磁场效能”，形成一种规模效应，从而对人们的应急管理和应急行动产生作用，我们称为“力场效应”（源于核物理学中的概念）。这种效应可分为两类：一类是融聚效应，另一类是辐射效应。融聚是辐射的基础，辐射反过来也促进融聚。这两种效应如图14-6所示，内圈为基于社会系统的融聚效应，外圈为基于应急管理环节的辐射效应。当然，如果是负性社会心理，一般“力场效应”不存在，因为人群及其携带的资源和能量不聚合。

（一）基于社会系统的融聚效应

从社会系统论角度来看（如图14-6所示），正性应急社会心理力场同样会产生经济效应（适应性的韧性能力）、政治效应（达鹄性的秩序能力）、社群效应

---

① 金盛华：《社会心理学（第二版）》，高等教育出版社2010年版，第352页。

② 金盛华：《社会心理学（第二版）》，高等教育出版社2010年版，第422页。

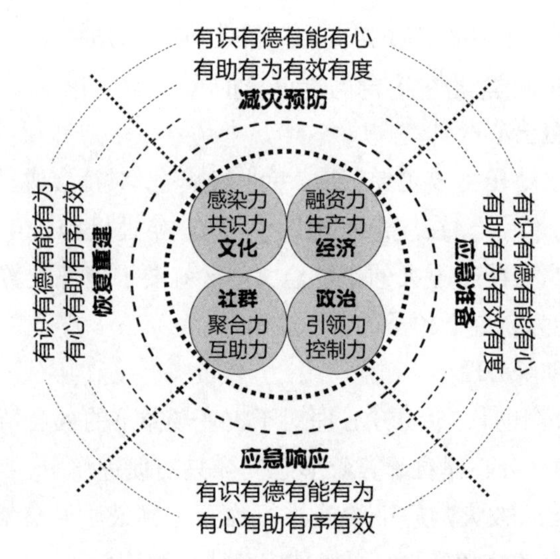

图14-6 应急社会心理力场的融聚效应与辐射效应

（整合性的合助能力）、文化效应（维模性的共识能力）。经济效应在于产生应急生产力、应急融资力；政治效应在于产生应急引领力、应急控制力；社群效应在于产生应急聚合力、应急互助力；文化效应在于产生应急感染力、应急共识力。

这类社会心理力场的融聚效应，用数学公式简单表示即 $SPFU=\sum_{i=1}^{n}(k_1P_n+k_2C_n)$；其中，SPFU为社会心理力场的融聚总量，$P_n$为参与的社会成员数量，$C_n$为成员正性心理种类数量，$k_1$、$k_2$分别为常量系数，$\Sigma$为社会成员聚合总量与正性心理聚合总量之和。

（二）基于应急环节的辐射效应

从应急管理四个环节来看，上述各类社会心理力渗透、辐射到各个阶段，从而使得应急社会心理力场的功能效应在于使得全社会有心、有识、有德、有能、有为、有助、有度、有序、有效参与应急。应急社会心理力场的辐射效用用数学公式大体表示即 $SPFI=kN^t$；其中，SPFI为辐射总规模量，N为社会心理力的数量，t为幂指数（$t<1$），k为常量系数。

应急社会心理力场的功能效应总体上概括为：韧性成熟、有序参与、合作互助、安全共识。

四、迈向“应急社会心理学”何以可能

（一）作为学科的基本界定

何谓应急社会心理学？应急社会心理学研究什么？能不能成为一种知识体系

的学科？在应急社会学中的地位是什么？这需要有一定的说明。

如灾难社会心理学偏重于对自然灾害的客观描述和原因分析，带有“被动态”的特征；应急社会心理学倾向于对所有灾种进行理性化的积极干预、驱使事物向好发展的分析，带有“主动态”的特征。那么，应急社会心理学（social psychology of managing emergency）可以初步界定为：是指人们运用社会心理学基本原理和方法，研究有效应对各类突发事件的社会心理现象及其变化规律的科学。当然，这一界定可以继续探讨和完善。

这一界定主要强调几个关键词：应急、有效性（正向理性）、社会心理、变化规律、各类突发事件。其中，包括人们自觉、主动运用社会心理学等理论和方法，去积极应对突发性事件；学科知识体系必须研究“规律性”的东西，否则不能成为学科研究对象。灾难社会心理学也研究积极应对和处置灾难，但只是其中一个方面；而应急社会心理学则比较聚焦主动态的应对。

应急社会心理学是应急社会学的重要分支；社会心理的社会服务，是一种特定化的社会行动。缺少这一部分内容，即缺乏应急管理的心理动力和应急共识凝聚力，对快速、有效应急的效率会大打折扣。

（二）三大方面的基础理论

学科知识体系必有一套基本理论逻辑体系。应急社会心理学的理论逻辑在哪里？是如同社会心理学那样，分为偏重于应激心理学的应急社会心理学和偏重于应急社会学的应急社会心理学吗？从上述几个部分的分析来看，笔者认为，它是两者的折中，既吸收了偏重心理学的社会心理学原理，也吸收了偏重社会学的社会心理学原理。前者更注重环节过程和内在心理机制，后者更注重社会因素和外在功能效应。同时还纳入了应急管理的知识，这方面的知识贯穿和渗透于应急社会心理学。

1. 应急管理类理论为“基”

关于诸类灾种的应急事务和应急管理，是应急社会心理学的具体对象所指，因而以应急管理知识理论为基底，是理所当然的。应急管理作为一项综合管理活动，其理论体系是综合的，本身就包含社会心理学、社会学理论在内，当然也包括政治学、公共管理学（行政管理学）、法学等理论。根据需要，大体而言，应急社会心理学涉及应急管理本身的内在理论如下。

（1）应急管理过程理论。即学术界将应急管理划分为几大过程和环节，各界流派分析不一。本书主要采用希斯、林德尔等关于危机管理、应急管理的阶段划分，即包括减灾预防阶段、应急准备阶段、应急响应阶段、恢复重建阶段四个环节。[①]应急社会心理渗透在这四个环节之中,前面已有所阐述。

(2)应急管理体系理论。关于这一方面,不同国家有不同界定。中国界定应急管理体系为“一案三制”,即应急预案和应急体制、应急机制、应急法制。其中应急管理体制目前概括为“统一领导、综合协调、分类管理、分级负责、属地管理为主”(参见突发事件应对法);应急管理机制概括为“统一指挥、反应灵敏、功能齐全、协调有序、运转高效”(参见国家突发公共事件总体应急预案)。实际上,从政府—社会关系角度来看,应该包括政府主导、社会参与之类的内容。这是开展应急社会心理服务的总纲。

(3)应急管理能力理论。这方面学界、政界没有统一界定,大体根据各个阶段包括本书所指称的应急“过程能力”:减灾预防能力、应急准备能力、应急响应能力、恢复重建能力四类;也可以按照本书所指的“主体能力”要素划分为:应急经济能力、应急政治能力、应急社会能力、应急文化能力。应急社会心理本身就是一种应急能力,渗透在各个环节、各类主体要素能力之中。

(4)灾种划分分级理论。从2003年非典型肺炎疫情防控以来,我们通常将灾种划分为自然灾害、事故灾难、公共卫生事件、社会安全事件四大类;同时,将突发事件(灾种)划分为特别重大、重大、较大和一般四级(参见国家突发公共事件总体应急预案、突发事件应对法)。这是应急社会心理需要面向的领域和级别。

2. 宏观社会学理论为“用”

如前所述,社会学相对于社会心理学理论来说比较宏观,对应急社会心理的理论导向和作用着重在于灾变原因、社会心理体系、社会心理动力层面,主要涉及以下内容。

(1)社会系统理论。这主要是借鉴帕森斯的社会系统理论来构建应急社会心理的社会系统,包括应急社会心理涉及的经济、政治、社群、文化子系统及其能力,包括政府、市场(企业)、社会(社会组织、公众和媒体)等不同主体的应急社会心理及其互动影响。

(2)社会结构理论。社会结构理论是社会学的核心理论,涉及社会系统的结构与功能。如前所述,这主要是用来解释灾变突发的社会原因,尤其包括社会安全(群体)事件突发的社会原因分析,内在地反映结构性不平等的社会根源,涉

① [美]罗伯特·希斯:《危机管理》,王成、宋炳辉、金瑛译,中信出版社2001年版;[美]M.K.林德尔、卡拉·普拉特、罗纳德·W.佩里:《应急管理概论》,王宏伟译,中国人民大学出版社2011年版,第342页。

及社会公正理论、社会信任理论等。当然，也包括不同主体之间的社会心理结构及其动力分析，比如不同家庭、不同组织、不同阶层、不同收入和消费群体的应急社会心理差异会产生不同功能作用。

（3）社会互动理论。社会互动是微观社会学的终点、宏观社会学的起点。因为在人际互动、群际互动、人群际互动基础上，会形成不同的社会结构关系以及宏大的社会系统。社会互动又主要是不同社会角色及其扮演者之间的互动。而社会心理又主要是不同主体、社会角色之间在社会交往和沟通实践中所形成的社会现象。因此，应急社会心理学就要研究不同主体、社会角色之间在不同应急环节所展现的社会心理现象。

（4）社会控制理论。应急是一项理性化的行动，是针对解决社会问题而言的社会控制性行动。应急社会心理，即一种正性社会控制、社会干预要素，是针对突发灾变，对不同群体产生各种不同社会心理的干预控制和正性引导。从社会控制手段总体上所包括的组织、制度、文化三个方面来看，[①]应急社会心理主要偏重于文化（心理）控制，是一种积极的社会控制和心理干预。

3. 社会心理学理论为“体”

社会心理学理论是应急社会心理学的本体性理论。根据上述分析，简单归纳如下。

（1）社会动机理论。这是探索当事主体的应急动机（包括安全需要与共识、价值取向、利他主义动机等）的理论。

（2）社会认知理论。主要包括前述的风险感知理论、社会比较理论、社会学习理论等分支理论。

（3）人际关系理论。包括风险人际沟通理论、助人行为理论等小分支理论。

（4）集群行为理论。包括正向集体心智理论、正向紧急规范理论、正向循环反应理论等。

（5）群体动力理论。包括社会助长理论、服从心理理论、社会合作理论等。

（三）作为学科的内容体系

其内容构成基本上在上述内容中均已提及，具体简要归纳如下。

1. 学科基础部分

（1）学科对象与界定。

（2）与相关学科比较，如与灾难社会心理学、应急社会学、应激心理学、应

① 郑杭生：《社会学概论新修（第五版）》，中国人民大学出版社2019年版，第436—439页。

急管理学等的关系。

(3)基础理论与研究方法,研究方法总体为定量与定性相结合的方法,具体涉及访谈法、直接与间接观察法、纵向与横向比较法、抽样法与实地调查法等。

2. 主要内容构成

(1)应急社会心理基本类型。大体包括前述的三个方面、十个小类,具体不赘述。

(2)应急社会心理形成机理。包括前述的形成机制和影响因素等,具体不赘述。

(3)应急社会心理主体角色。这主要是指应急社会心理各大类型主体所承担的应急心理角色及其功能,一般包括政府、社会组织(社会心理机构)、媒体、企业、公众、特定灾变群体及成员等。

(4)应急社会心理功能效应。主要涵盖不同系统的聚合功能和不同应急环节的辐射作用。

3. 应用实践部分

最主要的实践任务是构建应急社会心理的社会服务体系,打造全社会抗灾应急的"韧性社会心理体系"。大体工作内容包括以下几个方面。

(1)应急社会心态监测评价。包括减灾预防阶段、应急准备阶段,尤其是应急响应阶段、恢复重建阶段的各大社会群体和阶层的社会心理和社会心态调查监测和评价,观测不同应急阶段的社会心态的波动情况。

(2)应急社会心理政策咨询。包括通过监测评价和成员访谈等,向政府、媒体、企业或当事主体提供信息咨询和决策参考依据。

(3)应急社会心理现场服务。包括突发灾变现场的心理咨询、现场社会心理正向引导、澄清谣言、净化传言等,以及社会心理工作自身的评价。

(4)构建韧性社会心理体系。这一体系的主要机构即各类心理咨询服务机构、社会工作机构和研究机构,其次是政府、社区、企业、社会公众、特定群体及成员。

这些工作归纳起来即心理状况评估与调查、心理咨询和情绪疏导、心理知识普及与辅导、谣言规避与信任重建、社会安定局势的维护。

此外,我们还应该考虑"应急人"群体本身的社会心理反应和心理救助。今后可以对此开辟专门章节进行探索,目前国内外已有一些研究。

第十五章

应急的社会政策

社会政策，是保障社会正常运行的重要方针原则和制度规定。一方面，当一个社会出现问题而不能正常运行的时候，社会政策作为一种必不可少的手段，开始运作并发生作用；另一方面，社会政策还要预见性地为未来社会可能出现问题时，准备必要的应对制度和资源。从这一方面来看，社会政策与应急管理几乎同向、同力、同功。但在以往社会政策领域并没有专门辟有应急事务的政策，只是偶尔或夹杂在其他相关领域谈及。这正是本章要探索的问题。

第一节　社会政策与应急的关系

一、社会政策历史演变与应急的关系

1873年，德国历史学派成立了一个学会，叫作“德国社会政策学会”，从此“社会政策”一词成为一种工作实务乃至一门学科逐渐为人们所熟知。首次对“社会政策”下定义的德国学者瓦格纳（Adolph Wagner）在1891年的一篇论文中认为：社会政策是运用立法和行政手段，调节财产所得和劳动所得之间分配不均的问题。[①]这一定义最初定位是要解决经济发展背景下劳动者的收入所得问题，而且强调要用立法和行政的手段加以解决。问题针对性明显，政策特征明显，但范围太窄（仅限于劳工或贫困问题）。此前此后，关于社会政策实践的宽泛领域研究则认为，它涵盖关于人们贫困落后问题在内的普遍性的衣食住行用、教科文卫体、环境保护等诸多方面的政策，即（社会学）小社会层面的社会政策；更为广泛的政策领域涵盖经济、政治（包括国防军事和外交）、文化、社会（小社会）、

① 转引自杨佩昌：《德国社会政策的变迁与反思》，博客中国网，http://net.blogchina.com/blog/article/854929。

生态环境等，这实际上等同于国家层面的“公共政策”。[①]这里，笔者根据诸多研究，将社会学层面的社会政策归纳为四个发展阶段。[②]

（一）贫困救济的史前阶段

这一阶段主要是19世纪30年代之前，时间跨度比较长，社会政策发展比较缓慢，主要目标是“缓解贫困问题”。最初源于1601年伊丽莎白女王的《济贫法》的颁布，旨在推进政府和社会协同救济贫困人口，社会层面上发展了很多教会性质的慈善机构来弥补政府资财的不足；与社会工作、社会福利、社会组织产生和兴起几乎是同步的，因而社会政策有时候又被称为“社会福利政策”。19世纪30年代之前甚至可以称为“社会政策史前时期”。

从这个角度来看，社会政策与应急事务的关系似乎不大。但是，资本主义上升时期所产生的劳工事故致残致贫现象却相当普遍。因而可以说，这段时期的社会政策很多时候体现在应急环节的事后（灾后）恢复善济层面，两者仍然具有一定的联系。

（二）社会保险建制的阶段

这一阶段主要是19世纪30年代至20世纪40年代，主要是资本主义上升时期、社会矛盾尖锐化背景下社会保险法案不断出台，以“社会政策奠基”为重要特征。1834年，英国政府出台《济贫法修正案》，强调“社会救助”行动，救济不是消极行为，而是积极举措，从而作为一项重要的社会工作（并培训工作人员）加以推进，“缓贫计划”发生了一定的改变。普法战争结束，德国实现统一。到1873年，德国历史学派经济学家提出“社会政策”概念，德国先后出台《疾病保险法》（1883）、《工伤事故保险法》（1884）、《养老、残疾和死亡保险法》（1889），从而构成世界上第一批系统的社会保险法案。

这一时期的社会政策是以社会保险法案为主要特征的，开启了社会政策时代的序幕，其中涉及的社会救助、工伤保险等举措，可以说是与应急环节的应急响应、灾后恢复重建措施密切关联的。

（三）福利国家建设的阶段

这一阶段主要是20世纪40年代至70年代末，这一时期最主要的旋律即国家

---

① 庄华峰等：《社会政策导论》，合肥工业大学出版社2005年版，第7—15页；编写组：《社会学概论》，人民出版社、高等教育出版社2011年版，第311页；郑杭生：《社会学概论新修（第五版）》，中国人民大学出版社2019年版，第453页。

② 社会政策学，MBA智库百科，https://wiki.mbalib.com/wiki；庄华峰等：《社会政策导论》，合肥工业大学出版社2005年版，第26—33页；关信平：《社会政策概论（第三版）》，高等教育出版社2014年版，第24—34页；郑杭生：《社会学概论新修（第五版）》，中国人民大学出版社2019年版，第450—460页。

干预下的“政府行政管理”特色比例强烈，从而由社会工作领域产生了一门相对独立的学科“社会行政学”，蒂特马斯的“社会政策”课程最具有此类特色。当时，为应对第一次世界大战（1914—1918年）及其接踵而来的第一次世界经济危机（1929—1933年），每个国家采取了不同的做法：德国、意大利、日本采取法西斯主义，美国吸收凯恩斯国家干预经济学思想，英国1942年出台著名的“贝弗里奇报告”（社会保险与相关服务报告）。贝弗里奇报告的主要思想是保障每个受到诸类风险影响而不能正常生活的社会成员。以此为标志，西方资本主义国家进入所谓的“福利国家建设”时期，主要是在国家政策与个人福利之间建立一个相对稳定的大框架，尤其是第二次世界大战结束后至20世纪70年代末，西方国家经济发展比较繁荣，具有福利国家建设的雄厚基础。

福利政策比起过去的缓贫计划具有更强的主动性和针对性，内容丰富，涵盖面广，带有应急环节的减灾预防特色，因而也就具有应急管理的特征，两者的密切相关性进一步增强。

（四）福利制度多变的阶段

这一阶段主要是20世纪80年代以来至今，可称为“福利制度改革”时期、“后福利国家”时期或“社会政策多元化”（或全球化）时期。最初因为经济“滞胀”与“高福利”政策的矛盾，美国里根主义和英国撒切尔夫人主义出台，不谋而合，大力抨击国家干预主义政策及其后果，从而在20世纪80年代至90年代中期大力推行新自由主义政策，主张个人自由与市场竞争结合，政府干预得越少越好。但这种政策主张忽视了个人应对风险的能力差异，也带来了很多不公平的问题。到了20世纪90年代中期，英国等出现吉登斯的“第三条道路”（中间主义/民主社会主义），既反对保守主义，也反对新自由主义，主张重新审视传统的福利主义国家建设。这一时期的“社会政策”（社会自主）特色明显强于“社会行政”（政府主导）特色。进入21世纪，社会政策趋于多元化乃至全球化，除了原有的新自由主义、中间主义思想，还出现了新保守主义（主张传统家庭和社区福利）、传统社会民主主义（主张集体价值观而反对市场化改革）、社群主义（主张非正式制度和群体的互助保障）等。

这一时期的社会政策尽管出现了多种思想主张和实践模式，但对于应急事务的关注越来越强烈，几乎涵盖应急管理的各个环节，虽然它们或偏重于政府主导，或偏重于社会自主，或兼具政社合作特色。

综上所述，尽管社会政策没有单独开辟出应急管理领域的政策，尽管其在发展历程中经过多重方式的演变，但与应急管理或事务的关系越来越密切，到目前其本质内容和领域几乎涵盖所有应急事务；或者说，应急管理很多政策就包含社会政策。

二、社会政策领域类型与应急的关系

（一）社会政策领域构成与应急事务

结合上述分析和各家研究，社会学意义的社会政策涵盖的领域构成大体包括：人口政策、家庭婚姻政策、劳动就业政策、收入分配政策、住房政策、社会保障政策、劳动关系政策、城乡管理政策、科技和教育政策、医疗卫生政策、公共安全政策、环境保护政策、特殊人群（妇儿老残贫/民工/乞丐）政策等。[①]列举的13项政策中，与应急事务密切相关的，按照重要程度分类，依次排列如下。

（1）公共安全政策。应急管理本身即为公共安全之一种。这里的公共安全涉及各个方面，涵盖自然灾害预防和应对、事故灾难预防和应对、公共卫生事件防范与应急处置、社会安全事件防范与应急，可以具体演化为应急管理政策（即应急社会政策）。

（2）环境保护政策。这属于自然灾害类，但与纯粹的自然灾害稍有区别，涉及人类改造自然所形成的生态环境保护，即涉及重大突发性环境事件的预防与应对和恢复等相关政策，也基本按照属地、分级、分类应急，可演化为环境保护应急（社会）政策。

（3）医疗卫生政策。这会涉及两个方面：一是突发公共卫生事件本身的应急社会政策；二是涉及各类突发事件应急过程中的医疗卫生防治对策。

（4）社会保障政策。社会保障政策（社会保险、社会福利、社会救助、社会优抚）是社会政策的核心部分，其中很多本身属于应急预防、应急响应和恢复重建阶段的政策，尤其是恢复重建阶段的政策。但这里要重点强调的一项是：应急人（施救者）本身的社会保障政策，这很容易被社会忽略。这就包括两个方面的社会保障：一是事故本身受灾者的应急保障政策，二是事故施救者的应急保障政策。

（5）特殊人群政策。其中，残疾人保障政策是恢复重建环节重点关注的政策；其次，老人安全保护政策、儿童保护政策等，是应急管理政策交叉涉及的政策；农民工应急社会政策涉及人身安全保护。其实，应急人（施救者）本身也是

① 《社会学概论》编写组：《社会学概论》，人民出版社、高等教育出版社2011年版，第311—313页；李迎生等：《当代中国社会政策》，复旦大学出版社2012年版，第10—17页；关信平：《社会政策概论（第三版）》，高等教育出版社2014年版，第13—14页。

一类特殊工种人群，可以建立这类保障政策。

（6）劳动关系政策。主要涉及政府、企业、员工（社会组织）三者之间如何确保职业安全健康的政策（安全生产政策）。

（7）其他社会政策。在科技和教育政策中，有一部分涉及应急（管理）科学与工程技术研究和教育的政策；在城乡管理政策中，会有涉及城乡安全应急的政策；劳动就业政策、收入分配政策，涉及应急人（施救者）的劳动就业需求和收入保障政策。

（二）社会政策其他分类与应急事务

其实，上述社会政策不同领域的构成本身也是一种具体的分类，这里基于其他密切相关的视角进行归纳，来窥测它们与应急事务的关系。[①]

1. 基于思想理念的分类

从社会政策的社会背景和思想理念基础来看，可以分为很多流派，其中最基本的如艾斯平–安德森所指的三大流派即自由主义、保守主义和社会主义的社会政策。如前所述，这三个基本流派又会派生出很多种，如古典自由主义与新自由主义、民主社会主义与“第三条道路”、保守主义与新权威主义等，但其社会政策基本上是围绕政府与社会的关系在论争。它们对于应急社会政策的指向会有所不同，应急资源的投入方向和来源会有所不同，但基本内容不会有太大改变。

2. 基于政策目标的分类

（1）剩余型社会政策。也可以称为“补偿性社会政策”，是指仅仅针对社会困难群体的社会政策，这就涉及因灾致残、致贫的群体，与应急的恢复善济阶段密切关联，如工伤保险政策。

（2）发展型社会政策。是指政府、家庭、社会等多元合作，制定一些与经济社会发展目标密切结合的、促进社会进步的社会政策。这里面会涉及一些减灾预防性应急社会政策，旨在促进经济社会健康和可持续发展，如医疗保险政策等。

（3）制度型社会政策。是指那些满足公民基本需要（不是特殊需要）的、政府用法律形式予以规范和制度化的社会政策。这主要是一种普惠性的社会政策，当中会涉及基本的应急社会保障政策，如公务人员的各种补贴或津贴类社会福利等。

---

① ［丹麦］考斯塔·艾斯平-安德森：《福利资本主义的三个世界》，郑秉文译，法律出版社2003年版，第62—79页；杨团、关信平：《当代社会政策研究》，天津人民出版社2006年版，第31页；李迎生等：《当代中国社会政策》，复旦大学出版社2012年版，第4—6页。

3. 基于目标群体的分类

（1）普遍型社会政策。是指针对所有社会成员提供基本相同的待遇的政策，也称为“普惠型社会政策”，如各种社会补助（交通补助、饭餐补助等），乃至普遍遭受重大灾难的国家补助或补贴。

（2）选择型社会政策。是指针对社会中那些有真正特殊困难的群体而制定的政策，也称为“特殊型社会政策”，如针对残疾人的社会补助、受灾者的工伤保险等应急善济政策。

4. 基于资运方式的分类

（1）纯福利型社会政策。是指社会政策服务和运行完全由政府或准政府机构发起和公共财政投入（转移支付），无偿为全体社会成员或特殊群体提供的政策（一般是后者）。这包括上述的医疗保险政策、各种政府救灾补助补贴等。

（2）准市场型社会政策。是指政府或公共机构引入一定的市场机制，改变政府拨款方式、扩大受益者范围、强化目标责任等的政策。如政府通过购买服务，让购买企业、社会救援组织参与应急事务。

三、风险社会应急社会政策学的可能

（一）国内外相关研究总体状况

综合各类界定看，社会政策就是指国家（政府或公共组织）通过立法和行政干预，促进民生和社会事业发展、优化配置社会保障和公共福利资源，以解决社会问题、改善社会环境、促进社会公正、增进社会福祉、推进社会现代化发展的一系列方针准则和制度规定的总称。[①]政策科学学者认为，社会政策只是社会学研究的一部分内容，甚至是次要内容，这与政策科学将社会政策作为必须解决问题的手段不一样。前者关心问题的解释是否正确，是科学研究思路；后者关心问题如何朝着人们期待的方向加以解决和发展，是工程学思路。[②]

尽管如此，很多学者直接将这类社会学意义的社会政策理论或研究称为“社会政策学”，[③]认为它有其内在的基本原理、结构关系和具体领域等，具体

① 《社会学概论》编写组：《社会学概论》，人民出版社、高等教育出版社2011年版，第308页；郑杭生：《社会学概论新修（第五版）》，中国人民大学出版社2019年版，第352页。

② 陈振明：《政策科学——公共政策分析导论（第二版）》，中国人民大学出版社2003年版，第28—29页。

③ 陈振明：《政策科学——公共政策分析导论（第二版）》，中国人民大学出版社2003年版，第28—29页；［英］哈特利·迪安：《社会政策学十讲》，岳经纶等译，格致出版社、上海人民出版社2009年版；杨佩昌：《德国社会政策的变迁与反思》，博客中国网，http://net.blogchina.com/blog/article/854929。

归纳为：[1]一是社会政策的价值理念，就是谁为谁提供政策服务的问题，涉及社会政策为什么（因为社会需要）会出现，涉及主体与客体及其关系的问题；二是提供什么样的社会政策，包括社会政策的性质和种类，也就是具体领域；三是社会政策的制定和施行需要什么样的条件或手段，即涉及社会政策的资源条件问题；四是社会政策的制定和执行会受到哪些因素的影响，即社会政策涉及政治理念（政治流派）、经济社会发展乃至国际潮流环境的影响；五是社会政策如何运行，即运行机制是什么，包括社会政策的制定、实施、评估和变动等基本过程及其条件。

应急社会政策学（或称“社会应急政策学”）何以可能？为此，借助中国知网进行“主题”检索，输入“应急社会政策”词条，会得到32条中文文献结果（2008—2020年），其中有5篇文献密切相关，作者分别为张秀兰、韩丽丽（3篇）、颜烨等，[2]其中韩丽丽的博士学位论文（后出版为专著）具有一定开创性意义。另外，孟昭华和彭传荣、孙绍聘、康沛竹、李本公和姜力、史海涛等有几部涉及灾害社会政策的专著（博士学位论文）。[3]这说明国内学者从汶川大地震后，对应急事务的社会政策（学）已经有所探索。另外，从文献来看，学者们对国家的“应急型社会政策”（事后应急）持批判态度，要求走向“发展型社会政策”（即不仅仅是消耗资源，恰恰是政策投入才会带来发展效应）。借此，这里所指的“应急社会政策”是指服务于应急事务的社会政策（包括发展型的应急事务社会政策），即“应急事务社会政策”。

（二）应急社会政策学体系探索

20世纪80年代以来，人们发现人类进入所谓“风险社会”，生活在“火山口”。今天的各类风险，既有来自自然界的，又有人类社会自造的；既有来自传统工业社会领域的风险，也有来自现代化过程的诸多新兴风险。面对风险的挑战，

---

① 庄华峰等：《社会政策导论》，合肥工业大学出版社2005年版；［英］哈特利·迪安：《社会政策学十讲》，岳经纶等译，格致出版社、上海人民出版社2009年版；李迎生等：《当代中国社会政策》，复旦大学出版社2012年版；关信平：《社会政策概论（第三版）》，高等教育出版社2014年版。

② 张秀兰、徐月宾、方黎明：《改革开放30年：在应急中建立的中国社会保障制度》，《北京师范大学学报（社会科学版）》2009年第2期；韩丽丽：《应对突发事件的社会政策制定及其优化》，《中州学刊》2010年第3期；韩丽丽：《我国突发事件应对型社会政策制定模式研究》（南开大学2009年博士学位论文），社会科学文献出版社2010年版；韩丽丽：《突发事件应对型社会政策制定模式：意义、现实困境与未来选择》，《湖北社会科学》2010年第7期；史海涛：《建国以来中国灾害社会政策的发展研究》，西北农林科技大学博士学位论文，2013年；颜烨：《灾变场景的社会动员与应急社会学体系构建》，《华北科技学院学报》2020年第3期。

③ 李本公、姜力：《救灾救济》，中国社会出版社1996年版；孟昭华、彭传荣：《中国灾荒史 现代部分（1949—1989）》，水利电力出版社1989年版；孙绍聘：《中国救灾制度研究》，商务印书馆2004年版；康沛竹：《中国共产党执政以来防灾救灾的思想与实践》，北京大学出版社2005年版；史海涛：《建国以来中国灾害社会政策的发展研究》，西北农林科技大学博士学位论文，2013年。

人们对安全的价值追求替代了对财富的渴望，“我怕”替代了“我饿”；人们更加重视“社会理性”在风险的政社合作共治、多元复合治理中的实际意义。[①]因此，源于工业社会的安全保障（和应急救援）类社会政策，必然发生深刻的变化和具备新的时代形态，成为人们必要的“公共产品”和“安全网”。应急社会政策学即是当下社会一种新的知识形态、一种积极作为而非被动应对的社会理性，其作为学科建设的可能性和地位在于以下几方面。

（1）所有政策涉及的因由、主体、客体、条件、环境、机制及其种类等，也是应急社会政策的基本原理分析框架，即包括内在构成（要素、内容和子系统）和外在因素（经济、政治和社会环境）及其运行（机制）过程。

（2）应急社会政策与上述各个具体领域很多方面是吻合的，或者说，可以抽离出这些具体方面合成应急社会政策具体领域。而且，最为突出的是，应急社会政策是与一般社会政策不同的特殊性政策，是针对突发性灾难的社会政策。

（3）应急管理四个环节本身具有不同的社会政策需求，其实就是应急社会政策的基本内容；但这里要区分应急政策与应急社会政策的差别，应急政策是一个大概念，包含应急社会政策，也包含应急经济政策、应急行政政策等。

（4）如同社会政策是社会学的重要组成部分一样，应急社会政策也是应急社会学的重要组成部分，而且可以独立成为一门分支学科——应急社会政策学（social policy of managing emergency，或social policy science of managing emergency）。为此，下面将围绕这些方面展开分析。

第二节　应急社会政策系统分析

政策作为一个系统，有内部构成要素与外部环境因素，有输入与输出的逻辑关系，也有其运行机制。作为政策系统，其内部构成要素包括基本政策（政策内容本身）、政策主体、服务对象（客体）以及运行机制四个方面；其外部环境因素一般涉及经济条件、社会需要、政治体制、文化心理、科技手段乃至国际环境。这里，将应急社会政策的基本政策内容单独挑出来作为重点分析；将政策主体、服务客体和运行机制作为一部分整合分析；将应急社会政策的外部环境因素单独作为一部分来分析，如图15-1所示。

① BECK U., *Risk Society: Towards a New Modernity*, Translated by Mark Ritter, London, SAGE Publications Ltd., 1992, pp1-23.

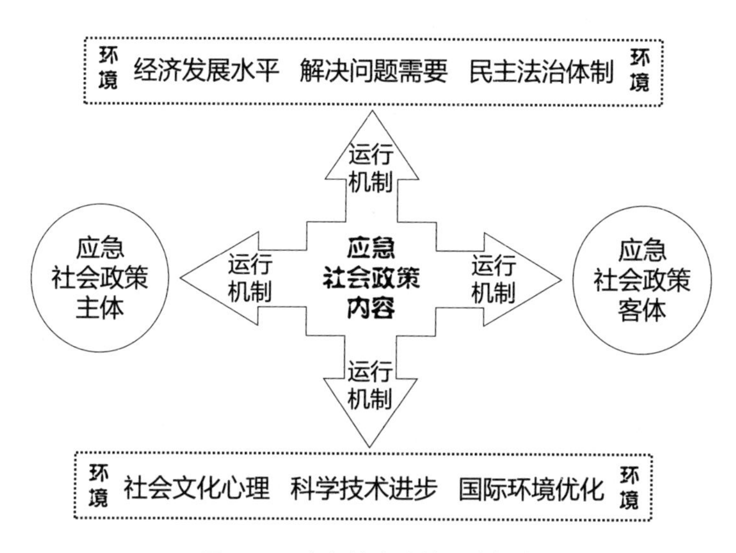

图15-1　应急社会政策系统构成

一、应急社会政策系统内在主客体与运行机制

(一)基本主体

政策主体一般是指能够积极主动参与政策决策、制定和执行的社会行动者。有的学者将政策主体分为直接或间接参与政策制定、执行、评估和监督的个人或组织；[①]按照这个分类，还可以分为具体的政策制定主体、执行主体、评估主体、监督主体。有的学者将其分为官方和非官方政策活动者，前者是指那些具有合法权威的制定、执行政策的社会行动者(一般指立法者、官员、行政管理者和司法人员)，后者是指各类利益团体、政党和公民个人。[②]这里，根据中国国情，将政策主体分为政府部门主体与非政府部门主体(有公立和私立之分)；它们与直接或间接的政策主体存在交叉关系。

1. 政府部门的应急社会政策主体

从应急社会实践来看，应急社会政策的政府主体通常是指相关的执政党部门、政府部门及其官员，也包括大政府意义的军队、立法机关、司法机关等。在中国，还包括参照公务员系列的人民团体(工青妇团等)、政协、人大系统等。其中，目前与应急社会政策密切关联的部门有应急管理部门、人力资源与社会保障部门、民政部门、发展改革规划部门、财政部门、农林水利和环保部门、卫生健

① 陈振明：《政策科学——公共政策分析导论(第二版)》，中国人民大学出版社2003年版，第56—57页。
② [美]詹姆斯·E.安德森：《公共政策》，唐亮译，华夏出版社1990年版，第44—58页。

康部门、警察部门等及其公务人员。这里的主体相对来讲均为直接主体，当然也包括辅助部门的间接主体，它们一般兼具政策制定、执行、评价和监督主体职能。

2. 非政府部门应急社会政策主体

从非政府主体层面来看，主要涉及五个方面：①应急社会政策研究机构（如高等院校与科研院所）及其政策研究、评价、监督人员；②应急社会政策的社会组织（社会工作机构、社会救援机构等）、社区、宗教慈善组织、家庭等及其政策执行、评价、监督人员；③应急社会政策传播媒介组织及其执行、评价、监督人员；④应急社会政策利益集团及其代表，如人大代表、政协委员等；⑤公民个人。这里的主体多为间接主体，他们一般具有执行、评价、监督职能，但也有直接参与政策制定的主体（如人大代表、政协委员、咨政研究人员等）。

（二）对象客体

政策客体即政策发生作用的对象，一般分为两大类：要施加影响的社会成员（人）和要解决的社会问题（事）。根据应急事务具体情况来看，可分为灾难社会问题（事）和受灾群体（人）。灾民是最直接的政策施用主体。

1. 突发事件

按照中国《国家突发公共事件总体应急预案》《突发事件应对法》的划分，即前述的自然灾害、事故灾难、公共卫生事件、社会安全事件四大类，还可以具体细分很多灾种。涉及特别重大、重大、较大和一般四级应急社会政策，也涉及减灾预防、应急准备、应急响应、恢复善济四个阶段的应急社会政策。

2. 受灾居民

（1）如果按照是否遭遇灾难划分，可分为事实受灾居民（事实灾民）和潜在受灾居民（潜在灾民）。前者主要是指灾后需要运用应急社会政策去急于救助、救济等的灾民，带有选择型、剩余型政策的特征的对象；后者主要是指未来可能（或不可能）遭遇灾难的居民，但按照应急社会政策的规定，需要做好灾前政策预防和政策准备，有可能会享受一定的补助和津贴，带有普惠型、发展型政策的特征的对象。

（2）如果按照社区性质划分，可分为单位社区的事实受灾公民和潜在受灾公民、居住社区的事实受灾居民和潜在受灾居民。在中国，一般按照单位社区的模式，给予公民相关的应急社会政策；如果突发灾难非常具体到某个地区或社区，也会按照居住社区的模式，给予相应的应急社会政策。

(三)运行机制

根据相关研究，将应急社会政策的运行机制分为三个部分来理解。[①]

1. 应急社会政策主、客体与环境的相互关系

(1)主体与客体的关系。两者是对立统一关系：一方面，两者相互联系、相互作用、相互促进。没有应急社会政策客体的需要，就没有主体存在的必要；没有应急社会政策主体的作为，客体的需要就很难得到满足。另一方面，两者在一定条件下相互转换角色，互为主体，互为客体。比如，公务人员作为应急社会政策的制定和执行主体，但同样遭遇了灾难，所以也就成为政策客体；相反，社区居民作为灾民需要得到应急社会政策的照顾，但他也需要伸出自己力所能及的手去帮助别的灾民，因而又成为政策主体。

(2)主体与环境的关系。应急社会政策主体必须具备主动性和能动性，去认识和把握突发事件的灾变环境(包括潜在的灾难环境)、经济社会发展环境、政治体制和文化心理环境，否则无法有的放矢地制定出科学合理的减灾预防社会政策、应急准备社会政策、应急响应社会政策和恢复善济社会政策。但是，应急社会政策中有些客观环境本身也是主体，如民主与法治的政治体制及其推行者，既是主体，也是环境，因而还需要进一步进行自我认知。

(3)客体与环境的关系。两者其实高度融合且能在一定条件下相互转化，因为客观环境就包含客体的存在。比如，社会人心向背就是事实灾民和潜在灾民的看法或态度，是一种社会心理环境。又如，各类突发灾难事件导致的社会问题需要解决，既是应急社会政策的客体，也是政策得以生产和发展的环境因素之一。

2. 应急社会政策的一般运行过程或周期

对于社会政策的生命周期，不同学者有不同的分析。一般来说，其过程可分为四个环节，应急社会政策也不例外(后面第三节将详述)。

(1)问题发现与政策制定。应急社会问题作为议程被提出来；讨论、界定并确定为应对重大突发安全事件亟须解决的问题；在社会政策领域设计应对方案、预测评估和优化方案选择。

(2)政策执行与实时监控。按照一定组织原则，将社会政策层层分解落实下去；对政策落实进行宣传鼓动，并加强指挥、沟通和协调。与此同时，对政策实施进行实时监控，主要围绕政策目标进行监控、适时调整，以保证政策的权威性和有效性。

---

① 陈振明：《政策科学——公共政策分析导论(第二版)》，中国人民大学出版社2003年版，第70—79页；郑杭生：《社会学概论新修(第五版)》，中国人民大学出版社2019年版，第460—470页。

(3)政策实施调研与评估。依据一定评价标准，邀请评价机构，对应急社会政策实施情况进行调研，做出判断；对其实施效果、效益和群众满意度做出总体评估。

(4)政策调整或政策终结。一项应急社会政策在执行过程中通过评估后，可能需要优化调整。当然，如果政策使命完成，则可以某种方式宣告其终结；如果需要在此基础上进行新的政策制定和施行，需要在反思中总结经验，优化新政策内容和实施环节，以期取得更加令人满意的效果。

3. 应急社会政策系统的子系统及其功能

在社会学上，社会系统是由经济、政治、社群和文化四大子系统构成，并发挥各自功能；在政策科学上，政策系统一般也有几个子系统，并且有着不同的功能，促进政策系统发展和运行。陈振明将这些子系统划分为信息、咨政、决断、执行和监控五个方面。①实际上，可归纳为调研咨政、优选决断、政策执行子系统。应急社会政策过程及其功能性活动，是由这三大子系统分工、协作完成的，如图15-2所示。

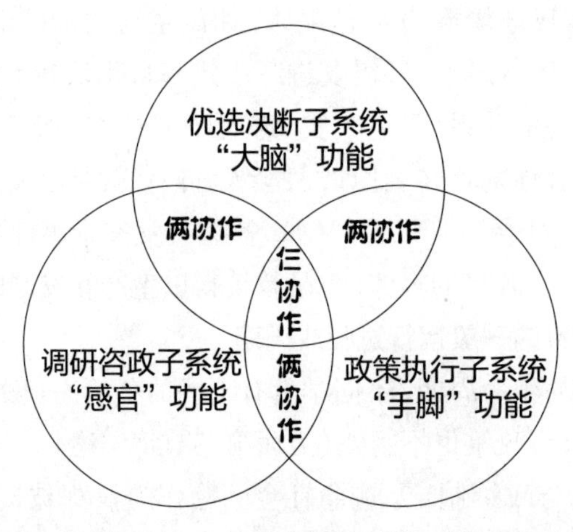

图15-2　应急社会政策系统的三大子系统及其功能

(1)调研咨政子系统及其“感官”功能。这一子系统大体包括问题调研、信息收集整理分析、政策方案研究和咨询三个方面，主要是发挥“眼耳鼻舌嘴”感官系统对问题的感知。这些“感官”系统包括政策决策部门的专门信息机构、决策系统内外的各种智囊机构（高校或科研院所或政府内部政研部门）及其专家学者，贯穿政策运行全过程。在现代社会，信息海量化、瞬时化、多样化，风险问题

① 陈振明:《政策科学——公共政策分析导论（第二版）》，中国人民大学出版社2003年版，第70—79页。

层出不穷，要使政策科学决断（决策和评估）、有效执行、密切监控和正确评估，就必须通过各种方式的调查研究，获得对政策决断有价值的各种信息，否则就会“政策失灵”。相关部门和机构着眼于信息收集汇总、加工筛选和精准传递，尤其要利用当前流行的大数据信息挖掘方法、问卷调查和访谈调研方法、媒体风险感知方法等，主要在于发现那些需要成为议程关注的问题、政策执行中的问题、政策监控和评估中发现的问题。

对于应急社会政策系统来讲，一是决策前的突发安全事件及其社会影响的信息调研与咨政，包括潜在致灾因子和概率及其等级评估信息、受灾范围及受灾人群信息、应急准备能力信息、应急响应路径信息、恢复善济机构和资源信息等。二是政策决策前和执行中的信息调研和咨政，包括对突发事件潜在和现实影响中涉及的社会问题进行分析，对未来风险灾变及其社会影响进行预测，对应急社会政策（备选）方案进行设计和论证，对政策执行参与评估、监控并反馈意见，有时候还为应急社会政策执行进行监控和纠偏。三是政策执行监控和评估的信息调研和咨政，即对政策决策和执行的反思和调整，具体对应急社会政策的执行情况、执行过程、目标实现情况、群众满意情况等进行监督检查，必要的时候提出修正和中止的咨政建议。这类咨政具有一定的权威性，对保障应急社会政策实效性具有较强的作用。

（2）优选决断子系统及其“大脑”功能。这是应急社会政策系统的核心枢纽（中枢）系统，主要由决策层的高层领导组成，执行“大脑”功能。主要职责包括：提出针对突发事件应急面对的社会问题；确立解决问题的目标；对各类政策方案进行筛选、优中选优或组合设计；最终决定最佳方案；同时包括政策评估结果决断和政策终止决断。这一子系统必须体现出权威主导性，否则应急社会政策难以执行。

（3）政策执行子系统及其“手脚”功能。这一子系统主要是指应急社会政策的执行机构和组织（包括社会组织等）及其人员，特别是那些政府机关及其行政人员。它是政策系统最终落实的重要部分，体现执行力，具备综合又灵活、具体而现实的特点，起着“手脚”施行功能。这一子系统主要是将应急社会政策惠及居民做准备，抓好政策施行的组织指挥、沟通协调、宣传落实等，同时总结反馈执行情况并接受机构评估。

二、应急社会政策系统政策类型、特点与突破

应急社会政策系统的具体政策是其核心内容。基于应急管理事务的特点，从

三个方面来进行分析。这三个方面之间可能交叉，均涉及前述的剩余型、发展型与制度型，普惠型与选择型，纯福利型与准市场型等政策。其中，普遍性的应急社会政策主要包括社会保障体系内容，特殊的应急动员社会政策主要指针对临时应急响应的特殊政策（可能会与国家或地方政府的公共政策相关联）。这里包括不同灾种（自然灾害、事故灾难、公共卫生事件、社会安全事件四类，但多数应急社会政策是各灾种综合性的）和不同应急管理环节的应急社会政策（减灾预防、应急准备、应急响应、恢复善济四个阶段，但多数应急社会政策是全过程性保障的）。

（一）普遍社保与特殊动员的政策类型

1. 普遍性的应急社会保障政策

这方面最典型的就是世界各国普遍推行的“社会保障体系”政策（中国社会保障体系构成如图15-3所示），其中很多部分与应急社会政策密切关联。一般来说，它包括4~5个部分。

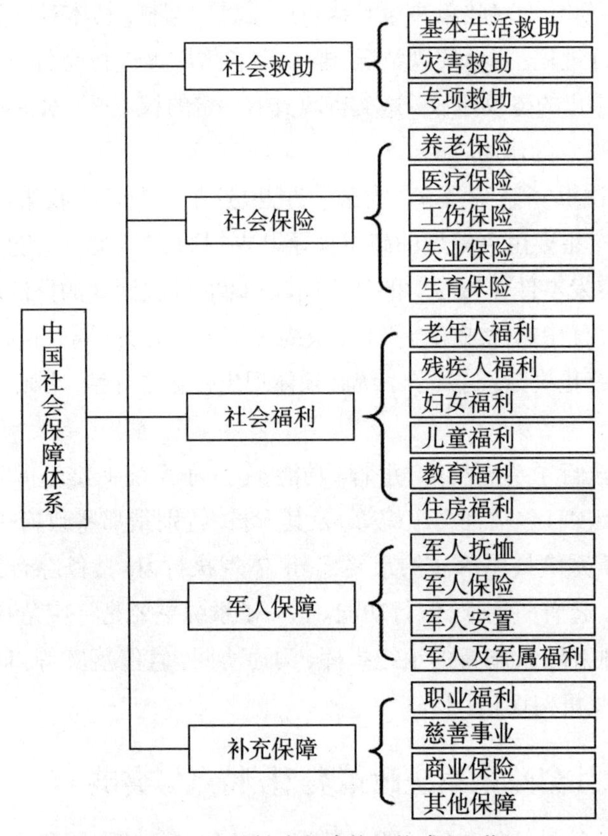

图15-3 中国社会保障体系构成（网载）

（1）社会保险政策。分为失业保险、养老保险、医疗保险、工伤保险、生育保险五小类（所谓“五险一金”还包括住房公积金）。这是社会保障制度的核心部分。其中，工伤保险、医疗保险可归属于应急社会保险政策（事后保险政策），这种在中国基本属于普惠型、发展型或纯福利型的社会政策。此外，目前很多国家也辟有公民个人通过市场化途径、事前购买“意外事故保险”的（商业保险）政策。这里需要特别强调的是，政府应该对从事应急救援（综合消防救援人员）这类特殊工种的人员（应急人——应急救援人员、应急医护人员、应急社会工作者、应急志愿者等，后同），实行福利性的工伤保险，并做出特别的政策规定。

（2）社会救助政策。有时候称为“社会救济”，一般是针对最低生活保障、特困人员供养、受灾（或临时受灾）人员救助、医疗救助、教育救助、住房救助、就业救助、社会力量参与等的救助政策。中国大陆2014年专门出台《社会救助暂行办法》（2019年修订），其中第四章为“受灾人员救助”救济政策（针对自然灾害）、第五章第三十二条最后一款为“疾病应急救助”规定、第九章为“临时救助”（包括火灾、交通事故等灾难的临时救助）、第十章为“社会力量参与”救助救济政策。这一般涉及灾中救援和灾后救助（灾后更多）的社会政策。

（3）社会福利政策。这是指狭义的社会福利政策，属于选择型、剩余型或纯福利型的社会政策，主要指向困难群体提供带有福利性的社会支持，包括物质支持和社会服务支持。广义的社会福利政策有时候等同于社会保障政策或社会工作政策。按照对象来划分类型，包括公共福利（为全体社会成员提供）、职业福利（为本单位或本行业员工及其家属提供）、特殊人群福利（老人、儿童、妇女、残疾人福利）。其中，因应急救援而导致的残疾人（应急人），应该做出特别的福利政策规定。

（4）社会优抚政策。一般是政府对从事特殊工作者及其家属，如军人及其亲属予以优待、抚恤、安置的一项社会保障制度。目前中国这方面的对象主要是烈士军属、复员退伍军人、残疾军人及其家属。内容主要包括提供抚恤金、优待金、补助金，举办军人疗养院、光荣院，安置复员退伍军人等。这项政策应该纳入准军事化的“应急人优抚安置”政策。

此外，中华人民共和国成立以来推行的“农村五保政策”（保吃、保穿、保住、保医、保葬或保教）和21世纪以来推行的“新型农村合作医疗制度”，也属于普遍意义的社会保障制度，其中涉及应急社会政策的比较少。所谓返乡农民工的慢性尘肺病医疗政策，可能属于这一类，但实际上应按工伤进行补偿和救济。

2. 特殊性的应急动员社会政策

这一方面一般针对应急响应时期，政府或公共组织临时采取特殊的社会动员形式的政策，以保障人们的生命财产安全。我们认为，大体包括如下几方面的政策。

（1）行动控制政策。如针对各类突发事件的临时封城、封路、封区政策，临时迁居防治政策，临时隔离观察政策，临时限制聚集政策，等等。

（2）福利补偿政策。如突发事件后的政府“感恩惠民行动”政策、旅游补偿政策，以及对“应急人”的补助和补偿政策。

（3）救济救助政策。如多数国家专门出台的扶贫济困自愿无偿的慈善法、赈灾房屋征收补偿政策或法规、社会救助法规、工伤保险（条例）法规、工伤事故赔偿法规等。

（二）灾种与应急管理环节对应的政策类型

这里，为避免叙述的重复，将不同灾种与不同应急管理环节进行矩阵组合，形成表15-1所示的具体相关应急社会政策（主要以中国目前现有的政策为例）。

表15-1　基于不同灾种和不同应急管理环节的政策矩阵

环节	自然灾害	事故灾难	公共卫生	社会安全
减灾预防	·华北地区采取针对雾霾（重度空气污染）的应急减排政策（如北京“蓝天计划”），与公共政策交织	·女职工特殊劳动保护（条例）政策 ·农民工职业安全健康保障政策	·传染病预防政策（兼为公共政策） ·食物中毒预防控制和应急处置政策（兼为公共政策） ·职业病防治（条例）政策（兼为公共政策）	·地方性的社会治安综合治理（办法）政策（兼为公共政策） ·地方性的群体事件防范与处置（办法）政策（兼为公共政策）
应急准备	·应急储备资金管理办法等（兼为公共政策）	·应急储备资金管理办法等（兼为公共政策）	·应急储备资金管理办法等（兼为公共政策）	·地方性的社会治安综合治理（办法）政策（兼为公共政策）
应急响应	·灾害事故医疗救援工作管理办法 ·依宪法或其他法律因灾临时征用的物什、房屋等补偿政策 ·《社会救助暂行办法》中受灾人员的临时救助政策	·灾害事故医疗救援工作管理办法 ·依宪法或其他法律因灾临时征用的物什、房屋等补偿政策 ·《社会救助暂行办法》中因火灾或交通事故等受灾人员的临时救助政策	·依宪法或其他法律因灾临时征用的物什、房屋等补偿政策 ·传染病应急处置政策（兼为公共政策） ·食物中毒预防控制和应急处置政策（兼为公共政策）	·恐怖袭击应急处置政策（兼为公共政策） ·地方性的群体事件防范与处置（办法）政策（兼为公共政策）

续表

环节	自然灾害	事故灾难	公共卫生	社会安全
恢复善济	·《社会救助暂行办法》中的第四章（受灾人员救助救济政策），以及各省区市出台的自然灾害社会救助办法 ·伤残或死亡抚恤金（对象为因公抢险救灾致残的军人或职工等，因公抢险救灾而牺牲的军人或职工等） ·依宪法或其他法律因灾临时征用的物什、房屋等补偿政策 ·某类巨灾（地震或洪灾等）保险政策（兼为公共政策或准市场化政策，美国政府辟有洪灾保险计划）	·《社会救助暂行办法》中的第九章（因火灾、交通事故等灾难临时救助），以及各地区出台的灾难性事故社会救助办法 ·上述（包括针对农民工）工伤保险（条例）法规、工伤保险赔偿标准 ·伤残或死亡抚恤金（对象为因公抢险救灾致残的军人或职工等，因公抢险救灾而牺牲的军人或职工等） ·安全生产事故赔偿标准 ·安全生产责任保险政策（兼为公共政策和准市场化）	·《社会救助暂行办法》中第五章第三十二条最后一款为"疾病应急救助"规定 ·上述涉及疫情防控的特殊动员政策中的福利补偿、慈善救济、社会救助等，属于突发性公共卫生事件的应急社会政策 ·具体某类突发性公共卫生事件（如食物中毒）的赔偿政策 ·职业病赔偿标准 ·尘肺病重点行业工伤保险政策 ·传染病防治政策（兼为公共政策）	·地方性的见义勇为奖励和补偿保障政策（国家性的条例尚为草案） ·针对各类警察的抚恤金政策 ·（最高法院）人身损害赔偿案件适用法律若干问题的解释法等

（三）应急社会政策的应然性基本特点

基于上述具体类型和内容分析，笔者从理念上认为，应急社会政策应该大体需要具备以下几个基本特点。

1. 缓急结合

应急社会政策覆盖事前、事中、事后几个阶段，但现实中的政策基本是在灾后（或响应救援后期）发力供应，总体上体现出缓急结合的要求；政策出台步骤也体现缓急结合的特点。

2. 覆盖全面

即应急社会政策对各灾种及其受灾人员的保障和应对均有覆盖，尽管某些灾种的应急社会政策偏少。

3. 总分结合

即应急社会政策与大多数社会政策一样，体现综合性与分项性（分灾种或分环节）条规政策结合的原则。

4. 托底保障

这是社会政策的普遍特点，即应急社会政策更应该体现对目标人群保底保命的底线性安全保障特色。

5. 种类齐全

即涉及社会保障中的各个种类，涵盖社会保险（工伤保险和医疗保险）、社会救助（灾事救助）、社会福利（全民安全保障）、社会优抚（因公抚恤）。

（四）发展型政策与应急人政策需突破

通过上述的分析，可以看出，要建设一套与发展中大国相适应，与中国特色社会主义现代化相适应的独立的、可复原的、积极的“韧性应急社会政策”体系（也称为“发展型应急社会政策”体系）任重道远，[①]有以下几方面值得关注和提升：

（1）应急社会政策比较零散，缺乏系统性、独立性，应该构建一种关于应急社会政策的指导框架；不同灾种、各个应急环节的具体应急社会政策还比较少（尤其是社会安全事件类应急社会政策非常不足），可能不如发达国家完善；针对特殊人群（农民工、妇女、老人、儿童）的具体应急社会政策非常少见，应该建立健全。

（2）事后赔偿和救助救济的政策多于事前（减灾预防或应急准备阶段）保障政策，消极被动性色彩仍然较浓，积极主动性的应急社会政策不够（事故灾难类似乎稍好一些），因而构建全灾种韧性化的、积极的发展型应急社会政策迫在眉睫。对于因灾（事故）致贫、致残、致缺的个人或家庭，很多属于选择型社会保障政策范畴。其中多数社会保障政策如社会救助（暂行）办法、慈善法、工伤保险、巨灾保险等，总体上属于事中尤其是事后性消极被动的保障政策，但不能否认它在事前的预防保障作用，即积极预防的政策功能。事实上，中国有一些社会保障政策如减灾计划、安全投入保障、女工劳动保护、一般性劳动保障等，都属于积极性政策，只是这一方面的政策大多数属于国家公共政策范畴，未能与社会保障政策进行很好的融合。因此，中国应急管理领域在这一方面应该加大力度，确保政策覆盖全民，体现“应保尽保，应惠尽惠，应安尽安，应康尽康”，确保全民安全发展、健康发展、公平发展。

（3）应该出台具体的保障“应急人”本身安全发展的应急社会政策，以及有效构建“社会应急信息员及其权利保障”制度（政策），即解决“谁来应急”的问题。应急人，即应急管理领域从事特殊专业作业的应急管控、应急救援、应急救护等人员，也包括社会力量中参与应急的社会工作者、志愿者、义务工作者等。他

---

① MIDGLEY J., *Social Development: The Developmental Perspective in Social Welfare*, London, SAGE Publications, 1995.

们中的专业人员属于特殊工种人员，理应受到特殊社会保障政策的关怀。目前涉及这些应急人的社会保障政策大体包括：覆盖全体劳动者的工伤保险，覆盖全员的社会福利（各类津贴、补助等）和军人抚恤等，以及中央或地方设立各类记功奖励制度（如见义勇为奖、救死扶伤奖）、消防救援人员优先优待制度等公共政策类。这些政策有的不是完全意义上的社会保障政策，因此建立一套关于“应急人”特殊群体的社会保障政策势在必行。关于“应急人”的社会保障政策建设，主要从以下几个方面进行思考：一是应急人作为普通员工、普通群众，应该享受上述普遍性社会保障政策；二是应急人作为特殊岗位或工种，应该制定一套关于特种劳动保护、特种工伤救助的办法；三是应急人的业务权利保障政策，如一些应急人在救助救护受灾人的过程中，面临一些诸如受灾人肢体处置伦理、性别伦理、次生事故处置权利、救灾中非有意遗害行为的权利保障问题，这需要一定的社会保障政策和法律法规支撑。

三、应急社会政策系统外部环境及其资源条件

政策制定、执行和效果评价都需要与一个国家或地区的环境条件、资源条件密切关联，否则政策系统的运行就会大打折扣，应急社会政策也不例外。应急社会政策决策与执行过程，本身也是行政的过程。按照美国学者里格斯关于“行政生态学”的理论，行政一般涉及经济要素、社会要素、沟通网、符号系统和政治架构五个方面；①台湾学者彭文贤分为经济、政治、社会、文化四个要素。②借此，笔者将应急社会政策系统的外部资源环境条件归纳为如下几大方面。

（一）物质保障：经济发展水平

如同其他社会政策的制定和施行一样，应急社会政策也需要一定的经济发展水平，实际上是更需要经济物质基础。因为在应急社会政策中，大部分需要给受灾（事中和灾后）居民和群体提供物质帮助，包括事前的减灾预防技术和装备基础。改革开放前，中国困于经济贫穷，很多时候应对自然灾害的基本物质手段都相当缺失，连灾民的基本社会保障（社会保险）都难以满足。因此，没有足够的物质保障，即便有应急社会政策，也无法落实到位。

反过来说，经济发展也需要一定的应急社会政策；应急社会政策解决经济发展所需的熟练劳动力困惑，为经济社会正常发展保驾护航。

---

① RIGGS F W., *The Ecology of Public Administration*, New Delhi, Asia Publishing House, 1961, pp160-166.

② 彭文贤：《行政生态学》，三民书局1988年版，第52—58页。

(二)根本动力:解决问题需要

需要是动力,政策因需要而产生。解决社会问题是社会政策得以产生和立足、发展的基本因由和根本动力,也是社会政策得以体现其社会功能价值之所在。解决应急过程中的社会问题,即是应急社会政策产生和发展的动力。应急社会问题有哪些?就是各类突发灾难事件导致的社会问题,最根本的是人的身心受到严重创伤、急需救助救济的问题。

随着人类社会加速发展,高风险社会也日益来临,既有来自自然界的灾害,也有人类自身造成的诸多灾难如人因事故、社会安全事件,以及介于人类社会与自然界相互作用而产生的生态环境灾难、公共卫生事件等。它们给人类自身带来的灾难是无尽深渊。这就是应急社会政策需要解决的问题,即人类安全发展的需要是其产生和存在的根本原因和动力。

(三)基本保证:民主法治体制

应急社会政策与一般性社会政策不同,非常特殊,对于重大突发事件的决策过程也要求有较高的民主水平,还必须强调快速的民主决策机制。“民主集中制”是最适合应急社会政策决策和运行的政治机制,在现代社会也成为一项政治法则。一方面,民主基础上集中而不分散,有利于快速抉择应对危机;另一方面,集中前提下发扬民主而不专断,更有利于快速发挥民力民智、群防群治的社会动员优势。

与此同时,因为有了民主政治,法律法规政策才会得到有效制定和高效执行,这是法治国家的民主氛围,也是民主制国家的法治氛围,两者相互促进。民主与法治是应急社会政策运行的基本保障。

(四)精神氛围:社会文化心理

社会文化基础对于应急社会政策的左右作用在于以下几个方面:一是民心所向有利于应急社会政策的制定和运行。一项政策刚出台,就遭到民众抵制,表明缺乏应有的社会氛围。二是需要基于传统民族文化心理进行政策制定和施行。脱离国情历史的应急社会政策,一般很难施行。三是社会凝聚力强大是应急社会政策有效应对大灾大难的精神动力。

(五)现代手段:科学技术进步

科技进步无疑有助于应急社会政策的运行。比如,现代社会信息化的发展,更有利于国家对自然灾害施行全国一盘棋的卫星遥感监控,目前也提升了天气预报的准确性。又如,传媒信息技术的发展,在对灾难发生进行快速的源头性控制、过程性控制方面十分有效。这些都有利于上升为应急社会政策加以推行。此外，社会科学的日益发展以及政策科学决策的智能模拟技术发展等，都有助于应急社会政策的成长。

（六）全球背景：国际环境优化

全球化、市场化、信息化是当代国际社会加速发展的三种叠加因素，一个国家或地区或国际社会本身的应急社会政策良性发展是十分有利的。一是全球化缩小了世界各国应急社会政策决策和运行的专业知识差距与鸿沟，决策意识、专业化工具和手段为科学决策和合理运行提供了便利。二是市场化发展，有利于世界各国相互借鉴和应急社会政策的有效利用，比如通过政府购买服务的经验、企业参与应急救援的社会政策等，都在相互改善。三是信息化发展，一方面能够在短时间内共同决策应对全球突发性危机，另一方面能够提升简化决策环节、快速应对和处置危机等方面的能力。

第三节　应急社会政策运行过程

突发事件应急的社会政策，同样有其生命历程和周期，同样应该遵循下列逻辑（四大阶段环节）：应急社会政策制定—应急社会政策执行（模式）—应急社会政策执行监控评估—应急社会政策调整或终止（如图15-4）。

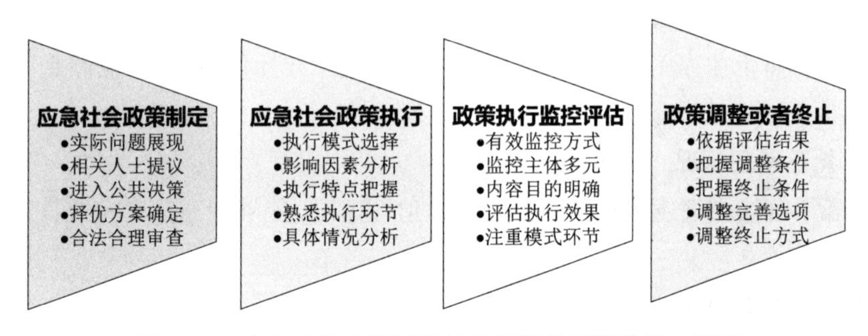

图15-4　应急社会政策制定执行和评估调整的基本环节

一、问题提出与应急社会政策制定

对于各类重大突发事件，或者常态化重大事件（如雾霾），对社会公众生产、生活和生命安全影响非常大，需要全社会及时做出抉择，拿出应急方案，合理采取应急行动，解决问题。从人类历史上无数已经发生过的重大案例看，应急社会政策制定涉及如下因素或要素。

(一)什么样的问题进入决策议程

一个社会问题要进入应急社会政策决策的议程，应该具备以下几方面的情势条件。

1. 客观紧急信息

即社会问题的客观严重性情势明显。重大突发事件对区域内和跨区的公众必将产生严重的后果，必须采取紧急措施，控制人员流动，或转移相关居民，否则危及全国人民生命安全的后果不堪设想。这是应急类(而非一般性)社会政策决策的关键出发点。

2. 紧迫公共诉求

即相关领域或公共领域出现强烈的主观愿望和诉求；诉求的问题具有公共性。高级别专家或一般专业技术人员等要求对重大突发事件采取紧急措施的呼声不断加强。

3. 政策急迫需求

从各类案例看，从下(如医院和专家等)到上(政府)已经明显感觉到，亟须果断采取封城、隔离控制的社会应急措施，应急政策需求日益强烈。

(二)什么样的人员提出相关问题

提出相关问题的人员可以有很多类，包括公众、一线从业人员(如作业或服务员工、医护人员、志愿者等)、专家(专业技术人员)、行政管理者和官员、相关利益团体(如企业家)和社会人士(媒体人士或公共知识分子)。他们必须就相关问题具备以下基本条件。

1. 熟悉紧急情况

非常了解这类突发事件的严重性和紧迫性情况，能够向高级专家或政府如实反映情况。

2. 意见比较权威

有一定的专长或专业知识，如矿山一线技术型班组长对井下风险状况非常了解；院士对重大公共卫生事件的把脉问诊，根据以往经验，对事件有很深的了解。他们从专业角度提出的意见，具有决策参考的权威性。

3. 社会责任感强

无论是相关专家还是利益集团人士，对公共性紧迫问题均具有应对解决的强烈社会责任感，而不是从一已私利出发，这是决策的内在动力。

(三)什么样的方案被确定为政策

从各类经典案例看，提出的决策方案应该具有符合应急社会政策特征的要求。

1. 目标明确

任何重大突发事件的最大目标，就是控制事态扩大，控制危害后果大面积扩散的可能性。

2. 紧急可行

针对重大突发事件的应急社会政策，必须在时间、空间、人力、财力、物力和社会关系方面切实可行，而且执行有效，否则起不到应急救济和救援的效果。

3. 得大于失

从应急成本角度来看，重大事件应急方案代价很大，如应急物资供应比较难，很多企业生产一时停顿；但迫不得已，因为应急方案实施使得事变风险是最小的，即得大于失。

4. 方案可选

在考虑应急方案可行和得大于失的基础上，具体要对应急方案进行优选。临时应急社会政策或方案可以提出多种，在比较中必须选择最科学合理的方案。

5. 体现公义

很多重大事件紧急防控方案，体现保护全国人民生命安全的大局大义。

（四）什么样的决策行为合理合法

从武汉封城决策过程来看，作为一项应急性的社会政策决策，其行为既要合理，还得合法。

1. 时机成熟

从公共危机（公共风险）演变的过程来看，一般会经历风险潜伏期、风险暴发期、风险解决期、风险持续期。这四个时期都有转危为安的时机，关键是把握火候，太早决策则有可能浪费资源，太晚决策则有可能扩大风险。

2. 依法决定

目前很多国家都具备针对突发事件应急的法律法规，一般遵循政府主导、社会参与、公众配合，以及分级防控、属地管辖为主的应急法治原则。

3. 行政合规

对于突发事件的应急社会政策，一般须体现从下到上、从上到下的“双循环”民主集中规则。

4. 与民合意

临时应急政策尽管会造成一些企业停工停产、市场停运等，但生命安全至上的大局观、大义观深孚众望，符合民意，老百姓也愿意接受和遵守这类应急社会政策。

二、应急社会政策执行过程及模式

应急社会政策执行，就是将正式公布的政策加以贯彻落实，以达到对有需要帮助的社会成员脱离困境、恢复正常生活目标的整个行动过程。

（一）应急社会政策执行具有哪些特点

1. 紧急性与延续性兼有

应急社会政策执行重在于“急”，这是区别于其他社会政策的一个主要特点，尤其是那些临时应急响应的社会政策（上述武汉封城就体现紧急性）。与此同时，有些社会政策则是延续性的，如前述的各灾种社会救助政策、工伤保险政策等，基本上是救援后期或恢复善济时期执行的；有的政策执行到享受者生命终结。

2. 灵活性与原则性互衬

任何政策均具有相对的稳定性和刚性，即原则性，难以轻易改变，否则政策就会立马失效。但是，比起法律来，政策本身有其灵活性，因为执行环境会有很多新的变化，执行对象也会有一定的变化，尤其是应急响应类政策涉及的灾变环境变化更快。比如，见义勇为行为奖励或补偿政策，社会上对此褒贬不一，有的人认为这是褒扬道德善举的高尚政策，于法有据；有的人认为此政策推行后会产生一系列后果，如为领偿而领偿，可能会导致欺诈或更多无谓牺牲等。因此，有的地方采取灵活做法来平衡这种社会心态。

3. 分散性与整合性并存

应急社会政策不但类型较多，而且执行过程涉及很多步骤，涉及人、财、物、信息等很多因素，因而执行起来就得既有整体性，又要分步分类执行，体现总体整合与局部分工的特征。

（二）应急政策执行受到哪些因素影响

关于政策执行的影响因素，国内外有很多研究，如较早的有美国学者史密斯的“四因素理论”，包括理性化政策、目标群体、执行机构、环境因素；[①]美国专家米特与霍恩的“六因素理论”（系统模式论），包括政策标准和目标、政策资源、组织沟通与有效执行、执行机构特性、社会环境、执行人员的价值取向；[②]

---

① SMITH T B.,“The Policy Implementation Process”, *Policy Sicence*, 1973, 4(2).

② Van METER D S., Van HORN C E.,“The Policy Implementation Process: A Conceptual Framework”, *Administration and Society*, 1975, 6(4).

国内陈振明提出问题特性、政策本身、外部因素“三因素理论”。[①]结合国情和应急事务特点，笔者认为，影响应急社会政策执行的因素有如下几类。

1. 应急政策资源

政策本身是一种社会资源；对之进行资源化，表明它具有很强的应用价值（如应急救护价值），如前面所指的各类（不同灾种、不同环节、普遍社保、特殊动员等）应急社会政策。因为这些政策本身要携带或配置相关实物资源和资金、技术等。而且，不同政策带有不同的自身特性，如有的综合性比较强，有的强调特殊性；有的属于选择型，有的属于普惠型。

2. 机构及其意志

应急社会政策执行机构一般由相关政府部门（如民政部门、人力资源与保障部门、应急管理部门或地方人民政府等）和社会公共组织机构（如社会工作机构、社会福利院、残疾人照护机构等）构成。这些机构具有一定的人格化意志力和管理水平，尤其是机构的不同领导人（负责人），对政策执行的速度（送达资源快慢）、力度（资源分配多寡）、深度（关怀是否到位）、广度（覆盖对象广泛与否）明显不同。

3. 具体执行目标

应急社会政策在决策时，一般会设置一个“总体目标”，相对比较宏大、整体化，而执行目标虽然也是朝着这一方向（总目标）迈进，但需要细分为具体可操作的目标。可分为近期紧急目标、中期间断目标、长远延续目标，或分为总体目标、中层目标、具体目标。这是有效执政的具体体现。而对着总目标“眉毛胡子一把抓”，其效果肯定不理想。

4. 外部执行环境

应急社会政策执行环境包括前述的经济水平、政治条件（国家政治模式）、文化心理等，具体不赘述；更包括政策对象的社会需要。一般来说，应急服务对象的前期需要都比较紧迫、必需，后期需要相对缓慢、宽松。

5. 主要执行模式

从不同国家或地区的情况来看，执行模式会有所不同。一般分为全能主义（上下同一）、政府主导（自上而下）、政社合作（上下平等）、社会自主（自下而上）等几种模式。在我国，一般采取政府主导、社会参与的自上而下的模式，当然，近些年也逐步纳入政社合作模式，纳入政府购买社会服务模式。具体不

---

① 陈振明：《政策科学——公共政策分析导论（第二版）》，中国人民大学出版社2003年版，第289—294页。

赘述。

此外，应急社会政策执行还会涉及执行过程的监控、阶段评估和政策调整等因素，这是辅助性的或衍生性的因素。下面相关部分略做详细阐述。

（三）应急社会政策执行涉及哪些环节

关于政策执行过程，国内外也有很多模式，如美国学者雷恩等提出“循环模式”，包括纲领发展、资源分配、监督控制三个不同阶段，每一阶段体现合法、科层理性、共识的原则。[①]陈振明基于中国特色，提出政策宣传、政策分解、物质准备、组织准备、政策实验、全面实施、协调监控七个阶段模式；同时提出法律、行政、经济、思想诱导四种手段。[②]实际上就是对接准备、分配实施、反馈协调三大阶段，其他都是小阶段，由此提出应急社会政策执行的几个阶段。

1. 对接准备阶段

（1）政策宣传普及。如新的社会救助办法或慈善法等颁布后，在正式实施前，会有一个宣传普及阶段（通过媒体或现场答疑等形式）；即便是临时紧急社会政策，也会通过新闻发布会或听证会等形式进行宣介造势（如武汉封城通过政府与专家合作出面的新闻发布会）。

（2）人力组织准备。这是政策有效执行的核心所在，主要是指定相关政府部门或社会公共组织（有固定的组织机构，也有临时组合性应急指挥部政策实施小组）来承担任务的完成，适当安排专人负责、相关人员配合政策执行。

（3）目标任务分解。这是上述所指的要将应急社会政策总体目标，按照实际情况进行具体的目标任务分解，体现总分结合、整体与局部实施结合的原则；具体由政府组织机构或专人来分解。

（4）对象摸底调查。这是将政策与目标人群对象进行有效对接的重要步骤，实施对象不明，容易引发社会不公和资源浪费，务必精准调查，即便临时应急措施也必须点对点了解。

（5）资源配置准备。这是政策有效执行的重要步骤，执行组织和人员必须按照政策的要求，针对不同的目标对象进行精准配置份额，尽量不出差错；同时对执行活动进行合理的预算规划，尽量量入为出。

2. 分配实施阶段

这里指相关组织机构按照政策总目标、具体目标等，将资源配置份额分组、分类、分对象地派送到具体目标对象手里，做好资源交接、登记入账、签字存

① 转引自桑玉成、刘百鸣：《公共政策学导论》，复旦大学出版社1991年版，第46页。

② 陈振明：《政策科学——公共政策分析导论（第二版）》，中国人民大学出版社2003年版，第262—269页。

档，以及联系方式登记、陪护亲友或社工或志愿者知晓等细节工作。当然，这一过程必须体现人文关怀、温暖照顾、体贴入微，让受灾人员真正感觉到政府的温暖和社会的关爱。

3. 反馈协调阶段

资源派送完毕后，相关执行者还得对目标对象的具体感受、满意程度、新的需求、心理情绪等，进行定期或不定期跟踪；对其反馈的信息和需求，与相关部门或机构进行上下左右协调。这一步骤是应急社会政策有效执行必不可少的环节，即便是临时紧急措施实施，也需要这一步骤。

三、应急社会政策执行的监控评估

（一）如何有效监控应急社会政策执行

应急社会政策涉及法律程序、财政投入、社会捐助、社会风尚的内容。其政策执行得如何，整个执行过程出现什么样的新情况、新变化等，都应该实时加以监控，以便修正或纠偏。应急社会政策监控即政策执行组织机构或外部相关组织机构，按照合法合规程序，依照一定方式，对政策执行过程进行合理监控。

1. 多元化的监控主体

对于任何一类政策的执行效果进行监控，都是多主体监控，一般就是政策执行机构自我监控与外在主体监控两大类。外在主体有很多：政党系统（如中央纪委）监控、立法机关监控、行政机关（如国家监察委）监控、司法机关监控、媒体舆论和公众监控等。

2. 监控方式内容全面

（1）法律监控。即依法对政策执行是否违法进行监控。如《慈善法》出台不久，有些社会组织曾经打着为灾区公开募捐的旗号，违法募捐。为此，民政部等部门迅速出台《公开募捐违法案件管辖规定（试行）》。

（2）纪律监控。即按照政治纪律、党组织纪律、行政纪律、行业纪律等，对政策执行是否违纪进行监控。

（3）行政监控。即主要党政机关对政策执行的行政合规性进行监控，尤其是指政策执行是否符合行政法规方式，是否民主协商等；有时候采取行政组织方式监控，即对行政机构或公共机构负责人以人事任免方式进行调整监控。

（4）经济监控。主要是通过会计、审计或统计手段对政策执行过程中的经济业务、经济绩效等进行监控。因为应急社会政策的施行涉及救灾物资、救助和救济物资的配置和派送，执行过程中涉及的物资用途、去向及其账目必须明了，必须向社会公开，接受监督。这实际是一种专业化的经济监控。

（5）社会监控。即主要公众或媒体、利益集团或受益对象等，对政策执行的满意度、廉洁自律问题等进行监控。

3. 监控目的较为明确

一是确保应急社会政策执行合法合规，即依法、依规执行；二是确保应急社会政策执行有效性，即实现政策目标，使受灾人员得到最充分、最有效的救助救济；三是有利于应急社会政策执行优化调整和完善，因新情况、新变化而调整，对不足部分进行完善、补充；四是确保应急社会政策执行公开、公平、公正，确保社会满意。

（二）如何评估应急社会政策执行效果

关于政策执行效果的评估，可以参照的模型有很多，如德国学者韦唐提出效果模式、经济（主要是执行效率）模式、职业化（主要是同行评议）模式三类，可分解为八种模式：目标达成模式、附带效果模式、无目标评估模式、综合评估模式、顾客导向模式、利益相关者模式、经济效率模式、同行职业化评议模式。[①]根据应急社会政策具体情况，笔者选择相应的评估的标准模式（包括评估方法），并对其评估过程进行简述。[②]

1. 选择合适标准模式

（1）目标达成（效果）模式。即将实施结果，与应急社会政策总体目标以及分解的具体目标进行对比，从而观察其是否收到政策执行的应有效果。这一评估模式在灾后恢复过程中使用较多。

（2）顾客导向（受益）模式。即以政策目标人群（受益者）的受益状况（如身心康复和生活恢复状况）为导向进行评估，最终是看政策受益者是否真正受益、是否真正满意。这一评估模式在灾后恢复过程中使用较多。

（3）经济成效（效率）模式。即以成本—收益为评价标准，对应急社会政策投入与最终收益（完成情况）进行比对，从而确定政策效果是否明显。这一评估模式在灾前与响应结束比对、灾后恢复过程的某个阶段（与执行规划准备比对）可以多加使用。

（4）社会效益（满意）模式。即指整个社会或相关公众群体对某项应急社会政策的满意度评价，一般在应急响应结束或者政策终止时，或者政策执行到某

---

① VEDUNG E, *Public Policy and Program Evaluation*, New Brunswick and London, Transaction Publishers, 1997, pp35-92.

② 可同时参考郑杭生：《社会学概论新修（第五版）》，中国人民大学出版社2019年版，第466—468页。

个阶段，开展评估比较好。

（5）综合评估（多元）模式。即上述各种模式的综合，也包括专家同行评议模式、无目标评估模式，其手段、方法和工具多元，可以在应急社会政策执行的任何一个阶段开展。

2. 精心抓好评估过程

（1）评估准备阶段。主要工作包括：一是确定评估的具体对象和事项，是政策执行结束评估还是阶段性评估，是政策执行某一方面评估还是某一项政策全部执行状况评估等，都应该明确；二是邀请和组建评估专家小组，是第三方独立评估还是执行机构内外混合评估，以及组长和人数，都应该确定；三是由评估专家组制订评估规划和调研计划，包括选择科学合理的评估标准、模式和方法、评估时间、场所、目标、程序等。

（2）评估实施阶段。主要工作包括：一是调研收集评估资料，即对政策执行对象、执行者、监控者、社会公众（或相关利益集团）等开展实地调查和资料调查，包括必要的访谈、问卷调查、座谈会等形式；二是对收集的资料进行汇总、加工整理、统计分析，得出一定的结论等；三是研撰评估报告。

（3）评估结束阶段。根据评估结论和结果，邀请政策执行机构和人员、政策执行对象代表、政府部门公务人员代表、其他利益相关者、媒体人员或社会公众等，参与研讨，并有针对性地进行问题反馈、结果公布、最终评价等。

四、应急社会政策调整或政策终止

应急社会政策调整或终止，就是根据政策的阶段性或终结性评估结果，对现行应急社会政策进行修改、补充、分解或终止的过程。[①]

（一）哪些情况亟须政策调整或终止

1. 应急客观要件消失

某类突发事件的消极后果已经基本消失，可以终止某项应急社会政策。

2. 政策与发展不相容

经济社会发展环境发生深刻变化，原有的一些应急社会政策亟须暂停或替代或取消。

3. 经济水平大步提升

随着经济发展水平的提升，原有的一些救助救济标准需要改变或提升，即可

① 陈振明：《政策科学——公共政策分析导论（第二版）》，中国人民大学出版社2003年版，第358页；郑杭生：《社会学概论新修（第五版）》，中国人民大学出版社2019年版，第469—470页。

进行政策调整。

4. 人的主观意志变化

当事人、责任人、管理者的主观意志发生变化，或公众诉求发生变化，或人们对应急事务的认识不断深化，均需要对应急社会政策进行优化调整。

（二）从哪些方面开展政策调整完善

1. 政策内容亟须调整

如前所述，安全生产事故赔偿标准、工伤保险支付标准及其覆盖范围（必须覆盖到农民工）等，需要充实、补充和完善。政策条款调整的议程难度较小，比较灵活，有的政策一年一调整或两三年一调整。

2. 政策机构亟须调整

前述的各类临时应急指挥部因任务完成，即被解散或撤销，相应的临时应急社会机构及其临时政策也相应终止。另外，原有的一些机构比较分散，亟须进一步整合形成合力，如2018年中国应急管理部组建，整合了原有13个部委的相关应急职能而独立成为一个职能机构，原来下面相应的社会组织机构（职业安全健康协会、灾害防御协会等），相关的人员、机构和经费以及相应的应急社会政策都做出了相应调整，有的扩充，有的减缩。

3. 政策功能亟须调整

为某一目标群体专门设计的应急社会政策，在新的条件下，可能会发生很大的功能、作用变化，这时候亟须调整政策功能。

（三）政策调整或终止应有哪些方式

1. 新政策替代方式

有些政策不合时宜，反而诱发新的社会风险或灾难风险，阻碍经济社会发展，亟须废除或终止，需要新的政策替代。有的政策因为服务对象和应用功能范围、功能强度发生变化，需要替代，如2012年颁布的《女职工特殊劳动保护条例》，替代了1988年出台的《女职工劳动保护规定》。

2. 内容合并或分解

应急社会政策的合并或分解，是根据安全应急发展规律或经济社会发展趋势进行的。政策合并方面，如2014年2月中国国务院出台的《社会救助暂行办法》就是对以往相关政策“碎片化”问题的整合。又如2006年中国加入联合国第155号公约（职业安全和卫生及工作环境公约）以来，至今仍有很多有识之士提出，将中国现行的《安全生产法》与《职业病防治法》进行合并立法，与国际接轨，更符合以人为本的精神和企业安全发展的规律。当然，这是指法律层面的合并，而其下游政策层面随之就会有很多合并。政策分解方面，如1951年颁布施行的《劳动保险条例》，无所不包，非常繁杂还不可执行，因而随着市场化条件下养老、医疗、工伤、失业事务的发展，进行了分项分解立策。

3. 完成任务即终止

前述的临时特殊性应急社会政策，因突发事件后果消失，即被终止。当然，还有其他一些应急社会政策在灾后重建目标顺利完成后，即行终止，如2008年8月国务院抗震救灾总指挥部出台的《汶川地震灾后恢复重建总体规划》，提出“用三年左右时间完成恢复重建的主要任务”；到目前，经过10多年的恢复重建，灾区居民生活正常，有的早已超过灾前生活水平，政策任务即结束。

第十六章

社会结构与应急

社会结构，是社会学研究的核心议题，是理解纷纭复杂的社会问题的“钥匙”。社会阶层结构是社会结构的核心议题，从而也成为社会学的核心议题。不同社会学家对社会结构理解不一样，因而理论分析也就五花八门。社会结构是镶嵌在宏观社会系统之中的；社会系统及其社会结构的变迁，对各类风险（包括社会系统本身的风险）演化的影响是深刻的，因而对应急（管理）行动的影响是不言而喻的。而应急（管理）行动本身也会呈现出不同的社会结构特征，即应急具有社会结构性。

第一节　社会结构及与应急的关系概述

一、社会结构理论探索概述

在《安全社会学（第二版）》中，笔者对社会结构的理论流派做了较为详尽的回溯和述评。[①]这里只是简单地梳理一下社会学中这些理论流派的思想，以分析应急与社会结构的基本关系。

（一）古典社会学社会结构理论

社会学创始人孔德认为，社会结构与物理性结构并无本质区别，其社会静力学即着重研究社会秩序、社会结构中各种要素之间的相互作用，也类似生物学意义上的“社会解剖学”。斯宾塞则把社会结构类比于生物有机体的结构，认为社会进化表现为一种满足社会功能分化需要的结构分化。[②]

马克思将社会结构分为两个层次，即物质层面的经济基础（涉及生产力、生产关系、生产方式）和精神意识层面的上层建筑（涉及意识形态体系、法律和制度体系），强调生产的物质结构。在社会结构中是经济基础决定上层建筑，在经

① 颜烨：《安全社会学（第二版）》，中国政法大学出版社2013年版，第189—198页。

② 陆学艺：《社会学》，知识出版社1991年版，第6页。

济结构中是生产力决定生产关系，并在此基础上强调社会阶级结构和社会不平等、社会冲突。[①]

马克斯·韦伯从行动理解入手，探索行动背后的理性与非理性因素，认为社会结构是人类行动互动的结果和模式，并且从此基础出发构建起韦伯意义上的“三位一体”的阶层分析框架，即基于财富、权力和声望的社会结构分层。[②]

涂尔干把社会结构分为“机械团结”和“有机团结”两种类型。前者表明在社会分工不发达的情况下，社会是一种低度整合的结构；后者表明在工业社会中，劳动分工日益精细化而呈现为高度有机整合的结构。[③]

（二）现当代西方社会结构理论

帕森斯是现代社会学中结构功能主义的奠基人，是社会系统论社会学家。在第一阶段，帕森斯分析了结构性安排对于社会系统的作用，亲属关系—阶级分层—国家—宗教的结构具有普遍性。在第二阶段，帕森斯又提出了模式变量与AGIL（“A”代表adaptation，适应；“G”代表goal atainment，目标达成；“I”代表integration，整合；“L”代表latency pattern maintenance，模式维持）图式，重在分析社会系统及其内部的经济、政治、信用（规范）、社会共同体各子系统的关系和功能。[④]

默顿认为帕森斯的理论过于“庞杂”，因而提出“中层理论”来修正帕森斯的“大型理论”，创建性地提出正功能—反功能、显功能—潜功能、功能替代物等几个新概念，对结构的功能问题进行了更深入的研究。[⑤]

帕森斯等强调均衡发展而忽视阶级冲突的作用，多被后来的社会结构论者批判，如冲突论者达伦道夫更明确地指出，“阶级斗争是社会科学中最重要的用于解释的范畴。阶级实际上构成了社会、社会冲突和历史发展的所有方面”。[⑥]亚历山大的新功能主义则力图对帕森斯的结构功能论进行弥补和修正，引入冲突论、行动的偶然性与创造性等，从而建立“多维性质”的一般理论体系。[⑦]布劳从交换与不平等关系探讨社会结构，力图弥合微观层面和宏观层面的社会互动，认

---

① 《马克思恩格斯选集（第二卷）》，人民出版社1972年版，第82页。

② ［德］马克斯·韦伯：《经济与社会》，林荣远译，商务印书馆1998年版。

③ ［法］埃米尔·涂尔干：《社会分工论》，渠东译，生活·读书·新知三联书店2000年版，第254页。

④ PARSONS T. *The Social System*. First Published in England by Routledge & Kegan Paul Ltd, 1951；［美］塔尔科特·帕森斯、尼尔·斯梅尔瑟：《经济与社会》，刘进、林午、李行等译，华夏出版社1989年版。

⑤ 谢立中：《西方社会学名著提要》，江西人民出版社2000年版，第139—192页。

⑥ DAHRENDORF R., *Class and Class Conflict in Industrial Society*, CA Stanford, Stanford Universiy Press, 1964, p138.

⑦ 谢立中：《新功能主义社会学理论》，载杨善华：《当代西方社会学理论》，北京大学出版社1999年版，第137—138页。

为社会结构是社会交换的结果，可以由一定的结构参数来加以定量描述。[①]日本社会学家富永健一更直观地认为，社会结构的构成要素“可以从接近个人行动层次（微观层次）到整个社会的层次（宏观层次）划分出若干阶段，接着微观到宏观的顺序可以排列为角色、制度、社会群体、社会、社会阶层、国民社会”[②]。而社会资本论者格兰诺维特则把社会关系网络看作一种社会结构，认为经济行动是在社会网内的互动过程中做出决定的，也即经济行动“镶嵌”于社会网中，表现为一种资本性的关系力量。[③]

当代社会学大师吉登斯则从“结构化”的角度出发，把“结构”与“行动”视为人类实践活动的两个侧面，认为结构化理论的一个主要立场是“以社会行动的生产和再生产为根基的规则和资源同时也是系统再生产的媒介（即结构二重性）”。[④]

新结构主义作为一种组织理论，则超越社会学结构主义的传统，除了涉及物质资源，更广泛地触及文化规则（制度）和意义系统，以揭示公开（即显性结构）和隐蔽力（即隐性结构）两者之间的微妙关系；在研究方法上，其实证研究更注重日常实践的具体表现和优先考虑多维方法中的文化维度。[⑤]

（三）当代中国的社会结构研究

老一代社会学家如费孝通就认为，社会学是指从变动的社会系统整体出发，通过人们的社会关系和社会行为来研究社会的结构、功能、发生、发展规律的一门综合性的社会科学。[⑥]他明确提出社会学必须研究社会结构及其功能。

改革开放以来，中国国内研究社会结构变迁的学者也逐渐增多，有的从社会力量的消长关系来研究。[⑦]多数社会学家从社会阶层的不断变迁来研究，主要的有：陆学艺认为，当前中国社会阶层结构是一种“中产化现代社会”的发展趋

① ［美］彼德·布劳：《不平等和异质性——社会结构的原始理论》，王春光、谢圣赞译，中国社会科学出版社1991年版，第1—3页；［美］彼德·布劳：《社会生活中的交换与权力》，孙非、张黎勤译，华夏出版社1987年版。

② ［日］富永健一：《社会结构与社会变迁——现代化理论》，董兴华译，云南人民出版社1988年版，第19—21页。

③ GRANOVETTER M.,“Economic Action and Social Structure: The Problem of Embeddedness”, *American Journal of Sociology*, 1985, 91(3); GRANOVETTER M.,“Problems of Explanation in Economic Sociology”, In Nitin Nohria and ROBERT G. Eccles, *Networks and Organizations*, Boston, Harvard Business School Press, 1992.

④ ［英］安东尼·吉登斯：《社会的构成：结构化理论大纲》，李康、李猛译，生活·读书·新知三联书店1998年版，第81—82页。

⑤ LOUNSBURY M, VENTRESCA M., *The New Structuralism in Organizational Theory*, 2003.

⑥ 编写组：《社会学概论（试讲本）》，天津人民出版社1984年版，第5页。

⑦ 孙立平、李强、沈原：《社会结构转型：中近期的趋势与问题》，《战略与管理》1998年第5期。

势；[①]孙立平等提出社会结构“断裂论”；[②]李强提出中国社会的“丁字型”结构和阶层间关系的结构性紧张。[③]李培林等则认为阶层间的意识形态和社会态度存在“碎片化”现象；[④]李路路提出“结构化”论点；[⑤]李春玲则对当代中国的社会分层进行了多方的实证研究。[⑥]在分析中国大陆20世纪80—90年代的社会结构变迁时，谢立中认为水平分化的结构异质性程度不断提高；收入方面的垂直分化与不平等程度不断提高，其他方面则不断降低；水平结构中各类别群体之间的地位差距有的趋于缩小，有的趋于扩大，但总体上是趋于缩小；中国大陆的社会结构还将经历显著变化。[⑦]

二、社会结构主要类型划分

从总体上看，与社会结构相关的概念很多，如模式、关系、形式、范式、类型、形态、体制、框架、秩序等，但社会结构并非等同于这些概念。哲学意义上的社会结构，就是指社会诸要素按照一定规则和秩序相互作用而有机形成的相对稳定的关系形态。

而在社会学上，社会结构被认为是其研究的核心问题，是透析一切纷繁复杂社会现象、解释社会变迁深层动因的“钥匙”，乃至很多社会学家认为社会学本身就是社会结构研究。社会学家陆学艺先生认为，社会结构就是指一个国家或地区的占有一定资源、机会的社会成员的组成方式与关系格局；他指出要把社会中的人口结构、家庭结构、就业结构、区域结构、组织结构、阶层结构（核心结构）、城乡结构、文化结构等子结构全部纳入社会结构范畴，且这些结构互动关联对社会变迁发生作用。[⑧]尤其是其中的社会阶层结构，表达的是一个社会内部各阶层之间的比例关系（或者说对比力量），是社会结构的核心（社会阶层是指社会成员按照一定标准如身份和地位，主要是经济收入、权力等级、文化程度等划分为等级不同的群体，在西方学者那里，阶级与阶层基本不做区分），而其中

---

① 陆学艺主编：《当代中国社会阶层研究报告》，社会科学文献出版社2002年版。

② 孙立平、李强、沈原：《社会结构转型：中近期的趋势与问题》，见孙立平博客网页，2005年。

③ 李强：《转型时期的中国社会分层结构》，黑龙江人民出版社2002年版；李强：《“丁字型”社会结构与“结构紧张”》，《社会学研究》2005年第2期。

④ 李培林等：《社会冲突与阶级意识：当代中国社会矛盾问题研究》，社会科学文献出版社2005年版。

⑤ 李路路：《制度转型与分层结构的变迁——阶层相对关系模式的“双重再生产”》，《中国社会科学》2002年第6期。

⑥ 李春玲：《断裂与碎片：当代中国社会阶层分化实证分析》，社会科学文献出版社2005年版。

⑦ 谢立中：《当代中国社会结构的变迁》，《南昌大学学报（社会科学版）》1996年第2—3期。

⑧ 陆学艺主编：《当代中国社会结构》，社会科学文献出版社2010年版，第11—12页。

的中产阶级又是社会阶层结构的核心，[①]即核心中的核心。一些社会学家直接认为，社会学实质是研究社会阶级阶层结构。

此外，在澳大利亚社会学家沃特斯看来，结构理论形成有三种途径：一是建构主义的社会结构观，认为结构是人类行为有意或无意创造出来的（多见于社会心理学）；二是意象主义的社会结构观，认为结构是学者想象出来的一种观念或概念；三是本质主义的社会结构观，认为结构被当作潜藏于外在表象之下的现实决定因素（这一途径分析比较普遍）。[②]

归纳起来，社会学关于社会结构的研究有以下几个视角：社会系统论、社会整体论、社会个体论、社会过程论、社会实体论、社会关系论、社会形态论等。[③]笔者从意义和形态特征两方面进行比较，将之分为：外在性具象和外在性抽象、内在性具象和内在性抽象，并涉及宏观、中观、微观三个层面，具体参见第六章表6–1所示。

这里根据本研究的需要，将陆学艺先生课题组（笔者也曾是这个课题组的主要成员）所划分的十类（中观层面）子社会结构，进一步归整如下，以作为后述分析的基础：（1）人口结构、家庭结构、组织结构主要体现群体关系特征（人口和家庭结构还具有人伦血缘关系特征），因而可称为“关系群体结构”。（2）就业结构、分配结构、消费结构主要体现人们的生存活动特征，因而可称为“民生活动结构”。（3）城乡结构、区域结构主要体现跨省域、跨地区的空间特征（非限定地域的社区空间），因而可称为“跨域空间结构”。（4）社会阶层结构主要体现人们的身份和地位，可称为“身份地位结构”（名称或可不变）。（5）文化结构相对复杂，其实涉及三个方面：一是宏观层面的社会意识形态和政治文化制度（如集权制与联邦制的差异）；二是中观层面的民族文化心理乃至族群派系心理；三是微观层面的人们受教育程度（这一般涵盖在人口素质结构中分析）。因此，文化结构主要在前两方面，不妨称为“民族文化结构”（名称或可不变）。

三、应急与社会结构的关系

应急行动作为一项社会行动，将产生三个层面的基本关系：一是应急行动本质上是不同社会主体之间的结构性互动；二是应急行动受制于既有社会结构的制约；三是应急行动本身将会创制出新的具体结构性关系。

① 陆学艺主编：《当代中国社会阶层研究报告》，社会科学文献出版社2002年版，第4—10页。

② ［澳］马尔科姆·沃特斯：《现代社会学理论（第二版）》，杨善华等译，华夏出版社2000年版，第100—102页。

③ 张乃和：《社会结构论纲》，《社会科学战线》2004年第1期。

（一）应急行动实质是主体的结构性互动

1. 宏观层：应急体现政府与社会的结构性互动

从前面相关章节分析来看，应急行动实际上是政府与社会的结构性互动。而且，在不同国家，这两者的关系位次还不同：（1）全能主义模式的应急行动，即政府管控、指挥一切，社会组织、社会力量被吸纳或收编。这种模式苏联比较流行，可谓“一元化”社会结构。（2）政府主导、社会参与式的应急行动，这种关系结构在当代中国非常明显。（3）政社合作、平等参与式应急行动，这种模式在日本、德国等国家相对突出。（4）社会自主、政府指导式应急行动，这种模式在美国等国家相对突出。

2. 中观层：应急体现各大群体间的结构性互动

从前面章节的分析来看，涉及公共突发事件的应急行动，都是一定群体性（或组织性）社会主体之间的互动：（1）社会组织（NGO）或企业或社区与政府部门之间互动，有人认为是嵌合关系，如社会工作组织、慈善组织等按照政府意图和安排，协助应对公共突发事件；或者政府购买社会组织、企业的服务，介入灾区重建。（2）社会组织之间、企业之间、社区之间就应急事务进行合作互动，这方面的案例也比较多。（3）社会组织与社区之间、企业与社会组织之间、社区与企业之间就应急事务进行互动。典型的如社区内或企业内设立社会工作站或志愿者工作站，服务应急管理四个环节；又如，社会组织与灾民社区、企业与灾民社区之间的“一对一帮扶”；再如，社区内部的企业或者企业性社区之间就突发事件的密切合作，也比较常见。

3. 微观层：应急体现个人主体间的结构性互动

微观个人之间的结构性互动，在突发事件应对中比较多见。（1）最典型的是“一对一帮扶”，一般是富裕阶层成员、中产阶层成员对单个灾民在教育、医疗、康复、养老等方面恢复与发展的帮扶。（2）也有一些社会工作者按照机构的接案和要求，一对一帮扶受灾案主脱困，这体现的是专业技术工作人员与灾民案主的结构性关系。（3）有一些个人与组织之间的结构性互动，典型的是社会工作小组工作方法的运用，即将受灾个人纳入社会工作小组进行帮扶脱困。

此外，有学者认为，中国社会的政治系统是党、国家和社会三者之间的结构关系，[①]进而有学者分析了中国特色的执政党介入应急管理事务的结构性关

---

① 林尚立：《社区自治中的政党：对党、国家与社会关系的微观考察——以上海社区为考察对象》，载上海市社科联等：《组织与体制：上海社区发展理论研讨会会议资料汇编》，2002年。

系。[①]还有公共管理学者研究过地方政府之间对口支援的结构性互动关系，[②]应属于行政结构关系，与社会学意义的社会结构关系不一样。当然政府互动会带动所辖范围内社会组织之间的互动。

（二）应急行动受制于既有社会结构模式

从宏观上看，应急行动受制于社会结构，主要与上述所指的国家政治体制和结构密切相关。在全能主义体制中，往往是政府管控的“一元化”结构模式。在现代社会，一般是“二元化”或“三元化”结构模式比较多见。他们之间形成不同的互动关系，从而对突发事件的应急行动产生不同的影响，其效果也不相同。

从中观和微观层面来看，可能还涉及自然地理环境、族群文化心理结构。比如，南涝北旱、东富西穷的自然差别或社会差别，就构成社会应急的区域结构差异。又如，从个人之间的阶层结构看，一个曾经是富裕阶层的成员一旦受灾后，很难接受另一个富裕者阶层的救助和帮扶，因为他碍于面子心理。

（三）应急行动创制新的具体结构性关系

社会结构是相对恒定的，很难改变和创制；但是，应急行动却会创制出很多基于不同社会结构的新型关系。比如，对于重大突发公共卫生性事件应急，“社区”与“医院”就成为两个联系非常紧密的应急“战场”，平时很难这样勾连在一起。又如，在一些灾后对口支援工作中，经济发达地区与灾发地区在灾后结成了新型的区域性结构关系。更为重要的是，专业技术人员阶层成员与灾难受害者（普通民众）之间开展了全方位的民间交流和有机社会团结。

第二节　应急的共时态社会结构性特征

这里，笔者从共时态（synchronic state，现时同步横剖状态）角度，仅对社会应急（包括应急行动主体、应急行动的受助对象、应急事务）所具有的五大类中观社会结构特征进行分析，至于宏观的、微观的特征，前面有所述及，这里不赘述。当然，今后也可以做一些实证的量化研究。

---

① 龚维斌：《应急管理的中国模式——基于结构、过程与功能的视角》，《社会学研究》2020年第4期。

② 李瑞昌：《界定“中国特点的对口支援”：一种政治性馈赠解释》，《经济社会体制》2015年第4期。

一、应急的关系群体结构特征

(一)应急的人口结构特征

1. 性别结构

(1)从应急人角度看，不同灾种有不同要求，多数以男性为主。其中，公共卫生事件中，医院的医护人员(尤其是护士)以女性为主体的特征非常明显，这不分专业性应急救援队(包括政府专业队和社会专业队)还是非专业社会性应急救援志愿者；但公共卫生事件中的社区或其他公共场所的应急志愿者(如站岗执勤)等，男性较多。

(2)从受助者角度来看，自然灾害、公共卫生事件等没有明显的性别特征。矿山、化工、交通等高危行业的事故灾难，以及社会冲突事件中，男性受灾者占主体；公共踩踏事故、恐怖袭击事件中的受灾者没有明显性别特征。当然，有些特别场所如纺织业工厂事故，多以女性受灾者为主。

2. 年龄结构

(1)从应急人角度看，一般来说，专业性的应急救援队成员都非常年轻，一般在18~45岁(应急管理者稍微年龄偏大)，呈现年富力强、身强体壮的特征。社会性的非专业应急救援队伍成员，年龄不一；因灾种不同，对年龄的要求不同，但总体上也是以中青年应急人为主。

(2)从受助者角度看，诸如自然灾害、公共卫生事件等，一般没有特别明显的年龄特征。但有些具体的灾种，其受灾人的年龄特征非常明显，如公共活动踩踏事件、交通事故、文娱场所的火灾事故等，受助者多以中青年为主；而矿山等高危行业的生产事故受灾者，多以40岁以上的人为主。

3. 文化程度

(1)从应急人角度看，专业性应急救援队伍成员(医护类、消防类)的学历较高(不分政府专业队还是社会专业队)，有一定专业水准；非专业性应急救援队伍成员的文化程度参差不齐，青年志愿者学历高一些，但没有接受特别的应急专业教育，可能就是临时应急培训。

(2)从受助者角度看，多数灾种没有特别明显的文化程度差别。相对而言，高危行业的基层一线受灾者学历较低，特殊文娱活动场所踩踏事件的受灾者可能学历偏高。

4. 人口流动

由于地域空间及其经济发展水平等自然和社会因素，诱致的人口空间分布结构差异很大，大多数国家的人口都集中在发达区域，结果可能是全国不到15%的土地空间，集聚了全国90%的人口，因而会产生在某一段时间人口集中流动的趋势，即人口季节性、节假性流动。对于中国来讲，全国大幅度人口流动（民工流、学生流、亲友流、旅游流）在春节前后和其他节假日“黄金周”时段，因而最容易出现交通事故、旅游事故等，全体居民既是应急主体，又是应急对象。

不仅如此，即便同一个城市内部，也因为早晚上下班高峰，会因为职业工作地点与居住地点的距离，难免潜伏着交通、踩踏等事故的风险，因而每个通勤上班族成为潜在受灾者和应急受助者。

（二）应急的家庭结构特征

从家庭人口数量构成来看，目前中国家庭结构普遍小型化、核心化；从年龄构成来看，中国家庭有趋老化的一面，孤老家庭、失独家庭、空巢家庭等趋势比较明显；从流动状况来看，还有漂泊家庭（农民工带着孩子四处漂泊）。

不同的家庭构成，其应灾和承灾能力不一样。孤老家庭、失独家庭、漂泊家庭，乃至小型家庭（纯女性家庭）等，都属于灾难的“脆弱性”家庭；在整个社会结构中，属于结构性脆弱群体，是最需要应急社会政策帮扶、社区帮扶、社会组织帮扶的重点家庭。当然，即便联合家庭或扩大化家庭等，面对一场自然灾害或事故灾难，也可能一蹶不振，因而总体上也是潜在的受灾家庭。

（三）应急的组织结构特征

这里的“组织”不是纯粹的社会组织，而是政府组织、企业组织、社会组织的混合。如前文所指的所有的组织，在大灾大难面前，既是应急主体（应急指挥或直接救援或捐助等），也均有可能成为受灾主体、应急对象。还有一些专门的应急性社会组织，具体不赘述。

从不同灾种来看，所有组织均是自然灾害、公共卫生事件的潜在应急对象。相对而言，高危行业的企业组织容易成为潜在的事故灾难类受灾主体；政府机构、学校等容易成为社会治安事件、社会群体事件、恐怖袭击事件等的潜在应急对象（受灾组织）。对于社会组织应急来讲，如前文所述，归纳起来具体为：慈善组织“出钱”、社工机构“出人”、学术组织“出智”、服务组织“出力”、专业组织“救援”。

在中国，有的人一旦遇到突发事件，首先是寻求熟人组织（如老乡会、同学会、球友会等）来帮助解决，然后才会想到通过法律途径加以解决。因为熟人组织里长期交往孕育着人际（人情关系）信任、互惠和人伦规范的社会资本力量。

二、应急的民生活动结构特征

（一）应急的就业结构特征

与经济学不同，社会学所指的就业结构，是指社会成员在不同产业（行业）、不同领域、不同空间、不同岗位等的分布格局和组成方式。

从不同灾种来看，相对而言，从事种植业的农民遭受大洪灾、大旱灾、大雪灾或台风等的灾情更为严重；从事养殖业的农民（牧民），最担心动物瘟疫的暴发和流行；高危行业（企业）一线员工最容易遭遇突发性工业事故灾难的伤害；地震、人类甲型传染病、恐怖事件等，对于所有就业群体的冲击是均衡的。因此，针对不同灾种的不同脆弱就业群体，人们需要采取不同的减灾预防和应急准备。

专业性应急就业群体，主要集聚在专业性的应急救援部门和队伍，非专业性社会应急就业群体一般都是临时聚集。当然，如前文所言，应该针对他们构建专门的应急人的社会政策，保障其安全。

（二）应急的分配结构特征

收入分配结构是对就业结构的一种中端反映，是不同人群在收入分配等级差异上所呈现的格局和构成方式。

如前所述，不分任何灾种，高收入、中等收入、低收入人群对于抗灾应灾（抗逆）能力，也相应地有高、中、低的差别；但也不分任何灾种，毁灭性冲击对于所有等级群体的结果都是一样的。然而，人类对于低收入群体尤其是最低收入群体的应急预防保障政策，即托底保安、促进发展的政策，是必须敷设的。

（三）应急的消费结构特征

社会成员因消费水平不同，也相应地形成了高、中、低不同的消费群体，他们是收入分配相应等级的一种反映。但是，在现代社会中，也有因为自身收入低但消费水平高的结构性错位。

不同消费水平的社会成员，会内在地具有不同的抗灾应灾（抗逆）能力。目前，对于各种灾难的保险投资，也被视为一种消费、一种社会性消费，如针对意外突发伤害的保险投资，这是个体应灾准备行为。对那些低收入人员而言，可能首先满足的是衣食住行用等最基本的民生需求；对那些高收入人员而言，最基本的生理需要满足，就是一种安全需要的满足。

三、应急的跨域空间结构特征

(一)应急的城乡结构特征

城乡差距主要表现在居民收入分配的差距、生活水平(消费资料水平)的差距和生活方式的差异。

如前所述,农村社会、农业社会所面临的与农作物和养殖动物相关的自然灾难损失,要远远大于城市;而城市面临的聚集性社会风险(群体冲突、暴恐袭击)和工业风险(厂矿事故和交通事故),要远远大于农村(城乡接合部的小镇附近路面,其交通事故发生率较高);一些地区的农村房屋建筑抗震能力远不如城市房屋建筑。

(二)应急的区域结构特征

每个国家内部的地区间结构性差异(difference,多为定性)或差距(distance,可以量化)都存在。在中国,这些差别主要表现在东、中、西或南、北之间的经济发展水平、居民收入和消费、就业机会、人文素养和思想观念、生活方式等方面。

从灾种来看,中国广大中西部地区面对的雨雪旱震灾等比较多,东部、东南部沿海地区面临的环境污染事件、台风或赤潮灾害等比较多;而且,中西部落后地区的抗逆能力(包括公共卫生事件抗逆水平)都不如东部、东南部沿海发达地区,诸如抗逆观念、装备技术、响应能力等都有很大差异。

比如,为便于就近调配、及时快速、有效有序开展应急救援,不妨根据中国历史和国情,实行"大区制"应急管理,[①]可以划分为东北、华北、西北、华东、华中、华南、西南7大区域的应急管理体制,并在中央层设立"中央应急管理委员会"(或称"国家应急总指挥部"),下面分设7大区域、省(市区)等各级应急管理委员会(大区应急指挥部);其下再分设专门职能性部门,如大区/省(市区)应急管理委员会综合办公室、四大灾种应急管理办公室、应急专家中心、应急救援队伍管理办公室,以体现分区分级(或分专业)应急效能与整体应急效能的匹配协调。[②]

---

① 梅哲、毛梅:《新时期应急管理体制创新研究——基于建立应急管理"大区制"的构想》,载李培林主编:《社会体制改革:理论与实践》,社会科学文献出版社2013年版,第128—146页。

② 颜烨:《结构性视角:中国应急管理的南北差异比较与大区制模式》,暨南大学主办第二届公共安全与全球治理研讨会分论坛发言稿,2021年12月23日。

四、应急的社会阶层结构特征

社会阶层结构是上述各种不同结构的综合反映，是社会成员身份和地位的主要象征。尽管社会中很难给谁准确贴出属于哪个阶层的标签，但事实上因为职业岗位、收入、消费、文化水平、家庭等的差异，而呈现出高低有序的结构性等级。中国目前最有影响力的阶层结构分析即陆学艺先生课题的研究。课题组依据职业基础，以经济资源、组织资源、社会资源占有的水平和状况为标准，将改革开放以来的社会成员划分为十大阶层、五个等级。这十大阶层分别为：国家与社会管理者阶层（干部阶层）、经理人员阶层、私营企业主阶层、专业技术人员阶层、个体工商户阶层、办事人员阶层、商业服务业员工阶层、产业工人阶层、农业劳动者阶层、无业失业半失业人员阶层；五个等级分别为上层、中上层、中中层、中下层、底层。[①]

（一）应急具有社会分层性

由于社会是分层的，因而应急也是分层的。应急社会分层是应急社会学的核心内容。身处受灾区域中的不同阶层，其安全保障条件不同，得到应急救助的先后次序也不同，呈现所谓“泰坦尼克定律”。[②]

在应急场景中，不同的社会阶层承担不同的社会职责，也会有不同的应急行动表现。比如，官员阶层主要承担抢险救灾的组织指挥职责；富商阶层主要慷慨捐赠救济；相关专家或普通专业技术人员主要承担技术救援救治、科学知识传播、义演、协救、陪护、慰问以及政策咨询等；普通中下层民众积极配合政令或专家建议按规行事；义工或志工承担救援救治外围工作。

总之，无论高端阶层，还是中产阶层或低端阶层，对生命安全的平等维护和珍重，才是应急社会动员的核心内涵。[③]

（二）中产社会应急能力强

陆学艺先生认为，“两头大、中间小”的橄榄形社会结构（即中产阶层成员占比50%以上，上下层成员占比均不到25%），才是一个现代化的社会结构。按照陆学艺先生的测算，中国中产阶层人数占总人口的比例由1999年的15%开始，平均每年上升1%，具体每年中产人数增加800万~900万人，但2005年后发展速度加

---

① 陆学艺主编：《当代中国社会阶层研究报告》，社会科学文献出版社2002年版，第8—23页。

② ［美］戴维·波普诺：《社会学（第十版）》，李强等译，中国人民大学出版社2003年版，第238页；景军：《泰坦尼克定律：中国艾滋病风险分析》，《社会学研究》2006年第5期。

③ 颜烨：《基于灾变场景的社会动员与应急社会学体系建构》，《华北科技学院学报》2020年第3期。

快，[①]2020年大约达到36%；再过15年，即2035年，中共十九大报告指出基本实现现代化的时期，中产阶层达到51%。也就是说，基本现代化的社会，就是中产阶层超出50%的社会。陆先生的这个预算是正确的。当然，也还有世界银行和其他学者等的测算，[②]但没有这类测算准确可靠。

按照这类说法，这类中产阶层占主体的现代社会阶层结构，在整体性上才具有很强的能力，即抗击各类风险（包括社会风险）的能力。因为强大的中产成员具有较高的薪水、较好的福利保障、积极向上的精神风貌和保卫社会的理念动力；中产阶层为主体的社会，在制度（包括各类安全应急社会政策）上相对比较完善，社会整体的抗逆水平（预测预警能力、应灾装备技术等）和应急理念意识都是很强的。

五、应急的民族文化结构特征

民族文化的深层结构在于其民族价值理念，以及长期以来形成和积淀的社会生产方式和交往方式；在一定程度上，文化对于应急行动的影响也是深刻的，尤其是价值观的影响，这在前文有分析，本章第三节也将做一些分析。但反过来，应急行动本身会具有民族文化结构特征，核心是围绕"群—己关系"文化心理展开：东方儒家文化强调群体本位、集体主义观念，"个体我"融于并受制于"社会我"；西方基督文化强调个人本位、个人主义观念，"社会我"融于并尊重"个体我"。[③]

（一）减灾预防理念的文化结构差异

减灾预防、应急准备阶段的民族文化结构差异是显著的。比如公民的风险防范意识，西方人的保险理念相对比较强，愿意事前投保。公民应急的个人观念在国家制度层面也会有一定的反映，比如在应急社会政策方面存在差异，中国大陆多数是事后保障政策；应急装备技术、预防宣传等也有这方面的差异。儒家文化圈中集体互助减灾预防思想相当具有优势。比如从社会层面来看，尤其讲究"曲突徙薪"的应急之助（帮助他人防灾减灾）；但"各人自扫门前雪，休管他人瓦上霜"的民族文化心理也存在。

（二）应急管控制度的文化结构差异

一个国家很多正式制度本身，就是源于民族传统文化中的非正式关系（如潜

① 陆学艺：《当代中国社会建设》，社会科学文献出版社2013年版，第279—280页。
② 李培林：《改革开放近40年来我国阶级阶层结构的变动、问题和对策》，《中共中央党校学报》2017年第6期。
③ ［美］R.A.巴伦、D.伯恩：《社会心理学（第十版）》，黄敏儿、王雪飞等译，华东师范大学出版社2004年版，第539页。

规则演化为显规则），因而应急制度不可避免地带有传统文化的特征。这在前文有所分析。

比如，东方儒家文化体系重视集体主义思想，因而在应急防控制度建设（《中华人民共和国突发事件应对法》）中强调“统一领导”。而源于基督文化的应急管控制度，由于强调个人权利和自由正当，因而联邦政府的应急决策和措施仅为一种参考性建议，应急行为主要依靠地方政府和公民自主。

（三）响应恢复行动的文化结构差异

对于集体主义民族文化来讲，一遇突发性重大公共灾难，公民能够齐心协力直接应急响应，而且社会组织或企业基本能够配合政府做好现场应急救援工作。在恢复重建阶段，社会组织和公民主要发挥“一方有难，八方支援”的集体互助和赈灾善济文化优势。

对于个体主体文化来讲，公民响应行动比较快，但不会那么齐心协力，而且对政府的要求也不会那么遵从，基本按照个人或社会组织自身意图行使。在恢复重建阶段，社会组织或公民个人相对能够按照自我意志行事，帮助恢复善后。

第三节　中国式应急职业群体结构分析

中国式应急管理现代化，本质上是中国特色应急管理体系（包括体制机制）和能力（尤其合理的内部结构）的现代化，其现代化发展程度和趋势对于保障中国式现代化安全发展具有重要意义，亟须分析其优势和缺陷，并不断改善。应急管理的主体即是各类社会主体，包括政府、企业、社会组织和公众等主体，是应急管理的主体结构性要素。他们的构成关系是否合理，对于应急管理体系和能力现代化发展具有举足轻重的作用。

一、应急群体短板及分析视角

（一）问题提出：存在应急职业群体的短板

党的二十大报告指出，要完善国家应急管理体系，提高防灾减灾救灾和重大突发公共事件处置保障能力。2020年2月14日，习近平总书记在中央全面深化改革委员会第十二次会议的重要讲话中强调，要针对新冠疫情暴露出来的短板和不足，抓紧补短板、堵漏洞、强弱项。短板不足涉及很多方面，如科技短板、法治短板、管理短板、制度短板等，那么从社会学角度看，中国式应急管理现代化发展中的短板主要表现为哪一种短板？这方面亟待探索。

一般来说，社会结构是社会学研究的核心议题，社会阶层结构研究又是社会结构的核心议题，因此很有必要着眼于应急职业群体的内在构成，来揭示应急管理体系存在的“社会短板”（即社会结构性短板）问题。进入21世纪以来，中国先后遭遇2003年非典肺炎疫情、2008年汶川大地震、2020—2022年新冠疫情等重大突发事件的冲击，人们对高风险社会突发事件应急管控的认识不断加深，介入突发事件应急的社会成员不断增多。尤其在2018年伴随着应急管理部门的成立，这些应急人员既包括政府领导，也包括企业生产经营管理者；既包括学术研究和科普教员，也包括现场施救专业人员；既包括社会组织和志愿者，也包括普通公众和居民。他们之间必然互构成为重要的应急职业群体。

在介入应急管理的不同环节（预防、准备、响应、恢复4个环节）的这些不同类型人员中，他们分别会占多大比重，或者说应该分别占有多大比重，即这一比例结构对于应急管控的功能作用究竟是否合理，比例过多或过少，或许是应急管理现代化的短板或缺陷。这是亟须探索的重大问题。

（二）文献回溯：职业分层结构分析的借鉴

所谓社会结构，不同学科对之有不同的解释。如在哲学上，社会结构通常是指不同社会要素及其相互作用所形成的有机整体；在社会学上，有学者解释认为，社会结构是指一个国家或地区的占有一定资源、机会的社会成员的组成方式与关系格局。[①]因此，社会学在核心层面就是研究社会成员的不同分层结构。社会阶层结构就是指占有不同资源、机会的社会成员而形成身份地位高低不等、人数规模不一的比例关系。

对于社会阶层结构分析，一般是全国性的划分和分析，[②]但也有对于一个地区或区域的研究。如20世纪80年代末期，陆学艺先生就率先对改革开放十年后的中国农村地区做过阶层划分，并将农民分为8个阶层，[③]奠定了他后来组织课题组开展大规模全国社会分层的基础。在此基础上或与其课题组同步开展的还有深圳市、[④]合肥市、福清市、汉川市、镇宁县等社会阶层的从分析。[⑤]也有学者

① 陆学艺主编：《当代中国社会结构》，社会科学文献出版社2010年版，第10—13页。

② 李培林、李强、孙立平等：《中国社会分层》，社会科学文献出版社2004年版；朱光磊：《当代中国社会各阶层分析》，天津人民出版社2007年版。

③ 陆学艺：《重新认识农民问题——十年来中国农民的变化》，《社会学研究》1989年第6期。

④ 汪开国主编：《深圳九大阶层调查》，社会科学文献出版社2005年版。

⑤ 陆学艺主编：《当代中国社会阶层研究报告》，社会科学文献出版社2001年版，第288—407页。

对中国整个城镇社会进行结构性分层分析。①

至于就某一个行业领域进行社会分层分析，突出的有：一是教育社会学对受教育人群、②高校教师群体、③科技职业群体④等领域进行社会分层分析（教育分层）；二是对信息化社会、⑤疾患或健康（人群）领域不平等进行社会分层分析；⑥三是与应急管理比较接近的灾害社会学对脆弱性灾民、安全群体和应急对象的定性社会结构分析；⑦国内有人还运用陆学艺先生课题组的划分方法，对煤矿领域进行过定量的社会阶层分析，认为该领域是一个典型的“工”字形阶层结构，这对煤矿安全生产非常不利，因为中间阶层尤其专业技术人员太少，缺乏安全技术保障和安全维权引领。⑧

应急管理与救援事业作为一个行业领域，包括突发事件应对法所厘定的自然灾害、事故灾难、公共卫生事件和社会安全事件四大类，目前尚未有人对之做过社会群体的类层结构分析。在此，我们借鉴上述区域性、行业性的社会分层研究经验，对应急职业群体类层结构进行合理分析，从而揭示这一群体功能价值的合理性。

（三）视角框架：结构功能主义系统论分析

关于社会阶层结构研究有很多理论传统，最典型的是马克思主义所谓生产资料占有不平等的结构性理论和马克斯·韦伯基于财富—权力—名望的三位一体分层理论，以及它们后来相应衍生出来的新马克思主义和新韦伯主义理论。这里具体不展开讨论。我们选用陆学艺先生课题组对当代中国社会阶层结构的分析作为研究视角。这种分析是改革开放以来比较流行的一种较有说服力和接地气的理论划分。他们综合马克思主义和韦伯主义的理论观点，结合全国实际调研数据，以职业分类为基础，以经济资源（生产资料占有）、组织资源（支配权力）、文化资源（受教育程度）占有状况为依据，将改革开放以来中国的社会成员划分为十大社会阶层、五大社会等级结构（这里不妨简称为“职业—资源分层法”）。十大阶层即国家与社会管理者阶层（组织资源丰富）、经理人员阶层（兼有组织

① 李春玲：《中国城镇社会流动》，社会科学文献出版社1997年版。

② R. Collins.,“Functional and Conflict Theories of Educational Stratification”, *American Sociological Review,* 1971, 36(6), pp1002-1019.

③ 李志峰、廖志琼：《当代中国高校学术职业分层及特征分析》，《中国高教研究》2013年第8期。

④ 邝小军：《科技工作者社会分层研究——基于对中部三省的调查》，南开大学社会学博士论文,2010年。

⑤ 谢俊贵、陈军：《数字鸿沟——贫富分化及其调控》，《湖南社会科学》2003年第6期。

⑥ ［美］F. D. 沃林斯基：《健康社会学》，孙牧虹等译，社会科学文献出版社1992年版。

⑦ Prince S.H., *Catastrophe and Social Change: Based upon a Sociological Study of the Halifax Disaster*, New York, Columbia University Press, 1920.

⑧ 颜烨：《煤殇：煤矿安全的社会学研究》，社会科学文献出版社2012年版，第182—212页。

和文化资源)、私营企业主阶层(经济资源丰富)、专业技术人员阶层(文化资源丰富)、办事人员阶层(拥有少量文化或组织资源)、个体工商户阶层(拥有少量经济资源)、商业服务业员工阶层(拥有很少量的三种资源)、产业工人阶层(拥有很少量的三种资源)、农业劳动者阶层(拥有很少量的三种资源)、城乡无业或失业半失业者阶层(基本三无);十大阶层分别对应的五大等级即上层、中上层、中中层、中下层、底层,从而形成高低不等的社会阶层结构。[①]

相对而言,阶层结构分析偏重于揭示社会群体之间在资源占有和身份地位方面的不平等问题,而社会结构旨在强调群体的结构性不均衡、不协调的问题。当然,我们对应急管理和救援职业领域开展不同群体的结构分析,主要借鉴这种理论视角之"神",而未必完全借鉴其"形"。结构功能主义认为:结构决定功能,功能反作用于结构。换句话说,有什么样的社会阶层结构,就会有什么样的效果表现;反过来,功能紊乱促使结构优化调整。一个社会的产业工人、农民底层占绝大部分人口比例,其现代化发展水平肯定很低。一个国家或地区的应急管理领域,如果必要的应急管理和救援人员比例过低,其应急水平和能力就会很低,也就无法应对高风险社会的突发灾变事件。为此,在应急管理与救援工作领域,我们将"结构—功能"分析框架,转换为具体的"应急职业类层结构—应急功能效应"分析框架(本处使用"类层"概念即类型层次较为恰切)。

二、应急群体类层及结构模型

(一)应急职业群体类层划分及构成

按照前述"职业—资源分层法",我们在应急管理与救援职业领域会发现,因为从事不同的职业(应急职业事务分工),占有不同的职业资源(组织、经济、文化资源,主要是组织管控权力资源和文化技能资源),从统计学意义看,他们呈现出不同的职业岗位和群体归类。我们根据应急管理领域的实际情况,以及应急职业群体所归属的政府、企业、社会三大主体力量的不同,将其分为九大类应急职业类层,来观察他们的构成成分和位序差异(如图16-1),形成类层结构分析模型。

1. 应急决策指挥人员类层。这部分一般属于国家公务人员系列,包括:国家、省级、地市级、县处级的党政一把手,应急管理、卫健、公安、国安等部委的正副职领导,相关部委司厅局级正副职领导,省级及其以下地市级、县处级的主

① 陆学艺主编:《当代中国社会阶层研究报告》,社会科学文献出版社2001年版,第7—26页。此部分内容上册也有简单论述。

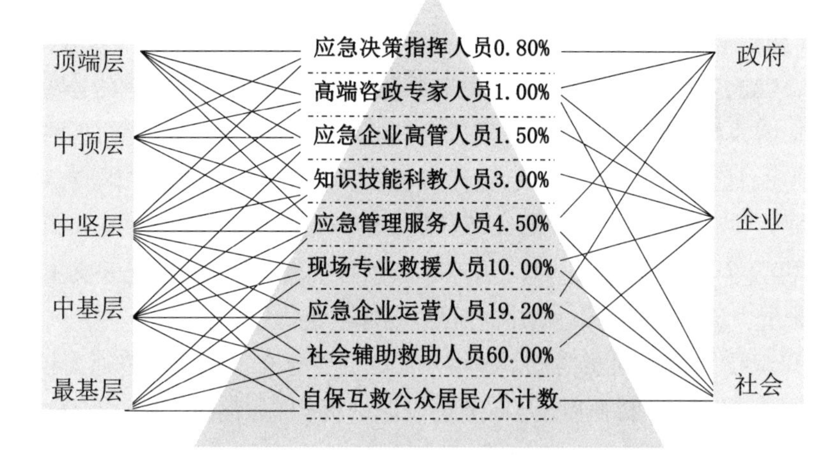

图16-1　应急职业群体类层结构模型及理想化的比例

管领导和部门正副职领导（乡镇、街道等应急管理一般以上面的县级为单位进行组织调配和决策指挥），政府和军队的正副职应急救援队伍指挥官（按照省部级、地市级、县处级相应配备为总队、支队、大队负责人）。他们一般居于各级顶端设置和指挥层面，在全国范围内人数不多，但占有很强的组织资源，具有很强的人财物调配权和决策指挥权，是应急管理体系中“统一指挥”的核心力量，是突发事件临时指挥部的正副职指挥长。

2. 高端咨政专家人员类层。一般是指各级政府聘任的各类高层次专家（兼职），至少拥有副高级职称、高级技工或职业资格证，或者是各级政府参事，或者拥有副处级以上职务，为大中型企业党政负责人或专业技术负责人，以及社会层面的特殊技能人才；有的人还具有院士、学部委员、资深教授、千人计划人才、长江学者、杰出青年人才、万人计划领军人才等学术头衔。他们多数供职于高校、科研院所，少部分供职于政府部门、国有或民营或外资合资的大中型企业，极少一部分分布在社会组织领域。目前，应急、卫健、公安、国安等相关部门，以及省级、地市级、县处级政府均有聘任，人数不少。他们学历高、职称高、收入高，占有很高的文化资源乃至组织资源，来自企业那部分人的经济资源比较丰富，在各自专业技术领域有一技之长，具有较强的话语权，是应急管理领域的中坚职业群体。

3. 应急企业高管人员类层。随着安全防护器械、应急救援产品、应急信息系统和应急服务等应急产业的兴起，近10年专门从事应急类（包括安全防护）产品生产经营和系统研发的企业在中国跃升而起，涵盖应急救援（消防）、公安警察

（保安）、卫生健康等领域。这些企业的主营业务涵盖应急管理四大环节，即减灾预防（如安全防护产品生产经营）、应急准备（如应急演练器具和体验馆等）、应急响应（如各种救生器具和预警预报系统）、恢复重建（如各种安全恢复产品和系统），涉及国有的、民营的、外资或合资的应急企业。这些企业的正副职董事长、正副职总经理、总工程师、总会计师、总经济师等正在成为中国应急职业群体的重要力量。他们掌握巨大的经济资源（有些是企业主要出资人）和新兴专业技术（文化）资源，对于促进风险治理和应急管理现代化发展，是一支不可小觑的应急阶层力量，是社会核心的中产阶层、中小阶层力量。

4. 知识技能科教人员类层。这部分人员主要分布于相关的普通高校、职业院校、中专中职学校、科研院所、政府内设培训机构（如消防救援训保队）、企业内设培训机构、培训类社会组织等。他们一般具有高级或中级的专业技术知识和技能，本科及以上学历居多，具有雄厚的文化资源；收入也不低，因而经济资源也在中上档次。部分人员与第二阶层的高端咨政专家人员重合。他们的专业涵盖国内目前14大学科门类，尤其以工学、理学、医学、管理学、军事学为主，法学、农学类专业技术人才等近10年也逐步交叉进入应急管理和安全专业。他们主要开展应急（安全）科学研究、应急（安全）系统研发等（包括应急预案和规划研制），同时（兼职）教育教学以培养人才、训练居民（如应急演练），其中有一部分人是专门开展教育培训业务的师资力量。他们是应急管理与救援职业群体的“孵化器”，是应急职业的中坚群体，也是社会核心的中产阶层、中小阶层力量。

5. 应急管理服务人员类层。这部分人员以日常安全管理和非常态应急管理服务工作为主，主要是为上述应急决策指挥人员、高端咨政专家人员、知识技能科教人员（不包括应急企业高管人员）服务的辅助性管理人员，即体制内各级公共管理机构（或事业服务单位）的高中层负责人及以下一般管理人员、办事人员。这一部分人员还可以纳入基层自治组织如农村党支部书记、村委会主任、应急管理干部，以及城镇社区管理委员会（居委会）主任、应急管理干部等。这一群体一般拥有少量组织资源，具有一定的调配人财物的权力和应急指挥协调能力，是应急管理与救援行业不可或缺的阶层群体，人数较多，社会层级跨度较大。

6. 现场专业救援人员类层。这主要是指突发事件（事故）现场的专业性施救人员。他们具有救援专业技能特长，是经过各类教育、培训机构严格训练的人员，具有一定专业学历，中专（中职）、高中（高职）、大专学历居多，即占有一定的文化资源。他们是应急救援必不可少的专业中坚力量，以救援保安为天职，一切行动听指挥，服从各级政府领导或指挥官（队长）的调遣。这一部分人员主要分布于政府管控的各级综合消防救援队、医疗救援队等，以及临时派遣的军队救援队、社会应急救援专业队（如蓝天救援队）等。政府、军队的专业救援人员的待遇和荣誉近年慢慢提升。

7. 应急企业运营人员类层。这部分一般是指以应急产品、应急系统和应急服务为主业的企业人员，职务岗位包括企业中层及以下一般管理人员，包括企业的工程技术、党政管理、财务、后勤保障和服务等所有部门的人员，涵盖企业的生产、供销、流通（交通运输）、仓储、用户指导等各个环节。他们具有一定的学历层次，重要部门、特殊职业和岗位的人员一般在本科及以上，收入相对较高，后勤服务类一般在高中及以下，收入相对较低。他们占有一定的组织资源和经济资源，对企业事务、相关应急类生产经营具有一定支配权和发言权，是应急职业群体不可或缺的阶层，人数众多。

8. 社会辅助救助人员类层。这一部分人员大体分为三类：第一类是具有一定专业资质（职业资格证书）的专业人员，包括执业社会工作者、执业心理辅导师、执业医务人员、职业律师、注册会计师、注册统计师、执业精算师等，学历较高（本科及以上居多），具有一定的文化资源，但经济收入未必较高。有的具有专门的应急管理和救援技能，大多数是因事件突发而临时响应介入的，有的是长期应聘在应急管理某一环节。第二类是社会慈善救助人员，既有专门的慈善社会组织（慈善机构或基金会）人员，也有分散的、以践行公益慈善为己任的社会人士。有的出资，有的出力，或者兼而有之，人数难以确定。第三类是临时响应或长期聘任在应急管理某一环节的志愿者公众和居民，学历、年龄（15~64岁）参差不一，一般不具备应急专业技能（少数除外），这一部分人员非常多，占据应急职业群体的多数比例。他们一般是辅助性地服务于政府应急领导、指挥官、高端专家、现场施救人员和一般应急管理人员的事务性工作，广泛分布于各大阶层尤其中产阶层。

9. 自保互救公众居民类层。主要是指普通公众居民群体，凡是具有行动能力的公众居民（15岁以上及尚能行动的高龄人群）都属于这一层级，不纳入“应急职业群体”进行比例统计。他们在日常生产生活中主要按照地方政府、社区或单位的要求，做好日常的安全管理和应急预防，适当参与应急演练和接受安全文化宣教。突发事件来袭时，他们按照政府和专家要求进行自保或互救（有时“宅在家里”就是最大的应急贡献），可视为“类应急职业群体”。人员的年龄、性别、学历、收入等参差不一，经济资源、组织资源、文化资源不定，涵盖全部社会阶层等级。

(二)类层结构模型及理想化的比例

从社会功能(作用)看,上述9大类层实际上可分为三类:第一类是主要中坚应急职业群体类层,包括第1至第4大类层(应急决策指挥、高端咨政专家、应急企业高管、知识技能科教人员)。这部分人数不多,但占据重要地位,是应急管理与救援的领导指挥核心、经济支撑主力和应急文化(知识技能)孵化基础。第二类是必不可少的应急职业群体类层,包括第5至第7大类层(应急管理服务、现场专业救援、应急企业运营人员)。这部分人数较多,地位也很重要,具体应急(安全保障)事务性工作均由他们承担。第三类是社会性人员类层,包括第8至第9大类层(社会辅助救助人员、自保互救公众居民),是决定应急管理(安全管理)与救援成败的"基本盘",人数巨多,不可忽视。其中,最为专业专职化的应急管理与救援人员是:应急救援指挥官和现场专业救援人员、应急企业高管和运营人员,以及大部分应急管理服务人员、大部分高端咨政专家和大部分知识技能科教人员。

为此,我们需要从应急功能效应角度进行反问,什么样的应急职业群体类型分层比重是合理的?社会学对于一个国家或地区的社会阶层结构分析认为,橄榄形的社会结构(两头小中间大)才是一个合理的现代化的社会阶层结构;而对于应急管理与救援领域,可能"上小下大"的标准"金字塔形"结构才是最佳模式,而不是全社会性的现代化"橄榄形"社会阶层结构。具体而言,如果根据中国目前人口总数和四大灾种对应的应急行业具体情况,上述专职化和兼职化的应急职业群体总体人数大体为2.5亿人左右(第9类层不计数),占全国14.1212亿人(2020年数据)的18%左右。由此,这一理想型的结构比例应该如图16-1。这也成为中国应急职业群体的规模等级结构模型。今后可以此模型具体检验应急职业群体各类人员规模结构的合理性。

1. 第一类:应急决策指挥人员类层保持0.8%的比例,即大约200万人(专兼职),占全国总人口的0.14%;高端咨政专家人员类层保持1%的比例,即大约250万人(专兼职),占全国总人口的0.18%;应急企业高管人员类层保持1.5%的比例,即大约375万人(专职,平均每家企业正副职5人),占全国总人口的0.27%;知识技能科教人员类层保持3%的比例,即大约750万人(专职为主),占全国总人口的0.53%。

2. 第二类:应急管理服务人员类层保持4.5%的比例,即大约1125万人(专兼职),占全国总人口的0.8%;现场专业救援人员类层保持12%的比例,即大约

2500万人（专兼职），占全国总人口的1.8%；应急企业运营人员类层保持19.2%的比例，即大约4800万人（大部分专职），占全国总人口的3.4%。

3. 第三类：社会辅助救助人员类层比例可约为60%，即大约15000万人（兼职），占全国总人口的10.6%（上述第一、二类层共占40%，大约10000万人，占全国总人口的7%左右）。

三、群体样本分析及改进建议

鉴于四大灾种涉及的政府部门、企业、社会应急职业群体人多庞杂，我们特以目前全国应急管理部门系统（应急管理部/厅/局）为基准（涉及自然灾害与事故灾难两大灾种，不包含社会安全与公共卫生事件），作为应急职业群体的“样本”数据进行分析，以观察现实状况。

（一）样本基本数据的测算

该样本资料来源有几个方面。①《中国统计年鉴2021》（电子版）：2020年全国总人数14.1212亿人、15～64岁劳动力人口数9.6871亿人，31个省级、333个地市级、2844个县级行政区划，38741个乡镇/街道。②应急管理部“应急管理人才培养与学科建设研究”课题组的子课题三“应急管理人才需求研究”调研数据（下称“应急部课题调研报告”），包括2020年应急管理人才、消防救援队伍、应急企业单位、专家、高校师资等数据。③部分数据源于中国政府网、应急管理部网、《2020中国志愿服务年度发展报告》、《中国武装力量的多样化运用》（白皮书）、民政统计年鉴等，文中个别文献将会引注说明。

全国应急管理系统的应急职业群体现有规模约为1.8560亿人（自保互救公众居民类层不计入），呈现几个特点：①各大阶层规模与总体理想型的比例还有差距，且相互之间差距太大，因而呈现不规则的结构模式（如图16-2）。②最明显的比例过低的类层规模，如应急决策指挥人员、知识技能科教人员、现场专业救援人员三大类层，其中知识技能科教人员是其他两者的基础。目前的安全应急专业人才培养缺口非常大，“应急部课题调研报告”显示，全国应急管理系统的机关人才缺口高达41.76万人，其他行业应急管理和应急救援人才缺口高达745.43万人，社会化专业应急人才缺口达148.8万人，总体缺口接近1000万人，一度存在社会结构性短板。③应急企业运营人员类层规模较大，比例较高，有利于应急装备、系统、物资的充足供应和研发生产。④社会辅助救助人员基数比较大、其他类层比例低，因其比例相对过高，超出参考值60%的近20个百分点，一度存在上海和北京应急防疫依靠“大妈模式”、深圳应急防疫依靠“社工模式”的差别。

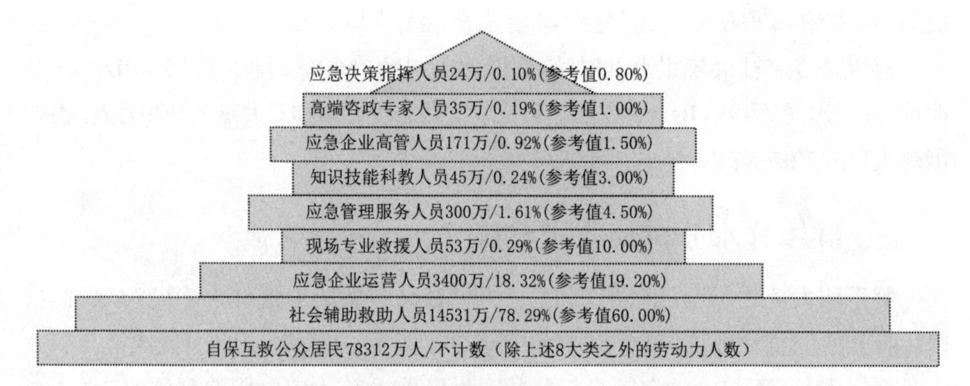

图16-2　应急管理部门系统职业群体的类层结构现状

如果按照“应急部课题调研报告”（如表16-1），全国近20年内急需专业化的应急类管理人才和应急救援人才等的高、中、低量方案，则分别为2400万人（人口占比1.7%）、1500万人（人口占比1.1%）、1000万人（人口占比0.7%）。

表16-1　全国应急人才总需量与现有在校生总存量的三种方案

	高量方案	中量方案	低量方案
全国人才需求总量	2400万人（依据：政府应急部门、中上企业（含应急业）、规上社会组织数）	1500万人（依据：基于2020年全国人口总数的百人安全与应急类人才需求数）	1000万人（依据：2020年万元GDP需求数；或应急、涉安部门和产业需求数）
全国现有专业在校生总量	80万人（约20万/年）（依据：包含军事法律在内的国家安全学、安全与应急类科技、消防、警察、应急医卫和社工）	56万人（约15万/年）（依据：舍去和安全与应急类关联不紧密的法学专业在校生24万人，关联紧密的法学生目前约为1万人）	30万人（约7万/年）（依据：舍去目前在校的军事专业16万人、法学专业24万人和其他关联不紧密的专业10万人）

（二）对比差距及改善建议

与上述理想型的类层结构相比，应急管理系统的职业群体结构还有较大差距，中间有很多“凹陷之处”。当然，上述应急管理系统的样本仅仅显示两大灾种（自然灾害和事故灾难）的应急职业群体，加上社会安全事件（尤其是其中的社会治安和群体事件），三者的事发频率明显高于公共卫生事件（流行瘟疫），仅仅几十万的现场专业救援人员远远不够。比如，单就2020—2022年新冠疫情防控救急来看，应急医学和专业社会应急（应急社工人员）明显偏少。因此，下一步的重点是千方百计扩大专业性应急管理、现场应急救援人员比例。应急人员比例的扩大，相应地就会带动应急系统（信息平台）和应急装备等物质性条件的改善。进而促进应急管理体系（体制机制）的进一步完善。表16–1也显示应急方面人才的总存量处于奇缺状态。为此，观照当前中国应急管理现代化发展的根本短板和不足，亟须从国家层面多措并举加快应急专业人才培养。

1. 破解教育体制难题，基于中国国情，借鉴发达国家先进经验，加快组建央地多层面的应急管理类高校。目前主要是打破央地分割、区域分割等教育布局和体制，逐步形成"总分结合""省部共建""政社合作"的"大应急高等教育格局"，以此加快填补应急专业人才需求的巨大缺口，不断提升应急管理系统的应急质量和应急效率。一方面，要有效借鉴一些发达国家的经验，在（灾害）应急部门下设直属的应急管理高校，带动和引领全国高校应急类学科专业发展。另一方面，地方政府可以根据东北、华北、华东、华中、华南、西南、西北等应急管理"大区制模式"，相应开办设置具有地方特色的应急管理高校及其所需专业；社会力量可以根据社会需要兴办应急管理职业院校。

2. 注重学科交叉，增设应急管理类一级学科。目前应急类学科专业分别交叉分散于理学、工学、管理学等学科门类。鉴于这类情况和全国应急学科专业发展态势，建议尽快在交叉学科门类下面开设"应急管理科学与工程"（或"应急科学与工程"）一级学科，而不是设于"国家安全学"一级学科之下，保留或整合其他相应的（二三级）学科专业，如安全科学与工程一级、消防科学与工程、防灾减灾科学与工程、抢险救援指挥与技术、应急技术与管理、应急装备技术与工程等，增设应急医学类、应急法学类、应急产业和物流类、应急社会工作类等学科专业。

3. 学历教育与非学历教育相互促进，壮大应急人才规模、改善层次结构，满足社会各层次应急需求。鉴于目前全国应急类专业人才规模偏小、缺口巨大的状况，应急管理部可会同人力资源和社会保障部、教育部等制定出台《应急类专业人才培养与使用中长期发展纲要》或"五年规划"，根据特需专业、自设专业等，合理规划不同层次应急专业人才培养的阶段性目标，尽快满足应急管理事业的多方需求。在规模壮大的同时，针对"层次—规模"的内在要求，设置不同层次的人才培养规模，大体保持研究生人才占比12%、本科人才占比55%、专科人才占比33%的结构性规模。尤其是对于目前规模日益萎缩的应急实战类专科人才培养，应该放开招录原则，招录应届或往届初高中毕业生，或采取单位与相关高校对口委托培养、在岗职业短期教育等方式，提升学历层次和知识技能。对于在岗应急人才,可采取第二(本硕)学位学历教育方式,提升他们的应急专业知识技能,并按相近层次给予同等待遇。对在职干部要采取多种形式的干部轮训。总之,在总体上要适应经济社会发展,不断促进"专家型""管理型""保障型""实战型"四大类应急人才培养的有效供给。

4. 制定支持政策,确保各类人才培养的人财物尽快到位。一要考虑目前我国应急管理、应急技术类学科专业均属于新兴发展类型,专业师资力量较为欠缺的实际,采取"引进来+走出去+在岗培"等多种措施加强师资队伍建设。比如从社会组织或企业引进实战经验丰富的"双师型"教师,从现有相关专业引进博士人才进行在岗培训,引进应急经验丰富和学有专长的师资人才,并对高校现有相关师资人员进行在岗(脱产半脱产形式)应急专业知识和技能培训;同时,不断开发应急学科专业的"新工科""新文科"教材和课程,不断增强应急专业人才的适需实用性,不断提升应急人才的培养质量。二要加大投入,以满足应急管理和救援亟须的校舍、装备、应急演练场地等物质保障需求,发动政府、企业和民间社会力量加大资财投入。三要秉持"特事特办""急事快办"原则机制,教育部门、应急部门等亟须打破体制机制藩篱,针对社会急需应急人才的问题,制定和采取特殊政策措施,解决当前全国急需的应急类专业人才政策性"瓶颈"。

5. 加快研制出台应急类中高层次人才梯队建设。不妨参照新的国家高层次人才规划文件,加大资金投入,出台制度,逐步设立、引进和培育应急领域的中高层次人才梯队,包括对应四大灾种、涵盖自然科学和社会科学的战略科学家(战略科技人才/院士级/创新争先人才)、领军人才(长江学者/国家级领军人才/杰青/优青)、卓越人才(青年拔尖/青年英才/卓越工程师)、优秀人才(高技能人才)等。让他们在应急领域发挥科技创新作用、理论研究和政策咨询作用。

第十七章 应急的社会伦理

伦理学是研究人与人之间关系的一门古老学说。当然，研究人与人之间关系的学说还有人际关系学、社会心理学、法学、社会学等；而伦理学研究的是人与人之间关系存在的道德理由，即为什么会存在某种合理关系的学说。应急尤其是社会公共应急，如前所述，本身就是一种社会关系或社会结构性的行动，因而必然存在一定的道德理由。笔者在《安全社会学（第二版）》中对伦理、安全伦理已经有所阐述，[①]因而这里不再详尽阐述伦理学的基本知识，仅就应急伦理的研究意义、不同应急主体应该担当何种责任伦理、不同应急环节主要承担何种责任伦理作一些简要分析。

第一节 社会伦理学与应急的关系

一、社会伦理学与应急伦理

（一）社会伦理学的基本范畴简述

很多伦理学者都认为，伦理学是关于道德的学说，但为什么伦理学不叫“道德学”呢？因为：第一，道德是关于个人的“主观”修养的概念，而伦理是关于人际关系这种“客观”的社会现象的概念，因而道德学说是关于“修身”的学问，伦理学则是关于“治世”的学问。第二，道德学说着眼于个人角度，研究个体的“善”；伦理学则着眼于社会集体角度，研究的核心是“公正”。第三，伦理学当然研究个人道德，但不限于这一层面；它更加侧重于研究社会关系、社会秩序、社会制度等，将“社会”本身人格化，研究整个社会的道德规范，因而伦理学就演变为社会伦理学。[②]

但是，“社会伦理学”与“伦理学”尚有区别。伦理学偏重于研究伦理学的元

① 颜烨：《安全社会学（第二版）》，中国政法大学出版社2013年版，第231—265页。

② 宋希仁：《社会伦理学》，山西出版集团、山西教育出版社2007年版，第4—7页。

理论（也称“后设伦理”）、规范伦理（哲学层面的应然规范）、个体道德和概化社会伦理，尤其偏重于研究人对自己、对别人或对神的伦理关系。而社会伦理学偏重于研究社会结构关系层面的伦理学，广泛地指向各种社会关系伦理，如环境伦理、经济伦理、政治伦理、人际交往伦理、社会公正伦理等问题；实际就是研究人与人之间、人与社会之间、人与群体之间、群体与群体之间的伦理关系，是伦理学在社会关系研究中的应用，属于应用伦理学范畴。因此，有人认为，社会伦理学源于社会学创始人孔德（他最先提出“社会伦理”的概念），他的社会静力学就是“社会伦理学”，即通过个人、家庭、宗教或社会组织、政府等，来寻求社会公正、和谐有序（其社会动力学则是关注社会进步与变迁），并认为，社会伦理的核心命题“权利—义务”与法律所指的“权利—义务”不同，前者探索的是实然基础上的应然权利和义务，后者探索的是通过一定的国家程序来体现实在化的权利和义务。[①]

（二）应急伦理与安全伦理的关系

应急，既有个人应急，也有社会应急。但不论个人应急还是社会应急，均涉及人与社会事实（突发事件及其管理）的关系，因而从伦理学角度看应急，即应急社会伦理，也可以说社会伦理学是关于应急行动或事务的特定领域的研究，或可直接称为“应急伦理”，是一种伦理学的应用。

安全伦理是关于安全行动的道德理由，是关于“安全行动—安全道德”或“安全权利—安全义务”的核心问题。广义的安全环节包括应急，狭义的安全环节则专指安全预防环节。

从狭义安全（预防）来看，安全伦理包括四种情形，即“四不伤害”原则：不伤害自己、不被他人伤害、不伤害他人、保护他人不被伤害，分别对应安全道德的铜律、铁律、银律、金律。[②]广义应急的四个环节（减灾预防、应急准备、应急响应、恢复重建）均包含这四类情形和定律；狭义的应急环节（即应急响应环节），也包含这四个方面。那么，从这样的角度来看，应急伦理与安全伦理就没有差别了吗？从前文的分析来看，应急与安全的区别在于：前者围绕“事发时”（出事时）而进行安全行动，重在“减灾救命”；后者围绕“不出事”而开展安全预防，重在“化险保安”。因此，从伦理角度来看，应急伦理重在施救保命的行动伦理；而安全（预防）重在防化风险的行动伦理。

在分析安全伦理时，笔者着重提到安全责任伦理、安全诚信伦理和安全公

---

① 宋希仁：《社会伦理学》，山西出版集团、山西教育出版社2007年版，第3—4、13—14页。

② 颜烨：《安全伦理的基本要义及其价值层次》，《华北科技学院学报》2016年第5期。

正伦理，应急伦理也要吸取这方面的研究成果。因为应急也同样涉及社会责任、社会诚信和社会公正问题，这方面将在后面围绕具体应急主体和应急环节的伦理要求逐步展开分析。从这方面来说，安全伦理是应急伦理的重要知识理论基础。

二、应急伦理知识体系探索

（一）国内外初步的相关探索

在中国知网输入“应急伦理”词条进行“主题”检索，得到中文文献结果18条（截至2020年底）；输入“ethics of emergency management”进行检索，得到外文文献结果47条（截至2020年底）。其中有一部分文献谈及应急行为的伦理约束问题，如媒体记者采访要尊重伦理，救援人员要尊重灾民当地风俗习惯，有一些学者出版了风险社会或公共危机管理中的伦理问题等专著。[①]也就是说，应急伦理在实践文本中更多的是涉及伦理限制和禁忌的问题，触及大义担当的伦理责任、伦理关怀问题的文献略少。[②]美国社会学家科尔曼分别称之为“禁止性规范”和“指导性规范”[③]因此，作为应急伦理知识体系的学科建设，在“禁忌规制应急伦理”与“道义关怀应急伦理”两方面都应该得到拓展。禁忌规制应急伦理主要涉及社会诚信问题（有所不为），道义关怀应急伦理则涉及社会（担当）责任问题（有所为）；社会公正伦理则在这两方面均有涉及。总体来看，关于应急伦理的研究应该不少，基本上是作为一种知识体系的学科建设在进行。应急伦理学究竟包括哪些方面的主要内容？我们试逐一探索。

（二）应急伦理学的内涵体系

1. 应急伦理学的研究对象

应急伦理学作为一种学科知识体系，它应该研究社会主体围绕生命财产安全保障基本议题，研究在应对突发事件中应当做什么和应当如何做的伦理行为问题。其实质是研究各类社会主体与突发事件安全应对的伦理关系问题。

---

① 赵清文：《公共危机管理中的伦理问题》，人民出版社2013年版；李谧：《风险社会的伦理责任》，中国社会科学出版社2015年版；林国治：《人类安全观的演变及其伦理建构》，中国社会科学出版社2015年版。

② 鄞爱红：《政府应急处置中的伦理管理与价值引导》，《中国特色社会主义研究》2009年第3期；THOMAS J C, SIOBHAN Y. Wake Me up When There’s a Crisis: Progress on State Pandemic Influenza Ethics Preparedness. *American Journal of Public Health*, 2011, 101(11)；高小平、王华荣：《伦理领导在应急管理中的功能研究》，《中国应急管理》2012年第3期；李猷、董建新：《自然灾害应急事件的行政伦理问题初探》，《广东培正学院学报》2013年第1期；肖巍、刘子怡：《新冠肺炎疫情下卫生应急管理的伦理探索》，《昆明理工大学学报（社会科学版）》2020年第3期。

③ ［美］詹姆斯·S.科尔曼：《社会理论的基础（上）》，邓方译，社会科技出版社1999年版，第381页。

2. 应急伦理学的核心议题

前述安全伦理的核心议题实际上给我们指明了方向，应急伦理（学）研究的核心议题也应该是关于防范和处置突发事件风险以保障生命财产安全而开展应急行动的道德理由，即关于“应急行动—应急道德”的学问；进一步说，是关于“应急权利—应急义务”的核心问题研究，即谁应当施行应急（权利主体）行动，且应当承担什么样的应急责任（行动义务）。

3. 应急伦理的主体与客体

应急伦理的主体包括各类社会主体，主要是三大类，即政府、社会（公众、组织、媒体、专家等）、市场（企业或金融机构）。应急伦理的客体对象应该是突发事件及其受灾者（个人或群体），这里的受灾者既是客体，其实也是主体（自救主体）。

4. 应急伦理的原则与要求

从应急（行动与管理）事务的特殊情况来看，其基本伦理原则应该包括：生命至上原则、人道主义原则、公正应急原则、责任担当原则、讲求诚信原则。

应急伦理的基本要求应该涵盖在各个不同的应急环节：减灾防范环节包括“天人合一”的生态和谐、生命安全至上理念、社会公平与发展效率协同、风险评价与慎重化解、增强忧患意识（底线思维与红线意识）；应急准备和应急响应环节包括公众知情权和同意权、公众演练参与权、科技保安、政府组织指挥责任、社会力量应急规范和关怀责任；恢复重建环节包括各类主体的道德关怀和慈善救济、资源公正配置、灾民公共利益维护、灾后评估真诚态度、问责反思与社会学习等。

5. 应急伦理的导向与机制

从马克斯·韦伯的分析来看，应急伦理的理念导向即两类：[①]一是信念伦理，每个主体都应该秉持与生俱来的理念，即救死扶伤与生命安全至上，这是悬在每个主体头上的“人即目的的康德律令”（康德三种绝对律令之一），这是应急行动的根本道德理由；二是责任伦理，应急所有主体都应该承担职责分外的社会性责任。应急或许是主体分内之事，但更多的时候是主体职业职责之外的责任。

应急伦理的约束机制应该是：法律制度与道德律令，即所谓“德治”与“法治”相结合的机制。应急伦理虽然表现为道德律令、社会信念责任，但没有一定的制度规则，也可能流于形式。而且，如前所述，应急行动中涉及一些禁忌规制伦

① ［德］马克斯·韦伯：《学术与政治》，冯克利译，生活·读书·新知三联书店1998年版，代序言，第107—108、115—116页。

理，这是需要约束的重点。

6. **应急伦理学的学科地位**

作为源于应急社会学的一种伦理思考，应急伦理学知识体系在应急社会学中自然是一种重要的、必不可少的知识构成。因为在这一体系中，与其他知识子系统所承担的学科作用不同，应急伦理承担着应急主体为什么采取道义行动的内在理由的功能作用，从而使之成为社会应急行动最为原始的内驱力机制。当然，应急伦理作为风险社会的伦理应用，本身也与政治伦理、市场伦理、慈善伦理、角色伦理、环境伦理、生命伦理等富于交集，需要深入挖掘它们之间的学术关联。

7. **构建一种核心分析框架**

我们基于社会学关于宏观社会系统的三类主体即政府及其官员、市场（主体）及其经营管理者（法人）、社群（包括公民和社会组织），以及上述应急管理研究所指的四大应急环节（预防—准备—响应—恢复）、应急伦理的两个向度即"禁忌规制应急伦理"（禁止）与"道义关怀应急伦理"（激励），构建"主体—过程—向度"的逻辑框架（如图17–1），分析不同主体和过程的应急伦理问题，进而探索"应急伦理学"作为一种学科知识体系的可能。

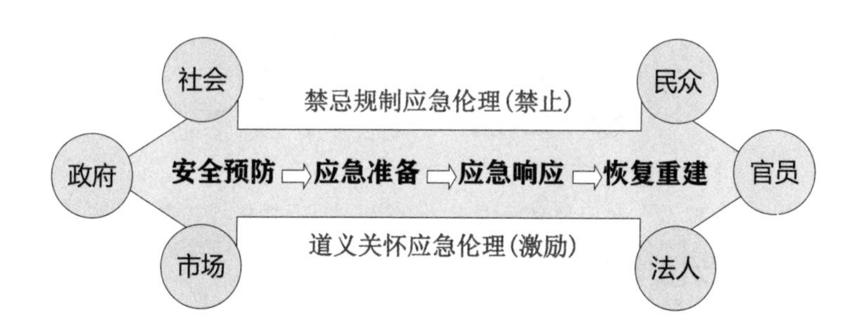

图17–1　基于主体—过程—向度的应急伦理分析框架

第二节　不同应急主体的责任伦理

这里笔者从社会系统角度，将其中的三大社会力量（政府及其管理者个人、社会及其集群个体、市场及其基本主体）作为社会应急行动的大主体进行伦理分析，以探索各大主体之间的应急伦理行动共性和差异。

一、政府应急伦理：生命政治责任与行为规制

政府作为行动主体，对应急负有职务所要求的责任伦理，即需要发挥一种"伦理领导"的作用。所谓伦理领导，有很多研究，其中有人解释为：它是领导者通过个人行动和人际互动而做出的恰当的、合乎规范的行为，并通过双向沟通、强化和决策，激发追随者的这类行为；[①]对于政府及其部门来讲，就是体现一种良好的、有道德的组织文化和氛围，体现在政府机构、领导方式和领导过程中。[②]对于应急管理来讲，政府及其管理者的"伦理领导"的（伦理）功能在于三个方面（如图17-2所示）：一是生命政治引领伦理功能，以安全为天统率底线伦理、红线伦理；二是社会应急整合伦理功能，以制度整合统率人的整合、物的整合；三是应急行为规制伦理功能，以伦理规制统率规制自身、规制社会。

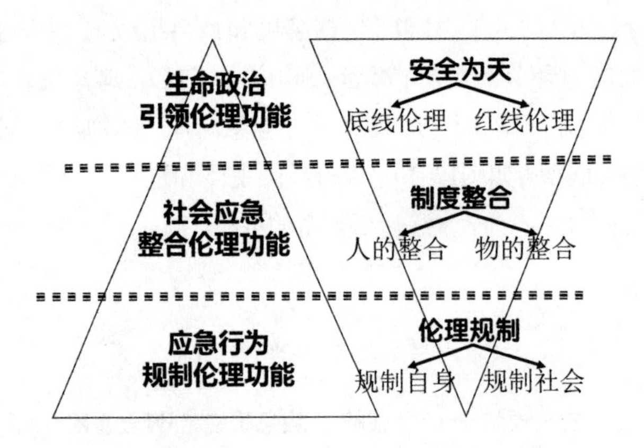

图17-2　政府及其管理者的"伦理领导"功能模式内涵

（一）生命政治引领伦理

无论是日常还是紧急状态下，政府及其管理者在理念、行为和制度建设中，均将公民的生命视为较高的政治准则，甚至置于民族发展（民族复兴）、国家现代化大计的顶层来考量，从而使政府及其管理者树立所谓"底线思维""红线意识"。[③]底线伦理、红线伦理特别强调各级各类政府及其管理者，要通过组织

---

① BROWN M E, TREVIO L K, HARRISON D A. Ethical Leadership:A Social Learning Perspective for Construct Development and Testing, *Organizational Behavior and Human Decision Processes*,2005:97.

② 高小平、王华荣：《伦理领导在应急管理中的功能研究》，《中国应急管理》2012年第3期。

③ "底线思维"，如2012年中央经济工作会议之后，习近平总书记多次强调"要坚持底线思维，不回避矛盾，不掩盖问题，凡事从坏处准备，努力争取最好的结果，做到有备无患、遇事不慌，牢牢把握主动权"。所谓"红线意识"，如2013年6月，针对全国安全生产的严峻形势，习近平总书记就做好安全生产工作做出重要指示，"接连发生的重特大安全生产事故，造成重大人员伤亡和财产损失，必须引起高度重视。人命关天，发展决不能以牺牲人的生命为代价。这必须作为一条不可逾越的红线"。

制度方式、宣传发动方式等引领全社会抓好应急管理，强调人命关天（安全为天），不以牺牲生命为代价求发展，确保“安全发展”；既要重视“黑天鹅”事件也要重视“灰犀牛”事件，未雨绸缪抓减灾预防，还要有备无患、遇事不慌、有条不紊地抓应急救灾和恢复重建。

（二）社会应急整合伦理

这是指政府通过制度鼓励、思想引领、价值感召、组织动员等方式（制度整合），发挥整合凝聚各类社会主体力量的作用，将有限的、分散的人财物和社会资源、较为先进的科技齐聚到应急管理上来，积极有效应对突发事件，挽救生命。这一整合过程和方式包括：一方面，政府对社会各个利益主体、社会各阶层力量的整合（即人的整合），因为每个社会主体都有自身的利益追求和诉求，一遇“战时”，则应因令而行，政府需要弥合、协调各方分歧和纷争，积极有序应急救援；另一方面，政府对各种资源和智慧能量的整合（物的整合），兼顾效率与公平，公正配置资源和智慧，因为平时资源和能力分散，一遇“战时”，亟须按照预案等整合到“节骨眼儿”上来，群策群力应灾救命。

（三）应急行为规制伦理

上面谈的主要是“有所为”的政府应急伦理。如前所述，政府应急也应该“有所不为”。当然“有所不为”不是不为，而是政府及其官员带头践行禁忌规制。一方面，政府自身要明白“应当做什么”和“应当不做什么”（规制自身），避免风险社会流行的“有组织不负责任”；另一方面，政府应该指导人们“应当做什么”和“应当不做什么”（规制社会）。政府对于应急管理，应该全过程、全方位、全面参与和引导：既要积极组织应急救援、正确决策施救，又不得瞒报、谎报、缓报事件而延误救援最佳“窗口期”，或推卸责任；既要打击谣言、迷信等不当传言，又要保障人民群众的参与权、知情权、同意权、表达权、监督权和其他各种权利；既要保持自身依法依规、廉洁应急救灾，也要促动社会依法依规应急救灾、尊重灾民权利、打击侵吞民财民力的行为等。

二、社群应急伦理：命运共同体及其行为规制

各类社会力量（非政府非市场力量）既是应急主体，也是承灾客体，全身心融入应急过程，理所当然，体现自爱互爱伦理、自保互保伦理，同时同样有所不为。社会力量的应急行动伦理其实是“命运共同体”效应、“伦理共同体”效应，体现“你中有我，我中有你”“一荣俱荣，一损俱损”的命运共保。这里，结合具体的几类社会力量，如社会组织（如社工机构、心理咨询机构、慈善机构、志愿者

机构等)、社区、媒体、专家、普通公众的应急责任伦理,作简要阐述(如图17-3所示)。至于政府官员、企业员工,作为普通社会成员或居民,也都分别归属某类社会力量。

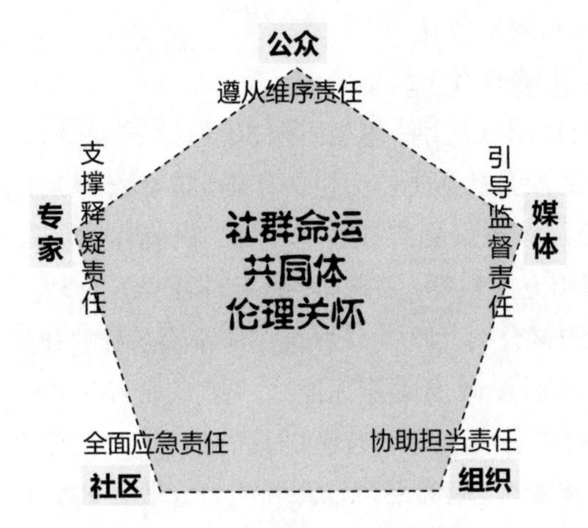

图17-3　社群命运共同体伦理关怀五大主体责任

(一)组织协助担当责任及规制

各类社会组织对于应急管理各个环节的责任伦理,最主要表现在两方面:一方面,承担协助应急保安责任。各类社会组织机构如社会工作机构、心理咨询机构、慈善和志愿者机构及其成员,主要从资源资助、资源配送、精神抚慰、知识科普、法政咨询、秩序维护等方面,协助政府和居民减灾预防、备灾响应和恢复重建。另一方面,履行主动担当责任。应急管理过程中,各类社会组织既是应急主体,也是受灾客体。作为应急主体,要主动介入居民群体开展防减救灾工作,介入灾民群体的辅导和安抚,以承建项目等形式主动介入灾区恢复重建。这在前面相关章节已有分析。各类组织最应该引以为戒的行为包括弄虚作假、囤积居奇、中饱私囊、争功邀宠、违规违法、拈轻怕重、推卸责任、因灾敛财等。这在一些灾事应急场景中一直有所暴露。

(二)社区全面应急责任及规制

如前文所言,社区是突发事件应急的"基本盘"和"最后防线",因而社区为本是全过程、全方位、全灾种的应急。既要接受政府和专家指导、配合政府和专家顺利应急救灾,又要接受各类社会组织的支持帮助并带领社区各类组织应急救灾,同时自身还得保持和维护社区公共利益和基本权益。社区最容易犯错的地方在于:为了应急管理中的社区利益,拒不配合政府基于全局利益的应急安排,或者与其他社区分庭抗礼，或者漠视专家和社会组织的意见建议。

（三）专家支撑释疑责任及规制

专家在某种程度上起着“半个政府”的应急责任，主要在于两大方面：一是研发科学技术或先进机器装备，预知预判风险，开展科学应急，支撑政府有效组织指挥应急，支撑社区或组织快速应急；二是利用科学知识或社会知识为公众应急解惑释疑、事中事后咨询把脉，指导应急救灾。在风险社会里，专家及其知识技术也是把“双刃剑”，一方面解决问题，另一方面诱致新的问题。因为专家专业理性的局限，又难以完全合理解释和科学预判风险，难免引发新的风险或酿成更大事故。因此，科学家、各类专家应急作用同样是有所用、有所不用，专家还必须做到两点：一要品行洁身自好，二要专业精益求精。

（四）媒体引导监督责任及规制

媒体在应急管理中心一般起着舆论传播、舆情引导、道德引领的作用。一是传播灾变历史和现状、某一灾变过程，及时向公众传递灾变应急消息；二是利用现代媒体平台开展知识科普、法规政策解读、应急文化传播等；三是就灾变应急问题，向公众提供一个进行自由交流的平台；四是发挥舆论新风作用，对社会中的一些不良风气、不法行为、不合理的现象进行批判、揭露，起着舆论监督政府、监督社会、监督公民行为的作用；在现代社会，媒体更是一把“双刃剑”，可以唤起社会的道德良知，也可以传播一些扰乱社会正常秩序的不良信息（谣言、迷信、伪科学信息、灾事炒作等），因而媒体自身的道德建设和伦理底线信守至关重要。

（五）公众遵从维序责任及规制

上述各类组织成员、社区居民、媒体从业者、专家、政府官员乃至后面的企业成员，都是一种公众模式。公众对于特定场景会形成某种特定场域。公众既是应急场域中的主体，更是应急场域中的客体。从激励伦理看，作为客体，他必须在应急事务中配合政府或其他组织（或社区）维护应急秩序，确保应急顺利进行；作为主体，他必须遵从应急管理的组织和指挥，否则无法成功有效救急。由于公众是一种混杂的场域，在大灾大难面前，各种美丑善恶是非均有，起哄滋事、造谣传谣、昧心发财、美化灾难、丑化灾民等不良行为也难免出现，因而公众遵守伦理责任、维护应急秩序，本身就是一种行为规制伦理禁忌。

三、市场应急伦理：助人救济回馈与行为规制

市场是利益交换的场域，尤其是经济利益交换的场域。上述各类组织或个

人都可以成为市场的广义主体，但狭义上的市场主体就是企业组织及其法人代表、各类市场交易中介机构及其代表，它们一般具有自主性、追利性和能动性等基本特性。

(一)市场救济内在地体现回馈伦理

在现代社会，市场主体（企业或交易机构）对资本的生产及其丰厚利润，正是各类风险的重要源头。没有人类的生产，就难以产生各类新兴风险（除了自然灾变）。因此，企业等市场主体在应急管理各个环节中的所作所为（主要表现为物资和资金的救助救济），其实就是一种“回馈伦理”。因为它们从源头上有可能酿成风险，然后在风险灾变中补偿社会，实际上是应担的社会责任。因而对于为灾变而施行的各种善行义举，都是一种内在责任的伦理自觉，是组织性承担社会责任的表现（即改正“有组织不负责任”①）。这在很多灾变场景的救助救济中都体现了出来。

(二)市场主体参与应急的伦理规制

在灾变应急中，一些市场主体（企业、银行等）也可能因难发财、囤积居奇、垄断资源导致应急救灾混乱，甚至在生产经营过程中唯利是图而致灾，如导致矿难事故、污染排放事故、资源破坏、食品药品安全事故等，这些行为都属于伦理违规。因此，市场主体的生产行为和资本运行过程，不仅要受法律法规的约束和监督，也应该受道德伦理的约束与规范，需要一套行之有效的伦理制度或企业安全责任承担机制（伦理禁忌）。

第三节　不同应急环节的社会伦理

这里笔者将应急管理四个环节分成减灾预防（事前预防伦理或前瞻伦理）、备灾响应（事中保全伦理或生命伦理）、恢复重建（事后康复伦理或后果伦理）三个方面进行阐述。

一、减灾预防：生态保育与安全发展伦理

(一)减灾预防的伦理本质

减灾预防，对于灾害科学和应急管理来讲，就是减少灾难对人类的损害，预防灾难对人类的侵害，就是避灾；对于安全科学来讲，就是化解苗头性风险，不

① 转引自杨雪冬：《风险社会理论述评》，《国家行政学院学报》2005年第1期。

让灾难(事故)发生。这些都需要发挥人类各种理性尤其是科技理性预防、预测和预警。但人类的能力总是有限的，因而人类既要主动化解风险、避免灾变，又要遵循自然规律和社会规律，确保人与自然和谐(天人合一)、人与经济社会发展协调。这就是生态保育伦理、安全发展伦理，实际上是环境伦理、发展伦理的具体化。这种伦理思想内在地包含着忧患生存意识、慎行反思意识。

(二)生态保育是减灾根本

生态保育(ecosystem conservation)、永续发展(sustainable development)的理念源于生态环境伦理学，意思是保护生物物种不至于濒危，尤其针对濒危生物的育种繁殖与对受破坏生态系统的重建复育(农业有复垦、复耕的说法)。生态是人类开发和改造大自然而形成的人与自然环境共生共荣的生物圈(人是一种高级生物)。我们常说，过度开发、过度放牧、过度抽采等，都是对自然环境的破坏；反过来，被破坏的环境将会以各种灾变方式(地震、旱涝、火山、海啸、雾霾、物种变异等)报复人类，而产生自然灾害乃至公共卫生灾难。因此，国际自然资源保护联盟、联合国环境规划署及世界野生动物基金会三个国际保育组织在1980年出版的《世界自然保育方案报告》中提出了“永续发展”概念(1987年发布《我们共同的未来》、1992年发布《21世纪议程》、1993 年2月成立联合国永续发展委员会)，倡议必须研究自然的、社会的、生态的、经济的以及利用自然资源体系中的基本关系。其基本要义是：一个满足当代人的需要而不危害未来世代满足其需要之能力的发展。从这个意义上来讲，减灾预防就是从根本上要求人类保育生态、永续发展，不至于招致生态环境的报复，要保持人与环境的和谐共存，是一种天人合一的和谐伦理观。

(三)安全发展隐喻及新解

安全发展，最初源于2005年中共十六届五中全会关于国民经济和社会发展的“十一五”规划建议，是针对安全生产发展提出的，最初的含义是指企业要安全地生产和发展；时至今日，逐步拓展到公共安全乃至总体国家安全领域(中共十八届五中全会决定)，是指人类要安全地发展、经济社会要安全地发展。实际上，安全发展是“自然生态领域”生态保育在“社会生态领域”的一种隐喻。这种隐喻的实质是指人类的经济生产要与社会进步和谐协调发展、经济效率要与社会公平均衡协调，否则就会遭到社会领域的各种惩罚(社会领域主要是人际、群际、人群际的构成)。因此，安全发展伦理是生态保育伦理的隐喻和延伸，是发展伦理和生态伦理的共合，是企业生产领域和人文社会环境领域防灾减灾、化解风险的预防伦理。

二、备灾响应:救死扶伤的生命安全伦理

按照《孙子兵法·谋攻篇》的说法,“百战百胜,非善之善者也;不战而屈人之兵,善之善者也”。对于应急管理来讲,人们能把风险化解在萌芽状态,防微杜渐,则是上策;但是,人类的理性是有限的,很多风险灾变超越人的理性,因而必须有确保有备无患、有战必胜的思想。应急准备、应急响应环节就是有备有战的思想,其基本伦理要义就是保障受灾者的生命安全。

(一)保全生命为最高的价值伦理

面对突如其来的灾难,人类同病相怜的危难意识和人道主义责任感油然而生,政府、社会、企业和公民个人纷纷投入抢险救灾的战斗,目的就在于救死扶伤、保全生命。“敬畏生命”是人类社会应急救灾的最高价值伦理,即保护他人不受任何伤害,当然也是基本道德要求。在抢险救灾过程中,不管花费多少财力、物力和时间精力,人的生命安全是第一位的,应保全保,这是生命至上伦理的感召力所致。“人之生命,为其一切权利义务之基本”,“财产之可重,次于生命,而盗窃之罪,次于杀伤,亦古今中外之所同也”。[①]从“善恶论”角度来看,“善是保存生命,促进生命,使可发展的生命实现其最高价值。恶则是毁灭生命,伤害生命,压制生命的发展”。[②]

(二)备灾应战当以精细高效为要

应急场景中,时间就是生命,速度就是生机,就是“善”德。紧急救援中保全生命,需要快速、高效,这取决于多方面的因素:应急技术手段、应急经验、受灾者受灾情形、灾变场景,以及组织指挥、信息沟通等。这就涉及响应迎战前的精细化准备,包括平时演练、经验宣教、装备技术、危机决策模式等问题;战时需要精细专业流程、高效的决策模式、精湛的装备技术、精准的施救行动、有效的应急沟通等。有意或手段滞后贻误救命时机,其实也是一种潜在的“恶”。这同样体现生命保全伦理价值。

(三)备灾应战要确保公民知情权

政府和公共机构要本着对生命负责的信念,及时向公众公开应急事件进程、伤亡情况、救援后果、事故调查报告等信息,让公民了解事件全貌,不能遮掩、瞒报。这是政府与社会之间信任伦理的展现,是政府或公共机构自信负责、深孚众

---

① 蔡元培:《中学修身教科书》,《蔡元培全集(第二卷)》,浙江教育出版社1997年版,第118、120页。

② [法]阿尔贝特·施韦泽:《对生命的敬畏——阿尔贝特·施韦泽自述》,陈泽环译,上海人民出版社2007年版,第128—129页。

望、强化公信力的重要途径。有时候封锁消息，还不利于快速处置事件，反而扩大事态。

（四）紧急救援需考虑公民同意权

在很多事故救援的危急关头，如何以有限的救援资源最大限度地保全所有生命，是一个难以回避的伦理问题。比如几个亲人的生命安全危在旦夕，大义上是应保全保，但救援力量有限、救援时空有限，可能就需要舍弃一两个人的生命而挽救另外人的生命，这就涉及亲人之间的相互同意权问题。这是让人非常纠结的伦理问题，但必须在短时间内作出决定。有时候还必须考虑救援的可行性，受灾者可能在关键时刻不得已截肢，这也是让人非常纠结的伦理问题，也需要临期快速作出决定。对于这些问题，应急人还必须征得和尊重受灾者或亲属的同意权。

（五）备灾应战尚须考虑公序良俗

比如，在一场震灾或紧急疫情救护过程中，在场记者或应急人（救护者）必须考虑当地风俗习惯和受灾者的隐私等，可能有些东西不能拍照报道，有些东西不能让救护人员参与了解。尤其要注重应急过程中的民族语言表达习惯和转译沟通（研究应急语言学），且不能犯忌。总之，备灾应战必须考虑各类民俗中的激励伦理和禁忌伦理。

三、恢复重建：生命康复与生境复原伦理

（一）灾后恢复重建的生生伦理

灾后恢复重建日益成为科学，如规划科学、康复医学，其中必然蕴含伦理的指导。灾后恢复重建，其实是人道主义康复伦理与生态主义复原伦理的结合；家园重建也是精神重建，生态恢复也是心境恢复。比如有人针对汶川大地震灾后国家建设规划，认为恢复重建亟须重视自然、生命、人、社会四者共在互存、共生互生，具体即指人与自然环境生态相生、人与社会相生、人与人相生、人与内在自我相生（与自我心灵、情感、精神、人格相生）。[①]这就是恢复重建中的所谓"生生伦理原则"，即《周易·系辞》所谓"生生之谓易"，意指宇宙万物生生不息，又指人与自然宇宙和谐一体的本体价值。这一原则贯穿于灾后生产秩序、生活秩序、心理秩序和社会秩序等全方位的恢复重建过程。

（二）生命康复的人道关怀伦理

既要"敬畏生命"，还得"佑助弱者"。灾中、灾后恢复重建的首要任务是生

① 唐代兴：《风险社会灾疫后重建的社会伦理思考》，《阴山学刊（社会科学版）》2012年第1期。

命关怀，除了对不幸者的哀念和追忆，最主要的就是对幸存者的生命康复提供人道主义帮助。政府或社会通过政府补给、慈善救济、医学康复、心理抚慰和社工协助等方式，使受灾者身心恢复健康，走出身体困境、心理困境和社交困境。即便不能恢复如初，但也至少能够达到基本生活自理能力的康复。也就是说，身体康复、心理愉悦、能力恢复是生命康复伦理原则的三个具体表现，最主要的是能力恢复。

(三)生境复原的永续发展伦理

所谓生境(habitat)，在生态学上原意是指生物物种或物种群体赖以生存的生态环境及其全部生态因子的总和，后来逐步引申到社会生境、民族生境、社区生境等领域，其大意是指某一人群在一定地域空间或社会空间中逐步形成的关于生命、生态、心态、生产、生活等硬件与软件的互动融合情境。灾后恢复重建，就是人与自然、人与社会、自然与社会、人与人或人与自我的生境伦理恢复，是永续发展伦理精神的体现。当然，恢复重建不是简单的复原，而是超前性恢复重建，最主要的是恢复灾区自我生产、自我发展、自我振兴的能力。如2008年国务院发布的《国家汶川地震灾后恢复重建总体规划》，前文第三节专门阐述重建目标，即"用三年左右时间完成恢复重建的主要任务，基本生活条件和经济发展水平达到或超过灾前水平，努力建设安居乐业、生态文明、安全和谐的新家园，为经济社会可持续发展奠定坚实基础"。具体包括家家有房住、户户有就业、人人有保障、设施有提高、经济有发展、生态有改善。

(四)公正补偿与反思学习伦理

灾后恢复重建的国家资助、社会保障、社会慈善、志愿帮扶等，都是人类社会基于人道主义责任的公正补偿伦理。灾民和灾区事后成为实际的弱势群体。对弱势群体的补偿和救助，本质上是社会正义、公正平等的"佑助伦理"的体现。与此同时，还必须对应急人或志愿救助者的身心损失、财力付出(如征用)等进行合理补偿，同样体现公正平等原则。

与此同时，人类还必须重视灾后评估，从评估中反思不足，反思行为的缺陷，反思破坏环境的弱点，反思安全责任理性的缺失。在反思中追责、问责，有效、有针对性地进行惩罚和惩戒，责归其人，责有其理，权责对等，本身即是伦理责任的要求。当然，反思也是一种反向促进的社会学习，一种对灾难的文化记忆和应急救灾经验教训的沉淀；也是对瑕疵的修复，对缺陷的矫正，有利于制度重建。

第十八章

应急文化的建设

文化是社会的文化，社会是人类创造文化的社会，即文化是人类诞生以来的特有现象，以至于常被称为“人类社会文化”。因此，应急文化可称为社会应急文化，或应急社会文化，是应急社会学的重要内容。从文化角度来看：一方面，社会基质性传统文化影响应急行动，如在上篇关于中国古代社会的安全思想、西方社会学理论中的安全思想等有所论及；另一方面，应急行动本身就是一种文化，同样需要加强建设。这里，笔者着重研究社会应急文化的内容体系（结构功能）、生成机制、建设方略与作用机理，以及应急文化学何以可能等。

第一节　应急文化相关研究及其定位

一、文化、应急文化缘起及相关研究

（一）文化内涵及内在构成要素

要研究应急文化，必先了解“文化”的内涵。文化的英文单词为culture，就是耕耘、耕作的意思，最初含义显然与农业活动直接联系。《易经》中有“关乎人文，以化成天下”，这是中国较早对“文化”论述的文献；汉朝刘向《说苑·指武》中有“凡武之兴，为不服也，文化不改，然后加诛”，即正式使用“文化”一词。原始人从茹毛饮血到钻木取火，就是人类文化的演进；所谓“结绳记事”，就是一种文化现象。

1. 文化内涵

关于文化的界定，国内外学术界不止150种，每个学科、每个学者的界定都不一样。综合一些学者的看法，着眼于三个层面来理解文化的内涵：从微观层面来看，文化是指人们创制的文学、艺术、知识、制度、信仰、道德、风俗或意识形态等精神类因素。从中观层面来看，文化是指一切物质产品和非物质产品的总和，这主要还是从人类文明成果形式方面来解释的。从宏观层面来看，文化是指人

类的一切社会实践活动及其成果的总和。这一界定不仅仅限于“成果形式”，还包括生产生活的“实践活动”（行为方式或行动模式），类似于人类“文明”的说法——文明就是人类区别于自然界（动植物或自然环境）“野生”“野蛮”的说法。也就是说，只要打上人类活动烙印的东西，均可称为“文化”或“文明”。笔者研究应急文化，即秉持这一广义的界定。

2. 构成要素

文化的内在构成要素有哪些呢？从一些研究来看，主要包括四个方面（精神文化与物质文化要素）。[①]

（1）价值观要素。这是文化当中以理念形式出现的要素，通常表现为一种对人或事物的意义、重要性问题的总体评价和判断，是一种对人或事物的是非、善恶、好坏、美丑、轻重等的评价标准，具有核心统率作用和行为指导意义，而且具有代际传承性，在民族层面即表现为一种积淀的民族文化心理，具有团聚性意义。

（2）社会规范要素。这是文化的制度性要素，是不可或缺的重要要素，通常表现为正式的法律法规、政策规章等，也包括非正式的习俗、民德、风尚、民约等，对言行具有指导性和引导性、惩罚性和矫正性的意义。

（3）象征符号要素。任何一种文化都有一些标志性的象征符号，这是基本要素，也是外在的要素之一。如不同民族文化，通常包括不同的语言、信仰、宗教形式、节日表达方式、科学技术或工艺等，以及人们日常生活中的身体语言（表情、手势和姿态）等。它们起着传承与教化、情感凝聚与心理归属的作用。

（4）物质文化要素。这是文化另一个基本的外在要素，包括服饰、信物、节日或生日礼物、祭祀品等民族流传下来的物化产品，以及新旧生活用品、新研发的科技产品。这些方面既体现传承性意义，也体现创新性意义。

（二）应急文化缘起及相关研究

1. 缘起与国外研究简述

从国外研究来看，应急文化（emergency management culture）概念提出来的时间并不长。大体可以从其缘起到发展做一简单勾画。

首先，应急文化概念起源于灾害文化，最先在日本、德国、美国、俄罗斯等国的实践中得以形成和成熟发展。灾害文化的英文表达类似有一些：culture of disaster reduction（也称“减灾文化”），culture of calamity（灾难文化），更多的是在灾害社会学、灾害管理学层面加以研究，尤其对人类早期灾害迷信文化、灾

---

① [美]戴维·波普诺：《社会学（第十版）》，李强等译，中国人民大学出版社1999年版，第66—72页；郑杭生：《社会学概论新修（第五版）》，中国人民大学出版社2013年版，第79—82页。

害认知文化、地方性知识等进行了分析归纳。[①]如灾害民俗学往往将灾害文化研究归为三种事象取向：灾害神话与传说研究、禳灾信仰与仪式研究、灾害文化的遗产化研究。[②]

其次，应急文化借鉴安全氛围、[③]风险文化、[④]风险社会、[⑤]安全文化[⑥]的概念和理论，不断吸取学理"营养"。这类研究大约在20世纪80年代开始流行，尤其是1986年苏联切尔诺贝利核电站泄漏引发的风险社会、安全文化研究，为迈向科学的应急文化研究奠定了基础。

最后，分域应急文化的探索逐步展开。在这方面国外学者先后从人类学、组织学、社会学、性别学、灾害管理学等层面进行探索，如提出了应急种族文化、[⑦]应急性别文化、[⑧]应急组织文化、[⑨]社区应急文化、[⑩]灾害应急文化心理、[⑪]应急

---

① KILLIAN L M.,"Some Accomplishments and Some Needs in Disaster Study", *Social Issues*, 1954, 10(3); BOORSTIN, D J., *The Image: A Guide to Pseudo-events in America*, New York, Harper Colophon Books; FRITZ C E, 1961 Disaster. In MERTON R K & NISBET R A（Eds.）, *Contemporary Social Problems: An Introduction to the Sociology of Deviant Behavior and Social Disorganization*, New York, NY, Harcourt, Brace & World, 651-694; ［日］田中重好：《灾害文化论》（1989年1月唐山减轻地震灾害社会问题学术交流会上的讲演稿），潘诺卫译，《国际地震动态》1990年第5期；Oliver-Smith A, HOFFMAN S M., *Catastrophe & Culture: The Anthropology of Disaster*, Santa Fe and Oxford, School of American Research Press, 2002; ROZARIO K., *The Culture of Calamity: Disaster and the Making of Modern America*, Chicago, The University of Chicago Press, 2007, p313.

② 刘梦颖：《灾害民俗学的新路径：灾害文化的遗产化研究》，《楚雄师范学院学报》2019年第4期。

③ KEENAN V, KERR W, SHERMAN, W.,"Psychological Climate and Accidents in an Automotive Plant", *Journal of Applied Psychology*, 1951, 35(2); ZOHAR D.,"Safety Climate in Industrial Organization: Theoretical and Applied Implications", *Journal of Applied Psychology*, 1980(65).

④ DOUGLAS M T, WILDAVSKY A B., *Risk and Culture: An Essay on the Selection of Technical and Environmental Dangers*, Berkeley, University of California Press, 1982.

⑤ ULRICH B., *Risk Society: Towards a New Modernity*, London, Sage Publications, 1992.

⑥ International Nuclear Safety Advisory Group, *Summary Report on the Post-Accident Review Meeting on the Chernobyl Accident*, Vienna, International Atomic Energy Agency,1986; International Nuclear Safety Advisory Group, *Safety Culture, Safety Series*, NO. 75-INSAG-4. IAEA, Vienna, 1991.

⑦ TURNER R H, NIGG J M, PAZ D H, et al, *Community Response to Earthquake Threat in Southern California*, Los Angeles, Institute for Social Science Research, University of California, 1980.

⑧ HYNDMAN J.,"Managing Difference: Gender and Culture in Humanitarian Emergencies", *Gender, Place & Culture*, 1998,5(3); PALMER C.,"Risk Perception: Another Look at the 'White Male' Effect", *Health, Risk & Society*, 2010, 5(1).

⑨ HARRISON J-A, KUINT S.,"Developing Intercultural Communication and Understanding through Social Studies in Israel", *The Social Studies*, 2001,92(6); TAKADA A.,"Transformation of an Internal Model under Crisis Management", *Japanese Economy*, 1998,12(1).

⑩ IDNHR. 1994,"Yokohama Strategy and Plan of Action for a Safer World", 2015-14-18. http: //www.unisdr.org/files/31468_programmeforumproceedings. Pdf; De Le L, Gaillard J C, Friesen W.,"Academics doing participatory disaster research: How participatory is it? ", *Environmental Hazards*, 2015, 14(1) .

⑪ MARSELLA A J, CHRISTOPHER M A.,"Ethnocultural Considerations in Disasters: An Overview of Research, Issues, and Directions", *Psychiatric Clinics of North America*, 2004, 27(3).

响应文化[①]等理念和问题研究领域。

2. 国内学者的研究简述

在国内，应急文化学术研究起步较晚。从中国知网文献“主题”检索来看，国内学者的研究始于2006年城市应急文化研究，集中于国家应急管理部成立前后不久的研究。2019年最多，为30篇，其中以《中国应急管理》第2期组稿发文为主（共13篇）；其次是2020年，共21篇；再次是2015年、2017年分别为16篇、10篇，2011年、2012年均为11篇；其他年份在5篇左右。

应急文化研究的主题，最初是从城市（社区）应急文化理念倡导和应急文化建设开始的，[②]逐步延伸到下列领域：国外应急文化引介与借鉴，[③]应急文化概念、理念和体系探讨，[④]应急文化（意识）培育和社区群众参与的机制建设，[⑤]具

---

① Kyoo-Man Ha. Changing the Emergency Response Culture: Case of Korea. *International Journal of Emergency Services*, 2017, 7(1).

② 赵成根：《发达国家大城市危机管理中的社会参与机制》，《北京行政学院学报》2006年第4期；张华文、陈国华：《城市社区应急文化体系构建研究》，《中国职业安全健康协会2007年学术年会论文集（杭州）》，2007年11月；郑家宜：《城市应急文化建设研究——以广西南宁为例》，广西师范大学硕士学位论文，2013年；李杰：《全球特大城市应急体系建设的经验与借鉴》，《党政论坛》2017年第1期；廉文慧：《社会转型期城市社区应急文化体系的构建探析》，《就业与保障》2020年第7期。

③ 孙磊、苏桂武：《自然灾害中的文化维度研究综述》，《地球科学进展》2016年第9期；司徒苏蓉：《发达国家应急文化建设及启示》，《江苏社会科学》2007年第6期；张海波：《当前应急管理体系改革的关键议题——兼中美两国应急管理经验比较》，《甘肃行政学院学报》2009年第1期；夏保成、王碧、陈安：《从灾难影视中看中外应急文化》，《河南理工大学学报（社会科学版）》2015年第5期；汪云、迟菲、陈安：《中外灾害应急文化差异分析》，《灾害学》2016年第1期；朱得：《日本应急文化对我国应急管理的启示》，中国人民公安大学硕士学位论文，2017年。

④ 闪淳昌：《宣传防灾应急文化 提升应急管理能力》，《中国应急管理》2012年第5期；童星、苏宏宇：《提高理性认识 加强实践推动——南京大学童星教授谈应急文化建设》，《中国应急管理》2013年第9期；张春风、佘廉：《用文化力提升城市应急管理能力》，《中国应急管理》2013年第12期；李昊青、刘国熠：《关于我国应急文化建设的理性思考》，《中国公共安全（学术版）》2013年第2期；谢菊：《应急文化视阈下的社会组织研究》，《新视野》2011年第3期；张敬军、董赟、史丽艳等：《以人为本的地震应急文化研究》，《城市与减灾》2014年第3期；卢冀峰、张景华、钟瑛：《基于习近平安全思想与应急文化建设的思考》，《产业与科技论坛》2017年第5期；李湖生：《应急文化建设》，“安知如是”微信公众号，2018年6月7日；罗云：《应急文化应借鉴安全文化发展经验》，《中国应急管理》2019年第2期；伊烈：《安全社区是应急文化建设重要抓手》，《中国应急管理》2019年第2期；贺定超：《借鉴安全文化建设经验》，《中国应急管理》2019年第2期；徐汉才：《应急文化建设要与时代同步》，《中国应急管理》2019年第2期；王宏伟：《社会演进视角下应急文化的溯源与发展》，《中国应急管理》2019年第2期；顾林生：《应急文化建设的关键八字：风险 韧性 自治 素养》，《中国应急管理》2019年第2期；罗云：《试论新时代应急文化体系建设》，《安全》2020年第3期。

⑤ 谭小群、陈国华：《跨区域突发事件应急协调机制实现途径探究》，《防灾科技学院学报》2009年第5期；张鹏：《应急管理公众参与机制建设探析》，《党政干部学刊》2010年第12期；杨力：《突发事件应急意识和能力建设探讨》，《中国安全生产科学技术》2011年第8期；陈荣：《弘扬防灾应急文化 提高防灾减灾意识》，《中国减灾》2012年第11期。

体实践的应急文化功能与应用，[①]应急准备或响应或产业或智慧文化分类建设。[②]

综上观之，国外应急文化研究源于20世纪五六十年代的灾害文化，80年代开始发力，到目前各门学科介入较深，研究趋于成熟；相比之下，国内应急文化研究刚刚起步，不到15年，且多在应急（行政）管理或灾害科学层面展开探讨，还没有深入经济学、社会学、政治学、法学、人类学等社会科学和相关自然科学领域，理论体系与实践应用均处于初步探索阶段。

二、与安全文化、安全文明研究关联

这里需要特别提到的是，安全文化对应急文化的影响是深刻的，因为国内外对于安全文化的研究，相比而言要更为火热、更为成熟；而且，目前多从安全文化研究中借鉴经验和理论分析。

（一）关于安全文化

1986年，苏联切尔诺贝利核电站泄漏再度改写了安全科学历史。当年8月25—29日，国际原子能机构（IAEA）在维也纳召开“关于切尔诺贝利事故的事后评审会议”上，技术和管理专家反复提及“安全文化缺失”“薄弱的安全文化”是导致事故发生的重要原因，[③]这就是安全文化（或者说现代安全文化）的缘起。1991年，国际原子能机构正式定义“安全文化”的概念，即“安全文化”是存在于单位和个人中的种种素质和态度的总和。[④]此后，安全文化这一概念和理念，逐步从核工业发展延伸到化工、煤矿等其他高危行业，再到一般企业安全文化，最后拓宽为全民安全文化建设。

确切地说，安全文化是对器物和技术“本质安全”（行为者即便操作失误，也不会出现事故）的反思，因为再完美的技术、再完备的装备，也免不了要发生事故，这就需要通过文化熏陶，来控制人的行为和精神心理，一方面增强人的风险辨识和防控能力，另一方面减少或杜绝行为操作失误。从这个角度来说，文化更具有本质安全的意义。即安全文化存在于社会和组织之中，具有浓厚的外在安全

---

① 张英菊：《大连市应急文化建设现状及对策——基于调查问卷的实证研究》，《大连干部学刊》2015年第15期；程道敏：《城市社区应急管理能力建设问题研究——以成都市为例》，中共四川省委党校硕士学位论文，2018年。

② 邢娟娟：《应急准备文化的推进与实践》，《中国安全生产科学技术》2011年第9期；聂琳：《中国应急准备文化理论综述》，《科协论坛》2012年7月（下）；夏一雪、李昊青、郭其云：《智慧城市环境下应急文化建设研究》，《武警学院学报》2017年第5期。

③ International Nuclear Safety Advisory Group, *Summary Report on the Post-Accident Review Meeting on the Chernobyl Accident*, Vienna, International Atomic Energy Agency, 1986.

④ International Nuclear Safety Advisory Group, *Safety Culture, Safety Series*, NO. 75-INSAG-4. IAEA, Vienna, 1991.

氛围（物质环境与集体心智）色彩；其目的和出发点是考虑对置于组织中的人的安全行为的规范和影响；其核心是信念、价值、观念、态度和认知等精神心理和素质层面的内容。[①]

国内外关于安全文化的研究如火如荼，既有定性研究，也有（指标）定量测量分析，相对来讲，非常成熟。最突出的是，中南大学王秉、吴超基于安全文化、社会学等理论基础，创制了"安全文化学"学科体系。[②]这些研究对于促进应急文化研究具有很强的指导性和启发性。

（二）关于安全文明

"安全文明"研究目前不多见。笔者在思考职业安全健康治理（安全生产现代化建设）时提到这个问题。[③]但后经科技查新所知，国外尚无此类研究，之前仅有2003年全国人大法律委员会副主任委员、中国城市经济学会第一副会长王茂林先生基于非典型肺炎疫情对城市应急管理的考验，提出"安全文明"这个词汇。他认为，安全文明是指人类社会安全生活的进步状态，是人类在安全实践活动中形成的文明成果，并建议：把安全文明建设放在国家战略的高度，同物质文明建设、精神文明建设和政治文明建设并列为四大文明建设，构建中国安全文明建设的指导理论和基本战略框架，完善安全文明建设的制度政策体系，开创中国包括安全文明建设在内的综合文明建设的全新局面。[④]

安全文明无疑是对安全文化的升华。根据笔者几年来的零星研究，大体可以认为：官方所指的"安全发展"的实质是安全现代化，最终是要形成全社会的"安全文明"（即使"安全"成为一种社会文明）。所谓安全文明，即人类安全实践活动及其成果的总和，是正向的、高级的、优秀的、先进的安全文化。安全文化的外延显然要大于安全文明，但安全文明的内涵则较安全文化深刻，即优秀先进的安全文化才能称得上安全文明。安全文明具有社会性与整体性、人性化与人权性、普适性与平等性、规则化与自律性、持续性与反思性等基本特征；本质要求在于：安全第一作为普遍价值深入人心，安全行为成为人们一种普遍习惯，安全作为基本人权得到普遍尊重。[⑤]

---

① 张跃兵：《企业安全文化结构模型及建设方法研究》，中国矿业大学（北京）博士学位论文，2013年。

② 王秉、吴超：《安全文化学》，化学工业出版社2018年版。

③ 颜烨：《中国安全生产现代化问题思考》，《华北科技学院学报》2012年第1期。

④ 王茂林：《安全文明建设与城市应急管理——"非典"危机带给我们的思考》，《中国城市经济》2003年第7期。

⑤ 颜烨：《论"安全文明"的内涵特征及其建设方略》，《贵州大学学报（社会科学版）》2017年第2期。

（三）应急文化、安全文化和安全文明三者间的关系

从三者的交集来看，主要在于：（1）在总体功能上，应急文化与安全文化、安全文明均为同一类属性，均是关于保障人们生命财产安全的文化思考；（2）在内容构成上，三者均需涉及精神的、物质的、行为方式的、制度（规范）的文化要素；（3）从施行主体来看，政府、企业、社会组织和公众等，均成为三类文化建设的主体。

从三者的区别来看，有以下几点：（1）从成熟度看，应急文化脱胎于灾害文化研究，是晚近时期的新拓之域，发轫时间晚于安全文化的研究，成熟度也不如安全文化研究和建设；国内应急文化研究，目前更多借鉴安全文化的研究经验和范式。（2）从研究和建设内容来看，上述研究文献显示，应急文化可能更侧重于应急管理过程论（预防、准备、响应、恢复）；安全文化、安全文明更侧重于对文化内在构成要素（物质的、精神的等）层面、组织文化或个人行为层面加以研究和建设。（3）从三者的内在包含关系来看，狭义上的应急文化属于安全文化的一部分（中间应急环节），目的都是安全；广义上的应急文化与安全文化并驾齐驱，因为应急文化脱胎于灾害文化，而安全文化立足于安全工程；但应急文化、安全文化均归属于高级的安全文明，安全文明具有统率性，虽然这方面研究比较少。

三、应急文化学：作为学科何以可能

结合上述分析和文献回溯，最终可以对应急文化做出基本界定，对其在应急社会学中的学科地位和国家治理体系、能力现代化中的属性进行定位，以及对应急文化学的可能性做一简单分析。

（一）应急文化的基本界定

从上述分析和文献研究看，基本可以认为，应急文化是在应对突发灾变事件的社会实践过程中，人们所产生的应急行为活动及其成果的总和，是逐步形成和积淀而成的应急物质载体、思维心理、精神理念、制度体系和行为方式的总和。它同样包括应急精神文化要素（价值理念）和应急物质文化要素，也包括应急管理过程的文化要素。

（二）应急文化的主要特征

文化具有社会性、系统性、整合性和超个人、超自然与超生物的理念性。[①]结合文化的这一基本特征和应急管理活动的特有特性，应急文化的主要特征具

① 郑杭生：《社会学概论新修（第五版）》，中国人民大学出版社2019年版，第74—76页。

体归纳如下：

1. 精神性与人伦性。应急管理与救援实践体现生命安全至上的人道主义精神，超越物质性激励，是人与人之间相互挽救生命的一种道德伦理责任。这方面它与应急技术的工具性有所不同。

2. 传承性与权变性。应急文化作为一种文化现象，不是一蹴而就的，而是需要长时间甚至几代人的孕育和发展，需要进行日常养成、历史延续和代际传递；而在传递过程中，也会因为重要因素的影响变化而呈现权变性和创造性特征。

3. 系统性与结构性。应急文化具有内在构成体系，是应急经济物质、政治制度、精神文明、行为方式的内在统一，是自成逻辑的整体，具有层次性、时序性、自主性等特性。

4. 过程性与渗透性。应急文化覆盖安全全过程，包括减灾预防、应急准备、应急响应、事后善济四大阶段，而且渗透参与各个环节的各方社会力量。

（三）应急文化的属性定位

（1）从国家治理来看，应急文化建设与发展是国家应急管理事业的重要内容，是国家治理体系和能力现代化的重要组成部分，是国家安全保障的重要基础之一，是总体国家安全观的基本内容之一及其指导下的具体安全实践，是构建人类命运共同体的重要抓手之一。

（2）从文化类型来看，如前所述，应急文化对接成熟的灾害文化、风险文化和安全文化，属于"安全文明"大范畴；总体上是关于突发灾变事件应对的行为文化，但这一"总体性行为文化"还可以细分为不同类型（见后述）。

（3）从学科地位来看，应急文化属于应急社会学体系中的应急社会系统部分。因为应急文化本身是社会的应急文化，本身是社会系统中自成一体的子文化系统，具有应急模式维持的总体功能。当然，科学与工程技术界往往会将所有应急社会科学学科都归为应急文化（或应急软科学），这显然是从广义的应急文化角度来界定的。

（4）从目的作用来看，应急文化建设在于不断提升公民的应急理念和行为能力、全社会应急管理水平和应急组织能力；应急文化研究必然为相关部门应急管理决策提供政策咨询，为企业和社会开展应急文化实践提供指导。

（四）应急文化学的可能性

应急文化是应急社会学中的重要分域，但它能否作为应急社会学的一个学科分支、发展成为一个独立学科知识体系呢？这是非常有可能的。

（1）从学科界定来看，应急文化学既可以是关于应急文化的"学"（应急文化研究、原理或学问的意思），也可以是关于应急的"文化学"。目前关于"文化学"是否成为一个完整的学科逻辑体系，尚无定论，但至少有一些研究者是主张作为一门学科或一门学问来加以研究的。如1838年德国学者列维·皮格亨首先提出"文化科学"（culture science）一词，[①]1949年美国文化人类学家怀特提出"文化学"（culturology）的概念，[②]以至于怀特被称为"文化学之父"。之前，中国的李大钊、张申府，以及黄文山、陈序经、孙本文、费孝通等人，在20世纪二三十年代就直接提出过"文化学"，类似于关于文化的"学问"。[③]因此，应急文化学（culturology of managing emergency）可以称为一种学问，也可以称为一种文化科学。

（2）从研究对象来看，一门学科必然要探索某一事物发生发展的变化规律。如果应急文化学作为一门学科的话，那么它必然要研究应急文化形成和发展的本质规律性。这是可能的。如前所述，应急文化作为人类社会的一种文化现象或社会活动，有其固有的总体化过程，也有源于文化构成要素的基本成分。

（3）从内容体系来看，应急文化学研究什么？它必然一方面要基于文化构成要素（物质的或精神的）、功能作用、形成机理、作用途径等来构建学科体系；另一方面也要考虑应急管理独有的活动过程（预防、准备、响应、恢复），以此丰富应急文化学的具体内容。

第二节　应急文化的类型结构与功能

一、应急文化的类型划分

事物分类往往基于一定标准或视角，标准或视角不同，类型也有所不同。为此，笔者借鉴安全文化的研究经验，对应急文化类型做出不同划分，并综合绘制成图18-1。

---

① 陈华文：《文化学概论新编（第三版）》，首都经济贸易大学出版社2016年版，第27页。

② ［美］莱斯利·A.怀特：《文化科学——人和文明的研究》，曹锦清等译，浙江人民出版社1988年版，第376—393页。

③ 陈华文：《文化学概论新编（第二版）》，首都经济贸易大学出版社2013年版，第66—80页。

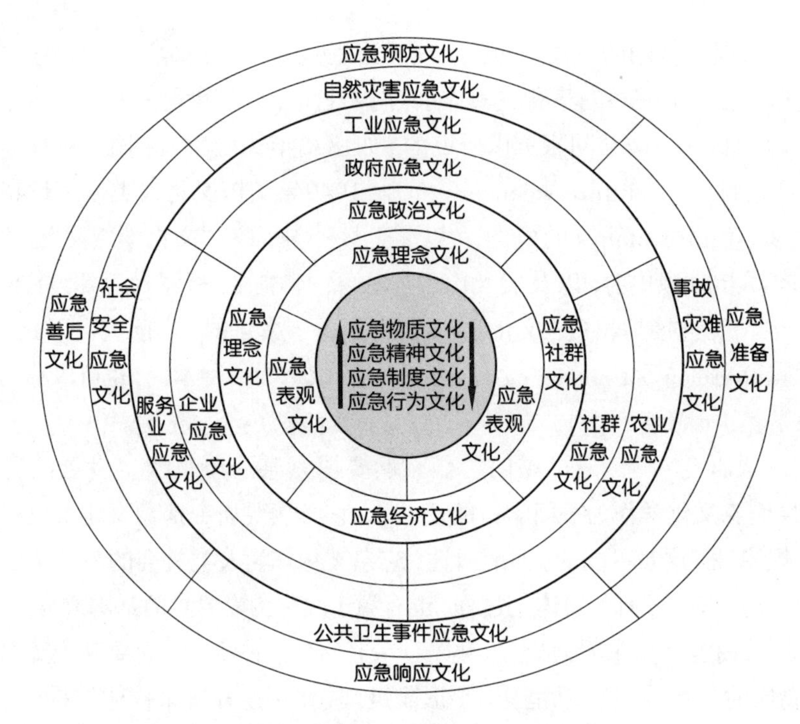

图18-1　应急文化的不同分类综合示意图

(一)基于人类社会学的划分

文化的研究或者说文化学，本身起源于人类学的探索，故有文化人类学的学科知识体系，英国马林诺夫斯基等称之为“社会人类学”。人类社会学（也称“社会人类学”）通常如前所述，将文化划分为精神生活的、社会生活的、物质生活的类型，[①]类似前述所谓物质的、非物质的（精神的、制度的、行为方式的）类型。[②]因此，从社会人类学（人类社会学）的文化要素（形态）层面来看，应急文化可以分为四个小类（前面有关章节谈到不同国家或民族的理念文化、政治制度文化、行为文化等，对应急效果的影响明显不同，这里不赘述）。

1. 应急物质文化

这是应急文化的基础组成部分，是应急的物质生产活动方式和产品的总和，包括物质产品、精神产品、制度产品，尤其包括应急救援的物资储备、资金储备等，是后述三种文化建设的基础条件。

---

① 帕米尔书店编辑部编：《文化建设与西化问题讨论集（下集）》，帕米尔书店1980年版，第392页。

② ［美］戴维·波普诺：《社会学（第十版）》，李强等译，中国人民大学出版社1999年版，第66—72页；郑杭生：《社会学概论新修（第五版）》，中国人民大学出版社2019年版，第79—82页；陈华文：《文化学概论新编（第三版）》，首都经济贸易大学出版社2016年版，第19—21页。

2. 应急精神文化

这主要是指应急管理和救援精神意识形态层面的价值理念和观念等主观因素，包括应急价值观（如安全第一、生命至上、同命同价等）、精神信仰等方面的文化，属于应急文化的核心要素。

3. 应急制度文化

这其中包括应急预案、体制、机制、法制（一案三制），规范应急行为准则，对应急文化的其他三种文化具有集令性、强制性、约制性。

4. 应急行为文化

应急行为文化即社会成员在应急管理和救援实践中逐步积淀的行为方式、言行习惯、心理定式等外显文化，是对前三种文化的具体展现和促进。

此外，有人根据沙因的组织文化研究，[①]将应急文化分为应急表观文化（指应急行为、物质载体等文化现象）、应急规范文化（应急行为规则）、应急理念文化（应急价值观和精神信仰）。[②]其实，这本质上源于人类社会学的研究。

（二）基于社会系统论的划分

美国社会学家帕森斯晚期的结构—功能论偏重于分析（宏观）社会系统内部的经济、政治、信用（文化规范）、社会共同体各子系统及其相互关系。[③]而且，在宏观社会系统中，除了四大子系统，还有政府、企业（市场）、社会（社群和公民）三大社会主体力量。由此，可以对应急文化从不同系统和主体角度进行分类。

1. 不同社会子系统的视角

从这个角度看，应急文化可细分为四个小类。

（1）应急经济文化，与上述应急物质文化交叉，也包括应急产业文化建设和发展。

（2）应急政治文化，与上述应急制度文化交叉，包括应急管理文化、应急法治文化、应急组织文化等。在前文曾谈到不同的政治文化，具有不同的应急效果，这里不赘述。

---

① SCHEIN E H., *Organizational Culture and Leadership*（*3rd edtion*）, San Francisco, Jossey-Bass A Wiley Imprint, 2004.

② 韩传峰、孔静静、陆俊华：《城市应急文化及培育关键因素分析》，《中国公共安全（学术版）》2010年第4期；李湖生：《应急文化建设怎么想，怎么干？》，《中国应急管理报》2018年10月5日第7版。

③ ［美］塔尔科特·帕森斯、尼尔·斯梅尔瑟：《经济与社会》，刘进、林午、李行等译，华夏出版社1989年版，第37—62页；［澳］马尔科姆·沃特斯：《现代社会学理论（第二版）》，杨善华等译，华夏出版社2000年版，第153—162页。

(3)应急社群文化，与上述应急精神文化、应急行为文化交叉，包括社会组织应急文化、社区应急文化、群体或阶层应急文化、大众应急文化等，以及应急社会动员和参与文化、应急社会心理文化、应急社会关系文化、社会应急伦理文化等。

(4)应急理念文化，与上述四大类、三大类划分法的应急文化均有交叉，包括先进科学的应急价值理念、应急科学理论文化、应急工程技术文化、应急科普文化、应急舆情文化、现代应急智慧(智能技术)文化等。在前文曾谈到不同的政治理念文化，具有不同的应急效果，这里不赘述。

2. 不同社会主体力量的视角

从这个角度来看，应急文化可细分为三个小类。

(1)政府应急文化，即政府应急指挥、规划、组织、协调、反馈等应急行政管理文化，也包括政府应急制度文化(应急法律法规政策等)、政府应急理念文化(人民安全至上理念)、政府应急物资储备文化等。

(2)企业应急文化，包括企业内部应急物质环境文化、企业内部应急理念文化、员工应急文化养成、企业各层应急救援演练与应急行动，以及企业应急预案与规划、企业各种应急规章制度文化等。

(3)社群应急文化，即城乡社区、社会组织、学校和公众在总体应急方案指导下，形成各自不同的群体应急文化，内部成员自觉学习和养成应急文化，形成自救文化、他救文化、互救文化模式，也同样包括社会应急物质条件、精神理念、非正式制度和行为模式等。

(三)基于应急环节论的划分

按照应急管理的四大环节(预防减灾、应急准备、应急响应、恢复善后过程)，应急文化同样可以细分为四个小类，这在应急文化研究文献中比较多见。

(1)应急预防文化，主要包括针对防灾减灾的预防理念文化、风险辨识与评估文化、风险防范化解文化、应急预案制定与应急规划文化等。

(2)应急准备文化，主要包括有备无患的理念文化、应急演练和宣传教育的行为准备文化、应急物资储备文化等。

(3)应急响应文化，主要包括应急行动组织化文化、应急响应精准化文化、应急行动快速化文化、应急救援技术化文化等。

(4)应急善后文化，主要包括应急善后救助救济理念文化、社会慈善行为文化、心理干预和恢复重建干预文化等。

（四）基于社会分域等的划分

1. 公共安全的视角

中国《国家突发公共事件总体应急预案》（2006年1月）将公共安全事件分为自然灾害、事故灾难、公共卫生、社会安全事件四大类，如果加上国家安全，应急文化可分为五个小类：自然灾害应急文化（包括生态安全应急文化）、事故灾难应急文化、公共卫生事件应急文化、社会安全应急文化、国家安全应急文化。目前在总体国家安全观指导下，国家安全应急文化还可以区分为广义与狭义的应急文化。这五个小类与前述基于不同要素应急管理过程的应急文化是交叉关系，具体研究可以展开分析，这里不赘述。

2. 产业行业的视角

这方面可细分为：农业应急文化、工业应急文化、服务业应急文化。此外，还可以基于工业与交通战线的不同，细分为矿山安全应急文化、交通安全应急文化、化工安全应急文化、建筑安全应急文化、消防安全应急文化、学校教育应急文化、核应急文化等。与上述应急文化类型是交叉关系，具体情况具体分析，这里不赘述。

此外，还可以基于时间—性质维度，将应急文化分为传统落后应急文化、现代科学应急文化、未来新型应急文化三个小类。

二、应急文化的内在构成

实际上，上述应急文化分类就已经涵盖了应急文化的内在构成，因为分类是基于不同体系或系统进行类型划分的。从系统论角度来看，任何系统都是一个有机整体，不是各个部分简单的机械组合；系统各要素不是孤立存在的，都处于一定的位置、起着特定的作用；它们之间相互关联、相互作用，构成一个不可分割的整体即某个系统；开放性、自组织性、复杂性、整体性、等级结构性、关联性、时序性、动态平衡性等，是所有系统的共同基本特征。①

应急文化在应急社会学体系中是一个自在系统，其内在要素是相互联系、相互作用，共同构成一个整体，行使安全保障功能。大体而言，在上述不同应急文化类型中，具有内在关联性、自组织性、层次结构性等重要（静态）特征的有三类：基于人类社会学要素（形态）的应急文化类型，基于应急管理过程的应急文化类型（更具时序性），基于社会系统论的不同子系统应急文化、不同主体的应

① 魏宏森、曾国屏：《系统论：系统科学哲学》，世界图书出版公司2009年版。

急文化。其中，文化要素与应急过程视角的应急文化更具功能性意义。

(一)基于“要素类别—文化层次”关系模式的内在构成

如前所述，应急文化按照要素（形态）划分为四个小类（四个方面），且这四个方面由浅入深、由表及里。如果从沙因的组织文化视角来看，应急文化分为外援支撑层、行为表观层、制度中间层、观念核心层4个不同层次。借此，可以形成“要素类别—文化层次”关系模式的应急文化内在逻辑体系（如图18-2所示），其中的关系如下。

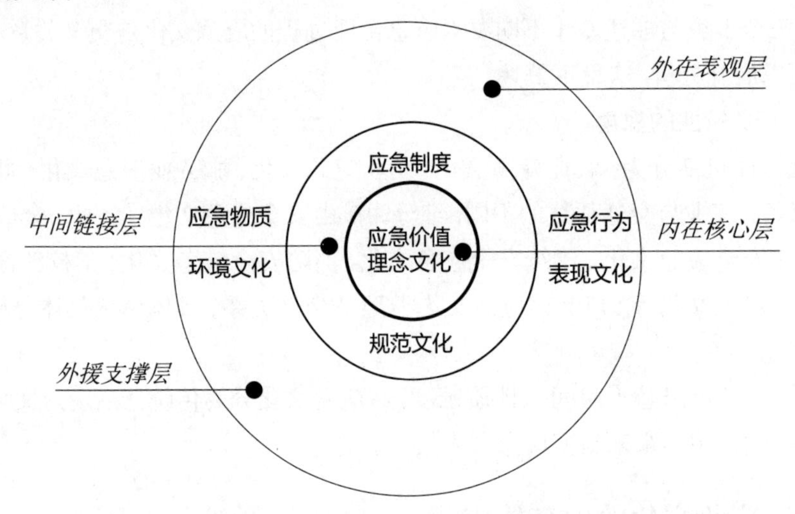

图18-2 “要素类别—文化层次”关系模式的应急文化内在构成

(1)应急物质环境文化，属于外援支撑层文化，包括应急基础设施设备、应急物资投入、应急场所环境等。

(2)应急行为表现文化，属于外在表观层文化，包括组织应急行为与个人应急行为文化，如组织应急氛围、组织应急宣教或技能竞赛活动、组织群团应急工作、组织应急经验交流或科学研讨、个人应急操作行为等。

(3)应急制度规范文化，属于中间链接层文化，包括应急组织机构、应急政策规划、应急法律法规、应急标准与规则章程、应急行政监察与执法检查、应急民主、应急风俗习惯等。

(4)应急价值理念文化，属于内在核心层文化，包括安全第一价值观、应急科学研究、应急知识素养和技能、应急意识与情感心理、应急精神状态、集体应急共识等。

(二)基于“要素导向—应急阶段”关系模式的内在构成

可以基于不同要素的重要程度，基于应急管理过程的相异性，生发出如下相互对应的模式（如图18-3所示）。

（1）理念导向型应急文化，重点对应于减灾预防阶段。

（2）物质导向型应急文化，重点对应于应急准备阶段。

（3）行为导向型应急文化，重点对应于应急响应阶段。

（4）要素综合型应急文化，主要对应于恢复善后阶段。

（5）制度导向型应急文化，几乎对应于所有应急管理阶段（链接作用）。

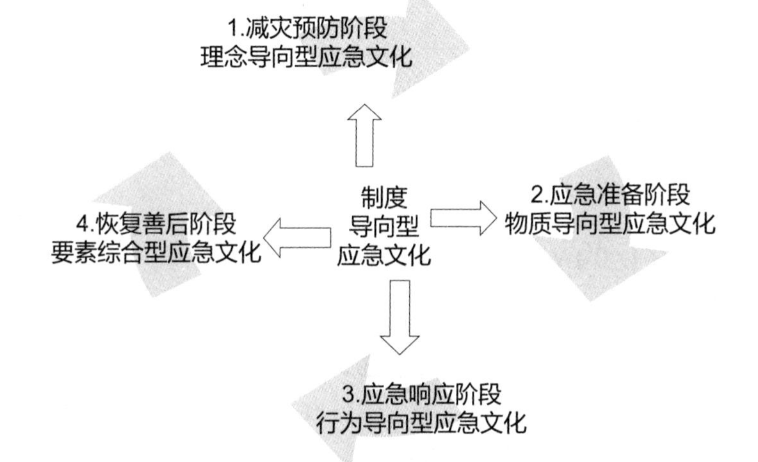

图18-3　“要素导向—应急阶段”关系模式的应急文化内在构成

（三）基于“群体氛围—个人素养”关系模式的内在构成

还可以认为，如果将应急理念文化作为应急文化的内核，那么它包括群体的外在应急氛围（集体共识）与个人的内在应急素养（个体质素）两大部分（如图18-4所示）。其中，应急氛围通常需要通过单位组织或社会公共场所对应急物质

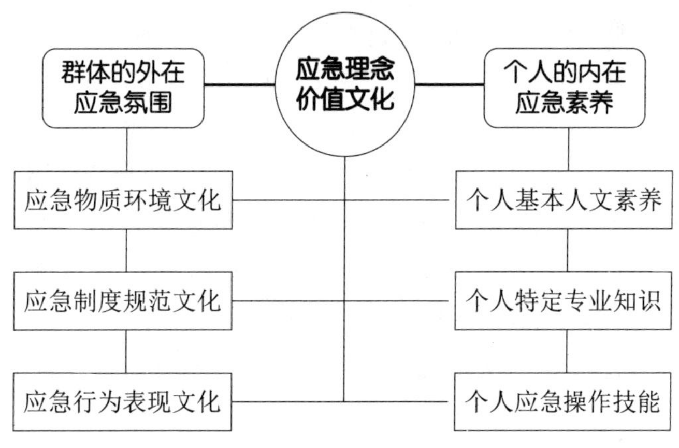

图18-4　“群体氛围—个人素养”关系模式的应急文化内在构成

环境文化、应急制度规范文化、应急行为表现文化进行培植和养育；而应急素养一般包括个人的基本人文素养、特定专业知识、应急操作技能三个部分。从总体上看，群体应急氛围与个人应急素养是相辅相成的。

（1）基本人文素养，主要对应于外在的应急物质环境文化所必需，包括语言文字能力、逻辑思维能力、道德素养和法纪意识等基本素养。

（2）特定专业知识，一般对应于群体或组织应急规范制度文化所必需，是员工经过长期积累的专业技能角色知识，如机电技术、信息技术、医生技术、会计业务、律师业务、秘书业务等。

（3）应急操作技能，重点对应于应急行为表现所必需，一般是指在某种岗位上必须具备的、针对突发事件（意外事件）的操作技能，如断电断气技能、心肺复苏技能、消防应急技能等。

三、应急文化的基本功能

功能就是作用。不同的事物有不同的功能，同一事物因为结构不同也会具有不同的功能。应急文化作为一个系统化的社会体系，具有一般的基本功能，也有其特定功能。在此基于文化的一般功能，以及社会学的系统论视角、显功能与潜功能、正功能与负功能角度，对应急文化在学理层面体现的一般功能进行分析。

（一）从文化功能来看应急文化功能

文化通常具有认同、聚合、导向、规范、激励、传承、教化等社会功能，[①]应急文化也不例外，具体表现如下。

（1）认同导向功能。应急文化有助于人们在应急管理（规划等）和救援中加强认同，具有理念指导性和潜在价值导向性，具有行为示范性和引导性。

（2）团聚整合功能。灾难来袭，应急文化通过整合各方社会力量，共同攻坚克难，将相关社会成员团聚在一起，同时确保人们灾后共建共享。

（3）激励塑造功能。应急文化同样具有精神塑造和激励作用，如消防救援英雄的塑造和诞生，唤起的是民众抗灾救灾理念和安全保障行动。

（4）规范预防功能。应急文化均具有行为规范约束性，尤其是当中的预警警示规则，公共疫情遵纪守法、尊重医嘱的规则等。

（5）传承教化功能。“灾难是一所学校”，应急救援经验积淀为一种文化，

① 郑杭生：《社会学概论新修（第五版）》，中国人民大学出版社2019年版，第86—89页。

就会代代相传，其传承性在于它对人们具有教训、导引和化育作用。

当然，无论何种文化，其功效无非是两大方面：一方面锤炼人的崇高精神理念；另一方面让人们内化行为规范和制度秩序，化为自觉行动，起潜移默化的作用，收到事半功倍的效果。应急文化也不例外，所谓“内化于心，外化于行”，从而使得组织和个人形成“安全可行能力”，①“让安全成为一种习惯”，从“要我安全”到“我要安全”，最终起到行为预防的功能作用。这是应急管理四大环节关于预防、准备环节的重要反映。

（二）从社会系统来看应急文化功能

社会学认为，系统是结构化的系统，结构决定功能，功能反作用于结构，影响系统整体变迁。帕森斯意义的社会系统论认为，四个子系统对应四项基本功能：经济系统执行适应（adapt）环境的功能，政治系统执行目标达成（goal）功能，社群系统（小社会）执行整合（integrate）功能，文化系统执行模式维护（last）功能。他认为，这是一个整体的、均衡的、自我调节和相互支持的系统，结构内的各部分都对整体发挥作用；同时，通过不断分化与整合，它们维持整体的动态的均衡秩序。②从这方面来看，前述应急文化四个子系统的功能大体简述如下。

（1）应急经济文化使应急系统具备充足的物质基础，以适应应灾功能。

（2）应急政治文化使应急系统组织化、法治化、民主化等，从而实现应急目标。

（3）应急社群文化使应急人群团聚起来应对突发事件，起着聚合功能。

（4）应急理念文化使应急系统具备先进理念和智慧技能等，维续系统升级发展。

（三）应急文化的显功能与潜功能

美国社会学家默顿最先提出社会系统的显功能、潜功能的概念。他从弗洛伊德那里借用显性、隐性概念，认为那些社会文化事项中可见的、后果可以预知的，往往是显功能；相反，不可见的、后果难以预知的，即隐功能（潜功能）。这类区分在社会工程学里尤为重要。他举例说，为应对可怕的旱灾，农户祈雨的仪式行为文化，在显功能上是祈求老天爷下雨，尽管事实上无效，但它具有凝聚人心和带来安全感的潜功能——一种非预期的后果（结果）。③

---

① 颜烨：《安全治本：农民工职业风险治理的精准扶贫视角分析》，《国际社会科学杂志（中文版）》2017年第3期。

② ［美］塔尔科特•帕森斯、尼尔•斯梅尔瑟：《经济与社会》，刘进、林午、李行等译，华夏出版社1989年版；［澳］马尔科姆•沃特斯：《现代社会学理论（第二版）》，杨善华等译，华夏出版社2000年版，第153—162页。

③ ［美］罗伯特•K.默顿：《社会理论和社会结构》，唐少杰、齐心等译，译林出版社2008年版，第90—170页。

因此，从默顿的分析来看，无论是传统应灾文化，还是现代科学应急文化，都具有显功能和潜功能。比如，今天各个单位或社区等，开展各种形式的应急文化宣传教育课程或活动，应该说有预期效果，但搞多了又容易流于形式，这些活动其实多多少少还是有潜移默化的应急潜功能的。这方面需要具体情况具体分析。

（四）应急文化的正功能与负功能

与此同时，社会学家默顿提出了正功能与负功能的概念。除了前面阐述的文化正功能外，文化有没有负功能取决于文化本身的特性。落后的、迷信的应急文化，只会贻误、阻碍科学发展和正当安全保障；小圈子化的强势应急文化，只会排斥圈外先进科学的、民主开放的应急理念文化。默顿举例说，天花流行的地区，住户信奉一种信念，在门上钉上马蹄铁以试图祛除天花。这在宗教功能论者看来，具有社会安定和心理安全的显性正功能。但事实上并没有意义，反而会贻误、阻抑科学的医术应急救治，反而具有诱致天花大面积扩散的负功能。①另外，现代社会信息化（科技文化）发展，对于促进应急救灾具有明显的正功能，但是它有时候也会带来潜在的或明显的负功能。

总体来看，应急文化既有显功能、正功能，潜功能、负功能；还有显性正功能、显性负功能之分，隐性正功能、隐性负功能之分。这都需要具体情况具体分析。

第三节　应急文化生发机理及其建设

一、应急文化生成的机理与过程

（一）应急文化生成的社会过程

文化的形成和发展，往往遵循润物无声、潜移默化的“自然”历史进路。应急文化也不例外，但应急文化有一个特点就是，要发挥人的理性力量去应对突发灾变事件，因而又表现为一种社会性的生成过程。这一生成过程及其机理大体指“外部动力刺激—内在生成机理—最终服务目标”三个环节，以及六种要素（外部动力+最终目标+四个环节），大体绘制成图18-5来简单表达。

① ［美］罗伯特·K.默顿：《社会理论和社会结构》，唐少杰、齐心等译，译林出版社2008年版，第100—111页。

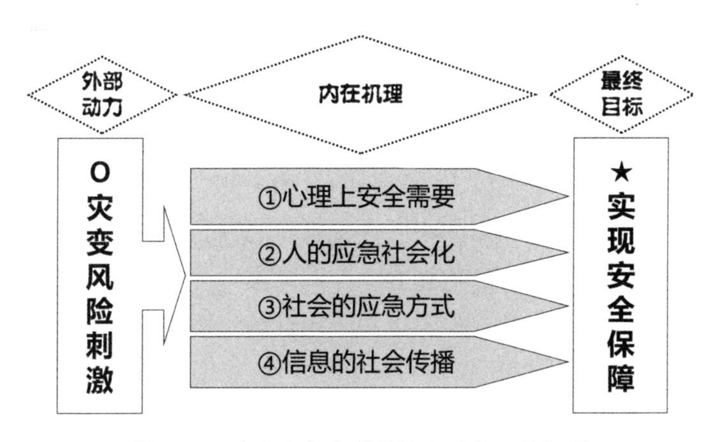

图18-5　应急文化生成的社会过程及其机理

1. 应急文化生成的外部动力

这主要是指各种风险转化为灾难的现实场景、预料场景和非预料场景及其刺激。灾变风险无时不有、无处不在，“大白象”“灰犀牛”“黑天鹅”风险的存在及其灾变历史，以及人们的“灾难记忆”，使应急文化产生和兴起成为可能。人们力图以文化治本，以不变应万变。

2. 应急文化生成的内在机理

（1）安全需要心理（心理上安全需要）。人们面对灾变，在心理上有一种安全需要。心理学家马斯洛所谓“需要层次说”，即包括生理的、安全的、社交的、尊重的和自我实现的五层次需要，其中“安全需要”是人的最基本需要之一，[①]是一种与生俱来的本能性需求、本体性需要，是应急文化生成的内在动力。

（2）应急的社会化（人的应急社会化）。作为个体的人，一生面对诸多风险灾变，一方面需要唤起灾难记忆，另一方面需要不断学习安全、应急知识技能和规则，内化为自己的行为习惯，以化解风险。可以说，应急文化的形成在本质上是人的应急社会化过程（后面将详述）。

（3）应急过程方式（社会的应急方式）。单个人的应急力量毕竟有限，尤其在面临公共灾变时，需要全社会应急行动（参与和动员），这就涉及社会活动层面的减灾预防、应灾准备、应急响应和善后救济四个阶段（这方面不再赘述），这其实是应急文化的具体实践行动和要求。

（4）应急信息传播（信息的社会传播）。有关文化的东西很多具有信息符号意义，因而应急文化的生成很多时候是通过应急信息的（社会）传播完成的。只

---

① MASLOW A H.,“A Theory of Human Motivation”, *Psychological Review*, 1943, 50.

有通过传播，应急文化才能在个人和社会中全面生成。从传媒社会学角度来看，涉及信息传播过程、方式、媒介、基质等（后面将详述）。

3. 应急文化生成的目标检验

应急文化之所以不断生成、不断更新、不断升级，是因为生命安全保障的目标得以实现。并在实现这一安全目标中，不断检验、更新应急文化内容。

（二）应急行动个人社会化过程

上述提到应急文化生成本质上也是一种社会化的行动过程，是人们对应急知识技能和规则不断内化的过程，即通过人的社会化过程来完成和实现的。所谓人的社会化，在社会学上有特定的内涵，是指个体（人）在与社会的互动过程中，逐渐养成独特的个性和人格，从生物人转变成社会人，并通过社会文化的内化和角色知识的学习，逐渐适应社会生活的过程。社会化的功能主要在于：社会文化得以积累和延续，社会结构得以维持和发展，人的个性得以健全和完善。①人的社会化是依据人的生理年龄而提出来的社会学概念，其依托的主要主体（载体）有家庭、学校（或幼儿园）、同辈群体、大众传媒等。其基本过程大体包括基本社会化阶段（童年时期）、发展社会化阶段（青少年时期）、继续社会化阶段（成年以后），以及所谓再社会化、逆向社会化。②由此看来，应急文化的社会化进程也大体如此。

1. 应急文化基本社会化：掌握基本的生活应急技能和常识

基本社会化，也称“童年期社会化”。这一时期（12岁前）每个人需要跟随家人（或童年监护人）、幼儿园教师、童年伙伴群体和小学教师，学习基本的生活突发事件应急技巧和规则，如简要的交通安全、防火、防盗、水电气开关等基本常识；主要是通过成年人示范、自我模仿、角色扮演、重复实践等方式，逐步学会这些知识技巧，从而内化为自觉的规范行为习惯。由于在这一时期，人的生理心理和意识还没有完全成熟，缺乏独立思考和判断能力，因而在应急技能和文化知识学习方面，处于被动接受阶段。也因此，传授给他们的应急技能、方式和应急文化知识，务必保证其具有正确性、可理解性、简单化等特点。当然，社会成员如果在这一时期的应急文化教育社会化失败，今后对其安全或应急行为将会造成不良影响。因此，安全、应急要从娃娃抓起。

2. 应急文化发展社会化：全面增强应急知识和安全责任感

发展社会化，也称“青年期社会化”“预期社会化”。青少年时期在中国相当

---

① 郑杭生：《社会学概论新修（第五版）》，中国人民大学出版社2019年版，第119页。
② 郑杭生：《社会学概论新修（第五版）》，中国人民大学出版社2019年版，第119—120页。

于初中、高中或者大学学习阶段，在12~22岁。这一时期，大部分社会成员的大部分时间是在各级学校中度过的，接受过多种知识的熏陶、一定实践能力的演练，逐步成为有较强思考能力、辨别能力、分析和判断能力的成员。当然也有一部分成员在15岁或18岁左右结束了学校生涯，直接进入社会实践领域，是为将来承担一定社会角色的预期阶段。总体来说，这一时期，随着年龄、书本知识和社会阅历的增长，社会成员通过直接经验和间接经验的学习与锻炼，应急知识技能深度和广度、规则意识进一步增强；有的还专门学习专业化的、高精尖的安全应急知识技能。因此，人的安全观念和意识、安全责任感也全面强化。

3. 应急文化继续社会化：强化安全应急担当并哺育下一代

这一时期是大部分社会成员基本脱离学校专门教育，扎根和深入社会实践的阶段，也称为“发展社会化阶段”。这一时期实际上分为两个阶段：壮年期社会化与老年期社会化。

（1）在业阶段：壮年期的应急文化社会化。一般在60岁或65岁之前在业。这一时期，大部分社会成员通过相应的专业岗位和角色实践，掌握较为高等的谋生技能和专业技能，能够独立从事专业工作或开展创造性劳动。大部分社会成员结合专业岗位和经济社会发展趋势，逐步强化安全应急责任担当；有的社会成员成为安全应急岗位的专职人员；有的社会成员成为安全应急专业知识和技术的研究者。他们分别承担相应的安全应急维护保障者、规则遵守者、技术创造者、知识传递者等角色功能。

（2）退业阶段：老年期的应急文化社会化。60岁或65岁退业之后，社会成员重新回归家庭。他们已经拥有丰富的社会经验和人生阅历，对人、对事有一定的见解和看法，而且能够哺育、指导下一代或下下代成员的成长和发展。平时除了继续维护保障和担当家人、自身、家庭、社区和社会安全应急责任的同时，他们更多的时间是在教育下一代、下下代安全知识技能的同时，传递应急文化。

此外，还有一种“再社会化”概念。从广义上讲，也就是继续社会化；从狭义上讲，就是前面正常社会化失败后，进入专门机构（监狱或劳改所）接受劳动改造或重新做人的教育，为今后再次走向社会奠定基础。这一方面，有的社会成员是在过去安全应急方面有过教训的人（比如应急失职失责失误导致重大事故灾难的），也有可能接受应急文化的再社会化（狭义）。

至于应急逆向社会化，主要是指晚辈向长辈传递新型的应急知识，这主要源于信息化等高新技术发展的原因，年轻人可能掌握这类应急知识更多、更快、更广。

（三）应急文化生成的信息传播

1. 应急文化信息传播的要素结构

美国信息传播学者巴克尔在描述人们信息沟通的时候，归纳为七个要素及其相互构成关系。①这里我们借用其理论来表达应急文化信息传播要素及其关系（如图18-6所示）。

（1）应急文化信息。包括两种：一种是应急文化信息本身，如灾害风险信息、应急知识技能、应急法律规则等；另一种是受体接受前述信息后反馈给发出者的信息，如意见、看法、正反评价、接受状态等。

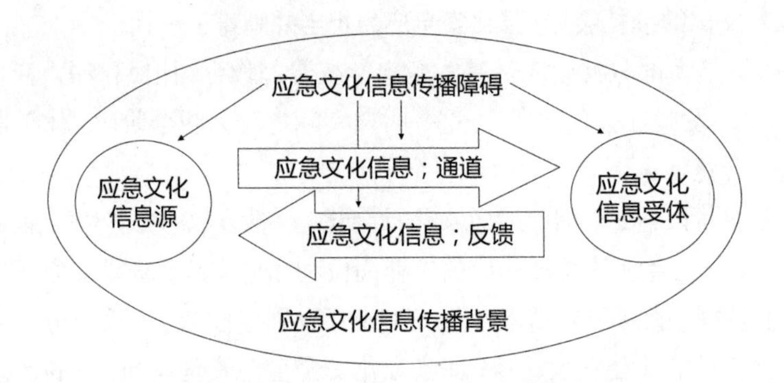

图18-6　应急文化信息传播要素及其结构

（2）应急文化信息源（发出者）。指对应急文化信息的发出者，主体涉及政府、社会组织、个人、企业或媒体等。发出信息的目的或是协助提供给信息受体所需，或是主动影响受体参与某种应急事务，或是纯粹出于社会公益、文化娱乐或科普教育。

（3）应急文化信息传播通道。这里主要指信息传播的媒介性通道，包括人体的视听、手足、耳朵、嘴巴、鼻子等，以及表情、姿势等身体语言，也包括传统的纸质媒体（书籍报刊、照片等）和广播电视、电话、传真等，尤其包括现代的互联网媒体（计算机、手机、数字化DV、人工智能产品，以及电子邮箱、微信、QQ、推特等）。

（4）应急文化信息受体。包括特定对象（如幼儿园儿童、学校学生、家庭成员），也包括普通社会成员（如街坊公众、单位成员、社区成员等）。这是应急文化信息传播的终端，是检验应急文化生产和建设效果的主要要素。

（5）应急文化信息反馈。应急文化信息受体对信息源的信息进行回路回复，

① BARKER L L., *Communication*, New York, Prentice-Hall, 1987, p9.

包括正向反馈和负向反馈：前者是指受体接受并理解应急文化信息，且没有反对意见或负面评价；后者是指没有接受、拒绝接受或有反对意见、负面评价。当然还有一种受体的模糊反馈，即接受状况的不确定性。信息发出者也有一种自我反馈，如对发送内容、方式的恰当性进行反思和检查。

（6）应急文化信息传播障碍。这有很多种，包括信息本身的正误、通道是否畅通灵敏、是否有反馈或是否及时反馈、环境中是否有阻碍因素等，均对应急文化信息传播产生很大影响。

（7）应急文化信息传播背景。包括物理背景（如设备设施及其质量、空间设置布控等）、发送者与受体的心理背景（如情绪、喜好等）、社会背景（如身份地位、关系亲疏、角色互动等）、文化背景（价值观差异、知识经验差异等），这些也影响应急文化传播效果。

2. 应急文化信息传播的两种方式

一般来说，应急文化信息传播分为群体内部正式的、非群体内部非正式的两种方式（如图18-7所示）。

（1）群体内部应急文化信息传播的正式沟通网络

美国管理心理学家莱维特归纳出正式信息沟通传播网络（如图18-7上图所示），是一种群体内部（假设为5人）的“两两”双向沟通模式。[①]按照这种模式，灾变应急信息传播在X形、Y形中，有一个中心人物（或部门）控制并与其他人进行应急沟通互动（现代社会互联网信息沟通群属于这一类）；而在轮形、锁链形中，则是分散的、非控制性的应急信息交流。这类模式的应急文化信息传播非常迅速、及时、有效（尤其是轮形）。比如一个居民社区中，一遇到灾变风险时，会有一个号召力强的人或者业主委员会的“头儿”，在关系熟悉的居民群或委员会成员中，迅速散播灾难信息，及时疏散居民，避免灾难伤害或减少伤害。这种模式非常适合于传播和预报即将突发的灾变事件（事故），以便应急处置。

（2）非群体内部应急文化信息传播的非正式沟通网络

美国心理学家戴维斯提出非正式沟通网络（如图18-7下图所示）。这是一种灾变信息源于某一“意见领袖”或偶遇的模式，通常传播所谓“小道消息”。[②]按照这种模式，灾变应急信息传播往往是多向的（可以是两人之间，也可以是多人之间）、不分等级的，或者偶然传播和接受的；几乎没有约束力（尤其是集束式传

① LEAVITT H J., “Some Effects of Certain Communication Patterns on Group Performance”, *Journal of Abnormal and Social Psychology*, 1951, 46.

② DAVIS K E. “Management Communication and the Grapevine”, *Harvard Business Review*, Sept.-Oct, 1953.

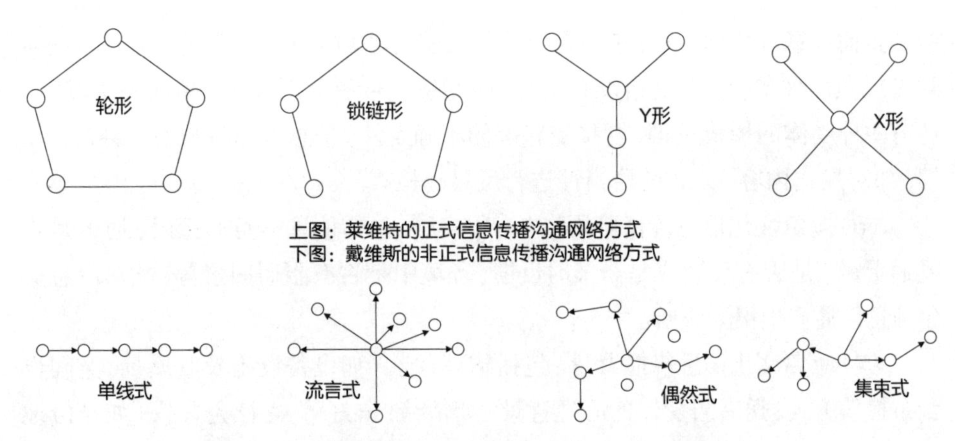

图18-7　两种应急文化信息传播或沟通的关系网方式

播)；时间性要求也未必很强，既有迅速传播的，也有慢慢流传式传播的。这种模式适合于关系紧密的熟人之间私下沟通交流。比如，在亲密关系群体中，关系密切的朋友、同学或战友之间，常常会私下交流私密性的防灾治病知识，相互学习切磋使用安全工具和药物，避免病毒伤害，增强自我保护意识；熟人之间还会针对市场上出售的某种食品不安全信息，进行面对面的口头传播。这种安全信息能够收到“一传十，十传百”（口口相传）的效果，但不会产生现代互联网大范围轰动的应急效应。当然，人际互动本身也会传播、扩散负面信息和有害信息，甚至制造灾情谣言，反过来同样诱发安全隐患，危及人的安全。

二、应急文化建设的主体与机制

在现代社会，随着人们能动性智慧的发展，文化建设也逐渐人为主动化、建设体系化。所谓“建设”，就是人们主观能动建构的过程、主动创造设置的过程。因此，应急文化上升到社会建设方略层面，就必须着眼于社会学基本原理，考虑应急文化建设的社会主体、宏观与微观机制过程等系统化的内容任务。

（一）应急文化建设的社会主体

从宏观社会系统论角度来看，社会主体基本上为三大类：政府、企业（市场）、社会。但是，要从社会学意义的“小社会”划分，区分于政府、企业的“小社会”会划分出很多具体的社会主体：组合性主体如学校、医院、社区、社会组织和专业团队、其他工作单位机构、媒体等；阶层性主体如工人、农民、干部、商人、专家等。不妨从这几方面来进行分类简析。

1. 系统性社会主体及其应急文化建设的基本任务

（1）政府应急文化建设的基本任务：主要是应急行政管理（公共管理）文化建设，偏重于组织控制文化、法律制度文化、组织行为文化等，包括人民生命安全至上理念、应急行政规划（总体预案）、全社会日常应急教培科普宣传、应急值守预警、应急物资和资金准备、应急技术支撑与信息化建设、应急事务监管检查、全民动员与响应制度安排、恢复与救济性社会政策安排、恢复重建行政干预行为，以及突发事件指挥、组织、协调、控制等行为。

（2）企业应急文化建设的基本任务：这里以笔者参与2019年在山西煤矿安全责任主体课题组调研为基础，就煤矿企业内部安全生产应急文化列表进行说明（如表18-1所示）。

表18-1　煤矿应急文化建设及其责任承担者

应急文化类型	具体的主要建设内容任务	主要建设部门及成员
事故预防文化（理念与制度层）	·员工生命安全至上理念和政治担当 ·组建并领导应急指挥部及其相关制度 ·职责范围内专兼职应急救援队伍建设 ·全员工日常应急教培与科普宣传等 ·全面谋划职责范围内的应急预案 ·具体各分支应急方案或办法制定实施 ·安全生产风险评估与隐患排查	办矿主体总部及负责人 煤矿总部及负责人 煤矿区队班组级负责人 煤矿兼职救护队
应急准备文化（物质与制度层）	·监管检查下辖机构或煤矿应急预备工作 ·监管检查下辖机构或煤矿“一案三制”执行 ·应急投入与装备现代化、六大系统改进 ·智慧矿山与应急智能救援技术研发应用 ·现场应急技术投用与维护保障 ·专兼职救援队伍日常训练和模拟演练 ·煤矿全员应急逃生模拟演练 ·日常安全管理类人财物安排与调配	办矿主体总部及负责人 煤矿总部及负责人 煤矿区队班组级负责人 地方或区域应急救援队 煤矿兼职救护队
应急响应文化（行为与制度层）	·24小时应急值守职责不放松 ·应急技术系统报警灵敏正常 ·应急人工报警不松懈 ·突发事故应急响应 ·突发事故现场各类救援小组施救行动 ·应急信息沟通、信息发布控制 ·突发事故现场人财物调配协调	办矿主体应急部门及值守人 煤矿应急部门及值守人 办矿主体（临时）应急指挥部 煤矿（临时）应急指挥部 煤矿区队班组级负责人 地方或区域应急救援队 煤矿兼职救护队
恢复善济文化（物质与行为层）	·应急救援后现场恢复重建（干预） ·应急救援后伤病人员护理与心理疏导 ·应急救援后伤亡人员家属抚慰与疏导 ·应急救援后伤亡人员经济赔偿与社保	办矿主体总部及负责人 煤矿总部及负责人 企业外部的政府或社会力量

(3)社会应急文化建设的基本任务：这方面因为与下面组合性主体（社区社会组织）重合，因而此处不赘述。

2. 组合性社会主体及其应急文化建设的基本角色

这里，以社会组织、社区应急文化建设为主进行分析。单位机构的应急文化建设与上述表18-1所示的煤矿安全生产应急文化建设任务大体类同。

(1)关于社区应急文化建设。中国特色社区的具体主体一般有五个小类，然后，根据法约尔意义的五项管理职能（计划、指挥、组织、控制、协调）并略加拓展，[①]对具体主体所承担的不同角色作用（12类）进行分解，如表18-2所示。[②]

(2)关于社会组织应急文化建设。从帕森斯关于社会系统模式变量的特殊主义与普遍主义性质角度来看，[③]社会组织可分为专门应急类社会组织（特殊主义）与非应急类社会组织（普遍主义）。专门应急社会组织如中国的蓝天应急救援队、德国的黄飞鹰救援队、各类安全教育体验馆、科普基地和专门的应急宣教网站等，在应急文化建设方面责无旁贷地全方位（应急物质文化—应急制度文化—应急行为文化—应急理念文化）参与、全过程（减灾预防文化—应急准备文化—应急响应文化—恢复善济文化）参与；而且具有引领和指导其他社会组织参与应急文化建设的角色作用。而非应急类社会组织，则非常多（如社工机构、中介服务、学校、医院等）。从上述角色作用来看，它们在应急文化建设中，首先是参与者、投资者、养育者、遵循者，其次是协助者、救济者、监督者，最后是组织者、控制者、协调者。

表18-2　社区内不同主体及其应急文化建设的主要角色作用

不同的具体主体	应急文化建设中的主要角色作用（按重要程度排列）
业主委员会	规划决策者、制度执行者、行动指挥者、行为控制者、建设监督者
社区居民（与家庭）	文化养育者、行为遵循者、建设参与者、制度执行者、决策参与者
物业管理公司	制度执行者、行动组织者、行为控制者、关系协调者、建设监督者

① [法]H. 法约尔：《工业管理与一般管理》，周安华等译，中国社会科学出版社1982年版，第46—122页。

② 所谓社会角色，是指人们在社会互动中形成的，与人们某种社会地位、身份相一致的一整套权利、义务的规范与行为方式。引自郑杭生：《社会学概论新修（第五版）》，中国人民大学出版社2019年版，第161页。

③ Parsons T, Shils E, *Toward a General Theory of Action*, MA Cambridge, Harvard University Press, 1951, pp67-69.

续表

不同的具体主体	应急文化建设中的主要角色作用（按重要程度排列）
当地政府及派出的居民委员会	规划决策者、行动指挥者、行动组织者、行为控制者、关系协调者
其他：志愿者、社区内企业等	建设参与者、建设投资者、建设协助者、关系协调者、文化养育者

3. 阶层性社会主体及其应急文化建设的基本角色

这里，以中国社会科学院陆学艺先生所划分的五个等级、十大阶层为阶层性主体，[①]并对他们在应急文化建设中所扮演的不同角色进行简要分析，如图18-8所示。

由于各个阶层成员在社会结构中所处的地位和身份不同，从而在应急文化建设中承担不同的社会角色，发挥不同的应急文化建设作用。相对而言，社会上层、中上层成员更多的是规划决策者、行动指挥者、行动组织者、行为控制者；部分中上层成员如经理人员阶层、私营企业主阶层更多的是建设投资者、建设协助者；中中层成员更多的是规划决策者、行为控制者、建设协助者、关系协调者、建设监督者、制度执行者、建设参与者、行为遵循者和文化养育者；个别中中层如个体工商户阶层是建设投资者；中下层、底层成员更多的是建设参与者、行为遵循者和文化养育者。

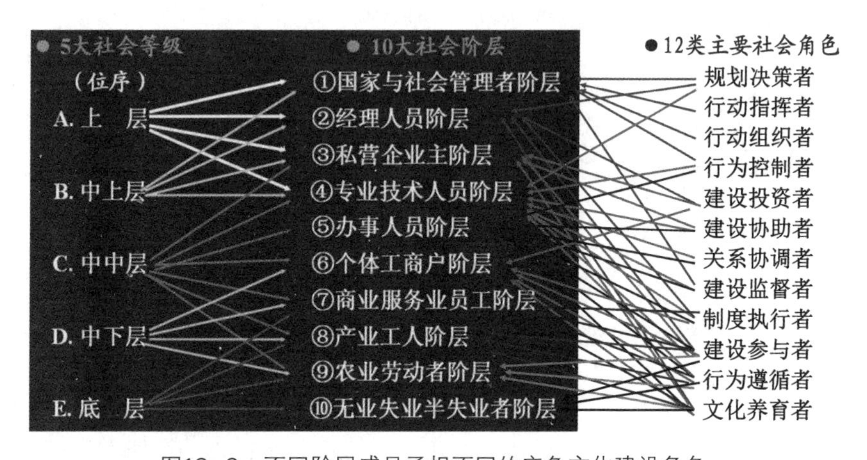

图18-8　不同阶层成员承担不同的应急文化建设角色

① 陆学艺：《当代中国社会阶层结构研究报告》，社会科学文献出版社2002年版，第8—10页。

(二)应急文化建设的社会机制

社会(建设)机制有很多类型，这里依循前述宏观社会系统“四位一体”的结构，将四个子系统具体分解为若干社会机制，以此分析这些社会机制在应急文化建设中的功能作用。在图18-9中，大体归纳为四个方面的12个具体机制；这12个机制又分别与社会化层面的个人内化机制与社会外控机制、制度性层面的鼓励指导性机制与惩戒禁止性机制发生联系，从而构成应急文化建设的社会机制体系，具体简析如下。

(1)经济类机制。应急文化建设需要外部经济投入机制、内在生产增值机制，还需要内外结合的孵化机制，如孕育应急文化产业基地，产出应急文化实物成果。这是应急文化适应社会应急需要的基础。当然，应急文化也需要经济处罚机制，比如应急信息误导、应急谣言或失信、应急产业恶性竞争等，需要采取经济处罚进行矫正，挽回损失。

(2)政治类机制。应急文化是以实现安全保障为目标的，但在应急文化建设和发展过程中，需要行政主导、法律保护、政策支持、民主促进这些来自外部的鼓励性、指导性机制。当然，在应急文化建设和发展进程中，也需要依法依规、行政惩罚，平抑恶性竞争，净化应急文化建设和发展的社会环境。

(3)社群类机制。这主要是指应急文化的聚合机制，应急文化建设和发展需要内部或外部的社会组织与政府平等合作、社会组织之间平等合作，需要内外

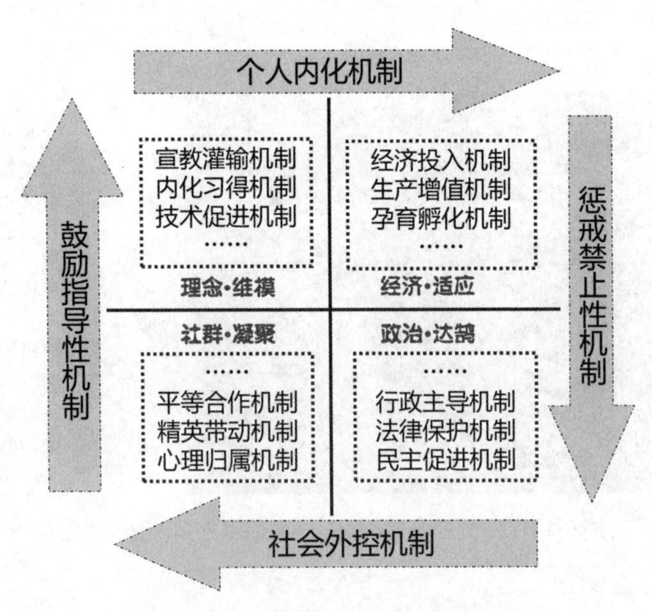

图18-9 应急文化建设的社会机制体系

部各类社会阶层精英（如学术精英、文化精英、政治精英、商业精英）带动和促进，需要内在的社会心理归属机制凝聚和营建应急文化共同体。

（4）理念类机制：这主要是指价值观指导和内化自律机制，包括外部宣传灌输、熏陶教育、知识科普机制，逐步内化于应急行动理念和行为规范；也包括自我内化习得应急文化机制（正向强化学习与反向强化学习机制）；尤其在现代社会，需要借助信息化技术、网络新媒体技术、融媒体技术、智慧智能技术促进应急文化建设和发展。

三、应急文化作用的机理与评价

应急文化在社会应灾过程中的功能作用如何体现出来？发挥作用的效果如何评价？这有一定的社会机理和评价维度。结合社会学的一些理论知识，归纳为四种作用机理和三类评价维度。

（一）应急文化作用机理分析

这里，借鉴相关研究分析，[①]从大、小、聚、散角度提炼出五种作用机理：社会力场效应（聚/小）、社会渗透效应（散/大）、社会扩散效应（散/大）、社会过滤效应（聚/小）、社会记忆效应（聚/大），相互关系构成如图18-10所示。

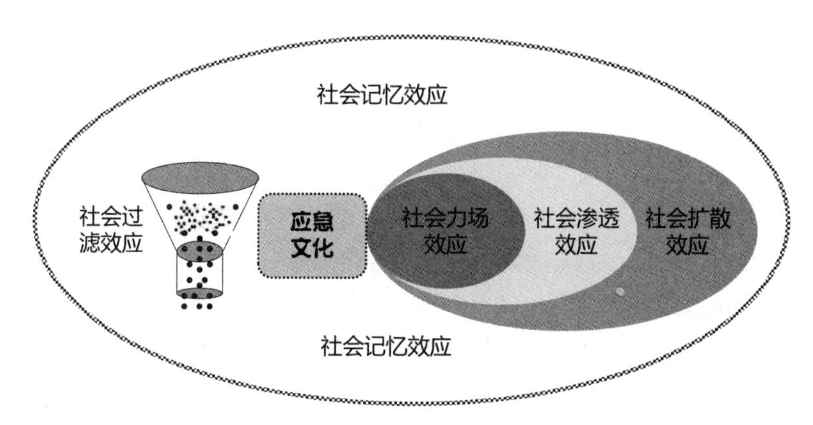

图18-10 应急文化作用（效应）机理类型

1. 社会力场效应

如同前文所言的应急社会心理力，所有文化现象一样，包括应急文化因为高度注意、高度敏感等特性，在功能作用上也会表现为一种社会力量、一种生产力，即应急文化力。这种文化力能够凝聚接受该类应急文化的社会人群，凝聚多种应

① 王秉、吴超：《安全文化学》，化学工业出版社2018年版，第130—144页。

急文化类型，从而产生一种“磁场效能”，形成一种规模效应，具有吸引力、聚合力、稳定力、控制力、穿透力、引导力、共识力等特性，从而对人们的应急管理和应急行动产生作用，我们称之为“力场效应”（或称场聚效应）。用数学公式简单表示：$S=\sum_{i=1}^{n}(k_1P_n+k_2C_n)$；其中，$S$为力场总量，$P_n$为参与的社会成员数量，$C_n$为应急文化种类数量，$k_1$、$k_2$分别为常量系数，$\sum$为社会成员聚合总量与应急文化聚合总量之和。

2. 社会渗透效应

文化具有潜移默化的渗透作用，无意中会受到熏陶。接触某种应急文化的社会成员，基本上都会将应急技能知识和规则内化为自身的行为习惯。这种内化机理是通过各种方式慢慢渗透到不同社会人群和成员中的。况且，应急文化具有对突发事件的高度注意力、强敏感性，这种渗透性的力度、强度和深度可能更大。用数学公式简单表示：$O= kN^t$；其中，O为渗透总规模量，N为社会成员数，t为幂指数（$t<1$），k为常量系数。

3. 社会扩散效应

文化就像一种商品广告，具有较强的扩散效应。应急文化因为具有突发应对功能，因而其扩散面积和规模更大、扩散速度更快、扩散强度和敏感度更强。应急文化的扩散方式不外乎两种：一种是正式的官方的文本模式扩散，另一种是非正式的非官方扩散，其扩散手段很多，如传统的纸质媒体、现代化信息网络、社会性的人传人（口口相传）等。扩散效应与渗透效应的区别在于：前者是公开的、快速的、效果明显的、规模化的，后者是潜隐的、效果不显性的、慢速的、规模不太明确的。数学公式与渗透效应差不多：$E=kN^t$；其中，E为扩散总规模量，N为社会成员数，t为幂指数（$t<1$），k为常量系数。

4. 社会过滤效应

人们平时可能接受大量的应急文化信息，但因为多种原因（因素），可能对文化知识技能和规则产生过滤作用。这些因素大体包括：信息本身的敏感性和可接受性、个人兴趣爱好、个人接受能力、信息传递媒介质量、信息传播手段、传播的社会环境、时间长短与频次、时间推移后的记忆等，归纳起来就是信息基质、心理能力、传播时间、传播环境四个方面的因素。人们基于这些因素，可能最后对应急文化产生择优性、遗忘性、疏忽性等过滤行为，残留下来的应急文化信息并不多，残留的基本上是具有自我偏好或重要有用的信息和知识，有些信息是普遍化的（大家都过滤下来），有的仅为个别或少数人拥有的。用数学公式简单表达即为：$F=k(X_1+X_2+\cdots+X_n)^{-t}$；其中，$F$是指过滤后的应急文化总量，$X_1$、$X_2$、$X_n$表示未经过滤的应急文化数，$-t$为负幂指数（$t<1$），$k$为常量系数。

5. 社会记忆效应

所有已经发生过的灾害或灾难尤其是大灾大难事实，乃至于古代灾难神话故事，都是人类社会的一种"历史事实"，都将通过媒体传播、政府宣化、历史口述等手段，在世世代代中扩散式或过滤式传承，成为不可磨灭的印记，从而形成一种集体性的灾难记忆。[①]这种灾难记忆的社会效应在于：一方面，因为灾难后果可怕，折磨生命，因而人们不愿意重蹈覆辙，不愿意遭遇这类经历；另一方面，人们在这种"惧怕记忆"中，学会了如何减灾防灾，记忆效应对于应急的预防功能不言而喻。

（二）应急文化作用考察评价

万物皆有尺度，应急文化建设和作用效应同样如此。考察应急文化作用的实际效果，需要相关组织依据一定的评价标准和方法、必要的评价程序等，进行科学合理的评价。

1. 应急文化作用效果的评价组织

一般来说，应急文化作用发挥如何，可通过三类组织开展评价：（1）主体自评。应急文化建设主体对实施效果进行内部评价反馈，并可以与后面两类组织评价进行对比，利于实施方案改进。（2）专家评价。或者称"第三方评价"，即邀请相关专家组成评价组。这类评价有利于避开熟人关系、建设主体等干扰，具有一定的科学性。（3）群众评价。这实际上是对应急文化作用的社会效应进行总体评价，这类评价最能检验应急文化作用的社会满意度。当然，这三类组织评价可以合并开展，对比评价结果，更能体现合理性。

2. 应急文化作用评价的主要标准

这大体有几类：（1）理性评价标准。即建立一套评价指标体系，对应急文化建设的投入与产出、成本与收益进行对比评价，考察应急文化建设的效能、效率。（2）公众评价标准。这是社会满意度评价、实际社会效益的评价，应急文化最终要通过群众是否满意来揭示其价值作用。（3）政法评价标准。就是对应急文化建设作用促进政治清明、民主回应、代表反馈等进行考察，考察其合理性；并对照法律法规，对其合法性、执法程度等进行考察。

3. 应急文化作用评价的基本程序

这大体包括三个步骤：（1）评价准备阶段。包括应急文化作用评价的对象确

---

① 李永祥：《灾害场景的解释逻辑、神话与文化记忆》，《青海民族研究》2016年第3期。

定、评价组织组建、评价方法选择、评价指标体系构建，以及内外各方关系协同。（2）评价实施阶段。主要包括对应急文化建设开展问卷调查、实地走访、资料获取与整理、案例分析与数据统计分析、调研报告和评估报告研撰等。（3）总结反馈阶段。主要通过召开现场会或评价反馈会议，对应急文化建设过程中的经验、不足进行总结分析，并提出修正意见、推广应用的社会政策和对策等。

四、中国未来应急文化发展思考①

（一）新时代应急文化建设面临新形势

党的十八大以来，中国社会主义现代化建设进入一个新时代。各种矛盾和风险、各种挑战和机遇并存，应急管理与应急文化面临新形势。

1. 从经济形势来看

中国经济中高速增长趋势对安全生产具有正向影响，事故发生率继续下行，对应急管理有向好的影响，同时应急文化建设的经济基础更加殷实；但产业结构变动趋势也将持续，信息化经济进一步强化，均对安全生产具有波动性、不确定性影响。

2. 从政治形势来看

安全、应急管理事业发展具有良好政治基础；民主政治、法治建设力度均在加大，同样对安全、应急事业发展具有正向作用。

3. 从文化形势来看

文化体制继续变革，文化产业持续加速发展，对安全应急事业具有重大促进作用；安全、应急科技进一步发展，应急科普工作持续加强，公众、员工安全应急素养进一步提升；媒体舆论场域变化进一步波动，对安全应急具有不确定性影响。

4. 从社会形势来看

公共卫生风险时刻存在。社会安全问题时有挑战。城市化继续加快发展、人口持续流动，安全风险持续加大，这对应急管理和应急文化建设具有重大挑战；中产阶层队伍继续壮大，社会结构持续变动，对安全、应急需求持续趋旺；但同时，社会民生事业（住房、医疗、教育、收入分配等）、社区和社会组织发展等对安全应急事业具有较好的促进作用。

---

① 颜烨：《新时代全国应急文化建设的社会系统论思考》，《未来与发展》2021年第2期。

5. 从生态环境来看

生态环境进一步改善，但自然灾害的发生概率具有不可控性，因而生态环境对应急事业的影响具有不确定性。

目前，从社会宏观系统内的结构关系来看，社会建设滞后于经济发展，成为当前时代的主要问题，[①]是新时代社会主要矛盾的基本反映，也是社会风险滋生的重要原因，是对新时代应急工作的考验。

与此同时，应急管理事业本身面临新问题。这一系统本身体制机制法制建设、人员规模、职能职责、应急管理效率等，与经济社会发展要求相适应，是应急文化建设与发展的重要条件。

（二）新时代应急文化建设的基本原则

新时代是实现中华民族伟大复兴的时代，社会主要矛盾已经发生转化为人民日益增长的美好生活需要和不平衡不充分的发展之间的矛盾。应急文化建设应该坚持如下原则：(1)坚持新时代中国特色社会主义现代化建设总体布局要求；(2)坚持以人为本、生命至上；(3)坚持预应并重、平战结合；(4)坚持制度先行、有序推进；(5)坚持服务大局、系统建设；(6)坚持结构优化、工作协同。这里具体不赘述。

（三）新时代应急文化建设的目标设想

1. 总体目标

对新时代全国应急文化建设与发展做出总体目标规划，即到21世纪中叶全国应急文化实现现代化，全民应急文化素质全面提升，促成全社会“安全文明”（使安全、应急成为一种社会文明）。

2. 阶段目标

又可分别称为短期、中期、长期目标，大体相应地分为三个建设与发展阶段。

第一阶段，“十四五”到“十五五”时期（2021—2030年），遵循制度先行原则，这一时期重点为“应急制度文化”全面完善阶段。全国性（中央相关部门领衔）、省（自治区、直辖市）、地市、县市、乡镇政府制定出相应的应急文化规划总体方案、管理体制机制法制基本完善；企业、社会组织、社区、村委会、学校、医院等均应有应急文化规划方案，管理机制基本完善；同时，应急物质文化建设持续加强，全民应急精神文化、行为文化建设有所改善。

① 陆学艺：《统筹经济社会协调发展是构建和谐社会的关键》，《中国社会科学院院报》2006年12月28日；陆学艺：《当代中国社会建设》，社会科学文献出版社2013年版，第5—8页。

第二阶段，“十六五”到“十七五”时期（2031—2040年），重点为“应急物质文化”全面完善阶段。各级各类政府、各类各级企业事业单位均应按照单位规模、人员规模、业务规模等，进行相应比重的应急文化投入、应急基本设备设施完善，全社会形成“全能式应急产业体系”；同时，应急制度文化不断修缮，应急精神文化、行为文化持续改善。

第三阶段，“十八五”到“十九五”时期（2041—2050年），重点为“应急精神文化”“应急行为文化”全面完善时期，政府、企事业单位、员工或居民的应急精神、应急行为得到全面提升和完善，应急科学与管理学科得到全面建设，最终促成全社会的安全文明。

（四）新时代应急文化建设的战略内容

新时代全国应急文化建设与发展的本质是：应急文化趋于现代化发展，即最终形成现代应急文化体系。从国家现代化发展形势来看，将全国应急文化现代化战略的具体内容分解为五个方面，如图18-11所示。

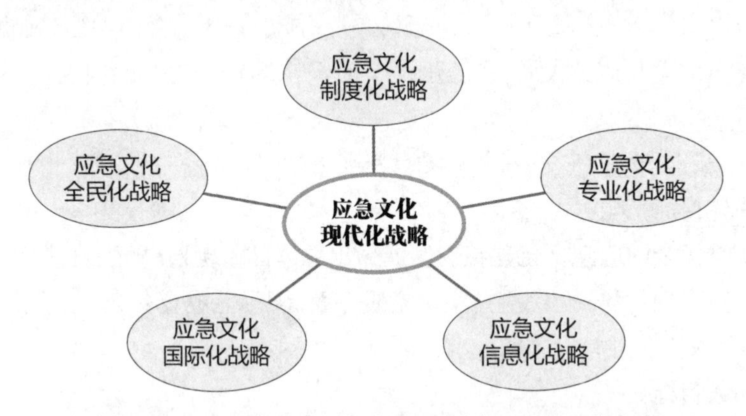

图18-11 应急文化建设与发展（现代化）战略具体内容

1. 应急文化制度化战略

制度是根本和基础。全国应急管理事业、应急指挥救援体系等开启历史并不长，应急文化建设更为滞后，因此制度先行是应急文化建设的首要战略任务。应急文化制度化，不仅是应急文化的法律法规等规章制度和标准、标识等，更是指政府层面的应急文化建设行政体制架构（如行政组织等），也包括政府、企业、社会三者之间的分工协同体系，甚至包括应急文化宣传教育、发展保障体制机制和体系。

2. 应急文化专业化战略

专业化战略是应急文化深度现代化和成熟的重要标志。它主要包括应急文化的专业知识体系、学科专业体系、专业教育机构、专业人才队伍（如专业师资队伍、理论专家队伍、应用专业人才等）、专业规划建设组织与队伍，以及专业化产业（应急文化产业化）、专业化职业（应急文化职业化）等。

3. 应急文化信息化战略

信息化是新一轮世界科技革命浪潮下各行各业加快现代化建设的核心要素，应急文化建设与发展也不例外。尤其在当下，应急文化建设要发挥人工智能（AI）、5G等先进技术植入系统的功能作用，加快应急事业大数据分析，促进应急文化高科技发展，即加快智慧化应急文化建设，不断提升应急文化全民普及的效率和效益。

4. 应急文化国际化战略

全国应急文化建设与发展也不是关起来开展，既要请进来，也要走出去，既要通过学习、借鉴、引进发达国家应急文化事业的先进做法和经验，也要将自己的先进理念和做法推向全球。在国际交流与碰撞中不断完善提升，达到保障人类安全的目的。

5. 应急文化全民化战略

应急文化制度化、专业化、信息化、国际化均是全民化的基础，最终是为了全民化，均要落实到全民应急自觉行动上来，是让全民内化先进理念、应急行为规范等，最终促进安全文明的形成。就中国目前而言，应急文化全民化的重点是应急城市化，即城市居民、城市规划、城市整体发展等均要强调应急文化建设理念和行动。因为城市是人口聚居区，应急任务更为繁重；而且，目前中国人口仍以每年1%的进城速度在流动，未来10年即2030年左右城市化率将达到70%，也是国家现代化基本实现的重要时期。

（五）应急文化建设近中期的重点任务

根据应急物质文化、精神文化、制度文化、行为文化，特将近中期（主要是“十四五”期间）全国应急文化建设的重点任务进行具体分解，如表18-3所示的归纳分类。

1. 完善应急制度文化建设

完善应急管理体制和法律法规建设，制订相关应急文化规划方案。核心包括应急（救援）指挥体系、管理体系、法律法规体系；同时结合国家应急管理部工作职责，要考虑制定近中期全国应急文化建设与发展规划方案、近中期三大区域（京津冀、长三角、粤港澳）应急文化建设与发展规划方案、近中期重点行业（煤矿、化工、建筑、交通、森林消防、洪涝、旱灾、地质灾害、雾霾）应急文化建设与发展规划方案。

表18-3 未来近中期中国应急文化建设与发展的重点任务设想

应急物质文化	应急行为文化	应急制度文化	应急精神文化
综合性的应急大学	"七进"科普教育活动	应急指挥体系	应急文化学理基础
国家安全应急研发基地	学术研讨、工程研发	应急管理体系	应急文化原则宗旨
学术研究物化成果	应急演练、故事开讲	应急法律法规体系	应急文化目标设想
教材手册/视频影视	应急专业毕业生宣誓	应急文化规划方案	正确舆情舆论理念
政府财政投入	社会群众参与应急	国家应急专业教育体系	……
常用设备设施/场所/装备	应急文化建设试点	应急文化评价指标体系	
公共紧急避难所	学术/实践成果评价	理论实践评价/奖惩机制	
应急博物馆、体验馆	应急符号/语言/姿势	各类应急文化标准完善	
应急文化示范点建设	媒体舆情宣传传播	应急文化试点方案	
通用型应急标识、服饰	应急文化月、应急文化万里行	社会参与应急条规颁布	
应急信息化与人工智能	公共疫情应急动员	……	
……	……		

开展不同行业的应急文化建设试点工作。针对煤矿、化工、交通、森林、消防、地质灾害、社区、医院、单位等重点行业，选取有代表性的单位，在3~5年内开展应急文化建设试点工作，取得经验，改进不足，逐步推广。

规范和完善全国通用型公共应急标识、符号、语言和手势姿势。结合各类行业标准、国际标准，整合、规范现有的公共通用型应急标识、符号、语言和手势姿势，征集、评选新的公共通用型应急标识、符号、语言和手势姿势；公共通用型应急标识逐步落实到具体行业、具体单位、具体场所、媒体传播，确保标识清晰可见、指引功能明显。

全国统一制定员工、社会参与应急事务及其演练的具体相关条规；必要时，组织社会和群众参与应急救援活动、应急管理事务。

适度推进应急文化标准化建设。应急文化建设要有一定标准，要分类型、有步骤地开展国家标准、行业标准、地方标准制定和颁布施行；应急标准建设不搞一哄而上，不能太多太滥，成熟一个颁布一个。

科学制定应急文化建设评价指标体系，为开评应急文化示范点奠定基础。评价指标体系仅作为事后测评，不宜作为事前控制指标推行考核。建立第三方评价机构，一般由学界专家、公务员代表、企业员工代表、媒体代表、公众代表组成评价机构。对于应急文化建设先进单位（组织）或个人适度进行鼓励，同时对应急文化建设滞后的单位（组织）适当进行谈话提醒和批评。为“十五五”时期开展评选应急文化示范点（示范城市、示范社区、示范村庄、示范场所、示范单位、示范组织、示范学校等）工作奠定基础。

2. 促推应急物质文化建设

组建综合性的应急（管理）大学；开辟国家安全应急科技研发基地；借助教育部交叉学科门类设立规范和完善（安全）应急人才培养与专业教育体系；整合应急管理部、卫生健康委、公安部下属的相关高校、相关科研院所，分别培养专科、本科、研究生（硕士、博士）层次高素质人才，开展应急专业毕业生宣誓行动以提升职业操守，同时开展应急培训和科学技术研究开发，完善（安全）应急教育体系；盘活现有基础，集聚教学—科研—培训—服务的一体化基地，从而夯实安全应急科技文化、安全应急管理文化的理论基础、研究基础和教育基础。

开展应急管理、应急文化学术活动与信息化等工程技术研发。鼓励高校或科研院所开展应急管理、应急救援、应急文化的学术研讨活动，重点开展国际学术研讨会，促进中外经验交流；创新出版一批应急学科学术专著；评选奖励应急科研项目；有针对性地支持（资助）一批应急文化研究项目和应急文化信息化系统等工程技术支撑项目。

加大财政支持力度，强化应急物质文化建设。针对重点行业、重点社区、重点单位、重点场所等，将应急物质投入在政府年度财政预算中列支；相关地点、相关活动配齐常用应急设备设施和应急装备；应急执法人员统一制作穿戴通用应急服饰；完善公共紧急避难所；选取基础较好的地点，投资兴建大中型安全应急博物馆、体验馆、文化馆和宣教互联网站等。

3. 加强应急行为文化培育

开展应急文化“七进”教育科普活动。继续开展安全文化、应急文化“七进”教育活动（进学校、进机关、进企业、进社区、进家庭、进网络、进场所），促进应急科普事业；统一开发必要的幼儿园和大中小学教材、视频、课件和影视作品、纪录片和宣传片、宣传手册等；重点确立相关高校或科研院所开展应急文化教育培训及教材研发；针对不同人群，制订方案开展应急演练的行为文化教育；开展“讲好中国应急救援故事”的教育活动。

完善宣传引导机制，引导和指导媒体的应急舆论传播。媒体对应急管理、应急救援的舆论传播，是应急文化建设的重要一环；开发应用官方应急App软件、微信公众号、人工智能等；始终坚持对媒体应急舆论阵地的领导权不放松，有针对性地引导和指导各类媒体开展应急舆论传播，传播正确应急舆情、观念、知识和方针政策，抑制和打击应急谣言、恐慌言行、粗制滥造应急知识技能；依法查处一批应急舆情造谣滋事的大案要案。

连同“安全生产月”“安全生产万里行”活动一起，有针对性地开展“应急文化月”“应急文化万里行”活动。

4. 促进应急精神文化培育

应急精神文化也即应急价值文化，是应急文化的最内核，重在长期培育。其培育方式主要是通过各类宣传、教育和科普手段进行灌输和潜移默化。其主要内容包括：适合地区或行业的应急管理和救援的精神理念、主流应急文化的原则宗旨、应急的理想和目标价值、正确的应急舆情引导和理念树立等。

第十九章

社会系统与应急

在社会学上，社会系统是一种具有统领性的秩序，是社会结构及其功能的基本领域。社会的进步，很大程度上是社会系统的整体进步。应急管理可以作为一个具体的社会系统来看待，同样涉及社会系统的结构要素；应急社会行动生成应急社会结构，应急社会结构必然生成应急社会系统或本身就镶嵌于应急社会系统上。因此，应急管控与社会系统的协同，是内在要求，也是外在需要。基于社会系统论开展社会应急能力评价，具有一定的合理性和可操作性。但是，系统毕竟是静态的，社会场域论的兴起，必然突破这种静态机械性分析，从而使应急本身更具空灵性和动态性，即使应急场域的研究成为可能。

第一节　应急管控与常态社会系统的协同

一、分析视角：社会系统理论及其发展

其实，从第十章开始到本章，本书就一直没有脱离社会系统论的分析，有几章还专门从社会系统论角度构建了不同主体的应急能力体系。尽管本书不是帕森斯社会系统经典思想的延续，但的确是借用了他的结构功能主义思想，从而衍变为三大主体、四大子系统的社会系统架构。这方面笔者在《安全社会学（第二版）》中有了较多阐述。[①]但是一些学者认为，除了帕森斯的分水岭意义，在社会学上还有其他很多系统论思想，比如斯宾塞的社会有机体理论、哈贝马斯的系统论、卢曼的系统论等。中国也有关于社会系统论的探索。

（一）中国社会系统理论的探索

1. 新中国成立之前的探索

在中国，早在20世纪初，孙中山先生在《建国方略》一书中初步提出四大领

① 颜烨：《安全社会学（第二版）》，中国政法大学出版社2013年版，第266—272页。

域即心理建设（相当于文化建设）、物质建设（相当于经济建设）、社会建设、国家建设（相当于政治建设）。[1]在这里，他将1917年撰写的《民权初步（社会建设）》收录《建国方略》。这应该是比较早地从国家系统角度进行的探索。1933年，中国社会学家孙本文创立《社会建设》刊物，次年撰写的《社会学原理（下册）》一书的最后一章中专门写了一节《社会建设与社会指导》。[2]这是中国早期智慧贤达人士的探索。

1940年毛泽东发表的《论联合政府》提出社会主义政治建设、经济建设、文化建设三大方面，此后党的文献一直沿此进行决策。这里面包含从苏俄转译的马克思的政治经济学的思想，即所谓“经济是基础，政治是集中”的思想。

2. 改革以来执政党的探索

1982年，党的十二大报告提出“社会主义民主要扩展到政治生活、经济生活、文化生活和社会生活的各个方面”，即从民主政治角度谈到“社会生活”（社会民主生活）。

1987年，党的十三大报告提到社会主义初级阶段“是通过改革和探索，建立和发展充满活力的社会主义经济、政治、文化体制的阶段”；指出要加强“国家的政治生活、经济生活和社会生活的各个方面”的法制建设，认为政治体制还“不适应在和平条件下进行经济、政治、文化等多方面的现代化建设”；在谈及初级阶段党的基本路线时提到“为把我国建设成为富强、民主、文明的社会主义现代化国家而奋斗”，其中就是指经济富强、政治民主、文化文明三方面。

1997年，党的十五大报告提出“建设有中国特色社会主义的经济、政治、文化的基本目标和基本政策，有机统一，不可分割，构成党在社会主义初级阶段的基本纲领”。

2002年，党的十六大提出，还要用18年的时间全面建设小康社会，使“经济更加发展，民主更加健全，科教更加进步，社会更加和谐，人民生活更加殷实”，其中提到“社会更加和谐”。2004年，党的十六届四中全会决定首次提出“构建社会主义和谐社会”和“加强社会建设和管理”的概念。随着我国经济社会的不断发展，中国特色社会主义事业的总体布局，更加明确地由社会主义经济建设、政治建设、文化建设三位一体发展为社会主义经济建设、政治建设、文化建设、社会建设四位一体。2006年，党的十六届六中全会决定明确提出要“推动社会建设和经济建设、政治建设、文化建设协调发展”，“为把我国建设成为富强民主文

---

① 孙中山：《建国方略》，华夏出版社2002年版，第300—301页。
② 孙本文：《社会学原理（下册）》，台湾商务印书馆1974年版，第244页。

明和谐的社会主义现代化国家而奋斗”，其中首次在战略目标中加入社会建设层面的“和谐”一词。

2007年，党的十七大报告提出“要按照中国特色社会主义事业总体布局，全面推进经济建设、政治建设、文化建设、社会建设，促进现代化建设各个环节、各个方面相协调”，并将此“四位一体”写入党章总纲；同时报告初步提出“建设生态文明”。2009年，党的十七届四中全会决定提出“全面推进社会主义经济建设、政治建设、文化建设、社会建设以及生态文明建设”。

2012年，党的十八大报告明确提出“全面落实经济建设、政治建设、文化建设、社会建设、生态文明建设五位一体总体布局，促进现代化建设各方面相协调”。

2017年，党的十九大报告再次明确“五位一体”，提出“统筹推进经济建设、政治建设、文化建设、社会建设、生态文明建设”，“把我国建成富强民主文明和谐美丽的社会主义现代化强国”，其中战略目标中首次加入生态文明层面的“美丽”一词。

从上述演进路径来看，党对中国特色社会主体现代化事业总体布局（即宏观社会系统）的认识，是基于国际国内形势发展，从“三位一体”（经济、政治、文化）逐步深入推进到“四位一体”（经济、政治、文化、社会）、“五位一体”（经济、政治、文化、社会、生态文明）的。

3. 新时代社会学者的探索

新一代中国社会学家对于社会系统理论的研究，多承袭西方系统论思想，但在改革开放以来有一定的变通性探索，如陆学艺、郑杭生等基于中共关于中国特色社会主义现代化事业总体布局的系统论的新探索。笔者曾是陆学艺先生课题组的主要成员，主笔起草《当代中国社会建设》一书的总报告。①

陆学艺等认为，和谐社会中的“社会”与社会建设中的“社会”，虽然是同一个词，但含义不同。“社会”一词大体有三层含义：一是“大社会”概念，即等同于国家整体，也相当于社会学家帕森斯意义的大社会系统，内在地包含经济子系统、社会（生活）子系统、政治子系统、文化子系统四大部分。二是从二分法看，“社会”是一个“中社会”概念，如“国民经济和社会发展规划”，即把经济发展之外的领域都归为社会发展。三是专属意义上的社会，是“小社会”，是与经济、政治、文化、科技等并论的社会，如“四位一体”中的社会建设。社会主义和谐社

① 陆学艺：《当代中国社会建设》，社会科学文献出版社2013年版，第1—17页。

会中的“社会”是大社会，是第一种意义上的社会；社会建设中的“社会”是小社会，是第三种含义的社会[①]，即社会学上所指的社会子系统（有时候我们用“社群”子系统）。在位序上，社会建设应该位于四大建设中的“第二位”，起着承前启后的作用，而且偏重点与其他三大建设不同。“经济报喜，社会报忧”，社会建设滞后于经济建设大约15年，经济社会发展不协调已成为改革以来最大的问题；[②]从世界发达国家的实践来看，经济发展到一定程度后，必须加快社会建设，目前中国即已进入“经济建设为中心，社会建设为重点”的阶段。

郑杭生等吸取社会有机体理论思想，认为社会有机体论强调社会的整体性、联系性和变化的内在性；但是，马克思主义的社会有机体论与西方社会学家的社会有机体论有着本质区别，[③]是科学的社会理论，是社会建设各种相关理论的重要基础。社会有机系统整体可分为经济、政治、社会生活、思想文化、生态环境等子系统，每个社会部分、每种社会活动是紧密相连的，其中一个部分、一种活动的变化，会引起其他部分、其他活动的变化，它们之间既对立统一又对立矛盾。其中，经济于系统是社会的物质生产方式，是社会存在的基础，是社会发展的决定力量；政治于系统是经济的集中表现，是上层建筑的重要组成部分，最本质的是国家政权机构；社会生活于系统涉及政治、经济以外的广泛社会活动领域，决定并受制于经济系统；思想文化于系统的核心是价值观和理想信念，是社会存在的主观反映，具有独立性但又受到经济系统等的制约；生态环境子系统则是人类活动的“舞台”，与人类社会协同发展，同时又制约人类活动。它们特别强调经济基础上各大子系统的协同发展，社会有机体的结构日趋复杂、分工日趋细密、协调难度日益加大。[④]

（二）西方社会系统理论及发展

1. 早期思想代表

斯宾塞的社会系统论，其实就是将社会类比为一个生物有机体，认为社会这种有机体也是一个从低级到高级、从简单到复杂的不断进化的系统。这是社会学早期的社会系统论思想。从涂尔干（迪尔凯姆）开始，社会系统论就特别强调系统的功能作用，因而他的重点是探索社会内聚力，即探索在社会环境不断变化的条件下，依靠什么“社会事实”来满足这种凝聚的需要，后来他认为有两种机制即

---

① 陆学艺：《关于社会建设的理论与实践》，《国家行政学院学报》2008年第2期。

② 陆学艺：《当代中国社会结构》，社会科学文献出版社2010年版，第3页。

③ 郑杭生、李强等：《社会运行导论：有中国特色的社会学基本理论的一种探索》，中国人民大学出版社1993年版，第3—13页。

④ 郑杭生：《社会学概论新修（第四版）》，中国人民大学出版社2013年版，第466—468页。

“机械团结”和“有机团结”，后者在现代工业社会起着重要的凝聚作用。①

2. 现代奠基理论

到了帕森斯，基本上就是系统地建构了一种非常宏大的社会系统论。早期的社会系统思想注重文化、社会、人格三个子系统，强调社会化机制对三者的整合，关注社会系统的静态均衡；这类思想主要体现在其专著《社会行动的结构》（1937）、《社会系统论》（1951）中。到了后来，帕森斯与贝尔斯、希尔斯等合作，逐渐融入功能强制性，从而使其系统论演化为包括行为有机体在内的系统，构成文化子系统执行维模功能（L）、社会子系统执行整合功能（I）、人格子系统执行达鹄功能（G）、有机体子系统执行适应功能（A）的宏大系统，并吸取斯宾塞、涂尔干的进化思想，强调系统分化机制对于进化的重要性；而且每个子系统又内在地包含上述各类子系统及其功能，依次细分循环下去。这类思想体现在其与斯梅尔瑟的合著《经济与社会》（1956）中。②

3. 理论当代发展

卢曼的社会系统论是对帕森斯系统论的批判性继承。他认为，为避免系统与环境相混淆，社会系统必须发展出一些机制，包括时间维度、物质维度和符号维度；其中符号沟通机制相当重要；沟通媒介联结反射性（监控和调节自身行动）以及反射性的自我主体化。从功能机制角度看，降低系统复杂性在于个体之间有意义的关联，涉及互动子系统、组织子系统和社会子系统（综合的系统）。系统进化就在于系统不断地分化、整合和冲突，涉及媒介沟通过程的变异、选择和稳定三类机制。③

卢曼早期跟随帕森斯学习，后与哈贝马斯有过合作，因而他的系统理论因袭了帕森斯的成分，他的系统沟通机制理论与哈贝马斯的“系统—生活世界”的沟通论有异曲同工之妙。哈贝马斯在分析西方社会理性化（现代化）发展进程中，着眼于对个人意义的生活世界（私人或公域）所涉及的文化、社会和人格三种结构的困境进行反思，认为这些困境主要源于系统理性化对生活世界的“殖民化”，即市场化制度或行政组织对人们生活世界的压控，尤其是金钱市场和权力两种媒介的压控，因而现代商洽沟通机制对于协调两者的关系成为必要机制。④

西方社会学关于社会系统理论的研究非常多，几乎每个社会学大师都涉及，

---

① ［澳］马尔科姆·沃特斯：《现代社会学理论（第二版）》，杨善华等译，华夏出版社2000年版，第143—149页。
② ［美］乔纳森·特纳：《社会学理论的结构（第六版上）》，邱泽奇等译，华夏出版社2001年版，第30—44页。
③ ［美］乔纳森·特纳：《社会学理论的结构（第六版上）》，邱泽奇等译，华夏出版社2001年版，第63—80页。
④ 杨善华：《当代西方社会学理论》，北京大学出版社1999年版，第182—209页。

如早期的马克思、马克斯·韦伯，还有当代的吉登斯、布迪厄（后述其场域论有时候也被认为是一种系统论）等。上述研究是比较典型的代表，其中帕森斯的系统论仍然具有奠基性的核心意义。

从上面分析来看，帕森斯的社会系统论（结构功能主义）思想和马克思主义的社会有机体论思想，始终占据社会系统理论领域的主流，这对应急管理来说是核心的系统论指导思想。在社会建设理论中，社会建设同其他三大建设一样，涉及政府、市场、社会三大主体，各大主体在其中起着不同的作用。相比较而言，经济建设是以市场为主体（企业）、政府为主导、社会为补充的；社会建设是以社会为主体（公民组织）、政府为主导、市场为补充的。[①]至于“生态文明建设”，正如中共十八大报告所阐述的那样，“把生态文明建设放在突出地位，融入经济建设、政治建设、文化建设、社会建设各方面和全过程，努力建设美丽中国，实现中华民族永续发展”。也就是说，生态文明建设子系统是渗透在其他四个子系统中的，主要以其他四个子系统的现代化建设为主。

二、应急与常态社会系统协同的必要性

（一）应急与常态系统嵌合或转换的机理

如前所言，应急管理作为一个具体社会系统，同样内在地涉及应急经济、应急政治、应急社会、应急文化四个子系统，涉及政府应急、企业应急、社会应急三大主体行动和能力的内在协同，也涉及外在的应急生态子系统；与常态的社会系统运行机理基本相似。其中，应急管理四个环节中，应急响应环节具有非常规性；其他三个环节与常态社会系统的建设大体差不多，只是强调围绕突发事件“事发时”为中心，来盘活各类子系统的资源。应急管理系统与常态社会系统两者的关系大体可以表述为图19-1所示的关系。这也可以视为一种“应急环节—常态系统”的分析框架和运行机理。

1. 常态背景下的嵌合

在日常常态化运行中，应急管理系统及其各个子系统（减灾准备和恢复重建阶段的应急系统）是嵌入常态社会系统及其建设之中的。在常态背景下，主要是通过政府、企业、社会的各种投入和互动磨合，为因应突发急需时而开展日常的减灾预防、应急准备，以及在灾后逐步开展恢复重建和善济工作。

① 颜烨等：《社会建设与经济建设的比较及其启示》，《长白学刊》2012年第1期。

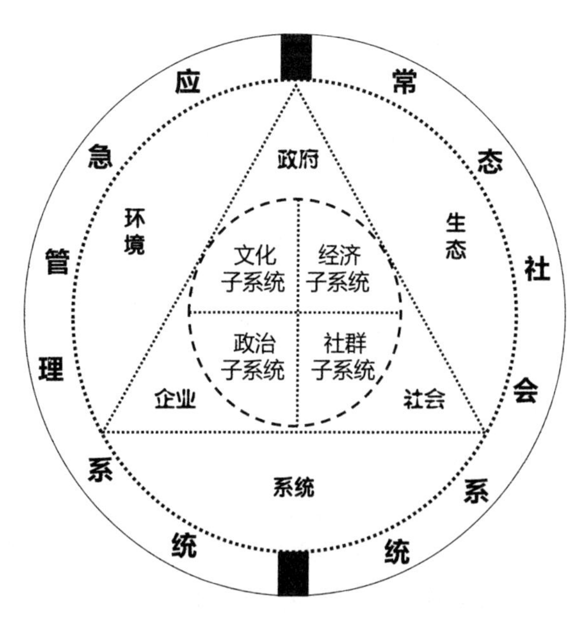

图19-1　应急管理系统与常态社会系统共同运行机理

2. 应急状态下的转换

当突发事件来袭时，常态社会系统及其各个子系统、几大主体力量迅速转换身份进入应急状态，从而成为应急管理系统的组成部分；两者在一定条件下是相互嵌合的，但应急管理系统的功能在于：一是为保全人们的生命财产安全，二是恢复社会的生产生活原态（即常态社会系统修复）。

（二）过度或匮欠应急管控行为诱致失调

应急管控失当，则会破坏应急管理系统与常态社会系统嵌合的基质，从而导致该有的正常生产生活失序、社会系统的功能紊乱，引发诸多再发风险、应急低效难治等问题，因而必须考量应急管控的“合理限度”。所谓“应急管控失当”，就是指政府或社会采取的应急管控手段和方式不科学、不合理或缺乏先进的系统理念，从而导致应急管控时间、空间、资源等的使用与突发事件实际客观后果不相称的问题。因而它会存在两种现象，我们称为过度或匮欠应急管控。一般来说，应急管控与突发事件客观负面后果之间，各种准备或行动应该是略有冗余。

1. 过度应急管控及其后果

所谓“过度应急管控”，即是政府或社会采取粗放式的、非科学和非人性化的方法或手段，使得管控时间、空间、资源等的使用超出突发事件实际负面后果，且与常态社会系统缺乏嵌合性，从而导致过度消耗的一种管控方式。“风险放大效应”的结果是浪费人财物。有些突发事件严重后果逐渐消退之后，就应该逐步放开生产、交通和市场等，否则影响经济增长。

2. 匮欠应急管控及其后果

“匮欠应急管控”则相反，它是指政府或社会采取应急管控的方法或手段，在时间、空间、资源等的使用上，不足以充分应对突发事件实际后果，且与常态社会系统缺乏嵌合性，从而导致事态扩大的一种管控方式。其做法有时防控不力，放任自流；其后果是不能高效恢复事态原样，使得突发事件处置时间延续、拉长，后果可能继续扩大。比如有些时候对重大突发事件预报预警不力，应急响应救援不及时，应急物资供应短缺，其后果相当严重，历史上均有案例教训。

（三）规避同质或异质再发风险亟须协同

如前面有关章节分析，突发灾难事件很容易导致次生灾难和社会衍生事件，[①]还有一种残余风险事故。次生灾难一般是指因灾而连续性致灾，如公共安全事故、生产过程事故、重大环境污染等灾难，都有可能具有时空上的连续性。衍生事件一般是指因灾生发出一种社会性安全事件，如因自然灾害衍生出公众激愤群聚事件等；残余风险事故一般是指原有事故潜在风险没有消除，前一波事故之后发生的连续性风险灾变。这些我们均称为“再发风险”（recurrence risk），与前一次（前一种）事故或事件有同质性的，也有异质性。

1. 同质性再发风险

所谓同质性再发风险，就是指同一性质事件（事故）接连发生。如煤矿瓦斯爆炸后，由于施救不当，可能导致再度发生次生瓦斯事故；再如土地拆迁导致村民与开发商冲突，如不及时处置或处置不当，就会引发更大的社会群体事件。

2. 异质性再发风险

所谓异质性再发风险，就是指某一起突发事件引发另一起与之性质不同的突发事件。如有些化工厂、矿山等行业，因为需要业务连续性作业才能保证机器正常运转，一旦因重大公共卫生事件等停工，干干停停使得设备系统处于过渡状态，机器零部件容易出现生锈、漏电、冒火等隐患，开工前不检修或检修不到位，就会引发事故；有的企业为了防疫抗洪，危化品仓库超量库存，也容易导致事故。

---

① 许燕：《后灾难时代的涟漪效应与社会心理应对》，搜狐网，https://www.sohu.com/a/399919751_260616，2020-06-05。

（四）保障基本的生产生活亟须系统协同

所谓基本的生产生活保障问题，是指本该可以恢复的日常性生产生活，但因常态系统与应急系统协同失败，或者过度或匮欠应急管控，导致正常生产生活的社会基础丧失而“可能”崩溃。

1. 基本的生产保障亟须协同

因某种灾难应急控制导致生产性经济衰退的情况也很多，如因不同灾种，有的企业停产停工，有的农作物歉收等，这就亟须协同。

2. 日常的生活保障亟须协同

因某种灾难导致居民基本的、日常的生活保障乏力的情况也很多。比如，重大瘟疫防控期间，生活物资供应缺乏，就业困难、买菜、购物困难乃至家庭生活矛盾等；又如突发城市大面积停电，民宅无电可用，无水可饮等，导致居民生活大受影响。这些都亟须协同处理。

三、应急与常态社会系统有效协同方式

所谓协同（synergetics），按照《说文解字》等的解释，就是指两个或两个以上的不同主体（包括个人主体和集合主体），协调一致地完成某一目标的过程或能力；类似的概念还有协和、同步、和谐、协调、协作、合作等；其基本要义大概是：分工协作、协调配合，求同存异、取长补短，相辅相成，兼容并蓄、优化集成，统筹兼顾、合理配置，动态平衡、永续发展，[①]从而使混乱无序到均衡有序。协同系统，就是指由许多子系统组成的、能以自组织方式，形成宏观的空间、时间或功能有序结构的开放系统。[②]这里，主要从系统论角度来谈如何确保应急与常态系统的协同。简要绘制成图19-2，结合应急管理四个环节来表达两个系统之间的协同治理。

① 涂序彦、韩力群、马忠贵：《协调学》，科学出版社2012年版，前言。

② 协调学，360百科网，https://baike.so.com/doc/6535810-6749548.html。

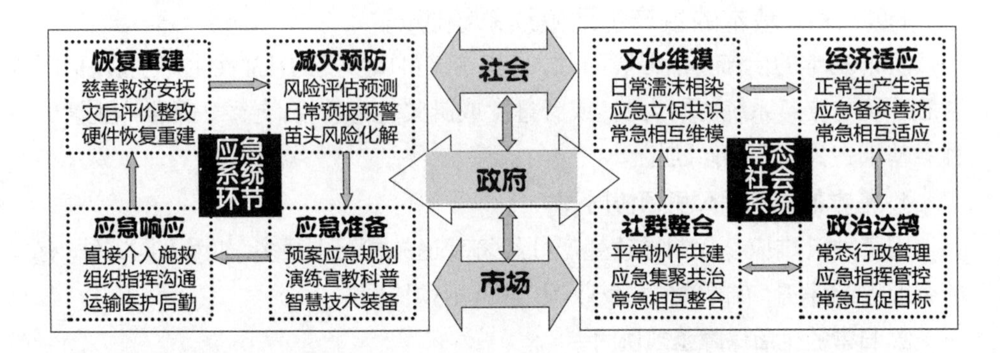

图19-2　基于社会系统论与应急环节的两大系统协同模式

（一）理念先进：有效协同在于精细治理

目前流行一种精细化的社会治理方法和技术，实际上是系统的精细化治理。精细化治理思想源于日本丰田生产系统（TPS）的丰田主义生产哲学：丰田公司长期以来奉行精细化生产方式（lean manufacturing, lean production），即一种系统性的生产方法，其目标在于减少生产过程中的无益浪费，为终端消费者创造经济价值（核心是用最少的工作去创造价值）。[①]

就应急管理来讲，就是如何确保突发事件应急背景下，应急事务与日常正常社会系统合理协同，即既要有效应急，社会生产生活系统又要正常运行，那就是俗话说的亟须"对症下药"。国内学者通常将这种精细化治理方式或特征归纳为：理念先进性、主体多元化、手段专业化、流程精密性、资源集约性[②]，或应再加上系统嵌合性、规则法治化等。在应急系统与常态系统协同的顶层设计上，亟须着重融入这一精细化治理的先进理念。当然，因为应急行动面对的是突发事件，其风险演化非常复杂，因而还得因时因地协同资源和力量，体现纲领性与灵活性的结合。

（二）多元互动：系统三大主体有效协同

应急管理和社会系统的主体均是政府、社会、市场三大力量，当然可以继续细分为不同主体，如大政府力量可细分为执政党部门、行政部门、军事、司法部门等，社会力量包括社会组织、社区、民众、专家系统等，市场力量可分为企业、金融机构、交易机构等。主体多元，对于应急的协同既有优势也有劣势，需要化劣势

① 丰田精益生产及丰田的TPS系统，（汽车百科）汽车制造网，https://www.auto-made.com/baike/show-211.html。

② 陆志孟、于立平：《提升社会治理精细化水平的目标导向与路径分析》，《领导科学》2014年第13期；赵敏：《如何提升社会治理精细化水平》，《人民论坛》2018年第9期。

为优势。

1. 主体多元协同的优势

一方面，平常状态下，各司其职，各谋其利，各安其分，各守其责，盘活资源，营建基础，各谋发展；另一方面，应急全过程有利于汇聚各种力量：政府出策（组织指挥）、专家出智（出谋划策）、企业出资（捐赠资助）、社会出力（聚力施救）。

2. 主体多元协同的劣势

每个社会主体都是利益主体，都有自身的利益需求和基本权利。政府的利益在于实施有效管理，驾驭全局，树立威信；企业的利益在于实现自身利润、滚动发展；社会的利益在于确保权利、谋求自我发展。应急管控一般由政府牵头组织指挥，一旦匮欠失控，则招致社会和企业骂声四起，丧失威信；一旦过度管控，企业、社会受到钳制，则有怨气；政府合理管控，企业、社会也会出现违法生产、违规活动等现象，同样招致冲突。

3. 亟须化劣势为优势

化劣势为优势达至有效协同的措施在于：一是针对突发事件应急的难易情况，合理设计应急时限和资源用度；二是各大主体根据突发事件具体情况，确立受灾区域的统一行动和社会参与行动；三是依法应急，以法服人，违法违规从严论处；四是最根本的，根据突发事件应急事务，形成应急防控共识。

（三）系统嵌合：两部分子系统有效协同

1. 经济子系统的嵌合性与功能

在常态背景下，经济系统主要满足居民和社会的基本生产生活需求，以使居民适应社会发展需要；同时为应急管理各个环节提供物质（智慧装备技术）生产条件和经济基础。在突发事件来袭的应急响应和灾中救援期间，受灾区域的经济生产一般为应灾而停工停产，但为应急必需的生产还得继续，即边救灾（边防控）边生产（如防疫的口罩或消毒液生产等），而且，灾民日常的生活供应（肉食或蔬菜等）的生产不能中断。

2. 政治子系统的嵌合性与功能

政治子系统在常态下执行整个社会总目标的实现功能，通过立法、执法、纪律、规则等制度方式，带动整个系统达到一定目标；同时为应急管理各个环节促成制度的、组织的、配置方式的（如一案三制）等基础铺垫。一遇突发事件来袭，政治系统根据灾情自动启动应急指挥系统（指挥部组织体系和应急政策启动）。在这个时候，政治子系统最主要的功能是根据灾情，依法依规合理设置应急等级、资源调配程序，以及组织相关生产组织、社会组织参与应灾行动；但同时还得考虑应灾救急过程中基本生产生活供应不间断的问题。

3. 社群子系统的嵌合性与功能

社群子系统（包括社区、社会组织、公众等）平常主要是依各自的社会利益需求，不断建设和发展自我，不断联结各种社会关系，盘活各种社会资源，促成社会有机整合，并为凝聚各方社会力量，日常组织开展风险评价和预报预警、资源准备、应急演练、应急科普宣教等。一旦遇到突发事件，这种整合功能立即转移到应急救灾和灾后恢复重建中来。但是即便这时候救灾，一些社会力量也还有自在性发展的那部分利益需要得到满足，因而需要有效协同。

4. 文化子系统的嵌合性与功能

无论是日常社会运行或减灾预防和应急准备，还是应急响应和恢复重建，文化子系统的基本功能是延续民族文化地域文化的传统价值理念，在常态社会建设与应急管控中凝聚力量、形成共识。尤其在救灾过程中，如何通过多种方式和手段（如应急舆情传播），发挥应急共识、彰显救死扶伤的人伦价值作用更为重要；但在这一过程中，还得维护整体社会秩序，不能因灾而乱。这本身即是文化子系统的必要协同。

（四）时空契合：手段流程资源规则优化

为什么要特别提到时空契合的协同呢？因为从既往应急响应和防控实践文本来看，时空不契合造成的应急系统与常态系统脱节、诱致再发风险或资源浪费的问题非常突出。其实，从时空角度来看，有两种突发事件：常态的突发事件与非常态的突发事件。常态突发事件（如雨雪天气、洪涝灾害等），发生概率较大，具有季节性或常发性，但具体突发时间不确定，也称为“灰犀牛”事件；非常态突发事件，如矿难、新型传染病、暴恐袭击、几十年甚至几百年难遇的自然灾害等，突发时间且突发空间（地点）均不确定，也称为“黑天鹅”事件。[①]非常态突发事件一旦时间拉长，就有可能转为常态突发事件。因此，把握时空结构，依法依规，优化流程，促使基本民生与突发急需的资源调配有效协同非常重要。[②]

1. 运用专业化的协同手段

应急与常态系统的有效协同治理，必须考虑手段专业化，否则会事倍功半。在现代社会，最主要的是利用信息化技术、大数据分析、人工智能技术、仿真技术等开展各个应急环节的匹配与敷设。在突发应急与常态应急时，人们运用这些

① 童星：《兼具常态与非常态的应急管理》，《广州大学学报（社会科学版）》2020年第2期。

② 严新明、童星：《社会时空观视角下的疫情防控与经济民生》，《社会科学研究》2021年第1期。

手段去捕捉风险点分布、风险演化时段变化特征，从而为有效调配人力、财力、物力、智慧资源和社会参与奠定基础，避免“眉毛胡子一把抓”和“一刀切”。

2. 采取精密的协同流程

无论是非常态应急还是常态背景下应急，与常态社会系统的协同都要确保流程精密化制定和施行。这个难度比较大，尤其是非常态突发事件应急，几乎没有经验可依循；但仍然要借助现代化的专业手段，不断模拟演示，尽量确保流程精密化。如大灾大难期间，要根据情况或时空差异，不断调整风险等级，避免匮欠防控不到位而引发疫情扩大，避免过度防控导致企业生存困难、员工收入下降和整体经济滑坡。

3. 确保共享性的资源配置

任何资源都有限。协调治理的资源集约化，即精准针对不同灾情的时空部位和具体人员对象，有的放矢，集约和共享人力、财力、物力、技术、社会资源，目的是避免应急防控资源匮欠与过度浪费两种情况的出现。如前所述，既不能对灾情风险等级漠视不顾，不进行资源投入；也不能过度防控和管制，漫无目的地滥施滥用防灾抗灾资源。与此同时，还得调配其他人财物资源确保正常生产和生活必需品供应，不能一窝蜂地全来应急救灾。也就是说，资源集约本身包含资源合理调配，必要的时候，可开展量化的仿真模型实验。

4. 促建法治化的协同规制

无论是非常态应急还是常态化背景应急，无论是政府还是企业、社会，在各个应急救灾环节尤其在应急响应环节，以及常态应急背景恢复正常生产生活秩序方面，都应该确保行动的法治化，有法可依，有法必依，执法必严，违法必究，既要有所奖励，也要有所惩罚，奖惩相宜，以确保有序应急、有序生产、有序生活。

第二节　基于系统论的社会应急能力评价

一、评价视角科学可行

目前开展社区应急能力评价的文献较多，但对整个社会应急能力开展评价的非常少，尤其是以社会系统理论为基础开展社会应急能力体系评价的，可能没有。

首先，社会系统涵盖三大主体（政府、市场、社会）和四大或五大子系统（经济、政治、社群、文化或生态），可以说涵盖性比较强；而且不同主体、不同子系统具有功能类型的互斥性、功能作用的互补性。因而根据这一理论视角开展社会应急能力评价，比较全面系统，而不零散、片面。

其次，如前面一些章节和本章图19-2所示，应急管理四个环节均会涉及社会系统的三大主体、四大子系统及其功能作用，涵盖性比较好，而且，不同子系统及其功能重点对应不同的应急环节，相互对应性比较好。这里可以单独绘制成图19-3来说明。

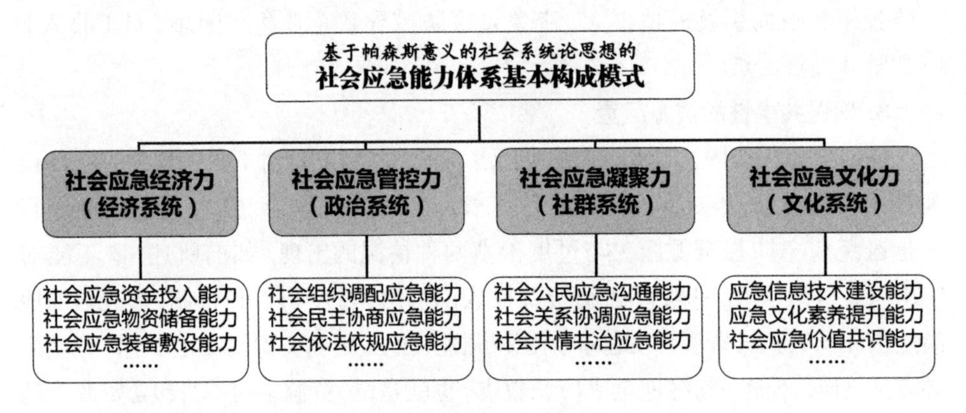

图19-3　基于帕森斯意义的社会系统论思想的社会应急能力体系构成

最后，前面一些章节所确定的“主体—过程能力”的新理论架构，刚好是上述社会系统论与应急环节论能力的对应性综合。根据这一架构，主要针对“社会”而不是“政府”层面，构建社会应急能力现代化评价模型体系（如图19-4所示）。按照帕森斯的说法，任何一个子系统又可以单独构成一个涵盖四个子系统

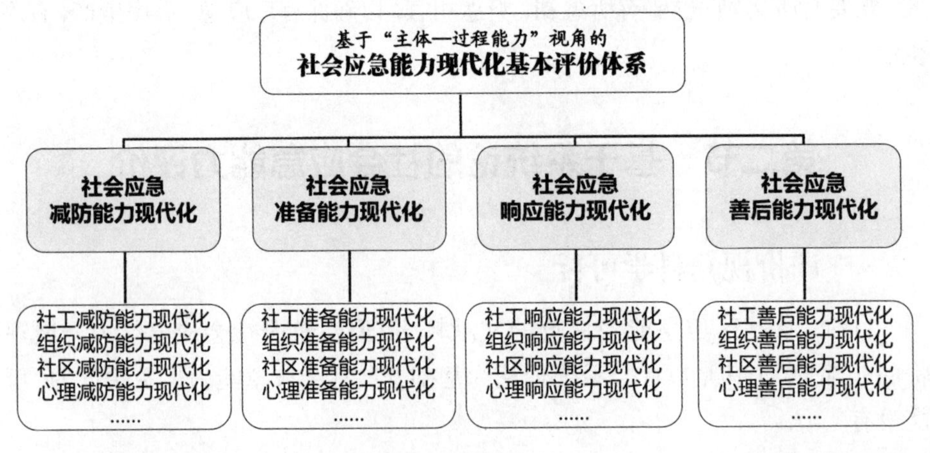

图19-4　基于“主体—过程能力”的社会应急能力现代化评价体系构成

的具体系统，其中社群子系统即包括社会工作者、社会组织、社区等社会力量构成的“小社会”。

二、厘定评价指标体系

根据上述分析，可以设计社会应急能力（现代化）评价指标体系如表19-1所示。其中，一级指标基于四大子系统设计，为基础性框架指标（4个）；二级指标基于应急管理环节设计，为指示性监测指标（16个）；三级指标是主体—过程能力的组合指标，是具体可操作的指标（32个）。

表19-1　社会应急能力现代化评价指标体系（供参考）

一级指标/4个	二级指标/16个	三级指标/32个	权重	指标性质	备注
A社会应急经济能力现代化	A1减灾预防能力	A11年度亿元CDP事故人员死亡率 A12减灾预防社会力量万人投资率		逆指标 适度正指标	部门数据 部门数据
	A2应急准备能力	A21应急准备基金社会万人投资率 A22应急装备技术社会投资满意率		适度正指标 正指标	部门数据 问卷数据
	A3应急响应能力	A31应急响应社会捐助万人投资率 A32应急响应社会捐助总量满意率		适度正指标 正指标	部门数据 问卷数据
	A4恢复重建能力	A41灾后重建社会捐助万人投资率 A42灾后重建社会捐助总量满意率		适度正指标 正指标	部门数据 问卷数据
B社会应急政治能力现代化	B1减灾预防能力	B11减灾预案社会公众万人参与率 B12风险评估社会民主万人参与率		正指标 正指标	部门数据 部门数据
	B2应急准备能力	B21应急法律法规建设社会满意率 B22智慧应急装备社会建设满意率		正指标 正指标	问卷数据 问卷数据
	B3应急响应能力	B31应急响应社会组织指挥满意率 B32响应中社会与政府沟通满意率		正指标 正指标	问卷数据 问卷数据
	B4恢复重建能力	B41赈灾应急慈善资金使用满意率 B42社会民主参与重建决策满意率		正指标 正指标	问卷数据 问卷数据
C社会应急社群能力现代化	C1减灾预防能力	C11安全减灾防灾社会万人参与率 C12社区社会组织减灾防灾满意率		适度正指标 正指标	政府数据 问卷数据
	C2应急准备能力	C21应急演练社会力量万人参与率 C22社区社会组织应急准备满意率		适度正指标 正指标	部门数据 问卷数据
	C3应急响应能力	C31应急响应社会力量万人参与率 C32应急响应中产成员参与满意率		适度正指标 正指标	部门数据 问卷数据
	C4恢复重建能力	C41灾中灾后社会关系协调满意率 C42社会力量参与恢复重建满意率		正指标 正指标	问卷数据 问卷数据

续表

一级指标/4个	二级指标/16个	三级指标/32个	权重	指标性质	备注
D社会应急文化能力现代化	D1减灾预防能力	D11社会媒体科普宣传应急满意率 D12社会应急智慧技术建设满意率		正指标 正指标	问卷数据 问卷数据
	D2应急准备能力	D21社会应急专业人员占总专才比 D22社会应急大专以上人员占总比		适度正指标 适度正指标	部门数据 部门数据
	D3应急响应能力	D31公民及时响应自觉态度回答率 D32组织社区应急文化建设满意率		正指标 正指标	问卷数据 问卷数据
	D4恢复重建能力	D41灾后评估反思社会氛围满意率 D42社会自觉恢复重建态度满意率		正指标 正指标	问卷数据 问卷数据

当然，这一评价指标体系只是理念上的框架性设计，仅供参考，在实践应用中还得根据具体情况具体分析。指标体系应用时，可以采取专家咨询法，对表19-1中的指标目标值进行确定，指标体系设计（尤其5~10年的中长期规划指标设计）力图体现科学合理、符合实际、系统有序、可测评性的原则。这里，尚有以下几点需要说明。

（1）正指标的满意率目标值最大为100，逆指标满意率目标值最小为0；所谓适度正指标，不是越大（越多）越好，而是适度即可。

（2）有些指标的目标值可根据国内外、地区或行业具体情况确定。

（3）对于三级指标，分为正指标与逆指标两种计算法，视具体情况而定。

（4）一级指标计算公式为：总实现程度$T=(A+B+C+D)/4$。

（5）具体现实值与目标值对比实现程度百分数的计算，将在后面各章节中进行介绍。

（6）在30多个三级指标（或可减少）中视具体情况选取核心指标，确定较大权重。

三、构建评价结构模型

这里，还可以利用因子分析与专家调查相结合的方法，结合社会应急系统理论与定量分析方法，利用结构方程、改进主成分分析及德尔菲专家调查法相结合的方法，构建科学、实用、动态的社会应急能力现代化评价概念模型。可结合具体调研，获得各地区或各行业等社会应急能力现代化的原始基础数据，以及统计部门发布的有关权威数据，建立（初步）的数学结构性模型（如图19-5所示），并运用SEM和LISREL技术，对典型地区或行业或整个社会的社会应急能力现代化水平进行真实客观的评价。[①]

在图19–5中，ξ是外源潜变量，η为内生潜变量；γ为外源潜变量对内生潜变量的影响因子；λ是Y对η的回归系数或负荷矩阵；ζ是Y测量误差构成的向量。Y是内生指标：$Y=\lambda y \eta+\zeta$。

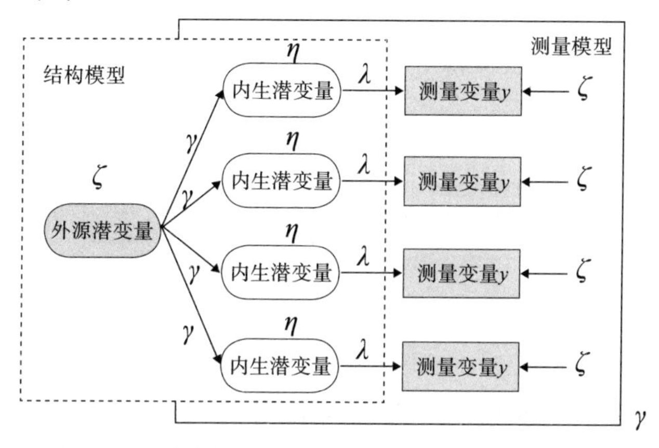

图19–5　社会应急能力现代化评价结构模型（初步）

四、注重评价方法步骤

开展社会应急能力（现代化）评价，其基本思路和步骤大体分为研究基础、体系模型建构、调研与统计分析、结论与应用四步，具体如图19–6所示；主要研究方法如下。

（1）定量分析与定性分析相结合的方法。在构建应急社会治理绩效的评价指标体系过程中，指标体系的选取要充分运用定性分析和定量分析相结合的方法，在定性提出指标体系之后，还要选定合适的数学工具（LISREL、MATLAB、SPSS软件）对其进行定量研究。定量研究主要涉及具体的问卷调查法（主观数据获取）、文献分析法（客观数据获取）、指标评价法（层级测评）、评价模型法（具体选取某一合理的数学评价模式）等。

（2）多学科综合分析的方法。对社会应急能力现代化进行评估和分析，涉及较多的学科，需要多学科综合。应急治理理论涉及政治学社会学理论、绩效评估理论、公共管理理论等；在定量研究的过程中，更要涉及高级数理统计等众多应用数学和计算机科学内容，并以之作为构建和求解定量模型的有效工具，因此社会应急能力绩效评估和应急能力现代化分析，必然要采用多学科综合的方法。

① 此部分内容由华北水利水电大学王丽珂副教授协助完成。

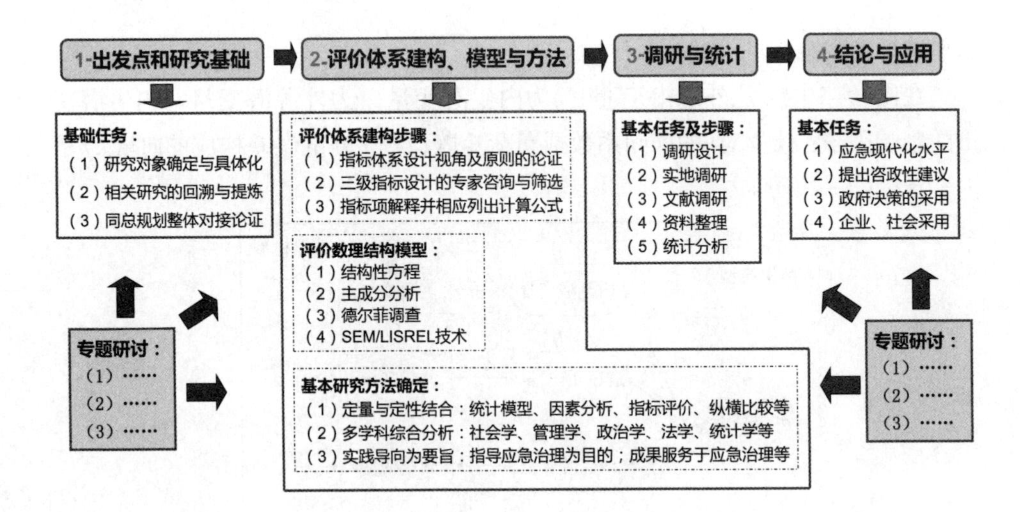

图19-6　社会应急能力评价思路与技术路线

（3）实践导向为要旨的方法。学以致用，任何研究的最终目的都是应用。对中国社会应急情况进行评估和分析，其研究目的是进一步提高全国整体或各地区政府、企业、社会的应急管理水平和应急能力现代化服务水平，指导当地的社会应急实践，并向相关政府部门、企业或社会组织提供真实可靠的、科学的管理决策和预警。这是本着实践导向的原则来开展研究的。

第三节　风险场域论分析对系统论的超越

法国社会学家布迪厄提出的场域论，在社会风险领域的应用方面有一些研究。[①]笔者也曾经从风险社会理论所谓“个体化”研究延伸出来，界定中国处于“半个体化社会”的场域，并对其中民间暴戾风险进行过分析。[②]这里，主要对风险灾变的转化及其应急进行场域论分析，并与系统论进行比对，从而阐述中国半个体化社会场域的风险灾变机理及其改良。

① 张华、赵海林：《角色利益与场域规则——社会风险的防范与治理研究分析框架的建立》，《安徽大学学报（哲学社会科学版）》2008年第6期；张首先：《风险社会与和谐社会：执政党权威的生成逻辑及运行场域》，《中共福建省委党校学报》2020年第3期；张乐、童星：《事件、争论与权力：风险场域的运作逻辑》，《湖南师范大学社会科学学报》2011年第6期。

② 颜烨：《半个体化社会与民间暴戾事件的场域分析》，《2019年中国社会学年会大都市圈的社会变迁与社会建设论文集（昆明）》，2019年版，第278—297页。

一、风险社会理论与半个体化社会

（一）风险社会理论关于个体化的分析

在社会学上，风险社会理论以及衍生出来的个体化理论，展示了当代社会学家对诸类社会风险的新解析，具有一定的理论综合性与包容性。下面对此进行较为详细的回溯和评述。

德国风险社会理论大师贝克指出，人类正处于从古典工业社会向风险社会的转型过程中，人类已经“生活在文明的火山口”；今天的风险不同于工业风险，它产生于不考虑其后果的自发性现代化势不可当的运动中，是人们决策和行为选择的制度化的后果。[①]贝克在论述风险社会的时候，尤其强调个体化社会的来临。他认为，所谓个体化，就是原先作为个体的行动框架及制约条件的社会结构逐步变动、松动乃至失效，个体从诸如历史性规定或统治支配、传统的阶级阶层或性别角色之类的结构性束缚力量中相对解脱出来，被迫重新植入新形式的社会整合制度，并承担相应的新的社会义务的生活形式。个体化是原有社会结构变迁、松动的结果，反过来对尚存的社会结构产生对冲，从而诱发新的社会风险。一方面，个体化意味着个人获得越来越多的选择自由，并借此使个人更具个性和独特性；另一方面，个体化的后果是在文化生活中没有了集体良知或社会参照单位作为补偿，个体失去了家庭、社区等的爱抚和保障，成为以市场为中介的生计以及生涯规划和组织的行动者。[②]

他们在社会中孤独无助而遭受各种风险袭击的可能性不断增强，风险危机和不安全感即所谓“本体性安全”存在焦虑，人们自我认同的连续性以及对他们行动的社会与物质环境之恒常性所具有的信心，对人与物的可靠性感受逐步消退。[③]面对失去安全感的残酷社会现实，弱肉强食的“丛林法则”一度发酵，原有的社会公共规则被打破，新的公共规则或未建立，或来不及得到普遍遵守，从而使社会风险事件普遍化，呈现霍布斯意义的所有人反对所有人的战争、弱者伤害更弱者的超限战的互害型社会；化解社会戾气，亟须重建行为规则、政府责任、道德伦理、社会信任等社会机制。[④]

---

① ULRICH B., *Risk Society: Towards a New Modernity.* London: Sage Publications, 1992, pp17-84.

② ULRICH B., *Risk Society: Towards a New Modernity.* London: Sage Publications, 1992, p130.

③ ［英］安东尼·吉登斯：《现代性的后果》，田禾译，南京译林出版社2000年版，第80页。

④ 于建嵘：《以规则建设化解社会戾气》，《南风窗》2010年第11期。

按照鲍曼的说法，过度的社会分化造成人们生活状况的普遍不稳定性和不确定性，从而引发了诸多后现代性特征，如冲突重重、模棱两可、道德沦丧、原有价值崩溃等；但他深信，日趋分化的个体在为自己的生活赋予意义和目的的过程中，人类状况正在日新月异，[①]或将形成新的社会组织形式和社会秩序。

(二)中国半个体化社会的衍存及特征

目前的中国并非贝克、吉登斯意义的后工业社会、第二现代性社会，而是前工业、工业化与后工业特征交织的社会，传统风险与现代风险相互糅合，展现更为复杂的面相特征。[②]学者阎云翔沿着西方个体化社会理论思路，集中考察了中国社会的个体化问题。他分析认为，与西欧社会不同，改革开放以来，中国社会的个体化特征在于以下几个方面。

(1)社会与个人身体的两面流动，使成员可以脱嵌于社会团体乃至家庭的影响，但户籍制度的羁绊，仍然使社会成员难以完全自由出行与生活。个体在身份认同与政治认同方面显然增强了自我独立意识，从“我们”转向“我”的生存意义，个体话语权进一步增强，但中国个体的脱嵌主要存在于解放政治的“松绑”，即生活机会与社会地位的日常政治；而个人身份认同作为政治认同的核心，却要更多地考虑个人权利同个人—群体—制度关系的重新界定相一致，而不是与完全的自我相关，这与欧美社会个体化明显不同。

(2)改革开放为公民个人带来了更多流动、选择和自由，同时也淡化了国家福利财政，因而放活公民个人在教育、医疗、住房购置方面的自主权，但国家却没有及时给予更多相应的制度保障和支持，因而个人不得不一直考虑重新嵌入既往的家庭、集体关系网，去寻求新的安全保障，从而使得自身的个人经济身份同社会身份分开。

(3)中国社会目前很多地方尚处于第一现代性阶段，个人在身份建构与心理发展方面，存在个人独立的自我与传统的集体约束相互矛盾的张力。

(4)中国个体化进程在很大程度上是“国家管理下的个体化”，主要是在“利益导向”策略下对个体经济和私人生活进行选择性引导；并对不同阶层的个体维权或自我寻求发展机会方面，往往给予一些不同的答复；同时国家可以接受个人维权和自我利益诉求，但不会容忍或进而控制个体组织起来的群体维权需

---

① [德]齐格蒙特·鲍曼：《个体化社会》，范祥涛译，上海三联书店2002年版，译者序、序言。

② [美]阎云翔：《中国社会的个体化》，陆洋译，上海译文出版社2012年版，第345页；陈玲、郑广怀：《个体化社会的规则重构——基于重庆公交坠江事件的分析》，《中国青年社会科学》2019年第1期。

求。因此，他总结认为，中国社会的个体化是不成熟、不彻底的个体化。[①]

借此，中国目前这种不彻底的个体化社会衍生和存在，凯博文认为是一种“新个体主义”。[②]笔者认为，可以将之表述为“有限个体化社会”“不完全个体化社会”“过渡性个体化社会”；如果中国社会主要矛盾已经转化为人民日益增长的美好生活需要和不平衡不充分的发展之间的矛盾，还可以称为“非均衡个体化社会”；因而笔者总体上将其概括为“半个体化社会”。国内也有学者从政治哲学层面解析了中国转型时期的社会特征，即目前是从整体主义转向了半整体半个体主义社会。[③]其实，半个体主义已经对半整体主义进行了消解和诠释，也与个人—社会的关系视角分析略有差异。

二、风险分析的场域论而非系统论

（一）场域理论的基本认知

如同传统的“行动—结构—系统”概念，“实践—惯习—场域”构成布迪厄反思社会学的三个基本性的关联概念。其主要观点包括以下内容。[④]

（1）场域是一种具有相对独立性的社会空间（不是物理空间），是位置间客观关系的一种网络或一个形构，是由社会成员按照特定的逻辑要求共同建设的，是社会个体参与社会活动的主要“场所”，是集中的符号竞争和个人策略的“场所”；竞争的逻辑就是资本的逻辑，是经济资本、社会资本、文化资本以及象征资本等的角逐逻辑。

（2）场域从外部或现实中规定和建构行为，惯习在个体内部历史性地生成实践。客观化的场域形塑主观性的惯习，成为某个场域的固有必然属性，是体现于个人身心中的产物，是被建构化的结构，寄寓于个人社会化过程，浓缩着个体的社会地位和生存状况，以及集体的历史和文化传统，使行动者无意识地接受场域的支配性价值，并加入游戏去争夺对合法资源即各类资本的占有。

（3）场域种类很多，有大小社会世界（场域）之分，相互交织，相互影响。由此看来，整个中国社会改革开放则可视为宏大社会场域的变迁，任何灾变事件发生的社会场域都是一个具体特定的小场域，前者影响后者。宏观社会场域与上

---

① ［美］阎云翔：《中国社会的个体化》，陆洋译，上海译文出版社2012年版，第15—22、341—345页。

② ［美］阎云翔：《中国社会的个体化》，陆洋译，上海译文出版社2012年版，序言。

③ 陈强：《中国社会转型的哲学视角：从整体主义到半整体半个体主义》，《南昌大学学报（社会科学版）》2011年第4期。

④ ［法］皮埃尔·布迪厄、华康德：《实践与反思：反思社会学引论》，李康、李猛译，中央编译出版社2004年版，第131—186页。

述社会失范、社会冲突、个体化理论直接关联，因为场域变迁，必然是包括社会成员的行动规范、结构资源和个体独立性的凸显和变迁。

（二）场域论与系统论比较

场域与社会学所指的社会系统，表面上具有非常相似的一面，但场域不是系统，因为场域排除系统的功能主义和有机论。一个既定场域的产物可能是系统性的，但并非一个系统的产物，更不是一个以共有功能、内在统合、自我调控为特征的系统的产物；场域具有自主性而不是自我再生的自组织性，是一个力量关系（不仅仅是意义关系）和旨在改变场域内争斗关系的社会空间；它若具有共有功能，也是场域内权力（资本力量）竞争和斗争冲突的结果，是权力场域结构的再生产，而不是系统内固有结构自我发展的结果。这一点能更好地解释社会冲突风险或者应急主体之间的张力。

与社会系统论较为静态封闭地强调要素之间的结构关系不同，场域作为社会空间，具有更强的动态开放性和伸缩性。与系统不同，场域没有固定的组成部分和要素，每个特定场域仅具有自身的逻辑、常规和公共规则；每个场域都潜在地构成动态的"游戏"（或争斗）空间，且其疆界是动态的界限，符合场域共性要求条件的社会成员可以自由进出并型构一种场域，当中的力量结构关系具有灵活韧性，而不是"机械结构主义"路线；只有与一个特定场域发生关系时，其中的各类资本才会显性存在和发生作用，因而场域比系统更为复杂和变动不居。可以说，场域理论能够更好地解释每一特定场域中发生的社会冲突事件，乃至其他自然灾害、事故灾难、公共卫生事件，而且场域理论能够动态地界说"半个体化社会"的特征和内涵。

因此，从整体来看，不同于计划经济时期，改革开放以来，中国"营建"了另一种宏观"社会场域"。这就是笔者为什么选用场域理论来解析风险转化为灾变的原因和机理，①而不是传统的社会系统理论。

三、半个体化社会风险灾变的机理

从心理场域来看，每一场社会冲突事件中当事人双方的争执，均包含有争理、争气、争面子，甚至借机泄愤、隔场宣泄的暴戾化心理等，但从转型时期频繁发生的风险灾变事件来看，宏观社会场域尤其当下中国"半个体化社会"场域就更具解释性。中国40多年的改革开放必然诱致整个社会场域结构及其规则性

① ［法］皮埃尔·布迪厄、华康德：《实践与反思：反思社会学引论》，李康、李猛译，中央编译出版社2004年版，第10、139—142页。

惯习发生变化。这里，结合社会发展不同阶段（传统—转型—现代）的不同社会场域（元—半个体化—个体化），对社会风险影响程度（低度—高强—中高）的作用机理做一简要勾画（如图19-7所示）。这里，需要说明为什么现代社会、个体化场域中的风险要低于转型社会（半个体化场域）。如果按照贝克意义的风险社会理论理解，现代性个体化社会风险应该更为突出，而不是亨廷顿意义的变革（转型）社会风险多而强、现代社会风险少而弱[①]。这需要从宏观角度来看不同国情文化的社会转型情况。像英美国家的转型社会，相对比较平稳、舒缓、漫长（150~300年）地从传统社会转到现代社会，而且它们那时候转型期间没有这样高强度的全球化影响，因而现代个体化社会与转型社会的风险程度大体差不多。但是，今天的中国是一个人口大国，体量庞大，区域和城乡现代化发展不平衡、阶层和群体现代化发展不平衡，表现为一个复合性社会（有人称为“复调社会”[②]）；而转型速度和时空压缩（按1978—2035年计不到60年），且面临全球化风险的影响，治理体制机制很不确定，因而转型风险相对要比理想中的现代个体化社会风险要高强得多。现代性个体化社会的治理体制机制相对定型和完善，基本民生保障问题得以解决（如中共十九届三中全会所言），人心思定，相对来讲各类风险尤其暴戾风险要少得多。不过，话说回来，中国半个体化社会的衍存可能是长期的；且中国特色的集权制度优势逐渐转变为治理效能，进而使得各类风险尤其暴戾风险有所收敛。

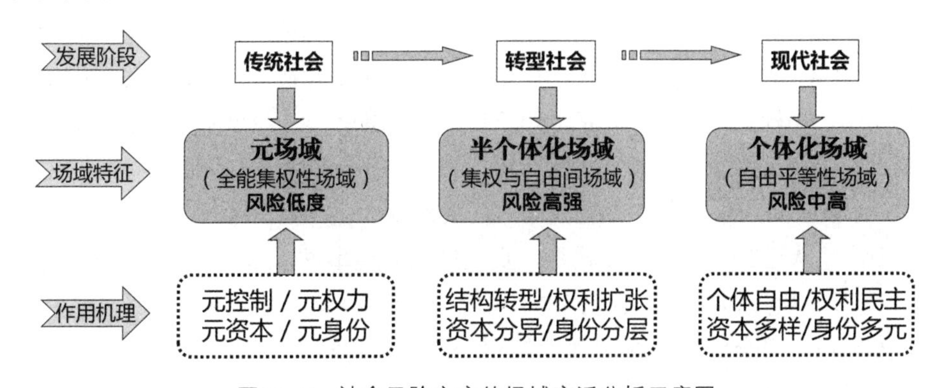

图19-7　社会风险灾变的场域变迁分析示意图

（一）结构转型、利益关系变迁及其影响

市场化与个体化双重交互转型时期，尤其是社会风险事件的频繁发生，根本上反映的是整个国家利益格局变迁和利益关系变化。按照布迪厄的说法，国家

① ［美］塞缪尔·P. 亨廷顿：《变化社会中的政治秩序》，新华出版社1998年版，第30—65页。

② 肖瑛：《复调社会及其生产——Civil Society的三种汉译法为基础》，《社会学研究》2010年第3期。

具有韦伯意义的合法性垄断暴力，是一个合理存在的权力场域，即“元场域”，是统治阶层组成的关系系统，具有分配资本和决定社会结构的支配能力空间，是各种场域的整体，是无休无止斗争的场所，[①]同时也生产和再生产其他社会场域。中国改革开放以来，变化最为凸显的是两大场域：一是个体经济场域异军突起，力图与公有经济场域平分秋色，从而使整个社会的利益格局发生变化，诱致场域性的资本和惯习不断变化；二是公有经济场域和公共服务场域的利益格局发生了变化，一些公立单位纷纷借用市场化机制，精简机构，降本增效，内部成员的阶层地位不断沉浮，成员的行为惯习不断嬗变。比如，中国1998年住房制度改革以来，商品房的出现催生了经济场域大变革。尤其在早前分税制推行的影响下，地方政府财政一级比一级吃紧，因而他们不惜一切，采取征地拆迁、上马房地产项目；同时，滥开滥挖矿产资源、上马化工项目等。[②]

（二）场域资本分异、身份分化及其影响

与国家元场域相对应，政治集权资本是元场域的核心，是一种集合、支配其他资本的“元资本”，[③]并且生产和再生着其他资本。社会场域竞争者最大的目标是争夺元资本的操控权，其次是各类公共场域中竞争者发挥自身的优势资本，在各种事务尤其在突发事件中不惜一切代价，抢占场域中的支配性位置。当事双方都这么想的时候，难免使事件升级为恶性冲突事件。因为场域变迁必然牵涉内部资本的分化，而资本分异又是主体身份地位变化的主要表征。改革开放以来，中国社会系统最大的变化是阶层结构的变化，是社会成员在制度安排、职业分类以及各类资本（经济资源、组织资源、文化资源、机会资源）占有变化的基础上，不断分化、不断融合，从而形成诸如“十大社会阶层”。[④]经过资源机会重组，社会成员的身份地位发生变化；不同阶层成员拥有不同的资本，在同一场域发生激烈冲突，则主要是优势资本力量之间的直接较量。

比如，从近20年来公交车司乘人员之间的冲突事件来看，可以看到公交场域内部改革的社会影响。过去乘客之于司机（票务员）的主从关系、命令—服从关系，体现行车安全保障的权威理性控制（权力资本支配），很少会看见乘客硬性

---

① ［法］皮埃尔·布迪厄、华康德：《实践与反思：反思社会学引论》，李康、李猛译，中央编译出版社2004年版，第152页；PIERRE B, WACQUANT, J. D., *An Invitation to Reflexive Sociology, Chicago*, University Of Chicago Press, 1992, pp111-112。

② 周飞舟：《分税制十年：制度及其影响》，《中国社会科学》2006年第6期；孙秀林、周飞舟：《土地财政与分税制：一个实证解释》，《中国社会科学》2013年第2期。

③ ［法］皮埃尔·布迪厄、华康德：《实践与反思：反思社会学引论》，李康、李猛译，中央编译出版社2004年版，第153—154、156页。

④ 陆学艺：《当代中国社会阶层研究报告》，社会科学文献出版社2002年版，第8—23页。

挑衅司机（或票务员）；公交车运营在市场化改革改制之后，司机的身份地位也逐渐沉落，与普通市民乘客的身份地位基本平等。身份地位平等，必然诱致话语资本、行为权利资本的等价，冲突中的底层社会成员之间以戾气相对，是一种不成熟的个体化社会的表征。

（三）个体权利扩张对规则性惯习的影响

市场化改革与转型，使得个体化社会不断发育，其中人性的嬗变相当可见，人的个性得到大大张扬。人在提升和拥有各自各种优势资本的同时，话语文化资本和人格权利资本也得到了平均化的伸张和保护，从而使人际关系虽然在资源机会上拥有不平等，但在话语和行动上能够依法依规谋求平等（客观上未必平等）。在谋求这一平等权利的过程中，一旦发生冲突，当事双方谁都认为自己有理，当仁不让，谁都会产生自身权利被剥夺的感觉，由此形成暴戾之气。公共规则作为一种集体文化，连同社会价值等知识或历史经验，通过社会化方式累积于个体身体，而呈现为一种规则性的惯习，并指导个体认知、评价和解释自身行动和社会。国家的核心机构——各级政府是各种公共规则的制定者和推行者。来自元场域的公共规则覆盖全社会，公民不论地位高低，都应该是规则的执行者和遵循者。

目前转型社会中依然存在四种规则乱象：一是无规则可循（无法可依），二是有规则不遵循（有法不依），三是违规者没有得到应有惩罚（违法不究），四是对违规者处罚过轻或文过饰非（执法不严）。

四、场域公共性与自主性新化重建

如果说，完全的个体化社会在产生诸类风险的同时，又能够通过重新规则化和组织化来治愈社会风险诱致的创伤，那么，不完全的半个体化社会目前还没有这种“疗治能力”，它需要逐步改良和优化的策略，包含四大基础性场域的改良和优化逻辑。转型场域改良的核心是“公共性”重建，而后是关联的资本结构优化和惯习新化，如图19-8所示。

（一）场域自主性与公共性重建及其历史必然性

为什么特别强调公共性重建呢？就像阎云翔所言，中国目前是“没有个人主义的个体化”，[①]这也是当今中国社会高举集体道德令剑，挞伐和谴责诸多暴戾行为的因由所在。历史上的中国这一总体性元场域，是依靠强大的思想意识形态

① ［美］阎云翔：《中国社会的个体化》，陆洋译，上海译文出版社2012年版，第21—22页。

图19-8 半个体化社会场域改良策略示意图

和人治方式来维续公共性的。改革开放以来，元控制的松弛，必然导致为了争夺场域的有利空间和制高点而有所冲突不止。因此，场域公共性重建还在于场域具有自主性策略，自主性是场域存在和发展的生命。即如布迪厄所言，一个场域中的竞争策略不仅取决于事物、商品或行为的价值，还取决于场域的自主性：自主性强的场域遵循的是"是非"逻辑；而自主性弱的场域遵循的是"敌友"逻辑。[①]场域的改良，无疑催生个体化社会走向成熟。

（二）经济场域改良：公共性福利保障体系重建

按照安全学者布赞的说法，一国内部的公民通常面临四大威胁：身体安全威胁、经济安全威胁、权利安全威胁、职位或地位安全威胁。[②]在经济福利场域，市场化改革逐步打破了过去那种完全由政府单一支撑的民生福利保障体系，但真正新的社会保障体系尚未建立。因此，中国社会个体化进程需要密织新型社会安全网，[③]需要基于国家、单位、个人三者分摊的原则，采取法定规则进行营建。这里政府仍然要发挥权力资本的职能作用，带动全社会改善行动者面临的衣食住行、教科文卫、社会保障等生存性和发展性的基础民生问题，造化民众的经济资

① ［法］皮埃尔·布迪厄、华康德：《实践与反思：反思社会学引论》，李康、李猛译，中央编译出版社2004年版，第17、151—152页；［法］皮埃尔·布迪厄：《艺术的法则：文学场的生成和结构》，刘晖译，中央编译出版社2001年版，第61—127页。

② Buzan Barry, *People, States and Fear: The National Security Problem in International Relations*, Brighton, The Harvester Press and University of North Carolina Press,1983, p14.

③ ［美］阎云翔：《中国社会的个体化》，陆洋译，上海译文出版社2012年版，第343页。

本基础，构建福利保障体系这一物质基础，以增强行动者个人的可行能力和社会适应能力，目的是帮助单个行动者营建起较强的自主性和自我可行能力[①]从而提升自我安全保障水平。

（三）政治场域改良：公权约束与公民权利重建

改革以来的元控制通过经济或政治吸纳和奖掖，淡化公民的超限诉求，从而使社会结构个体化的彻底性打了折扣。2012年以来，国家强调市场在资源、机会配置中起决定性作用。一些社会学家曾经认为，这就要求整个社会场域在驾驭（经济）资本的同时，必须制约权力、制止社会失序。[②]制约权力的同时必须还权于社会，否则无法制止社会溃败。当今制衡权力（资本）的要点有三：一是控制公共权力的活动限阈，即在宪法范围内活动，并接受全社会的听证；二是确保针对公共服务的公共权力运行和政策施行，必须接受公民的质询、考评和监督；三是确保依法维权的公民及其行为不受人治权力的干扰，否则应依法追究权力滥施的责任。做不到这三点，一些不受制约的暴力执法诱致的冲突事件就会层出不穷；公民的自主性惯习也就得不到有效重建；个体没有自主性，就无法协商推进场域公共性规则重建或惯习新化。

（四）社会场域改良：公共利益关系结构重建

这里的社会（societal）场域与宏观社会（society）场域不同，是一种专属意义的场域，是社会成员所属群体的场域。社会结构合理是社会公正的首要议题；[③]社会公正则是社会结构优化调整的核心指向，是对诸如人口结构、民生结构、空间结构、组织结构、阶层结构等结构性差异和不平等的回应与修复。当前，防范和化解诸类社会风险和灾变应急，首要的是解决社会结构不平等问题，解决底层民生资源、机会稀缺的问题，培育和壮大社会中产阶层规模，逐步推进形成中产化的社会。毕竟，失衡的社会结构本身孕育着诸多风险，[④]而中产阶层正是社会发展的“稳定器”、社会冲突的“缓冲带”、政治上的“平衡轮”。[⑤]与此同时，社会场域要自始至终高扬社会公正旗帜，优化社会结构，本着平等、自由、合作的理念依据，进行制度安排和资源机会配置，以社会公正奠定社会安全理性建设

---

① AMARTYA S, *Development as Freedom*, New York, Anchor Books, 2002, pp87-110.

② 清华大学社会学系社会发展研究课题组：《走向社会重建之路》，《战略与管理（内部版）》2010年第9—10期。

③ 吴忠民：《改善民生对转型期社会安全至关重要》，《中国特色社会主义研究》2015年第5期；JOHN R, *Political Liberalism*, New York, Columbia University Press, 1996, pp257-258, 270-272。

④ 孙立平：《断裂：20世纪90年代以来的中国社会》，社会科学文献出版社2003年版，第4、11、20—21、27页。

⑤ ［美］C.怀特·米尔斯：《白领——美国的中产阶级》，杨小东等译，浙江人民出版社1986年版，第252—254页；张翼：《当前中国中产阶层的政治态度》，《中国社会科学》2008年第2期。

的基础，[①]包括社会成员基本权利的保证、机会平等、按照贡献进行分配、社会调剂/社会再分配的原则。[②]只有这样，公共性才能得以重建，民无饥色、夜不闭户、劳作安全、吃得放心、上下同欲、相安无欺、心安理得的现代个体化社会才能形成。

(五)文化场域改良：公共伦理规则与信任重建

道德坐标与道德体验转型，是道德场域的深刻转型。[③]社会诚信是社会规范重建的核心，存在于家庭、社区、社会组织和人际关系之中，是密织正向社会资本网的基础要素之一，而社会资本能够催生社会有机团结。社会有机团结的安全性不但源于安全行为的强制，更在于场域内成员对安全规范、安全伦理、安全文化的心理认同和遵循，从而身体化为安全惯习。在计划社会元场域里，国家是依靠政治动员来维系公共信任的；市场化改革张扬了社会场域的民主权利、话语权利和人的个性，但同时也诱发了场域内有效的公共性价值流失和个人私性膨胀，亟须在个体化基础上重建社会信任，强化公共规则意识，营建信任性惯习，这对重塑安全资本具有规范性功能。根本在于构建吉登斯意义的"本体性安全"，确保人们能够产生对自我认同的连续性的恒心，使人们在人际交往中获得自信，对社会生活产生一种可靠性安全的体验，以此来克服现代社会变迁带给人们的各种焦虑与不安、郁闷与恐惧、冷漠与疏离，从而获取积极生活的信心和力量，[④]以营建个体的平和理性与心灵秩序，[⑤]遏制风险灾变事件的频发势头。

(六)整体场域改良：特定场域间结构关系优化

各类特定场域的结构性不均衡，既是半个体化社会的特征，也影响半个体化社会的发育成熟。市场化改革以来，有研究认为中国社会系统中的经济建设滞后于社会建设大约15年，[⑥]因而特别强调专属性社会场域与经济场域的均衡发展尤为重要，也是当前中国转型场域改良最值得关注的重大问题。也有研究从社会系统论考察认为，古老中国的社会机体之所以呈现着一种"超稳定状态"，[⑦]

---

① 吴忠民：《以社会公正奠定社会安全的基础》，《社会学研究》2012年第4期；吴忠民：《社会矛盾、社会建设与社会安全（专题讨论）》，《学习与探索》2016年第12期。

② 吴忠民：《社会公正论》，山东人民出版社2004年版，第32—36页。

③ ［美］阎云翔：《中国社会的个体化》，陆洋译，上海译文出版社2012年版，序言部分。

④ ［英］安东尼·吉登斯：《现代性的后果》，田禾译，南京译林出版社2000年版，第6—13、80—97、115、118页；［英］安东尼·吉登斯：《现代性与自我认同》，赵旭东、方文、王铭铭译，生活·读书·新知三联书店1998年版，第17—23、39—76页；［英］安东尼·吉登斯：《社会的构成——结构化理论大纲》，李康等译，生活·读书·新知三联书店1998年版。

⑤ 何雪松：《情感治理：新媒体时代的重要治理维度》，《探索与争鸣》2016年第11期。

⑥ 陆学艺：《当代中国社会结构》，社会科学文献出版社2010年版，第31页。

⑦ 金观涛、刘青峰：《兴盛与危机——论中国封建社会超稳定结构》，湖南人民出版社1984年版。

是因为它有一种自我调节、自我平衡、自我重建、自我发展的神奇机能，即被称为“社会安全阀机制”，[①]这其实就蕴含着宏大转型社会场域的均衡，是经济资本、政治资本、社会资本、文化资本竞争的结构性制约机制和均衡机制，是一种宏观的社会场域协同策略，能够确保整个转型社会场域逐步实现平衡—不平衡—平衡的动态性稳定。

总体来看，防范和化解半个体社会的各种风险及其灾变应急，最主要的策略是进行整个社会场域改良，包括经济场域的公共性福利保障体系、政治场域的公权约束和公民权利、社会场域的各大阶层间公共利益关系结构、文化场域的公共伦理规则和信任等的重建，核心策略是场域的“公共性”与“自主性”重建，而后是关联的资本结构优化和惯习新化；同时包含四大场域之间必然形成一种合理的联袂一体的结构性关系，即“四位一体”的公共性重建。进一步说，今天半个体化社会的良性维续和有效治理，同社会场域的公共性、自主性重建和改良密不可分。

此外，恢复重建作为应急管理的最后环节，涉及灾后社会景气（social prosperity）的问题。社会景气，不只是涉及学界所指居民的满意度、相对剥夺感和信心等总体主观感受，[②]还应该包括灾情本身造成的损害后果、灾后经济社会发展状态、灾后经济社会发展环境（如政策和物质技术建设）等客观景象，是主客观的总体综合状况，[③]是灾后恢复重建的“晴雨表”和“风向标”。宜从社会系统角度设计主客观指标测量体系，开展表征性的灾后社会景气及其指数监测，对于加快实质性的灾后恢复重建具有重要意义。今后应将之作为专门议题加强研究和筹划。

---

① LEWIS C., *The Functions of Social Conflict: An Examination of the Concept of Social Conflict and Its Use in Empirical Sociological Research*, New York, Free Press, 1964, pp39-48, 155-157.

② 张彦、魏恭钦、李汉林：《发展过程中的社会景气与社会信心——概念、量表与指数构建》，《中国社会科学》2015年第4期；李汉林：《关于社会景气研究》，《社会发展研究》2016年第2期。

③ 张素罗、时一凡：《社会景气研究进展及趋势》，《内蒙古统计》2023年第1期。

附录
（前三版自序 / 前言）

第一版“自序”[①]

安全伴随人类社会始终。安全发展（safely developing）、和谐发展（harmoniously developing）一直是人类社会的永恒追求，也是社会学开山以来的重要主题。社会学自鼻祖孔德以来就再也不能间断过探索人类社会的秩序与变迁、结构与行动、稳定与发展、安全与危险、和谐与冲突了。

究竟何谓安全，社会各界都很难达成完全一致的共识。英文词汇safety更多指称物态意义上的硬安全，而security更偏重于人文意义上的软安全（同时包含采取措施保障安全的含义），但两者都含有安全、保障、稳定的意蕴。目前中国政界、学界更是从“大安全”角度把安全问题划分为自然灾害、事故灾难、公共卫生安全、社会公共安全四大板块，这样可谓囊括了所有safety和security意义上的安全，而国家安全自然也应该归入社会性安全了。当时联合国有人最初提出“人类安全”概念就是狭义地指称“国家安全”，即保护国家利益和国内人们的生命财产，防止军事打击的侵害。这完全是对当时世界大战灾难的考虑，现在它的外延扩大了。但社会安全尤其是其中的国家安全是否与其他类安全问题放在一起探索仍然存在争议，毕竟社会性安全更具独特的社会人文意义和意识形态意蕴，而且偏重定性而少有定量。

安全学界的学者如德国的库尔曼在其著作《安全科学导论》中，对“安全科学”就明确地作了这样的阐述：“安全科学研究技术应用中的可能危险产生的安全问题。它既不涉及军事或社会意义的安全或保安，也不研究与疾病有关的安

① 《安全社会学》第一版（扉页副标题：安全问题的社会学初探），中国社会出版社2007年1月版。这一“自序”的原标题为《安全：人类理性状态下的可控风险》。

全。”“安全科学的最终目的是将应用现代技术所产生的任何损害后果控制在绝对的最低限度内，或者至少使其保持在可容许的限度内。”比利时的J. 格森教授也对“安全科学”作了这样的定义：“安全科学研究人、技术和环境之间的关系，以建立这三者的平衡共生态（equilibrated system）为目的。”这两位学者的界定再清楚不过了，“安全科学”就只能研究物态意义上的硬安全，是技术性问题，人文意义只是附属产品。而闻名的韦氏大词典则把安全解释为：人和物在社会生产生活实践中没有侵害、不受损伤或免除威胁的状况。而相对性的安全定义则指人们在生产生活过程中，能将人员伤亡或经济损失控制在可接受的水平状态。最佳安全状态是不发生伤害或损失事故。后面这两个定义显然没有否定人文意义上的社会性安全。

正当对安全的含义争论不休的时候，当代社会学界的大师、德国的乌尔里希·贝克则超越了纯粹“安全”的内涵和外延的争执，指出人类社会已经进入了“风险社会”。其风险社会理论把“风险社会”与“工业社会”对等起来，指出风险社会是继工业社会（主要是自然风险）之后的一个社会发展阶段，认为现代社会的风险主要源于人的决策（人为的与自然的风险无处不在），风险的产生具有不确定性、非理性，难以控制，已经摆脱了传统工业社会的理性、规范和确定性的解释命题。英国的社会学大师安东尼·吉登斯也同样从制度的角度论证目前我们的社会、我们的世界既不是传统工业社会，也并不是所谓的“后现代主义”，而是“高度现代性”社会，所有的风险都不过是理性化的高度现代性的后果。风险社会理论似乎正在挑战着经典社会学有关理性、规范、文明化等被多少代社会学家们精心建构的理论传统，而以不确定性、反思性和偶变性为主题大有改写社会学理论新篇章的趋势，意欲重建现代化理论。的确，对于现代性的反思并非始于20世纪，而在社会学三大经典作家——马克斯·韦伯、涂尔干、马克思——那里就已经开始了；当时孔德、斯宾塞倡创社会学的意图就是要解决社会问题丛生的资本主义理性后果的难题。

然而，也有一些社会学家认为贝克的风险社会理论似乎有些夸张，有些独自表述的味道。卢曼认为贝克的理论“只是他个人的感觉，从里面看不到其他的人”。不可否认，在全球化过程中，有的国家的确进入了所谓“后现代社会”或者“高度现代性”社会，而有的国家刚刚进入工业化初期或中期阶段，还有一些国家尚处于前工业社会时期。发展中国家无疑面临着比发达国家更大的风险。源于对发达社会思考的风险社会理论在解释全球化背景下的风险现象有其合理之处，但用来解释发展中国家范围内的风险和安全事故就显露出其局限性来，因为在发展中国家或落后国家、地区那里，也同样存在发展的不平衡性，也并非西方社会的"高度化"阶段，有的还处于前工业社会时期，有的工业化社会刚刚开始。

即便如此，安全问题仍然存在，仍然不会完全被"风险社会"所覆盖，仍然有探讨的必要。再说从语汇上分析，"风险"只能看作是一种中间状态，"危险"往往导致毁灭、灾难，贝克自己也说，"风险概念表述的是安全和毁灭之间一个特定的中间阶段的特性"。"风险"往往是指可能存在或难以预测的"安全问题"或"危险"，具有不确定性；当可能的风险正欲展现时或者能明确被人的意识所感知不安全时，这时就叫"危险"；当风险被控制和被化解后就会变得"安全"。"危险"与"安全"的关系则是：安全性越强，则危险性越小；安全性越弱，则危险性越突出。因此，安全，总是人类理性所能触及的状态，总是人类理性所能把握的风险，总是人类理性状态下的可控风险。这就是本项目对"安全"的定位。从这个意义上讲，"安全社会学"也是"风险社会理论"的一个分支。

也正因如此，我们则不同于国内已有的安全经济学、安全管理学、安全心理学、安全行为学等文章著作那样，仅仅把安全界定在物态意义上的硬安全，而是放眼中国政界、学界已经敲定的四大安全问题，涵盖人文意义上的社会安全，力求研究它们的共性。安全社会学（sociology of safety & security），简而言之，即把安全看作一种社会现象、一种社会过程（Social Process），研究人类社会中诸类安全问题及其社会性原因、社会过程、社会效应和本质规律的一门应用性社会科学。安全行动背后有其安全理性支撑，安全互动必致安全结构、安全系统，因而沿着结构主义和建构主义的路径，构建社会学意义的"安全行动—安全理性—安全结构—安全系统"分析链条和解析模型有其必要性。

2002年，笔者研究生毕业有幸进入国家安全生产监督管理总局的唯一直属高校华北科技学院，从那时起开始着手对安全问题进行社会学的思考，后来校内立项（2003，编号A03-8）、国家总局立项（2005，编号05-376）支持研究，断断续续进行了初步探索。几年下来，未求完美，但有心得，水平、时间、精力的限度难免使之存在纰漏和错误。抛砖引玉，从"砖"到"玉"有个过程。本书诚然算不得雕琢而出的"玉论"，但愿也不是松散的"土论"、不是更小土的颗粒状"尘论"，姑且算是成团的"砖论"吧，由此书名亦可改称"安全社会学砖论"了，尚能更多恭听同人和大师的批评和指正了（本人E-mail: yy-yqh@sohu.com）。

是为自序。

作　者

第二版“改撰前言”①

“十年磨一剑”。从笔者真正关注和研究“安全”这一社会问题，至今刚好10年。2006年11月，中国社会出版社出版了拙作《安全社会学：安全问题的社会学初探》（以下简称《初探》），至今也已有6年。《初探》，仅仅相当于粗探式论文集，更谈不上逻辑体系，当时自序里戏称为“安全社会学砖论”。几年来，笔者对这门学科的体系建构一直没有间断思考，并对原书中的一些观点和说法的含糊、粗疏、谬误乃至编校错误，深感愧疚，在此一并表示歉意。写完博士论文《煤殇：煤矿安全的社会学研究》并出版，回过头来重新思考“安全社会学”学科创建，总觉得有一些新意（此句为本次所加）。

《初探》一书姑且算是第一版，本次全改版的写作体例、章节安排等均作了全盘调整，相当于重撰（90%以上的内容作了翻新）；吸收原书的一些观点和说法，归并到目前的相关章节中，且尽量作一些原理性的研究。

此版对一些关键性概念的提法和界定作了修正。比如，在广义上，将“安全”定义为“一般是指在人类社会实践中，人、事、物和环境及其系统持续保持正常完好的状态”。人是社会中的最基本主体，因而狭义上的“安全”，仅指“人的安全”，即在社会实践中，人的生存发展持续保持正常完好的状态，包括人的身体安全、权利安全、心理安全（内在三维），最根本的是人的生命安全；至于事物安全、环境安全、系统安全（关联的外在三维）这些公共互动领域的安全，很多是围绕保障和维护人的安全而展开和界定的。尽管安全现象的分类多种多样，如交通安全、食品安全、医药安全、环境安全、劳动安全等，但安全始终以人为本，因此本书将其特定为“直接或间接关涉人的安全现象”；而对于事物、环境及其系统中与人的安全没有关系的那些衍生意义或隐喻意义的安全，则不涉及。至于国家安全、社会安全、经济安全、政治安全等，因为其中有涉及保护民众安全的社

① 《安全社会学》第二版，中国政法大学出版社2013年5月版。

会子系统，所以也属于本书研究范畴。由此，笔者将“安全社会学”界定为：是研究安全存在和发展的社会因素、社会过程、社会功能及其本质规律的一门应用性交叉学科。

此版保留了“安全行动—安全理性—安全结构—安全系统”的社会学分析逻辑链条；并围绕此链条对全书进行章节安排。在安全理性的基础上，重点加入安全伦理（安全的社会伦理）的内容，这样使得安全的工具理性与价值理性之间相互照应。此版还特别增加了有关中国古代社会安全思想的内容。

学术研究是开放的，需要争论和交流。学界对于“安全社会学”的提法或学科建设是有争议的。这些争议包括对“安全”本身定义的探讨乃至质疑。

本书可作为研究生和大学生教材使用，可作为研究者和管理者探索交流之用。

由于笔者的水平、时间和精力有限，此版也还有很多不足、纰漏乃至个人偏见，也希望同人继续多加批评指正，以便作出新的修改，以期力图体现学术研究的“中国风格”“中国范式”。

最后，一并致谢河北省哲学社会科学基金（HB12SH036）、教育部新世纪优秀人才支持计划（NCET-12-0663）、中央高校基本科研业务费（3142013104）资助研究和出版。

颜　烨

2012年12月21日

第三版“自序”①

为什么要写这样一本书？原因很多，不外有三：一个，如同多人所言，标新立异地造词！不就是灾害社会学的翻版么？你之前还造了一个“安全社会学”的词呢。算是造，但又不是。二个，2020年初，新冠疫情肆虐，加上作为应急管理部直属高校的一员，自己又是社会学博士毕业，因此有点思考，就是想把与政府应急管理对应的那部分，即“社会力量应急”这部分打个包，这个“包”就合成了“应急社会学体系”。事实上，灾难来袭，“第一时间”冲在最前面的往往都是灾民自己和身边的各种社会力量，他们的应急精神、应急能力和应急方式很值得研究。三个，既然叫“学”，一定是一门学问或一种理论，或者说是一种学科知识逻辑体系。像不像学科体系呢？既像，又不像，或者干脆叫学科样态，一种应急社会学学科样态。书中多处说到“样态”，似是而非的状态。实质就是关于社会力量应急（社会化应急）的社会学研究。

难道不是么？从社会学看，应急是诸类社会主体的一种社会行动，一种积极应对灾变的理性化社会行动（应急社会工作行动、应急社会心理行动、社会应急伦理行动等）；是行动，就会牵扯一些社会结构或形成某些社会结构（应急阶层结构、应急组织结构、应急区域结构等）；进而牵扯宏观的社会大系统或形成某类社会系统（社会应急文化系统、社会应急政策系统、社会应急系统协同等）。这分明就是一种围绕“行动—结构”“应急社会行动—应急社会结构—应急社会系统”的知识逻辑在演进，能不说是一种知识逻辑体系、一种学科体系吗？

也就是这些原因，2020年大年初一，应媒体之邀，写了一篇关于当时疫情的时评，就提到应急社会学、应急社会工作等。到了2月份，初步完成了一篇学术样态的论文，后来辗转一圈，发到本校学报了。与此同时，在2020年国家社科基金重大项目选题征集中，笔者报送的“基于灾变场景的应急社会学体系研究”，被选

① 《应急社会学》，研究出版社2021年7月版。

中。接着，2020年底，为硕士生开讲了一次“应急社会学何以可能”的课。陆陆续续，接下来开始写书。自作爱好，不甘落后，也是个中原因。项目中标，自己无法把控；写书作文，自己能把控。做好自在理性能把控的事情，也是一种应对、一种安心。2021年3月，书稿交付出版社。

最后，感谢全国首批新文科研究与改革实践项目（编号2021070027）、河北省高校教改项目（编号2018GJJG480）资助研撰和出版。

颜　烨

2021年3月初稿于京东燕郊